"十三五"国家重点出版物出版规划项目

中国生物物种名录

第二卷 动物

昆虫（Ⅵ）

双翅目（2）**Diptera (2)**

短角亚目 虻类 **Orthorrhaphous Brachycera**

杨 定 张莉莉 张魁艳 等 编著

科 学 出 版 社
北 京

内 容 简 介

本书收录了中国双翅目虻类昆虫4总科18科325属3228种。每一种的内容包括中文名、拉丁学名、异名、模式产地、国内分布和国外分布等主要信息，所有属均列出了模式种信息及异名。

本书可作为昆虫分类学、动物地理学和生物多样性研究的基础资料，也可作为植物保护、生物防治及相关专业高等院校师生的参考书。

图书在版编目（CIP）数据

中国生物物种名录. 第二卷. 动物. 昆虫. Ⅵ，双翅目. 2，虻类/杨定等编著. —北京：科学出版社，2018.3

"十三五"国家重点出版物出版规划项目　国家出版基金项目

ISBN 978-7-03-056920-2

Ⅰ. ①中…　Ⅱ. ①杨…　Ⅲ. ①生物–物种–中国–名录 ②双翅目–物种–中国–名录　Ⅳ. ①Q152-62 ②Q969.44-62

中国版本图书馆 CIP 数据核字（2018）第049297号

责任编辑：马　俊　王　静　韩学哲　侯彩霞/ 责任校对：郑金红
责任印制：张　伟 / 封面设计：刘新新

科学出版社 出版
北京东黄城根北街16号
邮政编码：100717
http：//www.sciencep.com

北京虎彩文化传播有限公司 印刷

科学出版社发行　各地新华书店经销

*

2018年3月第　一　版　　开本：889×1194 1/16
2019年3月第二次印刷　　印张：25 1/2
字数：900 000

定价：198.00元

（如有印装质量问题，我社负责调换）

Species Catalogue of China

Volume 2 Animals

INSECTA (VI)

Diptera (2): Orthorrhaphous Brachycera

Authors: Ding Yang Lili Zhang Kuiyan Zhang *et al.*

Science Press
Beijing

《中国生物物种名录》编委会

本书编著委员会

主　任　杨　定　张莉莉　张魁艳

副主任　王孟卿　朱雅君　董　慧　姚　刚　张婷婷　王　宁

编　委（以姓氏拼音为序）

崔维娜　丁双玫　董　慧　李　竹　李轩昆　刘若思　刘思培　刘晓艳
琪勒莫格　唐楚飞　王　宁　王孟卿　杨　定　姚　刚　张俊华　张魁艳
张莉莉　张婷婷　朱雅君

编著者分工

虻科　张魁艳[1]　杨定[2]（1 中国科学院动物研究所 北京 100101、2 中国农业大学植物保护学院昆虫学系 北京 100193）

鹬虻科　张魁艳[1]　董慧[2]　杨定[3]（1 中国科学院动物研究所 北京 100101、2 深圳市中国科学院仙湖植物园　深圳 518004、3 中国农业大学植物保护学院昆虫学系 北京 100193）

伪鹬虻科　张魁艳[1]　董慧[2]　杨定[3]（1 中国科学院动物研究所 北京 100101、2 深圳市中国科学院仙湖植物园　深圳 518004、3 中国农业大学植物保护学院昆虫学系 北京 100193）

食木虻科　张魁艳[1]　杨定[2]（1 中国科学院动物研究所 北京 100101、2 中国农业大学植物保护学院昆虫学系 北京 100193）

臭虻科　张魁艳[1]　杨定[2]（1 中国科学院动物研究所 北京 100101、2 中国农业大学植物保护学院昆虫学系 北京 100193）

肋角虻科　丁双玫[1]　张魁艳[2]　杨定[1]（1 中国农业大学植物保护学院昆虫学系 北京 100193、2 中国科学院动物研究所 北京 100101）

穴虻科　张魁艳[1]　杨定[2]（1 中国科学院动物研究所 北京 100101、2 中国农业大学植物保护学院昆虫学系 北京 100193）

木虻科　张婷婷[1]　李竹[2]　杨定[3]（1 山东农业大学植物保护学院昆虫学系　泰安 271018、2 北京自然博物馆　北京 100050、3 中国农业大学植物保护学院昆虫学系　北京　100193）

水虻科　张婷婷[1]　李竹[2]　杨定[3]（1 山东农业大学植物保护学院昆虫学系　泰安 271018、2 北京自然博物馆　北京 100050、3 中国农业大学植物保护学院昆虫学系　北京　100193）

剑虻科　刘思培[1]　董慧[2]　杨定[1]（1 中国农业大学植物保护学院昆虫学系　北京　100193、2 深圳市中国科学院仙湖植物园　深圳　518004）

窗虻科　唐楚飞　杨定（中国农业大学植物保护学院昆虫学系　北京　100193）

拟食虫虻科　张莉莉[1]　杨定[2]（1 中国科学院动物研究所　北京 100101、2 中国农业大学植物保护学院昆虫学系　北京　100193）

食虫虻科　张莉莉[1]　杨定[2]（1 中国科学院动物研究所　北京 100101、2 中国农业大学植物保护学院昆虫学系　北京　100193）

小头虻科　唐楚飞[1]　李轩昆[1]　张俊华[2]　杨定[1]（1 中国农业大学植物保护学院昆虫学系　北京　100193、2 中国检验检疫科学研究院　北京　100176）

网翅虻科　丁双玫[1]　唐楚飞[1]　张魁艳[2]　杨定[1]（1 中国农业大学植物保护学院昆虫学系　北京　100193、2 中国科学院动物研究所　北京　100101）

蜂虻科　姚刚[1]　崔维娜[2]　杨定[3]（1 金华职业技术学院　金华 321007、2 邹城市农业局植保站　邹城 273500、3 中国农业大学植物保护学院昆虫学系　北京　100193）

舞虻科　张魁艳[1]　王宁[2]　丁双玫[3]　李竹[4]　董慧[5]　刘晓艳[6]　杨定[3]（1 中国科学院动物研究所　北京 100101、2 中国农业科学院草原研究所　呼和浩特 0100102、3 中国农业大学植物保护学院昆虫学系　北京　100193、4 北京自然博物馆　北京 100050、5 深圳市中国科学院仙湖植物园　深圳 518004、6 华中农业大学植物科技学院昆虫学系　武汉 430070）

长足虻科　张莉莉[1]　王孟卿[2]　朱雅君[3]　唐楚飞[4]　刘若思[5]　琪勒莫格[4]　杨定[4]（1 中国科学院动物研究所　北京 100101、2 中国农业科学院植物保护研究所　北京　100193、3 上海出入境检验检疫局　上海 200135、4 中国农业大学植物保护学院昆虫学系　北京　100193、5 北京出入境检验检疫局　北京 100026）

Editorial Committee of Species Catalogue of China, Diptera(2): Orthorrhaphous Brachycera

Authors

Tabanidae Kuiyan Zhang[1], Ding Yang[2] (1 Institute of Zoology, Chinese Academy of Sciences, Beijing 100101; 2 Department of Entomology, College of Plant Protection, China Agricultural University, Beijing 100193)

Rhagionidae Kuiyan Zhang[1], Hui Dong[2], Ding Yang[3] (1 Institute of Zoology, Chinese Academy of Sciences, Beijing 100101; 2 Fairylake Botanical Garden, Shenzhen and Chinese Academy of Sciences, Shenzhen 518004; 3 Department of Entomology, College of Plant Protection, China Agricultural University, Beijing 100193)

Athericidae Kuiyan Zhang[1], Hui Dong[2], Ding Yang[3] (1 Institute of Zoology, Chinese Academy of Sciences, Beijing 100101; 2 Fairylake Botanical Garden, Shenzhen and Chinese Academy of Sciences, Shenzhen 518004; 3 Department of Entomology, College of Plant Protection, China Agricultural University, Beijing 100193)

Xylophagidae Kuiyan Zhang[1], Ding Yang[2] (1 Institute of Zoology, Chinese Academy of Sciences, Beijing 100101; 2 Department of Entomology, College of Plant Protection, China Agricultural University, Beijing 100193)

Coenomyiidae Kuiyan Zhang[1], Ding Yang[2] (1 Institute of Zoology, Chinese Academy of Sciences, Beijing 100101; 2 Department of Entomology, College of Plant Protection, China Agricultural University, Beijing 100193)

Rachiceridae Shuangmei Ding[1], Kuiyan Zhang[2], Ding Yang[1] (1 Department of Entomology, College of Plant Protection, China Agricultural University, Beijing 100193; 2 Institute of Zoology, Chinese Academy of Science, Beijing 100101)

Vermileonidae Kuiyan Zhang[1], Ding Yang[2] (1 Institute of Zoology, Chinese Academy of Sciences, Beijing 100101; 2 Department of Entomology, College of Plant Protection, China Agricultural University, Beijing 100193)

Xylomyidae Tingting Zhang[1], Zhu Li[2], Ding Yang[3] (1 Department of Entomology, College of Plant Protection, Shandong Agricultural University, Taian 271018; 2 Beijing Natural History Museum, Beijing 100050; 3 Department of Entomology, College of Plant Protection, China Agricultural University, Beijing 100193)

Stratiomyidae Tingting Zhang[1], Zhu Li[2], Ding Yang[3] (1 Department of Entomology, College of Plant Protection, Shandong Agricultural University, Taian 271018; 2 Beijing Natural History Museum, Beijing 100050; 3 Department of Entomology, College of Plant Protection, China Agricultural University, Beijing 100193)

Therevidae Sipei Liu[1], Hui Dong[2], Ding Yang[1] (1 Department of Entomology, College of Plant Protection, China Agricultural University, Beijing 100193; 2 Fairylake Botanical Garden, Shenzhen and Chinese Academy of Sciences, Shenzhen 518004)

Scenopidae Chufei Tang, Ding Yang (Department of Entomology, College of Plant Protection, China Agricultural University, Beijing 100193)

Mydaidae Lili Zhang[1], Ding Yang[2] (1 Institute of Zoology, Chinese Academy of Sciences, Beijing 100101; 2 Department of Entomology, College of Plant Protection, China Agricultural University, Beijing 100193)

Asilidae Lili Zhang[1], Ding Yang[2] (1 Institute of Zoology, Chinese Academy of Sciences, Beijing 100101; 2 Department of Entomology, College of Plant Protection, China Agricultural University, Beijing 100193)

Acroceridae Chufei Tang[1], Xuankun Li[1], Junhua Zhang[2], Ding Yang[1] (1 Department of Entomology, College of Plant Protection, China Agricultural University, Beijing 100193; 2 Chinese Academy of Inspection and Quarantine, Beijing 100176)

Nemestrinidae Shuangmei Ding[1], Chufei Tang[1], Kuiyan Zhang[2], Ding Yang[1] (1 Department of Entomology, College of Plant Protection, China Agricultural University, Beijing 100193; 2 Institute of Zoology, Chinese Academy of Sciences, Beijing 100101)

Bombyliidae Gang Yao[1], Weina Cui[2], Ding Yang[3] (1 Jinhua Polytechnic, Jinhua 321007; 2 Zoucheng Agriculture Bureau, Zoucheng 273500; 3 Department of Entomology, College of Plant Protection, China Agricultural University, Beijing 100193)

Empididae Kuiyan Zhang[1], Ning Wang[2], Shuangmei Ding[3], Zhu Li[4], Hui Dong[5], Xiaoyan Liu[6], Ding Yang[3] (1 Institute of Zoology, Chinese Academy of Sciences, Beijing 100101; 2 Institute of Grassland Research, Chinese Academy of Agricultural Sciences, Hohhot 0100102 ; 3 Department of Entomology, College of Plant Protection, China Agricultural University, Beijing 100193; 4 Beijing Natural History Museum, Beijing 100050; 5 Fairylake Botanical Garden, Shenzhen and Chinese Academy of Sciences, Shenzhen 518004; 6 Department of Entomology, College of Plant Science and Technology, Huazhong Agricultural University, Wuhan 430070)

Dolichopodidae Lili Zhang[1], Mengqing Wang[2], Yajun Zhu[3], Chufei Tang[4], Ruosi Liu[5], Qilemoge[4], Ding Yang[4] (1 Institute of Zoology, Chinese Academy of Sciences, Beijing 100101; 2 Institute of Plant Protection, Chinese Academy of Agricultural Sciences, Beijing 100193; 3 Shanghai Entry-Exit Inspection and Quarantine Bureau, Shanghai 200135; 4 Department of Entomology, College of Plant Protection, China Agricultural University, Beijing 100193; 5 Beijing Entry-Exit Inspection and Quarantine Bureau, Beijing 100026)

总　　序

生物多样性保护研究、管理和监测等许多工作都需要翔实的物种名录作为基础。建立可靠的生物物种名录也是生物多样性信息学建设的首要工作。通过物种唯一的有效学名可查询关联到国内外相关数据库中该物种的所有资料，这一点在网络时代尤为重要，也是整合生物多样性信息最容易实现的一种方式。此外，“物种数目”也是一个国家生物多样性丰富程度的重要统计指标。然而，像中国这样生物种类非常丰富的国家，各生物类群研究基础不同，物种信息散见于不同的志书或不同时期的刊物中，加之分类系统及物种学名也在不断被修订。因此建立实时更新、资料翔实，且经过专家审订的全国性生物物种名录，对我国生物多样性保护具有重要的意义。

生物多样性信息学的发展推动了生物物种名录编研工作。比较有代表性的项目，如全球鱼类数据库（FishBase）、国际豆科数据库（ILDIS）、全球生物物种名录（CoL）、全球植物名录（TPL）和全球生物名称（GNA）等项目；最有影响的全球生物多样性信息网络（GBIF）也专门设立子项目处理生物物种名称（ECAT）。生物物种名录的核心是明确某个区域或某个类群的物种数量，处理分类学名称，厘清生物分类学上有效发表的拉丁学名的性质，即接受名还是异名及其演变过程；好的生物物种名录是生物分类学研究进展的重要标志，是各种志书编研必需的基础性工作。

自 2007 年以来，中国科学院生物多样性委员会组织国内外 100 多位分类学专家编辑中国生物物种名录；并于 2008 年 4 月正式发布《中国生物物种名录》光盘版和网络版（http://www.sp2000.org.cn/），此后，每年更新一次；2012 年版名录已于同年 9 月面世，包括 70 596 个物种（含种下等级）。该名录自发布受到广泛使用和好评，成为环境保护部物种普查和农业部作物野生近缘种普查的核心名录库，并为环境保护部中国年度环境公报物种数量的数据源，我国还是全球首个按年度连续发布全国生物物种名录的国家。

电子版名录发布以后，有大量的读者来信索取光盘或从网站上下载名录数据，取得了良好的社会效果。有很多读者和编者建议出版《中国生物物种名录》印刷版，以方便读者、扩大名录的影响。为此，在 2011 年 3 月 31 日中国科学院生物多样性委员会换届大会上正式征求委员的意见，与会者建议尽快编辑出版《中国生物物种名录》印刷版。该项工作得到原中国科学院生命科学与生物技术局的大力支持，设立专门项目，支持《中国生物物种名录》的编研，项目于 2013 年正式启动。

组织编研出版《中国生物物种名录》（印刷版）主要基于以下几点考虑。①及时反映和推动中国生物分类学工作。“三志”是本项工作的重要基础。从目前情况看，植物方面的基础相对较好，2004 年 10 月《中国植物志》80 卷 126 册全部正式出版，*Flora of China* 的编研也已完成；动物方面的基础相对薄弱，《中国动物志》虽已出版 130 余卷，但仍有很多类群没有出版；《中国孢子植物志》已出版 80 余卷，很多类群仍有待编研，且微生物名录数字化基础比较薄弱，在 2012 年版中国生物物种名录光盘版中仅收录 900 多种，而植物有 35 000 多种，动物有 24 000 多种。需要及时总结分类学研究成果，把新种和新的修订，包括分类系统修订的信息及时整合到生物物种名录中，以克服志书编写出版周期长的不足，让各个方面的读者和用户及时了解和使用新的分类学成果。②生物物种名称的审订和处理是志书编写的基础性工作，名录的编研出版可以推动生物志书的编研；相关学科如生物地理学、保护生物学、生态学等的研究工作需要及时更新的生物物种名录。③政府部门和社会团体等在生物多样性保护和可持续利用的实践中，希望及时得到中国物种多样性的统计信息。④全球生物物种名录等国际项目需要中国生物物种名录等区域性名录信息不断更新完善，因此，我们的工作也可以在一定程度上推动全球生物多样性编目与保护工作的进展。

编研出版《中国生物物种名录》（印刷版）是一项艰巨的任务，尽管不追求短期内涉及所有类群，也是难度很大的。衷心感谢各位参编人员的严谨奉献，感谢几位副主编和工作组的把关和协调，特别感谢不幸过世的副主编刘瑞玉院士的积极支持。感谢国家出版基金和科学出版社的资助和支持，保证了本系列丛书的顺利出版。在此，对所有为《中国生物物种名录》编研出版付出艰辛努力的同仁表示诚挚的谢意。

虽然我们在《中国生物物种名录》网络版和光盘版的基础上，组织有关专家重新审订和编写名录的印刷版。但限于资料和编研队伍等多方面因素，肯定会有诸多不尽如人意之处，恳请各位同行和专家批评指正，以便不断更新完善。

陈宜瑜

2013 年 1 月 30 日于北京

动物卷前言

《中国生物物种名录》（印刷版）动物卷是在该名录电子版的基础上，经编委会讨论协商，选择出部分关注度高、分类数据较完整、近年名录内容更新较多的动物类群，组织分类学专家再次进行审核修订，形成的中国动物名录的系列专著。它涵盖了在中国分布的脊椎动物全部类群、无脊椎动物的部分类群。目前计划出版 14 册，包括兽类（1 册）、鸟类（1 册）、爬行类（1 册）、两栖类（1 册）、鱼类（1 册）、无脊椎动物蜘蛛纲蜘蛛目（1 册）和部分昆虫（7 册）名录，以及脊椎动物总名录（1 册）。

动物卷各类群均列出了中文名、学名、异名、原始文献和国内分布，部分类群列出了国外分布和模式信息，还有部分类群将重要参考文献以其他文献的方式列出。在国内分布中，省级行政区按以下顺序排序：黑龙江、吉林、辽宁、内蒙古、河北、天津、北京、山西、山东、河南、陕西、宁夏、甘肃、青海、新疆、安徽、江苏、上海、浙江、江西、湖南、湖北、四川、重庆、贵州、云南、西藏、福建、台湾、广东、广西、海南、香港、澳门。为了便于国外读者阅读，将省级行政区英文缩写括注在中文名之后，缩写说明见前言后附表格。为规范和统一出版物中对系列书各分册的引用，我们还给出了引用方式的建议，见缩写词表格后的图书引用建议。

为了帮助各分册作者编辑名录内容，动物卷工作组建立了一个网络化的物种信息采集系统，先期将电子版的各分册内容导入，并为各作者开设了工作账号和工作空间。作者可以随时在网络平台上补充、修改和审定名录数据。在完成一个分册的名录内容后，按照名录印刷版的格式要求导出名录，形成完整规范的书稿。此平台极大地方便了作者的编撰工作，提高了印刷版名录的编辑效率。

据初步统计，共有 62 名动物分类学家参与了动物卷各分册的编写工作。编写分类学名录是一项繁琐、细致的工作，需要对研究的类群有充分了解，掌握本学科国内外的研究历史和最新动态。核对一个名称，查找一篇文献，都可能花费很多的时间精力。正是他们一丝不苟、精益求精的工作态度，不求名利的奉献精神，才使这套基础性、公益性的高质量成果得以面世。我们借此机会感谢各位专家学者默默无闻的贡献，向他们表示诚挚的敬意。

我们还要感谢丛书主编陈宜瑜，副主编洪德元、刘瑞玉、马克平、魏江春、郑光美给予动物卷编写工作的指导和支持，特别感谢马克平副主编大量具体细致的指导和帮助；感谢科学出版社编辑认真细致的编辑和联络工作。

随着分类学研究的进展，物种名录的内容也在不断更新。电子版名录在每年更新，印刷版名录也将在未来适当的时候再版。最新版的名录内容可以从物种 2000 中国节点的网站（http://www.sp2000.org.cn/）上获得。

《中国生物物种名录》动物卷工作组

2016 年 6 月

中国各省（自治区、直辖市和特区）名称和英文缩写

Abbreviations of provinces, autonomous regions and special administrative regions in China

Abb.	Regions	Abb.	Regions	Abb.	Regions	Abb.	Regions	Abb.	Regions	Abb.	Regions
AH	Anhui	GX	Guangxi	HK	Hong Kong	LN	Liaoning	SD	Shandong	XJ	Xinjiang
BJ	Beijing	GZ	Guizhou	HL	Heilongjiang	MC	Macau	SH	Shanghai	XZ	Xizang
CQ	Chongqing	HB	Hubei	HN	Hunan	NM	Inner Mongolia	SN	Shaanxi	YN	Yunnan
FJ	Fujian	HEB	Hebei	JL	Jilin	NX	Ningxia	SX	Shanxi	ZJ	Zhejiang
GD	Guangdong	HEN	Henan	JS	Jiangsu	QH	Qinghai	TJ	Tianjin		
GS	Gansu	HI	Hainan	JX	Jiangxi	SC	Sichuan	TW	Taiwan		

图书引用建议（以本书为例）

中文出版物引用：杨定，张莉莉，张魁艳，等. 2018. 中国生物物种名录·第二卷动物·昆虫（VI）/双翅目(2)/短角亚目 虻类. 北京：科学出版社：引用内容所在页码

Suggested Citation: Yang D, Zhang L L, Zhang K Y. 2018. Species Catalogue of China. Vol. 2. Animals, Insecta (VI), Diptera (2), Orthorrhaphous Brachycera. Beijing: Science Press: Page number for cited contents

前　言

双翅目 Diptera 是昆虫纲中四大类群之一，包括蚊、蠓、蚋、虻、蝇等，与人类关系非常密切。该类群长期以来多采用三个亚目的分类系统，即分成长角亚目 Nematocera（蚊、蠓、蚋等）、短角亚目 Brachycera（虻类）和芒角亚目 Aristocera（蝇类）。目前一般采用 2 个亚目的分类系统，将虻类和蝇类合二为一，即分成长角亚目 Nematocera 和短角亚目 Brachycera。虻类是短角亚目中比较低等的类群，体多中至大型，较粗壮，高等虻类有明显的鬃；触角较短，一般三节，短于胸部，低等虻类第 3 节一般分亚节，但节间不十分明显，末端有细的端刺或触角芒；头部无额囊缝和新月片，下颚须 1-2 节；R_S 脉一般有 2-3 支，M 脉有 2-3 支，中室通常存在，臀室关闭或窄的开放。幼虫为半头式，蛹为裸蛹，但水虻科为围蛹。虻类昆虫中大多数种类为捕食性，如食虫虻、舞虻、长足虻和剑虻等，一些种类为寄生性，如蜂虻，为有益的天敌昆虫；一些种类具访花习性，如蜂虻和舞虻不少种类，为有益的传粉昆虫；虻科、鹬虻科和伪鹬虻科部分种类吸血传病，为人畜害虫。幼虫水生或陆生。

世界现生虻类昆虫已知 3 万余种，中国虻类昆虫区系较为丰富。本名录收录在中国分布的虻类昆虫 4 总科 18 科 325 属 3228 种，包括虻总科 34 属 581 种（虻科 14 属 459 种，鹬虻科 8 属 85 种，伪鹬虻科 3 属 7 种，食木虻科 1 属 1 种，臭虻科 5 属 11 种，肋角虻科 1 属 10 种，穴虻科 2 属 8 种），水虻总科 58 属 383 种（木虻科 3 属 37 种，水虻科 55 属 346 种），食虫虻总科 115 属 616 种（剑虻科 11 属 36 种，窗虻科 1 属 3 种，拟食虫虻科 2 属 2 种，食虫虻科 59 属 305 种，小头虻科 7 属 16 种，网翅虻科 4 属 17 种，蜂虻科 31 属 237 种），舞虻总科 118 属 1648 种（舞虻科 48 属 552 种，长足虻科 70 属 1096 种）。

本名录主要参考已出版的《中国动物志　昆虫纲　第 34 卷双翅目舞虻总科》（2004）、《中国动物志　昆虫纲　第 53 卷双翅目长足虻科》（2011）、《中国动物志　昆虫纲　第 59 卷双翅目虻科》（2013）、《中国动物志　昆虫纲　第 65 卷双翅目鹬虻科伪鹬虻科》（2016）、《中国蜂虻科志》（2012）、《中国水虻总科志》（2014）等专著整理完成。本名录收录了各属的学名、中名、异名、模式种信息及各种的学名、中名、异名、模式产地、分布等信息。同时提供了相关的分类研究参考文献。文稿承蒙中国科学院动物研究所朱朝东研究员、牛泽清博士审阅；中国科学院动物研究所纪力强研究员、周红章研究员、李枢强研究员和朱朝东研究员，中国科学院植物研究所马克平研究员和首都师范大学任东教授提出宝贵修改意见，作者在此表示衷心感谢。

名录编研还得到了国家自然科学基金（31772497、31672326、31272354、31201740、41301049、30970395）相关项目的资助。

本名录涉及面广，而作者知识有限，错误之处敬请读者批评指正。

编著者

2017 年 11 月

Preface

Order Diptera can be divided into two suborders, Nematocera and Brachycera, distinguished by the length and shape of antennae. The Brachycera is a large suborder containing about 120 families. Most species of orthorrhaphous Brachycera are predatory. The present catalogue deals specifically with the orthorrhaphous Brachycera in China, including 325 genera and 3228 species in 18 families of 4 superfamilies. There are 34 genera and 581 species of Tabanoidea (Tabanidae: 14 genera and 459 species; Rhagionidae: 8 genera and 85 species; Athericidae: 3 genera and 7 species; Xylophagidae: 1 genus and 1 species; Coenomyiidae: 5 genera and 11 species; Rachiceridae: 1 genera and 10 species; Vermileonidae: 2 genera and 8 species), 58 genera and 383 species of Stratiomyoidea (Xylomyidae: 3 genera and 37 species; Stratiomyidae: 55 genera and 346 species), 115 genera and 616 species of Asiloidea (Therevidae: 11 genera and 36 species; Scenopidae: 1 genus and 3 species; Mydaidae: 2 genera and 2 species; Asilidae: 59 genera and 305 species; Acroceridae: 7 genera and 16 species; Nemestrinidae: 4 genera and 17 species; Bombyliidae: 31 genera and 237 species), 118 genera and 1648 species of Empidoidea (Empididae: 48 genera and 552 species; Dolichopodidae: 70 genera and 1096 species). The present catalogue includes the scientific name, the Chinese name, the synonym, and the type locality and distribution of each genus and species from China.

The catalogue was partially based on the following published books: Fauna Sinica Insecta 34 (2004), 53 (2011), 59 (2013), 65 (2016); Bombyliidae of China (2012); Stratiomyoidea of China (2014).

The present work was supported by the National Natural Science Foundation (No. 31772497, 31672326, 31272354, 31201740, 41301049, 30970395).

目　　录

虻总科 Tabanoidea

一、虻科 Tabanidae

斑虻亚科 Chrysopsinae

1. 斑虻属 *Chrysops* Meigen, 1803

Chrysops Meigen, 1803. Mag. Insektenkd. 2: 267. **Type species:** *Tabanus caecutiens* Linnaeus, 1758 (monotypy).
Heterochrysops Kröber, 1920. Zool. Jahrb. (Syst.) 43: 50. **Type species:** *Chrysops flavipes* Meigen, 1804; by designation of Bequaert, 1924. Synonymized by Chvála, 1988.
Silviochrysops Szilády, 1922. Ann. Hist. Nat. Mus. Natl. Hung. 19: 125. **Type species:** *Silviochrysops flavescens* Szilády, 1922; by original designation. Synonymized by Stone, 1975.
Neochrysops Szilády, 1922. Ann. Hist. Nat. Mus. Natl. Hung. 19: 126. **Type species:** *Neochrysops grandis* Szilády, 125; by original designation. Synonymized by Stone, 1975.
Psylochrysops Szilády, 1926. Biol. Hung. 1 (7): 3 (new name for *Neochrysops* Szilády).
Chrysops: Xu *et* Sun, 2013. Fauna Sinica Insecta 59: 52.

（1）先父斑虻 *Chrysops abavius* Philip, 1961

Chrysops abavius Philip, 1961. Pac. Ins. 3 (4): 478. **Type locality:** China (W. Hupeh: Lichuan distr., Suisapa).
Chrysops abavius: Xu *et* Sun, 2013. Fauna Sinica Insecta 59: 96.
分布（Distribution）：陕西（SN）、湖北（HB）、四川（SC）

（2）铜色斑虻 *Chrysops aeneus* Pechuman, 1943

Chrysops aeneus Pechuman, 1943. Proc. Ent. Soc. Wash. 45 (2): 43. **Type locality:** China (Sichuan: Yellow Dragon Gorge, near Songpan).
Chrysops aeneus: Xu *et* Sun, 2013. Fauna Sinica Insecta 59: 80.
分布（Distribution）：四川（SC）

（3）联瘤斑虻 *Chrysops angaricus* Olsufjev, 1937

Chrysops angaricus Olsufjev, 1937. Fauna U. S. S. R., Dipt. (New series no. 9) 7 (2): 85. **Type locality:** Russia (Far East: Tolbuzino area, Amur River).
Chrysops angaricus: Xu *et* Sun, 2013. Fauna Sinica Insecta 59: 104.
分布（Distribution）：黑龙江（HL）、吉林（JL）、内蒙古（NM）；俄罗斯、蒙古国

（4）煤色斑虻 *Chrysops anthrax* Olsufjev, 1937

Chrysops anthrax Olsufjev, 1937. Fauna U. S. S. R., Dipt. 7 (2): 74. **Type locality:** Russia (Primoryie: Lake Chanka).
Chrysops anthrax: Xu *et* Sun, 2013. Fauna Sinica Insecta 59: 106.
分布（Distribution）：黑龙江（HL）；俄罗斯

（5）黑尾斑虻 *Chrysops caecutiens* (Linnaeus, 1758)

Tabanus caecutiens Linnaeus, 1758. Syst. Nat. Ed. 10, Vol. 1: 602. **Type locality:** Europe.
Tabanus lugubris Linnaeus, 1761. Fauna Svecica, ed. 2: 464. **Type locality:** Sweden.
Tabanus maritimus Scopoli, 1763. Entomologia carniolica exhibens insecta carnioliae, indigena *et* distributa in ordines, genera, species, varietates, methodo Linnaeana: 374. **Type locality:** Around Adriatic Sea.
Tabanus coecutiens Muller, 1775. Des Ritters Carl von Linné vollständiges Natursystem 5 (2): 897. Misspelling.
Tabanus nubilosus Harris, 1776. Expos. Eng. Ins.: 28. **Type locality:** England (Southeast).
Chrysops crudelis Wiedemann, 1828. Aussereurop. Zweifl. Insekt. 1: 195. **Type locality:** Unknown.
Chrysops ludens Loew, 1858. Verh. Zool.-Bot. Ges. Wien. 8: 628. **Type locality:** Turkey (Patara).
Chrysops caecutiens f. *meridionalis* Strobl, 1906. Mem. R. Soc. Esp. Hist. Nat. (Madrid) (1905) 3: 277. **Type locality:** Spain (Madrid: Escorial).
Chrysops hermanni Kröber, 1920. Zool. Jahrb. (Syst.) 43: 117. **Type locality:** Azerbaijan (Lenkoran).
Chrysops caecutiens var. *trifenestratus* Kröber, 1920. Zool. Jahrb. (Syst.) 43: 119. **Type locality:** Spain (Sicily, “Bickenbach a Bergstrasse”).
Chrysops caecutiens f. *niger* Goffe, 1931. Trans. Ent. Soc. S. Engl. 6 (1930): 51. **Type locality:** England (Lyndhurst, Rugby).
Chrysops caecutiens f. *nigrescens* Goffe, 1931. Trans. Ent. Soc. S. Engl. 6 (1930): 51. **Type locality:** England.
Chrysops caecutiens f. *obsolescens* Goffe, 1931. Trans. Ent. Soc. S. Engl. 6 (1930): 51. **Type locality:** England.
Chrysops caecutiens f. *clarus* Goffe, 1931. Trans. Ent. Soc. S. Engl. 6 (1930): 52. **Type locality:** England.
Chrysops caecutiens f. *fulvus* Goffe, 1931. Trans. Ent. Soc. S. Engl. 6 (1930): 52. **Type locality:** England.
Chrysops caecutiens f. *hyalinatus* Goffe, 1931. Trans. Ent. Soc. S. Engl. 6 (1930): 52. **Type locality:** England (Eastleigh).
Chrysops caecutiens f. *obsoletus* Goffe, 1931. Trans. Ent. Soc.

S. Engl. 6 (1930): 52. **Type locality:** Switzerland.
Chrysops caecutiens: Xu *et* Sun, 2013. Fauna Sinica Insecta 59: 78.
分布（Distribution）：新疆（XJ）；俄罗斯、蒙古国、瑞典、英国、土耳其、西班牙、阿塞拜疆、瑞士；亚洲（中部）、欧洲

（6）察哈尔斑虻 *Chrysops chaharicus* Chen *et* Quo, 1949

Chrysops chaharicus Chen *et* Quo, 1949. Chinese J. Zool. 3: 6. **Type locality:** China (Hebei: Yangkiaping).
Chrysops chaharicus: Xu *et* Sun, 2013. Fauna Sinica Insecta 59: 76.
分布（Distribution）：辽宁（LN）、河北（HEB）、山西（SX）、陕西（SN）、宁夏（NX）、甘肃（GS）

（7）舟山斑虻 *Chrysops chusanensis* Ôuchi, 1939

Chrysops chusanensis Ôuchi, 1939. J. Shanghai Sci. Inst. (III) 4: 180. **Type locality:** China (Zhejiang: Chusan Island).
Chrysops chusensis Ôuchi, 1943. Shanghai Sizen. Ken. Ihō (In Japanese) 13 (6): 475. **Type locality:** China (Zhejiang: Chusan Island).
Chrysops subchusanensis Wang *et* Liu, 1990. Contr. Shanghai Inst. Entomol. 9: 173. **Type locality:** China (Sichuan: Guanxian).
分布（Distribution）：浙江（ZJ）、湖北（HB）、四川（SC）、福建（FJ）、广西（GX）

（8）迪庆斑虻 *Chrysops deqenensis* Yang *et* Xu, 1995

Chrysops deqenensis Yang *et* Xu, 1995. Acta Ent. Sin. 38 (3): 367. **Type locality:** China (Yunnan: Diqing).
Chrysops deqenensis: Xu *et* Sun, 2013. Fauna Sinica Insecta 59: 91.
分布（Distribution）：云南（YN）

（9）三角斑虻 *Chrysops designatus* Ricardo, 1911

Chrysops designatus Ricardo, 1911. Rec. Indian Mus. 4: 383. **Type locality:** Nepal (Sarah), India (Naini Tal Distr.: Jaulasal).
Chrysops designatus: Xu *et* Sun, 2013. Fauna Sinica Insecta 59: 92.
分布（Distribution）：云南（YN）；印度、尼泊尔

（10）蹄斑斑虻 *Chrysops dispar* (Fabricius, 1798)

Tabanus dispar Fabricius, 1798. Ent. Syst. Suppl. [4]: 567. **Type locality:** India (Tamil Nadu: Tharangambadi).
Haematopota lunatus Gray *In*: Griffith *et* Pidgeon, 1832. Anim. kingd.: 696. **Type locality:** Not given.
Chrysops bifasciata Macquart, 1838. Dipt. Exot. Tome premier: 157. **Type locality:** India (West Bengal).
Chrysops ligatus Walker, 1848. List Dipt. Colln Br. Mus. 1: 195. **Type locality:** India (N. Bengal).
Chrysops terminalis Walker, 1848. List Dipt. Colln Br. Mus. 1: 195. **Type locality:** East Indies.
Chrysops semicirculus Walker, 1848. List Dipt. Colln Br. Mus. 1: 196. **Type locality:** East Indies.
Chrysops manilensis Schiner, 1868. Reise der österreichischen Fregatte Novara. Zoology 2, abt. 1, sect. B: 104. **Type locality:** Philippines (Luzon: Manila).
Chrysops impar Rondani, 1875. Ann. Mus. Civ. Stor. Nat. Genova 7: 460. **Type locality:** Malaysia (Sarawak).
Chrysops dispar: Xu *et* Sun, 2013. Fauna Sinica Insecta 59: 56.
分布（Distribution）：贵州（GZ）、云南（YN）、福建（FJ）、台湾（TW）、广东（GD）、广西（GX）、海南（HI）；印度、尼泊尔、缅甸、越南、老挝、泰国、斯里兰卡、菲律宾、马来西亚、印度尼西亚

（11）分点斑虻 *Chrysops dissectus* Loew, 1858

Chrysops dissectus Loew, 1858. Verh. Zool.-Bot. Ges. Wien. 8: 618. **Type locality:** Russia (Siberia).
Chrysops bipunctatus Motschulsky, 1859. Bull. Soc. Nat. Moscou 32: 505. **Type locality:** Russia (Nikolayevsk on Amur River).
Chrysops amurensis Pleske, 1910. Annu. Mus. Zool. St. Petersbourg 15: 459. **Type locality:** Russia (Amur River).
Chrysops binoculatus Szilády, 1919. Arch. Naturgesch. 83A (4) (1917): 105. **Type locality:** Russia (Far East: Amur River, Chome, upperhalf of "Gorin-Mundung").
Chrysops apunctus Philip, 1956. Jpn. J. Sanit. Zool. 7: 223. **Type locality:** China (Kirin Prov.: Yablonia Station).
Chrysops dissectus: Xu *et* Sun, 2013. Fauna Sinica Insecta 59: 87.
分布（Distribution）：黑龙江（HL）、吉林（JL）、辽宁（LN）、内蒙古（NM）；俄罗斯、蒙古国、朝鲜、日本

（12）黄瘤斑虻 *Chrysops flavescens* (Szilády, 1922)

Silviochrysops flavescens Szilády, 1922. Ann. Hist. Nat. Mus. Natl. Hung. 19: 126. **Type locality:** China (Taiwan).
Silvius fascipennis Kröber, 1922. Arch. Naturgesch. Abt. A, 88 (8): 132. **Type locality:** China (Taiwan).
Chrysops fasciatipennis Shiraki, 1932. Trans. Nat. Hist. Soc. Formosa 22: 259. Misspelling.
Chrysops flavocallus Xu *et* Chen, 1977. Acta Ent. Sin. 20 (3): 337. **Type locality:** China (Liaoning: Yingkou).
Chrysops flavescens: Xu *et* Sun, 2013. Fauna Sinica Insecta 59: 100.
分布（Distribution）：辽宁（LN）、北京（BJ）、上海（SH）、浙江（ZJ）、台湾（TW）

（13）黄胸斑虻 *Chrysops flaviscutellatus* Philip, 1963

Chrysops flaviscutellatus Philip, 1963. Pac. Ins. 5 (1): 3. **Type locality:** Vietnam (Dak Song: 76 km SW of Ban Me Thout).
Chrysops flaviscutellatus: Xu *et* Sun, 2013. Fauna Sinica Insecta 59: 62.
分布（Distribution）：江西（JX）、湖南（HN）、四川（SC）、贵州（GZ）、云南（YN）、福建（FJ）、广东（GD）、广西（GX）、海南（HI）；越南、马来西亚

(14)黄带斑虻 *Chrysops flavocinctus* Ricardo, 1902

Chrysops flavocinctus Ricardo, 1902. Ann. Mag. Nat. Hist. (7) 9: 380. **Type locality:** India (Assam; Khasi Hills).

Chrysops flavocinctus: Xu *et* Sun, 2013. Fauna Sinica Insecta 59: 54.

分布(Distribution):云南(YN)、西藏(XZ)、海南(HI);缅甸、印度、马来西亚、泰国、? 斯里兰卡

(15)大型斑虻 *Chrysops grandis* (Szilády, 1922)

Neochrysops grandis Szilády, 1922. Ann. Hist. Nat. Mus. Natl. Hung. 19: 127. **Type locality:** China (Taiwan: Toa Tsui Kutsu, Taihorin, Koshun).

Chrysops grandis: Xu *et* Sun, 2013. Fauna Sinica Insecta 59: 58.

分布(Distribution):台湾(TW)

(16)日本斑虻 *Chrysops japonicus* Wiedemann, 1828

Chrysops japonicus Wiedemann, 1828. Aussereurop. Zweifl. Insekt. 1: 203. **Type locality:** Japan.

Chrysops aterrimus Kirby, 1884. Ann. Mag. Nat. Hist. (5) 13: 457. **Type locality:** Japan ("Eucosca Dock").

Chrysops japonicus: Xu *et* Sun, 2013. Fauna Sinica Insecta 59: 71.

分布(Distribution):黑龙江(HL)、吉林(JL)、辽宁(LN);俄罗斯、朝鲜、日本

(17)辽宁斑虻 *Chrysops liaoningensis* Xu *et* Chen, 1977

Chrysops liaoningensis Xu *et* Chen, 1977. Acta Ent. Sin. 20 (3): 338. **Type locality:** China (Liaoning: Donggou).

Chrysops liaoningensis: Xu *et* Sun, 2013. Fauna Sinica Insecta 59: 111.

分布(Distribution):辽宁(LN)

(18)玛氏斑虻 *Chrysops makerovi* Pleske, 1910

Chrysops makerovi Pleske, 1910. Annu. Mus. Zool. St. Petersbourg 15: 469. **Type locality:** Russia (Transbaikalien).

Chrysops nigricornis Matsumura, 1911. J. Coll. Agric. Tohoku Imp. Univ. Sapporo 4 (1): 66. **Type locality:** Russia (Sachalin: Solowiyofka).

Chrysops loewi Kröber, 1920. Zool. Jahrb. (Syst.) 43: 106. **Type locality:** Russia (Siberia).

Chrysops makerovi: Xu *et* Sun, 2013. Fauna Sinica Insecta 59: 84.

分布(Distribution):黑龙江(HL)、吉林(JL)、内蒙古(NM)、甘肃(GS);俄罗斯、日本

(19)莫氏斑虻 *Chrysops mlokosiewiczi* Bigot, 1880

Chrysops mlokosiewiczi Bigot, 1880. Ann. Soc. Ent. Fr. (5) 10: 146. **Type locality:** Russia (Caucasus).

Chrysops iranensis Bigot, 1892. Mem. Soc. Zool. Fr. 5: 602. **Type locality:** Iran ("Perse sept.").

Chrysops (*Heterochrysops*) *mlokosiewiczi* var. *oxianus* Pleske, 1910. Annu. Mus. Zool. St. Petersbourg 15: 458. **Type locality:** Uzbekistan.

Chrysops (*Heterochrysops*) *mlokosiewiczi* var. *obscura* Kröber, 1923. Arch. Naturgesch. 89A (12): 109. **Type locality:** Russia (Kaukasus).

Heterochrysops obscurus Kröber, 1929. Zool. Jahrb. (Syst.) 56: 478. **Type locality:** China.

Chrysops mlokosiewiczi: Xu *et* Sun, 2013. Fauna Sinica Insecta 59: 64.

分布(Distribution):吉林(JL)、辽宁(LN)、内蒙古(NM)、河北(HEB)、天津(TJ)、北京(BJ)、山西(SX)、河南(HEN)、陕西(SN)、宁夏(NX)、甘肃(GS)、新疆(XJ)、浙江(ZJ)、福建(FJ)、台湾(TW)、广东(GD);俄罗斯;亚洲(中部)

(20)黑足斑虻 *Chrysops nigripes* Zetterstedt, 1838

Chrysops nigripes Zetterstedt, 1838. Insecta Lapponica. Dipterologis Scandinaviae, Sect. 3, Diptera: 519. **Type locality:** Norway ("Lapponia-Finmarkiae" at Bossekop, North Cape).

Chrysops lapponicus Loew, 1858. Verh. Zool.-Bot. Ges. Wien. 8: 624. **Type locality:** "Lappland".

Chrysops nigripes: Xu *et* Sun, 2013. Fauna Sinica Insecta 59: 102.

分布(Distribution):黑龙江(HL)、吉林(JL)、内蒙古(NM)、台湾(TW);俄罗斯、朝鲜、日本、立陶宛、芬兰、挪威、瑞典

(21)副三角斑虻 *Chrysops paradesignata* Liu *et* Wang, 1977

Chrysops paradesignata Liu *et* Wang *In*: Wang, 1977. Acta Ent. Sin. 20 (1): 106. **Type locality:** China (Yunnan: Jinping).

Chrysops paradesignata: Xu *et* Sun, 2013. Fauna Sinica Insecta 59: 94.

分布(Distribution):云南(YN)、西藏(XZ)

(22)毕氏斑虻 *Chrysops pettigrewi* Ricardo, 1913

Chrysops pettigrewi Ricardo, 1913. Ann. Mag. Nat. Hist. 11: 542. **Type locality:** India (Manipur: Ukrul).

Chrysops zhamensis Zhu, Xu *et* Zhang, 1995. Contributions to Epidemiological Survey in China 1: 104. **Type locality:** China (Tibet: Zham).

Chrysops pettigrewi: Xu *et* Sun, 2013. Fauna Sinica Insecta 59: 70.

分布(Distribution):云南(YN)、西藏(XZ);印度

(23)帕氏斑虻 *Chrysops potanini* Pleske, 1910

Chrysops potanini Pleske, 1910. Annu. Mus. Zool. St. Petersbourg 15: 468. **Type locality:** China (Sichuan: "Je-tschau").

Chrysops potanini: Xu *et* Sun, 2013. Fauna Sinica Insecta 59: 73.

分布(Distribution):山西(SX)、陕西(SN)、甘肃(GS)、安徽(AH)、浙江(ZJ)、四川(SC)、贵州(GZ)、云南(YN)、福建(FJ);日本

（24）黄缘斑虻 *Chrysops relictus* Meigen, 1820

Chrysops relictus Meigen, 1820. Syst. Beschr.: 69. **Type locality:** ? Germany.

Chrysops melanopleurus Wahlberg, 1848. Öfvers. K. Vetensk-Akad. Förh. 5: 200. **Type locality:** Norway (Dowre, Sweden: "inter Palajoensu ad fluvum Muonio *et* montem Pajtasvara, Lapponiae Torenensis").

Chrysops morio Zetterstedt, 1849. Dipt. Scand. 8: 2944. **Type locality:** Norway (Dowre).

Chrysops relictus f. *chlorosis* Goffe, 1931. Trans. Ent. Soc. S. Engl. 6 (1930): 58. **Type locality:** Southern Ireland and England (Suffolk: Sundbury).

Chrysops relictus f. *clarus* Goffe, 1931. Trans. Ent. Soc. S. Engl. 6 (1930): 58. **Type locality:** England (Thamas Marshes and Hampshire on Hengistbury Head).

Chrysops relictus f. *conspicuus* Goffe, 1931. Trans. Ent. Soc. S. Engl. 6 (1930): 58. **Type locality:** Ireland (Southern: Kenmare).

Chrysops relictus f. *inconspicuus* Goffe, 1931. Trans. Ent. Soc. S. Engl. 6 (1930): 58. **Type locality:** England (Norfolk: Hunstanton).

Chrysops relictus: Xu *et* Sun, 2013. Fauna Sinica Insecta 59: 81.

分布（Distribution）：新疆（XJ）；俄罗斯、蒙古国；欧洲

（25）娌氏斑虻 *Chrysops ricardoae* Pleske, 1910

Chrysops ricardoae Pleske, 1910. Annu. Mus. Zool. St. Petersbourg 15: 461. **Type locality:** Kazakhstan (Dzhambul).

Chrysops przewalskii Pleske, 1910. Annu. Mus. Zool. St. Petersbourg 15: 464. **Type locality:** China (Ordos Prov.: Chuan-che).

Chrysops wagneri Pleske, 1910. Annu. Mus. Zool. St. Petersbourg 15: 466. **Type locality:** Russia (Siberia: "am Argun-Flusse in Transbaikalien").

Chrysops dissectus var. *mongolicus* Szilády, 1919. Arch. Naturgesch. 83A (4) (1917): 109. **Type locality:** Russia (Siberia).

Chrysops pseudoricardoae Kröber, 1920. Zool. Jahrb. (Syst.) 43: 78. **Type locality:** Turkmenistan ["Djarbent (Iligebiet)"].

Chrysops chiefengensis Ôuchi, 1939. J. Shanghai Sci. Inst. (III) 4: 183. **Type locality:** China (Manchoukou: Chiefeng).

Chrysops chiefengensis var. *pokotensis* Ôuchi, 1939. J. Shanghai Sci. Inst. (Ⅲ) 4: 184. **Type locality:** China (Manchoukou: Pokotu).

Chrysops ricardoae volgensis Olsufjev, 1972. Russ. Ent. Obozr. 51: 446. **Type locality:** Russia (okr. Leninska Volgogradskoj obl).

Chrysops ricardoae jakutensis Olsufjev, 1972. Russ. Ent. Obozr. 51: 447. **Type locality:** Russia (Siberia: Chomustach Namskogo rajona, Jakutija).

Chrysops ricardoae: Xu *et* Sun, 2013. Fauna Sinica Insecta 59: 88.

分布（Distribution）：黑龙江（HL）、内蒙古（NM）、河北（HEB）、陕西（SN）、宁夏（NX）、甘肃（GS）、新疆（XJ）；俄罗斯、蒙古国；亚洲（中部）

（26）宽条斑虻 *Chrysops semiignitus* Kröber, 1930

Chrysops semiignitus Kröber, 1930. Zool. Anz. 90: 69. **Type locality:** China (Sichuan: Kangding, Tatsienlu).

Chrysops plateauna Wang, 1978. Acta Ent. Sin. 21 (4): 437. **Type locality:** China (Szechuan: Maerhkang).

Chrysops semiignitus: Xu *et* Sun, 2013. Fauna Sinica Insecta 59: 75.

分布（Distribution）：甘肃（GS）、青海（QH）、四川（SC）、西藏（XZ）

（27）林脸斑虻 *Chrysops silvifacies* Philip, 1963

Chrysops silvifacies Philip, 1963. Pac. Ins. 5 (3): 533. **Type locality:** Vietnam (15 km NW of Dalat).

Chrysops atrinus Wang, 1986. Acta Zootaxon. Sin. 11 (2): 218. **Type locality:** China (Yunnan: Lushui, Pianma).

Chrysops intercalatus Wang *et* Xu, 1988. J. Southwest Agric. Univ. 10 (3): 267. **Type locality:** China (Tibet: Medog).

Chrysops silvifacies: Xu *et* Sun, 2013. Fauna Sinica Insecta 59: 68.

分布（Distribution）：云南（YN）、西藏（XZ）；越南

（28）中华斑虻 *Chrysops sinensis* Walker, 1856

Chrysops sinensis Walker, 1856. Ins. Saunders. Dipt. 1 (pt. 5): 453. **Type locality:** China.

Chrysops sinensis var. *balteatus* Szilády, 1926. Ann. Mus. Natl. Hung. 24: 598. **Type locality:** China.

Chrysops sinensis: Xu *et* Sun, 2013. Fauna Sinica Insecta 59: 107.

分布（Distribution）：吉林（JL）、辽宁（LN）、河北（HEB）、天津（TJ）、北京（BJ）、山西（SX）、山东（SD）、河南（HEN）、陕西（SN）、宁夏（NX）、甘肃（GS）、安徽（AH）、江苏（JS）、上海（SH）、浙江（ZJ）、江西（JX）、湖南（HN）、湖北（HB）、四川（SC）、重庆（CQ）、贵州（GZ）、云南（YN）、福建（FJ）、台湾（TW）、广东（GD）、广西（GX）、香港（HK）

（29）斯氏斑虻 *Chrysops stackelbergiellus* Olsufjev, 1967

Chrysops stackelbergiellus Olsufjev, 1967. Russ. Ent. Obozr. 46: 379. **Type locality:** China ("Pekin").

Chrysops stackelbergiellus: Xu *et* Sun, 2013. Fauna Sinica Insecta 59: 110.

分布（Distribution）：辽宁（LN）、河北（HEB）、天津（TJ）、北京（BJ）

（30）条纹斑虻 *Chrysops striatulus* Pechuman, 1943

Chrysops striatulus Pechuman, 1943. Proc. Ent. Soc. Wash. 45 (2): 42. **Type locality:** China (Sichuan: Suifu).

Chrysops striatulus: Xu *et* Sun, 2013. Fauna Sinica Insecta 59: 99.

分布（Distribution）：陕西（SN）、湖南（HN）、湖北（HB）、四川（SC）、重庆（CQ）、贵州（GZ）、云南（YN）、福建（FJ）

（31）合瘤斑虻 *Chrysops suavis* Loew, 1858

Chrysops suavis Loew, 1858. Wien. Entomol. Monatschr. 2: 103. **Type locality:** Japan.

Chrysops sakhalinensis Pleske, 1910. Annu. Mus. Zool. St. Petersbourg 15: 472. **Type locality:** Russia (Sakhalin).

Chrysops suavius Takagi, 1941. Rep. Inst. Horse-Dis. Manchoukuo 16 (2): 16. Misspelling.

Chrysops suavis var. *kunashiri* Olsufjev, 1977. Fauna U. S. S. R., Dipt. (New series no. 113) 7 (2): 116. **Type locality:** Japan (Hokkaido: Kunashir).

Chrysops suavis: Xu *et* Sun, 2013. Fauna Sinica Insecta 59: 113.

分布（Distribution）：黑龙江（HL）、吉林（JL）、辽宁（LN）、内蒙古（NM）、陕西（SN）、宁夏（NX）、甘肃（GS）、青海（QH）、新疆（XJ）、四川（SC）、台湾（TW）；俄罗斯、蒙古国、朝鲜、日本

（32）四川斑虻 *Chrysops szechuanensis* Kröber, 1933

Chrysops szechuanensis Kröber, 1933. Ark. Zool. 26 A (8): 2. **Type locality:** China (Sichuan).

Chrysops szechuanensis: Xu *et* Sun, 2013. Fauna Sinica Insecta 59: 114.

分布（Distribution）：陕西（SN）、四川（SC）

（33）塔里木斑虻 *Chrysops tarimi* Olsufjev, 1979

Chrysops tarimi Olsufjev, 1979. Russ. Ent. Obozr. 58: 630. **Type locality:** China (Xinjiang: Kashi).

Chrysops tarimi: Xu *et* Sun, 2013. Fauna Sinica Insecta 59: 98.

分布（Distribution）：新疆（XJ）

（34）真实斑虻 *Chrysops validus* Loew, 1858

Chrysops validus Loew, 1858. Verh. Zool.-Bot. Ges. Wien. 8: 619. **Type locality:** Russia (Siberia).

Chrysops validus: Xu *et* Sun, 2013. Fauna Sinica Insecta 59: 83.

分布（Distribution）：黑龙江（HL）、吉林（JL）、辽宁（LN）、内蒙古（NM）；俄罗斯、蒙古国、朝鲜、日本

（35）范氏斑虻 *Chrysops vanderwulpi* Kröber, 1929

Chrysops vanderwulpi Kröber, 1929. Zool. Jahrb. (Syst.) 56: 467 (as new name of *striatus* van der Wulp, 1885: 79). **Type locality:** China (Fujian: Amoy).

Chrysops striatus van der Wulp, 1885. Notes Leyden Mus. 7: 79. A junior homonym of *Chrysops striatus* Osten Sacken, 1875. **Type locality:** China (Fujian: Xiamen).

Chrysops vanderwulpi: Xu *et* Sun, 2013. Fauna Sinica Insecta 59: 60.

分布（Distribution）：黑龙江（HL）、吉林（JL）、辽宁（LN）、内蒙古（NM）、河北（HEB）、天津（TJ）、北京（BJ）、山西（SX）、山东（SD）、河南（HEN）、陕西（SN）、宁夏（NX）、甘肃（GS）、安徽（AH）、江苏（JS）、上海（SH）、浙江（ZJ）、江西（JX）、湖南（HN）、湖北（HB）、四川（SC）、重庆（CQ）、贵州（GZ）、云南（YN）、福建（FJ）、台湾（TW）、广东（GD）、广西（GX）、海南（HI）、香港（HK）、澳门（MC）；俄罗斯、朝鲜、日本、越南

（36）云南斑虻 *Chrysops yunnanensis* Liu *et* Wang, 1977

Chrysops silvifacies yunnanensis Liu *et* Wang *In*: Wang, 1977. Acta Ent. Sin. 20 (1): 107. **Type locality:** China (Yunnan: Menghai County).

Chrysops yunnanensis: Xu *et* Sun, 2013. Fauna Sinica Insecta 59: 66.

分布（Distribution）：贵州（GZ）、云南（YN）

2. 胃虻属 *Gastroxides* Saunders, 1841

Gastroxides Saunders, 1841. Trans. Ent. Soc. Lond. 3 (1): 59. **Type species:** *Gastroxides ater* Saunders, 1841 (monotypy).

Ditylomyia Bigot, 1859. Revue Mag. Zool. (2) 11: 305. **Type species:** *Ditylomyia ornata* Bigot, 1859 (monotypy). Synonymized by Stone, 1975.

Gastroxides: Xu *et* Sun, 2013. Fauna Sinica Insecta 59: 39.

（37）素木胃虻 *Gastroxides shirakii* Ôuchi, 1939

Gastroxides shirakii Ôuchi, 1939. J. Shanghai Sci. Inst. (III) 4: 188. **Type locality:** China (Fujian: Wuyi Mountain).

Gastroxides shirakii: Xu *et* Sun, 2013. Fauna Sinica Insecta 59: 39.

分布（Distribution）：福建（FJ）

3. 格虻属 *Gressittia* Philip *et* Mackerras, 1960

Gressittia Philip *et* Mackerras, 1960. Philipp. J. Sci. 88 (1959): 290. **Type species:** *Gastroxides fuscus* Schuurmans Stekhoven, 1926; by original designation.

Gressittia: Xu *et* Sun, 2013. Fauna Sinica Insecta 59: 116.

（38）宝兴格虻 *Gressittia baoxingensis* Wang *et* Liu, 1990

Gressittia baoxingensis Wang *et* Liu, 1990. Contr. Shanghai Inst. Entomol. 9: 171. **Type locality:** China (Sichuan: Baoxing).

Gressittia birumis: Xu *et* Sun, 2013. Fauna Sinica Insecta 59: 118.

分布（Distribution）：四川（SC）

（39）二标格虻 *Gressittia birumis* Philip *et* Mackerras, 1960

Gressittia birumis Philip *et* Mackerras, 1960. Philipp. J. Sci. 88 (1959): 292. **Type locality:** China (Hubei: Lichuan).

Gressittia birumis: Xu *et* Sun, 2013. Fauna Sinica Insecta 59: 120.

分布（Distribution）：湖北（HB）、四川（SC）、福建（FJ）

（40）峨眉山格虻 *Gressittia emeishanensis* Wang *et* Liu, 1990

Gressittia emeishanensis Wang *et* Liu, 1990. Contr. Shanghai Inst. Entomol. 9: 172. **Type locality:** China (Sichuan: Emei Mountain).
Gressittia emeishanensis: Xu *et* Sun, 2013. Fauna Sinica Insecta 59: 117.
分布（Distribution）：四川（SC）

4. 林虻属 *Silvius* Meigen, 1820

Silvius Meigen, 1820. Syst. Beschr.: 27. **Type species:** *Tabanus vituli* Fabricius, 1805 (monotypy).
Silvius (*Neosilvius*) Philip *et* Mackerras, 1960. Philipp. J. Sci. 88 (1959): 310. **Type species:** *Silvius* (*Neosilvius*) *formosensis* Ricardo, 1913; by original designation.
Silvius (*Heterosilvius*) Olsufjev, 1970. Russ. Ent. Obozr. 49: 683. **Type species:** *Silvius* (*Heterosilvius*) *zaitzevi* Olsufjev, 1941; by original designation.
Silvius: Xu *et* Sun, 2013. Fauna Sinica Insecta 59: 43.

（41）锚胛林虻 *Silvius anchoricallus* Chen, 1982

Silvius anchoricallus Chen, 1982. Acta Zootaxon. Sin. 7 (2): 193. **Type locality:** China (Liaoning: Kuandian).
Silvius anchoricallus: Xu *et* Sun, 2013. Fauna Sinica Insecta 59: 47.
分布（Distribution）：辽宁（LN）

（42）崇明林虻 *Silvius chongmingensis* Zhang *et* Xu, 1990

Silvius chongmingensis Zhang *et* Xu, 1990. Blood-sucking Dipt. Ins. 2: 96. **Type locality:** China (Shanghai: Chongming Island).
Silvius chongmingensis: Xu *et* Sun, 2013. Fauna Sinica Insecta 59: 46.
分布（Distribution）：上海（SH）

（43）心胛林虻 *Silvius cordicallus* Chen *et* Quo, 1949

Silvius cordicallus Chen *et* Quo, 1949. Chinese J. Zool. 3: 8. **Type locality:** China (Zhejiang: Tienmu mountain).
Silvius cordicallus: Xu *et* Sun, 2013. Fauna Sinica Insecta 59: 44.
分布（Distribution）：浙江（ZJ）、贵州（GZ）

（44）台岛林虻 *Silvius formosensis* Ricardo, 1913

Silvius formosensis Ricardo, 1913. Ann. Hist. Nat. Mus. Natl. Hung. 11: 173. **Type locality:** China (Taiwan: Toyenmongai).
Silvius formosensis: Xu *et* Sun, 2013. Fauna Sinica Insecta 59: 50.
分布（Distribution）：湖北（HB）、台湾（TW）；日本

（45）峨眉山林虻 *Silvius omeishanensis* Wang, 1992

Silvius omeishanensis Wang, 1992. Sinozoologia 9: 327. **Type locality:** China (Sichuan: Emei Mountain).
Silvius omeishanensis: Xu *et* Sun, 2013. Fauna Sinica Insecta 59: 49.
分布（Distribution）：四川（SC）

（46）素木林虻 *Silvius shirakii* Philip *et* Mackerras, 1960

Silvius shirakii Philip *et* Mackerras, 1960. Philipp. J. Sci. 88 (1959): 316. **Type locality:** China (Taiwan: Musha). New name for *Silvius nigripennis* Shiraki, 1932 (preoccupied by *nigripennis* Ricardo, 1917).
Silvius nigripennis Shiraki, 1932. Trans. Nat. Hist. Soc. Formosa 22: 259.
Silvius shirakii: Xu *et* Sun, 2013. Fauna Sinica Insecta 59: 45.
分布（Distribution）：台湾（TW）；日本

（47）宜宾林虻 *Silvius suifui* Philip *et* Mackerras, 1960

Silvius suifui Philip *et* Mackerras, 1960. Philipp. J. Sci. 88 (1959): 311. **Type locality:** China (Sichuan: Jao Gi).
Silvius suifui: Xu *et* Sun, 2013. Fauna Sinica Insecta 59: 51.
分布（Distribution）：湖北（HB）、四川（SC）

5. 少节虻属 *Thaumastomyia* Philip *et* Mackerras, 1960

Thaumastomyia Philip *et* Mackerras, 1960. Philipp. J. Sci. 88 (1959): 285. **Type species:** *Merycomyia haitiensis* Stone, 1953; by original designation.
Thaumastomyia: Xu *et* Sun, 2013. Fauna Sinica Insecta 59: 41.

（48）海淀少节虻 *Thaumastomyia haitiensis* (Stone, 1953)

Merycomyia haitiensis Stone, 1953. J. Wash. Acad. Sci. 43: 255. **Type locality:** China (Beijing: "Haitien").
Thaumastomyia haitiensis: Xu *et* Sun, 2013. Fauna Sinica Insecta 59: 41.
分布（Distribution）：北京（BJ）；朝鲜

距虻亚科 Pangoniinae

6. 距虻属 *Pangonius* Latreille, 1802

Pangonius Latreille, 1802. Hist. Nat. Crust. Ins. 3: 437. **Type species:** *Tabanus proboscideus* Fabricius, 1794; by designation of Latreille, 1810.
Tanyglossa Meigen, 1804. Klass. Beschr. 1 (2): 174. **Type species:** *Tanyglossa ferrugineus* Meigen, 1804; by original designation. Synonymized by Chvála, 1988.
Tacina Walker, 1850. Insecta Saundersiana, Diptera. Part I: 9. **Type species:** *Pangonia micans* Meigen, 1820; by designation

of Enderlein, 1925. Synonymized by Chvála, 1988.
Dasysilvius Enderlein, 1922. Mitt. Zool. Mus. Berl. 10: 343. **Type species:** *Pangonia variegata* Fabricius, 1805; by original designation. Synonymized by Chvála, 1988.
Melanopangonius Szilády, 1923. Biol. Hung. 1 (1): 30. **Type species:** *Tabanus haustellatus* Fabricius, 1781; by designation of Leclercq, 1960. Synonymized by Chvála, 1988.
Pangonius: Xu *et* Sun, 2013. Fauna Sinica Insecta 59: 37.

（49）中华距虻 *Pangonius sinensis* Enderlein, 1932

Pangonius sinensis Enderlein, 1932. Mitt. Dtsch. Ent. Ges. 3: 64. **Type locality:** China.
Pangonius sinensis: Xu *et* Sun, 2013. Fauna Sinica Insecta 59: 37.
分布（Distribution）：中国

7. 长喙虻属 *Philoliche* Wiedemann, 1828

Philoliche Wiedemann, 1828. Aussereurop. Zweifl. Insekt. 1: 95. **Type species:** *Tabanus rostratus* Linnaeus, 1764; by designation of Coquillett, 1910.
Pangonia subg. *Nuceria* Walker, 1850. Insecta Saundersiana, Diptera. Part I: 7. **Type species:** *Pangonia* (*Nuceria*) *longirostris* Hardwicke, 1823; by designation of Coquillett, 1910. Synonymized by Stone, 1975.
Corizoneura Rondani, 1863. Diptera exotica revisa *et* annotata novis nonnullis descriptis: 85. **Type species:** *Pangonia appendiculata* Macquart, 1838; by designation of Coquillett, 1910. Synonymized by Stone, 1975.
Siridorhina Enderlein, 1922. Mitt. Zool. Mus. Berl. 10: 336. **Type species:** *Pangonia longirostris* Hardwicke, 1823; by designation of Coquillett, 1910. Synonymized by Stone, 1975.
Philoliche: Xu *et* Sun, 2013. Fauna Sinica Insecta 59: 32.

（50）长喙长喙虻 *Philoliche longirostris* (Hardwicke, 1823)

Pangonia longirostris Hardwicke, 1823. Trans. Linn. Soc. London 14: 135. **Type locality:** Nepal.
Philoliche longirostris: Xu *et* Sun, 2013. Fauna Sinica Insecta 59: 33.
分布（Distribution）：西藏（XZ）；尼泊尔、印度

8. 石虻属 *Stonemyia* Brennan, 1935

Stonemyia Brennan, 1935. Kans. Univ. Sci. Bull. 22 [=whole ser., 32]: 360. **Type species:** *Pangonia tranquilla* Osten Sacken, 1875 (monotypy).
Stonemyia: Xu *et* Sun, 2013. Fauna Sinica Insecta 59: 35.

（51）巴氏石虻 *Stonemyia bazini* (Surcouf, 1922)

Buplex bazini Surcouf, 1922. Ann. Soc. Ent. Fr. 91: 243. **Type locality:** China (Kiangsi: Kou-ling).
Pangonia (*Corizoneura*) *chekiangensis* Ôuchi, 1939. J. Shanghai Sci. Inst. (III) 4: 185. **Type locality:** China (Zhejiang: Tienmu mountain).
Stonemyia bazini: Xu *et* Sun, 2013. Fauna Sinica Insecta 59: 35.
分布（Distribution）：浙江（ZJ）、江西（JX）

虻亚科 Tabaninae

9. 黄虻属 *Atylotus* Osten Sacken, 1876

Atylotus Osten Sacken, 1876. Mem. Boston Soc. Nat. Hist. 2: 426 (as subgenus of *Tabanus* Linnaeus, 1758). **Type species:** *Tabanus bicolor* Wiedemann, 1821; by designation of Hine, 1900: 247.
Ochrops Szilády, 1915. Ent. Mitt. 4: 93 (as subgenus of *Tabanus* Linnaeus, 1758). **Type species:** *Tabanus plebejus* Fallen, 1817; by designation of Enderlein, 1925: 365. Synonymized by Stone, 1975; synonymized by Chvála, 1988.
Baikalia Surcouf, 1921. Genera Ins. 175: 39. **Type species:** *Baikalia vaillanti* Surcouf, 1921. Genera Ins. 175: 39; by original designation. Synonymized by Chvála, 1988.
Dasystypia Enderlein, 1922. Mitt. Zool. Mus. Berl. 10: 347. **Type species:** *Tabanus rusticus* Linnaeus, 1767; by original designation. Synonymized by Stone, 1975; synonymized by Chvála, 1988.
Baikalomyia Stackelberg, 1926. Revue Microbiol. Epidemiol. Parasit. (Saratov) 5: 53 (new name for *Baikalia* Surcouf, 1921).
Abatylotus Philip, 1948. Bull. Soc. Fouad Ier Ent. 32: 79. **Type species:** *Tabanus agrestis* Weidemann, 1828; by original designation. Synonymized by Chvála, 1988.
Atylotus: Xu *et* Sun, 2013. Fauna Sinica Insecta 59: 239.

（52）郝图黄虻 *Atylotus chodukini* (Olsufjev, 1952)

Tabanus (*Ochrops*) *chodukini* Olsufjev, 1952. Ent. Obozr. 32: 314. **Type locality:** Kazakhstan (“bereg oz. Su-Singan”).
Atylotus chodukini var. *callosus* Olsufjev, 1977. Fauna U. S. S. R., Dipt. (New series no. 113) 7 (2): 268. **Type locality:** Tajikistan (Gissaro-Darvaz).
Atylotus chodukini: Xu *et* Sun, 2013. Fauna Sinica Insecta 59: 261.
分布（Distribution）：新疆（XJ）；俄罗斯、哈萨克斯坦、塔吉克斯坦

（53）黄条黄虻 *Atylotus flavoguttatus* (Szilády, 1915)

Ochrops flavoguttatus Szilády, 1915. Ent. Mitt. 4: 98. **Type locality:** Russia (Caucasus).
Ochrops flavoguttatus quadripunctatus Szilády, 1915. Ent. Mitt. 4: 99. **Type locality:** ? ? ?.
Atylotus flavoguttatus: Xu *et* Sun, 2013. Fauna Sinica Insecta 59: 244.
分布（Distribution）：新疆（XJ）；亚洲（中部和西部）、欧洲（南部）、非洲（北部）

（54）宽角黄虻 *Atylotus fulvus* (Meigen, 1804)

Tabanus fulvus Meigen, 1804. Klass. Beschr. 1 (2): 170. **Type**

locality: Germany (Elberfeld).
Tabanus sanguisorba Harris, 1776. Expos. Eng. Ins.: 28. **Type locality:** England.
Tabanus sanguisuga Harris, 1776. Expos. Eng. Ins.: 29. Misspelling.
Tabanus ochroleucus Meigen, 1804. Klass. Beschr. 1 (2): 170. **Type locality:** Europe.
Tabanus rufipes Meigen, 1820. Syst. Beschr.: 59. **Type locality:** France (by Bidauban between Antibes and Nizza).
Atylotus bituberculatus Bigot, 1892. Mem. Soc. Zool. Fr. 5: 659. **Type locality:** ? China.
Dasystypia tunesica Enderlein, 1925. Mitt. Zool. Mus. Berl. 11: 371. **Type locality:** Tunisia (Tunis).
Dasystypia fulva var. *flavifemur* Enderlein, 1925. Mitt. Zool. Mus. Berl. 11: 371. **Type locality:** France (Süd-Frankreich).
Tabanus (*Ochrops*) *fulvus aureus* Hauser, 1941. Izv. Akad. Nauk Azerb. S. S. R. 2: 71. **Type locality:** Russia (Caucasus: Nagornyi Karabach, Charlanskij rajon).
Tabanus (*Ochrops*) *fulvus transcaucasicus* Bogatchev *et* Samedov, 1949. Izv. Akad. Nauk Azerb. S. S. R. 5: 68. **Type locality:** Azerbaijan (Nakhichevan: oz Batabad; Urumys and r. Paragatchaj).
Atylotus fulvus: Xu *et* Sun, 2013. Fauna Sinica Insecta 59: 258.
分布（Distribution）：新疆（XJ）；俄罗斯、摩洛哥；亚洲（中部和西部）、欧洲

（55）霍氏黄虻 *Atylotus horvathi* (Szilády, 1926)

Tabanus (*Ochrops*) *horvathi* Szilády, 1926. Ann. Mus. Natl. Hung. 24: 601. **Type locality:** Japan.
Atylotus horvathi: Xu *et* Sun, 2013. Fauna Sinica Insecta 59: 259.
分布（Distribution）：黑龙江（HL）、吉林（JL）、辽宁（LN）、内蒙古（NM）、北京（BJ）、山东（SD）、河南（HEN）、陕西（SN）、甘肃（GS）、江苏（JS）、浙江（ZJ）、湖北（HB）、四川（SC）、重庆（CQ）、贵州（GZ）、福建（FJ）、台湾（TW）、广东（GD）；俄罗斯、朝鲜、日本

（56）建设黄虻 *Atylotus jianshei* Sun *et* Xu, 2008

Atylotus jianshei Sun *et* Xu, 2008. Acta Parasitol. Med. Entomol. Sin. 15 (3): 176. **Type locality:** China (Yunnan: Lijiang).
Atylotus jianshei: Xu *et* Sun, 2013. Fauna Sinica Insecta 59: 250.
分布（Distribution）：云南（YN）

（57）骚扰黄虻 *Atylotus miser* (Szilády, 1915)

Ochrops miser Szilády, 1915. Ent. Mitt. 4: 103. **Type locality:** Russia (Ussuri).
Atylotus bivittatus Matsumura, 1916. Thousand Ins. Japan., Add. Vol. 2 (Diptera): 384. **Type locality:** Japan (Honshu: Kyoto Pref., Midoroike).
Atylotus bivittateinus Takahasi, 1962. Fauna Japonica, Tabanidae: 62 (as new name of *bivittatus* Matsumura, 1916).
Atylotus miser: Xu *et* Sun, 2013. Fauna Sinica Insecta 59: 254.
分布（Distribution）：黑龙江（HL）、吉林（JL）、辽宁（LN）、内蒙古（NM）、河北（HEB）、天津（TJ）、北京（BJ）、山西（SX）、山东（SD）、河南（HEN）、陕西（SN）、宁夏（NX）、甘肃（GS）、青海（QH）、安徽（AH）、江苏（JS）、上海（SH）、浙江（ZJ）、湖北（HB）、四川（SC）、重庆（CQ）、贵州（GZ）、云南（YN）、福建（FJ）、广东（GD）、广西（GX）、香港（HK）；俄罗斯、蒙古国、朝鲜、日本

（58）无胛黄虻 *Atylotus negativus* (Ricardo, 1911)

Tabanus negativus Ricardo, 1911. Rec. Indian Mus. 4: 137. **Type locality:** China (Taiwan: Tai-nan, Takao).
Atylotus negativus: Xu *et* Sun, 2013. Fauna Sinica Insecta 59: 241.
分布（Distribution）：台湾（TW）、香港（HK）

（59）淡跗黄虻 *Atylotus pallitarsis* (Olsufjev, 1936)

Tabanus (*Ochrops*) *pallitarsis* Olsufjev, 1936. Parasit. Sb. Zool. Inst. Moskva. 6: 236. **Type locality:** Russia (Novosibiriskoj).
Atylotus pallitarsis: Xu *et* Sun, 2013. Fauna Sinica Insecta 59: 253.
分布（Distribution）：吉林（JL）、辽宁（LN）、内蒙古（NM）、河北（HEB）、北京（BJ）、陕西（SN）、甘肃（GS）、新疆（XJ）、湖北（HB）、贵州（GZ）、云南（YN）、福建（FJ）；俄罗斯、蒙古国；亚洲（中部）、欧洲

（60）窄条黄虻 *Atylotus petiolateinus* Leclercq, 1967

Atylotus petiolateinus Leclercq, 1967. Mem. Inst. R. Sci. Nat. Belg. 80 (1966): 131. **Type locality:** China.
Tabanus petiolatus Szilády, 1926. Ann. Mus. Natl. Hung. 24: 602. **Type locality:** China ("Mittelchina").
Atylotus petiolateinus: Xu *et* Sun, 2013. Fauna Sinica Insecta 59: 250.
分布（Distribution）：华中

（61）暗黄黄虻西伯利亚亚种 *Atylotus plebeius sibiricus* (Olsufjev, 1936)

Tabanus (*Ochrops*) *plebeius sibiricus* Olsufjev, 1936. Parasit. Sb. Zool. Inst. Moskva. 6: 236. **Type locality:** Russia (Novosibirskoj).
Atylotus plebeius sibiricus: Xu *et* Sun, 2013. Fauna Sinica Insecta 59: 242.
分布（Distribution）：黑龙江（HL）、吉林（JL）；俄罗斯

（62）斜纹黄虻 *Atylotus pulchellus* (Loew, 1858)

Tabanus pulchellus Loew, 1858. Verh. Zool.-Bot. Ges. Wien. 8: 597. **Type locality:** Asia Minor.
Tabanus cyprianus Ricardo, 1911. Rec. Indian Mus. 4: 248. **Type locality:** Cyprus (Kelopside).
Ochrops karybenthinus Szilády, 1915. Ent. Mitt. 4: 103. **Type locality:** Turkmenistan (Karybenth).
Atylotus pulchellus: Xu *et* Sun, 2013. Fauna Sinica Insecta 59: 246.

分布(Distribution)：吉林(JL)、内蒙古(NM)、河南(HEN)、陕西(SN)、宁夏(NX)、甘肃(GS)、新疆(XJ)；俄罗斯；亚洲(西部)、欧洲、非洲(北部)

(63) 四列黄虻 *Atylotus quadrifarius* (Loew, 1874)

Tabanus quadrifarius Loew, 1874. Z. Ges. Naturw. Berl. 43 [=n. s. 9]: 414. **Type locality:** Russia (Sarepta: Krasnoarmejsk).

Tabanus agrestis var. *rufipes* Szilády, 1915. Ent. Mitt. 4: 106. **Type locality:** France (Camargue: Lattes).

Tabanus agrestis var. *lattesica* Strand, 1925. Arch. Naturgesch. 90 (A) 6 [1924]: 14. (as new name of *rufipes* Szilády, 1915).

Atylotus agrestis afghanistanicus Moucha *et* Chvála, 1959. Sb. Ent. Odd. nar. Mus. Praze. 33: 279. **Type locality:** Afghanistan (Kabul region).

Atylotus quadrifarius: Xu *et* Sun, 2013. Fauna Sinica Insecta 59: 252.

分布(Distribution)：吉林(JL)、辽宁(LN)、内蒙古(NM)、河南(HEN)、陕西(SN)、甘肃(GS)、新疆(XJ)；俄罗斯、蒙古国、阿富汗、伊拉克、伊朗、土耳其、摩洛哥；欧洲

(64) 黑胫黄虻 *Atylotus rusticus* (Linnaeus, 1767)

Tabanus rusticus Linnaeus, 1767. Syst. Nat. Ed. 12, 1 (2): 1000. **Type locality:** Europe (in Svecia).

Tabanus ruralis Zetterstedt, 1838. Insecta Lapponica. Dipterologis Scandinaviae, Sect. 3, Diptera: 517. **Type locality:** Sweden (Vasterbotten: Lappland, Lycksele).

Tabanus (*Ochrops*) *rusticus* var. *parallelifrons* Szilády, 1923. Biol. Hung. 1 (1): 11. **Type locality:** Kazakhstan (Akmolinsk).

Tabanus (*Ochrops*) *rusticus* var. *hungaricus* Strand, 1925. Arch. Naturgesch. 90 (A) 6 [1924]: 32. **Type locality:** Hungary.

Tabanus (*Ochrops*) *rusticus* var. *strobli* Strand, 1925. Arch. Naturgesch. 90 (A) 6 [1924]: 32. **Type locality:** Austria (Steiermark: Admong).

Tabanus (*Atylotus*) *rusticus ochraceus* Olsufjev *et* Melnikova, 1962. Russ. Ent. Obozr. 41: 576. **Type locality:** Crimea ("Gornoj Krym").

Atylotus rusticus: Xu *et* Sun, 2013. Fauna Sinica Insecta 59: 256.

分布(Distribution)：黑龙江(HL)、吉林(JL)、辽宁(LN)、内蒙古(NM)、河北(HEB)、北京(BJ)、山西(SX)、山东(SD)、陕西(SN)、宁夏(NX)、甘肃(GS)、青海(QH)、新疆(XJ)、四川(SC)、云南(YN)；俄罗斯、蒙古国、土耳其；亚洲(中部)、欧洲、非洲(北部)

(65) 中华黄虻 *Atylotus sinensis* (Szilády, 1926)

Tabanus (*Ochrops*) *sinensis* Szilády, 1926. Ann. Mus. Natl. Hung. 24: 601. **Type locality:** China (Hong Kong).

Atylotus sinensis: Xu *et* Sun, 2013. Fauna Sinica Insecta 59: 247.

分布(Distribution)：北京(BJ)、浙江(ZJ)、福建(FJ)、香港(HK)

(66) 亚角黄虻 *Atylotus sublunaticornis* (Zetterstedt, 1842)

Tabanus sublunaticornis Zetterstedt, 1842. Dipt. Scand. 1: 118. **Type locality:** Norway (Vaerdalen: Kalahog).

Atylotus sublunaticornis: Xu *et* Sun, 2013. Fauna Sinica Insecta 59: 243.

分布(Distribution)：黑龙江(HL)、吉林(JL)；蒙古国、俄罗斯；欧洲

10. 少环虻属 *Glaucops* Szilády, 1923

Glaucops Szilády, 1923. Biol. Hung. 1 (1): 17. **Type species:** *Tabanus hirsutus* Villers, 1789 (monotypy).

Glaucops: Xu *et* Sun, 2013. Fauna Sinica Insecta 59: 422.

(67) 舟山少环虻 *Glaucops chusanensis* (Ôuchi, 1943)

Tabanus (*Glaucops*) *chusanensis* Ôuchi, 1943. Shanghai Sizen. Ken. Ihō (In Japanese). 13 (6): 512. **Type locality:** China (Zhejiang: Zhoushan).

Glaucops chusanensis: Xu *et* Sun, 2013. Fauna Sinica Insecta 59: 423.

分布(Distribution)：河南(HEN)、陕西(SN)、浙江(ZJ)、福建(FJ)

11. 麻虻属 *Haematopota* Meigen, 1803

Haematopota Meigen, 1803. Mag. Insektenkd. 2: 267. **Type species:** *Tabanus pluvialis* Linnaeus, 1758 (monotypy).

Chrysozona Meigen, 1800. Nouv. Class. Mouches: 23. **Type species:** *Tabanus pluvialis* Linnaeus, 1758; by designation of Coquillett, 1910. Suppressed by I. C. Z. N. 1963, Opinion 678: 339.

Potisa Surcouf, 1909. Bull. Mus. Natl. Hist. Nat. 15: 454. **Type species:** *Haematopota pachycera* Bigot, 1890; by original designation. Synonymized by Stone, 1975.

Haematopota: Xu *et* Sun, 2013. Fauna Sinica Insecta 59: 122.

(68) 白线麻虻 *Haematopota albalinea* Xu *et* Liao, 1985

Haematopota albalinea Xu *et* Liao, 1985. Acta Zootaxon. Sin. 10 (3): 285. **Type locality:** China (Guangxi: Pingxiang).

Haematopota albalinea: Xu *et* Sun, 2013. Fauna Sinica Insecta 59: 128.

分布(Distribution)：广西(GX)

(69) 触角麻虻 *Haematopota antennata* (Shiraki, 1932)

Chrysozona antennata Shiraki, 1932. Trans. Nat. Hist. Soc. Formosa 22: 265. **Type locality:** Korea (Tokusen).

Haematopota antennata: Xu *et* Sun, 2013. Fauna Sinica Insecta 59: 193.

分布（Distribution）：吉林（JL）、辽宁（LN）、河北（HEB）、北京（BJ）、山西（SX）、山东（SD）、河南（HEN）、陕西（SN）、甘肃（GS）、江苏（JS）、浙江（ZJ）、湖北（HB）、广东（GD）；朝鲜

（70）阿萨姆麻虻 *Haematopota assamensis* Ricardo, 1911

Haematopota assamensis Ricardo, 1911. Rec. Indian Mus. 4: 343. **Type locality:** India (Assam: Khasi Hills).

Haematopota assamensis: Xu *et* Sun, 2013. Fauna Sinica Insecta 59: 135.

分布（Distribution）：四川（SC）、贵州（GZ）、云南（YN）、福建（FJ）、广西（GX）；印度、尼泊尔、越南、泰国

（71）白条麻虻 *Haematopota atrata* Szilády, 1926

Haematopota atrata Szilády, 1926. Biol. Hung. 1 (7): 7. **Type locality:** China (Guangdong: Guangzhou).

Haematopota atrata: Xu *et* Sun, 2013. Fauna Sinica Insecta 59: 125.

分布（Distribution）：福建（FJ）、广东（GD）、广西（GX）、海南（HI）

（72）巴山麻虻 *Haematopota bashanensis* Li *et* Yang, 1991

Haematopota bashanensis Li *et* Yang, 1991. Acta Zootaxon. Sin. 16 (4): 459. **Type locality:** China (Shaanxi: Zhenba).

Haematopota bashanensis: Xu *et* Sun, 2013. Fauna Sinica Insecta 59: 204.

分布（Distribution）：陕西（SN）

（73）棕角麻虻 *Haematopota brunnicornis* Wang, 1988

Haematopota brunnicornis Wang, 1988. Acta Ent. Sin. 31 (4): 430. **Type locality:** China (Sichuan: Litang County, Kangga).

Haematopota brunnicornis: Xu *et* Sun, 2013. Fauna Sinica Insecta 59: 166.

分布（Distribution）：四川（SC）

（74）缅甸麻虻 *Haematopota burmanica* Senior-White, 1922

Haematopota burmanica Senior-White, 1922. Mem. Dep. Agric. India. Ent. Ser. 7: 147. **Type locality:** Myanmar (Bendaung: N Toungoe).

Haematopota burmanica: Xu *et* Sun, 2013. Fauna Sinica Insecta 59: 144.

分布（Distribution）：云南（YN）；缅甸

（75）浙江麻虻 *Haematopota chekiangensis* Ôuchi, 1940

Haematopota chekiangensis Ôuchi, 1940. J. Shanghai Sci. Inst. (III) 4: 256. **Type locality:** China (Zhejiang: Tienmu mountain).

Haematopota chekiangensis: Xu *et* Sun, 2013. Fauna Sinica Insecta 59: 227.

分布（Distribution）：河南（HEN）、陕西（SN）、甘肃（GS）、浙江（ZJ）、湖北（HB）、云南（YN）

（76）成勇麻虻 *Haematopota chengyongi* Xu *et* Guo, 2005

Haematopota chengyongi Xu *et* Guo, 2005. Acta Parasitol. Med. Entomol. Sin. 12 (1): 25. **Type locality:** China (Yunnan: Cangyuan County).

Haematopota chengyongi: Xu *et* Sun, 2013. Fauna Sinica Insecta 59: 235.

分布（Distribution）：云南（YN）

（77）中国麻虻 *Haematopota chinensis* Ôuchi, 1940

Haematopota chinensis Ôuchi, 1940. J. Shanghai Sci. Inst. (III) 4: 253. **Type locality:** China (Zhejiang: Tienmu mountain).

Haematopota chinensis: Xu *et* Sun, 2013. Fauna Sinica Insecta 59: 147.

分布（Distribution）：陕西（SN）、浙江（ZJ）、福建（FJ）

（78）繸腿麻虻 *Haematopota cilipes* Bigot, 1890

Haematopota cilipes Bigot, 1890. Nouv. Archs Mus. Hist. Nat. Paris (3) 2: 205. **Type locality:** Laos.

Haematopota cilipes: Xu *et* Sun, 2013. Fauna Sinica Insecta 59: 140.

分布（Distribution）：贵州（GZ）、云南（YN）、福建（FJ）；老挝、柬埔寨、印度、缅甸、泰国

（79）德格麻虻 *Haematopota degenensis* Wang, 1988

Haematopota degenensis Wang, 1988. Sinozoologia 6: 269. **Type locality:** China (Sichuan: Dege).

Haematopota degenensis: Xu *et* Sun, 2013. Fauna Sinica Insecta 59: 167.

分布（Distribution）：四川（SC）

（80）脱粉麻虻 *Haematopota desertorum* Szilády, 1923

Haematopota desertorum Szilády, 1923. Biol. Hung. 1 (1): 35. **Type locality:** Russia (Amur District).

Chrysozona yamadai Shiraki, 1932. Trans. Nat. Hist. Soc. Formosa 22: 262. **Type locality:** China (Manchuria: Koshurei).

Haematopota desertorum: Xu *et* Sun, 2013. Fauna Sinica Insecta 59: 176.

分布（Distribution）：黑龙江（HL）、吉林（JL）、辽宁（LN）、内蒙古（NM）、河北（HEB）、北京（BJ）、山西（SX）、陕西（SN）、甘肃（GS）；俄罗斯、蒙古国

（81）二郎山麻虻 *Haematopota erlangshanensis* Xu, 1980

Haematopota erlangshanensis Xu, 1980. Zool. Res. 1 (3): 397. **Type locality:** China (Sichuan: Erlangshan).

Haematopota erlangshanensis: Xu *et* Sun, 2013. Fauna Sinica Insecta 59: 203.

分布（Distribution）：四川（SC）、云南（YN）

（82）痕颜麻虻 *Haematopota famicis* Stone *et* Philip, 1974

Haematopota famicis Stone *et* Philip, 1974. Tech. Bull. U.S. Dep. Agric. 1489: 92. **Type locality:** China (Guangdong: Yim Na San).

Haematopota famicis: Xu *et* Sun, 2013. Fauna Sinica Insecta 59: 130.

分布（Distribution）：广东（GD）

（83）台岛麻虻 *Haematopota formosana* Shiraki, 1918

Haematopota formosana Shiraki, 1918. Blood-sucking insects of Formosa. Part I. Tabanidae: 109. **Type locality:** China (Taiwan: Kosempo and Tauran).

Chrysozona ornata Kröber, 1922. Arch. Naturgesch. Abt. A, 88 (8): 154. **Type locality:** China (Taiwan: Suihenkyaku).

Haematopota formosana: Xu *et* Sun, 2013. Fauna Sinica Insecta 59: 161.

分布（Distribution）：河南（HEN）、安徽（AH）、江苏（JS）、浙江（ZJ）、湖南（HN）、四川（SC）、贵州（GZ）、福建（FJ）、台湾（TW）、广东（GD）、广西（GX）

（84）福建麻虻 *Haematopota fukienensis* Stone *et* Philip, 1974

Haematopota fukienensis Stone *et* Philip, 1974. Tech. Bull. U. S. Dep. Agric. 1489: 98. **Type locality:** China (Fujian: Chungan).

Haematopota fukienensis: Xu *et* Sun, 2013. Fauna Sinica Insecta 59: 156.

分布（Distribution）：福建（FJ）、广东（GD）

（85）格氏麻虻 *Haematopota gregoryi* Stone *et* Philip, 1974

Haematopota gregoryi Stone *et* Philip, 1974. Tech. Bull. U. S. Dep. Agric. 1489: 103. **Type locality:** China (Sichuan: Ningyuenfu).

Haematopota gregoryi: Xu *et* Sun, 2013. Fauna Sinica Insecta 59: 169.

分布（Distribution）：四川（SC）、云南（YN）

（86）括苍山麻虻 *Haematopota guacangshanensis* Xu, 1980

Haematopota guacangshanensis Xu, 1980. Acta Zootaxon. Sin. 5 (2): 186. **Type locality:** China (Zhejiang: Linhai).

Haematopota guacangshanensis: Xu *et* Sun, 2013. Fauna Sinica Insecta 59: 171.

分布（Distribution）：陕西（SN）、浙江（ZJ）、福建（FJ）

（87）广西麻虻 *Haematopota guangxiensis* Xu, 2002

Haematopota guangxiensis Xu, 2002. Acta Parasitol. Med. Entomol. Sin. 9 (4): 236. **Type locality:** China (Guangxi).

Haematopota guangxiensis: Xu *et* Sun, 2013. Fauna Sinica Insecta 59: 153.

分布（Distribution）：云南（YN）、广西（GX）

（88）海南麻虻 *Haematopota hainani* Stone *et* Philip, 1974

Haematopota hainani Stone *et* Philip, 1974. Tech. Bull. U.S. Dep. Agric. 1489: 105. **Type locality:** China (Hainan I.: Ta Nan).

Haematopota hainani: Xu *et* Sun, 2013. Fauna Sinica Insecta 59: 124.

分布（Distribution）：海南（HI）、香港（HK）

（89）汉中麻虻 *Haematopota hanzhongensis* Xu, Li *et* Yang, 1987

Haematopota hanzhongensis Xu, Li *et* Yang, 1987. Acta Zootaxon. Sin. 12 (2): 200. **Type locality:** China (Shaanxi: Lueyang).

Haematopota hanzhongensis: Xu *et* Sun, 2013. Fauna Sinica Insecta 59: 182.

分布（Distribution）：陕西（SN）

（90）爪洼麻虻 *Haematopota javana* Wiedemann, 1821

Haematopota javana Wiedemann, 1821. Diptera Exotica. [Ed. 1] Sectio II: 100. **Type locality:** Indonesia (Java).

Haematopota nigra Wiedemann, 1821. Diptera Exotica. [Ed. 1] Sectio II: 101. **Type locality:** Indonesia (Java).

Haematopota asiatica Rondani, 1875. Ann. Mus. Civ. Stor. Nat. Genova 7: 461. **Type locality:** Malaysia (Sarawak).

Haematopota javana: Xu *et* Sun, 2013. Fauna Sinica Insecta 59: 133.

分布（Distribution）：贵州（GZ）、云南（YN）、福建（FJ）、广西（GX）；印度、缅甸、越南、老挝、泰国、马来西亚、印度尼西亚

（91）建中麻虻 *Haematopota jianzhongi* Xu *et* Guo, 2005

Haematopota jianzhongi Xu *et* Guo, 2005. Acta Parasitol. Med. Entomol. Sin. 12 (1): 26. **Type locality:** China (Yunnan: Tengchong).

Haematopota jianzhongi: Xu *et* Sun, 2013. Fauna Sinica Insecta 59: 142.

分布（Distribution）：云南（YN）

（92）约翰柏通麻虻 *Haematopota johnburtoni* Xu *et* Sun, 2008

Haematopota johnburtoni Xu *et* Sun, 2008. Acta Parasitol. Med. Entomol. Sin. 15 (3): 182. **Type locality:** China (Yunnan: Mengla). New name for *Haematopota burtoni* Xu, 2005 (preoccupied by *burton* Stone *et* Philip, 1974).

Haematopota burtoni Xu, 2005. Acta Parasitol. Med. Entomol. Sin. 12 (4): 229.

Haematopota johnburtoni: Xu *et* Sun, 2013. Fauna Sinica Insecta 59: 208.
分布（Distribution）：云南（YN）

（93）甘肃麻虻 *Haematopota kansuensis* (Kröber, 1933)

Chrysozona kansuensis Kröber, 1933. Ark. Zool. 26 A (8): 12. **Type locality:** China (Kansu).
Chrysozona kansuensis: Xu *et* Sun, 2013. Fauna Sinica Insecta 59: 225.
分布（Distribution）：辽宁（LN）、陕西（SN）、宁夏（NX）、甘肃（GS）、青海（QH）

（94）朝鲜麻虻 *Haematopota koryoensis* (Shiraki, 1932)

Chrysozona koryoensis Shiraki, 1932. Trans. Nat. Hist. Soc. Formosa 22: 268. **Type locality:** Korea (Koryo).
Chrysozona nana Olsufjev, 1937. Fauna U. S. S. R., Dipt. (New series no. 9) 7 (2): 345. **Type locality:** Russia (Ussuri Region); Korea.
Haematopota koryoensis: Xu *et* Sun, 2013. Fauna Sinica Insecta 59: 152.
分布（Distribution）：黑龙江（HL）、吉林（JL）、辽宁（LN）；俄罗斯、朝鲜

（95）澜沧江麻虻 *Haematopota lancangjiangensis* Xu, 1980

Haematopota lancangjiangensis Xu, 1980. Acta Zootaxon. Sin. 5 (2): 186. **Type locality:** China (Yunnan: Mengla).
Haematopota lancangjiangensis: Xu *et* Sun, 2013. Fauna Sinica Insecta 59: 218.
分布（Distribution）：云南（YN）

（96）扁角麻虻 *Haematopota lata* Ricardo, 1906

Haematopota lata Ricardo, 1906. Ann. Mag. Nat. Hist. (7) 18: 121. **Type locality:** India (Khasi Hills).
Haematopota lata: Xu *et* Sun, 2013. Fauna Sinica Insecta 59: 162.
分布（Distribution）：云南（YN）；印度、缅甸、老挝、泰国

（97）线带麻虻 *Haematopota lineata* Philip, 1963

Haematopota lineata Philip, 1963. Pac. Ins. 5 (3): 528. **Type locality:** Viet Nam (Ban Me Thout).
Haematopota lineata: Xu *et* Sun, 2013. Fauna Sinica Insecta 59: 127.
分布（Distribution）：广西（GX）；越南

（98）条带麻虻 *Haematopota lineola* (Philip, 1960)

Chrysozona lineola Philip, 1960. Stud. Inst. Med. Res. F. M. S. 29: 30. **Type locality:** Thailand (Tak: Pra Tung Chung).
Haematopota lineola: Xu *et* Sun, 2013. Fauna Sinica Insecta 59: 146.
分布（Distribution）：云南（YN）；老挝、泰国

（99）怒江麻虻 *Haematopota lukiangensis* (Liu *et* Wang, 1977)

Chrysozona lukiangensis Liu *et* Wang *In*: Wang, 1977. Acta Ent. Sin. 20 (1): 115. **Type locality:** China (Yunnan: Nujiang).
Chrysozona lukiangensis: Xu *et* Sun, 2013. Fauna Sinica Insecta 59: 141.
分布（Distribution）：云南（YN）

（100）芒康麻虻 *Haematopota mangkamensis* Wang, 1982

Haematopota mangkamensis Wang, 1982. Insects of Xizang II: 191. **Type locality:** China (Tibet: Mangkang).
Haematopota mangkamensis: Xu *et* Sun, 2013. Fauna Sinica Insecta 59: 231.
分布（Distribution）：西藏（XZ）

（101）勐定麻虻 *Haematopota mengdingensis* Xu *et* Guo, 2005

Haematopota mengdingensis Xu *et* Guo, 2005. Acta Parasitol. Med. Entomol. Sin. 12 (3): 174. **Type locality:** China (Yunnan: Gengma).
Haematopota mengdingensis: Xu *et* Sun, 2013. Fauna Sinica Insecta 59: 207.
分布（Distribution）：云南（YN）

（102）勐腊麻虻 *Haematopota menglaensis* Wu *et* Xu, 1992

Haematopota menglaensis Wu *et* Xu, 1992. Entomotaxon. 14 (1): 77. **Type locality:** China (Yunnan: Mengla).
Haematopota menglaensis: Xu *et* Sun, 2013. Fauna Sinica Insecta 59: 200.
分布（Distribution）：云南（YN）

（103）明庆麻虻 *Haematopota mingqingi* Xu *et* Guo, 2005

Haematopota mingqingi Xu *et* Guo, 2005. Acta Parasitol. Med. Entomol. Sin. 12 (1): 27. **Type locality:** China (Yunnan: Tengchong).
Haematopota mingqingi: Xu *et* Sun, 2013. Fauna Sinica Insecta 59: 232.
分布（Distribution）：云南（YN）

（104）莫干山麻虻 *Haematopota mokanshanensis* Ôuchi, 1940

Haematopota mokanshanensis Ôuchi, 1940. J. Shanghai Sci. Inst. (III) 4: 259. **Type locality:** China (Zhejiang: Mokanshan).
Haematopota mokanshanensis: Xu *et* Sun, 2013. Fauna Sinica Insecta 59: 215.
分布（Distribution）：浙江（ZJ）、贵州（GZ）、福建（FJ）

（105）尼泊尔麻虻 *Haematopota nepalensis* Stone *et* Philip, 1974

Haematopota nepalensis Stone *et* Philip, 1974. Tech. Bull. U.S. Dep. Agric. 1489: 151. **Type locality:** Nepal (Kathmandu Valley, Godavari).
Haematopota nepalensis: Xu *et* Sun, 2013. Fauna Sinica Insecta 59: 174.
分布（Distribution）：西藏（XZ）；尼泊尔

（106）黑角麻虻 *Haematopota nigriantenna* Wang, 1982

Haematopota nigriantenna Wang, 1982. Insects of Tibet II: 190. **Type locality:** China (Tibet).
Haematopota nigriantenna: Xu *et* Sun, 2013. Fauna Sinica Insecta 59: 175.
分布（Distribution）：西藏（XZ）

（107）沃氏麻虻 *Haematopota olsufjevi* (Liu, 1960)

Chrysozona olsufjevi Liu, 1960. Acta Zool. Sin. 12 (1): 12. **Type locality:** China (Shensi: Si'an).
Haematopota olsufjevi: Xu *et* Sun, 2013. Fauna Sinica Insecta 59: 236.
分布（Distribution）：陕西（SN）、湖北（HB）

（108）峨眉山麻虻 *Haematopota omeishanensis* Xu, 1980

Haematopota omeishanensis Xu, 1980. Zool. Res. 1 (3): 398. **Type locality:** China (Sichuan: Emei Mountain).
Haematopota omeishanensis: Xu *et* Sun, 2013. Fauna Sinica Insecta 59: 238.
分布（Distribution）：陕西（SN）、四川（SC）、福建（FJ）

（109）苍白麻虻 *Haematopota pallens* Loew, 1871

Haematopota pallens Loew, 1871. Beschr. Europ. Dipt. 2: 61. **Type locality:** Uzbekistan (Valley of Zeravshan River, near Samarkand).
Haematopota obscura Bigot, 1880. Ann. Soc. Ent. Fr. (5) 10: 147. **Type locality:** Iran (Northern Iran or Caucasus).
Haematopota obscurata Bigot, 1891. Bull. Soc. Zool. Fr. 16: 77. **Type locality:** "Caucase".
Chrysozona caucasica Kröber, 1922. Arch. Naturgesch. Abt. A, 88 (8): 142. **Type locality:** "Kaukasus".
Haematopota araxis Szilády, 1923. Biol. Hung. 1 (1): 33. **Type locality:** Not given [=? Turkey].
Haematopota pallens: Xu *et* Sun, 2013. Fauna Sinica Insecta 59: 191.
分布（Distribution）：内蒙古（NM）、甘肃（GS）、新疆（XJ）；俄罗斯、罗马尼亚、哈萨克斯坦、乌兹别克斯坦、伊朗、伊拉克、乌克兰

（110）副截形麻虻 *Haematopota paratruncata* (Wang *et* Liu, 1977)

Chrysozona paratruncata Wang *et* Liu *In*: Wang, 1977. Acta Ent. Sin. 20 (1): 115. **Type locality:** China (Yunnan: Jinghong).
Chrysozona paratruncata: Xu *et* Sun, 2013. Fauna Sinica Insecta 59: 164.
分布（Distribution）：云南（YN）

（111）北京麻虻 *Haematopota pekingensis* (Liu, 1958)

Chrysozona pekingensis Liu, 1958. Acta Zool. Sin. 10 (2): 155. **Type locality:** China (Beijing).
Haematopota pekingensis: Xu *et* Sun, 2013. Fauna Sinica Insecta 59: 223.
分布（Distribution）：辽宁（LN）、河北（HEB）、北京（BJ）、山西（SX）、河南（HEN）、陕西（SN）

（112）假面麻虻 *Haematopota personata* Philip, 1963

Haematopota personata Philip, 1963. Pac. Ins. 5 (3): 520. **Type locality:** Thailand (Chieng Mai: Doi Sutep).
Haematopota personata: Xu *et* Sun, 2013. Fauna Sinica Insecta 59: 132.
分布（Distribution）：海南（HI）；缅甸、老挝、泰国

（113）菲氏麻虻 *Haematopota philipi* Chvála, 1969

Haematopota philipi Chvála, 1969. Acta Ent. Bohemoslov. 66: 49. **Type locality:** Nepal (Junbesi).
Haematopota philipi: Xu *et* Sun, 2013. Fauna Sinica Insecta 59: 206.
分布（Distribution）：西藏（XZ）；印度、尼泊尔

（114）沥青麻虻 *Haematopota picea* Stone *et* Philip, 1974

Haematopota picea Stone *et* Philip, 1974. Tech. Bull. U. S. Dep. Agric. 1489: 164. **Type locality:** Thailand (Chiang Mai: Fong District).
Haematopota subpicea Wang *et* Liu, 1991. Acta Zootaxon. Sin. 16 (1): 106. **Type locality:** China (Yunnan: Menglun).
Haematopota picea: Xu *et* Sun, 2013. Fauna Sinica Insecta 59: 157.
分布（Distribution）：云南（YN）；泰国

（115）毛股麻虻 *Haematopota pilosifemura* Xu, 1980

Haematopota pilosifemura Xu, 1980. Acta Zootaxon. Sin. 5 (2): 187. **Type locality:** China (Hainan: Qiongzhong).
Haematopota pilosifemura: Xu *et* Sun, 2013. Fauna Sinica Insecta 59: 138.
分布（Distribution）：海南（HI）

（116）高额麻虻 *Haematopota pluvialis* (Linnaeus, 1758)

Tabanus pluvialis Linnaeus, 1758. Syst. Nat. Ed. 10, Vol. 1: 602. **Type locality:** Europe.
Tabanus arcticus Muller, 1764. Fauna Insect. Fridr.: 86. **Type locality:** Denmark (Sjaelland: Frederiksdal).
Tabanus equorum Fabricius, 1794. Entom. Syst. 4: 370. **Type locality:** Germany.

Tabanus hyetomantis Schrank, 1803. Fauna Boica. 3: 155. **Type locality:** Germany (Bavaria: Gern).
Haematopota marginula Meigen, 1820. Syst. Beschr.: 80. A MS name of Megerle.
Haematopota ocellata Meigen, 1820. Syst. Beschr.: 80. A MS name of Megerle.
Haematopota tristis Bigot, 1891. Bull. Soc. Zool. Fr. 16: 77. **Type locality:** Japan.
Haematopota sakhalinensis Shiraki, 1918. Blood-sucking insects of Formosa. Part I. Tabanidae: 104. **Type locality:** Russia (Far East: Sakhalin I).
Haematopota pleuralis Matsumura, 1931. 6000 illustrated insects of Japan-Empire: 418. Misspelling.
Chrysozona pluvialis var. *minima* Ghidini, 1935. Arch. Zool. Ital. 22: 425. **Type locality:** Italy (Val di Non: Levico).
Haematopota pluvialis ioffi Olsufjev, 1972. Russ. Ent. Obozr. 51: 453. **Type locality:** Georgia (Shovi).
Haematopota pluvialis: Xu *et* Sun, 2013. Fauna Sinica Insecta 59: 178.
分布（Distribution）：新疆（XJ）；俄罗斯、日本、哈萨克斯坦、土耳其；欧洲、非洲（北部）

（117）粉角麻虻 *Haematopota pollinantenna* Xu *et* Liao, 1985

Haematopota pollinantenna Xu *et* Liao, 1985. Acta Zootaxon. Sin. 10 (3): 286. **Type locality:** China (Guangxi: Pingxiang).
Haematopota pollinantenna: Xu *et* Sun, 2013. Fauna Sinica Insecta 59: 136.
分布（Distribution）：云南（YN）、广西（GX）

（118）波氏麻虻 *Haematopota przewalskii* Olsufjev, 1979

Haematopota przewalskii Olsufjev, 1979. Russ. Ent. Obozr. 58: 636. **Type locality:** China (Xinjiang: Kashgarija, Oasis Nija).
Haematopota przewalskii: Xu *et* Sun, 2013. Fauna Sinica Insecta 59: 189.
分布（Distribution）：新疆（XJ）

（119）针细麻虻 *Haematopota punctifera* Bigot, 1891

Haematopota punctifera Bigot, 1891. Bull. Soc. Zool. Fr. 16: 79. **Type locality:** Indonesia (Java).
Haematopota punctifera: Xu *et* Sun, 2013. Fauna Sinica Insecta 59: 195.
分布（Distribution）：云南（YN）；印度、缅甸、老挝、泰国、印度尼西亚、柬埔寨

（120）祁连山麻虻 *Haematopota qilianshanensis* He, Liu *et* Xu, 2008

Haematopota qilianshanensis He, Liu *et* Xu, 2008. Entomotaxon. 30 (1): 41. **Type locality:** China (Gansu: Huajian County).
Haematopota qilianshanensis: Xu *et* Sun, 2013. Fauna Sinica Insecta 59: 234.
分布（Distribution）：甘肃（GS）

（121）邛海麻虻 *Haematopota qionghaiensis* Xu, 1980

Haematopota qionghaiensis Xu, 1980. Acta Zootaxon. Sin. 5 (2): 185. **Type locality:** China (Sichuan: Xichang).
Haematopota qionghaiensis: Xu *et* Sun, 2013. Fauna Sinica Insecta 59: 201.
分布（Distribution）：四川（SC）、云南（YN）

（122）瞿氏麻虻 *Haematopota* qui Xu, 1999

Haematopota qui Xu, 1999. Ent. Sin. 6 (1): 21. **Type locality:** Vietnam (Khe Sanh).
Haematopota qui: Xu *et* Sun, 2013. Fauna Sinica Insecta 59: 148.
分布（Distribution）：云南（YN）；越南

（123）中华麻虻 *Haematopota sinensis* Ricardo, 1911

Haematopota sinensis Ricardo, 1911. Rec. Indian Mus. 4: 345. **Type locality:** China (Shandong: Weihai).
Chrysozona peculiaris Kono *et* Takahasi, 1939. Insecta Matsum. 14: 17. **Type locality:** North Korea (Suigen).
Haematopota sinensis: Xu *et* Sun, 2013. Fauna Sinica Insecta 59: 196.
分布（Distribution）：吉林（JL）、辽宁（LN）、内蒙古（NM）、河北（HEB）、北京（BJ）、山西（SX）、山东（SD）、河南（HEN）、安徽（AH）、江苏（JS）、上海（SH）、浙江（ZJ）、湖北（HB）、福建（FJ）；朝鲜

（124）拟中华麻虻 *Haematopota sineroides* Xu, 1989

Haematopota sineroides Xu, 1989. Acta Zootaxon. Sin. 14 (3): 367. **Type locality:** China (Jiangsu: Jurong).
Haematopota sineroides: Xu *et* Sun, 2013. Fauna Sinica Insecta 59: 198.
分布（Distribution）：安徽（AH）、江苏（JS）、湖北（HB）

（125）圆胛麻虻 *Haematopota sphaerocallus* (Wang *et* Liu, 1977)

Chrysozona irrorata sphaerocallus Wang *et* Liu *In*: Wang, 1977. Acta Ent. Sin. 20 (1): 114. **Type locality:** China (Yunnan: Mangshi).
Haematopota sphaerocallus: Xu *et* Sun, 2013. Fauna Sinica Insecta 59: 211.
分布（Distribution）：云南（YN）、福建（FJ）

（126）斯氏麻虻 *Haematopota stackelbergi* Olsufjev, 1967

Haematopota stackelbergi Olsufjev, 1967. Russ. Ent. Obozr. 46: 388. **Type locality:** China (Jilin).
Haematopota stackelbergi: Xu *et* Sun, 2013. Fauna Sinica Insecta 59: 185.
分布（Distribution）：黑龙江（HL）、吉林（JL）、辽宁（LN）、内蒙古（NM）、北京（BJ）；俄罗斯

（127）亚圆筒麻虻 *Haematopota subcylindrica* Pandelle, 1883

Haematopota subcylindrica Pandelle, 1883. Revue Ent. 2: 196. **Type locality:** France.

Haematopota pluvialis elbrusiensis Abbassian-Lintzen, 1960. Bull. Soc. Path. Exot. 53: 826. **Type locality:** Iran (Elbruz Mts.: Mobarakabad, Abe-Ali, Demavend).

Haematopota subcylindrica: Xu *et* Sun, 2013. Fauna Sinica Insecta 59: 179.

分布（Distribution）：新疆（XJ）；俄罗斯、哈萨克斯坦、伊朗、土耳其；欧洲

（128）亚露麻虻 *Haematopota subirrorata* Xu, 1980

Haematopota subirrorata Xu, 1980. Acta Zootaxon. Sin. 5 (2): 188. **Type locality:** China (Yunnan: Mengla).

Haematopota subirrorata: Xu *et* Sun, 2013. Fauna Sinica Insecta 59: 210.

分布（Distribution）：云南（YN）

（129）亚朝鲜麻虻 *Haematopota subkoryoensis* Xu *et* Sun, 2013

Haematopota subkoryoensis Xu *et* Sun, 2013. Fauna Sinica Insecta 59: 159. **Type locality:** China (Zhejiang: Linhai).

分布（Distribution）：浙江（ZJ）

（130）亚土耳其麻虻 *Haematopota subturkestanica* Wang, 1985

Haematopota subturkestanica Wang, 1985. Acta Ent. Sin. 28 (4): 428. **Type locality:** China (Xinjiang: Qinghe County).

Haematopota subturkestanica: Xu *et* Sun, 2013. Fauna Sinica Insecta 59: 186.

分布（Distribution）：新疆（XJ）

（131）塔氏麻虻 *Haematopota tamerlani* Szilády, 1923

Haematopota tamerlani Szilády, 1923. Biol. Hung. 1 (1): 34. **Type locality:** Not given.

Haematopota crassicornis tamerlani Szilády, 1923. Biol. Hung. 1 (1): 34. **Type locality:** Not given.

Haematopota tamerlani: Xu *et* Sun, 2013. Fauna Sinica Insecta 59: 183.

分布（Distribution）：黑龙江（HL）、吉林（JL）、辽宁（LN）、内蒙古（NM）、河北（HEB）、北京（BJ）、山西（SX）、甘肃（GS）；俄罗斯、蒙古国、朝鲜、日本

（132）天纳西麻虻 *Haematopota tenasserimi* Szilády, 1926

Haematopota tenasserimi Szilády, 1926. Biol. Hung. 1 (7): 7. **Type locality:** Myanmar (Tenasserim).

Haematopota tenasserimi: Xu *et* Sun, 2013. Fauna Sinica Insecta 59: 219.

分布（Distribution）：云南（YN）；缅甸、越南、老挝、泰国、柬埔寨、马来西亚

（133）土耳其麻虻 *Haematopota turkestanica* (Kröber, 1922)

Chrysozona turkestanica Kröber, 1922. Arch. Naturgesch. Abt. A, 88 (8): 151. **Type locality:** Turkestan.

Haematopota turkestanica orientalis Olsufjev, 1972. Russ. Ent. Obozr. 51: 452. **Type locality:** Russia (West Siberia: Kyzyl).

Haematopota turkestanica: Xu *et* Sun, 2013. Fauna Sinica Insecta 59: 188.

分布（Distribution）：黑龙江（HL）、吉林（JL）、辽宁（LN）、内蒙古（NM）、河北（HEB）、北京（BJ）、山西（SX）、山东（SD）、陕西（SN）、宁夏（NX）、甘肃（GS）、青海（QH）、新疆（XJ）；俄罗斯、蒙古国、哈萨克斯坦

（134）低额麻虻 *Haematopota ustulata* (Kröber, 1933)

Chrysozona ustulata Kröber, 1933. Ark. Zool. 26 A (8): 13. **Type locality:** China (Gansu).

Haematopota ustulata: Xu *et* Sun, 2013. Fauna Sinica Insecta 59: 181.

分布（Distribution）：甘肃（GS）、青海（QH）、四川（SC）、西藏（XZ）

（135）异角麻虻 *Haematopota varianntanna* Xu *et* Sun, 2008

Haematopota varianntanna Xu *et* Sun, 2008. Acta Parasitol. Med. Entomol. Sin. 15 (3): 181. **Type locality:** China (Liaoning: Huanren County).

Haematopota varianntanna: Xu *et* Sun, 2013. Fauna Sinica Insecta 59: 170.

分布（Distribution）：辽宁（LN）

（136）骚扰麻虻 *Haematopota vexativa* Xu, 1989

Haematopota vexativa Xu, 1989. Acta Zootaxon. Sin. 14 (3): 369. **Type locality:** China (Gansu: Kangxian).

Haematopota vexativa: Xu *et* Sun, 2013. Fauna Sinica Insecta 59: 217.

分布（Distribution）：陕西（SN）、甘肃（GS）

（137）五指山麻虻 *Haematopota wuzhishanensis* Xu, 1980

Haematopota wuzhishanensis Xu, 1980. Acta Zootaxon. Sin. 5 (2): 189. **Type locality:** China (Hainan).

Haematopota wuzhishanensis: Xu *et* Sun, 2013. Fauna Sinica Insecta 59: 158.

分布（Distribution）：海南（HI）

（138）阳刚麻虻 *Haematopota yanggangi* Xu *et* Guo, 2005

Haematopota yanggangi Xu *et* Guo, 2005. Acta Parasitol. Med. Entomol. Sin. 12 (1): 28. **Type locality:** China (Yunnan: Mengla).

Haematopota yanggangi: Xu *et* Sun, 2013. Fauna Sinica

Insecta 59: 154.
分布（Distribution）：云南（YN）

（139）永平麻虻 *Haematopota yongpingi* Xu *et* Guo, 2005

Haematopota yongpingi Xu *et* Guo, 2005. Acta Parasitol. Med. Entomol. Sin. 12 (1): 29. **Type locality:** China (Yunnan: Jiangcheng).
Haematopota yongpingi: Xu *et* Sun, 2013. Fauna Sinica Insecta 59: 221.
分布（Distribution）：云南（YN）

（140）永安麻虻 *Haematopota yungani* Stone *et* Philip, 1974

Haematopota yungani Stone *et* Philip, 1974. Tech. Bull. U. S. Dep. Agric. 1489: 197. **Type locality:** China (Fujian: Yungan).
Haematopota yungani: Xu *et* Sun, 2013. Fauna Sinica Insecta 59: 222.
分布（Distribution）：福建（FJ）

（141）云南麻虻 *Haematopota yunnanensis* Stone *et* Philip, 1974

Haematopota yunnanensis Stone *et* Philip, 1974. Tech. Bull. U. S. Dep. Agric. 1489: 198. **Type locality:** China (Yunnan: Shuan-fan-tsing-Lan chou).
Haematopota yunnanensis: Xu *et* Sun, 2013. Fauna Sinica Insecta 59: 230.
分布（Distribution）：云南（YN）

（142）拟云南麻虻 *Haematopota yunnanoides* Xu, 1991

Haematopota yunnanoides Xu, 1991. Entomotaxon. 13 (1): 61. **Type locality:** China (Sichuan: Erlangshan).
Haematopota yunnanoides: Xu *et* Sun, 2013. Fauna Sinica Insecta 59: 228.
分布（Distribution）：四川（SC）、贵州（GZ）、云南（YN）

（143）曾健麻虻 *Haematopota zengjiani* Xu *et* Guo, 2005

Haematopota zengjiani Xu *et* Guo, 2005. Acta Parasitol. Med. Entomol. Sin. 12 (1): 29. **Type locality:** China (Yunnan: Menghai County).
Haematopota zengjiani: Xu *et* Sun, 2013. Fauna Sinica Insecta 59: 150.
分布（Distribution）：云南（YN）

12. 瘤虻属 *Hybomitra* Enderlein, 1922

Hybomitra Enderlein, 1922. Mitt. Zool. Mus. Berl. 10: 347. **Type species:** *Tabanus solox* Enderlein, 1922; by original designation. Synonymized by Chvála, 1988.
Tylostypia Enderlein, 1922. Mitt. Zool. Mus. Berl. 10: 347. **Type species:** *Tabanus astur* Erichson in Middendorf, 1851; by original designation. Synonymized by Chvála, 1988.
Didymops Szilády, 1922. Allatt. Közl. (In Hungarian) 21: 36. **Type species:** *Tabanus* (*Didymops*) *andreae* Szilády, 1922; by original designation. Synonymized by Chvála, 1988.
Tylostypina Enderlein, 1923. Dtsch. Ent. Z. 1923: 545. **Type species:** *Tabanus tataricus* Portschinsky, 1887; by original designation. Synonymized by Chvála, 1988.
Sipala Enderlein, 1923. Dtsch. Ent. Z. 1923: 545. **Type species:** *Tabanus acuminatus* Loew, 1858; by original designation. Synonymized by Chvála, 1988.
Sziladynus Enderlein, 1925. Zool. Anz. 62: 181. **Type species:** *Tabanus aterrimus* Meigen, 1820; by original designation. Synonymized by Chvála, 1988.
Aplococera Enderlein, 1933. Dtsch. Ent. Z. 1933: 144. **Type species:** *Therioplectes caucasicus* Enderlein, 1925; by original designation. Synonymized by Chvála, 1988.
Tibetomyia Olsufjev, 1967. Russ. Ent. Obozr. 46: 383. (as subgenus of *Hybomitra* Enderlein, 1922). **Type species:** *Hybomitra* (*Tibetomyia*) *kozlovi* Olsufjev, 1967; by original designation. Synonymized by Chvála, 1988.
Mouchaemyia Olsufjev, 1972. Russ. Ent. Obozr. 51: 450. (as subgenus of *Hybomitra* Enderlein, 1922). **Type species:** *Hybomitra* (*Therioplectes*) *caucasi* Szilády, 1923; by original designation. Synonymized by Chvála, 1988.
Hybomitra: Xu *et* Sun, 2013. Fauna Sinica Insecta 59: 262.

（144）阿坝瘤虻 *Hybomitra abaensis* Xu *et* Song, 1983

Hybomitra abaensis Xu *et* Song, 1983. Sichuan J. Zool. 2 (4): 7. **Type locality:** China (Sichuan: Ruoergai, Baxi).
Hybomitra abaensis: Xu *et* Sun, 2013. Fauna Sinica Insecta 59: 335.
分布（Distribution）：四川（SC）

（145）尖腹瘤虻 *Hybomitra acuminata* (Loew, 1858)

Tabanus acuminata Loew, 1858. Verh. Zool.-Bot. Ges. Wien. 8: 590. **Type locality:** Italy ("Illyria").
Hybomitra acuminata: Xu *et* Sun, 2013. Fauna Sinica Insecta 59: 287.
分布（Distribution）：新疆（XJ）；俄罗斯、蒙古国、伊朗、哈萨克斯坦；欧洲

（146）斧角瘤虻 *Hybomitra aequetincta* (Becker, 1900)

Therioplectes aequetinctus Becker, 1900. Acta Soc. Sci. Fenn., Ser. B 26 (9): 8. **Type locality:** Russia (Siberia: "Plakina and Kureika").
Tabanus flavipes Wiedemann, 1828. Aussereurop. Zweifl. Insekt. 1: 137. **Type locality:** Canada (Labrador).
Tabanus nigrotuberculatus Fairchild, 1934. Boston Soc. Nat. Hist. 8: 139. New name for *flavipes* Wiedemann, 1828 (Preoccupied by *flavipes* Gravenhorst, 1807).
Hybomitra aequetincta: Xu *et* Sun, 2013. Fauna Sinica Insecta 59: 357.
分布（Distribution）：黑龙江（HL）、吉林（JL）、内蒙古

（NM）；俄罗斯、蒙古国、日本；欧洲（北部）、北美洲

（147）无带瘤虻 *Hybomitra afasciata* Wang, 1989

Hybomitra afasciata Wang, 1989. Acta Ent. Sin. 32 (1): 101. **Type locality:** China (Qinghai: Qilian Mountain).
Hybomitra afasciata: Xu *et* Sun, 2013. Fauna Sinica Insecta 59: 265.
分布（Distribution）：青海（QH）

（148）阿克苏瘤虻 *Hybomitra aksuensis* Wang, 1985

Hybomitra aksuensis Wang, 1985. Acta Ent. Sin. 28 (4): 426. **Type locality:** China (Xinjiang: Aksu City).
Hybomitra aksuensis: Xu *et* Sun, 2013. Fauna Sinica Insecta 59: 279.
分布（Distribution）：新疆（XJ）

（149）高山瘤虻 *Hybomitra alticola* Wang, 1981

Hybomitra alticola Wang, 1981. Acta Zootaxon. Sin. 6 (3): 318. **Type locality:** China (Sichuan: Barkam County).
Hybomitra alticola: Xu *et* Sun, 2013. Fauna Sinica Insecta 59: 367.
分布（Distribution）：甘肃（GS）、四川（SC）、云南（YN）

（150）阿氏瘤虻 *Hybomitra arpadi* (Szilády, 1923)

Tabanus (*Therioplectes*) *arpadi* Szilády, 1923. Biol. Hung. 1 (1): 7. **Type locality:** Russian (Lapland and Amur District).
Tabanus gracilipalpis Hine, 1923. Can. Ent. 55: 143. **Type locality:** USA (Alaska).
Tabanus cristatus Curran, 1927. Can. Ent. 59: 81. **Type locality:** Canada (Alberta).
Tabanus stackelbergi Olsufjev *In*: Stackelberg, 1933. Opredel. much Evrop. S. S. S. R., Izd. AN S. S. S. R.: 75. **Type locality:** Not given [Russia. St. Petersburg region].
Hybomitra arpadi: Xu *et* Sun, 2013. Fauna Sinica Insecta 59: 399.
分布（Distribution）：黑龙江（HL）、内蒙古（NM）；俄罗斯、日本；欧洲、北美洲

（151）星光瘤虻 *Hybomitra astur* (Erichson, 1851)

Tabanus astur Erichson *In*: Middendorff, 1851. Reise in den aussersten Norden und Osten Sibiriens II, Zool. 1: 66. **Type locality:** Russia (Khabarovsk: Udskoye).
Tabanus spilopterus Loew, 1858. Verh. Zool.-Bot. Ges. Wien. 8: 581. **Type locality:** Russia (Siberia).
Therioplectes guttipennis Enderlein, 1925. Mitt. Zool. Mus. Berl. 11: 360. **Type locality:** Russia (Siberia and Sachalin).
Hybomitra astur: Xu *et* Sun, 2013. Fauna Sinica Insecta 59: 361.
分布（Distribution）：黑龙江（HL）、吉林（JL）、辽宁（LN）、内蒙古（NM）；俄罗斯、蒙古国、朝鲜

（152）类星瘤虻 *Hybomitra asturoides* Liu *et* Wang, 1977

Hybomitra asturoides Liu *et* Wang *In*: Wang, 1977. Acta Ent. Sin. 20 (1): 108. **Type locality:** China (Yunnan: Tengchong).
Hybomitra lushuiensis Wang, 1988. Sinozoologia 6: 266.
Hybomitra asturoides: Xu *et* Sun, 2013. Fauna Sinica Insecta 59: 310.
分布（Distribution）：云南（YN）

（153）黑须瘤虻 *Hybomitra atripalpis* Wang, 1992

Hybomitra atripalpis Wang, 1992. Acta Ent. Sin. 35 (3): 358. **Type locality:** China (Tibet: Gyrong).
Hybomitra atripalpis: Xu *et* Sun, 2013. Fauna Sinica Insecta 59: 314.
分布（Distribution）：西藏（XZ）

（154）釉黑瘤虻 *Hybomitra baphoscata* Xu *et* Liu, 1985

Hybomitra baphoscata Xu *et* Liu, 1985. Acta Zootaxon. Sin. 10 (2): 169. **Type locality:** China (Gansu: Zhouqu County).
Hybomitra baphoscata: Xu *et* Sun, 2013. Fauna Sinica Insecta 59: 293.
分布（Distribution）：陕西（SN）、甘肃（GS）

（155）马尔康瘤虻 *Hybomitra barkamensis* Wang, 1981

Hybomitra barkamensis Wang, 1981. Acta Zootaxon. Sin. 6 (3): 317. **Type locality:** China (Sichuan: Barkam County).
Hybomitra barkamensis: Xu *et* Sun, 2013. Fauna Sinica Insecta 59: 272.
分布（Distribution）：四川（SC）

（156）双斑瘤虻 *Hybomitra bimaculata* (Macquart, 1826)

Tabanus bimaculatus Macquart, 1826. Mem. Soc. Sci. Agric. Lille 1825: 484. **Type locality:** France (Northern).
Tabanus confinis Zetterstedt, 1838. Insecta Lapponica. Dipterologis Scandinaviae, Sect. 3, Diptera: 516. **Type locality:** Sweden (Vasterbotten: Lappland, Lycksele).
Tabanus bisignatus Jaennicke, 1866. Berl. Ent. Z. 10 (1-3): 74. **Type locality:** France (Paris region).
Therioplectes subguttatus Enderlein, 1925. Mitt. Zool. Mus. Berl. 11: 359. **Type locality:** ? ? ?.
Tabanus (*Tylostypia*) *solstitialis manchuricus* Takagi, 1941. Rep. Inst. Horse-Dis. Manchoukuo 16 (2): 48. **Type locality:** China (Manchuria).
Hybomitra collini Lyneborg, 1959. Ent. Medd. 29: 94. **Type locality:** Denmark (Bagsvaerd: NW of Copenhagen).
Hybomitra bimaculata: Xu *et* Sun, 2013. Fauna Sinica Insecta 59: 343.
分布（Distribution）：黑龙江（HL）、吉林（JL）、内蒙古（NM）、新疆（XJ）；俄罗斯、蒙古国、日本；欧洲

（157）北方瘤虻 *Hybomitra borealis* (Fabricius, 1781)

Tabanus borealis Fabricius, 1781. Species Insectorum 2: 459. **Type locality:** Norway.

Tabanus albomaculatus Zetterstedt, 1838. Insecta Lapponica. Dipterologis Scandinaviae, Sect. 3, Diptera: 516. **Type locality:** Sweden (Vasterbotten: Lappland, Lycksele; Badstu-traesk in Stoettingsfjellet.
Tabanus lapponicus Wahlberg, 1848. Öfvers. K. VetenskAkad. Förh. 5: 199. **Type locality:** Sweden.
Tabanus komurae Matsumura, 1911. J. Coll. Agric. Tohoku Imp. Univ. Sapporo 4 (1): 65. **Type locality:** Russia (Far East: Sakhalin, Solowiyofka).
Hybomitra borealis: Xu *et* Sun, 2013. Fauna Sinica Insecta 59: 396.
分布（Distribution）：黑龙江（HL）、吉林（JL）、辽宁（LN）、内蒙古（NM）；俄罗斯、蒙古国、日本；欧洲（北部）

（158）宽额瘤虻 *Hybomitra brachybregma* Xu *et* Jin, 1990

Hybomitra brachybregma Xu *et* Jin, 1990. Acta Zootaxon. Sin. 15 (2): 223. New name for *Tabanus brevifrons* Kröber, 1933 (Preoccupied by Kröber, 1931). **Type locality:** China (Kansu).
Tabanus brevifrons Kröber, 1933. Ark. Zool. 26 A (8): 6. **Type locality:** China (Kansu).
Hybomitra brachybregma: Xu *et* Sun, 2013. Fauna Sinica Insecta 59: 371.
分布（Distribution）：甘肃（GS）、青海（QH）

（159）波拉瘤虻 *Hybomitra branta* Wang, 1982

Hybomitra branta Wang, 1982. Insects of Tibet II: 176. **Type locality:** China (Tibet: Mangkang).
Hybomitra branta: Xu *et* Sun, 2013. Fauna Sinica Insecta 59: 299.
分布（Distribution）：四川（SC）、云南（YN）、西藏（XZ）

（160）拟波拉瘤虻 *Hybomitra brantoides* Wang, 1984

Hybomitra brantoides Wang, 1984. Acta Zootaxon. Sin. 9 (4): 395. **Type locality:** China (Sichuan: Xiangcheng).
Hybomitra brantoides: Xu *et* Sun, 2013. Fauna Sinica Insecta 59: 309.
分布（Distribution）：四川（SC）、云南（YN）

（161）短小瘤虻 *Hybomitra brevis* (Loew, 1858)

Tabanus brevis Loew, 1858. Verh. Zool.-Bot. Ges. Wien. 8: 584. **Type locality:** Russia (Siberia).
Hybomitra brevis: Xu *et* Sun, 2013. Fauna Sinica Insecta 59: 394.
分布（Distribution）：黑龙江（HL）、吉林（JL）、辽宁（LN）、内蒙古（NM）；俄罗斯、朝鲜、日本

（162）牦牛瘤虻 *Hybomitra bulongicauda* Liu *et* Xu, 1990

Hybomitra bulongicauda Liu *et* Xu, 1990. Blood-sucking Dipt. Ins. 2: 88. **Type locality:** China (Tibet: Cuona County).
Hybomitra bulongicauda: Xu *et* Sun, 2013. Fauna Sinica Insecta 59: 407.
分布（Distribution）：西藏（XZ）

（163）陈塘瘤虻 *Hybomitra chentangensis* Zhu *et* Xu, 1995

Hybomitra chentangensis Zhu *et* Xu, 1995. Contributions to Epidemiological Survey in China 1: 110. **Type locality:** China (Tibet: Chentang).
Hybomitra chentangensis: Xu *et* Sun, 2013. Fauna Sinica Insecta 59: 387.
分布（Distribution）：西藏（XZ）

（164）克氏瘤虻 *Hybomitra chvalai* Xu *et* Zhang, 1990

Hybomitra chvalai Xu *et* Zhang *In*: Xu, Lu *et* Wu, 1990. Blood-sucking Dipt. Ins. 2: 81. **Type locality:** China (Tibet: Zham).
Hybomitra chvalai: Xu *et* Sun, 2013. Fauna Sinica Insecta 59: 382.
分布（Distribution）：西藏（XZ）

（165）杂毛瘤虻 *Hybomitra ciureai* (Séguy, 1937)

Sziladynus solstitialis var. *ciureai* Séguy, 1937. Archs Roum. Path. Exp. Microbiol. 10: 207. **Type locality:** Romania.
Tabanus tenuistria Kröber, 1936. Acta Inst. Mus. Zool. Athen 1: 33. **Type locality:** Greece (Strymontal).
Hybomitra schineri Lyneborg, 1959. Ent. Medd. 29: 109. **Type locality:** Denmark (Bagsvaerd: NW of Copenhagen).
Hybomitra ciureai: Xu *et* Sun, 2013. Fauna Sinica Insecta 59: 347.
分布（Distribution）：黑龙江（HL）、辽宁（LN）、新疆（XJ）；俄罗斯、蒙古国、哈萨克斯坦、伊拉克、土耳其；欧洲

（166）科氏瘤虻 *Hybomitra coheri* Xu *et* Zhang, 1990

Hybomitra coheri Xu *et* Zhang *In*: Xu, Lu *et* Wu, 1990. Blood-sucking Dipt. Ins. 2: 82. **Type locality:** China (Tibet: Zham).
Hybomitra coheri: Xu *et* Sun, 2013. Fauna Sinica Insecta 59: 266.
分布（Distribution）：西藏（XZ）

（167）显著瘤虻 *Hybomitra distinguenda* (Verrall, 1909)

Tabanus distinguendus Verrall, 1909. British Flies 5: 371. **Type locality:** England (Scotland).
Therioplectes distinguendus f. *parvus* Goffe, 1931. Trans. Ent. Soc. S. Engl. 6 (1930): 99. **Type locality:** England (Hants: New Forest).
Therioplectes distinguendus f. *rufus* Goffe, 1931. Trans. Ent. Soc. S. Engl. 6 (1930): 98. **Type locality:** England (Scotland: Inverness, Nethy Bridge).
Hybomitra distinguenda contigua Olsufjev, 1972. Russ. Ent. Obozr. 51: 452. **Type locality:** China (Chelunczjan Prov.:

Chulin).
Hybomitra distinguenda: Xu *et* Sun, 2013. Fauna Sinica Insecta 59: 345.
分布（Distribution）：黑龙江（HL）、吉林（JL）、内蒙古（NM）、新疆（XJ）；俄罗斯、蒙古国、日本；欧洲

（168）持瘤虻 *Hybomitra echusa* Wang, 1982

Hybomitra echusa Wang, 1982. Insects of Tibet II: 176. **Type locality:** China (Tibet: Zayu County).
Hybomitra tatarica: Xu *et* Sun, 2013. Fauna Sinica Insecta 59: 315.
分布（Distribution）：西藏（XZ）

（169）欧式瘤虻 *Hybomitra erberi* (Brauer, 1880)

Therioplectes erberi Brauer, 1880. Denkschr. Akad. Wiss. Wien 42: 151. **Type locality:** Greece (Corf).
Tabanus erberi var. *fuscipennis* Szilády, 1926. Ann. Mus. Natl. Hung. 24: 607. **Type locality:** China (Tien-Tsin).
Hybomitra erberi: Xu *et* Sun, 2013. Fauna Sinica Insecta 59: 289.
分布（Distribution）：吉林（JL）、辽宁（LN）、内蒙古（NM）、北京（BJ）、河南（HEN）、陕西（SN）、宁夏（NX）、甘肃（GS）、新疆（XJ）；俄罗斯、蒙古国、哈萨克斯坦、伊朗；欧洲

（170）膨条瘤虻 *Hybomitra expollicata* (Pandelle, 1883)

Tabanus expollicatus Pandelle, 1883. Revue Ent. 2: 218. **Type locality:** France ("meridionale").
Tabanus (*Didymops*) *andreae* Szilády, 1922. Allatt. Közl. (In Hungarian). 21: 37. **Type locality:** Russia (Siberia: Akmolinsk).
Tabanus (*Sziladynus*) *nigrivitta* Olsufjev, 1936. Parasit. Sb. Zool. Inst. Moskva. 6: 231. **Type locality:** Ukraine; Northern Caucasus; North Kazachstan; Russia (Siberia: Ussuri region); North Mongolia.
Hybomitra pseuderberi Philip *et* Aitken, 1958. Mem. Soc. Ent. Ital. 37: 88. **Type locality:** Italy (Sardinia: Northwest Sassari Prov.).
Hybomitra expollicata orientalis Olsufjev, 1970. Russ. Ent. Obozr. 49: 686. **Type locality:** Russia (Far East: Primorskiy kray, Lake Daricini, near Lake Chasan).
Hybomitra expollicata orientalis Leclercq, 1970. Bull. Inst. Agron. Stns Rech. Gembloux, (N. S.) 5: 284. **Type locality:** Russia (Siberia "Siberie orientale *et* l'Extreme-Orient").
Hybomitra expollicata: Xu *et* Sun, 2013. Fauna Sinica Insecta 59: 280.
分布（Distribution）：黑龙江（HL）、吉林（JL）、辽宁（LN）、内蒙古（NM）、陕西（SN）、宁夏（NX）、甘肃（GS）、青海（QH）、新疆（XJ）、湖北（HB）、四川（SC）、西藏（XZ）；俄罗斯、蒙古国、哈萨克斯坦、土耳其；欧洲

（171）黄毛瘤虻 *Hybomitra flavicoma* Wang, 1981

Hybomitra flavicoma Wang, 1981. Acta Zootaxon. Sin. 6 (3): 315. **Type locality:** China (Sichuan: Erlangshan).
Hybomitra albicoma Wang, 1981. Acta Zootaxon. Sin. 6 (3): 316. **Type locality:** China (Sichuan: Erlangshan).
Hybomitra flavicoma: Xu *et* Sun, 2013. Fauna Sinica Insecta 59: 312.
分布（Distribution）：陕西（SN）、四川（SC）

（172）黄带瘤虻 *Hybomitra fulvotaenia* Wang, 1982

Hybomitra fulvotaenia Wang, 1982. Insects of Tibet II: 175. **Type locality:** China (Tibet: Zayu County).
Hybomitra fulvotaenia: Xu *et* Sun, 2013. Fauna Sinica Insecta 59: 318.
分布（Distribution）：西藏（XZ）

（173）棕斑瘤虻 *Hybomitra fuscomaculata* Wang, 1985

Hybomitra fuscomaculata Wang, 1985. Acta Zootaxon. Sin. 10 (4): 414. **Type locality:** China (Sichuan: Xiangcheng).
Hybomitra fuscomaculata: Xu *et* Sun, 2013. Fauna Sinica Insecta 59: 362.
分布（Distribution）：四川（SC）、西藏（XZ）

（174）草生瘤虻 *Hybomitra gramina* Xu, 1983

Hybomitra gramina Xu, 1983. Acta Zootaxon. Sin. 8 (2): 178. **Type locality:** China (Sichuan: Shiqu).
Hybomitra gramina: Xu *et* Sun, 2013. Fauna Sinica Insecta 59: 336.
分布（Distribution）：四川（SC）

（175）拟草生瘤虻 *Hybomitra graminoida* Xu, 1983

Hybomitra graminoida Xu, 1983. Acta Zootaxon. Sin. 8 (2): 179. **Type locality:** China (Sichuan: Kangding).
Hybomitra graminoida: Xu *et* Sun, 2013. Fauna Sinica Insecta 59: 338.
分布（Distribution）：四川（SC）

（176）海东瘤虻 *Hybomitra haidongensis* Xu *et* Jin, 1990

Hybomitra haidongensis Xu *et* Jin, 1990. Acta Zootaxon. Sin. 15 (2): 222. **Type locality:** China (Qinghai: Ping'an County).
Hybomitra haidongensis: Xu *et* Sun, 2013. Fauna Sinica Insecta 59: 364.
分布（Distribution）：陕西（SN）、宁夏（NX）、甘肃（GS）、青海（QH）、四川（SC）

（177）全黑瘤虻 *Hybomitra holonigra* Xu *et* Li, 1982

Hybomitra holonigra Xu *et* Li, 1982. Zool. Res. 3 (Suppl.): 94. **Type locality:** China (Gansu: Zhouqu County).
Hybomitra holonigra: Xu *et* Sun, 2013. Fauna Sinica Insecta 59: 410.
分布（Distribution）：甘肃（GS）、四川（SC）

（178）小黑瘤虻 *Hybomitra hsiaohei* Wang, 1982

Hybomitra hsiaohei Wang, 1982. Insects of Tibet II: 180. **Type locality:** China (Tibet: Qusum County).
Hybomitra hsiaohei: Xu *et* Sun, 2013. Fauna Sinica Insecta 59: 320.
分布（Distribution）：西藏（XZ）

（179）凶恶瘤虻 *Hybomitra hunnorum* (Szilády, 1923)

Tabanus hunnorum Szilády, 1923. Biol. Hung. 1 (1): 8. **Type locality:** Turkestan (Karagai Tau).
Aplococera pamirensis Enderlein, 1933. Dtsch. Ent. Z. 1933: 145. **Type locality:** Altai Pamir.
Hybomitra hunnorum: Xu *et* Sun, 2013. Fauna Sinica Insecta 59: 342.
分布（Distribution）：新疆（XJ）；哈萨克斯坦、巴基斯坦、克什米尔地区、土耳其；亚洲中部

（180）甘肃瘤虻 *Hybomitra kansui* Philip, 1979

Hybomitra kansui Philip, 1979. Pac. Ins. 21 (2-3): 201. New name for *Tabanus atripes* Kröber, 1933 (Preoccupied by van der Wulp, 1885).
Tabanus (*Sziladynus*) *atripes* Kröber, 1933. Ark. Zool. 26 A (8): 5. **Type locality:** China (Kansu).
Hybomitra atritergita Wang, 1981. Acta Zootaxon. Sin. 6 (3): 317. **Type locality:** China (Sichuan: Barkam County).
Hybomitra kansui: Xu *et* Sun, 2013. Fauna Sinica Insecta 59: 408.
分布（Distribution）：陕西（SN）、甘肃（GS）、青海（QH）、四川（SC）、云南（YN）

（181）喀什瘤虻 *Hybomitra kashgarica* Olsufjev, 1970

Hybomitra kashgarica Olsufjev, 1970. Russ. Ent. Obozr. 49: 685. **Type locality:** China (Xinjiang: Oasis Nija).
Hybomitra kashgarica: Xu *et* Sun, 2013. Fauna Sinica Insecta 59: 285.
分布（Distribution）：甘肃（GS）、新疆（XJ）

（182）考氏瘤虻 *Hybomitra kaurii* Chvála *et* Lyneborg, 1970

Hybomitra kaurii Chvála *et* Lyneborg, 1970. J. Med. Ent. 7: 546. **Type locality:** Czechoslovakia (Bohemia Mer.: Třeboň).
Hybomitra kaurii: Xu *et* Sun, 2013. Fauna Sinica Insecta 59: 404.
分布（Distribution）：内蒙古（NM）、新疆（XJ）；俄罗斯、蒙古国、日本；欧洲、北美洲

（183）柯氏瘤虻 *Hybomitra koidzumii* Murdoch *et* Takahasi, 1969

Hybomitra koidzumii Murdoch *et* Takahasi, 1969. Mem. Ent. Soc. Wash. 6: 43. **Type locality:** China (West Manchuria: Choll).
Hybomitra nodifera Wang, 1981. Sinozoologia 1: 83. **Type locality:** China (Nei Mongol: Xi Ujumqin Qi of Xilin Gol Meng).
Hybomitra koidzumii: Xu *et* Sun, 2013. Fauna Sinica Insecta 59: 329.
分布（Distribution）：黑龙江（HL）、内蒙古（NM）

（184）拉东瘤虻 *Hybomitra ladongensis* Liu *et* Yao, 1981

Hybomitra ladongensis Liu *et* Yao, 1981. Contr. Shanghai Inst. Entomol. 2: 265. **Type locality:** China (Qinghai: Qilian Mountain).
Hybomitra atriperoides Liu *et* Yao, 1981. Contr. Shanghai Inst. Entomol. 2: 265. **Type locality:** China (Qinghai: Qilian Mountain).
Hybomitra ladongensis: Xu *et* Sun, 2013. Fauna Sinica Insecta 59: 375.
分布（Distribution）：甘肃（GS）、青海（QH）

（185）驼瘤瘤虻 *Hybomitra lamades* Philip, 1961

Hybomitra lamades Philip, 1961. Indian J. Ent. 21 (1959): 86. **Type locality:** Nepal (86 km S of Makalu).
Hybomitra lamades: Xu *et* Sun, 2013. Fauna Sinica Insecta 59: 268.
分布（Distribution）：西藏（XZ）；印度、尼泊尔

（186）拉萨瘤虻 *Hybomitra lhasaensis* Wang, 1982

Hybomitra lhasaensis Wang, 1982. Insects of Tibet II: 179. **Type locality:** China (Tibet: Lhasa).
Hybomitra lhasaensis: Xu *et* Sun, 2013. Fauna Sinica Insecta 59: 388.
分布（Distribution）：西藏（XZ）

（187）刘氏瘤虻 *Hybomitra liui* Yang *et* Xu, 1993

Hybomitra liui Yang *et* Xu, 1993. Blood-sucking Dipt. Ins. 3: 72. **Type locality:** China (Yunnan: Deqin).
Hybomitra liui: Xu *et* Sun, 2013. Fauna Sinica Insecta 59: 267.
分布（Distribution）：四川（SC）、云南（YN）

（188）六盘山瘤虻 *Hybomitra liupanshanensis* Liu, Wang *et* Xu, 1990

Hybomitra liupanshanensis Liu, Wang *et* Xu, 1990. Entomotaxon. 12 (1): 57. **Type locality:** China (Ningxia: Jingyuan County, Mt. Liupanshan).
Hybomitra liupanshanensis: Xu *et* Sun, 2013. Fauna Sinica Insecta 59: 306.
分布（Distribution）：陕西（SN）、宁夏（NX）、甘肃（GS）

（189）长角瘤虻 *Hybomitra longicorna* Wang, 1984

Hybomitra longicorna Wang, 1984. Acta Zootaxon. Sin. 9 (4): 394. **Type locality:** China (Sichuan: Baoxing).
Hybomitra longicorna: Xu *et* Sun, 2013. Fauna Sinica Insecta 59: 373.
分布（Distribution）：四川（SC）

（190）隆子瘤虻 *Hybomitra longziensis* Xu, 1995

Hybomitra longziensis Xu, 1995. Contributions to Epidemiological Survey in China 1: 114. **Type locality:** China (Tibet: Longzi).

Hybomitra longziensis: Xu *et* Sun, 2013. Fauna Sinica Insecta 59: 308.

分布（Distribution）：西藏（XZ）

（191）黄角瘤虻 *Hybomitra lundbecki* Lyneborg, 1959

Hybomitra lundbecki Lyneborg, 1959. Ent. Medd. 29: 127. **Type locality:** Denmark (Hareskov: north of Copenhagen).

Hybomitra sibirica Olsufjev, 1970. Russ. Ent. Obozr. 49: 686. **Type locality:** Russia (Tubinsk: 20 km SW of Schagonar).

Hybomitra sibiriensis Olsufjev, 1972. Russ. Ent. Obozr. 51: 452. New name for *Hybomitra sibirica* Olsufjev, 1970 (Preoccupied by *sibiricus* Enderlein, 1924).

Hybomitra lundbecki: Xu *et* Sun, 2013. Fauna Sinica Insecta 59: 323.

分布（Distribution）：黑龙江（HL）、吉林（JL）、内蒙古（NM）；俄罗斯、蒙古国；欧洲

（192）黑棕瘤虻 *Hybomitra lurida* (Fallen, 1817)

Tabanus luridus Fallen, 1817. Tabani *et* Xylophagei Sveciae: 5. **Type locality:** Sweden.

Tabanus depressa Walker, 1848. List Dipt. Colln Br. Mus. 1: 167. **Type locality:** Not given.

Tabanus inscitus Walker, 1848. List Dipt. Colln Br. Mus. 1: 172. **Type locality:** Canada.

Tabanus punctifrons Wahlberg, 1848. Öfvers. K. VetenskAkad. Förh. 5: 200. **Type locality:** “alpis Walli propre Quickjock”.

Tabanus hirticeps Loew, 1858. Wien. Entomol. Monatschr. 2: 105. **Type locality:** Japan.

Tabanus comes Walker, 1849. List Dipt. Colln Br. Mus. 4: 1152. **Type locality:** Canada.

Tabanus metabolus McDunnough, 1922. Can. Ent. 54: 239. **Type locality:** Canada (Alberta).

Hybomitra lurida var. *sordida* Olsufjev, 1977. Fauna U. S. S. R., Dipt. (New series no. 113) 7 (2): 353. **Type locality:** Russia (Siberia: Jakutstk, Magadan region).

Hybomitra lurida: Xu *et* Sun, 2013. Fauna Sinica Insecta 59: 304.

分布（Distribution）：黑龙江（HL）、吉林（JL）、辽宁（LN）、内蒙古（NM）、山西（SX）；俄罗斯、蒙古国、日本、全北区北部；欧洲

（193）里氏瘤虻 *Hybomitra lyneborgi* Chvála, 1969

Hybomitra lyneborgi Chvála, 1969. Acta Ent. Bohemoslov. 66: 44. **Type locality:** Nepal (Ting Sang-La).

Hybomitra subbranta Xu *et* Zhang *In*: Xu, Lu *et* Wu, 1990. Blood-sucking Dipt. Ins. 2: 83. **Type locality:** China (Xizang: Zhangmu).

Hybomitra lyneborgi: Xu *et* Sun, 2013. Fauna Sinica Insecta 59: 391.

分布（Distribution）：西藏（XZ）；尼泊尔

（194）马氏瘤虻 *Hybomitra mai* (Liu, 1959)

Tabanus (*Tylostypia*) *mai* Liu, 1959. Acta Zool. Sin. 11 (2): 161. **Type locality:** China (Qinghai: Kweinan County).

Hybomitra ruoergaiensis Xu *et* Song, 1983. Sichuan J. Zool. 2 (4): 7. **Type locality:** China (Sichuan: Ruoergai, Baxi).

Hybomitra ampulla Wang *et* Liu, 1990. Contr. Shanghai Inst. Entomol. 9: 174. **Type locality:** China (Sichuan: Songpan).

Hybomitra mai: Xu *et* Sun, 2013. Fauna Sinica Insecta 59: 270.

分布（Distribution）：甘肃（GS）、青海（QH）、四川（SC）

（195）白缘瘤虻 *Hybomitra marginialba* Liu *et* Yao, 1981

Hybomitra marginialba Liu *et* Yao, 1981. Contr. Shanghai Inst. Entomol. 2: 263. **Type locality:** China (Qinghai: Qilian Mountain).

Hybomitra marginialba: Xu *et* Sun, 2013. Fauna Sinica Insecta 59: 370.

分布（Distribution）：甘肃（GS）、青海（QH）、四川（SC）、西藏（XZ）

（196）蜂形瘤虻 *Hybomitra mimapis* Wang, 1981

Hybomitra mimapis Wang, 1981. Acta Zootaxon. Sin. 6 (3): 315. **Type locality:** China (Sichuan: Barkam County).

Hybomitra mimapis: Xu *et* Sun, 2013. Fauna Sinica Insecta 59: 381.

分布（Distribution）：陕西（SN）、甘肃（GS）、青海（QH）、四川（SC）、云南（YN）、西藏（XZ）

（197）岷山瘤虻 *Hybomitra minshanensis* Xu *et* Liu, 1985

Hybomitra minshanensis Xu *et* Liu, 1985. Acta Zootaxon. Sin. 10 (2): 170. **Type locality:** China (Gansu: Zhouqu County).

Hybomitra minshanensis: Xu *et* Sun, 2013. Fauna Sinica Insecta 59: 300.

分布（Distribution）：甘肃（GS）

（198）突额瘤虻 *Hybomitra montana* (Meigen, 1820)

Tabanus montana Meigen, 1820. Syst. Beschr.: 55. **Type locality:** Germany (“Montive”).

Tabanus flaviceps Zetterstedt, 1842. Dipt. Scand. 1: 111. **Type locality:** Norway (Vaerdalen: Oestre Naes).

Therioplectes montana var. *immaculiventris* Kröber, 1923. Arch. Naturgesch. 89A (12): 103. **Type locality:** Turkestan (“Ili-Gebiet Djarkent: Usek; Alai Mont.: Togus Tjurae, Kogard-tau, Karagai-tau, Usek, Djarkent”).

Therioplectes montanus var. *bezzii* Surcouf, 1924. Ann. Soc. Ent. Fr. 93: 22. **Type locality:** Italy (Marino).

Therioplectes borealis var. *bimaculata* Enderlein, 1925. Mitt.

Zool. Mus. Berl. 11: 360. **Type locality:** Russia (Far East: Sahklin).
Therioplectes sachalinensis Enderlein, 1925. Mitt. Zool. Mus. Berl. 11: 359. **Type locality:** Russia (Far East: Sahklin).
Stypommia ochotscana Enderlein, 1934. Sber. Ges. Naturf. Freunde Berl. 1934: 184. **Type locality:** Russia (Siberia: Northeast, Ochotsk).
Sziladynus calluneticola Kröber, 1935. Verh. Ver. Naturw. Heimatf. Hamburg 24: 159. **Type locality:** Germany (Ostfriesland: Leer; Nuestadt; Mecklenburg: Goldnitzer Moor).
Tabanus (*Tylostypia*) *montanus* f. *obscura* Olsufjev, 1937. Fauna U. S. S. R., Dipt. (New series no. 9) 7 (2): 127. **Type locality:** Northern Europe; Russia (Siberia).
Tabanus (*Tylostypia*) *karaschajensis* Skufijn, 1938. Izv. Voronezh. Gos. Ped. Inst. 2: 79. **Type locality:** Russia (Daut River: tributary of Kuban River).
Tabanus (*Tylostypia*) *aino* Kono *et* Takahasi, 1939. Insecta Matsum. 14: 20. New name for *Therioplectes sachalinensis* Enderlein, 1925 (Preoccupied by *Tabanus sachalinensis* Matsumura, 1911).
Sziladynus montanus var. *alpicola* Muschamp, 1939. Ent. Rec. J. Var. 51: 53. **Type locality:** France (Savoy Alps).
Hybomitra manchuriensis Philip, 1956. Jpn. J. Sanit. Zool. 7: 227. **Type locality:** China (Manchuria: Barga, Dalai Nor.-20).
Hybomitra montana: Xu *et* Sun, 2013. Fauna Sinica Insecta 59: 324.
分布（Distribution）：黑龙江（HL）、吉林（JL）、辽宁（LN）、内蒙古（NM）、陕西（SN）、宁夏（NX）、甘肃（GS）；俄罗斯、蒙古国、朝鲜、日本；欧洲

（199）摩氏瘤虻 *Hybomitra morgani* (Surcouf, 1912)

Tabanus morgani Surcouf, 1912. Compte Rendu Expéd. Morgan: 71. **Type locality:** Iran (Chilan: R. Mecquenem).
Therioplectes sibirica Enderlein, 1925. Mitt. Zool. Mus. Berl. 11: 358. **Type locality:** Russia ("Sud-Sibirien: Tian-Schan, Syrta, Dardja-Tal").
Hybomitra staegeri Lyneborg, 1959. Ent. Medd. 29: 145. **Type locality:** Denmark (Hareskov: north of Copenhagen).
Hybomitra morgani: Xu *et* Sun, 2013. Fauna Sinica Insecta 59: 282.
分布（Distribution）：黑龙江（HL）、辽宁（LN）、内蒙古（NM）、河北（HEB）、山西（SX）、陕西（SN）、宁夏（NX）、甘肃（GS）、青海（QH）、新疆（XJ）；俄罗斯、蒙古国、哈萨克斯坦、伊朗；欧洲

（200）莫氏瘤虻 *Hybomitra mouchai* Chvála, 1969

Hybomitra mouchai Chvála, 1969. Acta Ent. Bohemoslov. 66: 46. **Type locality:** Nepal (Thodung).
Hybomitra mouchai: Xu *et* Sun, 2013. Fauna Sinica Insecta 59: 294.
分布（Distribution）：西藏（XZ）；尼泊尔

（201）黑尾瘤虻 *Hybomitra nigella* (Szilády, 1914)

Therioplectes nigellus Szilády, 1914. Ann. Mus. Natl. Hung. 12: 664. **Type locality:** Russia (Far East: Ussuri).
Tabanus (*Tylostypia*) *nigricauda* Olsufjev, 1937. Fauna U. S. S. R., Dipt. (New series no. 9) 7 (2): 146. **Type locality:** Russia (Far East: Ussuri region).
Hybomitra nigella: Xu *et* Sun, 2013. Fauna Sinica Insecta 59: 415.
分布（Distribution）：黑龙江（HL）、吉林（JL）；俄罗斯

（202）黑角瘤虻 *Hybomitra nigricornis* (Zetterstedt, 1842)

Tabanus nigricornis Zetterstedt, 1842. Dipt. Scand. 1: 112. **Type locality:** Sweden (Jemtland).
Tabanus alpinus Zetterstedt, 1838. Insecta Lapponica. Dipterologis Scandinaviae, Sect. 3, Diptera: 516. **Type locality:** Sweden (Lapponia: Raschstind insulae Schiervoe Nordlanidae; Lapponia Umensis: Umenes).
Tabanus engadinensis Jaennicke, 1866. Berl. Ent. Z. 10 (1-3): 75. **Type locality:** Switzerland (St. Mortiz).
Tabanus (*Therioplectes*) *altaianus* Szilády, 1926. Biol. Hung. 1 (7): 20. **Type locality:** Russia (Altai: Ongudai).
Tabanus (*Tylostypia*) *ketonensis* Kono *et* Takahasi, 1939. Insecta Matsum. 14: 21. **Type locality:** Russia (Sakhlin: Keton).
Hybomitra nigricornis: Xu *et* Sun, 2013. Fauna Sinica Insecta 59: 330.
分布（Distribution）：黑龙江（HL）、吉林（JL）、辽宁（LN）、内蒙古（NM）、河北（HEB）；俄罗斯、蒙古国、哈萨克斯坦；欧洲

（203）亮脸瘤虻 *Hybomitra nitelofaciata* Xu, 1985

Hybomitra nitelofaciata Xu, 1985. Entomotaxon. 7 (1): 9. **Type locality:** China (Shaanxi: Taibaishan).
Hybomitra nitelofaciata: Xu *et* Sun, 2013. Fauna Sinica Insecta 59: 297.
分布（Distribution）：陕西（SN）、宁夏（NX）、甘肃（GS）

（204）光额瘤虻 *Hybomitra nitidifrons* (Szilády, 1914)

Tabanus nitidifrons Szilády, 1914. Ann. Mus. Natl. Hung. 12: 664. **Type locality:** Russia (Siberia: Amur region).
Hybomitra nitidifrons: Xu *et* Sun, 2013. Fauna Sinica Insecta 59: 321.
分布（Distribution）：黑龙江（HL）、吉林（JL）、辽宁（LN）、内蒙古（NM）；俄罗斯、蒙古国、朝鲜、日本

（205）铃胛瘤虻 *Hybomitra nola* Philip, 1961

Hybomitra nola Philip, 1961. Pac. Ins. 3 (4): 476. **Type locality:** China (Sichuan: Kangding).
Hybomitra nola: Xu *et* Sun, 2013. Fauna Sinica Insecta 59: 354.
分布（Distribution）：四川（SC）、西藏（XZ）

（206）新型瘤虻 *Hybomitra nura* Philip, 1961

Hybomitra nura Philip, 1961. Pac. Ins. 3 (4): 477. **Type locality:** China (Sichuan).

Hybomitra subrobiginosa Wang, 1985. Acta Zootaxon. Sin. 10 (4): 413. **Type locality:** China (Sichuan: Queer Mountain).

Hybomitra nura: Xu *et* Sun, 2013. Fauna Sinica Insecta 59: 411.

分布（Distribution）：四川（SC）

（207）林芝瘤虻 *Hybomitra nyingchiensis* Zhang *et* Xu, 1993

Hybomitra nyingchiensis Zhang *et* Xu, 1993. Blood-sucking Dipt. Ins. 3: 79. **Type locality:** China (Tibet: Nyingchi County).

Hybomitra nyingchiensis: Xu *et* Sun, 2013. Fauna Sinica Insecta 59: 378.

分布（Distribution）：西藏（XZ）

（208）赭尾瘤虻 *Hybomitra ochroterma* Xu *et* Liu, 1985

Hybomitra ochroterma Xu *et* Liu, 1985. Acta Zootaxon. Sin. 10 (2): 171. **Type locality:** China (Gansu: Zhouqu County).

Hybomitra ochroterma: Xu *et* Sun, 2013. Fauna Sinica Insecta 59: 359.

分布（Distribution）：陕西（SN）、甘肃（GS）

（209）沃氏瘤虻 *Hybomitra olsoi* Takahasi, 1962

Hybomitra olsoi Takahasi, 1962. Fauna Japonica, Tabanidae: 48. New name for *Tabanus angustipalpis* Olsufjev, 1936 (Preoccupied by Schuurmans Stekhoven, 1926).

Tabanus (*Sziladynus*) *angustipalpis* Olsufjev, 1936. Parasit. Sb. Zool. Inst. Moskva. 6: 228. **Type locality:** Russia (Altai, East Siberia, Amur, Sakhlin. Mongolia).

Hybomitra olsoi: Xu *et* Sun, 2013. Fauna Sinica Insecta 59: 390.

分布（Distribution）：黑龙江（HL）、内蒙古（NM）；俄罗斯、蒙古国

（210）峨眉山瘤虻 *Hybomitra omeishanensis* Xu *et* Li, 1982

Hybomitra omeishanensis Xu *et* Li, 1982. Zool. Res. 3 (Suppl.): 93. **Type locality:** China (Sichuan: Emei Mountain).

Hybomitra fopingensis Wang, 1985. Sinozoologia 3: 176. **Type locality:** China (Shaanxi: Qinling Mountains, Foping County).

Hybomitra fujianensis Wang, 1987. Wuyi Sci. J. 7: 65. **Type locality:** China (Fujian).

Hybomitra subomeishanensis Wang *et* Liu, 1990. Contr. Shanghai Inst. Entomol. 9: 174. **Type locality:** China (Sichuan: Leibo).

Hybomitra omeishanensis: Xu *et* Sun, 2013. Fauna Sinica Insecta 59: 405.

分布（Distribution）：陕西（SN）、甘肃（GS）、四川（SC）、贵州（GZ）、福建（FJ）

（211）巴氏瘤虻 *Hybomitra pavlovskii* (Olsufjev, 1936)

Tabanus (*Sziladynus*) *pavlovskii* Olsufjev, 1936. Parasit. Sb. Zool. Inst. Moskva. 6: 227. **Type locality:** Russia (Altai: East Siberia, Amur).

Hybomitra pavlovskii: Xu *et* Sun, 2013. Fauna Sinica Insecta 59: 416.

分布（Distribution）：黑龙江（HL）、吉林（JL）、辽宁（LN）、内蒙古（NM）、陕西（SN）、新疆（XJ）；俄罗斯、蒙古国

（212）特殊瘤虻 *Hybomitra peculiaris* (Szilády, 1914)

Tabanus (*Therioplectes*) *peculiaris* Szilády, 1914. Ann. Mus. Natl. Hung. 12: 666. **Type locality:** Uzbekistan (Djarkent); Russia (Sarepta).

Tabanus inaequatus Austen, 1923. Bull. Ent. Res. 13: 284. **Type locality:** Palestine (Amara).

Tabanus (*Therioplectes*) *peculiaris* var. *kroeberi* Szilády, 1926. Ann. Mus. Natl. Hung. 24: 607. **Type locality:** Uzbekistan (Djarkent).

Hybomitra peculiaris var. *kashmirianus* Szilády, 1926. Biol. Hung. 1 (7): 17. **Type locality:** India (Kashmir).

Hybomitra peculiaris: Xu *et* Sun, 2013. Fauna Sinica Insecta 59: 290.

分布（Distribution）：宁夏（NX）、甘肃（GS）、新疆（XJ）；俄罗斯、蒙古国、阿富汗、印度、伊朗；亚洲（中部）、欧洲

（213）黄腹瘤虻 *Hybomitra pulchriventris* (Portschinsky, 1887)

Tabanus pulchriventris Portschinsky, 1887. Horae Soc. Ent. Ross. 21: 179. **Type locality:** China (Inner Mongolia: "Etschjin-Choro").

Hybomitra pulchriventris: Xu *et* Sun, 2013. Fauna Sinica Insecta 59: 367.

分布（Distribution）：内蒙古（NM）

（214）祁连瘤虻 *Hybomitra qiliangensis* Liu *et* Yao, 1981

Hybomitra qiliangensis Liu *et* Yao, 1981. Contr. Shanghai Inst. Entomol. 2: 264. **Type locality:** China (Qinghai: Qilian Mountain).

Hybomitra kangdingensis Xu *et* Song, 1983. Sichuan J. Zool. 2 (4): 6. **Type locality:** China (Sichuan: Kangding).

Hybomitra qiliangensis: Xu *et* Sun, 2013. Fauna Sinica Insecta 59: 365.

分布（Distribution）：甘肃（GS）、青海（QH）、四川（SC）

（215）青海瘤虻 *Hybomitra qinghaiensis* Liu *et* Yao, 1981

Hybomitra qinghaiensis Liu *et* Yao, 1981. Contr. Shanghai Inst. Entomol. 2: 264. **Type locality:** China (Qinghai: Qilian Mountain).

Hybomitra qinghaiensis: Xu *et* Sun, 2013. Fauna Sinica Insecta 59: 351.

分布（Distribution）：甘肃（GS）、青海（QH）

（216）黄茸瘤虻 *Hybomitra robiginosa* Wang, 1982

Hybomitra robiginosa Wang, 1982. Insects of Tibet II: 177. **Type locality:** China (Tibet: Mangkang).

Hybomitra robiginosa: Xu *et* Sun, 2013. Fauna Sinica Insecta 59: 412.

分布（Distribution）：青海（QH）、西藏（XZ）

（217）圆腹瘤虻 *Hybomitra rotundabdominis* Wang, 1982

Hybomitra rotundabdominis Wang, 1982. Insects of Tibet II: 178. **Type locality:** China (Tibet: Gyamda County).

Hybomitra rotundabdominis: Xu *et* Sun, 2013. Fauna Sinica Insecta 59: 413.

分布（Distribution）：西藏（XZ）

（218）侧带瘤虻 *Hybomitra sareptana* (Szilády, 1914)

Tabanus (*Therioplectes*) *sareptana* Szilády, 1914. Ann. Mus. Natl. Hung. 12: 662. **Type locality:** Russia (Krasnoarmeisk: nr. Volgograd).

Tabanus (*Therioplectes*) *sareptana* var. *melas* Szilády, 1914. Ann. Mus. Natl. Hung. 12: 664. **Type locality:** Russia (Krasnoarmeisk: nr. Volgograd).

Tabanus (*Tylostypia*) *adachii* Takagi, 1941. Rep. Inst. Horse-Dis. Manchoukuo 16 (2): 49. **Type locality:** China (Manchuria).

Tabanus (*Tylostypia*) *sareptanus tschuensis* Olsufjev, 1962. Zool. Zhur. 41: 886. **Type locality:** Russia (Altai: valley of Tchui, Tchagan-Uzun, Krasnaja Gorka).

Hybomitra sareptana: Xu *et* Sun, 2013. Fauna Sinica Insecta 59: 332.

分布（Distribution）：黑龙江（HL）、吉林（JL）、辽宁（LN）、内蒙古（NM）；俄罗斯、蒙古国、哈萨克斯坦；欧洲

（219）六脸瘤虻 *Hybomitra sexfasciata* (Hine, 1923)

Tabanus sexfasciatus Hine, 1923. Can. Ent. 55: 144. **Type locality:** USA (Alaska).

Tabanus (*Tylostypia*) *borealis anderi* Kauri, 1951. Opusc. Ent. 16: 101. **Type locality:** Sweden; Finland; Norway.

Hybomitra sexfasciata: Xu *et* Sun, 2013. Fauna Sinica Insecta 59: 401.

分布（Distribution）：黑龙江（HL）、内蒙古（NM）；俄罗斯、蒙古国、日本、全北区北部

（220）上海瘤虻 *Hybomitra shanghaiensis* (Ôuchi, 1943)

Sziladynus shanghaiensis Ôuchi, 1943. Shanghai Sizen. Ken. Ihō (In Japanese). 13 (6): 509. **Type locality:** China (Shanghai).

Hybomitra shanghaiensis: Xu *et* Sun, 2013. Fauna Sinica Insecta 59: 339.

分布（Distribution）：辽宁（LN）、山东（SD）、上海（SH）、浙江（ZJ）

（221）舍氏瘤虻 *Hybomitra shnitnikovi* (Olsufjev, 1937)

Tabanus (*Tylostypia*) *shnitnikovi* Olsufjev, 1937. Fauna U. S. S. R., Dipt. (New series no. 9) 7 (2): 180. **Type locality:** Kazakhstan (Alma-Ata region).

Hybomitra shnitnikovi: Xu *et* Sun, 2013. Fauna Sinica Insecta 59: 334.

分布（Distribution）：新疆（XJ）；俄罗斯、哈萨克斯坦、阿富汗、伊朗

（222）窄须瘤虻 *Hybomitra stenopselapha* (Olsufjev, 1937)

Tabanus (*Tylostypia*) *stenopselapha* Olsufjev, 1937. Fauna U. S. S. R., Dipt. (New series no. 9) 7 (2): 138. **Type locality:** Russia (Ussuri area: Vinogradovka).

Hybomitra stenopselapha: Xu *et* Sun, 2013. Fauna Sinica Insecta 59: 402.

分布（Distribution）：黑龙江（HL）、吉林（JL）、辽宁（LN）；俄罗斯

（223）翅痣瘤虻 *Hybomitra stigmoptera* (Olsufjev, 1937)

Tabanus (*Tylostypia*) *stigmoptera* Olsufjev, 1937. Fauna U. S. S. R., Dipt. (New series no. 9) 7 (2): 153. **Type locality:** Russia (Primoryje: Kedrovaja Pad bliz Barabasha).

Hybomitra stigmoptera fuji Murdoch *et* Takahasi, 1969. Mem. Ent. Soc. Wash. 6: 34. **Type locality:** Japan (Mt. Fuji).

Hybomitra stigmoptera: Xu *et* Sun, 2013. Fauna Sinica Insecta 59: 353.

分布（Distribution）：黑龙江（HL）、吉林（JL）、辽宁（LN）、内蒙古（NM）、山西（SX）；俄罗斯、蒙古国、朝鲜、日本

（224）斯海氏瘤虻 *Hybomitra svenhedini* (Kröber, 1933)

Tabanus (*Sziladynus*) *svenhedini* Kröber, 1933. Ark. Zool. 26 A (8): 7. **Type locality:** China (Kansu).

Hybomitra svenhedini: Xu *et* Sun, 2013. Fauna Sinica Insecta 59: 369.

分布（Distribution）：甘肃（GS）

（225）太白山瘤虻 *Hybomitra taibaishanensis* Xu, 1985

Hybomitra taibaishanensis Xu, 1985. Entomotaxon. 7 (1): 10. **Type locality:** China (Shaanxi: Taibaishan).

Hybomitra taibaishanensis: Xu *et* Sun, 2013. Fauna Sinica Insecta 59: 296.

分布（Distribution）：河南（HEN）、陕西（SN）

（226）鹿角瘤虻 *Hybomitra tarandina* (Linnaeus, 1758)

Tabanus tarandinus Linnaeus, 1758. Syst. Nat. Ed. 10, Vol. 1: 601. **Type locality:** Norway ("Lapponia").

Tabanus karafutonis Matsumura, 1911. J. Fac. Agric. Tohoku Imp. Univ. Sapporo 4 (1): 64. **Type locality:** Russia (Far East: Sakhlin, Solowiyofka, Tannaitcha).

Hybomitra tarandina: Xu *et* Sun, 2013. Fauna Sinica Insecta 59: 276.

分布（Distribution）：黑龙江（HL）、吉林（JL）、辽宁（LN）、内蒙古（NM）、山西（SX）、台湾（TW）；俄罗斯、蒙古国、朝鲜、日本；欧洲

（227）拟鹿角瘤虻 *Hybomitra tarandinoides* (Olsufjev, 1936)

Tabanus (*Sziladynus*) *tarandinoides* Olsufjev, 1936. Parasit. Sb. Zool. Inst. Moskva. 6: 224. **Type locality:** Russia (Primoryje: road Spassk-Jakovlevka).

Hybomitra tarandinoides: Xu *et* Sun, 2013. Fauna Sinica Insecta 59: 274.

分布（Distribution）：黑龙江（HL）、吉林（JL）、辽宁（LN）、新疆（XJ）；俄罗斯、蒙古国、哈萨克斯坦

（228）懒行瘤虻 *Hybomitra tardigrada* Xu *et* Liu, 1985

Hybomitra tardigrada Xu *et* Liu, 1985. Acta Zootaxon. Sin. 10 (2): 172. **Type locality:** China (Gansu: Zhouqu County).

Hybomitra tardigrada: Xu *et* Sun, 2013. Fauna Sinica Insecta 59: 393.

分布（Distribution）：甘肃（GS）

（229）鞑靼瘤虻 *Hybomitra tatarica* (Portschinsky, 1887)

Tabanus tataricus Portschinsky, 1887. Horae Soc. Ent. Ross. 21: 178. **Type locality:** "Asia media (Btschan)".

Tabanus tataricus var. *bicolor* Szilády, 1923. Biol. Hung. 1 (1): 10. **Type locality:** "Lepsa (Songaria)".

Tabanus tataricus var. *aurantiacus* Szilády, 1923. Biol. Hung. 1 (1): 11. **Type locality:** Uzbekistan ("Samarkand").

Hybomitra tatarica var. *nana* Olsufjev, 1977. Fauna U. S. S. R., Dipt. (New series no. 113): 345. **Type locality:** Not given.

Hybomitra tatarica: Xu *et* Sun, 2013. Fauna Sinica Insecta 59: 316.

分布（Distribution）：新疆（XJ）；俄罗斯、哈萨克斯坦、印度

（230）西藏瘤虻 *Hybomitra tibetana* (Szilády, 1926)

Tabanus (*Therioplectes*) *tibetana* Szilády, 1926. Ann. Mus. Natl. Hung. 24: 608. **Type locality:** China (Tibet: "4500 fuss Höhe von Hotson").

Hybomitra tibetana: Xu *et* Sun, 2013. Fauna Sinica Insecta 59: 385.

分布（Distribution）：西藏（XZ）

（231）土耳其瘤虻 *Hybomitra turkestana* (Szilády, 1923)

Tabanus (*Therioplectes*) *turkestanus* Szilády, 1923. Biol. Hung. 1 (1): 8. **Type locality:** Turkestan (Karagai Tau).

Tabanus (*Therioplectes*) *turkestanus atrus* Szilády, 1923. Biol. Hung. 1 (1): 9. **Type locality:** Turkestan (Kabak valley).

Tabanus (*Therioplectes*) *turkestanus minor* Szilády, 1923. Biol. Hung. 1 (1): 9. **Type locality:** Turkestan (Karagai Tau).

Hybomitra turkestana: Xu *et* Sun, 2013. Fauna Sinica Insecta 59: 326.

分布（Distribution）：甘肃（GS）、新疆（XJ）；俄罗斯、哈萨克斯坦、土耳其

（232）乌苏里瘤虻 *Hybomitra ussuriensis* (Olsufjev, 1937)

Tabanus (*Tylostypia*) *ussuriensis* Olsufjev, 1937. Fauna U. S. S. R., Dipt. (New series no. 9) 7 (2): 142. **Type locality:** Russia (Far East: Ussuri region, Malyshevskaja on Amur River).

Hybomitra ussuriensis: Xu *et* Sun, 2013. Fauna Sinica Insecta 59: 398.

分布（Distribution）：黑龙江（HL）、吉林（JL）、内蒙古（NM）；俄罗斯、日本

（233）雅江瘤虻 *Hybomitra yajianensis* Zhang *et* Xu, 1993

Hybomitra yajianensis Zhang *et* Xu, 1993. Blood-sucking Dipt. Ins. 3: 80. **Type locality:** China (Sichuan: Yajiang).

Hybomitra yajianensis: Xu *et* Sun, 2013. Fauna Sinica Insecta 59: 305.

分布（Distribution）：四川（SC）

（234）姚建瘤虻 *Hybomitra yaojiani* Sun *et* Xu, 2007

Hybomitra yaojiani Sun *et* Xu, 2007. Acta Parasitol. Med. Entomol. Sin. 14 (3): 182. **Type locality:** China (Tibet: Medog).

Hybomitra yaojiani: Xu *et* Sun, 2013. Fauna Sinica Insecta 59: 374.

分布（Distribution）：西藏（XZ）

（235）药山瘤虻 *Hybomitra yaoshanensis* Yang *et* Xu, 1996

Hybomitra yaoshanensis Yang *et* Xu, 1996. Zool. Res. 17 (2): 125. **Type locality:** China (Yunnan: Qiaojia, Yaoshan).

Hybomitra yaoshanensis: Xu *et* Sun, 2013. Fauna Sinica Insecta 59: 358.

分布（Distribution）：云南（YN）

（236）玉树瘤虻 *Hybomitra yushuensis* Chen, 1985

Hybomitra yushuensis Chen, 1985. Acta Zootaxon. Sin. 10 (2): 176. **Type locality:** China (Qinghai: Yushu).

Hybomitra yushuensis: Xu *et* Sun, 2013. Fauna Sinica Insecta 59: 273.
分布（**Distribution**）：青海（QH）

（237）寨氏瘤虻 *Hybomitra zaitzevi* Olsufjev, 1970

Hybomitra montana zaitzevi Olsufjev, 1970. Russ. Ent. Obozr. 49: 685. **Type locality:** Mongolia.
Hybomitra zaitzevi: Xu *et* Sun, 2013. Fauna Sinica Insecta 59: 286.
分布（**Distribution**）：甘肃（GS）、新疆（XJ）；蒙古国

（238）察隅瘤虻 *Hybomitra zayuensis* Sun *et* Xu, 2007

Hybomitra zayuensis Sun *et* Xu, 2007. Acta Parasitol. Med. Entomol. Sin. 14 (3): 183. **Type locality:** China (Tibet: Zayu County).
Hybomitra zayuensis: Xu *et* Sun, 2013. Fauna Sinica Insecta 59: 379.
分布（**Distribution**）：西藏（XZ）

（239）张氏瘤虻 *Hybomitra zhangi* Xu, 1995

Hybomitra zhangi Xu, 1995. Contributions to Epidemiological Survey in China 1: 113. **Type locality:** China (Tibet: Cuona County).
Hybomitra zhangi: Xu *et* Sun, 2013. Fauna Sinica Insecta 59: 377.
分布（**Distribution**）：西藏（XZ）

（240）昭苏瘤虻 *Hybomitra zhaosuensis* Wang, 1985

Hybomitra zhaosuensis Wang, 1985. Lives of Tuomuerfen of Xinjiang, China: 123. **Type locality:** China (Xinjiang: Zhaosu).
Hybomitra karakorumensis Xiang *et* Xu, 1996. The Insect Fauna of the Karakorum-Kunlun Mountains, China: 267. **Type locality:** China (Xinjiang: Taxkorgan).
Hybomitra zhaosuensis: Xu *et* Sun, 2013. Fauna Sinica Insecta 59: 340.
分布（**Distribution**）：新疆（XJ）

13. 指虻属 *Isshikia* Shiraki, 1918

Isshikia Shiraki, 1918. Blood-sucking insects of Formosa. Part I. Tabanidae: 435. **Type species:** *Diachoelacera japonica* Bigot, 1892 (monotypy).
Isshikia: Xu *et* Sun, 2013. Fauna Sinica Insecta 59: 418.

（241）海南指虻 *Isshikia hainanensis* Wang, 1992

Isshikia hainanensis Wang, 1992. Acta Ent. Sin. 35 (3): 359. **Type locality:** China (Hainan: Wuzhishan).
Isshikia hainanensis: Xu *et* Sun, 2013. Fauna Sinica Insecta 59: 421.
分布（**Distribution**）：海南（HI）

（242）良清指虻 *Isshikia liangqingi* (Xu *et* Sun, 2005)

Tabanus liangqingi Xu *et* Sun, 2005. Acta Parasitol. Med. Entomol. Sin. 12 (4): 225. **Type locality:** China (Yunnan: Mengla).
Isshikia liangqingi: Xu *et* Sun, 2013. Fauna Sinica Insecta 59: 420.
分布（**Distribution**）：云南（YN）

（243）汶川指虻 *Isshikia wenchuanensis* Wang, 1986

Isshikia wenchuanensis Wang, 1986. Acta Ent. Sin. 29 (4): 434. **Type locality:** China (Sichuan: Wenchuan County).
Isshikia wenchuanensis: Xu *et* Sun, 2013. Fauna Sinica Insecta 59: 419.
分布（**Distribution**）：甘肃（GS）、四川（SC）、云南（YN）

14. 虻属 *Tabanus* Linnaeus, 1758

Tabanus Linnaeus, 1758. Syst. Nat. Ed. 10, Vol. 1: 601. **Type species:** *Tabanus bovines* Linnaeus, 1758; by designation of Latreille, 1810: 443.
Phyrta Enderlein, 1922. Mitt. Zool. Mus. Berl. 10: 344. **Type species:** *Tabanua amaenus* Walker, 1848; by original designation. Synonymized by Chvala, 1988.
Styporhamphis Enderlein, 1922. Mitt. Zool. Mus. Berl. 10: 346. **Type species:** *Tabanus barbarus* Coquebert, 1804; by original designation. Synonymized by Chvala, 1988.
Hybostraba Enderlein, 1923. Dtsch. Ent. Z. 1923: 545. **Type species:** *Hybostraba guttiventris* Enderlein, 1925; by original designation. Synonymized by Chvala, 1988.
Tabanus (*Callotabanus*) Szilády, 1926. Biol. Hung. 1 (7): 10. Synonymized by Stone, 1975.
Tabanus: Xu *et* Sun, 2013. Fauna Sinica Insecta 59: 425.

（244）辅助虻 *Tabanus administrans* Schiner, 1868

Tabanus administrans Schiner, 1868. Reise der österreichischen Fregatte Novara. Zoology 2, abt. 1, sect. B: 83. **Type locality:** China (Hong Kong).
Tabanus administrans var. *adumbratus* Szilády, 1926. Ann. Mus. Natl. Hung. 24: 604. **Type locality:** China.
Tabanus okadae Shiraki, 1913. Noji-Shikenjo Tokubetsu-Hokoku, Agr. Exp. St. Governm. Formosa, VIII: 285. **Type locality:** China (Taiwan: Tamsui).
Tabanus hongkongiensis Ricardo, 1916. Bull. Ent. Res. 6: 406. **Type locality:** China (Hong Kong).
Tabanus kiangsuensis Kröber, 1933. Ark. Zool. 26 A (8): 10. **Type locality:** China (Jiangsu).
Tabanus administrans: Xu *et* Sun, 2013. Fauna Sinica Insecta 59: 725.
分布（**Distribution**）：辽宁（LN）、河北（HEB）、天津（TJ）、北京（BJ）、山西（SX）、山东（SD）、河南（HEN）、陕西（SN）、安徽（AH）、江苏（JS）、上海（SH）、浙江（ZJ）、江西（JX）、湖南（HN）、湖北（HB）、四川（SC）、重庆（CQ）、贵州（GZ）、云南（YN）、福建（FJ）、台湾（TW）、广东（GD）、广西（GX）、海南（HI）、香港（HK）；朝鲜、

日本

（245）白点虻 *Tabanus albicuspis* Wang, 1985

Tabanus albicuspis Wang, 1985. Myia 3: 395. **Type locality:** China (Yunnan: Xishuangbanna).

Tabanus albicuspis: Xu *et* Sun, 2013. Fauna Sinica Insecta 59: 688.

分布（Distribution）：云南（YN）

（246）原野虻 *Tabanus amaenus* Walker, 1848

Tabanus amaenus Walker, 1848. List Dipt. Colln Br. Mus. 1: 163. **Type locality:** China (Hong Kong).

Tabanus clausacella Macquart, 1855. Mém. Soc. Sci. Agric. Lille (2) 1: 45. **Type locality:** China.

Bellardia sinica Bigot, 1892. Mem. Soc. Zool. Fr. 5: 629. **Type locality:** China.

Tabanus amaenus var. *lateralis* Shiraki, 1918. Blood-sucking insects of Formosa. Part I. Tabanidae: 322. **Type locality:** Japan.

Tabanus fenestratus Schuurmans Stekhoven, 1926. Treubia 6 (Suppl.): 185. Preoccupied by Fabricius, 1794. **Type locality:** China (Hong Kong).

Tabanus brunnitibiatus Schuurmans Stekhoven, 1926. Treubia 6 (Suppl.): 185. New name for *fenestratus* Schuurmans Stekhoven, 1926.

Tabanus fenestralis Szilády, 1926. Biol. Hung. 1 (7): 10. New name for *fenestratus* Schuurmans Stekhoven, 1926.

Tabanus griseus pallidiventris Olsufjev, 1937. Fauna U. S. S. R., Dipt. (New series no. 9) 7 (2): 324. **Type locality:** China (Tian-czin).

Tabanus amaenus: Xu *et* Sun, 2013. Fauna Sinica Insecta 59: 522.

分布（Distribution）：吉林（JL）、辽宁（LN）、河北（HEB）、北京（BJ）、山西（SX）、山东（SD）、河南（HEN）、陕西（SN）、甘肃（GS）、安徽（AH）、江苏（JS）、上海（SH）、浙江（ZJ）、江西（JX）、湖南（HN）、湖北（HB）、四川（SC）、重庆（CQ）、贵州（GZ）、云南（YN）、福建（FJ）、台湾（TW）、广东（GD）、广西（GX）、香港（HK）；日本、蒙古国、朝鲜、越南

（247）乘客虻 *Tabanus anabates* Philip, 1960

Tabanus anabates Philip, 1960. Stud. Inst. Med. Res. F. M. S. 29: 9. **Type locality:** Thailand (Lampang: Tern).

Tabanus anabates: Xu *et* Sun, 2013. Fauna Sinica Insecta 59: 708.

分布（Distribution）：云南（YN）；老挝、泰国

（248）窄额虻 *Tabanus angustofrons* Wang, 1985

Tabanus angustofrons Wang, 1985. Myia 3: 397. **Type locality:** China (Fujian: Chong'an).

Tabanus angustofrons: Xu *et* Sun, 2013. Fauna Sinica Insecta 59: 593.

分布（Distribution）：福建（FJ）

（249）窄条虻 *Tabanus arctus* Wang, 1982

Tabanus arctus Wang, 1982. Insects of Tibet II: 185. **Type locality:** China (Tibet: Medog).

Tabanus arctus: Xu *et* Sun, 2013. Fauna Sinica Insecta 59: 451.

分布（Distribution）：西藏（XZ）

（250）银斑虻 *Tabanus argenteomaculatus* (Kröber, 1928)

Atylotus argenteomaculatus Kröber, 1928. Zool. Anz. 76: 263. **Type locality:** Uzbekistan (Samarkand).

Tabanus argenteomaculatus: Xu *et* Sun, 2013. Fauna Sinica Insecta 59: 657.

分布（Distribution）：新疆（XJ）；哈萨克斯坦、乌兹别克斯坦

（251）阿里山虻 *Tabanus arisanus* Shiraki, 1918

Tabanus arisanus Shiraki, 1918. Blood-sucking insects of Formosa. Part I. Tabanidae: 198. **Type locality:** China (Taiwan: Arisan).

Tabanus arisanus: Xu *et* Sun, 2013. Fauna Sinica Insecta 59: 484.

分布（Distribution）：台湾（TW）

（252）拟金毛虻 *Tabanus aurepiloides* Xu *et* Deng, 1990

Tabanus aurepiloides Xu *et* Deng *In*: Xu, Lu *et* Wu, 1990. Blood-sucking Dipt. Ins. 2: 79. **Type locality:** China (Tibet: Zham).

Tabanus aurepiloides: Xu *et* Sun, 2013. Fauna Sinica Insecta 59: 572.

分布（Distribution）：西藏（XZ）

（253）金毛虻 *Tabanus aurepilus* Wang, 1994

Tabanus aurepilus Wang, 1994. Economic Insect Fauna of China Fasc. 45 Diptera: Tabanidae: 119. New name for *Tabanus auratus* Wang, 1982 (Preoccupied by Ghidini, 1935). **Type locality:** China (Tibet: Medog).

Tabanus auratus Wang, 1982. Insects of Tibet II: 187. **Type locality:** China (Tibet: Medog).

Tabanus aurepilus: Xu *et* Sun, 2013. Fauna Sinica Insecta 59: 586.

分布（Distribution）：西藏（XZ）

（254）丽毛虻地东亚种 *Tabanus aurisetosus didongensis* Wang *et* Xu, 1988

Tabanus aurisetosus didongensis Wang *et* Xu, 1988. J. Southwest Agric. Univ. 10 (3): 268. **Type locality:** China (Tibet: Medog, Didong).

Tabanus aurisetosus didongensis: Xu *et* Sun, 2013. Fauna

Sinica Insecta 59: 431.
分布（Distribution）：西藏（XZ）、广西（GX）、海南（HI）

（255）金条虻 *Tabanus aurotestaceus* Walker, 1854

Tabanus aurotestaceus Walker, 1854. List Dipt. Colln Br. Mus. Part V.: 247. **Type locality:** China (Shanghai).
Tabanus aurotestaceus: Xu *et* Sun, 2013. Fauna Sinica Insecta 59: 681.
分布（Distribution）：江苏（JS）、上海（SH）、浙江（ZJ）、江西（JX）、四川（SC）、贵州（GZ）、云南（YN）、福建（FJ）、台湾（TW）、广东（GD）、广西（GX）、海南（HI）、香港（HK）

（256）秋季虻 *Tabanus autumnalis* Linnaeus, 1761

Tabanus autumnalis Linnaeus, 1761. Fauna Svecica, ed. 2: 462. **Type locality:** Sweden.
Tabanus bovinus Harris, 1776. Expos. Eng. Ins.: 27. Preoccupied by Linnaeus, 1758. **Type locality:** England.
Tabanus auctumnalis Zeller, 1842. Isis (Oken's) 1842: 816. Misspelling.
Tabanus molestans Becker, 1914. Annu. Mus. Zool. St. Petersbourg 18 (1913): 77. **Type locality:** Morocco (Tanger).
Tabanus brunnescens Szilády, 1914. Ann. Mus. Natl. Hung. 12: 671. **Type locality:** Spain (Curvi); Cyprus (Bikra); Turkey (Amasia; Constantine).
Hybostraba guttiventris Enderlein, 1925. Mitt. Zool. Mus. Berl. 11: 356. **Type locality:** "? Venezuela".
Tabanus autumnalis: Xu *et* Sun, 2013. Fauna Sinica Insecta 59: 722.
分布（Distribution）：新疆（XJ）；亚洲（中部）、欧洲

（257）保海虻 *Tabanus baohaii* Xu *et* Sun, 2008

Tabanus baohaii Xu *et* Sun, 2008. Acta Parasitol. Med. Entomol. Sin. 15 (2): 97. **Type locality:** China (Fujian: Meihuashan Mountain).
Tabanus baohaii: Xu *et* Sun, 2013. Fauna Sinica Insecta 59: 434.
分布（Distribution）：福建（FJ）

（258）宝鸡虻 *Tabanus baojiensis* Xu *et* Liu, 1980

Tabanus baojiensis Xu *et* Liu, 1980. Zool. Res. 1 (4): 479. **Type locality:** China (Shaanxi: Baoji).
Tabanus baojiensis: Xu *et* Sun, 2013. Fauna Sinica Insecta 59: 546.
分布（Distribution）：陕西（SN）、甘肃（GS）、湖北（HB）、四川（SC）、贵州（GZ）、云南（YN）

（259）暗黑虻 *Tabanus beneficus* Wang, 1982

Tabanus beneficus Wang, 1982. Insects of Tibet II: 183. **Type locality:** China (Tibet: Bomi).
Tabanus beneficus: Xu *et* Sun, 2013. Fauna Sinica Insecta 59: 555.
分布（Distribution）：西藏（XZ）

（260）缅甸虻 *Tabanus birmanicus* (Bigot, 1892)

Atylotus birmanicus Bigot, 1892. Mem. Soc. Zool. Fr. 5: 653. **Type locality:** Myanmar.
Tabanus birmanicus: Xu *et* Sun, 2013. Fauna Sinica Insecta 59: 685.
分布（Distribution）：甘肃（GS）、浙江（ZJ）、湖南（HN）、四川（SC）、贵州（GZ）、云南（YN）、福建（FJ）、台湾（TW）、广东（GD）、广西（GX）、海南（HI）；印度、缅甸、泰国、马来西亚

（261）亲北虻 *Tabanus borealoriens* Burton, 1978

Tabanus borealoriens Burton, 1978. Tabanini of Thailand above the Isthmus of Kra (Diptera: Tabanidae): 118. **Type locality:** Thailand (Chiang Mai).
Tabanus varimaculatus Xu, 1981. Acta Zootaxon. Sin. 6 (3): 312. **Type locality:** China (Yunnan: Simao).
Tabanus borealoriens: Xu *et* Sun, 2013. Fauna Sinica Insecta 59: 543.
分布（Distribution）：云南（YN）；泰国

（262）嗜牛虻 *Tabanus bovinus* Linnaeus, 1758

Tabanus bovinus Linnaeus, 1758. Syst. Nat. Ed. 10, Vol. 1: 601. **Type locality:** Europe.
Tabanus auratus Ghidini, 1935. Arch. Zool. Ital. 22: 439. **Type locality:** Italy (Nizza).
Tabanus bovinus: Xu *et* Sun, 2013. Fauna Sinica Insecta 59: 745.
分布（Distribution）：新疆（XJ）；俄罗斯、哈萨克斯坦；欧洲、非洲（北部）

（263）多声虻 *Tabanus bromius* Linnaeus, 1758

Tabanus bromius Linnaeus, 1758. Syst. Nat. Ed. 10, Vol. 1: 602. **Type locality:** Europe.
Tabanus maculatus De Geer, 1776. Memoires pour servir a l'histoire des insectes: 221. **Type locality:** Sweden.
Tabanus scalaris Meigen, 1820. Syst. Beschr.: 38. **Type locality:** Italy (Naples).
Tabanus glaucescens Schiner, 1862. Fauna Austriaca. Theil I. Heft 1: 36. New name for *Tabanus glaucus* Meigen, 1820 (Preoccupied by Wiedemann, 1819).
Tabanus glaucus Meigen, 1820. Syst. Beschr.: 51. **Type locality:** Not given [Belgium].
Tabanus bronicus Gimmerthal, 1847. Bull. Soc. Nat. Moscou 20 (1): 182. Misspelling.
Tabanus connexus Walker, 1856. Ins. Saunders. Dipt. 1 (pt. 5): 62. **Type locality:** Unknown.
Tabanus anthophilus Loew, 1858. Verh. Zool.-Bot. Ges. Wien. 8: 593. **Type locality:** France; Germany (Southern); Italy; Greece; Turkey.
Tabanus bromius var. *flavofemoratus* Strobl, 1909 *In*: Czerny *et* Strobl, 1909. Verh. Zool. Bot. Ges. Wien 59: 292 **Type**

locality: Spain (Escorial).
Tabanus nigricans Szilády, 1914. Ann. Mus. Natl. Hung. 12: 668. Preoccupied by Egger, 1859. **Type locality:** Tunisia (Tunis).
Straba bromius ab. simplex Muschamp, 1939. Ent. Rec. J. Var. 51: 51. **Type locality:** France (Savoy Alps).
Tabanus bromius: Xu *et* Sun, 2013. Fauna Sinica Insecta 59: 569.
分布（Distribution）：新疆（XJ）；俄罗斯、哈萨克斯坦、印度；欧洲、非洲（北部）

（264）棕胛虻 *Tabanus brunneocallosus* Olsufjev, 1936

Tabanus brunneocallosus Olsufjev, 1936. Trudy Inst. Zool., Alma-Ata 2: 167. **Type locality:** Kazakhstan (Guriev Region: Karagai, Kustanaj).
Tabanus brunneocallosus: Xu *et* Sun, 2013. Fauna Sinica Insecta 59: 494.
分布（Distribution）：内蒙古（NM）、甘肃（GS）；俄罗斯、蒙古国、哈萨克斯坦

（265）棕翼虻 *Tabanus brunnipennis* Ricardo, 1911

Tabanus brunnipennis Ricardo, 1911. Rec. Indian Mus. 4: 160. **Type locality:** India (Basi: N Kanara).
Tabanus brunnipennis: Xu *et* Sun, 2013. Fauna Sinica Insecta 59: 562.
分布（Distribution）：贵州（GZ）、云南（YN）、广西（GX）；印度、缅甸、越南、老挝、泰国、柬埔寨、印度尼西亚

（266）佛光虻金尾亚种 *Tabanus budda auricauda* Philip, 1956

Tabanus budda auricauda Philip, 1956. Jpn. J. Sanit. Zool. 7: 224. **Type locality:** China (Sichuan: Kangding).
Tabanus budda auricauda: Xu *et* Sun, 2013. Fauna Sinica Insecta 59: 532.
分布（Distribution）：四川（SC）、云南（YN）

（267）佛光虻指名亚种 *Tabanus budda budda* Portschinsky, 1887

Tabanus budda budda Portschinsky, 1887. Horae Soc. Ent. Ross. 21: 181. **Type locality:** China (Inner Mongolia).
Tabanus budda budda: Xu *et* Sun, 2013. Fauna Sinica Insecta 59: 533.
分布（Distribution）：黑龙江（HL）、吉林（JL）、辽宁（LN）、内蒙古（NM）、北京（BJ）、山西（SX）、河南（HEN）、陕西（SN）、宁夏（NX）、甘肃（GS）；俄罗斯（远东地区）、朝鲜

（268）徒劳虻 *Tabanus caduceus* Burton, 1978

Tabanus caduceus Burton, 1978. Tabanini of Thailand above the Isthmus of Kra (Diptera: Tabanidae): 27. **Type locality:** Thailand (Chiang Mai).
Tabanus caduceus: Xu *et* Sun, 2013. Fauna Sinica Insecta 59: 455.
分布（Distribution）：云南（YN）、台湾（TW）、广西（GX）、海南（HI）；泰国

（269）灰岩虻 *Tabanus calcarius* Xu *et* Liao, 1984

Tabanus calcarius Xu *et* Liao, 1984. Acta Zootaxon. Sin. 9 (3): 291. **Type locality:** China (Guangxi: Longzhou, Longgang).
Tabanus calcarius: Xu *et* Sun, 2013. Fauna Sinica Insecta 59: 630.
分布（Distribution）：广西（GX）

（270）速辣虻 *Tabanus calidus* Walker, 1850

Tabanus calidus Walker, 1850. Insecta Saundersiana, Diptera. Part I: 57. **Type locality:** ? Asia.
Tabanus calidus: Xu *et* Sun, 2013. Fauna Sinica Insecta 59: 714.
分布（Distribution）：广东（GD）、香港（HK）

（271）美腹虻 *Tabanus callogaster* Wang, 1988

Tabanus callogaster Wang, 1988. Acta Ent. Sin. 31 (4): 429. **Type locality:** China (Sichuan: Wenchuan County, Wolong).
Tabanus callogaster: Xu *et* Sun, 2013. Fauna Sinica Insecta 59: 587.
分布（Distribution）：四川（SC）、云南（YN）

（272）纯黑虻 *Tabanus candidus* Ricardo, 1913

Tabanus candidus Ricardo, 1913. Ann. Hist. Nat. Mus. Natl. Hung. 11: 172. **Type locality:** China (Taiwan).
Tabanus candidus: Xu *et* Sun, 2013. Fauna Sinica Insecta 59: 653.
分布（Distribution）：浙江（ZJ）、福建（FJ）、台湾（TW）、广东（GD）、广西（GX）

（273）垩石虻 *Tabanus cementus* Xu *et* Liao, 1984

Tabanus cementus Xu *et* Liao, 1984. Acta Zootaxon. Sin. 9 (3): 290. **Type locality:** China (Guangxi: Longzhou, Longgang).
Tabanus cementus: Xu *et* Sun, 2013. Fauna Sinica Insecta 59: 628.
分布（Distribution）：广西（GX）

（274）锡兰虻 *Tabanus ceylonicus* Schiner, 1868

Tabanus ceylonicus Schiner, 1868. Reise der österreichischen Fregatte Novara. Zoology 2, abt. 1, sect. B: 93. **Type locality:** Sri Lanka.
Tabanus nitidulus Bigot, 1892. Mem. Soc. Zool. Fr. 5: 679. **Type locality:** Indonesia (Java).
Tabanus kershawi Ricardo, 1917. Ann. Mag. Nat. Hist. (8) 19: 221. **Type locality:** Australia (Queensland).
Tabanus ceylonicus: Xu *et* Sun, 2013. Fauna Sinica Insecta 59: 502.
分布（Distribution）：广西（GX）；印度、泰国、斯里兰卡、菲律宾、马来西亚、印度尼西亚、澳大利亚

（275）浙江虻 *Tabanus chekiangensis* Ôuchi, 1943

Tabanus chekiangensis Ôuchi, 1943. Shanghai Sizen. Ken. Ihō (In Japanese). 13 (6): 525. **Type locality:** China (Zhejiang: Tienmu mountain).

Tabanus chekiangensis: Xu *et* Sun, 2013. Fauna Sinica Insecta 59: 755.

分布（Distribution）：陕西（SN）、甘肃（GS）、安徽（AH）、浙江（ZJ）、江西（JX）、湖南（HN）、湖北（HB）、四川（SC）、重庆（CQ）、贵州（GZ）、云南（YN）、福建（FJ）、广东（GD）、广西（GX）、海南（HI）

（276）经甫虻 *Tabanus chenfui* Xu *et* Sun, 2013

Tabanus chenfui Xu *et* Sun, 2013. Fauna Sinica Insecta 59: 521. **Type locality:** China (Guangdong: Dinghushan).

分布（Distribution）：广东（GD）

（277）陈塘虻 *Tabanus chentangensis* Zhu *et* Xu, 1995

Tabanus chentangensis Zhu *et* Xu, 1995. Contributions to Epidemiological Survey in China 1: 107. **Type locality:** China (Tibet: Chentang).

Tabanus chentangensis: Xu *et* Sun, 2013. Fauna Sinica Insecta 59: 724.

分布（Distribution）：西藏（XZ）

（278）中国虻 *Tabanus chinensis* Ôuchi, 1943

Tabanus chinensis Ôuchi, 1943. Shanghai Sizen. Ken. Ihō (In Japanese). 13 (6): 522. **Type locality:** China (Zhejiang: Tienmu mountain).

Tabanus chinensis: Xu *et* Sun, 2013. Fauna Sinica Insecta 59: 460.

分布（Distribution）：河南（HEN）、陕西（SN）、甘肃（GS）、浙江（ZJ）、湖北（HB）、四川（SC）、福建（FJ）

（279）楚山虻 *Tabanus chosenensis* Murdoch *et* Takahasi, 1969

Tabanus chosenensis Murdoch *et* Takahasi, 1969. Mem. Ent. Soc. Wash. 6: 72. **Type locality:** South Korea (Seoul).

Tabanus chosenensis: Xu *et* Sun, 2013. Fauna Sinica Insecta 59: 689.

分布（Distribution）：辽宁（LN）；韩国

（280）金色虻 *Tabanus chrysurus* Loew, 1858

Tabanus chrysurus Loew, 1858. Wien. Entomol. Monatschr. 2: 103. **Type locality:** Japan.

Tabanus pyrrhocera Bigot, 1887. Bull. Soc. Ent. Fr. (6) 7: LXXVII. **Type locality:** Japan (north of Yeso).

Tabanus chrysurus: Xu *et* Sun, 2013. Fauna Sinica Insecta 59: 531.

分布（Distribution）：黑龙江（HL）、内蒙古（NM）；俄罗斯、朝鲜、日本

（281）朝鲜虻 *Tabanus coreanus* Shiraki, 1932

Tabanus coreanus Shiraki, 1932. Trans. Nat. Hist. Soc. Formosa 22: 270. **Type locality:** Korea (Koryo: Shakuoji).

Tabanus coreanus: Xu *et* Sun, 2013. Fauna Sinica Insecta 59: 535.

分布（Distribution）：吉林（JL）、辽宁（LN）、河北（HEB）、北京（BJ）、山西（SX）、山东（SD）、河南（HEN）、陕西（SN）、甘肃（GS）、安徽（AH）、江苏（JS）、浙江（ZJ）、湖北（HB）、四川（SC）、贵州（GZ）、云南（YN）、福建（FJ）；朝鲜

（282）红腹虻 *Tabanus crassus* Walker, 1850

Tabanus crassus Walker, 1850. Insecta Saundersiana, Diptera. Part I: 50. **Type locality:** East India.

Tabanus crassus: Xu *et* Sun, 2013. Fauna Sinica Insecta 59: 733.

分布（Distribution）：贵州（GZ）、云南（YN）、福建（FJ）、台湾（TW）、广东（GD）、广西（GX）、海南（HI）、香港（HK）；印度、缅甸、老挝、泰国、菲律宾、马来西亚、印度尼西亚

（283）柱胛虻 *Tabanus cylindrocallus* Wang, 1988

Tabanus cylindrocallus Wang, 1988. Acta Ent. Sin. 31 (3): 324. **Type locality:** China (Hainan: Janfun top).

Tabanus cylindrocallus: Xu *et* Sun, 2013. Fauna Sinica Insecta 59: 429.

分布（Distribution）：广西（GX）、海南（HI）

（284）道好虻 *Tabanus daohaoi* Xu *et* Sun, 2005

Tabanus daohaoi Xu *et* Sun, 2005. Acta Parasitol. Med. Entomol. Sin. 12 (4): 225. **Type locality:** China (Yunnan: Mengla).

Tabanus daohaoi: Xu *et* Sun, 2013. Fauna Sinica Insecta 59: 605.

分布（Distribution）：云南（YN）

（285）异额虻 *Tabanus diversifrons* Ricardo, 1911

Tabanus diversifrons Ricardo, 1911. Rec. Indian Mus. 4: 214. **Type locality:** India (Assam: Khasi Hills, Shillong).

Atylotus flaviventris Bigot, 1892. Mem. Soc. Zool. Fr. 5: 657. Preoccupied by Macquart, 1848. **Type locality:** India (Assam: Sibsagar).

Tabanus ochrogaster Philip, 1960. Stud. Inst. Med. Res. F. M. S. 29: 31. New name for *Atylotus flaviventris* Bigot, 1892 (Preoccupied by Schuurmans Stekhoven, 1932).

Tabanus striolatus Xu, 1979. Acta Zootaxon. Sin. 4 (1): 46. **Type locality:** China (Guangxi: Napo).

Tabanus diversifrons: Xu *et* Sun, 2013. Fauna Sinica Insecta 59: 701.

分布（Distribution）：云南（YN）、广西（GX）；印度、孟加拉国、越南、泰国、斯里兰卡

（286）腹纹虻 *Tabanus exoticus* Ricardo, 1913

Tabanus exoticus Ricardo, 1913. Ann. Hist. Nat. Mus. Natl.

Hung. 11: 170. **Type locality:** China (Taiwan: Fuhosho, Kosho and Alibang).
Tabanus buccolicus Kröber, 1939. Acta Inst. Mus. Zool. Athen. 4 (1938): 100. **Type locality:** China (Hong Kong).
Tabanus exoticus: Xu *et* Sun, 2013. Fauna Sinica Insecta 59: 762.
分布（Distribution）：福建（FJ）、台湾（TW）；日本

（287）斐氏虻 *Tabanus filipjevi* Olsufjev, 1936

Tabanus filipjevi Olsufjev, 1936. Trudy Inst. Zool., Alma-Ata 2: 165. **Type locality:** Kazakhstan (Aktjubinsk: Irgiz region).
Tabanus filipjevi: Xu *et* Sun, 2013. Fauna Sinica Insecta 59: 479.
分布（Distribution）：内蒙古（NM）、宁夏（NX）、甘肃（GS）、新疆（XJ）；蒙古国、亚洲（中部）

（288）黄头虻 *Tabanus flavicapitis* Wang *et* Liu, 1977

Tabanus flavicapitis Wang *et* Liu *In*: Wang, 1977. Acta Ent. Sin. 20 (1): 110. **Type locality:** China (Hainan).
Tabanus flavicapitis: Xu *et* Sun, 2013. Fauna Sinica Insecta 59: 540.
分布（Distribution）：海南（HI）

（289）黄边虻 *Tabanus flavimarginatus* Schuurmans Stekhoven, 1926

Tabanus flavimarginatus Schuurmans Stekhoven, 1926. Treubia 6 (Suppl.): 527. **Type locality:** China (Hong Kong).
Tabanus flavimarginatus: Xu *et* Sun, 2013. Fauna Sinica Insecta 59: 439.
分布（Distribution）：香港（HK）

（290）黄蓬虻 *Tabanus flavohirtus* Philip, 1960

Tabanus flavohirtus Philip, 1960. Stud. Inst. Med. Res. F. M. S. 29: 14. **Type locality:** Borneo (Munkan Island: E Kalimantan District).
Tabanus flavohirtus: Xu *et* Sun, 2013. Fauna Sinica Insecta 59: 650.
分布（Distribution）：海南（HI）；马来西亚、印度尼西亚

（291）黄胸虻 *Tabanus flavothorax* Ricardo, 1911

Tabanus flavothorax Ricardo, 1911. Rec. Indian Mus. 4: 201. **Type locality:** Malaya (Perak).
Tabanus flavothorax: Xu *et* Sun, 2013. Fauna Sinica Insecta 59: 437.
分布（Distribution）：香港（HK）；越南、马来西亚、文莱、印度尼西亚（苏门答腊岛）

（292）台岛虻 *Tabanus formosiensis* Ricardo, 1911

Tabanus formosiensis Ricardo, 1911. Rec. Indian Mus. 4: 220. **Type locality:** China (Taiwan).
Tabanus nigroides Wang, 1987. Wuyi Sci. J. 7: 64. **Type locality:** China (Fujian).
Tabanus formosiensis: Xu *et* Sun, 2013. Fauna Sinica Insecta 59: 659.
分布（Distribution）：浙江（ZJ）、四川（SC）、贵州（GZ）、福建（FJ）、台湾（TW）、广东（GD）、广西（GX）、海南（HI）

（293）福建虻 *Tabanus fujianensis* Xu *et* Xu, 1993

Tabanus fujianensis Xu *et* Xu, 1993. Blood-sucking Dipt. Ins. 3: 64. **Type locality:** China (Fujian: Shaowu).
Tabanus fujianensis: Xu *et* Sun, 2013. Fauna Sinica Insecta 59: 602.
分布（Distribution）：福建（FJ）

（294）棕带虻 *Tabanus fulvicinctus* Ricardo, 1914

Tabanus fulvicinctus Ricardo, 1914. Supplta Ent. 3: 62. **Type locality:** China (Taiwan: Sokutsu).
Tabanus pingbianensis Liu, 1981. Acta Ent. Sin. 24 (2): 217. **Type locality:** China (Yunnan: Pingbian County).
Tabanus fulvicinctus: Xu *et* Sun, 2013. Fauna Sinica Insecta 59: 458.
分布（Distribution）：四川（SC）、云南（YN）、福建（FJ）、台湾（TW）、广东（GD）、广西（GX）、海南（HI）

（295）中赤虻 *Tabanus fulvimedius* Walker, 1848

Tabanus fulvimedius Walker, 1848. List Dipt. Colln Br. Mus. 1: 152. **Type locality:** ? Nepal.
Tabanus fulvimedius: Xu *et* Sun, 2013. Fauna Sinica Insecta 59: 640.
分布（Distribution）：云南（YN）、西藏（XZ）、台湾（TW）；尼泊尔、缅甸

（296）暗尾虻 *Tabanus furvicaudus* Xu, 1981

Tabanus furvicaudus Xu, 1981. Acta Zootaxon. Sin. 6 (3): 308. **Type locality:** China (Yunnan: Mengla).
Tabanus furvicaudus: Xu *et* Sun, 2013. Fauna Sinica Insecta 59: 664.
分布（Distribution）：云南（YN）

（297）黑角虻 *Tabanus fuscicornis* Ricardo, 1911

Tabanus fuscicornis Ricardo, 1911. Rec. Indian Mus. 4: 144. **Type locality:** China (Taiwan: Punkio).
Tabanus sauteri Ricardo, 1913. Ann. Hist. Nat. Mus. Natl. Hung. 11: 171. **Type locality:** China (Taiwan: Fuhosho, Fanono and Tacko).
Tabanus fuscicornis: Xu *et* Sun, 2013. Fauna Sinica Insecta 59: 749.
分布（Distribution）：台湾（TW）

（298）褐斑虻 *Tabanus fuscomaculatus* Ricardo, 1911

Tabanus fuscomaculatus Ricardo, 1911. Rec. Indian Mus. 4: 183. **Type locality:** Myanmar (Myitkyina Distr.: Sima).
Tabanus fuscomaculatus: Xu *et* Sun, 2013. Fauna Sinica Insecta 59: 673.

分布（Distribution）：云南（YN）；缅甸

（299）褐腹虻 *Tabanus fuscoventris* Xu, 1981

Tabanus fuscoventris Xu, 1981. Acta Zootaxon. Sin. 6 (3): 309. **Type locality:** China (Yunnan: Mengla).

Tabanus fuscoventris: Xu *et* Sun, 2013. Fauna Sinica Insecta 59: 435.

分布（Distribution）：云南（YN）

（300）福州虻 *Tabanus fuzhouensis* Xu *et* Xu, 1995

Tabanus fuzhouensis Xu *et* Xu, 1995. Acta Ent. Sin. 38 (1): 109. **Type locality:** China (Fujian: Fuzhou).

Tabanus fuzhouensis: Xu *et* Sun, 2013. Fauna Sinica Insecta 59: 596.

分布（Distribution）：福建（FJ）

（301）双重虻 *Tabanus geminus* Szilády, 1923

Tabanus geminus Szilády, 1923. Biol. Hung. 1 (1): 3. **Type locality:** Russia (Far East); "Amur District".

Tabanus geminus: Xu *et* Sun, 2013. Fauna Sinica Insecta 59: 510.

分布（Distribution）：黑龙江（HL）、吉林（JL）、辽宁（LN）、内蒙古（NM）、陕西（SN）、新疆（XJ）；俄罗斯、蒙古国

（302）银灰虻 *Tabanus glaucopis* Meigen, 1820

Tabanus glaucopis Meigen, 1820. Syst. Beschr. 2: 48. New name for *Tabanus ferrugineus* Meigen, 1804 (Preoccupied by Strom, 1768). **Type locality:** ? Germany.

Tabanus ferrugineus Meigen, 1804. Klass. Beschr. 1 (2): 166. **Type locality:** Not given [Germany].

Tabanus lunulatus Meigen, 1820. Syst. Beschr. 2: 49. **Type locality:** Not given [? Europe].

Tabanus chlorophthalmus Meigen, 1820. Syst. Beschr. 2: 58. **Type locality:** Not given [Austria].

Tabanus flavicans Zeller, 1842. Isis (Oken's) 1842: 819. **Type locality:** Poland (Levin Kl).

Tabanus cognatus Loew, 1858. Verh. Zool.-Bot. Ges. Wien. 8: 602. **Type locality:** Austria.

Tabanus glaucopis var. *castellanus* Strobl, 1906. Mem. R. Soc. Esp. Hist. Nat. (Madrid) (1905) 3: 279. **Type locality:** Spain (Madrid).

Straba glaucopis ab. rubra Muschamp, 1939. Ent. Rec. J. Var. 51: 51. **Type locality:** France (Savoy Alps).

Tabanus glaucopis: Xu *et* Sun, 2013. Fauna Sinica Insecta 59: 476.

分布（Distribution）：内蒙古（NM）；伊朗、蒙古国、土耳其、俄罗斯；欧洲

（303）戈氏虻 *Tabanus golovi* Olsufjev, 1936

Tabanus golovi Olsufjev, 1936. Trudy Inst. Zool., Alma-Ata 2: 164. **Type locality:** Kazakhstan (Alma-Ata region).

Tabanus golovi mediaasiaticus Olsufjev, 1970. Russ. Ent. Obozr. 49: 684. New name for *Tabanus golovi pallidus* Olsufjev, 1936 (Preoccupied by Palisot de Beauvois, 1809).

Tabanus golovi pallidus Olsufjev, 1936. Trudy Inst. Zool., Alma-Ata 2: 164. **Type locality:** Kazakhstan (Alma-Ata region).

Tabanus golovi: Xu *et* Sun, 2013. Fauna Sinica Insecta 59: 499.

分布（Distribution）：新疆（XJ）；俄罗斯、阿富汗；亚洲（中部）

（304）邛海虻 *Tabanus gonghaiensis* Xu, 1979

Tabanus gonghaiensis Xu, 1979. Acta Zootaxon. Sin. 4 (1): 45. **Type locality:** China (Sichuan: Xichang).

Tabanus gonghaiensis: Xu *et* Sun, 2013. Fauna Sinica Insecta 59: 444.

分布（Distribution）：四川（SC）、云南（YN）

（305）大尾虻 *Tabanus grandicauda* Xu, 1979

Tabanus grandicauda Xu, 1979. Acta Zootaxon. Sin. 4 (1): 41. **Type locality:** China (Sichuan: Emei Mountain).

Tabanus grandicauda: Xu *et* Sun, 2013. Fauna Sinica Insecta 59: 646.

分布（Distribution）：四川（SC）、云南（YN）

（306）土灰虻 *Tabanus griseinus* Philip, 1960

Tabanus griseinus Philip, 1960. Stud. Inst. Med. Res. F. M. S. 29: 31. New name for *Tabanus griseus* Kröber, 1928 (Preoccupied by Fabricius, 1794). **Type locality:** Russia ("Amur").

Tabanus griseus Kröber, 1928. Zool. Anz. 76: 270. **Type locality:** Russia ("Amur").

Tabanus griseinus: Xu *et* Sun, 2013. Fauna Sinica Insecta 59: 524.

分布（Distribution）：黑龙江（HL）、吉林（JL）、辽宁（LN）、内蒙古（NM）、河北（HEB）、天津（TJ）、北京（BJ）、山西（SX）、山东（SD）、河南（HEN）、陕西（SN）、宁夏（NX）、甘肃（GS）、安徽（AH）、江苏（JS）、浙江（ZJ）、湖北（HB）、四川（SC）、重庆（CQ）、贵州（GZ）、云南（YN）、福建（FJ）；俄罗斯、蒙古国、朝鲜、日本

（307）京密虻 *Tabanus grunini* Olsufjev, 1967

Tabanus grunini Olsufjev, 1967. Russ. Ent. Obozr. 46: 386. **Type locality:** China (100 km NE of Peking).

Tabanus grunini: Xu *et* Sun, 2013. Fauna Sinica Insecta 59: 744.

分布（Distribution）：北京（BJ）

（308）贵州虻 *Tabanus guizhouensis* Chen *et* Xu, 1992

Tabanus guizhouensis Chen *et* Xu, 1992. Sichuan J. Zool. 11 (2): 8. **Type locality:** China (Guizhou: Weining).

Tabanus guizhouensis: Xu *et* Sun, 2013. Fauna Sinica Insecta 59: 620.

分布（Distribution）：贵州（GZ）、云南（YN）、西藏（XZ）

（309）海南虻 *Tabanus hainanensis* Stone, 1972

Tabanus hainanensis Stone, 1972. Ann. Ent. Soc. Amer. 65: 638. **Type locality:** China (Hainan: Dwa Bi).

Tabanus hainanensis: Xu *et* Sun, 2013. Fauna Sinica Insecta 59: 765.

分布（Distribution）：海南（HI）

（310）汉氏虻 *Tabanus haysi* Philip, 1956

Tabanus haysi Philip, 1956. Jpn. J. Sanit. Zool. 7: 221. **Type locality:** Korea (Kumwaha).

Tabanus haysi: Xu *et* Sun, 2013. Fauna Sinica Insecta 59: 539.

分布（Distribution）：吉林（JL）、辽宁（LN）、北京（BJ）、河南（HEN）、陕西（SN）、甘肃（GS）、湖北（HB）；朝鲜

（311）杭州虻 *Tabanus hongchowensis* Liu, 1962

Tabanus hongchowensis Liu, 1962. Acta Zool. Sin. 14 (1): 124. **Type locality:** China (Chekiang: Hongchow).

Tabanus hongchowensis: Xu *et* Sun, 2013. Fauna Sinica Insecta 59: 715.

分布（Distribution）：河南（HEN）、陕西（SN）、甘肃（GS）、安徽（AH）、浙江（ZJ）、江西（JX）、湖南（HN）、湖北（HB）、四川（SC）、重庆（CQ）、贵州（GZ）、云南（YN）、福建（FJ）、广东（GD）、广西（GX）

（312）黄山虻 *Tabanus huangshanensis* Xu *et* Wu, 1985

Tabanus huangshanensis Xu *et* Wu, 1985. Acta Zootaxon. Sin. 10 (4): 410. **Type locality:** China (Anhui: Huangshan, Ciguangge).

Tabanus subhuangshanensis Wang, 1987. Wuyi Sci. J. 7: 64. **Type locality:** China (Fujian).

Tabanus huangshanensis: Xu *et* Sun, 2013. Fauna Sinica Insecta 59: 573.

分布（Distribution）：安徽（AH）、福建（FJ）、广西（GX）

（313）拟矮小虻 *Tabanus humiloides* Xu, 1980

Tabanus humiloides Xu, 1980. Zool. Res. 1 (3): 398. **Type locality:** China (Sichuan: Emei Mountain).

Tabanus humiloides: Xu *et* Sun, 2013. Fauna Sinica Insecta 59: 456.

分布（Distribution）：四川（SC）、贵州（GZ）、云南（YN）、西藏（XZ）

（314）直条虻 *Tabanus hybridus* Wiedemann, 1828

Tabanus hybridus Wiedemann, 1828. Aussereurop. Zweifl. Insekt. 1: 557. **Type locality:** China (Macao).

Tabanus hybridus: Xu *et* Sun, 2013. Fauna Sinica Insecta 59: 682.

分布（Distribution）：海南（HI）、香港（HK）、澳门（MC）；印度、缅甸、马来西亚、泰国

（315）下巨虻 *Tabanus hypomacros* Surcouf, 1922

Tabanus hypomacros Surcouf, 1922. Bull. Soc. Ent. Fr. 1921: 286. **Type locality:** Laos (Pang-Hai).

Tabanus rubicundulus Austen, 1922. Bull. Ent. Res. 12: 442. **Type locality:** Thailand (Chantabun: S Siam).

Tabanus nilakinus Philip, 1960. Stud. Inst. Med. Res. F. M. S. 29: 19. **Type locality:** Thailand (Darkhok: Loei Danjai).

Tabanus hypomacros: Xu *et* Sun, 2013. Fauna Sinica Insecta 59: 727.

分布（Distribution）：云南（YN）；越南、老挝、泰国

（316）市岗虻 *Tabanus ichiokai* Ôuchi, 1943

Tabanus ichiokai Ôuchi, 1943. Shanghai Sizen. Ken. Ihō (In Japanese) 13 (6): 512. **Type locality:** China (Zhejiang: Zhoushan).

Tabanus ichiokai: Xu *et* Sun, 2013. Fauna Sinica Insecta 59: 696.

分布（Distribution）：江苏（JS）、上海（SH）、浙江（ZJ）、福建（FJ）

（317）鸡公山虻 *Tabanus jigongshanensis* Xu, 1983

Tabanus jigongshanensis Xu, 1983. Acta Zootaxon. Sin. 8 (1): 86. **Type locality:** China (Hubei: Yingshan County).

Tabanus jigongshanensis: Xu *et* Sun, 2013. Fauna Sinica Insecta 59: 636.

分布（Distribution）：河南（HEN）、陕西（SN）、宁夏（NX）、甘肃（GS）、湖北（HB）、四川（SC）、云南（YN）

（318）拟鸡公山虻 *Tabanus jigongshanoides* Xu *et* Huang, 1990

Tabanus jigongshanoides Xu *et* Huang, 1990. Blood-sucking Dipt. Ins. 2: 90. **Type locality:** China (Yunnan: Kunming).

Tabanus jigongshanoides: Xu *et* Sun, 2013. Fauna Sinica Insecta 59: 631.

分布（Distribution）：云南（YN）

（319）景洪虻 *Tabanus jinghongensis* Yang, Xu *et* Chen, 1999

Tabanus jinghongensis Yang, Xu *et* Chen, 1999. Zool. Res. 20 (1): 60. **Type locality:** China (Yunnan: Mengla).

Tabanus jinghongensis: Xu *et* Sun, 2013. Fauna Sinica Insecta 59: 603.

分布（Distribution）：云南（YN）

（320）金华虻 *Tabanus jinhuai* Xu *et* Sun, 2007

Tabanus jinhuai Xu *et* Sun, 2007. Acta Parasitol. Med. Entomol. Sin. 14 (4): 244. **Type locality:** China (Hainan: Wuzhishan).

Tabanus jinhuai: Xu *et* Sun, 2013. Fauna Sinica Insecta 59: 575.

分布（Distribution）：海南（HI）

（321）约翰柏杰虻 *Tabanus johnburgeri* Xu *et* Xu, 1993

Tabanus johnburgeri Xu *et* Xu, 1993. Blood-sucking Dipt. Ins.

3: 64. **Type locality:** China (Fujian: Shaowu).
Tabanus johnburgeri: Xu *et* Sun, 2013. Fauna Sinica Insecta 59: 450.
分布（Distribution）：福建（FJ）

（322）适中虻 *Tabanus jucundus* Walker, 1848

Tabanus jucundus Walker, 1848. List Dipt. Colln Br. Mus. 1: 187. **Type locality:** China (Hong Kong).
Tabanus jucundus: Xu *et* Sun, 2013. Fauna Sinica Insecta 59: 559.
分布（Distribution）：云南（YN）、广东（GD）、广西（GX）、海南（HI）、香港（HK）；印度、斯里兰卡、菲律宾

（323）卡布虻 *Tabanus kabuensis* Yao, 1984

Tabanus kabuensis Yao, 1984. Contr. Shanghai Inst. Entomol. 4: 230. **Type locality:** China (Tibet: Medog).
Tabanus kabuensis: Xu *et* Sun, 2013. Fauna Sinica Insecta 59: 703.
分布（Distribution）：西藏（XZ）

（324）卡氏虻 *Tabanus kaburagii* Murdoch *et* Takahasi, 1969

Tabanus kaburagii Murdoch *et* Takahasi, 1969. Mem. Ent. Soc. Wash. 6: 78. **Type locality:** China (Heilongjiang: Hengtao-hotze).
Tabanus kaburagii: Xu *et* Sun, 2013. Fauna Sinica Insecta 59: 505.
分布（Distribution）：黑龙江（HL）、吉林（JL）、辽宁（LN）

（325）花莲港虻 *Tabanus karenkoensis* Shiraki, 1932

Tabanus karenkoensis Shiraki, 1932. Trans. Nat. Hist. Soc. Formosa 22: 277. **Type locality:** China (Taiwan: Karenko).
Tabanus karenkoensis: Xu *et* Sun, 2013. Fauna Sinica Insecta 59: 748.
分布（Distribution）：台湾（TW）

（326）红头屿虻 *Tabanus kotoshoensis* Shiraki, 1918

Tabanus kotoshoensis Shiraki, 1918. Blood-sucking insects of Formosa. Part I. Tabanidae: 193. **Type locality:** China (Taiwan: Kotosho).
Tabanus kotoshoensis: Xu *et* Sun, 2013. Fauna Sinica Insecta 59: 507.
分布（Distribution）：台湾（TW）；日本

（327）昆明虻 *Tabanus kunmingensis* Wang, 1985

Tabanus kunmingensis Wang, 1985. Myia 3: 398. **Type locality:** China (Yunnan: Kunming).
Tabanus kunmingensis: Xu *et* Sun, 2013. Fauna Sinica Insecta 59: 442.
分布（Distribution）：贵州（GZ）、云南（YN）

（328）广西虻 *Tabanus kwangsinensis* Wang *et* Liu, 1977

Tabanus kwangsinensis Wang *et* Liu *In*: Wang, 1977. Acta Ent. Sin. 20 (1): 111. **Type locality:** China (Kwangsi: Genshiu).
Tabanus kwangsinensis: Xu *et* Sun, 2013. Fauna Sinica Insecta 59: 599.
分布（Distribution）：浙江（ZJ）、湖北（HB）、四川（SC）、贵州（GZ）、云南（YN）、福建（FJ）、广东（GD）、广西（GX）

（329）光滑虻 *Tabanus laevigatus* Szilády, 1926

Tabanus laevigatus Szilády, 1926. Ann. Mus. Natl. Hung. 24: 603. **Type locality:** "Himalaya".
Tabanus laevigatus: Xu *et* Sun, 2013. Fauna Sinica Insecta 59: 642.
分布（Distribution）：西藏（XZ）

（330）老挝虻 *Tabanus laotianus* (Bigot, 1890)

Atylotus laotianus Bigot, 1890. Nouv. Archs Mus. Hist. Nat. Paris. (3) 2: 205. **Type locality:** Laos.
Tabanus laotianus: Xu *et* Sun, 2013. Fauna Sinica Insecta 59: 731.
分布（Distribution）：云南（YN）；印度、柬埔寨、老挝

（331）里氏虻 *Tabanus leleani* Austen, 1920

Tabanus leleani Austen, 1920. Bull. Ent. Res. 10: 312. **Type locality:** Palestine (Wadi el Kelt: Jordan valley near Jericho).
Tabanus leleani turkestanicus Olsufjev, 1970. Russ. Ent. Obozr. 49: 684. New name for *Tabanus pallidus* Olsufjev, 1937 (Preoccupied by Palisot de Beauvois, 1809).
Tabanus leleani pallidus Olsufjev, 1937. Fauna U. S. S. R., Dipt. (New series no. 9) 7 (2): 264. **Type locality:** Turkmenistan (Bairam-Ali).
Tabanus leleani: Xu *et* Sun, 2013. Fauna Sinica Insecta 59: 480.
分布（Distribution）：内蒙古（NM）、陕西（SN）、宁夏（NX）、甘肃（GS）、青海（QH）、新疆（XJ）；俄罗斯、蒙古国、哈萨克斯坦、阿富汗、巴基斯坦、中东、印度、伊朗、土耳其；亚洲（中部）、欧洲、非洲（北部）

（332）白膝虻 *Tabanus leucocnematus* (Bigot, 1892)

Atylotus leucocnematus Bigot, 1892. Mem. Soc. Zool. Fr. 5: 656. **Type locality:** India (Bombay: Kanara).
Tabanus leucocnematus: Xu *et* Sun, 2013. Fauna Sinica Insecta 59: 469.
分布（Distribution）：云南（YN）；印度、缅甸、文莱

（333）凉山虻 *Tabanus liangshanensis* Xu, 1979

Tabanus liangshanensis Xu, 1979. Acta Zootaxon. Sin. 4 (1): 42. **Type locality:** China (Sichuan: Zhaojue).
Tabanus liangshanensis: Xu *et* Sun, 2013. Fauna Sinica Insecta 59: 446.
分布（Distribution）：四川（SC）、贵州（GZ）、云南（YN）

（334）丽江虻 *Tabanus lijiangensis* Yang *et* Xu, 1993

Tabanus lijiangensis Yang *et* Xu, 1993. Blood-sucking Dipt.

Ins. 3: 73. **Type locality:** China (Yunnan: Lijiang).
Tabanus lijiangensis: Xu *et* Sun, 2013. Fauna Sinica Insecta 59: 440.
分布（Distribution）：云南（YN）

（335）黎母山虻 *Tabanus limushanensis* Xu, 1979

Tabanus limushanensis Xu, 1979. Acta Zootaxon. Sin. 4 (1): 41. **Type locality:** China (Hainan: Diaoluoshan).
Tabanus limushanensis: Xu *et* Sun, 2013. Fauna Sinica Insecta 59: 448.
分布（Distribution）：海南（HI）

（336）线带虻 *Tabanus lineataenia* Xu, 1979

Tabanus lineataenia Xu, 1979. Acta Zootaxon. Sin. 4 (1): 43. **Type locality:** China (Sichuan: Emei Mountain).
Tabanus lineataenia: Xu *et* Sun, 2013. Fauna Sinica Insecta 59: 597.
分布（Distribution）：陕西（SN）、甘肃（GS）、安徽（AH）、浙江（ZJ）、江西（JX）、湖北（HB）、四川（SC）、贵州（GZ）、云南（YN）、福建（FJ）、广东（GD）、广西（GX）

（337）凌峰虻 *Tabanus lingfengi* Xu, Zhan *et* Sun, 2006

Tabanus lingfengi Xu, Zhan *et* Sun, 2006. Acta Parasitol. Med. Entomol. Sin. 13 (4): 236. **Type locality:** China (Hainan: Diaoluoshan).
Tabanus lingfengi: Xu *et* Sun, 2013. Fauna Sinica Insecta 59: 739.
分布（Distribution）：海南（HI）

（338）立中虻 *Tabanus lizhongi* Xu *et* Sun, 2013

Tabanus lizhongi Xu *et* Sun, 2013. Fauna Sinica Insecta 59: 767. **Type locality:** China (Guangdong: Longmen, Nankun-shan).
分布（Distribution）：广东（GD）

（339）长鞭虻 *Tabanus longibasalis* Schuurmans Stekhoven, 1926

Tabanus longibasalis Schuurmans Stekhoven, 1926. Treubia 6 (Suppl.): 243. **Type locality:** China (Hong Kong).
Tabanus aurilineatus gilvilineis Philip, 1960. Stud. Inst. Med. Res. F. M. S. 29: 12. **Type locality:** Thailand (Na Haeo: Loei Dansai).
Tabanus longibasalis: Xu *et* Sun, 2013. Fauna Sinica Insecta 59: 679.
分布（Distribution）：云南（YN）、广东（GD）、广西（GX）、海南（HI）、香港（HK）、澳门（MC）；老挝、泰国

（340）长芒虻 *Tabanus longistylus* Xu, Ni *et* Xu, 1984

Tabanus longistylus Xu, Ni *et* Xu, 1984. Acta Academiae Medicinae Wuhan 3: 164. **Type locality:** China (Hubei: Changyang County).
Tabanus longistylus: Xu *et* Sun, 2013. Fauna Sinica Insecta 59: 753.
分布（Distribution）：湖北（HB）

（341）路氏虻 *Tabanus loukashkini* Philip, 1956

Tabanus loukashkini Philip, 1956. Jpn. J. Sanit. Zool. 7: 226. **Type locality:** China (Manchuria: Greater Khingan Mts., Djalantum).
Tabanus loukashkini: Xu *et* Sun, 2013. Fauna Sinica Insecta 59: 495.
分布（Distribution）：黑龙江（HL）、吉林（JL）、内蒙古（NM）

（342）光亮虻 *Tabanus lucifer* Szilády, 1926

Tabanus lucifer Szilády, 1926. Biol. Hung. 1 (7): 19. **Type locality:** China (Balu Mt.).
Tabanus jiulianensis Wang, 1985. Acta Ent. Sin. 28 (2): 225. **Type locality:** China (Jiangxi: Longnan County, Jiulian Mountain).
Tabanus lucifer: Xu *et* Sun, 2013. Fauna Sinica Insecta 59: 607.
分布（Distribution）：江西（JX）、福建（FJ）、广东（GD）

（343）庐山虻 *Tabanus lushanensis* Liu, 1962

Tabanus lushanensis Liu, 1962. Acta Zool. Sin. 14 (1): 127. **Type locality:** China (Kiangxi: Lushan).
Tabanus lushanensis: Xu *et* Sun, 2013. Fauna Sinica Insecta 59: 550.
分布（Distribution）：河南（HEN）、陕西（SN）、甘肃（GS）、江西（JX）、湖北（HB）、四川（SC）

（344）麦氏虻 *Tabanus macfarlanei* Ricardo, 1916

Tabanus macfarlanei Ricardo, 1916. Bull. Ent. Res. 6: 405. **Type locality:** China (Hong Kong).
Tabanus nigra Liu *et* Wang *In*: Wang, 1977. Acta Ent. Sin. 20 (1): 112. **Type locality:** China (Fujian: Da'an County).
Tabanus morulus Liu *et* Wang, 1994. Economic Insect Fauna of China Fasc. 45 Diptera: Tabanidae: 91. New name for *Tabanus nigra* Liu *et* Wang, 1977 (Preoccupied by Donovan, 1813).
Tabanus macfarlanei: Xu *et* Sun, 2013. Fauna Sinica Insecta 59: 654.
分布（Distribution）：安徽（AH）、浙江（ZJ）、贵州（GZ）、福建（FJ）、广东（GD）、广西（GX）、香港（HK）

（345）牧村虻 *Tabanus makimurai* Ôuchi, 1943

Tabanus makimurai Ôuchi, 1943. Shanghai Sizen. Ken. Ihō (In Japanese). 13 (6): 518. **Type locality:** China (Shanghai).
Tabanus makimurae: Xu *et* Sun, 2013. Fauna Sinica Insecta 59: 690.
分布（Distribution）：辽宁（LN）、河北（HEB）、江苏（JS）、上海（SH）、浙江（ZJ）

（346）中华虻 *Tabanus mandarinus* Schiner, 1868

Tabanus mandarinus Schiner, 1868. Reise der österreichischen Fregatte Novara. Zoology 2, abt. 1, sect. B: 83. **Type locality:** China (Hong Kong).
Tabanus trigeminus Coquillett, 1898. Proc. U.S. Natl. Mus. 21 (1146): 310. **Type locality:** Japan.
Tabanus yamasakii Ôuchi, 1943. Shanghai Sizen. Ken. Ihō (In Japanese). 13 (6): 532. **Type locality:** China (Shanghai).
Tabanus mandarinus: Xu *et* Sun, 2013. Fauna Sinica Insecta 59: 516.
分布（Distribution）：辽宁（LN）、河北（HEB）、天津（TJ）、北京（BJ）、山西（SX）、山东（SD）、河南（HEN）、陕西（SN）、甘肃（GS）、安徽（AH）、江苏（JS）、上海（SH）、浙江（ZJ）、江西（JX）、湖南（HN）、湖北（HB）、四川（SC）、重庆（CQ）、贵州（GZ）、云南（YN）、福建（FJ）、台湾（TW）、广东（GD）、广西（GX）、海南（HI）、香港（HK）；日本

（347）曼涅浦虻 *Tabanus manipurensis* Ricardo, 1913

Tabanus manipurensis Ricardo, 1913. Ann. Mag. Nat. Hist. 11: 544. **Type locality:** India (Manipur: Ukrul).
Tabanus birmanioides Xu, 1979. Acta Zootaxon. Sin. 4 (1): 39. **Type locality:** China (Sichuan: Meigu).
Tabanus axiridis Wang, 1982. Insects of Tibet II: 186. **Type locality:** China (Tibet: Medog).
Tabanus manipurensis: Xu *et* Sun, 2013. Fauna Sinica Insecta 59: 686.
分布（Distribution）：四川（SC）、贵州（GZ）、云南（YN）、西藏（XZ）；印度

（348）松本虻 *Tabanus matsumotoensis* Murdoch *et* Takahasi, 1961

Tabanus matsumotoensis Murdoch *et* Takahasi, 1961. Jpn. J. Sanit. Zool. 12 (2): 115. **Type locality:** Japan (Nagano Pref.: Matsumoto).
Tabanus matsumotoensis: Xu *et* Sun, 2013. Fauna Sinica Insecta 59: 500.
分布（Distribution）：安徽（AH）、浙江（ZJ）、江西（JX）、湖北（HB）、四川（SC）、贵州（GZ）、云南（YN）、福建（FJ）、广东（GD）、广西（GX）；日本

（349）晨螫虻 *Tabanus matutinimordicus* Xu, 1989

Tabanus matutinimordicus Xu, 1989. Acta Zootaxon. Sin. 14 (2): 205. **Type locality:** China (Zhejiang: Tienmu mountain).
Tabanus matutinimordicus: Xu *et* Sun, 2013. Fauna Sinica Insecta 59: 683.
分布（Distribution）：浙江（ZJ）、湖南（HN）、贵州（GZ）、云南（YN）、福建（FJ）、广西（GX）

（350）梅花山虻 *Tabanus meihuashanensis* Xu *et* Xu, 1992

Tabanus meihuashanensis Xu *et* Xu, 1992. Acta Ent. Sin. 35 (3): 362. **Type locality:** China (Fujian: Shanghang, Meihua-shan Mountain).
Tabanus meihuashanensis: Xu *et* Sun, 2013. Fauna Sinica Insecta 59: 513.
分布（Distribution）：福建（FJ）

（351）孟定虻 *Tabanus mengdingensis* Xu, Xu *et* Sun, 2008

Tabanus mengdingensis Xu, Xu *et* Sun, 2008. Acta Parasitol. Med. Entomol. Sin. 15 (1): 51. **Type locality:** China (Yunnan: Mengding).
Tabanus mengdingensis: Xu *et* Sun, 2013. Fauna Sinica Insecta 59: 743.
分布（Distribution）：云南（YN）

（352）提神虻 *Tabanus mentitus* Walker, 1848

Tabanus mentitus Walker, 1848. List Dipt. Colln Br. Mus. 1: 162. **Type locality:** China.
Tabanus mentitus: Xu *et* Sun, 2013. Fauna Sinica Insecta 59: 766.
分布（Distribution）：贵州（GZ）、福建（FJ）、台湾（TW）、广东（GD）、广西（GX）、海南（HI）、香港（HK）；越南

（353）迈克虻 *Tabanus miki* Brauer, 1880

Tabanus miki Brauer, 1880. Denkschr. Akad. Wiss. Wien 42: 195. **Type locality:** Austria; Czech Republic.
Tabanus velutinus Kröber, 1936. Acta Inst. Mus. Zool. Athen 1: 38. **Type locality:** Greece [Laia (Serres)].
Tabanus miki var. *australis* Hauser, 1960. Ent. Obozr. 39: 657. **Type locality:** Azerbaijan (Naxcivan: Chalarsk region, Mt. Pant; Schachbuz region: Batabad).
Tabanus postvelutinus Moucha, 1962. Sb. faun. Praci Ent. Odd. nar. Mus. Praze. 8 (67): 32. New name for *Tabanus velutinus* Kröber, 1936 (Preoccupied by Surcouf, 1906).
Tabanus miki: Xu *et* Sun, 2013. Fauna Sinica Insecta 59: 718.
分布（Distribution）：新疆（XJ）；亚洲（中部）、欧洲

（354）岷山虻 *Tabanus minshanensis* Xu *et* Liu, 1982

Tabanus minshanensis Xu *et* Liu, 1982. Zool. Res. 3 (Suppl.): 97. **Type locality:** China (Gansu: Zhouqu County).
Tabanus subminshanensis Chen *et* Xu, 1992. Sichuan J. Zool. 11 (2): 10. **Type locality:** China (Guizhou: Weining).
Tabanus minshanensis: Xu *et* Sun, 2013. Fauna Sinica Insecta 59: 625.
分布（Distribution）：陕西（SN）、甘肃（GS）、贵州（GZ）、云南（YN）

（355）三宅虻 *Tabanus miyakei* Shiraki, 1918

Tabanus miyakei Shiraki, 1918. Blood-sucking insects of Formosa. Part I. Tabanidae: 273. **Type locality:** China (Taiwan: Mansuw, Koshun).
Tabanus miyakei: Xu *et* Sun, 2013. Fauna Sinica Insecta 59: 627.

分布（Distribution）：台湾（TW）

（356）链珠虻 *Tabanus monilifer* (Bigot, 1892)

Atylotus monilifer Bigot, 1892. Mem. Soc. Zool. Fr. 5: 654. **Type locality:** India (Assam: N Khasi Hills).
Tabanus monilifer: Xu *et* Sun, 2013. Fauna Sinica Insecta 59: 729.
分布（Distribution）：云南（YN）；印度、缅甸、越南、老挝、泰国

（357）一带虻 *Tabanus monotaeniatus* (Bigot, 1892)

Atylotus monotaeniatus Bigot, 1892. Mem. Soc. Zool. Fr. 5: 655. **Type locality:** India.
Tabanus monotaeniatus: Xu *et* Sun, 2013. Fauna Sinica Insecta 59: 699.
分布（Distribution）：云南（YN）；印度、缅甸、印度尼西亚

（358）高亚虻 *Tabanus montiasiaticus* Olsufjev, 1977

Tabanus montiasiaticus Olsufjev, 1977. Fauna U. S. S. R., Dipt. (New series no. 113) 7 (2): 249. **Type locality:** Tajikistan (Kvak in Gissar Mts.: 35 km N Dushanbe).
Tabanus montiasiaticus: Xu *et* Sun, 2013. Fauna Sinica Insecta 59: 656.
分布（Distribution）：新疆（XJ）；哈萨克斯坦、吉尔吉斯斯坦、乌兹别克斯坦

（359）墨脱虻 *Tabanus motuoensis* Yao *et* Liu, 1983

Tabanus motuoensis Yao *et* Liu, 1983. Contr. Shanghai Inst. Entomol. 3: 240. **Type locality:** China (Tibet: Medog).
Tabanus motuoensis: Xu *et* Sun, 2013. Fauna Sinica Insecta 59: 616.
分布（Distribution）：西藏（XZ）

（360）多带虻 *Tabanus multicinctus* Schuurmans Stekhoven, 1926

Tabanus multicinctus Schuurmans Stekhoven, 1926. Treubia 6 (Suppl.): 283. **Type locality:** Indonesia (Sumatra: Manambin, Hoeta Nagodang).
Tabanus multicinctus: Xu *et* Sun, 2013. Fauna Sinica Insecta 59: 706.
分布（Distribution）：云南（YN）；印度尼西亚

（361）麦多虻 *Tabanus murdochi* Philip, 1961

Tabanus murdochi Philip, 1961. Pac. Ins. 3 (4): 475. **Type locality:** Korea (Kyon gi-Do: Survon).
Tabanus murdochi: Xu *et* Sun, 2013. Fauna Sinica Insecta 59: 697.
分布（Distribution）：辽宁（LN）；朝鲜

（362）革新虻 *Tabanus mutatus* Wang *et* Liu, 1990

Tabanus mutatus Wang *et* Liu, 1990. Contr. Shanghai Inst. Entomol. 9: 175. **Type locality:** China (Sichuan: Meigu).
Tabanus hongchowoides Chen *et* Xu, 1992. Sichuan J. Zool. 11 (2): 8. **Type locality:** China (Guizhou: Weining).
Tabanus mutatus: Xu *et* Sun, 2013. Fauna Sinica Insecta 59: 717.
分布（Distribution）：四川（SC）、贵州（GZ）、云南（YN）、海南（HI）

（363）南平虻 *Tabanus nanpingensis* Xu, Xu *et* Sun, 2008

Tabanus nanpingensis Xu, Xu *et* Sun, 2008. Acta Parasitol. Med. Entomol. Sin. 15 (1): 51. **Type locality:** China (Fujian: Nanping).
Tabanus nanpingensis: Xu *et* Sun, 2013. Fauna Sinica Insecta 59: 672.
分布（Distribution）：福建（FJ）

（364）黑腹虻 *Tabanus nigrabdominis* Wang, 1982

Tabanus nigrabdominis Wang, 1982. Insects of Tibet II: 184. **Type locality:** China (Tibet: Medog).
Tabanus nigrabdominis: Xu *et* Sun, 2013. Fauna Sinica Insecta 59: 658.
分布（Distribution）：西藏（XZ）

（365）黑额虻 *Tabanus nigrefronti* Liu, 1981

Tabanus nigrefronti Liu, 1981. Acta Ent. Sin. 24 (2): 217. **Type locality:** China (Fujian: Guangze).
Tabanus nigrefronti: Xu *et* Sun, 2013. Fauna Sinica Insecta 59: 613.
分布（Distribution）：福建（FJ）

（366）黑螺虻 *Tabanus nigrhinus* Philip, 1962

Tabanus nigrhinus Philip, 1962. Pac. Ins. 4: 300. **Type locality:** Vietnam (Di Linh).
Tabanus nigrhinus: Xu *et* Sun, 2013. Fauna Sinica Insecta 59: 472.
分布（Distribution）：云南（YN）、广西（GX）；越南、泰国

（367）黑尾虻 *Tabanus nigricaudus* Xu, 1981

Tabanus nigricaudus Xu, 1981. Acta Zootaxon. Sin. 6 (3): 310. **Type locality:** China (Yunnan: Mengla).
Tabanus nigricaudus: Xu *et* Sun, 2013. Fauna Sinica Insecta 59: 669.
分布（Distribution）：云南（YN）

（368）黑斑虻 *Tabanus nigrimaculatus* Xu, 1981

Tabanus nigrimaculatus Xu, 1981. Acta Zootaxon. Sin. 6 (3): 309. **Type locality:** China (Yunnan: Mengding).
Tabanus nigrimaculatus: Xu *et* Sun, 2013. Fauna Sinica Insecta 59: 675.
分布（Distribution）：云南（YN）

（369）昏螯虻 *Tabanus nigrimordicus* Xu, 1979

Tabanus nigrimordicus Xu, 1979. Acta Zootaxon. Sin. 4 (1):

43. **Type locality:** China (Hainan: Diaoluoshan).
Tabanus nigrimordicus: Xu *et* Sun, 2013. Fauna Sinica Insecta 59: 648.
分布（Distribution）：湖北（HB）、云南（YN）、福建（FJ）、海南（HI）

（370）日本虻 *Tabanus nipponicus* Murdoch *et* Takahasi, 1969

Tabanus nipponicus Murdoch *et* Takahasi, 1969. Mem. Ent. Soc. Wash. 6: 83. **Type locality:** Japan (Hokkaido: Otafuke, Komadu).
Tabanus nipponicus: Xu *et* Sun, 2013. Fauna Sinica Insecta 59: 526.
分布（Distribution）：辽宁（LN）、河南（HEN）、陕西（SN）、甘肃（GS）、安徽（AH）、浙江（ZJ）、湖南（HN）、湖北（HB）、四川（SC）、重庆（CQ）、贵州（GZ）、云南（YN）、福建（FJ）、台湾（TW）、广东（GD）、广西（GX）；日本

（371）暗糊虻 *Tabanus obscurus* Xu, 1983

Tabanus obscurus Xu, 1983. Acta Zootaxon. Sin. 8 (1): 87. **Type locality:** China (Hainan: Diaoluoshan).
Tabanus obscurus: Xu *et* Sun, 2013. Fauna Sinica Insecta 59: 693.
分布（Distribution）：广西（GX）、海南（HI）

（372）弱斑虻 *Tabanus obsoletimaculus* Xu, 1983

Tabanus obsoletimaculus Xu, 1983. Acta Zootaxon. Sin. 8 (1): 88. **Type locality:** China (Hainan: Diaoluoshan).
Tabanus obsoletimaculus: Xu *et* Sun, 2013. Fauna Sinica Insecta 59: 692.
分布（Distribution）：海南（HI）

（373）拟冲绳虻 *Tabanus okinawanoides* Xu, 1989

Tabanus okinawanoides Xu, 1989. Acta Zootaxon. Sin. 14 (2): 206. **Type locality:** China (Hainan: Jianfengling).
Tabanus okinawanoides: Xu *et* Sun, 2013. Fauna Sinica Insecta 59: 763.
分布（Distribution）：海南（HI）

（374）青腹虻 *Tabanus oliviventris* Xu, 1979

Tabanus oliviventris Xu, 1979. Acta Zootaxon. Sin. 4 (1): 44. **Type locality:** China (Sichuan: Changning).
Tabanus oliviventris: Xu *et* Sun, 2013. Fauna Sinica Insecta 59: 584.
分布（Distribution）：四川（SC）、贵州（GZ）、福建（FJ）、广东（GD）、广西（GX）

（375）拟青腹虻 *Tabanus oliviventroides* Xu, 1984

Tabanus oliviventroides Xu, 1984. Zool. Res. 5 (3): 234. **Type locality:** China (Guangxi: Fangcheng, Shiwanshan).
Tabanus oliviventroides: Xu *et* Sun, 2013. Fauna Sinica Insecta 59: 578.
分布（Distribution）：云南（YN）、广西（GX）

（376）峨眉山虻 *Tabanus omeishanensis* Xu, 1979

Tabanus omeishanensis Xu, 1979. Acta Zootaxon. Sin. 4 (1): 40. **Type locality:** China (Sichuan: Emei Mountain).
Tabanus omeishanensis: Xu *et* Sun, 2013. Fauna Sinica Insecta 59: 759.
分布（Distribution）：陕西（SN）、四川（SC）、贵州（GZ）、云南（YN）

（377）壮体虻 *Tabanus omnirobustus* Wang, 1988

Tabanus omnirobustus Wang, 1988. Acta Ent. Sin. 31 (3): 323. **Type locality:** China (Hainan: Janfun top).
Tabanus omnirobustus: Xu *et* Sun, 2013. Fauna Sinica Insecta 59: 430.
分布（Distribution）：海南（HI）

（378）灰背虻 *Tabanus onoi* Murdoch *et* Takahasi, 1969

Tabanus onoi Murdoch *et* Takahasi, 1969. Mem. Ent. Soc. Wash. 6: 81. **Type locality:** China (Manchuria).
Tabanus onoi: Xu *et* Sun, 2013. Fauna Sinica Insecta 59: 520.
分布（Distribution）：吉林（JL）、辽宁（LN）、内蒙古（NM）、河北（HEB）、北京（BJ）、河南（HEN）、陕西（SN）、甘肃（GS）、贵州（GZ）；日本

（379）山生虻 *Tabanus oreophilus* Xu *et* Liao, 1985

Tabanus oreophilus Xu *et* Liao, 1985. Acta Zootaxon. Sin. 10 (2): 166. **Type locality:** China (Guangxi: Pingxiang).
Tabanus oreophilus: Xu *et* Sun, 2013. Fauna Sinica Insecta 59: 662.
分布（Distribution）：福建（FJ）、广西（GX）、海南（HI）

（380）棕胸虻 *Tabanus orphnos* Wang, 1982

Tabanus orphnos Wang, 1982. Insects of Tibet II: 181. **Type locality:** China (Tibet: Medog).
Tabanus orphnos: Xu *et* Sun, 2013. Fauna Sinica Insecta 59: 544.
分布（Distribution）：西藏（XZ）

（381）窄缘虻 *Tabanus oxyceratus* (Bigot, 1892)

Atylotus oxyceratus Bigot, 1892. Mem. Soc. Zool. Fr. 5: 652. **Type locality:** India.
Tabanus oxyceratus: Xu *et* Sun, 2013. Fauna Sinica Insecta 59: 707.
分布（Distribution）：云南（YN）；印度、尼泊尔、缅甸

（382）乡村虻 *Tabanus paganus* Chen, 1984

Tabanus paganus Chen, 1984. Acta Zootaxon. Sin. 9 (4): 392. **Type locality:** China (Liaoning: Jinxian County).
Tabanus paganus: Xu *et* Sun, 2013. Fauna Sinica Insecta 59: 487.
分布（Distribution）：辽宁（LN）

（383）浅胸虻 *Tabanus pallidepectoratus* (Bigot, 1892)

Atylotus pallidepectoratus Bigot, 1892. Mem. Soc. Zool. Fr. 5: 658. **Type locality:** Viet Nam (Saigon).

Tabanus chonganensis Liu, 1981. Acta Ent. Sin. 24 (2): 216. **Type locality:** China (Fujian: Chong'an).

Tabanus pallidepectoratus: Xu *et* Sun, 2013. Fauna Sinica Insecta 59: 737.

分布（Distribution）：福建（FJ）、台湾（TW）、广东（GD）、广西（GX）、海南（HI）；越南

（384）副菌虻 *Tabanus parabactrianus* Liu, 1960

Tabanus parabactrianus Liu, 1960. Acta Zool. Sin. 12 (1): 13. **Type locality:** China (Peking: Kwanting).

Tabanus parabactrianus: Xu *et* Sun, 2013. Fauna Sinica Insecta 59: 475.

分布（Distribution）：辽宁（LN）、内蒙古（NM）、北京（BJ）、山西（SX）、河南（HEN）、陕西（SN）、宁夏（NX）、甘肃（GS）、四川（SC）

（385）副佛光虻 *Tabanus parabuddha* Xu, 1983

Tabanus parabuddha Xu, 1983. Acta Zootaxon. Sin. 8 (2): 177. **Type locality:** China (Sichuan: Jiulong).

Tabanus parabuddha: Xu *et* Sun, 2013. Fauna Sinica Insecta 59: 529.

分布（Distribution）：四川（SC）、云南（YN）

（386）副中国虻 *Tabanus parachinensis* Xu, Zhan *et* Sun, 2006

Tabanus parachinensis Xu, Zhan *et* Sun, 2006. Acta Parasitol. Med. Entomol. Sin. 13 (4): 236. **Type locality:** China (Hainan: Jianfengling).

Tabanus parachinensis: Xu *et* Sun, 2013. Fauna Sinica Insecta 59: 459.

分布（Distribution）：海南（HI）

（387）副金黄虻 *Tabanus parachrysater* Yao, 1984

Tabanus parachrysater Yao, 1984. Contr. Shanghai Inst. Entomol. 4: 229. **Type locality:** China (Tibet: Medog).

Tabanus parachrysater: Xu *et* Sun, 2013. Fauna Sinica Insecta 59: 666.

分布（Distribution）：西藏（XZ）

（388）副异额虻 *Tabanus paradiversifrons* Xu *et* Guo, 2005

Tabanus paradiversifrons Xu *et* Guo, 2005. Acta Parasitol. Med. Entomol. Sin. 12 (3): 173. **Type locality:** China (Yunnan: Lushui, Liuku).

Tabanus paradiversifrons: Xu *et* Sun, 2013. Fauna Sinica Insecta 59: 700.

分布（Distribution）：云南（YN）

（389）副黄边虻 *Tabanus paraflavimarginatus* Xu *et* Sun, 2008

Tabanus paraflavimarginatus Xu *et* Sun, 2008. Acta Parasitol. Med. Entomol. Sin. 15 (2): 98. **Type locality:** China (Hainan: Jianfengling).

Tabanus paraflavimarginatus: Xu *et* Sun, 2013. Fauna Sinica Insecta 59: 436.

分布（Distribution）：海南（HI）

（390）副市岗虻 *Tabanus paraichiokai* Xu, Xu *et* Sun, 2008

Tabanus paraichiokai Xu, Xu *et* Sun, 2008. Acta Parasitol. Med. Entomol. Sin. 15 (1): 52. **Type locality:** China (Fujian: Fuzhou).

Tabanus paraichiokai: Xu *et* Sun, 2013. Fauna Sinica Insecta 59: 695.

分布（Distribution）：福建（FJ）

（391）副微赤虻 *Tabanus pararubidus* Yao *et* Liu, 1983

Tabanus pararubidus Yao *et* Liu, 1983. Contr. Shanghai Inst. Entomol. 3: 239. **Type locality:** China (Tibet: Medog).

Tabanus pararubidus: Xu *et* Sun, 2013. Fauna Sinica Insecta 59: 612.

分布（Distribution）：西藏（XZ）

（392）副六带虻 *Tabanus parasexcinctus* Xu *et* Sun, 2008

Tabanus parasexcinctus Xu *et* Sun, 2008. Acta Parasitol. Med. Entomol. Sin. 15 (4): 244. **Type locality:** China (Zhejiang: Tienmu mountain).

Tabanus parasexcinctus: Xu *et* Sun, 2013. Fauna Sinica Insecta 59: 465.

分布（Distribution）：浙江（ZJ）

（393）副武夷山虻 *Tabanus parawuyishanensis* Xu *et* Sun, 2007

Tabanus parawuyishanensis Xu *et* Sun, 2007. Acta Parasitol. Med. Entomol. Sin. 14 (3): 175. **Type locality:** China (Fujian: Jianyang, Huangkeng).

Tabanus parawuyishanensis: Xu *et* Sun, 2013. Fauna Sinica Insecta 59: 617.

分布（Distribution）：福建（FJ）

（394）微小虻 *Tabanus parviformus* Wang, 1985

Tabanus parviformus Wang, 1985. Myia 3: 396. **Type locality:** China (Fujian: Chong'an).

Tabanus parviformus: Xu *et* Sun, 2013. Fauna Sinica Insecta 59: 589.

分布（Distribution）：贵州（GZ）、福建（FJ）

（395）派微虻 *Tabanus paviei* Burton, 1978

Tabanus paviei Burton, 1978. Tabanini of Thailand above the Isthmus of Kra (Diptera: Tabanidae): 63. **Type locality:** Northern Laos.

Tabanus paviei: Xu *et* Sun, 2013. Fauna Sinica Insecta 59: 668.

分布（Distribution）：云南（YN）；老挝

（396）朋曲虻 *Tabanus pengquensis* Zhu *et* Xu, 1995

Tabanus pengquensis Zhu *et* Xu, 1995. Contributions to Epidemiological Survey in China 1: 107. **Type locality:** China (Tibet: Chentang).

Tabanus pengquensis: Xu *et* Sun, 2013. Fauna Sinica Insecta 59: 554.

分布（Distribution）：西藏（XZ）

（397）霹雳虻 *Tabanus perakiensis* Ricardo, 1911

Tabanus perakiensis Ricardo, 1911. Rec. Indian Mus. 4: 204. **Type locality:** Malaysia (Selangor: Kuala Lumpur).

Tabanus perakiensis: Xu *et* Sun, 2013. Fauna Sinica Insecta 59: 606.

分布（Distribution）：台湾（TW）；马来西亚

（398）凭祥虻 *Tabanus pingxiangensis* Xu *et* Liao, 1985

Tabanus pingxiangensis Xu *et* Liao, 1985. Acta Zootaxon. Sin. 10 (2): 165. **Type locality:** China (Guangxi: Pingxiang).

Tabanus pingxiangensis: Xu *et* Sun, 2013. Fauna Sinica Insecta 59: 661.

分布（Distribution）：广西（GX）

（399）雁氏虻 *Tabanus pleskei* Kröber, 1925

Tabanus pleskei Kröber, 1925. Arch. Naturgesch. 90 (A) 6 [1924]: 124. **Type locality:** Russia ("Sidensi, Sudussurien, Sibirien, Amur").

Tabanus pleskei: Xu *et* Sun, 2013. Fauna Sinica Insecta 59: 747.

分布（Distribution）：黑龙江（HL）、吉林（JL）、辽宁（LN）、内蒙古（NM）、河北（HEB）、北京（BJ）、山西（SX）；俄罗斯、蒙古国、朝鲜

（400）多元虻 *Tabanus polygonus* Walker, 1854

Tabanus polygonus Walker, 1854. List Dipt. Colln Br. Mus. Part V.: 237. **Type locality:** Turkey; Iraq (Baghdad).

Atylotus polyzonatus Bigot, 1892. Mem. Soc. Zool. Fr. 5: 648. **Type locality:** Iran.

Tabanus strictus Surcouf, 1912. Compte Rendu Expéd. Morgan: 73. **Type locality:** Iran [as "Perse"].

Tabanus polygonus: Xu *et* Sun, 2013. Fauna Sinica Insecta 59: 720.

分布（Distribution）：新疆（XJ）；阿富汗、伊朗、伊拉克、土耳其

（401）前黄腹虻 *Tabanus prefulventer* Wang, 1985

Tabanus prefulventer Wang, 1985. Myia 3: 393. **Type locality:** China (Tibet: Zayu County).

Tabanus prefulventer: Xu *et* Sun, 2013. Fauna Sinica Insecta 59: 644.

分布（Distribution）：西藏（XZ）

（402）伪青腹虻 *Tabanus pseudoliviventris* Chen *et* Xu, 1992

Tabanus pseudoliviventris Chen *et* Xu, 1992. Sichuan J. Zool. 11 (2): 9. **Type locality:** China (Guizhou: Nayong).

Tabanus pseudoliviventris: Xu *et* Sun, 2013. Fauna Sinica Insecta 59: 571.

分布（Distribution）：湖南（HN）、贵州（GZ）、广西（GX）

（403）暗斑虻 *Tabanus pullomaculatus* Philip, 1970

Tabanus pullomaculatus Philip, 1970. H. D. Srivastava Commemoration Volume: 449. **Type locality:** India (Sikkim).

Tabanus digdongensis Wang, 1982. Insects of Tibet II: 182. **Type locality:** China (Tibet: Medog).

Tabanus pullomaculatus: Xu *et* Sun, 2013. Fauna Sinica Insecta 59: 548.

分布（Distribution）：贵州（GZ）、西藏（XZ）；印度

（404）刺螯虻 *Tabanus puncturius* Xu *et* Liao, 1985

Tabanus puncturius Xu *et* Liao, 1985. Acta Zootaxon. Sin. 10 (2): 167. **Type locality:** China (Guangxi: Longzhou).

Tabanus puncturius: Xu *et* Sun, 2013. Fauna Sinica Insecta 59: 452.

分布（Distribution）：云南（YN）、广西（GX）

（405）细小虻 *Tabanus pusillus* Macquart, 1838

Tabanus pusillus Macquart, 1838. Dipt. Exot. Tome premier: 127. **Type locality:** China.

Tabanus pusillus: Xu *et* Sun, 2013. Fauna Sinica Insecta 59: 510.

分布（Distribution）：云南（YN）

（406）秦岭虻 *Tabanus qinlingensis* Wang, 1985

Tabanus qinlingensis Wang, 1985. Sinozoologia 3: 175. **Type locality:** China (Shaanxi: Qinling Mountains, Fengxian County).

Tabanus qinlingensis: Xu *et* Sun, 2013. Fauna Sinica Insecta 59: 633.

分布（Distribution）：河南（HEN）、陕西（SN）、甘肃（GS）

（407）五节虻 *Tabanus quinarius* Wang *et* Liu, 1990

Tabanus quinarius Wang *et* Liu, 1990. Contr. Shanghai Inst. Entomol. 9: 176. **Type locality:** China (Sichuan: Pingshan).

分布（Distribution）：四川（SC）

（408）五带虻 *Tabanus quinquecinctus* Ricardo, 1914

Tabanus quinquecinctus Ricardo, 1914. Supplta Ent. 3: 63. **Type locality:** China (Taiwan: Kosempo).

Tabanus quinquecinctus: Xu *et* Sun, 2013. Fauna Sinica Insecta 59: 462.

分布（Distribution）：湖北（HB）、四川（SC）、贵州（GZ）、云南（YN）、福建（FJ）、台湾（TW）、广东（GD）、广西（GX）、海南（HI）

（409）螺胛虻 *Tabanus rhinargus* Philip, 1962

Tabanus rhinargus Philip, 1962. Pac. Ins. 4: 299. **Type locality:** Vietnam (20 km N of Pleiku).

Tabanus rhinargus: Xu *et* Sun, 2013. Fauna Sinica Insecta 59: 471.

分布（Distribution）：云南（YN）、广西（GX）；越南、泰国

（410）微红虻 *Tabanus rubicundus* Macquart, 1846

Tabanus rubicundus Macquart, 1846. Dipt. Exot. Suppl. 1: 33 (160). **Type locality:** India.

Tabanus intermus Walker, 1848. List Dipt. Colln Br. Mus. 1: 164. **Type locality:** Bangladesh (Sylhet).

Tabanus rubicundus: Xu *et* Sun, 2013. Fauna Sinica Insecta 59: 730.

分布（Distribution）：云南（YN）；印度、孟加拉国、缅甸、老挝、印度尼西亚

（411）微赤虻 *Tabanus rubidus* Wiedemann, 1821

Tabanus rubidus Wiedemann, 1821. Diptera. Exotica. [Ed. 1] Sectio II: 69. **Type locality:** Bengalia.

Tabanus lagenaferus Macquart, 1838. Dipt. Exot. Tome premier: 148. **Type locality:** Unknown.

Tabanus priscus Walker, 1848. List Dipt. Colln Br. Mus. 1: 176. **Type locality:** Unknown.

Tabanus albimedius Walker, 1850. Insecta Saundersiana, Diptera. Part I: 48. **Type locality:** East India.

Tabanus umbrosus Walker, 1850. Insecta Saundersiana, Diptera. Part I: 52. **Type locality:** East India.

Tabanus vagus Walker, 1850. Insecta Saundersiana, Diptera. Part I: 50. **Type locality:** East India.

Atylotus abbreviatus Bigot, 1892. Mem. Soc. Zool. Fr. 5: 670. **Type locality:** Indonesia (Java).

Atylotus conicus Bigot, 1892. Mem. Soc. Zool. Fr. 5: 650. **Type locality:** Cambodia.

Atylotus lacrymans Bigot, 1892. Mem. Soc. Zool. Fr. 5: 669. **Type locality:** Indonesia (Java).

Tabanus rubidus priscoides Schuurmans Stekhoven, 1926. Treubia 6 (Suppl.): 206. **Type locality:** India.

Tabanus rubidus violaceus Schuurmans Stekhoven, 1926. Treubia 6 (Suppl.): 204. **Type locality:** Indonesia (Java and Malaya).

Tabanus rubidus: Xu *et* Sun, 2013. Fauna Sinica Insecta 59: 712.

分布（Distribution）：贵州（GZ）、云南（YN）、福建（FJ）、台湾（TW）、广东（GD）、广西（GX）、海南（HI）、香港（HK）；印度、尼泊尔、缅甸、越南、老挝、印度尼西亚、柬埔寨

（412）若羌虻 *Tabanus ruoqiangensis* Xiang *et* Xu, 1986

Tabanus ruoqiangensis Xiang *et* Xu, 1986. Acta Zootaxon. Sin. 11 (4): 409. **Type locality:** China (Xinjiang: Ruoqiang County).

Tabanus ruoqiangensis: Xu *et* Sun, 2013. Fauna Sinica Insecta 59: 483.

分布（Distribution）：新疆（XJ）

（413）拟棕体虻 *Tabanus russatoides* Xu *et* Deng, 1990

Tabanus russatoides Xu *et* Deng *In*: Xu, Lu *et* Wu, 1990. Blood-sucking Dipt. Ins. 2: 80. **Type locality:** China (Tibet: Zham).

Tabanus russatoides: Xu *et* Sun, 2013. Fauna Sinica Insecta 59: 568.

分布（Distribution）：西藏（XZ）

（414）棕体虻 *Tabanus russatus* Wang, 1982

Tabanus russatus Wang, 1982. Insects of Tibet II: 188. **Type locality:** China (Tibet: Medog).

Tabanus russatus: Xu *et* Sun, 2013. Fauna Sinica Insecta 59: 581.

分布（Distribution）：云南（YN）、西藏（XZ）

（415）拟多砂虻 *Tabanus sabuletoroides* Xu, 1979

Tabanus sabuletoroides Xu, 1979. Acta Zootaxon. Sin. 4 (1): 45. **Type locality:** China (Xinjiang: Bachu).

Tabanus sabuletoroides: Xu *et* Sun, 2013. Fauna Sinica Insecta 59: 491.

分布（Distribution）：内蒙古（NM）、新疆（XJ）

（416）多砂虻 *Tabanus sabuletorum* Loew, 1874

Tabanus sabuletorum Loew, 1874. Z. Ges. Naturw. Berl. 43 [=n. s. 9]: 414. **Type locality:** Iran (Shahrud).

Tabanus gerkei Brauer, 1880. Denkschr. Akad. Wiss. Wien 42: 205. New name for *fraterculus* Wiedemann MS. **Type locality:** “Süd. Russland”, “Kaukasus”.

Tabanus lama Portschinsky, 1891. Horae Soc. Ent. Ross. 26: 201. **Type locality:** China (Inner Mongolia).

Tabanus freyi Szilády, 1926. Ann. Mus. Natl. Hung. 24: 600. **Type locality:** Transcaspian area (Perevalje).

Tabanus sabuletorum oculipilosus Olsufjev, 1972. Russ. Ent. Obozr. 51: 450. **Type locality:** Mongolia (Kobdoskij ajmak: Bodotchin-Gol River, 12 km SW Altai).

Tabanus sabuletorum beshkentica Baratov, 1980. Dokl. Akad. Nauk Tadzhik. S. S. R. 23 (10): 609. **Type locality:** Tadzhikistan (South-west).

Tabanus sabuletorum: Xu *et* Sun, 2013. Fauna Sinica Insecta 59: 492.

分布（Distribution）：内蒙古（NM）、河北（HEB）、北京

（BJ）、山西（SX）、河南（HEN）、陕西（SN）、宁夏（NX）、甘肃（GS）、新疆（XJ）；蒙古国；亚洲（中部）

（417）三亚虻 *Tabanus sanyaensis* Xu, Xu *et* Sun, 2008

Tabanus sanyaensis Xu, Xu *et* Sun, 2008. Acta Parasitol. Med. Entomol. Sin. 15 (1): 54. **Type locality:** China (Hainan: Sanya).
Tabanus sanyaensis: Xu *et* Sun, 2013. Fauna Sinica Insecta 59: 704.
分布（Distribution）：海南（HI）

（418）六带虻 *Tabanus sexcinctus* Ricardo, 1911

Tabanus sexcinctus Ricardo, 1911. Rec. Indian Mus. 4: 133. **Type locality:** India (Assam: Lushai Hills).
Tabanus sexcinctus: Xu *et* Sun, 2013. Fauna Sinica Insecta 59: 463.
分布（Distribution）：云南（YN）、福建（FJ）、台湾（TW）；印度、缅甸、泰国

（419）陕西虻 *Tabanus shaanxiensis* Xu, Lu *et* Wu, 1990

Tabanus shaanxiensis Xu, Lu *et* Wu, 1990. Blood-sucking Dipt. Ins. 2: 93. **Type locality:** China (Shaanxi: Qinling).
Tabanus shaanxiensis: Xu *et* Sun, 2013. Fauna Sinica Insecta 59: 576.
分布（Distribution）：陕西（SN）、云南（YN）

（420）山东虻 *Tabanus shantungensis* Ôuchi, 1943

Tabanus shantungensis Ôuchi, 1943. Shanghai Sizen. Ken. Ihō (In Japanese). 13 (6): 526. **Type locality:** China (Shandong: Laoshan).
Tabanus shantungensis: Xu *et* Sun, 2013. Fauna Sinica Insecta 59: 751.
分布（Distribution）：山东（SD）、河南（HEN）、陕西（SN）、甘肃（GS）、安徽（AH）、浙江（ZJ）、湖北（HB）、四川（SC）、贵州（GZ）、云南（YN）、福建（FJ）、广东（GD）

（421）神农架虻 *Tabanus shennongjiaensis* Xu, Ni *et* Xu, 1984

Tabanus shennongjiaensis Xu, Ni *et* Xu, 1984. Acta Academiae Medicinae Wuhan 3: 165. **Type locality:** China (Hubei: Zhushan County).
Tabanus shennongjiaensis: Xu *et* Sun, 2013. Fauna Sinica Insecta 59: 756.
分布（Distribution）：安徽（AH）、湖北（HB）

（422）重脉虻 *Tabanus signatipennis* Portschinsky, 1887

Tabanus signatipennis Portschinsky, 1887. Horae Soc. Ent. Ross. 21: 180. **Type locality:** China (Manchuria).
Tabanus takasagoensis Shiraki, 1918. Blood-sucking insects of Formosa. Part I. Tabanidae: 323. **Type locality:** Japan (Kagoshima: Kumamoto, Takasago).
? *Tabanus amoenatus* Séguy, 1934. Encycl. Ent. (1933) (B II) Dipt. 7: 4. **Type locality:** China (Kiangsi: Kou-ling).
Tabanus signatipennis: Xu *et* Sun, 2013. Fauna Sinica Insecta 59: 514.
分布（Distribution）：吉林（JL）、辽宁（LN）、内蒙古（NM）、北京（BJ）、山东（SD）、河南（HEN）、陕西（SN）、甘肃（GS）、安徽（AH）、江苏（JS）、上海（SH）、浙江（ZJ）、江西（JX）、湖北（HB）、四川（SC）、重庆（CQ）、贵州（GZ）、云南（YN）、福建（FJ）、台湾（TW）；俄罗斯（远东地区）、朝鲜、日本

（423）角斑虻 *Tabanus signifer* Walker, 1856

Tabanus signifer Walker, 1856. Ins. Saunders. Dipt. 1 (pt. 5): 452. **Type locality:** China.
Tabanus galloisi Kono *et* Takahasi, 1939. Insecta Matsum. 14: 13. **Type locality:** North Korea (Suigen).
Tabanus signifer: Xu *et* Sun, 2013. Fauna Sinica Insecta 59: 758.
分布（Distribution）：安徽（AH）、浙江（ZJ）、江西（JX）、湖北（HB）、四川（SC）、云南（YN）、福建（FJ）、台湾（TW）、广东（GD）、广西（GX）；朝鲜

（424）薮氏虻 *Tabanus soubiroui* Surcouf, 1922

Tabanus soubiroui Surcouf, 1922. Bull. Soc. Ent. Fr. 1922: 13. **Type locality:** Laos (Nam-Tien).
Tabanus pugnax Austen, 1922. Bull. Ent. Res. 12: 449. **Type locality:** Thailand (Chieng Mai: Doi Chom Cheng).
Tabanus soubiroui: Xu *et* Sun, 2013. Fauna Sinica Insecta 59: 643.
分布（Distribution）：云南（YN）；老挝、泰国、柬埔寨

（425）华丽虻 *Tabanus splendens* Xu *et* Liu, 1982

Tabanus splendens Xu *et* Liu, 1982. Zool. Res. 3 (Suppl.): 98. **Type locality:** China (Gansu: Zhouqu County).
Tabanus splendens: Xu *et* Sun, 2013. Fauna Sinica Insecta 59: 614.
分布（Distribution）：陕西（SN）、甘肃（GS）

（426）稳虻 *Tabanus stabilis* Wang, 1982

Tabanus stabilis Wang, 1982. Insects of Tibet II: 184. **Type locality:** China (Tibet: Bomi).
Tabanus stabilis: Xu *et* Sun, 2013. Fauna Sinica Insecta 59: 558.
分布（Distribution）：西藏（XZ）

（427）史氏虻 *Tabanus stackelbergiellus* Olsufjev, 1967

Tabanus stackelbergiellus Olsufjev, 1967. Russ. Ent. Obozr. 46: 385. **Type locality:** China (Inner Mongolia: Tongliao).
Tabanus kimbarai Murdoch *et* Takahasi, 1969. Mem. Ent. Soc. Wash. 6: 77. **Type locality:** China (Manchuria: Tarhanwangfuo).

Tabanus stackelbergiellus: Xu *et* Sun, 2013. Fauna Sinica Insecta 59: 489.
分布（Distribution）：吉林（JL）、辽宁（LN）、内蒙古（NM）、山西（SX）

（428）断纹虻 *Tabanus striatus* Fabricius, 1787

Tabanus striatus Fabricius, 1787. Mantissa Insectorum Vol. 2: 356. **Type locality:** China.
Tabanus dorsilinea Wiedemann, 1824. Analecta Ent.: 22. **Type locality:** India orient.
Tabanus sinicus Walker, 1848. List Dipt. Colln Br. Mus. 1: 163. **Type locality:** China (Hong Kong).
Tabanus hilaris Walker, 1850. Insecta Saundersiana, Diptera. Part I: 49. **Type locality:** East India.
Tabanus tenens Walker, 1850. Insecta Saundersiana, Diptera. Part I: 49. **Type locality:** East India.
Tabanus chinensis Thunberg, 1827. Nova Acta R. Soc. Sci. Upsala 9: 61. **Type locality:** China; Cape of Good Hope.
Tabanus cambodiensis Toumanoff, 1953. Bull. Soc. Path. Exot. 46: 201. **Type locality:** Cambodia (Kompong-Cham).
Tabanus striatus: Xu *et* Sun, 2013. Fauna Sinica Insecta 59: 563.
分布（Distribution）：四川（SC）、贵州（GZ）、云南（YN）、西藏（XZ）、福建（FJ）、台湾（TW）、广东（GD）、广西（GX）、海南（HI）、香港（HK）；印度、柬埔寨、斯里兰卡、缅甸、印度尼西亚；非洲

（429）亚柯虻 *Tabanus subcordiger* Liu, 1960

Tabanus subcordiger Liu, 1960. Acta Zool. Sin. 12 (1): 13. **Type locality:** China (Shandong: Laoshan).
Tabanus subcordiger: Xu *et* Sun, 2013. Fauna Sinica Insecta 59: 497.
分布（Distribution）：吉林（JL）、辽宁（LN）、内蒙古（NM）、河北（HEB）、北京（BJ）、山西（SX）、山东（SD）、河南（HEN）、陕西（SN）、宁夏（NX）、甘肃（GS）、安徽（AH）、江苏（JS）、浙江（ZJ）、湖北（HB）、四川（SC）、贵州（GZ）、云南（YN）；朝鲜

（430）亚暗尾虻 *Tabanus subfurvicaudus* Wu *et* Xu, 1992

Tabanus subfurvicaudus Wu *et* Xu, 1992. Entomotaxon. 14 (1): 78. **Type locality:** China (Yunnan: Mengla).
Tabanus subfurvicaudus: Xu *et* Sun, 2013. Fauna Sinica Insecta 59: 670.
分布（Distribution）：云南（YN）

（431）亚马来虻 *Tabanus submalayensis* Wang *et* Liu, 1977

Tabanus submalayensis Wang *et* Liu *In*: Wang, 1977. Acta Ent. Sin. 20 (1): 112. **Type locality:** China (Hainan).
Tabanus submalayensis: Xu *et* Sun, 2013. Fauna Sinica Insecta 59: 760.
分布（Distribution）：福建（FJ）、广西（GX）、海南（HI）

（432）亚青腹虻 *Tabanus subolivíventris* Xu, 1984

Tabanus subolivíventris Xu, 1984. Zool. Res. 5 (3): 233. **Type locality:** China (Guangxi: Wuming, Damingshan).
Tabanus subolivíventris: Xu *et* Sun, 2013. Fauna Sinica Insecta 59: 583.
分布（Distribution）：福建（FJ）、广西（GX）

（433）亚暗斑虻 *Tabanus subpullomaculatus* Xu *et* Zhang, 1990

Tabanus subpullomaculatus Xu *et* Zhang, 1990. Blood-sucking Dipt. Ins. 2: 86. **Type locality:** China (Tibet: Zayu County).
Tabanus subpullomaculatus: Xu *et* Sun, 2013. Fauna Sinica Insecta 59: 547.
分布（Distribution）：西藏（XZ）

（434）亚棕体虻 *Tabanus subrussatus* Wang, 1982

Tabanus subrussatus Wang, 1982. Insects of Tibet II: 189. **Type locality:** China (Tibet: Medog).
Tabanus subrussatus: Xu *et* Sun, 2013. Fauna Sinica Insecta 59: 582.
分布（Distribution）：西藏（XZ）

（435）亚多砂虻 *Tabanus subsabuletorum* Olsufjev, 1936

Tabanus subsabuletorum Olsufjev, 1936. Trudy Inst. Zool., Alma-Ata 2: 169. **Type locality:** Kazakhstan (Zhulek on Syr Dar'ya River).
Tabanus subsabuletorum: Xu *et* Sun, 2013. Fauna Sinica Insecta 59: 488.
分布（Distribution）：新疆（XJ）；亚洲（中部）

（436）太平虻 *Tabanus taipingensis* Xu *et* Wu, 1985

Tabanus taipingensis Xu *et* Wu, 1985. Acta Zootaxon. Sin. 10 (4): 409. **Type locality:** China (Anhui: Taiping County).
Tabanus taipingensis: Xu *et* Sun, 2013. Fauna Sinica Insecta 59: 752.
分布（Distribution）：安徽（AH）

（437）台湾虻 *Tabanus taiwanus* Hayakawa *et* Takahasi, 1983

Tabanus taiwanus Hayakawa *et* Takahasi, 1983. Jpn. J. Sanit. Zool. 34 (1): 25. **Type locality:** Japan (Amami-oshima).
Tabanus taiwanus: Xu *et* Sun, 2013. Fauna Sinica Insecta 59: 528.
分布（Distribution）：台湾（TW）、海南（HI）；日本

（438）唐氏虻 *Tabanus tangi* Xu *et* Xu, 1992

Tabanus tangi Xu *et* Xu, 1992. Wuyi Sci. J. 9: 321. **Type locality:** China (Fujian: Wuyi Mountain, Dazhulan).

Tabanus tangi: Xu *et* Sun, 2013. Fauna Sinica Insecta 59: 594.
分布（Distribution）：福建（FJ）

（439）热地虻 *Tabanus thermarum* Burton, 1978

Tabanus thermarum Burton, 1978. Tabanini of Thailand above the Isthmus of Kra (Diptera: Tabanidae): 108. **Type locality:** Thailand (Chiang Mai).
Tabanus thermarum: Xu *et* Sun, 2013. Fauna Sinica Insecta 59: 622.
分布（Distribution）：云南（YN）；老挝、泰国

（440）天宇虻 *Tabanus tianyui* Xu *et* Sun, 2008

Tabanus tianyui Xu *et* Sun, 2008. Acta Parasitol. Med. Entomol. Sin. 15 (4): 245. **Type locality:** China (Yunnan: Tengchong).
Tabanus tianyui: Xu *et* Sun, 2013. Fauna Sinica Insecta 59: 468.
分布（Distribution）：云南（YN）

（441）天目虻 *Tabanus tienmuensis* Liu, 1962

Tabanus tienmuensis Liu, 1962. Acta Zool. Sin. 14 (1): 126. **Type locality:** China (Zhejiang: Tienmu mountain).
Tabanus tienmuensis: Xu *et* Sun, 2013. Fauna Sinica Insecta 59: 467.
分布（Distribution）：河南（HEN）、陕西（SN）、甘肃（GS）、安徽（AH）、浙江（ZJ）、江西（JX）、湖南（HN）、四川（SC）、贵州（GZ）、云南（YN）、福建（FJ）、广东（GD）、广西（GX）

（442）铁生虻 *Tabanus tieshengi* Xu *et* Sun, 2007

Tabanus tieshengi Xu *et* Sun, 2007. Acta Parasitol. Med. Entomol. Sin. 14 (4): 246. **Type locality:** China (Tibet: Medog).
Tabanus tieshengi: Xu *et* Sun, 2013. Fauna Sinica Insecta 59: 590.
分布（Distribution）：西藏（XZ）

（443）三色虻 *Tabanus tricolorus* Xu, 1981

Tabanus tricolorus Xu, 1981. Acta Zootaxon. Sin. 6 (3): 311. **Type locality:** China (Yunnan: Mengla).
Tabanus tricolorus: Xu *et* Sun, 2013. Fauna Sinica Insecta 59: 453.
分布（Distribution）：云南（YN）

（444）渭河虻 *Tabanus weiheensis* Xu *et* Liu, 1980

Tabanus weiheensis Xu *et* Liu, 1980. Zool. Res. 1 (4): 481. **Type locality:** China (Shaanxi: Baoji).
Tabanus weiheensis: Xu *et* Sun, 2013. Fauna Sinica Insecta 59: 552.
分布（Distribution）：陕西（SN）、甘肃（GS）、湖北（HB）

（445）威宁虻 *Tabanus weiningensis* Xu, Xu *et* Sun, 2008

Tabanus weiningensis Xu, Xu *et* Sun, 2008. Acta Parasitol. Med. Entomol. Sin. 15 (1): 54. New name for *Tabanus cordigeroides* Chen *et* Xu, 1992 (Preoccupied by Surcouf, 1922). **Type locality:** China (Guizhou: Weining).
Tabanus cordigeroides Chen *et* Xu, 1992. Sichuan J. Zool. 11 (2): 7. **Type locality:** China (Guizhou: Weining).
Tabanus weiningensis: Xu *et* Sun, 2013. Fauna Sinica Insecta 59: 496.
分布（Distribution）：贵州（GZ）、云南（YN）、西藏（XZ）

（446）武夷山虻 *Tabanus wuyishanensis* Xu *et* Xu, 1995

Tabanus wuyishanensis Xu *et* Xu, 1995. Ent. J. E. China 4 (1): 3. **Type locality:** China (Fujian: Shaowu).
Tabanus wuyishanensis: Xu *et* Sun, 2013. Fauna Sinica Insecta 59: 619.
分布（Distribution）：福建（FJ）

（447）五指山虻 *Tabanus wuzhishanensis* Xu, 1979

Tabanus wuzhishanensis Xu, 1979. Acta Zootaxon. Sin. 4 (1): 47. **Type locality:** China (Hainan: Diaoluoshan).
Tabanus wuzhishanensis: Xu *et* Sun, 2013. Fauna Sinica Insecta 59: 736.
分布（Distribution）：广西（GX）、海南（HI）

（448）黄腹虻 *Tabanus xanthos* Wang, 1982

Tabanus xanthos Wang, 1982. Insects of Tibet II: 183. **Type locality:** China (Tibet: Medog).
Tabanus xanthos: Xu *et* Sun, 2013. Fauna Sinica Insecta 59: 557.
分布（Distribution）：西藏（XZ）

（449）学忠虻 *Tabanus xuezhongi* Xu *et* Guo, 2005

Tabanus xuezhongi Xu *et* Guo, 2005. Acta Parasitol. Med. Entomol. Sin. 12 (3): 171. **Type locality:** China (Yunnan: Lushui, Pianma).
Tabanus xuezhongi: Xu *et* Sun, 2013. Fauna Sinica Insecta 59: 721.
分布（Distribution）：云南（YN）

（450）亚布力虻 *Tabanus yablonicus* Takagi, 1941

Tabanus yablonicus Takagi, 1941. Rep. Inst. Horse-Dis. Manchoukuo 16 (2): 76. **Type locality:** China (Heilongjiang: Yablonia Station).
Tabanus yablonicus: Xu *et* Sun, 2013. Fauna Sinica Insecta 59: 506.
分布（Distribution）：黑龙江（HL）、吉林（JL）、辽宁（LN）、北京（BJ）、河南（HEN）、陕西（SN）、浙江（ZJ）、湖北（HB）、四川（SC）、重庆（CQ）、贵州（GZ）、云南（YN）、福建（FJ）

（451）亚东虻 *Tabanus yadongensis* Xu *et* Sun, 2007

Tabanus yadongensis Xu *et* Sun, 2007. Acta Parasitol. Med. Entomol. Sin. 14 (3): 177. **Type locality:** China (Tibet: Yadong County).

Tabanus yadongensis: Xu *et* Sun, 2013. Fauna Sinica Insecta 59: 639.
分布（Distribution）：西藏（XZ）

（452）姚氏虻 *Tabanus yao* Macquart, 1855

Tabanus yao Macquart, 1855. Mém. Soc. Sci. Agric. Lille (2) 1: 44. **Type locality:** China (Northern).
Tabanus confucius Macquart, 1855. Mém. Soc. Sci. Agric. Lille (2) 1: 46. **Type locality:** China (Northern).
Tabanus felderi van der Wulp, 1885. Notes Leyden Mus. 7: 78. **Type locality:** China (Ningpo).
Tabanus yao: Xu *et* Sun, 2013. Fauna Sinica Insecta 59: 537.
分布（Distribution）：辽宁（LN）、山东（SD）、河南（HEN）、安徽（AH）、江苏（JS）、上海（SH）、浙江（ZJ）、福建（FJ）、台湾（TW）、香港（HK）

（453）沂山虻 *Tabanus yishanensis* Xu, 1979

Tabanus yishanensis Xu, 1979. Acta Zootaxon. Sin. 4 (1): 47. **Type locality:** China (Shandong: Yidu).
Tabanus yishanensis: Xu *et* Sun, 2013. Fauna Sinica Insecta 59: 486.
分布（Distribution）：山东（SD）

（454）云南虻 *Tabanus yunnanensis* Liu *et* Wang, 1977

Tabanus yunnanensis Liu *et* Wang *In*: Wang, 1977. Acta Ent. Sin. 20 (1): 113. **Type locality:** China (Yunnan: Binchwang).
Tabanus yunnanensis: Xu *et* Sun, 2013. Fauna Sinica Insecta 59: 443.
分布（Distribution）：四川（SC）、贵州（GZ）、云南（YN）

（455）察雅虻 *Tabanus zayaensis* Xu *et* Sun, 2007

Tabanus zayaensis Xu *et* Sun, 2007. Acta Parasitol. Med. Entomol. Sin. 14 (3): 178. **Type locality:** China (Tibet: Zaya County).
Tabanus zayaensis: Xu *et* Sun, 2013. Fauna Sinica Insecta 59: 637.
分布（Distribution）：云南（YN）、西藏（XZ）

（456）察隅虻 *Tabanus zayuensis* Wang, 1982

Tabanus zayuensis Wang, 1982. Insects of Tibet II: 188. **Type locality:** China (Tibet: Zayu County).
Tabanus zayuensis: Xu *et* Sun, 2013. Fauna Sinica Insecta 59: 579.
分布（Distribution）：云南（YN）、西藏（XZ）

（457）中平虻 *Tabanus zhongpingi* Xu *et* Guo, 2005

Tabanus zhongpingi Xu *et* Guo, 2005. Acta Parasitol. Med. Entomol. Sin. 12 (3): 172. **Type locality:** China (Yunnan: Cangyuan County).
Tabanus zhongpingi: Xu *et* Sun, 2013. Fauna Sinica Insecta 59: 624.
分布（Distribution）：云南（YN）

（458）基氏虻 *Tabanus zimini* Olsufjev, 1937

Tabanus zimini Olsufjev, 1937. Fauna U. S. S. R., Dipt. (New series no. 9) 7 (2): 258. **Type locality:** Uzbekistan (Chiva: Ravat).
Tabanus luppovae Baratov, 1961. Trudy Inst. Zool. Parasit. Akad. Pavlov, Akad. Nauk tadzhik. S. S. R. 20: 184. **Type locality:** Tadzhikistan (Tigrovaja balka by Lake Chalka-Kul).
Tabanus loxomaculatus Wang, 1981. Sinozoologia 1: 84. **Type locality:** China (Nei Mongol: Alxa Zuoqi of Bayannur Meng).
Tabanus zimini: Xu *et* Sun, 2013. Fauna Sinica Insecta 59: 482.
分布（Distribution）：内蒙古（NM）、甘肃（GS）、新疆（XJ）；中亚、伊拉克、伊朗、阿富汗、土库曼斯坦、塔吉克斯坦、乌兹别克斯坦、哈萨克斯坦

（459）遵明虻 *Tabanus zunmingi* Xu *et* Sun, 2007

Tabanus zunmingi Xu *et* Sun, 2007. Acta Parasitol. Med. Entomol. Sin. 14 (3): 179. **Type locality:** China (Yunnan: Menghai County).
Tabanus zunmingi: Xu *et* Sun, 2013. Fauna Sinica Insecta 59: 635.
分布（Distribution）：云南（YN）

二、鹬虻科 Rhagionidae

Rhagionidae Latreille, 1802. Histoire naturelle, générale *et* particulière, des Crustacés *et* des Insectes 3: 440. **Type genus:** *Rhagio* Fabricius, 1775.

1. 多节鹬虻属 *Arthroceras* Williston, 1886

Arthroceras Williston, 1886. Ent. Amer. 2: 107. **Type species:** *Arthroceras pollinosum* Williston, 1886 (by designation of Coquillett, 1910).
Ussuriella Paramonov, 1929. Trav. Mus. Zool. Kieff 7: 281. **Type species:** *Ussuriella gadi* Paramonov, 1929 (monotypy).
Pseudocoenomyia Ôuchi, 1943. Shanghai Sizen. Ken. Ihō 13: 493. **Type species:** *Pseudocoenomyia sinensis* Ôuchi, 1943 (original designation).

（1）中华多节鹬虻 *Arthroceras sinense* (Ôuchi, 1943)

Pseudocoenomyia sinensis Ôuchi, 1943. Shanghai Sizen. Ken. Ihō 13: 493. **Type locality:** China (Zhejiang: Mt. Tianmushan).
Arthroceras sinense: Yang, Yang *et* Nagatomi, 1997. South Pacif. Stud. 17 (2): 115.
分布（Distribution）：浙江（ZJ）

2. 金鹬虻属 *Chrysopilus* Macquart, 1826

Chrysopilus Macquart, 1826. Mem. Soc. Sci. Agric. Lille 1825: 403. **Type species:** *Rhagio diadema* Fabricius, 1775 [= *Chrysopilus aureus* (Meigen, 1804)] (by designation of Westwood, 1840).

（2）端黑金鹬虻 *Chrysopilus apicimaculatus* Yang *et* Yang, 1991

Chrysopilus apicimaculatus Yang *et* Yang, 1991. Acta Hubei Univ. (Nat. Sci.) 13 (3): 274. **Type locality:** China (Hubei: Shennongjia).

Chrysopilus apicimaculatus: Yang, Yang *et* Nagatomi, 1997. South Pacif. Stud. 17 (2): 121.

分布（Distribution）：湖北（HB）

（3）基黄金鹬虻 *Chrysopilus basiflavus* Yang *et* Yang, 1992

Chrysopilus basiflavus Yang *et* Yang, 1992. Acta Ent. Sin. 35 (3): 355. **Type locality:** China (Guangxi: Longzhou).

Chrysopilus basiflavus: Yang, Yang *et* Nagatomi, 1997. South Pacif. Stud. 17 (2): 123.

分布（Distribution）：云南（YN）、福建（FJ）、广西（GX）、海南（HI）

（4）周氏金鹬虻 *Chrysopilus choui* Yang *et* Yang, 1989

Chrysopilus choui Yang *et* Yang, 1989. Entomotaxon. 11: 243. **Type locality:** China (Shaanxi: Zhouzhi).

Chrysopilus choui: Yang, Yang *et* Nagatomi, 1997. South Pacif. Stud. 17 (2): 125.

分布（Distribution）：陕西（SN）、甘肃（GS）

（5）台南金鹬虻 *Chrysopilus ditissimis* Bezzi, 1912

Chrysopilus ditissimis Bezzi, 1912. Ann. Mus. Nat. Hung. 10: 451. **Type locality:** China (Taiwan: Toyenmongai or Kosempo).

Chrysopilus ditissimis: Nagatomi, 1986. Mem. Kagoshima Univ. Res. Center S. Pac. 7 (2): 92; Yang, Yang *et* Nagatomi, 1997. South Pacif. Stud. 17 (2): 128.

分布（Distribution）：台湾（TW）；日本

（6）离眼金鹬虻 *Chrysopilus dives* Loew, 1871

Chrysopilus dives Loew, 1871. Beschr. Europ. Dipt. 2: 62. **Type locality:** North China (“Kultuk”, “Bajkal”).

Chrysopilus dives: Yang, Yang *et* Nagatomi, 1997. South Pacif. Stud. 17 (2): 128.

分布（Distribution）：黑龙江（HL）；前苏联

（7）窗点金鹬虻 *Chrysopilus fenestratus* Bezzi, 1912

Chrysopilus fenestratus Bezzi, 1912. Ann. Mus. Nat. Hung. 10: 448. **Type locality:** China (Taiwan: Toyenmongai or Fuhosho).

Leptis sanjodakeana Matsumura, 1916. Thous. Ins. Jap. Addit. 2: 348. **Type locality:** Japan (Hakone: Honshu).

Chrysopilus fenestratus: Nagatomi, 1986. Mem. Kagoshima Univ. Res. Center S. Pac. 7 (2): 92; Yang, Yang *et* Nagatomi, 1997. South Pacif. Stud. 17 (2): 128.

分布（Distribution）：台湾（TW）；日本

（8）锈色金鹬虻 *Chrysopilus ferruginosus* (Wiedemann, 1819)

Leptis ferruginosus Wiedemann, 1819. Zool. Mag. 1 (3): 4. **Type locality:** Indonesia (Java).

Chrysopilus ferruginosus: Yang, Yang *et* Nagatomi, 1997. South Pacif. Stud. 17 (2): 128.

分布（Distribution）：台湾（TW）；广布于东洋区

（9）黄盾金鹬虻 *Chrysopilus flaviscutellus* Yang *et* Yang, 1989

Chrysopilus flaviscutellus Yang *et* Yang, 1989. J. Zhejiang Forest. Coll. 6 (3): 290. **Type locality:** China (Zhejiang: Mt. Tianmu).

Chrysopilus flaviscutellus: Yang, Yang *et* Nagatomi, 1997. South Pacif. Stud. 17 (2): 128.

分布（Distribution）：浙江（ZJ）

（10）甘肃金鹬虻 *Chrysopilus gansuensis* Yang *et* Yang, 1991

Chrysopilus gansuensis Yang *et* Yang, 1991. Acta Agric. Univ. Pekin. 17: 95. **Type locality:** China (Gansu: Jone).

Chrysopilus gansuensis: Yang, Yang *et* Nagatomi, 1997. South Pacif. Stud. 17 (2): 129.

分布（Distribution）：甘肃（GS）

（11）大金鹬虻 *Chrysopilus grandis* Yang *et* Yang, 1993

Chrysopilus grandis Yang *et* Yang, 1993. Ent. J. E. China 2 (1): 3. **Type locality:** China (Guangxi: Longzhou).

Chrysopilus grandis: Yang, Yang *et* Nagatomi, 1997. South Pacif. Stud. 17 (2): 132.

分布（Distribution）：福建（FJ）、广西（GX）、海南（HI）

（12）灰金鹬虻 *Chrysopilus griseipennis* Bezzi, 1912

Chrysopilus griseipennis Bezzi, 1912. Ann. Mus. Nat. Hung. 10: 451. **Type locality:** China (Taiwan: Kosempo).

Chrysopilus griseipennis: Nagatomi, 1986. Mem. Kagoshima Univ. Res. Center S. Pac. 7 (2): 93; Yang, Yang *et* Nagatomi, 1997. South Pacif. Stud. 17 (2): 134.

分布（Distribution）：台湾（TW）；日本

（13）广西金鹬虻 *Chrysopilus guangxiensis* Yang *et* Yang, 1992

Chrysopilus guangxiensis Yang *et* Yang, 1992. Acta Ent. Sin. 35 (3): 354. **Type locality:** China (Guangxi: Jinxiu).

Chrysopilus guangxiensis: Yang, Yang *et* Nagatomi, 1997. South Pacif. Stud. 17 (2): 135.

分布（Distribution）：广西（GX）

（14）华山金鹬虻 *Chrysopilus huashanus* Yang *et* Yang, 1989

Chrysopilus huashanus Yang *et* Yang, 1989. Entomotaxon. 11:

244. **Type locality:** China (Shaanxi: Huashan).
Chrysopilus huashanus: Yang, Yang *et* Nagatomi, 1997. South Pacif. Stud. 17 (2): 136.
分布（**Distribution**）：陕西（SN）

（15）湖北金鹬虻 *Chrysopilus hubeiensis* Yang *et* Yang, 1991

Chrysopilus hubeiensis Yang *et* Yang, 1991. J. Hubei Univ. (Nat. Sci.) 13 (3): 274. **Type locality:** China (Hubei: Shennongjia).
Chrysopilus hubeiensis: Yang, Yang *et* Nagatomi, 1997. South Pacif. Stud. 17 (2): 138.
分布（**Distribution**）：湖北（HB）

（16）李氏金鹬虻 *Chrysopilus lii* Yang, Yang *et* Nagatomi, 1997

Chrysopilus lii Yang, Yang *et* Nagatomi, 1997. South Pacif. Stud. 17 (2): 140. **Type locality:** China (Xizang: Bomi).
分布（**Distribution**）：西藏（XZ）

（17）亮斑金鹬虻 *Chrysopilus lucimaculatus* Yang *et* Yang, 1992

Chrysopilus lucimaculatus Yang *et* Yang, 1992. Acta Ent. Sin. 35 (3): 355. **Type locality:** China (Guangxi: Jinxiu).
Chrysopilus lucimaculatus: Yang, Yang *et* Nagatomi, 1997. South Pacif. Stud. 17 (2): 141.
分布（**Distribution**）：甘肃（GS）、湖北（HB）、广西（GX）、海南（HI）

（18）褐翅金鹬虻 *Chrysopilus luctuosus* Brunetti, 1909

Chrysopilus luctuosus Brunetti, 1909. Rec. Ind. Mus. 2: 430. **Type locality:** India (Assam).
Chrysopilus luctuosus: Yang, Yang *et* Nagatomi, 1997. South Pacif. Stud. 17 (2): 143.
分布（**Distribution**）：贵州（GZ）、福建（FJ）、广西（GX）、海南（HI）

（19）墨江金鹬虻 *Chrysopilus mojiangensis* Yang *et* Yang, 1989

Chrysopilus mojiangensis Yang *et* Yang, 1989. Zool. Res. 11: 281. **Type locality:** China (Yunnan: Mojiang).
Chrysopilus mojiangensis: Yang, Yang *et* Nagatomi, 1997. South Pacif. Stud. 17 (2): 144.
分布（**Distribution**）：云南（YN）

（20）永富金鹬虻 *Chrysopilus nagatomii* Yang *et* Yang, 1991

Chrysopilus nagatomii Yang *et* Yang, 1991. J. Hubei Univ. (Nat. Sci.) 13 (3): 273. **Type locality:** China (Hubei: Shennongjia).
Chrysopilus nagatomii: Yang, Yang *et* Nagatomi, 1997. South Pacif. Stud. 17 (2): 147.
分布（**Distribution**）：湖北（HB）

（21）内蒙古金鹬虻 *Chrysopilus neimongolicus* Yang *et* Yang, 1990

Chrysopilus neimongolicus Yang *et* Yang, 1990. Entomotaxon. 12 (3-4): 289. **Type locality:** China (Neimongol: Liangcheng).
Chrysopilus neimongolicus: Yang, Yang *et* Nagatomi, 1997. South Pacif. Stud. 17 (2): 149.
分布（**Distribution**）：内蒙古（NM）

（22）黑斑金鹬虻 *Chrysopilus nigrimaculatus* Yang *et* Yang, 1991

Chrysopilus nigrimaculatus Yang *et* Yang, 1991. Acta Agric. Univ. Pekin. 17: 92. **Type locality:** China (Xizang: Bomi).
Chrysopilus nigrimaculatus: Yang, Yang *et* Nagatomi, 1997. South Pacif. Stud. 17 (2): 152.
分布（**Distribution**）：西藏（XZ）

（23）黑端金鹬虻 *Chrysopilus nigrimarginatus* Yang *et* Yang, 1990

Chrysopilus nigrimarginatus Yang *et* Yang, 1990. Zool. Res. 11 (4): 281. **Type locality:** China (Yunnan: Ruili).
Chrysopilus nigrimarginatus: Yang, Yang *et* Nagatomi, 1997. South Pacif. Stud. 17 (2): 153.
分布（**Distribution**）：云南（YN）

（24）黑须金鹬虻 *Chrysopilus nigripalpis* Bezzi, 1912

Chrysopilus nigripalpis Bezzi, 1912. Ann. Mus. Nat. Hung. 10: 448. **Type locality:** China (Taiwan: Kanshirei or Toyenmongai).
Chrysopilus nigripalpis: Nagatomi, 1986. Mem. Kagoshima Univ. Res. Center S. Pac. 7 (2): 96; Yang, Yang *et* Nagatomi, 1997. South Pacif. Stud. 17 (2): 151.
分布（**Distribution**）：台湾（TW）

（25）黑毛金鹬虻 *Chrysopilus nigripilosus* Yang, Zhu *et* Gao, 2005

Chrysopilus nigripilosus Yang, Zhu *et* Gao, 2005. Insect Fauna of Middle-West Qinling Range and South Mountains of Gansu Province: 725. **Type locality:** China (Gansu: Wenxian).
分布（**Distribution**）：甘肃（GS）

（26）宁明金鹬虻 *Chrysopilus ningminganus* Yang *et* Yang, 1993

Chrysopilus ningminganus Yang *et* Yang, 1993. J. Guangxi Acad. Sci. 9 (1): 51. **Type locality:** China (Guangxi: Ningming).
Chrysopilus ningminganus: Yang, Yang *et* Nagatomi, 1997. South Pacif. Stud. 17 (2): 156.
分布（**Distribution**）：广西（GX）

（27）灰翅金鹬虻 *Chrysopilus obscuralatus* Yang *et* Yang, 1989

Chrysopilus obscuralatus Yang *et* Yang, 1989. Entomotaxon. 11: 245. **Type locality:** China (Shaanxi: Huanglong).
Chrysopilus ningxianus Yang *et* Yang, 1991. Acta Agric. Univ.

Pekin. 17: 94. **Type locality:** China (Ningxia: Mt. Liupan).
Chrysopilus obscuralatus: Yang, Yang *et* Nagatomi, 1997. South Pacif. Stud. 17 (2): 157.
分布（Distribution）：河南（HEN）、陕西（SN）、宁夏（NX）

（28）白毛金鹬虻 *Chrysopilus pallipilosus* Yang *et* Yang, 1992

Chrysopilus pallipilosus Yang *et* Yang, 1992. Acta Ent. Sin. 35 (3): 354. **Type locality:** China (Guangxi: Jinxiu).
Chrysopilus pallipilosus: Yang, Yang *et* Nagatomi, 1997. South Pacif. Stud. 17 (2): 158.
分布（Distribution）：广西（GX）

（29）小金鹬虻 *Chrysopilus parvus* Yang, Yang *et* Nagatomi, 1997

Chrysopilus parvus Yang, Yang *et* Nagatomi, 1997. South Pacif. Stud. 17 (2): 161. **Type locality:** China (Jiangxi: Shangyou).
分布（Distribution）：江西（JX）

（30）平泉金鹬虻 *Chrysopilus pingquanus* Yang, Yang *et* Nagatomi, 1997

Chrysopilus pingquanus Yang, Yang *et* Nagatomi, 1997. South Pacif. Stud. 17 (2): 163. **Type locality:** China (Hebei: Pingquan).
分布（Distribution）：河北（HEB）

（31）凭祥金鹬虻 *Chrysopilus pingxianganus* Yang *et* Yang, 1992

Chrysopilus pingxianganus Yang *et* Yang, 1992. Acta. Ent. Sin. 35 (3): 353. **Type locality:** China (Guangxi: Pingxiang).
Chrysopilus pingxianganus: Yang, Yang *et* Nagatomi, 1997. South Pacif. Stud. 17 (2): 164.
分布（Distribution）：广西（GX）、海南（HI）

（32）雅金鹬虻 *Chrysopilus poecilopterus* Bezzi, 1912

Chrysopilus poecilopterus Bezzi, 1912. Ann. Mus. Nat. Hung. 10: 450. **Type locality:** China (Taiwan: Toyenmongai or Fuhosho).
Chrysopilus amamiensis Nagatomi, 1968. Mushi 42: 33. **Type locality:** Japan (Amami Ôshima).
Chrysopilus poecilopterus: Nagatomi, 1986. Mem. Kagoshima Univ. Res. Center S. Pac. 7 (2): 98; Yang, Yang *et* Nagatomi, 1997. South Pacif. Stud. 17 (2): 166.
分布（Distribution）：台湾（TW）；日本

（33）瑞丽金鹬虻 *Chrysopilus ruiliensis* Yang *et* Yang, 1990

Chrysopilus ruiliensis Yang *et* Yang, 1990. Zool. Res. 11 (4): 280. **Type locality:** China (Yunnan: Ruili).
Chrysopilus ruiliensis: Yang, Yang *et* Nagatomi, 1997. South Pacif. Stud. 17 (2): 166.
分布（Distribution）：云南（YN）

（34）邵氏金鹬虻 *Chrysopilus sauteri* Bezzi, 1907

Chrysopilus sauteri Bezzi, 1907. Ann. Mus. Nat. Hung. 5: 564. **Type locality:** China (Taiwan: Takao).
Leptis basalis Matsumura, 1915. Konchu-bunruigaku, Part 2: 39. **Type locality:** Japan (Sapporo: Hokkaido) (preoccupied by *Leptis basalis* Philippi, 1865 and *Chrysopilus basalis* Walker, 1860).
Chrysopilus matsumurai Nagatomi, 1968. Mushi 42: 42 (new name for *Leptis basalis* Matsumura, 1915).
Chrysopilus sauteri: Nagatomi, 1986. Mem. Kagoshima Univ. Res. Center S. Pac. 7 (2): 100; Yang, Yang *et* Nagatomi, 1997. South Pacif. Stud. 17 (2): 168.
分布（Distribution）：台湾（TW）；日本

（35）陕西金鹬虻 *Chrysopilus shaanxiensis* Yang *et* Yang, 1989

Chrysopilus shaanxiensis Yang *et* Yang, 1989. Entomotaxon. 11: 244. **Type locality:** China (Shaanxi: Chang'an).
Chrysopilus shaanxiensis: Yang, Yang *et* Nagatomi, 1997. South Pacif. Stud. 17 (2): 168.
分布（Distribution）：北京（BJ）、陕西（SN）、宁夏（NX）

（36）三斑金鹬虻 *Chrysopilus trimaculatus* Yang *et* Yang, 1989

Chrysopilus trimaculatus Yang *et* Yang, 1989. Entomotaxon.11: 245. **Type locality:** China (Ningxia: Mt. Liupan).
Chrysopilus trimaculatus: Yang, Yang *et* Nagatomi, 1997. South Pacif. Stud. 17 (2): 168.
分布（Distribution）：北京（BJ）、山西（SX）、陕西（SN）、宁夏（NX）、甘肃（GS）

（37）多斑金鹬虻 *Chrysopilus trypetopterus* Bezzi, 1912

Chrysopilus marmoratus trypetopterus Bezzi, 1912. Ann. Mus. Nat. Hung. 10: 449. **Type locality:** China (Taiwan: Toyenmongai or Fuhosho).
Chrysopilus trypetopterus: Nagatomi, 1986. Mem. Kagoshima Univ. Res. Center S. Pac. 7 (2): 100; Yang, Yang *et* Nagatomi, 1997. South Pacif. Stud. 17 (2): 173.
分布（Distribution）：台湾（TW）

（38）黄金鹬虻 *Chrysopilus xanthocromus* Yang *et* Yang, 1990

Chrysopilus xanthocromus Yang *et* Yang, 1990. Zool. Res. 11 (4): 280. **Type locality:** China (Yunnan: Menghai County).
Chrysopilus xanthocromus: Yang, Yang *et* Nagatomi, 1997. South Pacif. Stud. 17 (2): 173.
分布（Distribution）：云南（YN）

（39）西藏金鹬虻 *Chrysopilus xizangensis* Yang *et* Yang, 1991

Chrysopilus xizangensis Yang *et* Yang, 1991. Acta Agric. Univ.

Pekin. 17: 93. **Type locality:** China (Xizang: Lhasa).
Chrysopilusxizangensis: Yang, Yang *et* Nagatomi, 1997. South Pacif. Stud. 17 (2): 175.
分布（**Distribution**）：西藏（XZ）

（40）云南金鹬虻 *Chrysopilus yunnanensis* Yang *et* Yang, 1990

Chrysopilus yunnanensis Yang *et* Yang, 1990. Zool. Res. 11 (4): 279. **Type locality:** China (Yunnan: Ruili).
Chrysopilus yunnanensis: Yang, Yang *et* Nagatomi, 1997. South Pacif. Stud. 17 (2): 177.
分布（**Distribution**）：云南（YN）

3. 宽颜鹬虻属 *Desmomyia* Brunetti, 1912

Desmomyia Brunetti, 1912. Rec. Ind. Mus. 7 (5): 462. **Type species:** *Desmomyia thereviformis* Brunetti, 1912 (monotypy).

（41）中华宽颜鹬虻 *Desmomyia sinensis* Yang *et* Yang, 1997

Desmomyia sinensis Yang *et* Yang *In*: Yang, Yang *et* Nagatomi, 1997. South Pacif. Stud. 17 (2): 181. **Type locality:** China (Xizang: Nyingchi).
分布（**Distribution**）：西藏（XZ）

4. 曲脉鹬虻属 *Rhagina* Malloch, 1932

Rhagina Malloch, 1932. Stylops 1: 117. **Type species:** *Leptis incurvata* de Meijere, 1911 (original designation).

（42）中华曲脉鹬虻 *Rhagina sinensis* Yang *et* Nagatomi, 1992

Rhagina sinensis Yang *et* Nagatomi, 1992. Ent. Mon. Mag. 128 (1532-1535): 88. **Type locality:** China (Guangxi: Longzhou).
分布（**Distribution**）：广西（GX）

5. 鹬虻属 *Rhagio* Fabricius, 1775

Rhagio Fabricius, 1775. Syst. Ent.: 761. **Type species:** *Musca solopacea* Linnaeus, 1758 (by designation of Latreille, 1880).
Leptis Fabricius, 1805. Syst. Antliat.: 69 (unjustified new name for *Rhagio* Fabricius).

（43）淡色鹬虻 *Rhagio albus* Yang, Yang *et* Nagatomi, 1997

Rhagio albus Yang, Yang *et* Nagatomi, 1997. South Pacif. Stud. 17 (2): 191. **Type locality:** China (Guangxi: Tianlin).
分布（**Distribution**）：广西（GX）

（44）端黄鹬虻 *Rhagio apiciflavus* Yang *et* Yang, 1991

Rhagio apiciflavus Yang *et* Yang, 1991. J. Hubei Univ. (Nat. Sci.) 13: 275. **Type locality:** China (Hubei: Shennongjia).
Rhagio apiciflavus: Yang, Yang *et* Nagatomi, 1997. South Pacif. Stud. 17 (2): 193.
分布（**Distribution**）：湖北（HB）

（45）黑端鹬虻 *Rhagio apiciniger* Yang, Zhu *et* Gao, 2005

Rhagio apiciniger Yang, Zhu *et* Gao, 2005. Insect Fauna of Middle-West Qinling Range and South Mountains of Gansu Province: 727. **Type locality:** China (Shaanxi: Ningshan).
分布（**Distribution**）：陕西（SN）

（46）无痣鹬虻 *Rhagio asticta* Yang *et* Yang, 1994

Rhagio asticta Yang *et* Yang, 1994. Guangxi Sci. 1 (3): 32, 33. **Type locality:** China (Guangxi: Maoer Mountain).
Rhagio asticta: Yang, Yang *et* Nagatomi, 1997. South Pacif. Stud. 17 (2): 195.
分布（**Distribution**）：广西（GX）

（47）基黄鹬虻 *Rhagio basiflavus* Yang *et* Yang, 1993

Rhagio basiflavus Yang *et* Yang, 1993. J. Guangxi Acad. Sci. 9 (1): 48. **Type locality:** China (Guangxi: Longjin).
Rhagio basiflavus: Yang, Yang *et* Nagatomi, 1997. South Pacif. Stud. 17 (2): 197.
分布（**Distribution**）：广西（GX）

（48）基黑鹬虻 *Rhagio basimaculatus* Yang *et* Yang, 1993

Rhagio basimaculatus Yang *et* Yang, 1993. J. Guangxi Acad. Sci. 9 (1): 48. **Type locality:** China (Guangxi: Tianlin).
Rhagio basimaculatus: Yang, Yang *et* Nagatomi, 1997. South Pacif. Stud. 17 (2): 199.
分布（**Distribution**）：广西（GX）

（49）双裂鹬虻 *Rhagio bisectus* Yang, Yang *et* Nagatomi, 1997

Rhagio bisectus Yang, Yang *et* Nagatomi, 1997. South Pacif. Stud. 17 (2): 200. **Type locality:** China (Fujian: Sangang).
分布（**Distribution**）：福建（FJ）

（50）中黑鹬虻 *Rhagio centrimaculatus* Yang *et* Yang, 1993

Rhagio centrimaculatus Yang *et* Yang, 1993. J. Guangxi Acad. Sci. 9 (1): 47. **Type locality:** China (Guangxi: Jinxiu).
Rhagio centrimaculatus: Yang, Yang *et* Nagatomi, 1997. South Pacif. Stud. 17 (2): 202.
分布（**Distribution**）：广东（GD）、广西（GX）

（51）周氏鹬虻 *Rhagio choui* Yang *et* Yang, 1997

Rhagio choui Yang *et* Yang *In*: Yang, Yang *et* Nagatomi, 1997. South Pacif. Stud. 17 (2): 205. **Type locality:** China (Shaanxi: Chang'an).
分布（**Distribution**）：河北（HEB）、北京（BJ）、陕西（SN）、

宁夏（NX）

（52）台湾鹬虻 *Rhagio formosus* Bezzi, 1912

Rhagio formosus Bezzi, 1912. Ann. Mus. Nat. Hung. 10: 445. **Type locality:** China (Taiwan: Kosempo).
Rhagio formosus: Nagatomi, 1986. Mem. Kagoshima Univ. Res. Center S. Pac. 7 (2): 103; Yang, Yang *et* Nagatomi, 1997. South Pacif. Stud. 17 (2): 207.
分布（Distribution）：台湾（TW）

（53）甘肃鹬虻 *Rhagio gansuensis* Yang *et* Yang, 1997

Rhagio gansuensis Yang *et* Yang *In*: Yang, Yang *et* Nagatomi, 1997. South Pacif. Stud. 17 (2): 207. **Type locality:** China (Gansu: Kangxian).
Rhagio gansuensis: Yang, Yang *et* Nagatomi, 1997. South Pacif. Stud. 17 (2): 207.
分布（Distribution）：甘肃（GS）

（54）广西鹬虻 *Rhagio guangxiensis* Yang *et* Yang, 1993

Rhagio guangxiensis Yang *et* Yang, 1993. J. Guangxi Acad. Sci. 9 (1): 46. **Type locality:** China (Guangxi: Longsheng).
Rhagio guangxiensis: Yang, Yang *et* Nagatomi, 1997. South Pacif. Stud. 17 (2): 208.
分布（Distribution）：广西（GX）

（55）贵州鹬虻 *Rhagio guizhouensis* Yang *et* Yang, 1992

Rhagio guizhouensis Yang *et* Yang, 1992. Insects of Wuling Mountains Area, Southwestern China: 87. **Type locality:** China (Guizhou: Fanjingshan).
Rhagio guizhouensis: Yang, Yang *et* Nagatomi, 1997. South Pacif. Stud. 17 (2): 211.
分布（Distribution）：贵州（GZ）

（56）海南鹬虻 *Rhagio hainanensis* Yang *et* Yang, 1997

Rhagio hainanensis Yang *et* Yang *In*: Yang, Yang *et* Nagatomi, 1997. South Pacif. Stud. 17 (2): 212. **Type locality:** China (Hainan).
分布（Distribution）：海南（HI）

（57）杭州鹬虻 *Rhagio hangzhouensis* Yang *et* Yang, 1989

Rhagio hangzhouensis Yang *et* Yang, 1989. J. Zhejiang Forest. Coll. 6 (3): 291. **Type locality:** China (Zhejiang: Hangzhou).
Rhagio hangzhouensis: Yang, Yang *et* Nagatomi, 1997. South Pacif. Stud. 17 (2): 214.
分布（Distribution）：浙江（ZJ）

（58）河南鹬虻 *Rhagio henanensis* Yang, Zhu *et* Gao, 2003

Rhagio henanensis Yang, Zhu *et* Gao, 2003. The Fauna and Taxonomy fo Insects in Henan 5: 27. **Type locality:** China (Henan: Luanchuan).
分布（Distribution）：河南（HEN）

（59）华山鹬虻 *Rhagio huashanensis* Yang *et* Yang, 1997

Rhagio huashanensis Yang *et* Yang *In*: Yang, Yang *et* Nagatomi, 1997. South Pacif. Stud. 17 (2): 215. **Type locality:** China (Shaanxi: Huashan).
分布（Distribution）：陕西（SN）

（60）金秀鹬虻 *Rhagio jinxiuensis* Yang *et* Yang, 1993

Rhagio jinxiuensis Yang *et* Yang, 1993. J. Guangxi Acad. Sci. 9 (1): 50. **Type locality:** China (Guangxi: Jinxiu).
Rhagio jinxiuensis: Yang, Yang *et* Nagatomi, 1997. South Pacif. Stud. 17 (2): 217.
分布（Distribution）：广东（GD）、广西（GX）

（61）龙胜鹬虻 *Rhagio longshengensis* Yang *et* Yang, 1993

Rhagio longshengensis Yang *et* Yang, 1993. J. Guangxi Acad. Sci. 9 (1): 50. **Type locality:** China (Guangxi: Longsheng).
Rhagio longshengensis: Yang, Yang *et* Nagatomi, 1997. South Pacif. Stud. 17 (2): 218.
分布（Distribution）：广西（GX）

（62）龙州鹬虻 *Rhagio longzhouensis* Yang *et* Yang, 1993

Rhagio longzhouensis Yang *et* Yang, 1993. J. Guangxi Acad. Sci. 9 (1): 49. **Type locality:** China (Guangxi: Longzhou).
Rhagio longzhouensis: Yang, Yang *et* Nagatomi, 1997. South Pacif. Stud. 17 (2): 220.
分布（Distribution）：广西（GX）

（63）茂兰鹬虻 *Rhagio maolanus* Yang *et* Yang, 1993

Rhagio maolanus Yang *et* Yang, 1993. Entomotaxon. 15 (4): 280. **Type locality:** China (Guizhou: Libo).
Rhagio maolanus: Yang, Yang *et* Nagatomi, 1997. South Pacif. Stud. 17 (2): 222.
分布（Distribution）：贵州（GZ）

（64）南方鹬虻 *Rhagio meridionalis* Yang *et* Yang, 1993

Rhagio meridionalis Yang *et* Yang, 1993. Ent. J. E. China 2 (1): 2. **Type locality:** China (Fujian: Chong'an).
Rhagio meridionalis: Yang, Yang *et* Nagatomi, 1997. South Pacif. Stud. 17 (2): 225.
分布（Distribution）：安徽（AH）、浙江（ZJ）、湖北（HB）、福建（FJ）

（65）永富鹬虻 *Rhagio nagatomii* Yang *et* Yang, 1997

Rhagio nagatomii Yang *et* Yang, 1997. South Pacif. Stud. 17 (2): 227. **Type locality:** China (Gansu: Chengxian).

分布（Distribution）：宁夏（NX）、甘肃（GS）

（66）白毛鹬虻 *Rhagio pallipilosus* Yang, Zhu *et* Gao, 2005

Rhagio pallipilosus Yang, Zhu *et* Gao, 2005. Insect Fauna of Middle-West Qinling Range and South Mountains of Gansu Province: 728. **Type locality:** China (Gansu: Wenxian).
分布（Distribution）：甘肃（GS）

（67）鹧鸪鹬虻 *Rhagio perdicaceus* Frey, 1954

Rhagio perdicaceus Frey, 1954. Not. Ent. 34: 11. **Type locality:** Myanmar (Kambaiti).
Rhagio perdicaceus: Yang, Yang *et* Nagatomi, 1997. South Pacif. Stud. 17 (2): 229.
分布（Distribution）：福建（FJ）；缅甸

（68）多毛鹬虻 *Rhagio pilosus* Yang, Yang *et* Nagatomi, 1997

Rhagio pilosus Yang, Yang *et* Nagatomi, 1997. South Pacif. Stud. 17 (2): 229. **Type locality:** China (Jilin: Tonghua).
分布（Distribution）：吉林（JL）

（69）有痣鹬虻 *Rhagio pseudasticta* Yang *et* Yang, 1994

Rhagio pseudasticta Yang *et* Yang, 1994. Guangxi Sci. 1 (3): 32, 33. **Type locality:** China (Guangxi: Maoer Mountain).
Rhagio pseudasticta: Yang, Yang *et* Nagatomi, 1997. South Pacif. Stud. 17 (2): 232.
分布（Distribution）：广西（GX）

（70）离眼鹬虻 *Rhagio separatus* Yang, Yang *et* Nagatomi, 1997

Rhagio separatus Yang, Yang *et* Nagatomi, 1997. South Pacif. Stud. 17 (2): 233. **Type locality:** China (Xizang: Yadong).
分布（Distribution）：西藏（XZ）

（71）陕西鹬虻 *Rhagio shaanxiensis* Yang *et* Yang, 1997

Rhagio shaanxiensis Yang *et* Yang, 1997. South Pacif. Stud. 17 (2): 235. **Type locality:** China (Shaanxi: Yangxian).
分布（Distribution）：陕西（SN）、宁夏（NX）、甘肃（GS）

（72）申氏鹬虻 *Rhagio sheni* Yang, Zhu *et* Gao, 2003

Rhagio sheni Yang, Zhu *et* Gao, 2003. The Fauna and Taxonomy fo Insects in Henan 5: 28. **Type locality:** China (Henan: Songxian).
分布（Distribution）：河南（HEN）

（73）神农鹬虻 *Rhagio shennonganus* Yang *et* Yang, 1991

Rhagio shennonganus Yang *et* Yang, 1991. J. Hubei Univ. (Nat. Hist.) 13: 276. **Type locality:** China (Hubei: Shennongjia).
Rhagio shennonganus: Yang, Yang *et* Nagatomi, 1997. South Pacif. Stud. 17 (2): 257.
分布（Distribution）：湖北（HB）

（74）素木鹬虻 *Rhagio shirakii* Szilády, 1943

Rhagio shirakii Szilády, 1943. Konowia 13: 9. **Type locality:** China (Taiwan: Chosokol).
Rhagio shirakii: Yang, Yang *et* Nagatomi, 1997. South Pacif. Stud. 17 (2): 238.
分布（Distribution）：台湾（TW）

（75）中华鹬虻 *Rhagio sinensis* Yang *et* Yang, 1993

Rhagio sinensis Yang *et* Yang, 1993. Ent. J. E. China 2 (1): 1. **Type locality:** China (Jiangxi: Mt. Meiling).
Rhagio sinensis: Yang, Yang *et* Nagatomi, 1997. South Pacif. Stud. 17 (2): 238.
分布（Distribution）：河南（HEN）、浙江（ZJ）、江西（JX）、湖北（HB）、福建（FJ）、广东（GD）

（76）黄胸鹬虻 *Rhagio singularis* Yang, Yang *et* Nagatomi, 1997

Rhagio singularis Yang, Yang *et* Nagatomi, 1997. South Pacif. Stud. 17 (2): 240. **Type locality:** China (Guangxi: Tianlin).
分布（Distribution）：广西（GX）

（77）多斑鹬虻 *Rhagio stigmosus* Yang, Yang *et* Nagatomi, 1997

Rhagio stigmosus Yang, Yang *et* Nagatomi, 1997. South Pacif. Stud. 17 (2): 242. **Type locality:** China (Shaanxi: Ankang).
分布（Distribution）：陕西（SN）

（78）斑腹鹬虻 *Rhagio tuberculatus* Yang, Yang *et* Nagatomi, 1997

Rhagio tuberculatus Yang, Yang *et* Nagatomi, 1997. South Pacif. Stud. 17 (2): 244. **Type locality:** China (Guangdong: Chebaling).
分布（Distribution）：广东（GD）

（79）文县鹬虻 *Rhagio wenxianus* Yang, Zhu *et* Gao, 2005

Rhagio wenxianus Yang, Zhu *et* Gao, 2005. Insect Fauna of Middle-West Qinling Range and South Mountains of Gansu Province: 727. **Type locality:** China (Gansu: Wenxian).
分布（Distribution）：甘肃（GS）

（80）浙江鹬虻 *Rhagio zhejiangensis* Yang *et* Yang, 1989

Rhagio zhejiangensis Yang *et* Yang, 1989. J. Zhejiang Forest. Coll. 6 (3): 290. **Type locality:** China (Zhejiang: Mt. Tianmu).
Rhagio zhejiangensis: Yang, Yang *et* Nagatomi, 1997. South Pacif. Stud. 17 (2): 246.
分布（Distribution）：浙江（ZJ）

6. 肾角鹬虻属 *Symphoromyia* Frauenfeld, 1867

Symphoromyia Frauenfeld, 1867. Verh. Zool.-Bot. Ges. Wien. 17: 496. **Type species:** *Atherix melaena* Meigen, 1820 (original designation).

（81）粗肾角鹬虻 *Symphoromyia crassicornis* (Panzer, 1806)

Atherix crassicormis Panzer, 1806. Faunae Insect. Germ. 105: 10. **Type locality:** "Hartz".

Symphoromyia crassicornis: Nagatomi *et* Kanmiya, 1969. Mem. Fac. Agric. Kagoshima Univ. 7 (1): 190; Yang, Yang *et* Nagatomi, 1997. South Pacif. Stud. 17 (2): 250.

分布（Distribution）：山西（SX）、陕西（SN）、宁夏（NX）、青海（QH）、四川（SC）

（82）短柄肾角鹬虻 *Symphoromyia incorrupta* Yang, Yang *et* Nagatomi, 1997

Symphoromyia incorrupta Yang, Yang *et* Nagatomi, 1997. South Pacif. Stud., 17 (2): 251. **Type locality:** China (Qinghai: Menyuan).

分布（Distribution）：青海（QH）

（83）中华肾角鹬虻 *Symphoromyia sinensis* Yang *et* Yang, 1997

Symphoromyia sinensis Yang *et* Yang, 1997. South Pacif. Stud. 17 (2): 253. **Type locality:** China (Gansu: Jone).

分布（Distribution）：甘肃（GS）

7. 短角鹬虻属 *Ptiolina* Zetterstedt, 1842

Ptiolina Zetterstedt, 1842. Dipt. Scand. 1: 226. **Type species:** *Leptis obscura* Fallen, 1814 (By designation of Frauenfeld, 1867).

（84）宽额短角鹬虻 *Ptiolina latifrons* Nagatomi, 1986

Ptiolina latifrons Nagatomi, 1986. Kontyû 54: 312. **Type locality:** Japan (Hokkaido).

分布（Distribution）：台湾（TW）；日本

8. 凹头鹬虻属 *Spatulina* Szilády, 1942

Spatulina Szilády, 1942. Mitt. München Ent. Ges. 32: 625. **Type species:** *Spatulina engeli* Szilády, 1942 (monotypy).

（85）中华凹头鹬虻 *Spatulina sinensis* Yang, Yang *et* Nagatomi, 1997

Spatulina sinensis Yang, Yang *et* Nagatomi, 1997. South Pacif. Stud. 17 (2): 256. **Type locality:** China (Shaanxi: Shiquan).

分布（Distribution）：陕西（SN）

三、伪鹬虻科 Athericidae

Athericidae Stuckenberg, 1973. Ann. Natal Mus. 21 (3): 649. **Type genus:** *Atherix* Meigen, 1803 (original designation).

1. 锥伪鹬虻属 *Asuragina* Nagatomi *et* Yang, 1992

Asuragina Nagatomi *et* Yang, 1992. Proc. Japan. Soc. Syst. Zool. No. 48: 55. **Type species:** *Atherix caerulescens* Brunetti, 1912 (original designation).

（1）杨氏锥伪鹬虻 *Asuragina yangi* Yang *et* Nagatomi, 1992

Asuragina yangi Yang *et* Nagatomi, 1992. Proc. Japan. Soc. Syst. Zool. No. 48: 58. **Type locality:** China (Yunnan: Mengla).

分布（Distribution）：云南（YN）

2. 伪鹬虻属 *Atherix* Meigen, 1803

Atherix Meigen, 1803. Mag. Insektenk. 2: 271. **Type species:** *Rhagio diadema* Fabricius, 1775 (by subsequent designation of Coquillett, 1910).

（2）斑翅伪鹬虻 *Atherix ibis* (Fabricius, 1798)

Rhagio ibis Fabricius, 1798. Suppl. Ent. Syst.: 556. **Type locality:** Italy.

Atherix (*Atherix*) *ibis japonica* Nagatomi, 1958. Mushi 32 (5): 48. **Type locality:** Japan (Hongshu and Kyushu).

分布（Distribution）：陕西（SN）、四川（SC）；日本、俄罗斯；欧洲

3. 平颊伪鹬虻属 *Suragina* Walker, 1858

Suragina Walker, 1858. J. Proc. Linn. Soc. Lond. Zool. 3 (10): 110. **Type species:** *Suragina illucens* Walker, 1859 (monotypy).

（3）黄盾平颊伪鹬虻 *Suragina flaviscutellum* Yang *et* Nagatomi, 1991

Suragina flaviscutellum Yang *et* Nagatomi, 1991. Jpn. J. Ent. 59 (4): 756. **Type locality:** China (Guangxi: Xiashi and Longzhou).

分布（Distribution）：广西（GX）

（4）福建平颊伪鹬虻 *Suragina fujianensis* Yang *et* Yang, 2003

Suragina fujianensis Yang *et* Yang, 2003. Fauna of Insects in Fujian Province of China 8: 228. **Type locality:** China (Fujian: Mt. Meihua).

分布（Distribution）：福建（FJ）

（5）广西平颊伪鹬虻 *Suragina guangxiensis* Yang *et* Nagatomi, 1991

Suragina guangxiensis Yang *et* Nagatomi, 1991. Jpn. J. Ent. 59

(4): 758. **Type locality:** China (Guangxi: Jinxiu).
分布（Distribution）：广西（GX）

（6）中华平颊伪鹬虻 *Suragina sinensis* Yang *et* Nagatomi, 1991

Suragina sinensis Yang *et* Nagatomi, 1991. Jpn. J. Ent. 59 (4): 759. **Type locality:** China (Guangxi: Longsheng).
分布（Distribution）：广西（GX）

（7）云南平颊伪鹬虻 *Suragina yunnanensis* Yang *et* Nagatomi, 1991

Suragina yunnanensis Yang *et* Nagatomi, 1991. Jpn. J. Ent. 59 (4): 761. **Type locality:** China (Yunnan: Ruili).
分布（Distribution）：云南（YN）

四、食木虻科 Xylophagidae

1. 食木虻属 *Xylophagus* Meigen, 1803

Xylophagus Meigen, 1803. Mag. Insektenkd. 2: 266. **Type species:** *Nemotelus cinctus* De Geer, 1776 (monotypy).
Erinna Meigen, 1800. Nouv. Class. Mouches: 21. **Type species:** *Nemotelus cinctus* De Geer, 1776 (designation by Coquillett, 1910). Suppressed by I. C.Z.N., 1963.
Pachystomus Latreille, 1809. Gen. Crust. Ins. 4: 286. **Type species:** *Rhagio syrphoides* Panzer, 1800 (monotypy).
Archimyia Enderlein, 1920. Fauna von Deutschland, Diptera: 281. **Type species:** *Xylophagus ater* Meigen, 1804.
Anaxylophagus Malloch, 1931. Proc. Ent. Soc. Wash. 33: 216 (as subgenus of Xylophagus). **Type species:** *Xylophagus nitidus* Adams, 1904 (original designation).

（1）普通食木虻 *Xylophagus cinctus* (De Geer, 1776)

Nemotelus cinctus De Geer, 1776. Mem. Ins. 6: 183. **Type locality:** Not given.
Empis subulatus Panzer, 1798. Faunae Insect. Germ. 54: 23. **Type locality:** Austria.
Rhagio syrphoides Panzer, 1800. Faunae Insect. Germ. 77: 19. **Type locality:** Germany ("Baruth").
分布（Distribution）：中国北方；广布全北区

五、臭虻科 Coenomyiidae

1. 凹盾臭虻属 *Anacanthaspis* Von Röder, 1889

Anacanthaspis Von Röder, 1889. Wien. Entomol. Ztg. 8: 7. **Type species:** *Anacanthaspis bifasciata* Von Röder, 1889.
Anacanthaspis: Yang *et* Nagatomi, 1994. Mem. Fac. Agric. Kagoshima Univ. 30: 67.

（1）双斑凹盾臭虻 *Anacanthaspis bifasciata* Von Röder, 1889

Anacanthaspis bifasciata Von Röder, 1889. Wien. Entomol. Ztg. 8: 8. **Type locality:** Russia (Siberia: Amur).
Anacanthaspis bifasciata: Yang *et* Nagatomi, 1994. Mem. Fac. Agric. Kagoshima Univ. 30: 69.
分布（Distribution）：黑龙江（HL）、辽宁（LN）；俄罗斯

2. 短柄臭虻属 *Arthropeas* Loew, 1850

Arthropeas Loew, 1850. Stettin. Ent. Ztg. 9: 304. **Type species:** *Arthropeas sibirica* Loew, 1850 (monotypy).
Arthropeas: Yang *et* Nagatomi, 1994. Mem. Fac. Agric. Kagoshima Univ. 30: 72.

（2）西伯利亚短柄臭虻 *Arthropeas sibiricum* Loew, 1850

Arthropeas sibiricum Loew, 1850. Stettin. Ent. Zeitg. 9: 305. **Type locality:** Russia (Siberia).
Arthropeas sibiricum: Yang *et* Nagatomi, 1994. Mem. Fac. Agric. Kagoshima Univ. 30: 73.
分布（Distribution）：河北（HEB）、北京（BJ）、甘肃（GS）、青海（QH）、西藏（XZ）；俄罗斯、朝鲜

3. 臭虻属 *Coenomyia* Latreille, 1796

Coenomyia Latreille, 1796. Prècis d. Caract. Génér. d. Ins.: 159. **Type species:** *Musca ferruginea* Scopoli.
Coenomyia: Yang *et* Nagatomi, 1994. Mem. Fac. Agric. Kagoshima Univ. 30: 76.

（3）双瘤臭虻 *Coenomyia bituberculata* Enderlein, 1921

Coenomyia bituberculata Enderlein, 1921. Mitt. Zool. Mus. Berl. 10 (1): 213. **Type locality:** India (Sikkim).
Coenomyia: Yang *et* Nagatomi, 1994. Mem. Fac. Agric. Kagoshima Univ. 30: 79.
分布（Distribution）：西藏（XZ）；印度、尼泊尔

（4）黄斑臭虻 *Coenomyia maculata* Yang *et* Nagatomi, 1994

Coenomyia maculata Yang *et* Nagatomi, 1994. Mem. Fac. Agric. Kagoshima Univ. 30: 82. **Type locality:** China (Fujian: Jian'ou).
分布（Distribution）：福建（FJ）

4. 芒角臭虻属 *Dialysis* Walker, 1850

Dialysis Walker, 1850. Insecta Saundersiana, Diptera Part I: 4. **Type species:** *Dialysis dissimilis* Walker, 1850 (from N. America) (monotypy).
Triptotricha Loew, 1872. Berl. Ent. Z. 16: 59. **Type species:** *Triptotricha lauta* Loew, 1872 (from California). By designation of James, 1965.

Dialysis: Yang *et* Nagatomi, 1994. Mem. Fac. Agric. Kagoshima Univ. 30: 85.

（5）黑胸芒角臭虻 *Dialysis cispacifica* Bezzi, 1912

Dialysis cispacifica Bezzi, 1912. Ann. Mus. Nat. Hung. 10: 444. **Type locality:** China (Taiwan: Toyenmongai).
Dialysis cispacifica: Yang *et* Nagatomi, 1994. Mem. Fac. Agric. Kagoshima Univ. 30: 86.
分布（Distribution）：福建（FJ）、台湾（TW）

（6）黄背芒角臭虻 *Dialysis flava* Yang *et* Yang, 1995

Dialysis flava Yang *et* Yang, 1995. Insects of Baishanzu Mountain, Eastern China: 488. **Type locality:** China (Zhejiang: Baishanzu).
分布（Distribution）：浙江（ZJ）

（7）南方芒角臭虻 *Dialysis meridionalis* Yang *et* Yang, 1997

Dialysis meridionalis Yang *et* Yang, 1997. Insects of the Three Gorge Reservoir Area of Yangtze River: 1456. **Type locality:** China (Sichuan: Wushan; Hubei: Xingshan).
分布（Distribution）：湖北（HB）、四川（SC）、贵州（GZ）

（8）黄胸芒角臭虻 *Dialysis pallens* Yang *et* Nagatomi, 1994

Dialysis pallens Yang *et* Nagatomi, 1994. Mem. Fac. Agric. Kagoshima Univ. 30: 88. **Type locality:** China (Zhejiang: Mokanshan Mountain).
分布（Distribution）：浙江（ZJ）

（9）中华芒角臭虻 *Dialysis sinensis* Yang *et* Nagatomi, 1994

Dialysis sinensis Yang *et* Nagatomi, 1994. Mem. Fac. Agric. Kagoshima Univ. 30: 90. **Type locality:** China (Jiangxi: Lushan).
分布（Distribution）：江西（JX）、湖南（HN）、贵州（GZ）

5. 盾刺臭虻属 *Odontosabula* Matsumura, 1905

Odontosabula Matsumura, 1905. Thous. Ins. Jpn. 2: 78. **Type species:** *Odontosabula gloriosa* Matsumura, 1905 (from Japan) (monotypy).
Stratioleptis Pleske, 1925. Encycl. Ent. B (II), Dipt. 2 (4): 182. **Type species:** *Stratioleptis czerskii* Pleske, 1925 (from East Siberia) (monotypy).
Odontosabula: Yang *et* Nagatomi, 1994. Mem. Fac. Agric. Kagoshima Univ. 30: 94.

（10）切氏盾刺臭虻 *Odontosabula czerskii* (Pleske, 1925)

Stratioleptis czerskii Pleske, 1925. Bull. Soc. Ent. France, 1925: 166 (or Encyc. Ent. B. II (Dipt.), 2: 182). **Type locality:** Russia [East Siberia ("Province Littorale")].
Odontosabula czerskii: Yang *et* Nagatomi, 1994. Mem. Fac. Agric. Kagoshima Univ. 30: 95.
分布（Distribution）：中国东北部；俄罗斯、朝鲜

（11）黎氏盾刺臭虻 *Odontosabula licenti* (Séguy, 1952)

Stratioleptis licenti Séguy, 1952. Rev. Fr. Ent. 19: 243. **Type locality:** China (Jilin).
Odontosabula licenti: Yang *et* Nagatomi, 1994. Mem. Fac. Agric. Kagoshima Univ. 30: 95.
分布（Distribution）：吉林（JL）；俄罗斯、日本、朝鲜

六、肋角虻科 Rachiceridae

1. 肋角虻属 *Rachicerus* Walker, 1854

Rachicerus Walker, 1854. List Dipt. Brit. Mus. 5: 103. **Type species:** *Rachicerus fulvicollis* Walker, 1854 (monotypy).
Rhyphomorpha Walker, 1861. J. Proc. Linn. Soc. London 5: 275. **Type species:** *Rhyphomorpha bilinea* Walker, 1861 (monotypy).
Rhachicerus, error for *Rachicerus*.

（1）窄角肋角虻 *Rachicerus brevicornis* Kertesz, 1914

Rachicerus brevicornis Kertesz, 1914. Ann. Hist.-Nat. Mus. Natl. Hung. 12: 501. **Type locality:** China (Taiwan: Fuhosho).
分布（Distribution）：台湾（TW）

（2）窗点肋角虻 *Rachicerus fenestratus* Kertesz, 1914

Rachicerus fenestratus Kertesz, 1914. Ann. Hist.-Nat. Mus. Natl. Hung. 12: 500. **Type locality:** China (Taiwan: Janano Taiko).
分布（Distribution）：台湾（TW）

（3）海南肋角虻 *Rachicerus hainanensis* Yang *et* Yang, 2002

Rachicerus hainanensis Yang *et* Yang, 2002. Forestry Insects of Hainan: 725. **Type locality:** China (Hainan: Wuzhishan).
分布（Distribution）：海南（HI）

（4）兰屿肋角虻 *Rachicerus kotoshensis* Nagatomi, 1970

Rachicerus kotoshensis Nagatomi, 1970. Pac. Ins. 12 (2): 440. **Type locality:** China (Taiwan: Kotosho).
分布（Distribution）：台湾（TW）

（5）马氏肋角虻 *Rachicerus maai* Nagatomi, 1970

Rachicerus maai Nagatomi, 1970. Pac. Ins. 12 (2): 441. **Type locality:** China (Fujian: Shaowu).
分布（Distribution）：福建（FJ）

（6）东方肋角虻 *Rachicerus orientalis* Ôuchi, 1938

Rachicerus orientalis Ôuchi, 1938. J. Shanghai Sci. Inst. (III) 4: 63. **Type locality:** China (Zhejiang: Tianmushan).

分布（Distribution）：浙江（ZJ）

（7）广东肋角虻 *Rachicerus pantherinus* Nagatomi, 1970

Rachicerus pantherinus Nagatomi, 1970. Pac. Ins. 12 (2): 450. **Type locality:** China (Guangdong: Yim Na San).

分布（Distribution）：广东（GD）

（8）金绿肋角虻 *Rachicerus patagiatus* Enderlein, 1913

Rachicerus patagiatus Enderlein, 1913. Zool. Anz. 42 (12): 538. **Type locality:** China (Taiwan: Hoozan).

分布（Distribution）：台湾（TW）

（9）青翅肋角虻 *Rachicerus pictipennis* Kertesz, 1914

Rachicerus pictipennis Kertesz, 1914. Ann. Hist.-Nat. Mus. Natl. Hung. 12: 502. **Type locality:** China (Taiwan: Kosempo).

分布（Distribution）：台湾（TW）

（10）大林肋角虻 *Rachicerus proximus* Kertesz, 1914

Rachicerus proximus Kertesz, 1914. Ann. Hist.-Nat. Mus. Natl. Hung. 12: 504. **Type locality:** China (Taiwan: Taihorin).

分布（Distribution）：台湾（TW）

七、穴虻科 Vermileonidae

1. 印穴虻属 *Vermitigris* Wheeler, 1930

Vermitigris Wheeler, 1930. Demons of the Dust: 274. **Type species:** *Vermitigris fairchildi* Wheeler, 1930 (monotypy).

Vermitigris: Nagatomi, Yang *et* Yang, 1999. Tropics Monograph Series No. 1: 54.

（1）中国印穴虻 *Vermitigris sinensis* Yang, 1988

Vermitigris sinensis Yang, 1988. Entomotaxon. 10 (3-4): 178. **Type locality:** China (Guangxi: Bose, Tianlin).

Vermitigris sinensis: Nagatomi, Yang *et* Yang, 1999. Tropics Monograph Series No. 1: 63.

分布（Distribution）：广西（GX）

2. 潜穴虻属 *Vermiophis* Yang, 1979

Vermiophis Yang, 1979. Entomotaxon. 1 (2): 84. **Type species:** *Vermiophis ganquanensis* Yang, 1979 (original designation).

Vermiophis: Nagatomi, Yang *et* Yang, 1999. Tropics Monograph Series No. 1: 26.

（2）甘泉潜穴虻 *Vermiophis ganquanensis* Yang, 1979

Vermiophis ganquanensis Yang, 1979. Entomotaxon. 1 (2): 84. **Type locality:** China (Shaanxi: Ganquan).

Vermiophis ganquanensis: Nagatomi, Yang *et* Yang, 1999. Tropics Monograph Series No. 1: 32.

分布（Distribution）：陕西（SN）、甘肃（GS）

（3）岷山潜穴虻 *Vermiophis minshanensis* Yang *et* Chen, 1993

Vermiophis minshanensis Yang *et* Chen, 1993. Entomotaxon. 15 (2): 131. **Type locality:** China (Gansu: Wenxian).

Vermiophis minshanensis: Nagatomi, Yang *et* Yang, 1999. Tropics Monograph Series No. 1: 35.

分布（Distribution）：甘肃（GS）

（4）太行潜穴虻 *Vermiophis taihangensis* Yang *et* Chen, 1993

Vermiophis taihangensis Yang *et* Chen, 1993. Entomotaxon. 15 (2): 129. **Type locality:** China (Beijing: Shangfangshan).

Vermiophis taihangensis: Nagatomi, Yang *et* Yang, 1999. Tropics Monograph Series No. 1: 37.

分布（Distribution）：北京（BJ）、山西（SX）

（5）泰山潜穴虻 *Vermiophis taishanensis* Yang *et* Chen, 1993

Vermiophis taishanensis Yang *et* Chen, 1993. Entomotaxon. 15 (2): 130. **Type locality:** China (Shandong: Taishan, Shanziya).

Vermiophis taishanensis: Nagatomi, Yang *et* Yang, 1999. Tropics Monograph Series No. 1: 40.

分布（Distribution）：山东（SD）

（6）西藏潜穴虻 *Vermiophis tibetensis* Yang *et* Chen, 1987

Vermiophis tibetensis Yang *et* Chen, 1987. Agricultural insects, spiders, plant diseases and weeds of Xizang 2: 157. **Type locality:** China (Tibet: Bomi, Gyaide).

Vermiophis tibetensis: Nagatomi, Yang *et* Yang, 1999. Tropics Monograph Series No. 1: 42.

分布（Distribution）：西藏（XZ）

（7）武当潜穴虻 *Vermiophis wudangensis* Yang *et* Chen, 1986

Vermiophis wudangensis Yang *et* Chen, 1986. J. Huazhong Agric. Univ. 5 (4): 321. **Type locality:** China (Hubei: Wudangshan, Jinxiandong).

Vermiophis wudangensis: Nagatomi, Yang *et* Yang, 1999. Tropics Monograph Series No. 1: 46.

分布（Distribution）：湖北（HB）

（8）燕山潜穴虻 *Vermiophis yanshanensis* Yang *et* Chen, 1993

Vermiophis yanshanensis Yang *et* Chen, 1993. Entomotaxon. 15 (2): 127. **Type locality:** China (Hebei: Wulingshan).

Vermiophis yanshanensis: Nagatomi, Yang *et* Yang, 1999. Tropics Monograph Series No. 1: 49.

分布（Distribution）：河北（HEB）

水虻总科 Stratiomyoidea

八、木虻科 Xylomyidae

1. 丽木虻属 *Formosolva* James, 1939

Formosolva James, 1939. Arb. Morph. Taxon. Ent. Berl. 6 (1): 32 (as subgenus of *Solva*). **Type species:** *Solva* (*Formosolva*) *concavifrons* James, 1939.

Formosolva: Yang *et* Nagatomi, 1993. South Pacif. Stud. 14 (1): 3. Yang, Zhang *et* Li, 2014. Stratiomyoidea of China: 74.

（1）凹额丽木虻 *Formosolva concavifrons* (James, 1939)

Solva (*Formosolva*) *concavifrons* James, 1939. Arb. Morph. Taxon. Ent. Berl. 6 (1): 32. **Type locality:** China (Taiwan).

Formosolva concavifrons: Yang *et* Nagatomi, 1993. South Pacif. Stud. 14 (1): 5. Yang, Zhang *et* Li, 2014. Stratiomyoidea of China: 75.

分布（Distribution）：台湾（TW）

（2）陷额丽木虻 *Formosolva devexifrons* Yang *et* Nagatomi, 1993

Formosolva devexifrons Yang *et* Nagatomi, 1993. South Pacif. Stud. 14 (1): 6. **Type locality:** China (Sichuan: Emei Mountain).

Formosolva devexifrons: Yang, Zhang *et* Li, 2014. Stratiomyoidea of China: 75.

分布（Distribution）：四川（SC）

（3）平额丽木虻 *Formosolva planifrons* Yang *et* Nagatomi, 1993

Formosolva planifrons Yang *et* Nagatomi, 1993. South Pacif. Stud. 14 (1): 7. **Type locality:** China (Guangxi: Jinxiu).

Formosolva planifrons: Yang, Zhang *et* Li, 2014. Stratiomyoidea of China: 76.

分布（Distribution）：广西（GX）

（4）瘤额丽木虻 *Formosolva tuberifrons* Yang *et* Nagatomi, 1993

Formosolva tuberifrons Yang *et* Nagatomi, 1993. South Pacif. Stud. 14 (1): 9. **Type locality:** China (Guangxi: Tianlin).

Formosolva tuberifrons: Yang, Zhang *et* Li, 2014. Stratiomyoidea of China: 78.

分布（Distribution）：西藏（XZ）、广西（GX）

2. 粗腿木虻属 *Solva* Walker, 1859

Solva Walker, 1859. J. Proc. Linn. Soc. Lond. Zool. 4 (15): 98. **Type species:** *Solva inamoena* Walker, 1859.

Subulonia Enderlein, 1913. Zool. Anz. 42 (12): 545. **Type species:** *Subulonia truncativena* Enderlein, 1913.

Prista Enderlein, 1913. Zool. Anz. 42 (12): 546. **Type species:** *Subula vittata* Doleschall, 1859.

Ceratosolva de Meijere, 1914. Tijdschr. Ent. 50 (4): 21. **Type species:** *Ceratosolva cylindricornis* de Meijere, 1914.

Parathropeas Brunetti, 1920. The Fauna of British India, including Ceylon and Myanmar: 108. **Type species:** *Parathropeas thereviformis* Brunetti, 1920.

Hanauia Enderlein, 1920. Fauna von Deutschland. Ein Bestimmungsbuch unserer heimischen Tierwelt: 281. **Type species:** *Xylophagus mardinatus* Meigen, 1820.

Phloophila Hull, 1945. Ent. News 55: 263. **Type species:** *Subula pallipes* Loew, 1863.

Solva: Yang *et* Nagatomi, 1993. South Pacif. Stud. 14 (1): 10. Yang, Zhang *et* Li, 2014. Stratiomyoidea of China: 79.

（5）端斑粗腿木虻 *Solva apicimacula* Yang *et* Nagatomi, 1993

Solva apicimacula Yang *et* Nagatomi, 1993. South Pacif. Stud. 14 (1): 17. **Type locality:** China (Sichuan: Emei Mountain).

Solva apicimacula: Yang, Zhang *et* Li, 2014. Stratiomyoidea of China: 85.

分布（Distribution）：四川（SC）

（6）金额粗腿木虻 *Solva aurifrons* James, 1939

Solva aurifrons James, 1939. Arb. Morph. Taxon. Ent. Berl. 6 (1): 31. **Type locality:** China (Taiwan: Toa Tsui Kutsu).

Solva aurifrons: Yang *et* Nagatomi, 1993. South Pacif. Stud. 14 (1): 24. Yang, Zhang *et* Li, 2014. Stratiomyoidea of China: 87.

分布（Distribution）：台湾（TW）

（7）基黄粗腿木虻 *Solva basiflava* Yang *et* Nagatomi, 1993

Solva basiflava Yang *et* Nagatomi, 1993. South Pacif. Stud. 14 (1): 24. **Type locality:** China (Yunnan: Baoshan).

Solva basiflava: Yang, Zhang *et* Li, 2014. Stratiomyoidea of China: 87.

分布（Distribution）：云南（YN）、西藏（XZ）

(8) 棒突粗腿木虻 *Solva clavata* Yang *et* Nagatomi, 1993

Solva clavata Yang *et* Nagatomi, 1993. South Pacif. Stud. 14 (1): 26. **Type locality:** China.
Solva clavata: Yang, Zhang *et* Li, 2014. Stratiomyoidea of China: 89.
分布（Distribution）：中国

(9) 完全粗腿木虻 *Solva completa* (de Meijere, 1914)

Xylomyia completa de Meijere, 1914. Tijdschr. Ent. 56 (Suppl.): 23. **Type locality:** Indonesia (Java: Gunung Ungaran).
Solva crassifemur Yang *et* Nagatomi, 1993. South Pacif. Stud. 14 (1): 29. **Type locality:** China (Sichuan: Emei Mountain).
Solva completa: Yang, Zhang *et* Li, 2014. Stratiomyoidea of China: 90.
分布（Distribution）：浙江（ZJ）、四川（SC）、云南（YN）；印度尼西亚

(10) 背黄粗腿木虻 *Solva dorsiflava* Yang *et* Nagatomi, 1993

Solva dorsiflava Yang *et* Nagatomi, 1993. South Pacif. Stud. 14 (1): 31. **Type locality:** China (Yunnan: Ruili).
Solva dorsiflava: Yang, Zhang *et* Li, 2014. Stratiomyoidea of China: 92.
分布（Distribution）：云南（YN）

(11) 黄毛粗腿木虻 *Solva flavipilosa* Yang *et* Nagatomi, 1993

Solva flavipilosa Yang *et* Nagatomi, 1993. South Pacif. Stud. 14 (1): 32. **Type locality:** China (Yunnan: Xishuangbanna).
Solva flavipilosa: Yang, Zhang *et* Li, 2014. Stratiomyoidea of China: 93.
分布（Distribution）：云南（YN）、海南（HI）

(12) 雅粗腿木虻 *Solva gracilipes* Yang *et* Nagatomi, 1993

Solva gracilipes Yang *et* Nagatomi, 1993. South Pacif. Stud. 14 (1): 34. **Type locality:** China (Sichuan: Emei Mountain).
Solva gracilipes: Yang, Zhang *et* Li, 2014. Stratiomyoidea of China: 94.
分布（Distribution）：四川（SC）

(13) 湖北粗腿木虻 *Solva hubensis* Yang *et* Nagatomi, 1993

Solva hubensis Yang *et* Nagatomi, 1993. South Pacif. Stud. 14 (1): 36. **Type locality:** China (Hubei: Wudangshan).
Solva hubensis: Yang, Zhang *et* Li, 2014. Stratiomyoidea of China: 95.
分布（Distribution）：湖北（HB）

(14) 柿下町粗腿木虻 *Solva kusigematii* Yang *et* Nagatomi, 1993

Solva kusigematii Yang *et* Nagatomi, 1993. South Pacif. Stud. 14 (1): 38. **Type locality:** China (Guangxi: Jinxiu).
Solva kusigematii: Yang, Zhang *et* Li, 2014. Stratiomyoidea of China: 97.
分布（Distribution）：浙江（ZJ）、广西（GX）

(15) 背圆粗腿木虻 *Solva marginata* (Meigen, 1820)

Xylophagus marginata Meigen, 1820. Syst. Beschr. 2: 15. **Type locality:** France ("bei Avignon an der Durance").
Solva marginata: Yang *et* Nagatomi, 1993. South Pacif. Stud. 14 (1): 41; Yang, Zhang *et* Li, 2014. Stratiomyoidea of China: 98.
分布（Distribution）：中国；安道尔、奥地利、比利时、法国、丹麦、德国、英国、匈牙利、意大利、荷兰、波兰、西班牙、瑞典、瑞士、捷克、斯洛伐克、保加利亚、罗马尼亚、俄罗斯、乌克兰、蒙古国

(16) 中斑粗腿木虻 *Solva mediomacula* Yang *et* Nagatomi, 1993

Solva mediomacula Yang *et* Nagatomi, 1993. South Pacif. Stud. 14 (1): 41. **Type locality:** China (Sichuan: Emei Mountain).
Solva mediomacula: Yang, Zhang *et* Li, 2014. Stratiomyoidea of China: 100.
分布（Distribution）：四川（SC）

(17) 中突粗腿木虻 *Solva mera* Yang *et* Nagatomi, 1993

Solva mera Yang *et* Nagatomi, 1993. South Pacif. Stud. 14 (1): 44. **Type locality:** China (Shaanxi: Qinling).
Solva mera: Yang, Zhang *et* Li, 2014. Stratiomyoidea of China: 101.
分布（Distribution）：陕西（SN）

(18) 黑基粗腿木虻 *Solva nigricoxis* Enderlein, 1921

Solva nigricoxis Enderlein, 1921. Mitt. Zool. Mus. Berl. 10 (1): 170. **Type locality:** India (Sikkim); China (Taiwan: Hoozan, Toa Tsui Kutsu).
Solva nigricoxis: Yang *et* Nagatomi, 1993. South Pacif. Stud. 14 (1): 45. Yang, Zhang *et* Li, 2014. Stratiomyoidea of China: 102.
分布（Distribution）：台湾（TW）；印度

(19) 黄腿粗腿木虻 *Solva schnitnikowi* Pleske, 1928

Solva schnitnikowi Pleske, 1928. Konowia 7 (1): 81. **Type locality:** Kazakhstan ("au défilé de Gasford, au N. de Kopal, dans le Semiretschje").
Solva schnitnikowi: Yang *et* Nagatomi, 1993. South Pacif. Stud. 14 (1): 46; Yang, Zhang *et* Li, 2014. Stratiomyoidea of China: 103.
分布（Distribution）：中国；哈萨克斯坦、塔吉克斯坦、乌兹别克斯坦

(20) 山西粗腿木虻 *Solva shanxiensis* Yang *et* Nagatomi, 1993

Solva shanxiensis Yang *et* Nagatomi, 1993. South Pacif. Stud.

14 (1): 46. **Type locality:** China (Shanxi: Yangcheng).
Solva shanxiensis: Yang, Zhang *et* Li, 2014. Stratiomyoidea of China: 103.
分布（Distribution）：山西（SX）

（21）中华粗腿木虻 *Solva sinensis* Yang *et* Nagatomi, 1993

Solva sinensis Yang *et* Nagatomi, 1993. South Pacif. Stud. 14 (1): 48. **Type locality:** China (Guangxi: Longzhou).
Solva sinensis: Yang, Zhang *et* Li, 2014. Stratiomyoidea of China: 104.
分布（Distribution）：云南（YN）、广西（GX）

（22）条斑粗腿木虻 *Solva striata* Yang *et* Nagatomi, 1993

Solva striata Yang *et* Nagatomi, 1993. South Pacif. Stud. 14 (1): 51. **Type locality:** China (Guangxi: Longsheng).
Solva striata: Yang, Zhang *et* Li, 2014. Stratiomyoidea of China: 106.
分布（Distribution）：广西（GX）

（23）长角粗腿木虻 *Solva tigrina* Yang *et* Nagatomi, 1993

Solva tigrina Yang *et* Nagatomi, 1993. South Pacif. Stud. 14 (1): 53. **Type locality:** China (Guangxi: Longsheng).
Solva tigrina: Yang, Zhang *et* Li, 2014. Stratiomyoidea of China: 107.
分布（Distribution）：福建（FJ）、广西（GX）

（24）纯黄粗腿木虻 *Solva uniflava* Yang *et* Nagatomi, 1993

Solva uniflava Yang *et* Nagatomi, 1993. South Pacif. Stud. 14 (1): 54. **Type locality:** China (Hubei: Tongshan).
Solva uniflava: Yang, Zhang *et* Li, 2014. Stratiomyoidea of China: 108.
分布（Distribution）：江西（JX）、湖北（HB）、福建（FJ）

（25）北方粗腿木虻 *Solva varia* (Meigen, 1820)

Xylophagus varia Meigen, 1820. Syst. Beschr. 2: 14. **Type locality:** France; Ausria ("Gegend von Paris; Oesterreich").
Solva varia: Yang *et* Nagatomi, 1993. South Pacif. Stud. 14 (1): 56. Yang, Zhang *et* Li, 2014. Stratiomyoidea of China: 110.
分布（Distribution）：北京（BJ）、宁夏（NX）；英国、法国、德国、奥地利、捷克、意大利、罗马尼亚

（26）云南粗腿木虻 *Solva yunnanensis* Yang *et* Nagatomi, 1993

Solva yunnanensis Yang *et* Nagatomi, 1993. South Pacif. Stud. 14 (1): 59. **Type locality:** China (Yunnan: Xishuangbanna).
Solva yunnanensis: Yang, Zhang *et* Li, 2014. Stratiomyoidea of China: 111.
分布（Distribution）：云南（YN）

3. 木虻属 *Xylomya* Rondani, 1861

Xylomya Rondani, 1861. J. Proc. Linn. Soc. 4 (15): 11. **Type species:** *Xylophagus maculatus* Meigen, 1804.
Solva: Yang *et* Nagatomi, 1993. South Pacif. Stud. 14 (1): 62; Yang, Zhang *et* Li, 2014. Stratiomyoidea of China: 112.
Macroceromya Bigot, 1877. Bull. Soc. Ent. Fr. 98: 101. **Type species:** *Macroceromya fulviventris* Bigot, 1877.
Subulaomyia Williston, 1896. Manual of the families and genera of North American Diptera: 546. **Type species:** *Xylophagus maculatus* Meigen, 1804.
Nematoceropsis Pleske, 1925. Encycl. Ent. B (II), Dipt. 2 (4): 175. **Type species:** *Nematoceropsis ibex* Pleske, 1925.

（27）斑翅木虻 *Xylomya alamaculata* Yang *et* Nagatomi, 1993

Xylomya alamaculata Yang *et* Nagatomi, 1993. South Pacif. Stud. 14 (1): 63. **Type locality:** China (Sichuan: Emei Mountain).
Xylomya alamaculata: Yang, Zhang *et* Li, 2014. Stratiomyoidea of China: 114.
分布（Distribution）：四川（SC）

（28）浙江木虻 *Xylomya chekiangensis* (Ôuchi, 1938)

Solva chekiangensis Ôuchi, 1938. J. Shanghai Sci. Inst. (III) 4: 60. **Type locality:** China (Zhejiang: Tianmushan).
Xylomya chekiangensis: Yang *et* Nagatomi, 1993. South Pacif. Stud. 14 (1): 67. Yang, Zhang *et* Li, 2014. Stratiomyoidea of China: 115.
分布（Distribution）：安徽（AH）、浙江（ZJ）、湖北（HB）、四川（SC）

（29）褐颜木虻 *Xylomya decora* Yang *et* Nagatomi, 1993

Xylomya decora Yang *et* Nagatomi, 1993. South Pacif. Stud. 14 (1): 70. **Type locality:** China (Hubei: Shennongjia).
Xylomya decora: Yang, Zhang *et* Li, 2014. Stratiomyoidea of China: 119.
分布（Distribution）：湖北（HB）

（30）雅木虻 *Xylomya gracilicorpus* Yang *et* Nagatomi, 1993

Xylomya gracilicorpus Yang *et* Nagatomi, 1993. South Pacif. Stud. 14 (1): 72. **Type locality:** China (Heilongjiang: Dailing).
Xylomya gracilicorpus: Yang, Zhang *et* Li, 2014. Stratiomyoidea of China: 121.
分布（Distribution）：黑龙江（HL）

（31）长角木虻 *Xylomya longicornis* Matsumura, 1915

Xylomyia longicornis Matsumura, 1915. Konchu-bunruigaku,

Part 2: 46. **Type locality:** Japan (Hokkaido: Sapporo).
Nematoceropsis ibex Pleske, 1925. Encycl. Ent. B (II), Dipt. 2 (4): 175. **Type locality:** Russia (South "Primorye, Progranitschnaja, en Mandchourie").
Solva takachihoi Ôuchi, 1943. Shanghai Sizen. Ken. Ihō. 13 (6): 485. **Type locality:** Japan (Kyushu: Mt. Hiko).
Xylomya longicornis: Yang *et* Nagatomi, 1993. South Pacif. Stud. 14 (1): 74. Yang, Zhang *et* Li, 2014. Stratiomyoidea of China: 121.
分布（Distribution）：中国；日本、俄罗斯

（32）黄基木虻 *Xylomya moiwana* Matsumura, 1915

Xylomyia moiwana Matsumura, 1915. Konchu-bunruigaku, Part 2: 46. **Type locality:** Japan (Hokkaido: Sapporo).
Xylomya moiwana: Yang *et* Nagatomi, 1993. South Pacif. Stud. 14 (1): 75. Yang, Zhang *et* Li, 2014. Stratiomyoidea of China: 123.
Solva ussuriensis Pleske, 1925. Encycl. Ent. B (II), Dipt. 2 (4): 172. **Type locality:** Russia (vic. Vladivostok: Zolotoy Rog).
Xylomyia honsyuana Frey, 1960. Commentat. Biol. 23 (1): 7. **Type locality:** Japan (Honshu).
分布（Distribution）：黑龙江（HL）、吉林（JL）、辽宁（LN）；日本、韩国、俄罗斯

（33）邵氏木虻 *Xylomya sauteri* (James, 1939)

Solva sauteri James, 1939. Arb. Morph. Taxon. Ent. Berl. 6 (1): 32. **Type locality:** China (Taiwan: Toa Tsui Kutsu).
Xylomya sauteri: Yang *et* Nagatomi, 1993. South Pacif. Stud. 14 (1): 78. Yang, Zhang *et* Li, 2014. Stratiomyoidea of China: 126.
分布（Distribution）：台湾（TW）

（34）四川木虻 *Xylomya sichuanensis* Yang *et* Nagatomi, 1993

Xylomya sichuanensis Yang *et* Nagatomi, 1993. South Pacif. Stud. 14 (1): 78. **Type locality:** China (Sichuan: Emei Mountain).
Xylomya sichuanensis: Yang, Zhang *et* Li, 2014. Stratiomyoidea of China: 126.
分布（Distribution）：四川（SC）

（35）中华木虻 *Xylomya sinica* Yang *et* Nagatomi, 1993

Xylomya sinica Yang *et* Nagatomi, 1993. South Pacif. Stud. 14 (1): 80. **Type locality:** China (Sichuan: Emei Mountain).
Xylomya sinica: Yang, Zhang *et* Li, 2014. Stratiomyoidea of China: 127.
分布（Distribution）：陕西（SN）、四川（SC）

（36）文县木虻 *Xylomya wenxiana* Yang, Gao *et* An, 2005

Xylomya wenxiana Yang, Gao *et* An *In*: Yang, 2005. Insect fauna of middle-west Qinling Range and south mountains of Gansu province: 731. **Type locality:** China (Gansu: Wenxian).
Xylomya wenxiana: Yang, Zhang *et* Li, 2014. Stratiomyoidea of China: 130.
分布（Distribution）：甘肃（GS）

（37）西峡木虻 *Xylomya xixiana* Yang, Gao *et* An, 2002

Xylomya xixiana Yang, Gao *et* An *In*: Shen *et* Zhao, 2002. Insect of the mountains of Taihang and Tongbai regions: 25. **Type locality:** China (Henan: Xixia).
Xylomya xixiana: Yang, Zhang *et* Li, 2014. Stratiomyoidea of China: 131.
分布（Distribution）：河南（HEN）

九、水虻科 Stratiomyidae

柱角水虻亚科 Beridinae

1. 星水虻属 *Actina* Meigen, 1804

Actina Meigen, 1804. Klass. Beschr. 1 (2): 116. **Type species:** *Actina chalybea* Meigen, 1804.
Actina: Yang *et* Nagatomi, 1992. South Pacif. Stud. 12 (2): 131. Yang, Zhang *et* Li, 2014. Stratiomyoidea of China: 134.
Metaberis Lindner, 1967. Reichenbachia 9 (9): 86. **Type species:** *Metaberis longicornis* Lindner, 1967.

（1）尖突星水虻 *Actina acutula* Yang *et* Nagatomi, 1992

Actina acutula Yang *et* Nagatomi, 1992. South Pacif. Stud. 12 (2): 132. **Type locality:** China (Sichuan: Emei Mountain).
Actina acutula: Yang, Zhang *et* Li, 2014. Stratiomyoidea of China: 136.
分布（Distribution）：四川（SC）

（2）阿星水虻 *Actina amoena* (Enderlein, 1921)

Hoplacantha amoena Enderlein, 1921. Mitt. Zool. Mus. Berl. 10 (1): 202. **Type locality:** China (Taiwan: Toyenmongai).
Actina amoena: Yang *et* Nagatomi, 1992. South Pacif. Stud. 12 (2): 134. Yang, Zhang *et* Li, 2014. Stratiomyoidea of China: 138.
分布（Distribution）：台湾（TW）；缅甸

（3）黄端星水虻 *Actina apiciflava* Li, Zhang *et* Yang, 2009

Actina apiciflava Li, Zhang *et* Yang, 2009. Acta Zootaxon. Sin. 34 (4): 798. **Type locality:** China (Guizhou: Fanjingshan).
Actina apiciflava: Yang, Zhang *et* Li, 2014. Stratiomyoidea of China: 138.
分布（Distribution）：贵州（GZ）

（4）基褐星水虻 *Actina basalis* Li, Li *et* Yang, 2011

Actina basalis Li, Li *et* Yang, 2011. Acta Zootaxon. Sin. 36 (1):

52. **Type locality:** China (Yunnan: Jinping).
Actina basalis: Yang, Zhang *et* Li, 2014. Stratiomyoidea of China: 139.
分布（Distribution）：云南（YN）

（5）双突星水虻 *Actina bilobata* Li, Zhang *et* Yang, 2009

Actina bilobata Li, Zhang *et* Yang *In*: Li, Cui, Zhang *et* Yang, 2009. Entomotaxon. 31 (3): 206. **Type locality:** China (Yunnan: Lvchun).
Actina bilobata: Yang, Zhang *et* Li, 2014. Stratiomyoidea of China: 140.
分布（Distribution）：云南（YN）

（6）双斑星水虻 *Actina bimaculata* Yu, Cui *et* Yang, 2009

Actina bimaculata Yu, Cui *et* Yang, 2009. Entomotaxon. 31 (4): 296. **Type locality:** China (Guangxi: Maoershan).
Actina bimaculata: Yang, Zhang *et* Li, 2014. Stratiomyoidea of China: 141.
分布（Distribution）：广西（GX）

（7）弯突星水虻 *Actina curvata* Qi, Zhang *et* Yang, 2011

Actina curvata Qi, Zhang *et* Yang, 2011. Acta Zootaxon. Sin. 36 (2): 280. **Type locality:** China (Guizhou: Kuankuoshui).
Actina curvata: Yang, Zhang *et* Li, 2014. Stratiomyoidea of China: 142.
分布（Distribution）：贵州（GZ）

（8）独龙江星水虻 *Actina dulongjiangana* Li, Cui *et* Yang, 2009

Actina dulongjiangana Li, Cui *et* Yang *In*: Li, Cui Zhang *et* Yang, 2009. Entomotaxon. 31 (3): 161. **Type locality:** China (Yunnan: Dulongjiang).
Actina dulongjiangana: Yang, Zhang *et* Li, 2014. Stratiomyoidea of China: 143.
分布（Distribution）：云南（YN）

（9）长突星水虻 *Actina elongata* Li, Zhang *et* Yang, 2009

Actina elongata Li, Zhang *et* Yang *In*: Li, Cui, Zhang *et* Yang, 2009. Entomotaxon. 31 (3): 207. **Type locality:** China (Yunnan: Jinping).
Actina elongata: Yang, Zhang *et* Li, 2014. Stratiomyoidea of China: 144.
分布（Distribution）：云南（YN）

（10）梵净山星水虻 *Actina fanjingshana* Li, Zhang *et* Yang, 2009

Actina fanjingshana Li, Zhang *et* Yang, 2009. Acta Zootaxon. Sin. 34 (4): 798. **Type locality:** China (Guizhou: Fanjingshan).
Actina fanjingshana: Yang, Zhang *et* Li, 2014. Stratiomyoidea of China: 145.
分布（Distribution）：贵州（GZ）

（11）黄角星水虻 *Actina flavicornis* (James, 1939)

Hoplacantha flavicornis James, 1939. Arb. Morph. Taxon. Ent. Berl. 6 (1): 34. **Type locality:** China (Taiwan: North Paiwan Distr., Shinsinei).
Actina flavicornis: Yang *et* Nagatomi, 1992. South Pacif. Stud. 12 (2): 135; Yang, Zhang *et* Li, 2014. Stratiomyoidea of China: 146.
分布（Distribution）：台湾（TW）

（12）贡山星水虻 *Actina gongshana* Li, Li *et* Yang, 2011

Actina gongshana Li, Li *et* Yang, 2011. Acta Zootaxon. Sin. 36 (1): 52. **Type locality:** China (Yunnan: Gongshan).
Actina gongshana: Yang, Zhang *et* Li, 2014. Stratiomyoidea of China: 147.
分布（Distribution）：云南（YN）

（13）长角星水虻 *Actina longa* Li, Li *et* Yang, 2011

Actina longa Li, Li *et* Yang, 2011. Acta Zootaxon. Sin. 36 (1): 53. **Type locality:** China (Xizang: Nyingchi).
Actina longa: Yang, Zhang *et* Li, 2014. Stratiomyoidea of China: 148.
分布（Distribution）：西藏（XZ）

（14）多斑星水虻 *Actina maculipennis* Yang *et* Nagatomi, 1992

Actina maculipennis Yang *et* Nagatomi, 1992. South Pacif. Stud. 12 (2): 136. **Type locality:** China (Guangxi: Tianlin).
Actina maculipennis: Yang, Zhang *et* Li, 2014. Stratiomyoidea of China: 148.
分布（Distribution）：广西（GX）

（15）四斑星水虻 *Actina quadrimaculata* Li, Zhang *et* Yang, 2011

Actina quadrimaculata Li, Zhang *et* Yang, 2011. Acta Zootaxon. Sin. 36 (2): 282. **Type locality:** China (Taiwan: Pingdong).
Actina quadrimaculata: Yang, Zhang *et* Li, 2014. Stratiomyoidea of China: 150.
分布（Distribution）：台湾（TW）

（16）匙突星水虻 *Actina spatulata* Yang *et* Nagatomi, 1992

Actina spatulata Yang *et* Nagatomi, 1992. South Pacif. Stud. 12 (2): 136. **Type locality:** China (Xizang: Ningchi).
Actina spatulata: Yang, Zhang *et* Li, 2014. Stratiomyoidea of China: 151.
分布（Distribution）：西藏（XZ）

(17)腾冲星水虻 *Actina tengchongana* Li, Li *et* Yang, 2011

Actina tengchongana Li, Li *et* Yang, 2011. Acta Zootaxon. Sin. 36 (1): 53. **Type locality:** China (Yunnan: Tengchong).
Actina tengchongana: Yang, Zhang *et* Li, 2014. Stratiomyoidea of China: 152.
分布（Distribution）：云南（YN）

(18) 三斑星水虻 *Actina trimaculata* Yu, Cui *et* Yang, 2009

Actina trimaculata Yu, Cui *et* Yang, 2009. Entomotaxon. 31 (4): 297. **Type locality:** China (Guizhou: Mayanghe).
Actina trimaculata: Yang, Zhang *et* Li, 2014. Stratiomyoidea of China: 153.
分布（Distribution）：贵州（GZ）、广东（GD）

(19) 单斑星水虻 *Actina unimaculata* Yu, Cui *et* Yang, 2009

Actina unimaculata Yu, Cui *et* Yang, 2009. Entomotaxon. 31 (4): 298. **Type locality:** China (Guizhou: Fanjingshan).
Actina unimaculata: Yang, Zhang *et* Li, 2014. Stratiomyoidea of China: 154.
分布（Distribution）：贵州（GZ）

(20) 变色星水虻 *Actina varipes* Lindner, 1940

Actina varipes Lindner, 1940. Dtsch. Ent. Z. 1939 (1-4): 21. **Type locality:** China (Gansu: Cheu-men).
Actina varipes: Yang *et* Nagatomi, 1992. South Pacif. Stud. 12 (2): 138. Yang, Zhang *et* Li, 2014. Stratiomyoidea of China: 155.
分布（Distribution）：北京（BJ）、甘肃（GS）

(21) 西藏星水虻 *Actina xizangensis* Yang *et* Nagatomi, 1992

Actina xizangensis Yang *et* Nagatomi, 1992. South Pacif. Stud. 12 (2): 140. **Type locality:** China (Xizang: Bomi).
Actina xizangensis: Yang, Zhang *et* Li, 2014. Stratiomyoidea of China: 157.
分布（Distribution）：西藏（XZ）

(22)颜氏星水虻 *Actina yeni* Li, Zhang *et* Yang, 2011

Actina yeni Li, Zhang *et* Yang, 2011. Acta Zootaxon. Sin. 36 (2): 283. **Type locality:** China (Taiwan: Pingdong).
Actina yeni: Yang, Zhang *et* Li, 2014. Stratiomyoidea of China: 158.
分布（Distribution）：台湾（TW）

(23) 张氏星水虻 *Actina zhangae* Li, Li *et* Yang, 2011

Actina zhangae Li, Li *et* Yang, 2011. Acta Zootaxon. Sin. 36 (1): 54. **Type locality:** China (Yunnan: Jinping).
Actina zhangae: Yang, Zhang *et* Li, 2014. Stratiomyoidea of China: 159.
分布（Distribution）：云南（YN）

2. 距水虻属 *Allognosta* Osten Sacken, 1883

Allognosta Osten Sacken, 1883. Berl. Ent. Z. 27: 297. **Type species:** *Beris fuscitarsis* Say, 1823.
Allognosta: Yang *et* Nagatomi, 1992. South Pacif. Stud. 12 (2): 142. Yang, Zhang *et* Li, 2014. Stratiomyoidea of China: 160.

(24) 尖突距水虻 *Allognosta acutata* Li, Zhang *et* Yang, 2009

Allognosta acutata Li, Zhang *et* Yang *In*: Li, Cui, Zhang *et* Yang, 2009. Entomotaxon. 31 (3): 165. **Type locality:** China (Guangxi: Tianlin).
Allognosta acutata: Yang, Zhang *et* Li, 2014. Stratiomyoidea of China: 163.
分布（Distribution）：广西（GX）

(25) 钩突距水虻 *Allognosta ancistra* Li, Zhang *et* Yang, 2009

Allognosta ancistra Li, Zhang *et* Yang *In*: Li, Cui, Zhang *et* Yang, 2009. Entomotaxon. 31 (3): 166. **Type locality:** China (Guangxi: Jinxiu).
Allognosta ancistra: Yang, Zhang *et* Li, 2014. Stratiomyoidea of China: 164.
分布（Distribution）：广西（GX）

(26) 黑端距水虻 *Allognosta apicinigra* Zhang, Li *et* Yang, 2009

Allognosta apicinigra Zhang, Li *et* Yang, 2009. Acta Zootaxon. Sin. 34 (4): 784. **Type locality:** China (Hainan: Baisha).
Allognosta apicinigra: Yang, Zhang *et* Li, 2014. Stratiomyoidea of China: 166.
分布（Distribution）：海南（HI）

(27) 保山距水虻 *Allognosta baoshana* Li, Liu *et* Yang, 2011

Allognosta baoshana Li, Liu *et* Yang, 2011. Entomotaxon. 33 (1): 23. **Type locality:** China (Yunnan: Baoshan).
Allognosta baoshana: Yang, Zhang *et* Li, 2014. Stratiomyoidea of China: 167.
分布（Distribution）：云南（YN）

(28) 基黄距水虻 *Allognosta basiflava* Yang *et* Nagatomi, 1992

Allognosta basiflava Yang *et* Nagatomi, 1992. South Pacif. Stud. 12 (2): 145. **Type locality:** China (Sichuan: Emei Mountain).
Allognosta basiflava: Yang, Zhang *et* Li, 2014. Stratiomyoidea of China: 168.
分布（Distribution）：四川（SC）

(29) 基黑距水虻 *Allognosta basinigra* Li, Zhang *et* Yang, 2011

Allognosta basinigra Li, Zhang *et* Yang, 2011. Acta Zootaxon. Sin. 36 (2): 273. **Type locality:** China (Shaanxi: Zhouzhi).

Allognosta basinigra: Yang, Zhang *et* Li, 2014. Stratiomyoidea of China: 169.

分布（Distribution）：陕西（SN）

（30）彩旗距水虻 *Allognosta caiqiana* Li, Zhang *et* Yang, 2011

Allognosta caiqiana Li, Zhang *et* Yang, 2011. Acta Zootaxon. Sin. 36 (2): 273. **Type locality:** China (Hubei: Shennongjia).

Allognosta caiqiana: Yang, Zhang *et* Li, 2014. Stratiomyoidea of China: 170.

分布（Distribution）：湖北（HB）

（31）凹距水虻 *Allognosta concava* Li, Zhang *et* Yang, 2009

Allognosta concava Li, Zhang *et* Yang *In*: Li, Cui, Zhang *et* Yang, 2009. Entomotaxon. 31 (3): 209. **Type locality:** China (Yunnan: Hekou).

Allognosta concava: Yang, Zhang *et* Li, 2014. Stratiomyoidea of China: 171.

分布（Distribution）：云南（YN）

（32）大龙潭距水虻 *Allognosta dalongtana* Li, Zhang *et* Yang, 2011

Allognosta dalongtana Li, Zhang *et* Yang, 2011. Acta Zootaxon. Sin. 36 (2): 275. **Type locality:** China (Hubei: Shennongjia).

Allognosta dalongtana: Yang, Zhang *et* Li, 2014. Stratiomyoidea of China: 172.

分布（Distribution）：湖北（HB）

（33）背斑距水虻 *Allognosta dorsalis* Cui, Li *et* Yang, 2009

Allognosta dorsalis Cui, Li *et* Yang, 2009. Acta Zootaxon. Sin. 34 (4): 795. **Type locality:** China (Guizhou: Fanjingshan).

Allognosta dorsalis: Yang, Zhang *et* Li, 2014. Stratiomyoidea of China: 173.

分布（Distribution）：贵州（GZ）

（34）梵净山距水虻 *Allognosta fanjingshana* Cui, Li *et* Yang, 2009

Allognosta fanjingshana Cui, Li *et* Yang, 2009. Acta Zootaxon. Sin. 34 (4): 795. **Type locality:** China (Guizhou: Fanjingshan).

Allognosta fanjingshana: Yang, Zhang *et* Li, 2014. Stratiomyoidea of China: 174.

分布（Distribution）：贵州（GZ）

（35）黄棒距水虻 *Allognosta flava* Liu, Li *et* Yang, 2010

Allognosta flava Liu, Li *et* Yang, 2010. Acta Zootaxon. Sin. 35 (4): 742. **Type locality:** China (Ningxia: Longde).

Allognosta flava: Yang, Zhang *et* Li, 2014. Stratiomyoidea of China: 175.

分布（Distribution）：宁夏（NX）

（36）黄腿距水虻 *Allognosta flavofemoralis* Pleske, 1926

Allognosta flavofemoralis Pleske, 1926. Eos 2 (4): 417. **Type locality:** China (Sichuan: Kangding).

Allognosta flavofemoralis: Yang *et* Nagatomi, 1992. South Pacif. Stud. 12 (2): 146. Yang, Zhang *et* Li, 2014. Stratiomyoidea of China: 175.

分布（Distribution）：四川（SC）；日本、缅甸

（37）污翅距水虻 *Allognosta fuscipennis* Enderlein, 1921

Allognosta fuscipennis Enderlein, 1921. Mitt. Zool. Mus. Berl. 10 (1): 183. **Type locality:** China (Taiwan: Toyenmongai near Tainan).

Allognosta fuscipennis: Yang *et* Nagatomi, 1992. South Pacif. Stud. 12 (2): 149. Yang, Zhang *et* Li, 2014. Stratiomyoidea of China: 177.

分布（Distribution）：台湾（TW）

（38）贡山距水虻 *Allognosta gongshana* Zhang, Li *et* Yang, 2011

Allognosta gongshana Zhang, Li *et* Yang, 2011. Trans. Am. Ent. Soc. 137 (1+2): 186. **Type locality:** China (Yunnan: Gongshan).

Allognosta gongshana: Yang, Zhang *et* Li, 2014. Stratiomyoidea of China: 177.

分布（Distribution）：云南（YN）

（39）红河距水虻 *Allognosta honghensis* Li, Liu *et* Yang, 2011

Allognosta honghensis Li, Liu *et* Yang, 2011. Entomotaxon. 33 (1): 24. **Type locality:** China (Yunnan: Honghe).

Allognosta honghensis: Yang, Zhang *et* Li, 2014. Stratiomyoidea of China: 179.

分布（Distribution）：云南（YN）

（40）间距水虻 *Allognosta inermis* Brunetti, 1912

Allognosta inermis Brunetti, 1912. Rec. Ind. Mus. 7 (5): 455. **Type locality:** India (West Bengal: Darjeeling).

Allognosta inermis: Yang, Zhang *et* Li, 2014. Stratiomyoidea of China: 179.

分布（Distribution）：湖北（HB）；印度

（41）日本距水虻 *Allognosta japonica* Frey, 1961

Allognosta japonica Frey, 1961. Not. Ent. 40 (3): 84. **Type locality:** Japan (Honshu: Osaka, Takatsaki, Setsu Yakobei).

Allognosta japonica: Nagatomi *et* Tanaka, 1969. Mem. Fac. Agric. Kagoshima Univ. 7 (1): 166; Yang, Zhang *et* Li, 2014. Stratiomyoidea of China: 180.

分布（Distribution）：台湾（TW）；日本

（42）泾源距水虻 *Allognosta jingyuana* Liu, Li *et* Yang, 2010

Allognosta jingyuana Liu, Li *et* Yang, 2010. Acta Zootaxon.

Sin. 35 (4): 742. **Type locality:** China (Ningxia: Jingyuan).
Allognosta jingyuana: Yang, Zhang *et* Li, 2014. Stratiomyoidea of China: 180.
分布（Distribution）： 宁夏（NX）

（43）金平距水虻 *Allognosta jinpingensis* Li, Liu *et* Yang, 2011

Allognosta jinpingensis Li, Liu *et* Yang, 2011. Entomotaxon. 33 (1): 25. **Type locality:** China (Yunnan: Jinping).
Allognosta jinpingensis: Yang, Zhang *et* Li, 2014. Stratiomyoidea of China: 182.
分布（Distribution）： 云南（YN）

（44）梁氏距水虻 *Allognosta liangi* Li, Zhang *et* Yang, 2011

Allognosta liangi Li, Zhang *et* Yang, 2011. Acta Zootaxon. Sin. 36 (2): 276. **Type locality:** China (Yunnan: Lushui).
Allognosta liangi: Yang, Zhang *et* Li, 2014. Stratiomyoidea of China: 182.
分布（Distribution）： 云南（YN）

（45）刘氏距水虻 *Allognosta liui* Zhang, Li *et* Yang, 2009

Allognosta liui Zhang, Li *et* Yang, 2009. Acta Zootaxon. Sin. 34 (4): 785. **Type locality:** China (Yunnan: Mengla).
Allognosta liui: Yang, Zhang *et* Li, 2014. Stratiomyoidea of China: 183.
分布（Distribution）： 云南（YN）

（46）龙王山距水虻 *Allognosta longwangshana* Li, Zhang *et* Yang, 2009

Allognosta longwangshana Li, Zhang *et* Yang *In*: Li, Cui, Zhang *et* Yang, 2009. Entomotaxon. 31 (3): 168. **Type locality:** China (Zhejiang: Anji).
Allognosta longwangshana: Yang, Zhang *et* Li, 2014. Stratiomyoidea of China: 184.
分布（Distribution）： 浙江（ZJ）

（47）斑胸距水虻 *Allognosta maculipleura* Frey, 1961

Allognosta maculipleura Frey, 1961. Not. Ent. 40 (3): 83. **Type locality:** Myanmar (Kambaiti).
Allognosta maculipleura: Yang, Zhang *et* Li, 2014. Stratiomyoidea of China: 185.
分布（Distribution）： 贵州（GZ）、西藏（XZ）；缅甸

（48）大距水虻 *Allognosta maxima* Enderlein, 1921

Allognosta maxima Enderlein, 1921. Mitt. Zool. Mus. Berl. 10 (1): 183. **Type locality:** China (Taiwan: Toyenmongai).
Allognosta maxima: Yang, Zhang *et* Li, 2014. Stratiomyoidea of China: 186.
分布（Distribution）： 台湾（TW）

（49）黑腿距水虻 *Allognosta nigrifemur* Cui, Li *et* Yang, 2009

Allognosta nigrifemur Cui, Li *et* Yang, 2009. Acta Zootaxon. Sin. 34 (4): 796. **Type locality:** China (Guizhou: Fanjingshan).
Allognosta nigrifemur: Yang, Zhang *et* Li, 2014. Stratiomyoidea of China: 186.
分布（Distribution）： 贵州（GZ）

（50）宁夏距水虻 *Allognosta ningxiana* Zhang, Li *et* Yang, 2009

Allognosta ningxiana Zhang, Li *et* Yang, 2009. Acta Zootaxon. Sin. 34 (4): 786. **Type locality:** China (Ningxia: Longde).
Allognosta ningxiana: Yang, Zhang *et* Li, 2014. Stratiomyoidea of China: 187.
分布（Distribution）： 宁夏（NX）

（51）钝突距水虻 *Allognosta obtusa* Li, Zhang *et* Yang, 2009

Allognosta obtusa Li, Zhang *et* Yang *In*: Li, Cui, Zhang *et* Yang, 2009. Entomotaxon. 31 (3): 169. **Type locality:** China (Guangxi: Maoershan).
Allognosta obtusa: Yang, Zhang *et* Li, 2014. Stratiomyoidea of China: 189.
分布（Distribution）： 云南（YN）、广西（GX）

（52）东方距水虻 *Allognosta orientalis* Yang *et* Nagatomi, 1992

Allognosta orientalis Yang *et* Nagatomi, 1992. South Pacif. Stud. 12 (2): 150. **Type locality:** China (Yunnan: Mengla).
Allognosta orientalis: Yang, Zhang *et* Li, 2014. Stratiomyoidea of China: 190.
分布（Distribution）： 云南（YN）、广西（GX）

（53）变距水虻 *Allognosta partita* Enderlein, 1921

Allognosta partita Enderlein, 1921. Mitt. Zool. Mus. Berl. 10 (1): 184. **Type locality:** China (Taiwan: Toyenmongai).
Allognosta partita: Yang, Zhang *et* Li, 2014. Stratiomyoidea of China: 191.
分布（Distribution）： 台湾（TW）

（54）四川距水虻 *Allognosta sichuanensis* Yang *et* Nagatomi, 1992

Allognosta sichuanensis Yang *et* Nagatomi, 1992. South Pacif. Stud. 12 (2): 152. **Type locality:** China (Sichuan: Jiajiang).
Allognosta sichuanensis: Yang, Zhang *et* Li, 2014. Stratiomyoidea of China: 192.
分布（Distribution）： 四川（SC）

（55）单斑距水虻 *Allognosta singularis* Li, Liu *et* Yang, 2011

Allognosta singularis Li, Liu *et* Yang, 2011. Entomotaxon. 33 (1): 26. **Type locality:** China (Yunnan: Tengchong).

Allognosta singularis: Yang, Zhang *et* Li, 2014. Stratiomyoidea of China: 193.
分布（Distribution）：云南（YN）

（56）腾冲距水虻 *Allognosta tengchongana* Li, Liu *et* Yang, 2011

Allognosta tengchongana Li, Liu *et* Yang, 2011. Entomotaxon. 33 (1): 27. **Type locality:** China (Yunnan: Tengchong).
Allognosta tengchongana: Yang, Zhang *et* Li, 2014. Stratiomyoidea of China: 194.
分布（Distribution）：云南（YN）

（57）奇距水虻 *Allognosta vagans* (Loew, 1873)

Metoponia vagans Loew, 1873. Beschr. Europ. Dipt. 3: 71. **Type locality:** Das nordliche Russland (Galizien).
Allognosta vagans: Yang, Zhang *et* Li, 2014. Stratiomyoidea of China: 195.
Allognosta sapporensis Matsumura, 1916. Thousand Insects of Japan. Additamenta 2: 370. **Type locality:** Japan (Hokkaido: Sapporo).
Allognosta wagneri Pleske, 1926. Eos 2 (4): 416. **Type locality:** U. S. S. R. (Kransnojarsk: I'embouchure du fleuve Matour, systeme de l'Abakan).
Allognosta sinensis Pleske, 1926. Eos 2 (4): 418. **Type locality:** China (Sichuan: Lunganfu, Chodzigu, 6000 feet).
分布（Distribution）：北京（BJ）、浙江（ZJ）、湖南（HN）、四川（SC）、云南（YN）、福建（FJ）；德国、瑞士、奥地利、匈牙利、捷克、斯洛伐克、波兰、俄罗斯、日本

（58）王子山距水虻 *Allognosta wangzishana* Li, Liu *et* Yang, 2011

Allognosta wangzishana Li, Liu *et* Yang, 2011. Entomotaxon. 33 (1): 29. **Type locality:** China (Guangdong: Guangzhou).
Allognosta wangzishana: Yang, Zhang *et* Li, 2014. Stratiomyoidea of China: 196.
分布（Distribution）：广东（GD）

（59）雁山距水虻 *Allognosta yanshana* Zhang, Li *et* Yang, 2009

Allognosta yanshana Zhang, Li *et* Yang, 2009. Acta Zootaxon. Sin. 34 (4): 787. **Type locality:** China (Guangxi: Yanshan).
Allognosta yanshana: Yang, Zhang *et* Li, 2014. Stratiomyoidea of China: 197.
分布（Distribution）：广西（GX）

（60）朱氏距水虻 *Allognosta zhuae* Zhang, Li *et* Yang, 2011

Allognosta zhuae Zhang, Li *et* Yang, 2011. Trans. Am. Ent. Soc. 137 (1+2): 185. **Type locality:** China (Yunnan: Baoshan).
Allognosta zhuae: Yang, Zhang *et* Li, 2014. Stratiomyoidea of China: 198.
分布（Distribution）：云南（YN）

3. 异长角水虻属 *Aspartimas* Woodley, 1995

Aspartimas Woodley, 1995. Mem. Ent. Soc. Wash. 16: 62. **Type species:** *Spartimas formosanus* Enderlein, 1921.
Aspartimas: Yang, Zhang *et* Li, 2014. Stratiomyoidea of China: 200.

（61）台湾异长角水虻 *Aspartimas formosanus* (Enderlein, 1921)

Spartimas formosanus Enderlein, 1921. Mitt. Zool. Mus. Berl. 10 (1): 197. **Type locality:** China (Taiwan: Hoozan).
Aspartimas formosanus: Yang, Zhang *et* Li, 2014. Stratiomyoidea of China: 200.
分布（Distribution）：台湾（TW）

4. 柱角水虻属 *Beris* Latreille, 1802

Beris Latreille, 1802. Hist. nat. Crust. Ins. 3: 447. **Type species:** *Stratiomys sexdentata* Fabricius, 1781 (= *Musca chalybata* Forster, 1771), by monotypy.
Beris: Yang, Zhang *et* Li, 2014. Stratiomyoidea of China: 201.
Hexacantha Meigen, 1803. Mag. Insektenk. 2: 264. **Type species:** *Musca clavipes* Linné, 1767.
Octacantha Lioy, 1864. Atti. Ist. Vento Sci. 9: 586. **Type species:** *Beris fuscipes* Meigen, 1820.

（62）斑翅柱角水虻 *Beris alamaculata* Yang *et* Nagatomi, 1992

Beris alamaculata Yang *et* Nagatomi, 1992. South Pacif. Stud. 12 (2): 156. **Type locality:** China (Xizang: Bomi).
Beris alamaculata: Yang, Zhang *et* Li, 2014. Stratiomyoidea of China: 203.
分布（Distribution）：西藏（XZ）

（63）钩突柱角水虻 *Beris ancistra* Cui, Li *et* Yang, 2010

Beris ancistra Cui, Li *et* Yang, 2010. Entomotaxon. 32 (4): 277. **Type locality:** China (Sichuan: Emei Mountain).
Beris ancistra: Yang, Zhang *et* Li, 2014. Stratiomyoidea of China: 205.
分布（Distribution）：四川（SC）

（64）基黄柱角水虻 *Beris basiflava* Yang *et* Nagatomi, 1992

Beris basiflava Yang *et* Nagatomi, 1992. South Pacif. Stud. 12 (2): 159. **Type locality:** China (Xizang: Bomi).
Beris basiflava: Yang, Zhang *et* Li, 2014. Stratiomyoidea of China: 206.
分布（Distribution）：西藏（XZ）

（65）短突柱角水虻 *Beris brevis* Cui, Li *et* Yang, 2010

Beris brevis Cui, Li *et* Yang, 2010. Entomotaxon. 32 (4): 278. **Type locality:** China (Yunnan: Baoshan).

Beris brevis: Yang, Zhang *et* Li, 2014. Stratiomyoidea of China: 207.
分布（Distribution）：云南（YN）

（66）凹缘柱角水虻 *Beris concava* Li, Zhang *et* Yang, 2009

Beris concava Li, Zhang *et* Yang *In*: Li, Cui, Zhang *et* Yang, 2009. Entomotaxon. 31 (3): 210. **Type locality:** China (Yunnan: Lvchun).
Beris concava: Yang, Zhang *et* Li, 2014. Stratiomyoidea of China: 208.
分布（Distribution）：湖北（HB）、云南（YN）

（67）指突柱角水虻 *Beris digitata* Li, Zhang *et* Yang, 2009

Beris digitata Li, Zhang *et* Yang *In*: Li, Cui, Zhang *et* Yang, 2009. Entomotaxon. 31 (3): 211. **Type locality:** China (Yunnan: Jinping).
Beris digitata: Yang, Zhang *et* Li, 2014. Stratiomyoidea of China: 209.
分布（Distribution）：云南（YN）

（68）长角柱角水虻 *Beris dolichocera* Frey, 1961

Beris dolichocera Frey, 1961. Not. Ent. 40 (3): 77. **Type locality:** Myanmar (Kambati).
Beris dolichocera: Yang, Zhang *et* Li, 2014. Stratiomyoidea of China: 210.
分布（Distribution）：云南（YN）；缅甸

（69）峨眉山柱角水虻 *Beris emeishana* Yang *et* Nagatomi, 1992

Beris emeishana Yang *et* Nagatomi, 1992. South Pacif. Stud. 12 (2): 160. **Type locality:** China (Sichuan: Emei Mountain).
Beris emeishana: Yang, Zhang *et* Li, 2014. Stratiomyoidea of China: 211.
分布（Distribution）：四川（SC）

（70）黄跗柱角水虻 *Beris flava* Li, Zhang *et* Yang, 2011

Beris flava Li, Zhang *et* Yang, 2011. Acta Zootaxon. Sin. 36 (1): 49. **Type locality:** China (Ningxia: Jingyuan).
Beris flava: Yang, Zhang *et* Li, 2014. Stratiomyoidea of China: 212.
分布（Distribution）：宁夏（NX）

（71）叉突柱角水虻 *Beris furcata* Cui, Li *et* Yang, 2010

Beris furcata Cui, Li *et* Yang, 2010. Entomotaxon. 32 (4): 279. **Type locality:** China (Yunnan: Baoshan).
Beris furcata: Yang, Zhang *et* Li, 2014. Stratiomyoidea of China: 213.
分布（Distribution）：云南（YN）、海南（HI）

（72）端褐柱角水虻 *Beris fuscipes* Meigen, 1802

Beris fuscipes Meigen, 1820. Syst. Beschr. 2: 8. **Type locality:** England.
Beris fuscipes: Yang, Zhang *et* Li, 2014. Stratiomyoidea of China: 214.
Beris nigra Meigen, 1820. Syst. Beschr. 2: 7. **Type locality:** England.
Beris quadridentata Walker, 1848. List of the specimens of dipterous insects in the collection of the British Museum [4]: 127. **Type locality:** Canada (Ontario: Hudson's Bay, Albany River, St. Martin's Falls).
Oplacantha annulifera Bigot, 1887. Ann. Soc. Ent. Fr. 7 (1): 21. **Type locality:** USA (Georgia).
Actina canadensis Cresson, 1919. Proc. Acad. Nat. Sci. Phila. 71: 174. **Type locality:** Canada (Manitoba: Aweme).
Beris annulifera var. *brunnipes* Johnson, 1926. Psyche 33 (4-5): 109. **Type locality:** Canada (Labrador: Paroqu*e*t Island).
Beris sachalinensis Pleske, 1926. Eos 2 (4): 408. **Type locality:** Russia (Sakhalin: between Kosunaya and Manue).
Beris fuscotibialis Pleske, 1926. Eos 2 (4): 409. **Type locality:** U. S. S. R. (Krasnoyarskiy kraj: Abakan River basin, "Uzun- zhuls").
Beris sychuanensis Pleske, 1926. Eos 2 (4): 411. **Type locality:** China (Sichuan: Pasinku River, near Chumse).
Beris mongolica Pleske, 1926. Eos 2 (4): 414. **Type locality:** Mongolia (Ulaan Baatar).
Beris petiolata Frey, 1961. Not. Ent. 40 (3): 80. **Type locality:** Japan (Honshu: Sinano, Kamikooti).
分布（Distribution）：宁夏（NX）、甘肃（GS）、四川（SC）；加拿大、美国、英国、爱尔兰、法国、德国、瑞士、芬兰、挪威、瑞典、意大利、捷克、奥地利、匈牙利、波兰、格鲁吉亚、罗马尼亚、俄罗斯、乌克兰、哈萨克斯坦、蒙古国、日本

（73）甘肃柱角水虻 *Beris gansuensis* Yang *et* Nagatomi, 1992

Beris gansuensis Yang *et* Nagatomi, 1992. South Pacif. Stud. 12 (2): 165. **Type locality:** China (Gansu: Wenxian).
Beris gansuensis: Yang, Zhang *et* Li, 2014. Stratiomyoidea of China: 216.
分布（Distribution）：甘肃（GS）

（74）广津柱角水虻 *Beris hirotsui* Ôuchi, 1943

Beris hirotsui Ôuchi, 1943. Shanghai Sizen. Ken. Ihō 13 (6): 487. **Type locality:** Japan (Kyushu: Mt. Hiko).
Beris hirotsui: Yang, Zhang *et* Li, 2014. Stratiomyoidea of China: 218.
分布（Distribution）：湖北（HB）、四川（SC）；日本、俄罗斯

（75）黄连山柱角水虻 *Beris huanglianshana* Li, Zhang *et* Yang, 2009

Beris huanglianshana Li, Zhang *et* Yang *In*: Li, Cui, Zhang *et*

Yang, 2009. Entomotaxon. 31 (3): 211. **Type locality:** China (Yunnan: Lvchun).
Beris huanglianshana: Yang, Zhang *et* Li, 2014. Stratiomyoidea of China: 220.
分布（**Distribution**）：云南（YN）

（76）辽宁柱角水虻 *Beris liaoningana* Cui, Li *et* Yang, 2010

Beris liaoningana Cui, Li *et* Yang, 2010. Entomotaxon. 32 (4): 280. **Type locality:** China (Liaoning: Kuandian).
Beris liaoningana: Yang, Zhang *et* Li, 2014. Stratiomyoidea of China: 221.
分布（**Distribution**）：辽宁（LN）

（77）平头柱角水虻 *Beris potanini* Pleske, 1926

Beris potanini Pleske, 1926. Eos 2 (4): 410. **Type locality:** China (Sichuan: Kangding).
Beris potanini: Yang, Zhang *et* Li, 2014. Stratiomyoidea of China: 221.
分布（**Distribution**）：四川（SC）；蒙古国

（78）神农柱角水虻 *Beris shennongana* Li, Luo *et* Yang, 2009

Beris shennongana Li, Luo *et* Yang, 2009. Entomotaxon. 31 (2): 129. **Type locality:** China (Hubei: Shennongjia).
Beris shennongana: Yang, Zhang *et* Li, 2014. Stratiomyoidea of China: 222.
分布（**Distribution**）：湖北（HB）

（79）刺突柱角水虻 *Beris spinosa* Li, Zhang *et* Yang, 2009

Beris spinosa Li, Zhang *et* Yang *In*: Li, Cui, Zhang *et* Yang, 2009. Entomotaxon. 31 (3): 212. **Type locality:** China (Henan: Songxian).
Beris spinosa: Yang, Zhang *et* Li, 2014. Stratiomyoidea of China: 223.
分布（**Distribution**）：河南（HEN）、湖北（HB）

（80）三叶柱角水虻 *Beris trilobata* Li, Zhang *et* Yang, 2009

Beris trilobata Li, Zhang *et* Yang *In*: Li, Cui, Zhang *et* Yang, 2009. Entomotaxon. 31 (3): 213. **Type locality:** China (Sichuan: Kangding).
Beris trilobata: Yang, Zhang *et* Li, 2014. Stratiomyoidea of China: 224.
分布（**Distribution**）：四川（SC）、云南（YN）

（81）洋县柱角水虻 *Beris yangxiana* Cui, Li *et* Yang, 2010

Beris yangxiana Cui, Li *et* Yang, 2010. Entomotaxon. 32 (4): 281. **Type locality:** China (Shaanxi: Yangxian).
Beris yangxiana: Yang, Zhang *et* Li, 2014. Stratiomyoidea of China: 225.
分布（**Distribution**）：陕西（SN）

（82）周氏柱角水虻 *Beris zhouae* Qi, Zhang *et* Yang, 2011

Beris zhouae Qi, Zhang *et* Yang, 2011. Acta Zootaxon. Sin. 36 (2): 278. **Type locality:** China (Guizhou: Kuankuoshui).
Beris zhouae: Yang, Zhang *et* Li, 2014. Stratiomyoidea of China: 225.
分布（**Distribution**）：贵州（GZ）

（83）舟曲柱角水虻 *Beris zhouquensis* Li, Zhang *et* Yang, 2011

Beris zhouquensis Li, Zhang *et* Yang, 2011. Acta Zootaxon. Sin. 36 (1): 49. **Type locality:** China (Gansu: Zhouqu).
Beris zhouquensis: Yang, Zhang *et* Li, 2014. Stratiomyoidea of China: 226.
分布（**Distribution**）：甘肃（GS）

5. 离眼水虻属 *Chorisops* Rondani, 1856

Chorisops Rondani, 1856. Dipt. Ital. Prodromus 1: 173. **Type species:** *Beris tibialis* Meigen, 1820.
Chorisops: Yang, Zhang *et* Li, 2014. Stratiomyoidea of China: 227.

（84）双突离眼水虻 *Chorisops bilobata* Li, Cui *et* Yang, 2009

Chorisops bilobata Li, Cui *et* Yang *In*: Li, Cui Zhang *et* Yang, 2009. Entomotaxon. 31 (3): 162. **Type locality:** China (Shaanxi: Foping).
Chorisops bilobata: Yang, Zhang *et* Li, 2014. Stratiomyoidea of China: 228.
分布（**Distribution**）：陕西（SN）

（85）短突离眼水虻 *Chorisops brevis* Li, Cui *et* Yang, 2009

Chorisops brevis Li, Cui *et* Yang *In*: Li, Cui Zhang *et* Yang, 2009. Entomotaxon. 31 (3): 163. **Type locality:** China (Henan: Songxian).
Chorisops brevis: Yang, Zhang *et* Li, 2014. Stratiomyoidea of China: 229.
分布（**Distribution**）：河南（HEN）

（86）梵净山离眼水虻 *Chorisops fanjingshana* Li, Cui *et* Yang, 2009

Chorisops fanjingshana Li, Cui *et* Yang *In*: Li, Cui Zhang *et* Yang, 2009. Entomotaxon. 31 (3): 164. **Type locality:** China (Guizhou: Fanjingshan).
Chorisops fanjingshana: Yang, Zhang *et* Li, 2014. Stratiomyoidea of China: 230.
分布（**Distribution**）：贵州（GZ）

（87）长脉离眼水虻 *Chorisops longa* Li, Zhang *et* Yang, 2009

Chorisops longa Li, Zhang *et* Yang *In*: Li, Cui, Zhang *et* Yang,

2009. Entomotaxon. 31 (3): 214. **Type locality:** China (Zhejiang: Anji).
Chorisops longa: Yang, Zhang *et* Li, 2014. Stratiomyoidea of China: 231.
分布（Distribution）：浙江（ZJ）

（88）黄斑离眼水虻 *Chorisops maculiala* Nagatomi, 1964

Chorisops maculiala Nagatomi, 1964. Ins. Matsum. 27 (1): 19. **Type locality:** Japan (Honshu: Sasayama, Tamba).
Chorisops maculiala: Yang, Zhang *et* Li, 2014. Stratiomyoidea of China: 232.
分布（Distribution）：辽宁（LN）；日本、俄罗斯

（89）短刺离眼水虻 *Chorisops separata* Yang *et* Nagatomi, 1992

Chorisops separata Yang *et* Nagatomi, 1992. South Pacif. Stud. 12 (2): 169. **Type locality:** China (Shaanxi: Qinling).
Chorisops separata: Yang, Zhang *et* Li, 2014. Stratiomyoidea of China: 233.
分布（Distribution）：陕西（SN）

（90）条斑离眼水虻 *Chorisops striata* Qi, Zhang *et* Yang, 2011

Chorisops striata Qi, Zhang *et* Yang, 2011. Acta Zootaxon. Sin. 36 (2): 278. **Type locality:** China (Guizhou: Kuankuoshui).
Chorisops striata: Yang, Zhang *et* Li, 2014. Stratiomyoidea of China: 235.
分布（Distribution）：贵州（GZ）

（91）天目山离眼水虻 *Chorisops tianmushana* Li, Zhang *et* Yang, 2009

Chorisops tianmushana Li, Zhang *et* Yang *In*: Li, Cui, Zhang *et* Yang, 2009. Entomotaxon. 31 (3): 215. **Type locality:** China (Zhejiang: Tianmushan).
Chorisops tianmushana: Yang, Zhang *et* Li, 2014. Stratiomyoidea of China: 235.
分布（Distribution）：浙江（ZJ）

（92）长刺离眼水虻 *Chorisops unita* Yang *et* Nagatomi, 1992

Chorisops unita Yang *et* Nagatomi, 1992. South Pacif. Stud. 12 (2): 171. **Type locality:** China (Jiangxi: Jinggangshan).
Chorisops unita: Yang, Zhang *et* Li, 2014. Stratiomyoidea of China: 236.
分布（Distribution）：江西（JX）

（93）张氏离眼水虻 *Chorisops zhangae* Li, Zhang *et* Yang, 2009

Chorisops zhangae Li, Zhang *et* Yang *In*: Li, Cui, Zhang *et* Yang, 2009. Entomotaxon. 31 (3): 216. **Type locality:** China (Hainan: Changjiang).
Chorisops zhangae: Yang, Zhang *et* Li, 2014. Stratiomyoidea of China: 238.
分布（Distribution）：云南（YN）、海南（HI）

6. 长角水虻属 *Spartimas* Enderlein, 1921

Spartimas Enderlein, 1921. Mitt. Zool. Mus. Berl. 10: 196. **Type species:** *Spartimas ornatipes* Enderlein, 1921.
Spartimas: Yang, Zhang *et* Li, 2014. Stratiomyoidea of China: 239.

（94）端黑长角水虻 *Spartimas apiciniger* Zhang *et* Yang, 2010

Spartimas apiciniger Zhang *et* Yang, 2010. Zootaxa 2538: 61. **Type locality:** China (Guangxi: Leye).
Spartimas apiciniger: Yang, Zhang *et* Li, 2014. Stratiomyoidea of China: 239.
分布（Distribution）：广西（GX）

（95）海南长角水虻 *Spartimas hainanensis* Zhang *et* Yang, 2010

Spartimas hainanensis Zhang *et* Yang, 2010. Zootaxa 2538: 64. **Type locality:** China (Hainan: Yinggeling).
Spartimas hainanensis: Yang, Zhang *et* Li, 2014. Stratiomyoidea of China: 241.
分布（Distribution）：海南（HI）

（96）丽足长角水虻 *Spartimas ornatipes* Enderlein, 1921

Spartimas ornatipes Enderlein, 1921. Mitt. Zool. Mus. Berl. 10 (1): 196. **Type locality:** China (Taiwan: Toyenmongai).
Spartimas ornatipes: Yang, Zhang *et* Li, 2014. Stratiomyoidea of China: 242.
分布（Distribution）：台湾（TW）、广西（GX）、海南（HI）；马来西亚

鞍腹水虻亚科 Clitellariinae

7. 隐水虻属 *Adoxomyia* Kertész, 1907

Adoxomyia Kertész, 1907. Ann. Hist. Nat. Mus. Natl. Hung. 5 (2): 499. **Type species:** *Clitellaria dahlii* Meigen, 1830 (Bezzi, 1908: 75).
Adoxomyia: Yang, Zhang *et* Li, 2014. Stratiomyoidea of China: 245.
Euclitellaria Kertész, 1923. Ann. Hist. Nat. Mus. Natl. Hung. 20: 96, 101. **Type species:** *Clitellaria heminopla* Wiedemann, 1819.

（97）阿拉善隐水虻 *Adoxomyia alaschanica* Pleske, 1925

Adoxomyia alaschanica Pleske, 1925. Encycl. Ent. B (II), Dipt. 1 (3-4): 116. **Type locality:** China (Helanshan: "Zosto Vallye").

Adoxomyia alaschanica: Yang, Zhang *et* Li, 2014. Stratiomyoidea of China: 245.
分布（Distribution）：内蒙古（NM）；俄罗斯

（98）台湾隐水虻 *Adoxomyia formosana* (Kertész, 1923)

Euclitellaria formosana Kertész, 1923. Ann. Hist. Nat. Mus. Natl. Hung. 20: 102. **Type locality:** China (Taiwan: Toyenmongai, Kosempo).
Adoxomyia formosana: Yang, Zhang *et* Li, 2014. Stratiomyoidea of China: 246.
分布（Distribution）：台湾（TW）

（99）黄山隐水虻 *Adoxomyia hungshanensis* (Ôuchi, 1938)

Clitellaria hungshanensis Ôuchi, 1938. J. Shanghai Sci. Inst. (III) 4: 39. **Type locality:** China (Anhui: Huangshan).
Adoxomyia hungshanensis: Yang, Zhang *et* Li, 2014. Stratiomyoidea of China: 246.
分布（Distribution）：安徽（AH）、浙江（ZJ）

（100）泸沽隐水虻 *Adoxomyia lugubris* Pleske, 1925

Adoxomyia lugubris Pleske, 1925. Encycl. Ent. B (II), Dipt. 1 (3-4): 117. **Type locality:** China (Sichuan: "between Tszyagolo and Khunshuygu").
Adoxomyia lugubris: Yang, Zhang *et* Li, 2014. Stratiomyoidea of China: 247.
分布（Distribution）：四川（SC）

8. 安水虻属 *Anoamyia* Lindner, 1935

Anoamyia Lindner, 1935. Konowia 14 (1): 45. **Type species:** *Anoamyia heinrichiana* Lindner, 1935.
Anoamyia: Yang, Zhang *et* Li, 2014. Stratiomyoidea of China: 247.

（101）爪哇安水虻 *Anoamyia javana* James, 1936

Anoamyia javana James, 1936. Pan-Pac. Ent. 12 (2): 86. **Type locality:** Indonesia (Java: Soekaboemi).
Anoamyia javana: Yang, Zhang *et* Li, 2014. Stratiomyoidea of China: 247.
分布（Distribution）：云南（YN）；印度尼西亚

（102）直刺安水虻 *Anoamyia rectispina* Yang, Zhang *et* Li, 2014

Anoamyia rectispina Yang, Zhang *et* Li, 2014. Stratiomyoidea of China: 249. **Type locality:** China (Yunnan: Xishuangbanna).
分布（Distribution）：云南（YN）

9. 毛面水虻属 *Campeprosopa* Macquart, 1850

Campeprosopa Macquart, 1850. Mém. Soc. Sci. Agric. Lille. 1847 (2): 350. **Type species:** *Campeprosopa flavipes* Macquart, 1850.
Campeprosopa: Yang, Zhang *et* Li, 2014. Stratiomyoidea of China: 250.

（103）长刺毛面水虻 *Campeprosopa longispina* (Brunetti, 1913)

Ampsalis longispinus Brunetti, 1913. Rec. Ind. Mus. 9 (5): 264. **Type locality:** India.
Campeprosopa longispinus: Yang, Zhang *et* Li, 2014. Stratiomyoidea of China: 251.
分布（Distribution）：云南（YN）、西藏（XZ）、福建（FJ）、广东（GD）、广西（GX）、海南（HI）；印度、泰国

10. 鞍腹水虻属 *Clitellaria* Meigen, 1803

Clitellaria Meigen, 1803. Mag. Insektenk. 2: 265. **Type species:** *Stratiomys ephippium* Fabricius, 1775.
Clitellaria: Yang, Zhang *et* Li, 2014. Stratiomyoidea of China: 252.
Taurocera Lindner, 1936. Mitt. K. Naturw. Inst. Sofia 9: 91. **Type species:** *Taurocera pontica* Lindner, 1936.

（104）橘红鞍腹水虻 *Clitellaria aurantia* Yang, Zhang *et* Li, 2014

Clitellaria aurantia Yang, Zhang *et* Li, 2014. Stratiomyoidea of China: 254. **Type locality:** China (Yunnan: Xishuangbanna).
分布（Distribution）：云南（YN）

（105）直刺鞍腹水虻 *Clitellaria bergeri* (Pleske, 1925)

Potamida bergeri Pleske, 1925. Encycl. Ent. B (II), Dipt. 1 (3-4): 108. **Type locality:** Russia (Primorskiy kray: vicinity of Vladivostok, Sedanka).
Clitellaria bergeri: Yang, Zhang *et* Li, 2014. Stratiomyoidea of China: 255.
分布（Distribution）：辽宁（LN）、北京（BJ）、江苏（JS）、浙江（ZJ）、四川（SC）；俄罗斯

（106）双色鞍腹水虻 *Clitellaria bicolor* Yang, Zhang *et* Li, 2014

Clitellaria bicolor Yang, Zhang *et* Li, 2014. Stratiomyoidea of China: 257. **Type locality:** China (Yunnan: Xishuangbanna).
分布（Distribution）：云南（YN）

（107）集昆鞍腹水虻 *Clitellaria chikuni* Yang *et* Nagatomi, 1992

Clitellaria chikuni Yang *et* Nagatomi, 1992. South Pacif. Stud. 13 (1): 12. **Type locality:** China (Beijing: Xiangshan).
Clitellaria chikuni: Yang, Zhang *et* Li, 2014. Stratiomyoidea of China: 259.
分布（Distribution）：北京（BJ）、山西（SX）、陕西（SN）

（108）粗芒鞍腹水虻 *Clitellaria crassistilus* Yang *et* Nagatomi, 1992

Clitellaria crassistilus Yang *et* Nagatomi, 1992. South Pacif.

Stud. 13 (1): 16. **Type locality:** China (Yunnan: Kunming).
Clitellaria crassistilus: Yang, Zhang *et* Li, 2014. Stratiomyoidea of China: 260.
分布（Distribution）：云南（YN）

（109）黄毛鞍腹水虻 *Clitellaria flavipilosa* Yang *et* Nagatomi, 1992

Clitellaria flavipilosa Yang *et* Nagatomi, 1992. South Pacif. Stud. 13 (1): 17. **Type locality:** China (Yunnan: Mengla).
Clitellaria flavipilosa: Yang, Zhang *et* Li, 2014. Stratiomyoidea of China: 261.
分布（Distribution）：云南（YN）

（110）昆明鞍腹水虻 *Clitellaria kunmingana* Yang *et* Nagatomi, 1992

Clitellaria kunmingana Yang *et* Nagatomi, 1992. South Pacif. Stud. 13 (1): 20. **Type locality:** China (Yunnan: Kunming).
Clitellaria kunmingana: Yang, Zhang *et* Li, 2014. Stratiomyoidea of China: 263.
分布（Distribution）：云南（YN）

（111）长毛鞍腹水虻 *Clitellaria longipilosa* Yang *et* Nagatomi, 1992

Clitellaria longipilosa Yang *et* Nagatomi, 1992. South Pacif. Stud. 13 (1): 22. **Type locality:** China (Yunnan: Kunming).
Clitellaria longipilosa: Yang, Zhang *et* Li, 2014. Stratiomyoidea of China: 264.
分布（Distribution）：云南（YN）

（112）中黄鞍腹水虻 *Clitellaria mediflava* Yang *et* Nagatomi, 1992

Clitellaria mediflava Yang *et* Nagatomi, 1992. South Pacif. Stud. 13 (1): 26. **Type locality:** China (Beijing: Xiangshan).
Clitellaria mediflava: Yang, Zhang *et* Li, 2014. Stratiomyoidea of China: 266.
分布（Distribution）：北京（BJ）

（113）微刺鞍腹水虻 *Clitellaria microspina* Yang, Zhang *et* Li, 2014

Clitellaria microspina Yang, Zhang *et* Li, 2014. Stratiomyoidea of China: 267. **Type locality:** China (Xinjiang: Wusu).
分布（Distribution）：新疆（XJ）

（114）黑色鞍腹水虻 *Clitellaria nigra* Yang *et* Nagatomi, 1992

Clitellaria nigra Yang *et* Nagatomi, 1992. South Pacif. Stud. 13 (1): 28. **Type locality:** China (Shaanxi: Huashan Mountain).
Clitellaria nigra: Yang, Zhang *et* Li, 2014. Stratiomyoidea of China: 268.
分布（Distribution）：北京（BJ）、陕西（SN）、甘肃（GS）、江苏（JS）、上海（SH）、浙江（ZJ）、江西（JX）、四川（SC）、云南（YN）、西藏（XZ）、福建（FJ）、广西（GX）

（115）斜刺鞍腹水虻 *Clitellaria obliquispina* Yang, Zhang *et* Li, 2014

Clitellaria obliquispina Yang, Zhang *et* Li, 2014. Stratiomyoidea of China: 271. **Type locality:** China (Yunnan: Xishuangbanna).
分布（Distribution）：云南（YN）

（116）东方鞍腹水虻 *Clitellaria orientalis* (Lindner, 1951)

Taurocera orientalis Lindner, 1951. Bonn. Zool. Beitr. 2 (1-2): 186. **Type locality:** China (Fujian: "Kua-tun near Tshung Sen").
Clitellaria orientalis: Yang, Zhang *et* Li, 2014. Stratiomyoidea of China: 272.
分布（Distribution）：贵州（GZ）、云南（YN）、西藏（XZ）、福建（FJ）、广西（GX）

11. 长鞭水虻属 *Cyphomyia* Wiedemann, 1819

Cyphomyia Wiedemann, 1819. Zool. Mag. 1 (3): 54. **Type species:** *Stratiomys cyanea* Fabricius, 1794.
Cyphomyia: Yang, Zhang *et* Li, 2014. Stratiomyoidea of China: 274.
Rondania Jaennicke, 1867. Abh. Sencken. Naturforsch. Ges. 6: 342. **Type species:** *Rondania obscura* Jaennicke, 1867.
Neorondania Osten Sacken, 1878. Smithson. Misc. Collect. 16: 50. **Type species:** *Rondania obscura* Jaennicke, 1867.
Gyneuryparia Enderlein, 1914. Zool. Anz. 43 (13): 604. **Type species:** *Cyphomyia pilosissma* Gerstaecker, 1857.

（117）白毛长鞭水虻 *Cyphomyia albopilosa* Yang, Zhang *et* Li, 2014

Cyphomyia albopilosa Yang, Zhang *et* Li, 2014. Stratiomyoidea of China: 275. **Type locality:** China (Yunnan: Jinping).
分布（Distribution）：云南（YN）

（118）中华长鞭水虻 *Cyphomyia chinensis* Ôuchi, 1938

Cyphomyia chinensis Ôuchi, 1938. J. Shanghai Sci. Inst. (III) 4: 46. **Type locality:** China (Zhejiang: Tianmushan).
Cyphomyia chinensis: Yang, Zhang *et* Li, 2014. Stratiomyoidea of China: 276.
分布（Distribution）：浙江（ZJ）、云南（YN）、西藏（XZ）、福建（FJ）

（119）东方长鞭水虻 *Cyphomyia orientalis* Kertész, 1914

Cyphomyia orientalis Kertész, 1914. Ann. Hist. Nat. Mus. Natl. Hung. 12 (2): 505. **Type locality:** China (Taiwan: Toyenmongai).
Cyphomyia orientalis: Yang, Zhang *et* Li, 2014. Stratiomyoidea of China: 277.

分布（Distribution）：台湾（TW）

12. 优多水虻属 *Eudmeta* Wiedemann, 1830

Eudmeta Wiedemann, 1830. Aussereur. Zweifl. Ins. 2: 43. **Type species:** *Hermetia marginata* Fabrius, 1805.
Eudmeta: Yang, Zhang *et* Li, 2014. Stratiomyoidea of China: 278.
Toxocera Macquart, 1850. Mém. Soc. Sci. Agric. Lille. 1849: 348. **Type species:** *Toxocera limbiventris* Macquart, 1850.

（120）蓝斑优多水虻 *Eudmeta coerulemaculata* Yang, Wei *et* Yang, 2010

Eudmeta coerulemaculata Yang, Wei *et* Yang, 2010. Acta Zootaxon. Sin. 35 (2): 330. **Type locality:** China (Hainan: Diaoluoshan).
Eudmeta coerulemaculata: Yang, Zhang *et* Li, 2014. Stratiomyoidea of China: 278.
分布（Distribution）：四川（SC）、云南（YN）、西藏（XZ）、海南（HI）

（121）王冠优多水虻 *Eudmeta diadematipennis* Brunetti, 1923

Eudmeta diadematipennis Brunetti, 1923. Rec. Ind. Mus. 25 (1): 108. **Type locality:** India (Assam: North Khasi Hills, Lower ranges).
Eudmeta diadematipennis: Yang, Zhang *et* Li, 2014. Stratiomyoidea of China: 280.
分布（Distribution）：浙江（ZJ）、四川（SC）、贵州（GZ）、云南（YN）、西藏（XZ）、广西（GX）、海南（HI）；印度

13. 黑水虻属 *Nigritomyia* Bigot, 1877

Nigritomyia Bigot, 1877. Bull. Soc. Ent. Fr. 98: 102. **Type species:** *Ephippium maculipennis* Macquart, 1850.
Nigritomyia: Yang, Zhang *et* Li, 2014. Stratiomyoidea of China: 282.

（122）黄股黑水虻 *Nigritomyia basiflava* Yang, Zhang *et* Li, 2014

Nigritomyia basiflava Yang, Zhang *et* Li, 2014. Stratiomyoidea of China: 282. **Type locality:** China (Yunnan: Hekou).
分布（Distribution）：云南（YN）、广西（GX）、海南（HI）

（123）赤灰黑水虻 *Nigritomyia cyanea* Brunetti, 1924

Nigritomyia cyanea Brunetti, 1924. Encycl. Ent. 1 (2): 69. **Type locality:** Laos (Choleya).
Nigritomyia cyanea: Yang, Zhang *et* Li, 2014. Stratiomyoidea of China: 284.
分布（Distribution）：云南（YN）；老挝

（124）黄颈黑水虻 *Nigritomyia fulvicollis* Kertész, 1914

Nigritomyia fulvicollis Kertész, 1914. Ann. Hist. Nat. Mus. Natl. Hung. 12 (2): 514. **Type locality:** China (Taiwan: Kankau, Kosempo, Koshun, Pilam, Sokotsu, Taihorin and Tapani).
Nigritomyia fulvicollis: Yang, Zhang *et* Li, 2014. Stratiomyoidea of China: 285.
分布（Distribution）：河南（HEN）、浙江（ZJ）、湖北（HB）、四川（SC）、贵州（GZ）、云南（YN）、福建（FJ）、台湾（TW）、广东（GD）、广西（GX）

（125）广西黑水虻 *Nigritomyia guangxiensis* Li, Zhang *et* Yang, 2009

Nigritomyia guangxiensis Li, Zhang *et* Yang, 2009. Acta Zootaxon. Sin. 34 (4): 928. **Type locality:** China (Guangxi: Nanning).
Nigritomyia guangxiensis: Yang, Zhang *et* Li, 2014. Stratiomyoidea of China: 287.
分布（Distribution）：广西（GX）

14. 红水虻属 *Ruba* Walker, 1859

Ruba Walker, 1859. J. Proc. Linn. Soc. Lond. Zool. 4 (15): 100. **Type species:** *Ruba inflata* Walker, 1859.
Ruba: Yang, Zhang *et* Li, 2014. Stratiomyoidea of China: 288.
Thylacosoma Brauer, 1882. Denkschr. Akad. Wiss. Wien 44 (1): 77. **Type species:** *Thylacosoma amboinense* Brauer, 1882.

（126）双斑红水虻 *Ruba bimaculata* Yang, Zhang *et* Li, 2014

Ruba bimaculata Yang, Zhang *et* Li, 2014. Stratiomyoidea of China: 289. **Type locality:** China (Sichuan: Emei Mountain).
分布（Distribution）：四川（SC）

（127）斑翅红水虻 *Ruba maculipennis* Yang, Zhang *et* Li, 2014

Ruba maculipennis Yang, Zhang *et* Li, 2014. Stratiomyoidea of China: 290. **Type locality:** China (Sichuan: Emei Mountain).
分布（Distribution）：四川（SC）

（128）黑胫红水虻 *Ruba nigritibia* Yang, Zhang *et* Li, 2014

Ruba nigritibia Yang, Zhang *et* Li, 2014. Stratiomyoidea of China: 290. **Type locality:** China (Yunnan: Baoshan).
分布（Distribution）：云南（YN）

扁角水虻亚科 Hermetiinae

15. 扁角水虻属 *Hermetia* Latreille, 1804

Hermetia Latreille, 1804. Syst. Nat.: 192. **Type species:** *Musca illucens* Linnaeus, 1758.

Hermetia: Yang, Zhang *et* Li, 2014. Stratiomyoidea of China: 292.
Thorasena Macquart, 1838. Mém. Soc. Sci. Agric. Lille. 1838 (2): 177. **Type species:** *Hermetia pectoralis* Wiedemann, 1824.
Massicyta Walker, 1856. J. Proc. Linn. Soc. London Zool. 1 (1): 8. **Type species:** *Massicyta bicolor* Walker, 1856.
Acrodesmia Enderlein, 1914. Zool. Anz. 44 (1): 3. **Type species:** *Hermetia albitarsis* Fabricius, 1805.
Scammatocera Enderlein, 1914. Zool. Anz. 44 (1): 5. **Type species:** *Scammatocera virescens* Enderlein, 1914.

（129）短芒扁角水虻 *Hermetia branchystyla* Yang, Zhang *et* Li, 2014

Hermetia branchystyla Yang, Zhang *et* Li, 2014. Stratiomyoidea of China: 293. **Type locality:** China (Yunnan: Menglun).
分布（Distribution）：云南（YN）

（130）黄斑扁角水虻 *Hermetia flavimaculata* Yang, Zhang *et* Li, 2014

Hermetia flavimaculata Yang, Zhang *et* Li, 2014. Stratiomyoidea of China: 293. **Type locality:** China (Yunnan: Xiaomengyang).
分布（Distribution）：云南（YN）、广西（GX）

（131）亮斑扁角水虻 *Hermetia illucens* (Linnaeus, 1758)

Musca illucens Linnaeus, 1758. Systema naturae per regna tria naturae, secundum classes, ordines, genera, species, cum characteribus, differentiis, synonymis, locis [4]: 589. **Type locality:** "South America".
Hermetia illucens: Yang, Zhang *et* Li, 2014. Stratiomyoidea of China: 295.
Musca leucopa Linnaeus, 1767. Systema naturae per regna tria naturae, secundum classes, ordines, genera, species, cum characteribus, differentiis, synonymis, locis [2]: 983. **Type locality:** "America".
Hermetia rufiventris Fabricius, 1805. Systema antliatorum secundum ordines, genera, species adiectis synonymis, locis, observationibus, descriptionibus I-XIV: 63. **Type locality:** "America meridionali".
Hermetia nigrifacies Bigot, 1879. Ann. Soc. Ent. Fr. 9: 200. **Type locality:** Mexico.
Hermetia illucens var. *nigritibia* Enderlein, 1914. Zool. Anz. 44 (1): 9. **Type locality:** Brazil (Santa Catarina).
分布（Distribution）：内蒙古（NM）、北京（BJ）、河南（HEN）、安徽（AH）、浙江（ZJ）、云南（YN）、福建（FJ）、台湾（TW）、广西（GX）、海南（HI）；美国、墨西哥、巴拿马、阿根廷、巴西、秘鲁、智利、伯利兹、英属维尔京群岛、哥伦比亚、哥斯达黎加、厄瓜多尔、多米尼克、多米尼加、萨尔瓦多、格林纳达、危地马拉、圭亚那、海地、洪都拉斯、牙买加、巴拉圭、波多黎各、苏里南、特立尼达和多巴哥、委内瑞拉、乌拉圭、阿尔巴尼亚、加那利群岛、克罗地亚、法国、意大利、西班牙、瑞士、马耳他、前南斯拉夫、喀麦隆、刚果（布）、加纳、科特迪瓦、肯尼亚、马达加斯加、马里、纳米比亚、南非、坦桑尼亚、刚果（金）、赞比亚、日本、印度、印度尼西亚、马来西亚、尼泊尔、菲律宾、斯里兰卡、泰国、越南、澳大利亚、帕劳、法属玻利尼西亚、基里巴斯群岛、马绍尔群岛、密克罗尼西亚、新喀里多尼亚、新西兰、北马里亚纳群岛、巴布亚新几内亚、所罗门群岛、瓦努阿图、萨摩亚

（132）黑腹扁角水虻 *Hermetia melanogaster* Yang, Zhang *et* Li, 2014

Hermetia melanogaster Yang, Zhang *et* Li, 2014. Stratiomyoidea of China: 297. **Type locality:** China (Sichuan: Emei Mountain).
分布（Distribution）：四川（SC）、广西（GX）

（133）横斑扁角水虻 *Hermetia transmaculata* Yang, Zhang *et* Li, 2014

Hermetia transmaculata Yang, Zhang *et* Li, 2014. Stratiomyoidea of China: 299. **Type locality:** China (Yunnan: Xishuangbanna).
分布（Distribution）：云南（YN）

线角水虻亚科 Nemotelinae

16. 线角水虻属 *Nemotelus* Geoffroy, 1762

Nemotelus Geoffroy, 1762. Hist. Abreg. Ins. 2: 542. **Type species:** *Musca pantherina* Linnaeus, 1758.
Nemotelus Geoffroy: Yang, Zhang *et* Li, 2014. Stratiomyoidea of China: 301.
Akronia Hine, 1901. Ohio Nat. 1 (7): 113. **Type species:** *Akronia frontosa* Hine, 1901.
Geitonomyia Kertész, 1923. Ann. Hist. Nat. Mus. Natl. Hung. 20: 122. **Type species:** *Geitonomyia transsylvanica* Kertész, 1923.
Epideicticus Kertész, 1923. Ann. Hist. Nat. Mus. Natl. Hung. 20: 126. **Type species:** *Nemotelus haemorrhous* Loew, 1857.
Cluninemotelus Mason, 1997. The Afrotropical Nemotelina (Diptera, Stratiomyidae): 49. **Type species:** *Nemotelus clunipes* Lindner, 1960.
Temonelus Mason, 1997. The Afrotropical Nemotelina (Diptera, Stratiomyidae): 110. **Type species:** *Nemotelus grootaerti* Mason, 1997.

（134）窄边线角水虻 *Nemotelus angustemarginatus* Pleske, 1937

Nemotelus angustemarginatus Pleske *In*: Lindner, 1937. Flieg. Palaearkt. Reg. 4 (1): 118. **Type locality:** China [Gobi: Bomyn River (Ichegan), North Zaidam].
Nemotelus angustemarginatus: Yang, Zhang *et* Li, 2014. Stratiomyoidea of China: 302.

分布（Distribution）：青海（QH）；蒙古国

（135）环足线角水虻 *Nemotelus annulipes* Pleske, 1937

Nemotelus annulipes Pleske *In*: Lindner, 1937. Flieg. Palaearkt. Reg. 4 (1): 118. **Type locality:** China (Gashun'skoe Gobi: Dankhe River, S of Sachzhou).

Nemotelus annulipes: Yang, Zhang *et* Li, 2014. Stratiomyoidea of China: 303.

Nemotelus atrifrons Pleske *In*: Lindner, 1937. Flieg. Palaearkt. Reg. 4 (1): 120. **Type locality:** Kazakhstan (Alma-Ata Province: Big Almaatinka River, Priyutskaia colony).

分布（Distribution）：甘肃（GS）；哈萨克斯坦、蒙古国

（136）鱼卡线角水虻 *Nemotelus bomynensis* Pleske, 1937

Nemotelus bomynensis Pleske *In*: Lindner, 1937. Flieg. Palaearkt. Reg. 4 (1): 122. **Type locality:** China [Gobi: Bomyn River (Ichegan), North Zaidam].

Nemotelus bomynensis: Yang, Zhang *et* Li, 2014. Stratiomyoidea of China: 303.

分布（Distribution）：青海（QH）；蒙古国

（137）离斑线角水虻 *Nemotelus dissitus* Cui, Zhang *et* Yang, 2009

Nemotelus dissitus Cui, Zhang *et* Yang, 2009. Acta Zootaxon. Sin. 34 (4): 790. **Type locality:** China (Shaanxi).

Nemotelus dissitus: Yang, Zhang *et* Li, 2014. Stratiomyoidea of China: 304.

分布（Distribution）：陕西（SN）

（138）黄颜线角水虻 *Nemotelus faciflavus* Cui, Zhang *et* Yang, 2009

Nemotelus faciflavus Cui, Zhang *et* Yang, 2009. Acta Zootaxon. Sin. 34 (4): 790. **Type locality:** China (Xinjiang).

Nemotelus faciflavus: Yang, Zhang *et* Li, 2014. Stratiomyoidea of China: 305.

分布（Distribution）：新疆（XJ）

（139）戈壁线角水虻 *Nemotelus gobiensis* Pleske, 1937

Nemotelus gobiensis Pleske *In*: Lindner, 1937. Flieg. Palaearkt. Reg. 4 (1): 126. **Type locality:** Mogolia ("Tufyn").

Nemotelus gobiensis: Yang, Zhang *et* Li, 2014. Stratiomyoidea of China: 305.

分布（Distribution）：青海（QH）；蒙古国

（140）侧边线角水虻 *Nemotelus latemarginatus* Pleske, 1937

Nemotelus latemarginatus Pleske *In*: Lindner, 1937. Flieg. Palaearkt. Reg. 4 (1): 129. **Type locality:** China [Gobi Desert: Bomyn River (Ichegan), North Zaidam].

Nemotelus latemarginatus: Yang, Zhang *et* Li, 2014. Stratiomyoidea of China: 306.

Nemotelus mongolicus Pleske *In*: Lindner, 1937. Flieg. Palaearkt. Reg. 4 (1): 133. **Type locality:** Mongolia (Altai: Khunguyu River).

分布（Distribution）：青海（QH）；蒙古国、俄罗斯

（141）宽腹线角水虻 *Nemotelus lativentris* Pleske, 1937

Nemotelus lativentris Pleske *In*: Lindner, 1937. Flieg. Palaearkt. Reg. 4 (1): 130. **Type locality:** China (Sichuan: "dol. Kusyor, Mungu-chiuti").

Nemotelus lativentris: Yang, Zhang *et* Li, 2014. Stratiomyoidea of China: 306.

分布（Distribution）：四川（SC）

（142）满洲里线角水虻 *Nemotelus mandshuricus* Pleske, 1937

Nemotelus mandshuricus Pleske *In*: Lindner, 1937. Flieg. Palaearkt. Reg. 4 (1): 132. **Type locality:** Mongolia (Dornod aimak: Bujr Nuur).

Nemotelus mandshuricus: Yang, Zhang *et* Li, 2014. Stratiomyoidea of China: 307.

分布（Distribution）：中国东北部；蒙古国

（143）南山线角水虻 *Nemotelus nanshanicus* Pleske, 1937

Nemotelus nanshanicus Pleske *In*: Lindner, 1937. Flieg. Palaearkt. Reg. 4 (1): 134. **Type locality:** China (Gobi: "Orogyn Syrtyn, Nan'shanya").

Nemotelus nanshanicus: Yang, Zhang *et* Li, 2014. Stratiomyoidea of China: 307.

分布（Distribution）：青海（QH）

（144）黑线角水虻 *Nemotelus nigrinus* Fallén, 1817

Nemotelus nigrinus Fallén, 1817. Stratiomydae Sveciae [2]: 6. **Type locality:** Sweden (Skåne: Esperöd).

Nemotelus nigrinus: Yang, Zhang *et* Li, 2014. Stratiomyoidea of China: 308.

Nemotelus carneus Walker, 1849. List of the specimens of dipterous insects in the collection of the British Museum [4]: 521. **Type locality:** Canada (Ontario: Hudson's Bay, Albany River, St. Martin's Falls).

Nemotelus crassus Loew, 1863. Berl. Ent. Z. 7 (1-2): 7. **Type locality:** USA (Rhode Island).

Nemotelus unicolor Loew, 1863. Berl. Ent. Z. 7 (1-2): 7. **Type locality:** USA (Illinois).

Nemotelus carbonarius Loew, 1869. Berl. Ent. Z. 13 (1-2): 5. **Type locality:** USA (Massachusetts: Lenox).

分布（Distribution）：内蒙古（NM）、陕西（SN）、宁夏（NX）、青海（QH）、西藏（XZ）；加拿大、美国、墨西哥、阿富汗、奥地利、阿塞拜疆、比利时、保加利亚、捷克、丹麦、英国、爱沙尼亚、芬兰、德国、匈牙利、爱尔兰、拉脱维亚、立陶宛、蒙古国、摩洛哥、荷兰、挪威、波兰、罗马尼亚、

俄罗斯、斯洛伐克、西班牙、瑞典、瑞士、乌克兰、前南斯拉夫

(145) 面具线角水虻 *Nemotelus personatus* Pleske, 1937

Nemotelus personatus Pleske *In*: Lindner, 1937. Flieg. Palaearkt. Reg. 4 (1): 138. **Type locality:** China [Gobi Desert: Bomyn River (Ichegan), North Zaidam].
Nemotelus personatus: Yang, Zhang *et* Li, 2014. Stratiomyoidea of China: 309.
分布（Distribution）：青海（QH）；阿富汗

(146) 普氏线角水虻 *Nemotelus przewalskii* Pleske, 1937

Nemotelus przewalskii Pleske *In*: Lindner, 1937. Flieg. Palaearkt. Reg. 4 (1): 139. **Type locality:** China (Neimenggu: "Edzin-gol").
Nemotelus przewalskii: Yang, Zhang *et* Li, 2014. Stratiomyoidea of China: 310.
分布（Distribution）：内蒙古（NM）

(147) 斯氏线角水虻 *Nemotelus svenhedini* Lindner, 1933

Nemotelus svenhedini Lindner, 1933. Ark. Zool. 27B (4): 3. **Type locality:** China ("Hutjertu-gol" [= N of Bao-tou]).
Nemotelus svenhedini: Yang, Zhang *et* Li, 2014. Stratiomyoidea of China: 310.
分布（Distribution）：内蒙古（NM）、宁夏（NX）

(148) 沼泽线角水虻 *Nemotelus uliginosus* (Linnaeus, 1767)

Musca uliginosus Linnaeus, 1767. Systema naturae per regna tria naturae, secundum classes, ordines, genera, species, cum characteribus, differentiis, synonymis, locis.[2]: 983. **Type locality:** Europe.
Nemotelus uliginosus: Yang, Zhang *et* Li, 2014. Stratiomyoidea of China: 311.
Stratiomys mutica Fabricius, 1777. *Genera insectorvm eorvmqve characters natvrales secvndvm nvmervm, figvram, sitvm et proportionem omnivm partivm oris adiecta mantissa speciervm nvper detectarvm* [16]: 305. **Type locality:** Germany.
Nemotelus bifasciatus Meigen, 1838. *Systematische Beschreibung der bekannten europäischen zweiflügligen Insekten* [2]: 104. **Type locality:** Europe.
Nemotelus pica Loew, 1840. *Bemerkungen über die in der Posener Gegend einheimischen Arten mehrerer Zweiflügler* 24. **Type locality:** Europe.
Nemotelus tripunctatus Pleske *In*: Lindner, 1937. Flieg. Palaearkt. Reg. 4 (1): 144. **Type locality:** Kyrgyzstan (Tien Shan Province: Dzhumgol River valley).
Nemotelus uliginosus ignatowi Pleske *In*: Lindner, 1937. Flieg. Palaearkt. Reg. 4 (1): 146. **Type locality:** Kazakhstan (Celinograd region: Lake Tengiz).
分布（Distribution）：内蒙古（NM）、新疆（XJ）；奥地利、比利时、捷克、丹麦、英国、芬兰、法国、德国、匈牙利、哈萨克斯坦、拉脱维亚、蒙古国、荷兰、挪威、波兰、俄罗斯、斯洛文尼亚、瑞典、瑞士

(149) 黄腹线角水虻 *Nemotelus ventiflavus* Cui, Zhang *et* Yang, 2009

Nemotelus ventiflavus Cui, Zhang *et* Yang, 2009. Acta Zootaxon. Sin. 34 (4): 791. **Type locality:** China (Xinjiang).
Nemotelus ventiflavus: Yang, Zhang *et* Li, 2014. Stratiomyoidea of China: 312.
分布（Distribution）：新疆（XJ）

(150) 新疆线角水虻 *Nemotelus xinjianganus* Cui, Zhang *et* Yang, 2009

Nemotelus xinjianganus Cui, Zhang *et* Yang, 2009. Acta Zootaxon. Sin. 34 (4): 791. **Type locality:** China (Xinjiang).
Nemotelus xinjianganus: Yang, Zhang *et* Li, 2014. Stratiomyoidea of China: 313.
分布（Distribution）：内蒙古（NM）、宁夏（NX）、新疆（XJ）

厚腹水虻亚科 Pachygastrinae

17. 肾角水虻属 *Abiomyia* Kertész, 1914

Abiomyia Kertész, 1914. Ann. Hist. Nat. Mus. Natl. Hung. 12 (2): 529. **Type species:** *Abiomyia annulipes* Kertész, 1914.
Abiomyia: Yang, Zhang *et* Li, 2014. Stratiomyoidea of China: 317.

(151) 环足肾角水虻 *Abiomyia annulipes* Kertész, 1914

Abiomyia annulipes Kertész, 1914. Ann. Hist. Nat. Mus. Natl. Hung. 12 (2): 531. **Type locality:** China (Taiwan: Chip-Chip, Kosempo, Koshun, Toyenmongai).
Abiomyia annulipes: Yang, Zhang *et* Li, 2014. Stratiomyoidea of China: 317.
分布（Distribution）：云南（YN）、台湾（TW）；印度尼西亚

(152) 褐足肾角水虻 *Abiomyia brunnipes* Yang, Zhang *et* Li, 2014

Abiomyia brunnipes Yang, Zhang *et* Li, 2014. Stratiomyoidea of China: 319. **Type locality:** China (Yunnan: Mengla).
分布（Distribution）：云南（YN）

18. 华美水虻属 *Abrosiomyia* Kertész, 1914

Abrosiomyia Kertész, 1914. Ann. Hist. Nat. Mus. Natl. Hung. 12 (2): 531. **Type species:** *Abrosiomyia minuta* Kertész, 1914.

Abrosiomyia: Yang, Zhang *et* Li, 2014. Stratiomyoidea of China: 321.

（153）黄足华美水虻 *Abrosiomyia flavipes* Yang, Zhang *et* Li, 2014

Abrosiomyia flavipes Yang, Zhang *et* Li, 2014. Stratiomyoidea of China: 321. **Type locality:** China (Yunnan: Hekou).

分布（Distribution）：云南（YN）、海南（HI）

（154）小华美水虻 *Abrosiomyia minuta* Kertész, 1914

Abrosiomyia minuta Kertész, 1914. Ann. Hist. Nat. Mus. Natl. Hung. 12 (2): 532. **Type locality:** China (Taiwan: Toyenmongai).
Abrosiomyia minuta: Yang, Zhang *et* Li, 2014. Stratiomyoidea of China: 322.

分布（Distribution）：湖南（HN）、云南（YN）、台湾（TW）

19. 助水虻属 *Aidomyia* Kertész, 1916

Aidomyia Kertész, 1916. Ann. Hist. Nat. Mus. Natl. Hung. 14 (1): 191. **Type species:** *Aidomyia femoralis* Kertész, 1916.
Aidomyia: Yang, Zhang *et* Li, 2014. Stratiomyoidea of China: 324.

（155）股助水虻 *Aidomyia femoralis* Kertész, 1916

Aidomyia femoralis Kertész, 1916. Ann. Hist. Nat. Mus. Natl. Hung. 14 (1): 193. **Type locality:** China (Taiwan: Kankau).
Aidomyia femoralis: Yang, Zhang *et* Li, 2014. Stratiomyoidea of China: 324.

分布（Distribution）：台湾（TW）

20. 绒毛水虻属 *Aulana* Walker, 1864

Aulana Walker, 1864. J. Proc. Linn. Soc. Lond. Zool. 7 (28): 204. **Type species:** *Aulana confirmata* Walker, 1864.
Aulana: Yang, Zhang *et* Li, 2014. Stratiomyoidea of China: 324.
Acraspidea Brauer, 1882. Zweiflügler des Kaiserlichen Museums zu Wien. II 44 (1): 75. **Type species:** *Acraspidea felderi* Brauer, 1882 [=*Aulana confirmata* Walker].

（156）海岛绒毛水虻 *Aulana insularis* James, 1939

Aulana insularis James, 1939. Arb. Morph. Taxon. Ent. Berl. 6 (1): 37. **Type locality:** China (Taiwan: Kankau, Koshun).
Aulana insularis: Yang, Zhang *et* Li, 2014. Stratiomyoidea of China: 325.

分布（Distribution）：台湾（TW）

21. 折翅水虻属 *Camptopteromyia* de Meijere, 1914

Camptopteromyia de Meijere, 1914. Tijdschr. Ent. 56 (Suppl.): 12. **Type species:** *Camptopteromyia fractipennis* de Meijere, 1914.
Camptopteromyia: Yang, Zhang *et* Li, 2014. Stratiomyoidea of China: 325.

（157）黄角折翅水虻 *Camptopteromyia flaviantenna* Yang, Zhang *et* Li, 2014

Camptopteromyia flaviantenna Yang, Zhang *et* Li, 2014. Stratiomyoidea of China: 326. **Type locality:** China (Beijing: Haidian).

分布（Distribution）：北京（BJ）

（158）黄跗折翅水虻 *Camptopteromyia flavitarsa* Yang, Zhang *et* Li, 2014

Camptopteromyia flavitarsa Yang, Zhang *et* Li, 2014. Stratiomyoidea of China: 327. **Type locality:** China (Yunnan: Mengla).

分布（Distribution）：云南（YN）、海南（HI）

（159）黑角折翅水虻 *Camptopteromyia nigriflagella* Yang, Zhang *et* Li, 2014

Camptopteromyia nigriflagella Yang, Zhang *et* Li, 2014. Stratiomyoidea of China: 328. **Type locality:** China (Yunnan: Mengla).

分布（Distribution）：云南（YN）

22. 离水虻属 *Cechorismenus* Kertész, 1916

Cechorismenus Kertész, 1916. Ann. Hist. Nat. Mus. Natl. Hung. 14 (1): 162. **Type species:** *Cechorismenus flavicornis* Kertész, 1916.
Cechorismenus: Yang, Zhang *et* Li, 2014. Stratiomyoidea of China: 330.

（160）黄角离水虻 *Cechorismenus flavicornis* Kertész, 1916

Cechorismenus flavicornis Kertész, 1916. Ann. Hist. Nat. Mus. Natl. Hung. 14 (1): 163. **Type locality:** China (Taiwan: Kankau).
Cechorismenus flavicornis: Yang, Zhang *et* Li, 2014. Stratiomyoidea of China: 330.

分布（Distribution）：台湾（TW）；俄罗斯

23. 箱腹水虻属 *Cibotogaster* Enderlein, 1914

Cibotogaster Enderlein, 1914. Zool. Anz. 43 (7): 305. **Type species:** *Acanthina azurea* Gerstaecker, 1857.
Cibotogaster: Yang, Zhang *et* Li, 2014. Stratiomyoidea of China: 330.
Tetracanthina Enderlein, 1914. Zool. Anz. 44 (1): 11. **Type species:** *Clitellaria varia* Walker, 1854.

（161）金领箱腹水虻 *Cibotogaster auricollis* (Brunetti, 1907)

Acanthina auricollis Brunetti, 1907. Rec. Ind. Mus. 1 (2): 100. **Type locality:** India (Assam: Sadiya).
Cibotogaster auricollis: Yang, Zhang *et* Li, 2014. Stratiomyoidea

of China: 330.
Artemita stellipilia Chen, Liang *et* Yang, 2010. Entomotaxon. 32 (2): 131. **Type locality:** China (Yunnan).
分布（Distribution）：云南（YN）；印度、老挝、越南

24. 等额水虻属 *Craspedometopon* Kertész, 1909

Craspedometopon Kertész, 1909. Ann. Hist. Nat. Mus. Natl. Hung. 7 (2): 373. **Type species:** *Craspedometopon frontale* Kertész, 1909.
Craspedometopon: Yang, Zhang *et* Li, 2014. Stratiomyoidea of China: 332.
Acanthinoides Matsumura, 1916. Thousand Insects of Japan. Additamenta 2 [4]: 367. **Type species:** *Acanthinoides basalid* Matsumura, 1916 [= *Craspedometopon frontale* Kertész, 1909].

（162）等额水虻 *Craspedometopon frontale* Kertész, 1909

Craspedometopon frontale Kertész, 1909. Ann. Hist. Nat. Mus. Natl. Hung. 7 (2): 375. **Type locality:** China (Taiwan: Kosempo).
Craspedometopon frontale: Yang, Zhang *et* Li, 2014. Stratiomyoidea of China: 333.
分布（Distribution）：山东（SD）、浙江（ZJ）、四川（SC）、贵州（GZ）、云南（YN）、台湾（TW）；日本、韩国、俄罗斯、印度

（163）东方等额水虻 *Craspedometopon orientale* Rozkošný *et* Kovac, 2007

Craspedometopon orientale Rozkošný *et* Kovac, 2007. Acta Zool. Acad. Sci. Hung. 53 (3): 212. **Type locality:** Thailand (Pangmapa).
Craspedometopon orientale: Yang, Zhang *et* Li, 2014. Stratiomyoidea of China: 334.
分布（Distribution）：云南（YN）；泰国

（164）刺等额水虻 *Craspedometopon spina* Yang, Wei *et* Yang, 2010

Craspedometopon spina Yang, Wei *et* Yang, 2010. Acta Zootaxon. Sin. 35 (1): 81. **Type locality:** China (Yunnan: Gaoligong).
Craspedometopon spina: Yang, Zhang *et* Li, 2014. Stratiomyoidea of China: 336.
分布（Distribution）：云南（YN）

（165）西藏等额水虻 *Craspedometopon tibetense* Yang, Zhang *et* Li, 2014

Craspedometopon tibetense Yang, Zhang *et* Li, 2014. Stratiomyoidea of China: 337. **Type locality:** China (Tibet: Xialamu).
分布（Distribution）：西藏（XZ）

25. 库水虻属 *Culcua* Walker, 1856

Culcua Walker, 1856. J. Proc. Linn. Soc. London Zool. 1 (3): 109. **Type species:** *Culcua simulans* Walker, 1856.
Culcua: Yang, Zhang *et* Li, 2014. Stratiomyoidea of China: 338.

（166）白毛库水虻 *Culcua albopilosa* (Matsumura, 1916)

Acanthinoides albopilosa Matsumura, 1916. Thousand Insects of Japan. Additamenta 2 (4): 366. **Type locality:** China (Taiwan: Tainan).
Culcua albopilosa: Yang, Zhang *et* Li, 2014. Stratiomyoidea of China: 339.
分布（Distribution）：云南（YN）、台湾（TW）、海南（HI）

（167）窄眶库水虻 *Culcua angustimarginata* Yang, Zhang *et* Li, 2014

Culcua angustimarginata Yang, Zhang *et* Li, 2014. Stratiomyoidea of China: 341. **Type locality:** China (Guangxi: Nonggang).
分布（Distribution）：云南（YN）、广西（GX）

（168）银灰库水虻 *Culcua argentea* Rozkošný *et* Kozánek, 2007

Culcua argentea Rozkošný *et* Kozánek, 2007. Ins. Syst. Evol. 38: 39. **Type locality:** Laos (Vientiane).
Culcua argentea: Yang, Zhang *et* Li, 2014. Stratiomyoidea of China: 342.
分布（Distribution）：云南（YN）；老挝

（169）切尼库水虻 *Culcua chaineyi* Rozkošný *et* Kozánek, 2007

Culcua chaineyi Rozkošný *et* Kozánek, 2007. Ins. Syst. Evol. 38: 41. **Type locality:** Malaysia (North Borneo).
Culcua chaineyi: Yang, Zhang *et* Li, 2014. Stratiomyoidea of China: 344.
分布（Distribution）：云南（YN）、海南（HI）；马来西亚

（170）无眶库水虻 *Culcua immarginata* Yang, Zhang *et* Li

Culcua immarginata Yang, Zhang *et* Li, 2014. Stratiomyoidea of China: 345. **Type locality:** China (Yunnan: Baoshan).
分布（Distribution）：云南（YN）

（171）克氏库水虻 *Culcua kolibaci* Rozkošný *et* Kozánek, 2007

Culcua kolibaci Rozkošný *et* Kozánek, 2007. Ins. Syst. Evol. 38: 43. **Type locality:** Laos (Vientiane).
Culcua kolibaci: Yang, Zhang *et* Li, 2014. Stratiomyoidea of China: 346.
分布（Distribution）：云南（YN）；老挝、泰国、马来西亚

（172）长刺库水虻 *Culcua longispina* Yang, Zhang *et* Li, 2014

Culcua longispina Yang, Zhang *et* Li, 2014. Stratiomyoidea of China: 348. **Type locality:** China (Tibet: Modog).

分布（Distribution）：西藏（XZ）

（173）同库水虻 *Culcua simulans* Walker, 1856

Culcua simulans Walker, 1856. J. Proc. Linn. Soc. London Zool. 1 (3): 109. **Type locality:** Malaysia (Sarawak).

Culcua simulans: Yang, Zhang *et* Li, 2014. Stratiomyoidea of China: 349.

分布（Distribution）：台湾（TW）；马来西亚、印度尼西亚、印度、日本

26. 寡毛水虻属 *Evaza* Walker, 1856

Evaza Walker, 1856. J. Proc. Linn. Soc. London Zool. 1 (3): 109. **Type species:** *Evaza bipars* Walker, 1856.

Evaza: Yang, Zhang *et* Li, 2014. Stratiomyoidea of China: 350.

Nerua Walker, 1858. J. Proc. Linn. Soc. Lond. Zool. 3 (10): 81. **Type species:** *Nerua scenopinoides* Walker, 1858.

Pseudoevaza Kertész, 1916. Ann. Hist. Nat. Mus. Natl. Hung. 14 (1): 146. **Type species:** *Evaza argyroceps* Bigot, 1879.

（174）双色寡毛水虻 *Evaza bicolor* Chen, Zhang *et* Yang, 2010

Evaza bicolor Chen, Zhang *et* Yang, 2010. Acta Zootaxon. Sin. 35 (1): 202. **Type locality:** China (Guangxi: Longzhou).

Evaza bicolor: Yang, Zhang *et* Li, 2014. Stratiomyoidea of China: 351.

分布（Distribution）：广西（GX）、海南（HI）

（175）杂色寡毛水虻 *Evaza discolor* de Meijere, 1916

Evaza discolor de Meijere, 1916. Tijdschr. Ent. 58 (Suppl.): 15. **Type locality:** Indonesia (Pulau Simeulue: Sinabang).

Evaza discolor: Yang, Zhang *et* Li, 2014. Stratiomyoidea of China: 352.

分布（Distribution）：浙江（ZJ）；日本、印度尼西亚、巴布亚新几内亚

（176）黄缘寡毛水虻 *Evaza flavimarginata* Zhang *et* Yang, 2010

Evaza flavimarginata Zhang *et* Yang, 2010. Ann. Zool. 60 (1): 90. **Type locality:** China (Hainan: Jianfengling).

Evaza flavimarginata: Yang, Zhang *et* Li, 2014. Stratiomyoidea of China: 353.

分布（Distribution）：海南（HI）

（177）黄盾寡毛水虻 *Evaza flaviscutellum* Chen, Zhang *et* Yang, 2010

Evaza flaviscutellum Chen, Zhang *et* Yang, 2010. Acta Zootaxon. Sin. 35 (1): 202. **Type locality:** China (Guangxi: Jinxiu).

Evaza flaviscutellum: Yang, Zhang *et* Li, 2014. Stratiomyoidea of China: 354.

分布（Distribution）：贵州（GZ）、云南（YN）、广西（GX）、海南（HI）

（178）台湾寡毛水虻 *Evaza formosana* Kertész, 1914

Evaza formosana Kertész, 1914. Ann. Hist. Nat. Mus. Natl. Hung. 12 (2): 556. **Type locality:** China (Taiwan: Toyenmongai).

Evaza formosana: Yang, Zhang *et* Li, 2014. Stratiomyoidea of China: 355.

分布（Distribution）：台湾（TW）

（179）海南寡毛水虻 *Evaza hainanensis* Zhang *et* Yang, 2010

Evaza hainanensis Zhang *et* Yang, 2010. Ann. Zool. 60 (1): 93. **Type locality:** China (Hainan: Jianfengling).

Evaza hainanensis: Yang, Zhang *et* Li, 2014. Stratiomyoidea of China: 356.

分布（Distribution）：海南（HI）

（180）透翅寡毛水虻 *Evaza hyliapennis* Yang, Zhang *et* Li, 2014

Evaza hyliapennis Yang, Zhang *et* Li, 2014. Stratiomyoidea of China: 357. **Type locality:** China (Yunnan: Gongshan).

分布（Distribution）：云南（YN）

（181）印度寡毛水虻 *Evaza indica* Kertész, 1906

Evaza indica Kertész, 1906. Ann. Hist. Nat. Mus. Natl. Hung. 4 (2): 289. **Type locality:** India (Bombay).

Evaza indica: Yang, Zhang *et* Li, 2014. Stratiomyoidea of China: 359.

分布（Distribution）：云南（YN）、西藏（XZ）；印度

（182）黑翅寡毛水虻 *Evaza nigripennis* Kertész, 1909

Evaza nigripennis Kertész, 1909. Ann. Hist. Nat. Mus. Natl. Hung. 7 (2): 372. **Type locality:** China (Taiwan: Kosempo).

Evaza nigripennis: Yang, Zhang *et* Li, 2014. Stratiomyoidea of China: 359.

分布（Distribution）：台湾（TW）、广西（GX）；日本

（183）黑胫寡毛水虻 *Evaza nigritibia* Chen, Zhang *et* Yang, 2010

Evaza nigritibia Chen, Zhang *et* Yang, 2010. Acta Zootaxon. Sin. 35 (1): 203. **Type locality:** China (Guangxi: Longzhou).

Evaza nigritibia: Yang, Zhang *et* Li, 2014. Stratiomyoidea of China: 360.

分布（Distribution）：贵州（GZ）、广西（GX）

（184）棕胫寡毛水虻 *Evaza ravitibia* Chen, Zhang *et* Yang, 2010

Evaza ravitibia Chen, Zhang *et* Yang, 2010. Acta Zootaxon. Sin. 35 (1): 203. **Type locality:** China (Yunnan: Ruili).

Evaza ravitibia: Yang, Zhang *et* Li, 2014. Stratiomyoidea of China: 361.
分布（Distribution）：云南（YN）

（185）胫寡毛水虻 *Evaza tibialis* (Walker, 1861)

Clitellaria tibialis Walker, 1861. J. Proc. Linn. Soc. London Zool. 5 (19): 258. **Type locality:** Indonesia (Sulawesi, Manado).
Evaza tibialis: Yang, Zhang *et* Li, 2014. Stratiomyoidea of China: 362.
分布（Distribution）：台湾（TW）；印度尼西亚

（186）张氏寡毛水虻 *Evaza zhangae* Zhang *et* Yang, 2010

Evaza zhangae Zhang *et* Yang, 2010. Ann. Zool. 60 (1): 90. **Type locality:** China (Hainan: Jianfengling).
Evaza zhangae: Yang, Zhang *et* Li, 2014. Stratiomyoidea of China: 362.
分布（Distribution）：海南（HI）

27. 伽巴水虻属 *Gabaza* Walker, 1858

Gabaza Walker, 1858. J. Proc. Linn. Soc. Lond. Zool. 3 (10): 80. **Type species:** *Gabaza argentea* Walker, 1858.
Gabaza: Yang, Zhang *et* Li, 2014. Stratiomyoidea of China: 363.
Wallacea Doleschall, 1859. Natuurkd. Tijdschr. Ned.-Indië 17: 82. **Type species:** *Wallacea argentea* Doleschall, 1859.
Musama Walker, 1864. J. Proc. Linn. Soc. Lond. Zool. 7 (28): 205. **Type species:** *Musama pauper* Walker, 1864.

（187）白鬃伽巴水虻 *Gabaza albiseta* (de Meijere, 1907)

Wallacea albiseta de Meijere, 1907. Tijdschr. Ent. 50 (4): 236. **Type locality:** Indonesia (Java: Semarang).
Gabaza albiseta: Yang, Zhang *et* Li, 2014. Stratiomyoidea of China: 364.
Wallacea albiseta borealis James, 1962. Insects of Micronesia 123: 101. **Type locality:** Bonin Islands (Chichi Jima group, Ototo Jima, Kammuri-iwa).
分布（Distribution）：台湾（TW）、海南（HI）、香港（HK）；俄罗斯、日本、印度、印度尼西亚、马来西亚、斯里兰卡、美国（关岛）、北马里亚纳群岛

（188）银灰伽巴水虻 *Gabaza argentea* Walker, 1858

Gabaza argentea Walker, 1858. J. Proc. Linn. Soc. Lond. Zool. 3 (10): 80. **Type locality:** Indonesia (Maluku: Kepulauan Aru).
Gabaza argentea: Yang, Zhang *et* Li, 2014. Stratiomyoidea of China: 366.
Wallacea argentea Doleschall, 1859. Natuurkd. Tijdschr. Ned.-Indië 17: 82. **Type locality:** Indonesia (Maluku: Pulau Ambon).
Pachygaster nigrofemorata Brunetti, 1912. Rec. Ind. Mus. 7 (5): 449. **Type locality:** India (NE Madras: Lake Chilka).
Wallacea splendens Hardy, 1933. Proc. Linn. Soc. N. S. W. 58 (5-6): 410. **Type locality:** Australia (Queensland: Brisbane).
分布（Distribution）：上海（SH）；圣诞岛、印度、印度尼西亚、马来西亚、缅甸、菲律宾、澳大利亚、帕劳、巴布亚新几内亚、所罗门群岛、瓦努阿图

（189）中华伽巴水虻 *Gabaza sinica* (Lindner, 1940)

Pseudowallacea sinica Lindner, 1940. Dtsch. Ent. Z. 1939 (1-4): 35. **Type locality:** China (Gansu: Cheumen).
Gabaza sinica: Yang, Zhang *et* Li, 2014. Stratiomyoidea of China: 366.
分布（Distribution）：辽宁（LN）、北京（BJ）、甘肃（GS）、江苏（JS）、上海（SH）、台湾（TW）

（190）胫伽巴水虻 *Gabaza tibialis* (Kertész, 1909)

Wallacea tibialis Kertész, 1909. Ann. Hist. Nat. Mus. Natl. Hung. 7 (2): 385. **Type locality:** China (Taiwan: Kosempo).
Gabaza tibialis: Yang, Zhang *et* Li, 2014. Stratiomyoidea of China: 368.
分布（Distribution）：台湾（TW）

（191）津田伽巴水虻 *Gabaza tsudai* (Ôuchi, 1940)

Pseudowallacea tsudai Ôuchi, 1940. J. Shanghai Sci. Inst. (III) 4: 267. **Type locality:** China (Shanghai; Taiwan); Japan (Ryukyu Islands: Naha).
Gabaza tsudai: Yang, Zhang *et* Li, 2014. Stratiomyoidea of China: 368.
分布（Distribution）：上海（SH）、台湾（TW）；日本

28. 角盾水虻属 *Gnorismomyia* Kertész, 1914

Gnorismomyia Kertész, 1914. Ann. Hist. Nat. Mus. Natl. Hung. 12 (2): 533. **Type species:** *Gnorismomyia flavicornis* Kertész, 1914.
Gnorismomyia: Yang, Zhang *et* Li, 2014. Stratiomyoidea of China: 370.

（192）黄角角盾水虻 *Gnorismomyia flavicornis* Kertész, 1914

Gnorismomyia flavicornis Kertész, 1914. Ann. Hist. Nat. Mus. Natl. Hung. 12 (2): 534. **Type locality:** China (Taiwan: Takao).
Gnorismomyia flavicornis: Yang, Zhang *et* Li, 2014. Stratiomyoidea of China: 370.
分布（Distribution）：台湾（TW）

29. 科洛曼水虻属 *Kolomania* Pleske, 1924

Kolomania Pleske, 1924. Encycl. Ent. B (II), Dipt. 1 (2): 99. **Type species:** *Artemita pilosa* Pleske, 1922.
Kolomania: Yang, Zhang *et* Li, 2014. Stratiomyoidea of China: 370.
Acanthinoides Ôuchi, 1940. J. Shanghai Sci. Inst. (III) 4: 269. **Type species:** *Acanthinoides nipponensis* Ôuchi, 1940.

Ouchimyia Nagatomi *et* Miyatake, 1965. Trans. Shikoku Ent. Soc. 8 (4): 132. **Type species:** *Acanthinoides nipponensis* Ôuchi, 1940.

（193）白毛科洛曼水虻 *Kolomania albopilosa* (Nagatomi, 1975)

Ouchimyia albopilosa Nagatomi, 1975. Ann. Hist. Nat. Mus. Natl. Hung. 12 (2): 384. **Type locality:** Japan (Hokkaido: Maruyama, Sapporo).
Kolomania albopilosa: Yang, Zhang *et* Li, 2014. Stratiomyoidea of China: 371.
分布（Distribution）：北京（BJ）、甘肃（GS）；日本、韩国

30. 边水虻属 *Lenomyia* Kertész, 1916

Lenomyia Kertész, 1916. Ann. Hist. Nat. Mus. Natl. Hung. 14 (1): 186. **Type species:** *Lenomyia honesta* Kertész, 1916.
Lenomyia: Yang, Zhang *et* Li, 2014. Stratiomyoidea of China: 372.

（194）实边水虻 *Lenomyia honesta* Kertész, 1916

Lenomyia honesta Kertész, 1916. Ann. Hist. Nat. Mus. Natl. Hung. 14 (1): 188. **Type locality:** China (Taiwan: Kankau).
Lenomyia honesta: Yang, Zhang *et* Li, 2014. Stratiomyoidea of China: 373.
分布（Distribution）：台湾（TW）

31. 冠毛水虻属 *Lophoteles* Loew, 1858

Lophoteles Loew, 1858. Berl. Ent. Z. 2 (2): 110. **Type species:** *Lophoteles plumula* Loew, 1858.
Lophoteles: Yang, Zhang *et* Li, 2014. Stratiomyoidea of China: 373.

（195）羽冠毛水虻 *Lophoteles plumula* Loew, 1858

Lophoteles plumula Loew, 1858. Berl. Ent. Z. 2 (2): 111. **Type locality:** Marshall Islands (Radak).
Lophoteles plumula: Yang, Zhang *et* Li, 2014. Stratiomyoidea of China: 373.
Salduba exigua Wulp, 1898. Természetr. Füz. 21 (3-4): 413. **Type locality:** Papua New Guinea (Astolabe Bay, Erima).
分布（Distribution）：广西（GX）；科摩罗群岛、马达加斯加、塞舌尔、帕劳、马绍尔群岛、密克罗尼西亚、北马里亚纳群岛、巴布亚新几内亚、所罗门群岛、瓦努阿图

32. 单刺水虻属 *Monacanthomyia* Brunetti, 1912

Monacanthomyia Brunetti, 1912. Rec. Ind. Mus. 7 (5): 448. **Type species:** *Monacanthomyia annandalei* Brunetti, 1912.
Monacanthomyia: Yang, Zhang *et* Li, 2014. Stratiomyoidea of China: 375.
Ceratothyrea de Meijere, 1914. Tijdschr. Ent. 56 (Suppl.): 14. **Type species:** *Ceratothyrea nigrifemur* de Meijere, 1914.
Prostomomyia Kertész, 1914. Ann. Hist. Nat. Mus. Natl. Hung. 12 (2): 550. **Type species:** *Prostomomyia atronitens* Kertész, 1914.

（196）安氏单刺水虻 *Monacanthomyia annandalei* Brunetti, 1912

Monacanthomyia annandalei Brunetti, 1912. Rec. Ind. Mus. 7 (5): 448. **Type locality:** India (West Bengal: Kurseong).
Monacanthomyia annandalei: Yang, Zhang *et* Li, 2014. Stratiomyoidea of China: 375.
分布（Distribution）：海南（HI）；印度

（197）黑亮单刺水虻 *Monacanthomyia atronitens* (Kertész, 1914)

Prostomomyia atronitens Kertész, 1914. Ann. Hist. Nat. Mus. Natl. Hung. 12 (2): 551. **Type locality:** China (Taiwan: Toyenmongai).
Monacanthomyia atronitens: Yang, Zhang *et* Li, 2014. Stratiomyoidea of China: 376.
分布（Distribution）：台湾（TW）

33. 鼻水虻属 *Nasimyia* Yang *et* Yang, 2010

Nasimyia Yang *et* Yang, 2010. Zootaxa 2402: 61. **Type species:** *Nasimyia megacephala* Yang *et* Yang, 2010.
Nasimyia: Yang, Zhang *et* Li, 2014. Stratiomyoidea of China: 376.

（198）长茎鼻水虻 *Nasimyia elongoverpa* Yang *et* Hauser, 2013

Nasimyia elongoverpa Yang *et* Hauser *In*: Yang, Hauser, Yang *et* Zhang, 2013. Zootaxa 3619 (5): 532. **Type locality:** China (Yunnan: Baoshan).
Nasimyia elongoverpa: Yang, Zhang *et* Li, 2014. Stratiomyoidea of China: 377.
分布（Distribution）：云南（YN）

（199）宽跗鼻水虻 *Nasimyia eurytarsa* Yang *et* Hauser, 2013

Nasimyia eurytarsa Yang *et* Hauser *In*: Yang, Hauser, Yang *et* Zhang, 2013. Zootaxa 3619 (5): 529. **Type locality:** China (Yunnan: Baoshan).
Nasimyia eurytarsa: Yang, Zhang *et* Li, 2014. Stratiomyoidea of China: 378.
分布（Distribution）：云南（YN）；泰国

（200）大头鼻水虻 *Nasimyia megacephala* Yang *et* Yang, 2010

Nasimyia megacephala Yang *et* Yang, 2010. Zootaxa 2402: 63. **Type locality:** China (Yunnan: Baoshan).
Nasimyia megacephala: Yang, Zhang *et* Li, 2014. Stratiomyoidea of China: 379.
Nasimyia nigripennis Yang *et* Yang, 2010. Zootaxa 2402: 65.

Type locality: China (Yunnan: Tengchong).
分布（Distribution）：云南（YN）；老挝

(201)若氏鼻水虻 *Nasimyia rozkosnyi* Yang *et* Hauser, 2013

Nasimyia rozkosnyi Yang *et* Hauser *In*: Yang, Hauser, Yang *et* Zhang, 2013. Zootaxa 3619 (5): 535. **Type locality:** China (Yunnan: Ruili).
Nasimyia rozkosnyi: Yang, Zhang *et* Li, 2014. Stratiomyoidea of China: 381.
分布（Distribution）：云南（YN）；泰国

34. 亚离水虻属 *Paracechorismenus* Kertész, 1916

Paracechorismenus Kertész, 1916. Ann. Hist. Nat. Mus. Natl. Hung. 14 (1): 163. **Type species:** *Paracechorismenus intermedius* Kertész, 1916.
Paracechorismenus: Yang, Zhang *et* Li, 2014. Stratiomyoidea of China: 382.

(202) 中间亚离水虻 *Paracechorismenus intermedius* Kertész, 1916

Paracechorismenus intermedius Kertész, 1916. Ann. Hist. Nat. Mus. Natl. Hung. 14 (1): 163. **Type locality:** China (Taiwan: Toyenmongai).
Paracechorismenus intermedius: Yang, Zhang *et* Li, 2014. Stratiomyoidea of China: 382.
分布（Distribution）：台湾（TW）

35. 亚拟蜂水虻属 *Parastratiosphecomyia* Brunetti, 1923

Parastratiosphecomyia Brunetti, 1923. Rec. Ind. Mus. 25 (1): 67. **Type species:** *Parastratiosphecomyia stratiosphecomyioides* Brunetti, 1923.
Parastratiosphecomyia: Yang, Zhang *et* Li, 2014. Stratiomyoidea of China: 382.

(203) 若氏亚拟蜂水虻 *Parastratiosphecomyia rozkosnyi* Woodley, 2012

Parastratiosphecomyia rozkosnyi Woodley, 2012. ZooKeys 238: 13. **Type locality:** Laos (Louang Namtha Province: Namtha to Muang Sing).
Parastratiosphecomyia rozkosnyi: Yang, Zhang *et* Li, 2014. Stratiomyoidea of China: 383.
分布（Distribution）：云南（YN）；老挝、泰国

(204) 四川亚拟蜂水虻 *Parastratiosphecomyia szechuanensis* Lindner, 1954

Parastratiosphecomyia szechuanensis Lindner, 1954. Bonn. Zool. Beitr. 5 (3-4): 208. **Type locality:** China (Fujian: Guadun).
Parastratiosphecomyia szechuanensis: Yang, Zhang *et* Li, 2014. Stratiomyoidea of China: 384.
分布（Distribution）：贵州（GZ）、福建（FJ）、广东（GD）、广西（GX）；老挝、越南

36. 革水虻属 *Pegadomyia* Kertész, 1916

Pegadomyia Kertész, 1916. Ann. Hist. Nat. Mus. Natl. Hung. 14 (1): 182. **Type species:** *Pegadomyia pruinosa* Kertész, 1916.
Pegadomyia: Yang, Zhang *et* Li, 2014. Stratiomyoidea of China: 386.

(205) 冰霜革水虻 *Pegadomyia pruinosa* Kertész, 1916

Pegadomyia pruinosa Kertész, 1916. Ann. Hist. Nat. Mus. Natl. Hung. 14 (1): 183. **Type locality:** China (Taiwan: Fuhosho, Tapani and Kankau).
Pegadomyia pruinosa Kertész: Yang, Zhang *et* Li, 2014. Stratiomyoidea of China: 387.
分布（Distribution）：台湾（TW）；泰国、马来西亚

37. 异瘦腹水虻属 *Pseudomeristomerinx* Hollis, 1963

Pseudomeristomerinx Hollis, 1963. Ann. Mag. Nat. Hist. 5 (57): 563. **Type species:** *Pseudomeristomerinx nigricornis* Hollis, 1963.
Pseudomeristomerinx: Yang, Zhang *et* Li, 2014. Stratiomyoidea of China: 387.

(206) 黄缘异瘦腹水虻 *Pseudomeristomerinx flavimarginis* Yang, Zhang *et* Li, 2014

Pseudomeristomerinx flavimarginis Yang, Zhang *et* Li, 2014. Stratiomyoidea of China: 388. **Type locality:** China (Hainan: Baisha).
分布（Distribution）：广西（GX）、海南（HI）

(207) 黑斑异瘦腹水虻 *Pseudomeristomerinx nigromaculatus* Yang, Zhang *et* Li, 2014

Pseudomeristomerinx nigromaculatus Yang, Zhang *et* Li, 2014. Stratiomyoidea of China: 389. **Type locality:** China (Yunnan: Mengla).
分布（Distribution）：云南（YN）

(208) 黑盾异瘦腹水虻 *Pseudomeristomerinx nigroscutellus* Yang, Zhang *et* Li, 2014

Pseudomeristomerinx nigroscutellus Yang, Zhang *et* Li, 2014. Stratiomyoidea of China: 390. **Type locality:** China (Yunnan: Baoshan).
分布（Distribution）：云南（YN）、西藏（XZ）

38. 枝角水虻属 *Ptilocera* Wiedemann, 1820

Ptilocera Wiedemann, 1820. *Munus rectoris in Academia Christiano-Albertina iterum aditurus nova dipterorum genera offert iconibusque illustrat*. Christiani Friderici Mohr, Kiliae [=Kiel], I-VIII: 7. **Type species:** *Stratiomys quadridentata* Fabricius, 1805.
Ptilocera: Yang, Zhang *et* Li, 2014. Stratiomyoidea of China: 391.
Ptilocera Henning, 1832. Bull. Soc. Nat. Moscou 4 (2): 321. **Type species:** *Stratiomys quadridentata* Fabricius, 1805. Preoccupied by Wiedemann, 1820.

（209）宽盾枝角水虻 *Ptilocera latiscutella* Yang, Zhang *et* Li, 2014

Ptilocera latiscutella Yang, Zhang *et* Li, 2014. Stratiomyoidea of China: 392. **Type locality:** China (Yunnan: Xishuangbanna).
分布（Distribution）：云南（YN）

（210）连续枝角水虻 *Ptilocera continua* Walker, 1851

Ptilocera continua Walker, 1851. Insecta Saundersiana: or characters of undescribed insects in the collection of William Wilson Saunders, Esq. Diptera. Part II. 84. **Type locality:** Indonesia (Java).
Ptilocera continua: Yang, Zhang *et* Li, 2014. Stratiomyoidea of China: 393.
Ptilocera fastuosa Gerstaecker, 1857. Linn. Ent. 11: 332. **Type locality:** Sri Lanka.
分布（Distribution）：云南（YN）、广西（GX）、海南（HI）；印度、印度尼西亚、马来西亚、菲律宾、斯里兰卡、泰国、柬埔寨、越南、老挝、缅甸、新加坡、尼泊尔、安达曼-尼科巴群岛、巴布亚新几内亚

（211）黄刺枝角水虻 *Ptilocera flavispina* Yang, Zhang *et* Li, 2014

Ptilocera flavispina Yang, Zhang *et* Li, 2014. Stratiomyoidea of China: 395. **Type locality:** China (Yunnan: Hekou).
分布（Distribution）：云南（YN）

（212）方斑枝角水虻 *Ptilocera quadridentata* (Fabricius, 1805)

Stratiomys 4dentata Fabricius, 1805. Systema antliatorum secundum ordines, genera, species adiectis synonymis, locis, observationibus, descriptionibus I-XIV: 86. **Type locality:** Indonesia (Sumatra).
Ptilocera quadridentata: Yang, Zhang *et* Li, 2014. Stratiomyoidea of China: 396.
分布（Distribution）：云南（YN）；斐济、印度尼西亚、马来西亚、泰国、柬埔寨、老挝、越南、菲律宾、新加坡、巴布亚新几内亚

39. 锥角水虻属 *Raphanocera* Pleske, 1922

Raphanocera Pleske, 1922. Ann. Mus. Zool. Acad. Sci. Russie Petrograd 23: 338. **Type species:** *Raphanocera turanica* Pleske, 1922.
Raphanocera: Yang, Zhang *et* Li, 2014. Stratiomyoidea of China: 398.

（213）图兰锥角水虻 *Raphanocera turanica* Pleske, 1922

Raphanocera turanica Pleske, 1922. Ann. Mus. Zool. Acad. Sci. Russie Petrograd 23: 338. **Type locality:** Kazakhstan (Zhulek).
Raphanocera turanica: Yang, Zhang *et* Li, 2014. Stratiomyoidea of China: 399.
分布（Distribution）：新疆（XJ）；哈萨克斯坦、土库曼斯坦

40. 多毛水虻属 *Rosapha* Walker, 1859

Rosapha Walker, 1859. J. Proc. Linn. Soc. Lond. Zool. 4 (15): 100. **Type species:** *Rosapha habilis* Walker, 1859.
Rosapha: Yang, Zhang *et* Li, 2014. Stratiomyoidea of China: 400.
Calochaetis Bigot, 1877. Bull. Soc. Ent. Fr. 98: 102. **Type species:** *Calochaetis bicolor* Bigot, 1877.

（214）双斑多毛水虻 *Rosapha bimaculata* Wulp, 1904

Roshapha bimaculata Wulp *in* de Meijere, 1904. Bijdr. Dierkd. 17/18: 96. **Type locality:** Indonesia (Java: West Preanger, Gunong Tji Salimar).
Roshapha bimaculata: Yang, Zhang *et* Li, 2014. Stratiomyoidea of China: 400.
分布（Distribution）：云南（YN）；印度、泰国、老挝、越南、马来西亚、印度尼西亚

（215）短刺多毛水虻 *Rosapha brevispinosa* Kovac *et* Rozkošný, 2012

Rosapha brevispinosa Kovac *et* Rozkošný, 2012. Zootaxa 3333: 5. **Type locality:** Thailand (Mae Hong Son Province: Pangmapha, near Ban Nam Rin, Rudi valley).
Roshapha brevispinosa: Yang, Zhang *et* Li, 2014. Stratiomyoidea of China: 402.
分布（Distribution）：云南（YN）；泰国、老挝

（216）长刺多毛水虻 *Rosapha longispina* (Chen, Liang *et* Yang, 2010)

Tinda longispina Chen, Liang *et* Yang, 2010. Entomotaxon. 32 (2): 133. **Type locality:** China (Yunnan: Ruili).
Roshapha longispina: Yang, Zhang *et* Li, 2014. Stratiomyoidea of China: 403.
分布（Distribution）：云南（YN）

（217）云南多毛水虻 *Rosapha yunnanana* Chen, Liang *et* Yang, 2010

Rosapha yunnanana Chen, Liang *et* Yang, 2010. Entomotaxon.

32 (2): 132. **Type locality:** China (Yunnan: Jinghong).
Roshapha yunnanana: Yang, Zhang *et* Li, 2014. Stratiomyoidea of China: 405.
分布（Distribution）：云南（YN）

41. 拟蜂水虻属 *Stratiosphecomyia* Brunetti, 1913

Stratiosphecomyia Brunetti, 1913. Rec. Ind. Mus. 9 (5): 261. **Type species:** *Stratiosphecomyia variegata* Brunetti, 1913.
Stratiosphecomyia: Yang, Zhang *et* Li, 2014. Stratiomyoidea of China: 406.

（218）多斑拟蜂水虻 *Stratiosphecomyia variegata* Brunetti, 1913

Stratiosphecomyia variegata Brunetti, 1913. Rec. Ind. Mus. 9 (5): 262. **Type locality:** India (West Bengal: Darjeeling, 1000-3000 feet).
Stratiosphecomyia variegata: Yang, Zhang *et* Li, 2014. Stratiomyoidea of China: 406.
分布（Distribution）：云南（YN）；印度、老挝

42. 带芒水虻属 *Tinda* Walker, 1859

Tinda Walker, 1859. J. Proc. Linn. Soc. Lond. Zool. 4 (15): 101. **Type species:** *Tinda mordifera* Walker, 1859=[Beris javana Macquart].
Tinda: Yang, Zhang *et* Li, 2014. Stratiomyoidea of China: 407.
Elasma Jaennicke, 1867. Abh. Sencken. Naturforsch. Ges. 6: 322. **Type species:** *Elasma acanthinoidea* Jaennicke, 1867.

（219）印度带芒水虻 *Tinda indica* (Walker, 1851)

Biastes indica Walker, 1851. Insecta Saundersiana: or characters of undescribed insects in the collection of William Wilson Saunders, Esq. Diptera. Part II: 81. **Type locality:** India.
Tinda indica: Yang, Zhang *et* Li, 2014. Stratiomyoidea of China: 407.
Phyllophora angusta Walker, 1856. J. Proc. Linn. Soc. London Zool. 1 (1): 7. **Type locality:** Singapore.
Phyllophora bispinosa Thomson, 1869. Kongliga svenska fregatten Eugenies resa omkring jorden under befall af C. A. Virgin åren 1851-1853 (2, 1): 454. **Type locality:** Philippines (Luzon: Manila).
分布（Distribution）：云南（YN）、福建（FJ）、广东（GD）、广西（GX）、海南（HI）；印度、塞舌尔、印度尼西亚、马来西亚、菲律宾、新加坡

（220）爪哇带芒水虻 *Tinda javana* (Macquart, 1838)

Beris javana Macquart, 1838. Diptères exotiques nouveaux ou peu connus. Tome premier. -2e partie. N. E. Roret, Paris: 188. **Type locality:** Indonesia (Java).
Tinda javana: Yang, Zhang *et* Li, 2014. Stratiomyoidea of China: 409.
Tinda modifera Walker, 1859. J. Proc. Linn. Soc. Lond. Zool. 4 (15): 101. **Type locality:** Indonesia (Sulawesi: Ujung Pandang).
分布（Distribution）：海南（HI）；日本、塞舌尔、印度尼西亚、菲律宾、斯里兰卡

瘦腹水虻亚科 Sarginae

43. 红头水虻属 *Cephalochrysa* Kertész, 1912

Cephalochrysa Kertész, 1912. Trans. Linn. Soc. London 15 (1): 99. **Type species:** *Sargus bovas* Bigot, 1859.
Cephalochrysa: Yang, Zhang *et* Li, 2014. Stratiomyoidea of China: 411.
Parasargus Lindner, 1935. Dtsch. Ent. Z. 1934 (3-4): 300. **Type species:** *Parasargus africanus* Lindner, 1935.
Isosargus James, 1936. Can. Ent. 67 (12): 273. **Type species:** *Chrysonotus nigricornis* Loew, 1866.

（221）狭腹红头水虻 *Cephalochrysa stenogaster* James, 1939

Cephalochrysa stenogaster James, 1939. Arb. Morph. Taxon. Ent. Berl. 6 (1): 35. **Type locality:** China (Taiwan: Toa Tsui Kutsu).
Cephalochrysa stenogaster: Yang, Zhang *et* Li, 2014. Stratiomyoidea of China: 412.
分布（Distribution）：西藏（XZ）、台湾（TW）；日本

44. 绿水虻属 *Chloromyia* Duncan, 1837

Chloromyia Duncan, 1837. Mag. Zool. Bot. 1 (2): 164. **Type species:** *Musca formosa* Scopoli, 1763.
Chloromyia: Yang, Zhang *et* Li, 2014. Stratiomyoidea of China: 413.
Afrosargus Lindner, 1955. Ann. Mus. R. Congo Belg. (Zool.) (Ser. 8), 36 (1): 294. **Type species:** *Afrosargus clitellarioides* Lindner, 1955 [=*Chloromyia tuberculata* James, 1952].

（222）蓝绿水虻 *Chloromyia caerulea* Yang, Zhang *et* Li, 2014

Chloromyia caerulea Yang, Zhang *et* Li, 2014. Stratiomyoidea of China: 413. **Type locality:** China (Yunnan: Xishuangbanna).
分布（Distribution）：云南（YN）

（223）特绿水虻 *Chloromyia speciosa* (Macquart, 1834)

Chrysomyia speciosa Macquart, 1834. Histoire naturelle des Insectes [4]: 263. **Type locality:** Italy (Bologna).
Chloromyia speciosa: Yang, Zhang *et* Li, 2014. Stratiomyoidea of China: 414.
Sargus melampogon Zeller, 1842. Isis von Oken 1842: 825. **Type locality:** Hungary.

Chloromyia melampogon var. *subalpina* Strobl, 1910. Mitt. Naturwiss. Ver. Steiermark 46 (1): 46. **Type locality:** Austria (Styria: Natterriegel, Lichtenwald).
Chloromyia melampogon nigripes Pleske, 1926. Eos 2 (4): 397. **Type locality:** Russia (Irkutsk oblast: Kaymarskaya road).
分布（Distribution）：辽宁（LN）、北京（BJ）、山西（SX）、河南（HEN）、四川（SC）、西藏（XZ）；爱尔兰、法国、德国、意大利、西班牙、瑞士、奥地利、匈牙利、格鲁吉亚、希腊、立陶宛、阿尔巴尼亚、亚美尼亚、保加利亚、捷克、斯洛伐克、波兰、罗马尼亚、前南斯拉夫、土耳其、俄罗斯、乌克兰

45. 台湾水虻属 *Formosargus* James, 1939

Formosargus James, 1939. Arb. Morph. Taxon. Ent. Berl. 6 (1): 36. **Type species:** *Formosargus kerteszi* James, 1939.
Formosargus: Yang, Zhang *et* Li, 2014. Stratiomyoidea of China: 416.

（224）克氏台湾水虻 *Formosargus kerteszi* James, 1939

Formosargus kerteszi James, 1939. Arb. Morph. Taxon. Ent. Berl. 6 (1): 36. **Type locality:** China [Taiwan: Kankau (Koshun)].
Formosargus kerteszi: Yang, Zhang *et* Li, 2014. Stratiomyoidea of China: 416.
分布（Distribution）：台湾（TW）

46. 小丽水虻属 *Microchrysa* Loew, 1855

Microchrysa Loew, 1855. Verh. Zool.-Bot. Ver. Wien 5 (2): 146. **Type species:** *Musca polita* Linnaeus, 1758.
Microchrysa: Yang, Zhang *et* Li, 2014. Stratiomyoidea of China: 417.
Clorisoma Rondani, 1856. Dipt. Ital. Prodromus I: 168. **Type species:** *Sargus pallipes* Meigen, 1822.
Chlorosia Rondani, 1861. Dipt. Ital. Prodromus IV: 11. **Type species:** *Sargus pallipes* Meigen, 1822.
Psaronius Enderlein, 1914. Zool. Anz. 43 (13): 590. **Type species:** *Psaronius viridis* Enderlein, 1914.
Chrymichrosa Manson, 1997. *Annales de Musée Royal de l'Afrique Centrale Tervuren, Belgique, Sciences Zoologiques* 269: 31. **Type species:** *Microchrysa elmari* Lindner 1960.

（225）黄角小丽水虻 *Microchrysa flavicornis* (Meigen, 1822)

Sargus flavicornis Meigen, 1822. Systematische Beschreibung der bekannten Europäischen zweiflügligen Insekten I-X: 112. **Type locality:** England.
Microchrysa flavicornis: Yang, Zhang *et* Li, 2014. Stratiomyoidea of China: 418.
Sargus pallipes Meigen, 1830. Systematische Beschreibung der bekannten Europäischen zweiflügligen Insekten I-XII: 344. **Type locality:** Europe.
分布（Distribution）：上海（SH）、浙江（ZJ）；加拿大、美国、英国、爱尔兰、法国、德国、荷兰、奥地利、匈牙利、瑞士、捷克、比利时、保加利亚、丹麦、芬兰、挪威、瑞典、波兰、斯洛文尼亚、俄罗斯、哈萨克斯坦、蒙古国

（226）黄腹小丽水虻 *Microchrysa flaviventris* (Wiedemann, 1824)

Sargus flaviventris Wiedemann, 1824. Diptera Exotica, Section II, I-IV: 31. **Type locality:** East Indies.
Microchrysa flaviventris: Yang, Zhang *et* Li, 2014. Stratiomyoidea of China: 419.
Sargus affinis Wiedemann, 1824. Diptera Exotica, Section II, I-IV: 31. **Type locality:** East Indies.
Chrysomyia annulipes Thomson, 1869. Kongliga svenska fregatten Eugenies resa omkring jorden under befall af C. A. Virgin åren 1851-1853 (2, 1): 461. **Type locality:** Philippines (Manila).
Microchryza ? gemma Bigot, 1879. Ann. Soc. Ent. Fr. 9: 231. **Type locality:** Sri Lanka.
分布（Distribution）：河北（HEB）、山东（SD）、河南（HEN）、陕西（SN）、浙江（ZJ）、湖北（HB）、四川（SC）、贵州（GZ）、云南（YN）、西藏（XZ）、台湾（TW）、广西（GX）、海南（HI）；俄罗斯、日本、印度、巴基斯坦、泰国、马来西亚、印度尼西亚、菲律宾、斯里兰卡、帕劳、美国（关岛）、密克罗尼西亚、新喀里多尼亚、北马里亚纳群岛、巴布亚新几内亚、所罗门群岛、瓦努阿图、马达加斯加、科摩罗群岛、塞舌尔

（227）日本小丽水虻 *Microchrysa japonica* Nagatomi, 1975

Microchrysa japonica Nagatomi, 1975. Trans. R. Ent. Soc. Lond. 126 (3): 323. **Type locality:** Japan (Hokkaido: Ashoro).
Microchrysa japonica: Yang, Zhang *et* Li, 2014. Stratiomyoidea of China: 421.
分布（Distribution）：北京（BJ）；日本

（228）莫干山小丽水虻 *Microchrysa mokanshanensis* Ôuchi, 1938

Microchrysa mokanshanensis Ôuchi, 1938. J. Shanghai Sci. Inst. (III) 4: 58. **Type locality:** China (Zhejiang: Moganshan).
Microchrysa mokanshanensis: Yang, Zhang *et* Li, 2014. Stratiomyoidea of China: 422.
分布（Distribution）：浙江（ZJ）

（229）光滑小丽水虻 *Microchrysa polita* (Linnaeus, 1758)

Musca polita Linnaeus, 1758. Systema natuae per regna tria natuae, secundum classes, ordines, genera, species, cum characteribus, differentiis, synonymis, locis [4]: 598. **Type locality:** Europe.

Microchrysa polita: Yang, Zhang *et* Li, 2014. Stratiomyoidea of China: 422.
Nemotelus auratus De Geer, 1776. Memoires pour server a l'histoire des insects I-VIII: 202. **Type locality:** Sweden.
Musca caesia Rossi, 1790. Fauna Etrusca sistens insecta quae in provinciis Florentinâ *et* Pisanâ praesertim collegit [2]: 310. **Type locality:** Italy.
Sargus splendens Meigen, 1804. Klassifikazion und Beschreibung der europäischen Zweiflügligen Insekten I-XXVIII: 144. **Type locality:** Germany.
Sargus cyaneus Fabricius, 1805. Systema antliatorum secundum ordines, genera, species adiectis synonymis, locis, observationibus, descriptionibus I-XIV: 258. **Type locality:** Denmark.
分布（Distribution）：内蒙古（NM）；加拿大、美国、英国、爱尔兰、法国、德国、意大利、西班牙、瑞士、比利时、奥地利、匈牙利、荷兰、芬兰、挪威、瑞典、波兰、捷克、斯洛伐克、格鲁吉亚、立陶宛、罗马尼亚、丹麦、保加利亚、前南斯拉夫、乌克兰、蒙古国

（230）上海小丽水虻 *Microchrysa shanghaiensis* Ôuchi, 1940

Microchrysa flaviventris var. *shanghaiensis* Ôuchi, 1940. J. Shanghai Sci. Inst. (Ⅲ) 4: 284. **Type locality:** China (Shanghai).
Microchrysa shanghaiensis: Yang, Zhang *et* Li, 2014. Stratiomyoidea of China: 424.
分布（Distribution）：北京（BJ）、陕西（SN）、上海（SH）、浙江（ZJ）、湖北（HB）；日本

47. 指突水虻属 *Ptecticus* Loew, 1855

Ptecticus Loew, 1855. Verh. Zool.-Bot. Ges. Wien. 5 (2): 142. **Type species:** *Sargus testaceus* Fabricius, 1805.
Ptecticus: Yang, Zhang *et* Li, 2014. Stratiomyoidea of China: 425.
Pedicella Bigot, 1856. Ann. Soc. Ent. Fr. 4: 63, 85. **Type species:** *Sargus petilolatus* Macquart, 1838.
Macrosargus Bigot, 1879. Ann. Soc. Ent. Fr. 9: 187. **Type species:** *Sargus petilolatus* Macquart, 1838.
Gongrozus Enderlein, 1914. Zool. Anz. 43 (13): 585. **Type species:** *Gongrozus nodivena* Enderlein, 1914.

（231）金黄指突水虻 *Ptecticus aurifer* (Walker, 1854)

Sargus aurifer Walker, 1854. List of the specimens of dipterous insects in the collection of the British Museum Part V. Suppl. I [6]: 96. **Type locality:** North China; India (Hindostan).
Ptecticus aurifer: Yang, Zhang *et* Li, 2014. Stratiomyoidea of China: 427.
Sargus insignis Macquart, 1855. Mém. Soc. Sci. Agric. Lille. (2) 1: 66. **Type locality:** China (Boréale).
Gongrozus sauteri Enderlein, 1914. Zool. Anz. 43 (13): 586. **Type locality:** China (Taiwan: Kosempo).
分布（Distribution）：辽宁（LN）、河北（HEB）、北京（BJ）、河南（HEN）、陕西（SN）、安徽（AH）、江苏（JS）、浙江（ZJ）、江西（JX）、湖南（HN）、湖北（HB）、四川（SC）、贵州（GZ）、云南（YN）、福建（FJ）、台湾（TW）、广东（GD）、广西（GX）、海南（HI）；俄罗斯、日本、印度、越南、马来西亚、印度尼西亚

（232）南方指突水虻 *Ptecticus australis* Schiner, 1868

Ptecticus australis Schiner, 1868. Zoologischer Theil 2, 1 (B): 65. **Type locality:** Nicobar Islands, Faui.
Ptecticus australis: Yang, Zhang *et* Li, 2014. Stratiomyoidea of China: 430.
分布（Distribution）：浙江（ZJ）、台湾（TW）；印度、泰国、斯里兰卡、尼科巴群岛

（233）双色指突水虻 *Ptecticus bicolor* Yang, Zhang *et* Li, 2014

Ptecticus bicolor Yang, Zhang *et* Li, 2014. Stratiomyoidea of China: 431. **Type locality:** China (Yunnan: Xishuangbanna).
分布（Distribution）：云南（YN）

（234）烟棕指突水虻 *Ptecticus brunescens* Ôuchi, 1938

Ptecticus brunescens Ôuchi, 1938. J. Shanghai Sci. Inst. (Ⅲ) 4: 54. **Type locality:** China (Zhejiang: Tianmushan, Moganshan).
Ptecticus brunescens: Yang, Zhang *et* Li, 2014. Stratiomyoidea of China: 432.
分布（Distribution）：浙江（ZJ）

（235）横带指突水虻 *Ptecticus cingulatus* Loew, 1855

Ptecticus cingulatus Loew, 1855. Verh. Zool.-Bot. Ver. Wien 5 (2): 143. **Type locality:** Malaysia (Pulo-Penang).
Ptecticus cingulatus: Yang, Zhang *et* Li, 2014. Stratiomyoidea of China: 433.
Sargus latifascia Walker, 1856. J. Proc. Linn. Soc. London Zool. 1 (3): 110. **Type locality:** Malaysia (Sarawak).
分布（Distribution）：台湾（TW）；印度、印度尼西亚、马来西亚、斯里兰卡

（236）狭指突水虻 *Ptecticus elongatus* Yang, Zhang *et* Li, 2014

Ptecticus elongatus Yang, Zhang *et* Li, 2014. Stratiomyoidea of China: 433. **Type locality:** China (Sichuan: Emei Mountain).
分布（Distribution）：四川（SC）

（237）福建指突水虻 *Ptecticus fukienensis* Rozkošný *et* Hauser, 2009

Ptecticus fukienensis Rozkošný *et* Hauser, 2009. Zootaxa 2034: 7. **Type locality:** China (Fujian: Shaowu).
Ptecticus fukienensis: Yang, Zhang *et* Li, 2014. Stratiomyoidea of China: 435.

分布（Distribution）：浙江（ZJ）、云南（YN）、福建（FJ）、广西（GX）

（238）日本指突水虻 *Ptecticus japonicus* (Thunberg, 1789)

Musca japonicus Thunberg, 1789. Cujus Partem Septimam [2]: 90. **Type locality:** Japan.
Ptecticus japonicus: Yang, Zhang *et* Li, 2014. Stratiomyoidea of China: 437.
Sargus tenebrifer Walker, 1849. List of the specimens of dipterous insects in the collection of the British Museum Part III [4]: 517. **Type locality:** China ("Foo-chou-foo").
Sargus natalensis Macquart, 1855. Mém. Soc. Sci. Agric. Lille. (2) 1: 65. **Type locality:** "South Africa".
Ptecticus illucens Schiner, 1868. Zoologischer Theil 2, 1 (B): 65. **Type locality:** China (Hong Kong).
Ptecticus sinensis Pleske, 1928. Konowia 7 (1): 73. **Type locality:** China (Tianjin).
分布（Distribution）：黑龙江（HL）、辽宁（LN）、内蒙古（NM）、河北（HEB）、天津（TJ）、北京（BJ）、山西（SX）、山东（SD）、河南（HEN）、甘肃（GS）、安徽（AH）、江苏（JS）、上海（SH）、浙江（ZJ）、江西（JX）、湖南（HN）、湖北（HB）、四川（SC）、广东（GD）、香港（HK）；日本、韩国、俄罗斯

（239）克氏指突水虻 *Ptecticus kerteszi* de Meijere, 1924

Ptecticus kerteszi de Meijere, 1924. Tijdschr. Ent. 67 (Suppl.): 11. **Type locality:** Indonesia (Sumatra: Gunung Talakmau).
Ptecticus kerteszi: Yang, Zhang *et* Li, 2014. Stratiomyoidea of China: 439.
Ptecticus zhejiangensis Yang *et* Yang, 1995. *In*: Insects of Baishanzu Mountain, Eastern China: 490. **Type locality:** China (Zhejiang: Baishanzu).
分布（Distribution）：浙江（ZJ）；印度尼西亚

（240）长翅指突水虻 *Ptecticus longipennis* (Wiedemann, 1824)

Sargus longipennis Wiedemann, 1824. Diptera Exotica, Section II, I-IV: 31. **Type locality:** Indonesia (Java).
Ptecticus longipennis: Yang, Zhang *et* Li, 2014. Stratiomyoidea of China: 439.
分布（Distribution）：湖北（HB）、四川（SC）、云南（YN）、海南（HI）；印度、印度尼西亚、马来西亚、菲律宾

（241）白木指突水虻 *Ptecticus shirakii* Nagatomi, 1975

Ptecticus shirakii Nagatomi, 1975. Trans. R. Ent. Soc. Lond. 126 (3): 342. **Type locality:** Japan (Ryukyu Island: Amamio-shima, Kinase).
Ptecticus shirakii: Yang, Zhang *et* Li, 2014. Stratiomyoidea of China: 442.
分布（Distribution）：云南（YN）；日本

（242）新昌指突水虻 *Ptecticus sichangensis* Ôuchi, 1938

Ptecticus sichangensis Ôuchi, 1938. J. Shanghai Sci. Inst. (III) 4: 51. **Type locality:** China (Zhejiang: Tianmushan).
Ptecticus sichangensis: Yang, Zhang *et* Li, 2014. Stratiomyoidea of China: 442.
分布（Distribution）：浙江（ZJ）；日本

（243）斯里兰卡指突水虻 *Ptecticus srilankai* Rozkošný *et* Hauser, 2001

Ptecticus srilankai Rozkošný *et* Hauser, 2001. Stud. Dipt. 8 (1): 221. **Type locality:** Sri Lanka (Kandy Lake).
Ptecticus srilankai: Yang, Zhang *et* Li, 2014. Stratiomyoidea of China: 443.
分布（Distribution）：云南（YN）、广东（GD）、广西（GX）、海南（HI）；泰国、斯里兰卡

（244）三色指突水虻 *Ptecticus tricolor* Wulp, 1904

Ptecticus tricolor Wulp *in* de Meijere, 1904. Bijdr. Dierkd. 17/18: 95. **Type locality:** Indonesia (Java: Sukabumi).
Ptecticus tricolor: Yang, Zhang *et* Li, 2014. Stratiomyoidea of China: 445.
分布（Distribution）：云南（YN）；印度、印度尼西亚、马来西亚、泰国

（245）狡猾指突水虻 *Ptecticus vulpianus* (Enderlein, 1914)

Gongrozus vulpianus Enderlein, 1914. Zool. Anz. 43 (13): 586. **Type locality:** Indonesia (Sumatra: Soekaranda).
Ptecticus vulpianus: Yang, Zhang *et* Li, 2014. Stratiomyoidea of China: 446.
分布（Distribution）：吉林（JL）、陕西（SN）、浙江（ZJ）、湖北（HB）、四川（SC）、云南（YN）、福建（FJ）、广西（GX）；印度尼西亚、马来西亚

48. 瘦腹水虻属 *Sargus* Fabricius, 1798

Sargus Fabricius, 1798. Ent. Syst. Suppl.: 549. **Type species:** *Musca cupraria* Linnaeus, 1758.
Sargus: Yang, Zhang *et* Li, 2014. Stratiomyoidea of China: 448.
Chrysonotus Loew, 1855. Ann. Soc. Ent. Fr. 4: 146. **Type species:** *Musca bipunctata* Scopoli, 1763.
Chrysochroma Williston, 1896. Manual of the families and genera of North American Diptera: I-LIV, [2], 47. **Type species:** *Musca bipunctata* Scopoli, 1763. New name for *Chrysonotus* Loew.
Chrysonotomyia Hunter, 1900. Trans. Am. Ent. Soc. 27: 124. **Type species:** *Musca bipunctata* Scopoli, 1763. New name for *Chrysonotus* Loew.

Geosargus Bezzi, 1907. Wien. Entomol. Ztg. 26 (2): 53. **Type species:** *Musca cupraria* Linnaeus, 1758. New name for *Sargus* Fabricius.
Pedicellina James, 1952. J. Wash. Acad. Sci. 42 (7): 225. **Type species:** *Sargus natatus* Wiedemann, 1830[=*Sargus fasciatus* Fabricius, 1805].
Himantoloba McFadden, 1970. Proc. Ent. Soc. Wash. 72 (2): 274. **Type species:** *Chrysonotus flavopilosus* Bigot, 1879.

（246）棒瘦腹水虻 *Sargus baculventerus* Yang *et* Chen, 1993

Sargus baculventerus Yang *et* Chen, 1993. *In*: Yang *et* Yang, 1995. Insects of Baishanzu Mountain, Eastern China: 585. **Type locality:** China (Guizhou: Tongren, Tongchuan).
Sargus baculventerus: Yang, Zhang *et* Li, 2014. Stratiomyoidea of China: 450.
分布（Distribution）：黑龙江（HL）、辽宁（LN）、湖南（HN）、贵州（GZ）

（247）短突瘦腹水虻 *Sargus brevis* Yang, Zhang *et* Li, 2014

Sargus brevis Yang, Zhang *et* Li, 2014. Stratiomyoidea of China: 452. **Type locality:** China (Sichuan: Emei Mountain).
分布（Distribution）：四川（SC）

（248）黄足瘦腹水虻 *Sargus flavipes* Meigen, 1822

Sargus flavipes Meigen, 1822. Systematische Beschreibung der bekannten Europäischen zweiflügligen Insekten I-X: 108. **Type locality:** Germany (Hessen).
Sargus flavipes: Yang, Zhang *et* Li, 2014. Stratiomyoidea of China: 453.
Sargus nigripes Zetterstedt, 1842. Diptera scandinaviae disposita *et* descripta I-XVI: 159. **Type locality:** Sweden (Gotland: Martebo).
Sargus angustifrons Loew, 1855. Verh. Zool.-Bot. Ver. Wien 5 (2): 134. **Type locality:** Austria (near Vienna).
分布（Distribution）：黑龙江（HL）；英国、爱尔兰、法国、德国、意大利、西班牙、瑞士、奥地利、匈牙利、比利时、芬兰、丹麦、挪威、瑞典、捷克、斯洛伐克、拉脱维亚、荷兰、波兰、爱沙尼亚、罗马尼亚、保加利亚、俄罗斯、蒙古国、朝鲜

（249）芽瘦腹水虻 *Sargus gemmifer* Walker, 1849

Sargus gemmifer Walker, 1849. List of the specimens of dipterous insects in the collection of the British Museum Part III [4]: 516. **Type locality:** Bangladesh (Sylhet).
Sargus gemmifer: Yang, Zhang *et* Li, 2014. Stratiomyoidea of China: 454.
Sargus ? magnificus Bigot, 1879. Ann. Soc. Ent. Fr. 9: 222. **Type locality:** India (Assam).
分布（Distribution）：福建（FJ）；巴基斯坦、印度、印度尼西亚、马来西亚、缅甸、泰国

（250）巨瘦腹水虻 *Sargus goliath* (Curran, 1927)

Macrosargus goliath Curran, 1927. Am. Mus. Novit. 245: 2. **Type locality:** China (Yen-ping).
Sargus goliath: Yang, Zhang *et* Li, 2014. Stratiomyoidea of China: 454.
分布（Distribution）：浙江（ZJ）、四川（SC）、福建（FJ）、广西（GX）

（251）大瘦腹水虻 *Sargus grandis* (Ôuchi, 1938)

Ptecticus grandis Ôuchi, 1938. J. Shanghai Sci. Inst. (III) 4: 52. **Type locality:** China (Zhejiang: Tianmushan).
Sargus grandis: Yang, Zhang *et* Li, 2014. Stratiomyoidea of China: 456.
分布（Distribution）：浙江（ZJ）

（252）黄山瘦腹水虻 *Sargus huangshanensis* Yang, Yu *et* Yang, 2012

Sargus huangshanensis Yang, Yu *et* Yang, 2012. Acta Zootaxon. Sin. 37 (2): 379. **Type locality:** China (Anhui: Huangshan).
Sargus huangshanensis: Yang, Zhang *et* Li, 2014. Stratiomyoidea of China: 456.
分布（Distribution）：安徽（AH）

（253）宽额瘦腹水虻 *Sargus latifrons* Yang, Zhang *et* Li, 2014

Sargus latifrons Yang, Zhang *et* Li, 2014. Stratiomyoidea of China: 457. **Type locality:** China (Sichuan: Emei Mountain).
分布（Distribution）：陕西（SN）、甘肃（GS）、新疆（XJ）、四川（SC）、云南（YN）、西藏（XZ）、福建（FJ）、广西（GX）

（254）李氏瘦腹水虻 *Sargus lii* Chen, Liang *et* Yang, 2010

Sargus lii Chen, Liang *et* Yang, 2010. Entomotaxon. 32 (2): 129. **Type locality:** China (Tibet: Bomi).
Sargus lii: Yang, Zhang *et* Li, 2014. Stratiomyoidea of China: 459.
分布（Distribution）：西藏（XZ）

（255）红斑瘦腹水虻 *Sargus mactans* Walker, 1859

Sargus mactans Walker, 1859. J. Proc. Linn. Soc. Lond. Zool. 4 (15): 97. **Type locality:** Indonesia (Sulawesi: Ujung Pandang).
Sargus mactans: Yang, Zhang *et* Li, 2014. Stratiomyoidea of China: 460.
分布（Distribution）：吉林（JL）、辽宁（LN）、河北（HEB）、北京（BJ）、山西（SX）、山东（SD）、河南（HEN）、陕西（SN）、甘肃（GS）、浙江（ZJ）、江西（JX）、湖南（HN）、湖北（HB）、四川（SC）、贵州（GZ）、云南（YN）、西藏（XZ）、福建（FJ）、广东（GD）、广西（GX）；日本、印度、

印度尼西亚、马来西亚、巴基斯坦、斯里兰卡、澳大利亚、巴布亚新几内亚

（256）华瘦腹水虻 *Sargus mandarinus* Schiner, 1868

Sargus mandarinus Schiner, 1868. Zoologischer Theil 2, 1 (B): 62. **Type locality:** China (Hong Kong).

Sargus mandarinus: Yang, Zhang *et* Li, 2014. Stratiomyoidea of China: 463.

分布（Distribution）：内蒙古（NM）、北京（BJ）、山东（SD）、江苏（JS）、上海（SH）、浙江（ZJ）、香港（HK）

（257）丽瘦腹水虻 *Sargus metallinus* Fabricius, 1805

Sargus metallinus Fabricius, 1805. Systema antliatorum secundum ordines, genera, species adiectis synonymis, locis, observationibus, descriptionibus I-XIV: 258. **Type locality:** India ("Bengalia").

Sargus metallinus: Yang, Zhang *et* Li, 2014. Stratiomyoidea of China: 463.

Sargus formicaeformis Doleschall, 1857. Natuurkd. Tijdschr. Ned.-Indië 14: 403. **Type locality:** Indonesia (Maluku: Pulau Ambon).

Sargus redhibens Walker, 1859. J. Proc. Linn. Soc. Lond. Zool. 4 (15): 97. **Type locality:** Indonesia (Sulawesi: Ujung Pandang).

Sargus pallipes Bigot, 1879. Ann. Soc. Ent. Fr. 9: 222. **Type locality:** Sri Lanka.

分布（Distribution）：云南（YN）、香港（HK）；日本、韩国、俄罗斯、印度、印度尼西亚、马来西亚、缅甸、菲律宾、斯里兰卡、泰国、新加利多尼亚、巴布亚新几内亚、所罗门群岛

（258）黑基瘦腹水虻 *Sargus nigricoxa* Yang, Zhang *et* Li, 2014

Sargus nigricoxa Yang, Zhang *et* Li, 2014. Stratiomyoidea of China: 464. **Type locality:** China (Sichuan: Emei Mountain).

分布（Distribution）：四川（SC）

（259）黑颜瘦腹水虻 *Sargus nigrifacies* Yang, Zhang *et* Li, 2014

Sargus nigrifacies Yang, Zhang *et* Li, 2014. Stratiomyoidea of China: 465. **Type locality:** China (Shaanxi: Ningshan).

分布（Distribution）：陕西（SN）、四川（SC）

（260）日本瘦腹水虻 *Sargus niphonensis* Bigot, 1879

Sargus niphonensis Bigot, 1879. Ann. Soc. Ent. Fr. 9: 221. **Type locality:** Japan.

Sargus niphonensis: Yang, Zhang *et* Li, 2014. Stratiomyoidea of China: 467.

Geosargus (*Geosargus*) *jankowskii* Pleske, 1926. Eos 2 (4): 392. **Type locality:** Russia (Primoskiy kraj: near Vladivostok).

分布（Distribution）：中国东北部；日本、韩国、俄罗斯

（261）红额瘦腹水虻 *Sargus rufifrons* (Pleske, 1926)

Geosargus (*Chrysochroma*) *rufifrons* Pleske, 1926. Eos 2 (4): 387. **Type locality:** China (Hebei: Kuancheng).

Sargus rufifrons: Yang, Zhang *et* Li, 2014. Stratiomyoidea of China: 467.

分布（Distribution）：河北（HEB）；俄罗斯

（262）四川瘦腹水虻 *Sargus sichuanensis* Yang, Zhang *et* Li, 2014

Sargus sichuanensis Yang, Zhang *et* Li, 2014. Stratiomyoidea of China: 468. **Type locality:** China (Sichuan: Lixian).

分布（Distribution）：四川（SC）

（263）三色瘦腹水虻 *Sargus tricolor* Yang, Zhang *et* Li, 2014

Sargus tricolor Yang, Zhang *et* Li, 2014. Stratiomyoidea of China: 469. **Type locality:** China (Sichuan: Emei Mountain).

分布（Distribution）：四川（SC）

（264）万氏瘦腹水虻 *Sargus vandykei* (James, 1941)

Geosargus vandykei James, 1941. Pan-Pac. Ent. 17 (1): 15. **Type locality:** China (Kiangsu: Tung Ko Forest Station).

Sargus vandykei: Yang, Zhang *et* Li, 2014. Stratiomyoidea of China: 470.

分布（Distribution）：江苏（JS）

（265）绿纹瘦腹水虻 *Sargus viridiceps* Macquart, 1855

Sargus viridiceps Macquart, 1855. Mémoires de la Société Impériale des Sciences de l'Agriculture *et* des Arts de Lille, IIe série, 1: 66. **Type locality:** China ("China Boréale").

Sargus viridiceps: Yang, Zhang *et* Li, 2014. Stratiomyoidea of China: 470.

分布（Distribution）：中国北方

水虻亚科 Stratiomyinae

49. 诺斯水虻属 *Nothomyia* Loew, 1869

Nothomyia Loew, 1869. Berl. Ent. Z. 13 (1-2): 4. **Type species:** *Nothomyia scutellata* Loew, 1882 (designation by Brauer).

Nothomyia: Yang, Zhang *et* Li, 2014. Stratiomyoidea of China: 471.

Pseudoberis Enderlein, 1921. Mitt. Zool. Mus. Berl. 10 (1): 227. **Type species:** *Pseudoberis fallax* Enderlein, 1921.

Berisargus Lindner, 1933. Rev. Ent. (Rio J.) 3 (2): 201. **Type species:** *Berisargus borgmeieri* Lindner, 1933.

（266）长茎诺斯水虻 *Nothomyia elongoverpa* Yang, Wei *et* Yang, 2012

Nothomyia elongoverpa Yang, Wei *et* Yang, 2012. Entomotaxon. 34 (2): 297. **Type locality:** China (Guangdong).

Nothomyia elongoverpa: Yang, Zhang *et* Li, 2014. Stratio-

myoidea of China: 472.
分布（Distribution）：广东（GD）

（267）云南诺斯水虻 *Nothomyia yunnanensis* Yang, Wei *et* Yang, 2012

Nothomyia yunnanensis Yang, Wei *et* Yang, 2012. Entomotaxon. 34 (2): 298. **Type locality:** China (Yunnan).
Nothomyia yunnanensis: Yang, Zhang *et* Li, 2014. Stratiomyoidea of China: 473.
分布（Distribution）：云南（YN）

50. 短角水虻属 *Odontomyia* Meigen, 1803

Odontomyia Meigen, 1803. Mag. Insektenkd. 2: 265. **Type species:** *Musca hydroleon* Linnaeus, 1758.
Odontomyia: Yang, Zhang *et* Li, 2014. Stratiomyoidea of China: 474.
Eulalia Meigen, 1800. Nouv. Class. Mouches: 21. **Type species:** *Musca hydroleon* Linnaeus, 1758.
Opseogymmus Costa, 1857. Giambattista Vico 2: 443. **Type species:** *Opseogymmus flavosignatus* Costa, 1857.
Trichacrostylia Enderlein, 1914. Zool. Anz. 43 (13): 607. **Type species:** *Stratiomys angulata* Panzer, 1798.
Neuraphanisis Enderlein, 1914. Zool. Anz. 43 (13): 608. **Type species:** *Stratiomys tigrina* Fabricius, 1775.
Catatasina Enderlein, 1914. Zool. Anz. 43 (13): 608. **Type species:** *Stratiomys angulata* Panzer, 1794.
Orthogoniocera Lindner, 1951. Bonn. Zool. Beitr. 2 (1-2): 187. **Type species:** *Odontomyia hirayamae* Matsumura, 1916.

（268）排列短角水虻 *Odontomyia alini* Lindner, 1955

Odontomyia (*Catatasina*) *alini* Lindner, 1955. Bonn. Zool. Beitr. 6 (3-4): 221. **Type locality:** China (Heilongjiang).
Odontomyia alini: Yang, Zhang *et* Li, 2014. Stratiomyoidea of China: 476.
分布（Distribution）：黑龙江（HL）、北京（BJ）

（269）角短角水虻 *Odontomyia angulata* (Panzer, 1798)

Stratiomys angulata Panzer, 1798. Favnae Ins. German. init. Dtld. Ins. Heft. 58: 19. **Type locality:** Germany.
Odontomyia angulata: Yang, Zhang *et* Li, 2014. Stratiomyoidea of China: 476.
Stratiomys hydropota Meigen, 1822. Syst. Beschr. Bek. Europ. Zweifl. Ins.: 147. **Type locality:** Europe.
Odontomyia latifaciata Macquart, 1834. Hist. Nat. Ins. 4: 115. **Type locality:** France.
Stratiomys brevicornis Loew, 1840. Öffentl. Prüf. Schül. Kön. Friedrich-Wilhelms-Gymnasiums Posen: 25. **Type locality:** Poland.
分布（Distribution）：北京（BJ）、山西（SX）、新疆（XJ）；古北界

（270）银色短角水虻 *Odontomyia argentata* (Fabricius, 1794)

Stratiomys argentata Fabricius, 1794. Entom. Syst. 4: 266. **Type locality:** Gemany.
Odontomyia argentata: Yang, Zhang *et* Li, 2014. Stratiomyoidea of China: 477.
Stratiomys anilis Schrank, 1803. Fauna Boica. Durch. Gesch. Baiern ein. zahmen Thiere I: 97. **Type locality:** Gemany.
分布（Distribution）：黑龙江（HL）；古北界

（271）青被短角水虻 *Odontomyia atrodorsalis* James, 1941

Odontomyia atrodorsalis James, 1941. Pan-Pac. Ent. 17 (1): 20. **Type locality:** China (Heilongjiang).
Odontomyia atrodorsalis: Yang, Zhang *et* Li, 2014. Stratiomyoidea of China: 478.
分布（Distribution）：黑龙江（HL）、天津（TJ）、北京（BJ）

（272）须短角水虻 *Odontomyia barbata* (Lindner, 1940)

Eulalia barbata Lindner, 1940. Dtsch. Ent. Z. 1939 (1-4): 30. **Type locality:** China (Gansu).
Odontomyia barbata: Yang, Zhang *et* Li, 2014. Stratiomyoidea of China: 480.
分布（Distribution）：甘肃（GS）

（273）双斑短角水虻 *Odontomyia bimaculata* Yang, 1995

Odontomyia bimaculata Yang, 1995. Entomotaxon. 17 (Suppl.): 63. **Type locality:** China (Guangxi).
Odontomyia bimaculata: Yang, Zhang *et* Li, 2014. Stratiomyoidea of China: 480.
分布（Distribution）：广西（GX）

（274）紫翅短角水虻 *Odontomyia claripennis* Thomson, 1869

Odontomyia claripennis Thomson, 1869. Kongliga svenska fregatten Eugenies resa omkring jorden under befäl of C. A. Virgin åren 1851-1853. 2 (1): 456. **Type locality:** Philippine.
Odontomyia claripennis: Yang, Zhang *et* Li, 2014. Stratiomyoidea of China: 481.
分布（Distribution）：福建（FJ）；菲律宾

（275）防城短角水虻 *Odontomyia fangchengensis* Yang, 2004

Odontomyia fangchengensis Yang *In*: Yang, 2004. Insects from Mt. Shiwandashan area of Guangxi.: 534. **Type locality:** China (Guangxi).
Odontomyia fangchengensis: Yang, Zhang *et* Li, 2014. Stratiomyoidea of China: 481.
分布（Distribution）：贵州（GZ）、广西（GX）

（276）黄绿斑短角水虻 *Odontomyia garatas* Walker, 1849

Odontomyia garatas Walker, 1849. List Dipt. Brit. Mus. Part (4): 532. **Type locality:** China (Fujian).

Odontomyia garatas: Yang, Zhang *et* Li, 2014. Stratiomyoidea of China: 482.

Odontomyia staurophora Schiner, 1868. Reise Oster. Freg. Nov., Dipt. 2: 59. **Type locality:** China (Hong Kong).

分布（Distribution）：吉林（JL）、河北（HEB）、北京（BJ）、江苏（JS）、上海（SH）、浙江（ZJ）、江西（JX）、湖南（HN）、湖北（HB）、四川（SC）、贵州（GZ）、云南（YN）、福建（FJ）、台湾（TW）、广西（GX）、香港（HK）；日本、韩国

（277）贵州短角水虻 *Odontomyia guizhouensis* Yang, 1995

Odontomyia guizhouensis Yang, 1995. Entomotaxon. 17 (Suppl.): 66. **Type locality:** China (Guizhou: Luodian).

Odontomyia guizhouensis: Yang, Zhang *et* Li, 2014. Stratiomyoidea of China: 484.

分布（Distribution）：贵州（GZ）、云南（YN）、广西（GX）、海南（HI）

（278）临沼短角水虻 *Odontomyia halophila* Wang, Perng *et* Ueng, 2007

Odontomyia halophila Wang, Perng *et* Ueng, 2007. Aquat. Ins. 29 (4): 248. **Type locality:** China (Taiwan).

Odontomyia halophila: Yang, Zhang *et* Li, 2014. Stratiomyoidea of China: 486.

分布（Distribution）：辽宁（LN）、台湾（TW）

（279）微毛短角水虻 *Odontomyia hirayamae* Matsumura, 1916

Odontomyia hirayamae Matsumura, 1916. Thousand Ins. Japan., Add. Vol. 2 (4): 364. **Type locality:** Japan.

Odontomyia hirayamae: Yang, Zhang *et* Li, 2014. Stratiomyoidea of China: 487.

分布（Distribution）：陕西（SN）、浙江（ZJ）、湖北（HB）、云南（YN）、福建（FJ）；日本

（280）怪足短角水虻 *Odontomyia hydroleon* (Linnaeus, 1758)

Musca hydroleon Linnaeus, 1758. Systema natuae per regna tria natuae, secundum classes, ordines, genera, species, cum characteribus, differentiis, synonymis, locis [4]: 589. **Type locality:** Europe.

Odontomyia hydroleon: Yang, Zhang *et* Li, 2014. Stratiomyoidea of China: 487.

Stratiomys feline Panzer, 1798. Favnae Ins. German. init. Dtld. Ins. Hefe 58: 22. **Type locality:** Germany.

Odontomyia hydroleon var. *alpine* Jaennicke, 1866. Berl. Ent. Z. 10 (1-3): 230. **Type locality:** Switzerland.

分布（Distribution）：黑龙江（HL）、吉林（JL）、新疆（XJ）；古北界

（281）双带短角水虻 *Odontomyia inanimis* (Walker, 1857)

Stratiomys inanimis Walker, 1857. Trans. Ent. Soc. Lond. New Series (4): 121. **Type locality:** China.

Odontomyia inanimis: Yang, Zhang *et* Li, 2014. Stratiomyoidea of China: 488.

分布（Distribution）：中国

（282）封闭短角水虻 *Odontomyia lutatius* Walker, 1849

Odontomyia lutatius Walker, 1849. List Dipt. Brit. Mus. Part (4): 532. **Type locality:** China (Taiwan).

Odontomyia lutatius: Yang, Zhang *et* Li, 2014. Stratiomyoidea of China: 488.

Stratiomya diffusa Walker, 1854. List. Dipt. Colln. Brit. Mus. 5: 53. **Type locality:** Indonesia (Java).

分布（Distribution）：贵州（GZ）、台湾（TW）；印度、印度尼西亚

（283）微足短角水虻 *Odontomyia microleon* (Linnaeus, 1758)

Musca microleon Linnaeus, 1758. Systema natuae per regna tria natuae, secundum classes, ordines, genera, species, cum characteribus, differentiis, synonymis, locis [4]: 589. **Type locality:** Europe.

Odontomyia microleon: Yang, Zhang *et* Li, 2014. Stratiomyoidea of China: 489.

Eulalia microleon minor Pleske, 1922. Ann. Mus. Zool. Acad. Sci. Russie Petrograd 23: 335. **Type locality:** Rassia.

分布（Distribution）：甘肃（GS）；古北界

（284）平头短角水虻 *Odontomyia picta* (Pleske, 1922)

Eulalis picta (*Trichacrostylia*) Pleske, 1922. Ann. Mus. Zool. Acad. Sci. Russie Petrograd 23: 335. **Type locality:** Mongolia.

Odontomyia picta: Yang, Zhang *et* Li, 2014. Stratiomyoidea of China: 489.

分布（Distribution）：内蒙古（NM）；蒙古国

（285）平额短角水虻 *Odontomyia pictifrons* Loew, 1854

Odontomyia pictifrons Loew, 1854. Programm K. Realschule zu Meseritz 1854: 16. **Type locality:** Russia.

Odontomyia pictifrons: Yang, Zhang *et* Li, 2014. Stratiomyoidea of China: 490.

Zoniomyia pictifrons kansuensis Pleske, 1922. Ann. Mus. Zool. Acad. Sci. U. S. S. R. 23: 334. **Type locality:** China (Gansu).

分布（Distribution）：吉林（JL）、甘肃（GS）；哈萨克斯坦、韩国、蒙古国、俄罗斯

（286）四国短角水虻 *Odontomyia shikokuana* (Nagatomi, 1977)

Orthogonicera shikokuana Nagatomi, 1977. Kontyû 45 (4): 547. **Type locality:** Japan (Shikoku).

Odontomyia shikokuana: Yang, Zhang *et* Li, 2014. Stratiomyoidea of China: 491.

分布（Distribution）：贵州（GZ）；日本

（287）中华短角水虻 *Odontomyia sinica* Yang, 1995

Odontomyia sinica Yang, 1995. Entomotaxon. 17 (Suppl.): 68. **Type locality:** China (Xizang).

Odontomyia sinica: Yang, Zhang *et* Li, 2014. Stratiomyoidea of China: 491.

分布（Distribution）：四川（SC）、云南（YN）、西藏（XZ）、福建（FJ）、广西（GX）、海南（HI）

（288）黑盾短角水虻 *Odontomyia uninigra* Yang, 1995

Odontomyia uninigra Yang, 1995. Entomotaxon. 17 (Suppl.): 69. **Type locality:** China (Guangxi).

Odontomyia uninigra: Yang, Zhang *et* Li, 2014. Stratiomyoidea of China: 493.

分布（Distribution）：湖南（HN）、广西（GX）

（289）杨氏短角水虻 *Odontomyia yangi* Yang, 1995

Odontomyia yangi Yang, 1995. Entomotaxon. 17 (Suppl.): 70. **Type locality:** China (Xizang).

Odontomyia yangi: Yang, Zhang *et* Li, 2014. Stratiomyoidea of China: 493.

分布（Distribution）：西藏（XZ）

51. 脉水虻属 *Oplodontha* Rondani, 1863

Oplodontha Rondani, 1863. Arch. Zool. Mod. 3: 78. **Type species:** *Stratiomys viridula* Fabricius, 1775.

Oplodontha: Yang, Zhang *et* Li, 2014. Stratiomyoidea of China: 494.

（290）长纹脉水虻 *Oplodontha elongata* Zhang, Li *et* Yang, 2009

Oplodontha elongata Zhang, Li *et* Yang, 2009. Acta Zootaxon. Sin. 34 (2): 259. **Type locality:** China (Shaanxi: Ganquan).

Oplodontha elongata: Yang, Zhang *et* Li, 2014. Stratiomyoidea of China: 495.

分布（Distribution）：北京（BJ）、陕西（SN）、甘肃（GS）

（291）黑颜脉水虻 *Oplodontha facinigra* Zhang, Li *et* Yang, 2009

Oplodontha facinigra Zhang, Li *et* Yang, 2009. Acta Zootaxon. Sin. 34 (2): 257. **Type locality:** China (Jiangsu: Nanjing).

Oplodontha facinigra: Yang, Zhang *et* Li, 2014. Stratiomyoidea of China: 496.

分布（Distribution）：江苏（JS）、云南（YN）、海南（HI）

（292）红胸脉水虻 *Oplodontha rubrithorax* (Macquart, 1838)

Odontomyia rubrithorax Macquart, 1838. Dipt. Exot. 185. **Type locality:** India.

Oplodontha rubrithorax: Yang, Zhang *et* Li, 2014. Stratiomyoidea of China: 497.

Odontomyia immaculata Brunetti, 1907. Rec. Ind. Mus. 1 (2): 130. **Type locality:** India.

分布（Distribution）：黑龙江（HL）、河北（HEB）、天津（TJ）、北京（BJ）、山西（SX）、宁夏（NX）、新疆（XJ）；刚果（金）、印度、印度尼西亚、日本、菲律宾、斯里兰卡、泰国

（293）中华脉水虻 *Oplodontha sinensis* Zhang, Li *et* Yang, 2009

Oplodontha sinensis Zhang, Li *et* Yang, 2009. Acta Zootaxon. Sin. 34 (2): 258. **Type locality:** China (Yunnan: Kunming).

Oplodontha sinensis: Yang, Zhang *et* Li, 2014. Stratiomyoidea of China: 498.

分布（Distribution）：云南（YN）

（294）隐脉水虻 *Oplodontha viridula* (Fabricius, 1775)

Stratiomys viridula Fabricius, 1775. Syst. Ent. 32: 760. **Type locality:** Europe.

Oplodontha viridula: Yang, Zhang *et* Li, 2014. Stratiomyoidea of China: 499.

Stratiomys canina Panzer, 1798. Favnae Ins. German. init. Dtld. Ins. Heft 58: 23. **Type locality:** Germany.

Musca jejuna Schrank, 1803. Fauna Boica. Durch. Gesch. Baiern ein. zahmen Thiere I: 96. **Type locality:** Gemany.

Odontomyia holosericea Olivier, 1811. Encycl. Méth. Hist. Nat. Ins. 77: 434. **Type locality:** Iraq.

分布（Distribution）：黑龙江（HL）、内蒙古（NM）、河北（HEB）、北京（BJ）、山西（SX）、陕西（SN）、宁夏（NX）、甘肃（GS）、青海（QH）、新疆（XJ）、云南（YN）；古北界

52. 盾刺水虻属 *Oxycera* Meigen, 1803

Hermione Meigen, 1800. Nouv. Class. Mouches: 22. **Type species:** *Musca hypoleon* Linnaeus, 1767 [=*Musca trilineata* Linnaeus] Suppressed by I. C. Z. N. (1963:339).

Oxycera Meigen, 1803. Illiger's Magaz. F. Ins. 2: 265. **Type species:** *Musca hypoleon* Linnaeus, 1767 [=*Musca trineata* Linnaeus].

Oxycera: Yang, Zhang *et* Li, 2014. Stratiomyoidea of China: 501.

Macroxycera Pleske, 1925. Encycl. Ent. B (II), Dipt. 1 (3-4): 171. **Type species:** *Oxycera pulchella* Meigen.

（295）端褐盾刺水虻 *Oxycera apicalis* (Kertész, 1914)

Hermione apicalis Kertész, 1914. Ann. Hist. Nat. Mus. Natl.

Hung. 12 (2): 495. **Type locality:** China (Taiwan).
Oxycera apicalis: Yang, Zhang *et* Li, 2014. Stratiomyoidea of China: 504.
分布（Distribution）：台湾（TW）

（296）基盾刺水虻 *Oxycera basalis* Zhang, Li *et* Yang, 2009

Oxycera basalis Zhang, Li *et* Yang, 2009. Acta Zootaxon. Sin. 34 (3): 460. **Type locality:** China (Ningxia).
Oxycera basalis: Yang, Zhang *et* Li, 2014. Stratiomyoidea of China: 504.
分布（Distribution）：宁夏（NX）

（297）集昆盾刺水虻 *Oxycera chikuni* Yang *et* Nagatomi, 1993

Oxycera chikuni Yang *et* Nagatomi, 1993. South Pacif. Stud. 13 (2): 136. **Type locality:** China (Guizhou).
Oxycera chikuni: Yang, Zhang *et* Li, 2014. Stratiomyoidea of China: 505.
分布（Distribution）：贵州（GZ）

（298）崔氏盾刺水虻 *Oxycera cuiae* Wang, Li *et* Yang, 2010

Oxycera cuiae Wang, Li *et* Yang, 2010. Acta Zootaxon. Sin. 35 (1): 84. **Type locality:** China (Guizhou).
Oxycera cuiae: Yang, Zhang *et* Li, 2014. Stratiomyoidea of China: 505.
分布（Distribution）：四川（SC）、贵州（GZ）

（299）大理盾刺水虻 *Oxycera daliensis* Zhang, Li *et* Yang, 2010

Oxycera daliensis Zhang, Li *et* Yang, 2010. Aquat. Ins. 32 (1): 29. **Type locality:** China (Yunnan).
Oxycera daliensis: Yang, Zhang *et* Li, 2014. Stratiomyoidea of China: 506.
分布（Distribution）：四川（SC）、云南（YN）

（300）好盾刺水虻 *Oxycera excellens* (Kertész, 1914)

Hermione excellens Kertész, 1914. Ann. Hist. Nat. Mus. Natl. Hung. 12 (2): 497. **Type locality:** China (Taiwan).
Oxycera excellens: Yang, Zhang *et* Li, 2014. Stratiomyoidea of China: 506.
分布（Distribution）：浙江（ZJ）、台湾（TW）

（301）透点盾刺水虻 *Oxycera fenestrata* (Kertész, 1914)

Hermione fenestrata Kertész, 1914. Ann. Hist. Nat. Mus. Natl. Hung. 12 (2): 498. **Type locality:** China (Taiwan).
Oxycera fenestrata: Yang, Zhang *et* Li, 2014. Stratiomyoidea of China: 507.
分布（Distribution）：台湾（TW）

（302）黄斑盾刺水虻 *Oxycera flavimaculata* Li, Zhang *et* Yang, 2009

Oxycera flavimaculata Li, Zhang *et* Yang, 2009. Trans. Am. Ent. Soc. 135 (3): 383. **Type locality:** China (Ningxia).
Oxycera flavimaculata: Yang, Zhang *et* Li, 2014. Stratiomyoidea of China: 507.
分布（Distribution）：宁夏（NX）

（303）广西盾刺水虻 *Oxycera guangxiensis* Yang *et* Nagatomi, 1993

Oxycera guangxiensis Yang *et* Nagatomi, 1993. South Pacif. Stud. 13 (2): 139. **Type locality:** China (Guangxi).
Oxycera guangxiensis: Yang, Zhang *et* Li, 2014. Stratiomyoidea of China: 508.
分布（Distribution）：贵州（GZ）、广西（GX）

（304）贵州盾刺水虻 *Oxycera guizhouensis* Yang, Yang *et* Wei, 2008

Oxycera guizhouensis Yang, Yang *et* Wei, 2008. Ent. News 119 (2): 204. **Type locality:** China (Guizhou).
Oxycera guizhouensis: Yang, Zhang *et* Li, 2014. Stratiomyoidea of China: 509.
分布（Distribution）：贵州（GZ）

（305）刘氏盾刺水虻 *Oxycera liui* Li, Zhang *et* Yang, 2009

Oxycera liui Li, Zhang *et* Yang, 2009. Trans. Am. Ent. Soc. 135 (3): 384. **Type locality:** China (Ningxia).
Oxycera liui: Yang, Zhang *et* Li, 2014. Stratiomyoidea of China: 510.
分布（Distribution）：陕西（SN）、宁夏（NX）、甘肃（GS）、四川（SC）

（306）双斑盾刺水虻 *Oxycera laniger* (Séguy, 1934)

Hermione laniger Séguy, 1934. Encycl. Ent. B (Ⅱ). Dipt. 7: 2. **Type locality:** China (Xizang).
Oxycera laniger: Yang, Zhang *et* Li, 2014. Stratiomyoidea of China: 510.
分布（Distribution）：陕西（SN）、甘肃（GS）、湖北（HB）、四川（SC）、贵州（GZ）、云南（YN）、西藏（XZ）

（307）李氏盾刺水虻 *Oxycera lii* Yang *et* Nagatomi, 1993

Oxycera lii Yang *et* Nagatomi, 1993. South Pacif. Stud. 13 (2): 144. **Type locality:** China (Guizhou: Huaxi).
Oxycera lii: Yang, Zhang *et* Li, 2014. Stratiomyoidea of China: 512.
分布（Distribution）：陕西（SN）、四川（SC）、重庆（CQ）、贵州（GZ）、云南（YN）、西藏（XZ）

（308）梅氏盾刺水虻 *Oxycera meigenii* Staeger, 1844

Oxycera meigenii Staeger, 1844. Stettin. Ent. Ztg. 5 (12): 410. **Type locality:** Denmark.
Oxycera meigenii: Yang, Zhang *et* Li, 2014. Stratiomyoidea of China: 513.

Oxycera fraterna Loew, 1873. Syst. Beschr. bek. europ. zweifl. Insekt.: 95. **Type locality:** Tajikistan.
Hermione caucasica Kertész, 1916. Ann. Hist. Nat. Mus. Natl. Hung. 14 (1): 214. **Type locality:** Russia (Caucasus).
Hermione turkestanica Kertész, 1916. Ann. Hist. Nat. Mus. Natl. Hung. 14 (1): 215. **Type locality:** Kazakhstan.
分布（Distribution）：内蒙古（NM）、宁夏（NX）、甘肃（GS）、新疆（XJ）；古北界

(309) 小黑盾刺水虻 *Oxycera micronigra* Yang, Wei *et* Yang, 2009

Oxycera micronigra Yang, Wei *et* Yang, 2009. Zootaxa 2299: 23. **Type locality:** China (Guizhou).
Oxycera micronigra: Yang, Zhang *et* Li, 2014. Stratiomyoidea of China: 514.
分布（Distribution）：重庆（CQ）、贵州（GZ）

(310) 宁夏盾刺水虻 *Oxycera ningxiaensis* Yang, Yu *et* Yang, 2012

Oxycera ningxiaensis Yang, Yu *et* Yang, 2012. ZooKeys 198: 73. **Type locality:** China (Ningxia).
Oxycera ningxiaensis: Yang, Zhang *et* Li, 2014. Stratiomyoidea of China: 515.
分布（Distribution）：宁夏（NX）

(311) 罗氏盾刺水虻 *Oxycera rozkosnyi* Yang, Yu *et* Yang, 2012

Oxycera rozkosnyi Yang, Yu *et* Yang, 2012. ZooKeys 198: 74. **Type locality:** China (Ningxia).
Oxycera rozkosnyi: Yang, Zhang *et* Li, 2014. Stratiomyoidea of China: 516.
分布（Distribution）：宁夏（NX）

(312) 黔盾刺水虻 *Oxycera qiana* Yang, Wei *et* Yang, 2009

Oxycera qiana Yang, Wei *et* Yang, 2009. Zootaxa 2299: 20. **Type locality:** China (Guizhou).
Oxycera qiana: Yang, Zhang *et* Li, 2014. Stratiomyoidea of China: 516.
分布（Distribution）：重庆（CQ）、贵州（GZ）

(313) 青海盾刺水虻 *Oxycera qinghensis* Yang *et* Nagatomi, 1993

Oxycera qinghensis Yang *et* Nagatomi, 1993. South Pacif. Stud. 13 (2): 144. **Type locality:** China (Qinghai: Xining).
Oxycera qinghensis: Yang, Zhang *et* Li, 2014. Stratiomyoidea of China: 517.
分布（Distribution）：内蒙古（NM）、青海（QH）

(314) 四斑盾刺水虻 *Oxycera quadripartita* (Lindner, 1940)

Hermione quadripartita Lindner, 1940. Dtsch. Ent. Z. 1939 (1-4): 33. **Type locality:** China (Fujian).
Oxycera quadripartita: Yang, Zhang *et* Li, 2014. Stratiomyoidea of China: 518.
分布（Distribution）：陕西（SN）、浙江（ZJ）、福建（FJ）

(315) 中华盾刺水虻 *Oxycera sinica* (Pleske, 1925)

Hermione (*Macroxycrea*) *meigeni sinica* Pleske, 1925. Encycl. Ent. B (II), Dipt. 1 (3-4): 174. **Type locality:** China (Gansu).
Oxycera sinica: Yang, Zhang *et* Li, 2014. Stratiomyoidea of China: 519.
分布（Distribution）：甘肃（GS）、新疆（XJ）

(316) 斑盾刺水虻 *Oxycera signata* Brunetti, 1920

Oxycera signata Brunetti, 1920. The Fauna British India, including Ceylon and Burma. Diptera, Brachycera 1: 54. **Type locality:** India.
Oxycera signata: Yang, Zhang *et* Li, 2014. Stratiomyoidea of China: 520.
分布（Distribution）：贵州（GZ）；印度

(317) 唐氏盾刺水虻 *Oxycera tangi* (Lindner, 1940)

Hermione tangi Lindner, 1940. Dtsch. Ent. Z. 1939 (1-4): 34. **Type locality:** China (Shanxi).
Oxycera tangi: Yang, Zhang *et* Li, 2014. Stratiomyoidea of China: 520.
分布（Distribution）：北京（BJ）、山西（SX）、四川（SC）、贵州（GZ）；日本

(318) 三斑盾刺水虻 *Oxycera trilineata* (Linnaeus, 1767)

Musca trilineata Linnaeus, 1767. Syst. Nat. Ed. 12, 1 (2): 980. **Type locality:** Sweden.
Oxycera trilineata: Yang, Zhang *et* Li, 2014. Stratiomyoidea of China: 522.
分布（Distribution）：北京（BJ）、陕西（SN）、宁夏（NX）、甘肃（GS）、新疆（XJ）；哈萨克斯坦、俄罗斯、土耳其、以色列、蒙古国；亚洲（中部）、欧洲、非洲（北部）

(319) 立盾刺水虻 *Oxycera vertipila* Yang *et* Nagatomi, 1993

Oxycera vertipila Yang *et* Nagatomi, 1993. South Pacif. Stud. 13 (2): 158. **Type locality:** China (Yunnan: Kunming).
Oxycera vertipila: Yang, Zhang *et* Li, 2014. Stratiomyoidea of China: 523.
分布（Distribution）：四川（SC）、云南（YN）

53. 丽额水虻属 *Prosopochrysa* de Meijere, 1907

Prosopochrysa de Meijere, 1907. Tijdschr. Ent. 50 (4): 220. **Type species:** *Chrysochlora vitripennis* Doleschall, 1856.
Prosopochrysa: Yang, Zhang *et* Li, 2014. Stratiomyoidea of

China: 524.

（320）舟山丽额水虻 *Prosopochrysa chusanensis* Ôuchi, 1938

Prosopochrysa chusanensis Ôuchi, 1938. J. Shanghai Sci. Inst. (III) 4: 56. 13 (2): 144. **Type locality:** China (Zhejiang).

Prosopochrysa chusanensis: Yang, Zhang *et* Li, 2014. Stratiomyoidea of China: 524.

分布（Distribution）：北京（BJ）、浙江（ZJ）、湖南（HN）、四川（SC）、重庆（CQ）、贵州（GZ）、云南（YN）、福建（FJ）、海南（HI）；菲律宾

（321）中华丽额水虻 *Prosopochrysa sinensis* Lindner, 1940

Prosopochrysa sinensis Lindner, 1940. Dtsch. Ent. Z. 1939 (1-4): 23. **Type locality:** China (Fujian).

Prosopochrysa sinensis: Yang, Zhang *et* Li, 2014. Stratiomyoidea of China: 525.

分布（Distribution）：福建（FJ）

54. 对斑水虻属 *Rhaphiocerina* Lindner, 1936

Rhaphiocerina Lindner, 1936. Flieg. Palaearkt. Reg. 4 (1): 32. **Type species:** *Rhaphiocerina hakiensis* Matsumura, 1936.

Rhaphiocerina: Yang, Zhang *et* Li, 2014. Stratiomyoidea of China: 525.

（322）日本对斑水虻 *Rhaphiocerina hakiensis* Matsumura, 1916

Rhaphiocerina hakiensis Matsumura, 1916. Thousand Ins. Japan., Add. Vol. 2 (4): 372. **Type locality:** Japan.

Rhaphiocerina hakiensis: Yang, Zhang *et* Li, 2014. Stratiomyoidea of China: 526.

分布（Distribution）：广西（GX）；日本

55. 水虻属 *Stratiomys* Geoffroy, 1762

Stratiomys Geoffroy, 1762. Hist. Abreg. Ins. 2: 449, 475. **Type species:** *Stratiomys chamaeleon* Linnaeus, 1758.

Stratiomys: Yang, Zhang *et* Li, 2014. Stratiomyoidea of China: 526.

（323）连水虻 *Stratiomys annectens* James, 1941

Stratiomys annectens James, 1941. Pan-Pac. Ent. 17 (1): 18. **Type locality:** China (Heilongjiang).

Stratiomys annectens: Yang, Zhang *et* Li, 2014. Stratiomyoidea of China: 528.

分布（Distribution）：黑龙江（HL）、内蒙古（NM）、新疆（XJ）

（324）陀螺水虻 *Stratiomys apicalis* Walker, 1854

Stratiomys apicalis Walker, 1854. List Dipt. Brit. Mus. Part, (6): 53. **Type locality:** China (Shanghai).

Stratiomys apicalis: Yang, Zhang *et* Li, 2014. Stratiomyoidea of China: 529.

分布（Distribution）：上海（SH）、湖南（HN）；韩国、俄罗斯

（325）顶斑水虻 *Stratiomys approximata* Brunetti, 1923

Stratiomyia approximata Brunetti, 1923. Rec. Ind. Mus. 25 (1): 115. **Type locality:** India.

Stratiomys approximata: Yang, Zhang *et* Li, 2014. Stratiomyoidea of China: 530.

分布（Distribution）：上海（SH）、湖北（HB）；印度

（326）棒水虻 *Stratiomys barca* Walker, 1849

Stratiomys barca Walker, 1849. List Dipt. Brit. Mus. Part (4): 530. **Type locality:** China (Fujian: Foo-chow-foo).

Stratiomys barca: Yang, Zhang *et* Li, 2014. Stratiomyoidea of China: 530.

分布（Distribution）：贵州（GZ）、福建（FJ）；日本

（327）贝氏水虻 *Stratiomys beresowskii* Pleske, 1899

Stratiomyia beresowskii Pleske, 1899. Wien. Entomol. Ztg. 18 (8): 241. **Type locality:** China (Beijing).

Stratiomys beresowskii: Yang, Zhang *et* Li, 2014. Stratiomyoidea of China: 531.

分布（Distribution）：北京（BJ）；蒙古国

（328）博克仑水虻 *Stratiomys bochariensis* Pleske, 1899

Stratiomyia bochariensis Pleske, 1899. Wien. Entomol. Ztg. 18 (9): 278. **Type locality:** Tajikistan.

Stratiomys bochariensis: Yang, Zhang *et* Li, 2014. Stratiomyoidea of China: 531.

Stratiomyia (*Metastratiomyia*) *turkestanca* Pleske, 1922. Ann. Mus. Zool. Acad. Sci. Russie Petrograd 23: 330. **Type locality:** Kazakhstan.

分布（Distribution）：黑龙江（HL）、内蒙古（NM）；哈萨克斯坦、俄罗斯、塔吉克斯坦、乌兹别克斯坦

（329）异色水虻 *Stratiomys chamaeleon* (Linnaeus, 1758)

Musca chamaeleon Linnaeus, 1758. Systema natuae per regna tria natuae, secundum classes, ordines, genera, species, cum characteribus, differentiis, synonymis, locis [4]: 589. **Type locality:** Europe.

Stratiomys chamaeleon: Yang, Zhang *et* Li, 2014. Stratiomyoidea of China: 532.

Musca spatula Scopoli, 1763. Ent. Carn. 38: 341. **Type locality:** Europe.

Stratiomys nigrodentata Meigen, 1804. Klass. Beschr. beka. Europ. zweifl. Insek. (Diptera Linn): 127. **Type locality:**

France.

Stratiomys unguicornis Becker, 1887. Berl. Ent. Z. 31 (1): 103. **Type locality:** Swizerland.

Stratiomyia kosnakowi Pleske, 1901. Sitzgsber. Naturf. Ges. Univ. Jurjew (Dorpat) 12 (3): 365. **Type locality:** Kazakhstan.

分布（Distribution）：新疆（XJ）、西藏（XZ）；古北界

（330）周斑水虻 *Stratiomys choui* Lindner, 1940

Stratiomyia (*Laternigera*) *choui* Lindner, 1940. Dtsch. Ent. Z. 1939 (1-4): 27. **Type locality:** China (Shaanxi).

Stratiomys choui: Yang, Zhang *et* Li, 2014. Stratiomyoidea of China: 533.

分布（Distribution）：黑龙江（HL）、辽宁（LN）、河北（HEB）、陕西（SN）

（331）科氏水虻 *Stratiomys koslowi* Pleske, 1901

Stratiomyia koslowi Pleske, 1901. Sitzgsber. Naturf. Ges. Univ. Jurjew (Dorpat) 12 (3): 359. **Type locality:** China (Gobi Desert: Bomyn River north of Zaidam).

Stratiomys koslowi: Yang, Zhang *et* Li, 2014. Stratiomyoidea of China: 534.

分布（Distribution）：青海（QH）；蒙古国

（332）杏斑水虻 *Stratiomys laetimaculata* (Ôuchi, 1938)

Oreomyia laetimaculata Ôuchi, 1938. J. Shanghai Sci. Inst. (III) 4: 42. **Type locality:** China (Zhejiang).

Stratiomys laetimaculata: Yang, Zhang *et* Li, 2014. Stratiomyoidea of China: 535.

分布（Distribution）：北京（BJ）、浙江（ZJ）、湖南（HN）、四川（SC）、广东（GD）、广西（GX）；日本

（333）李氏水虻 *Stratiomys licenti* Lindner, 1940

Stratiomyia licenti Lindner, 1940. Dtsch. Ent. Z. 1939 (1-4): 28. **Type locality:** China (Shanxi).

Stratiomys licenti: Yang, Zhang *et* Li, 2014. Stratiomyoidea of China: 536.

分布（Distribution）：山西（SX）

（334）长角水虻 *Stratiomys longicornis* (Scopoli, 1763)

Hirtea longicornis Scopoli, 1763. Ent. Carn. 38: 367. **Type locality:** Slovenijia.

Stratiomys longicornis: Yang, Zhang *et* Li, 2014. Stratiomyoidea of China: 537.

Musca tenebricus Harris, 1778. An exposition of English insects: 45. **Type locality:** England.

Stratiomys tomentosa Schrank, 1803. Fauna Boica. Durch. Gesch. Baiern ein. zahmen Thiere I: 94. **Type locality:** Gemany.

Stratiomys villosa Meigen, 1804. Klass. Beschr. beka. Europ. zweifl. Insek. (Diptera Linn): 124. **Type locality:** Europe.

Stratiomys hirtuosa Meigen, 1830. Syst. Besch. Der bek Euro. Zweif. Ins.: 347. **Type locality:** Europe.

Hirtea efflatouni Lindner, 1925. Bull. Soc. R. Ent. Égypt 9 (1-3): 148. **Type locality:** Egypt.

Stratiomyia (*Hirtea*) *longicornis flavoscutellata* Lindner, 1940. Dtsch. Ent. Z. 1939 (1-4): 24. **Type locality:** China (Shanxi).

分布（Distribution）：黑龙江（HL）、辽宁（LN）、内蒙古（NM）、河北（HEB）、天津（TJ）、北京（BJ）、山西（SX）、山东（SD）、河南（HEN）、陕西（SN）、宁夏（NX）、甘肃（GS）、新疆（XJ）、江苏（JS）、上海（SH）、浙江（ZJ）、江西（JX）、湖南（HN）、湖北（HB）、四川（SC）、贵州（GZ）、福建（FJ）、广东（GD）、广西（GX）、海南（HI）；古北界

（335）泸沽水虻 *Stratiomys lugubris* Loew, 1871

Stratiomyia lugubris Loew, 1871. Syst. Beschr. Bek. Europ. Zweifl. Ins.: 36. **Type locality:** Russia.

Stratiomys lugubris: Yang, Zhang *et* Li, 2014. Stratiomyoidea of China: 540.

Stratiomyia lugubris roederi Lindner, 1937. Flieg. Palaearkt. Reg. 4 (1): 64. **Type locality:** China (Ta-Aschian-sy).

分布（Distribution）：吉林（JL）、浙江（ZJ）；韩国、俄罗斯、蒙古国

（336）满洲里水虻 *Stratiomys mandshurica* (Pleske, 1928)

Stratiomyia (*Eustratiomyia*) *mandshurica* Pleske, 1928. Konowia 7 (1): 67. **Type locality:** China (Heilongjiang: Haerbin).

Stratiomys mandshurica: Yang, Zhang *et* Li, 2014. Stratiomyoidea of China: 541.

分布（Distribution）：黑龙江（HL）、内蒙古（NM）

（337）蒙古水虻 *Stratiomys mongolica* (Lindner, 1940)

Stratiomyia (*Eustratiomyia*) *mongolica* Lindner, 1940. Dtsch. Ent. Z. 1939 (1-4): 25. **Type locality:** China (Hebei: Sichan).

Stratiomys mongolica: Yang, Zhang *et* Li, 2014. Stratiomyoidea of China: 542.

分布（Distribution）：河北（HEB）、北京（BJ）、山西（SX）、陕西（SN）、浙江（ZJ）

（338）高贵水虻 *Stratiomys nobilis* Loew, 1871

Stratiomyia nobilis Loew, 1871. Syst. Beschr. Bek. Europ. Zweifl. Ins.: 38. **Type locality:** Uzbekistan.

Stratiomyia nobilis var. *fischeri* Wagner, 1912. Russ. Ent. Obozr. 12 (2): 249. **Type locality:** Kazakhstan.

Stratiomys nobilis: Yang, Zhang *et* Li, 2014. Stratiomyoidea of China: 543.

分布（Distribution）：新疆（XJ）；亚美尼亚、伊朗、哈萨克斯坦、吉尔吉斯斯坦、乌兹别克斯坦

(339) 缩眼水虻 *Stratiomys portschinskana* Narshuk *et* Rozkošný, 1984

Stratiomyia portschinskana Narshuk *et* Rozkošný, 1984. Acta Ent. Bohem. 81 (4): 296 **Type locality:** China (Xinjiang). New name for *Stratiomys brevicornis* Portschinsky, 1887.
Stratiomys portschinskana: Yang, Zhang *et* Li, 2014. Stratiomyoidea of China: 544.
Stratiomys brevicornis Portschinsky, 1887. Horae Soc. Ent. Ross. 21: 176. **Type locality:** China (Xinjiang). Preoccupied by *Stratiomys brevicornis* Loew, 1840.
分布（Distribution）： 新疆（XJ）

(340) 平头水虻 *Stratiomys potanini* Pleske, 1899

Stratiomyia potanini Pleske, 1899. Wien. Entomol. Ztg. 18 (9): 275. **Type locality:** China (Beijing).
Stratiomys potanini: Yang, Zhang *et* Li, 2014. Stratiomyoidea of China: 545.
分布（Distribution）： 内蒙古（NM）、北京（BJ）

(341) 罗氏水虻 *Stratiomys roborowskii* Pleske, 1901

Stratiomyia roborowskii Pleske, 1901. Sitzgsber. Naturf. Ges.Univ. Jurjew (Dorpat) 12 (3): 357. **Type locality:** China (Gansu).
Stratiomys roborowskii: Yang, Zhang *et* Li, 2014. Stratiomyoidea of China: 545.
分布（Distribution）： 甘肃（GS）

(342) 红翅水虻 *Stratiomys rufipennis* Macquart, 1855

Stratiomyia rufipennis Macquart, 1855. Dipt. Exot., suppl.: 62. **Type locality:** China (Borealis).
Stratiomys rufipennis: Yang, Zhang *et* Li, 2014. Stratiomyoidea of China: 546.
分布（Distribution）： 中国北方

(343) 中华水虻 *Stratiomys sinensis* Pleske, 1901

Stratiomyia sinensis Pleske, 1901. Sitzgsber. Naturf. Ges. Univ. Jurjew (Dorpat) 12 (3): 362. **Type locality:** China (Beijing).
Stratiomys sinensis: Yang, Zhang *et* Li, 2014. Stratiomyoidea of China: 546.
分布（Distribution）： 北京（BJ）

(344) 独行水虻 *Stratiomys singularior* (Harris, 1778)

Musca singularius Harris, 1778. An exposition of English insects: 45. **Type locality:** England.
Stratiomys singularius: Yang, Zhang *et* Li, 2014. Stratiomyoidea of China: 547.
Strationmys furcata Fabricius, 1794. Entomologia systematica emendata *et* aucta 32: 760. **Type locality:** Europe.
Stratiomys riparia Meigen, 1822. Syst. Beschr. Bek. Europ. zweifl. Insek.: 138. **Type locality:** Europe.
Stratiomys paludosa Siebke, 1863. Nyt Mag. Naturvidensk. 12: 149. **Type locality:** Norway.
分布（Distribution）： 黑龙江（HL）；古北界

(345) 正眼水虻 *Stratiomys validicornis* (Loew, 1854)

Hoplomyia validicornis Loew, 1854. Programm K. Realschule Meseritz 1854: 17. **Type locality:** Russia.
Stratiomys validicornis: Yang, Zhang *et* Li, 2014. Stratiomyoidea of China: 547.
Stratiomys kaszabi Lindner, 1967. Reichenbachia 9 (9): 90. **Type locality:** Mongolia.
分布（Distribution）： 新疆（XJ）；哈萨克斯坦、蒙古国、俄罗斯

(346) 腹水虻 *Stratiomys ventralis* Loew, 1847

Stratiomys ventralis Loew, 1847. Stettin. Ent. Ztg. 8 (12): 369. **Type locality:** Russia.
Stratiomys ventralis: Yang, Zhang *et* Li, 2014. Stratiomyoidea of China: 548.
Stratiomyia serica Pleske, 1901. Sitzgsber. Naturf. Ges. Univ. Jurjew (Dorpat) 12 (3): 369. **Type locality:** China (Sun-Nan).
分布（Distribution）： 内蒙古（NM）、宁夏（NX）、甘肃（GS）、青海（QH）、四川（SC）；蒙古国、俄罗斯

食虫虻总科 Asiloidea

十、剑虻科 Therevidae

花彩剑虻亚科 Phycinae

1. 厚胫剑虻属 *Actorthia* Kröber, 1912

Actorthia Kröber, 1912. Dtsch. Ent. Z. 1912: 3. **Type species:** *Actorthia frontata* Kröber, 1912 (monotypy).
Gyrophthalmus Becker, 1912. Verh. Zool.-Bot. Ges. Wien. 62: 311. **Type species:** *Gyrophthalmus khedivialis* Becker, 1912 (monotypy).
Lesneus Surcouf, 1921. Genera Ins. 175: 161. **Type species:** *Lesneus canescens* Surcouf, 1921 (monotypy).
Gyrophthalminus Frey, 1937. Commentat. Biol. 6 (1): 52. **Type species:** *Actorthia ahngeri* Frey, 1921 (original designation).

（1）科氏厚胫剑虻 *Actorthia kozlovi* Zaitzev, 1974

Actorthia kozlovi Zaitzev, 1974. Nasekomye Mongol. 4 (2): 314. **Type locality:** China (Xinjiang).
分布（Distribution）：新疆（XJ）；亚美尼亚、哈萨克斯坦、塔吉克斯坦、蒙古国

（2）平滑厚胫剑虻 *Actorthia plana* Liu, Wang *et* Yang, 2013

Actorthia plana Liu, Wang *et* Yang, 2013. Acta Zootaxon. Sin. 38 (4): 878. **Type locality:** China (Inner Mongolia: Suniteyou Qi, Sunitezuo Qi and Hangjin Qi).
分布（Distribution）：内蒙古（NM）

2. 花彩剑虻属 *Phycus* Walker, 1850

Phycus Walker, 1850. Insecta Saundersiana, Diptera Part I: 2. **Type species:** *Xylophagus brunneus* Wiedemann, 1824 (monotypy).
Caenophane Loew, 1874. Z. ges. Naturw. Halle. N. F. 9 (53): 415. **Type species:** *Caenophanes insignis* Loew, 1874 (monotypy).
Paraphycus Becker, 1923. Denkschr. Akad. Wiss. Wien 98: 62. **Type species:** *Phycus canescens* Walker, 1848 [= *Phycus nitidus* van der Wulp, 1897] (original designation).
Caenophaniella Séguy, 1941. Ann. Soc. Ent. Fr. 109: 112. **Type species:** *Caenophanomyia nigra* Kröber, 1929 (original designation).

（3）三足花彩剑虻 *Phycus atripes* Brunetti, 1920

Phycus atripes Brunetti, 1920. The Fauna of British India, including Ceylon and Myanmar. Diptera, Brachycera 1: 309 (new name for *Phycus nigripes* Brunetti, 1912 nec Kröber, 1912).
Phycus nigripes Brunetti, 1912. Rec. Ind. Mus. 7 (5): 480 (preoccupied by Kröber, 1912). **Type locality:** India (Darjeeling).
分布（Distribution）：四川（SC）；印度、尼泊尔、越南

（4）克氏花彩剑虻 *Phycus kerteszi* Kröber, 1912

Phycus kerteszi Kröber, 1912. Dtsch. Ent. Z. 1912: 4. **Type locality:** China (Taiwan).
分布（Distribution）：台湾（TW）

剑虻亚科 Therevinae

3. 裸颜剑虻属 *Acrosathe* Irwin *et* Lyneborg, 1981

Acrosathe Irwin *et* Lyneborg, 1981. Bull. Ill. Nat. Hist. Surv. 32 (3): 223. **Type species:** *Bibio annulata* Fabricius, 1805.

（5）环裸颜剑虻 *Acrosathe annulata* (Fabricius, 1805)

Bibio anilis Fabricius, 1805. Systema antliatorum secundum ordinis, genera, species. 68. **Type locality:** Sweden.
Acrosathe annulata: Lyneborg, 1986. Steenstrupia 12 (6): 109.
分布（Distribution）：山东（SD）；匈牙利、法国、德国、荷兰、比利时、捷克、斯洛伐克、奥地利、瑞士、意大利、英国、瑞典、芬兰、挪威、丹麦、前南斯拉夫、阿尔巴尼亚、希腊、罗马尼亚、俄罗斯

（6）银裸颜剑虻 *Acrosathe argentea* (Kröber, 1912)

Psilocephala argentea Kröber, 1912. Dtsch. Ent. Z. 1912: 128. **Type locality:** China (Taiwan).
Acrosathe argentea: Lyneborg, 1986. Steenstrupia 12 (6): 106.
分布（Distribution）：台湾（TW）

（7）过时裸颜剑虻 *Acrosathe obsoleta* Lyneborg, 1986

Acrosathe obsoleta Lyneborg, 1986. Steenstrupia 12 (6): 108. **Type locality:** China (Zhejiang).
分布（Distribution）：浙江（ZJ）；俄罗斯

（8）白毛裸颜剑虻 *Acrosathe pallipilosa* Yang, Zhang *et* An, 2003

Acrosathe pallipilosa Yang, Zhang *et* An, 2003. Acta Zootaxon. Sin. 28 (3): 547. **Type locality:** China (Tianjin).
分布（Distribution）：河北（HEB）、天津（TJ）、北京（BJ）

（9）独毛裸颜剑虻 *Acrosathe singularis* Yang, 2002

Acrosathe singularis Yang, 2002. Forest Insects of Hainan: 744. **Type locality:** China (Hainan).
分布（Distribution）：海南（HI）

4. 沙剑虻属 *Ammothereva* Lyneborg, 1984

Ammothereva Lyneborg, 1984. Steenstrupia 10 (7): 205. **Type species:** *Psilocephala gussakovskyi* Zaitzev, 1973.

（10）短沙剑虻 *Ammothereva brevis* Liu, Gaimari *et* Yang, 2012

Ammothereva brevis Liu, Gaimari *et* Yang, 2012. Zootaxa 3566: 8. **Type locality:** China (Ningxia).
分布（Distribution）：宁夏（NX）

（11）黄足沙剑虻 *Ammothereva flavifemorata* Liu, Gaimari *et* Yang, 2012

Ammothereva nuda Liu, Gaimari *et* Yang, 2012. Zootaxa 3566: 6. **Type locality:** China (Gansu).
分布（Distribution）：内蒙古（NM）、北京（BJ）、宁夏（NX）、甘肃（GS）

（12）裸额沙剑虻 *Ammothereva nuda* Liu, Gaimari *et* Yang, 2012

Ammothereva nuda Liu, Gaimari *et* Yang, 2012. Zootaxa 3566: 4. **Type locality:** China (Inner Mongolia).
分布（Distribution）：内蒙古（NM）

5. 突颊剑虻属 *Bugulaverpa* Gaimari *et* Irwin, 2000

Bugulaverpa Gaimari *et* Irwin, 2000. Zool. J. Linn. Soc. 129 (2): 179. **Type species:** *Bugulaverpa rebeccae* Gaimari *et* Irwin, 2000 (original designation).

（13）海南突颊剑虻 *Bugulaverpa hainanensis* Liu, Li *et* Yang, 2012

Bugulaverpa hainanensis Liu, Li *et* Yang, 2012. Entomotaxon. 34 (3): 552. **Type locality:** China (Hainan).
分布（Distribution）：海南（HI）

6. 粗柄剑虻属 *Dialineura* Rondani, 1856

Dialineura Rondani, 1856. Parma.: 228. **Type species:** *Musca anilis* Linne, 1761 (original designation).

（14）缘粗柄剑虻 *Dialineura affinis* Lyneborg, 1968

Dialineura affinis Lyneborg, 1968. Ent. Tidskr. 89: 157. **Type locality:** China (Sichuan).
分布（Distribution）：天津（TJ）、四川（SC）

（15）镀金粗柄剑虻 *Dialineura aurata* Zaitzev, 1971

Dialineura aurata Zaitzev, 1971. Ent. Obozr. 50 (1): 198. **Type locality:** Russia (Southern seaside).
分布（Distribution）：中国东北部；俄罗斯

（16）长粗柄剑虻 *Dialineura elongata* Liu *et* Yang, 2012

Dialineura elongata Liu *et* Yang, 2012. ZooKeys 235: 4. **Type locality:** China (Shaanxi).
分布（Distribution）：北京（BJ）、陕西（SN）、云南（YN）

（17）高氏粗柄剑虻 *Dialineura gorodkovi* Zaitzev, 1971

Dialineura gorodkovi Zaitzev, 1971. Ent. Obozr. 50 (1): 191. **Type locality:** Russia (Chukchi).
分布（Distribution）：北京（BJ）；俄罗斯、加拿大、美国

（18）河南粗柄剑虻 *Dialineura henanensis* Yang, 1999

Dialineura henanensis Yang, 1999. Fauna and Taxonomy of Insects in Henan 4: 186. **Type locality:** China (Henan).
分布（Distribution）：黑龙江（HL）、内蒙古（NM）、北京（BJ）、河南（HEN）、陕西（SN）、青海（QH）、云南（YN）

（19）溪口粗柄剑虻 *Dialineura kikowensis* Ôuchi, 1943

Dialineura kikowensis Ôuchi, 1943. Shanghai Sizen. Ken. Ihō 13 (6): 480. **Type locality:** China (Zhejiang).
分布（Distribution）：浙江（ZJ）

（20）黑股粗柄剑虻 *Dialineura nigrofemorata* Kröber, 1937

Dialineura nigrofemorata Kröber, 1937. Acta Inst. Mus. Zool. Univ. Athen. 1: 272. **Type locality:** Russia (Transbaibalia).
Dialineura intermedia Lyneborg, 1968. Ent. Tidskr. 89: 159. **Type locality:** Russia (Baikal Lake).
分布（Distribution）：辽宁（LN）；俄罗斯

7. 长角剑虻属 *Euphycus* Kröber, 1912

Euphycus Kröber, 1912. Nacht. Ent. 1: 7. **Type species:** *Thereva dispar* Meigen, 1820 (by desination of Krober, 1937).

（21）贝氏长角剑虻 *Euphycus beybienkoi* Zaitzev, 1979

Euphycus beybienkoi Zaitzev, 1979. Trud. Zool. Inst. 83: 130. **Type locality:** China (Jilin).
分布（Distribution）：黑龙江（HL）、吉林（JL）、辽宁（LN）、河北（HEB）、天津（TJ）、北京（BJ）、陕西（SN）

（22）薄氏长角剑虻 *Euphycus bocki* Kröber, 1912

Euphycus bocki Kröber, 1912. Dtsch. Ent. Z. 1912: 10. **Type locality**: China (Heilongjiang: Amur, Ussuri).

Phycus niger Kröber, 1912. Dtsch. Ent. Z. 1912: 6. **Type locality:** China (Heilongjiang: Amur, Ussuri).

分布（Distribution）：黑龙江（HL）、吉林（JL）、辽宁（LN）、内蒙古（NM）、河北（HEB）、北京（BJ）、山东（SD）

8. 斑翅剑虻属 *Hoplosathe* Lyneborg *et* Zaitzev, 1980

Hoplosathe Lyneborg *et* Zaitzev, 1980. Ent. Scand. 11 (1): 81. **Type species:** *Thereua frauenfeldi* Loew, 1856 (original designation).

（23）科氏斑翅剑虻 *Hoplosathe kozlovi* Lyneborg *et* Zaitzev, 1980

Hoplosathe kozlovi Lyneborg *et* Zaitzev, 1980. Ent. Scand. 11 (1): 90. **Type locality:** Mongolia (Uver-Hangai aimak).

分布（Distribution）：内蒙古（NM）、青海（QH）、新疆（XJ）；蒙古国

（24）盛氏斑翅剑虻 *Hoplosathe shengi* Liu *et* Yang, 2012

Hoplosathe shengi Liu *et* Yang, 2012. Entomotaxon. 34 (2): 314. **Type locality:** China (Xinjiang: Shule).

分布（Distribution）：内蒙古（NM）、新疆（XJ）

（25）吐鲁番斑翅剑虻 *Hoplosathe turpanensis* Liu *et* Yang, 2012

Hoplosathe turpanensis Liu *et* Yang, 2012. Entomotaxon. 34 (2): 317. **Type locality:** China (Xinjiang).

分布（Distribution）：新疆（XJ）

9. 欧文剑虻属 *Irwiniella* Lyneborg, 1976

Irwiniella Lyneborg, 1976. Bull. Br. Mus. (Nat. Hist.) Ent. 33: 3. **Type species:** *Thereva nuba* Wiedemann, 1828 (original description).

（26）中带欧文剑虻 *Irwiniella centralis* (Yang, 2002)

Acrosathe centralis Yang, 2002. Forest Insects of Hainan: 741. **Type locality:** China (Hainan).

分布（Distribution）：海南（HI）

（27）宽额欧文剑虻 *Irwiniella kroeberi* Metz, 2003

Irwiniella kroeberi Metz, 2003. Stud. Dipt. 10: 258 (new name for *Psilocephala frontata* Kröber, 1912 nec Becker, 1908).

Psilocephala frontata Kröber, 1912. Ent. Mitt. 2 (9): 276 (preoccupied by *Irwiniella frontata* (Becker, 1908). **Type locality:** China (Taiwan).

分布（Distribution）：台湾（TW）

（28）长毛欧文剑虻 *Irwiniella longipilosa* (Yang, 2002)

Acrosathe longipilosa Yang, 2002. Forest Insects of Hainan: 741. **Type locality:** China (Hainan).

分布（Distribution）：海南（HI）

（29）幽暗欧文剑虻 *Irwiniella obscura* (Kröber, 1912)

Psilocephala obscura Kröber, 1912. Suppl. Ent. 1: 25. **Type locality:** China (Taiwan).

Irwiniella obscura: Metz *et al.*, 2003. Studia Dipt. 10 (1): 258.

分布（Distribution）：台湾（TW）

（30）多鬃欧文剑虻 *Irwiniella polychaeta* (Yang, 2002)

Acrosathe polychaeta Yang, 2002. Forest Insects of Hainan: 743. **Type locality:** China (Hainan).

分布（Distribution）：海南（HI）

（31）邵氏欧文剑虻 *Irwiniella sauteri* (Kröber, 1912)

Psilocephala sauteri Kröber, 1912. Dtsch. Ent. Z. 1912: 135. **Type locality:** China (Taiwan).

Irwiniella sauteri: Nagatomi *et* Lyneborg, 1987. Mem. Kagoshima Univ. Res. Center S. Pac. 8 (1): 13.

分布（Distribution）：台湾（TW）；日本

（32）中华欧文剑虻 *Irwiniella sinensis* (Ôuchi, 1943)

Psilocephala sinensis Ôuchi, 1943. Shanghai Sizen. Ken. Ihō 13 (6): 477. **Type locality:** China (Zhejiang).

Psilocephala chekiangensis Ôuchi, 1943. Shanghai Sizen. Ken. Ihō 13 (6): 478. **Type locality:** China (Zhejiang).

Irwiniella sinensis (Ôuchi, 1943): Metz *et al.*, 2003. Studia Dipt. 10 (1): 256.

分布（Distribution）：浙江（ZJ）

10. 环剑虻属 *Procyclotelus* Nagatomi *et* Lyneborg, 1987

Procyclotelus Nagatomi *et* Lyneborg, 1987. Kontyû 55 (1): 117. **Type species:** *Procyclotelus elegans* Nagatomi *et* Lyneborg, 1987 (original designation).

（33）中华环剑虻 *Procyclotelus sinensis* Yang, Zhang *et* An, 2003

Procyclotelus sinensis Yang, Zhang *et* An, 2003. Acta Zootaxon. Sin. 28 (3): 546. **Type locality:** China (Sichuan).

分布（Distribution）：四川（SC）、云南（YN）、西藏（XZ）

11. 剑虻属 *Thereva* Latreille, 1796

Thereva Latreille, 1796. Préc. Carac. Gén. Ins.: 167. **Type species:** *Musca plebeja* Linnaeus, 1758 (subsequent monotypy).

（34）橘色剑虻 *Thereva aurantiaca* Becker, 1912

Thereva aurantica Becker, 1912. Verh. Zool.-Bot. Ges. Wien.

547. **Type locality:** Unknown.
Thereva athericiformis Kröber, 1912. Dtsch. Ent. Z. 1912: 681. **Type locality:** Turkey (Issyk-Kul).
分布（Distribution）：青海（QH）；土耳其、哈萨克斯坦、土库曼斯坦、乌兹别克斯坦、塔吉克斯坦、吉尔吉斯斯坦、蒙古国

（35）满洲里剑虻 *Thereva* (*Thereva*) *manchoulensis* Ôuchi, 1943

Thereva (*Thereva*) *manchoulensis* Ôuchi, 1943. Shanghai Sizen. Ken. Ihō 13 (6): 483. **Type locality:** China (Inner Mongolia).
分布（Distribution）：黑龙江（HL）、内蒙古（NM）

（36）绥芬剑虻 *Thereva* (*Athereva*) *suifenensis* Ôuchi, 1943

Thereva (*Athereva*) *suifenensis* Ôuchi, 1943. Shanghai Sizen. Ken. Ihō 13 (6): 484. **Type locality:** China (Heilongjiang).
分布（Distribution）：黑龙江（HL）、内蒙古（NM）

十一、窗虻科 Scenopidae

1. 窗虻属 *Scenopinus* Latreille, 1802

Omphrale Meigen, 1800. Nouv. Class. Mouches: 29 (suppressed by I. C. Z. N., 1963). **Type species:** *Musca senilis* Fabricius, 1794 [= *Scenopinus fenestratus* (Linnaeus, 1758)]. (by subsequent monotypy).
Scenopinus Latreille, 1802. Hist. Nat. Crust. Ins. 3: 463. **Type species:** *Musca fenestralis* Linnaeus, 1758 (monotypy).
Atricha Schrank, 1803. Fauna boica. 3: 54. **Type species:** *Atricha fasciata* Schrank, 1803 [= *Scenopinus fenestratus* (Linnaeus, 1758)] (original designation).
Cona Schellenberg, 1803. Gattungen der Fliegen: 64. **Type species:** *Musca fenestralis* Linnaeus, 1758 (monotypy).
Hypseleura Meigen, 1803. Mag. Insektenk. 2: 273. **Type species:** *Musca senilis* Fabricius, 1794 [= *Scenopinus fenestratus* (Linnaeus, 1758)].
Scenopius Agassiz, 1846. Nom. Zool. Index. Univ.: 333. Unjustified emendation.
Astoma Lioy, 1864. Atti Ist. Veneto Sci. (3) 9: 762. **Type species:** *Nemotelus niger* De Geer, 1776 (monotypy).
Scaenopius Dalla Torre, 1878. Jber. Naturh. Ver. Lotos 27 (1877): 161. Unjustified emendation.
Lepidomphrale Kröber, 1913. Ann. Mus. Nat. Hung. 11: 182. **Type species:** *Scenopinus niveus* Becker, 1907 (monotypy).
Archiscenopinus Enderlein, 1914. Zool. Anz. 43 (1): 25. **Type species:** *Scenopinus niger* De Geer, 1776.
Lucidomphrale Kröber, 1937. Stettin. Ent. Ztg. 98: 222. **Type species:** *Scenopinus lucidus* Becker, 1902 (original designation).
Omphralosoma Kröber, 1937. Stettin. Ent. Ztg. 98: 222. **Type species:** *Scenopinus squamosus* Villeneuve, 1913 (monotypy).
Paromphrale Kröber, 1937. Stettin. Ent. Ztg. 98: 222. **Type species:** *Scenopinus glabrifrons* Meigen, 1824 (original designation).

（1）小窗虻 *Scenopinus microgaster* (Séguy, 1948)

Omphrale microgaster Séguy, 1948. Notes. Ent. Chin. 12: 155. **Type locality:** China ("Kouy Tcheou").
Scenopinus microgaster: Kelsey, 1969. Bull. U.S. Natl. Mus. 277: 33.
分布（Distribution）：中国南方

（2）关岭窗虻 *Scenopinus papuanus* (Kröber, 1912)

Omphrale papuanus Kröber, 1912. Suppl. Ent. 1: 25. **Type locality:** China (Taiwan: Kanshirei).
Scenopinus zeylanicus Senior-White, 1922. Spolia Zeylan. 13: 205. **Type locality:** Sri Lanka.
Scenopinus papuanus: Kelsey, 1969. Bull. U.S. Natl. Mus. 277: 85.
分布（Distribution）：台湾（TW）；斯里兰卡、巴布亚新几内亚、美国

（3）中华窗虻 *Scenopinus sinensis* (Kröber, 1928)

Omphrale sinensis Kröber, 1928. Konowia 7: 1. **Type locality:** China (Guangdong).
Scenopinus sinensis: Kelsey, 1969. Bull. U.S. Natl. Mus. 277: 41.
分布（Distribution）：广东（GD）

十二、拟食虫虻科 Mydaidae

1. 蚬拟食虫虻属 *Nemomydas* Curran, 1934

Nemomydas Curran, 1934. Families and genera of North American Diptera.: 165. **Type species:** *Leptomydas pantherinus* Gerstaecker, 1868 (by original designation).

（1）知本蚬拟食虫虻 *Nemomydas gruenbergi* Hermann, 1914

Leptomydas gruenbergi Hermann, 1914. Ent. Mitt. 3 (2): 34. **Type locality:** China (Taiwan).
Leptomydas gruenbergi: Sack, 1934. Flieg. Palaearkt. Reg. 4 (5): 15.
Nemomydas gruenbergi: Nagatomi *et* Tawaki, 1985. Mem. Kagoshima Univ. Res. Center S. Pac. 6 (1): 115.
分布（Distribution）：台湾（TW）；日本

2. 斯拟食虫虻属 *Syllegomydas* Becker, 1906

Syllegomydas Becker, 1906. Z. Syst. Hymenopt. Dipt. 6: 277. **Type species:** *Syllegomydas cinctus* (Macquart, 1835) (designation by Sack, 1934).

（2）达氏斯拟食虫虻 *Syllegomydas dallonii* Séguy, 1936

Syllegomydas dallonii Séguy, 1936. Mém. Acad. Sci. Inst. Fr. (2) 62 (1935): 88. **Type locality:** "Tunisie (Bou-Hedma)".
分布（Distribution）：西藏（XZ）；非洲（北部）

十三、食虫虻科 Asilidae

食虫虻亚科 Asilinae

Asilinae Latreille, 1802. His. Nat. I: 432. **Type genus:** *Asilis* Kubbaeusm 1758.

1. 短毛食虫虻属 *Antiphrisson* Loew, 1849

Antiphrisson Loew, 1849. Linn. Ent. 4: 124. **Type species:** *Asilus trifarius* Loew, 1849 (original designation).

（1）柔短毛食虫虻 *Antiphrisson tenebrosus* Lehr, 1972

Antiphrisson tenebrosus Lehr, 1972. Insects of Mongolia 1 (1): 818. **Type locality:** Mongolia (Central aimak locality Zaisan near Ulan-Bator).
分布（Distribution）：中国；蒙古国、俄罗斯

2. 食虫虻属 *Asilus* Linnaerus, 1758

Asilus Linnaeus, 1758. Syst. Nat. Ed. 10, Vol. 1: 605. **Type species:** *Asilus crabroniformis* Linnaeus, 1758.

（2）外食虫虻 *Asilus barbarus* Linnaeus, 1758

Asilus barbarus Linnaeus, 1758. Syst. Nat. Ed. 10, Vol. 1: 605. **Type locality:** Mauritania (Morocco: Tunisia).
Asilus sinis Séguy, 1930. Ann. Soc. Ent. Fr. 99: 48. **Type locality:** "Montagnes au nord de Pekin".
Asilus flavipes Esipenko, 1970. Utchen. Zap. Khabarovsk. Gos. Pedagog. Inst. 25: 47. **Type locality:** U. S. S. R., FE (Primorskiy kray: village Kangauz).
分布（Distribution）：中国；蒙古国、摩洛哥、阿尔及利亚、突尼斯、西班牙、法国、意大利、俄罗斯（东西伯利亚、远东地区）

（3）贺食虫虻 *Asilus hopponis* Matsumura, 1916

Asilus hopponis Matsumura, 1916. Thousand Insects of Japan. Additamenta: 376. **Type locality:** China (Taiwan: Hoppo).
分布（Distribution）：台湾（TW）

（4）缘翅食虫虻 *Asilus limbipennis* Macquart, 1855

Asilus limbipennis Macquart, 1855. Dipt. Exot. 1 (5): 63. **Type locality:** "China bor.".
分布（Distribution）：中国

（5）斑腿食虫虻 *Asilus maculifemorata* Macquart, 1855

Asilus maculifemorata Macquart, 1855. Dipt. Exot. 1 (5): 63. **Type locality:** "China bor.".
分布（Distribution）：中国

（6）米食虫虻 *Asilus misao* Macquart, 1855

Asilus misao Macquart, 1855. Dipt. Exot. 1 (5): 64. **Type locality:** "China bor.".
分布（Distribution）：中国

3. 宽跗食虫虻属 *Astochia* Becker, 1913

Astochia Becker *In*: Becker *et* Stein, 1913. Annu. Mus. Zool. Acad. Sci. St.-Pétersb. 17 (1912): 538. **Type species:** *Astochia metatarsata* Becker, 1913 (monotypy).

（7）灰宽跗食虫虻 *Astochia grisea* (Wiedemann, 1821)

Asilus grisea Wiedemann, 1821. Diptera. Exotica. [Ed. 1] Sectio II: 192. **Type locality:** Indonesia (Java).
分布（Distribution）：广东（GD）、海南（HI）；婆罗洲、印度尼西亚、斯里兰卡

（8）亨氏宽跗食虫虻 *Astochia hindostani* (Ricardo, 1919)

Neoitamus hindostani Ricardo, 1919. Ann. Mag. Nat. Hist. (9) 3: 62. **Type locality:** India (Dharmoti: Bhowali, Kumaon).
Astochia hindostani (Wiedemann): Oldroyd, 1975. Cat. Dipt. Orient. Reg. 2: 139.
分布（Distribution）：湖南（HN）、湖北（HB）；印度、尼泊尔

（9）小宽跗食虫虻 *Astochia inermis* Hermann, 1917

Astochia inermis Hermann, 1917. Arch. Naturgesch. 82A (5): 29. **Type locality:** China (Taiwan).
Astochia saimensis Ricardo, 1919. Ann. Mag. Nat. Hist. (9) 3: 68. **Type locality:** Thailand (Biserat: Mabek, Sungkie); China (Hainan: Yon Boi).
分布（Distribution）：云南（YN）、台湾（TW）、海南（HI）；泰国

（10）长芒宽跗食虫虻 *Astochia longistylus* (Wiedemann, 1828)

Asilus longistylus Wiedemann, 1828. Aussereurop. Zweifl. Insekt. 1: 433. **Type locality:** Indonesia ("Java").
Asilus terebratus Macquart, 1838. Dipt. Exot. 1 (2): 149. **Type locality:** Unknown.
Asilus latro Doleschall, 1857. Natuurkd. Tijdschr. Ned.-Indië 14: 384. **Type locality:** Indonesia (Java: Gombong).
Asilus involutus Walker, 1861. J. Linn. Soc. Lond. 5: 281. **Type locality:** Moluccas (Batjan).

Asilus normalis Walker, 1862. J. Linn. Soc. Lond. 6: 18. **Type locality:** Moluccas (Ternate).
Itamus dipygus Schiner, 1868. Reise derösterreichischen Fregatte Novara, Dipt.: 188. **Type locality:** Sambelang, Nicobar Islands.
Itamus dentipes van der Wulp, 1872. Tijdschr. Ent. (2) 7 (15): 248. **Type locality:** Salawatti, Moluccas.
分布（Distribution）：甘肃（GS）；印度尼西亚

（11）斑宽跗食虫虻 *Astochia maculipes* (Walker, 1855)

Trupanea maculipes Walker, 1855. List Dipt. Colln. Brit. Mus. 7 (Suppl.) 3: 605. **Type locality:** China (Hong Kong).
分布（Distribution）：福建（FJ）、广东（GD）、香港（HK）

（12）锤宽跗食虫虻 *Astochia metatarsata* Becker, 1913

Astochia metatarsata Becker, 1913. Annu. Mus. Zool. Acad. Sci. St.-Pétersb. 17: 539. **Type locality:** "Pers.-Beludschistan von der N.-O. Ecke der Landschaft Bampur".
分布（Distribution）：陕西（SN）、湖南（HN）；罗马尼亚、伊朗

（13）海南宽跗食虫虻 *Astochia philus* (Walker, 1849)

Asilus philus Walker, 1849. List Dipt. Colln. Brit. Mus. 2: 393. **Type locality:** Bangladesh (Sylhet: Bangla Desh).
分布（Distribution）：广东（GD）、海南（HI）；缅甸、不丹、孟加拉国、印度

（14）梅县宽跗食虫虻 *Astochia scalaris* Hermann, 1917

Astochia scalaris Hermann, 1917. Arch. Naturgesch. 82A (5): 27. **Type locality:** China (Taiwan: "Taihoku, Tainan, Pilam, Konkau, Chipun, Paros, Koschun, Anping").
分布（Distribution）：四川（SC）、台湾（TW）、广东（GD）；菲律宾、俄罗斯（远东地区）

（15）台湾宽跗食虫虻 *Astochia trigemina* Becker, 1925

Astochia trigemina Becker, 1925. Ent. Mitt. 14: 244. **Type locality:** China (Taiwan).
分布（Distribution）：台湾（TW）

（16）肿宽跗食虫虻 *Astochia virgatipes* (Coquillett, 1899)

Asilus virgatipes Coquillett, 1899. Proc. U.S. Natn. Mus. 21: 313. **Type locality:** Japan.
分布（Distribution）：陕西（SN）、湖南（HN）、四川（SC）；日本、罗马尼亚、俄罗斯（东西伯利亚、远东地区）

4. 凹顶食虫虻属 *Apoclea* Macquart, 1838

Apoclea Macquart, 1838. Dipt. Exot. 1 (2): 119. **Type species:** *Apoclea pallida* Macquart, 1838.
Bisapoclea Becker, 1925. Ent. Mitt. 14: 76. **Type species:** *Bisapoclea duplicata* Becker, 1925 (monotypy).

（17）台湾凹顶食虫虻 *Apoclea duplicata* Becker, 1925

Bisapoclea duplicata Becker, 1925. Ent. Mitt. 14: 76. **Type locality:** China [Taiwan, Kankau (Koahnn)].
分布（Distribution）：台湾（TW）

5. 低颜食虫虻属 *Cerdistus* Loew, 1849

Cerdistus Loew, 1849. Linn. Ent. 4: 74. **Type species:** *Asilus erythrurus* Meigen, 1820.
Rhabdotoitamus White, 1918. Pap. R. Soc. Tasmania 1917: 95. **Type species:** *Neoitamus brunneus* White, 1914 [= *Asilus vittipes* Macquart, 1847].

（18）残低颜食虫虻 *Cerdistus debilis* Becker, 1923

Cerdistus debilis Becker, 1923. Rev. Loewisch. Dipt. Asilica: 78. **Type locality:** "Dalmatien" (Yugoslavia).
分布（Distribution）：浙江（ZJ）、湖南（HN）、湖北（HB）、四川（SC）；土耳其、希腊、前南斯拉夫

（19）齿斑低颜食虫虻 *Cerdistus denticulatus* (Loew, 1849)

Asilus denticulatus Loew, 1849. Linn. Ent. 4: 77. **Type locality:** "Rhodus, Stanchio [= Kos] (Greece) und Slakanova (Turkey).
分布（Distribution）：陕西（SN）、四川（SC）、贵州（GZ）、云南（YN）、西藏（XZ）；土耳其、希腊、保加利亚、外高加索地区

（20）红低颜食虫虻 *Cerdistus erythrus* (Meigen, 1820)

Asilus erythrus Meigen, 1820. Syst. Beschr. 2: 337. **Type locality:** "Frankeich und bei Pizza".
Asilus tenuis Macquart, 1834. Hist. Nat. Ins. Dipt. 1: 307. **Type locality:** "Sicile".
Cerdistus albispinus Palm, 1876. Verh. Zool.-Bot. Ges. Wien. 25: 414. **Type locality:** "Lesina in Dalmatien" (Yugoslavia).
Cerdistus dalmatinus Strobl, 1893. Wien. Entomol. Ztg. 12: 35 (as a var. of *erythrurus*). **Type locality:** "Dalmatia, Ragusa" (Yugoslavia).
Cerdistus nigripes Strobl, 1893. Wien. Entomol. Ztg. 12: 35 (as a var. of *erythrurus*). **Type locality:** "Untersteiermark" (Austria).
分布（Distribution）：河北（HEB）、四川（SC）、云南（YN）、西藏（XZ）；奥地利、捷克、法国、德国、意大利、前南斯拉夫

（21）联低颜食虫虻 *Cerdistus jubatus* Becker, 1923

Cerdistus jubatus Becker, 1923. Rev. Loewisch. Dipt. Asilica: 79. **Type locality:** "Schlesien, Umgebung von Liegnitz".
分布（Distribution）：内蒙古（NM）、新疆（XJ）、湖南（HN）；

波兰

（22）台湾低颜食虫虻 *Cerdistus laets* Becker, 1925

Cerdistus laets Becker, 1925. Ent. Mitt. 14: 246. **Type locality:** China (Taiwan).

分布（Distribution）：台湾（TW）

（23）曼氏低颜食虫虻 *Cerdistus manni* Schiner, 1867

Cerdistus manni Schiner, 1867. Verh. Zool.-Bot. Ges. Wien. 17: 407. **Type locality:** Turkey ("Amasia").

分布（Distribution）：湖南（HN）、湖北（HB）；土耳其、外高加索地区、突尼斯

6. 斜脉食虫虻属 *Clephydroneura* Becker, 1925

Clephydroneura Becker, 1925. Ent. Mitt. 14: 68. **Type species:** *Asilus xanthopus* Wiedemann, 1819.

（24）黄斜脉食虫虻 *Clephydroneura xanthopa* (Wiedemann, 1819)

Asilus xanthopa Wiedemann, 1819. Zool. Mag. (Wied). 1 (3): 5. **Type locality:** Indonesia (Java).

Clephydroneura wulpii Oldroyd, 1938. Ann. Mag. Nat. Hist. 11 (1): 457. **Type locality:** Indonesia (Nglirip: central Java).

分布（Distribution）：广东（GD）、海南（HI）；印度尼西亚、泰国

7. 突颜食虫虻属 *Dysmachus* Loew, 1860

Dysmachus Loew, 1860. Abh. Naturw. Ver. Halle 2: 143. **Type species:** *Asilus trigonus* Meigen, 1804.

（25）阿圆突颜食虫虻 *Dysmachus atripes* Loew, 1871

Dysmachus atripes Loew, 1871. Beschr. Europ. Dipt. 2: 129. **Type locality:** "Spanien".

分布（Distribution）：贵州（GZ）；日本；欧洲（中部和南部）

（26）多毛突颜食虫虻 *Dysmachus dasynotus* Loew, 1871

Dysmachus dasynotus Loew, 1871. Beschr. Europ. Dipt. 2: 128. **Type locality:** "Andalusien" (Spain).

分布（Distribution）：四川（SC）；西班牙、摩洛哥

8. 毛跗食虫虻属 *Epiklisis* Becker, 1925

Epiklisis Becker, 1925. Ent. Mitt. 14: 133. **Type species:** *Epiklisis pilitarsis* Becker, 1925 (monotypy).

（27）毛跗食虫虻 *Epiklisis pilitarsis* Becker, 1925

Epiklisis pilitarsis Becker, 1925. Ent. Mitt. 14: 134. **Type locality:** China (Taiwan: Anping and Tainan).

分布（Distribution）：台湾（TW）

9. 隆额食虫虻属 *Erax* Scopoli, 1763

Erax Scopoli, 1763. Entom. Carniolica: 359. **Type species:** *Erax barbatus* Scopoli, 1763.

Protophanes Loew, 1860. Abh. Naturw. Ver. Halle 2: 143. **Type species:** *Asilus punctatus* Meigen, 1804.

（28）阿隆额食虫虻 *Erax attieus* (Loew, 1871)

Protophanes atticus Loew, 1871. Beschr. Europ. Dipt. 2: 124. **Type locality:** "Attika".

分布（Distribution）：湖北（HB）、四川（SC）；德国

（29）台湾隆额食虫虻 *Erax ochreiventrus* Becker, 1925

Erax ochreiventrus Becker, 1925. Ent. Mitt. 14: 77. **Type locality:** Unknown.

分布（Distribution）：中国

10. 沙漠食虫虻属 *Eremisca* Zinovjeva, 1956

Eremisca Zinovjeva, 1956. Ent. Obozr. 35 (1): 196 (unavailable, without Type species designation).

Eremisca Hull, 1962. Bull. U. S. Natl. Mus. 224 (2): 516. **Type species:** *Eremisca vernalis* Zinovjeva, 1956 (original designation).

（30）中华沙漠食虫虻 *Eremisca chinensis* Lehr, 1964

Eremisca chinensis Lehr, 1964. Ent. Obozr. 43 (4): 930. **Type locality:** China (Alashan: Okudumkunduk).

Eremisca aestivalis Lehr, 1964. Ent. Obozr. 43 (4): 929. **Type locality:** Kisilkumy (Uzebekstan).

分布（Distribution）：中国；蒙古国、哈萨克斯坦、乌兹别克斯坦

11. 切突食虫虻属 *Eutolmus* Loew, 1848

Eutolmus Loew, 1848. Linn. Ent. 3: 459. **Type species:** *Asilus rufibarbis* Meigen, 1820 (original designation).

（31）短芒切突食虫虻 *Eutolmus brevistylus* (Coquillett, 1899)

Asilus brevistylus Coquillett, 1899. Proc. U.S. Natn. Mus. 21: 314. **Type locality:** Japan.

Eutolmus ussuriensis Engel, 1928. Flieg. Palaearkt. Reg. 4 (2): 148. **Type locality:** "Kolowska am Ussuri" (U. S. S. R. FE).

分布（Distribution）：湖南（HN）、湖北（HB）、四川（SC）；朝鲜、日本、俄罗斯（远东地区）

（32）中切突食虫虻 *Eutolmus mediocris* Becker, 1923

Eutolmus mediocris Becker, 1923. Rev. Loewisch. Dipt. Asilica: 32. **Type locality:** "West-Pyrenäen; …Ungarn".

分布（Distribution）：四川（SC）；西印度群岛、匈牙利

(33) 似切突食虫虻 *Eutolmus parricida* (Loew, 1848)

Asilus parricida Loew, 1848. Linn. Ent. 3: 490. **Type locality:** "Gegend von Patara" [= Calcan] (Turkey).
分布(Distribution): 云南(YN);土耳其、阿富汗

(34) 切突食虫虻 *Eutolmus tolmeroides* (Bromley, 1928)

Dysmachus tolmeroides Bromley, 1928. Am. Mus. Novit. 336: 3. **Type locality:** "Yen-Ping, China" [= Nanping]; India.
分布(Distribution): 福建(FJ);印度

(35) 黄毛切突食虫虻 *Eutolmus rufibarbis* (Meigen, 1820)

Asilus rufibarbis Meigen, 1820. Syst. Beschr. 2: 311. **Type locality:** "Stolberg near Aachen" (Germany).
Asilus melampodius Zeller, 1840. Isis. 1840 (I): 67. **Type locality:** "Glogau" [= Glogów]; "Vorbergen Sudeten" (Poland).
分布(Distribution): 四川(SC)、云南(YN);奥地利、保加利亚、瑞士、捷克、德国、丹麦、法国、英国、希腊、匈牙利、意大利、荷兰、波兰、罗马尼亚、瑞典、俄罗斯(西西伯利亚、东西伯利亚、远东地区)、前苏联、前南斯拉夫

12. 鬃腿食虫虻属 *Hoplopheromerus* Becker, 1925

Hoplopheromerus Becker, 1925. Ent. Mitt. 14: 241. **Type species:** *Asilus armatipes* Macquart, 1855.

(36) 异色鬃腿食虫虻 *Hoplopheromerus allochrous* Shi, 1992

Hoplopheromerus allochrous Shi, 1992. Insects of Wuling Mountains Area, Southwestern China: 593. **Type locality:** China (Guizhou: Leishan).
分布(Distribution): 贵州(GZ)

(37) 锥额鬃腿食虫虻 *Hoplopheromerus armatipes* (Macquart, 1855)

Asilus armatipes Macquart, 1855. Dipt. Exot. 1 (5): 63. **Type locality:** "N. China".
Asilus shalumus Walker, 1857. Trans. Ent. Soc. Lond. 4: 131. **Type locality:** "N. China".
分布(Distribution): 浙江(ZJ)、江西(JX)、湖南(HN)、四川(SC)、贵州(GZ)、福建(FJ)、台湾(TW)、广东(GD);蒙古国、日本

(38) 毛腹鬃腿食虫虻 *Hoplopheromerus hirtiventris* Becker, 1925

Hoplopheromerus hirtiventris Becker, 1925. Ent. Mitt. 14: 241. **Type locality:** China (Taiwan: Januno Teiko, Toa Tsui Kutsu and Fuhosho).
分布(Distribution): 浙江(ZJ)、湖南(HN)、湖北(HB)、四川(SC)、贵州(GZ)、云南(YN)、福建(FJ)、台湾(TW)、广东(GD)、广西(GX)、海南(HI);不丹、印度

13. 突食虫虻属 *Machimus* Loew, 1849

Machimus Loew, 1849. Linn. Ent. 4: 1. **Type species:** *Asilus chrysitis* Meigen, 1820 (orginal designation).
Allomachimus Bequaert, 1964. Bull. Inst. R. Sci. Nat. Belg. 40 (5): 1. **Type species:** *Machimus* (*Allomachimus*) *barcelonicus* Bequaert, 1964 (original designation).

(39) 亚洲圆突食虫虻 *Machimus asiaticas* (Becker, 1925)

Tolmerus asiaticas Becker, 1925. Ent. Mitt. 14: 247. **Type locality:** China (Taiwan: Kankau, Pilam and Chipur).
分布(Distribution): 台湾(TW)

(40) 金鬃圆突食虫虻 *Machimus aurimystax* (Bromley, 1928)

Asilus (*Tolmorus*) *aurimystax* Bromley, 1928. Am. Mus. Novit. 336: 3. **Type locality:** China (Fujian: Yen-Ping).
分布(Distribution): 福建(FJ);印度

(41) 巧圆突食虫虻 *Machimus concinnus* Loew, 1870

Machimus concinnus Loew, 1870. Berl. Ent. Z. 14: 140. **Type locality:** "Spanien".
Machimus dactyliferus Strobl, 1906. Mem. R. Soc. Esp. Hist. Nat. 3: 301. **Type locality:** Spain ("Almeria, Cortellas").
分布(Distribution): 陕西(SN)、湖北(HB)、四川(SC);西班牙、西印度群岛

(42) 娇美圆突食虫虻 *Machimus gratiosus* Loew, 1871

Machimus gratiosus Loew, 1871. Beschr. Europ. Dipt. 2: 175. **Type locality:** "Smyrna" [= Izmir].
分布(Distribution): 浙江(ZJ);土耳其

(43) 台湾圆突食虫虻 *Machimus impeditus* (Becker, 1925)

Tolmerus impeditus Becker, 1925. Ent. Mitt. 14: 246. **Type locality:** China (Taiwan: Kankau).
分布(Distribution): 台湾(TW)

(44) 内圆突食虫虻 *Machimus nevadensis* (Strobl, 1909)

Asilus nevadensis Strobl, 1909. Verh. Zool.-Bot. Ges. Wien. 59: 163. **Type locality:** "Obere Geniltal".
分布(Distribution): 四川(SC);西班牙、西印度群岛

(45) 圆盾毛突食虫虻 *Machimus setibarbis* (Loew, 1849)

Asilus setibarbis Loew, 1849. Linn. Ent. 4: 45. **Type locality:**

Greece (Rhodus).
分布（Distribution）：陕西（SN）、湖南（HN）、湖北（HB）、四川（SC）、云南（YN）、福建（FJ）；保加利亚、捷克、德国、西班牙、意大利、波兰、罗马尼亚、瑞典、芬兰、土耳其、突尼斯、日本、前南斯拉夫

14. 弯顶毛食虫虻属 *Neoitamus* Osten Sacken, 1878

Neoitamus Osten Sacken, 1878. Smithson. Misc. Collns. 16: 82, 234 (new name for *Itamus* Loew, 1849). **Type species:** *Asilus cyanurus* Loew, 1849.
Itamus Loew, 1849. Linn. Ent. 4: 84 (preoccupied by *Itamus* Schmidt-Goeble, 1846). **Type species:** *Asilus cyanurus* Loew, 1849 (original designation).

（46）江苏弯顶毛食虫虻 *Neoitamus aurifera* Hermann, 1917

Neoitamus aurifera Hermann, 1917. Arch. Naturgesch. 82A (5): 20. **Type locality:** China (Taiwan: Taihoku District).
分布（Distribution）：江苏（JS）、台湾（TW）

（47）窄角弯顶毛食虫虻 *Neoitamus angusticornis* Loew, 1858

Neoitamus angusticornis Loew, 1858. Wien. Entomol. Monatschr. 2: 106. **Type locality:** "Japan".
分布（Distribution）：湖北（HB）、福建（FJ）；日本、俄罗斯（远东地区）

（48）四川弯顶毛食虫虻 *Neoitamus cothurnatus* (Meigen, 1820)

Asilus cothurnatus Meigen, 1820. Syst. Beschr. 2: 317. **Type locality:** Not given [Europe].
Asilus aestivus Zetterstedt, 1842. Dipt. Scand. 1: 167. **Type locality:** "Sueciam a Scania … Helsingiae and Hofverberget Jemtlandia …, Lapponica meridionale … Dania".
分布（Distribution）：四川（SC）；奥地利、捷克、丹麦、法国、英国、意大利、荷兰、罗马尼亚、瑞典、芬兰、前南斯拉夫、前苏联

（49）灰弯顶毛食虫虻 *Neoitamus cyaneocinctus* (Pandellé, 1905)

Asilus cyaneocinctus Pandellé, 1905. Rev. Ent. 24: 74. **Type locality:** Hautes-Pyrénées, Aude.
分布（Distribution）：贵州（GZ）；法国

（50）蓝弯顶毛食虫虻 *Neoitamus cyanurus* (Loew, 1849)

Asilus cyanurus Loew, 1849. Linn. Ent. 4: 84. **Type locality:** "ganze mittlere und nördliche Europe; Verona".
分布（Distribution）：内蒙古（NM）、陕西（SN）、浙江（ZJ）、湖南（HN）、湖北（HB）、四川（SC）、贵州（GZ）、云南（YN）、福建（FJ）；奥地利、保加利亚、捷克、德国、丹麦、法国、英国、希腊、匈牙利、意大利、荷兰、波兰、罗马尼亚、瑞典、芬兰、俄罗斯（西西伯利亚、东西伯利亚、远东地区）

（51）长弯顶毛食虫虻 *Neoitamus dolichurus* Becker, 1925

Neoitamus dolichurus Becker, 1925. Ent. Mitt. 14: 244. **Type locality:** China (Taiwan: Sokutsu and Koshun).
分布（Distribution）：贵州（GZ）、台湾（TW）

（52）胖弯顶毛食虫虻 *Neoitamus fertilis* Becker, 1925

Neoitamus fertilis Becker, 1925. Ent. Mitt. 14: 243. **Type locality:** China (Taiwan: Koshun, Kosempo and Takao).
分布（Distribution）：湖北（HB）、四川（SC）、台湾（TW）

（53）台湾弯顶毛食虫虻 *Neoitamus pediformis* Becker, 1925

Neoitamus pediformis Becker, 1925. Ent. Mitt. 14: 242. **Type locality:** China (Taiwan: Polsha, Sokutsu, Kosempo and Koshun).
分布（Distribution）：台湾（TW）

（54）红弯顶毛食虫虻 *Neoitamus rubripes* Hermann, 1917

Neoitamus rubripes Hermann, 1917. Arch. Naturgesch. 82A (5): 21. **Type locality:** China (Taiwan).
分布（Distribution）：台湾（TW）

（55）红腿弯顶毛食虫虻 *Neoitamus rubrofemorata* Ricardo, 1919

Neoitamus rubrofemorata Ricardo, 1919. Ann. Mag. Nat. Hist. (9) 3: 67. **Type locality:** China (Tientsin).
分布（Distribution）：河北（HEB）、天津（TJ）、浙江（ZJ）、湖南（HN）、湖北（HB）、四川（SC）

（56）伴弯顶毛食虫虻 *Neoitamus socius* (Loew, 1871)

Itamus socius Loew, 1871. Beschr. Europ. Dipt. 2: 180. **Type locality:** Scandinavien bis zum hohen Norden, Deutschland, … Galizen.
分布（Distribution）：云南（YN）；奥地利、阿尔巴尼亚、比利时、保加利亚、捷克、德国、西班牙、法国、匈牙利、波兰、罗马尼亚、瑞典、芬兰、俄罗斯（西西伯利亚、东西伯利亚、？远东地区）、前南斯拉夫、前苏联

（57）灿弯顶毛食虫虻 *Neoitamus splendidus* Oldenberg, 1912

Neoitamus splendidus Oldenberg, 1912. Ent. Mitt. 1: 209. **Type locality:** Trient Bozen, Bad Ratzes und der Seiser Alp.
分布（Distribution）：陕西（SN）、湖南（HN）、四川（SC）、贵州（GZ）、云南（YN）、福建（FJ）；瑞士、意大利

(58）条纹弯顶毛食虫虻 *Neoitamus strigipes* Becker, 1925

Neoitamus strigipes Becker, 1925. Ent. Mitt. 14: 243 (new name for *Itamus griseus* van der Wulp, 1872).

Itamus griseus van der Wulp, 1872. Tijdschr. Ent. (2) 7 (15): 246 (preoccupied by Wiedemann, 1820). **Type locality:** New Guinea; Borneo.

分布（Distribution）：台湾（TW）；新几内亚岛、婆罗洲

(59）佐氏弯顶毛食虫虻 *Neoitamus zouhari* Hradsky, 1960

Neoitamus zouhari Hradsky, 1960. Bull. Ent. Mulhouse 1960: 80. **Type locality:** "China (Chayna)".

分布（Distribution）：中国；俄罗斯（远东地区）

15. 鬃额食虫虻属 *Neomochtherus* Osten Sacken, 1878

Neomochtherus Osten Sacken, 1878. Smithson. Misc. Collns. 16: 82 (new name for *Mochtherus* Loew, 1849).

Mochtherus Loew, 1849. Linn. Ent. 4: 58 (preoccupied by Schmidt-Goebel, 1846). **Type species:** *Asilus pallies* Meigen, 1820 (original designation).

(60）阿尔鬃额食虫虻 *Neomochtherus alpinus* (Meigen, 1820)

Asilus alpinus Meigen, 1820. Syst. Beschr. 2: 336. **Type locality:** France ("Thal Chamouny").

Asilus melanopus Meigen, 1820. Syst. Beschr. 2: 338. **Type locality:** Not given [Europe].

分布（Distribution）：湖北（HB）、贵州（GZ）；瑞士、法国、前南斯拉夫

(61）黄角平胛食虫虻 *Neomochtherus flavicornis* (Ruthe, 1831)

Asilus flavicornis Ruthe, 1831. Isis. 8: 1217. **Type locality:** "Freienwald" [Germany].

分布（Distribution）：湖南（HN）；日本、奥地利、保加利亚、捷克、德国、法国、匈牙利、意大利、罗马尼亚

(62）膝平胛食虫虻 *Neomochtherus geniculatus* (Meigen, 1820)

Asilus geniculatus Meigen, 1820. Syst. Beschr. 2: 317. **Type locality:** Not given [Europe].

分布（Distribution）：湖北（HB）、四川（SC）；欧洲

(63）印度平胛食虫虻 *Neomochtherus indianus* (Ricardo, 1919)

Heligmonevra indianus Ricardo, 1919. Ann. Mug. Nat. Hist. (9) 3: 74. **Type locality:** Kotagiri.

分布（Distribution）：湖南（HN）；印度

(64）卡氏平胛食虫虻 *Neomochtherus kaszabi* Lehr, 1975

Neomochtherus kaszabi Lehr, 1975. Ann. Hist. Nat. Mus. Natl. Hung. 67: 208. **Type locality:** "Uvs aimak: Sandgebiet Altan esl" (Mogolia).

分布（Distribution）：中国；蒙古国、俄罗斯（东西伯利亚）

(65）柯氏平胛食虫虻 *Neomochtherus kozlovi* Lehr, 1972

Neomochtherus kozlovi Lehr, 1972. Insects of Mongolia 1 (1): 806. **Type locality:** "China (Ninghsia province: Dyn-Yuan-In, North Alashan").

分布（Distribution）：宁夏（NX）

(66）中华平胛食虫虻 *Neomochtherus sinensis* (Ricardo, 1919)

Heligmonevra sinensis Ricardo, 1919. Ann. Mag. Nat. Hist. (9) 3: 75. **Type locality:** China ("Tientsin").

Neomochtherus agers Esipenko, 1974. Voprosy biologii, Khabarovsk: 159. **Type locality:** U. S. S. R. (Khabarovskiy kray: Amur River).

分布（Distribution）：天津（TJ）、湖南（HN）、贵州（GZ）；日本、俄罗斯（远东地区）

(67）三斑平胛食虫虻 *Neomochtherus trisignatus* (Ricardo, 1922)

Heligmonevra trisignatus Ricardo, 1922. Ann. Mag. Nat. Hist. (9) 10: 61. **Type locality:** Veddhchalam in Arcot District and Adoni in Bellary District, South India.

分布（Distribution）：湖南（HN）；印度

16. 寡食虫虻属 *Oligoschema* Becker, 1925

Oligoschema Becker, 1925. Ent. Mitt. 14: 135. **Type species:** *Oligoschema nuda* Becker, 1925: 136 (monotypy).

(68）寡食虫虻 *Oligoschema nuda* Becker, 1925

Oligoschema nuda Becker, 1925. Ent. Mitt. 14: 136. **Type locality:** China (Taiwan: Yentempo and Takao).

分布（Distribution）：台湾（TW）

17. 奥食虫虻属 *Orophotus* Becker, 1925

Orophotus Becker, 1925. Ent. Mitt. 14: 137. **Type species:** *Orophotus univittatus* Becker, 1925 (monotypy).

(69）金奥食虫虻 *Orophotus chrysogaster* Becker, 1925

分布（Distribution）：台湾（TW）

(70）黄奥食虫虻 *Orophotus fulvidus* Becker, 1925

Orophotus fulvidus Becker, 1925. Ent. Mitt. 14: 240. **Type locality:** China (Taiwan: Banshoryo, Fuhosho, Tainan and

Kosempo).
分布（Distribution）：台湾（TW）

（71）柑奥食虫虻 *Orophotus mandarinus* (Bromley, 1928)

Asilus mandarinus Bromley, 1928. Am. Mus. Novit. 336: 1. **Type locality:** China (Fujian: Yen-Ping).
分布（Distribution）：福建（FJ）

（72）台湾奥食虫虻 *Orophotus univittatus* Becker, 1925

Orophotus univittatus Becker, 1925. Ent. Mitt. 14: 137. **Type locality:** China (Taiwan).
分布（Distribution）：台湾（TW）

18. 峰额食虫虻属 *Philodicus* Loew, 1848

Philodicus Loew, 1848. Linn. Ent. 3: 391. **Type species:** *Asilus javanus* Wiedemann, 1919 (monotypy).

（73）中华峰额食虫虻 *Philodicus chinensis* Schiner, 1868

Philodicus chinensis Schiner, 1868. Reise der Osterrichischen Fregatte Novara. Dipt.: 179. **Type locality:** China (Hong Kong).
Philodicus separata Walker, 1855. List Dipt. Colln. Brit. Mus. 7: 609. **Type locality:** unkonwn (Synomym according to Ricardo, 1921: 191).
分布（Distribution）：浙江（ZJ）、福建（FJ）、台湾（TW）、广东（GD）、海南（HI）、香港（HK）；新加坡、泰国、斯里兰卡、缅甸、马来西亚

（74）爪哇峰额食虫虻 *Philodicus javanus* (Wiedemann, 1819)

Asilus javanus Wiedemann, 1819. Zool. Mag. (Wied.) 1 (3): 4. **Type locality:** Indonesia (Java).
Asilus agnitus Wiedemann, 1819. Zool. Mag. (Wied.) 1 (3): 35. **Type locality:** Indonesia (Sumatra).
Asilus perplexus Wiedemann, 1828. Aussereurop. Zweifl. Insekt. 1: 495. **Type locality:** Indonesia (Sumatra).
Trupanea rubritarsatus Macquart, 1838. Dipt. Exot. 1 (2): 99. **Type locality:** Sylhet.
Trupanea telifer Walker, 1851. Insecta Saundersiana 1: 115. **Type locality:** East India.
Trupanea sagittifer Walker, 1851. Insecta Saundersiana 1: 116. **Type locality:** East India.
Trupanea innotabilis Walker, 1855. List Dipt. Colln. Brit. Mus. 7: 604. **Type locality:** Indonesia (Java: Sumatra).
Trupanea cpmfomos Walker, 1855. List Dipt. Colln. Brit. Mus. 7: 606. **Type locality:** Indonesia (Java).
Asilus melanurus Doleschall, 1856. Natuurk. Tijdschr. Ned.-Indië. 10: 408. **Type locality:** Indonesia (Java).
Trupanea inscrens Walker, 1857. J. Linn. Soc. Lond. 1: 116. **Type locality:** Malaysia (Sarawak: Borneo).
分布（Distribution）：福建（FJ）、广东（GD）、海南（HI）；印度尼西亚（苏门答腊岛、爪哇岛）、帝汶

（75）长峰额食虫虻 *Philodicus ochracceus* Becker, 1925

Philodicus ochracceus Becker, 1925. Ent. Mitt. 14: 75. **Type locality:** China (Taiwan: Koshun).
分布（Distribution）：台湾（TW）

（76）单腹峰额食虫虻 *Philodicus univentris* (Walker, 1851)

Trupanea univentris Walker, 1851. Insecta Saundersiana 1: 114. **Type locality:** East India.
分布（Distribution）：湖南（HN）；印度

19. 铗食虫虻属 *Philonicus* Loew, 1849

Philonicus Loew, 1849. Linn. Ent. 4: 144. **Type species:** *Asilus albiceps* Meigen (monotypy).

（77）白齿铗食虫虻 *Philonicus albiceps* (Meigen, 1820)

Asilus albiceps Meigen, 1820. Syst. Beschr. 2: 312. **Type locality:** “Das mittlere und nördlichere Europa; auch Portugal”.
Asilus canescens Wiedemann in Meigen, 1820. Syst. Beschr. 2: 336. **Type locality:** “Portugal”.
Asilus nudus Loew, 1840. Isis. 1840 (VII-VIII): 549 and 584. **Type locality:** Not given (Posen) [= Poznań] (Poland).
Asilus albibarbus Zeller, 1840. Isis. 1840 (I): 66. error.
Philonicus domesticus Ricardo, 1920. Ent. Mon. Mag. 56: 278. **Type locality:** “N. Persia”.
Cerdistus pulcher Becker, 1923. Rev. Loewisch. Dipt. Asilica: 76. **Type locality:** France (“West-Pyrenäen, Cauterets”).
Cerdistus marinus Becker, 1923. Rev. Loewisch. Dipt. Asilica: 78. **Type locality:** Germany (“Nordsee Insel Amrum”).
Philonicus orientalis Esipenko, 1969. Uchen. Zap. Khabarovsk. Gos. Pedagog. Inst. 18: 64. **Type locality:** U. S. S. R. (Khabarovskiy kray: Amur River).
分布（Distribution）：内蒙古（NM）、四川（SC）；日本、德国、前苏联

（78）黑鬃铗食虫虻 *Philonicus nigrosetosus* van der Wulp, 1881

Philonicus nigrosetosus van der Wulp, 1881. Midden-Sumatra Exped. Dipt.: 24. **Type locality:** Indonesia (Sumatra).
分布（Distribution）：四川（SC）；菲律宾、印度尼西亚（苏门答腊岛）

（79）四川铗食虫虻 *Philonicus sichuanensis* Tscas *et* Weinberg, 1977

Philonicus sichuanensis Tscas *et* Weinberg, 1977. Trav. Mus.

Hist. Nat. "Gr. Antipa" 18: 251. **Type locality:** China (Sichuan).
分布（**Distribution**）：四川（SC）

20. 叉胫食虫虻属 *Promachus* Loew, 1848

Promachus Loew, 1848. Linn. Ent. 3: 390. **Type species:** *Asilus fasciatus* Fabricius, 1775.
Trupanea Macquart, 1838. Dipt. Exot. 1 (2): 91 (preoccupied by Schrank, 1795). **Type species:** *Asilus maculates* Fabricius, 1775.
Parapromachus Hull, 1962. Bull. U.S. Natl. Mus. 224 (2): 464 (as subgenus of *Promachus*). **Type species:** *Promachus leoninus* Loew, 1848 (original designation).

（80）白毛叉胫食虫虻 *Promachus albopilosus* (Macquart, 1855)

Trupanea canus albopilosus Macquart, 1855. Dipt. Exot. 1 (5): 57. **Type locality:** "China bor.".
分布（**Distribution**）：山东（SD）、浙江（ZJ）、湖南（HN）、湖北（HB）、四川（SC）、贵州（GZ）、福建（FJ）；哈萨克斯坦、乌兹别克斯坦、塔吉克斯坦

（81）广州叉胫食虫虻 *Promachus anicius* (Walker, 1849)

Asilus anicius Walker, 1849. List Dipt. Brit. Mus. 2: 392. **Type locality:** China.
分布（**Distribution**）：浙江（ZJ）、台湾（TW）、广东（GD）

（82）海南叉胫食虫虻 *Promachus apivorus* (Walker, 1860)

Trupanea apivorus Walker, 1860. Trans. Ent. Soc. Lond. 5: 282. **Type locality:** Myanmar.
分布（**Distribution**）：广东（GD）、海南（HI）；缅甸

（83）巴氏叉胫食虫虻 *Promachus bastardii* (Macquart, 1838)

Trupanea bastardii Macquart, 1838. Dipt. Exot. 1 (2): 104. **Type locality:** N. Amer.; Kans. to Mass., s. to Tex. and Ga.
Asilus ultimus Walker, 1851. Insecta Britannica: 136. **Type locality:** North America.
Trupanea rubiginis Walker, 1852. Insecta Saundersiana: 123. **Type locality:** North America.
Promachus philadelphicus Schiner, 1867. Verh. Zool.-Bot. Gew. Wien. 17: 389. **Type locality:** Pennsylvanien.
Asilus laevinus Walker, 1849. Colln. Brit. Mus. 2: 392. **Type locality:** USA (Massachusetts).
分布（**Distribution**）：河北（HEB）、北京（BJ）；日本、美国

（84）中华叉胫食虫虻 *Promachus chinensis* Ricardo, 1920

Promachus chinensis Ricardo, 1920. Ann. Mag. Nat. Hist. (9) 5: 226. **Type locality:** S. China (Tinghae).
分布（**Distribution**）：浙江（ZJ）

（85）四川叉胫食虫虻 *Promachus fulviventris* Becker, 1925

Trypanoides fulviventris Becker, 1925. Ent. Mitt. 14: 72. **Type locality:** China (Taiwan: Taihorinsho and Hoozan).
分布（**Distribution**）：四川（SC）、台湾（TW）

（86）台湾叉胫食虫虻 *Promachus formosanus* Matsumura, 1916

Promachus formosanus Matsumura, 1916. Thousand Insects of Japan 2: 375. **Type locality:** China (Taiwan: Horisha).
分布（**Distribution**）：台湾（TW）

（87）埔里叉胫食虫虻 *Promachus horishanus* Matsumura, 1916

Promachus horishanus Matsumura, 1916. Thousand Insects of Japan 2: 375. **Type locality:** China (Taiwan: Horisha).
分布（**Distribution**）：台湾（TW）

（88）印叉胫食虫虻 *Promachus indegenus* (Becker, 1925)

Trypanoides indegenus Becker, 1925. Ent. Mitt. 14: 74. **Type locality:** Macuyama, Sokutsn, Koshun, Banshoryo, Taihorinsko.
分布（**Distribution**）：四川（SC）、云南（YN）、台湾（TW）；菲律宾

（89）白颊叉胫食虫虻 *Promachus leucopygus* (Walker, 1857)

Trupanea leucopygus Walker, 1857. Trans. R. Ent. Soc. Lond. 4 (1): 129. **Type locality:** China.
分布（**Distribution**）：中国

（90）白铁叉胫食虫虻 *Promachus leucopareus* van der Wulp, 1872

Promachus leucopareus van der Wulp, 1872. Tijdschr. Ent. (2) 7 (15): 227. **Type locality:** Indonesia (Java).
分布（**Distribution**）：四川（SC）；印度尼西亚、菲律宾

（91）斑叉胫食虫虻 *Promachus maculatus* (Fabricius, 1775)

Asilus maculatus Fabricius, 1775. Syst. Ent.: 794. **Type locality:** "India orientalis".
分布（**Distribution**）：陕西（SN）、湖南（HN）、四川（SC）、云南（YN）；阿富汗、印度；？欧洲

（92）尼科叉胫食虫虻 *Promachus nicobarensis* (Schiner, 1868)

Tolmerus nicobarensis Schiner, 1868. Reise der österreichischen Fregatte Novara, Dipt.: 192. **Type locality:** Nakauri, Nicobar Islands.

分布（Distribution）：浙江（ZJ）、福建（FJ）；印度

（93）黑须叉胫食虫虻 *Promachus nigrobarbatus* (Becker, 1925)

Trypanoides nigribarbatus Becker, 1925. Ent. Mitt. 14: 73. **Type locality:** China (Taiwan: Kosempo).

分布（Distribution）：台湾（TW）

（94）努叉胫食虫虻 *Promachus nussus* Oldroyd, 1972

Promachus nussus Oldroyd, 1972. Pacif. Ins. 14 (2): 302. **Type locality:** Philippines (Busuanga: 4 km S of San Nicolas).

分布（Distribution）：贵州（GZ）；菲律宾

（95）暗叉胫食虫虻 *Promachus opacus* Becker, 1925

Promachus opacus Becker, 1925. Ent. Mitt. 14: 70. **Type locality:** China (Taiwan: Taihorin).

分布（Distribution）：台湾（TW）

（96）帕叉胫食虫虻 *Promachus pallipennis* (Macquart, 1855)

Trupanea canus pallipennis Macquart, 1855. Dipt. Exot. 1 (5): 58. **Type locality:** "China bor. (Thian Schan)".

分布（Distribution）：新疆（XJ）、浙江（ZJ）、四川（SC）

（97）拉马叉胫食虫虻 *Promachus ramakrishnai* Bromley, 1939

Promachus ramakrishnai Bromley, 1939. Indian J. Agric. Sci. 8: 867. **Type locality:** India (Madras: North Malabar, Taliparamba).

分布（Distribution）：福建（FJ）；印度

（98）鲁氏叉胫食虫虻 *Promachus ruepelli* Loew, 1854

Promachus ruepelli Loew, 1854. Programm K. Realschule zu Meseritz 1854: 6. **Type locality:** Ethiopia ("Massaua").

分布（Distribution）：湖南（HN）；埃及、苏丹

（99）黄褐叉胫食虫虻 *Promachus tastaceipes* Macquart, 1855

Trupanea testaceipes Macquart, 1855. Dipt. Exot. 1 (5): 56.
Promachus testaceipe: Kertesz, 1909. Catal. Dipt. 4: 226; Hull, 1962. Smith. Inst. U. S. Nat. Hist. Mus. Bull. 224: 462.
Trypanoides testaceipes Engel, 1926. Flieg. Palaearkt. Reg. 4 (2): 22; Shiraki, 1932. Iconogr. Ins. Jap: 136.

分布（Distribution）：福建（FJ）、台湾（TW）；印度尼西亚（苏门答腊岛）

（100）绿腹叉胫食虫虻 *Promachus viridiventris* (Macquart, 1855)

Trupanea viridiventris Macquart, 1855. Dipt. Exot. 1 (5): 58. **Type locality:** "China-bor".

分布（Distribution）：浙江（ZJ）、江西（JX）

（101）盐尼叉胫食虫虻 *Promachus yesonicus* Bigot, 1887

Promachus yesonicus Bigot, 1887. Bull. Soc. Ent. Fr. (6) 7 Bull: LXXIX. **Type locality:** "Japon, norde de Yeso".

分布（Distribution）：河南（HEN）、陕西（SN）、湖南（HN）；法国、日本、俄罗斯（远东地区）

21. 立毛食虫虻属 *Reburrus* Daniels, 1987

Reburrus Daniels, 1987. Invertebr. Taxon. 1 (5): 513. **Type species:** *Neoaratus bancrofti* Hardy, 1935 (original designation).

（102）点立毛食虫虻 *Reburrus pedestris* (Becker, 1925)

Antipalus pedestris Becker, 1925. Ent. Mitt. 14: 132. **Type locality:** China (Taiwan: Kosempo).

分布（Distribution）：台湾（TW）

22. 魔食虫虻属 *Satanas* Jacobson, 1908

Satanas Jacobson, 1908. Annu. Mus. Zool. Acad. Sci. St.-Pétersb. 13: XXXVI. **Type species:** *Asilus gigas* Eversmann, 1855 (monotypy).

（103）粘魔食虫虻 *Satanas agha* Engel, 1934

Satanas agha Engel, 1934. Ark. Zool. 25A (22): 5. **Type locality:** China ("Dsungarie, Karlyk-Dagh").

分布（Distribution）：内蒙古（NM）

（104）地魔食虫虻 *Satanas chan* Engel, 1934

Satanas chan Engel, 1934. Ark. Zool. 25A (22): 3. **Type locality:** China (S. W. Inner Mongolia).

分布（Distribution）：内蒙古（NM）

（105）棕毛魔食虫虻 *Satanas fuscanipennis* (Macquart, 1855)

Proctocanthus fuscanipennis Macquart, 1855. Dipt. Exot. 1 (5): 59. **Type locality:** "China bor.".

分布（Distribution）：中国

（106）巨魔食虫虻 *Satanas gigas* (Eversmann, 1855)

Asilus gigas Eversmann, 1855. Bull. Soc. Nat. Moscou. 27 (3): 200. **Type locality:** U. S. S. R. ("Die östlichen und südlichen Kirgisensteppen, die Songarie").

分布（Distribution）：中国；希腊、罗马尼亚、俄罗斯、塔吉克斯坦、哈萨克斯坦、以色列、伊朗、蒙古国、阿尔及利亚、利比亚、埃及

（107）小魔食虫虻 *Satanas minor* (Portschinsky, 1887)

Proctocanthus minor Portschinsky, 1887. Trudy Russk. Ent. Obshch. 21: 5. **Type locality:** "Asia media (Oasis Nia *et* Keria)

(China)".
分布（Distribution）：中国；乌兹别克斯坦、塔吉克斯坦

（108）黑魔食虫虻 *Satanas nigra* Shi, 1990

Satanas nigra Shi, 1990. Entomotaxon. 12 (3-4): 279. **Type locality:** China (Neimenggu).
分布（Distribution）：内蒙古（NM）、陕西（SN）、新疆（XJ）

（109）壳角魔食虫虻 *Satanas testaceicornis* (Macquart, 1855)

Proctocanthus testaceicornis Macquart, 1855. Dipt. Exot. 1 (5): 59. **Type locality:** China bor.
分布（Distribution）：中国

23. 蛮食虫虻属 *Tolmerus* Loew, 1849

Tolmerus Loew, 1849. Linn. Ent. 4: 94. **Type species:** *Asilus pyragra* Zeller, 1840 (original designation).

（110）红蛮食虫虻 *Tolmerus rufescens* Lehr, 1975

Tolmerus rufescens Lehr, 1975. Insects of Mongolia 3: 534. **Type locality:** China northern Alashan, Dyn-Yuan-In [=Bayan-Hoto].
分布（Distribution）：中国

24. 三叉食虫虻属 *Trichomachimus* Engel, 1934

Trichomachimus Engel, 1934. Ark. Zool. 25A (22): 10. **Type species:** *Machimus pubescens* Ricardo, 1922 (original designation).

（111）狭三叉食虫虻 *Trichomachimus angustus* Shi, 1992

Trichomachimus angustus Shi, 1992. Acta Zootaxon. Sin. 17 (4): 462. **Type locality:** China (Yunnan: Zhongdian).
分布（Distribution）：云南（YN）

（112）泛三叉食虫虻 *Trichomachimus basalis* Oldroyd, 1964

Trichomachimus basalis Oldroyd, 1964. Ann. Mag. Nat. Hist. (13) 7: 438. **Type locality:** China ("Tibet S. E.").
分布（Distribution）：四川（SC）、云南（YN）、西藏（XZ）

（113）联三叉食虫虻 *Trichomachimus conjugus* Shi, 1992

Trichomachimus conjugus Shi, 1992. Insects of the Hengduan Mountains Region: 1086. **Type locality:** China (Sichuan: Maerkang).
分布（Distribution）：四川（SC）

（114）长三叉食虫虻 *Trichomachimus elongatus* Shi, 1992

Trichomachimus elongatus Shi, 1992. Acta Zootaxon. Sin. 17 (4): 459. **Type locality:** China (Xizang: Mangkang).
分布（Distribution）：西藏（XZ）

（115）纤三叉食虫虻 *Trichomachimus excelsus* (Ricardo, 1922)

Machimus excelsus Ricardo, 1922. Ann. Mag. Nat. Hist. (9) 10: 68. **Type locality:** China (Tibet: Gyangtse); India (Gantok: Sikkim).
分布（Distribution）：西藏（XZ）

（116）细三叉食虫虻 *Trichomachimus tenuis* Shi, 1992

Trichomachimus elongatus Shi, 1992. Acta Zootaxon. Sin. 17 (4): 461. **Type locality:** China (Xizang: Bomi).
分布（Distribution）：西藏（XZ）

（117）斜三叉食虫虻 *Trichomachimus obliqus* Shi, 1992

Trichomachimus obliqus Shi, 1992. Acta Zootaxon. Sin. 17 (4): 463. **Type locality:** China (Sichuan: Maerkang).
分布（Distribution）：四川（SC）、云南（YN）

（118）大三叉食虫虻 *Trichomachimus grandis* Shi, 1992

Trichomachimus grandis Shi, 1992. Acta Zootaxon. Sin. 17 (4): 464. **Type locality:** China (Yunnan: Weixi).
分布（Distribution）：四川（SC）、云南（YN）

（119）黑角三叉食虫虻 *Trichomachimus nigricornis* Shi, 1992

Trichomachimus tubus Shi, 1992. Acta Zootaxon. Sin. 17 (4): 464. **Type locality:** China (Yunnan: Weixi).
分布（Distribution）：云南（YN）

（120）黑跗三叉食虫虻 *Trichomachimus nigritarsus* Shi, 1992

Trichomachimus nigritarsus Shi, 1992. Acta Zootaxon. Sin. 17 (4): 465. **Type locality:** China (Xizang: Linzhi).
分布（Distribution）：云南（YN）、西藏（XZ）

（121）红三叉食虫虻 *Trichomachimus rufus* Shi, 1992

Trichomachimus fufus Shi, 1992. Acta Zootaxon. Sin. 17 (4): 466. **Type locality:** China (Sichuan: Xishangcheng).
分布（Distribution）：四川（SC）、云南（YN）、西藏（XZ）

（122）粉斑三叉食虫虻 *Trichomachimus maculatus* Shi, 1992

Trichomachimus maculatus Shi, 1992. Acta Zootaxon. Sin. 17 (4): 467. **Type locality:** China (Xizang: Linzhi).
分布（Distribution）：西藏（XZ）

（123）缘毛三叉食虫虻 *Trichomachimus marginis* Shi, 1992

Trichomachimus marginis Shi, 1992. Acta Zootaxon. Sin. 17 (4): 468. **Type locality:** China (Xizang: Jilong).

分布（Distribution）：西藏（XZ）

（124）毛三叉食虫虻 *Trichomachimus pubescens* (Ricardo, 1922)

Machimus pubescens Ricardo, 1922. Ann. Mag. Nat. Hist. (9) 10: 67. **Type locality:** China: "Gyantse, Tibet".

分布（Distribution）：甘肃（GS）、西藏（XZ）；阿富汗、印度

（125）盾三叉食虫虻 *Trichomachimus scutellaris* (Coquillett, 1899)

Asilus scutellaris Coquillett, 1899. Proc. U.S. Natn. Mus. 21: 315. **Type locality:** "Japan".

分布（Distribution）：浙江（ZJ）、四川（SC）、云南（YN）、台湾（TW）；俄罗斯、日本

（126）管三叉食虫虻 *Trichomachimus tenuuis* Shi, 1992

Trichomachimus tenuis Shi, 1992. Acta Zootaxon. Sin. 17 (4): 461. **Type locality:** China (Xizang: Zuogong).

分布（Distribution）：四川（SC）、西藏（XZ）

25. 裂肛食虫虻属 *Heligmonevra* Bigot, 1858

Heligmonevra Bigot *In*: Thomson, 1858. Arch. Ent. 2: 356. **Type species:** *Heligmonevra modesta* Bigot, 1858 (monotypy).
Cinadus van der Wulp, 1899. Tijdschr. Ent. 41: 139. **Type species:** *Cinadus spretus* van der Wulp, 1898.
Haplonota Frey, 1934. Rev. Suiss. Zool. 41 (15): 316. **Type species:** *Haplonota elegans* Frey, 1934 (monotypy).
Chaetogonophra Hull, 1962. Bull. U. S. Natl. Mus. 224: 585. **Type species:** *Chaetogonophora chaetoprocta* Hull, 1962 (original designation).
Heligmonura Bigot: Oldroyd, 1975. Cat. Dipt. Orient. Reg. 2: 142.
Heligmonevra, error for *Heligmonevra*.

（127）三叉裂肛食虫虻 *Heligmonevra trifurca* Shi, 1992

Heligmonevra trifurca Shi, 1992. Iconography of forest insects in Hunan China: 1132. **Type locality:** China (Hunan: Sangzhi).

分布（Distribution）：湖南（HN）、福建（FJ）

（128）安裂肛食虫虻 *Heligmonevra yenpingensis* (Bromley, 1928)

Asilus yenpingensis Bromley, 1928. Am. Mus. Novit. 336: 2. **Type locality:** China (Fujian: Yen-Ping).

分布（Distribution）：浙江（ZJ）、江西（JX）、湖南（HN）、湖北（HB）、四川（SC）、云南（YN）、福建（FJ）；印度

短棍食虫虻亚科 Brachyrhopalinae

Brachyrhopalinae Hardy, 1926. Proc. Linn. Soc. N. S. W. 51 (3): 307. **Type genus:** *Brachyrhopala* Macquart, 1847.

26. 纤长角食虫虻属 *Ceraturgus* Wiedemann, 1824

Ceraturgus Wiedemann, 1824. Analecta Ent.: 12. **Type species:** *Dasypogon aurulentus* Fabricius, 1805.

（129）赫氏纤长角食虫虻 *Ceraturgus hedini* Engel, 1934

Ceraturgus hedini Engel, 1934. Ark. Zool. 25A (22): 15. **Type locality:** China (S. Kansu).

分布（Distribution）：甘肃（GS）

27. 斜芒食虫虻属 *Cyrtopogon* Loew, 1847

Cyrtopogon Loew, 1847. Linn. Ent. 2: 516. **Type species:** *Asilus ruficornis* Fabricius, 1794 (original designation).
Philammosius Rondani, 1856. Dipt. Ital. Prodromus 1: 156. **Type species:** *Dasypogon fimbriatus* Meigen, 1820 (original designation). [= *lateralis* (Fallén, 1814)].
Eupalamus Jaennicke, 1867. Berl. Ent. Z. 11: 86. **Type species:** *Eupalamus alpestris* Jaennike, 1857 [= *longibarbus* Loew, 1857].
Palamopogon Bezzi, 1927. Mem. Soc. Ent. Ital. 5 (1926): 61 (as subgenus of *Cyrtopogon*). **Type species:** *Cyrtopogon longibarbus* Loew, 1857 (monotypy).

（130）中华斜芒食虫虻 *Cyrtopogon chinensis* Engel, 1934

Cyrtopogon daimyo chinensis Engel, 1934. Ark. Zool. 25A (22): 13. **Type locality:** China.

分布（Distribution）：甘肃（GS）

（131）长须斜芒食虫虻 *Cyrtopogon longibarbus* Loew, 1857

Cyrtopogon longibarbus Loew, 1857. Wien. Entomol. Monatschr. 1: 4. **Type locality:** Helvetia.
Eupalamus alpestris Jaennicke, 1867. Berl. Ent. Z. 11: 86. **Type locality:** Switerland (Helvetia).

分布（Distribution）：甘肃（GS）；瑞士、意大利、俄罗斯（西西伯利亚）

钩胫食虫虻亚科 Dasypogoninae

Dasypogoninae Macquart, 1838. **Type genus:** *Dasypogon* Meigen, 1803.

28. 原毛食虫虻属 *Archilaphria* Enderlein, 1914

Archilaphria Enderlein, 1914. Wien. Entomol. Ztg. 33: 151. **Type species:** *Archilaphria ava* Enderlein, 1914 (monotypy).

（132）河北原毛食虫虻 *Archilaphria ava* Enderlein, 1914

Archilaphria ava Enderlein, 1914. Wien. Entomol. Ztg. 33: 152. **Type locality:** Indonesia ("Sumatra: Soekaranda").

分布（Distribution）：河北（HEB）；印度尼西亚

29. 钩胫食虫虻属 *Dasypogon* Meigen, 1803

Dasypogon Meigen, 1803. Mag. Insektenk. 2: 270. **Type species:** *Asilus diadema* Fabricius, 1781.

Cheilopogon Rondani, 1856. Dipt. Ital. Prodromus 1: 157. **Type species:** *Asilus punctatus* Fabricius, 1781.

Seilopogon Rondani, 1861. Dipt. Ital. Prodromus IV: 7. *Nomen nudum.*

（133）紫翅钩胫食虫虻 *Dasypogon purpuripenne* Matsumura, 1916

Dasypogon purpuripenne Matsumura, 1916. Thousand Insects of Japan. Additamenta II: 320. **Type locality:** China (Taiwan: Horisha).

分布（Distribution）：台湾（TW）

30. 微芒食虫虻属 *Microstylum* Macquart, 1838

Mirostylum Macquart, 1838. Dipt. Exot. 1 (2): 26. **Type species:** *Dasypogon venosum* Wiedemann, 1821.

Mimoscolia Enderlein, 1914. Wien. Entomol. Ztg. 33: 168. **Type species:** *Mimoscolia fafner* Enerlein, 1914 (original designation).

（134）白缘微芒食虫虻 *Microstylum albolimbatum* van der Wulp, 1898

Microstylum albolimbatum van der Wulp, 1898. Tijdschr. Ent. 41: 118. **Type locality:** India (Darjeeling).

分布（Distribution）：湖南（HN）；印度

（135）厦门微芒食虫虻 *Microstylum amoyense* Bigot, 1878

Microstylum amoyense Bigot, 1878. Ann. Soc. Ent. Fr. (5) 8: 401. **Type locality:** China (Amoy).

分布（Distribution）：福建（FJ）、台湾（TW）

（136）二色微芒食虫虻 *Microstylum bicolor* Macquart, 1849

Microstylum bicolor Macquart, 1849. Dipt. Exot. Suppl. 4: 62. **Type locality:** Sylhet, Bangla Desh.

分布（Distribution）：浙江（ZJ）、江西（JX）、福建（FJ）；婆罗洲、孟加拉国

（137）微芒食虫虻 *Microstylum dux* (Wiedemann, 1828)

Dasypogon dux Wiedemann, 1828. Aussereurop. Zweifl. Insekt. 1: 568. **Type locality:** China.

Dasypogon sinense Macquart, 1838. Dipt. Exot. 1 (2): 29. **Type locality:** China; Manille.

Dasypogon spectrum Walker, 1854. List. Dipt. Brit. Mus. 6 (2): 471. Misidentification.

分布（Distribution）：山东（SD）、陕西（SN）、浙江（ZJ）、江西（JX）、湖南（HN）、四川（SC）、贵州（GZ）、云南（YN）、福建（FJ）、广东（GD）、广西（GX）、海南（HI）；印度尼西亚、菲律宾

（138）黄腹微芒食虫虻 *Microstylum flaviventre* Macquart, 1850

Microstylum flaviventre Macquart, 1850. Dipt. Exot. 1 (4) (1849): 62. **Type locality:** Bangla Desh ("Silhet").

分布（Distribution）：湖南（HN）、四川（SC）、贵州（GZ）、福建（FJ）、广东（GD）、广西（GX）、海南（HI）；越南、印度、孟加拉国

（139）奥氏微芒食虫虻 *Microstylum oberthuerii* van der Wulp, 1896

Microstylum oberthuerii van der Wulp, 1896. Notes Leyden Mus. 18: 241. **Type locality:** China (Taiwan: "Siao-Lou").

分布（Distribution）：四川（SC）、台湾（TW）、海南（HI）；日本

（140）污微芒食虫虻 *Microstylum sordidum* (Walker, 1854)

Dasypogon sordidum Walker, 1854. List. Dipt. Brit. Mus. 6 (2): 505. **Type locality:** China.

分布（Distribution）：中国

（141）肖微芒食虫虻 *Microstylum spectrum* (Wiedemann, 1828)

Dasypogon spectrum Wiedemann, 1828. Aussereurop. Zweifl. Insekt. 1: 368. **Type locality:** Not given.

分布（Distribution）：浙江（ZJ）、湖南（HN）、台湾（TW）、广东（GD）；日本

（142）粉微芒食虫虻 *Microstylum trimelas* (Walker, 1851)

Dasypogon trimelas Walker, 1851. Insecta Saundersiana 1: 97. **Type locality:** East India.

分布（Distribution）：浙江（ZJ）、四川（SC）、福建（FJ）；印度

（143）中国微芒食虫虻 *Microstylum vulcan* Bromley, 1928

Microstylum vulcan Bromley, 1928. Ann. Mag. Nat. Hist. 10 (2): 78. **Type locality:** Sri Lanka (Kanthalai).

分布（Distribution）：福建（FJ）；斯里兰卡

31. 长喙食虫虻属 *Molobratia* Hull, 1958

Molobratia Hull, 1958. Proc. Ent. Soc. Wash. 60 (6): 251. **Type species:** *Asilus teutomus* Linnaeus, 1767 (original designation).

（144）北京长喙食虫虻 *Molobratia pekinensis* (Bigot, 1878)

Dasypogon pekinensis Bigot, 1878. Ann. Soc. Ent. Fr. (5) 8: 410. **Type locality:** "China bor.".

分布（Distribution）：四川（SC）；俄罗斯（远东地区）

（145）中国长喙食虫虻 *Molobratia teutonus* (Linnaeus, 1767)

Asukys teutonus Linnaeus, 1767. Syst. Nat. Ed. 12, 1 (2): 1008. **Type locality:** Germany.

分布（Distribution）：？中国；奥地利、阿尔巴尼亚、保加利亚、捷克、德国、丹麦、西班牙、法国、希腊、匈牙利、意大利、荷兰、波兰、罗马尼亚、瑞典、土耳其、前南斯拉夫、前苏联

32. 瘤额食虫虻属 *Neolaparus* Williston, 1889

Neolaparus Williston, 1889. Psyche 5: 255 (n. name for *Laparus* Loew, 1851).

Laparus Loew, 1851. Progr. K. realsch. Meseritz. 1851: 4 (preoccupied by Billberg, 1820). **Type species:** *Laparus tabidus* Loew, 1851 (original designation).

Cenopogon van der Wulp, 1898. Tijdschr. Ent. 41: 120. **Type species:** *Cenopogon bifidus* van der Wulp, 1898 (monotypy).

（146）香港瘤额食虫虻 *Neolaparus cerco* Walker, 1849

Dasypogon cerco Walker, 1849. List Dipt. Colln. Br. Mus. 2: 349. **Type locality:** China (Hong Kong).

分布（Distribution）：香港（HK）

（147）火红瘤额食虫虻 *Neolaparus volcatus* (Walker, 1849)

Dasypogon volcatus Walker, 1849. List Dipt. Colln. Brit. Mus. 2: 316. **Type locality:** East Indies.

Dasypogon cerco Walker, 1849. List Dipt. Colln. Brit. Mus. 2: 349. **Type locality:** China (Hong Kong).

Dasypogon hypsaon Walker, 1849. Dipt. Colln. Brit. Mus. 2: 348. **Type locality:** China.

Cenopogon bifidus van der Wulp, 1898. Tijdschr. Ent. 41: 121. **Type locality:** Indonesia (Sukabumi, Java); India (Darjeeling).

Neolaparus volcatus (Walker): Oldroyd, 1975. Cat. Dipt. Orient. Reg. 2: 122.

分布（Distribution）：湖南（HN）、湖北（HB）、台湾（TW）、广东（GD）、海南（HI）；印度、印度尼西亚

33. 并角食虫虻属 *Saropogon* Loew, 1847

Saropogon Loew, 1847. Linn. Ent. 2: 439. **Type species:** *Dasypogon luctuosus* Wiedemann, 1820 (original designation).

（148）黑臀并角食虫虻 *Saropogon melampygus* (Loew, 1851)

Dasypogon melampygus Loew, 1851. Programm K. Realschule zu Meseritz 1851: 10. **Type locality:** "Syrien".

分布（Distribution）：陕西（SN）、湖南（HN）；叙利亚、摩洛哥、埃及、埃塞俄比亚、尼日尔、也门（南部）

（149）亚金并角食虫虻 *Saropogon subauratus* (Walker, 1854)

Dasypogon subauratus Walker, 1854. List. Dipt. Brit. Mus. 6 (2): 470. **Type locality:** North China.

分布（Distribution）：中国

突额食虫虻亚科 Dioctriinae

Dioctriinae Enderlein, 1936. **Type genus:** *Dioctria* Meigen, 1803.

34. 突额食虫虻属 *Dioctria* Meigen, 1803

Dioctria Meigen, 1803. Mag. Insektenk. 2: 270. **Type species:** *Asilus oelandicus* Linnaeus, 1758.

Methylla Hansen, 1883. Naturh. Tidsskr. 3 (14): 145 and 198. **Type species:** *Dioctria humeralis* Zeller, 1840 (original designation).

（150）线突额食虫虻 *Dioctria linearis* (Fabricius, 1787)

Asilus linearis Fabricius, 1787. Mantissa Insect. 2: 361. **Type locality:** Daniae Insulis.

Dioctria linearis Meigen, 1830. Syst. Beschr. 6: 330. **Type locality:** Not given [Europe].

Dioctria cingulata Zetterstedt, 1849. Dipt. Scand. 8: 2975. **Type locality:** "Scaninavia meridionali rar … Selandia Daniae … Scania Sveciae".

分布（Distribution）：内蒙古（NM）、陕西（SN）、湖南（HN）、湖北（HB）；奥地利、保加利亚、捷克、德国、丹麦、法国、英国、意大利、匈牙利、荷兰、波兰、罗马尼亚、前南斯拉夫、前苏联

毛食虫虻亚科 Laphriinae

Laphriinae Macquart, 1838. **Type genus:** *Laphria* Meigen, 1803.

35. 剑芒食虫虻属 *Choerades* Walker, 1851

Choerades Walker, 1851. Insecta Saundersiana 1 (2): 109. **Type species:** *Choerades aurigena* Walker, 1851.

（151）阿穆尔剑芒食虫虻 *Choerades amurensis* (Hermann, 1914)

Laphria amurensis Hermann, 1914. Ent. Mitt. 3 (3): 92. **Type locality:** Russia ("Amur und Ussuri").

分布（Distribution）：黑龙江（HL）、云南（YN）、台湾（TW）；俄罗斯

（152）缘剑芒食虫虻 *Choerades fimbriata* (Meigen, 1820)

Laphria fimbriata Meigen, 1820. Syst. Beschr. 2: 293. **Type locality:** "Oesterreich".

Laphria marginata Meigen, 1820. Syst. Beschr. 2: 331. **Type locality:** "Oesterreich".

分布（Distribution）：陕西（SN）、湖南（HN）、贵州（GZ）；奥地利、阿尔巴尼亚、捷克、法国、匈牙利、意大利、波兰、罗马尼亚、芬兰

（153）黄剑芒食虫虻 *Choerades fulva* (Meigen, 1804)

Laphria fulva Meigen, 1804. Klass. Beschr. 1 (2): 264. **Type locality:** Not given [Europe].

Laphria proboscidea Loew, 1847. Linn. Ent. 2: 554. **Type locality:** "Steiermark, Deutschland hin und wieder, Italien".

Laphria aurigera Dufour, 1850. Annls Sci. Nat. (3) 13: 148. **Type locality:** Not given [France].

Laphria aurifera Schiner, 1854. Verh. Zool.-Bot. Ges. Wien. 4: 393. error for aurigera.

分布（Distribution）：陕西（SN）、甘肃（GS）、湖南（HN）、四川（SC）；奥地利、捷克、德国、法国、希腊、意大利、波兰、罗马尼亚、前南斯拉夫、前苏联

36. 毛食虫虻属 *Laphria* Meigen, 1800

Laphria Meigen, 1803. Mag. Insektenk. 2: 270. **Type species:** *Asilus gibbosus* Linnaeus, 1758.

（154）金毛食虫虻 *Laphria auricomata* Hermann, 1914

Laphria auricomata Hermann, 1914. Ent. Mitt. 3: 91. **Type locality:** China (Taiwan: Sokustsu).

分布（Distribution）：台湾（TW）

（155）基毛食虫虻 *Laphria basalis* Hermann, 1914

Laphria basalis Hermann, 1914. Ent. Mitt. 3: 93. **Type locality:** China (Taiwan: Hoozan, Paiwan).

分布（Distribution）：湖南（HN）、贵州（GZ）、台湾（TW）

（156）甘肃毛食虫虻 *Laphria caspica* Hermann, 1906

Laphria caspica Hermann, 1906. Berl. Ent. Z. 50: 18. **Type locality:** Azerbaijan S. S. R., U. S. S. R. ("Lenkoran").

分布（Distribution）：甘肃（GS）、云南（YN）；罗马尼亚、塔吉克斯坦、阿塞拜疆

（157）金背毛食虫虻 *Laphria chrysonota* Hermann, 1914

Laphria chrysonota Hermann, 1914. Ent. Mitt. 3: 88. **Type locality:** "Ostindien".

分布（Distribution）：台湾（TW）；印度

（158）金根毛食虫虻 *Laphria chrysorhiza* Hermann, 1914

Laphria chrysorhiza Hermann, 1914. Ent. Mitt. 3: 87. **Type locality:** Viet Nam ("Tonkin").

分布（Distribution）：台湾（TW）；越南

（159）埃毛食虫虻 *Laphria ephippium* (Fabricius, 1781)

Asilus ephippium Fabricius, 1781. Species insect. 2: 461. **Type locality:** "Germania".

分布（Distribution）：四川（SC）、云南（YN）；奥地利、阿尔巴尼亚、保加利亚、瑞士、德国、丹麦、法国、匈牙利、意大利、波兰、罗马尼亚、瑞典、前南斯拉夫、前苏联

（160）台湾毛食虫虻 *Laphria formosana* Matsumura, 1916

Laphria formosana Matsumura, 1916. Thousand Insects of Japan 2: 305. **Type locality:** China (Taiwan: Horisha).

分布（Distribution）：台湾（TW）

（161）铠毛食虫虻 *Laphria galathei* Costa, 1857

Laphria galathei Costa, 1857. Giambatt. Vico, Gior. Sci. Napoli. 2 (3): 451. **Type locality:** Italy ("Terra d'Otranto").

Laphria minor Costa, 1857. Giambatt. Vico, Gior. Sci. Napoli. 2 (3): 452. (as var. of *galathei*) **Type locality:** Italy ("Terra d'Otranto").

分布（Distribution）：湖南（HN）；德国、意大利

（162）巨毛食虫虻 *Laphria grossa* Shi, 1992

Laphria grossa Shi, 1992. Insects of Wuling Mountains Area, Southwestern China: 593. **Type locality:** China (Hunan: Yongshun).

分布（Distribution）：湖南（HN）、海南（HI）

（163）牯岭毛食虫虻 *Laphria laterepunctata* Macquart, 1838

Laphria laterepunctata Macquart, 1838. Dipt. Exot. 1 (2): 666. **Type locality:** China (Jiangxi: Guling).

分布（Distribution）：江西（JX）

（164）叶毛食虫虻 *Laphria lobifera* Hermann, 1914

Laphria lobifera Hermann, 1914. Ent. Mitt. 3: 95. **Type locality:** China (Taiwan: Shisho, Kosempo, Tailhorinsho and Banshoryo).
分布（Distribution）：台湾（TW）

（165）河北毛食虫虻 *Laphria mitsukurii* Coquillett, 1899

Laphria mitsukurii Coquillett, 1899. Proc. U.S. Natn. Mus. 21: 316. **Type locality:** Japan.
分布（Distribution）：河北（HEB）；日本、俄罗斯

（166）河南毛食虫虻 *Laphria nitidula* (Fabricius, 1794)

Asilus nitidula Fabricius, 1794. Entom. Syst. 4: 386. **Type locality:** "Italia".
分布（Distribution）：河南（HEN）；意大利

（167）红毛食虫虻 *Laphria pyrrhothrix* Hermann, 1914

Laphria pyrrhothrix Hermann, 1914. Ent. Mitt. 3: 104. **Type locality:** China (Taiwan: Toyenmongai, Hoozan).
分布（Distribution）：湖南（HN）、台湾（TW）

（168）远毛食虫虻 *Laphria remota* Hermann, 1914

Laphria remota Hermann, 1914. Ent. Mitt. 3: 87. **Type locality:** China ("Taiwan: Fuhosho, Banshoryo, Taihorinsho. Canton").
分布（Distribution）：台湾（TW）；泰国

（169）太平毛食虫虻 *Laphria taipinensis* Matsumura, 1916

Laphria taipinensis Matsumura, 1916. Thousand Insects of Japan 2: 206. **Type locality:** China (Taiwan: Taipin near Hoppo).
分布（Distribution）：台湾（TW）

（170）狐毛食虫虻 *Laphria vulpina* Meigen, 1820

Laphria vulpina Meigen, 1820. Syst. Beschr. 2: 289. **Type locality:** "Oesterreich".
分布（Distribution）：云南（YN）；奥地利、阿尔巴尼亚、瑞士、德国、意大利、波兰、罗马尼亚、阿塞拜疆

37. 棒喙食虫虻属 *Maira* Schiner, 1866

Maira Schiner, 1866. Verh. Zool.-Bot. Ges. Wien. 16: 673. **Type species:** *Laphria spectabilis* Guérin-Méneville, 1830.

（171）广州棒喙食虫虻 *Maira aterrima* Hermann, 1914

Maira aterrima Hermann, 1914. Ent. Mitt. 3: 110. **Type locality:** China (Canton; Taiwan: Taihorinsho).
分布（Distribution）：湖南（HN）、台湾（TW）、广东（GD）

（172）西藏棒喙食虫虻 *Maira xizangensis* Shi, 1995

Maira xizangensis Shi, 1995. Sinozoologia 12: 255. **Type locality:** China (Xizang: Chayu).
分布（Distribution）：西藏（XZ）

38. 长鬃食虫虻属 *Nusa* Walker, 1851

Nusa Walker, 1851. Insecta Saundersiana 1: 105. **Type species:** *Nusa aequalis* Walker, 1851.
Halictosoma Rondani, 1873. Ann. Mus. Civ. Stor. Nat. Genova 2 (4): 298. **Type species:** *Halictosoma puella* Rondani, 1873.

（173）似长鬃食虫虻 *Nusa aequalis* Walker, 1851

Nusa aequalis Walker, 1851. Insecta Saundersiana 1: 105. **Type locality:** East India.
分布（Distribution）：湖南（HN）；印度

（174）上海长鬃食虫虻 *Nusa formio* Walker, 1851

Nusa formio Walker, 1851. Insecta Saundersiana 1: 106. **Type locality:** East India.
分布（Distribution）：上海（SH）；印度

（175）灰长鬃食虫虻 *Nusa grisea* (Hermann, 1914)

Dasythrix grisea Hermann, 1914. Ent. Mitt. 3: 134. **Type locality:** China (Taiwan: Koshun, Chipun and Pilam).
分布（Distribution）：湖南（HN）、台湾（TW）

39. 扁须食虫虻属 *Pogonosoma* Rondani, 1856

Pogonosoma Rondani, 1856. Dipt. Ital. Prodromus 1: 160. **Type species:** *Asilus maroccanus* Fabricius, 1794 (original designation).

（176）摩洛扁须食虫虻 *Pogonosoma maroccanum* (Fabricius, 1794)

Asilus maroccanum Fabricius, 1794. Entom. Syst. 4: 378. **Type locality:** North West Africa (Barbaria).
Pogonosoma hyalinipenne Costa, 1857. Giambatt. Vico. Gior. Sci. Napoli. 2 (3): 450. **Type locality:** Italy ("Calabria").
Pogonosoma hyalipenne Kertész, 1909. Cat. Dipt. 4: 175. error.
分布（Distribution）：湖南（HN）；奥地利、阿尔巴尼亚、保加利亚、捷克、德国、法国、匈牙利、意大利、波兰、罗马尼亚、土耳其、摩洛哥、阿尔及利亚、前南斯拉夫、前苏联

（177）单色扁须食虫虻 *Pogonosoma unicolor* Loew, 1873

Pogonosoma unicolor Loew, 1873. Beschr. Europ. Dipt. 3: 137. **Type locality:** Azerbaijan S. S. R. (Lenkoran).

分布（Distribution）：湖南（HN）；阿塞拜疆

（178）台湾扁须食虫虻 *Pogonosoma funebris* Hermann, 1914

Pogonosoma funebris Hermann, 1914. Ent. Mitt. 3: 129. **Type locality:** China (Taiwan: Kankau, Kosempo, Banshoryo, Sokutso, Fuhosho and Taihorinsho).

分布（Distribution）：湖南（HN）、台湾（TW）

40. 钩喙长足虻属 *Ancylorrhynchus* Berthold, 1827

Ancylorrhynchus Berthold, 1827. Latreille's Nat. Fam. Thierr.: 498. **Type species:** *Ancylorrhynchus limbatus* Fabricius, 1794.

Xiphocera Macquart, 1834. Hist. Nat. Ins. Dipt. 1: 279. **Type species:** *Xiphocera percheronni* Macquart (monotypy).

（179）东方钩喙食虫虻 *Ancylorrhynchus orientalis* Shi, 1995

Ancylorrhynchus orientalis Shi, 1995. Sinozoologia 12: 253. **Type locality:** China (Yunnan: Jinping).

分布（Distribution）：云南（YN）

（180）小钩喙食虫虻 *Ancylorrhynchus minus* Shi, 1995

Ancylorrhynchus minus Shi, 1995. Sinozoologia 12: 254. **Type locality:** China (Yunnan: Yuanjiang).

分布（Distribution）：云南（YN）

细腹食虫虻亚科 Leptogastrinae

Leptogastrinae Schiner, 1862. **Type genus:** *Leptogaster* Meigen, 1803.

41. 大眼食虫虻属 *Ammophilomima* Enderlein, 1914

Ammophilomima Enderlein, 1914. Wien. Entomol. Ztg. 33: 155. **Type species:** *Ammophilomima imitatrix* Enderlein, 1914 (original designation).

（181）台湾大眼食虫虻 *Ammophilomima trifida* Hsia, 1949

Ammophilomima trifida Hsia, 1949. Sinensia 19 (1948): 49. **Type locality:** China (Taiwan: Rimagan); Japan (LuChu Islands).

分布（Distribution）：江苏（JS）、台湾（TW）；日本

42. 钉突食虫虻属 *Euscelidia* Westwood, 1849

Euscelidia Westwood, 1849. Trans. R. Ent. Soc. Lond. 5: 232. **Type species:** *Euscelidia rapax* Westwood, 1849 (monotypy).

（182）古田钉突食虫虻 *Euscelidia gutianensis* Shi, 1995

Euscelidia gutianensis Shi, 1995. Insects and macrofungi of Gutianshan, Zhejiang: 228. **Type locality:** China (Zhejiang: Gutianshan).

分布（Distribution）：浙江（ZJ）

43. 棒腹食虫虻属 *Lagynogaster* Hermann, 1917

Lagynogaster Hermann, 1917. Arch. Naturgesch. 82A (5): 12. **Type species:** *Lagynogaster fuliginosa* Hermann, 1917 (original designation).

（183）江苏棒腹食虫虻 *Lagynogaster antennalis* Hsia, 1949

Lagynogaster antennalis Hsia, 1949. Sinensia 19 (1948): 51. **Type locality:** China (Kiangsu: Bao-Hwa-Shan).

分布（Distribution）：江苏（JS）

（184）双色棒腹食虫虻 *Lagynogaster bicolor* Shi, 1993

Lagynogaster bicolor Shi, 1993. Animals of Longqi Mountain: 670. **Type locality:** China (Fujian: Longqi Shan).

分布（Distribution）：福建（FJ）

（185）亮翅棒腹食虫虻 *Lagynogaster claripennis* Hsia, 1949

Lagynogaster claripennis Hsia, 1949. Sinensia 19 (1948): 52. **Type locality:** China [Chekiang, Tienmushan (= Zhejiang, Tianmushan)].

分布（Distribution）：浙江（ZJ）

（186）天目棒腹食虫虻 *Lagynogaster dimidiata* Hsia, 1949

Lagynogaster dimidiata Hsia, 1949. Sinensia 19 (1948): 53. **Type locality:** China [Chekiang, Tienmushan, Kikow (= Zhejiang: Tianmushan); Taiwan: Rimogan].

分布（Distribution）：浙江（ZJ）、台湾（TW）

（187）福建棒腹食虫虻 *Lagynogaster fujiangensis* Shi, 1995

Lagynogaster fujiangensis Shi, 1995. Sinozoologia 12: 255. **Type locality:** China (Fujian: Chong'an).

分布（Distribution）：福建（FJ）

（188）黑纹棒腹食虫虻 *Lagynogaster fuliginosa* Hermann, 1917

Lagynogaster fuliginosa Hermann, 1917. Arch. Naturgesch. 82A (5): 13. **Type locality:** China (Taiwan: Kanshirei).

分布（Distribution）：浙江（ZJ）、福建（FJ）、台湾（TW）

（189）台湾棒腹食虫虻 *Lagynogaster inscriptus* Hermann, 1917

Lagynogaster inscriptus Hermann, 1917. Arch. Naturgesch. 82A (5): 17. **Type locality:** Malaya (Perak).

分布（Distribution）：台湾（TW）；马来西亚

（190）浙江棒腹食虫虻 *Lagynogaster princeps* (Osten Sacken, 1882)

Leptogaster princeps Osten Sacken, 1882. Berl. Ent. Z. 26: 102. **Type locality:** Philippines.

分布（Distribution）：浙江（ZJ）；菲律宾

（191）多毛棒腹食虫虻 *Lagynogaster saetosus* Zhang *et* Yang, 2011

Lagynogaster saetosus Zhang *et* Yang, 2011. Trans. Am. Ent. Soc. 137 (1+2): 158. **Type locality:** China (Sichuan: Emei Mountain).

分布（Distribution）：四川（SC）

（192）梭氏棒腹食虫虻 *Lagynogaster sauteri* Hermann, 1917

Lagynogaster sauteri Hermann, 1917. Arch. Naturgesch. 82A (5): 15. **Type locality:** China (Taiwan: Koshun).

分布（Distribution）：台湾（TW）

（193）苏氏棒腹食虫虻 *Lagynogaster suensoni* Frey, 1937

Lagynogaster suensoni Frey, 1937. Not. Ent. 17: 50. **Type locality:** China (Fukien: Yenpingfu).

分布（Distribution）：浙江（ZJ）、福建（FJ）

（194）云南棒腹食虫虻 *Lagynogaster yunnanensis* Zhang *et* Yang, 2011

Lagynogaster saetosus Zhang *et* Yang, 2011. Trans. Am. Ent. Soc. 137 (1+2): 159. **Type locality:** China (Yunnan: Xiao-mengyang).

分布（Distribution）：云南（YN）

44. 细腹食虫虻属 *Leptogaster* Meigen, 1803

Leptogaster Meigen, 1803. Magazin Insektkde. 2: 269. **Type species:** *Asilus tipuloides* Fabricius =*cylindrica* (De Geer) (monotypy).

Gonypes Latreille, 1804. Hist. Nat. Crust. Ins. 14: 309. **Type species:** *Asilus tipuloides* Fabricius =*cylindrica* (De Geer) (monotypy).

（195）附突细腹食虫虻 *Leptogaster appendiculata* Hermann, 1917

Leptogaster appendiculata Hermann, 1917. Arch. Naturgesch. 82A (5): 7. **Type locality:** China [Taiwan: Kankau (=Kankao)].

分布（Distribution）：台湾（TW）

（196）基细腹食虫虻 *Leptogaster basilaris* Coquillett, 1898

Leptogaster basilaris Coquillett, 1898. Proc. U.S. Natl. Mus. 21 (1146): 311. **Type locality:** Japan.

分布（Distribution）：湖南（HN）、台湾（TW）、广东（GD）、海南（HI）；日本、印度、印度尼西亚、菲律宾

（197）二叶细腹食虫虻 *Leptogaster bilobata* Hermann, 1917

Leptogaster bilobata Hermann, 1917. Arch. Naturgesch. 82A (5): 8. **Type locality:** China (Taiwan: Koshun).

分布（Distribution）：台湾（TW）

（198）台岛细腹食虫虻 *Leptogaster coarctata* Hermann, 1917

Leptogaster coarctata Hermann, 1917. Arch. Naturgesch. 82A (5): 10. **Type locality:** China (Taiwan: Koroton, Kagi, Koshun).

分布（Distribution）：台湾（TW）

（199）牯岭细腹食虫虻 *Leptogaster crassipes* Hsia, 1949

Leptogaster crassipes Hsia, 1949. Sinensia 19 (1948): 38. **Type locality:** China (Kiangsu: Ku-Ling).

分布（Distribution）：江西（JX）

（200）镇江细腹食虫虻 *Leptogaster curvivena* Hsia, 1949

Leptogaster curvivena Hsia, 1949. Sinensia 19 (1948): 34. **Type locality:** China (Kiangsu: Bao-Hwa-Shan, Tchenkiang).

分布（Distribution）：江苏（JS）

（201）台湾细腹食虫虻 *Leptogaster formosana* Enderlein, 1914

Leptogaster formosana Enderlein, 1914. Wien. Entomol. Ztg. 33: 154. **Type locality:** China (Taiwan: Takao).

分布（Distribution）：台湾（TW）、海南（HI）

（202）端叉细腹食虫虻 *Leptogaster furculata* Hsia, 1949

Leptogaster furculata Hsia, 1949. Sinensia 19: 37. **Type locality:** China (Gabotan).

分布（Distribution）：中国

（203）河北细腹食虫虻 *Leptogaster hopehensis* Hsia, 1949

Leptogaster hopehensis Hsia, 1949. Sinensia 19: 37. **Type locality:** China (Hopeh: Haitiouchen).

分布（Distribution）：河北（HEB）

（204）崂山细腹食虫虻 *Leptogaster laoshanensis* Hsia, 1949

Leptogaster laoshanensis Hsia, 1949. Sinensia 19: 39. **Type**

locality: China (Shantong: Laoshan).
分布（Distribution）：山东（SD）

(205) 长尾细腹食虫虻 *Leptogaster longicauda* Hermann, 1917

Leptogaster longicauda Hermann, 1917. Arch. Naturgesch. 82A (5): 4. **Type locality:** China (Taiwan: Toa Tsui Kotsu and Kosempo).
分布（Distribution）：浙江（ZJ）、台湾（TW）

(206) 斑翅细腹食虫虻 *Leptogaster maculipennis* Hsia, 1949

Leptogaster maculipennis Hsia, 1949. Sinensia 19: 41. **Type locality:** China (Tokuriigi).
分布（Distribution）：中国

(207) 黑细腹食虫虻 *Leptogaster nigra* Hsia, 1949

Leptogaster nigra Hsia, 1949. Sinensia 19: 42. **Type locality:** China (Chekiang: Tienmushan).
分布（Distribution）：浙江（ZJ）

(208) 毛细腹食虫虻 *Leptogaster pilosella* Hermann, 1917

Leptogaster pilosella Hermann, 1917. Arch. Naturgesch. 82A (5): 6. **Type locality:** China (Taiwan: Kankau, Koshun).
分布（Distribution）：台湾（TW）

(209) 褐肩细腹食虫虻 *Leptogaster similis* Hsia, 1949

Leptogaster similis Hsia, 1949. Sinensia 19 (1948): 43. **Type locality:** China (Taiwan: Churei).
分布（Distribution）：台湾（TW）

(210) 中华细腹食虫虻 *Leptogaster sinensis* Hsia, 1949

Leptogaster sinensis Hsia, 1949. Sinensia 19: 44. **Type locality:** China (Shantong: Tsingtao).
分布（Distribution）：山东（SD）

(211) 江苏细腹食虫虻 *Leptogaster spadix* Hsia, 1949

Leptogaster spadix Hsia, 1949. Sinensia 19: 45. **Type locality:** China (Kiangsu: Zo-Se).
分布（Distribution）：江苏（JS）

(212) 刺细腹食虫虻 *Leptogaster spinulosa* Hermann, 1917

Leptogaster spinulosa Hermann, 1917. Arch. Naturgesch. 82A (5): 1. **Type locality:** China (Taiwan: Koshun u. Sokutsu). (1M, 2F, Ent. Mus. Berlin).
分布（Distribution）：台湾（TW）

(213) 三尖细腹食虫虻 *Leptogaster trimucronata* Hermann, 1917

Leptogaster trimucronata Hermann, 1917. Arch. Naturgesch. 82A (5): 3. **Type locality:** China [Taiwan: Kosempo, Kankau, Shisha (Mai-Juni)].
分布（Distribution）：台湾（TW）

(214) 单钩细腹食虫虻 *Leptogaster unihamata* Hermann, 1917

Leptogaster unihamata Hermann, 1917. Arch. Naturgesch. 82A (5): 9. **Type locality:** China (Taiwan: Koshun).
分布（Distribution）：台湾（TW）

45. 胫鬃食虫虻属 *Mesoleptogaster* Frey, 1937

Mesoleptogaster Frey, 1937. Not. Ent. 17: 40. **Type species:** *Leptogaster fuscatipennis* Frey, 1937 (original designation).

(215) 二色胫鬃食虫虻 *Mesoleptogaster bicoloripes* Hsia, 1949

Mesoleptogaster bicoloripes Hsia, 1949. Sinensia 19: 46. **Type locality:** China (Chekiang: Tienmushan).
分布（Distribution）：浙江（ZJ）、台湾（TW）

(216) 台湾胫鬃食虫虻 *Mesoleptogaster gracilipes* Hsia, 1949

Mesoleptogaster gracilipes Hsia, 1949. Sinensia 19 (1948): 48. **Type locality:** China (Taiwan).
分布（Distribution）：台湾（TW）

46. 缺突食虫虻属 *Psilonyx* Aldrich, 1923

Psilonyx Aldrich, 1923. Proc. U.S. Natn. Mus. 62: 5. **Type species:** *Leptogaster annulata* Say, 1823 (original designation).

(217) 牯岭缺突食虫虻 *Psilonyx annuliventris* Hsia, 1949

Psilonyx annuliventris Hsia, 1949. Sinensia 19: 25. **Type locality:** China (Kiangsu: Ku-Ling).
分布（Distribution）：江西（JX）；俄罗斯

(218) 黄缺爪细腹食虫虻 *Psilonyx flavican* Shi, 1993

Psilonyx flavican Shi, 1993. Animals of Longqi Mountain: 672. **Type locality:** China (Fujian: Longqishan).
分布（Distribution）：福建（FJ）

(219) 夏缺爪细腹食虫虻 *Psilonyx hsiai* Shi, 1993

Psilonyx hsiai Shi, 1993. Animals of Longqi Mountain: 671. **Type locality:** China (Fujian: Longqishan).
分布（Distribution）：福建（FJ）

(220) 台湾缺突食虫虻 *Psilonyx nigricoxa* Hsia, 1949

Psilonyx nigricoxa Hsia, 1949. Sinensia 19: 26. **Type locality:** China (Taiwan: Kochabogan, Funkiko).

分布（Distribution）：台湾（TW）

（221）天目缺突食虫虻 *Psilonyx humeralis* Hsia, 1949

Psilonyx humeralis Hsia, 1949. Sinensia 19: 25. **Type locality:** China (Zhejiang: Tianmushan).

分布（Distribution）：浙江（ZJ）、湖南（HN）

（222）黑背缺突食虫虻 *Psilonyx dorsiniger* Zhang *et* Yang, 2008

Psilonyx dorsiniger Zhang *et* Yang, 2008. Trans. Am. Ent. Soc. 134 (3+4): 466. **Type locality:** China (Sichuan: Emei Mountain).

分布（Distribution）：四川（SC）

（223）黄基缺突食虫虻 *Psilonyx flavicoxa* Zhang *et* Yang, 2008

Psilonyx flavicoxa Zhang *et* Yang, 2008. Trans. Am. Ent. Soc. 134 (3+4): 466. **Type locality:** China (Hainan: Jianfengling).

分布（Distribution）：海南（HI）

47. 驼跗食虫虻属 *Sinopsilonyx* Hsia, 1949

Sinopsilonyx Hsia, 1949. Sinensia 19 (1948): 27. **Type species:** *Sinopsilonyx tibialis* Hsia, 1949.

（224）驼跗食虫虻 *Sinopsilonyx tibialis* Hsia, 1949

Sinopsilonyx tibialis Hsia, 1949. Sinensia 19 (1948): 28. **Type locality:** China (Shanghai: Zo-Se).

分布（Distribution）：上海（SH）

羽芒食虫虻亚科 Ommatiinae

Ommatiinae Hardy, 1927. **Type genus:** *Ommatius* Wiedemann, 1821.

48. 单羽食虫虻属 *Cophinopoda* Hull, 1958

Cophinopoda Hull, 1958. Proc. Ent. Soc. Wash. 60 (6): 251. **Type species:** *Asilus chinensis* Fabricius, 1794 (original designation).

（225）中华单羽食虫虻 *Cophinopoda chinensis* (Fabricius, 1794)

Asilus chinensis Fabricius, 1794. Entom. Syst. 4: 383. **Type locality:** China.

Ommatius fulvidus Wiedemann, 1821. Diptera. Exotica. [Ed. 1] Sectio II: 214. **Type locality:** Indonesia (Java).

Ommatius coryphe Walker, 1849. List Dipt. Brit. Mus. 2: 469. **Type locality:** Not given.

Ommatius pennus Walker, 1849. List Dipt. Brit. Mus. 2: 469. **Type locality:** "Corea".

Ommatius fluvidus Matsumura, 1931. Illustr. Ins. Japan.: 325. error for *fulvidus*.

分布（Distribution）：山东（SD）、河南（HEN）、陕西（SN）、江苏（JS）、浙江（ZJ）、湖南（HN）、四川（SC）、云南（YN）、福建（FJ）、广东（GD）、海南（HI）；印度、斯里兰卡、印度尼西亚、日本、朝鲜、韩国

49. 胀食虫虻属 *Emphysomera* Schiner, 1866

Emphysomera Schiner, 1866. Verh. Zool.-Bot. Ges. Wien. 16: 845. **Type species:** *Ommatius conopsoides* Wiedemann, 1828 (original esignation).

（226）蓬胀食虫虻 *Emphysomera conopsoides* (Wiedemann, 1828)

Ommatius conopsoides Wiedemann, 1828. Aussereurop. Zweifl. Insekt. 1: 422. **Type locality:** Indonesia (Sumatra).

Emphysomera peregrina van der Wulp, 1872. Tijdschr. Ent. (2) 7 (15): 253. **Type locality:** Moluccas (Borneo: Ambon and Ternate).

分布（Distribution）：浙江（ZJ）、湖南（HN）、云南（YN）、福建（FJ）、台湾（TW）、广东（GD）、海南（HI）；印度、印度尼西亚、菲律宾

（227）黑胀食虫虻 *Emphysomera nigra* Schiner, 1868

Emphysomera nigra Schiner, 1868. Zoologischer Theil. 2, 1 (B): 195. **Type locality:** Sambelong, Nicobar Islands.

Emphysomera aliena Osten Sacken, 1882. Berl. Ent. Z. 26: 111. **Type locality:** Philippines.

Emphysomera biseriata Becker, 1925. Ent. Mitt. 14: 80. **Type locality:** China (Taiwan: Paroe, N. Paiwan District).

Emphysomera femorata Bigot, 1875. Ann. Soc. Ent. Fr. (5) 6: 245. **Type locality:** Sri Lanka (Ceylon).

Emphysomera nigrifemorata Bigot, 1876. Ann. Soc. Ent. Fr. (5) 6: lxxxvi. **Type locality:** China (Fujian: Amoy).

Emphysomera hageni de Meijere, 1911. Tijdschr. Ent. 6 (52): 315. **Type locality:** Indonesia (Tandjong Morawa: Sedang, Sumatra).

Ommatius dravidicus Joseph *et* Parui, 1983. Ent. Scand. 14 (1): 87. **Type locality:** South India (Karnataka and Kerala state).

分布（Distribution）：福建（FJ）、台湾（TW）；菲律宾、印度、斯里兰卡、印度尼西亚（苏门答腊岛）、老挝、泰国、越南

50. 羽芒食虫虻属 *Ommatius* Wiedemann, 1821

Ommatius Wiedemann, 1821. Diptera. Exotica. [Ed. 1] Sectio II: 213. **Type species:** *Asilus marginellus* Fabricius, 1781.

Ommatinus Becker, 1925. Ent. Mitt. 14: 84. **Type species:** *Ommatius pinguis* van der Wulp, 1872.

Metommatius Hull, 1962. Bull. U. S. Natl. Mus. 224 (2): 436. **Type species:** *Ommatius aegyptius* Efflatoun, 1934.

（228）阿穆尔羽芒食虫虻 *Ommatius amurensis* (Richter, 1960)

Ommatinus amurensis Richter, 1960. Ent. Obozr. 39 (1): 201. **Type locality:** Russia (Simonovo: 75 km west of Swobodniy, Amur region).

分布（Distribution）：北京（BJ）、河南（HEN）、湖北（HB）、云南（YN）、广西（GX）；俄罗斯

（229）等羽芒食虫虻 *Ommatius aequalis* (Becker, 1925)

Emphysomera aequalis Becker, 1925. Ent. Mitt. 14: 79. **Type locality:** China (Taiwan: N. Paiwan Dist.; Kankau and Pilam).

分布（Distribution）：台湾（TW）

（230）银羽芒食虫虻 *Ommatius argyrochiras* van der Wulp, 1872

Ommatius argyrochiras van der Wulp, 1872. Tijdschr. Ent. (2) 7 (15): 270. **Type locality:** Indonesia (Java).

分布（Distribution）：云南（YN）、福建（FJ）、台湾（TW）；印度尼西亚（爪哇岛）

（231）二列羽芒食虫虻 *Ommatius biserriata* (Becker, 1925)

Emphysomera biserriata Becker, 1925. Ent. Mitt. 14: 80. **Type locality:** China (Taiwan: Paroe, N. Paiwan District).

分布（Distribution）：台湾（TW）

（232）坚羽芒食虫虻 *Ommatius compactus* (Becker, 1925)

Ommatius compactus Becker, 1925. Ent. Mitt. 14: 127. **Type locality:** China (Taiwan: Kankau).

分布（Distribution）：台湾（TW）

（233）红羽芒食虫虻 *Ommatius fulvimanus* van der Wulp, 1872

Ommatius fulvimanus van der Wulp, 1872. Tijdschr. Ent. (2) 7 (15): 264. **Type locality:** Obi, Moluccas.

分布（Distribution）：云南（YN）、台湾（TW）；印度尼西亚

（234）黄臀羽芒食虫虻 *Ommatius flavipyga* (Becker, 1925)

Ommatius flavipyga Becker, 1925. Ent. Mitt. 14: 130. **Type locality:** China (Taiwan: Kankau, Koshun).

分布（Distribution）：台湾（TW）

（235）弗拉羽芒食虫虻 *Ommatius frauenfeldi* Schiner, 1868

Ommatius frauenfeldi Schiner, 1868. Reise der Osterreichischen Fregatte Novara. Dipt.: 193. **Type locality:** Kombul, Nicobar Islands.

分布（Distribution）：贵州（GZ）；印度

（236）灰翅羽芒食虫虻 *Ommatius griseipennis* Becker, 1925

Ommatius griseipennis Becker, 1925. Ent. Mitt. 14: 131. **Type locality:** China (Taiwan: Koshun, Kagi and Kanshirei).

分布（Distribution）：台湾（TW）

（237）坎邦羽芒食虫虻 *Ommatius kambangensis* de Meijere, 1914

Ommatius kambangensis de Meijere, 1914. Tijdschr. Ent. 56 (Suppl.): 65. **Type locality:** Indonesia (Nusa Kambangan, Java).

分布（Distribution）：浙江（ZJ）、湖南（HN）、贵州（GZ）、福建（FJ）、台湾（TW）；印度尼西亚

（238）白须羽芒食虫虻 *Ommatius leuocopogon* Wiedemann, 1824

Ommatius leuocopogon Wiedemann, 1824. Analecta Ent.: 25. **Type locality:** East India.

分布（Distribution）：湖北（HB）、台湾（TW）；印度

（239）大羽芒食虫虻 *Ommatius major* (Becker, 1925)

Ommatius major Becker, 1925. Ent. Mitt. 14: 125. **Type locality:** China (Taiwan: Chipun, Banshoryo, Taihorinsho and Toa Tsui Kutsu).

分布（Distribution）：浙江（ZJ）、湖南（HN）、湖北（HB）、台湾（TW）

（240）台湾羽芒食虫虻 *Ommatius medius* (Becker, 1925)

Ommatius medius Becker, 1925. Ent. Mitt. 14: 128. **Type locality:** China (Taiwan: Kankau and Fuhosho).

分布（Distribution）：湖南（HN）、福建（FJ）、台湾（TW）

（241）黑羽芒食虫虻 *Ommatius nigripes* (Becker, 1925)

Emphysomera nigrifemorata Becker, 1925. Ent. Mitt. 14: 130. **Type locality:** China (Taiwan: Taihorin and Sokotsu).

分布（Distribution）：四川（SC）、台湾（TW）、海南（HI）

（242）贫羽芒食虫虻 *Ommatius pauper* (Becker, 1925)

Ommatius pauper Becker, 1925. Ent. Mitt. 14: 128. **Type locality:** China (Taiwan: Fuhosho, Kankau, Kosempo and Sokutsu).

分布（Distribution）：台湾（TW）

（243）胖羽芒食虫虻 *Ommatius pinguis* van der Wulp, 1872

Ommatius pinguis van der Wulp, 1872. Tijdschr. Ent. (2) 7 (15): 275. **Type locality:** Indonesia (Java).

分布（Distribution）：贵州（GZ）；印度尼西亚

（244）羽芒食虫虻 *Ommatius similis* (Becker, 1925)

Ommatius similis Becker, 1925. Ent. Mitt. 14: 129. **Type locality:** China (Taiwan: Banshoryo, Kankau, Sokutsu and

Koshun).
分布（Distribution）：云南（YN）、台湾（TW）

（245）纺锤羽芒食虫虻 *Ommatius suffusus* van der Wulp, 1872

Ommatius suffusus van der Wulp, 1872. Tijdschr. Ent. (2) 7 (15): 143. **Type locality:** Sangi Island.
Ommatius bisetus de Meijere, 1913. Bijdr. Dierk. 19: 52. **Type locality:** Ceram, Moluccas.
分布（Distribution）：湖南（HN）、台湾（TW）；马来西亚

（246）嫩羽芒食虫虻 *Ommatius tenellus* van der Wulp, 1899

Ommatius tenellus van der Wulp, 1899. Trans. R. Ent. Soc. Lond. 1899: 97. **Type locality:** South Yemen ("Haithalhim and Lahej").
分布（Distribution）：江西（JX）、广东（GD）；阿塞拜疆、伊朗、埃及、印度

（247）瘤羽芒食虫虻 *Ommatius torulosus* (Becker, 1925)

Ommatius torulosus Becker, 1925. Ent. Mitt. 14: 126. **Type locality:** China (Several localities in Taiwan).
分布（Distribution）：台湾（TW）

（248）一色羽芒食虫虻 *Ommatius unicolor* (Becker, 1925)

Ommatius unicolor Becker, 1925. Ent. Mitt. 14: 124. **Type locality:** China (Taiwan: Polisha and Koshun).
分布（Distribution）：台湾（TW）

51. 簇芒食虫虻属 *Michotamia* Macquart, 1838

Michotamia Macquart, 1838. Dipt. Exot. 1 (2): 75. **Type species:** *Michotamia analis* Macquart, 1838 (monotypy).
Allocotosia Schiner, 1866. Verh. Zool.-Bot. Ges. Wien. 16: 845. **Type species:** *Asilus auratus* Fabricius, 1794 (original designation).

（249）海南簇芒食虫虻 *Michotamia aurata* (Fabricius, 1794)

Asilus aurata Fabricius, 1794. Entom. Syst. 4: 387. **Type locality:** East India.
Lochites testaceus Bigot, 1878. Ann. Soc. Ent. Fr. (10) 1: 425. **Type locality:** Myanmar.
分布（Distribution）：海南（HI）；印度尼西亚、印度、缅甸、巴基斯坦

（250）阿萨姆簇芒食虫虻 *Michotamia assamensis* Joseph *et* Parui, 1995

Michotamia assamensis Joseph *et* Parui, 1995. Wasmann. J. Biol. 50 (1-2): 14. **Type locality:** India (Amsoi Forest: Assam).
分布（Distribution）：云南（YN）；印度、老挝

（251）云南簇芒食虫虻 *Michotamia yunnanensis* Zhang, Scarbrough *et* Yang, 2012

Michotamia yunnanensis Zhang, Scarbrough *et* Yang, 2012. ZooKeys 184: 51. **Type locality:** China (Yunnan: Xishuangbanna).
分布（Distribution）：云南（YN）

52. 齿腿食虫虻属 *Merodontina* Enderlein, 1914

Merodontina Enderlein, 1914. Zool. Anz. 44 (6): 262. **Type species:** *Merodontina sikkimensis* Enderlein, 1914 (original designation).

（252）尖峰岭齿腿食虫虻 *Merodontina jianfenglingensis* Hua, 1987

Merodontina jianfenglingensis Hua, 1987. Entomotaxon. 9 (3): 185. **Type locality:** China (Hainan: Jianfengling).
分布（Distribution）：海南（HI）

（253）黑足齿腿食虫虻 *Merodontina nigripes* Shi, 1991

Merodontina rufirostra Shi, 1991. Scientific Treatise on Systematic and Evolutionary Zoology 1: 208. **Type locality:** China (Yunnan: Meng'a).
分布（Distribution）：四川（SC）、云南（YN）、海南（HI）

（254）斜齿腿食虫虻 *Merodontina obliquata* Shi, 1991

Merodontina obliquata Shi, 1991. Scientific Treatise on Systematic and Evolutionary Zoology 1: 210. **Type locality:** China (Guangxi: Lingui).
分布（Distribution）：四川（SC）、广西（GX）

（255）直齿腿食虫虻 *Merodontina rectidensa* Shi, 1991

Merodontina rectidensa Shi, 1991. Scientific Treatise on Systematic and Evolutionary Zoology 1: 210. **Type locality:** China (Yunnan: Pu'er).
分布（Distribution）：云南（YN）

（256）红喙齿腿食虫虻 *Merodontina rufirostra* Shi, 1991

Merodontina rufirostra Shi, 1991. Scientific Treatise on Systematic and Evolutionary Zoology 1: 207. **Type locality:** China (Yunnan: Si'mao).
分布（Distribution）：云南（YN）

瘦芒食虫虻亚科 Stenopogoninae

Stenopogoninae Hull, 1962. **Type genus:** *Stenopogon* Loew, 1847.

53. 瘦芒食虫虻属 *Stenopogon* Loew, 1847

Stenopogon Loew, 1847. Linn. Ent. 2: 453. **Type species:**

Asilus sabaudus Fabricius, 1794 (original designation).

(257)天山瘦芒食虫虻 *Stenopogon albocilatus* Engel, 1929

Stenopogon albocilatus Hermann *In*: Engel, 1929. Flieg. Palaearkt. Reg. 4 (2): 285. **Type locality:** Kirghizstan ("Przewalsk").

分布(Distribution):新疆(XJ);蒙古国、哈萨克斯坦、吉尔吉斯斯坦、俄罗斯(西西伯利亚、东西伯利亚)

(258)胝瘦芒食虫虻 *Stenopogon callosus* Pallas, 1818

Stenopogon callosus Pallas *In*: Wiedemann, 1818. Zool. Mag. 1 (2): 30. **Type locality:** U. S. S. R. ("Tanain" [= reiver Don]).

分布(Distribution):新疆(XJ);蒙古国(南部)、保加利亚、德国、法国、匈牙利、波兰、罗马尼亚、土耳其、塔吉克斯坦、哈萨克斯坦、前南斯拉夫、前苏联

(259)灰瘦芒食虫虻 *Stenopogon cinereus* Engel, 1940

Stenopogon cinereus Engel, 1940. Mitt. Münch. Ent. Ges. 30: 81. **Type locality:** "Ling-teu, Nord China"; Palaearctic: (Mongolia, China).

分布(Distribution):中国

(260)黑瘦芒食虫虻 *Stenopogon coracinus-carbonarius* Hermann, 1929

Stenopogon coracinus-carbonarius Hermann *In*: Engel, 1929. Flieg. Palaearkt. Reg 4 (2): 287. **Type locality:** U. S. S. R. ("Samarkand").

分布(Distribution):新疆(XJ);乌兹别克斯坦

(261)江苏瘦芒食虫虻 *Stenopogon coracinus* (Loew, 1847)

Dasypogon coracinus Loew, 1847. Linn. Ent. 2: 454. **Type locality:** Greece ("Insel Rhodus").

分布(Distribution):江苏(JS);保加利亚、法国、希腊、匈牙利、意大利、罗马尼亚、土耳其、前南斯拉夫

(262)红瘦芒食虫虻 *Stenopogon damias* (Walker, 1849)

Dasypogon damias Walker, 1849. List Dipt. Colln. Brit. Mus. 2: 313. **Type locality:** India (West Bengal).

Stenopogon damias (Walker): Oldroyd, 1975. Cat. Dipt. Orient. Reg. 2: 124.

分布(Distribution):四川(SC);印度、尼泊尔

(263)卡氏瘦芒食虫虻 *Stenopogon kaltenbachi* Engel, 1929

Stenopogon kaltenbachi Engel, 1929. Flieg. Palaearkt. Reg. 4 (2): 294. **Type locality:** Pamir ("Chingob-Tal").

分布(Distribution):北京(BJ)、陕西(SN)、四川(SC);蒙古国、吉尔吉斯斯坦、塔吉克斯坦、俄罗斯(西西伯利亚)

(264)光黑瘦芒食虫虻 *Stenopogon laevigalus nigripes* Engel, 1940

Stenopogon laevigalus var. *nigripes* Engel, 1940. Mitt. Münch. Ent. Ges. 30: 80. **Type locality:** China (T'ai-chan and Feihien).

分布(Distribution):中国

(265)北京瘦芒食虫虻 *Stenopogon milvus* (Loew, 1847)

Dasypogon milvus Loew, 1847. Linn. Ent. 2: 454. **Type locality:** Greece ("Insel Rhodus").

分布(Distribution):河北(HEB)、北京(BJ);保加利亚、希腊、土耳其

(266)黑腹窄颌食虫虻 *Stenopogon nigriventris* Loew, 1868

Stenopogon nigriventris Loew, 1868. Berl. Ent. Z. 12: 373. **Type locality:** Georgian S. S. R. ("Achalzich").

分布(Distribution):内蒙古(NM)、新疆(XJ);希腊、土耳其、外高加索地区

(267)云南瘦芒食虫虻 *Stenopogon peregrinus* Séguy, 1932

Stenopogon peregrinus Séguy, 1932. Encycl. Ent. (B II) Dipt. 6: 37. **Type locality:** China (Yunnan).

分布(Distribution):云南(YN)

(268)长瘦芒食虫虻 *Stenopogon strataegus longulus* Engel, 1934

Stenopogon strataegus longulus Engel, 1934. Ark. Zool. 25A (22): 13. **Type locality:** China ("Kansu").

分布(Distribution):甘肃(GS)、四川(SC);蒙古国

54. 长节食虫虻属 *Scylaticus* Loew, 1858

Scylaticus Loew, 1858. Öfvers. K. VetenskAkad. Förh. 14: 346. **Type species:** *Scylaticus zonatus* Loew, 1858.

(269)南方长节食虫虻 *Scylaticus degener* Schiner, 1868

Scylaticus degener Schiner, 1868. Reise der Osterreichischen Fregatte Novara, Dipt.: 163. **Type locality:** China (Hong Kong).

分布(Distribution):湖南(HN)、台湾(TW)、海南(HI)、香港(HK)

55. 驼食虫虻属 *Grypoctonus* Speiser, 1928

Grypoctonus Speiser, 1928. Schr. Phys.-ökon. Ges. Königsb. 65 (3-4): 155. **Type species:** *Grypoctonus aino* Speiser, 1928 (original designation). [= *hatakeyameae* (Matsumura, 1916)].

(270)大名驼食虫虻 *Grypoctonus daimyo* Speiser, 1928

Grypoctonus daimyo Speiser, 1928. Schr. Phys.-ökon. Ges. Königsb. 65 (3-4): 157. **Type locality:** "Hondo".

分布（Distribution）：云南（YN）；日本

（271）大志驼食虫虻 *Grypoctonus hatakeyamae* (Matsumura, 1916)

Pycnopogon hatakeyamae Matsumura, 1916. Thousand Ins. Japan., Add. Vol. 2 (4): 303. **Type locality:** Japan ("Honshu").
Cyrtopogon aino Speiser, 1928. Schr. Phys.-ökon. Ges. Königsb. 65 (3-4): 156. **Type locality:** Nagasaki.
分布（Distribution）：甘肃（GS）；日本、俄罗斯、哈萨克斯坦、吉尔吉斯斯坦

（272）薄驼食虫虻 *Grypoctonus lama* Speiser, 1928

Grypoctonus lama Speiser, 1928. Schr. Phys.-ökon. Ges. Königsb. 65 (3-4): 156. **Type locality:** "Koku-noor".
分布（Distribution）：中国

微食虫虻亚科 Stichopogoninae

Stichopogoninae Hardy, 1930. **Type genus:** *Stichopogon* Loew, 1847.

56. 多毛食虫虻属 *Lasiopogon* Loew, 1847

Lasiopogon Loew, 1847. Linn. Ent. 2: 508. **Type species:** *Asilus cinctus* Fabricius, 1781 (original designation).

（273）丽多毛食虫虻 *Lasiopogon gracilipes* Bezzi, 1916

Lasiopogon gracilipes Bezzi, 1916. Boll. Lab. Zool. Gen. Agri. Portici. 11: 277. **Type locality:** China (Taiwan: Kasempo).
分布（Distribution）：台湾（TW）

（274）台湾多毛食虫虻 *Lasiopogon solox* Enderlein, 1914

Lasiopogon solox Enderlein, 1914. Wien. Entomol. Ztg. 33: 160. **Type locality:** China (Taiwan: Kasempo).
分布（Distribution）：台湾（TW）

57. 微食虫虻属 *Stichopogon* Loew, 1847

Stichopogon Loew, 1847. Linn. Ent. 2: 499. **Type species:** *Dasypogon elegantulus* Wiedemann, 1820 (original designation).
Dichropogon Bezzi, 1910. Ann. Hist. Nat. Mus. Natl. Hung. 8: 133. **Type species:** *Stichopogon schineri* Hoch, 1972 (original designation).
Echinopogon Bezzi, 1910. Ann. Hist. Nat. Mus. Natl. Hung. 8: 131. **Type species:** *Dasypogon albofasciatus* Meigen, 1820 (original designation).
Ruzanna Richiter, 1979. Zool. Zh. 58 (8): 1240. **Type species:** *Stichopogon araxicola* Richter, 1979 (monotypy).

（275）巴氏微食虫虻 *Stichopogon barbiellinii* Bezzi, 1910

Stichopogon barbiellinii Bezzi, 1910. Ann. Hist. Nat. Mus. Natl. Hung. 8: 138. **Type locality:** "Imperio Sinensi".
分布（Distribution）：河北（HEB）、北京（BJ）

（276）中国微食虫虻 *Stichopogon chrysontoma vvariabilis* Lehr, 1975

Stichopogon chrysontoma vvariabilis Lehr, 1975. Ent. Obozr. 54 (2): 434. **Type locality:** China (Tian-shan).
分布（Distribution）：中国；蒙古国、哈萨克斯坦

（277）华丽微食虫虻 *Stichopogon elegantulus* (Wiedemann, 1820)

Dasypogon elegantulus Wiedemann, 1820. Syst. Beschr. 2: 270. **Type locality:** "Portugal".
Stichopogon aequecinctus Costa, 1844. Atti Accad. Sci. Napoli. 1 (2): 62. **Type locality:** Italy (Sardinia).
Stichopogon tener Loew, 1847. Linn. Ent. 2: 503. **Type locality:** Turkey ("Patra und Xanthus").
Stichopogon frauenfeldi Egger, 1855. Verh. Zool.-Bot. Ges. Wien. 5: 5. **Type locality:** Austria (Oesterreucg).
Stichopogon riparius Loew, 1871. Beschr. Europ. Dipt. 2: 93. **Type locality:** Spain ("Cartagena").
Stichopogon caspicus Richter, 1963. Ent. Obozr. 42 (2): 466. **Type locality:** Azerbaijan S. S. R. (Talysch).
分布（Distribution）：新疆（XJ）；奥地利、保加利亚、西班牙、法国、意大利、匈牙利、波兰、前南斯拉夫、阿塞拜疆、吉尔吉斯斯坦、外高加索地区、以色列、土耳其、摩洛哥、阿尔及利亚、埃及

（278）棕微食虫虻 *Stichopogon infuscatus* Bezzi, 1910

Stichopogon infuscatus Bezzi, 1910. Ann. Hist. Nat. Mus. Natl. Hung. 8: 141. **Type locality:** China (Taiwan: Takao).
分布（Distribution）：台湾（TW）

（279）北京微食虫虻 *Stichopogon muticus* Bezzi, 1910

Stichopogon muticus Bezzi, 1910. Ann. Hist. Nat. Mus. Natl. Hung. 8: 142. **Type locality:** China (Beijing).
分布（Distribution）：河北（HEB）、北京（BJ）；蒙古国

（280）奇微食虫虻 *Stichopogon peregrinus* Osten Sacken, 1882

Stichopogon peregrinus Osten Sacken, 1882. Berl. Ent. Z. 26: 108. **Type locality:** Philippines.
分布（Distribution）：台湾（TW）；菲律宾

（281）卢氏微食虫虻 *Stichopogon rubzovi* Lehr, 1975

Stichopogon rubzovi Lehr, 1975. Ent. Obozr. 54 (2): 439. **Type locality:** NE China (Mukden).
分布（Distribution）：辽宁（LN）

三管食虫虻亚科 Trigonomiminae

Trigonomiminae Enderlein, 1914. **Type genus:** *Trigonomima* Enderlein, 1914.

58. 籽角食虫虻属 *Damalis* Fabricius, 1805

Damalis Fabricius, 1805. Syst. Antliat.: 147. **Type species:** *Damalis planiceps* Fabricius, 1805.
Xenomyza Wiedemann, 1817. Zool. Mag. (Wied.) 1: 60. **Type species:** *Damalis planiceps* Fabricius, by original designation of Coquillett, 1910.
Chalcidimorpha Westwood, 1835. Ann. Soc. Ent. Fr. 4: 684. **Type species:** *Chalcidimorpha fulvipes* Westwood, by designation of Macquart, 1838.
Aireina Frey, 1934. Rev. Suiss. Zool. 41 (15): 312. **Type species:** *Aireina paradoxa* Frey (original designation).

（282）雄籽角食虫虻 *Damalis andron* Walker, 1849

Damalis andron Walker, 1849. List Dipt. Colln. Brit. Mus. 2: 480. **Type locality:** China (Hong Kong).
分布（**Distribution**）：浙江（ZJ）、广东（GD）、香港（HK）

（283）阿籽角食虫虻 *Damalis artigasi* (Joseph *et* Parui, 1985)

Xenomyza artigasi Joseph *et* Parui, 1985. Ent. Scand. 15 (4): 447. **Type locality:** India (Kerala State: Kottayam District).
分布（**Distribution**）：湖南（HN）；印度

（284）北京籽角食虫虻 *Damalis beijingensis* (Shi, 1995)

Xenomyza beijingensis Shi, 1995. Sinozoologia 12: 263. **Type locality:** China (Beijing: Shangfangshan).
分布（**Distribution**）：北京（BJ）

（285）双色籽角食虫虻 *Damalis bicolor* (Shi, 1995)

Xenomyza bicolor Shi, 1995. Sinozoologia 12: 265. **Type locality:** China (Yunnan: Mengzhe).
分布（**Distribution**）：云南（YN）

（286）盾籽角食虫虻 *Damalis carapacina* (Oldroyd, 1972)

Xenomyza carapacina Oldroyd, 1972. Pacif. Ins. 14 (2): 257. **Type locality:** Philippines (Mayoyao: Ifugao, Luzon).
分布（**Distribution**）：湖南（HN）、四川（SC）、云南（YN）；菲律宾

（287）锥籽角食虫虻 *Damalis conica* (Shi, 1995)

Xenomyza caonica Shi, 1995. Sinozoologia 12: 262. **Type locality:** China (Yunnan: Menglong).
分布（**Distribution**）：云南（YN）

（288）横带籽角食虫虻 *Damalis fascia* (Shi, 1995)

Xenomyza fasia Shi, 1995. Sinozoologia 12: 263. **Type locality:** China (Fujian: Jiangle).
分布（**Distribution**）：福建（FJ）

（289）大黑籽角食虫虻 *Damalis grossa* Schiner, 1868

Damalis grossa Schiner, 1868. Reise der Osterreichischen Fregatte Novara, Dipt.: 161. **Type locality:** China (Hong Kong).
分布（**Distribution**）：福建（FJ）、台湾（TW）、广东（GD）、香港（HK）

（290）黑须籽角食虫虻 *Damalis nigripalpis* (Shi, 1995)

Xenomyza nigripalpis Shi, 1995. Sinozoologia 12: 264. **Type locality:** China (Yunnan: Meng'a).
分布（**Distribution**）：云南（YN）

（291）毛翅籽角食虫虻 *Damalis hirtalula* (Shi, 1995)

Xenomyza hirtalula Shi, 1995. Sinozoologia 12: 261. **Type locality:** China (Yunnan: Lancang).
分布（**Distribution**）：云南（YN）

（292）毛背籽角食虫虻 *Damalis hirtidorsalis* (Shi, 1995)

Xenomyza hirtidorsalis Shi, 1995. Sinozoologia 12: 262. **Type locality:** China (Sichuan: Maerkang).
分布（**Distribution**）：湖南（HN）、四川（SC）

（293）台湾阔头食虫虻 *Damalis maculatus* Wiedemann, 1828

Damalis maculatus Wiedemann, 1828. Aussereurop. Zweifl. Insekt. 1: 416. **Type locality:** Indonesia (Java).
分布（**Distribution**）：浙江（ZJ）；印度尼西亚、菲律宾

（294）黑腹籽角食虫虻 *Damalis nigrabdomina* (Shi, 1995)

Xenomyza nigriabdomina Shi, 1995. Sinozoologia 12: 266. **Type locality:** China (Fujian: Chong'an).
分布（**Distribution**）：福建（FJ）

（295）亮黑籽角食虫虻 *Damalis nigriscans* (Shi, 1995)

Xenomyza nigriscans Shi, 1995. Sinozoologia 12: 263. **Type locality:** China (Guangxi: Longsheng).
分布（**Distribution**）：广西（GX）

（296）浙江阔头食虫虻 *Damalis pallidus* van der Wulp, 1872

Damalis pallidus van der Wulp, 1872. Tijdschr. Ent. (2) 7 (15): 145. **Type locality:** Borneo en Sumatra.
分布（**Distribution**）：浙江（ZJ）；婆罗洲、印度尼西亚

（297）角胸籽角食虫虻 *Damalis paradoxa* (Frey, 1934)

Aireina paradoxa Frey, 1934. Rev. Suiss. Zool. 41 (15): 314. **Type locality:** "Hinter Indie, Mom.".
Xenomyza thorakeraia Shi, 1995. Sinozoologia 12: 260. **Type locality:** China (Yunnan: Simao).
分布（**Distribution**）：云南（YN）

（298）刺股籽角食虫虻 *Damalis spinifemurata* (Shi, 1995)

Xenomyza spinifemurata Shi, 1995. Sinozoologia 12: 265. **Type locality:** China (Fujian: Chong'an).

分布（Distribution）：福建（FJ）

（299）平籽角食虫虻 *Damalis planiceps* Fabricius, 1805

Damalis planiceps Fabricius, 1805. Syst. Antliat.: 148. **Type locality:** Tranquebar.

分布（Distribution）：湖南（HN）；印度

（300）斑腹籽角食虫虻 *Damalis speculiventris* de Meijere, 1911

Damalis speculiventris de Meijere, 1911. Tijdschr. Ent. 54: 304. **Type locality:** Indonesia (Semarang, Java).

分布（Distribution）：湖南（HN）；印度、印度尼西亚

（301）亮翅阔头食虫虻 *Damalis vitripennis* Osten Sacken, 1882

Damalis vitripennis Osten Sacken, 1882. Berl. Ent. Z. 26: 106. **Type locality:** Philippine Islands.

分布（Distribution）：江西（JX）、台湾（TW）、广东（GD）、海南（HI）；日本、泰国、菲律宾

59. 三管食虫虻属 *Trigonomima* Enderlein, 1914

Trigonomima Enderlein, 1914. Wien. Entomol. Ztg. 33: 164. **Type species:** *Trigonomima apipes* Enderlein, 1914 (original designation).

（302）银三管食虫虻 *Trigonomima argentea* Shi, 1992

Trigonomima argentea Shi, 1992. Sinozoologia 9: 340. **Type locality:** China (Yunnan: Jinping).

分布（Distribution）：云南（YN）

（303）驼三管食虫虻 *Trigonomima gibbera* Shi, 1992

Trigonomima gibbera Shi, 1992. Sinozoologia 9: 340. **Type locality:** China (Yunnan).

分布（Distribution）：云南（YN）

（304）黑三管食虫虻 *Trigonomima nigra* Shi, 1992

Trigonomima nigra Shi, 1992. Sinozoologia 9: 341. **Type locality:** China (Yunnan: Mengyang).

分布（Distribution）：云南（YN）

（305）台湾三管食虫虻 *Trigonomima pennipes* (Hermann, 1914)

Damalina pennipes Hermann, 1914. Ent. Mitt. 3: 42. **Type locality:** China (Taiwan: Kankau and Sokutsu).

分布（Distribution）：台湾（TW）

十四、小头虻科 Acroceridae

驼小头虻亚科 Philopatinae

1. 寡小头虻属 *Oligoneura* Bigot, 1878

Oligoneura Bigot, 1878. Bull. Soc. Ent. Fr. (5) 8: LXXI. **Type species:** *Oligoneura aenea* Bigot, 1878 (monotypy).

（1）安尼寡小头虻 *Oligoneura aenea* Bigot, 1878

Oligoneura aenea Bigot, 1878. Bull. Soc. Ent. Fr. (5) 8: LXXI. **Type locality:** "Japon".

分布（Distribution）：中国；？日本

（2）墙寡小头虻 *Oligoneura murina* (Loew, 1844)

Philopota murina Loew, 1844. Stettin. Ent. Ztg. 5: 163. **Type locality:** Turkey ("Kleinasien und auf der Insel Stanchio"); Greece ("Is Istankoi [= Is Kos]").

Philopota mokanshanensis Ôuchi, 1942. J. Shanghai Sci. Inst. (N. S.) 2 (2): 32. **Type locality:** China (Zhejiang).

分布（Distribution）：浙江（ZJ）；土耳其、伊朗；欧洲

（3）黑蒲寡小头虻 *Oligoneura nigroaenea* (Motschulsky, 1866)

Thyllis nigroaenea Motschulsky, 1866. Bull. Soc. Nat. Moscou 39: 183. **Type locality:** "Japon".

Philopota grobulifera Matsumura, 1916. Thousand Insects of Japan. Additamenta 1 (2): 179. **Type locality:** Japan (Hokkaido: Sapporo).

分布（Distribution）：浙江（ZJ）、台湾（TW）；日本

（4）高砂寡小头虻 *Oligoneura takasagoensis* (Ôuchi, 1942)

Philopota takasagoensis Ôuchi, 1942. J. Shanghai Sci. Inst. (N. S.) (2) 2: ?. **Type locality:** China (Taiwan).

分布（Distribution）：台湾（TW）

（5）于潜寡小头虻 *Oligoneura yutsiensis* (Ôuchi, 1938)

Philopota murina var. *yutsiensis* Ôuchi, 1938. J. Shanghai Sci. Inst. (III) 4: 34. **Type locality:** China (Zhejiang: Tianmushan).

分布（Distribution）：浙江（ZJ）

小头虻亚科 Acrocerinae

2. 小头虻属 *Acrocera* Meigen, 1803

Acrocera Meigen, 1803. Mag. Insektenk. 2: 266. **Type species:** *Syrphus globulus* Panzer, 1804. [= *Acrocera orbicula* (Fabricius, 1787)].

Paracrocera Mik, 1886. Wien. Entomol. Ztg. 5: 276. **Type species:** *Acrocera tumida* Erichson, 1840 (designation by Coquillett, 1910).

（6）康巴小头虻 *Acrocera khamensis* Pleske, 1930

Acrocera khamensis Pleske, 1930. Konowia 9: 172. **Type locality:** China (Tibet).

分布（Distribution）：西藏（XZ）

（7）缆车小头虻 *Acrocera orbicula* (Fabricius, 1787)

Syrphus orbiculus Fabricius, 1787. Mantissa Insect. 2: 340. **Type locality:** Germany ("Kiliae" [=Kiel]).

Acrocera albipes Meigen, 1804. Klass. Beschr. 1 (2): 148. **Type locality:** Not given.

Syrphus globulus Panzer, 1804. Fauna Insect. Germ. 86: 20. **Type locality:** "Germania".

Ogcodes pubescens Latreille, 1805. Hist. Nat. Crust. Ins. 14: 315. **Type locality:** France ("Medon, pres Paris").

Acrocera tumida Erichson, 1840. Entomographien 1: 166. **Type locality:** Not given.

Acrocera hubbardi Cole, 1919. Trans. Am. Ent. Soc. 45: 58.

Acrocera hungerfordi Sabrosky, 1944. Am. Midland Nat. J. 31: ?.

分布（Distribution）：中国；欧洲、非洲（北部）、北美洲

（8）北塔小头虻 *Acrocera paitana* (Séguy, 1956)

Paracrocera paitana Séguy, 1956. Rev. Fran. Ent. 23: 177. **Type locality:** China.

分布（Distribution）：中国

（9）污小头虻 *Acrocera sordida* Pleske, 1930

Acrocera sordida Pleske, 1930. Konowia 9: 170. **Type locality:** China (Inner Mongolia).

分布（Distribution）：内蒙古（NM）

3. 肥腹小头虻属 *Hadrogaster* Schlinger, 1972

Hadrogaster Schlinger, 1972. Pac. Ins. 14 (2): 423. **Type species:** *Cyrtus formosanus* Shiraki, 1932 (original designation).

（10）丽肥腹小头虻 *Hadrogaster formosanus* (Shiraki, 1932)

Cyrtus shibakawae var. *formosanus* Shiraki, 1932. Trans. Nat. Hist. Soc. Formosa 22: 332. **Type locality:** China (Taiwan).

Hadrogaster formosanus: Schlinger, 1972. Pac. Ins. 14 (2): 424.

分布（Distribution）：台湾（TW）

4. 日小头虻属 *Nipponcyrtus* Schlinger, 1972

Nipponcyrtus Schlinger, 1972. Pac. Ins. 14 (2): 420. **Type species:** *Cyrtus shibakawae* Matsumura, 1916 (original designation).

（11）台湾日小头虻 *Nipponcyrtus taiwanensis* (Ôuchi, 1938)

Opsebius taiwanensis Ôuchi, 1938. J. Shanghai Sci. Inst. (III) 4: 34. **Type locality:** China (Taiwan).

Nipponcyrtus taiwanensis: Schlinger, 1972. Pac. Ins. 14 (2): 422.

分布（Distribution）：台湾（TW）

5. 澳小头虻属 *Ogcodes* Latreille, 1796

Ogcodes Latreille, 1796. Prec. Caract. Gen. Ins. 154. **Type species:** *Musca gibbosa* Linnaeus, 1758 (monotypy).

Oncodes Meigen, 1822. Syst. Beschr. 3: 99 (unjustified emendaton).

（12）日本澳小头虻 *Ogcodes obusensis* Ôuchi, 1942

Ogcodes nigritarsis var. *obusensis* Ôuchi, 1942. J. Shanghai Sci. Inst. (N. S.) (2) 2: 36. **Type locality:** Japan (Nagano-Ken).

分布（Distribution）：北京（BJ）；日本

（13）江苏澳小头虻 *Ogcodes respectus* (Séguy, 1935)

Oncodes respectus Séguy, 1935. Notes Ent. Chin. 2 (9): 175. **Type locality:** China (Jiangsu).

分布（Distribution）：江苏（JS）

（14）台湾澳小头虻 *Ogcodes taiwanensis* Schlinger, 1972

Ogcodes taiwanensis Schlinger, 1972. Pac. Ins. 14 (1). **Type locality:** China (Taiwan).

分布（Distribution）：台湾（TW）

6. 准小头虻属 *Paracyrtus* Schlinger, 1972

Paracyrtus Schlinger, 1972. Pac. Ins. 14 (2): 420. **Type species:** *Cyrtus kashmirensis* Schlinger, 1959 (original designation).

（15）白缘准小头虻 *Paracyrtus albofimbriatus* (Hildebrandt, 1930)

Cyrtus albofimbriatus Hildebrandt, 1930. Ann. Mus. Zool. Aca. Sci. 31 (2): 220. **Type locality:** China (Sichuan).

Paracyrtus albofimbriatus: Schlinger, 1972. Pac. Ins. 14 (2): 420.

分布（Distribution）：四川（SC）

7. 普小头虻属 *Pterodontia* Gray, 1832

Pterodontia Gray, 1832. Curvier's Anim Kingd. (Ins.) 15: 779. **Type species:** *Pterodontia flavipes* Gray, 1832 (momotypy).

（16）瓦普小头虻 *Pterodontia waxelli* (Klug, 1807)

Henops waxelli Klug, 1807. Mag. Ges. Naturf. Freunde Berlin 1: 265. **Type locality:** Crimea (Sevastopol).

分布（Distribution）：中国；蒙古国；欧洲

十五、网翅虻科 Nemestrinidae

1. 盲网翅虻属 *Atriadops* Wandolleck, 1897

Atriadops Wandolleck, 1897. Ent. Nachr. 23: 246 (new name

for *Colax* Wiedemann, 1824). **Type species:** *Colax macula* Wiedemann, 1824 (automatic).
Colax Wiedemann, 1824. Analecta Ent.: 18 (preoccupied by Hubner, 1816). **Type species:** *Colax macula* Wiedemann, 1824 (designation by Blanchard, 1840).

（1）爪哇盲网翅虻 *Atriadops javana* (Wiedemann, 1824)

Colax javanus Wiedemann, 1824. Analecta Ent.: 18. **Type locality:** Indonesia (Java).
Colax variagata Westwood, 1848. The Cabinet of Oriental Entomology: 38. **Type locality:** China (Fujian: Fuzhou).
分布（Distribution）：福建（FJ）、台湾（TW）；斯里兰卡、老挝、马来西亚、印度尼西亚

2. 赫网翅虻属 *Hirmoneura* Meigen, 1820

Hirmoneura Meigen, 1820. Syst. Beschr. 2: 132. **Type species:** *Hirmoneura obscura* Wiedemann, 1820 (monotypy).
Hirmonevra Blanchard, 1840. Hist. Nat. Anim. Art. 3: 587, unjustified emendation.
Hyrmoneura Rondani, 1863. Dipt. exot. rev. *et* annot.: 50, error.
Hermoneura Philippi, 1865. Verh. Zool.-Bot. Ges. Wien. 15: 655, unjustified emendation.

（2）东方赫网翅虻 *Hirmoneura orientalis* Lichtwardt, 1909

Hirmoneura orientalis Lichtwardt, 1909. Dtsch. Ent. Z. 1909: 645. **Type locality:** China (Taiwan: Kosempo).
分布（Distribution）：台湾（TW）

（3）天目山赫网翅虻 *Hirmoneura tienmushanensis* Ôuchi, 1939

Hirmoneura tienmushanensis Ôuchi, 1939. J. Shanghai Sci. Inst. (III) 4: 239. **Type locality:** China (Zhejiang: Tianmushan).
分布（Distribution）：浙江（ZJ）

3. 网翅虻属 *Nemestrinus* Latreille, 1802

Nemestrinus Latreille, 1802. Hist. Nat. Crust. Ins. 3: 437. **Type species:** *Nemestrinus reticulatus* Latreille, 1802 (monotypy).
Rhynchocephalus Fischer, 1806. Mem. Soc. Nat. Moscou 1: 219. **Type species:** *Rhynchocephalus caucasicus* Fischer, 1806 (monotypy).
Andrenomyia Rondani, 1850. Nouv. Ann. Sci. Nat. Ist. Bologna (3) 2: 189. **Type species:** *Nemestrina albofasciata* Wiedemann, 1828 (original designation) [= *Nemestrinus caucasicus* (Fischer, 1806)].
Heminemestrinus Bequart, 1932. Zool. Anz. 100 (1/2): 21 (as subgenus of *Nemestrinus*). **Type species:** *Nemestrinus dedecor* Loew, 1873 (original designation).
Symmictoides Bequart, 1932. Zool. Anz. 100 (1/2): 21 (as subgenus of *Nemestrinus*). **Type species:** *Nemestrinus simplex* Loew, 1873 (original designation).
Nemestrellus Sack, 1933. Flieg. Palaearkt. Reg. 4 (1): 7. **Type species:** *Nemestrina* abdominalis Olivier, 1810 (original designation).
Nemestrina, error.

（4）白亮网翅虻 *Nemestrinus candicans* Villeneuve, 1936

Nemestrinus candicans Villeneuve, 1936. Ark. Zool. 27A (34): 12. **Type locality:** China (Inner Mongolia).
分布（Distribution）：内蒙古（NM）

（5）兴安岭网翅虻 *Nemestrinus chinganicus* Paramonov, 1945

Nemestrinus chinganicus Paramonov, 1945. Eos 21 (3-4): 295. **Type locality:** China (Inner Mongolia).
分布（Distribution）：内蒙古（NM）

（6）硬毛网翅虻 *Nemestrinus hirtus* Lichtwardt, 1909

Nemestrinus hirtus Lichtwardt, 1909. Dtsch. Ent. Z., 1909: 121. **Type locality:** "See Issyk-Kul".
分布（Distribution）：中国；哈萨克斯坦、吉尔吉斯斯坦

（7）科氏网翅虻 *Nemestrinus kozlovi* (Paramonov, 1951)

Rhynchocephalus kozlovi Paramonov, 1951. Zool. Anz. 146 (5-6): 124. **Type locality:** "Gaolining, E of Sining, Western China".
分布（Distribution）：青海（QH）

（8）黎氏网翅虻 *Nemestrinus lichtwardti* Bequart, 1932

Nemestrinus lichtwardti Bequart, 1932. Zool. Anz. 100 (1/2): 21 (new name for *Nemestrina lichtwardti* Lichtwardt, 1907).
Nemestrina cinerea Lichtwardt, 1907. Z. Syst. Hymenopt. Dipt. 7: 444 (preoccupied by Olivier, 1810). **Type locality:** "Gegend zwischen See Itsche und Fluss Orogyn, Nord Zaidam, Tibet".
Nemestrinus cinereus Majer, 1980. Annls Hist.-Nat. Mus. Natl. Hung. 72: 233. **Type locality:** Mongolia ("Chovd aimak: 3 km N von Somon Ueno, im Tal des Flusses Uenc gol, 1450 m", "Gobi Altaj aimak: Baga nuuryn ud els, am SO Ecke des Sees Döröö nuur, cca 1200 m").
分布（Distribution）：西藏（XZ）；蒙古国

（9）缘网翅虻 *Nemestrinus marginatus* (Loew, 1873)

Nemestrina marginatus Loew, 1873. Beschr. Europ. Dipt. 3: 119. **Type locality:** Kazakh S. S. R. (Chimkent region: "Kisilkum").
Nemestrinus marginatus tarimensis Paramonov, 1945. Eos 21 (3-4): 291. **Type locality:** "Oasis Nia, Tarim-Becken, Chinesisches Turkestan", "Russen-Bergkette, Tibet" (oasis Nia in south of the desert Takla-Makan and range Kunlun in Western China).

分布（Distribution）：新疆（XJ）、西藏（XZ）；蒙古国、乌兹别克斯坦、土库曼斯坦

（10）瑞丽网翅虻 *Nemestrinus roseus* Paramonov, 1945

Nemestrinus roseus Paramonov, 1945. Eos 21 (3-4): 295. **Type locality:** "Nord-China".
分布（Distribution）：中国北方

（11）红尾网翅虻 *Nemestrinus ruficaudis* (Lichtwardt, 1907)

Nemestrina ruficaudis Lichtwardt, 1907. Z. Syst. Hymenopt. Dipt. 7: 447. **Type locality:** Kirghiz S. S. R. (Naryn: "Naryn, Semiretschje, Siebenfluss- Gebiet, Heptapotoma, das um den See Issyk-Kul liegende Gebiet").
Rhynchocephalus pulcherrimus Paramonov, 1951. Zool. Anz. 146 (5-6): 124. **Type locality:** "Iche-Bogdo, Gobischer Altaj, Mongolei" (Mongolia: Gobi Altay, mountains Ikh-Bogdo-ul).
分布（Distribution）：内蒙古（NM）；哈萨克斯坦、吉尔吉斯斯坦

（12）亮斑网翅虻 *Nemestrinus simplex* (Loew, 1873)

Nemestrina simplex Loew, 1873. Beschr. Europ. Dipt. 3: 105. **Type locality:** Samarkand.
分布（Distribution）：西藏（XZ）；乌兹别克斯坦、塔吉克斯坦

（13）中华网翅虻 *Nemestrinus sinensis* Sack, 1933

Nemestrinus sinensis Sack, 1933. Flieg. Palaearkt. Reg. 4 (1): 21. **Type locality:** "China sept.".
分布（Distribution）：中国北方

4. 晦网翅虻属 *Nycterimyia* Lichtwardt, 1909

Nycterimyia Lichtwardt, 1909. Dtsch. Ent. Z. 1909: 648. **Type species:** *Trichopsidea dohrni* Wandolleck, 1897 (monotypy).

（14）绮丽晦网翅虻 *Nycterimyia fenestroclatrata* Lichtwardt, 1912

Nycterimyia fenestroclatrata Lichtwardt, 1912. Ent. Mitt. 1: 28. **Type locality:** China (Taiwan).
分布（Distribution）：台湾（TW）

（15）平淡晦网翅虻 *Nycterimyia fenestroinornata* Lichtwardt, 1912

Nycterimyia fenestroinornata Lichtwardt, 1912. Ent. Mitt. 1: 28. **Type locality:** China (Taiwan).
Hirmoneura hirayamae Aoki, 1950. Iconogr. Insecet. Jap.: 1589. **Type locality:** Japan (Kyushu).
分布（Distribution）：台湾（TW）；日本

（16）克氏晦网翅虻 *Nycterimyia kerteszi* Lichtwardt, 1912

Nycterimyia kerteszi Lichtwardt, 1912. Ent. Mitt. 1: 27.**Type locality:** China (Taiwan).
分布（Distribution）：台湾（TW）

（17）珠晦网翅虻 *Nycterimyia perla* Yang, 2003

Nycterimyia perla Yang, 2003. Fauna of Insects in Fujian Province of China 8: 274. **Type locality:** China (Fujian).
分布（Distribution）：福建（FJ）

十六、蜂虻科 Bombyliidae

炭蜂虻亚科 Anthracinae

Anthracinae Latreille, 1804. Nouveau dictionnaire d'histoire naturelle, appliqué aux arts, principalement à l'agriculture *et* à l'économie rurale *et* domestique: 189. **Type genus:** *Anthrax* Scopoli, 1763.
Spogostylinae Sack, 1909. Verh. Zool.-Bot. Ges. Wien. 56: 505. **Type genus:** *Spogostylum* Macquart, 1840.
Exoprosopinae Becker, 1913. Ezheg. Zool. Muz. 17: 449. **Type genus:** *Exoprosopa* Macquart, 1840.
Aphoebantinae Becker, 1913. Ezheg. Zool. Muz. 17: 467. **Type genus:** *Aphoebantus* Loew, 1872.
Anthracinae: Yang, Yao *et* Cui, 2012. Bombyliidae of China: 70.

1. 岩蜂虻属 *Anthrax* Scopoli, 1763

Anthrax Scopoli, 1763. Entomologia carniolica exhibens insecta carnioliae, indigena *et* distributa in ordines, genera, species, varietates methodo Linnaeana: 358. **Type species:** *Musca morio* Linnaeus, 1758 [misidentification, = *Musca anthrax* Schrank, 1781] (monotypy).
Leucamoeba Sack, 1909. Abh. Senckenb. Naturforsch. Ges. 30: 520. **Type species:** *Bibio aethiops* Fabricius, 1781 (original designation).
Chalcamoeba Sack, 1909. Abh. Senckenb. Naturforsch. Ges. 30: 522. **Type species:** *Anthrax virgo* Egger, 1859 (original designation).
Anthrax: Yang, Yao *et* Cui, 2012. Bombyliidae of China: 72.

（1）幽暗岩蜂虻 *Anthrax anthrax* (Schrank, 1781)

Musca anthrax Schrank, 1781. Envmeratio insectorvm Avstriae indigenorum: 439. **Type locality:** Austria.
Anthrax sinuata: Meigen, 1804. Klassifikazion und Beschreibung der europäischen zweiflügligen Insekten: 203.
Anthrax anthrax: Yang, Yao *et* Cui, 2012. Bombyliidae of China: 72.
分布（Distribution）：辽宁（LN）、青海（QH）、新疆（XJ）、西藏（XZ）；阿尔巴尼亚、阿尔及利亚、阿富汗、阿塞拜疆、爱沙尼亚、奥地利、白俄罗斯、保加利亚、比利时、波兰、丹麦、德国、俄罗斯、法国、芬兰、格鲁吉亚、哈萨克斯坦、荷兰、吉尔吉斯斯坦、加那利群岛、捷克、拉

脱维亚、利比亚、立陶宛、卢森堡、罗马尼亚、马其顿、蒙古国、摩尔多瓦、摩洛哥、前南斯拉夫、挪威、葡萄牙、瑞典、瑞士、斯洛伐克、斯洛文尼亚、塔吉克斯坦、突尼斯、土耳其、土库曼斯坦、乌克兰、乌兹别克斯坦、西班牙、希腊、匈牙利、叙利亚、亚美尼亚、伊朗、意大利

（2）直角岩蜂虻 *Anthrax appendiculata* Macquart, 1855

Anthrax appendiculata Macquart, 1855. Mém. Soc. Sci. Agric. Lille. (2) 1: 94 (74). **Type locality:** China.

Anthrax appendiculata: Yang, Yao *et* Cui, 2012. Bombyliidae of China: 74.

分布（Distribution）：中国

（3）安逸岩蜂虻 *Anthrax aygulus* Fabricius, 1805

Anthrax aygulus Fabricius, 1805. Systema antliatorum secundum ordines, genera, species adiecta synonymis, locis, observationibus, descriptionibus: 121. **Type locality:** Ghana.

Anthrax biflexa: Loew, 1852. Ber. Akad. Wiss. Berl. 1852: 659.

Anthrax aygulus senegalensis: François, 1972. Bull. Inst. R. Sci. Nat. Belg. 48 (3): 8.

Anthrax aygulus: Yang, Yao *et* Cui, 2012. Bombyliidae of China: 74.

分布（Distribution）：浙江（ZJ）、江西（JX）、湖南（HN）、四川（SC）、云南（YN）、西藏（XZ）、广西（GX）、海南（HI）；埃及、埃塞俄比亚、博茨瓦纳、厄立特里亚、刚果（布）、加纳、津巴布韦、肯尼亚、马拉维、毛里塔尼亚、莫桑比克、纳米比亚、南非、尼日利亚、日本、塞内加尔、沙特阿拉伯、苏丹、坦桑尼亚、乌干达、也门、赞比亚、乍得

（4）双斑岩蜂虻 *Anthrax bimacula* Walker, 1849

Anthrax bimacula Walker, 1849. List of the specimens of dipterous insects in the collection of the British Museum: 254. **Type locality:** “China”.

Anthrax bimacula: Yang, Yao *et* Cui, 2012. Bombyliidae of China: 76.

分布（Distribution）：中国

（5）多型岩蜂虻 *Anthrax distigma* Wiedemann, 1828

Anthrax distigma Wiedemann, 1828. Aussereuropäische zweiflügelige Insekten. Als Fortsetzung des Meigenschen Werkes: 309. **Type locality:** Indonesia (Java).

Anthrax consobrina: Bigot *in*: Brunetti, 1909. Rec. Ind. Mus. 3: 449.

Anthrax distigma: Yang, Yao *et* Cui, 2012. Bombyliidae of China: 76.

分布（Distribution）：山东（SD）、浙江（ZJ）、湖南（HN）、云南（YN）、福建（FJ）、广东（GD）、广西（GX）、海南（HI）；菲律宾、马来西亚、塞舌尔、泰国、新加坡、印度、印度尼西亚（马鲁古群岛、爪哇岛）

（6）透翅岩蜂虻 *Anthrax hyalinos* Yang, Yao *et* Cui, 2012

Anthrax distigma Yang, Yao *et* Cui, 2012. Bombyliidae of China: 78. **Type locality:** China (Tibet: Mangkang).

分布（Distribution）：西藏（XZ）

（7）高雄岩蜂虻 *Anthrax koshunensis* Matsumura, 1916

Anthrax koshunensis Matsumura, 1916. Thousand Insects of Japan. Additamenta II: 282. **Type locality:** China (Taiwan).

Anthrax koshunensis: Yang, Yao *et* Cui, 2012. Bombyliidae of China: 79.

分布（Distribution）：台湾（TW）；博宁群岛、美国（关岛、夏威夷）、日本

（8）宽带岩蜂虻 *Anthrax latifascia* Walker, 1857

Anthrax latifascia Walker, 1857. Trans. Ent. Soc. Lond. 4: 142. **Type locality:** China.

Anthrax latifascia: Yang, Yao *et* Cui, 2012. Bombyliidae of China: 79.

分布（Distribution）：中国

（9）蒙古岩蜂虻 *Anthrax mongolicus* Paramonov, 1935

Anthrax mongolicus Paramonov, 1935. Zbirn. Prats Zool. Muz. 16: 8, 22. **Type locality:** Mongolia.

Anthrax mongolicus: Yang, Yao *et* Cui, 2012. Bombyliidae of China: 80.

分布（Distribution）：内蒙古（NM）；蒙古国

（10）开室岩蜂虻 *Anthrax pervius* Yang, Yao *et* Cui, 2012

Anthrax pervius Yang, Yao *et* Cui, 2012. Bombyliidae of China: 80. **Type locality:** China (Zhejiang: Lin’an, Qingyuan).

分布（Distribution）：浙江（ZJ）

（11）墨庸岩蜂虻 *Anthrax stepensis* Paramonov, 1935

Anthrax stepensis Paramonov, 1935. Zbirn. Prats. Zool. Muz. 16: 14, 16, 29, 31. **Type locality:** Turkmenistan.

Anthrax stepensis: Yang, Yao *et* Cui, 2012. Bombyliidae of China: 81.

分布（Distribution）：内蒙古（NM）；塔吉克斯坦、土库曼斯坦、乌兹别克斯坦

2. 扁蜂虻属 *Brachyanax* Evenhuis, 1981

Brachyanax Evenhuis, 1981. Pac. Ins. 23: 190. **Type species:** *Brachyanax thelestrephones* Evenhuis, 1981 [= *Anthrax satellitia* Walker, 1856] (original designation).

Brachyanax: Yang, Yao *et* Cui, 2012. Bombyliidae of China: 81.

（12）端透扁蜂虻 *Brachyanax acroleuca* (Bigot, 1892)

Argyromoeba acroleuca Bigot, 1892. Ann. Soc. Ent. Fr. 61: 349. **Type locality:** "? Chine".

Brachyanax acroleuca: Yang, Yao *et* Cui, 2012. Bombyliidae of China: 82.

分布（Distribution）：中国

3. 秀蜂虻属 *Cononedys* Hermann, 1907

Cononedys Hermann, 1907. Z. Syst. Hymen. Dipt. 7: 197. **Type species:** *Anthrax stenura* Loew, 1871 (original designation).

Conogaster Hermann, 1907. Z. Syst. Hymen. Dipt. 7: 199. **Type species:** *Conogaster erythraspis* Hermann, 1907 (monotypy).

Cononedys: Yang, Yao *et* Cui, 2012. Bombyliidae of China: 82.

（13）三叉秀蜂虻 *Cononedys trischidis* Yang, Yao *et* Cui, 2012

Cononedys trischidis Yang, Yao *et* Cui, 2012. Bombyliidae of China: 82. **Type locality:** China (Shanghai).

分布（Distribution）：上海（SH）

4. 芷蜂虻属 *Exhyalanthrax* Becker, 1916

Exhyalanthrax Becker, 1916. Ann. Hist.-Nat. Mus. Natl. Hung. 14: 44 (as subgenus of *Villa* Lioy). **Type species:** *Anthrax vagans* Loew, 1862 [= *Anthrax muscaria* Pallas, 1818] (subsequent designation).

Oriellus Hull, 1973. Bull. U. S. Natl. Mus. 286: 403 (as subgenus of *Thyridanthrax* Osten Sacken). **Type species:** *Anthrax stigmula* Klug, 1832 (original designation).

Tauropsis Hull, 1973. Bull. U. S. Natl. Mus. 286: 365, 368 (as subgenus of *Thyridanthrax* Osten Sacken). **Type species:** *Anthrax irrorella* Klug, 1832 (original designation).

Exhyalanthrax: Yang, Yao *et* Cui, 2012. Bombyliidae of China: 84.

（14）凡芷蜂虻 *Exhyalanthrax afer* (Fabricius, 1794)

Anthrax afer Fabricius, 1794. Entomologia systematica emendata *et* aucta. Secundum classes, ordines, genera, species adjectis synonimis, locis, observationibus, descriptionibus: 258. **Type locality:** Germany.

Anthrax fimbriata: Meigen, 1804. Klassifikazion und Beschreibung der europäischen zweiflügligen Insekten: 205.

Anthrax sirius: Hoffmansegg *in* Wiedemann, 1818. Zool. Mag. 1 (2): 12.

Anthrax hemipterus: Pallas *in* Wiedemann, 1818. Zool. Mag. 1 (2): 12.

Anthrax marginalis: Wiedemann *in* Meigen, 1820. Systematische Beschreibung der bekannten europäischen zweiflügeligen Insekten: 149.

Anthrax sirius: Meigen, 1820. Systematische Beschreibung der bekannten europäischen zweiflügeligen Insekten: 154.

Anthrax tangerinus: Bigot, 1892. Ann. Soc. Entomol. Fr. 61: 353.

Thyridanthrax burtti: Hesse, 1956. Ann. S. Afr. Mus. 35: 619.

Thyridanthrax aequisexus: Bowden, 1964. Mem. Entomol. Soc. South. Afr. 8: 112.

Thyridanthrax decipiens: Bowden, 1964. Mem. Entomol. Soc. South. Afr. 8: 114.

Exhyalanthrax afer: Yang, Yao *et* Cui, 2012. Bombyliidae of China: 84.

分布（Distribution）：内蒙古（NM）、北京（BJ）、山东（SD）、新疆（XJ）、四川（SC）、西藏（XZ）；阿富汗、阿联酋、阿曼、阿塞拜疆、埃及、奥地利、巴基斯坦、保加利亚、比利时、波兰、丹麦、德国、俄罗斯、厄立特里亚、法国、格鲁吉亚、哈萨克斯坦、荷兰、吉尔吉斯斯坦、加纳、捷克、克罗地亚、肯尼亚、利比亚、罗马尼亚、马耳他、马其顿、蒙古国、摩洛哥、前南斯拉夫、葡萄牙、瑞士、塞浦路斯、沙特阿拉伯、斯洛伐克、斯洛文尼亚、塔吉克斯坦、土耳其、土库曼斯坦、乌克兰、乌兹别克斯坦、西班牙、希腊、匈牙利、亚美尼亚、也门、伊朗、以色列、意大利、乍得

5. 庸蜂虻属 *Exoprosopa* Macquart, 1840

Exoprosopa Macquart, 1840. Diptères exotiques nouveaux ou peu connus: 35. **Type species:** *Anthrax pandora* Fabricius, 1805 (subsequent designation).

Litorhynchus Macquart, 1840. Diptères exotiques nouveaux ou peu connus: 78. **Type species:** *Litorhynchus hamatus* Macquart, 1840 (subsequent designation).

Trinaria Mulsant, 1852. Mém. Acad. Sci. Belles-Lett. 2: 20. **Type species:** *Anthrax interrupta* Mulsant, 1852 (subsequent designation).

Argyrospila Rondani, 1856. Dipterologiae Italicae prodromus. Vol. I. Genera Italica ordinis Dipterorum ordinatim disposita *et* distincta *et* in familias *et* stirpes aggregata: 162, 202. **Type species:** *Anthrax jacchus* Fabricius, 1805 (original designation).

Defilippia Lioy, 1864. Atti R. Ist. Veneto Sci. Lett. Art. (3) 9: 733. **Type species:** *Anthrax minos* Meigen, 1804 (subsequent designation).

Litorhynchus Verrall *in* Scudder, 1882. Bull. U. S. Natl. Mus. 19: 192. **Type species:** *Litorhynchus hamatus* Macquart, 1840, automatic.

Exoptata Coquillett, 1887. Can. Ent. 19: 13 (as subgenus of *Exoprosopa* Macquart). **Type species:** *Exoprosopa divisa* Coquillett, 1887 (monotypy).

Cladodisca Bezzi, 1922. Ann. Mus. Civ. Stor. Nat. Giacomo Doria 50: 105 (as subgenus of *Exoprosopa* Macquart). **Type species:** *Exoprosopa munda* Loew, 1869 (monotypy).

Litomyza Hull, 1973. Bull. U. S. Natl. Mus. 286: 426. **Type species:** *Litorhynchus hamatus* Macquart, 1840 (subsequent

designation) *Nomen nudum*.
Exoprosopa: Yang, Yao *et* Cui, 2012. Bombyliidae of China: 86.

（15）褐翅庸蜂虻 *Exoprosopa castaneus* Yang, Yao *et* Cui, 2012

Exoprosopa castaneus Yang, Yao *et* Cui, 2012. Bombyliidae of China: 87. **Type locality:** China (Yunnan: Baoshan, Guangnan).
分布（Distribution）：云南（YN）

（16）黄尾庸蜂虻 *Exoprosopa citreum* Yang, Yao *et* Cui, 2012

Exoprosopa citreum Yang, Yao *et* Cui, 2012. Bombyliidae of China: 89. **Type locality:** China (Shaanxi: Ganquan).
分布（Distribution）：陕西（SN）

（17）棒茎庸蜂虻 *Exoprosopa clavula* Yang, Yao *et* Cui, 2012

Exoprosopa clavula Yang, Yao *et* Cui, 2012. Bombyliidae of China: 90. **Type locality:** China (Xinjiang: Manas).
分布（Distribution）：新疆（XJ）

（18）羞庸蜂虻 *Exoprosopa dedecor* Loew, 1871

Exoprosopa dedecor Loew, 1871. Systematische Beschreibung der bekannten europäischen zweiflügeligen Insecten. Von Johann Wilhelm Meigen. Neunter Theil oder dritter Supplementband. Beschreibungen europäischer Dipteren: 204. **Type locality:** Tajikistan.
Exoprosopa dedecor: Yang, Yao *et* Cui, 2012. Bombyliidae of China: 92.
分布（Distribution）：新疆（XJ）；阿富汗、亚美尼亚、阿塞拜疆、格鲁吉亚、伊朗、哈萨克斯坦、吉尔吉斯斯坦、蒙古国、塔吉克斯坦、土耳其、土库曼斯坦、乌兹别克斯坦

（19）球茎庸蜂虻 *Exoprosopa globosa* Yang, Yao *et* Cui, 2012

Exoprosopa globosa Yang, Yao *et* Cui, 2012. Bombyliidae of China: 93. **Type locality:** China (Tibet: Shigatse).
分布（Distribution）：西藏（XZ）

（20）瓶茎庸蜂虻 *Exoprosopa gutta* Yang, Yao *et* Cui, 2012

Exoprosopa gutta Yang, Yao *et* Cui, 2012. Bombyliidae of China: 95. **Type locality:** China (Inner Mongolia: Xilingol).
分布（Distribution）：内蒙古（NM）

（21）幽暗庸蜂虻 *Exoprosopa jacchus* Fabricius, 1805

Anthrax jacchus Fabricius, 1805. Systema antliatorum secundum ordines, genera, species adiecta synonymis, locis, observationibus, descriptionibus: 123, 373. **Type locality:** "Italia".
Anthrax picta: Wiedemann *in* Meigen, 1820. Systematische Beschreibung der bekannten europäischen zweiflügeligen Insekten: 171.
Exoprosopa jacchus var. *quadripunctata*: Paramonov, 1928. Trudy Fiz.-Mat. Vidd. Ukr. Akad. Nauk. 6 (2): 237 (59).
Exoprosopa jacchus: Yang, Yao *et* Cui, 2012. Bombyliidae of China: 96.
分布（Distribution）：宁夏（NX）；阿尔巴尼亚、阿塞拜疆、奥地利、保加利亚、波黑、法国、格鲁吉亚、克罗地亚、罗马尼亚、前南斯拉夫、葡萄牙、西班牙、匈牙利、亚美尼亚、伊朗、意大利

（22）墨庸蜂虻 *Exoprosopa melaena* Loew, 1874

Exoprosopa melaena Loew, 1874. Z. Ges. Naturw. 43: 416. **Type locality:** Iran.
Exoprosopa melaena var. *abbreviata*: Paramonov, 1928. Trudy Fiz.-Mat. Vidd. Ukr. Akad. Nauk. 6 (2): 245 (67).
Exoprosopa melaena: Yang, Yao *et* Cui, 2012. Bombyliidae of China: 98.
分布（Distribution）：中国；阿富汗、阿塞拜疆、俄罗斯、吉尔吉斯斯坦、塔吉克斯坦、土耳其、土库曼斯坦、乌兹别克斯坦、希腊（科孚）、亚美尼亚、伊朗

（23）蒙古庸蜂虻 *Exoprosopa mongolica* Paramonov, 1928

Exoprosopa mongolica Paramonov, 1928. Trudy Fiz.-Mat. Vidd. Ukr. Akad. Nauk. 6 (2): 250 (72). **Type locality:** China (Inner Mongolia).
Exoprosopa mongolica: Yang, Yao *et* Cui, 2012. Bombyliidae of China: 99.
分布（Distribution）：内蒙古（NM）、北京（BJ）、山西（SX）、宁夏（NX）、青海（QH）、西藏（XZ）

（24）黄腹庸蜂虻 *Exoprosopa sandaraca* Yang, Yao *et* Cui, 2012

Exoprosopa sandaraca Yang, Yao *et* Cui, 2012. Bombyliidae of China: 100. **Type locality:** China (Xinjiang: Turpan).
分布（Distribution）：新疆（XJ）

（25）土耳其庸蜂虻 *Exoprosopa turkestanica* Paramonov, 1925

Exoprosopa turkestanica Paramonov, 1925. Konowia 4: 43. **Type locality:** Kyrgyz Republic.
Exoprosopa turkestanica: Yang, Yao *et* Cui, 2012. Bombyliidae of China: 102.
分布（Distribution）：河北（HEB）、北京（BJ）、陕西（SN）、四川（SC）、西藏（XZ）；阿富汗、吉尔吉斯斯坦、蒙古国、塔吉克斯坦、伊朗

（26）脉庸蜂虻 *Exoprosopa vassiljevi* Paramonov, 1928

Exoprosopa vassiljevi Paramonov, 1928. Trudy Fiz.-Mat. Vidd. Ukr. Akad. Nauk. 6 (2): 281 (103). **Type locality:** China

(Xinjiang).

Exoprosopa vassiljevi: Yang, Yao *et* Cui, 2012. Bombyliidae of China: 104.

分布（Distribution）：新疆（XJ）、江西（JX）

6. 斑翅蜂虻属 *Hemipenthes* Loew, 1869

Hemipenthes Loew, 1869. Berl. Ent. Z. 13 (1-2): 28. **Type species:** *Musca morio* Linnaeus, 1758 (subsequent designation).

Isopenthes Osten Sacken, 1886. Diptera [part]. *In*: Godman F. D. *et* Salvin O., 1886. Biologia Centrali-Americana: 80, 96. **Type species:** *Isopenthes jaennickeana* Osten Sacken, 1886 (subsequent designation).

Hemipenthes: Yang, Yao *et* Cui, 2012. Bombyliidae of China: 104.

（27）端尖斑翅蜂虻 *Hemipenthes apiculata* Yao, Yang *et* Evenhuis, 2008

Hemipenthes apiculata Yao, Yang *et* Evenhuis, 2008. Zootaxa 1870: 4. **Type locality:** China (Inner Mongolia: Azuoqi; Ningxia, Tongxin).

Hemipenthes apiculata: Yang, Yao *et* Cui, 2012. Bombyliidae of China: 106.

分布（Distribution）：内蒙古（NM）、天津（TJ）、北京（BJ）、宁夏（NX）

（28）北京斑翅蜂虻 *Hemipenthes beijingensis* Yao, Yang *et* Evenhuis, 2008

Hemipenthes beijingensis Yao, Yang *et* Evenhuis, 2008. Zootaxa 1870: 6. **Type locality:** China (Beijing: Mentougou; Hebei).

Hemipenthes beijingensis: Yang, Yao *et* Cui, 2012. Bombyliidae of China: 107.

分布（Distribution）：内蒙古（NM）、河北（HEB）、北京（BJ）、山西（SX）、山东（SD）、陕西（SN）、湖北（HB）、西藏（XZ）

（29）陈氏斑翅蜂虻 *Hemipenthes cheni* Yao, Yang *et* Evenhuis, 2008

Hemipenthes cheni Yao, Yang *et* Evenhuis, 2008. Zootaxa 1870: 8. **Type locality:** China (Inner Mongolia); Bayannaoer.

Hemipenthes cheni: Yang, Yao *et* Cui, 2012. Bombyliidae of China: 110.

分布（Distribution）：内蒙古（NM）、宁夏（NX）

（30）庸斑翅蜂虻 *Hemipenthes exoprosopoides* Paramonov, 1928

Hemipenthes exoprosopoides Paramonov, 1928. Trudy Fiz.-Mat. Vidd. Ukr. Akad. Nauk. 6 (2): 285 (107). **Type locality:** Iran.

Hemipenthes exoprosopoides: Yang, Yao *et* Cui, 2012. Bombyliidae of China: 112.

分布（Distribution）：四川（SC）；阿塞拜疆、吉尔吉斯斯坦、塔吉克斯坦、土库曼斯坦、乌兹别克斯坦、亚美尼亚、伊朗、以色列

（31）胆斑翅蜂虻 *Hemipenthes gaudanica* Paramonov, 1927

Hemipenthes gaudanica Paramonov, 1927. Encycl. Ent. B (II) 3: 166. **Type locality:** Turkmenistan.

Hemipenthes gaudanica: Yang, Yao *et* Cui, 2012. Bombyliidae of China: 112.

分布（Distribution）：新疆（XJ）；吉尔吉斯斯坦、蒙古国、塔吉克斯坦、土库曼斯坦、乌兹别克斯坦、伊朗

（32）具钩斑翅蜂虻 *Hemipenthes hamifera* Loew, 1854

Anthrax hamifera Loew, 1854. Progr. K. Realschule Meseritz 1854: 2. **Type locality:** Russia (E. S. or W. S.).

Hemipenthes hamifera: Yang, Yao *et* Cui, 2012. Bombyliidae of China: 113.

分布（Distribution）：内蒙古（NM）、宁夏（NX）、青海（QH）、新疆（XJ）、江苏（JS）；阿塞拜疆、保加利亚、俄罗斯、法国、格鲁吉亚、哈萨克斯坦、吉尔吉斯斯坦、蒙古国、前南斯拉夫、塔吉克斯坦、土耳其、土库曼斯坦、乌兹别克斯坦、西班牙、希腊、亚美尼亚、伊朗、意大利

（33）河北斑翅蜂虻 *Hemipenthes hebeiensis* Yao, Yang *et* Evenhuis, 2008

Hemipenthes hebeiensis Yao, Yang *et* Evenhuis, 2008. Zootaxa 1870: 11. **Type locality:** China (Hebei: Zhuolu).

Hemipenthes hebeiensis: Yang, Yao *et* Cui, 2012. Bombyliidae of China: 115.

分布（Distribution）：内蒙古（NM）、河北（HEB）、宁夏（NX）

（34）日本斑翅蜂虻 *Hemipenthes jezoensis* (Matsumura, 1916)

Anthrax jezonensis Matsumura, 1916. Thous. Ins. Jap. Addit. 2: 239. **Type locality:** Japan (Hokkaido).

Hemipenthes jezonensis: Yang, Yao *et* Cui, 2012. Bombyliidae of China: 117.

分布（Distribution）：台湾（TW）；日本

（35）暗斑翅蜂虻 *Hemipenthes maura* (Linnaeus, 1758)

Musca maura Linnaeus, 1758. Systema naturae per regna tria naturae, secundum classes, ordines, genera, species, cum caracteribus, differentiis, synonymis, locis: 590. **Type locality:** "Europa".

Musca denigrata: Linnaeus, 1767. Systema naturae per regna tria naturae, secundum classes, ordines, genera, species, cum caracteribus, differentiis, synonymis, locis: 981.

Nemotelvs nonvs: Schaeffer, 1768. Icones insectorvm circa

Ratisbonam indigenorvm coloribvs natvram referentibvs expressae. Natürlich ausgemahlte Abbildungen regensburgischer Insecten: 76.
Musca hirsuta: Villers, 1789. Caroli Linnaei entomologia, faunae Suecicae descriptionibus aucta; DD. Scopoli, Geoffroy, de Geer, Fabricii, Schrank, & c. speciebus vel in systemate non enumeratis, vel nuperrime detectis, vel speciebus Galliae australis locupletata, generum specierumque rariorum iconibus ornata; curante & augente Carolo de Villers, Acad. Lugd. Massil. Villa-Fr. Rhotom. necnon Geometriae Regio Professore: 427.
Anthrax daemon: Panzer, 1797. Favnae insectorvm germanicae initia oder Devtschlands Insecten: 17.
Anthrax bifasciata: Meigen, 1804. Klassifikazion und Beschreibung der europäischen zweiflügligen Insekten (Diptera Linn.): 209.
Anthrax relata: Walker, 1852. Insecta Saundersiana: or characters of undescribed insects in the collection of William Wilson Saunders: 191.
Anthrax uncinus: Loew, 1869. Beschreibungen europäischer Dipteren. Von Johann Wilhelm Meigen: 171.
Hemipenthes maurus var. flavotomentosa: Paramonov, 1927. Encycl. Ent. B (II) 3: 160, 168.
Hemipenthes maura: Yang, Yao *et* Cui, 2012. Bombyliidae of China: 118.
分布（Distribution）：内蒙古（NM）、北京（BJ）、新疆（XJ）；阿富汗、阿塞拜疆、爱沙尼亚、奥地利、白俄罗斯、保加利亚、比利时、波兰、波黑、丹麦、德国、俄罗斯、法国、芬兰、格鲁吉亚、哈萨克斯坦、荷兰、吉尔吉斯斯坦、捷克、克罗地亚、拉脱维亚、立陶宛、卢森堡、罗马尼亚、蒙古国、摩尔多瓦、前南斯拉夫、挪威、葡萄牙、瑞典、瑞士、斯洛伐克、斯洛文尼亚、塔吉克斯坦、土耳其、土库曼斯坦、乌克兰、乌兹别克斯坦、西班牙、希腊、匈牙利、亚美尼亚、伊朗、意大利

（36）岭斑翅蜂虻 *Hemipenthes montanorum* (Austen, 1936)

Thyridanthrax montanorum Austen, 1936. Ann. Mag. Nat. Hist. (10) 18: 188. **Type locality:** China (Xizang).
Hemipenthes montanorum: Yang, Yao *et* Cui, 2012. Bombyliidae of China: 120.
分布（Distribution）：青海（QH）、四川（SC）、云南（YN）、西藏（XZ）

（37）桑斑翅蜂虻 *Hemipenthes morio* (Linnaeus, 1758)

Musca morio Linnaeus, 1758. Systema naturae per regna tria naturae, secundum classes, ordines, genera, species, cum caracteribus, differentiis, synonymis, locis: 590. **Type locality:** "Europa".
Nemotelvs septimvs: Schaeffer, 1768. Icones insectorvm circa Ratisbonam indigenorvm coloribvs natvram referentibvs expressae. Natürlich ausgemahlte Abbildungen regensburgischer Insecten.: pl. 76, fig. 7.
Musca bicolora: Sulzer, 1776. Abgekürzte Geschichte der Insecten nach dem Linnaeischen System.: xxv. *Nomen nudum*.
Anthrax semiatra: Hoffmansegg *in* Wiedemann, 1818. Zool. Mag. 1 (2): 11; Meigen, 1820. Systematische Beschreibung der bekannten europäischen zweiflügeligen Insekten: 157.
Anthrax morioides: Say, 1823. American entomology, or descriptions of the insects of North America; illustrated by coloured figures from original drawings executed from nature: 42.
Hemipenthes morio: Yang, Yao *et* Cui, 2012. Bombyliidae of China: 120.
分布（Distribution）：新疆（XJ）；阿尔巴尼亚、阿富汗、阿塞拜疆、爱沙尼亚、安道尔、奥地利、白俄罗斯、保加利亚、比利时、波兰、丹麦、俄罗斯、法国、芬兰、格鲁吉亚、哈萨克斯坦、荷兰、吉尔吉斯斯坦、加拿大、捷克、克罗地亚、拉脱维亚、立陶宛、罗马尼亚、马其顿、美国、摩尔多瓦、摩洛哥、前南斯拉夫、瑞典、瑞士、塞浦路斯、斯洛伐克、斯洛文尼亚、塔吉克斯坦、泰国、土耳其、土库曼斯坦、乌克兰、乌兹别克斯坦、西班牙、希腊、匈牙利、亚美尼亚、伊朗、意大利

（38）内蒙斑翅蜂虻 *Hemipenthes neimengguensis* Yao, Yang *et* Evenhuis, 2008

Hemipenthes neimengguensis Yao, Yang *et* Evenhuis, 2008. Zootaxa 1870: 15. **Type locality:** China (Inner Mongolia: Azuoqi).
Hemipenthes neimengguensis: Yang, Yao *et* Cui, 2012. Bombyliidae of China: 122.
分布（Distribution）：内蒙古（NM）、宁夏（NX）

（39）宁夏斑翅蜂虻 *Hemipenthes ningxiaensis* Yao, Yang *et* Evenhuis, 2008

Hemipenthes ningxiaensis Yao, Yang *et* Evenhuis, 2008. Zootaxa 1870: 17. **Type locality:** China (Ningxia: Jingyuan, Tongxin).
Hemipenthes ningxiaensis: Yang, Yao *et* Cui, 2012. Bombyliidae of China: 124.
分布（Distribution）：宁夏（NX）

（40）亮带斑翅蜂虻 *Hemipenthes nitidofasciata* (Portschinsky, 1892)

Anthrax nitidofasciata Portschinsky, 1892. Horae Soc. Ent. Ross. 26: 208. **Type locality:** "Asia media" [probably Russia].
Hemipenthes nitidofasciata: Yang, Yao *et* Cui, 2012. Bombyliidae of China: 125.
分布（Distribution）：黑龙江（HL）、内蒙古（NM）、北京（BJ）、宁夏（NX）；吉尔吉斯斯坦、俄罗斯、塔吉克斯坦

（41）诺斑翅蜂虻 *Hemipenthes noscibilis* (Austen, 1936)

Thyridanthrax noscibilis Austen, 1936. Ann. Mag. Nat. Hist.

(10) 18: 191. **Type locality:** China (Xizang).
Hemipenthes noscibilis: Yang, Yao *et* Cui, 2012. Bombyliidae of China: 127.
分布（Distribution）：西藏（XZ）

（42）帕米尔斑翅蜂虻 *Hemipenthes pamirensis* Zaitzev, 1962

Hemipenthes pamirensis Zaitzev, 1962. Izv. Otdel. Biol. Nauk Akad. Nauk Tadzhikskoi S. S. R. 1 (8): 71. **Type locality:** Tajikistan.
Hemipenthes pamirensis: Yang, Yao *et* Cui, 2012. Bombyliidae of China: 128.
分布（Distribution）：青海（QH）；蒙古国、塔吉克斯坦、土库曼斯坦、乌兹别克斯坦

（43）先斑翅蜂虻 *Hemipenthes praecisa* (Loew, 1869)

Anthrax praecisus Loew, 1869. Beschreibungen europäischer Dipteren. Von Johann Wilhelm Meigen. Erster Band. Systematische Beschreibung der bekannten europaischen zweifliigeligen Insecten. Achter Theil oder zweiter Supplementband: 174. **Type locality:** Russia (Far East).
Hemipenthes praecisa: Yang, Yao *et* Cui, 2012. Bombyliidae of China: 129.
分布（Distribution）：内蒙古（NM）、河北（HEB）、北京（BJ）；以色列、吉尔吉斯斯坦、蒙古国、俄罗斯、塔吉克斯坦、土库曼斯坦、乌兹别克斯坦

（44）罗布斯塔斑翅蜂虻 *Hemipenthes robusta* Zaitzev, 1966

Hemipenthes robustus Zaitzev, 1966. Trudy Vses. Entomol. Obshch. 51: 175. **Type locality:** Armenia.
Hemipenthes robusta: Yang, Yao *et* Cui, 2012. Bombyliidae of China: 130.
分布（Distribution）：北京（BJ）、陕西（SN）；阿塞拜疆、格鲁吉亚、哈萨克斯坦、吉尔吉斯斯坦、塔吉克斯坦、土库曼斯坦、乌兹别克斯坦、亚美尼亚

（45）四川斑翅蜂虻 *Hemipenthes sichuanensis* Yao *et* Yang, 2008

Hemipenthes sichuanensis Yao *et* Yang, 2008. Zootaxa 1689: 66. **Type locality:** China (Sichuan: Luding).
Hemipenthes sichuanensis: Yang, Yao *et* Cui, 2012. Bombyliidae of China: 131.
分布（Distribution）：四川（SC）

（46）亚浅斑翅蜂虻 *Hemipenthes subvelutina* Zaitzev, 1966

Hemipenthes subvelutinus Zaitzev, 1966. Trudy Vses. Entomol. Obshch. 51: 187. **Type locality:** Gruzia.
Hemipenthes subvelutina: Yang, Yao *et* Cui, 2012. Bombyliidae of China: 132.
分布（Distribution）：山东（SD）；阿塞拜疆、格鲁吉亚、哈萨克斯坦、吉尔吉斯斯坦、蒙古国、塔吉克斯坦、土耳其、土库曼斯坦、乌兹别克斯坦、亚美尼亚、伊朗

（47）途枭斑翅蜂虻 *Hemipenthes tushetica* Zaitzev, 1966

Hemipenthes tusheticus Zaitzev, 1966. Trudy Vses. Entomol. Obshch. 51: 195. **Type locality:** Gruzia.
Hemipenthes tushetica: Yang, Yao *et* Cui, 2012. Bombyliidae of China: 132.
分布（Distribution）：内蒙古（NM）、青海（QH）、新疆（XJ）；亚美尼亚、阿塞拜疆、格鲁吉亚、伊朗

（48）浅斑翅蜂虻 *Hemipenthes velutina* (Wiedemann, 1818)

Anthrax bicincta Wiedemann, 1818. Zool. Mag. 1 (2): 12. *Nomen nudum*.
Nemotelus melanio: Pallas *in* Wiedemann, 1818. Zool. Mag. 1 (2): 12.
Anthrax bicincta: Wiedemann *in* Meigen, 1820. Systematische Beschreibung der bekannten europäischen zweiflügeligen Insekten: 155.
Anthrax velutina: Meigen, 1820. Systematische Beschreibung der bekannten europäischen zweiflügeligen Insekten: 160.
Anthrax nycthemera: Wiedemann *in* Meigen, 1820. Systematische Beschreibung der bekannten europäischen zweiflügeligen Insekten: 160.
Hemipenthes velutina: Yang, Yao *et* Cui, 2012. Bombyliidae of China: 133.
分布（Distribution）：内蒙古（NM）、北京（BJ）、山东（SD）、陕西（SN）；阿尔巴尼亚、阿尔及利亚、阿塞拜疆、埃及、奥地利、巴基斯坦、保加利亚、比利时、波兰、波黑、德国、俄罗斯、法国、格鲁吉亚、捷克、克罗地亚、黎巴嫩、罗马尼亚、马其顿、蒙古国、摩尔多瓦、摩洛哥、前南斯拉夫、葡萄牙、瑞士、塞浦路斯、斯洛伐克、斯洛文尼亚、突尼斯、土耳其、土库曼斯坦、乌克兰、西班牙、希腊、匈牙利、叙利亚、亚美尼亚、伊朗、以色列、意大利

（49）西藏斑翅蜂虻 *Hemipenthes xizangensis* Yang, Yao *et* Cui, 2012

Hemipenthes xizangensis Yang, Yao *et* Cui, 2012. Bombyliidae of China: 136. **Type locality:** China (Tibet: Lang, Nyingchi, Shigatse).
分布（Distribution）：西藏（XZ）

（50）云南斑翅蜂虻 *Hemipenthes yunnanensis* Yao *et* Yang, 2008

Hemipenthes yunnanensis Yao *et* Yang, 2008. Zootaxa 1689: 64. **Type locality:** China (Yunnan: Kunming; Guangxi: Ningming).
Hemipenthes yunnanensis: Yang, Yao *et* Cui, 2012. Bombyliidae of China: 137.
分布（Distribution）：云南（YN）、广西（GX）

7. 陇蜂虻属 *Heteralonia* Rondani, 1863

Mima Meigen, 1820. Systematische Beschreibung der bekannten europäischen zweiflügeligen Insekten: 175. **Type species:** *Anthrax phaeoptera* Wiedemann, 1820 (subsequent designation).
Heteralonia Rondani, 1863. Diptera exotica revisa *et* annotata novis nonnullis descriptis: 57. **Type species:** *Exoprosopa oculata* Macquart, 1840 (monotypy).
Heteralonia: Yang, Yao *et* Cui, 2012. Bombyliidae of China: 139.

（51）扇陇蜂虻 *Heteralonia anemosyris* Yao, Yang *et* Evenhuis, 2009

Heteralonia anemosyris Yao, Yang *et* Evenhuis, 2009. Zootaxa 2166: 46. **Type locality:** China (Yunnan: Lunan, Wuding, Xiaguan).
Heteralonia anemosyris: Yang, Yao *et* Cui, 2012. Bombyliidae of China: 140.
分布（Distribution）：云南（YN）

（52）中华陇蜂虻 *Heteralonia chinensis* Evenhuis, 1979

Heteralonia chinensis Evenhuis, 1979. Pac. Ins. 21: 254. **Type locality:** China (Yunnan).
Heteralonia chinensis: Yang, Yao *et* Cui, 2012. Bombyliidae of China: 142.
分布（Distribution）：云南（YN）

（53）橙脊陇蜂虻 *Heteralonia cnecos* Yao, Yang *et* Evenhuis, 2009

Heteralonia cnecos Yao, Yang *et* Evenhuis, 2009. Zootaxa 2166: 47. **Type locality:** China (Yunnan: Lijiang).
Heteralonia cnecos: Yang, Yao *et* Cui, 2012. Bombyliidae of China: 142.
分布（Distribution）：云南（YN）

（54）整陇蜂虻 *Heteralonia completa* (Loew, 1873)

Exoprosopa completa Loew, 1873. Systematische Beschreibung der bekannten europäischen zweiflügeligen Insecten. Von Johann Wilhelm Meigen. Zehnter Theil oder vierter Supplementband. Beschreibungen europäischer Dipteren: 161. **Type locality:** Kazakhstan; Uzbekistan.
Heteralonia completa: Yang, Yao *et* Cui, 2012. Bombyliidae of China: 144.
分布（Distribution）：新疆（XJ）；哈萨克斯坦、塔吉克斯坦、土库曼斯坦、乌兹别克斯坦

（55）圆陇蜂虻 *Heteralonia gressitti* Evenhuis, 1979

Heteralonia gressitti Evenhuis, 1979. Pac. Ins. 21: 257. **Type locality:** China (Yunnan).
Heteralonia gressitti: Yang, Yao *et* Cui, 2012. Bombyliidae of China: 145.
分布（Distribution）：云南（YN）

（56）牧陇蜂虻 *Heteralonia mucorea* (Klug, 1832)

Anthrax mucorea Klug, 1832. Symbolae physicae, seu icones *et* descriptiones insectorum, quae ex itinere per Africam borealem *et* Asiam occidentalem F.G. Hemprich *et* C.G. Ehrenberg studio novae aut illustratae redierunt: pl. 30, fig. 6. **Type locality:** Saudi Arabia.
Heteralonia mucorea: Yang, Yao *et* Cui, 2012. Bombyliidae of China: 146.
分布（Distribution）：新疆（XJ）；阿尔及利亚、阿富汗、阿联酋、阿曼、埃及、吉尔吉斯斯坦、科威特、沙特阿拉伯、塔吉克斯坦、突尼斯、土库曼斯坦、乌兹别克斯坦、叙利亚、伊朗

（57）乌陇蜂虻 *Heteralonia nigripilosa* Yao, Yang *et* Evenhuis, 2009

Heteralonia nigripilosa Yao, Yang *et* Evenhuis, 2009. Zootaxa 2166: 50. **Type locality:** China (Yunnan: Xiaguan).
Heteralonia nigripilosa: Yang, Yao *et* Cui, 2012. Bombyliidae of China: 148.
分布（Distribution）：云南（YN）

（58）暗黄陇蜂虻 *Heteralonia ochros* Yao, Yang *et* Evenhuis, 2009

Heteralonia ochros Yao, Yang *et* Evenhuis, 2009. Zootaxa 2166: 51. **Type locality:** China (Yunnan: Kunming, Wuding, Xiaguan).
Heteralonia ochros: Yang, Yao *et* Cui, 2012. Bombyliidae of China: 149.
分布（Distribution）：云南（YN）

（59）多脉陇蜂虻 *Heteralonia polyphleba* Evenhuis, 1979

Heteralonia polyphleba Evenhuis, 1979. Pac. Ins. 21: 257. **Type locality:** China (Macao).
Heteralonia polyphleba: Yang, Yao *et* Cui, 2012. Bombyliidae of China: 151.
分布（Distribution）：澳门（MC）

（60）柱桓陇蜂虻 *Heteralonia sytshuana* (Paramonov, 1928)

Exoprosopa sytshuana Paramonov, 1928. Trudy Fiz.-Mat. Vidd. Ukr. Akad. Nauk. 6 (2): 274 (96). **Type locality:** China (Sichuan).
Heteralonia sytshuana: Yang, Yao *et* Cui, 2012. Bombyliidae of China: 151.
分布（Distribution）：四川（SC）、云南（YN）

8. 丽蜂虻属 *Ligyra* Newman, 1841

Ligyra Newman, 1841. Entomol. 1: 220. **Type species:** *Anthrax bombyliformis* Macleay, 1826 (monotypy).

Velocia Coquillett, 1886. Can. Ent. 18: 158. **Type species:** *Anthrax cerberus* Fabricius, 1794 (original designation).
Paranthrax Paramonov, 1931. Trudy Prir.-Teknichn. Vidd. Ukr. Akad. Nauk 10: 57 (57). **Type species:** *Paranthrax africanus* Paramonov, 1931 (monotypy).
Paranthracina Paramonov, 1933. Zbirn. Prats Zool. Muz. 12: 56. **Type species:** *Paranthrax africanus* Paramonov, 1931, automatic.
Ligyra: Yang, Yao *et* Cui, 2012. Bombyliidae of China: 153.

（61）欧丽蜂虻 *Ligyra audouinii* (Macquart, 1840)

Exoprosopa audouinii Macquart, 1840. Diptères exotiques nouveaux ou peu connus: 36. **Type locality:** "Indes orientales".
Ligyra audouinii: Yang, Yao *et* Cui, 2012. Bombyliidae of China: 155.
Exoprosopa albicincta: Macquart, 1840. Diptères exotiques nouveaux ou peu connus: 48.
Hyperalonia formosana: Paramonov, 1931. Trudy Prir.-Teknichn. Vidd. Ukr. Akad. Nauk 10: 195.
Hyperalonia macassarensis: Paramonov, 1931. Trudy Prir.-Teknichn. Vidd. Ukr. Akad. Nauk 10: 198.
分布（Distribution）：上海（SH）、福建（FJ）、台湾（TW）、广东（GD）、海南（HI）；菲律宾、印度尼西亚

（62）同盟丽蜂虻 *Ligyra combinata* (Walker, 1857)

Anthrax combinata Walker, 1857. Trans. Ent. Soc. Lond. 4: 143. **Type locality:** "China".
Ligyra combinata: Yang, Yao *et* Cui, 2012. Bombyliidae of China: 156.
分布（Distribution）：中国

（63）尖明丽蜂虻 *Ligyra dammermani* Evenhuis *et* Yukawa, 1986

Ligyra dammermani Evenhuis *et* Yukawa, 1986. Kontyû 54: 456. **Type locality:** "Indonesia".
Ligyra dammermani: Yang, Yao *et* Cui, 2012. Bombyliidae of China: 157.
分布（Distribution）：陕西（SN）、江苏（JS）、湖北（HB）、福建（FJ）、广东（GD）、广西（GX）、海南（HI）、香港（HK）；印度尼西亚

（64）黄簇丽蜂虻 *Ligyra flavofasciata* (Macquart, 1855)

Exoprosopa flavofasciata Macquart, 1855. Mém. Soc. Sci. Agric. Lille. (2) 1: 90 (70). **Type locality:** "Chine Boréale".
Ligyra flavofasciata: Yang, Yao *et* Cui, 2012. Bombyliidae of China: 159.
分布（Distribution）：北京（BJ）、江西（JX）；日本、韩国

（65）鬃翅丽蜂虻 *Ligyra fuscipennis* (Macquart, 1848)

Exoprosopa fuscipennis Macquart, 1848. Mém. Soc. R. Sci. Agric. Arts, Lille 1847 (2): 193 (33). **Type locality:** Indonesia (Java).
Anthrax confirmata: Walker, 1860. Trans. Ent. Soc. Lond. (2) 5: 283.
Anthrax coeruleopennis: Doleschall, 1857. Natuurkd. Tijdschr. Ned.-Indië 14: 400.
Exoprosopa chrysolampis: Jaennicke, 1867. Abh. Sencken. Naturforsch. Ges. 6: 344.
Ligyra fuscipennis: Yang, Yao *et* Cui, 2012. Bombyliidae of China: 159.
分布（Distribution）：海南（HI）；澳大利亚、不丹、柬埔寨、马来西亚、尼泊尔、婆罗洲、印度、印度尼西亚

（66）黄磷丽蜂虻 *Ligyra galbinus* Yang, Yao *et* Cui, 2012

Ligyra galbinus Yang, Yao *et* Cui, 2012. Bombyliidae of China: 160. **Type locality:** China (Hainan: Baisha).
分布（Distribution）：云南（YN）、广西（GX）、海南（HI）

（67）广东丽蜂虻 *Ligyra guangdonganus* Yang, Yao *et* Cui, 2012

Ligyra guangdonganus Yang, Yao *et* Cui, 2012. Bombyliidae of China: 162. **Type locality:** China (Guangdong: Haifeng, Longmen, Zhaoqing).
分布（Distribution）：广东（GD）

（68）不均丽蜂虻 *Ligyra incondita* Yang, Yao *et* Cui, 2012

Ligyra incondita Yang, Yao *et* Cui, 2012. Bombyliidae of China: 163. **Type locality:** China (Guangdong: Fengkai).
分布（Distribution）：广东（GD）

（69）侧翼丽蜂虻 *Ligyra latipennis* (Paramonov, 1931)

Hyperalonia orientalis var. *latipennis* Paramonov, 1931. Trudy Prir.-Teknichn. Vidd. Ukr. Akad. Nauk 10: 199. **Type locality:** China (Taiwan); Japan.
Ligyra latipennis: Yang, Yao *et* Cui, 2012. Bombyliidae of China: 165.
分布（Distribution）：江西（JX）、台湾（TW）；日本

（70）白毛丽蜂虻 *Ligyra leukon* Yang, Yao *et* Cui, 2012

Ligyra leukon Yang, Yao *et* Cui, 2012. Bombyliidae of China: 165. **Type locality:** China (Zhejiang: Jiangshan).
分布（Distribution）：浙江（ZJ）

（71）东方丽蜂虻 *Ligyra orientalis* Paramonov, 1931

Hyperalonia orientalis Paramonov, 1931. Trudy Prir.-Teknichn. Vidd. Ukr. Akad. Nauk 10: 198. **Type locality:** China (Taiwan).
分布（Distribution）：台湾（TW）；印度、菲律宾

（72）暗翅丽蜂虻 *Ligyra orphnus* Yang, Yao *et* Cui, 2012

Ligyra orphnus Yang, Yao *et* Cui, 2012. Bombyliidae of China: 167. **Type locality:** China (Fujian; Guangdong; Yunnan).

分布（Distribution）：福建（FJ）、广东（GD）

（73）萨陶丽蜂虻 *Ligyra satyrus* (Fabricius, 1775)

Bibio satyrus Fabricius, 1775. Systema entomologiae, sistens insectorvm classes, ordines, genera, species, adiectis synonymis, locis, descriptionibvs, observationibvs: 758. **Type locality:** Australia (Queensland).

Anthrax funesta: Walker, 1849. List of the specimens of dipterous insects in the collection of the British Museum: 242.

Exoprosopa insignis: Macquart, 1855. Mém. Soc. Sci. Agric. Lille. (2) 1: 93 (73).

Ligyra satyrus: Yang, Yao *et* Cui, 2012. Bombyliidae of China: 168.

分布（Distribution）：中国；澳大利亚、巴布亚新几内亚（俾斯麦群岛）、布干维尔岛、印度尼西亚

（74）半暗丽蜂虻 *Ligyra semialatus* Yang, Yao *et* Cui, 2012

Ligyra semialatus Yang, Yao *et* Cui, 2012. Bombyliidae of China: 169. **Type locality:** China (Guangdong: Fengkai; Hainan).

分布（Distribution）：广东（GD）、海南（HI）

（75）白木丽蜂虻 *Ligyra shirakii* (Paramonov, 1931)

Hyperalonia shirakii Paramonov, 1931. Trudy Prir.-Teknichn. Vidd. Ukr. Akad. Nauk 10: 199. **Type locality:** China (Taiwan).

Ligyra shirakii: Yang, Yao *et* Cui, 2012. Bombyliidae of China: 170.

分布（Distribution）：台湾（TW）

（76）亮尾丽蜂虻 *Ligyra similis* (Coquillett, 1898)

Hyperalonia similis Coquillett, 1898. Proc. U.S. Natl. Mus. 21 (1146): 318. **Type locality:** Japan.

Ligyra similis: Yang, Yao *et* Cui, 2012. Bombyliidae of China: 170.

分布（Distribution）：江苏（JS）、浙江（ZJ）；日本、韩国

（77）奇丽蜂虻 *Ligyra sphinx* (Fabricius, 1787)

Bibio sphinx Fabricius, 1787. Mantissa insectorvm sistens species nvper detectas adiectis characteribvs genericis, differentiis specificis, emendationibvs, observationibvs: 329. **Type locality:** India.

Anthrax imbuta: Walker, 1849. List of the specimens of dipterous insects in the collection of the British Museum: 242.

Ligyra sphinx: Yang, Yao *et* Cui, 2012. Bombyliidae of China: 172.

分布（Distribution）：海南（HI）；马来西亚、缅甸、斯里兰卡、泰国、印度

（78）坦塔罗斯丽蜂虻 *Ligyra tantalus* (Fabricius, 1794)

Anthrax tantalus Fabricius, 1794. Entomologia systematica emendata *et* aucta. Secundum classes, ordines, genera, species adjectis synonimis, locis, observationibus, descriptionibus: 260. **Type locality:** "Tranquebariae".

Hyperalonia hyx: Brunetti, 1909. Rec. Ind. Mus. 2: 439.

Ligyra tantalus: Yang, Yao *et* Cui, 2012. Bombyliidae of China: 172.

分布（Distribution）：陕西（SN）、福建（FJ）、台湾（TW）、广东（GD）、广西（GX）、海南（HI）；菲律宾、韩国、马来西亚、尼泊尔、日本、泰国、新加坡、印度

（79）带斑丽蜂虻 *Ligyra zibrinus* Yang, Yao *et* Cui, 2012

Ligyra zibrinus Yang, Yao *et* Cui, 2012. Bombyliidae of China: 174. **Type locality:** China (Beijing).

分布（Distribution）：北京（BJ）

（80）黑带丽蜂虻 *Ligyra zonatus* Yang, Yao *et* Cui, 2012

Ligyra zonatus Yang, Yao *et* Cui, 2012. Bombyliidae of China: 175. **Type locality:** China (Guangdong: Xinfeng).

分布（Distribution）：广东（GD）

9. 青岩蜂虻属 *Oestranthrax* Bezzi, 1921

Oestranthrax Bezzi, 1921. Ann. S. Afr. Mus. 18: 130, 172. **Type species:** *Anthrax obesa* Loew, 1863 (original designation).

Oestranthrax: Yang, Yao *et* Cui, 2012. Bombyliidae of China: 177.

（81）紫谜青岩蜂虻 *Oestranthrax zimini* Paramonov, 1934

Oestranthrax zimini Paramonov, 1934. Ark. Zool. 27A (26): 5. **Type locality:** Kyrgyz Republic.

Oestranthrax zimini Paramonov, 1933. Ark. Zool. 26A (4): 5; Yang, Yao *et* Cui, 2012. Bombyliidae of China: 177.

分布（Distribution）：内蒙古（NM）；吉尔吉斯斯坦、蒙古国、塔吉克斯坦、土库曼斯坦、乌兹别克斯坦

10. 越蜂虻属 *Petrorossia* Bezzi, 1908

Petrorossia Bezzi, 1908. Z. Syst. Hymen. Dipt. 8: 35. **Type species:** *Bibio hespera* Rossi, 1790 (original designation).

Petrorossia: Yang, Yao *et* Cui, 2012. Bombyliidae of China: 178.

（82）巍越蜂虻 *Petrorossia pyrgos* Yang, Yao *et* Cui, 2012

Petrorossia pyrgos Yang, Yao *et* Cui, 2012. Bombyliidae of China: 178. **Type locality:** China (Xinjiang: Turpan).

分布（Distribution）：新疆（XJ）

（83）红腹越蜂虻 *Petrorossia rufiventris* Zaitzev, 1966

Petrorossia rufiventris Zaitzev, 1966. Parasitic flies of the family Bombyliidae (Diptera) in the fauna of Transcaucasia: 223. **Type locality:** Tajikistan.

Petrorossia rufiventris: Yang, Yao *et* Cui, 2012. Bombyliidae of China: 180.

分布（Distribution）：中国；阿塞拜疆、格鲁吉亚、塔吉克斯坦、土库曼斯坦、乌兹别克斯坦、亚美尼亚、以色列

（84）锐越蜂虻 *Petrorossia salqamum* Yang, Yao *et* Cui, 2012

Petrorossia salqamum Yang, Yao *et* Cui, 2012. Bombyliidae of China: 180. **Type locality:** China (Henan: Neixiang; Guizhou: Danzhai).

分布（Distribution）：河南（HEN）、贵州（GZ）

（85）蓬越蜂虻 *Petrorossia sceliphronina* Séguy, 1935

Petrorossia sceliphronina Séguy, 1935. Notes Ent. Chin. 2 (9): 177. **Type locality:** China (Jiangxi).

Petrorossia sceliphronina: Yang, Yao *et* Cui, 2012. Bombyliidae of China: 182.

分布（Distribution）：上海（SH）、江西（JX）

（86）伞越蜂虻 *Petrorossia ventilo* Yang, Yao *et* Cui, 2012

Petrorossia ventilo Yang, Yao *et* Cui, 2012. Bombyliidae of China: 182. **Type locality:** China (Beijing: Haidian).

分布（Distribution）：河北（HEB）、北京（BJ）、青海（QH）、广西（GX）

11. 麟蜂虻属 *Pterobates* Bezzi, 1921

Pterobates Bezzi, 1921. Ann. S. Afr. Mus. 18: 130 (as subgenus of *Exoprosopa* Macquart). **Type species:** *Anthrax apicalis* Wiedemann, 1821 (monotypy).

Pterobates: Yang, Yao *et* Cui, 2012. Bombyliidae of China: 184.

（87）幽麟蜂虻 *Pterobates pennipes* (Wiedemann, 1821)

Anthrax pennipes Wiedemann, 1821. Diptera Exotica [Ed. 1] Sectio II: 129. **Type locality:** Indonesia (Java).

Pterobates pennipes: Yang, Yao *et* Cui, 2012. Bombyliidae of China: 184.

分布（Distribution）：福建（FJ）、广东（GD）、广西（GX）、香港（HK）、澳门（MC）；菲律宾、马来西亚、印度、印度尼西亚

12. 楔鳞蜂虻属 *Spogostylum* Macquart, 1840

Spogostylum Macquart, 1840. Diptères exotiques nouveaux ou peu connus: 53. **Type species:** *Spogostylum mystaceum* Macquart, 1840 (monotypy).

Spogostylum Agassiz, 1846. Nomenclatoris zoologici index universalis, continens nomina systematica classium, ordinum, familiarum *et* generum animalium omnium, tam viventium quam fossilium, secundum ordinem alphabeticum unicum disposita, adjectis homonymiis plantarum, nec non variis adnotationibus *et* emendationibus: 349 (unjustified emendation of *Spogostylum* Macquart, 1840). **Type species:** *Spogostylum mystaceum* Macquart, 1840, automatic.

Argyromoeba Schiner, 1860. Wien. Entomol. Monatschr. 4: 51. **Type species:** *Anthrax tripunctatus* Wiedemann, 1820, by designation of Coquillett.

Argyromoeba Loew, 1869. Beschreibungen europäischer Dipteren. Von Johann Wilhelm Meigen. Erster Band. Systematische Beschreibung der bekannten europaischen zweifliigeligen Insecten. Achter Theil oder zweiter Supplementband: 228. **Type species:** *Anthrax tripunctatus* Wiedemann, 1820, automatic.

Anthracamoeba Sack, 1909. Abh. Senckenb. Naturforsch. Ges. 30: 515. **Type species:** *Anthracamoeba obscura* Sack, 1909 (original designation).

Chrysamoeba Sack, 1909. Abh. Senckenb. Naturforsch. Ges. 30: 516. **Type species:** *Chrysamoeba vulpina* Sack, 1909 (original designation).

Molybdamoeba Sack, 1909. Abh. Senckenb. Naturforsch. Ges. 30: 510, 519. **Type species:** *Anthrax tripunctatus* Wiedemann, 1820 (original designation).

Psamatamoeba Sack, 1909. Abh. Senckenb. Naturforsch. Ges. 30: 536. **Type species:** *Anthrax isis* Meigen, 1820 (original designation).

Coniomastix Enderlein, 1934. Dtsch. Ent. Z. 1933: 140. **Type species:** *Coniomastix montana* Enderlein, 1934 (original designation).

Aureomoeba Evenhuis, 1978. Ent. News 89: 247 (new replacement name for *Chrysamoeba* Sack, 1909). **Type species:** *Chrysamoeba vulpina* Sack, 1909, automatic.

Spogostylum: Yang, Yao *et* Cui, 2012. Bombyliidae of China: 186.

（88）阿拉善楔鳞蜂虻 *Spogostylum alashanicum* Paramonov, 1957

Spogostylum alashanicum Paramonov, 1957. Eos 33: 137. **Type locality:** China (Inner Mongolia).

Spogostylum alashanicum: Yang, Yao *et* Cui, 2012. Bombyliidae of China: 187.

分布（Distribution）：内蒙古（NM）

（89）白毛楔鳞蜂虻 *Spogostylum kozlovi* Paramonov, 1957

Spogostylum kozlovi Paramonov, 1957. Eos 33: 130. **Type locality:** China (Inner Mongolia).

Spogostylum kozlovi: Yang, Yao *et* Cui, 2012. Bombyliidae of China: 187.

分布（Distribution）：内蒙古（NM）；蒙古国

13. 陶岩蜂虻属 *Thyridanthrax* Osten Sacken, 1886

Thyridanthrax Osten Sacken, 1886. Biologia Centrali-Americana: 113 (as subgenus of *Anthrax* Scopoli), 123. **Type species:** *Anthrax selene* Osten Sacken, 1886 (subsequent designation).
Thyridanthrax: Yang, Yao *et* Cui, 2012. Bombyliidae of China: 188.

（90）窗陶岩蜂虻 *Thyridanthrax fenestratus* (Fallén, 1814)

Anthrax fenestrata Fallén, 1814. Anthracides Sveciae. Quorum descriptionem Cons. Ampl. Fac. Phil. Lund. In Lyceo Carolino d. XXI Maji MDCCCXIV. 8. **Type locality:** Sweden.
Anthrax variegata: Pallas *in*Wiedemann, 1818. Zool. Mag. 1 (2): 12.
Anthrax ornatus: Hoffmansegg *in* Wiedemann, 1818. Zool. Mag. 1 (2): 13; Curtis, 1824. British entomology; being illustrations and descriptions of the genera of insects found in Great Britain and Ireland: containing coloured figures from nature of the most rare and beautiful species, and in many instances of the plants upon which they are found. p. 9.
Anthrax nigrita var. *italica*: Walker, 1849. List of the specimens of dipterous insects in the collection of the British Museum: 255.
Hemipenthes fenestratus var. *montana*: Paramonov, 1927. Encycl. Ent. B (II) 3: 175.
Thyridanthrax fenestratus: Yang, Yao *et* Cui, 2012. Bombyliidae of China: 188.
分布（Distribution）：内蒙古（NM）、北京（BJ）；阿尔巴尼亚、阿尔及利亚、亚美尼亚、奥地利、阿塞拜疆、白俄罗斯、比利时、波黑、保加利亚、克罗地亚、捷克、丹麦、埃及、爱沙尼亚、芬兰、法国、德国、希腊、格鲁吉亚、匈牙利、伊朗、意大利、哈萨克斯坦、吉尔吉斯斯坦、拉脱维亚、利比亚、立陶宛、卢森堡、马其顿、摩尔多瓦、蒙古国、摩洛哥、荷兰、挪威、波兰、葡萄牙、罗马尼亚、俄罗斯、斯洛伐克、斯洛文尼亚、西班牙、瑞典、瑞士、塔吉克斯坦、土耳其、土库曼斯坦、乌克兰、英国、乌兹别克斯坦、前南斯拉夫

（91）考氏陶岩蜂虻 *Thyridanthrax kozlovi* Zaitzev, 1976

Thyridanthrax kozlovi Zaitzev, 1976. Zool. Zh. 55: 619. **Type locality:** Mongolia.
Thyridanthrax kozlovi: Yang, Yao *et* Cui, 2012. Bombyliidae of China: 189.
分布（Distribution）：内蒙古（NM）；蒙古国

（92）宅陶岩蜂虻 *Thyridanthrax svenhedini* Paramonov, 1933

Thyridanthrax svenhedini Paramonov, 1933. Ark. Zool. 26A (4): 4. **Type locality:** China (Inner Mongolia).
Thyridanthrax svenhedini: Yang, Yao *et* Cui, 2012. Bombyliidae of China: 189.
分布（Distribution）：内蒙古（NM）

14. 绒蜂虻属 *Villa* Lioy, 1864

Villa Lioy, 1864. Atti R. Ist. Veneto Sci. Lett. Art. (3) 9: 732. **Type species:** *Anthrax concinna* Meigen, 1820 (subsequent designation).
Hyalanthrax Osten Sacken, 1886b. Biologia Centrali-Americana: 112 (as subgenus of *Anthrax* Scopoli). **Type species:** *Anthrax faustina* Osten Sacken, 1887 (subsequent designation).
Villa: Yang, Yao *et* Cui, 2012. Bombyliidae of China: 190.

（93）斑翅绒蜂虻 *Villa aquila* Yao, Yang *et* Evenhuis, 2009

Villa aquila Yao, Yang *et* Evenhuis, 2009. Zootaxa 2055: 51. **Type locality:** China (Ningxia: Longde).
Villa aquila: Yang, Yao *et* Cui, 2012. Bombyliidae of China: 192.
分布（Distribution）：河北（HEB）、北京（BJ）、宁夏（NX）、云南（YN）

（94）皎鳞绒蜂虻 *Villa aspros* Yao, Yang *et* Evenhuis, 2009

Villa aspros Yao, Yang *et* Evenhuis, 2009. Zootaxa 2055: 53. **Type locality:** China (Henan: Jiyuan; Beijing: Mentougou).
Villa aspros: Yang, Yao *et* Cui, 2012. Bombyliidae of China: 193.
分布（Distribution）：北京（BJ）、河南（HEN）

（95）金毛绒蜂虻 *Villa aurepilosa* Du *et* Yang, 1990

Villa aurepilosa Du *et* Yang, 1990. Entomotaxon. 12: 285. **Type locality:** China (Liaoning).
Villa aurepilosa: Yang, Yao *et* Cui, 2012. Bombyliidae of China: 195.
分布（Distribution）：辽宁（LN）、内蒙古（NM）

（96）明亮绒蜂虻 *Villa bryht* Yang, Yao *et* Cui, 2012

Villa bryht Yang, Yao *et* Cui, 2012. Bombyliidae of China: 196. **Type locality:** China (Taiwan: Nantou).
分布（Distribution）：台湾（TW）

（97）白毛绒蜂虻 *Villa cerussata* Yang, Yao *et* Cui, 2012

Villa cerussata Yang, Yao *et* Cui, 2012. Bombyliidae of China: 198. **Type locality:** China (Inner Mongolia: Alxa Zuoqi).
分布（Distribution）：内蒙古（NM）

（98）有带绒蜂虻 *Villa cingulata* (Meigen, 1804)

Anthrax cingulata Meigen, 1804. Klassifikazion und

Beschreibung der europäischen zweiflügligen Insekten (Diptera Linn.): 199. **Type locality:** Not given [= France, Germany, or Italy].

Villa cingulata: Yang, Yao *et* Cui, 2012. Bombyliidae of China: 199.

分布（Distribution）：辽宁（LN）、北京（BJ）、宁夏（NX）；阿尔巴尼亚、阿富汗、阿塞拜疆、奥地利、比利时、波兰、波黑、德国、俄罗斯、法国、芬兰、格鲁吉亚、荷兰、捷克、克罗地亚、卢森堡、罗马尼亚、马其顿、摩尔多瓦、前南斯拉夫、葡萄牙、瑞典、瑞士、斯洛伐克、斯洛文尼亚、乌克兰、西班牙、希腊、匈牙利、亚美尼亚、伊朗、意大利、英国

（99）条纹绒蜂虻 *Villa fasciata* (Meigen, 1804)

Anthrax fasciata Meigen, 1804. Klassifikazion und Beschreibung der europäischen zweiflügligen Insekten (Diptera Linn.): 200. **Type locality:** France.

Anthrax circumdata: Meigen, 1820. Systematische Beschreibung der bekannten europäischen zweiflügeligen Insekten: 143 (unjustified new replacement name for *Anthrax fasciata* Meigen, 1804).

Anthrax venusta: Meigen, 1820. Systematische Beschreibung der bekannten europäischen zweiflügeligen Insekten: 145.

Anthrax margaritifer: Dufour, 1833. Ann. Sci. Nat. 30: 214.

Anthrax dolosa: Jaennicke, 1867. Berl. Ent. Z. 11: 65.

Anthrax stoechades: Jaennicke, 1867. Berl. Ent. Z. 11: 66.

Anthrax turbidus: Loew, 1869. Beschreibungen europäischer Dipteren. Von Johann Wilhelm Meigen. Erster Band. Systematische Beschreibung der bekannten europaischen zweifliigeligen Insecten. Achter Theil oder zweiter Supplementband: 176.

Anthrax circumdata var. *alisprorsushyalinus*: Strobl *in* Czerny *et* Strobl, 1909. Verh. Zool.-Bot. Ges. Wien. 59: 146.

Anthrax circumdata var. *fulvimaculatus*: Santos Abreu, 1926. Mem. R. Acad. Cienc. Artes, Barcelona (3) 20: 51 (11).

Villa circumdata algeciras: Strobl *in* Hull, 1973. Bull. U.S. Natl. Mus. 286: 373.

Villa fasciata: Yang, Yao *et* Cui, 2012. Bombyliidae of China: 201.

分布（Distribution）：河北（HEB）、四川（SC）；阿尔及利亚、阿塞拜疆、埃及、奥地利、保加利亚、比利时、波兰、波黑、丹麦、俄罗斯、法国、芬兰、格鲁吉亚、哈萨克斯坦、加那利群岛、捷克、克罗地亚、利比亚、罗马尼亚、马其顿、蒙古国、摩尔多瓦、摩洛哥、前南斯拉夫、瑞典、瑞士、斯洛伐克、斯洛文尼亚、塔吉克斯坦、突尼斯、土耳其、土库曼斯坦、乌克兰、西班牙、希腊、匈牙利、叙利亚、亚美尼亚、伊朗、意大利、英国

（100）黄胸绒蜂虻 *Villa flavida* Yao, Yang *et* Evenhuis, 2009

Villa flavida Yao, Yang *et* Evenhuis, 2009. Zootaxa 2055: 56. **Type locality:** China (Beijing: Mentougou; Hebei: Zhuolu).

Villa flavida: Yang, Yao *et* Cui, 2012. Bombyliidae of China: 203.

分布（Distribution）：河北（HEB）、北京（BJ）

（101）叉状绒蜂虻 *Villa furcata* Du *et* Yang, 2009

Villa furcata Du *et* Yang *in* Yang, 2009. Fauna of Hebei: Diptera: 321. **Type locality:** China (Beijing; Shaanxi).

Villa furcata: Yang, Yao *et* Cui, 2012. Bombyliidae of China: 205.

分布（Distribution）：北京（BJ）、陕西（SN）

（102）黄背绒蜂虻 *Villa hottentotta* Linnaeus, 1758

Musca hottentotta Linnaeus, 1758. Systema naturae per regna tria naturae, secundum classes, ordines, genera, species, cum caracteribus, differentiis, synonymis, locis. 590. **Type locality:** "Europa" [probably = Sweden].

Nemotelvs primvs: Schaeffer, 1766. Icones insectorvm circa Ratisbonam indigenorvm coloribvs natvram referentibvs expressae. Natürlich ausgemahlte Abbildungen regensburgischer Insecten: pl. 12, fig. 10.

Nemotelvs secvndvs: Schaeffer, 1766. Icones insectorvm circa Ratisbonam indigenorvm coloribvs natvram referentibvs expressae. Natürlich ausgemahlte Abbildungen regensburgischer Insecten: pl. 12, fig. 11.

Nemotelvs tertivs: Schaeffer, 1766. Icones insectorvm circa Ratisbonam indigenorvm coloribvs natvram referentibvs expressae. Natürlich ausgemahlte Abbildungen regensburgischer Insecten: pl. 12, fig. 12.

Anthrax flava: Hoffmansegg *in* Wiedemann, 1818a. Zool. Mag. 1 (2): 14; Meigen, 1820. Systematische Beschreibung der bekannten europäischen zweiflügeligen Insekten. p. 143.

Villa suprema: Becker, 1916. Ann. Hist.-Nat. Mus. Natl. Hung. 14: 40.

Villa hottentota var. *pamirica*: Belanovsky, 1950. Nauk. Zap. Kiev 9 (6): 138.

Villa furcata: Yang, Yao *et* Cui, 2012. Bombyliidae of China: 206.

分布（Distribution）：中国；阿尔巴尼亚、阿尔及利亚、阿富汗、阿塞拜疆、爱尔兰、爱沙尼亚、安道尔、奥地利、白俄罗斯、保加利亚、比利时、波兰、波黑、丹麦、德国、俄罗斯、法国、芬兰、格鲁吉亚、荷兰、吉尔吉斯斯坦、捷克、克罗地亚、拉脱维亚、立陶宛、卢森堡、罗马尼亚、马尔他、马其顿、蒙古国、摩尔多瓦、摩洛哥、前南斯拉夫、挪威、葡萄牙、瑞典、瑞士、斯洛伐克、斯洛文尼亚、塔吉克斯坦、突尼斯、土耳其、土库曼斯坦、乌克兰、乌兹别克斯坦、西班牙、希腊、匈牙利、亚美尼亚、意大利、英国

（103）蜂鸟绒蜂虻 *Villa lepidopyga* Evenhuis *et* Arakaki, 1980

Villa lepidopyga Evenhuis *et* Arakaki, 1980. Pac. Ins. 21: 313.

Type locality: Philippines.
Villa lepidopyga: Yang, Yao *et* Cui, 2012. Bombyliidae of China: 208.
分布（Distribution）：福建（FJ）；菲律宾

（104）红卫绒蜂虻 *Villa obtusa* Yao, Yang *et* Evenhuis, 2009

Villa obtusa Yao, Yang *et* Evenhuis, 2009. Zootaxa 2055: 57. **Type locality:** China (Xizang: Chayu).
Villa obtusa: Yang, Yao *et* Cui, 2012. Bombyliidae of China: 209.
分布（Distribution）：西藏（XZ）

（105）卵形绒蜂虻 *Villa ovata* (Loew, 1869)

Anthrax ovatus Loew, 1869. Beschreibungen europäischer Dipteren. Von Johann Wilhelm Meigen. Erster Band. Systematische Beschreibung der bekannten europaischen zweifliigeligen Insecten. Achter Theil oder zweiter Supplementband: 196. **Type locality:** Russia (FE).
Villa ovatus: Yang, Yao *et* Cui, 2012. Bombyliidae of China: 211.
分布（Distribution）：中国；蒙古国、俄罗斯

（106）巴兹绒蜂虻 *Villa panisca* (Rossi, 1790)

Bibio panisca Rossi, 1790. Fauna Etrusca sistens insecta quae in provinciis Florentinâ *et* Pisanâ praesertim collegit: 276. **Type locality:** Italy.
Anthrax cingulata: Meigen, 1820. Systematische Beschreibung der bekannten europäischen zweiflügeligen Insekten: 145.
Anthrax bimaculata: Macquart, 1834. Histoire naturelle des insectes. Diptères. Ouvrage accompagné de planches: 403.
Villa panisca: Yang, Yao *et* Cui, 2012. Bombyliidae of China: 211.
分布（Distribution）：新疆（XJ）；阿尔巴尼亚、阿塞拜疆、爱沙尼亚、奥地利、白俄罗斯、保加利亚、比利时、波兰、波黑、丹麦、德国、俄罗斯、法国、芬兰、格鲁吉亚、荷兰、捷克、克罗地亚、拉脱维亚、立陶宛、卢森堡、罗马尼亚、马耳他、马其顿、蒙古国、摩尔多瓦、前南斯拉夫、挪威、葡萄牙、瑞典、瑞士、斯洛伐克、斯洛文尼亚、土耳其、乌克兰、西班牙、希腊、匈牙利、亚美尼亚、意大利、印度

（107）赤缘绒蜂虻 *Villa rufula* Yang, Yao *et* Cui, 2012

Villa rufula Yang, Yao *et* Cui, 2012. Bombyliidae of China: 212. **Type locality:** China (Inner Mongolia: Alxa Youqi).
分布（Distribution）：内蒙古（NM）

（108）黄磷绒蜂虻 *Villa sulfurea* Yang, Yao *et* Cui, 2012

Villa sulfurea Yang, Yao *et* Cui, 2012. Bombyliidae of China: 214. **Type locality:** China (Tibet: Shigatse).
分布（Distribution）：西藏（XZ）

（109）新疆绒蜂虻 *Villa xinjiangana* Du, Yang, Yao *et* Yang, 2008

Villa xinjiangana Du, Yang, Yao *et* Yang, 2008. Classification and Distribution of Insects in China: 17. **Type locality:** China (Xinjiang).
Villa xinjiangana: Yang, Yao *et* Cui, 2012. Bombyliidae of China: 215.
分布（Distribution）：新疆（XJ）

蜂虻亚科 Bombyliinae

Bombyliinae Latreille, 1802. Histoire naturelle, générale *et* particulière, des crustacés *et* des insectes. Tome troisième. Familles naturelles des genres. Ouvrage faisant suite à l'histoire naturelle générale *et* particulière, composée par Leclerc de Buffon, *et* rédigée par C.S. Sonnini, membre de plusieurs sociétés savantes: 427. **Type genus:** *Bombylius* Linnaeus, 1758.
Conophorinae Becker, 1913. Ezheg. Zool. Muz. 17: 479. **Type genus:** *Conophorus* Meigen, 1803.
Ecliminae Hall, 1969. Univ. Calif. Publ. Entomol. 56: 5. **Type genus:** *Eclimus* Loew, 1844.
Bombyliinae: Yang, Yao *et* Cui, 2012. Bombyliidae of China: 217.

15. 雏蜂虻属 *Anastoechus* Osten Sacken, 1877

Anastoechus Osten Sacken, 1877. Bull. U.S. Geol. Geogr. Surv. Terr. 3: 251. **Type species:** *Anastoechus barbatus* Osten Sacken, 1877 (monotypy).
Anastoechus: Yang, Yao *et* Cui, 2012. Bombyliidae of China: 219.

（110）阔雏蜂虻 *Anastoechus asiaticus* Becker, 1916

Anastoechus asiaticus Becker, 1916. Ann. Hist.-Nat. Mus. Natl. Hung. 14: 55. **Type locality:** Kyrgyz Republic, Russia (W. S.).
Anastoechus villosus: Paramonov, 1930. Trudy Fiz.-Mat. Vidd. Ukr. Akad. Nauk. 15 (3): 475 (125).
Anastoechus asiaticus var. *albulus*: Paramonov, 1940. Fauna S. S. S. R. 9 (2): 264, 401.
Anastoechus asiaticus: Yang, Yao *et* Cui, 2012. Bombyliidae of China: 220.
分布（Distribution）：内蒙古（NM）、河北（HEB）、天津（TJ）、北京（BJ）、陕西（SN）、甘肃（GS）、青海（QH）；哈萨克斯坦、吉尔吉斯斯坦、蒙古国、俄罗斯、乌兹别克斯坦

（111）金毛雏蜂虻 *Anastoechus aurecrinitus* Du *et* Yang, 1990

Anastoechus aurecrinitus Du *et* Yang, 1990. Entomotaxon. 12: 283. **Type locality:** China (Inner Mongolia).

Anastoechus aurecrinitus: Yang, Yao *et* Cui, 2012. Bombyliidae of China: 223.

分布（Distribution）：内蒙古（NM）、北京（BJ）、青海（QH）

（112）白缘雏蜂虻 *Anastoechus candidus* Yao, Yang *et* Evenhuis, 2010

Anastoechus candidus Yao, Yang *et* Evenhuis, 2010. Zootaxa 2453: 5. **Type locality:** China (Qinghai: Wulan).

Anastoechus candidus: Yang, Yao *et* Cui, 2012. Bombyliidae of China: 225.

分布（Distribution）：青海（QH）

（113）茶长雏蜂虻 *Anastoechus chakanus* Du, Yang, Yao *et* Yang, 2008

Anastoechus chakanus Du, Yang, Yao *et* Yang, 2008. Classification and Distribution of Insects in China: 15. **Type locality:** China (Qinghai).

Anastoechus chakanus: Yang, Yao *et* Cui, 2012. Bombyliidae of China: 226.

分布（Distribution）：青海（QH）

（114）中华雏蜂虻 *Anastoechus chinensis* Paramonov, 1930

Anastoechus chinensis Paramonov, 1930. Trudy Fiz.-Mat. Vidd. Ukr. Akad. Nauk. 15 (3): 445 (95). **Type locality:** China (Beijing).

Anastoechus chinensis: Yang, Yao *et* Cui, 2012. Bombyliidae of China: 228.

分布（Distribution）：内蒙古（NM）、河北（HEB）、天津（TJ）、北京（BJ）、山东（SD）、青海（QH）、新疆（XJ）、江西（JX）；蒙古国

（115）都兰雏蜂虻 *Anastoechus doulananus* Du, Yang, Yao *et* Yang, 2008

Anastoechus doulananus Du, Yang, Yao *et* Yang, 2008. Classification and Distribution of Insects in China: 16. **Type locality:** China (Qinghai).

Anastoechus doulananus: Yang, Yao *et* Cui, 2012. Bombyliidae of China: 230.

分布（Distribution）：青海（QH）

（116）赤盾雏蜂虻 *Anastoechus fulvus* Yao, Yang *et* Evenhuis, 2010

Anastoechus fulvus Yao, Yang *et* Evenhuis, 2010. Zootaxa 2453: 8. **Type locality:** China (Inner Mongolia: Azuoqi).

Anastoechus fulvus: Yang, Yao *et* Cui, 2012. Bombyliidae of China: 230.

分布（Distribution）：内蒙古（NM）、山东（SD）

（117）洁雏蜂虻 *Anastoechus lacteus* Yang, Yao *et* Cui, 2012

Anastoechus lacteus Yang, Yao *et* Cui, 2012. Bombyliidae of China: 233. **Type locality:** China (Xinjiang: Tacheng).

分布（Distribution）：新疆（XJ）

（118）内蒙雏蜂虻 *Anastoechus neimongolanus* Du *et* Yang, 1990

Anastoechus neimongolanus Du *et* Yang, 1990. Entomotaxon. 12: 284. **Type locality:** China (Inner Mongolia).

Anastoechus neimongolanus: Yang, Yao *et* Cui, 2012. Bombyliidae of China: 234.

分布（Distribution）：内蒙古（NM）

（119）巢雏蜂虻 *Anastoechus nitidulus* (Fabricius, 1794)

Bombylius nitidulus Fabricius, 1794. Entomologia systematica emendata *et* aucta. Secundum classes, ordines, genera, species adjectis synonimis, locis, observationibus, descriptionibus: 409. **Type locality:** “Germaniae”.

Bombylius caudatus: Meigen, 1804. Klassifikazion und Beschreibung der europäischen zweiflügligen Insekten (Diptera Linn.): 184.

Bombylius diadema: Meigen, 1804. Klassifikazion und Beschreibung der europäischen zweiflügligen Insekten (Diptera Linn.): 182.

Bombylius cephalotes: Walker, 1849. List of the specimens of dipterous insects in the collection of the British Museum: 287.

Anastoechus olivaceus: Paramonov, 1930. Trudy Fiz.-Mat. Vidd. Ukr. Akad. Nauk. 15 (3): 460 (110).

Anastoechus olivaceus var. *corsikanus*: Paramonov, 1930. Trudy Fiz.-Mat. Vidd. Ukr. Akad. Nauk. 15 (3): 460 (110).

Anastoechus olivaceus var. *corsicanus*: Zaitzev, 1989. Catalogue of Palaearctic Diptera: 82.

Anastoechus nitidulus: Yang, Yao *et* Cui, 2012. Bombyliidae of China: 236.

分布（Distribution）：江西（JX）；阿富汗、奥地利、比利时、波黑、保加利亚、克罗地亚、法国、德国、希腊、匈牙利、伊朗、意大利、日本、哈萨克斯坦、吉尔吉斯斯坦、马其顿、蒙古国、葡萄牙、罗马尼亚、俄罗斯、斯洛文尼亚、西班牙、斯洛伐克、土耳其

（120）塔茎雏蜂虻 *Anastoechus turriformis* Yao, Yang *et* Evenhuis, 2010

Anastoechus turriformis Yao, Yang *et* Evenhuis, 2010. Zootaxa 2453: 9. **Type locality:** China (Inner Mongolia: Taibus).

Anastoechus turriformis: Yang, Yao *et* Cui, 2012. Bombyliidae of China: 237.

分布（Distribution）：内蒙古（NM）、北京（BJ）

（121）黄鬃雏蜂虻 *Anastoechus xuthus* Yao, Yang *et* Evenhuis, 2010

Anastoechus xuthus Yao, Yang *et* Evenhuis, 2010. Zootaxa 2453: 10. **Type locality:** China (Shaanxi: Ganquan).
Anastoechus xuthus: Yang, Yao *et* Cui, 2012. Bombyliidae of China: 239.
分布（Distribution）：陕西（SN）

16. 禅蜂虻属 *Bombomyia* Greathead, 1995

Bombomyia Greathead, 1995. Ent. Scand. 26: 56. **Type species:** *Bombylius discoideus* Fabricius, 1794 (original designation).
Bombomyia: Yang, Yao *et* Cui, 2012. Bombyliidae of China: 240.

（122）盘禅蜂虻 *Bombomyia discoidea* (Fabricius, 1794)

Bombylius analis Fabricius, 1794. Entomologia systematica emendata *et* aucta. Secundum classes, ordines, genera, species adjectis synonimis, locis, observationibus, descriptionibus: 408. **Type locality:** South Africa.
Bombylius discoideus: Fabricius, 1794. Entomologia systematica emendata *et* aucta. Secundum classes, ordines, genera, species adjectis synonimis, locis, observationibus, descriptionibus. p. 409; Yang, Yao *et* Cui, 2012. Bombyliidae of China: 240.
Tabanus charopus: Lichtenstein, 1796. Catalogus musei zoologici ditissimi Hamburgi, d III. februar 1796. Auctionis lege distrahendi. Sectio tertia continens Insecta. Verzeichniss von höchstseltenen, aus allen Welttheilen mit vieler Mühe und Kosten zusammen gebrachten, auch aus unterschiedlichen Cabinettern, Sammlungen und Auctionen ausgehobenen Naturalien welche von einem Liebhaber, als Mitglied der batavischen und verschiedener anderer naturforschenden Gesellschaften gesammelt worden. Dritter Abschnitt, bestehend in wohlerhaltenen, mehrentheils ausländischen und höchstseltenen Insecten, die Theils einzeln, Theils mehrere zusammen in Schachteln festgesteckt sind, und welche am Mittewochen, den 3ten Februar 1796 und den folgenden Tagen auf dem Eimbeckschen Hause öffentlich verkauft werden sollen durch dem Mackler Peter Heinrich Packischefskyp: 214.
Bombylius thoracicus: Fabricius, 1805. Systema antliatorum secundum ordines, genera, species adiecta synonymis, locis, observationibus, descriptionibus: 130.
Tanyglossa analis: Thunberg, 1827. Nova Acta R. Soc. Sci. Upsala 9: 68.
Bombylius discoideus var. *trichromus*: Paramonov, 1955. Proc. R. Entomol. Soc. Lond. (B) 24: 161.
分布（Distribution）：新疆（XJ）；博茨瓦纳、布隆迪、乍得、刚果（布）、厄立特里亚、埃塞俄比亚、冈比亚、加纳、肯尼亚、马拉维、马里、莫桑比克、纳米比亚、尼日尔、尼日利亚、塞内加尔、南非、斯威士兰、坦桑尼亚、多哥、乌干达、也门、赞比亚、津巴布韦、阿尔及利亚、亚美尼亚、奥地利、阿塞拜疆、塞浦路斯、埃及、法国、希腊、格鲁吉亚、匈牙利、伊朗、以色列、意大利、哈萨克斯坦、吉尔吉斯斯坦、黎巴嫩、摩尔多瓦、蒙古国、摩洛哥、阿曼、俄罗斯、西班牙、叙利亚、塔吉克斯坦、突尼斯、土耳其、土库曼斯坦、乌克兰、乌兹别克斯坦

17. 白斑蜂虻属 *Bombylella* Greathead, 1995

Bombylella Greathead, 1995. Ent. Scand. 26: 56. **Type species:** *Bombylius ornatus* Wiedemann, 1828 (original designation).
Bombylella: Yang, Yao *et* Cui, 2012. Bombyliidae of China: 242.

（123）朝鲜白斑蜂虻 *Bombylella koreanus* (Paramonov, 1926)

Bombylius koreanus Paramonov, 1926. Trudy Fiz.-Mat. Vidd. Ukr. Akad. Nauk. 3 (5): 122 (48). **Type locality:** Korea.
Bombylella koreanus: Yang, Yao *et* Cui, 2012. Bombyliidae of China: 242.
分布（Distribution）：北京（BJ）、江苏（JS）、四川（SC）；韩国、俄罗斯（远东地区）

（124）黛白斑蜂虻 *Bombylella nubilosa* Yang, Yao *et* Cui, 2012

Bombylella nubilosa Yang, Yao *et* Cui, 2012. Bombyliidae of China: 243. **Type locality:** China (Beijing: Mentougou).
分布（Distribution）：辽宁（LN）、北京（BJ）、山东（SD）、陕西（SN）、宁夏（NX）

18. 蜂虻属 *Bombylius* Linnaeus, 1758

Bombylius Linnaeus, 1758. Systema naturae per regna tria naturae, secundum classes, ordines, genera, species, cum caracteribus, differentiis, synonymis, locis. p. 606. **Type species:** *Bombylius major* Linnaeus, 1758 (subsequent designation).
Bombylius: Yang, Yao *et* Cui, 2012. Bombyliidae of China: 245.

（125）庵埠蜂虻 *Bombylius ambustus* Pallas *et* Wiedemann, 1818

Bombylius ambustus Pallas *et* Wiedemann *in* Wiedemann, 1818. Zool. Mag. 1 (2): 21. **Type locality:** Kazakhstan.
Bombylius dispar: Meigen, 1820. Systematische Beschreibung der bekannten europäischen zweiflügeligen Insekten: 196.
Bombylius senex: Rondani, 1863. Diptera exotica revisa *et* annotata novis nonnullis descriptis: 69 [1864: 69].
Bombylius ambustus: Yang, Yao *et* Cui, 2012. Bombyliidae of China: 246.
分布（Distribution）：内蒙古（NM）、北京（BJ）、陕西（SN）；

阿尔巴尼亚、亚美尼亚、奥地利、阿塞拜疆、白俄罗斯、克罗地亚、捷克、爱沙尼亚、法国、德国、希腊、格鲁吉亚、匈牙利、意大利、哈萨克斯坦、吉尔吉斯斯坦、拉脱维亚、立陶宛、摩尔多瓦、蒙古国、波兰、俄罗斯、斯洛伐克、西班牙、瑞士、塔吉克斯坦、土耳其、土库曼斯坦、乌克兰、乌兹别克斯坦

（126）岔蜂虻 *Bombylius analis* Olivier, 1789

Bombylius analis Olivier, 1789. Encyclopédie methodique. Histoire naturelle: 327. **Type locality:** France.
Bombylius undatus: Mikan, 1796. Monographia Bombyliorum Bohemiae iconibus illustrata: 38.
Bombylius analis: Yang, Yao *et* Cui, 2012. Bombyliidae of China: 247.

分布（Distribution）：四川（SC）、云南（YN）；阿富汗、阿尔及利亚、亚美尼亚、奥地利、阿塞拜疆、白俄罗斯、塞浦路斯、捷克、埃及、爱沙尼亚、法国、德国、匈牙利、伊朗、意大利、吉尔吉斯斯坦、拉脱维亚、利比亚、立陶宛、摩尔多瓦、摩洛哥、波兰、葡萄牙、俄罗斯、斯洛伐克、西班牙、瑞士、塔吉克斯坦、土耳其、土库曼斯坦、乌克兰、乌兹别克斯坦

（127）丽纹蜂虻 *Bombylius callopterus* Loew, 1855

Bombylius callopterus Loew, 1855. Progr. K. Realschule Meseritz 1855: 11. **Type locality:** Russia (ES or WS).
Bombylius callopterus var. *umbripennis*: Paramonov, 1926. Trudy Fiz.-Mat. Vidd. Ukr. Akad. Nauk. 3 (5): 108 (34).
Bombylius callopterus: Yang, Yao *et* Cui, 2012. Bombyliidae of China: 249.

分布（Distribution）：内蒙古（NM）；伊朗、吉尔吉斯斯坦、蒙古国、俄罗斯、西班牙、塔吉克斯坦、土库曼斯坦、乌兹别克斯坦

（128）亮白蜂虻 *Bombylius candidus* Loew, 1855

Bombylius candidus Loew, 1855. Progr. K. Realschule Meseritz 1855: 34. **Type locality:** Iran.
Bombylius candidus: Yang, Yao *et* Cui, 2012. Bombyliidae of China: 249.

分布（Distribution）：上海（SH）、浙江（ZJ）；阿富汗、亚美尼亚、阿塞拜疆、德国、格鲁吉亚、伊朗、以色列、摩尔多瓦、俄罗斯、叙利亚、土耳其、乌克兰

（129）中华蜂虻 *Bombylius chinensis* Paramonov, 1931

Bombylius chinensis Paramonov, 1931b. Trudy Prir.-Teknichn. Vidd. Ukr. Akad. Nauk 10: 76 (76). **Type locality:** China (Shandong).
Bombylius chinensis: Yang, Yao *et* Cui, 2012. Bombyliidae of China: 251.

分布（Distribution）：辽宁（LN）、内蒙古（NM）、北京（BJ）、山东（SD）、陕西（SN）、青海（QH）、四川（SC）、西藏（XZ）

（130）沙枣蜂虻 *Bombylius cinerarius* Pallas *et* Wiedemann, 1818

Bombylius cinerarius Pallas *et* Wiedemann *in* Wiedemann, 1818. Zool. Mag. 1 (2): 24. **Type locality:** Russia (CET).
Bombylius cinerarius var. *eversmanni*: Paramonov, 1926. Trudy Fiz.-Mat. Vidd. Ukr. Akad. Nauk. 3 (5): 111 (37).
Bombylius cinerarius var. *karelini*: Paramonov, 1926. Trudy Fiz.-Mat. Vidd. Ukr. Akad. Nauk. 3 (5): 112 (38).
Bombylius cinerarius var. *pallasi*: Paramonov, 1926. Trudy Fiz.-Mat. Vidd. Ukr. Akad. Nauk. 3 (5): 111 (37).
Bombylius cinerarius: Yang, Yao *et* Cui, 2012. Bombyliidae of China: 253.

分布（Distribution）：河北（HEB）、北京（BJ）；阿尔巴尼亚、亚美尼亚、奥地利、阿塞拜疆、波黑、保加利亚、克罗地亚、塞浦路斯、埃及、法国、希腊、格鲁吉亚、匈牙利、伊朗、意大利、哈萨克斯坦、马其顿、摩尔多瓦、蒙古国、罗马尼亚、俄罗斯、斯洛伐克、斯洛文尼亚、西班牙、叙利亚、土耳其、土库曼斯坦、乌克兰、乌兹别克斯坦、越南

（131）玷蜂虻 *Bombylius discolor* Mikan, 1796

Bombylius discolor Mikan, 1796. Monographia Bombyliorum Bohemiae iconibus illustrata: 27. **Type locality:** Czech Republic.
Bombylius discolor: Yang, Yao *et* Cui, 2012. Bombyliidae of China: 254.

分布（Distribution）：内蒙古（NM）、北京（BJ）、云南（YN）；阿尔及利亚、亚美尼亚、奥地利、阿塞拜疆、白俄罗斯、比利时、克罗地亚、捷克、丹麦、爱沙尼亚、芬兰、法国、德国、希腊、格鲁吉亚、匈牙利、意大利、拉脱维亚、利比亚、立陶宛、摩尔多瓦、波兰、葡萄牙、罗马尼亚、俄罗斯、斯洛伐克、西班牙、瑞士、土耳其、英国、乌克兰、前南斯拉夫

（132）烟粉蜂虻 *Bombylius ferruginus* Yang, Yao *et* Cui, 2012

Bombylius ferruginus Yang, Yao *et* Cui, 2012. Bombyliidae of China: 255. **Type locality:** China (Beijing).
Bombylius ferruginus: Yang, Yao *et* Cui, 2012. Bombyliidae of China: 257.

分布（Distribution）：北京（BJ）

（133）考氏蜂虻 *Bombylius kozlovi* Paramonov, 1926

Bombylius kozlovi Paramonov, 1926. Trudy Fiz.-Mat. Vidd. Ukr. Akad. Nauk. 3 (5): 123 (49). **Type locality:** Mongolia.
Bombylius kozlovi: Yang, Yao *et* Cui, 2012. Bombyliidae of China: 257.

分布（Distribution）：内蒙古（NM）；蒙古国

（134）乐居蜂虻 *Bombylius lejostomus* Loew, 1855

Bombylius lejostomus Loew, 1855. Progr. K. Realschule Meseritz 1855: 24. **Type locality:** Russia (FE).

Bombylius lejostomus: Yang, Yao *et* Cui, 2012. Bombyliidae of China: 257.

分布（Distribution）： 中国；韩国、蒙古国、俄罗斯

（135）斑胸蜂虻 *Bombylius maculithorax* Paramonov, 1926

Bombylius maculithorax Paramonov, 1926. Trudy Fiz.-Mat. Vidd. Ukr. Akad. Nauk. 3 (5): 128 (54). **Type locality:** Uzbekistan.

Bombylius maculithorax: Yang, Yao *et* Cui, 2012. Bombyliidae of China: 257.

分布（Distribution）： 中国；吉尔吉斯斯坦、塔吉克斯坦、土库曼斯坦、乌兹别克斯坦

（136）大蜂虻 *Bombylius major* Linnaeus, 1758

Bombylius major Linnaeus, 1758. Systema naturae per regna tria naturae, secundum classes, ordines, genera, species, cum caracteribus, differentiis, synonymis, locis: 606. **Type locality:** Not given.

Bombylius anonymus: Sulzer, 1761. Die Kennzeichen der Insekten, nach Anleitung des Königl. Schwed. Ritters und Leibarzts Karl Linnaeus, durch XXIV. Kupfertafeln erläutert und mit derselben natürlichen Geschichte begleitet von J. H. Sulzer. Mit einer Vorrede des Herrn Johannes Geßners: 59.

Bombylivs septimvs: Schaeffer, 1769. Icones insectorvm circa Ratisbonam indigenorvm coloribvs natvram referentibvs expressae. Natürlich ausgemahlte Abbildungen regensburgischer Insecten: pl. 121, fig. 3.

Bombylius variegatus: De Geer, 1776. Mémoires pour servir à l'histoire des insectes. Tome Sixième: 268.

Bombylius aequalis: Fabricius, 1781. Species insectorvm exhibentes eorvm differentias specificas, synonyma, avctorvm, loca natalia, metamorphosin adiectis observationibvs, descriptionibvs: 473.

Asilus lanigerus: Geoffroy *in* Fourcroy, 1785. Entomologia parisiensis; sive catalogus insectorum quae in agro parisiensi reperiuntur; secundum methodum Geoffroeanam in sectiones, genera & species distributus: cui addita sunt nomina trivialia & fere trecentae novae species: 459.

Bombylius sinuatus: Mikan, 1796. Monographia Bombyliorum Bohemiae iconibus illustrata: 35.

Bombylius fratellus: Wiedemann, 1828. Aussereuropäische zweiflügelige Insekten. Als Fortsetzung des Meigenschen Werkes: 583. **Type locality:** USA (Georgia).

Bombylius consanguineus: Macquart, 1840. Diptères exotiques nouveaux ou peu connus: 97.

Bombylius vicinus: Macquart, 1840. Diptères exotiques nouveaux ou peu connus: 98.

Bombylius albipectus: Macquart, 1855. Mém. Soc. Sci. Agric. Lille. (2) 1: 102 (82).

Bombylius major var. *australis*: Loew, 1855. Progr. K. Realschule Meseritz 1855: 14.

Bombylius basilinea: Loew, 1855. Progr. K. Realschule Meseritz 1855: 14.

Bombylius antenoreus: Lioy, 1864. Atti R. Ist. Veneto Sci. Lett. Art. (3) 9: 728.

Bombylius notialis: Evenhuis, 1978. Ent. News 89: 101.

Bombylius major: Yang, Yao *et* Cui, 2012. Bombyliidae of China: 258.

分布（Distribution）： 辽宁（LN）、河北（HEB）、天津（TJ）、北京（BJ）、山东（SD）、陕西（SN）、浙江（ZJ）、江西（JX）、福建（FJ）；加拿大、美国、墨西哥、孟加拉国、印度、尼泊尔、巴基斯坦、泰国、阿尔巴尼亚、阿尔及利亚、亚美尼亚、奥地利、阿塞拜疆、白俄罗斯、比利时、波黑、黑塞哥维那、保加利亚、克罗地亚、塞浦路斯、捷克、丹麦、埃及、爱沙尼亚、芬兰、法国、德国、希腊、格鲁吉亚、匈牙利、爱尔兰、意大利、日本、哈萨克斯坦、韩国、拉脱维亚、利比亚、立陶宛、卢森堡、马耳他、马其顿、摩尔多瓦、蒙古国、摩洛哥、荷兰、挪威、波兰、葡萄牙、罗马尼亚、俄罗斯、斯洛伐克、斯洛文尼亚、西班牙、瑞典、瑞士、塔吉克斯坦、突尼斯、土耳其、土库曼斯坦、英国、乌兹别克斯坦、前南斯拉夫

（137）白眉蜂虻 *Bombylius polimen* Yang, Yao *et* Cui, 2012

Bombylius polimen Yang, Yao *et* Cui, 2012. Bombyliidae of China: 261. **Type locality:** China (Zhejiang: Taishun).

分布（Distribution）： 浙江（ZJ）

（138）宝塔蜂虻 *Bombylius pygmaeus* Fabricius, 1781

Bombylius pygmaeus Fabricius, 1781. Species insectorvm exhibentes eorvm differentias specificas, synonyma, avctorvm, loca natalia, metamorphosin adiectis observationibvs, descriptionibvs: 474. **Type locality:** "America boreali".

Bombylius canadensis: Curran, 1933. Am. Mus. Novit. 673: 2.

Bombylius pygmaeus: Yang, Yao *et* Cui, 2012. Bombyliidae of China: 262.

分布（Distribution）： 北京（BJ）；加拿大、美国

（139）斯帕蜂虻 *Bombylius quadrifarius* Loew, 1855

Bombylius quadrifarius Loew, 1855. Progr. K. Realschule Meseritz 1855: 25. **Type locality:** "Balkan".

Bombylius quadrifarius: Yang, Yao *et* Cui, 2012. Bombyliidae of China: 263.

分布（Distribution）： 中国；阿尔巴尼亚、亚美尼亚、阿塞拜疆、保加利亚、捷克、希腊、格鲁吉亚、匈牙利、伊朗、以色列、意大利、马其顿、摩尔多瓦、罗马尼亚、俄罗斯、斯洛伐克、塔吉克斯坦、土耳其、乌克兰、越南

（140）罗斯蜂虻 *Bombylius rossicus* Paramonov, 1926

Bombylius aurulentus Paramonov, 1926. Trudy Fiz.-Mat. Vidd. Ukr. Akad. Nauk. 3 (5): 104 (30). **Type locality:** Tajikistan.
Bombylius rossicus: Evenhuis *et* Greathead, 1999. World catalog of bee flies (diptera: Bombyliidae): 132.
Bombylius rossicus: Yang, Yao *et* Cui, 2012. Bombyliidae of China: 264.
分布（Distribution）：中国；哈萨克斯坦、吉尔吉斯斯坦、塔吉克斯坦、土库曼斯坦、乌兹别克斯坦

（141）半黯蜂虻 *Bombylius semifuscus* Meigen, 1820

Bombylius semifuscus Meigen, 1820. Systematische Beschreibung der bekannten europäischen zweiflügeligen Insekten: 206. **Type locality:** Not given.
Bombylius senilis: Jaennicke, 1867. Berl. Ent. Z. 11: 74.
Bombylius cincinnatus: Becker, 1891. Wien. Entomol. Ztg. 10: 294.
Bombylius nigripes: Strobl, 1898. Mitt. Naturwiss. Ver. Steiermark (1897) 34: 197.
Bombylius semifuscus: Yang, Yao *et* Cui, 2012. Bombyliidae of China: 264.
分布（Distribution）：中国；阿尔巴尼亚、亚美尼亚、奥地利、阿塞拜疆、捷克、法国、德国、希腊、格鲁吉亚、匈牙利、意大利、吉尔吉斯斯坦、马其顿、摩洛哥、波兰、斯洛伐克、瑞士、塔吉克斯坦、突尼斯、土库曼斯坦、乌兹别克斯坦

（142）斑翅蜂虻 *Bombylius stellatus* Yang, Yao *et* Cui, 2012

Bombylius stellatus Yang, Yao *et* Cui, 2012. Bombyliidae of China: 265. **Type locality:** China (Liaoning: Benxi).
分布（Distribution）：辽宁（LN）

（143）四川蜂虻 *Bombylius sytshuanensis* Paramonov, 1926

Bombylius sytshuanensis Paramonov, 1926. Trudy Fiz.-Mat. Vidd. Ukr. Akad. Nauk. 3 (5): 153 (79). **Type locality:** China (Sichuan).
Bombylius sytshuanensis: Yang, Yao *et* Cui, 2012. Bombyliidae of China: 266.
分布（Distribution）：四川（SC）

（144）乌兹别克蜂虻 *Bombylius uzbekorum* Paramonov, 1926

Bombylius uzbekorum Paramonov, 1926. Trudy Fiz.-Mat. Vidd. Ukr. Akad. Nauk. 3 (5): 159 (85). **Type locality:** Kyrgyz Republic, Uzbekistan.
Bombylius uzbekorum: Yang, Yao *et* Cui, 2012. Bombyliidae of China: 266.
分布（Distribution）：西藏（XZ）；哈萨克斯坦、吉尔吉斯斯坦、塔吉克斯坦、乌兹别克斯坦

（145）黄领蜂虻 *Bombylius vitellinus* Yang, Yao *et* Cui, 2012

Bombylius vitellinus Yang, Yao *et* Cui, 2012. Bombyliidae of China: 78. **Type locality:** China (Hebei: Zhuolu).
分布（Distribution）：黑龙江（HL）、河北（HEB）、北京（BJ）、山东（SD）、河南（HEN）、云南（YN）

（146）渡边蜂虻 *Bombylius watanabei* Matsumura, 1916

Bombylius watanabei Matsumura, 1916. Thousand Insects of Japan. Additamenta II: 277. **Type locality:** China (Taiwan).
Bombylius watanabei: Yang, Yao *et* Cui, 2012. Bombyliidae of China: 269.
分布（Distribution）：台湾（TW）

19. 柱蜂虻属 *Conophorus* Meigen, 1803

Conophorus Meigen, 1803. Mag. Insektenkd. 2: 268. **Type species:** *Bombylius maurus* Mikan, 1796 (monotypy).
Ploas Latreille, 1804. Nouveau dictionnaire d'histoire naturelle, appliqué aux arts, principalement à l'agriculture *et* à l'économie rurale *et* domestique: 190. **Type species:** *Ploas hirticornis* Latreille, 1805, by subsequent monotypy.
Tornotes Gistel, 1848. Naturgeschichte des Thierreichs, für höhere Schulen. p. x (unjustified new replacement name for *Ploas* Latreille, 1804). **Type species:** *Ploas hirticornis* Latreille, 1805, automatic.
Codionus Rondani, 1873. Ann. Mus. Civ. Stor. Nat. Genova 4: 299. **Type species:** *Codionus chlorizans* Rondani, 1873 (monotypy).
Calopelta Greene, 1921. Proc. Ent. Soc. Wash. 23: 23. **Type species:** *Calopelta fallax* Greene, 1921 (original designation).
Conophorus: Yang, Yao *et* Cui, 2012. Bombyliidae of China: 269.

（147）中华柱蜂虻 *Conophorus chinensis* Paramonov, 1929

Conophorus chinensis Paramonov, 1929. Trudy Fiz.-Mat. Vidd. Ukr. Akad. Nauk. 11 (1): 168 (103). **Type locality:** China (Xinjiang).
Conophorus chinensis: Yang, Yao *et* Cui, 2012. Bombyliidae of China: 270.
分布（Distribution）：北京（BJ）、新疆（XJ）

（148）后柱蜂虻 *Conophorus hindlei* Paramonov, 1931

Conophorus hindlei Paramonov, 1931. Trudy Prir.-Teknichn. Vidd. Ukr. Akad. Nauk 10: 213 (213). **Type locality:** China.
Conophorus hindlei: Yang, Yao *et* Cui, 2012. Bombyliidae of China: 271.
分布（Distribution）：中国

（149）考氏柱蜂虻 *Conophorus kozlovi* Paramonov, 1940

Conophorus kozlovi Paramonov, 1940. Fauna S. S. S. R. 9 (2): 28, 334. **Type locality:** China (Inner Mongolia).

Conophorus kozlovi: Yang, Yao *et* Cui, 2012. Bombyliidae of China: 271.

分布（Distribution）：内蒙古（NM）

（150）富贵柱蜂虻 *Conophorus virescens* (Fabricius, 1787)

Bombylius virescens Fabricius, 1787. Mantissa insectorvm sistens species nvper detectas adiectis characteribvs genericis, differentiis specificis, emendationibvs, observationibvs: 366. **Type locality:** Spain.

Bombylius maurus: Mikan, 1796. Monographia Bombyliorum Bohemiae iconibus illustrata: 56.

Ploas hirticornis: Latreille, 1805. Histoire naturelle, générale *et* particulière, des crustacés *et* des insectes. Tome quatorzième. Familles naturelles des genres. Ouvrage faisant suite à l'histoire naturelle générale *et* particulière, composée par Leclerc de Buffon, *et* rédigée par C.S. Sonnini, membre de plusieurs Sociétés savantes: 300.

Bombylius semirostris: Pallas *In*: Wiedemann, 1818a. Zool. Mag. 1 (2): 19.

Ploas lurida: Wiedemann *in* Meigen, 1820. Systematische Beschreibung der bekannten europäischen zweiflügeligen Insekten: 233.

Ploas lata: Dufour *in* Verrall, 1909. Systematic list of the Palaearctic Diptera Brachycera. Stratiomyidae, Leptidae, Tabanidae, Nemestrinidae, Cyrtidae, Bombylidae, Therevidae, Scenopinidae, Mydaidae, Asilidae: 14. *Nomen nudum.*

Conophorus virescens: Yang, Yao *et* Cui, 2012. Bombyliidae of China: 272.

分布（Distribution）：中国；阿富汗、阿尔巴尼亚、阿尔及利亚、亚美尼亚、奥地利、阿塞拜疆、白俄罗斯、比利时、捷克、埃及、爱沙尼亚、法国、德国、希腊、格鲁吉亚、匈牙利、伊朗、意大利、拉脱维亚、立陶宛、摩尔多瓦、波兰、葡萄牙、俄罗斯、斯洛伐克、西班牙、瑞士、乌兹别克斯坦

20. 东方蜂虻属 *Euchariomyia* Bigot, 1888

Euchariomyia Bigot, 1888. Bull. Bimens. Soc. Entomol. Fr. 1888 (18): cxl. **Type species:** *Euchariomyia dives* Bigot, 1888 (monotypy).

Eucharimyia Bigot *in* Mik, 1888. Wien. Entomol. Ztg. 7: 331. **Type species:** *Euchariomyia dives* Bigot, 1888, automatic.

Eucharimyia Bigot, 1889. Bull. Soc. Ent. Fr. (6) 8: cxl. **Type species:** *Eucharimyia dives* Bigot, 1889 (monotypy).

Euchariomyia: Yang, Yao *et* Cui, 2012. Bombyliidae of China: 273.

（151）富饶方蜂虻 *Euchariomyia dives* Bigot, 1888

Bombylius pulchellus Wulp, 1880. Tijdschr. Ent. 23: 164. **Type locality:** Indonesia (Java). [Preoccupied by Loew, 1863].

Euchariomyia dives: Bigot, 1888. Bull. Bimens. Soc. Entomol. Fr. 1888 (18): cxl; Yang, Yao *et* Cui, 2012. Bombyliidae of China: 273.

Bombylius wulpii: Brunetti, 1909. Rec. Ind. Mus. 2: 457 (new replacement name for *Bombylius pulchellus* Wulp, 1880).

分布（Distribution）：北京（BJ）、山东（SD）、广西（GX）；印度、印度尼西亚、老挝、缅甸、斯里兰卡、泰国

21. 卷蜂虻属 *Systoechus* Loew, 1855

Systoechus Loew, 1855. Progr. K. Realschule Meseritz 1855: 5, 34 (as subgenus of *Bombylius* Linnaeus). **Type species:** *Bombylius sulphureus* Mikan, 1796 (subsequent designation).

Systoechus: Yang, Yao *et* Cui, 2012. Bombyliidae of China: 276.

（152）栉翼卷蜂虻 *Systoechus ctenopterus* (Mikan, 1796)

Bombylius ctenopterus Mikan, 1796. Monographia Bombyliorum Bohemiae iconibus illustrata: 45. **Type locality:** Czech Republic.

Bombylius sulphureus: Mikan, 1796. Monographia Bombyliorum Bohemiae iconibus illustrata: 52.

Bombylius aurulentus: Wiedemann *in* Meigen, 1820. Systematische Beschreibung der bekannten europäischen zweiflügeligen Insekten: 201.

Bombylius fulvus: Meigen, 1820. Systematische Beschreibung der bekannten europäischen zweiflügeligen Insekten: 205.

Bombylius sulphureus var. *dalmatinus*: Loew, 1855. Progr. K. Realschule Meseritz 1855: 37.

Bombylius ctenopterus var. *convergens*: Loew, 1855. Progr. K. Realschule Meseritz 1855: 38.

Systoechus sulphureus orientalis: Zakhvatkin, 1954. Trudy Vses. Entomol. Obshch. 44: 289.

Systoechus ctenopterus: Yang, Yao *et* Cui, 2012. Bombyliidae of China: 277.

分布（Distribution）：新疆（XJ）；阿尔及利亚、亚美尼亚、阿塞拜疆、奥地利、比利时、保加利亚、克罗地亚、塞浦路斯、捷克、丹麦、埃及、爱沙尼亚、芬兰、法国、德国、希腊、格鲁吉亚、匈牙利、伊朗、以色列、意大利、哈萨克斯坦、拉脱维亚、立陶宛、马其顿、摩尔多瓦、摩洛哥、荷兰、波兰、葡萄牙、罗马尼亚、俄罗斯、斯洛伐克、斯洛文尼亚、西班牙、瑞典、瑞士、土耳其、乌克兰、前南斯拉夫

（153）梯状卷蜂虻 *Systoechus gradatus* (Wiedemann *in* Meigen, 1820)

Bombylius gradatus Wiedemann *in* Meigen, 1820. Systematische Beschreibung der bekannten europäischen zweiflügeligen Insekten: 207. **Type locality:** Portugal.

Bombylius leucophaeus: Wiedemann *in* Meigen, 1820. Systematische Beschreibung der bekannten europäischen zweiflügeligen Insekten: 215.

Bombylius lucidus: Loew, 1855. Progr. K. Realschule Meseritz 1855: 38.

Systoechus leucophaeus var. *gallicus*: Villeneuve, 1904. Feuille Jeunes Nat. 34: 72.

Systoechus tesquorum: Becker, 1916. Ann. Hist.-Nat. Mus. Natl. Hung. 14: 64.

Systoechus gradatus var. *validus*: Bezzi, 1925. Bull. Soc. R. Entomol. Égypte 8: 166.

Systoechus gradatus: Yang, Yao *et* Cui, 2012. Bombyliidae of China: 278.

分布（Distribution）：新疆（XJ）；阿富汗、亚美尼亚、奥地利、阿塞拜疆、波黑、保加利亚、克罗地亚、埃及、芬兰、法国、德国、希腊、格鲁吉亚、匈牙利、伊朗、意大利、哈萨克斯坦、吉尔吉斯斯坦、马其顿、摩尔多瓦、摩洛哥、波兰、葡萄牙、罗马尼亚、俄罗斯、斯洛文尼亚、西班牙、塔吉克斯坦、突尼斯、土耳其、土库曼斯坦、乌克兰、乌兹别克斯坦、前南斯拉夫

22. 隆蜂虻属 *Tovlinius* Zaitzev, 1979

Tovlinius Zaitzev, 1979. Trudy Zool. Inst. Akad. Nauk S. S. S. R. 88: 116. **Type species:** *Bombylius albissimus* Zaitzev, 1964 (original designation).

Tovlinius: Yang, Yao *et* Cui, 2012. Bombyliidae of China: 279.

（154）壮隆蜂虻 *Tovlinius pyramidatus* Yang, Yao *et* Cui, 2012

Tovlinius pyramidatus Yang, Yao *et* Cui, 2012. Bombyliidae of China: 279. **Type locality:** China (Sichuan: Hongyuan).

分布（Distribution）：四川（SC）

（155）瘢隆蜂虻 *Tovlinius turriformis* Yang, Yao *et* Cui, 2012

Tovlinius turriformis Yang, Yao *et* Cui, 2012. Bombyliidae of China: 281. **Type locality:** China (Sichuan: Barkam).

分布（Distribution）：四川（SC）

麦蜂虻亚科 Mythicomyiinae

23. 凌头蜂虻属 *Cephalodromia* Becker, 1914

Cephalodromia Becker, 1914. Ann. Soc. Ent. Fr. 83: 121. **Type species:** *Cephalodromia curvata* Becker, 1914 (monotypy).

Ceratolaemus Hesse, 1938. Ann. S. Afr. Mus. 34: 969 (as subgenus of *Platypygus*). **Type species:** *Platypygus xanthogrammus* Hesse, 1938 (original designation).

（156）塞亚凌头蜂虻 *Cephalodromia seia* Séguy, 1963

Cyrtosia seia Séguy, 1963. Bull. Mus. Natl. Hist. Nat. 35: 253. **Type locality:** China (Guangdong).

分布（Distribution）：广东（GD）

24. 阔蜂虻属 *Platypygus* Loew, 1844

Platypygus Loew, 1844. Stettin. Ent. Ztg. 5: 127. **Type species:** *Platypygus chrysanthemi* Loew, 1844 (monotypy).

Popsia Costa, 1863. Atti Accad. Sci. Fis.-Mat. Napoli. 1 (2): 52. **Type species:** *Popsia ridibundus* Costa, 1863 (monotypy).

（157）具边阔蜂虻 *Platypygus limatus* Séguy, 1963

Platypygus limatus Séguy, 1963. Bull. Mus. Natl. Hist. Nat. 35: 254. **Type locality:** China (Guangdong).

分布（Distribution）：广东（GD）

25. 齐节蜂虻属 *Mythenteles* Hall *et* Evenhuis, 1986

Cladella Hull, 1973. Bull. U.S. Natl. Mus. 286: 273. *Nomen nudum*.

Mythenteles Hall *et* Evenhuis, 1986. Flies of the Nearctic Region 5: 332. **Type species:** *Mythicomyia mutabilis* Melander, 1961 (original designation).

Cladella Hall *et* Evenhuis, 1987. Flies of the Nearctic Region 5: 619. **Type species:** *Empidideicus propleuralis* Melander, 1946 (original designation).

（158）亚洲齐节蜂虻 *Mythenteles asiatica* Evenhuis, 1981

Mythicomyia asiatica Evenhuis, 1981. Colemania 1: 5. **Type locality:** China (Sichuan).

分布（Distribution）：四川（SC）

坦蜂虻亚科 Phthiriinae

Phthiriinae Becker, 1913. Ezheg. Zool. Muz. 17: 483. **Type genus:** *Phthiria* Meigen, 1803.

Phthiriinae: Yang, Yao *et* Cui, 2012. Bombyliidae of China: 282.

26. 坦蜂虻属 *Phthiria* Meigen, 1820

Phthiria Meigen, 1820. Systematische Beschreibung der bekannten europäischen zweiflügeligen Insekten: 268. **Type species:** *Bombylius pulicarius* Mikan, 1796 (monotypy).

Ptimia Rafinesque, 1815. Analyse de la nature ou tableau de l'univers *et* des corps organisés: 221. **Type species:** *Bombylius pulicarius* Mikan, 1796, automatic.

Phthiria: Yang, Yao *et* Cui, 2012. Bombyliidae of China: 283.

（159）朦坦蜂虻 *Phthiria rhomphaea* Séguy, 1963

Phthiria rhomphaea Séguy, 1963. Bull. Mus. Natl. Hist. Nat.

Paris 35: 255. **Type locality:** China (Sichuan).
Phthiria rhomphaea: Yang, Yao *et* Cui, 2012. Bombyliidae of China: 283.
分布（Distribution）： 辽宁（LN）、四川（SC）

弧蜂虻亚科 Toxophorinae

Toxophorinae Schiner, 1868. Reise der österreichischen Fregatte Novara um die Erde in den Jahren 1857, 1858, 1859, unter den Befehlen des Commodore B. von Wüllerstof-Urbair. p. 116. **Type genus:** *Toxophora* Meigen, 1803.
Systropodinae Brauer, 1880. Denkschr. Akad. Wiss., Wien. Math.-Nat. Kl. 42: 115. **Type genus:** *Systropus* Wiedemann, 1820.
Gerontinae Hesse, 1938. Ann. S. Afr. Mus. 34: 866. **Type genus:** *Geron* Meigen, 1820.
Toxophorinae: Yang, Yao *et* Cui, 2012. Bombyliidae of China: 284.

27. 驼蜂虻属 *Geron* Meigen, 1820

Geron Meigen, 1820. Systematische Beschreibung der bekannten europäischen zweiflügeligen Insekten: 223. **Type species:** *Geron gibbosus* Meigen, 1820 (subsequent designation).
Amictogeron Hesse, 1938. Ann. S. Afr. Mus. 34: 918. **Type species:** *Amictogeron meromelanus* Hesse, 1938 (original designation).
Geron: Yang, Yao *et* Cui, 2012. Bombyliidae of China: 285.

（160）素颜驼蜂虻 *Geron intonsus* Bezzi, 1925

Geron intonsus Bezzi, 1925. Bull. Soc. R. Entomol. Égypte 8: 196. **Type locality:** Egypt.
Geron intonsus: Yang, Yao *et* Cui, 2012. Bombyliidae of China: 285.
分布（Distribution）： 内蒙古（NM）；埃及

（161）幽鳞驼蜂虻 *Geron kaszabi* Zaitzev, 1972

Geron kaszabi Zaitzev, 1972. Insects of Mongolia 1: 866. **Type locality:** Mongolia.
Geron kaszabi: Yang, Yao *et* Cui, 2012. Bombyliidae of China: 287.
分布（Distribution）： 内蒙古（NM）；蒙古国、塔吉克斯坦、乌兹别克斯坦

（162）白缘驼蜂虻 *Geron kozlovi* Zaitzev, 1972

Geron kozlovi Zaitzev, 1972. Insects of Mongolia 1: 863. **Type locality:** China (Inner Mongolia).
Geron kozlovi: Yang, Yao *et* Cui, 2012. Bombyliidae of China: 287.
分布（Distribution）： 内蒙古（NM）；亚美尼亚、阿塞拜疆、格鲁吉亚、伊朗、哈萨克斯坦、吉尔吉斯斯坦、塔吉克斯坦、土耳其、乌兹别克斯坦

（163）长腹驼蜂虻 *Geron longiventris* Efflatoun, 1945

Geron longiventris Efflatoun, 1945. Bull. Soc. Fouad Ier Entomol. 29: 149. **Type locality:** Egypt.
Geron roborovskii: Zaitzev, 1996. Entomol. Obozr. 75: 687.
Geron kozlovi: Yang, Yao *et* Cui, 2012. Bombyliidae of China: 288.
分布（Distribution）： 中国；埃及、以色列、塔吉克斯坦、乌兹别克斯坦

（164）白毛驼蜂虻 *Geron pallipilosus* Yang *et* Yang, 1992

Geron pallipilosus Yang *et* Yang, 1992. Entomotaxon. 14: 207. **Type locality:** China (Ningxia).
Geron pallipilosus: Yang, Yao *et* Cui, 2012. Bombyliidae of China: 289.
分布（Distribution）： 内蒙古（NM）、宁夏（NX）

（165）中华驼蜂虻 *Geron sinensis* Yang *et* Yang, 1992

Geron sinensis Yang *et* Yang, 1992. Entomotaxon. 14: 206. **Type locality:** China (Beijing).
Geron sinensis: Yang, Yao *et* Cui, 2012. Bombyliidae of China: 291.
分布（Distribution）： 北京（BJ）

28. 姬蜂虻属 *Systropus* Wiedemann, 1820

Systropus Wiedemann, 1820. *Munus rectoris in Academia Christiano-Albertina interum aditurus nova dipterorum genera* Holsatorum, Kiliae. p. 18. **Type species:** *Systropus macilentus* Wiedemann, 1820, by original designation (on plate).
Céphène: Latreille, 1825. *Familles naturelles du règne animal, exposées succinctement et dans un or dre analytique, avec l'indication de leurs genres*. J.-B. Baillière, Paris. 570 p. 496 (unjustified new replacement name for *Systropus* Wiedemann, 1820). [Unavailable; vernacular name without nomenclatural status.].
Cephenus Berthold, 1827. *Natürliche Familien des Thierreichs. Aus dem Französischen. Mit An merkungen und Zusätzen.* Landes-Industrie, Weimar. p. 506 (unnecessary new replacement name for *Systropus* Wiedemann, 1820 [as "*Systrophus*"]). **Type species:** *Systropus macilentus* Wiedemann, 1820, automatic.
Cephenes Latreille, 1829. Suite *et* fin des insectes. *In*: Cuvier, [G.l.C. F.D.], *Le règne animal dis tribué d'après son organisation, pour servir de base à l'histoire naturelle des animaux et d'introduction à l'anatomie comparée. Avec figures dessinées d'àprès nature. Nouvelle édition, revue et augmentée*. Tome V. Déterville *et* Crochard, Paris. p. 505. **Type species:** *Systropus macilentus* Wiedemann, 1820, by subsequent designation (Evenhuis, 1991b: 25). [Unavailable; name proposed *in* synonymy with *Systropus* Wiedemann and not made available before 1961].
Systropus Jensen, 1832. Bull. Soc. Imp. Sci. Nat. Moscou 4:

335. **Type species:** *Systropus macilentus* Jensen, 1832 [preoccupied, = *Systropus macilentus* Wiedemann, 1820] (monotypy). [Preoccupied Wiedemann, 1820].
Xystrophus Agassiz, 1846. *Nomenclator zoologicus continens nomina systematica generum animalium tam viventium quam fossilium, secundum ordinem alphabeticum disposita, adjectis auctoribus, libris, in quibus reperiuntur, anno editionis, etymologia et familias, ad quas pertinent, in singulis classibus.* Fasc. IX/X: Titulum *et* praefationem operis, Mollusca, lepidoptera, Strepsiptera, Diptera, Myriapoda, Thysanura, Thysan optera, Suctoria, Epizoa *et* Arachnidas. [Pt. 4]. Nomina systematica generum Dipterorum, tam viventium quam fossil ium, secundum ordinem alpha beticum disposita, adjectis auctoribus, libris in quibus reperiuntur, anno editionis, etymologia *et* familiis ad quas perti nent. Jent *et* Gassman, Soloduri [= Solothurn, Switzerland]. p. 393 (unnecessary emendation of *Systropus* Wiedemann, 1820). **Type species:** *Systropus macilentus* Wiedemann, 1820, automatic.
Cephenius Enderlein, 1926. Wien. Entomol. Ztg. 43: 70. **Type species:** *Systropus studyi* Enderlein, 1926 (original designation).
Coptopelma Enderlein, 1926. Wien. Entomol. Ztg. 43: 70. **Type species:** *Coptopelma schineri* Enderlein, 1926 [misidentification, = *Systropus sanguineus* Bezzi, 1921] (original designation).
Pioperna Enderlein, 1926. Wien. Entomol. Ztg. 43: 70. **Type species:** *Cephenus femoratus* Karsch, 1880 (original designation).
Symblla Enderlein, 1926. Wien. Entomol. Ztg. 43: 70, 92. **Type species:** *Systropus leptogaster* Loew, 1860 [misidentification, = *Systropus holaspis* Speiser, 1914] (original designation).
Systropus: Yang, Yao *et* Cui, 2012. Bombyliidae of China: 292.

短柄姬蜂虻亚属 *Dimelopelma* Enderlein, 1926

Dimelopelma Enderlein, 1926. Wien. Entomol. Ztg. 43: 70, 90 (as genus). **Type species:** *Dimelopelma tessmanni* Enderlein, 1926 (original designation).
Dimelopelma: Yang, Yao *et* Cui, 2012. Bombyliidae of China: 293.

(166) 短柄华姬蜂虻 *Systropus curtipetiolus* Du *et* Yang, 2009

Systropus curtipetiolus Du *et* Yang *in* Yang D, 2009. Fauna of Hebei: Diptera: 314. **Type locality:** China (Beijing).
Systropus curtipetiolus: Yang, Yao *et* Cui, 2012. Bombyliidae of China: 293.
分布（Distribution）：北京（BJ）、山东（SD）、江苏（JS）、湖北（HB）

(167) 离斑姬蜂虻 *Systropus maccus* (Enderlein, 1926)

Cephenius maccus Enderlein, 1926. Wien. Entomol. Ztg. 43: 85. **Type locality:** India (Sikkim).
Systropus maccus: Yang, Yao *et* Cui, 2012. Bombyliidae of China: 295.
分布（Distribution）：吉林（JL）；印度、韩国

(168) 颇黑姬蜂虻 *Systropus perniger* Evenhuis, 1982

Systropus perniger Evenhuis, 1982. Pac. Ins. 24 (1): 31. **Type locality:** China (Fujian).
Systropus perniger: Yang, Yao *et* Cui, 2012. Bombyliidae of China: 296.
分布（Distribution）：福建（FJ）

姬蜂虻亚属 *Systropus* Wiedemann, 1820

Systropus Wiedemann, 1820. *Munus rectoris in Academia Christiano-Albertina interum aditurus nova dipterorum genera* Holsatorum, Kiliae [= Kiel]. viii + 23 p.18. **Type species:** *Systropus macilentus* Wiedemann, 1820 (original designation).
Systropus: Yang, Yao *et* Cui, 2012. Bombyliidae of China: 297.

(169) 黑柄姬蜂虻 *Systropus acuminatus*（Enderlein, 1926）

Cephenius acuminatus Enderlein, 1926. Wien. Entomol. Ztg. 43: 77. **Type locality:** China (Taiwan).
Systropus acuminatus: Yang, Yao *et* Cui, 2012. Bombyliidae of China: 301.
分布（Distribution）：台湾（TW）

(170) 钩突姬蜂虻 *Systropus ancistrus* Yang *et* Yang, 1997

Systropus ancistrus Yang *et* Yang, 1997. Insects of the Three gorge reservoir area of Yangtze river: 1466. **Type locality:** China (Hubei).
Systropus ancistrus: Yang, Yao *et* Cui, 2012. Bombyliidae of China: 302.
分布（Distribution）：北京（BJ）、河南（HEN）、陕西（SN）、湖北（HB）

(171) 黄端姬蜂虻 *Systropus apiciflavus* Yang, 2003

Systropus apiciflavus Yang, 2003. Fauna of Insects in Fujian Province of China 8: 230. **Type locality:** China (Fujian).
Systropus apiciflavus: Yang, Yao *et* Cui, 2012. Bombyliidae of China: 303.
分布（Distribution）：福建（FJ）

(172) 细突姬蜂虻 *Systropus aokii* Nagatomi, Liu, Tamaki *et* Evenhuis, 1991

Systropus aokii Nagatomi, Liu, Tamaki *et* Evenhuis, 1991. South Pac. Stud. 12 (1): 38. **Type locality:** China (Taiwan).
Systropus aokii: Yang, Yao *et* Cui, 2012. Bombyliidae of China: 305.
分布（Distribution）：台湾（TW）

（173）金刺姬蜂虻 *Systropus aurantispinus* Evenhuis, 1982

Systropus aurantispinus Evenhuis, 1982. Pac. Ins. 24 (1): 36. **Type locality:** China (Fujian).

Systropus aurantispinus: Yang, Yao *et* Cui, 2012. Bombyliidae of China: 306.

分布（Distribution）： 河南（HEN）、陕西（SN）、浙江（ZJ）、湖北（HB）、云南（YN）、福建（FJ）、广东（GD）、广西（GX）

（174）巴氏姬蜂虻 *Systropus barbiellinii* Bezzi, 1905

Systropus barbiellinii Bezzi, 1905. Redia 2 (1904): 272. **Type locality:** China (Beijing).

Systropus barbiellinii: Yang, Yao *et* Cui, 2012. Bombyliidae of China: 308.

分布（Distribution）： 北京（BJ）、陕西（SN）、台湾（TW）、广东（GD）

（175）双齿姬蜂虻 *Systropus brochus* Cui *et* Yang, 2010

Systropus brochus Cui *et* Yang, 2010. Zootaxa 2619: 16. **Type locality:** China (Shaanxi).

Systropus brochus: Yang, Yao *et* Cui, 2012. Bombyliidae of China: 308.

分布（Distribution）： 北京（BJ）、河南（HEN）、陕西（SN）、云南（YN）

（176）广东姬蜂虻 *Systropus cantonensis* (Enderlein, 1926)

Cephenius cantonensis Enderlein, 1926. Wien. Entomol. Ztg. 43: 80. **Type locality:** China (Guangdong).

Systropus cantonensis: Yang, Yao *et* Cui, 2012. Bombyliidae of China: 310.

分布（Distribution）： 广东（GD）

（177）长白姬蜂虻 *Systropus changbaishanus* Du, Yang, Yao *et* Yang, 2008

Systropus changbaishanus Du, Yang, Yao *et* Yang, 2008. Classification and Distribution of Insects in China: 3. **Type locality:** China (Jilin).

Systropus changbaishanus: Yang, Yao *et* Cui, 2012. Bombyliidae of China: 310.

分布（Distribution）： 吉林（JL）

（178）中华姬蜂虻 *Systropus chinensis* Bezzi, 1905

Systropus chinensis Bezzi, 1905. Il genere *Systropus* Wied. nella fauna palearctica: 275. **Type locality:** China (Beijing).

Systropus dolichochaetaus Du *et* Yang, 2009. Bombyliidae: 317. *In*: Yang D. Fauna of Hebei (Diptera). **Type locality:** China (Beijing).

Systropus chinensis: Yang, Yao *et* Cui, 2012. Bombyliidae of China: 312.

分布（Distribution）： 北京（BJ）、山东（SD）、河南（HEN）、浙江（ZJ）、湖南（HN）、四川（SC）、贵州（GZ）、云南（YN）、福建（FJ）

（179）合斑姬蜂虻 *Systropus coalitus* Cui *et* Yang, 2010

Systropus coalitus Cui *et* Yang, 2010. Zootaxa 2619: 18. **Type locality:** China (Beijing).

Systropus coalitus: Yang, Yao *et* Cui, 2012. Bombyliidae of China: 314.

分布（Distribution）： 天津（TJ）、北京（BJ）、河南（HEN）、浙江（ZJ）、福建（FJ）

（180）中凹姬蜂虻 *Systropus concavus* Yang, 1998

Systropus concavus Yang, 1998. Guizhou Sci. 16: 38. **Type locality:** China (Guizhou).

Systropus concavus: Yang, Yao *et* Cui, 2012. Bombyliidae of China: 316.

分布（Distribution）： 贵州（GZ）、福建（FJ）、广西（GX）

（181）长绒姬蜂虻 *Systropus crinalis* Du, Yang, Yao *et* Yang, 2008

Systropus crinalis Du, Yang, Yao *et* Yang, 2008. Classification and Distribution of Insects in China: 4. **Type locality:** China (Hunan).

Systropus crinalis: Yang, Yao *et* Cui, 2012. Bombyliidae of China: 317.

分布（Distribution）： 湖南（HN）

（182）弯斑姬蜂虻 *Systropus curvittatus* Du *et* Yang, 2009

Systropus curvittatus Du *et* Yang, 2009. Fauna of Hebei: 317. **Type locality:** China (Beijing).

Systropus curvittatus: Yang, Yao *et* Cui, 2012. Bombyliidae of China: 318.

分布（Distribution）： 北京（BJ）、河南（HEN）、四川（SC）

（183）锥状姬蜂虻 *Systropus cylindratus* Du, Yang, Yao *et* Yang, 2008

Systropus cylindratus Du, Yang, Yao *et* Yang, 2008. Classification and Distribution of Insects in China: 14. **Type locality:** China (Yunnan).

Systropus cylindratus: Yang, Yao *et* Cui, 2012. Bombyliidae of China: 320.

分布（Distribution）： 四川（SC）、云南（YN）

（184）戴云姬蜂虻 *Systropus daiyunshanus* Yang *et* Du, 1991

Systropus daiyunshanus Yang *et* Du, 1991. Guizhou Sci. 9: 81. *Nomen nudum.*

Systropus daiyunshanus: Yang *et* Du, 1991. Wuyi Sci. J. 8: 67;

Yang, Yao *et* Cui, 2012. Bombyliidae of China: 322.

分布（Distribution）：北京（BJ）、河南（HEN）、浙江（ZJ）、贵州（GZ）、福建（FJ）、广西（GX）

（185）大沙河姬蜂虻 *Systropus dashahensis* Dong *et* Yang, 2005

Systropus dashahensis Dong *et* Yang *in* Yang *et* Jin, 2005. Insects from Dashahe Nature Reserve of Guizhou: 393. **Type locality:** China (Guizhou).

Systropus dashahensis: Yang, Yao *et* Cui, 2012. Bombyliidae of China: 324.

分布（Distribution）：贵州（GZ）

（186）锯齿姬蜂虻 *Systropus denticulatus* Du, Yang, Yao *et* Yang, 2008

Systropus denticulatus Du, Yang, Yao *et* Yang, 2008. Classification and Distribution of Insects in China: 8. **Type locality:** China (Yunnan).

Systropus denticulatus: Yang, Yao *et* Cui, 2012. Bombyliidae of China: 325.

分布（Distribution）：北京（BJ）、河南（HEN）、陕西（SN）、四川（SC）、云南（YN）、福建（FJ）、广西（GX）

（187）基黄姬蜂虻 *Systropus divulsus* (Séguy, 1963)

Cephenius divulsus Séguy, 1963. Bull. Mus. Natl. Hist. Nat. Paris 35: 79. **Type locality:** China (Shaanxi).

Systropus divulsus: Yang, Yao *et* Cui, 2012. Bombyliidae of China: 327.

分布（Distribution）：陕西（SN）

（188）长突姬蜂虻 *Systropus excisus* (Enderlein, 1926)

Cephenius excisus Enderlein, 1926. Wien. Entomol. Ztg. 43: 81. **Type locality:** China (Guangdong).

Systropus lanatus: Bezzi *in* Rohlfien *et* Ewald, 1980. Beitr. Ent. 29: 222 [*in* Rigato, 1995: 222].

Systropus dolichochaetaus: Du *et* Yang, 2009. Bombyliidae *In*: Yang D. Fauna of Hebei (Diptera): 316.

Systropus divulsus: Yang, Yao *et* Cui, 2012. Bombyliidae of China: 328.

分布（Distribution）：北京（BJ）、河南（HEN）、浙江（ZJ）、江西（JX）、湖南（HN）、湖北（HB）、四川（SC）、云南（YN）、福建（FJ）、广东（GD）

（189）黑盾姬蜂虻 *Systropus exsuccus* (Séguy, 1963)

Cephenius exsuccus Séguy, 1963. Bull. Mus. Natl. Hist. Nat. Paris 35: 79. **Type locality:** China (Shaanxi).

Systropus exsuccus: Yang, Yao *et* Cui, 2012. Bombyliidae of China: 330.

分布（Distribution）：陕西（SN）、广东（GD）

（190）宽翅姬蜂虻 *Systropus eurypterus* Du, Yang, Yao *et* Yang, 2008

Systropus eurypterus Du, Yang, Yao *et* Yang, 2008. Classification and Distribution of Insects in China: 10. **Type locality:** China (Jiangxi).

Systropus eurypterus: Yang, Yao *et* Cui, 2012. Bombyliidae of China: 330.

分布（Distribution）：河南（HEN）、江西（JX）、湖北（HB）

（191）陕西姬蜂虻 *Systropus fadillus* (Séguy, 1963)

Cephenius fadillus Séguy, 1963. Bull. Mus. Natl. Hist. Nat. Paris 35: 151. **Type locality:** China (Shaanxi).

Systropus fadillus: Yang, Yao *et* Cui, 2012. Bombyliidae of China: 332.

分布（Distribution）：陕西（SN）

（192）黄翅姬蜂虻 *Systropus flavalatus* Yang *et* Yang, 1995

Systropus flavalatus Yang *et* Yang, 1995. Insects of Baishanzu Mountain, eastern China: 487. **Type locality:** China (Zhejiang).

Systropus flavalatus: Yang, Yao *et* Cui, 2012. Bombyliidae of China: 332.

分布（Distribution）：浙江（ZJ）

（193）黄角姬蜂虻 *Systropus flavicornis* (Enderlein, 1926)

Cephenius flavicornis Enderlein, 1926. Wien. Entomol. Ztg. 43: 79. **Type locality:** China (Guangdong).

Systropus flavicornis: Yang, Yao *et* Cui, 2012. Bombyliidae of China: 334.

分布（Distribution）：河南（HEN）、四川（SC）、云南（YN）、福建（FJ）、广东（GD）、广西（GX）

（194）黑跗姬蜂虻 *Systropus flavipectus* (Enderlein, 1926)

Cephenius flavipectus Enderlein, 1926. Wien. Entomol. Ztg. 43: 85. **Type locality:** India (Sikkim).

Systropus flavipectus: Yang, Yao *et* Cui, 2012. Bombyliidae of China: 336.

分布（Distribution）：云南（YN）；印度、泰国

（195）台湾姬蜂虻 *Systropus formosanus* (Enderlein, 1926)

Cephenius formosanus Enderlein, 1926. Wien. Entomol. Ztg. 43: 77. **Type locality:** China (Taiwan).

Cephenius formosanus Bezzi *in* Hennig, 1941. Entomol. Beih. Berlin-Dahlem. 8: 68 [in Rohlfien *et* Ewald, 1980: 224]. *Nomen nudum*. [Preoccupied by Enderlein, 1926].

Systropus formosanus: Yang, Yao *et* Cui, 2012. Bombyliidae of China: 337.

分布（Distribution）：台湾（TW）；日本

（196）佛顶姬蜂虻 *Systropus fudingensis* Yang, 1998

Systropus fudingensis Yang, 1998. Guizhou Sci. 16: 37. **Type locality:** China (Guizhou).

Systropus fudingensis: Yang, Yao *et* Cui, 2012. Bombyliidae of China: 337.

分布（Distribution）：北京（BJ）、浙江（ZJ）、四川（SC）、贵州（GZ）、福建（FJ）、广西（GX）

（197）福建姬蜂虻 *Systropus fujianensis* Yang, 2003

Systropus fujianensis Yang, 2003. Fauna of Insects in Fujian Province of China 8: 232. **Type locality:** China (Guizhou).

Systropus fujianensis: Yang, Yao *et* Cui, 2012. Bombyliidae of China: 339.

分布（Distribution）：河南（HEN）、浙江（ZJ）、贵州（GZ）、云南（YN）、福建（FJ）、广东（GD）、广西（GX）

（198）甘泉姬蜂虻 *Systropus ganquananus* Du, Yang, Yao *et* Yang, 2008

Systropus ganquananus Du, Yang, Yao *et* Yang, 2008. Classification and Distribution of Insects in China: 5. **Type locality:** China (Shaanxi).

Systropus ganquananus: Yang, Yao *et* Cui, 2012. Bombyliidae of China: 341.

分布（Distribution）：陕西（SN）、浙江（ZJ）

（199）甘肃姬蜂虻 *Systropus gansuanus* Du, Yang, Yao *et* Yang, 2008

Systropus gansuanus Du, Yang, Yao *et* Yang, 2008. Classification and Distribution of Insects in China: 15, 6. **Type locality:** China (Gansu).

Systropus gansuanus: Yang, Yao *et* Cui, 2012. Bombyliidae of China: 342.

分布（Distribution）：北京（BJ）、甘肃（GS）、湖北（HB）、云南（YN）

（200）贵阳姬蜂虻 *Systropus guiyangensis* Yang, 1998

Systropus guiyangensis Yang, 1998. Guizhou Sci. 16: 38. **Type locality:** China (Guizhou).

Systropus guiyangensis: Yang, Yao *et* Cui, 2012. Bombyliidae of China: 344.

分布（Distribution）：河南（HEN）、陕西（SN）、浙江（ZJ）、湖北（HB）、贵州（GZ）、云南（YN）、福建（FJ）

（201）贵州姬蜂虻 *Systropus guizhouensis* Yang *et* Yang, 1991

Systropus guizhouensis Yang *et* Yang, 1991. Guizhou Sci. 9: 83. **Type locality:** China (Guizhou).

Systropus guizhouensis: Yang, Yao *et* Cui, 2012. Bombyliidae of China: 346.

分布（Distribution）：贵州（GZ）、云南（YN）

（202）古田山姬蜂虻 *Systropus gutianshanus* Yang, 1995

Systropus gutianshanus Yang, 1995. Insects and macrofungi of Gutianshan, Zhejiang: 232. **Type locality:** China (Zhejiang).

Systropus gutianshanus: Yang, Yao *et* Cui, 2012. Bombyliidae of China: 347.

分布（Distribution）：浙江（ZJ）、湖南（HN）、贵州（GZ）、福建（FJ）

（203）河南姬蜂虻 *Systropus henanus* Yang *et* Yang, 1998

Systropus henanus Yang *et* Yang, 1998. Insects of the Funiu Mountains Region (1): 90. **Type locality:** China (Henan).

Systropus henanus: Yang, Yao *et* Cui, 2012. Bombyliidae of China: 349.

分布（Distribution）：河南（HEN）

（204）黄边姬蜂虻 *Systropus hoppo* Matsumura, 1916

Systropus hoppo Matsumura, 1916. Thousand Insects of Japan. Additamenta II: 285. **Type locality:** China (Taiwan).

Systropus tetradactylus: Evenhuis, 1982. Pac. Ins. 24 (1): 33.

Systropus beijinganus: Du *et* Yang *In*: Yang D, 2009. Fauna of Hebei (Diptera): 315.

Systropus henanus: Yang, Yao *et* Cui, 2012. Bombyliidae of China: 350.

分布（Distribution）：北京（BJ）、山东（SD）、河南（HEN）、浙江（ZJ）、江西（JX）、四川（SC）、云南（YN）、福建（FJ）、台湾（TW）、广东（GD）

（205）湖北姬蜂虻 *Systropus hubeianus* Du, Yang, Yao *et* Yang, 2008

Systropus hubeianus Du, Yang, Yao *et* Yang, 2008. Classification and Distribution of Insects in China: 7. **Type locality:** China (Hubei).

Systropus hubeianus: Yang, Yao *et* Cui, 2012. Bombyliidae of China: 353.

分布（Distribution）：河南（HEN）、浙江（ZJ）、湖北（HB）

（206）黄柄姬蜂虻 *Systropus indagatus* (Séguy, 1963)

Cephenius indagatus Séguy, 1963. Bull. Mus. Natl. Hist. Nat. Paris 35: 153. **Type locality:** China (Shanxi).

Systropus indagatus: Yang, Yao *et* Cui, 2012. Bombyliidae of China: 355.

分布（Distribution）：山西（SX）

（207）异姬蜂虻 *Systropus interlitus* (Séguy, 1963)

Cephenius interlitus Séguy, 1963. Bull. Mus. Natl. Hist. Nat. Paris 35: 80. **Type locality:** China (Sichuan).

Systropus interlitus: Yang, Yao *et* Cui, 2012. Bombyliidae of China: 355.

分布（Distribution）：四川（SC）

(208)建阳姬蜂虻 *Systropus jianyanganus* Yang *et* Du, 1991

Systropus jianyanganus Yang *et* Du, 1991. Wuyi Sci. J. 8: 69. **Type locality:** China (Fujian).

Systropus jianyanganus: Yang, Yao *et* Cui, 2012. Bombyliidae of China: 356.

分布（Distribution）：福建（FJ）

（209）双斑姬蜂虻 *Systropus joni* Nagatomi, Liu, Tamaki *et* Evenhuis, 1991

Systropus joni Nagatomi, Liu, Tamaki *et* Evenhuis, 1991. South Pac. Stud. 12 (1): 63. **Type locality:** Korea.

Systropus joni: Yang, Yao *et* Cui, 2012. Bombyliidae of China: 357.

分布（Distribution）：河南（HEN）；韩国

（210）康县姬蜂虻 *Systropus kangxianus* Du, Yang, Yao *et* Yang, 2008

Systropus kangxianus Du, Yang, Yao *et* Yang, 2008. Classification and Distribution of Insects in China: 9. **Type locality:** China (Gansu).

Systropus kangxianus: Yang, Yao *et* Cui, 2012. Bombyliidae of China: 359.

分布（Distribution）：北京（BJ）、河南（HEN）、甘肃（GS）、湖北（HB）、四川（SC）、云南（YN）

（211）黑足姬蜂虻 *Systropus laqueatus* (Enderlein, 1926)

Cephenius laqueatus Enderlein, 1926. Wien. Entomol. Ztg. 43: 83. **Type locality:** China (Guangdong).

Systropus laqueatus: Yang, Yao *et* Cui, 2012. Bombyliidae of China: 360.

分布（Distribution）：陕西（SN）、广东（GD）；越南

（212）棕腿姬蜂虻 *Systropus limbatus* (Enderlein, 1926)

Cephenius limbatus Enderlein, 1926. Wien. Entomol. Ztg. 43: 77. **Type locality:** India (Sikkim); China (Guangdong).

Systropus limbatus: Yang, Yao *et* Cui, 2012. Bombyliidae of China: 361.

分布（Distribution）：湖南（HN）、广东（GD）；印度

（213）钝平姬蜂虻 *Systropus liuae* Nagatomi, Tamaki *et* Evenhuis, 2000

Systropus liui Nagatomi, Tamaki *et* Evenhuis, 2000. South Pacif. Stud. 21 (1): 16. **Type locality:** China (Taiwan); Japan (Honshu).

Systropus liuae: Yang, Yao *et* Cui, 2012. Bombyliidae of China: 362.

分布（Distribution）：台湾（TW）；日本

（214）黄缘姬蜂虻 *Systropus luridus* Zaitzev, 1977

Systropus luridus Zaitzev, 1977. Trudy Zool. Inst. Akad. Nauk S. S. S. R. 70: 136. **Type locality:** Russia (Far East).

Systropus luridus: Yang, Yao *et* Cui, 2012. Bombyliidae of China: 362.

分布（Distribution）：吉林（JL）；俄罗斯

（215）茅氏姬蜂虻 *Systropus maoi* Du, Yang, Yao *et* Yang, 2008

Systropu maoi Du, Yang, Yao *et* Yang, 2008. Classification and Distribution of Insects in China: 11. **Type locality:** China (Jiangxi).

Systropus maoi: Yang, Yao *et* Cui, 2012. Bombyliidae of China: 365.

分布（Distribution）：河南（HEN）、浙江（ZJ）、江西（JX）、湖南（HN）、湖北（HB）、四川（SC）、贵州（GZ）

（216）黑角姬蜂虻 *Systropus melanocerus* Du, Yang, Yao *et* Yang, 2008

Systropus melanocerus Du, Yang, Yao *et* Yang, 2008. Classification and Distribution of Insects in China: 6. **Type locality:** China (Hubei).

Systropus melanocerus: Yang, Yao *et* Cui, 2012. Bombyliidae of China: 366.

分布（Distribution）：湖北（HB）、云南（YN）

（217）麦氏姬蜂虻 *Systropus melli* (Enderlein, 1926)

Cephenius melli Enderlein, 1926. Wien. Entomol. Ztg. 43: 80. **Type locality:** China (Guangdong).

Systropus melli: Yang, Yao *et* Cui, 2012. Bombyliidae of China: 368.

分布（Distribution）：陕西（SN）、浙江（ZJ）、贵州（GZ）、福建（FJ）、广东（GD）

（218）小型姬蜂虻 *Systropus microsystropus* Evenhuis, 1982

Systropus microsystropus Evenhuis, 1982. Pac. Ins. 24 (1): 35. **Type locality:** China (Fujian).

Systropus microsystropus: Yang, Yao *et* Cui, 2012. Bombyliidae of China: 370.

分布（Distribution）：福建（FJ）

（219）黑带姬蜂虻 *Systropus montivagus* (Séguy, 1963)

Cephenius montivagus Séguy, 1963. Bull. Mus. Natl. Hist. Nat. Paris 35: 153. **Type locality:** China (Shanxi).

Systropus montivagus: Yang, Yao *et* Cui, 2012. Bombyliidae of China: 370.

分布（Distribution）：山西（SX）

（220）黄腹姬蜂虻 *Systropus nigritarsis* (Enderlein, 1926)

Cephenius nigritarsis Enderlein, 1926. Wien. Entomol. Ztg. 43: 79. **Type locality:** China (Guangxi).

Systropus nigritarsis: Yang, Yao *et* Cui, 2012. Bombyliidae of China: 372.
分布（Distribution）：广西（GX）

（221）亚洲姬蜂虻 *Systropus nitobei* Matsumura, 1916

Systropus nitobei Matsumura, 1916. Thousand Insects of Japan. Additamenta II: 287. **Type locality:** Japan.
Systropus nitobei: Yang, Yao *et* Cui, 2012. Bombyliidae of China: 372.
分布（Distribution）：云南（YN）；日本、韩国

（222）棕腹姬蜂虻 *Systropus sauteri* Enderlein, 1926

Cephenius sauteri Enderlein, 1926. Wien. Entomol. Ztg. 43: 82. **Type locality:** China (Taiwan).
Cephenius sauteri: Bezzi *in* Hennig, 1942: 68 [*in* Rohlfien *et* Ewald, 1980: 224].
Systropus sauteri: Yang, Yao *et* Cui, 2012. Bombyliidae of China: 374.
分布（Distribution）：台湾（TW）

（223）齿突姬蜂虻 *Systropus serratus* Yang *et* Yang, 1995

Systropus serratus Yang *et* Yang, 1995. Insects of Baishanzu Mountain, eastern China: 496. **Type locality:** China (Zhejiang).
Systropus serratus: Yang, Yao *et* Cui, 2012. Bombyliidae of China: 374.
分布（Distribution）：北京（BJ）、河南（HEN）、陕西（SN）、浙江（ZJ）、云南（YN）

（224）神农姬蜂虻 *Systropus shennonganus* Du, Yang, Yao *et* Yang, 2008

Systropus shennonganus Du, Yang, Yao *et* Yang, 2008. Classification and Distribution of Insects in China: 12. **Type locality:** China (Hubei).
Systropus shennonganus: Yang, Yao *et* Cui, 2012. Bombyliidae of China: 376.
分布（Distribution）：湖北（HB）、云南（YN）

（225）司徒姬蜂虻 *Systropus studyi* Enderlein, 1926

Systropus studyi Enderlein *in* Study, 1926. Wien. Entomol. Ztg. 43: 426. **Type locality:** China (Guangdong).
Systropus studyi: Yang, Yao *et* Cui, 2012. Bombyliidae of China: 377.
分布（Distribution）：广东（GD）；越南

（226）三突姬蜂虻 *Systropus submixtus* (Séguy, 1963)

Cephenius submixus Séguy, 1963. Bull. Mus. Natl. Hist. Nat. Paris 35: 80. **Type locality:** China (Shandong).
Systropus submixtus: Yang, Yao *et* Cui, 2012. Bombyliidae of China: 378.
分布（Distribution）：河北（HEB）、北京（BJ）、山东（SD）、河南（HEN）、浙江（ZJ）、福建（FJ）

（227）窗翅姬蜂虻 *Systropus thyriptilotus* Yang, 1995

Systropus thyriptilotus Yang, 1995. Insects and macrofungi of Gutianshan, Zhejiang: 232. **Type locality:** China (Zhejiang).
Systropus thyriptilotus: Yang, Yao *et* Cui, 2012. Bombyliidae of China: 379.
分布（Distribution）：浙江（ZJ）

（228）三峰姬蜂虻 *Systropus tricuspidatus* Yang, 1995

Systropus tricuspidatus Yang, 1995. Insects and macrofungi of Gutianshan, Zhejiang: 230. **Type locality:** China (Zhejiang).
Systropus tricuspidatus: Yang, Yao *et* Cui, 2012. Bombyliidae of China: 381.
分布（Distribution）：天津（TJ）、河南（HEN）、浙江（ZJ）、湖北（HB）、福建（FJ）、广西（GX）

（229）寡突姬蜂虻 *Systropus tripunctatus* Zaitzev, 1977

Systropus tripunctatus Zaitzev, 1977. Trudy Zool. Inst. Akad. Nauk S. S. S. R. 70: 133. **Type locality:** Russia (Far East).
Systropus bifurcus: Evenhuis, 1982. Pac. Ins. 24 (1): 37.
Systropus tripunctatus: Yang, Yao *et* Cui, 2012. Bombyliidae of China: 383.
分布（Distribution）：吉林（JL）、辽宁（LN）、四川（SC）、贵州（GZ）、广西（GX）；俄罗斯、韩国

（230）兴山姬蜂虻 *Systropus xingshanus* Yang *et* Yang, 1997

Systropus xingshanus Yang *et* Yang, 1997. Insects of the Three Gorge Reservoir Area of Yangtze River: 1467. **Type locality:** China (Hubei).
Systropus xingshanus: Yang, Yao *et* Cui, 2012. Bombyliidae of China: 384.
分布（Distribution）：湖北（HB）

（231）燕尾姬蜂虻 *Systropus yspilus* Du, Yang, Yao *et* Yang, 2008

Systropus yspilus Du, Yang, Yao *et* Yang, 2008. Classification and Distribution of Insects in China: 13. **Type locality:** China (Zhejiang).
Systropus yspilus: Yang, Yao *et* Cui, 2012. Bombyliidae of China: 386.
分布（Distribution）：河南（HEN）、浙江（ZJ）、广东（GD）

（232）云南姬蜂虻 *Systropus yunnanus* Du, Yang, Yao *et* Yang, 2008

Systropus yunnanus Du, Yang, Yao *et* Yang, 2008. Classification and Distribution of Insects in China: 14. **Type locality:** China (Yunnan).
Systropus yunnanus: Yang, Yao *et* Cui, 2012. Bombyliidae of China: 387.

分布（Distribution）：云南（YN）

（233）昭通姬蜂虻 *Systropus zhaotonganus* Yang, Yao *et* Cui, 2012

Systropus zhaotonganus Yang, Yao *et* Cui, 2012. Bombyliidae of China: 388. **Type locality:** China (Yunnan: Shaotong).
分布（Distribution）：云南（YN）

29. 弧蜂虻属 *Toxophora* Meigen, 1803

Toxophora Meigen, 1803. Mag. Insektenkd. 2: 270. **Type species:** *Toxophora maculata* Meigen, 1804, by subsequent monotypy.
Eniconevra Macquart, 1840. Diptères exotiques nouveaux ou peu connus: 110. **Type species:** *Eniconevra fuscipennis* Macquart, 1840 (monotypy).
Heniconevra Agassiz, 1846. Nomenclatoris zoologici index universalis, continens nomina systematica classium, ordinum, familiarum *et* generum animalium omnium, tam viventium quam fossilium, secundum ordinem alphabeticum unicum disposita, adjectis homonymiis plantarum, nec non variis adnotationibus *et* emendationibus: 138, 178, 1840. **Type species:** *Eniconevra fuscipennis* Macquart, 1840 (automatic).
Heniconeura Bezzi, 1903. Z. Syst. Hymen. Dipt. 2: 189. **Type species:** *Eniconevra fuscipennis* Macquart, 1840 (automatic).
Toxomyia Hull, 1973. Bull. U.S. Natl. Mus. 286: 232 (as subgenus of *Toxophora* Meigen). **Type species:** *Toxophora maxima* Coquillett, 1886 (original designation).
Toxophora: Yang, Yao *et* Cui, 2012. Bombyliidae of China: 390.

（234）炫弧蜂虻 *Toxophora iavana* Wiedemann, 1821

Toxophora iavana Wiedemann, 1821. Diptera Exotica. [Ed. 1] Sectio II: 179. **Type locality:** Indonesia (Java).
Toxophora zilpa Walker, 1849. List of the specimens of dipterous insects in the collection of the British Museum: 268. **Type locality:** China.
Toxophora iavana: Yang, Yao *et* Cui, 2012. Bombyliidae of China: 390.
分布（Distribution）：江西（JX）、福建（FJ）、香港（HK）；印度、印度尼西亚、老挝、马来西亚、菲律宾

乌蜂虻亚科 Usiinae

Usiinae Becker, 1913. Ezheg. Zool. Muz. 17: 483. **Type genus:** *Usia* Latreille, 1802.
Phthiriinae Becker, 1913. Ezheg. Zool. Muz. 17: 483. **Type genus:** *Phthiria* Meigen, 1803.
Usiinae: Yang, Yao *et* Cui, 2012. Bombyliidae of China: 391.

30. 蜕蜂虻属 *Apolysis* Loew, 1860

Apolysis Loew, 1860. Öfvers K. Vetenskapsakad. Förh. 17: 86. **Type species:** *Apolysis humilis* Loew, 1860 (monotypy).
Rhabdopselaphus Bigot, 1886. Bull. Bimens. Soc. Entomol. Fr. 1886 (12): ciii [1886c: ciii]. **Type species:** *Rhabdopselaphus mus* Bigot, 1886 (monotypy).
Pseudogeron Cresson, 1915. Ent. News 26: 201. **Type species:** *Pseudogeron mitis* Cresson, 1915 (original designation).
Dagestania Paramonov, 1929. Trudy Fiz.-Mat. Vidd. Ukr. Akad. Nauk. 11 (1): 133 (195). **Type species:** *Dagestania pusilla* Paramonov, 1929 (original designation).
Apolysis: Yang, Yao *et* Cui, 2012. Bombyliidae of China: 392.

（235）北京蜕蜂虻 *Apolysis beijingensis* (Yang *et* Yang, 1994)

Parageron beijingensis Yang *et* Yang, 1994. Entomotaxon. 16: 273. **Type locality**: China (Beijing).
Apolysis beijingensis: (Yang *et* Yang, 1994): Yao, Yang, Evenhuis *et* Babak, 2010. Zootaxa 2441: 21; Yang, Yao *et* Cui, 2012. Bombyliidae of China: 392.
分布（Distribution）：北京（BJ）

（236）黄缘蜕蜂虻 *Apolysis galba* Yao, Yang *et* Evenhuis, 2010

Apolysis galba Yao, Yang, Evenhuis *et* Babak, 2010. Zootaxa 2441: 22. **Type locality**: China (Ningxia).
Apolysis galba: Yang, Yao *et* Cui, 2012. Bombyliidae of China: 394.
分布（Distribution）：宁夏（NX）

31. 拟驼蜂虻属 *Parageron* Paramonov, 1929

Parageron Paramonov, 1929. Trudy Fiz.-Mat. Vidd. Ukr. Akad. Nauk. 11 (1): 189 (127). **Type species:** *Parageron orientalis* Paramonov, 1929 (monotypy).
Parageron: Yang, Yao *et* Cui, 2012. Bombyliidae of China: 396.

（237）西藏拟驼蜂虻 *Parageron xizangensis* (Yang *et* Yang, 1994)

Usia xizangensis Yang *et* Yang, 1994. Entomotaxon. 16: 272. **Type locality:** China (Xizang).
Parageron xizangensis: Yang, Yao *et* Cui, 2012. Bombyliidae of China: 396.
分布（Distribution）：西藏（XZ）

舞虻总科 Empidoidea

十七、舞虻科 Empididae

溪流舞虻亚科 Clinocerinae

1. 近溪舞虻属 *Aclinocera* Yang *et* Yang, 1995

Aclinocera Yang *et* Yang, 1995. Insects and macrofungi of Gutianshan, Zhejiang: 236. **Type species:** *Aclinocera sinica* Yang *et* Yang, 1995 (monotypy).
Aclinocera: Yang, Zhang, Yao *et* Zhang, 2007. World catalog of Empididae (Insecta: Diptera): 52.

（1）中华近溪舞虻 *Aclinocera sinica* Yang *et* Yang, 1995

Aclinocera sinica Yang *et* Yang, 1995. Insects and macrofungi of Gutianshan, Zhejiang: 237. **Type locality:** China (Zhejiang: Kaihua, Gutianshan).
分布（Distribution）：浙江（ZJ）

2. 溪舞虻属 *Clinocera* Meigen, 1803

Clinocera Meigen, 1803. Mag. Insektenkd. 2: 271. **Type species:** *Clinocera nigra* Meigen, 1804 (subsequent monotypy by Meigen, 1804).
Atalanta Meigen, 1800. Nouv. Class. Mouches: 31. **Type species:** *Clinocera nigra* Meigen, 1804 (designated by Coquillett, 1910). Suppressed by I. C. Z. N. 1963.
Paramesia Macquart, 1835. Hist. Nat. Ins. Dipt. 2: 656 (nec Stephens, 1829, Lepidoptera). **Type species:** *Paramesia wesmaeli* Macquart, 1835 (designated by Coquillett, 1903).
Hydrodromia Macquart, 1835. Hist. Nat. Ins. Dipt. 2: 658. **Type species:** *Heleodromia stagnalis* Haliday, 1833 (designated by Coquillett, 1903).
Wiedmannia Bigot, 1856. Ann. Soc. Ent. Fr. (3) 4: 990 (nec *Wiedemannia* Zetterstedt, 1838; misidentification).
Clinocera: Yang, Zhang, Yao *et* Zhang, 2007. World catalog of Empididae (Insecta: Diptera): 54; Yang, Wang, Zhu *et* Zhang, 2010. Diptera: Empidoidea. Insect Fauna of Henan: 303.

（2）广东溪舞虻 *Clinocera guangdongensis* Yang, Grootaert *et* Horvat, 2005

Clinocera guangdongensis Yang, Grootaert *et* Horvat, 2005. Zootaxa 908: 2. **Type locality:** China (Guangdong: Fugang, Guanyinshan Mountain).
分布（Distribution）：广东（GD）

（3）贵州溪舞虻 *Clinocera guizhouensis* Yang, Zhu *et* An, 2006

Clinocera guizhouensis Yang, Zhu *et* An, 2006. Insects from Chishui spinulose tree fern landscape: 306. **Type locality:** China (Guizhou: Chishui).
分布（Distribution）：贵州（GZ）

（4）林州溪舞虻 *Clinocera linzhouensis* Yang, Wang, Zhu *et* Zhang, 2010

Clinocera linzhouensis Yang, Wang, Zhu *et* Zhang, 2010. Diptera: Empidoidea. Insect Fauna of Henan: 304. **Type locality:** China (Henan: Linzhou).
分布（Distribution）：河南（HEN）

（5）中华溪舞虻 *Clinocera sinensis* Yang *et* Yang, 1995

Clinocera sinensis Yang *et* Yang, 1995. Insects and macrofungi of Gutianshan, Zhejiang: 235. **Type locality:** China (Zhejiang: Kaihua, Gutianshan).
分布（Distribution）：浙江（ZJ）

（6）吴氏溪舞虻 *Clinocera wui* Yang *et* Yang, 1995

Clinocera wui Yang *et* Yang, 1995. Insects and macrofungi of Gutianshan, Zhejiang: 235. **Type locality:** China (Zhejiang: Kaihua, Gutianshan).
分布（Distribution）：浙江（ZJ）

3. 长头舞虻属 *Dolichocephala* Macquart, 1823

Dolichocephala Macquart, 1823. Mém. Soc. Sci. Agric. Lille. 1822: 147. **Type species:** *Dolichocephala maculata* Macquart, 1823 [= *irrorata* (Fallén, 1816)] (monotypy).
Ardoptera Macquart, 1827. Ins. Dipt. N. Fr. 1827: 105. **Type species:** *Tachydromia irrorata* Fallén, 1816 (original designation).
Leptosceles Haliday, 1833. Ent. Mon. Mag. 1: 160. **Type species:** *Leptosceles guttata* Haliday, 1833 (original designation).
Lamposoma Becker, 1889. Berl. Ent. Z. 33: 338. **Type species:** *Lamposoma cavaticum* Becker, 1889 (monotypy).

Fur Garrett Jones, 1940. Ruwenzori Exped. 1934-1935 2: 294. **Type species:** *Fur fugitivus* Garrett Jones, 1940 (monotypy).
Obstinocephala Garrett Jones, 1940. Ruwenzori Exped. 1934-1935 2: 298. **Type species:** *Obstinocephala tali* Garrett Jones, 1940 (monotypy).
Dolichocephala: Yang, Zhang, Yao *et* Zhang, 2007. World catalog of Empididae (Insecta: Diptera): 59.

（7）短突长头舞虻 *Dolichocephala brevis* Liu, Wang *et* Yang, 2014

Dolichocephala brevis Liu, Wang *et* Yang, 2014. Zootaxa 3841 (3): 440. **Type locality:** China (Shaanxi: Liuba).
分布（Distribution）： 陕西（SN）

（8）崔氏长头舞虻 *Dolichocephala cuiae* Yang, Zhang *et* Yao, 2010

Dolichocephala cuiae Yang, Zhang *et* Yao, 2010. Insects from Mayanghe Landscape: 419. **Type locality:** China (Guizhou: Mayanghe).
分布（Distribution）： 贵州（GZ）

（9）广东长头舞虻 *Dolichocephala guangdongensis* Yang, Grootaert *et* Horvat, 2004

Dolichocephala guangdongensis Yang, Grootaert *et* Horvat, 2004. Aquat. Ins. 26 (3/4): 216. **Type locality:** China (Guangdong: Yingde, Shimentai).
分布（Distribution）： 广东（GD）

（10）海南长头舞虻 *Dolichocephala hainanensis* Yang, 2008

Dolichocephala hainanensis Yang, 2008. Aquat. Ins. 30 (4): 282. **Type locality:** China (Hainan: Yinggeling).
分布（Distribution）： 海南（HI）

（11）普通长头舞虻 *Dolichocephala irrorata* (Fallén, 1816)

Tachydromia irrorata Fallén, 1816. Empidiae Sveciae: 13. **Type locality:** Sweden ("Westergothia; Esperod, Scania").
Dolichocephala maculata Macquart, 1823. Mém. Soc. Sci. Agric. Lille. 1822: 148. **Type locality:** Not given [NW France].
Ardoptera anomala Scholz, 1851. Z. Ent. 5 (19): 59. **Type locality:** Czechoslovakia ("Im Buckelthale bei Nieder-Langenau (Schlesien)" [= Dolní Maršov]).
分布（Distribution）： ？中国；俄罗斯（远东地区）、美国；欧洲

（12）长突长头舞虻 *Dolichocephala longa* Liu, Wang *et* Yang, 2014

Dolichocephala longa Liu, Wang *et* Yang, 2014. Zootaxa 3841 (3): 441. **Type locality:** China (Shaanxi: Ningshan, Liuba and Zhashui).
分布（Distribution）： 陕西（SN）

（13）东方长头舞虻 *Dolichocephala orientalis* Yang, Zhu *et* An, 2006

Dolichocephala orientalis Yang, Zhu *et* An, 2006. Insects from Chishui spinulose tree fern landscape: 306. **Type locality:** China (Guizhou: Chishui).
分布（Distribution）： 贵州（GZ）

（14）秦岭长头舞虻 *Dolichocephala qinlingensis* Liu, Wang *et* Yang, 2014

Dolichocephala qinlingensis Liu, Wang *et* Yang, 2014. Zootaxa 3841 (3): 443. **Type locality:** China (Shaanxi: Ningshan and Zhashui).
分布（Distribution）： 陕西（SN）

（15）中华长头舞虻 *Dolichocephala sinica* Horvat, 1994

Dolichocephala sinica Horvat, 1994. Aquat. Ins. 16 (4): 201. **Type locality:** China (Sichuan: Wolong).
分布（Distribution）： 四川（SC）

（16）西藏长头舞虻 *Dolichocephala tibetensis* Liu, Tang *et* Yang, 2014

Dolichocephala tibetensis Liu, Tang *et* Yang, 2014. Florida Ent. 97 (3): 1023. **Type locality:** China (Tibet: Bomi and Linzhi).
分布（Distribution）： 西藏（XZ）

4. 粗吻溪舞虻属 *Hypenella* Collin, 1941

Hypenella Collin, 1941. Proc. R. Ent. Soc. Lond. (B) 10: 239. **Type species:** *Hypenella empodiata* Collin, 1941 (monotypy).
Hypenella: Yang, Zhang, Yao *et* Zhang, 2007. World catalog of Empididae (Insecta: Diptera): 63.

（17）方须粗吻溪舞虻 *Hypenella empodiata* Collin, 1941

Hypenella empodiata Collin, 1941. Proc. R. Ent. Soc. Lond. (B) 10: 240. **Type locality:** Russia ("Tigrovaja, Sutshan").
分布（Distribution）： 中国；俄罗斯（远东地区）

（18）南岭粗吻溪舞虻 *Hypenella nanlingensis* Yang *et* Grootaert, 2008

Hypenella nanlingensis Yang *et* Grootaert, 2008. Ann. Zool. 58 (3): 557. **Type locality:** China (Guangdong: Nanling).
分布（Distribution）： 广东（GD）

5. 断脉溪舞虻属 *Proclinopyga* Melander, 1928

Proclinopyga Melander, 1928. Genera Ins. 185: 220. **Type species:** *Proclinopyga amplectens* Melander, 1928 (original

designation).
Proclinopyga: Yang, Zhang, Yao *et* Zhang, 2007. World catalog of Empididae (Insecta: Diptera): 68.

（19）远东断脉溪舞虻 *Proclinopyga pervaga* Collin, 1941

Proclinopyga pervaga Collin, 1941. Proc. R. Ent. Soc. Lond. (B) 10: 241. **Type locality:** Russia ("Tigrovaja, Sutshan").
分布（Distribution）：中国；日本、俄罗斯（远东地区）

6. 细吻溪舞虻属 *Roederiodes* Coquillett, 1901

Roederiodes Coquillett, 1901. Bull. N.Y. St. Mus. 47: 585. **Type species:** *Roederiodes junctus* Coquillett, 1901 (monotypy).
Roederiodes: Yang, Zhang, Yao *et* Zhang, 2007. World catalog of Empididae (Insecta: Diptera): 69.

（20）库氏细吻溪舞虻 *Roederiodes chvalai* Horvat, 1994

Roederiodes chvalai Horvat, 1994. Acta Univ. Carol. Biol. 1993 37: 81. **Type locality:** China (Sichuan: Emei Mountain).
分布（Distribution）：四川（SC）

（21）卧龙细吻溪舞虻 *Roederiodes wolongensis* Horvat, 1994

Roederiodes wolongensis Horvat, 1994. Acta Univ. Carol. Biol. 37: 83. **Type locality:** China (Sichuan: Wolong).
分布（Distribution）：四川（SC）

7. 毛脉溪舞虻属 *Trichoclinocera* Collin, 1941

Trichoclinocera Collin, 1941. Proc. R. Ent. Soc. Lond. (B) 10: 237. **Type species:** *Trichoclinocera stackelbergi* Collin, 1941 (original designation).
Seguyella Vaillant, 1960. Bull. Soc. Ent. Fr. 65: 179. **Type species:** *Seguyella rostrata* Vaillant, 1960 (original designation).
Acanthoclinocera Saigusa, 1965. Kontyû 33: 53. **Type species:** *Acanthoclinocera dasyscutellum* Saigusa, 1965 (monotypy).
Trichoclinocera: Yang, Zhang, Yao *et* Zhang, 2007. World catalog of Empididae (Insecta: Diptera): 70.

（22）短突毛脉溪舞虻 *Trichoclinocera fluviatilis* (Brunetti, 1913)

Clinocera fluviatilis Brunetti, 1913. Rec. Ind. Mus. 9: 34. **Type locality:** India (Bhowali: Kumaon).
分布（Distribution）：云南（YN）；印度、尼泊尔

（23）弯须毛脉溪舞虻 *Trichoclinocera naumanni* Sinclair *et* Saigusa, 2005

Trichoclinocera naumanni Sinclair *et* Saigusa, 2005. Bonn. Zool. Beitr. 2004 53 (1/2): 201. **Type locality:** China (Sichuan).
分布（Distribution）：四川（SC）

（24）斯氏毛脉溪舞虻 *Trichoclinocera stackelbergi* Collin, 1941

Trichoclinocera stackelbergi Collin, 1941. Proc. R. Ent. Soc. Lond. (B) 10: 238. **Type locality:** Russia ("Tigrovaja, Sutshan").
分布（Distribution）：？中国；俄罗斯（远东地区）

（25）台湾毛脉溪舞虻 *Trichoclinocera taiwanensis* Sinclair *et* Saigusa, 2005

Trichoclinocera taiwanensis Sinclair *et* Saigusa, 2005. Bonn. Zool. Beitr. 2004 53 (1/2): 204. **Type locality:** China (Taiwan: Taipei Hsien).
分布（Distribution）：台湾（TW）

（26）易县毛脉溪舞虻 *Trichoclinocera yixianensis* Li *et* Yang, 2009

Trichoclinocera yixianensis Li *et* Yang, 2009. Aquat. Ins. 31 (2): 134. **Type locality:** China (Henan: Yixian and Neixiang).
分布（Distribution）：河南（HEN）

（27）云南毛脉溪舞虻 *Trichoclinocera yunnana* Sinclair *et* Saigusa, 2005

Trichoclinocera yunnana Sinclair *et* Saigusa, 2005. Bonn. Zool. Beitr. 2004 53 (1/2): 206. **Type locality:** China (Yunnan: Huanglianshan).
分布（Distribution）：云南（YN）

舞虻亚科 Empidinae

舞虻族 Empidini

8. 舞虻属 *Empis* Linnaeus, 1758

Empis Linnaeus, 1758. Syst. Nat. Ed. 10, Vol. 1: 603. **Type species:** *Empis pennipes* Linnaeus, 1758 (designated by Latreille, 1810).
Empimorpha Coquillett, 1895. Proc. U.S. Natl. Mus. 1896 18: 396. **Type species:** *Empimorpha comantis* Coquillett, 1895 (original designation).
Empis: Yang, Zhang, Yao *et* Zhang, 2007. World catalog of Empididae (Insecta: Diptera): 85; Yang, Wang, Zhu *et* Zhang, 2010. Diptera: Empidoidea. Insect Fauna of Henan: 314.

缺脉舞虻亚属 *Coptophlebia* Bezzi, 1909

Coptophlebia Bezzi, 1909. Dtsch. Ent. Z. 1909: 100 (as subgenus of *Empis*). **Type species:** *Empis hyalipennis* Fallén, 1816 (original designation).
Coptophlebia: Yang, Zhang, Yao *et* Zhang, 2007. World catalog of Empididae (Insecta: Diptera): 86; Yang, Wang, Zhu *et* Zhang, 2010. Diptera: Empidoidea. Insect Fauna of Henan:

314.

(28) 端鬃缺脉脉舞虻 *Empis* (*Coptophlebia*) *apiciseta* Liu, Li *et* Yang, 2010

Empis (*Coptophlebia*) *apiciseta* Liu, Li *et* Yang, 2010. Acta Zootaxon. Sin. 35 (4): 737. **Type locality:** China (Hubei: Shennongjia).

分布（Distribution）：湖北（HB）

(29) 基黄缺脉舞虻 *Empis* (*Coptophlebia*) *basiflava* Liu, Li *et* Yang, 2010

Empis (*Coptophlebia*) *basiflava* Liu, Li *et* Yang, 2010. Acta Zootaxon. Sin. 35 (4): 736. **Type locality:** China (Hubei: Shennongjia).

分布（Distribution）：湖北（HB）

(30) 弯鬃缺脉舞虻 *Empis* (*Coptophlebia*) *curviseta* Zhou, Li *et* Yang, 2012

Empis (*Coptophlebia*) *curviseta* Zhou, Li *et* Yang, 2012. Insects from Kuankuoshui Landscape: 606. **Type locality:** China (Guizhou: Kuankuoshui, Baishao).

分布（Distribution）：贵州（GZ）

(31) 指突缺脉舞虻 *Empis* (*Coptophlebia*) *digitata* Liu, Li *et* Yang, 2010

Empis (*Coptophlebia*) *digitata* Liu, Li *et* Yang, 2010. Acta Zootaxon. Sin. 35 (4): 736-741. **Type locality:** China (Hubei: Shennongjia).

分布（Distribution）：湖北（HB）

(32) 广东缺脉舞虻 *Empis* (*Coptophlebia*) *donga* Daugeron, Grootaert *et* Yang, 2003

Empis (*Coptophlebia*) *donga* Daugeron, Grootaert *et* Yang, 2003. Bull. Inst. R. Sci. Nat. Belg. Ent. 73: 57. **Type locality:** China (Guangdong: Nanling).

分布（Distribution）：广东（GD）

(33) 海南缺脉舞虻 *Empis* (*Coptophlebia*) *hainanensis* Yang, Yang *et* Hu, 2002

Empis (*Coptophlebia*) *hainanensis* Yang, Yang *et* Hu, 2002. Forest Insects of Hainan: 736. **Type locality:** China (Hainan: Nada).

分布（Distribution）：海南（HI）

(34) 亮缺脉舞虻 *Empis* (*Coptophlebia*) *hyalea* Melander, 1946

Empis (*Coptophlebia*) *hyalea* Melander, 1946. Pan-Pac. Ent. 22: 113. **Type locality:** China (Guangdong: Tsin Leong San).

分布（Distribution）：广东（GD）

(35) 刺尾缺脉舞虻 *Empis* (*Coptophlebia*) *hystrichopyga* Bezzi, 1912

Empis (*Coptophlebia*) *hystrichopyga* Bezzi, 1912. Ann. Hist. Nat. Mus. Natl. Hung. 10: 469. **Type locality:** China (Taiwan: Chip-Chip).

分布（Distribution）：台湾（TW）

(36) 弯缺脉舞虻 *Empis* (*Coptophlebia*) *inclinata* Bezzi, 1912

Empis (*Coptophlebia*) *inclinata* Bezzi, 1912. Ann. Hist. Nat. Mus. Natl. Hung. 10: 470. **Type locality:** China (Taiwan: Chip-Chip).

分布（Distribution）：台湾（TW）

(37) 弯茎缺脉舞虻 *Empis* (*Coptophlebia*) *incurva* Daugeron *et* Grootaert, 2005

Empis (*Coptophlebia*) *incurva* Daugeron *et* Grootaert, 2005. Zool. J. Linn. Soc. 145 (3): 381. **Type locality:** China (Yunnan: Jinghong, Mengyang).

分布（Distribution）：云南（YN）

(38) 鬃饰缺脉舞虻 *Empis* (*Coptophlebia*) *lamellornata* Daugeron, Grootaert *et* Yang, 2003

Empis (*Coptophlebia*) *lamellornata* Daugeron, Grootaert *et* Yang, 2003. Bull. Inst. R. Sci. Nat. Belg. Ent. 73: 59. **Type locality:** China (Guangdong: Liuxihe).

分布（Distribution）：广东（GD）

(39) 黎氏缺脉舞虻 *Empis* (*Coptophlebia*) *licenti* Séguy, 1956

Empis licenti Séguy, 1956. Rev. Fran. Ent. 23: 177. **Type locality:** China (Gansu: Xinlong Shan [= Sinlongchan]).

Empis (*Coptophlebia*) *licenti*: Daugeron, 2011. Invert. Syst. 25: 267.

分布（Distribution）：甘肃（GS）

(40) 流溪河缺脉舞虻 *Empis* (*Coptophlebia*) *liuxihensis* Daugeron, Grootaert *et* Yang, 2003

Empis (*Coptophlebia*) *liuxihensis* Daugeron, Grootaert *et* Yang, 2003. Bull. Inst. R. Sci. Nat. Belg. Ent. 73: 59. **Type locality:** China (Guangdong: Liuxihe).

分布（Distribution）：广东（GD）

(41) 长鬃缺脉舞虻 *Empis* (*Coptophlebia*) *longisetosa* Yang, Wang, Zhu *et* Zhang, 2010

Empis (*Coptophlebia*) *longisetosa* Yang, Wang, Zhu *et* Zhang, 2010. Diptera: Empidoidea. Insect Fauna of Henan: 314. **Type locality:** China (Henan: Neixiang, Baotianman).

分布（Distribution）：河南（HEN）

(42) 长刺缺脉舞虻 *Empis* (*Coptophlebia*) *longispina* Yang, Zhang *et* Yao, 2010

Empis (*Coptophlebia*) *longispina* Yang, Zhang *et* Yao, 2010. Insects from Mayanghe Landscape: 418. **Type locality:** China (Guizhou: Mayanghe).

分布（Distribution）：贵州（GZ）

（43）孟仑缺脉舞虻 *Empis* (*Coptophlebia*) *menglunensis* Daugeron *et* Grootaert, 2005

Empis (*Coptophlebia*) *menglunensis* Daugeron *et* Grootaert, 2005. Zool. J. Linn. Soc. 145 (3): 376. **Type locality:** China (Yunnan: Jinghong, Menglun).

分布（Distribution）：云南（YN）

（44）孟养缺脉舞虻 *Empis* (*Coptophlebia*) *mengyangensis* Daugeron *et* Grootaert, 2005

Empis (*Coptophlebia*) *mengyangensis* Daugeron *et* Grootaert, 2005. Zool. J. Linn. Soc. 145 (3): 377. **Type locality:** China (Yunnan: Jinghong, Mengyang).

分布（Distribution）：云南（YN）

（45）黑棒缺脉舞虻 *Empis* (*Coptophlebia*) *multipennata* Melander, 1946

Empis (*Coptophlebia*) *multipennata* Melander, 1946. Pan-Pac. Ent. 22: 114. **Type locality:** China (Hainan: To Han).

分布（Distribution）：海南（HI）

（46）南岭缺脉舞虻 *Empis* (*Coptophlebia*) *nanlinga* Daugeron, Grootaert *et* Yang, 2003

Empis (*Coptophlebia*) *nanlinga* Daugeron, Grootaert *et* Yang, 2003. Bull. Inst. R. Sci. Nat. Belg. Ent. 73: 60. **Type locality:** China (Guangdong: Nanling).

分布（Distribution）：广东（GD）

（47）异缺脉舞虻 *Empis* (*Coptophlebia*) *ostentator* Melander, 1946

Empis (*Coptophlebia*) *ostentator* Melander, 1946. Pan-Pac. Ent. 22: 114. **Type locality:** China (Guangdong: Tsin Leong San).

分布（Distribution）：广东（GD）

（48）白毛缺脉舞虻 *Empis* (*Coptophlebia*) *pallipilosa* Liu, Li *et* Yang, 2010

Empis (*Coptophlebia*) *pallipilosa* Liu, Li *et* Yang, 2010. Acta Zootaxon. Sin. 35 (4): 739. **Type locality:** China (Hubei: Shennongjia).

分布（Distribution）：湖北（HB）

（49）金边缺脉舞虻 *Empis* (*Coptophlebia*) *patagiata* Bezzi, 1914

Empis (*Coptophlebia*) *patagiata* Bezzi, 1914. Suppl. Ent. 3: 71. **Type locality:** China (Taiwan: Kankau, Koshun, Chipun).

分布（Distribution）：台湾（TW）

（50）刺足缺脉舞虻 *Empis* (*Coptophlebia*) *pedispinosa* Daugeron, Grootaert *et* Yang, 2003

Empis (*Coptophlebia*) *pedispinosa* Daugeron, Grootaert *et* Yang, 2003. Bull. Inst. R. Sci. Nat. Belg. Ent. 73: 63. **Type locality:** China (Guangdong: Yingde, Shimentai).

分布（Distribution）：广东（GD）

（51）奇缺脉舞虻 *Empis* (*Coptophlebia*) *plorans* Bezzi, 1912

Empis plorans Bezzi, 1912. Ann. Hist. Nat. Mus. Natl. Hung. 10: 470. **Type locality:** China (Taiwan: Kosempo).

分布（Distribution）：台湾（TW）

（52）变色缺脉舞虻 *Empis* (*Coptophlebia*) *poecilosoma* Melander, 1946

Empis (*Coptophlebia*) *poecilosoma* Melander, 1946. Pan-Pac. Ent. 22: 115. **Type locality:** China (Guangdong: Yim Na San).

分布（Distribution）：广东（GD）

（53）后鬃缺脉舞虻 *Empis* (*Coptophlebia*) *postica* Liu, Li et Yang, 2010

Empis (*Coptophlebia*) *postica* Liu, Li *et* Yang, 2010. Acta Zootaxon. Sin. 35 (4): 740. **Type locality:** China (Hubei: Shennongjia).

分布（Distribution）：湖北（HB）

（54）黄足缺脉舞虻 *Empis* (*Coptophlebia*) *pseudohystrichopyga* Daugeron, 2011

Empis (*Coptophlebia*) *pseudohystrichopyga* Daugeron, 2011. Invert. Syst. 25: 268. **Type locality:** China (Guangdong: Nanling).

分布（Distribution）：广东（GD）

（55）四纹缺脉舞虻 *Empis* (*Coptophlebia*) *pseudovillosipes* Daugeron, 2011

Empis (*Coptophlebia*) *pseudovillosipes* Daugeron, 2011. Invert. Syst. 25: 268. **Type locality:** China (Taiwan: Hualien, Yeliu, Taipei).

分布（Distribution）：台湾（TW）

（56）四突缺脉舞虻 *Empis* (*Coptophlebia*) *quadrimanus* Frey, 1953

Empis quadrimanus Frey, 1953. Not. Ent. 33: 53. **Type locality:** China (Taiwan).

分布（Distribution）：台湾（TW）

（57）邵氏缺脉舞虻 *Empis* (*Coptophlebia*) *sauteriana* Bezzi, 1914

Empis (*Coptophlebia*) *sauteriana* Bezzi, 1914. Suppl. Ent. 2: 70. **Type locality:** China (Taiwan: Chipun, Payuma).

分布（Distribution）：台湾（TW）

（58）中华缺脉舞虻 *Empis* (*Coptophlebia*) *sinensis* Melander, 1946

Empis (*Coptophlebia*) *sinensis* Melander, 1946. Pan-Pac. Ent. 22: 116. **Type locality:** China (Guangdong: Tsin Leong San).

分布（Distribution）：广东（GD）

（59）松山缺脉舞虻 *Empis (Coptophlebia) subabbreviata* Frey, 1953

Empis (*Coptophlebia*) *subabbreviata* Frey, 1953. Not. Ent. 33: 50. **Type locality:** China (Taiwan: Maruyama).

分布（Distribution）：台湾（TW）

（60）窄缺脉舞虻 *Empis (Coptophlebia) tenuinervis* Bezzi, 1912

Empis (*Coptophlebia*) *tenuinervis* Bezzi, 1912. Ann. Hist. Nat. Mus. Natl. Hung. 10: 471. **Type locality:** China (Taiwan: Koshun).

分布（Distribution）：台湾（TW）

（61）胫斑缺脉舞虻 *Empis (Coptophlebia) tibiaculata* Daugeron, Grootaert *et* Yang, 2003

Empis (*Coptophlebia*) *tibiaculata* Daugeron, Grootaert *et* Yang, 2003. Bull. Inst. R. Sci. Nat. Belg. Ent. 73: 63. **Type locality:** China (Guangdong: Yingde, Shimentai).

分布（Distribution）：广东（GD）

（62）鹅绒缺脉舞虻 *Empis (Coptophlebia) velutina* Bezzi, 1912

Empis (*Coptophlebia*) *velutina* Bezzi, 1912. Ann. Hist. Nat. Mus. Natl. Hung. 10: 471. **Type locality:** China (Taiwan: Polisha).

分布（Distribution）：台湾（TW）

（63）灰缺脉舞虻 *Empis (Coptophlebia) velutina cineraria* Bezzi, 1914

Empis velutina cineraria Bezzi, 1914. Suppl. Ent. 3: 71. **Type locality:** China (Taiwan: Sokutsu).

分布（Distribution）：台湾（TW）

（64）许氏缺脉舞虻 *Empis (Coptophlebia) xui* Daugeron, Grootaert *et* Yang, 2003

Empis (*Coptophlebia*) *xui* Daugeron, Grootaert *et* Yang, 2003. Bull. Inst. R. Sci. Nat. Belg. Ent. 73: 63. **Type locality:** China (Guangdong: Liuxihe).

分布（Distribution）：广东（GD）

（65）张氏缺脉舞虻 *Empis (Coptophlebia) zhangae* Yang, Wang, Zhu *et* Zhang, 2010

Empis (*Coptophlebia*) *zhangae* Yang, Wang, Zhu *et* Zhang, 2010. Diptera: Empidoidea. Insect Fauna of Henan: 316. **Type locality:** China (Henan: Linzhou).

分布（Distribution）：河南（HEN）

舞虻亚属 *Empis* Linnaeus, 1758

Empis Linnaeus, 1758. Syst. Nat. Ed. 10, Vol. 1: 603. **Type species:** *Empis pennipes* Linnaeus, 1758. (designated by Latreille, 1810).

Pterempis Bezzi, 1909. Dtsch. Ent. Z. 1909: 87 (as subgenus of *Empis*). **Type species:** *Empis genualis* Strobl, 1893 (designated by Collin, 1961).

Empis: Yang, Zhang, Yao *et* Zhang, 2007. World catalog of Empididae (Insecta: Diptera): 98; Yang, Wang, Zhu *et* Zhang, 2010. Diptera: Empidoidea. Insect Fauna of Henan: 314.

（66）湖北舞虻 *Empis (Empis) hubeiensis* Yang *et* Yang, 1997

Empis (*Empis*) *hubeiensis* Yang *et* Yang, 1997. Insects of the Three Gorge Reservoir Area of Yangtze River: 1474. **Type locality:** China (Hubei: Xingshan).

分布（Distribution）：湖北（HB）

（67）岩舞虻 *Empis (Empis) scopulifera* Bezzi, 1912

Empis (*Pterempis*) *scopulifera* Bezzi, 1912. Ann. Hist. Nat. Mus. Natl. Hung. 10: 472. **Type locality:** China (Taiwan: Chip-Chip).

分布（Distribution）：台湾（TW）

平舞虻亚属 *Planempis* Frey, 1953

Planempis Frey, 1953. Not. Ent. 33: 33 (as subgenus of *Empis*). **Type species:** *Empis* (*Planempis*) *mandarina* Frey, 1953 (original designation).

Planempis: Yang, Zhang, Yao *et* Zhang, 2007. World catalog of Empididae (Insecta: Diptera): 117.

（68）黄平舞虻 *Empis (Planempis) freyi* Yang, Zhang *et* Zhang, 2007

Empis (*Planempis*) *freyi* Yang, Zhang *et* Zhang, 2007. World catalog of Empididae (Insecta: Diptera): 118 (nom. nov. for *Empis* (*Leptempis*) *quinquelineata* Frey, 1953).

Empis (*Leptempis*) *quinquelineata* Frey, 1953. Not. Ent. 33: 42 (preoccupied by Say, 1823 now *Rhamphomyia*). **Type locality:** China (Fujian: Kuatun).

分布（Distribution）：福建（FJ）

（69）四纹黄平舞虻 *Empis (Planempis) hyalogyne* Bezzi, 1912

Empis (*Empis*) *hyalogyne* Bezzi, 1912. Ann. Hist. Nat. Mus. Natl. Hung. 10: 473. **Type locality:** China (Taiwan: Toyenmongai, Kosempo and Polisha).

分布（Distribution）：台湾（TW）

（70）全脉平舞虻 *Empis (Planempis) ingrata* Frey, 1953

Empis (*Leptempis*) *ingrata* Frey, 1953. Not. Ent. 33: 43. **Type locality:** China (Taiwan: Hokuto).

分布（Distribution）：台湾（TW）

（71）多鬃平舞虻 *Empis (Planempis) mandarina* Frey, 1953

Empis (*Planempis*) *mandarina* Frey, 1953. Not. Ent. 33: 40.

Type locality: China (Fujian: Kuatun); Myanmar (Kambaiti).
分布（Distribution）：福建（FJ）；缅甸

（72）长臂平舞虻 *Empis* (*Planempis*) *prolongata* Wang, Li *et* Yang, 2010

Empis (*Planempis*) *prolongata* Wang, Li *et* Yang, 2010. Zootaxa 2453: 43. **Type locality:** China (Hubei: Shennongjia).
分布（Distribution）：湖北（HB）

（73）神农架平舞虻 *Empis* (*Planempis*) *shennongana* Wang, Li *et* Yang, 2010

Empis (*Planempis*) *shennongana* Wang, Li *et* Yang, 2010. Zootaxa 2453: 44. **Type locality:** China (Hubei: Shennongjia).
分布（Distribution）：湖北（HB）

（74）天目山平舞虻 *Empis* (*Planempis*) *tianmushana* Liu, Yan *et* Yang, 2012

Empis (*Planempis*) *tianmushana* Liu, Yan *et* Yang, 2012. Zootaxa 3239: 52. **Type locality:** China (Zhejiang: Tianmushan Mountain).
分布（Distribution）：浙江（ZJ）

（75）朱氏平舞虻 *Empis* (*Planempis*) *zhuae* Liu, Yan *et* Yang, 2012

Empis (*Planempis*) *zhuae* Liu, Yan *et* Yang, 2012. Zootaxa 3239: 54. **Type locality:** China (Zhejiang: Tianmushan Mountain).
分布（Distribution）：浙江（ZJ）

钩胫舞虻亚属 *Polyblepharis* Bezzi, 1909

Polyblepharis Bezzi, 1909. Dtsch. Ent. Z. 1909: 95 (as subgenus of *Empis*). **Type species:** *Empis albicans* Meigen, 1822 (original designation).
Polyblepharis: Yang, Zhang, Yao *et* Zhang, 2007. World catalog of Empididae (Insecta: Diptera): 120; Yang, Wang, Zhu *et* Zhang, 2010. Diptera: Empidoidea. Insect Fauna of Henan: 317.

（76）短刺舞虻 *Empis* (*Polyblepharis*) *brevistyla* Zhou, Li *et* Yang, 2012

Empis (*Polyblepharis*) *brevistyla* Zhou, Li *et* Yang, 2012. Insects from Kuankuoshui Landscape: 606. **Type locality:** China (Guizhou: Kuankuoshui, Baishao).
分布（Distribution）：贵州（GZ）

（77）弯茎舞虻 *Empis* (*Polyblepharis*) *curvipenis* Yang, Wang, Zhu *et* Zhang, 2010

Empis (*Polyblepharis*) *curvipenis* Yang, Wang, Zhu *et* Zhang, 2010. Diptera: Empidoidea. Insect Fauna of Henan: 317. **Type locality:** China (Henan: Neixiang, Baotianman).
分布（Distribution）：河南（HEN）

亚属未定种

（78）猎舞虻 *Empis raptoria* Bezzi, 1912

Empis raptoria Bezzi, 1912. Ann. Hist. Nat. Mus. Natl. Hung. 10: 468. **Type locality:** China (Taiwan: Chip-Chip).
分布（Distribution）：台湾（TW）

9. 猎舞虻属 *Rhamphomyia* Meigen, 1822

Rhamphomyia Meigen, 1822. Syst. Beschr. 3: 42. **Type species:** *Empis sulcata* Meigen, 1804 (designated by Curtis, 1834).
Dionnaea Meigen, 1800. Nouv. Class. Mouches: 27. **Type species:** *Empis platyptera* Panzer, 1794 (designated by Coquillett, 1910). Suppressed by I. C. Z. N. 1963.
Rhamphomyza Zetterstedt, 1838. Insecta Lapp.: 562. **Type species:** *Empis sulcata* Meigen, 1804 (automatic) [emendation or error].
Choreodromia Frey, 1922. Not. Ent. 2: 3 (as subgenus of *Rhamphomyia*). **Type species:** *Empis nigripes* Fabricius, 1794 (original designation) [= *Rhamphomyia nigripes*: authors nec Fabricius, 1794] [= *crassirostris* (Fallén, 1816)].
Dasyrhamphomyia Frey, 1922. Not. Ent. 2: 4 (as subgenus of *Rhamphomyia*). **Type species:** *Empis vesiculosa* Fallén, 1816 (original designation).
Ctenempis Frey, 1935. Ark. Zool. 28A (10): 3 (as subgenus of *Rhamphomyia*). **Type species:** *Rhamphomyia coracina* Zetterstedt, 1849 (original designation).
Eorhamphomyia Frey, 1950. Not. Ent. 1949 29: 94 (as subgenus of *Rhamphomyia*). **Type species:** *Empis spinipes* Fallén, 1816 (original designation).
Alpinomyia Frey, 1950. Not. Ent. 1949 29: 94 (as subgenus of *Rhamphomyia*). **Type species:** *Rhamphomyia anthracina* Meigen, 1822 (original designation).
Collinaria Frey, 1950. Not. Ent. 1949 29: 94 (as subgenus of *Rhamphomyia*). **Type species:** *Rhamphomyia nitidula* Zetterstedt, 1842 (original designation).
Rhamphomyia: Yang, Zhang, Yao *et* Zhang, 2007. World catalog of Empididae (Insecta: Diptera): 149; Yang, Wang, Zhu *et* Zhang, 2010. Diptera: Empidoidea. Insect Fauna of Henan: 318.

暗猎舞虻亚属 *Amydroneura* Collin, 1926

Amydroneura Collin, 1926. Ent. Mon. Mag. 62: 216 (as subgenus of *Rhamphomyia*). **Type species:** *Rhamphomyia erythrophthalma* Meigen, 1830 (original designation).
Amydroneura: Yang, Zhang, Yao *et* Zhang, 2007. World catalog of Empididae (Insecta: Diptera): 151.

（79）弯尾猎舞虻 *Rhamphomyia* (*Amydroneura*) *curvicauda* Frey, 1949

Rhamphomyia (*Amydroneura*) *curvicauda* Frey, 1949. Not. Ent. 29: 95. **Type locality:** Myanmar (Kambaiti); China

(Taiwan: Hokutu).
分布（Distribution）：台湾（TW）；缅甸

丽猎舞虻亚属 *Calorhamphomyia* Saigusa, 1963

Calorhamphomyia Saigusa, 1963. Sieboldia 3: 132 (as subgenus of *Rhamphomyia*). **Type species:** *Rhamphomyia* (*Eorhamphomyia*) *latistriata* Frey, 1953 (original designation).
Calorhamphomyia: Yang, Zhang, Yao *et* Zhang, 2007. World catalog of Empididae (Insecta: Diptera): 152.

（80）异翅丽猎舞虻 ***Rhamphomyia* (*Calorhamphomyia*) *insignis* Loew, 1871**

Rhamphomyia insignis Loew, 1871. Beschr. Europ. Dipt. 2: 246. **Type locality:** Russia (Lake Baykal).
分布（Distribution）：宁夏（NX）；俄罗斯

东方猎舞虻亚属 *Orientomyia* Saigusa, 1963

Orientomyia Saigusa, 1963. Sieboldia 3: 133 (as subgenus of *Rhamphomyia*). **Type species:** *Rhamphomyia spirifera* Frey, 1955 (original designation).

（81）基鬃猎舞虻 ***Rhamphomyia* (*Orientomyia*) *basisetosa* Saigusa, 1966**

Rhamphomyia (*Orientomyia*) *basisetosa* Saigusa, 1966. Pac. Ins. 8 (4): 906. **Type locality:** China (Fujian: Ta-chu-lan, Shaowu).
分布（Distribution）：福建（FJ）

准猎舞虻亚属 *Pararhamphomyia* Frey, 1922

Pararhamphomyia Frey, 1922. Not. Ent. 2: 33 (as subgenus of *Rhamphomyia*). **Type species:** *Empis plumipes* Fallén, 1816 (original designation) [a misidentification of *E. geniculata* Meigen, 1830].
Pararhamphomyia: Yang, Zhang, Yao *et* Zhang, 2007. World catalog of Empididae (Insecta: Diptera): 166; Yang, Wang, Zhu *et* Zhang, 2010. Diptera: Empidoidea. Insect Fauna of Henan: 319.

（82）宝天曼猎舞虻 ***Rhamphomyia* (*Pararhamphomyia*) *baotianmana* Yang, Wang, Zhu *et* Zhang, 2010**

Rhamphomyia (*Pararhamphomyia*) *baotianmana* Yang, Wang, Zhu *et* Zhang, 2010. Diptera: Empidoidea. Insect Fauna of Henan: 319. **Type locality:** China (Henan: Neixiang, Baotianman).
分布（Distribution）：河南（HEN）

（83）弯胫猎舞虻 ***Rhamphomyia* (*Pararhamphomyia*) *curvitibia* Saigusa, 1965**

Rhamphomyia (*Pararhamphomyia*) *curvitibia* Saigusa, 1965. Spec. Bull. Lepidopt. Soc. Japan 1: 180. **Type locality:** China (Taiwan: Tattaka-Oiwake).
分布（Distribution）：台湾（TW）

（84）马氏猎舞虻 ***Rhamphomyia* (*Pararhamphomyia*) *maai* Saigusa, 1966**

Rhamphomyia (*Pararhamphomyia*) *maai* Saigusa, 1966. Pac. Ins. 8 (4): 908. **Type locality:** China (Fujian: Ta-chu-lan, Shaowu).
分布（Distribution）：福建（FJ）

（85）大竹岚猎舞虻 ***Rhamphomyia* (*Pararhamphomyia*) *tachulanensis* Saigusa, 1966**

Rhamphomyia (*Pararhamphomyia*) *tachulanensis* Saigusa, 1966. Pac. Ins. 8: 911. **Type locality:** China (Fujian: Ta-chu-lan, Shaowu).
分布（Distribution）：福建（FJ）

猎舞虻亚属 *Rhamphomyia* Meigen, 1822

Rhamphomyia Meigen, 1822. Syst. Beschr. 3: 42. **Type species:** *Empis sulcata* Meigen, 1804 (designated by Curtis, 1834).
Rhamphomyia: Yang, Zhang, Yao *et* Zhang, 2007. World catalog of Empididae (Insecta: Diptera): 179; Yang, Wang, Zhu *et* Zhang, 2010. Diptera: Empidoidea. Insect Fauna of Henan: 321.

（86）双鬃猎舞虻 ***Rhamphomyia* (*Rhamphomyia*) *biseta* Yao, Wang *et* Yang, 2014**

Rhamphomyia (*Rhamphomyia*) *biseta* Yao, Wang *et* Yang, 2014. Entomotaxon. 36 (2): 124. **Type locality:** China (Zhejiang: Tianmushan Mountain).
分布（Distribution）：浙江（ZJ）

（87）基黄猎舞虻 ***Rhamphomyia* (*Rhamphomyia*) *flavella* Yu, Liu *et* Yang, 2010**

Rhamphomyia (*Rhamphomyia*) *flavella* Yu, Liu *et* Yang, 2010. Acta Zootaxon. Sin. 35 (3): 475. **Type locality:** China (Hubei: Shennongjia).
分布（Distribution）：湖北（HB）

（88）黄猎舞虻 ***Rhamphomyia* (*Rhamphomyia*) *flavipes* Matsumura, 1911**

Rhamphomyia flavipes Matsumura, 1911. J. Coll. Sapporo 4 (1): 67. **Type locality:** Russia [Maoka (or Mawoka): Sachalin].
Rhamphomyia (*Eorhamphomyia*) *principalis* Frey, 1950. Not. Ent. 1949 29: 110. **Type locality:** China (“Sui-fõng”).
分布（Distribution）：中国；朝鲜、俄罗斯（远东地区）

（89）克氏猎舞虻 ***Rhamphomyia* (*Rhamphomyia*) *klapperichi* Frey, 1953**

Rhamphomyia (*Eorhamphomyia*) *klapperichi* Frey, 1953. Not. Ent. 33: 79. **Type locality:** China (Fujian: Kuatun).
分布（Distribution）：福建（FJ）

（90）内突猎舞虻 *Rhamphomyia* (*Rhamphomyia*) *projecta* Yu, Liu *et* Yang, 2010

Rhamphomyia (*Rhamphomyia*) *projecta* Yu, Liu *et* Yang, 2010. Acta Zootaxon. Sin. 35 (3): 476. **Type locality:** China (Hubei: Shennongjia).

分布（Distribution）：湖北（HB）

（91）小刺猎舞虻 *Rhamphomyia* (*Rhamphomyia*) *spinulosa* Yang, Wang, Zhu *et* Zhang, 2010

Rhamphomyia (*Rhamphomyia*) *spinulosa* Yang, Wang, Zhu *et* Zhang, 2010. Diptera: Empidoidea. Insect Fauna of Henan: 321. **Type locality:** China (Henan: Neixiang, Baotianman).

分布（Distribution）：河南（HEN）

亚属地位未定

（92）喙猎舞虻 *Rhamphomyia rostrifera* Bezzi, 1912

Rhamphomyia rostrifera Bezzi, 1912. Ann. Hist. Nat. Mus. Natl. Hung. 10: 465. **Type locality:** China (Taiwan: Kosempo and Chip-Chip).

分布（Distribution）：台湾（TW）

（93）邵氏猎舞虻 *Rhamphomyia sauteri* Bezzi, 1912

Rhamphomyia sauteri Bezzi, 1912. Ann. Hist. Nat. Mus. Natl. Hung. 10: 466. **Type locality:** China (Taiwan: Toyenmongai).

分布（Distribution）：台湾（TW）

喜舞虻族 Hilarini

10. 喜舞虻属 *Hilara* Meigen, 1822

Hilara Meigen, 1822. Syst. Beschr. 3: 1. **Type species:** *Empis maura* Fabricius, 1776 (designated by Curtis, 1826).

Pseudoragas Frey, 1952. Not. Ent. 32: 121. **Type species:** *Pseudoragas japonica* Frey, 1952 (original designation).

Calohilara Frey, 1952. Not. Ent. 32: 124 (as subgenus of *Hilara*). **Type species:** *Hilara* (*Calohilara*) *elegans* Frey, 1952 (original designation).

Meroneurula Frey, 1952. Not. Ent. 32: 126 (as subgenus of *Hilara*). **Type species:** *Hilara vetula* Frey, 1952 (original designation).

Pseudorhamphomyia Frey, 1953. Not. Ent. 33: 73 (as subgenus of *Hilara*). **Type species:** *Hilara* (*Pseudorhamphomyia*) *hyalinata* Frey, 1953 (original designation).

Hilara: Yang, Zhang, Yao *et* Zhang, 2007. World catalog of Empididae (Insecta: Diptera): 207; Yang, Wang, Zhu *et* Zhang, 2010. Diptera: Empidoidea. Insect Fauna of Henan: 306.

（94）尖端喜舞虻 *Hilara acuminata* Yang *et* Wang, 1998

Hilara acuminata Yang *et* Wang, 1998. Insects of Longwangshan: 314. **Type locality:** China (Zhejiang: Longwangshan).

分布（Distribution）：浙江（ZJ）

（95）尖须喜舞虻 *Hilara acutata* Qin, Tian *et* Yang, 2008

Hilara acutata Qin, Tian *et* Yang, 2008. Acta Zootaxon. Sin. 33 (4): 796. **Type locality:** China (Henan: Baotianman).

Hilara acutata: Yang, Wang, Zhu *et* Zhang, 2010. Diptera: Empidoidea. Insect Fauna of Henan: 307.

分布（Distribution）：河南（HEN）

（96）须尖喜舞虻 *Hilara acuticercus* Li, Cui *et* Yang, 2010

Hilara acuticercus Li, Cui *et* Yang, 2010. Acta Zootaxon. Sin. 35 (4): 745. **Type locality:** China (Hubei: Shennongjia).

分布（Distribution）：湖北（HB）

（97）白云山喜舞虻 *Hilara baiyunshana* Yang, Wang, Zhu *et* Zhang, 2010

Hilara baiyunshana Yang, Wang, Zhu *et* Zhang, 2010. Diptera: Empidoidea. Insect Fauna of Henan: 308. **Type locality:** China (Henan: Songxian, Baiyunshan).

分布（Distribution）：河南（HEN）

（98）基突喜舞虻 *Hilara basiprojecta* Liu, Li *et* Yang, 2010

Hilara basiprojecta Liu, Li *et* Yang, 2010. Entomotaxon. 32 (Suppl.): 61. **Type locality:** China (Hubei: Shennongjia).

分布（Distribution）：湖北（HB）

（99）双叶喜舞虻 *Hilara bilobata* Yang *et* Wang, 1998

Hilara bilobata Yang *et* Wang, 1998. Insects of Longwangshan: 312. **Type locality:** China (Zhejiang: Longwangshan).

分布（Distribution）：浙江（ZJ）

（100）双刺喜舞虻 *Hilara bispina* Li, Cui *et* Yang, 2010

Hilara bispina Li, Cui *et* Yang, 2010. Acta Zootaxon. Sin. 35 (4): 745. **Type locality:** China (Hubei: Shennongjia).

分布（Distribution）：湖北（HB）

（101）短叉喜舞虻 *Hilara brevifurcata* Liu, Li *et* Yang, 2010

Hilara brevifurcata Liu, Li *et* Yang, 2010. Entomotaxon. 32 (3): 195. **Type locality:** China (Hubei: Shennongjia).

分布（Distribution）：湖北（HB）

（102）短角喜舞虻 *Hilara brevis* Liu, Li *et* Yang, 2010

Hilara brevis Liu, Li *et* Yang, 2010. Entomotaxon. 32 (3): 196. **Type locality:** China (Hubei: Shennongjia).

分布（Distribution）：湖北（HB）

(103）弯须喜舞虻 *Hilara curvata* Liu, Li *et* Yang, 2010

Hilara curvata Liu, Li *et* Yang, 2010. Entomotaxon. 32 (Suppl.): 62. **Type locality:** China (Hubei: Shennongjia).

分布（Distribution）：湖北（HB）

(104）弯突喜舞虻 *Hilara curvativa* Yang *et* Wang, 1998

Hilara curvativa Yang *et* Wang, 1998. Insects of Longwangshan: 311. **Type locality:** China (Zhejiang: Longwangshan).

分布（Distribution）：浙江（ZJ）

(105)弯茎喜舞虻 *Hilara curviphallus* Liu, Li *et* Yang, 2010

Hilara curviphallus Liu, Li *et* Yang, 2010. Entomotaxon. 32 (Suppl.): 64. **Type locality:** China (Hubei: Shennongjia).

分布（Distribution）：湖北（HB）

(106）大龙潭喜舞虻 *Hilara dalongtana* Liu, Li *et* Yang, 2010

Hilara dalongtana Liu, Li *et* Yang, 2010. Entomotaxon. 32 (3): 197. **Type locality:** China (Hubei: Shennongjia).

分布（Distribution）：湖北（HB）

(107）大沙河喜舞虻 *Hilara dashahensis* Zhang, Zhang *et* Yang, 2005

Hilara dashahensis Zhang, Zhang *et* Yang, 2005. Insects from Dashahe Nature Reserve of Guizhou: 395. **Type locality:** China (Guizhou: Dashahe).

分布（Distribution）：贵州（GZ）

(108）扁胫喜舞虻 *Hilara depressa* Yang *et* Li, 2001

Hilara depressa Yang *et* Li, 2001. Insects of Tianmushan National Nature Reserve: 424. **Type locality:** China (Zhejiang: Tianmushan).

分布（Distribution）：浙江（ZJ）

(109)指突喜舞虻 *Hilara digitiformis* Liu, Li *et* Yang, 2010

Hilara digitiformis Liu, Li *et* Yang, 2010. Entomotaxon. 32 (Suppl.): 65. **Type locality:** China (Hubei: Shennongjia).

分布（Distribution）：湖北（HB）

(110）平突喜舞虻 *Hilara flata* Liu, Li *et* Yang, 2010

Hilara flata Liu, Li *et* Yang, 2010. Entomotaxon. 32 (Suppl.): 66. **Type locality:** China (Hubei: Shennongjia).

分布（Distribution）：湖北（HB）

(111）黄角喜舞虻 *Hilara flavantenna* Yang, Wang, Zhu *et* Zhang, 2010

Hilara flavantenna Yang, Wang, Zhu *et* Zhang, 2010. Diptera: Empidoidea. Insect Fauna of Henan: 309. **Type locality:** China (Henan: Songxian, Baiyunshan).

分布（Distribution）：河南（HEN）

(112）叉突喜舞虻 *Hilara forcipata* Yang *et* Li, 2001

Hilara forcipata Yang *et* Li, 2001. Insects of Tianmushan National Nature Reserve: 425. **Type locality:** China (Zhejiang: Tianmushan).

分布（Distribution）：浙江（ZJ）

(113)贵州喜舞虻 *Hilara guizhouensis* Yang *et* Zhang, 2006

Hilara guizhouensis Yang *et* Zhang, 2006. Insects from Fanjingshan landscape: 467. **Type locality:** China (Guizhou: Chishui).

分布（Distribution）：贵州（GZ）

(114）黑须喜舞虻 *Hilara heixu* Grootaert, Yang *et* Zhang, 2003

Hilara heixu Grootaert, Yang *et* Zhang, 2003. Bull. Inst. R. Sci. Nat. Belg. Ent. 73: 79. **Type locality:** China (Guangdong: Ruyuan, Nanling).

分布（Distribution）：广东（GD）

(115）黄基节喜舞虻 *Hilara huangjijie* Grootaert, Yang *et* Zhang, 2003

Hilara huangjijie Grootaert, Yang *et* Zhang, 2003. Bull. Inst. R. Sci. Nat. Belg. Ent. 73: 82. **Type locality:** China (Guangdong: Ruyuan, Nanling).

分布（Distribution）：广东（GD）

(116）黄须喜舞虻 *Hilara huangxu* Grootaert, Yang *et* Zhang, 2003

Hilara huangxu Grootaert, Yang *et* Zhang, 2003. Bull. Inst. R. Sci. Nat. Belg. Ent. 73: 80. **Type locality:** China (Guangdong: Ruyuan, Nanling).

分布（Distribution）：广东（GD）

(117）湖北喜舞虻 *Hilara hubeiensis* Yang *et* Yang, 1997

Hilara hubeiensis Yang *et* Yang, 1997. Insects of the Three Gorge Reservoir Area of Yangtze River: 1473. **Type locality:** China (Hubei: Xingshan).

分布（Distribution）：湖北（HB）

(118）宽须喜舞虻 *Hilara latiuscula* Yang *et* Li, 2001

Hilara latiuscula Yang *et* Li, 2001. Insects of Tianmushan National Nature Reserve: 426. **Type locality:** China (Zhejiang: Tianmushan).

分布（Distribution）：浙江（ZJ）

(119）长角喜舞虻 *Hilara longa* Liu, Li *et* Yang, 2010

Hilara longa Liu, Li *et* Yang, 2010. Entomotaxon. 32 (3): 198.

Type locality: China (Hubei: Shennongjia).
分布（**Distribution**）：湖北（HB）

（120）长须喜舞虻 *Hilara longicercus* Li, Cui *et* Yang, 2010

Hilara longicercus Li, Cui *et* Yang, 2010. Acta Zootaxon. Sin. 35 (4): 746. **Type locality:** China (Hubei: Shennongjia).
分布（**Distribution**）：湖北（HB）

（121）长鬃喜舞虻 *Hilara longiseta* Li, Cui *et* Yang, 2010

Hilara longiseta Li, Cui *et* Yang, 2010. Acta Zootaxon. Sin. 35 (4): 747. **Type locality:** China (Hubei: Shennongjia).
分布（**Distribution**）：湖北（HB）

（122）长刺喜舞虻 *Hilara longispina* Yang *et* Li, 2001

Hilara longispina Yang *et* Li, 2001. Insects of Tianmushan National Nature Reserve: 427. **Type locality:** China (Zhejiang: Tianmushan).
分布（**Distribution**）：浙江（ZJ）

（123）黑喜舞虻 *Hilara melanochira* Bezzi, 1912

Hilara melanochira Bezzi, 1912. Ann. Hist. Nat. Mus. Natl. Hung. 10: 474. **Type locality:** China (Taiwan: Chip-Chip).
分布（**Distribution**）：台湾（TW）

（124）新齿突喜舞虻 *Hilara neodentata* Yang, Zhang *et* Zhang, 2007

Hilara neodentata Yang, Zhang *et* Zhang, 2007. World catalog of Empididae (Insecta: Diptera): 228 (new name for *Hilara dentata* Yang *et* Yang, 1997, nec Smith, 1969).
Hilara dentata Yang *et* Yang, 1997. Insects of the Three Gorge Reservoir Area of Yangtze River: 1472 (preoccupied by Smith, 1969). **Type locality:** China (Hubei: Xingshan).
分布（**Distribution**）：湖北（HB）

（125）黑胫喜舞虻 *Hilara nigritibialis* Yang, Wang, Zhu *et* Zhang, 2010

Hilara nigritibialis Yang, Wang, Zhu *et* Zhang, 2010. Diptera: Empidoidea. Insect Fauna of Henan: 310. **Type locality:** China (Henan: Luanchuan).
分布（**Distribution**）：河南（HEN）

（126）钝突喜舞虻 *Hilara obtusa* Liu, Li *et* Yang, 2010

Hilara obtusa Liu, Li *et* Yang, 2010. Entomotaxon. 32 (Suppl.): 67. **Type locality:** China (Hubei: Shennongjia).
分布（**Distribution**）：湖北（HB）

（127）东方喜舞虻 *Hilara orientalis* Bezzi, 1912

Hilara orientalis Bezzi, 1912. Ann. Hist. Nat. Mus. Natl. Hung. 10: 474. **Type locality:** China (Taiwan: Chip-Chip).
分布（**Distribution**）：台湾（TW）

（128）申氏喜舞虻 *Hilara sheni* Qin, Tian *et* Yang, 2008

Hilara sheni Qin, Tian *et* Yang, 2008. Acta Zootaxon. Sin. 33 (4): 796. **Type locality:** China (Henan: Baotianman).
Hilara sheni: Yang, Wang, Zhu *et* Zhang, 2010. Diptera: Empidoidea. Insect Fauna of Henan: 311.
分布（**Distribution**）：河南（HEN）

（129）单鬃喜舞虻 *Hilara singularis* Yang, Wang, Zhu *et* Zhang, 2010

Hilara singularis Yang, Wang, Zhu *et* Zhang, 2010. Diptera: Empidoidea. Insect Fauna of Henan: 313. **Type locality:** China (Henan: Sanmenxia, Lushi).
分布（**Distribution**）：河南（HEN）

（130）刺突喜舞虻 *Hilara spina* Li, Cui *et* Yang, 2010

Hilara spina Li, Cui *et* Yang, 2010. Acta Zootaxon. Sin. 35 (4): 747. **Type locality:** China (Hubei: Shennongjia).
分布（**Distribution**）：湖北（HB）

（131）角突喜舞虻 *Hilara triangulata* Yang *et* Yang, 1997

Hilara triangulata Yang *et* Yang, 1997. Insects of the Three Gorge Reservoir Area of Yangtze River: 1471. **Type locality:** China (Hubei: Xingshan).
分布（**Distribution**）：湖北（HB）

（132）单尾喜舞虻 *Hilara uncicauda* Bezzi, 1914

Hilara uncicauda Bezzi, 1914. Suppl. Ent. 3: 72. **Type locality:** China (Taiwan: Hoozan).
分布（**Distribution**）：台湾（TW）

（133）许氏喜舞虻 *Hilara xui* Grootaert, Yang *et* Zhang, 2003

Hilara xui Grootaert, Yang *et* Zhang, 2003. Bull. Inst. R. Sci. Nat. Belg. Ent. 73: 77. **Type locality:** China (Guangdong: Yingde, Shimentai).
分布（**Distribution**）：广东（GD）

（134）浙江喜舞虻 *Hilara zhejiangensis* Yang *et* Wang, 1998

Hilara zhejiangensis Yang *et* Wang, 1998. Insects of Longwang-shan: 315. **Type locality:** China (Zhejiang: Longwangshan).
分布（**Distribution**）：浙江（ZJ）

11. 短胫喜舞虻属 *Hilarigona* Collin, 1933

Hilarigona Collin, 1933. Dipt. Patagonia S. Chile 4: 144. **Type species:** *Pachymeria argentata* Philippi, 1865 (original designation).
Hilarigona: Yang, Zhang, Yao *et* Zhang, 2007. World catalog of Empididae (Insecta: Diptera): 244.

（135）无斑短胫喜舞虻 *Hilarigona unmaculata* Yang *et* Yang, 1995

Hilarigona unmaculata Yang *et* Yang, 1995. Insects of Baishanzu Mountain, Eastern China: 505. **Type locality:** China (Zhejiang: Baishanzu).

分布（Distribution）：浙江（ZJ）

12. 螳喜舞虻属 *Ochtherohilara* Frey, 1952

Ochtherohilara Frey, 1952. Not. Ent. 32: 124 (as subgenus of *Hilara*). **Type species:** *Hilara* (*Ochtherohilara*) *mantis* Frey, 1952 (original designation).

Ochtherohilara: Yang, Zhang, Yao *et* Zhang, 2007. World catalog of Empididae (Insecta: Diptera): 246.

（136）基黄螳喜舞虻 *Ochtherohilara basiflava* Yang *et* Wang, 1998

Ochtherohilara basiflava Yang *et* Wang, 1998. Insects of Longwangshan: 315. **Type locality:** China (Zhejiang: Longwangshan).

分布（Distribution）：浙江（ZJ）

13. 宽喜舞虻属 *Platyhilara* Frey, 1952

Platyhilara Frey, 1952. Not. Ent. 32: 123 (as subgenus of *Hilara*). **Type species:** *Hilara nitidula* Zetterstedt, 1838 (original designation).

Platyhilara: Yang, Zhang, Yao *et* Zhang, 2007. World catalog of Empididae (Insecta: Diptera): 247.

（137）淡翅宽喜舞虻 *Platyhilara pallala* (Yang *et* Yang, 1995)

Hilara (*Platyhilara*) *pallala* Yang *et* Yang, 1995. Insects of Baishanzu Mountain, Eastern China: 506. **Type locality:** China (Zhejiang: Baishanzu).

分布（Distribution）：浙江（ZJ）

14. 华喜舞虻属 *Sinohilara* Zhou, Li *et* Yang, 2010

Sinohilara Zhou, Li *et* Yang, 2010. Acta Zootaxon. Sin. 35 (3): 478. **Type species:** *Sinohilara shennongana* Zhou, Li *et* Yang, 2010 (monotypy).

（138）神农华喜舞虻 *Sinohilara shennongana* Zhou, Li *et* Yang, 2010

Sinohilara shennongana Zhou, Li *et* Yang, 2010. Acta Zootaxon. Sin. 35 (3): 479. **Type locality:** China (Hubei: Shennongjia).

分布（Distribution）：湖北（HB）

螳舞虻亚科 Hemerodromiinae

鬃螳舞虻族 Chelipodini

15. 异螳舞虻属 *Achelipoda* Yang, Zhang *et* Zhang, 2007

Achelipoda Yang, Zhang *et* Zhang, 2007. World catalog of Empididae (Insecta: Diptera): 250. **Type species:** *Chelipoda* (*Chelipoda*) *pictipennis* Bezzi, 1912.

（139）彩异螳舞虻 *Achelipoda pictipennis* (Bezzi, 1912)

Chelipoda (*Chelipoda*) *pictipennis* Bezzi, 1912. Ann. Hist. Nat. Mus. Natl. Hung. 10: 476. **Type locality:** China (Taiwan: Koshun).

Cephalodromia pictipennis: Yang *et* Yang, 2004. Fauna Sinica Insecta 34: 59.

Achelipoda pictipennis: Yang, Zhang *et* Zhang, 2007. World catalog of Empididae (Insecta: Diptera): 250.

分布（Distribution）：台湾（TW）

16. 鬃螳舞虻属 *Chelipoda* Macquart, 1823

Chelipoda Macquart, 1823. Mém. Soc. Sci. Agric. Lille. 1822: 148. **Type species:** *Tachydromia mantispa* Macquart, 1823, nec Panzer [misidentification] (original designation) [= *vocatoria* (Fallén, 1816)].

Chiromantis Rondani, 1856. Dipt. Ital. Prodromus 1: 148 (nec Peters, 1854). **Type species:** *Tachydromia vocatoria* Fallén, 1816 (original designation).

Thamnodromia Mik, 1886. Wien. Entomol. Ztg. 5: 278 (unnecessary change of name for *Phyllodromia* Zetterstedt). **Type species:** Not given, *vocatoria* (Fallén, 1816) after Collin, 1961. Brit. Flies 6: 689.

Litanomyia Melander, 1902. Trans. Am. Ent. Soc. 28: 231. **Type species:** *Sciodromia mexicana* Wheeler *et* Melander, 1901 (designated by Coquillett, 1903).

Chelipoda: Yang *et* Yang, 2004. Fauna Sinica Insecta 34: 64; Yang, Zhang, Yao *et* Zhang, 2007. World catalog of Empididae (Insecta: Diptera): 251; Yang, Wang, Zhu *et* Zhang, 2010. Diptera: Empidoidea. Insect Fauna of Henan: 299.

（140）北方鬃螳舞虻 *Chelipoda arcta* Yang *et* Yang, 1990

Chelipoda arcta Yang *et* Yang, 1990. Acta Zootaxon. Sin. 15 (4): 487. **Type locality:** China (Hebei: Pingquan).

Chelipoda arcta: Yang *et* Yang, 2004. Fauna Sinica Insecta 34: 66.

分布（Distribution）：河北（HEB）

（141）基鬃螳舞虻 *Chelipoda basalis* Yang *et* Yang, 1990

Chelipoda basalis Yang *et* Yang, 1990. Acta Zootaxon. Sin. 15 (4): 486. **Type locality:** China (Gansu: Wenxian, Lintan, Kangxian, Jone).

Chelipoda basalis: Yang *et* Yang, 2004. Fauna Sinica Insecta 34: 66.

分布（Distribution）：甘肃（GS）、贵州（GZ）

（142）钩突鬃螳舞虻 *Chelipoda forcipata* Yang *et* Yang, 1992

Chelipoda forcipata Yang *et* Yang, 1992. J. Guangxi Acad. Sci. 8 (1): 44. **Type locality:** China (Guangxi: Longsheng).

Chelipoda forcipata: Yang *et* Yang, 2004. Fauna Sinica Insecta 34: 67; Yang, Wang, Zhu *et* Zhang, 2010. Diptera: Empidoidea. Insect Fauna of Henan: 300.

分布（Distribution）：河南（HEN）、广西（GX）、海南（HI）

（143）褐角鬃螳舞虻 *Chelipoda fuscicornis* (Bezzi, 1912)

Chelipoda (*Phyllodromia*) *fuscicornis* Bezzi, 1912. Ann. Hist. Nat. Mus. Natl. Hung. 10: 478. **Type locality:** China (Taiwan: Chip-Chip and Polisha).

Chelipoda fuscicornis: Yang *et* Yang, 2004. Fauna Sinica Insecta 34: 68.

分布（Distribution）：台湾（TW）

（144）褐毛鬃螳舞虻 *Chelipoda fusciseta* (Bezzi, 1912)

Chelipoda (*Phyllodromia*) *fusciseta* Bezzi, 1912. Ann. Hist. Nat. Mus. Natl. Hung. 10: 477. **Type locality:** China (Taiwan: Chip-Chip).

Chelipoda fusciseta: Yang *et* Yang, 2004. Fauna Sinica Insecta 34: 68.

分布（Distribution）：台湾（TW）

（145）甘肃鬃螳舞虻 *Chelipoda gansuensis* Yang *et* Yang, 1990

Chelipoda gansuensis Yang *et* Yang, 1990. Acta Zootaxon. Sin. 15 (4): 485. **Type locality:** China (Gansu: Kangxian).

Chelipoda gansuensis: Yang *et* Yang, 2004. Fauna Sinica Insecta 34: 69.

分布（Distribution）：甘肃（GS）

（146）广西鬃螳舞虻 *Chelipoda guangxiensis* Yang *et* Yang, 1986

Chelipoda guangxiensis Yang *et* Yang, 1986. Wuyi Sci. J. 6: 76. **Type locality:** China (Guangxi: Tianlin).

Chelipoda guangxiensis: Yang *et* Yang, 2004. Fauna Sinica Insecta 34: 70.

分布（Distribution）：云南（YN）、广西（GX）

（147）贵州鬃螳舞虻 *Chelipoda guizhouana* Yang *et* Yang, 1989

Chelipoda guizhouana Yang *et* Yang, 1989. Guizhou Sci. 7 (1): 37. **Type locality:** China (Guizhou: Guiyang).

Chelipoda guizhouana: Yang *et* Yang, 2004. Fauna Sinica Insecta 34: 71.

分布（Distribution）：贵州（GZ）

（148）湖北鬃螳舞虻 *Chelipoda hubeiensis* Yang *et* Yang, 1990

Chelipoda hubeiensis Yang *et* Yang, 1990. Acta Zootaxon. Sin. 15 (4): 483. **Type locality:** China (Hubei: Tongshan).

Chelipoda hubeiensis: Yang *et* Yang, 2004. Fauna Sinica Insecta 34: 72.

分布（Distribution）：湖北（HB）

（149）林氏鬃螳舞虻 *Chelipoda lyneborgi* Yang *et* Yang, 1990

Chelipoda lyneborgi Yang *et* Yang, 1990. Acta Zootaxon. Sin. 15 (4): 484. **Type locality:** China (Hubei: Shennongjia).

Chelipoda lyneborgi: Yang *et* Yang, 2004. Fauna Sinica Insecta 34: 73.

分布（Distribution）：浙江（ZJ）、湖北（HB）

（150）勐仑鬃螳舞虻 *Chelipoda menglunana* Grootaert, Yang *et* Saigusa, 2000

Chelipoda menglunana Grootaert, Yang *et* Saigusa, 2000. Bull. Inst. R. Sci. Nat. Belg. Ent. 70: 72. **Type locality:** China (Yunnan: Menglun).

Chelipoda menglunana: Yang *et* Yang, 2004. Fauna Sinica Insecta 34: 73.

分布（Distribution）：云南（YN）

（151）勐养鬃螳舞虻 *Chelipoda mengyangana* Grootaert, Yang *et* Saigusa, 2000

Chelipoda mengyangana Grootaert, Yang *et* Saigusa, 2000. Bull. Inst. R. Sci. Nat. Belg. Ent. 70: 72. **Type locality:** China (Yunnan: Mengyang).

Chelipoda mengyangana: Yang *et* Yang, 2004. Fauna Sinica Insecta 34: 74.

分布（Distribution）：云南（YN）

（152）黑芒鬃螳舞虻 *Chelipoda nigraristata* Yang, Grootaert *et* Horvat, 2004

Chelipoda nigraristata Yang, Grootaert *et* Horvat, 2004. Aquat. Ins. 26 (1): 71. **Type locality:** China (Guangdong: Ruyuan, Nanling).

分布（Distribution）：广东（GD）

（153）柄腹鬃螳舞虻 *Chelipoda petiolata* Yang *et* Yang, 1987

Chelipoda petiolata Yang *et* Yang, 1987. Agricultural insects,

spiders, plant diseases and weeds of Xizang 2: 162. **Type locality:** China (Tibet: Bomi).
Chelipoda petiolata: Yang *et* Yang, 2004. Fauna Sinica Insecta 34: 76.
分布（**Distribution**）：西藏（XZ）

（154）神农鬃螳舞虻 *Chelipoda shennongana* Yang *et* Yang, 1990

Chelipoda shennongana Yang *et* Yang, 1990. Acta Zootaxon. Sin. 15 (4): 484. **Type locality:** China (Hubei: Shennongjia).
Chelipoda shennongana: Yang *et* Yang, 2004. Fauna Sinica Insecta 34: 77.
分布（**Distribution**）：湖北（HB）

（155）四川鬃螳舞虻 *Chelipoda sichuanensis* Yang *et* Yang, 1992

Chelipoda sichuanensis Yang *et* Yang, 1992. Insects of the Hengduan Mountains Region 2: 1094. **Type locality:** China (Sichuan: Xichang).
Chelipoda sichuanensis: Yang *et* Yang, 2004. Fauna Sinica Insecta 34: 78.
分布（**Distribution**）：四川（SC）

（156）中华鬃螳舞虻 *Chelipoda sinensis* Yang *et* Yang, 1987

Chelipoda sinensis Yang *et* Yang, 1987. Agricultural insects, spiders, plant diseases and weeds of Xizang 2: 161. **Type locality:** China (Tibet: Mainling).
Chelipoda sinensis: Yang *et* Yang, 2004. Fauna Sinica Insecta 34: 78.
分布（**Distribution**）：西藏（XZ）

（157）三峰鬃螳舞虻 *Chelipoda tribulosus* Yang, Yang *et* Hu, 2002

Chelipoda tribulosus Yang, Yang *et* Hu, 2002. Forest Insects of Hainan: 737. **Type locality:** China (Hainan: Wuzhishan Mountain).
Chelipoda tribulosus: Yang *et* Yang, 2004. Fauna Sinica Insecta 34: 80.
分布（**Distribution**）：海南（HI）

（158）乌氏鬃螳舞虻 *Chelipoda ulrichi* Yang, Yang *et* Hu, 2002

Chelipoda ulrichi Yang, Yang *et* Hu, 2002. Forest Insects of Hainan: 736. **Type locality:** China (Hainan: Wuzhishan Mountain).
Chelipoda ulrichi: Yang *et* Yang, 2004. Fauna Sinica Insecta 34: 81.
分布（**Distribution**）：海南（HI）

（159）武当鬃螳舞虻 *Chelipoda wudangensis* Yang *et* Yang, 1990

Chelipoda wudangensis Yang *et* Yang, 1990. Acta Zootaxon. Sin. 15 (4): 485. **Type locality:** China (Hubei: Wudangshan).
Chelipoda wudangensis: Yang *et* Yang, 2004. Fauna Sinica Insecta 34: 82; Yang, Wang, Zhu *et* Zhang, 2010. Diptera: Empidoidea. Insect Fauna of Henan: 301.
分布（**Distribution**）：河南（HEN）、湖北（HB）

（160）黄头鬃螳舞虻 *Chelipoda xanthocephala* Yang *et* Yang, 1990

Chelipoda xanthocephala Yang *et* Yang, 1990. Acta Zootaxon. Sin. 15 (4): 486. **Type locality:** China (Hubei: Shennongjia).
Chelipoda xanthocephala: Yang *et* Yang, 2004. Fauna Sinica Insecta 34: 83.
分布（**Distribution**）：湖北（HB）

17. 叶螳舞虻属 *Phyllodromia* Zetterstedt, 1837

Phyllodromia Zetterstedt, 1837. Isis. Leipzig 1: 31 (as subgenus of *Hemerodromia*). **Type species:** *Empis melanocephala* Fabricius, 1794 (designated by Rondani, 1856).
Lepidomya Bigot, 1857. Ann. Soc. Ent. Fr. (3) 5: 563. **Type species:** *Tachydromia mantispa* Panzer, 1806 [= *melanocephala* (Fabricius, 1794)] (monotypy).
Phyllodromia: Yang *et* Yang, 2004. Fauna Sinica Insecta 34: 111; Yang, Zhang, Yao *et* Zhang, 2007. World catalog of Empididae (Insecta: Diptera): 257.

（161）暗色叶螳舞虻 *Phyllodromia fusca* (Bezzi, 1914)

Chelipoda (*Chelipoda*) *fusca* Bezzi, 1914. Suppl. Ent. 3: 73. **Type locality:** China (Taiwan: Hoozan).
Phyllodromia fusca: Yang *et* Yang, 2004. Fauna Sinica Insecta 34: 111.
分布（**Distribution**）：台湾（TW）

螳舞虻族 Hemerodromiini

18. 裸螳舞虻属 *Chelifera* Macquart, 1823

Chelifera Macquart, 1823. Mém. Soc. Sci. Agric. Lille. 1822: 150. **Type species:** *Chelifera raptor* Macquart, 1823 [= *monostigma* (Meigen, 1822)] (monotypy).
Mantipeza Rondani, 1856. Dipt. Ital. Prodromus 1: 148. **Type species:** *Hemerodromia monostigma* Meigen, 1822 (original designation).
Polydromia Bigot, 1857. Ann. Soc. Ent. Fr. (3) 5: 562 (as *Polydromya*, which was regarded later as erroneous). **Type species:** *Tachydromia precatoria* Fallén, 1816 (designated by Coquillett, 1910).
Thanategia Melander, 1928. Genera Ins. 127: 263 (as subgenus of *Chelifera*). **Type species:** *Hemerodromia defecta* Loew, 1862 (original designation).
Chelifera: Yang *et* Yang, 2004. Fauna Sinica Insecta 34: 59;

Yang, Zhang, Yao *et* Zhang, 2007. World catalog of Empididae (Insecta: Diptera): 258; Yang, Wang, Zhu *et* Zhang, 2010. Diptera: Empidoidea. Insect Fauna of Henan: 296.

（162）峨眉裸螳舞虻 *Chelifera emeishanica* Horvat, 2002

Chelifera emeishanica Horvat, 2002. Scopolia 48: 8. **Type locality:** China (Sichuan: Emei Mountain).

分布（Distribution）：四川（SC）

（163）凹须裸螳舞虻 *Chelifera incisa* Saigusa *et* Yang, 2002

Chelifera incisa Saigusa *et* Yang, 2002. Stud. Dipt. 9 (2): 538. **Type locality:** China (Henan: Baiyunshan).

Chelifera incisa: Yang *et* Yang, 2004. Fauna Sinica Insecta 34: 60; Yang, Wang, Zhu *et* Zhang, 2010. Diptera: Empidoidea. Insect Fauna of Henan: 296.

分布（Distribution）：河南（HEN）

（164）淡侧裸螳舞虻 *Chelifera lateralis* Yang *et* Yang, 1995

Chelifera lateralis Yang *et* Yang, 1995. Insects of Baishanzu Mountain, Eastern China: 504. **Type locality:** China (Zhejiang: Baishanzu).

Chelifera lateralis: Yang *et* Yang, 2004. Fauna Sinica Insecta 34: 61.

分布（Distribution）：浙江（ZJ）

（165）刘氏裸螳舞虻 *Chelifera liuae* Wang, Yan et Yang, 2014

Chelifera liuae Wang, Yan *et* Yang, 2014. Zootaxa 3795 (2): 188. **Type locality:** China (Sichuan: Xiaojin, Balangshan).

分布（Distribution）：四川（SC）

（166）南岭裸螳舞虻 *Chelifera nanlingensis* Yang, Grootaert *et* Horvat, 2005

Chelifera nanlingensis Yang, Grootaert *et* Horvat, 2005. Aquat. Ins. 27 (3): 232. **Type locality:** China (Guangdong: Ruyuan, Nanling).

分布（Distribution）：广东（GD）

（167）卧龙裸螳舞虻 *Chelifera ornamenta* Horvat, 2002

Chelifera ornamenta Horvat, 2002. Scopolia 48: 14. **Type locality:** China (Sichuan: Wolong).

分布（Distribution）：四川（SC）

（168）申氏裸螳舞虻 *Chelifera sheni* Saigusa *et* Yang, 2002

Chelifera sheni Saigusa *et* Yang, 2002. Stud. Dipt. 9 (2): 539. **Type locality:** China (Henan: Baiyunshan).

Chelifera sheni: Yang *et* Yang, 2004. Fauna Sinica Insecta 34: 62; Yang, Wang, Zhu *et* Zhang, 2010. Diptera: Empidoidea. Insect Fauna of Henan: 297.

分布（Distribution）：河南（HEN）

（169）中华裸螳舞虻 *Chelifera sinensis* Yang *et* Yang, 1995

Chelifera sinensis Yang *et* Yang, 1995. Insects of Baishanzu Mountain, Eastern China: 504. **Type locality:** China (Zhejiang: Baishanzu).

Chelifera sinensis: Yang *et* Yang, 2004. Fauna Sinica Insecta 34: 63; Yang, Wang, Zhu *et* Zhang, 2010. Diptera: Empidoidea. Insect Fauna of Henan: 298.

分布（Distribution）：河南（HEN）、浙江（ZJ）

（170）西藏裸螳舞虻 *Chelifera* tibetensis Wang, Yan *et* Yang, 2014

Chelifera tibetensis Wang, Yan *et* Yang, 2014. Zootaxa 3795 (2): 190. **Type locality:** China (Tibet: Bomi, Galonglashan).

分布（Distribution）：西藏（XZ）

19. 螳舞虻属 *Hemerodromia* Meigen, 1822

Hemerodromia Meigen, 1822. Syst. Beschr. 3: 61. **Type species:** *Tachydromia oratoria* Fallén, 1816 (designated by Rondani, 1856).

Microdromia Bigot, 1857. Ann. Soc. Ent. Fr. (3) 5: 557 and 563 (as *Microdromya*, which was regarded later as erroneous). **Type species:** *Tachydromia oratoria* Fallén, 1816 (designated by Coquillett, 1902).

Hemerodromia: Yang *et* Yang, 2004. Fauna Sinica Insecta 34: 83; Yang, Zhang, Yao *et* Zhang, 2007. World catalog of Empididae (Insecta: Diptera): 267; Yang, Wang, Zhu *et* Zhang, 2010. Diptera: Empidoidea. Insect Fauna of Henan: 302.

（171）尖突螳舞虻 *Hemerodromia acutata* Grootaert, Yang *et* Saigusa, 2000

Hemerodromia acutata Grootaert, Yang *et* Saigusa, 2000. Bull. Inst. R. Sci. Nat. Belg. Ent. 70: 73. **Type locality:** China (Yunnan: Menglun).

Hemerodromia acutata: Yang *et* Yang, 2004. Fauna Sinica Insecta 34: 85.

分布（Distribution）：云南（YN）；印度

（172）端齿螳舞虻 *Hemerodromia apiciserrata* Grootaert, Yang *et* Saigusa, 2000

Hemerodromia apiciserrata Grootaert, Yang *et* Saigusa, 2000. Bull. Inst. R. Sci. Nat. Belg. Ent. 70: 75. **Type locality:** China (Yunnan: Menglun).

Hemerodromia apiciserrata: Yang *et* Yang, 2004. Fauna Sinica Insecta 34: 86.

分布（Distribution）：云南（YN）

（173）北京螳舞虻 *Hemerodromia beijingensis* Yang *et* Yang, 1988

Hemerodromia beijingensis Yang *et* Yang, 1988. Acta Zootaxon.

Sin. 13 (3): 282. **Type locality:** China (Beijing: Xiangshan).
Hemerodromia beijingensis: Yang *et* Yang, 2004. Fauna Sinica Insecta 34: 87.
分布（Distribution）：北京（BJ）

（174）凹缘螳舞虻 *Hemerodromia concava* Yang *et* Yang, 1988

Hemerodromia concava Yang *et* Yang, 1988. Acta Zootaxon. Sin. 13 (3): 283. **Type locality:** China (Yunnan: Lancang).
Hemerodromia concava: Yang *et* Yang, 2004. Fauna Sinica Insecta 34: 88.
分布（Distribution）：云南（YN）

（175）端弯螳舞虻 *Hemerodromia curvata* Grootaert, Yang *et* Saigusa, 2000

Hemerodromia curvata Grootaert, Yang *et* Saigusa, 2000. Bull. Inst. R. Sci. Nat. Belg. Ent. 70: 75. **Type locality:** China (Yunnan: Menglun).
Hemerodromia curvata: Yang *et* Yang, 2004. Fauna Sinica Insecta 34: 89.
分布（Distribution）：云南（YN）

（176）指突螳舞虻 *Hemerodromia digitata* Grootaert, Yang *et* Saigusa, 2000

Hemerodromia digitata Grootaert, Yang *et* Saigusa, 2000. Bull. Inst. R. Sci. Nat. Belg. Ent. 70: 77. **Type locality:** China (Yunnan: Menglun).
Hemerodromia digitata: Yang *et* Yang, 2004. Fauna Sinica Insecta 34: 91.
分布（Distribution）：云南（YN）

（177）条背螳舞虻 *Hemerodromia elongata* Yang *et* Yang, 1995

Hemerodromia elongata Yang *et* Yang, 1995. Insects of Baishanzu Mountain, Eastern China: 505. **Type locality:** China (Zhejiang: Baishanzu).
Hemerodromia elongata: Yang *et* Yang, 2004. Fauna Sinica Insecta 34: 92.
分布（Distribution）：浙江（ZJ）

（178）优脉螳舞虻 *Hemerodromia euneura* Yang *et* Yang, 1991

Hemerodromia euneura Yang *et* Yang, 1991. Acta Ent. Sin. 34 (2): 234. **Type locality:** China (Beijing: Yingtaogou).
Hemerodromia euneura: Yang *et* Yang, 2004. Fauna Sinica Insecta 34: 93.
分布（Distribution）：北京（BJ）

（179）黄腹螳舞虻 *Hemerodromia flaviventris* Yang *et* Yang, 1991

Hemerodromia flaviventris Yang *et* Yang, 1991. Acta Ent. Sin. 34 (2): 236. **Type locality:** China (Guangxi: Jinxiu).
Hemerodromia flaviventris: Yang *et* Yang, 2004. Fauna Sinica Insecta 34: 94.
分布（Distribution）：广西（GX）

（180）福建螳舞虻 *Hemerodromia fujianensis* Yang *et* Yang, 1986

Hemerodromia fujianensis Yang *et* Yang, 1986. Wuyi Sci. J. 6: 76. **Type locality:** China (Fujian: Shaxian).
Hemerodromia fujianensis: Yang *et* Yang, 2004. Fauna Sinica Insecta 34: 95.
分布（Distribution）：福建（FJ）

（181）叉须螳舞虻 *Hemerodromia furcata* Grootaert, Yang *et* Saigusa, 2000

Hemerodromia furcata Grootaert, Yang *et* Saigusa, 2000. Bull. Inst. R. Sci. Nat. Belg. Ent. 70: 77. **Type locality:** China (Yunnan: Menglun).
Hemerodromia furcata: Yang *et* Yang, 2004. Fauna Sinica Insecta 34: 96.
分布（Distribution）：云南（YN）

（182）褐色螳舞虻 *Hemerodromia fusca* Yang *et* Yang, 1986

Hemerodromia fusca Yang *et* Yang, 1986. Wuyi Sci. J. 6: 75. **Type locality:** China (Fujian: Jianyang).
Hemerodromia fusca: Yang *et* Yang, 2004. Fauna Sinica Insecta 34: 97.
分布（Distribution）：云南（YN）、福建（FJ）

（183）广西螳舞虻 *Hemerodromia guangxiensis* Yang *et* Yang, 1991

Hemerodromia guangxiensis Yang *et* Yang, 1991. Acta Ent. Sin. 34 (2): 235. **Type locality:** China (Guangxi: Jinxiu).
Hemerodromia guangxiensis: Yang *et* Yang, 2004. Fauna Sinica Insecta 34: 98.
分布（Distribution）：云南（YN）、广西（GX）

（184）勐海螳舞虻 *Hemerodromia menghaiensis* Yang *et* Yang, 1988

Hemerodromia menghaiensis Yang *et* Yang, 1988. Acta Zootaxon. Sin. 13 (3): 281. **Type locality:** China (Yunnan: Menghai County).
Hemerodromia menghaiensis: Yang *et* Yang, 2004. Fauna Sinica Insecta 34: 99.
分布（Distribution）：云南（YN）

（185）勐仑螳舞虻 *Hemerodromia menglunana* Grootaert, Yang *et* Saigusa, 2000

Hemerodromia menglunana Grootaert, Yang *et* Saigusa, 2000. Bull. Inst. R. Sci. Nat. Belg. Ent. 70: 79. **Type locality:** China (Yunnan: Menglun).
Hemerodromia menglunana: Yang *et* Yang, 2004. Fauna Sinica

Insecta 34: 100.
分布（Distribution）：云南（YN）

(186) 褐芒螳舞虻 *Hemerodromia nigrescens* Yang *et* Yang, 1995

Hemerodromia nigrescens Yang *et* Yang, 1995. Insects of Baishanzu Mountain, Eastern China: 505. **Type locality:** China (Zhejiang: Baishanzu).
Hemerodromia nigrescens: Yang *et* Yang, 2004. Fauna Sinica Insecta 34: 101.
分布（Distribution）：浙江（ZJ）

(187) 古北螳舞虻 *Hemerodromia oratoria* (Fallén, 1816)

Tachydromia oratoria Fallén, 1816. Empidiae Sveciae: 34. **Type locality:** Sweden ("Lårketorp, Ostrogothiae").
Hemerodromia oratoria: Yang *et* Yang, 2004. Fauna Sinica Insecta 34: 101.
分布（Distribution）：中国；俄罗斯（远东地区）、加拿大、美国；欧洲

(188) 普洱螳舞虻 *Hemerodromia puerensis* Yang *et* Yang, 1988

Hemerodromia puerensis Yang *et* Yang, 1988. Acta Zootaxon. Sin. 13 (3): 284. **Type locality:** China (Yunnan: Puer).
Hemerodromia puerensis: Yang *et* Yang, 2004. Fauna Sinica Insecta 34: 102.
分布（Distribution）：贵州（GZ）、云南（YN）

(189) 基凹螳舞虻 *Hemerodromia rimata* Yang *et* Yang, 1994

Hemerodromia rimata Yang *et* Yang, 1994. Guangxi Sci. 1 (4): 28. **Type locality:** China (Guangxi: Maoershan).
Hemerodromia rimata: Yang *et* Yang, 2004. Fauna Sinica Insecta 34: 104.
分布（Distribution）：广西（GX）

(190) 齿突螳舞虻 *Hemerodromia serrata* Saigusa *et* Yang, 2002

Hemerodromia serrata Saigusa *et* Yang, 2002. Stud. Dipt. 9 (2): 540. **Type locality:** China (Henan: Songxian).
Hemerodromia serrata: Yang *et* Yang, 2004. Fauna Sinica Insecta 34: 105; Yang, Wang, Zhu *et* Zhang, 2010. Diptera: Empidoidea. Insect Fauna of Henan: 302.
分布（Distribution）：河南（HEN）

(191) 中纹螳舞虻 *Hemerodromia striata* Yang *et* Yang, 1988

Hemerodromia striata Yang *et* Yang, 1988. Acta Zootaxon. Sin. 13 (3): 281. **Type locality:** China (Beijing: Mentougou).
Hemerodromia striata: Yang *et* Yang, 2004. Fauna Sinica Insecta 34: 106.
分布（Distribution）：北京（BJ）

(192) 黄头螳舞虻 *Hemerodromia xanthocephala* Yang *et* Yang, 1991

Hemerodromia xanthocephala Yang *et* Yang, 1991. Acta Ent. Sin. 34 (2): 234. **Type locality:** China (Yunnan: Lancang).
Hemerodromia xanthocephala: Yang *et* Yang, 2004. Fauna Sinica Insecta 34: 108.
分布（Distribution）：云南（YN）

(193) 小剑螳舞虻 *Hemerodromia xiphias* Bezzi, 1914

Hemerodromia (*Microdromia*) *xiphias* Bezzi, 1914. Suppl. Ent. 3: 74. **Type locality:** China (Taiwan: Paroe, Paiwan).
Hemerodromia xiphias: Yang *et* Yang, 2004. Fauna Sinica Insecta 34: 109.
分布（Distribution）：台湾（TW）

(194) 西藏螳舞虻 *Hemerodromia xizangensis* Yang *et* Yang, 1991

Hemerodromia xizangensis Yang *et* Yang, 1991. Acta Ent. Sin. 34 (2): 235. **Type locality:** China (Tibet: Bomi).
Hemerodromia xizangensis: Yang *et* Yang, 2004. Fauna Sinica Insecta 34: 109.
分布（Distribution）：西藏（XZ）

(195) 云南螳舞虻 *Hemerodromia yunnanensis* Yang *et* Yang, 1988

Hemerodromia yunnanensis Yang *et* Yang, 1988. Acta Zootaxon. Sin. 13 (3): 283. **Type locality:** China (Yunnan: Lancang).
Hemerodromia yunnanensis: Yang *et* Yang, 2004. Fauna Sinica Insecta 34: 109.
分布（Distribution）：云南（YN）

驼舞虻亚科 Hybotinae

20. 毛眼驼舞虻属 *Chillcottomyia* Saigusa, 1986

Chillcottomyia Saigusa, 1986. Sieboldia 5 (1): 97. **Type species:** *Chillcottomyia septentrionalis* Saigusa, 1986 (original designation).
Chillcottomyia: Yang *et* Yang, 2004. Fauna Sinica Insecta 34: 112; Yang, Zhang, Yao *et* Zhang, 2007. World catalog of Empididae (Insecta: Diptera): 282.

(196) 双鬃毛眼驼舞虻 *Chillcottomyia biseta* Yang *et* Yang, 2004

Chillcottomyia biseta Yang *et* Yang, 2004. Fauna Sinica Insecta 34: 113. **Type locality:** China (Anhui: Huangshan).
分布（Distribution）：安徽（AH）

（197）石门台毛眼驼舞虻 *Chillcottomyia shimentaiensis* Yang *et* Grootaert, 2004

Chillcottomyia shimentaiensis Yang *et* Grootaert, 2004. Trans. Am. Ent. Soc. 130 (2-3): 166. **Type locality:** China (Guangdong: Yingde, Shimentai).

分布（Distribution）：广东（GD）

（198）朱氏毛眼驼舞虻 *Chillcottomyia zhuae* Yang *et* Grootaert, 2006

Chillcottomyia zhuae Yang *et* Grootaert, 2006. Ann. Zool. 56 (2): 311. **Type locality:** China (Guizhou: Dashahe).

分布（Distribution）：贵州（GZ）

21. 优驼舞虻属 *Euhybus* Coquillett, 1895

Euhybus Coquillett, 1895. Proc. U.S. Natl. Mus. 18: 437. **Type species:** *Hybos purpureus* Walker, 1849 (designated by Coquillett, 1903).

Euhybus: Yang, Zhang, Yao *et* Zhang, 2007. World catalog of Empididae (Insecta: Diptera): 282.

（199）长鬃优驼舞虻 *Euhybus longiseta* Wang, Li *et* Yang, 2013

Euhybus longiseta Wang, Li *et* Yang, 2013. *Zootaxa* 3686 (3): 374. **Type locality:** China (Tibet: Nyingchi).

分布（Distribution）：西藏（XZ）

（200）南岭优驼舞虻 *Euhybus nanlingensis* Yang *et* Grootaert, 2007

Euhybus nanlingensis Yang *et* Grootaert, 2007. Trans. Am. Ent. Soc. 133 (3-4): 342. **Type locality:** China (Guangdong: Nanling).

分布（Distribution）：广东（GD）

（201）黑跗优驼舞虻 *Euhybus nigritarsis* Wang, Li *et* Yang, 2013

Euhybus nigritarsis Wang, Li *et* Yang, 2013. *Zootaxa* 3686 (3): 377. **Type locality:** China (Tibet: Medog).

分布（Distribution）：西藏（XZ）

（202）秦岭优驼舞虻 *Euhybus qinlingensis* Liu, Wang *et* Yang, 2014

Euhybus qinlingensis Liu, Wang *et* Yang, 2014. Florida Ent. 97 (4): 1599. **Type locality:** China (Shaanxi: Ningshan).

分布（Distribution）：陕西（SN）

（203）中华优驼舞虻 *Euhybus sinensis* Liu, Yang *et* Grootaert, 2004

Euhybus sinensis Liu, Yang *et* Grootaert, 2004. Trans. Am. Ent. Soc. 130 (1): 85. **Type locality:** China (Guangdong: Yingde, Shimentai).

分布（Distribution）：广东（GD）

（204）台湾优驼舞虻 *Euhybus taiwanensis* Liu, Li *et* Yang, 2011

Euhybus taiwanensis Liu, Li *et* Yang, 2011. Trans. Am. Ent. Soc. 137 (3-4): 364. **Type locality:** China (Taiwan: Nantou).

分布（Distribution）：台湾（TW）

（205）许氏优驼舞虻 *Euhybus xui* Yang *et* Grootaert, 2007

Euhybus xui Yang *et* Grootaert, 2007. Trans. Am. Ent. Soc. 133 (3-4): 343. **Type locality:** China (Guangdong: Dapu and Chebaling).

分布（Distribution）：广东（GD）

22. 宽腹驼舞虻属 *Harpamerus* Bigot, 1859

Harpamerus Bigot, 1859. Rev. Mag. Zool. (2) 11: 308. **Type species:** *Harpamerus signatus* Bigot, 1859 (monotypy).

Harpamerus: Yang *et* Yang, 2004. Fauna Sinica Insecta 34: 114; Yang, Zhang, Yao *et* Zhang, 2007. World catalog of Empididae (Insecta: Diptera): 286.

（206）大青山宽腹驼舞虻 *Harpamerus daqingshanensis* Yang *et* Yang, 2004

Harpamerus daqingshanensis Yang *et* Yang, 2004. Fauna Sinica Insecta 34: 114. **Type locality:** China (Guangxi: Longjin, Daqingshan).

分布（Distribution）：广西（GX）

（207）西双版纳宽腹驼舞虻 *Harpamerus xishuangbannaensis* Yang *et* Yang, 2004

Harpamerus xishuangbannaensis Yang *et* Yang, 2004. Fauna Sinica Insecta 34: 116. **Type locality:** China (Yunnan: Xishuangbanna).

分布（Distribution）：云南（YN）

23. 驼舞虻属 *Hybos* Meigen, 1803

Hybos Meigen, 1803. Mag. Insektenkd. 2: 269 (1804). Klass. Beschr. 1: 239. **Type species:** *Hybos funebris* Meigen, 1804 (designated by Curtis, 1837) [= *grossipes* (Linnaeus, 1767)].

Neoza Meigen, 1800. Nouv. Class. Mouches: 27. **Type species:** *Musca grossipes* Linnaeus, 1767 (designated by Coquillett, 1910). Suppressed by I. C. Z. N. 1963.

Pseudosyneches Frey, 1953. Not. Ent. 33: 66 (as a subgenus of *Hybos*). **Type species:** *Hybos* (*Pseudosyneches*) *palawanus* Frey, 1953 (original designation).

Hybos: Yang *et* Yang, 2004. Fauna Sinica Insecta 34: 117; Yang, Zhang, Yao *et* Zhang, 2007. World catalog of Empididae (Insecta: Diptera): 287; Yang, Wang, Zhu *et* Zhang, 2010. Diptera: Empidoidea. Insect Fauna of Henan: 223.

（208）尖腹驼舞虻 *Hybos acutatus* Yang *et* Yang, 1986

Hybos acutatus Yang *et* Yang, 1986. Wuyi Sci. J. 6: 84. **Type locality:** China (Guangxi: Longsheng).

Hybos acutatus: Yang *et* Yang, 2004. Fauna Sinica Insecta 34: 122.
分布（**Distribution**）：广西（GX）

（209）斑翅驼舞虻 *Hybos alamaculatus* Yang *et* Yang, 1995

Hybos alamaculatus Yang *et* Yang, 1995. Insects of Baishanzu Mountain, Eastern China: 502. **Type locality:** China (Zhejiang: Baishanzu).
Hybos alamaculatus: Yang *et* Yang, 2004. Fauna Sinica Insecta 34: 123.
分布（**Distribution**）：浙江（ZJ）

（210）安氏驼舞虻 *Hybos anae* Yang *et* Yang, 2004

Hybos anae Yang *et* Yang, 2004. Fauna Sinica Insecta 34: 124. **Type locality:** China (Guangxi: Longsheng).
分布（**Distribution**）：广西（GX）

（211）钩突驼舞虻 *Hybos ancistroides* Yang *et* Yang, 1986

Hybos ancistroidis Yang *et* Yang, 1986. Wuyi Sci. J. 6: 80. **Type locality:** China (Guangxi: Jinxiu).
Hybos ancistroidis: Yang *et* Yang, 2004. Fauna Sinica Insecta 34: 126.
分布（**Distribution**）：贵州（GZ）、福建（FJ）、广西（GX）

（212）尖端驼舞虻 *Hybos apiciacutatus* Yang *et* Yang, 2004

Hybos apiciacutatus Yang *et* Yang, 2004. Fauna Sinica Insecta 34: 127. **Type locality:** China (Sichuan: Emei Mountain).
分布（**Distribution**）：四川（SC）

（213）端黄驼舞虻 *Hybos apiciflavus* Yang *et* Yang, 1995

Hybos apiciflavus Yang *et* Yang, 1995. Insects of Baishanzu Mountain, Eastern China: 499. **Type locality:** China (Zhejiang: Baishanzu).
Hybos apiciflavus: Yang *et* Yang, 2004. Fauna Sinica Insecta 34: 129.
分布（**Distribution**）：浙江（ZJ）

（214）端钩驼舞虻 *Hybos apicihamatus* Yang *et* Yang, 1995

Hybos apicihamatus Yang *et* Yang, 1995. Insects of Baishanzu Mountain, Eastern China: 500. **Type locality:** China (Zhejiang: Baishanzu).
Hybos apicihamatus: Yang *et* Yang, 2004. Fauna Sinica Insecta 34: 130.
分布（**Distribution**）：浙江（ZJ）

（215）北方驼舞虻 *Hybos arctus* Yang *et* Yang, 1988

Hybos arctus Yang *et* Yang, 1988. Acta Agric. Univ. Pekin. 14 (3): 283. **Type locality:** China (Beijing: Shangfangshan; Heilongjiang: Binxian).
Hybos arctus: Yang *et* Yang, 2004. Fauna Sinica Insecta 34: 132.
分布（**Distribution**）：黑龙江（HL）、北京（BJ）、河南（HEN）

（216）白云山驼舞虻 *Hybos baiyunshanus* Saigusa *et* Yang, 2002

Hybos baiyunshanensis Saigusa *et* Yang, 2002. Stud. Dipt. 9 (2): 520. **Type locality:** China (Henan: Songxian).
Hybos baiyunshanensis: Yang *et* Yang, 2004. Fauna Sinica Insecta 34: 133.
分布（**Distribution**）：河南（HEN）

（217）基黄驼舞虻 *Hybos basiflavus* Yang *et* Yang, 1986

Hybos basiflavus Yang *et* Yang, 1986. Wuyi Sci. J. 6: 77. **Type locality:** China (Guangxi: Jinxiu).
Hybos basiflavus: Yang *et* Yang, 2004. Fauna Sinica Insecta 34: 134.
分布（**Distribution**）：贵州（GZ）、广西（GX）

（218）霸王岭驼舞虻 *Hybos bawanglingensis* Yang, 2008

Hybos bawanglingensis Yang, 2008. Rev. Suiss. Zool. 115 (4): 618. **Type locality:** China (Hainan: Bawangling).
分布（**Distribution**）：海南（HI）

（219）背崩驼舞虻 *Hybos beibenganus* Wang *et* Yang, 2014

Hybos beibenganus Wang *et* Yang, 2014. Trans. Am. Ent. Soc. 140: 102. **Type locality:** China (Tibet: Nyingchi).
分布（**Distribution**）：西藏（XZ）

（220）双钩驼舞虻 *Hybos biancistroides* Yang *et* Li, 2011

Hybos biancistroides Yang *et* Li, 2011. Rev. Suiss. Zool. 118 (1): 94. **Type locality:** China (Hubei: Shennongjia).
分布（**Distribution**）：湖北（HB）

（221）双色驼舞虻 *Hybos bicoloripes* Saigusa, 1963

Hybos (*Hybos*) *bicoloripes* Saigusa, 1963. Sieboldia 3: 100. **Type locality:** Japan (Honshu: Nagano).
Hybos bicoloripes: Yang *et* Yang, 2004. Fauna Sinica Insecta 34: 136.
分布（**Distribution**）：河南（HEN）、湖北（HB）、四川（SC）；日本

（222）双叉驼舞虻 *Hybos bifurcatus* Yang *et* Grootaert, 2006

Hybos bifurcatus Yang *et* Grootaert, 2006. Biol. 61 (2): 161. **Type locality:** China (Guangxi: Maoershan).

分布（Distribution）：广西（GX）

（223）双膝驼舞虻 *Hybos bigeniculatus* Yang *et* Yang, 1991

Hybos bigeniculatus Yang *et* Yang, 1991. J. Hubei Univ. (Nat. Sci.) 13 (1): 1. **Type locality:** China (Hubei: Shennongjia).
Hybos bigeniculatus: Yang *et* Yang, 2004. Fauna Sinica Insecta 34: 137.
分布（Distribution）：湖北（HB）

（224）双叶驼舞虻 *Hybos bilobatus* Shi, Yang *et* Grootaert, 2009

Hybos bilobatus Shi, Yang *et* Grootaert, 2009. Trans. Am. Ent. Soc. 135 (1-2): 189. **Type locality:** China (Guangxi: Maoershan; Guangdong, Nanling).
分布（Distribution）：广东（GD）、广西（GX）

（225）双鬃驼舞虻 *Hybos bisetosus* Bezzi, 1904

Hybos bisetosus Bezzi, 1904. Ann. Hist. Nat. Mus. Natl. Hung. 2: 324. **Type locality:** India (Matheran: Bombay).
Hybos bisetosus: Yang *et* Yang, 2004. Fauna Sinica Insecta 34: 138.
分布（Distribution）：台湾（TW）；缅甸、斯里兰卡、印度

（226）双刺驼舞虻 *Hybos bispinipes* Saigusa, 1965

Hybos (*Hybos*) *bispinipes* Saigusa, 1965. Spec. Bull. Lepidopt. Soc. Japan 1: 192. **Type locality:** China (Taiwan: Tattaka-Oiwake).
Hybos bispinipes: Yang *et* Yang, 2004. Fauna Sinica Insecta 34: 138.
分布（Distribution）：湖北（HB）、台湾（TW）

（227）短叉驼舞虻 *Hybos brevifurcatus* Wang *et* Yang, 2014

Hybos brevifurcatus Wang *et* Yang, 2014. Trans. Am. Ent. Soc. 140: 103. **Type locality:** China (Tibet: Nyingchi).
分布（Distribution）：西藏（XZ）

（228）短板驼舞虻 *Hybos brevis* Yang *et* Yang, 1995

Hybos brevis Yang *et* Yang, 1995. Insects of Baishanzu Mountain, Eastern China: 500. **Type locality:** China (Zhejiang: Baishanzu).
Hybos brevis: Yang *et* Yang, 2004. Fauna Sinica Insecta 34: 139.
分布（Distribution）：浙江（ZJ）

（229）长毛驼舞虻 *Hybos caesariatus* Yang *et* Yang, 2004

Hybos caesariatus Yang *et* Yang, 2004. Fauna Sinica Insecta 34: 141. **Type locality:** China (Zhejiang: Longwangshan).
分布（Distribution）：浙江（ZJ）

（230）中华驼舞虻 *Hybos chinensis* Frey, 1953

Hybos chinensis Frey, 1953. Not. Ent. 33: 64. **Type locality:** China (Fujian: "Kwangseh").
Hybos chinensis: Yang *et* Yang, 2004. Fauna Sinica Insecta 34: 143.
分布（Distribution）：浙江（ZJ）、贵州（GZ）、福建（FJ）、广西（GX）

（231）凹缘驼舞虻 *Hybos concavus* Yang *et* Yang, 1991

Hybos concavus Yang *et* Yang, 1991. J. Hubei Univ. (Nat. Sci.) 13 (1): 3. **Type locality:** China (Hubei: Shengnongjia).
Hybos concavus: Yang *et* Yang, 2004. Fauna Sinica Insecta 34: 145.
分布（Distribution）：河南（HEN）、湖北（HB）

（232）端窄驼舞虻 *Hybos constrictus* Shi, Yang *et* Grootaert, 2009

Hybos constrictus Shi, Yang *et* Grootaert, 2009. Trans. Am. Ent. Soc. 135 (1-2): 190. **Type locality:** China (Guangxi: Maoershan; Guangdong: Nanling).
分布（Distribution）：广东（GD）、广西（GX）

（233）粗胫驼舞虻 *Hybos crassatus* Saigusa *et* Yang, 2002

Hybos crassatus Saigusa *et* Yang, 2002. Stud. Dipt. 9 (2): 520. **Type locality:** China (Henan: Songxian).
Hybos concavus: Yang *et* Yang, 2004. Fauna Sinica Insecta 34: 146.
分布（Distribution）：河南（HEN）

（234）粗鬃驼舞虻 *Hybos crassisetosus* Yang *et* Yang, 2004

Hybos crassisetosus Yang *et* Yang, 2004. Fauna Sinica Insecta 34: 147. **Type locality:** China (Sichuan: Emei Mountain).
分布（Distribution）：四川（SC）

（235）端弯驼舞虻 *Hybos curvatus* Yang *et* Grootaert, 2005

Hybos curvatus Yang *et* Grootaert, 2005. Ann. Zool. 55 (3): 410. **Type locality:** China (Guangdong: Nanling).
分布（Distribution）：广东（GD）

（236）曲脉驼舞虻 *Hybos curvinervatus* Yang *et* Yang, 1988

Hybos curvinervatus Yang *et* Yang, 1988. Insects of Fanjing Mountain: 138. **Type locality:** China (Guizhou: Fanjingshan).
Hybos curvinervatus: Yang *et* Yang, 2004. Fauna Sinica Insecta 34: 149.
分布（Distribution）：贵州（GZ）

（237）弯突驼舞虻 *Hybos curvus* Wang *et* Yang, 2014

Hybos curvus Wang *et* Yang, 2014. Trans. Am. Ent. Soc. 140: 104. **Type locality:** China (Tibet: Nyingchi).
分布（Distribution）：西藏（XZ）

（238）双突驼舞虻 *Hybos didymus* Yang *et* Yang, 2004

Hybos didymus Yang *et* Yang, 2004. Fauna Sinica Insecta 34: 150. **Type locality:** China (Sichuan: Emei Mountain).

分布（Distribution）：四川（SC）

（239）指突驼舞虻 *Hybos digitiformis* Yang *et* Yang, 1987

Hybos digitiformis Yang *et* Yang, 1987. Agricultural insects, spiders, plant diseases and weeds of Xizang 2: 168. **Type locality:** China (Tibet: Bomi).

Hybos digitiformis: Yang *et* Yang, 2004. Fauna Sinica Insecta 34: 151.

分布（Distribution）：西藏（XZ）

（240）背鬃驼舞虻 *Hybos dorsalis* Yang *et* Yang, 1995

Hybos dorsalis Yang *et* Yang, 1995. Insects of Baishanzu Mountain, Eastern China: 502. **Type locality:** China (Zhejiang: Baishanzu).

Hybos dorsalis: Yang *et* Yang, 2004. Fauna Sinica Insecta 34: 153.

分布（Distribution）：浙江（ZJ）

（241）长突驼舞虻 *Hybos elongatus* Li, Wang *et* Yang, 2014

Hybos elongatus Li, Wang *et* Yang, 2014. Zootaxa 3786 (2): 168. **Type locality:** China (Tibet: Medog).

分布（Distribution）：西藏（XZ）

（242）峨眉驼舞虻 *Hybos emeishanus* Yang *et* Yang, 1989

Hybos emeishanus Yang *et* Yang, 1989. J. Southwest Agric. Univ. 11 (2): 157. **Type locality:** China (Sichuan: Emei Mountain).

Hybos emeishanus: Yang *et* Yang, 2004. Fauna Sinica Insecta 34: 154.

分布（Distribution）：河南（HEN）、四川（SC）

（243）剑突驼舞虻 *Hybos ensatus* Yang *et* Yang, 1986

Hybos ensatus Yang *et* Yang, 1986. Wuyi Sci. J. 6: 83. **Type locality:** China (Guangxi: Longsheng).

Hybos ensatus: Yang *et* Yang, 2004. Fauna Sinica Insecta 34: 155.

分布（Distribution）：河南（HEN）、四川（SC）、贵州（GZ）、广西（GX）

（244）梵净山驼舞虻 *Hybos fanjingshanensis* Yang *et* Yang, 2004

Hybos fanjingshanensis Yang *et* Yang, 2004. Fauna Sinica Insecta 34: 157. **Type locality:** China (Guizhou: Fanjingshan).

分布（Distribution）：贵州（GZ）

（245）黄盾驼舞虻 *Hybos flaviscutellum* Yang *et* Yang, 1986

Hybos flaviscutellum Yang *et* Yang, 1986. Wuyi Sci. J. 6: 81. **Type locality:** China (Guangxi: Longsheng).

Hybos flaviscutellum: Yang *et* Yang, 2004. Fauna Sinica Insecta 34: 158.

分布（Distribution）：浙江（ZJ）、广西（GX）

（246）黄胫驼舞虻 *Hybos flavitibialis* Li, Wang *et* Yang, 2014

Hybos flavitibialis Li, Wang *et* Yang, 2014. Zootaxa 3786 (2): 170. **Type locality:** China (Tibet: Nyingchi).

分布（Distribution）：西藏（XZ）

（247）叉突驼舞虻 *Hybos furcatus* Yang *et* Yang, 1987

Hybos furcatus Yang *et* Yang, 1987. Agricultural insects, spiders, plant diseases and weeds of Xizang 2: 169. **Type locality:** China (Tibet: Bomi).

Hybos furcatus: Yang *et* Yang, 2004. Fauna Sinica Insecta 34: 160.

分布（Distribution）：西藏（XZ）

（248）甘肃驼舞虻 *Hybos gansuensis* Yang *et* Yang, 1988

Hybos gansuensis Yang *et* Yang, 1988. Acta Agric. Univ. Pekin. 14 (3): 285. **Type locality:** China (Gansu: Wenxian).

Hybos gansuensis: Yang *et* Yang, 2004. Fauna Sinica Insecta 34: 161.

分布（Distribution）：甘肃（GS）

（249）高氏驼舞虻 *Hybos gaoae* Yang *et* Yang, 2004

Hybos gaoae Yang *et* Yang, 2004. Fauna Sinica Insecta 34: 162. **Type locality:** China (Guizhou: Fanjingshan).

分布（Distribution）：贵州（GZ）

（250）螺旋驼舞虻 *Hybos geniculatus* van der Wulp, 1897

Hybos geniculatus van der Wulp, 1897. Természatr. Füz. 20: 137. **Type locality:** Sri Lanka (Kandy Lake).

Hybos geniculatus: Yang *et* Yang, 2004. Fauna Sinica Insecta 34: 163.

分布（Distribution）：台湾（TW）；缅甸、斯里兰卡、印度尼西亚

（251）灰翅驼舞虻 *Hybos griseus* Yang *et* Yang, 1991

Hybos griseus Yang *et* Yang, 1991. J. Hubei Univ. (Nat. Sci.) 13 (1): 5. **Type locality:** China (Hubei: Tongshan).

Hybos griseus: Yang *et* Yang, 2004. Fauna Sinica Insecta 34: 163.

分布（Distribution）：浙江（ZJ）、湖北（HB）、福建（FJ）

（252）粗腿驼舞虻 *Hybos grossipes* (Linnaeus, 1767)

Musca grossipes Linnaeus, 1767. Syst. Nat. Ed. 12, 1 (2): 988. **Type locality:** "Europa".

Asilus culiciformis Gmelin, 1790. Syst. Nat. Ed. 13, 1 (5): 2900 (nec *Asilus culiciformis* Fabricius, 1775). **Type locality:** "Europa".

Empis clavipes Fabricius, 1794. Entom. Syst. 4: 403 (nec

Empis clavipes Harris, 1780 (= *Hilara*). **Type locality:** "in Selandia Mus. Dom. de Sehestedt".
Hybos funebris Meigen, 1804. Klass. Beschr. 1 (2): 240. **Type locality:** Not given [Germany].
Hybos pilipes Meigen, 1820. Syst. Beschr. 2: 349. **Type locality:** Unknown.
Hybos claripennis Strobl, 1893. Mitt. Naturwiss. Ver. Steiermark (1892) 29: 43. **Type locality:** Austria (Gesäuse).
Hybos grossipes: Yang *et* Yang, 2004. Fauna Sinica Insecta 34: 164.
分布（Distribution）：吉林（JL）、内蒙古（NM）、河北（HEB）、山西（SX）、河南（HEN）、陕西（SN）、宁夏（NX）、甘肃（GS）、四川（SC）；奥地利、比利时、捷克、斯洛伐克、德国、英国、丹麦、瑞典、瑞士、前南斯拉夫、芬兰、法国、挪威、匈牙利、意大利、荷兰、立陶宛、波兰、罗马尼亚、俄罗斯

（253）广东驼舞虻 *Hybos guangdongensis* Yang *et* Grootaert, 2004

Hybos guangdongensis Yang *et* Grootaert, 2004. Ann. Zool. 54 (3): 526. **Type locality:** China (Guangdong: Nanling).
分布（Distribution）：广东（GD）

（254）广西驼舞虻 *Hybos guangxiensis* Yang *et* Yang, 1986

Hybos guangxiensis Yang *et* Yang, 1986. Wuyi Sci. J. 6: 85. **Type locality:** China (Guangxi: Jinxiu).
Hybos guangxiensis: Yang *et* Yang, 2004. Fauna Sinica Insecta 34: 166.
分布（Distribution）：广西（GX）

（255）官门山驼舞虻 *Hybos guanmenshanus* Huo, Zhang *et* Yang, 2010

Hybos guanmenshanus Huo, Zhang *et* Yang, 2010. Trans. Am. Ent. Soc. 136 (3-4): 251. **Type locality:** China (Hubei: Shennongjia).
分布（Distribution）：湖北（HB）

（256）灌县驼舞虻 *Hybos guanxianus* Yang *et* Yang, 1989

Hybos guanxianus Yang *et* Yang, 1989. J. Southwest Agric. Univ. 11 (2): 157. **Type locality:** China (Sichuan: Guanxian).
Hybos guanxianus: Yang *et* Yang, 2004. Fauna Sinica Insecta 34: 167.
分布（Distribution）：四川（SC）

（257）贵州驼舞虻 *Hybos guizhouensis* Yang *et* Yang, 1988

Hybos guizhouensis Yang *et* Yang, 1988. Insects of Fanjing Mountain: 136. **Type locality:** China (Guizhou: Fanjingshan).
Hybos guizhouensis: Yang *et* Yang, 2004. Fauna Sinica Insecta 34: 168.
分布（Distribution）：贵州（GZ）

（258）古田山驼舞虻 *Hybos gutianshanus* Yang *et* Yang, 1995

Hybos gutianshanus Yang *et* Yang, 1995. Insects and Macrofungi of Gutianshan, Zhejiang: 237. **Type locality:** China (Zhejiang: Gutianshan).
Hybos gutianshanus: Yang *et* Yang, 2004. Fauna Sinica Insecta 34: 169.
分布（Distribution）：浙江（ZJ）

（259）海南驼舞虻 *Hybos hainanensis* Yang, 2008

Hybos hainanensis Yang, 2008. Rev. Suiss. Zool. 115 (4): 620. **Type locality:** China (Hainan: Wuzhishan and Diaolouoshan).
分布（Distribution）：海南（HI）

（260）汉密驼舞虻 *Hybos hanmianus* Wang *et* Yang, 2014

Hybos hanmianus Wang *et* Yang, 2014. Trans. Am. Ent. Soc. 140: 105. **Type locality:** China (Tibet: Nyingchi).
分布（Distribution）：西藏（XZ）

（261）河南驼舞虻 *Hybos henanensis* Yang *et* Wang, 1998

Hybos henanensis Yang *et* Wang, 1998. The Fauna and Taxonomy of Insects in Henan 2: 86. **Type locality:** China (Henan: Songxian).
Hybos henanensis: Yang *et* Yang, 2004. Fauna Sinica Insecta 34: 170.
分布（Distribution）：河南（HEN）

（262）花坪驼舞虻 *Hybos huapingensis* Yang *et* Yang, 2004

Hybos huapingensis Yang *et* Yang, 2004. Fauna Sinica Insecta 34: 172. **Type locality:** China (Guangxi: Longsheng).
分布（Distribution）：广西（GX）

（263）湖北驼舞虻 *Hybos hubeiensis* Yang *et* Yang, 1991

Hybos hubeiensis Yang *et* Yang, 1991. J. Hubei Univ. (Nat. Sci.) 13 (1): 3. **Type locality:** China (Hubei: Wudangshan).
Hybos hubeiensis: Yang *et* Yang, 2004. Fauna Sinica Insecta 34: 173.
分布（Distribution）：河南（HEN）、甘肃（GS）、湖北（HB）

（264）湖南驼舞虻 *Hybos hunanensis* Yang *et* Yang, 1988

Hybos hunanensis Yang *et* Yang, 1988. Acta Agric. Univ. Pekin. 14 (3): 282. **Type locality:** China (Hunan: Chengbu).
Hybos hunanensis: Yang *et* Yang, 2004. Fauna Sinica Insecta 34: 175.
分布（Distribution）：湖南（HN）

（265）四社驼舞虻 *Hybos interruptus* Saigusa, 1965

Hybos (*Hybos*) *interruptus* Saigusa, 1965. Spec. Bull. Lepidopt. Soc. Japan 1: 189. **Type locality:** China (Taiwan: Tattaka-Oiwake).

Hybos interruptus: Yang *et* Yang, 2004. Fauna Sinica Insecta 34: 176.

分布（Distribution）：台湾（TW）

（266）尖峰驼舞虻 *Hybos jianfengensis* Yang, Yang *et* Hu, 2002

Hybos jianfengensis Yang, Yang *et* Hu, 2002. Forest Insects of Hainan: 734. **Type locality:** China (Hainan: Jianfengling).

Hybos jianfengensis: Yang *et* Yang, 2004. Fauna Sinica Insecta 34: 177.

分布（Distribution）：海南（HI）

（267）建阳驼舞虻 *Hybos jianyangensis* Yang *et* Yang, 2004

Hybos jianyangensis Yang *et* Yang, 2004. Fauna Sinica Insecta 34: 178. **Type locality:** China (Fujian: Jianyang).

分布（Distribution）：贵州（GZ）、福建（FJ）

（268）吉林驼舞虻 *Hybos jilinensis* Yang *et* Yang, 1988

Hybos jilinensis Yang *et* Yang, 1988. Acta Agric. Univ. Pekin. 14 (3): 284. **Type locality:** China (Jilin: Ningjiang).

Hybos jilinensis: Yang *et* Yang, 2004. Fauna Sinica Insecta 34: 180.

分布（Distribution）：吉林（JL）

（269）金秀驼舞虻 *Hybos jinxiuensis* Yang *et* Yang, 1986

Hybos jinxiuensis Yang *et* Yang, 1986. Wuyi Sci. J. 6: 77. **Type locality:** China (Guangxi: Jinxiu).

Hybos jinxiuensis: Yang *et* Yang, 2004. Fauna Sinica Insecta 34: 181.

分布（Distribution）：广西（GX）

（270）卓尼驼舞虻 *Hybos joneensis* Yang *et* Yang, 1988

Hybos joneensis Yang *et* Yang, 1988. Acta Agric. Univ. Pekin. 14 (3): 284. **Type locality:** China (Gansu: Jone).

Hybos joneensis: Yang *et* Yang, 2004. Fauna Sinica Insecta 34: 182.

分布（Distribution）：甘肃（GS）

（271）侧突驼舞虻 *Hybos lateralis* Yang *et* Yang, 1989

Hybos lateralis Yang *et* Yang, 1989. J. Southwest Agric. Univ. 11 (2): 156. **Type locality:** China (Sichuan: Emei Mountain).

Hybos lateralis: Yang *et* Yang, 2004. Fauna Sinica Insecta 34: 183.

分布（Distribution）：四川（SC）

（272）宽突驼舞虻 *Hybos latus* Huo, Zhang *et* Yang, 2010

Hybos latus Huo, Zhang *et* Yang, 2010. Trans. Am. Ent. Soc. 136 (3-4): 252. **Type locality:** China (Hubei: Shennongjia).

分布（Distribution）：湖北（HB）

（273）丽华驼舞虻 *Hybos lihuae* Wang *et* Yang, 2014

Hybos lihuae Wang *et* Yang, 2014. Trans. Am. Ent. Soc. 140: 106. **Type locality:** China (Tibet: Nyingchi and Medog).

分布（Distribution）：西藏（XZ）

（274）李氏驼舞虻 *Hybos lii* Yang *et* Yang, 1987

Hybos lii Yang *et* Yang, 1987. Agricultural insects, spiders, plant diseases and weeds of Xizang 2: 169. **Type locality:** China (Tibet: Bomi).

Hybos lii: Yang *et* Yang, 2004. Fauna Sinica Insecta 34: 184.

分布（Distribution）：西藏（XZ）

（275）刘氏驼舞虻 *Hybos liui* Yang *et* Merz, 2004

Hybos liui Yang *et* Merz, 2004. Rev. Suiss. Zool. 111 (4): 879. **Type locality:** China (Guangxi: Maoershan).

分布（Distribution）：广西（GX）

（276）六盘山驼舞虻 *Hybos liupanshanus* Li *et* Yang, 2009

Hybos liupanshanus Li *et* Yang, 2009. Rev. Suiss. Zool. 116 (3-4): 354. **Type locality:** China (Ningxia: Longde, Liupanshan Mountain).

分布（Distribution）：宁夏（NX）

（277）毛驼舞虻 *Hybos longipilosus* Jiang, Li *et* Yang, 2011

Hybos longipilosus Jiang, Li *et* Yang, 2011. Trans. Am. Ent. Soc. 137 (3-4): 355. **Type locality:** China (Taiwan: Taoyuan).

分布（Distribution）：台湾（TW）

（278）长鬃驼舞虻 *Hybos longisetus* Yang *et* Yang, 2004

Hybos longisetus Yang *et* Yang, 2004. Fauna Sinica Insecta 34: 186. **Type locality:** China (Guizhou: Fanjingshan).

分布（Distribution）：贵州（GZ）

（279）龙胜驼舞虻 *Hybos longshengensis* Yang *et* Yang, 1986

Hybos longshengensis Yang *et* Yang, 1986. Wuyi Sci. J. 6: 78. **Type locality:** China (Guangxi: Longsheng).

Hybos longshengensis: Yang *et* Yang, 2004. Fauna Sinica Insecta 34: 187.

分布（Distribution）：福建（FJ）、广西（GX）

（280）长板驼舞虻 *Hybos longus* Yang *et* Yang, 2004

Hybos longus Yang *et* Yang, 2004. Fauna Sinica Insecta 34:

188. **Type locality:** China (Sichuan: Emei Mountain).
分布（**Distribution**）：四川（SC）

（281）龙王驼舞虻 *Hybos longwanganus* Yang *et* Yang, 2004

Hybos longwanganus Yang *et* Yang, 2004. Fauna Sinica Insecta 34: 190. **Type locality:** China (Zhejiang: Anji, Longwangshan).
分布（**Distribution**）：浙江（ZJ）

（282）粗驼舞虻 *Hybos major* (Bezzi, 1912)

Noeza major Bezzi, 1912. Ann. Hist. Nat. Mus. Natl. Hung. 10: 454. **Type locality:** China (Taiwan: Kosempo and Toyenmongai).
Hybos major: Yang *et* Yang, 2004. Fauna Sinica Insecta 34: 191.
分布（**Distribution**）：台湾（TW）

（283）莽山驼舞虻 *Hybos mangshanensis* Yang, Gaimari *et* Grootaert, 2005

Hybos mangshanensis Yang, Gaimari *et* Grootaert, 2005. Zootaxa 912: 2. **Type locality:** China (Guangdong: Nanling, Mangshan).
分布（**Distribution**）：广东（GD）

（284）猫儿山驼舞虻 *Hybos maoershanus* Yang *et* Yang, 1995

Hybos maoershanus Yang *et* Yang, 1995. Stud. Dipt. 2 (2): 215. **Type locality:** China (Guangxi: Maoershan).
Hybos maoershanus: Yang *et* Yang, 2004. Fauna Sinica Insecta 34: 191.
分布（**Distribution**）：广西（GX）

（285）毛饰驼舞虻 *Hybos marginatus* Yang *et* Yang, 1989

Hybos marginatus Yang *et* Yang, 1989. J. Southwest Agric. Univ. 11 (2): 155. **Type locality:** China (Sichuan: Emei Mountain).
Hybos marginatus: Yang *et* Yang, 2004. Fauna Sinica Insecta 34: 193.
分布（**Distribution**）：河南（HEN）、四川（SC）

（286）孟卿驼舞虻 *Hybos mengqingae* Yang *et* Grootaert, 2006

Hybos mengqingae Yang *et* Grootaert, 2006. Biol. 61 (2): 162. **Type locality:** China (Guangdong: Nanling).
分布（**Distribution**）：广东（GD）

（287）细腿驼舞虻 *Hybos minutus* Yang *et* Yang, 1997

Hybos minutus Yang *et* Yang, 1997. Insects of the Three Gorge Reservoir Area of Yangtze River: 1475. **Type locality:** China (Hubei: Xingshan).
Hybos minutus: Yang *et* Yang, 2004. Fauna Sinica Insecta 34: 194.
分布（**Distribution**）：湖北（HB）

（288）多鬃驼舞虻 *Hybos multisetus* Yang *et* Yang, 2004

Hybos multisetus Yang *et* Yang, 2004. Fauna Sinica Insecta 34: 195. **Type locality:** China (Sichuan: Emei Mountain).
分布（**Distribution**）：四川（SC）

（289）南昆山驼舞虻 *Hybos nankunshanensis* Yang, Gaimari *et* Grootaert, 2005

Hybos nankunshanensis Yang, Gaimari *et* Grootaert, 2005. Zootaxa 912: 3. **Type locality:** China (Guangdong: Nankunshan).
分布（**Distribution**）：广东（GD）

（290）南岭驼舞虻 *Hybos nanlingensis* Yang *et* Grootaert, 2004

Hybos nanlingensis Yang *et* Grootaert, 2004. Ann. Zool. 54 (3): 527. **Type locality:** China (Guangdong: Nanling).
分布（**Distribution**）：广东（GD）

（291）鼻突驼舞虻 *Hybos nasutus* Yang *et* Yang, 1986

Hybos nasutus Yang *et* Yang, 1986. Wuyi Sci. J. 6: 79. **Type locality:** China (Guangxi: Jinxiu).
Hybos nasutus: Yang *et* Yang, 2004. Fauna Sinica Insecta 34: 197.
分布（**Distribution**）：广西（GX）

（292）黑鬃驼舞虻 *Hybos nigripes* Wang *et* Yang, 2014

Hybos nigripes Wang *et* Yang, 2014. Trans. Am. Ent. Soc. 140: 107. **Type locality:** China (Tibet: Nyingchi).
分布（**Distribution**）：西藏（XZ）

（293）钝板驼舞虻 *Hybos obtusatus* Yang *et* Grootaert, 2005

Hybos obtusatus Yang *et* Grootaert, 2005. Ann. Zool. 55 (3): 410. **Type locality:** China (Guangdong).
分布（**Distribution**）：贵州（GZ）、广东（GD）

（294）钝突驼舞虻 *Hybos obtusus* Yang *et* Yang, 2004

Hybos obtusus Yang *et* Yang, 2004. Fauna Sinica Insecta 34: 198. **Type locality:** China (Sichuan: Emei Mountain).
分布（**Distribution**）：四川（SC）

（295）爪突驼舞虻 *Hybos oncus* Yang *et* Yang, 1987

Hybos oncus Yang *et* Yang, 1987. Agricultural insects, spiders, plant diseases and weeds of Xizang 2: 164. **Type locality:** China (Tibet: Bomi).
Hybos orientalis: Yang *et* Yang, 2004. Fauna Sinica Insecta 34: 200.
分布（**Distribution**）：西藏（XZ）

（296）东方驼舞虻 *Hybos orientalis* Yang *et* Yang, 1986

Hybos orientalis Yang *et* Yang, 1986. Wuyi Sci. J. 6: 82. **Type**

locality: China (Guangxi: Longsheng; Fujian: Jianyang).
Hybos orientalis: Yang *et* Yang, 2004. Fauna Sinica Insecta 34: 201.
分布（Distribution）：河南（HEN）、福建（FJ）、广西（GX）

(297) 淡色驼舞虻 *Hybos pallidus* Yang *et* Yang, 1987

Hybos pallidus Yang *et* Yang, 1987. Agricultural insects, spiders, plant diseases and weeds of Xizang 2: 165. **Type locality:** China (Tibet: Bomi).
Hybos pallidus: Yang *et* Yang, 2004. Fauna Sinica Insecta 34: 203.
分布（Distribution）：西藏（XZ）

(298) 白毛驼舞虻 *Hybos pallipilosus* Yang, An *et* Gao, 2002

Hybos pallipilosus Yang, An *et* Gao, 2002. The Fauna and Taxonomy of Insects in Henan 5: 36. **Type locality:** China (Henan: Neixiang).
Hybos pallipilosus: Yang *et* Yang, 2004. Fauna Sinica Insecta 34: 204.
分布（Distribution）：河南（HEN）

(299) 半亮驼舞虻 *Hybos particularis* Yang, Yang *et* Hu, 2002

Hybos particularis Yang, Yang *et* Hu, 2002. Forest Insects of Hainan: 734. **Type locality:** China (Hainan: Jianfengling).
Hybos particularis: Yang *et* Yang, 2004. Fauna Sinica Insecta 34: 205.
分布（Distribution）：海南（HI）

(300) 屏边驼舞虻 *Hybos pingbianensis* Yang *et* Yang, 2004

Hybos pingbianensis Yang *et* Yang, 2004. Fauna Sinica Insecta 34: 207. **Type locality:** China (Yunnan: Pingbian, Daweishan).
分布（Distribution）：云南（YN）

(301) 羽角驼舞虻 *Hybos plumicornis* (Bezzi, 1914)

Noeza plumicornis Bezzi, 1914. Suppl. Ent. 3: 67. **Type locality:** China (Taiwan: Shisha, Hanshoryo).
Hybos plumicornis: Yang *et* Yang, 2004. Fauna Sinica Insecta 34: 208.
分布（Distribution）：台湾（TW）

(302) 突缘驼舞虻 *Hybos projectus* Li, Wang *et* Yang, 2014

Hybos projectus Li, Wang *et* Yang, 2014. Zootaxa 3786 (2): 173. **Type locality:** China (Tibet: Nyingchi).
分布（Distribution）：西藏（XZ）

(303) 裸芒驼舞虻 *Hybos psilus* Yang *et* Yang, 1987

Hybos psilus Yang *et* Yang, 1987. Agricultural insects, spiders, plant diseases and weeds of Xizang 2: 167. **Type locality:** China (Tibet: Bomi).
Hybos psilus: Yang *et* Yang, 2004. Fauna Sinica Insecta 34: 208.
分布（Distribution）：西藏（XZ）

(304) 秦岭驼舞虻 *Hybos qinlingensis* Li, Wang *et* Yang, 2014

Hybos qinlingensis Li, Wang *et* Yang, 2014. Zootaxa 3786 (2): 175. **Type locality:** China (Shaanxi: Zhouzhi, Ningshan).
分布（Distribution）：陕西（SN）

(305) 四鬃驼舞虻 *Hybos quadriseta* Yang *et* Merz, 2004

Hybos quadriseta Yang *et* Merz, 2004. Rev. Suiss. Zool. 111 (4): 881. **Type locality:** China (Guangxi: Maoershan).
分布（Distribution）：贵州（GZ）、广西（GX）

(306) 乳源驼舞虻 *Hybos ruyuanensis* Yang, Merz *et* Grootaert, 2006

Hybos ruyuanensis Yang, Merz *et* Grootaert, 2006. Rev. Suiss. Zool. 113 (4): 799. **Type locality:** China (Guangdong: Nanling).
分布（Distribution）：广东（GD）

(307) 齿突驼舞虻 *Hybos serratus* Yang *et* Yang, 1992

Hybos serratus Yang *et* Yang, 1992. Insects of the Hengduan Mountains Region 2: 1089. **Type locality:** China (Sichuan: Xichang).
Hybos serratus: Yang *et* Yang, 2004. Fauna Sinica Insecta 34: 210.
分布（Distribution）：河南（HEN）、四川（SC）、贵州（GZ）、广西（GX）

(308) 多毛驼舞虻 *Hybos setosa* de Meijere, 1911

Hybos setosa de Meijere, 1911. Tijdschr. Ent. 54: 324 (as ?*papuana* Kertèsz misidentificatoin by Bezzi 1912). **Type locality:** Indonesia (Tankuban Prahu, Java).
Hybos setosa: Yang *et* Yang, 2004. Fauna Sinica Insecta 34: 211.
分布（Distribution）：台湾（TW）；印度尼西亚

(309) 神农驼舞虻 *Hybos shennongensis* Yang *et* Yang, 1991

Hybos shennongensis Yang *et* Yang, 1991. J. Hubei Univ. (Nat. Sci.) 13 (1): 4. **Type locality:** China (Hubei: Shennongjia).
Hybos shennongensis: Yang *et* Yang, 2004. Fauna Sinica Insecta 34: 211.
分布（Distribution）：湖北（HB）

(310) 淑文驼舞虻 *Hybos shuwenae* Yang *et* Merz, 2004

Hybos shuwenae Yang *et* Merz, 2004. Rev. Suiss. Zool. 111 (4): 883. **Type locality:** China (Guangxi: Maoershan).
分布（Distribution）：广西（GX）

（311）四川驼舞虻 *Hybos sichuanensis* Yang *et* Yang, 1992

Hybos sichuanensis Yang *et* Yang, 1992. Insects of the Hengduan Mountains Region 2: 1090. **Type locality:** China (Sichuan: Xichang).
Hybos sichuanensis: Yang *et* Yang, 2004. Fauna Sinica Insecta 34: 212.
分布（Distribution）： 四川（SC）

（312）近截驼舞虻 *Hybos similaris* Yang *et* Yang, 1995

Hybos similaris Yang *et* Yang, 1995. Insects of Baishanzu Mountain, Eastern China: 503. **Type locality:** China (Zhejiang: Baishanzu).
Hybos similaris: Yang *et* Yang, 2004. Fauna Sinica Insecta 34: 214.
分布（Distribution）： 浙江（ZJ）、贵州（GZ）

（313）斯氏驼舞虻 *Hybos starki* Yang *et* Yang, 1995

Hybos starki Yang *et* Yang, 1995. Stud. Dipt. 2 (2): 216. **Type locality:** China (Guangxi: Maoershan).
Hybos starki: Yang *et* Yang, 2004. Fauna Sinica Insecta 34: 215.
分布（Distribution）： 广西（GX）

（314）台中驼舞虻 *Hybos taichungensis* Yang *et* Horvat, 2006

Hybos taichungensis Yang *et* Horvat, 2006. Trans. Am. Ent. Soc. 132 (1+2): 137. **Type locality:** China (Taiwan: Taichung).
分布（Distribution）： 台湾（TW）

（315）台湾驼舞虻 *Hybos taiwanensis* Yang *et* Horvat, 2006

Hybos taiwanensis Yang *et* Horvat, 2006. Trans. Am. Ent. Soc. 132 (1+2): 138. **Type locality:** China (Taiwan: Hualien).
分布（Distribution）： 台湾（TW）

（316）西藏驼舞虻 *Hybos tibetanus* Yang *et* Yang, 1987

Hybos tibetanus Yang *et* Yang, 1987. Agricultural insects, spiders, plant diseases and weeds of Xizang 2: 163. **Type locality:** China (Tibet: Bomi).
Hybos tibetanus: Yang *et* Yang, 2004. Fauna Sinica Insecta 34: 216.
分布（Distribution）： 西藏（XZ）

（317）嘉义驼舞虻 *Hybos tibialis* (Bezzi, 1912)

Neoza tibialis Bezzi, 1912. Ann. Hist. Nat. Mus. Natl. Hung. 10: 455. **Type locality:** China (Taiwan: Kosempo, Koshun and Kagi).
Hybos tibialis: Yang *et* Yang, 2004. Fauna Sinica Insecta 34: 217.
分布（Distribution）： 台湾（TW）

（318）通麦驼舞虻 *Hybos tongmaiensis* Wang *et* Yang, 2014

Hybos tongmaiensis Wang *et* Yang, 2014. Trans. Am. Ent. Soc. 140: 109. **Type locality:** China (Tibet: Bomi).
分布（Distribution）： 西藏（XZ）

（319）通山驼舞虻 *Hybos tongshanensis* Yang *et* Yang, 1991

Hybos tongshanensis Yang *et* Yang, 1991. J. Hubei Univ. (Nat. Sci.) 13 (1): 6. **Type locality:** China (Hubei: Tongshan).
Hybos tongshanensis: Yang *et* Yang, 2004. Fauna Sinica Insecta 34: 217.
分布（Distribution）： 湖北（HB）、贵州（GZ）

（320）三突驼舞虻 *Hybos trifurcatus* Yang *et* Yang, 2004

Hybos trifurcatus Yang *et* Yang, 2004. Fauna Sinica Insecta 34: 218. **Type locality:** China (Sichuan: Emei Mountain).
分布（Distribution）： 四川（SC）

（321）三刺驼舞虻 *Hybos trispinatus* Yang, Merz *et* Grootaert, 2006

Hybos trispinatus Yang, Merz *et* Grootaert, 2006. Rev. Suiss. Zool. 113 (4): 801. **Type locality:** China (Guangdong: Nanling).
分布（Distribution）： 广东（GD）

（322）截形驼舞虻 *Hybos truncatus* Yang *et* Yang, 1986

Hybos truncatus Yang *et* Yang, 1986. Wuyi Sci. J. 6: 80. **Type locality:** China (Guangxi: Longsheng).
Hybos truncatus: Yang *et* Yang, 2004. Fauna Sinica Insecta 34: 220.
分布（Distribution）： 广西（GX）

（323）单鬃驼舞虻 *Hybos uniseta* Yang *et* Yang, 2004

Hybos uniseta Yang *et* Yang, 2004. Fauna Sinica Insecta 34: 221. **Type locality:** China (Zhejiang: Longwangshan).
分布（Distribution）： 浙江（ZJ）

（324）王氏驼舞虻 *Hybos wangae* Yang, Merz *et* Grootaert, 2006

Hybos wangae Yang, Merz *et* Grootaert, 2006. Rev. Suiss. Zool. 113 (4): 803. **Type locality:** China (Guangdong: Nanling).
分布（Distribution）： 广东（GD）

（325）武当驼舞虻 *Hybos wudanganus* Yang *et* Yang, 1991

Hybos wudanganus Yang *et* Yang, 1991. J. Hubei Univ. (Nat. Sci.) 13 (1): 5. **Type locality:** China (Hubei: Wudangshan).
Hybos wudanganus: Yang *et* Yang, 2004. Fauna Sinica Insecta 34: 223.

分布（Distribution）：河南（HEN）、湖北（HB）

（326）吴氏驼舞虻 *Hybos wui* Yang *et* Yang, 1995

Hybos wui Yang *et* Yang, 1995. Insects of Baishanzu Mountain, Eastern China: 501. **Type locality:** China (Zhejiang: Baishanzu).
Hybos wui: Yang *et* Yang, 2004. Fauna Sinica Insecta 34: 224.
分布（Distribution）：浙江（ZJ）

（327）小黄山驼舞虻 *Hybos xiaohuangshanensis* Yang, Gaimari *et* Grootaert, 2005

Hybos xiaohuangshanensis Yang, Gaimari *et* Grootaert, 2005. Zootaxa 912: 5. **Type locality:** China (Guangdong: Nanling).
分布（Distribution）：广东（GD）

（328）晓艳驼舞虻 *Hybos xiaoyanae* Jiang, Li *et* Yang, 2011

Hybos xiaoyanae Jiang, Li *et* Yang, 2011. Trans. Am. Ent. Soc. 137 (3-4): 356. **Type locality:** China (Taiwan: Pingdong).
分布（Distribution）：台湾（TW）

（329）席氏驼舞虻 *Hybos xii* Li, Wang *et* Yang, 2014

Hybos xii Li, Wang *et* Yang, 2014. Zootaxa 3786 (2): 177. **Type locality:** China (Shaanxi: Ningshan).
分布（Distribution）：陕西（SN）

（330）西双版纳驼舞虻 *Hybos xishuangbannaensis* Yang *et* Yang, 2004

Hybos xishuangbannaensis Yang *et* Yang, 2004. Fauna Sinica Insecta 34: 225. **Type locality:** China (Yunnan: Xishuangbanna).
分布（Distribution）：云南（YN）

（331）阴峪河驼舞虻 *Hybos yinyuhensis* Yang *et* Li, 2011

Hybos yinyuhensis Yang *et* Li, 2011. Rev. Suiss. Zool. 118 (1): 96. **Type locality:** China (Hubei: Shennongjia).
分布（Distribution）：湖北（HB）

（332）张氏驼舞虻 *Hybos zhangae* Yang, Wang, Zhu *et* Zhang, 2010

Hybos zhangae Yang, Wang, Zhu *et* Zhang, 2010. Diptera: Empidoidea. Insect Fauna of Henan: 241. **Type locality:** China (Henan: Songxian, Baiyunshan).
分布（Distribution）：河南（HEN）

（333）浙江驼舞虻 *Hybos zhejiangensis* Yang *et* Yang, 1995

Hybos zhejiangensis Yang *et* Yang, 1995. Insects and Macrofungi of Gutianshan, Zhejiang: 238. **Type locality:** China (Zhejiang: Gutianshan).
Hybos zhejiangensis: Yang *et* Yang, 2004. Fauna Sinica Insecta 34: 226.
分布（Distribution）：浙江（ZJ）

24. 准驼舞虻属 *Parahybos* Kertész, 1899

Parahybos Kertész, 1899. Természetr. Füz. 22: 176. **Type species:** *Parahybos iridipennis* Kertész, 1899 (monotypy).
Parahybos: Yang *et* Yang, 2004. Fauna Sinica Insecta 34: 228; Yang, Zhang, Yao *et* Zhang, 2007. World catalog of Empididae (Insecta: Diptera): 301.

（334）短突准驼舞虻 *Parahybos breviprocerus* Li, Yang *et* Yang, 2014

Parahybos breviprocerus Li, Yang *et* Yang, 2014. Entomotaxon. 36 (3): 197. **Type locality:** China (Tibet: Medog).
分布（Distribution）：西藏（XZ）

（335）毛尾准驼舞虻 *Parahybos chaetoproctus* Bezzi, 1907

Parahybos chaetoproctus Bezzi, 1907. Ann. Hist. Nat. Mus. Natl. Hung. 5: 565. **Type locality:** China (Taiwan: Takao).
Parahybos chaetoproctus: Yang *et* Yang, 2004. Fauna Sinica Insecta 34: 229.
分布（Distribution）：台湾（TW）

（336）细腿准驼舞虻 *Parahybos chiragra* Bezzi, 1912

Parahybos chiragra Bezzi, 1912. Ann. Hist. Nat. Mus. Natl. Hung. 10: 463. **Type locality:** China (Taiwan: Koshun).
Parahybos chiragra: Yang *et* Yang, 2004. Fauna Sinica Insecta 34: 229.
分布（Distribution）：台湾（TW）

（337）全色准驼舞虻 *Parahybos concolorus* Yang *et* Yang, 1992

Parahybos concolorus Yang *et* Yang, 1992. Insects of the Hengduan Mountains Region 2: 1091. **Type locality:** China (Sichuan: Xichang).
Parahybos concolorus: Yang *et* Yang, 2004. Fauna Sinica Insecta 34: 230.
分布（Distribution）：四川（SC）

（338）洪氏准驼舞虻 *Parahybos horni* (Frey, 1938)

Syneches (*Parahybos*) *horni* Frey, 1938. Not. Ent. 18: 56. **Type locality:** China (Taiwan: Toa Tsui Kutsu).
Parahybos horni: Yang *et* Yang, 2004. Fauna Sinica Insecta 34: 230.
分布（Distribution）：台湾（TW）

（339）集集准驼舞虻 *Parahybos incertus* Bezzi, 1912

Parahybos incertus Bezzi, 1912. Ann. Hist. Nat. Mus. Natl. Hung. 10: 461. **Type locality:** China (Taiwan: Kosempo and Chip-Chip).
Parahybos incertus: Yang *et* Yang, 2004. Fauna Sinica Insecta 34: 230.
分布（Distribution）：台湾（TW）

(340) 孔明山准驼舞虻 *Parahybos kongmingshanensis* Yang *et* Yang, 2004

Parahybos kongmingshanensis Yang *et* Yang, 2004. Fauna Sinica Insecta 34: 231. **Type locality:** China (Yunnan: Xishuangbanna).

分布（**Distribution**）：云南（YN）

(341) 长毛准驼舞虻 *Parahybos longipilosus* Yang *et* Yang, 2004

Parahybos longipilosus Yang *et* Yang, 2004. Fauna Sinica Insecta 34: 232. **Type locality:** China (Guangxi: Longsheng, Jinxiu; Yunnan: Xishuangbanna).

分布（**Distribution**）：云南（YN）、广西（GX）

(342) 长突准驼舞虻 *Parahybos longiprocerus* Li, Yang *et* Yang, 2014

Parahybos longiprocerus Li, Yang *et* Yang, 2014. Entomotaxon. 36 (3): 198. **Type locality:** China (Tibet: Medog).

分布（**Distribution**）：西藏（XZ）

(343) 黑衣准驼舞虻 *Parahybos melas* Bezzi, 1912

Parahybos melas Bezzi, 1912. Ann. Hist. Nat. Mus. Natl. Hung. 10: 461. **Type locality:** China (Taiwan: Koshun).

Parahybos melas: Yang *et* Yang, 2004. Fauna Sinica Insecta 34: 234.

分布（**Distribution**）：台湾（TW）

(344) 南平准驼舞虻 *Parahybos nanpingensis* Yang *et* Yang, 2004

Parahybos nanpingensis Yang *et* Yang, 2004. Fauna Sinica Insecta 34: 234. **Type locality:** China (Fujian: Nanping).

分布（**Distribution**）：福建（FJ）

(345) 邵氏准驼舞虻 *Parahybos sauteri* Bezzi, 1912

Parahybos sauteri Bezzi, 1912. Ann. Hist. Nat. Mus. Natl. Hung. 10: 464. **Type locality:** China (Taiwan: Koshun).

Parahybos sauteri: Yang *et* Yang, 2004. Fauna Sinica Insecta 34: 235.

分布（**Distribution**）：台湾（TW）

(346) 素脚准驼舞虻 *Parahybos simplicipes simplicipes* Bezzi, 1912

Parahybos simplicipes Bezzi, 1912. Ann. Hist. Nat. Mus. Natl. Hung. 10: 462. **Type locality:** China (Taiwan: Toyenmongai).

Parahybos simplicipes: Yang *et* Yang, 2004. Fauna Sinica Insecta 34: 236.

分布（**Distribution**）：台湾（TW）

(347) 微小准驼舞虻 *Parahybos simplicipes minutulus* (Frey, 1938)

Syneches simplicipes minutulus Frey, 1938. Not. Ent. 18: 56. **Type locality:** China (Taiwan: Jushifrun, Taihoku).

Parahybos simplicipes: Yang *et* Yang, 2004. Fauna Sinica Insecta 34: 236.

分布（**Distribution**）：台湾（TW）

(348) 中华准驼舞虻 *Parahybos sinensis* Yang *et* Yang, 1992

Parahybos sinensis Yang *et* Yang, 1992. Insects of the Hengduan Mountains Region 2: 1091. **Type locality:** China (Sichuan: Xichang).

Parahybos sinensis: Yang *et* Yang, 2004. Fauna Sinica Insecta 34: 236.

分布（**Distribution**）：四川（SC）

(349) 浙江准驼舞虻 *Parahybos zhejiangensis* Yang *et* Yang, 1995

Parahybos zhejiangensis Yang *et* Yang, 1995. Insects of Baishanzu Mountain, Eastern China: 504. **Type locality:** China (Zhejiang: Baishanzu).

Parahybos zhejiangensis: Yang *et* Yang, 2004. Fauna Sinica Insecta 34: 237.

分布（**Distribution**）：浙江（ZJ）

25. 隐驼舞虻属 *Syndyas* Loew, 1857

Syndyas Loew, 1857. Öfvers. K. Svenska VetenskAkad. Förh. 14: 369. **Type species:** *Syndyas opaca* Loew, 1857 (designated by Coquillett, 1903).

Sabinios Garrett Jone, 1940. Ruwenzori Exped. 1934-1935 2: 273. **Type species:** *Sabinios jovis* Garrett Jone, 1940 (monotypy).

Syndyas: Yang *et* Yang, 2004. Fauna Sinica Insecta 34: 237; Yang, Zhang, Yao *et* Zhang, 2007. World catalog of Empididae (Insecta: Diptera): 303; Yang, Wang, Zhu *et* Zhang, 2010. Diptera: Empidoidea. Insect Fauna of Henan: 242.

(350) 黑色隐脉驼舞虻 *Syndyas nigripes* (Zetterstedt, 1842)

Ocydromia nigripes Zetterstedt, 1842. Dipt. Scand. 1: 240. **Type locality:** Sweden (Öland).

Syndyas nigripes: Yang *et* Yang, 2004. Fauna Sinica Insecta 34: 238.

分布（**Distribution**）：河南（HEN）、贵州（GZ）、海南（HI）；奥地利、捷克、英国、芬兰、德国、匈牙利、意大利、荷兰、波兰、俄罗斯、瑞典、瑞士

(351) 东方隐脉驼舞虻 *Syndyas orientalis* Frey, 1938

Syndyas orientalis Frey, 1938. Not. Ent. 18: 61. **Type locality:** China (Taiwan: Chosokei).

Syndyas orientalis: Yang *et* Yang, 2004. Fauna Sinica Insecta 34: 239.

分布（**Distribution**）：台湾（TW）

（352）中华隐脉驼舞虻 *Syndyas sinensis* Yang *et* Yang, 1995

Syndyas sinensis Yang *et* Yang, 1995. Insects of Baishanzu Mountain, Eastern China: 503. **Type locality:** China (Zhejiang: Baishanzu).

Syndyas sinensis: Yang *et* Yang, 2004. Fauna Sinica Insecta 34: 240.

分布（Distribution）：浙江（ZJ）

（353）西藏隐脉驼舞虻 *Syndyas tibetensis* Wang, Yao *et* Yang, 2013

Syndyas tibetensis Wang, Yao *et* Yang, 2013. Entomotaxon. 35 (1): 54. **Type locality:** China (Tibet: Nyingchi).

分布（Distribution）：西藏（XZ）

（354）云蒙山隐脉驼舞虻 *Syndyas yunmengshanensis* Yang, 2004

Syndyas yunmengshanensis Yang, 2004. Trans. Am. Ent. Soc. 130 (1): 92. **Type locality:** China (Beijing: Yunmengshan Mountain).

分布（Distribution）：北京（BJ）

26. 柄驼舞虻属 *Syneches* Walker, 1852

Syneches Walker, 1852. Ins. Saunders. 1: 165. **Type species:** *Syneches simplex* Walker, 1852 (monotypy).

Acromyia Latreille, 1809. Gen. Crust. Ins. 4: 305, as "*Acromyia asiliformis* Bonelli" [= *muscarius* (Fabricius, 1794)].

Pterospilus Rondani, 1856. Dipt. Ital. Prodromus 1: 152. **Type species:** *Asilus muscaria* Fabricius, 1794 (monotypy).

Epiceia Walker, 1860. J. Linn. Soc. Lond. 4: 149 (as subgenus of *Syneches*). **Type species:** *Epiceia ferruginea* Walker, 1860 (monotypy).

Syneches: Yang *et* Yang, 2004. Fauna Sinica Insecta 34: 241; Yang, Zhang, Yao *et* Zhang, 2007. World catalog of Empididae (Insecta: Diptera): 306; Yang, Wang, Zhu *et* Zhang, 2010. Diptera: Empidoidea. Insect Fauna of Henan: 243.

（355）尖突柄驼舞虻 *Syneches acutatus* Saigusa *et* Yang, 2002

Syneches acutatus Saigusa *et* Yang, 2002. Stud. Dipt. 9 (2): 522. **Type locality:** China (Henan: Luoshan).

Syneches acutatus: Yang *et* Yang, 2004. Fauna Sinica Insecta 34: 243.

分布（Distribution）：河南（HEN）

（356）钩突柄驼舞虻 *Syneches ancistroides* Li, Zhang *et* Yang, 2007

Syneches ancistroides Li, Zhang *et* Yang, 2007. Acta Zootaxon. Sin. 32 (2): 482. **Type locality:** China (Guangdong: Nanling).

分布（Distribution）：广东（GD）

（357）黄端柄驼舞虻 *Syneches apiciflavus* Yang, Yang *et* Hu, 2002

Syneches apiciflavus Yang, Yang *et* Hu, 2002. Forest Insects of Hainan: 733. **Type locality:** China (Hainan: Wuzhishan Mountain).

Syneches apiciflavus: Yang *et* Yang, 2004. Fauna Sinica Insecta 34: 244.

分布（Distribution）：海南（HI）

（358）无痣柄驼舞虻 *Syneches astigma* Wang, Wang *et* Yang, 2014

Syneches astigma Wang, Wang *et* Yang, 2014. Trans. Am. Ent. Soc. 140: 146. **Type locality:** China (Tibet: Nyingchi).

分布（Distribution）：西藏（XZ）

（359）宝天曼柄驼舞虻 *Syneches baotianmana* Yang, Wang, Zhu *et* Zhang, 2010

Syneches baotianmana Yang, Wang, Zhu *et* Zhang, 2010. Diptera: Empidoidea. Insect Fauna of Henan: 245. **Type locality:** China (Henan: Neixiang, Baotianman).

分布（Distribution）：河南（HEN）

（360）基黑柄驼舞虻 *Syneches basiniger* Yang *et* Wang, 1998

Syneches basiniger Yang *et* Yang, 1998. The Fauna and Taxonomy of Insects in Henan 2: 87. **Type locality:** China (Henan: Songxian, Luanchuan).

Syneches basiniger: Yang *et* Yang, 2004. Fauna Sinica Insecta 34: 245.

分布（Distribution）：河南（HEN）、陕西（SN）

（361）双角柄驼舞虻 *Syneches bicornutus* Yang *et* Yang, 2004

Syneches bicornutus Yang *et* Yang, 2004. Fauna Sinica Insecta 34: 246. **Type locality:** China (Gansu: Wenxian, Zhouqu).

分布（Distribution）：甘肃（GS）

（362）茅埔柄驼舞虻 *Syneches bigoti* Bezzi, 1904

Syneches bigoti Bezzi, 1904. Ann. Hist. Nat. Mus. Natl. Hung. 2: 360 (new name for *bicolor* Bigot, 1889, nec Walker, 1859). **Type locality:** Hindustan (automatic).

Pterostylus bicolor Bigot, 1889. Ann. Soc. Ent. Fr. (6) 9: 127. **Type locality:** Hindustan.

Syneches bigoti: Yang *et* Yang, 2004. Fauna Sinica Insecta 34: 248.

分布（Distribution）：西藏（XZ）、台湾（TW）；印度

（363）凹柄驼舞虻 *Syneches distinctus* Wang, Wang *et* Yang, 2014

Siyneches distinctus Wang, Wang *et* Yang, 2014. Trans. Am. Ent. Soc. 140: 147. **Type locality:** Chna (Tibet: Nyingchi).

分布（Distribution）：西藏（XZ）

(364)黄基柄驼舞虻 *Syneches flavicoxa* Wang, Wang *et* Yang, 2014

Syneches flavicoxa Wang, Wang *et* Yang, 2014. Trans. Am. Ent. Soc. 140: 148. **Type locality:** China (Tibet: Nyingchi).

分布(Distribution):西藏(XZ)

(365)黄胫柄驼舞虻 *Syneches flavitibia* Wang, Wang *et* Yang, 2014

Syneches flavitibia Wang, Wang *et* Yang, 2014. Trans. Am. Ent. Soc. 140: 149. **Type locality:** China (Tibet: Nyingchi).

分布(Distribution):西藏(XZ)

(366)福建柄驼舞虻 *Syneches fujianensis* Yang *et* Yang, 2002

Syneches fujianensis Yang *et* Yang, 2003. Fauna of Insects in Fujian Province of China 8: 261. **Type locality:** China (Fujian: Wuyi Mountain).

Syneches fujianensis: Yang *et* Yang, 2004. Fauna Sinica Insecta 34: 248.

分布(Distribution):福建(FJ)

(367)叉突柄驼舞虻 *Syneches furcatus* Saigusa *et* Yang, 2002

Syneches furcatus Saigusa *et* Yang, 2002. Stud. Dipt. 9 (2): 522. **Type locality:** China (Henan: Luanchuan).

Syneches furcatus: Yang *et* Yang, 2004. Fauna Sinica Insecta 34: 249.

分布(Distribution):河南(HEN)

(368)广东柄驼舞虻 *Syneches guangdongensis* Yang *et* Grootaert, 2004

Syneches guangdongensis Yang *et* Grootaert, 2004. Raffles Bull. Zool. 52 (2): 348. **Type locality:** China (Guangdong: Nanling).

分布(Distribution):广东(GD)

(369)广西柄驼舞虻 *Syneches guangxiensis* Yang, 2007

Syneches guangxiensis Yang, 2007. Ent. News 118 (1): 83. **Type locality:** China (Guangxi: Maoershan).

分布(Distribution):广西(GX)

(370)贵州柄驼舞虻 *Syneches guizhouensis* Yang *et* Yang, 1988

Syneches guizhouensis Yang *et* Yang, 1988. Insects of Fanjing Mountain: 139. **Type locality:** China (Guizhou: Fanjingshan).

Syneches guizhouensis: Yang *et* Yang, 2004. Fauna Sinica Insecta 34: 250.

分布(Distribution):贵州(GZ)

(371)弱凹柄驼舞虻 *Syneches indistinctus* Wang, Wang *et* Yang, 2014

Syneches indistinctus Wang, Wang *et* Yang, 2014. Trans. Am. Ent. Soc. 140: 150. **Type locality:** China (Tibet: Nyingchi).

分布(Distribution):西藏(XZ)

(372)宽端柄驼舞虻 *Syneches latus* Yang *et* Grootaert, 2004

Syneches latus Yang *et* Grootaert, 2004. Raffles Bull. Zool. 52 (2): 348. **Type locality:** China (Guangdong: Yingde, Shimentai).

分布(Distribution):广东(GD)

(373)李氏柄驼舞虻 *Syneches lii* Yang, Wang, Zhu *et* Zhang, 2010

Syneches *lii* Yang, Wang, Zhu *et* Zhang, 2010. Diptera: Empidoidea. Insect Fauna of Henan: 248. **Type locality:** China (Henan: Neixiang, Baotianman).

分布(Distribution):河南(HEN)

(374)栾川柄驼舞虻 *Syneches luanchuanensis* Yang *et* Wang, 1997

Syneches luanchuanensis Yang *et* Yang, 1997. The Fauna and Taxonomy of Insects in Henan 2: 87. **Type locality:** China (Henan: Luanchuan).

Syneches luanchuanensis: Yang *et* Yang, 2004. Fauna Sinica Insecta 34: 251.

分布(Distribution):河南(HEN)

(375)甲仙柄驼舞虻 *Syneches luctifer* Bezzi, 1912

Syneches (*Epiceia*) *luctifer* Bezzi, 1912. Ann. Hist. Nat. Mus. Natl. Hung. 10: 459. **Type locality:** China (Taiwan: Kosempo).

Syneches luctifer: Yang *et* Yang, 2004. Fauna Sinica Insecta 34: 252.

分布(Distribution):台湾(TW)

(376)猫儿山柄驼舞虻 *Syneches maoershanensis* Yang, 2007

Syneches maoershanensis Yang, 2007. Ent. News 118 (1): 84. **Type locality:** China (Guangxi: Maoershan).

分布(Distribution):广西(GX)

(377)斑翅柄驼舞虻 *Syneches muscarius* (Fabricius, 1794)

Asilus muscarius Fabricius, 1794. Entom. Syst. 4: 390. **Type locality:** France ("in Gallia Mus. Dom. Bosc").

Stomoxys asiliformis Fabricius, 1794. Entom. Syst. 4: 395. **Type locality:** Italy ("in Italia Dr. Allioni").

Acromyia asiliformis Latreille, 1809. Gen. Crust. Ins. 4: 305 (as "*asiliformis* Bonelli").

Asilus hybos Lamarck, 1816. Hist. Nat. Anim. Sans Vert 3: 404. **Type locality:** Italy.

Syneches muscarius: Yang *et* Yang, 2004. Fauna Sinica Insecta 34: 253.

分布(Distribution):北京(BJ)、山东(SD)、河南(HEN)、

湖南（HN）、湖北（HB）、贵州（GZ）、福建（FJ）；奥地利、捷克、斯洛伐克、英国、法国、德国、意大利、立陶宛、荷兰、波兰、俄罗斯、丹麦、瑞士

（378）南昆山柄驼舞虻 *Syneches nankunshanensis* Li, Zhang *et* Yang, 2007

Syneches nankunshanensis Li, Zhang *et* Yang, 2007. Acta Zootaxon. Sin. 32 (2): 483. **Type locality:** China (Guangdong: Nankunshan).

分布（Distribution）：广东（GD）

（379）南岭柄驼舞虻 *Syneches nanlingensis* Yang *et* Grootaert, 2007

Syneches nanlingensis Yang *et* Grootaert, 2007. Dtsch. Ent. Z. 54 (1): 138. **Type locality:** China (Guangdong: Nanling).

分布（Distribution）：广东（GD）

（380）黑胸柄驼舞虻 *Syneches nigrescens* Shi, Yao *et* Yang, 2014

Syneches nigrescens Shi, Yao *et* Yang, 2014. Florida Ent. 97 (2): 713. **Type locality:** China (Tibet: Medog).

分布（Distribution）：西藏（XZ）

（381）星斑柄驼舞虻 *Syneches praestans* Bezzi, 1912

Syneches (*Syneches*) *praestans* Bezzi, 1912. Ann. Hist. Nat. Mus. Natl. Hung. 10: 458. **Type locality:** China (Taiwan: Toyenmongai, Tainan).

Syneches praestans: Yang *et* Yang, 2004. Fauna Sinica Insecta 34: 254.

分布（Distribution）：台湾（TW）

（382）棕色柄驼舞虻 *Syneches pullus* Bezzi, 1912

Syneches (*Epiceia*) *pullus* Bezzi, 1912. Ann. Hist. Nat. Mus. Natl. Hung. 10: 460. **Type locality:** China (Taiwan: Fuhosho, Koshun).

Syneches pullus: Yang *et* Yang, 2004. Fauna Sinica Insecta 34: 254.

分布（Distribution）：台湾（TW）

（383）齿突柄驼舞虻 *Syneches serratus* Yang, An *et* Gao, 2002

Syneches serratus Yang, An *et* Gao, 2002. The Fauna and Taxonomy of Insects in Henan 5: 35. **Type locality:** China (Henan: Luanchuan).

Syneches serratus: Yang *et* Yang, 2004. Fauna Sinica Insecta 34: 255.

分布（Distribution）：河南（HEN）

（384）树木园柄驼舞虻 *Syneches shumuyuanensis* Li, Zhang *et* Yang, 2007

Syneches shumuyuanensis Li, Zhang *et* Yang, 2007. Acta Zootaxon. Sin. 32 (2): 484. **Type locality:** China (Guangdong: Nanling).

分布（Distribution）：广东（GD）

（385）单角柄驼舞虻 *Syneches singularis* Yang *et* Yang, 2004

Syneches singularis Yang *et* Yang, 2004. Fauna Sinica Insecta 34: 256. **Type locality:** China (Gansu: Wenxian, Zhouqu).

分布（Distribution）：甘肃（GS）

（386）淡胸柄驼舞虻 *Syneches sublatus* Yang *et* Grootaert, 2007

Syneches sublatus Yang *et* Grootaert, 2007. Dtsch. Ent. Z. 54 (1): 139. **Type locality:** China (Guangdong: Nanling, Nankunshan).

分布（Distribution）：广东（GD）

（387）西藏柄驼舞虻 *Syneches tibetanus* Yang *et* Yang, 1987

Syneches tibetanus Yang *et* Yang, 1987. Agricultural insects, spiders, plant diseases and weeds of Xizang 2: 171. **Type locality:** China (Tibet: Bomi).

Syneches tibetanus: Yang *et* Yang, 2004. Fauna Sinica Insecta 34: 258.

分布（Distribution）：西藏（XZ）

（388）王氏柄驼舞虻 *Syneches wangae* Wang, Wang *et* Yang, 2014

Syneches wangae Wang, Wang *et* Yang, 2014. Trans. Am. Ent. Soc. 140: 151. **Type locality:** China (Tibet: Nyingchi).

分布（Distribution）：西藏（XZ）

（389）黄胸柄驼舞虻 *Syneches xanthochromus* Yang *et* Yang, 1987

Syneches xanthochromus Yang *et* Yang, 1987. Agricultural insects, spiders, plant diseases and weeds of Xizang 2: 173. **Type locality:** China (Tibet: Bomi).

Syneches xanthochromus: Yang *et* Yang, 2004. Fauna Sinica Insecta 34: 259.

分布（Distribution）：西藏（XZ）

（390）小黄山柄驼舞虻 *Syneches xiaohuangshanensis* Yang *et* Grootaert, 2007

Syneches xiaohuangshanensis Yang *et* Grootaert, 2007. Dtsch. Ent. Z. 54 (1): 140. **Type locality:** China (Guangdong: Nanling).

分布（Distribution）：广东（GD）

（391）许氏柄驼舞虻 *Syneches xui* Yang *et* Grootaert, 2004

Syneches xui Yang *et* Grootaert, 2004. Raffles Bull. Zool. 52 (2): 349. **Type locality:** China (Guangdong: Nanling).

分布（Distribution）：广东（GD）

（392）浙江柄驼舞虻 *Syneches zhejiangensis* Yang *et* Wang, 1998

Syneches zhejiangensis Yang *et* Wang, 1998. Insects of Longwangshan: 311. **Type locality:** China (Zhejiang: Longwangshan).
Syneches zhejiangensis: Yang *et* Yang, 2004. Fauna Sinica Insecta 34: 260.
分布（Distribution）：浙江（ZJ）

小室舞虻亚科 Microphorinae

27. 小室舞虻属 *Microphor* Macquart, 1827

Microphor Macquart, 1827. Ins. Dipt. N. Fr. 1827: 139. **Type species:** *Microphor velutinus* Macquart, 1827 [= *holosericeus* (Meigen, 1804)] (designated by Rondani, 1856).
Microphorus Macquart, 1834. Hist. Nat. Ins. Dipt. 1: 345 (unjustified emendation for *Microphor*). **Type species:** *Microphor velutinus* Macquart, 1827 [=*Microphor holosericeus* (Meigen, 1804)] (automatic).
Microphora Zetterstedt, 1842. Dipt. Scand. 1: 253 (emendation or error, nec Kröber, 1912 in Therevidae). **Type species:** *Microphorus velutinus* Macquart, 1827 [= *holosericeus* (Meigen, 1804)] (automatic).
Microphor: Yang, Zhang, Yao *et* Zhang, 2007. World catalog of Empididae (Insecta: Diptera): 316; Yang, Wang, Zhu *et* Zhang, 2010. Diptera: Empidoidea. Insect Fauna of Henan: 293.

（393）中华小室舞虻 *Microphor sinensis* Saigusa *et* Yang, 2002

Microphorus sinensis Saigusa *et* Yang, 2002. Stud. Dipt. 9 (2): 541. **Type locality:** China (Henan: Baiyunshan, Longyuwan).
Microphorus sinensis: Yang, Wang, Zhu *et* Zhang, 2010. Diptera: Empidoidea. Insect Fauna of Henan: 293.
分布（Distribution）：河南（HEN）

28. 隆颜小室舞虻属 *Schistostoma* Becker, 1902

Schistostoma Becker, 1902. Mitt. Zool. Mus. Berl. 2 (2): 46. **Type species:** *Schistostoma eremita* Becker, 1902 (monotypy).
Schistostoma: Yang, Zhang, Yao *et* Zhang, 2007. World catalog of Empididae (Insecta: Diptera): 318.

（394）黑尾隆颜小室舞虻 *Schistostoma nigricauda* (Becker, 1908)

Rhamphomyia nigricauda Becker, 1908. Annu. Mus. Zool. St. Petersbourg 1907 12: 314. **Type locality:** China ("Zaidan, NE Tibet; zwischen der Quelle Chabirga und dem Baga-Tsjadamin-Nor, am südl. Fusse des westl. S.-Kukunor- Gebirge; Kurlyk am FI. Baingol; FI. Bomyn [= Itschegyn]").
分布（Distribution）：西藏（XZ）

捷舞虻亚科 Ocydromiinae

29. 按舞虻属 *Anthalia* Zetterstedt, 1838

Anthalia Zetterstedt, 1838. Insecta Lapp.: 538. **Type species:** *Anthalia schoenherri* Zetterstedt, 1838 (designated by Melander, 1928).
Anthalia: Yang, Zhang, Yao *et* Zhang, 2007. World catalog of Empididae (Insecta: Diptera): 337; Yang, Wang, Zhu *et* Zhang, 2010. Diptera: Empidoidea. Insect Fauna of Henan: 253.

（395）中华按舞虻 *Anthalia sinensis* Saigusa *et* Yang, 2002

Anthalia sinensis Saigusa *et* Yang, 2002. Stud. Dipt. 9 (2): 524. **Type locality:** China (Henan: Longyuwan).
Anthalia sinensis: Yang, Wang, Zhu *et* Zhang, 2010. Diptera: Empidoidea. Insect Fauna of Henan: 253.
分布（Distribution）：河南（HEN）

30. 细腿舞虻属 *Bicellaria* Macquart, 1823

Bicellaria Macquart, 1823. Mém. Soc. Sci. Agric. Lille. 1822: 155. **Type species:** *Bicellaria nigra* Macquart, 1823 (monotypy) [= *spuria* (Fallén, 1816)].
Cyrtoma Meigen, 1824. Syst. Beschr. 4: 1. **Type species:** *Cyrtoma atra* Meigen, 1824 (designated by Westwood, 1840 [= *spuria* (Fallén, 1816)].
Enicopteryx Stephens, 1829. Syst. Cat. Brit. Ins. 2: 264 [catalogue name]. **Type species:** not designated (3 *Bicellaria* species included).
Calo Gistl, 1848. Naturgesch. Thierr.: VIII [unjustified new name for *Cyrtoma*]. **Type species:** *Cyrtoma atra* Meigen, 1824 (automatic) [= *spuria* (Fallén, 1816)].
Bicellaria: Yang, Zhang, Yao *et* Zhang, 2007. World catalog of Empididae (Insecta: Diptera): 324.

（396）普通细腿舞虻 *Bicellaria spuria* (Fallén, 1816)

Empis spuria Fallén, 1816. Empidiae Sveciae: 33. **Type locality:** Sweden ("Scania, Ostrogothia").
Bicellaria nigra Macquart, 1823. Mém. Soc. Sci. Agric. Lille. 1822: 156. **Type locality:** Not given [NW France].
Cyrtoma atra Meigen, 1824. Syst. Beschr. 4: 2. **Type locality:** Not given [Aachen, Germany].
Cyrtoma melaena Haliday, 1833. Ent. Mon. Mag. 1: 158. **Type locality:** Ireland [Holywood (by lectotype designation)].
分布（Distribution）：台湾（TW）；加拿大、美国；欧洲

31. 直脉舞虻属 *Euthyneura* Macquart, 1836

Euthyneura Macquart, 1836. Ann. Soc. Ent. Fr. 5: 518. **Type species:** *Euthyneura myrtilli* Macquart, 1836 (monotypy).

Euthyneura: Yang, Zhang, Yao *et* Zhang, 2007. World catalog of Empididae (Insecta: Diptera): 338; Yang, Wang, Zhu *et* Zhang, 2010. Diptera: Empidoidea. Insect Fauna of Henan: 254.

（397）异直脉舞虻 *Euthyneura abnormis* Saigusa *et* Yang, 2002

Euthyneura abnormis Saigusa *et* Yang, 2002. Stud. Dipt. 9 (2): 527. **Type locality:** China (Henan: Baiyunshan).
Euthyneura abnormis: Yang, Wang, Zhu *et* Zhang, 2010. Diptera: Empidoidea. Insect Fauna of Henan: 255.
分布（Distribution）：河南（HEN）

（398）显痣直脉舞虻 *Euthyneura stigmata* Saigusa *et* Yang, 2002

Euthyneura stigmata Saigusa *et* Yang, 2002. Stud. Dipt. 9 (2): 526. **Type locality:** China (Henan: Baiyunshan).
Euthyneura stigmata: Yang, Wang, Zhu *et* Zhang, 2010. Diptera: Empidoidea. Insect Fauna of Henan: 256.
分布（Distribution）：河南（HEN）

32. 裸芒舞虻属 *Leptopeza* Macquart, 1827

Leptopeza Macquart, 1827. Ins. Dipt. N. Fr. 1827: 143 [*Lemtopeza*, error].
Leptopeza Macquart, 1834. Hist. Nat. Ins. Dipt. 1: 320 [justified emendation]. **Type species:** *Lemtopeza flavipes* Macquart, 1827 (monotypy) [=*flavipes* (Meigen, 1820)].
Leptopeza: Yang, Zhang, Yao *et* Zhang, 2007. World catalog of Empididae (Insecta: Diptera): 331.

（399）台湾裸芒舞虻 *Leptopeza biplagiata* Bezzi, 1912

Leptopeza biplagiata Bezzi, 1912. Ann. Hist. Nat. Mus. Natl. Hung. 10: 475. **Type locality:** China (Taiwan: Toyenmongai).
分布（Distribution）：台湾（TW）

33. 捷舞虻属 *Ocydromia* Meigen, 1820

Ocydromia Meigen, 1820. Syst. Beschr. 2: 351. **Type species:** *Empis glabricula* Fallén, 1816 (designated by Westwood, 1840).
Eucinesia Gistl, 1848. Naturgesch. Thierr.: x (unjustified new name for *Ocydromia*). **Type species:** *Empis glabricula* Fallén, 1816 (automatic).
Ocydromia: Yang, Zhang, Yao *et* Zhang, 2007. World catalog of Empididae (Insecta: Diptera): 333.

（400）山西捷舞虻 *Ocydromia shanxiensis* Li, Wang *et* Yang, 2013

Ocydromia shanxiensis Li, Wang *et* Yang, 2013. ZooKeys 349: 3. **Type locality:** China (Shanxi: Yicheng, Yishan).
分布（Distribution）：山西（SX）

（401）小五台捷舞虻 *Ocydromia xiaowutaiensis* Yang *et* Gaimari, 2005

Ocydromia xiaowutaiensis Yang *et* Gaimari, 2005. Pan-Pac. Ent. 80 (1-4): 63. **Type locality:** China (Hebei: Xiaowutai).
分布（Distribution）：内蒙古（NM）、河北（HEB）

34. 长角舞虻属 *Oedalea* Meigen, 1820

Oedalea Meigen, 1820. Syst. Beschr. 2: 355. **Type species:** *Empis hybotina* Fallén, 1816 (designated by Westwood, 1840).
Oedalea: Yang, Zhang, Yao *et* Zhang, 2007. World catalog of Empididae (Insecta: Diptera): 339; Yang, Wang, Zhu *et* Zhang, 2010. Diptera: Empidoidea. Insect Fauna of Henan: 257.

（402）白云山长角舞虻 *Oedalea baiyunshanensis* Saigusa *et* Yang, 2002

Oedalea baiyunshanensis Saigusa *et* Yang, 2002. Stud. Dipt. 9 (2): 524. **Type locality:** China (Henan: Baiyunshan).
Oedalea baiyunshanensis: Yang, Wang, Zhu *et* Zhang, 2010. Diptera: Empidoidea. Insect Fauna of Henan: 257.
分布（Distribution）：河南（HEN）

（403）南岭长角舞虻 *Oedalea nanlingensis* Yang *et* Grootaert, 2006

Oedalea nanlingensis Yang *et* Grootaert, 2006. Dtsch. Ent. Z. 53 (2): 246. **Type locality:** China (Guangdong: Nanling).
分布（Distribution）：广东（GD）

毛脉舞虻亚科 Oreogetoninae

35. 毛脉舞虻属 *Oreogeton* Schiner, 1860

Oreogeton Schiner, 1860. Wien. Entomol. Monatschr. 4: 53. **Type species:** *Gloma basalis* Loew, 1856 (original designation).
Oreogeton: Yang, Zhang, Yao *et* Zhang, 2007. World catalog of Empididae (Insecta: Diptera): 349.

（404）黄基毛脉舞虻 *Oreogeton flavicoxa* Liu, Zhou *et* Yang, 2010

Oreogeton flavicoxa Liu, Zhou *et* Yang, 2010. Trans. Am. Ent. Soc. 136 (3-4): 255. **Type locality:** China (Hubei: Shennongjia).
分布（Distribution）：湖北（HB）

（405）中华毛脉舞虻 *Oreogeton sinensis* Yang, An *et* Zhu, 2005

Oreogeton sinensis Yang, An *et* Zhu, 2005. Insect Fauna of Middle-West Qinling Range and South Mountains of Gansu Province: 735. **Type locality:** China (Gansu: Wenxian).
分布（Distribution）：甘肃（GS）

合室舞虻亚科 Tachydromiinae

隐肩舞虻族 Drapetini

36. 同室舞虻属 *Chersodromia* Walker, 1849

Chersodromia Walker, 1849. List Dipt. Brit. Mus. 4: 1157. **Type species:** *Tachypeza brevipennis* Zetterstedt, 1838 (designated by Rondani, 1856) [= *arenaria* (Haliday, 1833)].
Coloboneura Melander, 1902. Trans. Am. Ent. Soc. 28: 229. **Type species:** *Coloboneura inusitata* Melander, 1902 (monotypy).
Halsanalotes Becker, 1902. Mitt. Zool. Mus. Berl. 2 (2): 41. **Type species:** *Halsanalotes amaurus* Becker, 1902 (monotypy).
Thinodromia Melander, 1906. Ent. News 17: 370. **Type species:** *Thinodromia inchoata* Melander, 1906 (monotypy).
Chersodromia: Yang, Zhang, Yao *et* Zhang, 2007. World catalog of Empididae (Insecta: Diptera): 354; Yang, Wang, Zhu *et* Zhang, 2010. Diptera: Empidoidea. Insect Fauna of Henan: 259.

（406）栾川同室舞虻 *Chersodromia luanchuanensis* Yang, An *et* Gao, 2002

Chersodromia luanchuanensis Yang, An *et* Gao, 2002. The Fauna and Taxonomy of Insects in Henan 5: 34. **Type locality:** China (Henan: Luanchuan).
Chersodromia luanchuanensis: Yang, Wang, Zhu *et* Zhang, 2010. Diptera: Empidoidea. Insect Fauna of Henan: 260.
分布（Distribution）：河南（HEN）

37. 显颊舞虻属 *Crossopalpus* Bigot, 1857

Crossopalpus Bigot, 1857. Ann. Soc. Ent. Fr. (3) 5: 563. **Type species:** *Platypalpus ambiguus* Macquart, 1827 (monotypy) [= ?*flexuosus* (Loew, 1840)].
Eudrapetis Melander, 1918. Ann. Ent. Soc. Am. 11: 187 (as subgenus of *Drapetis*). **Type species:** *Drapetis spectabilis* Melander, 1902 (original designation).
Therinopsis Vimmer, 1939. Čas. čsl. Spol. Ent. 36: 64. **Type species:** *Therinopsis richardsi* Vimmer, 1939 (monotypy) [= *humilis* Frey, 1913].
Crossopalpus: Yang, Zhang, Yao *et* Zhang, 2007. World catalog of Empididae (Insecta: Diptera): 358; Yang, Wang, Zhu *et* Zhang, 2010. Diptera: Empidoidea. Insect Fauna of Henan: 261.

（407）黑足显颊舞虻 *Crossopalpus aenescens* (Wiedemann, 1830)

Drapetis aenescens Wiedemann, 1830. Aussereur. Zweifl. Ins. 2: 649. **Type locality:** South Africa.
Drapetis crassa Loew, 1858. Öfvers. K. VetenskAkad. Förh. 14: 341. **Type locality:** South Africa.
分布（Distribution）：台湾（TW）；乍得、纳米比亚、塞拉利昂、南非、苏丹、乌干达

（408）双鬃显颊舞虻 *Crossopalpus bisetus* Yang, Gaimari *et* Grootaert, 2004

Crossopalpus bisetus Yang, Gaimari *et* Grootaert, 2004. Trans. Am. Ent. Soc. 130 (2-3): 170. **Type locality:** China (Yunnan: Jinghong; Taiwan: Yangmingshan).
分布（Distribution）：云南（YN）、台湾（TW）

（409）黄腿显颊舞虻 *Crossopalpus breviculus* (Melander, 1928)

Drapetis (*Eudrapetis*) *breviculus* Melander, 1928. Genera Ins. 185: 310 (new name for *Drapetis brevis* Bezzi, 1912, nec Meunier, 1908). **Type locality:** China [Taiwan: Takao (automatic)].
Drapetis brevis Bezzi, 1912. Ann. Hist. Nat. Mus. Natl. Hung. 10: 483. **Type locality:** China (Taiwan: Takao).
分布（Distribution）：台湾（TW）；帕劳、美国（关岛）

（410）贵州显颊舞虻 *Crossopalpus guizhouanus* Yang *et* Yang, 1989

Crossopalpus guizhouanus Yang *et* Yang, 1989. Guizhou Sci. 7 (1): 37. **Type locality:** China (Guizhou: Guiyang).
Crossopalpus guizhouanus: Yang, Wang, Zhu *et* Zhang, 2010. Diptera: Empidoidea. Insect Fauna of Henan: 261.
分布（Distribution）：河南（HEN）、贵州（GZ）

（411）羽角显颊舞虻 *Crossopalpus pubicornis* (Bezzi, 1912)

Drepetis pubicornis Bezzi, 1912. Ann. Hist. Nat. Mus. Natl. Hung. 10: 482. **Type locality:** China (Taiwan: Polisha, Chip-Chip, Koshun).
分布（Distribution）：台湾（TW）

（412）中华显颊舞虻 *Crossopalpus sinensis* Yang *et* Yang, 1989

Crossopalpus sinensis Yang *et* Yang, 1989. Acta Agric. Univ. Pekin. 15 (4): 421. **Type locality:** China (Tibet: Bomi).
分布（Distribution）：西藏（XZ）

（413）云南显颊舞虻 *Crossopalpus yunnanensis* Yang, Gaimari *et* Grootaert, 2004

Crossopalpus yunnanensis Yang, Gaimari *et* Grootaert, 2004. Trans. Am. Ent. Soc. 130 (2-3): 171. **Type locality:** China (Yunnan: Jinghong).
Crossopalpus yunnanensis: Yang, Wang, Zhu *et* Zhang, 2010. Diptera: Empidoidea. Insect Fauna of Henan: 262.
分布（Distribution）：内蒙古（NM）、北京（BJ）、河南（HEN）、云南（YN）

38. 隐肩舞虻属 *Drapetis* Meigen, 1822

Drapetis Meigen, 1822. Syst. Beschr. 3: 91. **Type species:** *Drapetis exilis* Meigen, 1822 (monotypy).

Caecula Gistl, 1848. Naturgesch. Thierr.: IX (unnecessary new name for *Drapetis*). **Type species:** *Drapetis exilis* Meigen, 1822 (automatic).
Arbicola Gistl, 1848. Naturgesch. Thierr.: 152 (unnecessary new name for *Drapetis*). **Type species:** *Drapetis exilis* Meigen, 1822 (automatic).
Drapetis: Yang, Zhang, Yao *et* Zhang, 2007. World catalog of Empididae (Insecta: Diptera): 364; Yang, Wang, Zhu *et* Zhang, 2010. Diptera: Empidoidea. Insect Fauna of Henan: 264.

(414) 端黑隐肩舞虻 *Drapetis apiciniger* Yang, An *et* Gao, 2002

Drapetis apiciniger Yang, An *et* Gao, 2002. The Fauna and Taxonomy of Insects in Henan 5: 33. **Type locality:** China (Henan: Baotianman).
Drapetis apiciniger: Yang, Wang, Zhu *et* Zhang, 2010. Diptera: Empidoidea. Insect Fauna of Henan: 264.
分布（Distribution）：河南（HEN）

(415) 指须隐肩舞虻 *Drapetis digitata* Yang *et* Grootaert, 2006

Drapetis digitata Yang *et* Grootaert, 2006. Proc. Ent. Soc. Wash. 108 (3): 678. **Type locality:** China (Guangdong: Nanling).
分布（Distribution）：广东（GD）

(416) 长角隐肩舞虻 *Drapetis elongata* Yang *et* Grootaert, 2006

Drapetis elongata Yang *et* Grootaert, 2006. Proc. Ent. Soc. Wash. 108 (3): 680. **Type locality:** China (Guangdong: Nanling).
分布（Distribution）：广东（GD）

(417) 黑腿隐肩舞虻 *Drapetis femorata* Melander, 1918

Drapetis (*Drapetis*) *femorata* Melander, 1918. Ann. Ent. Soc. Am. 11: 215 (new name for *femoralis* Bezzi, 1912, nec Wheeler *et* Melander, 1901). **Type locality:** China [Taiwan: Kosempo (automatic)].
Drapetis femoralis Bezzi, 1912. Ann. Hist. Nat. Mus. Natl. Hung. 10: 484. **Type locality:** China (Taiwan: Kosempo).
分布（Distribution）：台湾（TW）

(418) 黑刺隐肩舞虻 *Drapetis nigrispina* Saigusa, 1965

Drapetis (*Drapetis*) *nigrispina* Saigusa, 1965. Spec. Bull. Lepidopt. Soc. Japan 1: 185. **Type locality:** China (Taiwan: Jitsugetsutan).
分布（Distribution）：台湾（TW）

(419) 腹鬃隐肩舞虻 *Drapetis ventralis* Yang *et* Grootaert, 2006

Drapetis ventralis Yang *et* Grootaert, 2006. Proc. Ent. Soc. Wash. 108 (3): 681. **Type locality:** China (Guangdong: Nanling).
分布（Distribution）：广东（GD）

39. 黄隐肩舞虻属 *Elaphropeza* Macquart, 1827

Elaphropeza Macquart, 1827. Ins. Dipt. N. Fr. 1927: 86. **Type species:** *Tachydromia ephippiata* Fallén, 1815 (monotypy).
Ctenodrapetis Bezzi, 1904. Ann. Hist. Nat. Mus. Natl. Hung. 2: 351 (as subgenus of *Drapetis*). **Type species:** *Drapetis* (*Ctenodrapetis*) *ciliatocosta* Bezzi, 1904 (designated by Melander, 1928).
Elaphropeza: Shamshev *et* Grootaert, 2007. Zootaxa 1488: 6; Yang, Zhang, Yao *et* Zhang, 2007. World catalog of Empididae (Insecta: Diptera): 370; Yang, Wang, Zhu *et* Zhang, 2010. Diptera: Empidoidea. Insect Fauna of Henan: 265.

(420) 异突黄隐肩舞虻 *Elaphropeza abnormalis* (Yang *et* Yang, 1990)

Drapetis (*Drapetis*) *abnormalis* Yang *et* Yang, 1990. Zool. Res. 11 (1): 64. **Type locality:** China (Yunnan: Yuanjiang).
Elaphropeza abnormalis: Shamshev *et* Grootaert, 2007. Zootaxa 1488: 158.
分布（Distribution）：云南（YN）

(421) 斑翅黄隐肩舞虻 *Elaphropeza alamaculata* Yang, Yang *et* Hu, 2002

Elaphropeza alamaculata Yang, Yang *et* Hu, 2002. Forest Insects of Hainan: 739. **Type locality:** China (Hainan: Jianfengling).
分布（Distribution）：海南（HI）

(422) 安氏黄隐肩舞虻 *Elaphropeza anae* Yang *et* Gaimari, 2005

Elaphropeza anae Yang *et* Gaimari, 2005. Proc. Ent. Soc. Wash. 107 (1): 51. **Type locality:** China (Guangxi: Maoershan).
分布（Distribution）：广西（GX）

(423) 双鬃黄隐肩舞虻 *Elaphropeza bisetifera* Yang, Yang *et* Hu, 2002

Elaphropeza bisetifera Yang, Yang *et* Hu, 2002. Forest Insects of Hainan: 738. **Type locality:** China (Hainan: Xinglong).
分布（Distribution）：海南（HI）

(424)尖突黄隐肩舞虻 *Elaphropeza calcarifera* Bezzi, 1907

Elaphropeza calcarifera Bezzi, 1907. Ann. Hist. Nat. Mus. Natl. Hung. 5: 488. **Type locality:** China (Taiwan: Takao).
Elaphropeza calcarifera: Shamshev *et* Grootaert, 2007. Zootaxa 1488: 114.

分布（Distribution）：台湾（TW）

（425）中条黄隐肩舞虻 *Elaphropeza centristria* (Yang *et* Yang, 2003)

Drapetis (*Elaphropeza*) *centristria* Yang *et* Yang, 2003. Fauna of Insects in Fujian Province of China 8: 262. **Type locality:** China (Fujian: Fuzhou).

分布（Distribution）：福建（FJ）

（426）车八岭黄隐肩舞虻 *Elaphropeza chebalingensis* Yang, Merz *et* Grootaert, 2006

Elaphropeza chebalingensis Yang, Merz *et* Grootaert, 2006. Rev. Suiss. Zool. 113 (3): 570. **Type locality:** China (Guangdong: Chebaling).

分布（Distribution）：广东（GD）

（427）黄盾黄隐肩舞虻 *Elaphropeza flaviscutum* Wang, Zhang *et* Yang, 2012

Elaphropeza flaviscutum Wang, Zhang *et* Yang, 2012. ZooKeys 203: 17. **Type locality:** China (Taiwan: Nantou).

分布（Distribution）：台湾（TW）

（428）台湾黄隐肩舞虻 *Elaphropeza formosae* Bezzi, 1907

Elaphropeza formosae Bezzi, 1907. Ann. Hist. Nat. Mus. Natl. Hung. 5: 566. **Type locality:** China (Taiwan: Takao).

Elaphropeza formosae: Shamshev *et* Grootaert, 2007. Zootaxa 1488: 135.

分布（Distribution）：台湾（TW）

（429）福建黄隐肩舞虻 *Elaphropeza fujianensis* (Yang *et* Yang, 2003)

Drapetis (*Elaphropeza*) *fujianensis* Yang *et* Yang, 2003. Fauna of Insects in Fujian Province of China 8: 262. **Type locality:** China (Fujian: Jianyang).

分布（Distribution）：福建（FJ）

（430）福州黄隐肩舞虻 *Elaphropeza fuzhouensis* (Yang *et* Yang, 2003)

Drapetis (*Elaphropeza*) *fuzhouensis* Yang *et* Yang, 2003. Fauna of Insects in Fujian Province of China 8: 261. **Type locality:** China (Fujian: Fuzhou).

分布（Distribution）：福建（FJ）

（431）广东黄隐肩舞虻 *Elaphropeza guangdongensis* (Yang, Gaimari *et* Grootaert, 2004)

Drapetis guangdongensis Yang, Gaimari *et* Grootaert, 2004. J. N.Y. Ent. Soc. 112 (2-3): 107. **Type locality:** China (Guangdong: Zijing).

Elaphropeza guangdongensis: Shamshev *et* Grootaert, 2007. Zootaxa 1488: 159.

分布（Distribution）：广东（GD）

（432）广西黄隐肩舞虻 *Elaphropeza guangxiensis* (Yang *et* Yang, 1992)

Drapetis (*Elaphropeza*) *guangxiensis* Yang *et* Yang, 1992. J. Guangxi Acad. Sci. 8 (1): 45. **Type locality:** China (Guangxi).

分布（Distribution）：广西（GX）

（433）贵州黄隐肩舞虻 *Elaphropeza guiensis* (Yang *et* Yang, 1989)

Drapetis (*Elaphropeza*) *guiensis* Yang *et* Yang, 1989. Guizhou Sci. 7 (1): 36. **Type locality:** China (Guizhou).

分布（Distribution）：贵州（GZ）、广东（GD）

（434）河南黄隐肩舞虻 *Elaphropeza henanensis* Saigusa *et* Yang, 2002

Elaphropeza henanensis Saigusa *et* Yang, 2002. Stud. Dipt. 9 (2): 528. **Type locality:** China (Henan: Longyuwan).

Elaphropeza henanensis: Yang, Wang, Zhu *et* Zhang, 2010. Diptera: Empidoidea. Insect Fauna of Henan: 266.

分布（Distribution）：河南（HEN）

（435）花果山黄隐肩舞虻 *Elaphropeza huaguoshana* Yang, Wang, Zhu *et* Zhang, 2010

Elaphropeza huaguoshana Yang, Wang, Zhu *et* Zhang, 2010. Diptera: Empidoidea. Insect Fauna of Henan: 266. **Type locality:** China (Henan: Yiyang, Huaguoshan).

分布（Distribution）：河南（HEN）

（436）建阳黄隐肩舞虻 *Elaphropeza jianyangensis* (Yang *et* Yang, 2003)

Drapetis (*Elaphropeza*) *jianyangensis* Yang *et* Yang, 2003. Fauna of Insects in Fujian Province of China 8: 262. **Type locality:** China (Fujian: Jianyang).

分布（Distribution）：福建（FJ）

（437）景洪黄隐肩舞虻 *Elaphropeza jinghongensis* (Yang *et* Yang, 1990)

Drapetis (*Elaphropeza*) *jinghongensis* Yang *et* Yang, 1990. Zool. Res. 11 (1): 66. **Type locality:** China (Yunnan: Jinghong).

分布（Distribution）：云南（YN）

（438）克氏黄隐肩舞虻 *Elaphropeza kerteszi* Bezzi, 1912

Elaphropeza kerteszi Bezzi, 1912. Ann. Hist. Nat. Mus. Natl. Hung. 10: 486. **Type locality:** China (Taiwan: Chip-Chip).

Elaphropeza kerteszi: Shamshev *et* Grootaert, 2007. Zootaxa 1488: 116.

分布（Distribution）：台湾（TW）；印度尼西亚

（439）昆明黄隐肩舞虻 *Elaphropeza kunmingana* (Yang *et* Yang, 1990)

Drapetis (*Drapetis*) *kunmingana* Yang *et* Yang, 1990. Zool.

Res. 11 (1): 65. **Type locality:** China (Yunnan: Kunming).
Elaphropeza kunmingana: Shamshev *et* Grootaert, 2007. Zootaxa 1488: 159.
分布（Distribution）：云南（YN）

（440）澜沧黄隐肩舞虻 *Elaphropeza lancangensis* (Yang *et* Yang, 1990)

Drapetis (*Elaphropeza*) *lancangensis* Yang *et* Yang, 1990. Zool. Res. 11 (1): 68. **Type locality:** China (Yunnan: Lancang).
分布（Distribution）：云南（YN）

（441）中带黄隐肩舞虻 *Elaphropeza lanuginosa* Bezzi, 1914

Elaphropeza lanuginosa Bezzi, 1914. Suppl. Ent. 3: 75. **Type locality:** China (Taiwan: Kosempo and Paroe).
Elaphropeza lanuginosa: Shamshev *et* Grootaert, 2007. Zootaxa 1488: 137.
分布（Distribution）：台湾（TW）

（442）李氏黄隐肩舞虻 *Elaphropeza lii* (Yang *et* Yang, 1990)

Drapetis (*Elaphropeza*) *lii* Yang *et* Yang, 1990. Zool. Res. 11 (1): 69. **Type locality:** China (Yunnan: Lancang).
分布（Distribution）：云南（YN）

（443）刘氏黄隐肩舞虻 *Elaphropeza liui* Yang *et* Gaimari, 2005

Elaphropeza liui Yang *et* Gaimari, 2005. Proc. Ent. Soc. Wash. 107 (1): 51. **Type locality:** China (Guangxi: Maoershan).
分布（Distribution）：广西（GX）

（444）长突黄隐肩舞虻 *Elaphropeza longicalcaris* (Saigusa, 1965)

Drapetis (*Elaphropeza*) *longicalcaris* Saigusa, 1965. Spec. Bull. Lepidopt. Soc. Japan 1: 187. **Type locality:** China (Taiwan: Tattaka-Oiwake).
分布（Distribution）：台湾（TW）

（445）长锥黄隐肩舞虻 *Elaphropeza longiconica* (Yang *et* Yang, 1992)

Drapetis (*Elaphropeza*) *longiconica* Yang *et* Yang, 1992. Insects of the Hengduan Mountains Region 2: 1094. **Type locality:** China (Yunnan: Dali).
分布（Distribution）：云南（YN）

（446）猫儿山黄隐肩舞虻 *Elaphropeza maoershanensis* Yang *et* Grootaert, 2006

Elaphropeza maoershanensis Yang *et* Grootaert, 2006. Ent. News 117 (2): 220. **Type locality:** China (Guangxi: Maoershan).
分布（Distribution）：广西（GX）

（447）茂兰黄隐肩舞虻 *Elaphropeza maolana* (Yang *et* Yang, 1994)

Drapetis (*Drapetis*) *maolana* Yang *et* Yang, 1994. Guizhou Sci. 12 (1): 1. **Type locality:** China (Guizhou: Maolan).
Elaphropeza maolana: Shamshev *et* Grootaert, 2007. Zootaxa 1488: 159.
分布（Distribution）：贵州（GZ）

（448）短芒黄隐肩舞虻 *Elaphropeza marginalis* Bezzi, 1912

Elaphropeza marginalis Bezzi, 1912. Ann. Hist. Nat. Mus. Natl. Hung. 10: 489. **Type locality:** China (Taiwan: Tainan).
分布（Distribution）：台湾（TW）

（449）中褐黄隐肩舞虻 *Elaphropeza medipunctata* (Yang *et* Yang, 1994)

Drapetis (*Elaphropeza*) *medipunctata* Yang *et* Yang, 1994. Guangxi Sci. 1 (4): 28. **Type locality:** China (Guangxi: Maoershan).
分布（Distribution）：广西（GX）

（450）梅花山黄隐肩舞虻 *Elaphropeza meihuashana* (Yang *et* Yang, 2003)

Drapetis (*Elaphropeza*) *meihuashana* Yang *et* Yang, 2003. Fauna of Insects in Fujian Province of China 8: 263. **Type locality:** China (Fujian: Meihuashan).
分布（Distribution）：福建（FJ）

（451）褐角黄隐肩舞虻 *Elaphropeza melanura* Bezzi, 1912

Elaphropeza melanura Bezzi, 1912. Ann. Hist. Nat. Mus. Natl. Hung. 10: 489. **Type locality:** China (Taiwan: Takao and Tainan).
Elaphropeza melanura: Shamshev *et* Grootaert, 2007. Zootaxa 1488: 117.
分布（Distribution）：台湾（TW）

（452）南昆山黄隐肩舞虻 *Elaphropeza nankunshanensis* Yang *et* Grootaert, 2006

Elaphropeza nankunshanensis Yang *et* Grootaert, 2006. Ent. News 117 (2): 219. **Type locality:** China (Guangdong: Nankunshan).
分布（Distribution）：广东（GD）

（453）南岭黄隐肩舞虻 *Elaphropeza nanlingensis* (Yang, Gaimari *et* Grootaert, 2004)

Drapetis nanlingensis Yang, Gaimari *et* Grootaert, 2004. J. N.Y. Ent. Soc. 112 (2-3): 108. **Type locality:** China (Guangdong: Nanling).
Elaphropeza nanlingensis: Shamshev *et* Grootaert, 2007. Zootaxa 1488: 160.
分布（Distribution）：广东（GD）

（454）钝突黄隐肩舞虻 *Elaphropeza obtusa* (Yang *et* Yang, 1990)

Drapetis (*Drapetis*) *obtusa* Yang *et* Yang, 1990. Zool. Res. 11 (1): 65. **Type locality:** China (Yunnan: Jinghong).

Elaphropeza obtusa: Shamshev *et* Grootaert, 2007. Zootaxa 1488: 160.

分布（Distribution）：云南（YN）

（455）白芒黄隐肩舞虻 *Elaphropeza pallidarista* Yang, Yang *et* Hu, 2002

Elaphropeza pallidarista Yang, Yang *et* Hu, 2002. Forest Insects of Hainan: 738. **Type locality:** China (Hainan: Nada).

分布（Distribution）：海南（HI）

（456）寡斑黄隐肩舞虻 *Elaphropeza paucipunctata* (Yang *et* Yang, 1989)

Drapetis (*Elaphropeza*) *paucipunctata* Yang *et* Yang, 1989. Guizhou Sci. 7 (1): 36. **Type locality:** China (Guizhou: Guiyang).

分布（Distribution）：贵州（GZ）

（457）斑胸黄隐肩舞虻 *Elaphropeza pictithorax* Bezzi, 1912

Elaphropeza pictithorax Bezzi, 1912. Ann. Hist. Nat. Mus. Natl. Hung. 10: 486. **Type locality:** China (Taiwan: Toyenmongai).

Elaphropeza pictithorax: Shamshev *et* Grootaert, 2007. Zootaxa 1488: 11.

分布（Distribution）：台湾（TW）

（458）簇毛黄隐肩舞虻 *Elaphropeza pilata* (Yang *et* Yang, 1994)

Drapetis (*Elaphropeza*) *pilata* Yang *et* Yang, 1994. Guangxi Sci. 1 (4): 27. **Type locality:** China (Guangxi: Maoershan).

分布（Distribution）：广西（GX）

（459）羽芒黄隐肩舞虻 *Elaphropeza plumata* Yang, Merz *et* Grootaert, 2006

Elaphropeza plumata Yang, Merz *et* Grootaert, 2006. Rev. Suiss. Zool. 113 (3): 575. **Type locality:** China (Guangdong: Zijing).

Elaphropeza plumata: Wang, Zhang *et* Yang, 2012. ZooKeys 203: 19.

分布（Distribution）：台湾（TW）、广东（GD）

（460）后黑黄隐肩舞虻 *Elaphropeza postnigra* (Yang *et* Yang, 1990)

Drapetis (*Elaphropeza*) *postnigra* Yang *et* Yang, 1990. Zool. Res. 11 (1): 67. **Type locality:** China (Yunnan: Ruili).

分布（Distribution）：云南（YN）

（461）瑞丽黄隐肩舞虻 *Elaphropeza ruiliensis* (Yang *et* Yang, 1990)

Drapetis (*Elaphropeza*) *ruiliensis* Yang *et* Yang, 1990. Zool. Res. 11 (1): 67. **Type locality:** China (Yunnan: Ruili).

分布（Distribution）：云南（YN）

（462）褐盾黄隐肩舞虻 *Elaphropeza scutellaris* Bezzi, 1912

Elaphropeza scutellaris Bezzi, 1912. Ann. Hist. Nat. Mus. Natl. Hung. 10: 487. **Type locality:** China (Taiwan: Chip-Chip, Tainan and Takao).

Elaphropeza scutellaris: Shamshev *et* Grootaert, 2007. Zootaxa 1488: 138.

分布（Distribution）：台湾（TW）

（463）条斑黄隐肩舞虻 *Elaphropeza striata* (Yang *et* Yang, 1992)

Drapetis (*Elaphropeza*) *striata* Yang *et* Yang, 1992. Insects of the Hengduan Mountains Region 2: 1093. **Type locality:** China (Yunnan: Dali).

分布（Distribution）：云南（YN）

（464）角斑黄隐肩舞虻 *Elaphropeza triangulata* (Yang *et* Yang, 1992)

Drapetis (*Elaphropeza*) *triangulata* Yang *et* Yang, 1992. Insects of the Hengduan Mountains Region 2: 1092. **Type locality:** China (Yunnan: Dali).

分布（Distribution）：云南（YN）

（465）准三班黄隐肩舞虻 *Elaphropeza trimacula* Wang, Zhang *et* Yang, 2012

Elaphropeza trimacula Wang, Zhang *et* Yang, 2012. ZooKeys 203: 20. **Type locality:** China (Taiwan: Taoyuan).

分布（Distribution）：台湾（TW）

（466）三斑黄隐肩舞虻 *Elaphropeza trimaculata* (Yang *et* Yang, 1990)

Drapetis (*Drapetis*) *trimaculata* Yang *et* Yang, 1990. Zool. Res. 11 (1): 63. **Type locality:** China (Yunnan: Ruili).

Elaphropeza trimaculata: Shamshev *et* Grootaert, 2007. Zootaxa 1488: 161.

分布（Distribution）：云南（YN）

（467）黄色黄隐肩舞虻 *Elaphropeza xanthina* (Yang *et* Yang, 1990)

Drapetis (*Elaphropeza*) *xanthina* Yang *et* Yang, 1990. Zool. Res. 11 (1): 66. **Type locality:** China (Yunnan: Jinghong).

分布（Distribution）：云南（YN）

（468）黄头黄隐肩舞虻 *Elaphropeza xanthocephala* Bezzi, 1912

Elaphropeza xanthocephala Bezzi, 1912. Ann. Hist. Nat. Mus. Natl. Hung. 10: 488. **Type locality:** China (Taiwan: Takao).

分布（Distribution）：台湾（TW）

（469）西藏黄隐肩舞虻 *Elaphropeza xizangensis* (Yang *et* Yang, 1989)

Drapetis (*Elaphropeza*) *xizangensis* Yang *et* Yang, 1989. Acta Agric. Univ. Pekin. 15 (4): 421. **Type locality:** China (Tibet: Zayu).
分布（Distribution）：西藏（XZ）

（470）云南黄隐肩舞虻 *Elaphropeza yunnanensis* (Yang *et* Yang, 1992)

Drapetis (*Elaphropeza*) *yunnanensis* Yang *et* Yang, 1992. Insects of the Hengduan Mountains Region 2: 1093. **Type locality:** China (Yunnan: Dali).
分布（Distribution）：云南（YN）

40. 小舞虻属 *Micrempis* Melander, 1928

Micrempis Melander, 1928. Genera Ins. 185: 298. **Type species:** *Micrempis nana* Melander, 1928 (original designation).
Micrempis: Yang, Zhang, Yao *et* Zhang, 2007. World catalog of Empididae (Insecta: Diptera): 382.

（471）褐小舞虻 *Micrempis fuscipes* (Bezzi, 1912)

Halsanalotes fuscipes Bezzi, 1912. Ann. Hist. Nat. Mus. Natl. Hung. 10: 490. **Type locality:** China (Taiwan: Takao).
分布（Distribution）：台湾（TW）

41. 华合室舞虻属 *Sinodrapetis* Yang, Gaimari *et* Grootaert, 2004

Sinodrapetis Yang, Gaimari *et* Grootaert, 2004. Trans. Am. Ent. Soc. 130 (4): 488. **Type species:** *Sinodrapetis basiflava* Yang, Gaimari *et* Grootaert, 2004 (monotypy).
Sinodrapetis: Yang, Zhang, Yao *et* Zhang, 2007. World catalog of Empididae (Insecta: Diptera): 384.

（472）基黄华合室舞虻 *Sinodrapetis basiflava* Yang, Gaimari *et* Grootaert, 2004

Sinodrapetis basiflava Yang, Gaimari *et* Grootaert, 2004. Trans. Am. Ent. Soc. 130 (4): 489. **Type locality:** China (Guangdong: Nanling).
分布（Distribution）：广东（GD）

42. 短脉舞虻属 *Stilpon* Loew, 1859

Stilpon Loew, 1859. Progr. K. Realsch. Meseritz 1859: 34 (as subgenus of *Drapetis*). **Type species:** *Tachydromia gramina* Fallén, 1815 (designated by Loew, 1864).
Agatachys Meigen, 1830. Syst. Beschr. 6: 343. A MS name of Winthem, published under *Tachydromia celeripes*, citing Winthem's identification label "*Agatachys flavipes*".
Tetraneurella Dahl, 1909. Sber. Ges. Naturf. Freunde Berl. 1909: 362. **Type species:** *Tetraneurella beckeri* Dahl, 1909 (monotypy) [= *graminum* (Fallén, 1815)].
Pseudostilpon Séguy, 1950. Vie *et* Milieu 1: 84. **Type species:** *Tachydromia paludosa* Perris, 1852 (original designation).
Stilpon: Yang, Zhang, Yao *et* Zhang, 2007. World catalog of Empididae (Insecta: Diptera): 385.

（473）弗氏短脉舞虻 *Stilpon freidbergi* Shamshev, Grootaert *et* Yang, 2005

Stilpon freidbergi Shamshev, Grootaert *et* Yang, 2005. Genus 16 (2): 300. **Type locality:** China (Taiwan: Mushe).
分布（Distribution）：台湾（TW）

（474）南岭短脉舞虻 *Stilpon nanlingensis* Shamshev, Grootaert *et* Yang, 2005

Stilpon nanlingensis Shamshev, Grootaert *et* Yang, 2005. Genus 16 (2): 302. **Type locality:** China (Guangdong: Nanling).
分布（Distribution）：广东（GD）

合室舞虻族 Tachydromiini

43. 平须舞虻属 *Platypalpus* Macquart, 1827

Platypalpus Macquart, 1827. Ins. Dipt. N. Fr. 1827: 92. **Type species:** *Musca cursitans* Fabricius, 1775 (designated by Westwood, 1840).
Phoroxypha Rondani, 1856. Dipt. Ital. Prodromus 1: 146. **Type species:** *Tachydromia longicornis* Meigen, 1822 (original designation).
Cleptodromia Corti, 1907. Wien. Entomol. Ztg. 26: 101 (as subgenus of *Tachydromia*). **Type species:** *Tachydromia longimana* Corti, 1907 (monotypy).
Platypalpus: Yang, Zhang, Yao *et* Zhang, 2007. World catalog of Empididae (Insecta: Diptera): 391; Yang, Wang, Zhu *et* Zhang, 2010. Diptera: Empidoidea. Insect Fauna of Henan: 291.

（475）侧突平须舞虻 *Platypalpus acuminatus* Saigusa *et* Yang, 2002

Platypalpus acuminatus Saigusa *et* Yang, 2002. Stud. Dipt. 9 (2): 532. **Type locality:** China (Henan: Baiyunshan).
Platypalpus acuminatus: Yang, Wang, Zhu *et* Zhang, 2010. Diptera: Empidoidea. Insect Fauna of Henan: 269.
分布（Distribution）：河南（HEN）

（476）尖突平须舞虻 *Platypalpus acutatus* Yang *et* Li, 2005

Platypalpus acutatus Yang *et* Li, 2005. Zootaxa 1054: 46. **Type locality:** China (Hebei: Xiaowutai).
Platypalpus acutatus: Yang, Wang, Zhu *et* Zhang, 2010. Diptera: Empidoidea. Insect Fauna of Henan: 270.
分布（Distribution）：河北（HEB）、河南（HEN）

(477) 斑翅平须舞虻 *Platypalpus alamaculatus* Yang *et* Merz, 2005

Platypalpus alamaculatus Yang *et* Merz, 2005. Rev. Suiss. Zool. 112 (4): 850. **Type locality:** China (Guangxi: Maoershan).

分布（Distribution）：广西（GX）

(478) 白芒平须舞虻 *Platypalpus albiseta* (Panzer, 1806)

Tachydromia albiseta Panzer, 1806. Faunae Insect. Germ. 103: 17. **Type locality:** Not given [Germany].

Tachydromia castanipes Meigen, 1822. Syst. Beschr. 3: 79. **Type locality:** Austria.

Tachydromia fuscimana Zetterstedt, 1842. Dipt. Scand. 1: 292. **Type locality:** Sweden (Esperöd).

分布（Distribution）：台湾（TW）；？印度尼西亚；欧洲

(479) 黄端平须舞虻 *Platypalpus apiciflavus* Saigusa *et* Yang, 2002

Platypalpus apiciflavus Saigusa *et* Yang, 2002. Stud. Dipt. 9 (2): 533. **Type locality:** China (Henan: Baiyunshan).

Platypalpus apiciflavus: Yang, Wang, Zhu *et* Zhang, 2010. Diptera: Empidoidea. Insect Fauna of Henan: 271.

分布（Distribution）：河南（HEN）

(480) 黑端平须舞虻 *Platypalpus apiciniger* Saigusa *et* Yang, 2002

Platypalpus apiciniger Saigusa *et* Yang, 2002. Stud. Dipt. 9 (2): 531. **Type locality:** China (Henan: Baiyunshan).

Platypalpus apiciniger: Yang, Wang, Zhu *et* Zhang, 2010. Diptera: Empidoidea. Insect Fauna of Henan: 272.

分布（Distribution）：河南（HEN）

(481) 宝天曼平须舞虻 *Platypalpus baotianmanensis* Yang, An *et* Gao, 2002

Platypalpus baotianmanensis Yang, An *et* Gao, 2002. The Fauna and Taxonomy of Insects in Henan 5: 30. **Type locality:** China (Henan: Baotianman).

Platypalpus baotianmanensis: Yang, Wang, Zhu *et* Zhang, 2010. Diptera: Empidoidea. Insect Fauna of Henan: 273.

分布（Distribution）：河南（HEN）

(482) 基黄平须舞虻 *Platypalpus basiflavus* Yang *et* Yang, 1989

Platypalpus basiflavus Yang *et* Yang, 1989. Acta Agric. Univ. Pekin. 15 (4): 417. **Type locality:** China (Tibet: Bomi).

分布（Distribution）：西藏（XZ）

(483) 北京平须舞虻 *Platypalpus beijingensis* Yang *et* Yu, 2005

Platypalpus beijingensis Yang *et* Yu, 2005. Ent. News 116 (2): 98. **Type locality:** China (Beijing: Mentougou).

分布（Distribution）：北京（BJ）

(484) 雅平须舞虻 *Platypalpus bellatulus* Yang *et* Yang, 1989

Platypalpus bellatulus Yang *et* Yang, 1989. Acta Agric. Univ. Pekin. 15 (4): 419. **Type locality:** China (Tibet: Yadong).

分布（Distribution）：西藏（XZ）

(485) 双斑平须舞虻 *Platypalpus bimaculatus* Yang, Wang, Zhu *et* Zhang, 2010

Platypalpus bimaculatus Yang, Wang, Zhu *et* Zhang, 2010. Diptera: Empidoidea. Insect Fauna of Henan: 274. **Type locality:** China (Henan: Songxian, Baiyunshan).

分布（Distribution）：河南（HEN）

(486) 波密平须舞虻 *Platypalpus bomiensis* Yang *et* Yang, 1989

Platypalpus bomiensis Yang *et* Yang, 1989. Acta Agric. Univ. Pekin. 15 (4): 418. **Type locality:** China (Tibet: Bomi).

分布（Distribution）：西藏（XZ）

(487) 短突平须舞虻 *Platypalpus breviprocerus* Yang, Wang *et* Zhang, new name

Platypalpus brevis Huo, Zhang *et* Yang, 2010. Trans. Am. Ent. Soc. 136 (3-4): 259. **Type locality:** China (Hubei: Shennongjia). Preoccupied by Yang, Wang, Zhu *et* Zhang, 2010.

分布（Distribution）：湖北（HB）

(488) 短距平须舞虻 *Platypalpus brevis* Yang, Wang, Zhu *et* Zhang, 2010

Platypalpus brevis Yang, Wang, Zhu *et* Zhang, 2010. Diptera: Empidoidea. Insect Fauna of Henan: 275. **Type locality:** China (Henan: Neixiang, Baotianman).

分布（Distribution）：河南（HEN）

(489) 白平须舞虻 *Platypalpus candidiseta* (Bezzi, 1912)

Coryneta candidiseta Bezzi, 1912. Ann. Hist. Nat. Mus. Natl. Hung. 10: 492. **Type locality:** China (Taiwan: Toyenmongai, Koshun, Polisha, Kosempo).

分布（Distribution）：台湾（TW）

(490) 赤水平须舞虻 *Platypalpus chishuiensis* Yang, Zhu *et* An, 2006

Platypalpus chishuiensis Yang, Zhu *et* An, 2006. Insects from Chishui spinulose tree fern landscape: 304. **Type locality:** China (Guizhou: Chishui).

分布（Distribution）：贵州（GZ）

(491) 短平须舞虻 *Platypalpus coarctiformis* Frey, 1943

Platypalpus coarctiformis Frey, 1943. Not. Ent. 23: 16. **Type locality:** China (Taiwan: Daitotei).

分布（Distribution）：台湾（TW）

（492）缺缘平须舞虻 *Platypalpus concavus* Yang *et* Yang, 1989

Platypalpus concavus Yang *et* Yang, 1989. Acta Agric. Univ. Pekin. 15 (4): 417. **Type locality:** China (Tibet: Bomi).

分布（Distribution）：西藏（XZ）

（493）聚脉平须舞虻 *Platypalpus convergens* Yang, Merz *et* Grootaert, 2006

Platypalpus convergens Yang, Merz *et* Grootaert, 2006. Rev. Suiss. Zool. 113 (2): 230. **Type locality:** China (Guangdong: Nanling).

分布（Distribution）：广东（GD）

（494）弯刺平须舞虻 *Platypalpus curvispinus* Yang *et* Yang, 2003

Platypalpus curvispinus Yang *et* Yang, 2003. Fauna of Insects in Fujian Province of China 8: 263. **Type locality:** China (Fujian: Wuyi Mountain).

分布（Distribution）：福建（FJ）

（495）大龙潭平须舞虻 *Platypalpus dalongtanus* Yang *et* Li, 2011

Platypalpus dalongtanus Yang *et* Li, 2011. Rev. Suiss. Zool. 118 (1): 40. **Type locality:** China (Hubei: Shennongjia).

分布（Distribution）：湖北（HB）

（496）双突平须舞虻 *Platypalpus didymus* Huo, Zhang *et* Yang, 2010

Platypalpus didymus Huo, Zhang *et* Yang, 2010. Trans. Am. Ent. Soc. 136 (3-4): 261. **Type locality:** China (Hubei: Shennongjia).

分布（Distribution）：湖北（HB）

（497）指突平须舞虻 *Platypalpus digitatus* Yang, An *et* Gao, 2002

Platypalpus digitatus Yang, An *et* Gao, 2002. The Fauna and Taxonomy of Insects in Henan 5: 31. **Type locality:** China (Henan: Baotianman).

Platypalpus digitatus: Yang, Wang, Zhu *et* Zhang, 2010. Diptera: Empidoidea. Insect Fauna of Henan: 276.

分布（Distribution）：河南（HEN）

（498）优脉平须舞虻 *Platypalpus euneurus* Yang *et* Yang, 1989

Platypalpus euneurus Yang *et* Yang, 1989. Acta Agric. Univ. Pekin. 15 (4): 420. **Type locality:** China (Tibet: Yadong).

分布（Distribution）：西藏（XZ）

（499）黄背平须舞虻 *Platypalpus flavidorsalis* Yang, Wang, Zhu *et* Zhang, 2010

Platypalpus flavidorsalis Yang, Wang, Zhu *et* Zhang, 2010. Diptera: Empidoidea. Insect Fauna of Henan: 277. **Type locality:** China (Henan: Neixiang, Baotianman).

分布（Distribution）：河南（HEN）

（500）黄侧平须舞虻 *Platypalpus flavilateralis* Yang, Wang, Zhu *et* Zhang, 2010

Platypalpus flavilateralis Yang, Wang, Zhu *et* Zhang, 2010. Diptera: Empidoidea. Insect Fauna of Henan: 278. **Type locality:** China (Henan: Neixiang, Baotianman).

分布（Distribution）：河南（HEN）

（501）台湾平须舞虻 *Platypalpus formosanus* Frey, 1943

Platypalpus formosanus Frey, 1943. Not. Ent. 23: 16. **Type locality:** China (Taiwan: Daitotei).

分布（Distribution）：台湾（TW）

（502）广东平须舞虻 *Platypalpus guangdongensis* Yang, Merz *et* Grootaert, 2006

Platypalpus guangdongensis Yang, Merz *et* Grootaert, 2006. Rev. Suiss. Zool. 113 (2): 233. **Type locality:** China (Guangdong: Yingde, Shimentai).

分布（Distribution）：广东（GD）

（503）广西平须舞虻 *Platypalpus guangxiensis* Yang *et* Yang, 1992

Platypalpus guangxiensis Yang *et* Yang, 1992. J. Guangxi Acad. Sci. 8 (1): 46. **Type locality:** China (Guangxi).

分布（Distribution）：广西（GX）

（504）关山平须舞虻 *Platypalpus guanshanus* Yang, Wang, Zhu *et* Zhang, 2010

Platypalpus guanshanus Yang, Wang, Zhu *et* Zhang, 2010. Diptera: Empidoidea. Insect Fauna of Henan: 279. **Type locality:** China (Henan: Huixian, Guanshan).

分布（Distribution）：河南（HEN）

（505）钩突平须舞虻 *Platypalpus hamulatus* Yang *et* Yang, 1989

Platypalpus hamulatus Yang *et* Yang, 1989. Acta Agric. Univ. Pekin. 15 (4): 415. **Type locality:** China (Tibet: Bomi).

分布（Distribution）：西藏（XZ）

（506）河北平须舞虻 *Platypalpus hebeiensis* Yang *et* Li, 2005

Platypalpus hebeiensis Yang *et* Li, 2005. Zootaxa 1054: 44. **Type locality:** China (Hebei: Xiaowutai).

分布（Distribution）：河北（HEB）

（507）河南平须舞虻 *Platypalpus henanensis* Saigusa *et* Yang, 2002

Platypalpus henanensis Saigusa *et* Yang, 2002. Stud. Dipt. 9 (2): 529. **Type locality:** China (Henan: Baiyunshan).

Platypalpus henanensis: Yang, Wang, Zhu *et* Zhang, 2010. Diptera: Empidoidea. Insect Fauna of Henan: 280.
分布（Distribution）：河南（HEN）

（508）湖北平须舞虻 *Platypalpus hubeiensis* Yang *et* Yang, 1997

Platypalpus hubeiensis Yang *et* Yang, 1997. Insects of the Three Gorge Reservoir Area of Yangtze River: 1469. **Type locality:** China (Hubei: Xingshan).
分布（Distribution）：湖北（HB）

（509）胡氏平须舞虻 *Platypalpus hui* Yang, An *et* Gao, 2002

Platypalpus hui Yang, An *et* Gao, 2002. The Fauna and Taxonomy of Insects in Henan 5: 31. **Type locality:** China (Henan: Baotianman).
Platypalpus hui: Yang, Wang, Zhu *et* Zhang, 2010. Diptera: Empidoidea. Insect Fauna of Henan: 281.
分布（Distribution）：河南（HEN）

（510）拉萨平须舞虻 *Platypalpus lhasaensis* Yang *et* Yang, 1989

Platypalpus lhasaensis Yang *et* Yang, 1989. Acta Agric. Univ. Pekin. 15 (4): 419. **Type locality:** China (Tibet: Lhasa).
分布（Distribution）：西藏（XZ）

（511）李氏平须舞虻 *Platypalpus lii* Yang *et* Yang, 1989

Platypalpus lii Yang *et* Yang, 1989. Acta Agric. Univ. Pekin. 15 (4): 417. **Type locality:** China (Tibet: Bomi).
分布（Distribution）：西藏（XZ）

（512）长喙平须舞虻 *Platypalpus longirostris* (Bezzi, 1912)

Coryneta longirostris Bezzi, 1912. Ann. Hist. Nat. Mus. Natl. Hung. 10: 491. **Type locality:** China (Taiwan: Toyenmongai).
分布（Distribution）：台湾（TW）

（513）黄腿平须舞虻 *Platypalpus longirostris xanthopus* (Bezzi, 1914)

Coryneta longirostris xanthopus Bezzi, 1914. Suppl. Ent. 3: 78. **Type locality:** China (Taiwan: Toyenmongai).
分布（Distribution）：台湾（TW）

（514）猫儿山平须舞虻 *Platypalpus maoershanensis* Yang *et* Merz, 2005

Platypalpus maoershanensis Yang *et* Merz, 2005. Rev. Suiss. Zool. 112: 852. **Type locality:** China (Guangxi: Maoershan).
分布（Distribution）：广西（GX）

（515）中斑平须舞虻 *Platypalpus medialis* Yang, Wang, Zhu *et* Zhang, 2010

Platypalpus medialis Yang, Wang, Zhu *et* Zhang, 2010. Diptera: Empidoidea. Insect Fauna of Henan: 282. **Type locality:** China (Henan: Songxian, Baiyunshan).
分布（Distribution）：河南（HEN）

（516）内乡平须舞虻 *Platypalpus neixiangensis* Yang, An *et* Gao, 2002

Platypalpus neixiangensis Yang, An *et* Gao, 2002. The Fauna and Taxonomy of Insects in Henan 5: 32. **Type locality:** China (Henan: Baotianman).
Platypalpus neixiangensis: Yang, Wang, Zhu *et* Zhang, 2010. Diptera: Empidoidea. Insect Fauna of Henan: 283.
分布（Distribution）：河南（HEN）

（517）白毛平须舞虻 *Platypalpus pallipilosus* Saigusa *et* Yang, 2002

Platypalpus pallipilosus Saigusa *et* Yang, 2002. Stud. Dipt. 9 (2): 532. **Type locality:** China (Henan: Baiyunshan).
Platypalpus pallipilosus: Yang, Wang, Zhu *et* Zhang, 2010. Diptera: Empidoidea. Insect Fauna of Henan: 284.
分布（Distribution）：河南（HEN）

（518）坪堑平须舞虻 *Platypalpus pingqianus* Yang *et* Li, 2011

Platypalpus pingqianus Yang *et* Li, 2011. Rev. Suiss. Zool. 118 (1): 40. **Type locality:** China (Hubei: Shennongjia).
分布（Distribution）：湖北（HB）

（519）白水平须舞虻 *Platypalpus shirozui* (Saigusa, 1965)

Tachydromia shirozui Saigusa, 1965. Spec. Bull. Lepidopt. Soc. Japan 1: 182. **Type locality:** China (Taiwan: Tattaka-Oiwake).
分布（Distribution）：台湾（TW）

（520）四川平须舞虻 *Platypalpus sichuanensis* Yang *et* Yang, 1992

Platypalpus sichuanensis Yang *et* Yang, 1992. Insects of the Hengduan Mountains Region 2: 1091. **Type locality:** China (Sichuan).
分布（Distribution）：四川（SC）

（521）条斑平须舞虻 *Platypalpus striatus* Yang *et* Yang, 1989

Platypalpus striatus Yang *et* Yang, 1989. Acta Agric. Univ. Pekin. 15 (4): 416. **Type locality:** China (Tibet: Yadong).
分布（Distribution）：西藏（XZ）

（522）黑足平须舞虻 *Platypalpus tectifrons* (Becker, 1908)

Tachvdromia tectifrons Becker, 1908. Annu. Mus. Zool Acad. St.-Petersbourg 1907 12: 314. **Type locality:** China (“Ost-Tibet, zwischen dem Götzentempel Sogon-gomba,

3000 m, und dem Flusse I-tschu im Oberlauf des Blauen Flusses" [= upper reaches of Yangtze river]).
分布（**Distribution**）：中国

（523）角斑平须舞虻 *Platypalpus triangulatus* Yang *et* Yang, 1989

Platypalpus triangulatus Yang *et* Yang, 1989. Acta Agric. Univ. Pekin. 15 (4): 416. **Type locality:** China (Tibet: Bomi).
分布（**Distribution**）：西藏（XZ）

（524）变色平须舞虻 *Platypalpus variegatus* Yang *et* Yang, 1989

Platypalpus variegatus Yang *et* Yang, 1989. Acta Agric. Univ. Pekin. 15 (4): 418. **Type locality:** China (Tibet: Bomi).
分布（**Distribution**）：西藏（XZ）

（525）王屋山平须舞虻 *Platypalpus wangwushanus* Yang, Wang, Zhu *et* Zhang, 2010

Platypalpus wangwushanus Yang, Wang, Zhu *et* Zhang, 2010. Diptera: Empidoidea. Insect Fauna of Henan: 285. **Type locality:** China (Henan: Jiyuan, Wangwushan).
分布（**Distribution**）：河南（HEN）

（526）黄平须舞虻 *Platypalpus xanthodes* Yang *et* Merz, 2005

Platypalpus xanthodes Yang *et* Merz, 2005. Rev. Suiss. Zool. 112: 854. **Type locality:** China (Guangxi: Maoershan).
分布（**Distribution**）：广西（GX）

（527）小五台平须舞虻 *Platypalpus xiaowutaiensis* Yang *et* Li, 2005

Platypalpus xiaowutaiensis Yang *et* Li, 2005. Zootaxa 1054: 47. **Type locality:** China (Hebei: Xiaowutai).
分布（**Distribution**）：河北（HEB）

（528）西藏平须舞虻 *Platypalpus xizangenicus* Yang *et* Yang, 1989

Platypalpus xizangenicus Yang *et* Yang, 1989. Acta Agric. Univ. Pekin. 15 (4): 419. **Type locality:** China (Tibet: Bomi).
分布（**Distribution**）：西藏（XZ）

（529）亚东平须舞虻 *Platypalpus yadongensis* Yang *et* Yang, 1989

Platypalpus yadongensis Yang *et* Yang, 1989. Acta Agric. Univ. Pekin. 15 (4): 420. **Type locality:** China (Tibet: Yadong).
分布（**Distribution**）：西藏（XZ）

（530）玉皇山平须舞虻 *Platypalpus yuhuangshanus* Yang, Wang, Zhu *et* Zhang, 2010

Platypalpus yuhuangshanus Yang, Wang, Zhu *et* Zhang, 2010. Diptera: Empidoidea. Insect Fauna of Henan: 286. **Type locality:** China (Henan: Sanmenxia, Lushi).
分布（**Distribution**）：河南（HEN）

（531）云南平须舞虻 *Platypalpus yunnanensis* Yang *et* Yang, 1990

Platypalpus yunnanensis Yang *et* Yang, 1990. Zool. Res. 11 (1): 63. **Type locality:** China (Yunnan: Ruili).
分布（**Distribution**）：云南（YN）

（532）张氏平须舞虻 *Platypalpus zhangae* Yang, Merz *et* Grootaert, 2006

Platypalpus zhangae Yang, Merz *et* Grootaert, 2006. Rev. Suiss. Zool. 113 (2): 234. **Type locality:** China (Guangdong: Nanling).
分布（**Distribution**）：广东（GD）

44. 合室舞虻属 *Tachydromia* Meigen, 1803

Tachydromia Meigen, 1803. Mag. Insektenk. 2: 269. **Type species:** *Musca cimicoides* Curtis, 1833 (designated by Curtis, 1833, misidentification) [= *connexa* Meigen, 1822].
Sicodus Rafinesque, 1815. Analyse de la Nature: 130 (new name for *Sicus* Latreille, 1796, nec *Sicus* Scopoli 1763). **Type species:** *Musca cimicoides* Fabricius, 1781 (automatic) [= *arrogans* (Linnaeus, 1761)].
Sicus Latreille, 1796. Précis Caract. Gén. Ins.: 158. **Type species:** *Musca cimicoides* Fabricius, 1781 (designated by Latreille, 1810) [= *arrogans* (Linnaeus, 1761)].
Coryneta Meigen, 1800. Nouv. Class. Mouches: 27. **Type species:** *Tachydromia connexa* Meigen, 1800 (designated by Coquillett, 1910). Suppressed by I.C.Z.N., 1963.
Danistes Gistil, 1848. Naturgesch. Thierr.: XI (new name for *Tachydromia* Meigen). **Type species:** *Musca cimicoides* Curtis, 1833 (automatic) [= *connexa* Meigen, 1822].
Phoneutisca Loew, 1863. Berl. Ent. Z. 7 (1-2): 19. **Type species:** *Phoneutisca bimaculata* Loew, 1863 (monotypy).
Tachista Loew, 1864. Z. Ent. 1860 14: 15. **Type species:** *Musca cimicoides* Meigen, 1803 (designated by Coquillett, 1903), misidentification [= *connexa* Meigen, 1822].
Tachydromia: Yang, Zhang, Yao *et* Zhang, 2007. World catalog of Empididae (Insecta: Diptera): 435; Yang, Wang, Zhu *et* Zhang, 2010. Diptera: Empidoidea. Insect Fauna of Henan: 287.

（533）双斑合室舞虻 *Tachydromia bistigma* (Bezzi, 1912)

Tachista bistigma Bezzi, 1912. Ann. Hist. Nat. Mus. Natl. Hung. 10: 490. **Type locality:** China (Taiwan: Tainan).
分布（**Distribution**）：台湾（TW）

（534）指突合室舞虻 *Tachydromia digitiformis* Saigusa *et* Yang, 2002

Tachydromia digitiformis Saigusa *et* Yang, 2002. Stud. Dipt. 9 (2): 534. **Type locality:** China (Henan: Baiyunshan).

Tachydromia digitiformis: Yang, Wang, Zhu *et* Zhang, 2010. Diptera: Empidoidea. Insect Fauna of Henan: 288.
分布（**Distribution**）：内蒙古（NM）、河南（HEN）

（535）广东合室舞虻 *Tachydromia guangdongensis* Yang *et* Grootaert, 2006

Tachydromia guangdongensis Yang *et* Grootaert, 2006. Trans. Am. Ent. Soc. 132 (1+2): 134. **Type locality:** China (Guangdong: Nanling).
分布（**Distribution**）：广东（GD）

（536）河南合室舞虻 *Tachydromia henanensis* Saigusa *et* Yang, 2002

Tachydromia henanensis Saigusa *et* Yang, 2002. Stud. Dipt. 9 (2): 536. **Type locality:** China (Henan: Longyuwan, Baiyunshan).
Tachydromia henanensis: Yang, Wang, Zhu *et* Zhang, 2010. Diptera: Empidoidea. Insect Fauna of Henan: 289.
分布（**Distribution**）：河南（HEN）

（537）龙峪湾合室舞虻 *Tachydromia longyuwanensis* Saigusa *et* Yang, 2002

Tachydromia longyuwanensis Saigusa *et* Yang, 2002. Stud. Dipt. 9 (2): 536. **Type locality:** China (Henan: Longyuwan).
Tachydromia longyuwanensis: Yang, Wang, Zhu *et* Zhang, 2010. Diptera: Empidoidea. Insect Fauna of Henan: 290.
分布（**Distribution**）：河南（HEN）

（538）勐仑合室舞虻 *Tachydromia menglunensis* Grootaert, Yang *et* Shamshev, 2008

Tachydromia menglunensis Grootaert, Yang *et* Shamshev, 2008. Ann. Zool. 58 (3): 565. **Type locality:** China (Yunnan: Xishuangbanna).
分布（**Distribution**）：云南（YN）

（539）勐养合室舞虻 *Tachydromia mengyangensis* Grootaert, Yang *et* Shamshev, 2008

Tachydromia mengyangensis Grootaert, Yang *et* Shamshev, 2008. Ann. Zool. 58 (3): 562. **Type locality:** China (Yunnan: Xishuangbanna).
分布（**Distribution**）：云南（YN）

（540）黄腿合室舞虻 *Tachydromia terricoloides* Shamshev *et* Grootaert, 2005

Tachydromia terricoloides Shamshev *et* Grootaert, 2005. Stud. Dipt. 12 (1): 113. **Type locality:** Thailand (Loei).
Tachydromia terricoloides: Grootaert, Yang *et* Shamshev, 2008. Ann. Zool. 58 (3): 562.
分布（**Distribution**）：云南（YN）；泰国

（541）泰国合室舞虻 *Tachydromia thaica* Shamshev *et* Grootaert, 2005

Tachydromia thaica Shamshev *et* Grootaert, 2005. Stud. Dipt. 12 (1): 111. **Type locality:** Thailand (Loei).
Tachydromia thaica: Grootaert, Yang *et* Shamshev, 2008. Ann. Zool. 58 (3): 562.
分布（**Distribution**）：云南（YN）；泰国

（542）云南合室舞虻 *Tachydromia yunnanensis* Grootaert, Yang *et* Shamshev, 2008

Tachydromia yunnanensis Grootaert, Yang *et* Shamshev, 2008. Ann. Zool. 58 (3): 564. **Type locality:** China (Yunnan: Xishuangbanna).
分布（**Distribution**）：云南（YN）

45. 显肩舞虻属 *Tachypeza* Meigen, 1830

Tachypeza Meigen, 1830. Syst. Beschr. 6: 341. **Type species:** *Tachydromia nervosa* Meigen, 1822 72 (designated by Rondani, 1856) [= *nubila* (Meigen, 1804)].
Cormodromia Zetterstedt, [1838]. Insecta Lapp.: 545 (a MS name).
Tachypeza: Yang, Zhang, Yao *et* Zhang, 2007. World catalog of Empididae (Insecta: Diptera): 445; Yang, Wang, Zhu *et* Zhang, 2010. Diptera: Empidoidea. Insect Fauna of Henan: 291.

（543）黑腿显肩舞虻 *Tachypeza nigra* Yang *et* Yang, 1997

Tachypeza nigra Yang *et* Yang, 1997. Insects of the Three Gorge Reservoir Area of Yangtze River: 1470. **Type locality:** China (Hubei).
Tachypeza nigra: Yang, Wang, Zhu *et* Zhang, 2010. Diptera: Empidoidea. Insect Fauna of Henan: 292.
分布（**Distribution**）：河南（HEN）、湖北（HB）

毛舞虻亚科 Trichopezinae

46. 长喙舞虻属 *Heleodromia* Haliday, 1833

Heleodromia Haliday, 1833. Ent. Mon. Mag. 1: 159. **Type species:** *Heleodromia immaculata* Haliday, 1833 (designated by Curtis, 1834).
Microcera Zetterstedt, 1838. Insecta Lapp.: 572. **Type species:** *Microcera rostrata* Zetterstedt, 1838 [= *immaculata* Haliday, 1833] (monotypy).
Sciodromia Haliday, 1840. Synopsis: 132. **Type species:** *Heleodromia immaculata* Haliday, 1833 (original designation).
Heleodromia: Yang, Zhang, Yao *et* Zhang, 2007. World catalog of Empididae (Insecta: Diptera): 451; Wang, Wang *et* Yang, 2013. Zootaxa 3746 (3): 490.

长喙舞虻亚属 *Heleodromia* Haliday, 1833

Heleodromia Haliday, 1833. Ent. Mon. Mag. 1: 159. **Type species:** *Heleodromia immaculata* Haliday, 1833 (designated by Curtis, 1834).

（544）沃氏长喙舞虻 *Heleodromia* (*Heleodromia*) *ausobskyi* Wagner, 1983

Heleodromia ausobskyi Wagner, 1983. Senckenb. Biol. 63 (5/6): 333. **Type locality:** Nepal (Ilam).

Heleodromia ausobskyi: Wang, Wang *et* Yang, 2013. Zootaxa 3746 (3): 490.

分布（Distribution）：西藏（XZ）；尼泊尔

（545）基黄长喙舞虻 *Heleodromia* (*Heleodromia*) *basiflava* Wang, Wang *et* Yang, 2013

Heleodromia (*Heleodromia*) *basiflava* Wang, Wang *et* Yang, 2013. Zootaxa 3746 (3): 491. **Type locality:** China (Tibet: Linzhi).

分布（Distribution）：西藏（XZ）

（546）双突长喙舞虻 *Heleodromia* (*Heleodromia*) *didyma* Liu, Wang *et* Yang, 2012

Heleodromia (*Heleodromia*) *didyma* Liu, Wang *et* Yang, 2012. Zootaxa 3159: 60. **Type locality:** China (Neimenggu: Helanshan).

分布（Distribution）：内蒙古（NM）

（547）贺兰山长喙舞虻 *Heleodromia* (*Heleodromia*) *helanshana* Liu, Wang *et* Yang, 2012

Heleodromia (*Heleodromia*) *helanshana* Liu, Wang *et* Yang, 2012. Zootaxa 3159: 60. **Type locality:** China (Neimenggu: Helanshan).

分布（Distribution）：内蒙古（NM）

（548）无斑长喙舞虻 *Heleodromia* (*Heleodromia*) *immaculata* Haliday, 1833

Heleodromia immaculata Haliday, 1833. Ent. Mon. Mag. 1: 159. **Type locality:** Ireland (Holywood: Downshire).

Microcera rostrata Zetterstedt, 1838. Insecta Lapp.: 572. **Type locality:** "in Scandinavia präsertum borealis".

Hemerodromia fuscipennis Von Roser, 1840. CorrespBl. K. Württ. Landw. Ver. Stuttg. (N.S.) 17 (1): 53. **Type locality:** Not given [Germany: Württemberg].

Heleodromia immaculata: Liu, Wang *et* Yang, 2012. Zootaxa 3159: 63; Wang, Wang *et* Yang, 2013. Zootaxa 3746 (3): 493.

分布（Distribution）：内蒙古（NM）、西藏（XZ）；朝鲜；欧洲

新长喙舞虻亚属 *Neoilliesiella* Wagner *et* Özdikmen, 2006

Neoilliesiella Wagner *et* Özdikmen, 2006. Mun. Ent. Zool. 1 (1): 91 (new name for *Illiesiella* Wagner, 1985, nec Besch, 1964).

Illiesiella Wagner, 1985. Aquat. Ins. 7 (1): 35 (as subgenus of *Heleodromia*). **Type species:** *Sciodromia pectinulata* Strobl, 1898 (original designation).

Neoilliesiella: Liu, Shi *et* Yang, 2014. Florida Ent. 97 (3): 1105.

（549）东方长喙舞虻 *Heleodromia* (*Neoilliesiella*) *orientalis* Liu, Shi *et* Yang, 2014

Heleodromia (*Neoilliesiella*) *orientalis* Liu, Shi *et* Yang, 2014. Florida Ent. 97 (3): 1105. **Type locality:** China (Tibet: Medog).

分布（Distribution）：西藏（XZ）

47. 华舞虻属 *Sinotrichopeza* Yang, Zhang *et* Zhang, 2007

Sinotrichopeza Yang, Zhang *et* Zhang, 2007. World catalog of Empididae (Insecta: Diptera): 27. **Type species:** *Trichopeza sinensis* Yang, Grootaert *et* Horvat, 2005 (original designation).

（550）中华华舞虻 *Sinotrichopeza sinensis* (Yang, Grootaert *et* Horvat, 2005)

Trichopeza sinensis Yang, Grootaert *et* Horvat, 2005. Raffles Bull. Zool. 53 (1): 69. **Type locality:** China (Guangdong: Nanling).

Sinotrichopeza sinensis: Yang, Zhang, Yao *et* Zhang, 2007. World catalog of Empididae (Insecta: Diptera): 457.

分布（Distribution）：广东（GD）

（551）台湾华舞虻 *Sinotrichopeza taiwanensis* (Yang *et* Horvat, 2006)

Trichopeza taiwanensis Yang *et* Horvat, 2006. Trans. Am. Ent. Soc. 132 (1+2): 142. **Type locality:** China (Taiwan: Hualien).

Sinotrichopeza taiwanensis: Yang, Zhang, Yao *et* Zhang, 2007. World catalog of Empididae (Insecta: Diptera): 457.

分布（Distribution）：台湾（TW）

48. 毛舞虻属 *Trichopeza* Rondani, 1856

Trichopeza Rondani, 1856. Dipt. Ital. Prodromus 1: 150. **Type species:** *Brachystoma longicornis* Meigen, 1822 (original designation).

（552）莉莉毛舞虻 *Trichopeza liliae* Yang, Grootaert *et* Horvat, 2005

Trichopeza liliae Yang, Grootaert *et* Horvat, 2005. Raffles Bull. Zool. 53 (1): 71. **Type locality:** China (Guangdong: Nanling).

Trichopeza liliae: Yang, Zhang, Yao *et* Zhang, 2007. World catalog of Empididae (Insecta: Diptera): 457.

分布（Distribution）：广东（GD）

十八、长足虻科 Dolichopodidae

丽长足虻亚科 Sciapodinae

Sciapodinae Becker, 1917. Nova Acta Acad. Caesar. Leop. Carol. 102: 121. **Type genus**: *Sciapus* Zeller, 1842.

1. 雅长足虻属 *Amblypsilopus* Bigot, 1888

Amblypsilopus Bigot, 1888. Ann. Soc. Ent. Fr. (6) 8: xxiv. **Type species:** *Psilopus psittacinus* Loew, 1861 (original designation).
Gnamptopsilopus Aldrich, 1893. Kans. Univ. Q. 2: 48. **Type species:** *Psilopus scintillans* Loew, 1861 (designation by Coquillett, 1910).
Leptorhethum Aldrich, 1893. Kans. Univ. Q. 2: 50. **Type species:** *Leptorhethum angustatum* Aldrich, 1893 (monotypy).
Sciopolina Curran, 1924. Ann. Transv. Mus. 10: 216. **Type species:** *Sciopolina fasciata* Curran, 1924 (monotypy).
Australiola Parent, 1932. Ann. Soc. Sci. Brux. (B) 52: 127. **Type species:** *Australiola tonnoiri* Parent, 1932 [= *Sciapus zonatus* Parent, 1932] (original designation).
Labeneura Parent, 1937. Bull. Ann. Soc. R. Ent. Belg. 77: 126 (as subgenus of *Sciapus* Zeller, 1842). **Type species:** *Labeneura barbipalpis* Parent, 1937 [= *Sciapus lenga* Curran, 1926].

(1) 截形雅长足虻 *Amblypsilopus abruptus* (Walker, 1859)

Psilopus abruptus Walker, 1859. J. Proc. Linn. Soc. Lond. Zool. 4 (15): 115. **Type locality:** Indonesia (Sulawesi).
Psilopus muticus Thomson, 1869. K. Svensk. Freg. Eugenies Resa 2 (1): 509. **Type locality:** Australia (Cocos-Keeling).
Psilopus filatus van der Wulp, 1884. Tijdschr. Ent. 27: 227. **Type locality:** Indonesia (Java).
Psilopus recurrens de Meijere, 1913. Nova Guinea (Zool.) 9: 342. **Type locality:** Indonesia (Irian Jaya).
Amblypsilopus abruptus (Walker): Bickel *et* Dyte, 1989. Cat. Dipt. Aust. Reg.: 394; Yang, Zhang, Wang *et* Zhu, 2011. Fauna Sinica Insecta 53: 116.
分布（Distribution）：贵州（GZ）、云南（YN）；印度、越南、印度尼西亚、菲律宾、马来西亚、新加坡、澳大利亚

(2) 雅长足虻 *Amblypsilopus ampliatus* Yang, 1995

Amblypsilopus ampliatus Yang, 1995. Bull. Inst. R. Sci. Nat. Belg. Ent. 65: 180. **Type locality:** China (Xizang: Zayu).
Amblypsilopus ampliatus Yang, 1995: Yang, Zhang, Wang *et* Zhu, 2011. Fauna Sinica Insecta 53: 118.
分布（Distribution）：西藏（XZ）

(3) 钩突雅长足虻 *Amblypsilopus ancistroides* Yang, 1995

Amblypsilopus ancistroides Yang, 1995. Bull. Inst. R. Sci. Nat. Belg. Ent. 65: 179. **Type locality:** China (Hubei: Shiyan; Shaanxi: Chouzhi; Beijing: Haidian).
Amblypsilopus ancistroides Yang, 1995: Yang, Zhang, Wang *et* Zhu, 2011. Fauna Sinica Insecta 53: 119.
分布（Distribution）：北京（BJ）、山东（SD）、河南（HEN）、陕西（SN）、湖北（HB）

(4) 端棕雅长足虻 *Amblypsilopus apicalis* Wang, Zhu *et* Yang, 2012

Amblypsilopus apicalis Wang, Zhu *et* Yang, 2012. Acta Zootaxon. Sin. 37 (2): 374. **Type locality:** China (Guangxi: Mt. Damingshan).
分布（Distribution）：广西（GX）

(5) 耳雅长足虻 *Amblypsilopus aurichalceus* (Becker, 1922)

Sciapus aurichalceus Becker, 1922. Capita Zool. 1 (4): 198. **Type locality:** China (Taiwan).
Amblypsilopus aurichalceus (Becker): Bickel, 1994. Rec. Aust. Mus., Suppl. 21: 360.
Amblypsilopus aurichalceus (Becker, 1922): Yang, Zhang, Wang *et* Zhu, 2011. Fauna Sinica Insecta 53: 167.
分布（Distribution）：江西（JX）、台湾（TW）

(6) 保山雅长足虻 *Amblypsilopus baoshanus* Yang, 1998

Amblypsilopus baoshanus Yang, 1998. Stud. Dipt. 5 (1): 73. **Type locality:** China (Yunnan: Baoshan).
Amblypsilopus baoshanus Yang, 1998: Yang, Zhang, Wang *et* Zhu, 2011. Fauna Sinica Insecta 53: 120.
分布（Distribution）：云南（YN）

(7) 基雅长足虻 *Amblypsilopus basalis* Yang, 1997

Amblypsilopus basalis Yang, 1997. Bull. Inst. R. Sci. Nat. Belg. Ent. 67: 132. **Type locality:** China (Guangxi: Longsheng).
Amblypsilopus basalis Yang, 1997: Yang, Zhang, Wang *et* Zhu, 2011. Fauna Sinica Insecta 53: 168.
分布（Distribution）：浙江（ZJ）、贵州（GZ）、广西（GX）

(8) 鲍氏雅长足虻 *Amblypsilopus bouvieri* (Parent, 1927)

Chrysosoma bouvieri Parent, 1927. Congr. Soc. Sav. Paris 1926: 480. **Type locality:** China (Jiangsu: Nanjing).
Amblypsilopus bouvieri (Parent): Bickel, 1994. Rec. Aust. Mus., Suppl. 21: 373.
Amblypsilopus bouvieri (Parent, 1927): Yang, Zhang, Wang *et* Zhu, 2011. Fauna Sinica Insecta 53: 121
分布（Distribution）：北京（BJ）、河南（HEN）、陕西（SN）、江苏（JS）、贵州（GZ）、福建（FJ）

(9) 薄雅长足虻 *Amblypsilopus bractus* Bickel *et* Wei, 1996

Amblypsilopus bractus Bickel *et* Wei, 1996. Orient. Ins. 30: 262. **Type locality:** China (Guizhou: Puding, Hejiajing; Anshun: Jingzhongshan).
Amblypsilopus bractus Bickel *et* Wei, 1996: Yang, Zhang, Wang *et* Zhu, 2011. Fauna Sinica Insecta 53: 161.
分布（Distribution）：贵州（GZ）

(10) 宽头雅长足虻 *Amblypsilopus capitatus* Yang, 1997

Amblypsilopus capitatus Yang, 1997. Bull. Inst. R. Sci. Nat. Belg. Ent. 67: 133. **Type locality:** China (Guangxi: Longjin).

Amblypsilopus capitatus Yang, 1997: Yang, Zhang, Wang *et* Zhu, 2011. Fauna Sinica Insecta 53: 162.

分布（Distribution）：广西（GX）

(11) 头状雅长足虻 *Amblypsilopus cephalodinus* Yang, 1998

Amblypsilopus cephalodinus Yang, 1998. Stud. Dipt. 5 (1): 74. **Type locality:** China (Fujian: Chong'an).

Amblypsilopus cephalodinus Yang, 1998: Yang, Zhang, Wang *et* Zhu, 2011. Fauna Sinica Insecta 53: 122

分布（Distribution）：河南（HEN）、陕西（SN）、云南（YN）、福建（FJ）

(12) 隆脊雅长足虻 *Amblypsilopus coronatus* Yang *et* Yang, 2003

Amblypsilopus coronatus Yang *et* Yang, 2003. Fauna of insects in Fujian province of China 8: 269. **Type locality:** China (Fujian: Jianou).

Amblypsilopus coronatus Yang *et* Yang, 2003: Yang, Zhang, Wang *et* Zhu, 2011. Fauna Sinica Insecta 53: 123.

分布（Distribution）：福建（FJ）、广西（GX）、海南（HI）

(13) 粗须雅长足虻 *Amblypsilopus crassatus* Yang, 1997

Amblypsilopus crassatus Yang, 1997. Bull. Inst. R. Sci. Nat. Belg. Ent. 67: 133. **Type locality:** China (Zhejiang: Hangzhou).

Amblypsilopus crassatus Yang, 1997: Yang, Zhang, Wang *et* Zhu, 2011. Fauna Sinica Insecta 53: 163.

分布（Distribution）：河南（HEN）、浙江（ZJ）、湖北（HB）、贵州（GZ）、云南（YN）、福建（FJ）、广东（GD）、广西（GX）；新加坡

(14) 卷须雅长足虻 *Amblypsilopus curvus* Liu, Zhu *et* Yang, 2012

Amblypsilopus curvus yunnanensis Liu, Zhu *et* Yang, 2012. Zootaxa 3198: 66. **Type locality:** China (Yunnan: Jinping).

分布（Distribution）：云南（YN）

(15) 双鬃雅长足虻 *Amblypsilopus didymus* Yang, 1997

Amblypsilopus didymus Yang, 1997. Bull. Inst. R. Sci. Nat. Belg. Ent. 67: 135. **Type locality:** China (Guangxi: Tianlin).

Amblypsilopus didymus Yang, 1997: Yang, Zhang, Wang *et* Zhu, 2011. Fauna Sinica Insecta 53: 125.

分布（Distribution）：广西（GX）

(16) 指突雅长足虻 *Amblypsilopus digitatus* Wang, Zhu *et* Yang, 2012

Amblypsilopus digitatus Wang, Zhu *et* Yang, 2012. Acta Zootaxon. Sin. 37 (2): 375. **Type locality:** China (Guangxi: Mt. Damingshan).

分布（Distribution）：广西（GX）

(17) 镰状雅长足虻 *Amblypsilopus falcatus* (Becker, 1922)

Chrysosoma falcatus Becker, 1922. Capita Zool. 1 (4): 170. **Type locality:** China (Taiwan).

Amblypsilopus falcatus (Becker): Bickel, 1994. Rec. Aust. Mus., Suppl. 21: 353.

Amblypsilopus falcatus (Becker, 1922): Yang, Zhang, Wang *et* Zhu, 2011. Fauna Sinica Insecta 53: 126.

分布（Distribution）：台湾（TW）

(18) 黄角雅长足虻 *Amblypsilopus flavellus* Wang, Zhu *et* Yang, 2012

Amblypsilopus flavellus Wang, Zhu *et* Yang, 2012. ZooKeys 192: 29. **Type locality:** China (Taiwan: Gaoxiong).

分布（Distribution）：台湾（TW）

(19) 黄附雅长足虻 *Amblypsilopus flaviappendiculatus* (de Meijere, 1910)

Agonosoma flaviappendiculatus de Meijere, 1910. Tijdschr. Ent. 53: 94. **Type locality:** Indonesia (Java: Djarkarta).

Psilopus dilichocnemis Frey, 1925. Not. Ent. 4: 117. **Type locality:** Philippines.

Sciapus brevitarsis Parent, 1932. Encycl. Ent. (B II) Dipt. 6: 110. **Type locality:** Indonesia (Flores).

Amblypsilopus flaviappendiculatus (de Meijere): Bickel *et* Dyte, 1989. Cat. Dipt. Aust. Reg.: 394.

Amblypsilopus flaviappendiculatus (de Meijere, 1910): Yang, Zhang, Wang *et* Zhu, 2011. Fauna Sinica Insecta 53: 150.

分布（Distribution）：浙江（ZJ）、湖南（HN）、湖北（HB）、贵州（GZ）、云南（YN）、广西（GX）、海南（HI）；印度尼西亚、菲律宾、越南、澳大利亚

(20) 黄尾雅长足虻 *Amblypsilopus flavicercus* Zhu *et* Yang, 2011

Amblypsilopus flavicercus Zhu *et* Yang, 2011. Fauna Sinica Insecta 53: 157. **Type locality:** China (Hainan: Diaoluoshan).

分布（Distribution）：海南（HI）

(21) 广西雅长足虻 *Amblypsilopus guangxiensis* Yang, 1998

Amblypsilopus guangxiensis Yang, 1998. Entomofauna 19 (13): 236. **Type locality:** China (Guangxi: Shiwandashan).

Amblypsilopus guangxiensis Yang, 1998: Yang, Zhang, Wang *et* Zhu, 2011. Fauna Sinica Insecta 53: 151.

分布（Distribution）：贵州（GZ）、广西（GX）

(22)海南雅长足虻 *Amblypsilopus hainanensis* Bickel *et* Wei, 1996

Amblypsilopus hainanensis Bickel *et* Wei, 1996. Orient. Ins. 30: 263. **Type locality:** China (Hainan: Ta Hian).

Amblypsilopus hainanensis Bickel *et* Wei, 1996: Yang, Zhang, Wang *et* Zhu, 2011. Fauna Sinica Insecta 53: 164.

分布(Distribution):海南(HI)

(23)河南雅长足虻 *Amblypsilopus henanensis* Yang *et* Saigusa, 2000

Amblypsilopus henanensis Yang *et* Saigusa, 2000. Insects of the Mountains Funiu and Dabie regions: 201. **Type locality:** China (Henan: Luoshan, Lingshan).

Amblypsilopus henanensis Yang *et* Saigusa, 2000: Yang, Zhang, Wang *et* Zhu, 2011. Fauna Sinica Insecta 53: 127.

分布(Distribution):河南(HEN)

(24)湖北雅长足虻 *Amblypsilopus hubeiensis* Yang *et* Yang, 1997

Amblypsilopus hubeiensis Yang *et* Yang, 1997. Insects of the Three Gorge Reservoir Area of Yangtze River: 1478. **Type locality:** China (Hubei: Badong).

Amblypsilopus hubeiensis Yang *et* Yang, 1997: Yang, Zhang, Wang *et* Zhu, 2011. Fauna Sinica Insecta 53: 128.

分布(Distribution):河南(HEN)、湖北(HB)

(25)小雅长足虻 *Amblypsilopus humilis* (Becker, 1922)

Chrysosoma humilis Becker, 1922. Capita Zool. 1 (4): 172. **Type locality:** China (Taiwan: Tainan, Takao).

Chrysosoma sauteri Becker, 1924. Zool. Meded. 8: 127. **Type locality:** China (Taiwan).

Amblypsilopus humilis (Becker): Bickel *et* Dyte, 1989. Cat. Dipt. Aust. Reg.: 394.

Amblypsilopus humilis (Becker, 1922): Yang, Zhang, Wang *et* Zhu, 2011. Fauna Sinica Insecta 53: 129.

分布(Distribution):山东(SD)、河南(HEN)、陕西(SN)、贵州(GZ)、云南(YN)、台湾(TW)、广东(GD)、广西(GX)、海南(HI);尼泊尔、印度、马来西亚、菲律宾、所罗门群岛、萨摩亚

(26)陌雅长足虻 *Amblypsilopus ignobilis* (Becker, 1922)

Chrysoosma ignobile Becker, 1922. Capita Zool. 1 (4): 171. **Type locality:** China (Taiwan: Tainan, Takao).

Chrysosoma ignobile platypus Becker, 1922. Capita Zool. 1 (4): 171. **Type locality:** China (Taiwan).

Amblypsilopus ignobile (Becker): Bickel, 1994. Rec. Aust. Mus., Suppl. 21: 352.

Amblypsilopus ignobilis (Becker, 1922): Yang, Zhang, Wang *et* Zhu, 2011. Fauna Sinica Insecta 53: 131.

分布(Distribution):台湾(TW)、海南(HI)

(27)扁跗雅长足虻 *Amblypsilopus imitans* (Becker, 1922)

Chrysosoma imitans Becker, 1922. Capita Zool. 1 (4): 171. **Type locality:** China (Taiwan: Anping).

Amblypsilopus imitans (Becker): Bickel, 1994. Rec. Aust. Mus., Suppl. 21: 366.

Amblypsilopus imitans (Becker, 1922): Yang, Zhang, Wang *et* Zhu, 2011. Fauna Sinica Insecta 53: 169.

分布(Distribution):台湾(TW)

(28)约氏雅长足虻 *Amblypsilopus josephi* Meuffels *et* Grootaert, 1999

Amblypsilopus josephi Meuffels *et* Grootaert, 1999. Bull. Inst. R. Sci. Nat. Belg. Ent. 69: 290 (new name for *Sciopus villeneuvei* Parent, 1927, nec Parent, 1922).

Sciopus villeneuvei Parent, 1927. Congr. Soc. Sav. Paris 1926: 475. **Type locality:** China (Jiangxi: "Kou-ling").

Amblypsilopus josephi Meuffels *et* Grootaert, 1999: Yang, Zhang, Wang *et* Zhu, 2011. Fauna Sinica Insecta 53: 166.

分布(Distribution):江西(JX)

(29)廖氏雅长足虻 *Amblypsilopus liaoae* Zhu *et* Yang, 2011

Amblypsilopus liaoae Zhu *et* Yang, 2011. Fauna Sinica Insecta 53: 132. **Type locality:** China (Guangxi: Longrui).

分布(Distribution):广西(GX)

(30)刘氏雅长足虻 *Amblypsilopus liui* Zhu *et* Yang, 2011

Amblypsilopus liui Zhu *et* Yang, 2011. Fauna Sinica Insecta 53: 155. **Type locality:** China (Guangxi: Fangcheng).

Amblypsilopus liui Zhu *et* Yang, 2011. Fauna Sinica Insecta 53: 155.

分布(Distribution):广西(GX)

(31)长鬃雅长足虻 *Amblypsilopus longiseta* Yang *et* Saigusa, 2000

Amblypsilopus longiseta Yang *et* Saigusa, 2000. Bull. Inst. R. Sci. Nat. Belg. Ent. 70: 231. **Type locality:** China (Sichuan: Emei Mountain).

Amblypsilopus longiseta Yang *et* Saigusa, 2000: Yang, Zhang, Wang *et* Zhu, 2011. Fauna Sinica Insecta 53: 134.

分布(Distribution):四川(SC)

(32)龙王雅长足虻 *Amblypsilopus longwanganus* Yang, 1997

Amblypsilopus longwanganus Yang, 1997. Dtsch. Ent. Z. 44 (2): 147. **Type locality:** China (Zhejiang: Longwang Mountain).

Amblypsilopus longwanganus Yang, 1997: Yang, Zhang, Wang *et* Zhu, 2011. Fauna Sinica Insecta 53: 135.

分布(Distribution):浙江(ZJ)

（33）变异雅长足虻 *Amblypsilopus mutatus* (Becker, 1922)

Sciapus mutatus Becker, 1922. Capita Zool. 1 (4): 200. **Type locality:** China (Taiwan).
Amblypsilopus mutatus (Becker): Bickel, 1994. Rec. Aust. Mus., Suppl. 21: 368.
Amblypsilopus mutatus (Becker, 1922): Yang, Zhang, Wang *et* Zhu, 2011. Fauna Sinica Insecta 53: 170.
分布（Distribution）：台湾（TW）

（34）新小雅长足虻 *Amblypsilopus neoparvus* (Dyte, 1975)

Sciapus neoparvus Dyte, 1975. Cat. Dipt. Orient. Reg. 2: 229 (new name for *Sciapus parvus* Parent, 1934, nec Van Duzee, 1933). **Type locality:** Vietnam (automatic).
Sciapus parvus Parent, 1934. Mém. Soc. Natl. Sci. Nat. Math. Cherbourg 41: 296. **Type locality:** Vietnam ("Tonkin").
Amblypsilopus neoparvus (Dyte): Bickel, 1994. Rec. Aust. Mus., Suppl. 21: 288.
Amblypsilopus neoparvus (Dyte, 1975): Yang, Zhang, Wang *et* Zhu, 2011. Fauna Sinica Insecta 53: 165.
分布（Distribution）：贵州（GZ）；越南

（35）黑尾雅长足虻 *Amblypsilopus nigricercus* Zhu *et* Yang, 2011

Amblypsilopus nigricercus Zhu *et* Yang, 2011. Fauna Sinica Insecta 53: 136. **Type locality:** China (Guangxi: Longrui).
分布（Distribution）：广西（GX）

（36）白角雅长足虻 *Amblypsilopus pallidicornis* (Grimshaw, 1901)

Gnamptopsilopus pallidicornis Grimshaw, 1901. Fauna Hawaiiensis 3 (1): 12. **Type locality:** China (Taiwan).
Chrysosoma fulgidipenne Enderlein, 1912. Zool. Jahrb. Suppl. 15 (1): 377. **Type locality:** China (Taiwan).
Amblypsilopus pallidicornis (Grimshaw): Bickel *et* Dyte, 1989. Cat. Dipt. Aust. Reg.: 394.
Amblypsilopus pallidicornis (Grimshaw, 1901): Yang, Zhang, Wang *et* Zhu, 2011. Fauna Sinica Insecta 53: 159.
分布（Distribution）：台湾（TW）；美国（关岛、夏威夷）、社会群岛、波利尼西亚岛、帕劳、马达加斯加、塞舌尔

（37）细雅长足虻 *Amblypsilopus pusillus* (Macquart, 1842)

Psilopus pusillus Macquart, 1842. Dipt. Exot. 1841 (1): 117. **Type locality:** "Indes orientales".
Chrysosoma integrum Becker, 1922. Capita Zool. 1 (4): 189. **Type locality:** Sri Lanka; India.
Amblypsilopus pusillus (Macquart): Bickel, 1994. Rec. Aust. Mus., Suppl. 21: 353.
Amblypsilopus pusillus (Macquart, 1842): Yang, Zhang, Wang *et* Zhu, 2011. Fauna Sinica Insecta 53: 137.
分布（Distribution）：贵州（GZ）、云南（YN）、广西（GX）、海南（HI）；巴基斯坦、印度、斯里兰卡、尼泊尔、泰国

（38）黔雅长足虻 *Amblypsilopus qianensis* Wei *et* Song, 2005

Amblypsilopus qianensis Wei *et* Song, 2005. Insects from Xishui Landscape: 420. **Type locality:** China (Guizhou: Xishui, Lianjiang).
Amblypsilopus qianensis Wei *et* Song, 2005: Yang, Zhang, Wang *et* Zhu, 2011. Fauna Sinica Insecta 53: 139.
分布（Distribution）：贵州（GZ）

（39）秦岭雅长足虻 *Amblypsilopus qinlingensis* Yang *et* Saigusa, 2005

Amblypsilopus qinlingensis Yang *et* Saigusa, 2005. Insects fauna of middle-west Qinling range and south mountains of Gansu province: 748. **Type locality:** China (Shaanxi: Fuping, Banbianhe).
Amblypsilopus qinlingensis Yang *et* Saigusa, 2005: Yang, Zhang, Wang *et* Zhu, 2011. Fauna Sinica Insecta 53: 171.
分布（Distribution）：陕西（SN）

（40）三亚雅长足虻 *Amblypsilopus sanyanus* Yang, 1998

Amblypsilopus sanyanus Yang, 1998. Stud. Dipt. 5 (1): 75. **Type locality:** China (Hainan: Sanya).
Amblypsilopus sanyanus Yang, 1998: Yang, Zhang, Wang *et* Zhu, 2011. Fauna Sinica Insecta 53: 140.
分布（Distribution）：海南（HI）

（41）多鬃雅长足虻 *Amblypsilopus setosus* Zhu *et* Yang, 2011

Amblypsilopus setosus Zhu *et* Yang, 2011. Fauna Sinica Insecta 53: 153. **Type locality:** China (Hainan: Yinggeling).
分布（Distribution）：海南（HI）

（42）四川雅长足虻 *Amblypsilopus sichuanensis* Yang, 1997

Amblypsilopus sichuanensis Yang, 1997. Bull. Inst. R. Sci. Nat. Belg. Ent. 67: 135. **Type locality:** China (Sichuan: Loshan).
Amblypsilopus sichuanensis Yang, 1997: Yang, Zhang, Wang *et* Zhu, 2011. Fauna Sinica Insecta 53: 141.
分布（Distribution）：河南（HEN）、陕西（SN）、湖北（HB）、四川（SC）

（43）中华雅长足虻 *Amblypsilopus sinensis* Yang *et* Yang, 2003

Amblypsilopus sinensis Yang *et* Yang, 2003. Fauna of insects in Fujian province of China 8: 268. **Type locality:** China (Fujian: Jianou).
Amblypsilopus sinensis Yang *et* Yang, 2003: Yang, Zhang, Wang *et* Zhu, 2011. Fauna Sinica Insecta 53: 142.
分布（Distribution）：河南（HEN）、贵州（GZ）、云南（YN）、

西藏（XZ）、福建（FJ）、广西（GX）、海南（HI）

（44）亚裂雅长足虻 *Amblypsilopus subabruptus* Bickel *et* Wei, 1996)

Amblypsilopus subabruptus Bickel *et* Wei, 1996. Orient. Ins. 30: 267. **Type locality:** China (Guizhou: Shibing).

Amblypsilopus subabruptus Bickel *et* Wei, 1996): Yang, Zhang, Wang *et* Zhu, 2011. Fauna Sinica Insecta 53: 144.

分布（Distribution）：河南（HEN）、四川（SC）、贵州（GZ）、海南（HI）

（45）细弱雅长足虻 *Amblypsilopus subtilis* (Becker, 1924)

Sciapus subtilis Becker, 1924. Zool. Meded. 8: 130. **Type locality:** China (Taiwan).

Amblypsilopus subtilis (Becker): Bickel, 1994. Rec. Aust. Mus., Suppl. 21: 337.

Amblypsilopus subtilis (Becker, 1924): Yang, Zhang, Wang *et* Zhu, 2011. Fauna Sinica Insecta 53: 154.

分布（Distribution）：台湾（TW）

（46）斯氏雅长足虻 *Amblypsilopus svenhedini* (Parent, 1936)

Sciapus svenhedini Parent, 1936. Ark. Zool. 27B (6): 2. **Type locality:** China (Jiangsu).

Amblypsilopus svenhedini (Parent): Bickel, 1994. Rec. Aust. Mus., Suppl. 21: 373.

Amblypsilopus svenhedini (Parent, 1936): Yang, Zhang, Wang *et* Zhu, 2011. Fauna Sinica Insecta 53: 145.

分布（Distribution）：江苏（JS）

（47）双腹鬃雅长足虻 *Amblypsilopus ventralis* Wang, Zhu *et* Yang, 2012

Amblypsilopus ventralis Wang, Zhu *et* Yang, 2012. ZooKeys 192: 31. **Type locality:** China (Taiwan: Wulai).

分布（Distribution）：台湾（TW）

（48）西藏雅长足虻 *Amblypsilopus xizangensis* Yang, 1998

Amblypsilopus xizangensis Yang, 1998. Stud. Dipt. 5 (1): 76. **Type locality:** China (Xizang: Cuona).

Amblypsilopus xizangensis Yang, 1998: Yang, Zhang, Wang *et* Zhu, 2011. Fauna Sinica Insecta 53: 146.

分布（Distribution）：西藏（XZ）

（49）云南雅长足虻 *Amblypsilopus yunnanensis* Yang, 1998

Amblypsilopus yunnanensis Yang, 1998. Stud. Dipt. 5 (1): 77. **Type locality:** China (Yunnan: Xishuangbanna).

Amblypsilopus yunnanensis Yang, 1998: Yang, Zhang, Wang *et* Zhu, 2011. Fauna Sinica Insecta 5: 147.

分布（Distribution）：云南（YN）、广西（GX）

（50）浙江雅长足虻 *Amblypsilopus zhejiangensis* Yang, 1997

Amblypsilopus zhejiangensis Yang, 1997. Bull. Inst. R. Sci. Nat. Belg. Ent. 67: 136. **Type locality:** China (Zhejiang: Hangzhou).

Amblypsilopus zhejiangensis Yang, 1997: Yang, Zhang, Wang *et* Zhu, 2011. Fauna Sinica Insecta 53: 148.

分布（Distribution）：浙江（ZJ）、云南（YN）、福建（FJ）、海南（HI）

2. 金长足虻属 *Chrysosoma* Guérin-Méneville, 1831

Chrysosoma Guérin-Méneville, 1831. Voyage autour du monde sur la corvette de sa majesté La Coquille, Zoologie 2 (2): 20. **Type species:** *Chrysosoma fasciata* Guerin-Meneville, 1831 (designaton by Enderlein, 1912).

Agonosoma Guérin-Méneville, 1838. Voyage autour du monde sur la corvette de sa majesté La Coquille, Zoologie 2 (2, 1): 293 (unneccessary new name for *Chrysosoma* Guérin-Méneville; preoccupied by Laporte, 1832).

Margaritostylus Bigot, 1859. Ann. Soc. Ent. Fr. (3) 7: 215. **Type species:** *Psilopus globifer* Wiedemann, 1830 (original designation).

Megistostylus Bigot, 1859. Ann. Soc. Ent. Fr. (3) 7: 215. **Type species:** *Dolichopus crinicornis* Wiedemann, 1824 (as *Psilopus crinicornis*) (original designation).

Mesoblepharius Bigot, 1859. Ann. Soc. Ent. Fr. (3) 7: 215. **Type species:** *Psilopus senegalensis* Macquart, 1834 (original designation).

Oariostylus Bigot, 1859. Ann. Soc. Ent. Fr. (3) 7: 215. **Type species:** *Psilopus tuberculicornis* Macquart, 1855 (original designation).

Eudasypus Bigot, 1888. Bull. Soc. Ent. Fr. (6) 8: xxiv. **Type species:** *Psilopus senegalensis* Macquart, 1834 (original designation).

Oariopherus Bigot, 1888. Bull. Soc. Ent. Fr. (6) 8: xxiv. **Type species:** *Psilopus tuberculicornis* Macquart, 1855 (original designation).

Spathiopsilopus Bigot, 1888. Bull. Soc. Ent. Fr. (6) 8: xxiv. **Type species:** *Psilopus globifer* Wiedemann, 1830 (original designation).

Spathipsilopus Bigot, 1890. Ann. Soc. Ent. Fr. (6) 10: 268. **Type species:** *Psilopus globifer* Wiedemann, 1830 (subsequent designation of Dyte, 1975).

Kalocheta Becker, 1923. Ent. Mitt. 12 (1): 41. **Type species:** *Kalocheta passiva* Becker, 1923 (monotypy).

（51）中华金长足虻 *Chrysosoma chinense* Becker, 1922

Chrysosoma chinense Becker, 1922. Capita Zool. 1 (4): 175. **Type locality:** China (Yunnan).

Chrysosoma chinense Becker, 1922: Yang, Zhang, Wang *et*

Zhu, 2011. Fauna Sinica Insecta 53: 175.
分布（Distribution）：云南（YN）

（52）粗须金长足虻 *Chrysosoma crassum* Yang *et* Saigusa, 2001

Chrysosoma crassum Yang *et* Saigusa, 2001. Bull. Inst. R. Sci. Nat. Belg. Ent. 71: 249. **Type locality:** China (Yunnan: Jiangcheng).
Chrysosoma crassum Yang *et* Saigusa, 2001: Yang, Zhang, Wang *et* Zhu, 2011. Fauna Sinica Insecta 53: 176.
分布（Distribution）：云南（YN）

（53）毛角金长足虻 *Chrysosoma crinicorne* (Wiedemann, 1824)

Dolichopus crinicornis Wiedemann, 1824. Munus rectoris in Academia Christiana Albertina aditurus Analecta entomologica ex Museo Regio Havaniensi maxime congesta profert iconibusque illustrat. Kiliae: 39. **Type locality:** Indonesia (Java).
Psilopus filifer Walker, 1859. J. Proc. Linn. Soc. Lond. Zool. 4 (15): 114. **Type locality:** Indonesia (Sulawesi).
Psilopus longisetosus van der Wulp, 1882. Tijdschr. Ent. 25: 120. **Type locality:** Brazil.
Psilopus aeterus Bigot, 1890. Ann. Soc. Ent. Fr. (6) 10: 283. **Type locality:** Indonesia (Maluku).
Chrysosoma imparile Parent, 1933. Ann. Soc. Sci. Brux. (B) 53: 174. **Type locality:** Australia (Queensland).
Chrysosoma crinicorne (Wiedemann): Bickel *et* Dyte, 1989. Cat. Dipt. Aust. Reg.: 396.
Chrysosoma crinicorne (Wiedemann, 1824): Yang, Zhang, Wang *et* Zhu, 2011. Fauna Sinica Insecta 53: 177.
分布（Distribution）：云南（YN）、福建（FJ）、广西（GX）；斯里兰卡、印度、尼泊尔、印度尼西亚、菲律宾、日本、新几内亚、所罗门群岛、澳大利亚、印度尼西亚、巴西

（54）黄角金长足虻 *Chrysosoma cupido* (Walker, 1849)

Psilopus cupido Walker, 1849. List Dipt. Brit. Mus. 3: 643. **Type locality:** East Indies.
Chrysosoma limpidipenne Becker, 1922. Capita Zool. 1 (4): 147. **Type locality:** China (Taiwan: Kagi; Nimrodsund).
Chrysosoma limpidipenne ornatum Becker, 1922. Capita Zool. 1 (4): 148. **Type locality:** Vietnam.
Chrysosoma cupido (Walker): Enderlein, 1912. Zool. Jahrb. Suppl. 15 (1): 394.
Chrysosoma cupido (Walker, 1849): Yang, Zhang, Wang *et* Zhu, 2011. Fauna Sinica Insecta 53: 180.
分布（Distribution）：江西（JX）、贵州（GZ）、台湾（TW）、广西（GX）、海南（HI）；斯里兰卡、印度、尼泊尔、越南、印度尼西亚

（55）靛蓝金长足虻 *Chrysosoma cyaneculiscutum* Bickel *et* Wei, 1996

Chrysosoma cyaneculiscutum Bickel *et* Wei, 1996. Orient. Ins. 30: 256. **Type locality:** China (Guizhou: Zhenning, Tian xingqiao).
Chrysosoma cyaneculiscutum Bickel *et* Wei, 1996: Yang, Zhang, Wang *et* Zhu, 2011. Fauna Sinica Insecta 53: 182.
分布（Distribution）：贵州（GZ）

（56）大理金长足虻 *Chrysosoma dalianum* Yang *et* Saigusa, 2001

Chrysosoma dalianum Yang *et* Saigusa, 2001. Bull. Inst. R. Sci. Nat. Belg. Ent. 71: 181. **Type locality:** China (Yunnan: Dali, Daboqing).
Chrysosoma dalianum Yang *et* Saigusa, 2001: Yang, Zhang, Wang *et* Zhu, 2011. Fauna Sinica Insecta 53: 183.
分布（Distribution）：云南（YN）、广东（GD）

（57）大明山金长足虻 *Chrysosoma damingshanshanum* Yang *et* Zhu, 2012

Chrysosoma damingshanshanum Yang *et* Zhu, 2012. Entomotaxon. 34 (1): 63. **Type locality:** China (Guangxi: Mt. Damingshan).
分布（Distribution）：广西（GX）

（58）大沙河金长足虻 *Chrysosoma dashahensis* Zhu *et* Yang, 2005

Chrysosoma dashahensis Zhu *et* Yang, 2005. Insect from Dashahe Natrue Reserve of Guizhou: 399. **Type locality:** China (Guizhou: Dashahe).
Chrysosoma dashahensis Zhu *et* Yang, 2005: Yang, Zhang, Wang *et* Zhu, 2011. Fauna Sinica Insecta 53: 184.
分布（Distribution）：贵州（GZ）

（59）指突金长足虻 *Chrysosoma digitatum* Yang *et* Zhu, 2012

Chrysosoma digitatum Yang *et* Zhu, 2012. Entomotaxon. 34 (1): 65. **Type locality:** China (Yunnan: Baihualing).
分布（Distribution）：云南（YN）

（60）丛毛金长足虻 *Chrysosoma floccosum* Becker, 1922

Chrysosoma floccosum Becker, 1922. Capita Zool. 1 (4): 184. **Type locality:** China (Taiwan: Kosempo, Kankau).
Chrysosoma interrogatum Becker, 1924. Zool. Meded. 8: 129. **Type locality:** China (Taiwan: Kankau).
Chrysosoma pseudofloccosum Parent, 1935. Ann. Mag. Nat. Hist. (10) 15: 434. **Type locality:** Malaysia (Sabah: N Borneo, nr San-dakan, Bettotan).
Chrysosoma floccosum Becker, 1922: Yang, Zhang, Wang *et* Zhu, 2011. Fauna Sinica Insecta 53: 186.
分布（Distribution）：台湾（TW）；马来西亚

(61)叉须金长足虻 *Chrysosoma furcatum* Wang, Zhu *et* Yang, 2014

Chrysosoma furcatum Wang, Zhu *et* Yang, 2014. Trans. Am. Ent. Soc. 140 (1-2): 122. **Type locality:** China (Tibet: Nyingchi).

分布(Distribution):西藏(XZ)

(62)长芒金长足虻 *Chrysosoma longum* Yang *et* Zhu, 2012

Chrysosoma longum Yang *et* Zhu, 2012. Entomotaxon. 34 (1): 66. **Type locality:** China (Yunnan: Lushui, Pianma).

分布(Distribution):云南(YN)

(63)林芝金长足虻 *Chrysosoma nyingchiense* Wang, Zhu *et* Yang, 2014

Chrysosoma nyingchiense Wang, Zhu *et* Yang, 2014. Trans. Am. Ent. Soc. 140 (1-2): 123. **Type locality:** China (Tibet: Nyingchi).

分布(Distribution):西藏(XZ)

(64)刺鬃金长足虻 *Chrysosoma spinosum* Wang, Zhu *et* Yang, 2014

Chrysosoma spinosum Wang, Zhu *et* Yang, 2014. Trans. Am. Ent. Soc. 140 (1-2): 124. **Type locality:** China (Tibet: Mêdog).

分布(Distribution):西藏(XZ)

(65)铜壁关金长足虻 *Chrysosoma tongbiguanum* Yang *et* Zhu, 2012

Chrysosoma tongbiguanum Yang *et* Zhu, 2012. Entomotaxon. 34 (1): 67. **Type locality:** China (Yunnan: Tongbiguan).

分布(Distribution):云南(YN)

(66)周氏金长足虻 *Chrysosoma zhoui* Yang *et* Zhu, 2012

Chrysosoma zhoui Yang *et* Zhu, 2012. Entomotaxon. 34 (1): 69. **Type locality:** China (Guangxi: Mt. Damingshan).

分布(Distribution):广西(GX)

(67)普通金长足虻 *Chrysosoma globiferum* (Wiedemann, 1830)

Psilopus globifer Wiedemann, 1830. Aussereur. Zweifl. Ins. 2: 222. **Type locality:** China.

Chrysosoma figuratum Becker, 1922. Capita Zool. 1 (4): 184. **Type locality:** China (Hong Kong; Taiwan: Kankau).

Chrysosoma fraternum Van Duzee, 1933. Proc. Hawaii. Ent. Soc. 8 (2): 310. **Type locality:** USA (Hawaiian Is).

Chrysosoma globiferum (Wiedemann): Becker, 1918. N. Acta Acad. Leop., Halle 104: 146.

Chrysosoma globiferum (Wiedemann, 1830): Yang, Zhang, Wang *et* Zhu, 2011. Fauna Sinica Insecta 53: 187.

分布(Distribution):河北(HEB)、天津(TJ)、北京(BJ)、河南(HEN)、浙江(ZJ)、四川(SC)、贵州(GZ)、云南(YN)、福建(FJ)、台湾(TW)、广东(GD)、广西(GX)、海南(HI)、香港(HK);莱珊岛、日本、美国(夏威夷)

(68)广东金长足虻 *Chrysosoma guangdongense* Zhang, Yang *et* Grootaert, 2003

Chrysosoma guangdongense Zhang, Yang *et* Grootaert, 2003. Bull. Inst. R. Sci. Nat. Belg. Ent. 73: 187. **Type locality:** China (Guangdong: Yingde, Shimentai).

Chrysosoma guangdongense Zhang, Yang *et* Grootaert, 2003: Yang, Zhang, Wang *et* Zhu, 2011. Fauna Sinica Insecta 53: 189.

分布(Distribution):广东(GD)

(69)贵州金长足虻 *Chrysosoma guizhouense* Yang, 1995

Chrysosoma guizhouense Yang, 1995. Stud. Dipt. 2 (1): 62. **Type locality:** China (Guizhou: Guiyang).

Chrysosoma guizhouense Yang, 1995: Yang, Zhang, Wang *et* Zhu, 2011. Fauna Sinica Insecta 53: 190.

分布(Distribution):贵州(GZ)、云南(YN)

(70)海南金长足虻 *Chrysosoma hainanum* Yang, 1998

Chrysosoma hainanum Yang, 1998. Stud. Dipt. 5 (1): 78. **Type locality:** China (Hainan: Damaotong).

Chrysosoma hainanum Yang, 1998: Yang, Zhang, Wang *et* Zhu, 2011. Fauna Sinica Insecta 53: 191.

分布(Distribution):云南(YN)、福建(FJ)、海南(HI)

(71)杭州金长足虻 *Chrysosoma hangzhouense* Yang, 1995

Chrysosoma hangzhouense Yang, 1995. Stud. Dipt. 2 (1): 63. **Type locality:** China (Zhejiang: Hangzhou).

Chrysosoma hangzhouense Yang, 1995: Yang, Zhang, Wang *et* Zhu, 2011. Fauna Sinica Insecta 53: 192.

分布(Distribution):浙江(ZJ)、云南(YN)

(72)弱鬃金长足虻 *Chrysosoma insensibile* Yang, 1995

Chrysosoma insensibile Yang, 1995. Bull. Inst. R. Sci. Nat. Belg. Ent. 65: 180. **Type locality:** China (Xizang: Bomi).

Chrysosoma insensibile Yang, 1995: Yang, Zhang, Wang *et* Zhu, 2011. Fauna Sinica Insecta 53: 193.

分布(Distribution):西藏(XZ)

(73)金平金长足虻 *Chrysosoma jingpinganum* Yang *et* Saigusa, 2001

Chrysosoma jingpinganum Yang *et* Saigusa, 2001. Bull. Inst. R. Sci. Nat. Belg. Ent. 71: 182. **Type locality:** China (Yunnan: Jingping, Taiyanzhai).

Chrysosoma jingpinganum Yang *et* Saigusa, 2001. Fauna Sinica Insecta 53: 194.

分布（Distribution）：浙江（ZJ）、云南（YN）、广东（GD）、广西（GX）

（74）毛饰金长足虻 *Chrysosoma leucopogon* (Wiedemann, 1824)

Dolichopus leucopogon Wiedemann, 1824. Munus rectoris in Academia Christiana Albertina aditurus Analecta entomologica ex Museo Regio Havaniensi maxime congesta profert iconibusque illustrat. Kiliae: 40. **Type locality:** India orient.
Psilopus apicalis Wiedemann, 1830. Aussereur. Zweifl. Ins. 2: 227. **Type locality:** Indonesia (Sumatra).
Psilopus conicornis Macquart, 1846. Dipt. Exot. Suppl. 1844: 120. **Type locality:** India (Pondicherry).
Psilopus curviseta Thomson, 1869. K. Svensk. Freg. Eugenies Resa 2 (1): 508. **Type locality:** Tahiti.
Chrysosoma loewi Enderlein, 1912. Zool. Jahrb. Suppl. 15 (1): 378. **Type locality:** China (Taiwan: Takao, Kyukokado).
Chrysosoma snelli Curran, 1927. Ann. Mag. Nat. Hist. (9) 19: 5. **Type locality:** Zanzibar (Pemba I).
Chrysosoma leucopogon (Wiedemann): Enderlein, 1912. Zool. Jahrb. Suppl. 15 (1): 381.
Chrysosoma leucopogon (Wiedemann, 1824): Yang, Zhang, Wang *et* Zhu, 2011. Fauna Sinica Insecta 53: 196.
分布（Distribution）：云南（YN）、台湾（TW）、海南（HI）；印度、缅甸、斯里兰卡、泰国、印度尼西亚、澳大利亚、新几内亚、帕劳、新喀里多尼亚、所罗门群岛、塔希提岛、马达加斯加、留尼汪、毛里求斯、亚达伯拉、查戈斯群岛、塞舌尔、科科斯

（75）刘氏金长足虻 *Chrysosoma liui* Zhu *et* Yang, 2011

Chrysosoma liui Zhu *et* Yang, 2011. Fauna Sinica Insecta 53: 198. **Type locality:** China (Yunnan: Tengchong).
分布（Distribution）：云南（YN）

（76）绿春金长足虻 *Chrysosoma luchunanum* Yang *et* Saigusa, 2001

Chrysosoma luchunanum Yang *et* Saigusa, 2001. Bull. Inst. R. Sci. Nat. Belg. Ent. 71: 183. **Type locality:** China (Yunnan: Luchun).
Chrysosoma luchunanum Yang *et* Saigusa, 2001: Yang, Zhang, Wang *et* Zhu, 2011. Fauna Sinica Insecta 53: 199.
分布（Distribution）：云南（YN）

（77）南岭金长足虻 *Chrysosoma nanlingense* Zhu *et* Yang, 2005

Chrysosoma nanlingense Zhu *et* Yang, 2005. Zootaxa 1029: 50. **Type locality:** China (Guangdong: Nanling, Shumuyuan).
Chrysosoma nanlingense Zhu *et* Yang, 2005: Yang, Zhang, Wang *et* Zhu, 2011. Fauna Sinica Insecta 53: 200.
分布（Distribution）：广东（GD）

（78）白毛金长足虻 *Chrysosoma pallipilosum* Yang *et* Saigusa, 2001

Chrysosoma pallipilosum Yang *et* Saigusa, 2001. Bull. Inst. R. Sci. Nat. Belg. Ent. 71: 249. **Type locality:** China (Yunnan: Jiangcheng).
Chrysosoma pallipilosum Yang *et* Saigusa, 2001: Yang, Zhang, Wang *et* Zhu, 2011. Fauna Sinica Insecta 53: 202.
分布（Distribution）：云南（YN）

（79）梨形金长足虻 *Chrysosoma piriforme* Becker, 1922

Chrysosoma piriforme Becker, 1922. Capita Zool. 1 (4): 161. **Type locality:** China (Taiwan).
Chrysosoma piriforme Becker, 1922: Yang, Zhang, Wang *et* Zhu, 2011. Fauna Sinica Insecta 53: 203.
分布（Distribution）：台湾（TW）

（80）乳源金长足虻 *Chrysosoma ruyuanense* Zhu *et* Yang, 2005

Chrysosoma ruyuanense Zhu *et* Yang, 2005. Zootaxa 1029: 52. **Type locality:** China (Guangdong: Ruyuan).
Chrysosoma ruyuanense Zhu *et* Yang, 2005: Yang, Zhang, Wang *et* Zhu, 2011. Fauna Sinica Insecta 53: 205.
分布（Distribution）：云南（YN）、广东（GD）

（81）细齿金长足虻 *Chrysosoma serratum* Yang *et* Saigusa, 2001

Chrysosoma serratum Yang *et* Saigusa, 2001. Bull. Inst. R. Sci. Nat. Belg. Ent. 71: 183. **Type locality:** China (Yunnan: Luchun).
Chrysosoma serratum Yang *et* Saigusa, 2001: Yang, Zhang, Wang *et* Zhu, 2011. Fauna Sinica Insecta 53: 206.
分布（Distribution）：云南（YN）

（82）始兴金长足虻 *Chrysosoma shixingense* Zhu *et* Yang, 2005

Chrysosoma shixingense Zhu *et* Yang, 2005. Zootaxa 1029: 53. **Type locality:** China (Guangdong: Shixing, Chebaling).
Chrysosoma shixingense Zhu *et* Yang, 2005: Yang, Zhang, Wang *et* Zhu, 2011. Fauna Sinica Insecta 53: 207.
分布（Distribution）：广东（GD）、广西（GX）

（83）三角叶金长足虻 *Chrysosoma trigonocercus* Wei *et* Song, 2005

Chrysosoma trigonocercus Wei *et* Song, 2005. Insects from Xishui Landscape: 421. **Type locality:** China (Guizhou: Xishui).
Chrysosoma trigonocercus Wei *et* Song, 2005: Yang, Zhang, Wang *et* Zhu, 2011. Fauna Sinica Insecta 53: 209.
分布（Distribution）：贵州（GZ）

（84）变色金长足虻 *Chrysosoma varitum* Wei, 2006

Chrysosoma varitum Wei, 2006. Insects from Fanjingshan

Landscape: 469. **Type locality:** China (Guizhou: Anshun).
Chrysosoma varitum Wei, 2006: Yang, Zhang, Wang *et* Zhu, 2011. Fauna Sinica Insecta 53: 210
分布（Distribution）： 贵州（GZ）

（85）淡黄金长足虻 *Chrysosoma xanthodes* Yang *et* Li, 1998

Chrysosoma xanthodes Yang *et* Li, 1998. Insects of Longwangshan: 322. **Type locality:** China (Zhejiang: Anji, Longwangshan).
Chrysosoma xanthodes Yang *et* Li, 1998: Yang, Zhang, Wang *et* Zhu, 2011. Fauna Sinica Insecta 53: 212.
分布（Distribution）： 浙江（ZJ）

（86）云南金长足虻 *Chrysosoma yunnanense* Yang *et* Saigusa, 2001

Chrysosoma yunnanense Yang *et* Saigusa, 2001. Bull. Inst. R. Sci. Nat. Belg. Ent. 71: 184. **Type locality:** China (Yunnan: Luchun).
Chrysosoma yunnanense Yang *et* Saigusa, 2001: Yang, Zhang, Wang *et* Zhu, 2011. Fauna Sinica Insecta 53: 213.
分布（Distribution）： 云南（YN）

（87）增城金长足虻 *Chrysosoma zengchengense* Zhu *et* Yang, 2005

Chrysosoma zengchengense Zhu *et* Yang, 2005. Zootaxa 1029: 55. **Type locality:** China (Guangdong: Zengcheng, Nankunshan).
Chrysosoma zengchengense Zhu *et* Yang, 2005: Yang, Zhang, Wang *et* Zhu, 2011. Fauna Sinica Insecta 53: 214.
分布（Distribution）： 广东（GD）、海南（HI）

3. 毛瘤长足虻属 *Condylostylus* Bigot, 1859

Condylostylus Bigot, 1859. Ann. Soc. Ent. Fr. (3) 7: 215. **Type species:** *Psilopus bituberculatus* Macquart, 1842 (original designation).
Dasypsilopus Bigot, 1859. Ann. Soc. Ent. Fr. (3) 7: 215. **Type species:** *Psilopus pilipes* Macquart, 1842 (original designation).
Eurostomerus Bigot, 1859. Ann. Soc. Ent. Fr. (3) 7: 215. **Type species:** *Psilopus coerulus* Macquart (*Nomen nudum*) [= *Eurostomerus coerulus* Bigot, 1859].
Oedipsilopus Bigot, 1859. Ann. Soc. Ent. Fr. (3) 7: 224. **Type species:** *Psilopus posticatus* Wiedemann, 1830 (original designation).
Tylochaetus Bigot, 1888. Ann. Soc. Ent. Fr. (6) 8: xxiv. **Type species:** *Psilopus bituberculatus* Macquart, 1842 (original designation).
Laxina Curran, 1934. Fam. Gen. N. Am. Dipt. 1934: 230. **Type species:** *Dolichopus patibulatus* Say, 1823 (original designation).

（88）白跗毛瘤长足虻 *Condylostylus albidipes* Wei, 2006

Condylostylus albidipes Wei, 2006. Insects from Fanjingshan Landscape: 470. **Type locality:** China (Guizhou: Fanjingshan).
Condylostylus albidipes Wei, 2006: Yang, Zhang, Wang *et* Zhu, 2011. Fauna Sinica Insecta 53: 218.
分布（Distribution）： 贵州（GZ）

（89）双色毛瘤长足虻 *Condylostylus bicolor* Zhu *et* Yang, 2011

Condylostylus bicolor Zhu *et* Yang, 2011. Fauna Sinica Insecta 53: 220. **Type locality:** China (Yunnan: Tengchong).
分布（Distribution）： 云南（YN）

（90）毛跗毛瘤长足虻 *Condylostylus bifilus* (van der Wulp, 1892)

Psilopus bifilus van der Wulp, 1892. Tijdschr. Ent. 34: 201. **Type locality:** Indonesia (Java).
Condylostylus pulchripennis Parent, 1929. Ann. Soc. Sci. Brux. (B) 49: 231. **Type locality:** Indonesia (Java).
Condylostylus nimbatinervis Parent, 1932. Encycl. Ent. (B II) Dipt. 6: 106. **Type locality:** Indonesia (Flores).
Condylostylus bifilus (van der Wulp): Becker, 1922. Capita Zool. 1 (4): 121.
Condylostylus bifilus (van der Wulp, 1892): Yang, Zhang, Wang *et* Zhu, 2011. Fauna Sinica Insecta 53: 221.
分布（Distribution）： 河南（HEN）、四川（SC）、贵州（GZ）、云南（YN）、广西（GX）；印度尼西亚

（91）山毛瘤长足虻 *Condylostylus clivus* Wei *et* Song, 2005

Condylostylus clivus Wei *et* Song, 2005. Insects from Xishui Landscape: 423. **Type locality:** China (Guizhou: Xishui).
Condylostylus clivus Wei *et* Song, 2005: Yang, Zhang, Wang *et* Zhu, 2011. Fauna Sinica Insecta 53: 223.
分布（Distribution）： 贵州（GZ）

（92）署名毛瘤长足虻 *Condylostylus conspectus* Becker, 1922

Condylostylus conspectus Becker, 1922. Capita Zool. 1 (4): 225. **Type locality:** India (Calcutta and Unchagoan: Naini Tal District, base of W Himalayas).
Condylostylus nigrosetosus Parent, 1937. Bull. Ann. Soc. R. Ent. Belg. 77: 142. **Type locality:** India.
Condylostylus conspectus Becker, 1922: Yang, Zhang, Wang *et* Zhu, 2011. Fauna Sinica Insecta 53: 224.
分布（Distribution）： 云南（YN）、广西（GX）；缅甸、印度、尼泊尔、泰国、孟加拉国

（93）大明山毛瘤长足虻 *Condylostylus damingshanshanus* Wang, Zhu *et* Yang, 2012

Condylostylus damingshanshanus Wang, Zhu *et* Yang, 2012. Acta Zootaxon. Sin. 37 (2): 376. **Type locality:** China

(Guangxi: Mt. Damingshan).

分布（Distribution）：广西（GX）

(94)指突毛瘤长足虻 *Condylostylus digitiformis* Yang, 1998

Condylostylus digitiformis Yang, 1998. Acta Ent. Sin. 41 (Suppl.): 183. **Type locality:** China (Yunnan: Xishuangbanna).

Condylostylus digitiformis Yang, 1998: Yang, Zhang, Wang *et* Zhu, 2011. Fauna Sinica Insecta 53: 226.

分布（Distribution）：云南（YN）、广东（GD）

(95) 窗毛瘤长足虻 *Condylostylus fenestratus* (van der Wulp, 1892)

Psilopus fenestratus van der Wulp, 1892. Tijdschr. Ent. 34: 200. **Type locality:** Indonesia (Java).

Condylostylus fenestratus (van der Wulp): Becker, 1922. Capita Zool. 1 (4): 121.

Condylostylus fenestratus (van der Wulp, 1892): Yang, Zhang, Wang *et* Zhu, 2011. Fauna Sinica Insecta 53: 227.

分布（Distribution）：云南（YN）、台湾（TW）；印度尼西亚、马来西亚

(96) 黄足毛瘤长足虻 *Condylostylus flavipedus* Zhu *et* Yang, 2011

Condylostylus flavipedus Zhu *et* Yang, 2011. Fauna Sinica Insecta 53: 228. **Type locality:** China (Sichuan: Luding).

分布（Distribution）：四川（SC）

(97)福建毛瘤长足虻 *Condylostylus fujianensis* Yang *et* Yang, 2003

Condylostylus fujianensis Yang *et* Yang, 2003. Fauna of insects in Fujian province of China 8: 267. **Type locality:** China (Fujian: Wuyi Mountain).

Condylostylus fujianensis Yang *et* Yang, 2003: Yang, Zhang, Wang *et* Zhu, 2011. Fauna Sinica Insecta 53: 229.

分布（Distribution）：浙江（ZJ）、福建（FJ）、广东（GD）

(98)佛坪毛瘤长足虻 *Condylostylus fupingensis* Yang *et* Saigusa, 2005

Condylostylus fupingensis Yang *et* Saigusa, 2005. Insects fauna of middle-west Qinling range and south mountains of Gansu province: 746. **Type locality:** China (Shaanxi: Fuping, Banbianhe).

Condylostylus fupingensis Yang *et* Saigusa, 2005: Yang, Zhang, Wang *et* Zhu, 2011. Fauna Sinica Insecta 53: 231.

分布（Distribution）：河南（HEN）、陕西（SN）

(99) 叉状毛瘤长足虻 *Condylostylus furcatus* Zhu *et* Yang, 2011

Condylostylus furcatus Zhu *et* Yang, 2011. Fauna Sinica Insecta 53: 232. **Type locality:** China (Hainan: Yinggeling).

分布（Distribution）：海南（HI）

(100) 膝突毛瘤长足虻 *Condylostylus geniculatus* Yang, 1998

Condylostylus geniculatus Yang, 1998. Acta Ent. Sin. 41 (Suppl.): 184. **Type locality:** China (Sichuan: Emei Mountain).

Condylostylus geniculatus Yang, 1998: Yang, Zhang, Wang *et* Zhu, 2011. Fauna Sinica Insecta 53: 234.

分布（Distribution）：河南（HEN）、四川（SC）

(101) 斧突毛瘤长足虻 *Condylostylus latipennis* Parent, 1941

Condylostylus latipennis Parent, 1941. Ann. Mag. Nat. Hist. (11) 7: 210. **Type locality:** China (Hainan).

Condylostylus latipennis Parent, 1941: Yang, Zhang, Wang *et* Zhu, 2011. Fauna Sinica Insecta 53: 235.

分布（Distribution）：广西（GX）、海南（HI）、香港（HK）；缅甸、越南、马来西亚

(102) 膨跗毛瘤长足虻 *Condylostylus latitarsis* (Becker, 1922)

Sciapus latitarsis Becker, 1922. Capita Zool. 1 (4): 210. **Type locality:** China (Taiwan: Suisharyo).

Amblypsilopus latitarsis (Becker): Bickel, 1994. Rec. Aust. Mus., Suppl. 21: 108.

Condylostylus latitarsis (Becker, 1922): Yang, Zhang, Wang *et* Zhu, 2011. Fauna Sinica Insecta 53: 236.

分布（Distribution）：台湾（TW）

(103) 雷公山毛瘤长足虻 *Condylostylus leigongshanus* Wei *et* Yang, 2007

Condylostylus leigongshanus Wei *et* Yang, 2007. Insects from Leigongshan Landscape: 563. **Type locality:** China (Guizhou).

Condylostylus xizangensis Zhu *et* Yang, 2007. Trans. Am. Ent. Soc. 133 (3-4): 354. **Type locality:** China (Xizang: Guangxi).

Condylostylus leigongshanus Wei *et* Yang, 2007: Yang, Zhang, Wang *et* Zhu, 2011. Fauna Sinica Insecta 53: 237.

分布（Distribution）：贵州（GZ）、西藏（XZ）、广西（GX）

(104) 长尾毛瘤长足虻 *Condylostylus longicaudatus* Zhu *et* Yang, 2011

Condylostylus longicaudatus Zhu *et* Yang, 2011. Fauna Sinica Insecta 53: 239. **Type locality:** China (Yunnan: Longling).

分布（Distribution）：云南（YN）

(105) 长角毛瘤长足虻 *Condylostylus longicornis* (Fabricius, 1775)

Musca longicornis Fabricius, 1775. Flensburgi *et* Lipsiae: 783. **Type locality:** America.

Psilopus radians Macquart, 1834. Collection des suites à Buffon 1: 450. **Type locality:** North America.
Psilopus nigripes Macquart, 1842. Mém. Soc. Sci. Agric. Lille. 1841 (1): 181. **Type locality:** Chile.
Psilopus flavimanus Macquart, 1842. Mém. Soc. Sci. Agric. Lille. 1841 (1): 182. **Type locality:** Brazil (north of the jurisdiction of São Paulo).
Psilopus chrysoprasi Walker, 1849. List Dipt. Brit. Mus. 3: 646. **Type locality:** West Indies.
Psilopus metallifer Walker, 1849. List Dipt. Brit. Mus. 3: 647. **Type locality:** Brazil.
Psilopus chrysoparsius Loew, 1861. Progr. K. Realsch. Meseritz 1861: 60 (unnecessary new name for *Psilopus chrysoprasi* Walker, 1849).
Psilopus zonatulus Thomson, 1869. K. Svensk. Freg. Eugenies Resa 2 (1): 509. **Type locality:** Ecuador (Puna).
Psilopus trichosoma Bigot, 1890. Ann. Soc. Ent. Fr. (6) 10: 285. **Type locality:** Brazil.
Psilopus ciliipes Aldrich, 1901. Zool.-Ins.-Dipt. 1: 355. **Type locality:** Mexico (Acapulco; Tierra Colorada; Medellin; Ver Cruz; Cuernavaca; N Yucatan).
Condylostylus dentaticauda Van Duzee, 1933. Proc. Calif. Acad. Sci. (4) 21: 66. **Type locality:** James I.
Condylostylus longicornis (Fabricius): Becker, 1922. Abh. Zool.-Bot. Ges.Wien 13 (1): 283.
Condylostylus longicornis (Fabricius, 1775): Yang, Zhang, Wang *et* Zhu, 2011. Fauna Sinica Insecta 53: 240.
分布（Distribution）：台湾（TW）；斯里兰卡、印度、印度尼西亚、菲律宾、澳大利亚、巴布亚新几内亚、所罗门群岛、法属玻利尼西亚、美国、百慕大群岛、墨西哥、巴拿马、巴西、秘鲁、玻利维亚、多米尼加、厄瓜多尔、麦德林

（106）黄基毛瘤长足虻 *Condylostylus luteicoxa* Parent, 1929

Condylostylus luteicoxa Parent, 1929. Ann. Soc. Sci. Brux. (B) 49: 225. **Type locality:** India (Assam: Khasi Hills).
Condylostylus luteicoxa Parent, 1929: Yang, Zhang, Wang *et* Zhu, 2011. Fauna Sinica Insecta 53: 242.
分布（Distribution）：河南（HEN）、陕西（SN）、浙江（ZJ）、江西（JX）、湖南（HN）、湖北（HB）、四川（SC）、贵州（GZ）、云南（YN）、福建（FJ）、台湾（TW）、广东（GD）、广西（GX）；印度、日本

（107）雾斑毛瘤长足虻 *Condylostylus nebulosus* (Matsumura, 1916)

Psilopus nebulosus Matsumura, 1916. Thousand Ins. Japan., Add. Vol. 2 (4): 374. **Type locality:** Japan (Shikoku: Honshu, Hokkaido).
Condylostylus vigilans Becker, 1922. Capita Zool. 1 (4): 226. **Type locality:** China (Taiwan: Toa Tsui Kutsu, Tainan, Koshun, Toyenmongai, Taihorin, and Kankan. India: Darjeeling).
Condylostylus beckeri Frey, 1925. Not. Ent. 5: 19 (new name for *vigilans* Becker, 1922, nec Becker, 1921). **Type locality:** China (Taiwan: Toa Tsui Kutsu, Tainan, Koshun, Toyenmongai, Taihorin, and Kankan); India [Darjeeling (automatic)].
Condylostylus theodori Frey, 1925. Not. Ent. 5: 77 (new name for *Condylostylus beckeri* Frey, 1925, nec Speiser, 1920). **Type locality:** China (Jiangsu; Taiwan); India (Assam: W Bengal); Philippine [Luzon: Leyte (automatic)].
Condylostylus nebulosus (Matsumura): Negrobov, 1984. Zool. Zhurn. 63 (7): 1113.
Condylostylus nebulosus (Matsumura, 1916): Yang, Zhang, Wang *et* Zhu, 2011. Fauna Sinica Insecta 53: 244.
分布（Distribution）：江苏（JS）、台湾（TW）；日本、印度、斯里兰卡、尼泊尔、菲律宾、印度尼西亚

（108）黑腿毛瘤长足虻 *Condylostylus ornatipennis* (de Meijere, 1910)

Agonosoma ornatipennis de Meijere, 1910. Tijdschr. Ent. 53: 86. **Type locality:** Indonesia (Java: Antjol nr Batavia, Muara, Tandjong Priok).
Condylostylus ornatipennis (de Meijere): Becker, 1922. Capita Zool. 1 (4): 121.
Condylostylus ornatipennis (de Meijere, 1910): Yang, Zhang, Wang *et* Zhu, 2011. Fauna Sinica Insecta 53: 244.
分布（Distribution）：浙江（ZJ）、四川（SC）、福建（FJ）、台湾（TW）、广西（GX）、海南（HI）；中南半岛、斯里兰卡、印度尼西亚

（109）平端毛瘤长足虻 *Condylostylus paraterminalis* Dyte, 1975

Condylostylus paraterminalis Dyte, 1975. Cat. Dipt. Orient. Reg. 2: 224 (new name for *Condylostylus terminalis* Becker, 1922, nec Bekcer, 1921).
Condylostylus terminalis Becker, 1922. Capita Zool. 1 (4): 227. **Type locality:** China (Taiwan: Kosempo, Taihoriusho, Tapani, Toyenmongai, Fuhosho).
Condylostylus paraterminalis Dyte, 1975: Yang, Zhang, Wang *et* Zhu, 2011. Fauna Sinica Insecta 53: 246.
分布（Distribution）：台湾（TW）

（110）直翼毛瘤长足虻 *Condylostylus striatipennis* Becker, 1922

Condylostylus striatipennis Becker, 1922. Capita Zool. 1 (4): 223. **Type locality:** China (Taiwan: Kosempo).
Condylostylus striatipennis Becker, 1922. Fauna Sinica Insecta 53: 247.
分布（Distribution）：台湾（TW）

（111）近膝毛瘤长足虻 *Condylostylus subgeniculatus* Yang *et* Saigusa, 2005

Condylostylus subgeniculatus Yang *et* Saigusa, 2005. Insects

fauna of middle-west Qinling range and south mountains of Gansu province: 747. **Type locality:** China (Shaanxi: Fuping, Banbianhe).
Condylostylus subgeniculatus Yang *et* Saigusa, 2005: Yang, Zhang, Wang *et* Zhu, 2011. Fauna Sinica Insecta 53: 248.
分布（Distribution）：河南（HEN）、陕西（SN）、云南（YN）

（112）黄腿毛瘤长足虻 *Condylostylus tenebrosus* (Walker, 1856)

Psilopus tenebrosus Walker, 1856. J. Proc. Linn. Soc. London Zool. 1 (1): 16. **Type locality:** Singapore.
Agonosoma jacobsoni de Meijere, 1910. Tijdschr. Ent. 53: 85. **Type locality:** Indonesia (Java: Pangerango).
Psilopus violaris Enderlein, 1912. Zool. Jahrb. Suppl. 15 (1): 397. **Type locality:** Indonesia (Sumatra: Soekaranda).
Chrysosoma atratum Parent, 1935. Ann. Mag. Nat. Hist. (10) 15: 362. **Type locality:** Malaysia (N. Borneo, Sandakan).
Condylostylus tenebrosus (Walker): Parent, 1934. Ann. Mag. Nat. Hist. (10) 13: 32.
Condylostylus tenebrosus (Walker, 1856): Yang, Zhang, Wang *et* Zhu, 2011. Fauna Sinica Insecta 53: 249.
分布（Distribution）：台湾（TW）、海南（HI）；新加坡、印度尼西亚、马来西亚

（113）西峡毛瘤长足虻 *Condylostylus xixianus* Yang *et* Saigusa, 2000

Condylostylus xixianus Yang *et* Saigusa, 2000. Insects of the Mountains Funiu and Dabie regions: 202. **Type locality:** China (Henan: Xixia).
Condylostylus xixianus Yang *et* Saigusa, 2000: Yang, Zhang, Wang *et* Zhu, 2011. Fauna Sinica Insecta 53: 250.
分布（Distribution）：北京（BJ）、河南（HEN）、云南（YN）、广西（GX）

（114）云南毛瘤长足虻 *Condylostylus yunnanensis* Zhu *et* Yang, 2007

Condylostylus yunnanensis Zhu *et* Yang, 2007. Trans. Am. Ent. Soc. 133 (3-4): 353. **Type locality:** China (Yunnan).
Condylostylus yunnanensis Zhu *et* Yang, 2007: Yang, Zhang, Wang *et* Zhu, 2011. Fauna Sinica Insecta 53: 252.
分布（Distribution）：云南（YN）

4. 曲脉长足虻属 *Heteropsilopus* Bigot, 1859

Heteropsilopus Bigot, 1859. Ann. Soc. Ent. Fr. (3) 7: 215. **Type species:** *Psilopus grandis* Macquart, 185 [= *Psilopus cingulipes* Walker, 1835] (monotypy, original designation).

（115）云南曲脉长足虻 *Heteropsilopus yunnanensis* Liu, Zhu *et* Yang, 2012

Heteropsilopus yunnanensis Liu, Zhu *et* Yang, 2012. Zootaxa 3198: 64. **Type locality:** China (Yunnan: Yingjiang).
分布（Distribution）：云南（YN）

5. 黯长足虻属 *Krakatauia* Enderlein, 1912

Krakatauia Enderlein, 1912. Zool. Jahrb. Suppl. 15 (1): 408. **Type species:** *Psilopus* (as *Pilopus*) *rectus* Wiedemann, 1830 (original designation).

（116）矩黯长足虻 *Krakatauia recta* (Wiedemann, 1830)

Psilopus rectus Wiedemann, 1830. Aussereur. Zweifl. Ins. 2: 225. **Type locality:** Indonesia (Sumatra).
Sciopus unitus Parent, 1928. Mitt. Zool. StInst. Mus. Hamb. 43: 193. **Type locality:** Malaysia (Borneo: Kalimantan).
Krakatauia recta (Wiedemann): Enderlein, 1912. Zool. Jahrb. Suppl. 15 (1): 408.
Krakatauia recta (Wiedemann, 1830): Yang, Zhang, Wang *et* Zhu, 2011. Fauna Sinica Insecta 53: 254.
分布（Distribution）：贵州（GZ）、台湾（TW）；斯里兰卡、印度尼西亚、马来西亚、菲律宾、巴布亚新几内亚

6. 孤脉长足虻属 *Mesorhaga* Schiner, 1868

Mesorhaga Schiner, 1868. Reise Novara, Dipt.: 217. **Type species:** *Mesorhaga tristis* Schiner, 1868 (original designation).
Aptorthus Aldrich, 1893. Kans. Univ. Q. 2: 48. **Type species:** *Aptorthus albiciliata* Aldrich, 1893 (designation by Coquilletti, 1910).

（117）白扇孤脉长足虻 *Mesorhaga albiflabellata* Parent, 1944

Mesorhaga albilabellata Parent, 1944. Rev. Fr. Ent. 10 (4): 122. **Type locality:** China (Inner Mongolia: Ordos: Leilongwan, Houngtao).
Mesorhaga albiflabellata Parent, 1944: Yang, Zhang, Wang *et* Zhu, 2011. Fauna Sinica Insecta 53: 256.
分布（Distribution）：内蒙古（NM）；印度

（118）异孤脉长足虻 *Mesorhaga dispar* Becker, 1922

Mesorhaga dispar Becker, 1922. Capita Zool. 1 (4): 232. **Type locality:** China (Taiwan: Anping).
Mesorhaga dispar Becker, 1922: Yang, Zhang, Wang *et* Zhu, 2011. Fauna Sinica Insecta 53: 256.
分布（Distribution）：台湾（TW）

（119）福建孤脉长足虻 *Mesorhaga fujianensis* Yang, 1995

Mesorhaga fujianensis Yang, 1995. Bull. Inst. R. Sci. Nat. Belg. Ent. 65: 175. **Type locality:** China (Fujian: Fuzhou).
Mesorhaga fujianensis Yang, 1995: Yang, Zhang, Wang *et* Zhu, 2011. Fauna Sinica Insecta 53: 258.
分布（Distribution）：福建（FJ）

（120）纤细孤脉长足虻 *Mesorhaga gracilis* Zhu *et* Yang, 2011

Mesorhaga gracilis Zhu *et* Yang, 2011. Fauna Sinica Insecta

53: 259. **Type locality:** China (Yunnan: Tengchong).
分布（Distribution）：云南（YN）

（121）格氏孤脉长足虻 *Mesorhaga grootaerti* Yang, 1995

Mesorhaga grootaerti Yang, 1995. Bull. Inst. R. Sci. Nat. Belg. Ent. 65: 176. **Type locality:** China (Xizang: Zayu).
Mesorhaga grootaerti Yang, 1995: Yang, Zhang, Wang *et* Zhu, 2011. Fauna Sinica Insecta 53: 260.
分布（Distribution）：西藏（XZ）

（122）广西孤脉长足虻 *Mesorhaga guangxiensis* Yang, 1998

Mesorhaga guangxiensis Yang, 1998. Entomofauna 19 (13): 236. **Type locality:** China (Guangxi: Shiwandashan).
Mesorhaga guangxiensis Yang, 1998: Yang, Zhang, Wang *et* Zhu, 2011. Fauna Sinica Insecta 53: 261.
分布（Distribution）：北京（BJ）、云南（YN）、广西（GX）

（123）长鬃孤脉长足虻 *Mesorhaga longiseta* Yang *et* Saigusa, 2001

Mesorhaga longiseta Yang *et* Saigusa, 2001. Bull. Inst. R. Sci. Nat. Belg. Ent. 71: 186. **Type locality:** China (Yunnan: Dali, Daboqing).
Mesorhaga longiseta Yang *et* Saigusa, 2001: Yang, Zhang, Wang *et* Zhu, 2011. Fauna Sinica Insecta 53: 263.
分布（Distribution）：云南（YN）

（124）北方孤脉长足虻 *Mesorhaga palaearctica* Negrobov, 1984

Mesorhaga palaearctica Negrobov, 1984. Biol. Nauki 1984 (8): 34. **Type locality:** China.
Mesorhaga palaearctica Negrobov, 1984: Yang, Zhang, Wang *et* Zhu, 2011. Fauna Sinica Insecta 53: 264.
分布（Distribution）：北京（BJ）

（125）第七孤脉长足虻 *Mesorhaga septima* Becker, 1922

Mesorhaga septima Becker, 1922. Capita Zool. 1 (4): 234. **Type locality:** China (Taiwan).
Mesorhaga septima Becker, 1922: Yang, Zhang, Wang *et* Zhu, 2011. Fauna Sinica Insecta 53: 265.
分布（Distribution）：台湾（TW）

（126）多鬃孤脉长足虻 *Mesorhaga setosa* Zhu *et* Yang, 2011

Mesorhaga setosa Zhu *et* Yang, 2011. Fauna Sinica Insecta 53: 266. **Type locality:** China (Hainan: Jianfengling).
分布（Distribution）：海南（HI）

（127）柱状孤脉长足虻 *Mesorhaga stylata* Becker, 1922

Mesorhaga stylata Becker, 1922. Capita Zool. 1 (4): 233. **Type locality:** China (Taiwan).
Mesorhaga stylata Becker, 1922: Yang, Zhang, Wang *et* Zhu, 2011. Fauna Sinica Insecta 53: 267.
分布（Distribution）：台湾（TW）

（128）西藏孤脉长足虻 *Mesorhaga xizangensis* Yang, 1995

Mesorhaga xizangensis Yang, 1995. Bull. Inst. R. Sci. Nat. Belg. Ent. 65: 176. **Type locality:** China (Xizang: Bomi).
Mesorhaga xizangensis Yang, 1995: Yang, Zhang, Wang *et* Zhu, 2011. Fauna Sinica Insecta 53: 268.
分布（Distribution）：西藏（XZ）

7. 基刺长足虻属 *Plagiozopelma* Enderlein, 1912

Plagiozopelma Enderlein, 1912. Zool. Jahrb. Suppl. 15 (1): 367. **Type species:** *Plagiozopelma spengeli* Enderlein, 1912 [= *Psilopus appendiculatus* Bigot, 1890] (original designation).

（129）端生基刺长足虻 *Plagiozopelma apicatum* (Becker, 1922)

Chrysosoma apicatum Becker, 1922. Capita Zool. 1 (4): 151. **Type locality:** China (Taiwan).
Plagiozopelma apicatum (Becker): Bickel, 1994. Rec. Aust. Mus., Suppl. 21: 219.
Plagiozopelma apicatum (Becker, 1922): Yang, Zhang, Wang *et* Zhu, 2011. Fauna Sinica Insecta 53: 271.
分布（Distribution）：台湾（TW）

（130）双基刺长足虻 *Plagiozopelma biseta* Zhu, Masunaga *et* Yang, 2007

Plagiozopelma biseta Zhu, Masunaga *et* Yang, 2007. Trans. Am. Ent. Soc. 133 (1): 162. **Type locality:** China (Yunnan: Xishuangbanna).
Plagiozopelma biseta Zhu, Masunaga *et* Yang, 2007: Yang, Zhang, Wang *et* Zhu, 2011. Fauna Sinica Insecta 53: 272.
分布（Distribution）：云南（YN）

（131）短芒基刺长足虻 *Plagiozopelma brevarista* Zhu *et* Yang, 2011

Plagiozopelma brevarista Zhu *et* Yang, 2011. Fauna Sinica Insecta 53: 274. **Type locality:** China (Guangxi: Shangsi; Yunnan: Mengla).
分布（Distribution）：云南（YN）、广西（GX）

（132）德浮基刺长足虻 *Plagiozopelma defuense* Yang, Grootaert *et* Song, 2002

Plagiozopelma defuense Yang, Grootaert *et* Song, 2002. Bull. Inst. R. Sci. Nat. Belg. Ent. 72: 213. **Type locality:** China (Guangxi: Napo).
Plagiozopelma defuense Yang, Grootaert *et* Song, 2002: Yang, Zhang, Wang *et* Zhu, 2011. Fauna Sinica Insecta 53: 275.

分布（Distribution）：广西（GX）

（133）长跗基刺长足虻 *Plagiozopelma elongatum* (Becker, 1922)

Chrysosoma elongatum Becker, 1922. Capita Zool. 1 (4): 153. **Type locality:** China (Taiwan).

Chrysosoma prolongatum Parent, 1928. Mitt. Zool. Stlnst. Mus. Hamb. 43: 196. **Type locality:** China (Taiwan).

Plagiozopelma megochora Wei *et* Song, 2006. Insects from Chishui Spinulose Tree Fern Landscape: 314. **Type locality:** China (Guizhou: Chishui). Syn. nov.

Plagiozopelma elongatum (Becker): Bickel, 1994. Rec. Aust. Mus., Suppl. 21: 219.

Plagiozopelma elongatum (Becker, 1922): Yang, Zhang, Wang *et* Zhu, 2011. Fauna Sinica Insecta 53: 276.

分布（Distribution）：浙江（ZJ）、湖北（HB）、四川（SC）、贵州（GZ）、云南（YN）、台湾（TW）、广西（GX）、海南（HI）

（134）亚黄胸基刺长足虻 *Plagiozopelma flavidum* Zhu, Masunaga *et* Yang, 2007

Plagiozopelma flavidum Zhu, Masunaga *et* Yang, 2007. Trans. Am. Ent. Soc. 133 (1): 164. **Type locality:** China (Guangdong).

Plagiozopelma flavidum Zhu, Masunaga *et* Yang, 2007: Yang, Zhang, Wang *et* Zhu, 2011. Fauna Sinica Insecta 53: 279.

分布（Distribution）：云南（YN）、广东（GD）

（135）黄胸基刺长足虻 *Plagiozopelma flavipodex* (Becker, 1922)

Chrysosoma flavipodex Becker, 1922. Capita Zool. 1 (4): 156. **Type locality:** Papua New Guinea.

Plagiozopelma flavipodex (Becker): Bickel *et* Dyte, 1989. Cat. Dipt. Aust. Reg.: 400.

Plagiozopelma flavipodex (Becker, 1922): Yang, Zhang, Wang *et* Zhu, 2011. Fauna Sinica Insecta 53: 280.

分布（Distribution）：云南（YN）、广西（GX）；菲律宾、印度尼西亚、尼泊尔、泰国、巴布亚新几内亚、澳大利亚、美国（关岛）、马里亚纳群岛

（136）绿春基刺长足虻 *Plagiozopelma luchunanum* Yang *et* Saigusa, 2001

Plagiozopelma luchunanum Yang *et* Saigusa, 2001. Bull. Inst. R. Sci. Nat. Belg. Ent. 71: 185. **Type locality:** China (Yunnan: Luchun).

Plagiozopelma luchunanum Yang *et* Saigusa, 2001: Yang, Zhang, Wang *et* Zhu, 2011. Fauna Sinica Insecta 53: 282.

分布（Distribution）：云南（YN）

（137）大黄基刺长足虻 *Plagiozopelma magniflavum* Bickel *et* Wei, 1996

Plagiozopelma magniflavum Bickel *et* Wei, 1996. Orient. Ins. 30: 260. **Type locality:** China (Yunnan: Xishuangbanna, Mengla, Jinghong).

Plagiozopelma magniflavum Bickel *et* Wei, 1996: Yang, Zhang, Wang *et* Zhu, 2011. Fauna Sinica Insecta 53: 284.

分布（Distribution）：云南（YN）

（138）中饰基刺长足虻 *Plagiozopelma medivittatum* Bickel *et* Wei, 1996

Plagiozopelma medivittatum Bickel *et* Wei, 1996. Orient. Ins. 30: 259. **Type locality:** China (Yunnan: Xishuangbanna, Jinghong, Xiaomengyang).

Plagiozopelma medivittatum Bickel *et* Wei, 1996: Yang, Zhang, Wang *et* Zhu, 2011. Fauna Sinica Insecta 53: 285.

分布（Distribution）：云南（YN）

（139）长毛基刺长足虻 *Plagiozopelma pubescens* Yang, 1999

Plagiozopelma pubescens Yang, 1999. Bull. Inst. R. Sci. Nat. Belg. Ent. 69: 213. **Type locality:** China (Yunnan: Mangshi).

Plagiozopelma pubescens Yang, 1999: Yang, Zhang, Wang *et* Zhu, 2011. Fauna Sinica Insecta 53: 286.

分布（Distribution）：云南（YN）

（140）佐藤基刺长足虻 *Plagiozopelma satoi* Yang, 1995

Plagiozopelma satoi Yang, 1995. Ent. Problems 26 (2): 118. **Type locality:** China (Guangxi: Longsheng, Jinxiu).

Plagiozopelma satoi Yang, 1995: Yang, Zhang, Wang *et* Zhu, 2011. Fauna Sinica Insecta 53: 288.

分布（Distribution）：广西（GX）

（141）三叉基刺长足虻 *Plagiozopelma trifurcatum* Yang, Grootaert *et* Song, 2002

Plagiozopelma trifurcatum Yang, Grootaert *et* Song, 2002. Bull. Inst. R. Sci. Nat. Belg. Ent. 72: 214. **Type locality:** China (Yunnan: Xishuangbanna).

Plagiozopelma trifurcatum Yang, Grootaert *et* Song, 2002: Yang, Zhang, Wang *et* Zhu, 2011. Fauna Sinica Insecta 53: 289

分布（Distribution）：云南（YN）

（142）西双版纳基刺长足虻 *Plagiozopelma xishuangbannanum* Yang, Grootaert *et* Song, 2002

Plagiozopelma xishuangbannanum Yang, Grootaert *et* Song, 2002. Bull. Inst. R. Sci. Nat. Belg. Ent. 72: 216. **Type locality:** China (Yunnan: Xishuangbanna).

Plagiozopelma xishuangbannanum Yang, Grootaert *et* Song, 2002: Yang, Zhang, Wang *et* Zhu, 2011. Fauna Sinica Insecta 53: 290.

分布（Distribution）：云南（YN）

8. 丽长足虻属 *Sciapus* Zeller, 1842

Sciapus Zeller, 1842. Isis 1842: 831 (new name for *Psilopus*

Meigen, 1824, nec Poli, 1795). **Type species:** *Dolichopus platypterus* Fabricius, 1805 (automatic).
Psilopus Meigen, 1824. Syst. Beschr. 4: 35. **Type species:** *Dolichopus platypterus* Fabricius, 1805 (designation by Westwood, 1840).
Leptopus Fallén, 1823. Monogr. Dolichopod. Svec.: 23 (preoccupied by Latreille, 1809).
Stenarus Gistl, 1848. Naturgesch. Thierr. 1848: 152 (unnecessary new name for *Psilopus* Meigen, 1824, nec Poli, 1795). **Type species:** *Dolichopus platypterus* Fabricius, 1805 (automatic).
Psilopodius Rondani, 1861. Dipt. Ital. Prodromus IV: 11 (unnecessary new name for *Psilopus* Meigen, 1824, nec Poli, 1795). **Type species:** *Dolichopus platypterus* Fabricius, 1805 (automatic).
Psilopodinus Bigot, 1888. Bull. Soc. Ent. Fr. (6) 8: xxiv. **Type species:** *Dolichopus platypterus* Fabricius, 1805 (original designation).
Psilopiella Van Duzee, 1914. Ent. News 25: 438. **Type species:** *Psilopiella rutila* Van Duzee, 1914 (original designation).
Agastoplax Enderlein, 1936. Tierw. Mittel-Eur. 6, Ins. 3: 114. **Type species:** *Psilopus flavicinctus* Loew, 1857 (monotypy).
Dactylodiscia Enderlein, 1936. Tierw. Mittel-Eur. 6, Ins. 3: 114. **Type species:** *Psilopus calceolate* Loew, 1859 (original designation).
Dactylorhipis Enderlein, 1936. Tierw. Mittel-Eur. 6, Ins. 3: 114. **Type species:** *Psilopus bellus* Loew, 1873 (monotypy).
Placantichir Enderlein, 1936. Tierw. Mittel-Eur. 6, Ins. 3: 114 (unavailable name). **Type species:** Not given.

（143）粗壮丽长足虻 *Sciapus arctus* Becker, 1922

Sciapus arctus Becker, 1922. Capita Zool. 1 (4): 197. **Type locality:** China (Taiwan: Takao, Anishargo).
Sciapus arctus Becker, 1922: Yang, Zhang, Wang *et* Zhu, 2011. Fauna Sinica Insecta 53: 292.
分布（Distribution）：台湾（TW）

（144）弯角丽长足虻 *Sciapus flexicornis Parent*, 1944

Sciapus flexicornis Parent, 1944. Rev. Fr. Ent. 10 (4): 123. **Type locality:** China (Inner Mongolia: Ordos: Leilongwan).
Sciapus flexicornis Parent, 1944: Yang, Zhang, Wang *et* Zhu, 2011. Fauna Sinica Insecta 53: 293.
分布（Distribution）：内蒙古（NM）、甘肃（GS）、新疆（XJ）、福建（FJ）

（145）多脉丽长足虻 *Sciapus nervosus* (Lehmann, 1822)

Dolichopus nervosus Lehmann, 1822. Indic. Schol. Publ. Priv. Hamburg. Gymnasio Academico 1822: 40. **Type locality:** Germany (Hamburg).
Sciapus nervosus (Lehmann): Zeller, 1842. Isis (Oken's) 1842: 831.
Sciapus nervosus (Lehmann, 1822): Yang, Zhang, Wang *et* Zhu, 2011. Fauna Sinica Insecta 53: 295.
分布（Distribution）：北京（BJ）；丹麦、荷兰、法国、德国、比利时、奥地利、意大利、波兰、捷克、爱沙尼亚、俄罗斯、乌克兰、韩国

9. 华丽长足虻属 *Sinosciapus* Yang, 2001

Sinosciapus Yang, 2001. Insects of Tianmushan National Nature Reserve: 432. **Type species:** *Sinosciapus tianmushanus* Yang, 2001 (monotypy).

（146）刘氏华丽长足虻 *Sinosciapus liuae* Yang *et* Zhu, 2011

Sinosciapus liuae Yang *et* Zhu, 2011. ZooKeys 159: 14. **Type locality:** China (Taiwan: Yilan).
分布（Distribution）：台湾（TW）

（147）天目山华丽长足虻 *Sinosciapus tianmushanus* Yang, 2001

Sinosciapus tianmushanus Yang, 2001. Insects of Tianmushan National Nature Reserve: 432. **Type locality:** China (Zhejiang: Tianmushan).
Sinosciapus tianmushanus Yang, 2001: Yang, Zhang, Wang *et* Zhu, 2011. Fauna Sinica Insecta 53: 297.
分布（Distribution）：浙江（ZJ）

（148）云龙华丽长足虻 *Sinosciapus yunlonganus* Yang *et* Saigusa, 2001

Sinosciapus yunlonganus Yang *et* Saigusa, 2001. Bull. Inst. R. Sci. Nat. Belg. Ent. 71: 180. **Type locality:** China (Yunnan: Yunlong).
Amblypsilopus dirinus Wei *et* Song, 2006. Insects from Chishui Spinulose Tree Fern Landscape: 310. **Type locality:** China (Guizhou: Chishui).
Sinosciapus yunlonganus Yang *et* Saigusa, 2001: Yang, Zhang, Wang *et* Zhu, 2011. Fauna Sinica Insecta 53: 299.
分布（Distribution）：贵州（GZ）、云南（YN）

水长足虻亚科 Hydrophorinae

Hydrophorinae Lioy, 1864. I ditteri distribuiti secondo un nuovo metodo di classificazione naturale. Atti de Reale Istituto Veneto di Scienze, Lettere ed Arti (3) 9: 903. **Type genus:** *Hydrophorus* Fallén, 1823.

10. 多鬃长足虻属 *Acymatopus* Takagi, 1965

Acymatopus Takagi, 1965. Insecta Matsumurana 27 (2): 78. **Type species:** *Acymatopus major* Takagi, 1965 (original designation).

（149）粗须多鬃长足虻 *Acymatopus takeishii* Masunaga, Saigusa *et* Yang, 2005

Acymatopus takeishii Masunaga, Saigusa *et* Yang, 2005. Ent. Sci. 8: 309. **Type locality:** China (Liaoning: Dalian, Shahekou).

Acymatopus takeishii Masunaga, Saigusa *et* Yang, 2005: Yang, Zhang, Wang *et* Zhu, 2011. Fauna Sinica Insecta 53: 304.
分布（Distribution）：辽宁（LN）

11. 巨口长足虻属 *Diostracus* Loew, 1861

Diostracus Loew, 1861. Progr. K. Realsch. Meseritz 1861: 44. **Type species:** *Diostracus prasinus* Loew, 1861 (monotypy).
Asphyrotarsus Oldenberg, 1916. Ent. Mitt. 5 (58): 193. **Type species:** *Liancalus leucostomus* Loew, 1861 (original designation).

（150）白斑巨口长足虻 *Diostracus albuginosus* Wei *et* Liu, 1996

Diostracus albuginosus Wei *et* Liu, 1996. Ent. Sin. 3 (3): 205. **Type locality:** China (Guizhou: Jiangkou, Fanjingshan).
Diostracus albuginosus Wei *et* Liu, 1996: Yang, Zhang, Wang *et* Zhu, 2011. Fauna Sinica Insecta 53: 308.
分布（Distribution）：贵州（GZ）

（151）白云巨口长足虻 *Diostracus baiyunshanus* Yang *et* Saigusa, 1999

Diostracus baiyunshanus Yang *et* Saigusa, 1999. Insects of the Mountains Funiu and Dabie regions: 197. **Type locality:** China (Henan: Songxian, Baiyunshan; Luanchuan, Longyuwan).
Diostracus baiyunshanus Yang *et* Saigusa, 1999: Yang, Zhang, Wang *et* Zhu, 2011. Fauna Sinica Insecta 53: 309.
分布（Distribution）：河南（HEN）

（152）短腹巨口长足虻 *Diostracus brevabdominalis* Zhu, Masunaga *et* Yang, 2007

Diostracus brevabdominalis Zhu, Masunaga *et* Yang, 2007. Aquat. Ins. 29 (3): 220. **Type locality:** China (Yunnan: Tengchong, Zizhi).
Diostracus brevabdominalis Zhu, Masunaga *et* Yang, 2007: Yang, Zhang, Wang *et* Zhu, 2011. Fauna Sinica Insecta 53: 311.
分布（Distribution）：云南（YN）

（153）短须巨口长足虻 *Diostracus brevicercus* Yang *et* Saigusa, 2000

Diostracus brevicercus Yang *et* Saigusa, 2000. Bull. Inst. R. Sci. Nat. Belg. Ent. 70: 227. **Type locality:** China (Sichuan: Emei Mountain, Wuxiangang).
Diostracus brevicercus Yang *et* Saigusa, 2000: Yang, Zhang, Wang *et* Zhu, 2011. Fauna Sinica Insecta 53: 312.
分布（Distribution）：四川（SC）

（154）短角巨口长足虻 *Diostracus brevis* Yang *et* Saigusa, 2000

Diostracus brevis Yang *et* Saigusa, 2000. Bull. Inst. R. Sci. Nat. Belg. Ent. 70: 229. **Type locality:** China (Sichuan: Emei Mountain, Linggongli).
Diostracus brevis Yang *et* Saigusa, 2000: Yang, Zhang, Wang *et* Zhu, 2011. Fauna Sinica Insecta 53: 314.
分布（Distribution）：四川（SC）

（155）棒状巨口长足虻 *Diostracus clavatus* Zhu, Yang *et* Masunaga, 2007

Diostracus clavatus Zhu, Yang *et* Masunaga, 2007. Trans. Am. Ent. Soc. 133 (1+2): 135. **Type locality:** China (Shaanxi: Yangxian, Changqing Natural Reserve, Shanwangmiao).
Diostracus clavatus Zhu, Yang *et* Masunaga, 2007: Yang, Zhang, Wang *et* Zhu, 2011. Fauna Sinica Insecta 53: 316.
分布（Distribution）：陕西（SN）

（156）双突巨口长足虻 *Diostracus dicercaeus* Wei *et* Liu, 1996

Diostracus dicercaeus Wei *et* Liu, 1996. Ent. Sin. 3 (3): 210. **Type locality:** China (Guizhou: Anshun, Longgong and Jiaozhishan; Shibing, Yuntaishan).
Diostracus dicercaeus Wei *et* Liu, 1996: Yang, Zhang, Wang *et* Zhu, 2011. Fauna Sinica Insecta 53: 317.
分布（Distribution）：贵州（GZ）

（157）指须巨口长足虻 *Diostracus digitiformis* Yang *et* Saigusa, 2000

Diostracus digitiformis Yang *et* Saigusa, 2000. Bull. Inst. R. Sci. Nat. Belg. Ent. 70: 229. **Type locality:** China (Sichuan: Emei Mountain, Jingshui).
Diostracus digitiformis Yang *et* Saigusa, 2000: Yang, Zhang, Wang *et* Zhu, 2011. Fauna Sinica Insecta 53: 319.
分布（Distribution）：四川（SC）

（158）峨眉巨口长足虻 *Diostracus emeiensis* Yang, 1998

Diostracus emeiensis Yang, 1998. Bull. Inst. R. Sci. Nat. Belg. Ent. 68: 156. **Type locality:** China (Sichuan: Emei Mountain).
Diostracus emeiensis Yang, 1998: Yang, Zhang, Wang *et* Zhu, 2011. Fauna Sinica Insecta 533: 320.
分布（Distribution）：四川（SC）

（159）梵净山巨口长足虻 *Diostracus fanjingshanensis* Zhang, Yang *et* Masunaga, 2003

Diostracus fanjingshanensis Zhang, Yang *et* Masunaga, 2003. Biologia 58 (5): 892. **Type locality:** China (Guizhou: Fanjingshan).
Diostracus fanjingshanensis Zhang, Yang *et* Masunaga, 2003: Yang, Zhang, Wang *et* Zhu, 2011. Fauna Sinica Insecta 53: 322.
分布（Distribution）：贵州（GZ）

（160）丝尾巨口长足虻 *Diostracus filiformis* Zhu, Masunaga *et* Yang, 2007

Diostracus filiformis Zhu, Masunaga *et* Yang, 2007. Aquat. Ins. 29 (3): 222. **Type locality:** China (Yunnan: Tengchong, Zizhi).

Diostracus filiformis Zhu, Masunaga *et* Yang, 2007: Yang, Zhang, Wang *et* Zhu, 2011. Fauna Sinica Insecta 53: 323.
分布（Distribution）：云南（YN）

（161）河南巨口长足虻 *Diostracus henanus* Yang, 1999

Diostracus henanus Yang, 1999. Bull. Inst. R. Sci. Nat. Belg. Ent. 69: 210. **Type locality:** China (Henan: Neixiang).
Diostracus henanus Yang, 1999: Yang, Zhang, Wang *et* Zhu, 2011. Fauna Sinica Insecta 53: 325.
分布（Distribution）：河南（HEN）、陕西（SN）

（162）黄膝巨口长足虻 *Diostracus kimotoi* Takagi, 1968

Diostracus kimotoi Takagi, 1968. Insecta Matsumurana 31: 46. **Type locality:** China (Taiwan: A-li Shan).
Diostracus kimotoi Takagi, 1968: Yang, Zhang, Wang *et* Zhu, 2011. Fauna Sinica Insecta 53: 327.
分布（Distribution）：台湾（TW）

（163）薄叶巨口长足虻 *Diostracus lamellatus* Wei *et* Liu, 1996

Diostracus lamellatus Wei *et* Liu, 1996. Ent. Sin. 3 (3): 208. **Type locality:** China (Guizhou: Jiangkou, Fanjingshan).
Diostracus lamellatus Wei *et* Liu, 1996: Yang, Zhang, Wang *et* Zhu, 2011. Fauna Sinica Insecta 53: 328.
分布（Distribution）：河南（HEN）、陕西（SN）、四川（SC）、贵州（GZ）

（164）李氏巨口长足虻 *Diostracus lii* Zhang, Yang *et* Masunaga, 2003

Diostracus lii Zhang, Yang *et* Masunaga, 2003. Biologia 58 (5): 893. **Type locality:** China (Guizhou: Fanjingshan).
Diostracus lii Zhang, Yang *et* Masunaga, 2003: Yang, Zhang, Wang *et* Zhu, 2011. Fauna Sinica Insecta 53: 330.
分布（Distribution）：贵州（GZ）

（165）长尾巨口长足虻 *Diostracus longicercus* Zhu, Yang *et* Masunaga, 2007

Diostracus longicercus Zhu, Yang *et* Masunaga, 2007. Trans. Am. Ent. Soc. 133 (1+2): 136. **Type locality:** China (Shaanxi: Yangxian, Changqing Natural Reserve, Shanshuping; Henan: Sanmenxia, Lushi, Dakuaidi).
Diostracus longicercus Zhu, Yang *et* Masunaga, 2007: Yang, Zhang, Wang *et* Zhu, 2011. Fauna Sinica Insecta 53: 331.
分布（Distribution）：河南（HEN）、陕西（SN）

（166）黯淡巨口长足虻 *Diostracus nebulosus* Takagi, 1972

Diostracus nebulosus Takagi, 1972. J. Nat. Hist. 6: 531. **Type locality:** Nepal.
Diostracus nebulosus Takagi, 1972: Yang, Zhang, Wang *et* Zhu, 2011. Fauna Sinica Insecta 53: 334.
分布（Distribution）：西藏（XZ）；尼泊尔

（167）黄须巨口长足虻 *Diostracus nishiyamai* Saigusa, 1995

Diostracus nishiyamai Saigusa, 1995. Bull. Graduate School of Social and Cultural Studies, Kyushu Univ. 1: 78. **Type locality:** China (Sichuan: Qingchengshan).
Diostracus zhangjiajiensis Yang, 1998. Bull. Inst. R. Sci. Nat. Belg. Ent. 68: 158. **Type locality:** China (Hunan: Zhangjiajie).
Diostracus nishiyamai Saigusa, 1995: Yang, Zhang, Wang *et* Zhu, 2011. Fauna Sinica Insecta 53: 335.
分布（Distribution）：湖南（HN）、四川（SC）、贵州（GZ）

（168）长角巨口长足虻 *Diostracus prolongatus* Yang *et* Saigusa, 2000

Diostracus prolongatus Yang *et* Saigusa, 2000. Bull. Inst. R. Sci. Nat. Belg. Ent. 70: 231. **Type locality:** China (Sichuan: Emei Mountain, Jinding).
Diostracus prolongatus Yang *et* Saigusa, 2000: Yang, Zhang, Wang *et* Zhu, 2011. Fauna Sinica Insecta 53: 337.
分布（Distribution）：四川（SC）

（169）赛氏巨口长足虻 *Diostracus saigusai* Takagi, 1968

Diostracus saigusai Takagi, 1968. Insecta Matsumurana 31: 54. **Type locality:** China (Taiwan: A-li Shan).
Diostracus saigusai Takagi, 1968: Yang, Zhang, Wang *et* Zhu, 2011. Fauna Sinica Insecta 53: 339.
分布（Distribution）：台湾（TW）

（170）嵩县巨口长足虻 *Diostracus songxianus* Yang *et* Saigusa, 1999

Diostracus songxianus Yang *et* Saigusa, 1999. Insects of the Mountains Funiu and Dabie regions: 198. **Type locality:** China (Henan: Songxian, Baiyunshan).
Diostracus songxianus Yang *et* Saigusa, 1999: Yang, Zhang, Wang *et* Zhu, 2011. Fauna Sinica Insecta 53: 340.
分布（Distribution）：河南（HEN）

（171）波状巨口长足虻 *Diostracus undulatus* Takagi, 1968

Diostracus undulatus Takagi, 1968. Insecta Matsumurana 31: 57. **Type locality:** China (Taiwan: Fen-chi-hu).
Diostracus undulatus Takagi, 1968: Yang, Zhang, Wang *et* Zhu, 2011. Fauna Sinica Insecta 53: 341.
分布（Distribution）：台湾（TW）

（172）卧龙巨口长足虻 *Diostracus wolongensis* Zhang, Yang *et* Masunaga, 2005

Diostracus wolongensis Zhang, Yang *et* Masunaga, 2005. Aquat. Ins. 27 (1): 57. **Type locality:** China (Sichuan: Wolong).

Diostracus wolongensis Zhang, Yang *et* Masunaga, 2005: Yang, Zhang, Wang *et* Zhu, 2011. Fauna Sinica Insecta 53: 343.

分布（Distribution）：四川（SC）

12. 水长足虻属 *Hydrophorus* Fallén, 1823

Hydrophorus Fallén, 1823. Monogr. Dolichopod. Svec.: 2. **Type species:** *Hydrophorus nebulosus* Fallén, 1823 (designation by Steyskal, Robinson, Ulrich and Hurley, 1973).

Aphrozeta Perris, 1847. Mém. Acad. Sci. Belles-Lett. Lyon 2: 492. **Type species:** *Aphrozeta semiglauca* Perris, 1847 [= *Medeterus viridis* Meigen, 1824] (designation by Coquilett, 1910).

Parhydrophorus Wheeler, 1896. Ent. News 7: 185. **Type species:** *Parhydrophorus canescens* Wheeler, 1896 (monotypy).

(173) 灰色水长足虻 *Hydrophorus grisellus* Becker, 1922

Hydrophorus grisellus Becker, 1922. Capita Zool. 1 (4): 40. **Type locality:** China (Taiwan: Anping).

Hydrophorus grisellus Becker, 1922: Yang, Zhang, Wang *et* Zhu, 2011. Fauna Sinica Insecta 53: 347.

分布（Distribution）：台湾（TW）

(174) 河南水长足虻 *Hydrophorus henanensis* Zhu, Yang *et* Masunaga, 2006

Hydrophorus henanensis Zhu, Yang *et* Masunaga, 2006. Ann. Zool. 56 (2): 324. **Type locality:** China (Henan: Songxian).

Hydrophorus henanensis Zhu, Yang *et* Masunaga, 2006: Yang, Zhang, Wang *et* Zhu, 2011. Fauna Sinica Insecta 53: 347.

分布（Distribution）：河南（HEN）

(175) 康氏水长足虻 *Hydrophorus koznakovi* Becker, 1907

Hydrophorus koznakovi Becker, 1907. Annu. Mus. Zool. St. Petersbourg 12 (3): 316. **Type locality:** China: "Kham im süd-östl. Tibet: Fl. Dsatschu, Bassin des Blauen Flusses, Fl. Kundyr-tschu, Nebenfluss des Dsa-tschu, Bass. des Bl. Fl., Fl. Gorin-tschu, Nebenfluss des Dsa-tschu, Bass. des Blauen Fl.; Ambo im östl. Tibet: die Seen Dsharin-nor und Orin-nor, Wasserscheide des Gelben und des Blauen Flusses".

Hydrophorus koznakovi Becker, 1907: Yang, Zhang, Wang *et* Zhu, 2011. Fauna Sinica Insecta 53: 349.

分布（Distribution）：西藏（XZ）

(176) 多鬃水长足虻 *Hydrophorus polychaetus* Yang, 1998

Hydrophorus polychaetus Yang, 1998. Bull. Inst. R. Sci. Nat. Belg. Ent. 68: 159. **Type locality:** China (Xizang: Tingri).

Hydrophorus polychaetus Yang, 1998: Yang, Zhang, Wang *et* Zhu, 2011. Fauna Sinica Insecta 53: 351.

分布（Distribution）：西藏（XZ）

(177) 胫突水长足虻 *Hydrophorus praecox* (Lehmann, 1822)

Dolichopus praecox Lehmann, 1822. Indic. Scholar. Hamb. Gymn. Acad.: 42. **Type locality:** Germany (Hamburg).

Hydrophorus praecox (Lehmann): Haliday, 1851, *in* Walker, Stainton *et* Wilkinson ed., Ins. Brit. 1: 186.

Hydrophorus praecox (Lehmann, 1822): Yang, Zhang, Wang *et* Zhu, 2011. Fauna Sinica Insecta 53: 352.

分布（Distribution）：辽宁（LN）、内蒙古（NM）、北京（BJ）、山东（SD）、河南（HEN）、新疆（XJ）、西藏（XZ）、台湾（TW）；爱尔兰、爱沙尼亚、奥地利、比利时、波兰、丹麦、德国、俄罗斯、法国、芬兰、哈萨克斯坦、荷兰、捷克、罗马尼亚、挪威、瑞典、瑞士、斯洛伐克、土耳其、乌克兰、西班牙、匈牙利、伊拉克、伊朗、以色列、英国、蒙古国、印度、澳大利亚、新西兰、阿拉伯、埃塞俄比亚、安哥拉、博茨瓦纳、冈比亚、美国（赫勒拿）、肯尼亚、罗德里格斯、毛里求斯、毛里塔尼亚、纳米比亚、南非、尼日利亚、坦桑尼亚、智利

(178) 青海水长足虻 *Hydrophorus qinghaiensis* Yang, 1998

Hydrophorus qinghaiensis Yang, 1998. Bull. Inst. R. Sci. Nat. Belg. Ent. 68: 160. **Type locality:** China (Qinghai: Dulan and Chimahe; Xinjiang, Fukang, Xiaotalate).

Hydrophorus qinghaiensis Yang, 1998: Yang, Zhang, Wang *et* Zhu, 2011. Fauna Sinica Insecta 53: 354.

分布（Distribution）：青海（QH）、新疆（XJ）

(179) 棕翅水长足虻 *Hydrophorus rasnitsyni* Negrobov, 1977

Hydrophorus rasnitsyni Negrobov, 1977. Flieg. Palaearkt. Reg. 4 (5): 382. **Type locality:** Russia ("Transbiakal-Gebiet, Wasserbecken von Witim").

Hydrophorus rasnitsyni Negrobov, 1977: Yang, Zhang, Wang *et* Zhu, 2011. Fauna Sinica Insecta 53: 356.

分布（Distribution）：新疆（XJ）；俄罗斯

(180) 西藏水长足虻 *Hydrophorus tibetanus* Becker, 1917

Hydrophorus tibetanus Becker, 1917. Nova Acta Acad. Caesar. Leop. Carol. 102 (2): 292. **Type locality:** China (Tibet: Ost-Zaidam).

Hydrophorus tibetanus Becker, 1917: Yang, Zhang, Wang *et* Zhu, 2011. Fauna Sinica Insecta 53: 357.

分布（Distribution）：青海（QH）、西藏（XZ）；俄罗斯、哈萨克斯坦、蒙古国

(181) 茎刺水长足虻 *Hydrophorus viridis* (Meigen, 1824)

Medeterus viridis Meigen, 1824. Syst. Beschr. 4: 60. **Type locality:** Austria.

Hydrophorus viridis (Meigen): Loew, 1857. Progr. K. Realsch. Meseritz 1857: 23.
Hydrophorus viridis (Meigen, 1824): Yang, Zhang, Wang *et* Zhu, 2011. Fauna Sinica Insecta 53: 359.
分布（Distribution）：辽宁（LN）、河南（HEN）；爱尔兰、奥地利、保加利亚、比利时、波兰、德国、俄罗斯、法国、芬兰、哈萨克斯坦、荷兰、捷克、罗马尼亚、摩尔多瓦、前南斯拉夫、瑞士、斯洛伐克、塔吉克斯坦、乌克兰、乌兹别克斯坦、匈牙利、意大利、英国、蒙古国、阿尔及利亚、阿富汗、埃及、摩洛哥

13. 叉角长足虻属 *Hypocharassus* Mik, 1878

Hypocharassus Mik, 1878. Verh. Zool.-Bot. Ges. Wien. 28: 627. **Type species:** *Hypocharassus gladiator* Mik, 1878 (original designation).
Drepanomyia Wheeler, 1898. Zool. Bull. 1: 217. **Type species:** *Drepanomyia pruinosa* Wheeler, 1898 (designation by Coquillett, 1910).

（182）多粉叉角长足虻 *Hypocharassus farinosus* Becker, 1922

Hypocharassus farinosus Becker, 1922. Capita Zool. 1 (4): 44. **Type locality:** China (Taiwan: Tainan).
Hypocharassus farinosus Becker, 1922: Yang, Zhang, Wang *et* Zhu, 2011. Fauna Sinica Insecta 53: 361.
分布（Distribution）：台湾（TW）

（183）中华叉角长足虻 *Hypocharassus sinensis* Yang, 1998

Hypocharassus sinensis Yang, 1998. Bull. Inst. R. Sci. Nat. Belg. Ent. 68: 153. **Type locality:** China (Guangxi: Yinglou).
Hypocharassus sinensis Yang, 1998: Yang, Zhang, Wang *et* Zhu, 2011. Fauna Sinica Insecta 53: 362.
分布（Distribution）：广西（GX）

14. 联长足虻属 *Liancalus* Loew, 1857

Liancalus Loew, 1857. Progr. K. Realsch. Meseritz 1857: 22 (new name for *Anoplomerus* Rondani, 1856, nec Guérin-Menéville, 1844). **Type species:** *Dolichopus regius* Fabricius, 1805 [= *Musca virens* Scopoli, 1763] (automatic).
Anoplomerus Rondani, 1856. Dipt. Ital. Prodromus 1: 141. **Type species:** *Dolichopus regius* Fabricius, 1805 (original designation).
Anoplopus Rondani, 1857. Dipt. Ital. Prodromus 2: 14 (new name for *Anoplomerus* Rondani, 1856, nec Guérin-Menéville, 1844). **Type species:** *Dolichopus regius* Fabricius, 1805 (automatic).

（184）棕色联长足虻 *Liancalus benedictus* Becker, 1922

Liancalus benedictus Becker, 1922. Capita Zool. 1 (4): 41. **Type locality:** China (Taiwan: Tainan, Hoozan).
Liancalus benedictus Becker, 1922: Yang, Zhang, Wang *et* Zhu, 2011. Fauna Sinica Insecta 53: 364.
分布（Distribution）：台湾（TW）

（185）毛联长足虻 *Liancalus lasius* Wei *et* Liu, 1995

Liancalus lasius Wei *et* Liu, 1995. J. Guizhou Agric. Coll. 14 (4): 36. **Type locality:** China (Guizhou: Puding, Anshun).
Liancalus lasius Wei *et* Liu, 1995: Yang, Zhang, Wang *et* Zhu, 2011. Fauna Sinica Insecta 53: 364.
分布（Distribution）：四川（SC）、贵州（GZ）、云南（YN）

（186）多斑联长足虻 *Liancalus maculosus* Yang, 1998

Liancalus maculosus Yang, 1998. Bull. Inst. R. Sci. Nat. Belg. Ent. 68: 153. **Type locality:** China (Hebei: Xinlong).
Liancalus maculosus Yang, 1998: Yang, Zhang, Wang *et* Zhu, 2011. Fauna Sinica Insecta 53: 366.
分布（Distribution）：河北（HEB）、河南（HEN）

（187）山东联长足虻 *Liancalus shandonganus* Yang, 1998

Liancalus shandonganus Yang, 1998. Bull. Inst. R. Sci. Nat. Belg. Ent. 68: 154. **Type locality:** China (Shandong: Taishan).
Liancalus shandonganus Yang, 1998: Yang, Zhang, Wang *et* Zhu, 2011. Fauna Sinica Insecta 53: 367.
分布（Distribution）：山东（SD）

（188）中华联长足虻 *Liancalus sinensis* Yang, 1998

Liancalus sinensis Yang, 1998. Bull. Inst. R. Sci. Nat. Belg. Ent. 68: 155. **Type locality:** China (Hebei: Xinlong).
Liancalus sinensis Yang, 1998: Yang, Zhang, Wang *et* Zhu, 2011. Fauna Sinica Insecta 53: 369.
分布（Distribution）：河北（HEB）

15. 平脉长足虻属 *Paralleloneurum* Becker, 1902

Paralleloneurum Becker, 1902. Mitt. Zool. Mus. Berl. 2 (2): 51. **Type species:** *Paralleloneurum cilifemoratum* Becker, 1902 (monotypy).

（189）细腿平脉长足虻 *Paralleloneurum cilifemoratum* Becker, 1902

Paralleloneurum cilifemoratum Becker, 1902. Mitt. Zool. Mus. Berl. 2 (2): 52. **Type locality:** Egypt (Alexandria, Fayûm).
Paralleloneurum cilifemoratum Becker, 1902: Yang, Zhang, Wang *et* Zhu, 2011. Fauna Sinica Insecta 53: 371.
分布（Distribution）：台湾（TW）；埃及、印度、巴基斯坦

16. 齿角水长足虻属 *Scellus* Loew, 1857

Scellus Loew, 1857. Progr. K. Realsch. Meseritz 1857: 22. **Type species:** *Hydrophorus spinimanus* Zetterstedt, 1843 (designation by Coquillett, 1910).

（190）加利齿角长足虻 *Scellus gallicanus* Becker, 1909

Scellus gallicanus Becker, 1909. Wien. Entomol. Ztg. 28 (9-10): 326. **Type locality:** France (Lautaret).
Scellus gallicanus Becker, 1909: Yang, Zhang, Wang *et* Zhu, 2011. Fauna Sinica Insecta 53: 372.
分布（Distribution）：青海（QH）、新疆（XJ）；法国、俄罗斯、蒙古国

（191）中华齿角长足虻 *Scellus sinensis* Yang, 1998

Scellus sinensis Yang, 1998. Bull. Inst. R. Sci. Nat. Belg. Ent. 68: 166. **Type locality:** China (Xinjiang: Heqing).
Scellus sinensis Yang, 1998: Yang, Zhang, Wang *et* Zhu, 2011. Fauna Sinica Insecta 53: 374.
分布（Distribution）：新疆（XJ）

17. 长喙长足虻属 *Thambemyia* Oldroyd, 1956

Thambemyia Oldroyd, 1956. Proc. R. Ent. Soc. Lond. (B) 25: 210. **Type species:** *Thambemyia pagdeni* Oldroyd, 1956 (original designation).
Conchopus Takagi, 1965. Insecta Matsumurana 27 (2): 49. **Type species:** *Conchopus rectus* Takagi, 1965 (original designation).
Prothambemyia Masunaga, Saigusa *et* Grootaert, 2005. Ent. Sci. 8: 452 (as subgenus). **Type species:** *Thambemyia* (*Prothambemyia*) *japonica* Masunaga, Saigusa *et* Grootaert, 2005 (original designation).

（192）双刺长喙长足虻 *Thambemyia bisetosa* Masunaga, Saigusa *et* Grootaert, 2005

Thambemyia bisetosa Masunaga, Saigusa *et* Grootaert, 2005. Ent. Sci. 8: 442. **Type locality:** China (Hong Kong, Lantau I., Cheung Sha Lower Village).
Thambemyia bisetosa Masunaga, Saigusa *et* Grootaert, 2005: Yang, Zhang, Wang *et* Zhu, 2011. Fauna Sinica Insecta 53: 377.
分布（Distribution）：香港（HK）

（193）胡氏长喙长足虻 *Thambemyia hui* Masunaga, Saigusa *et* Grootaert, 2005

Thambemyia hui Masunaga, Saigusa *et* Grootaert, 2005. Ent. Sci. 8: 446. **Type locality:** China (Taiwan: Kinmen I., Fukuo Tun; Fujian: Xiamen, Yingning; Taiwan: Matsu Ids., Peikan I., Chinpi vil).
Thambemyia hui Masunaga, Saigusa *et* Grootaert, 2005: Yang, Zhang, Wang *et* Zhu, 2011. Fauna Sinica Insecta 53: 378.
分布（Distribution）：福建（FJ）、台湾（TW）

（194）直长喙长足虻 *Thambemyia rectus* (Takagi, 1965)

Conchopus rectus Takagi, 1965. Insecta Matsumurana 27 (2): 52. **Type locality:** Japan (Shikoku: Uwazina).
Thambemyia rectus (Takagi): Meuffels *et* Grootaert, 1984. Indo-mal. Zool. 1: 152.
Thambemyia rectus (Takagi, 1965): Yang, Zhang, Wang *et* Zhu, 2011. Fauna Sinica Insecta 53: 380.
分布（Distribution）：山东（SD）；日本、美国

（195）山东长喙长足虻 *Thambemyia shandongensis* Zhu, Yang *et* Masunaga, 2005

Thambemyia shandongensis Zhu, Yang *et* Masunaga, 2005. Aquat. Ins. 27 (4): 304. **Type locality:** China (Shandong: Qingdao, Taipingjiao).
Thambemyia shandongensis Zhu, Yang *et* Masunaga, 2005: Yang, Zhang, Wang *et* Zhu, 2011. Fauna Sinica Insecta 53: 382.
分布（Distribution）：辽宁（LN）、山东（SD）

（196）台湾长喙长足虻 *Thambemyia taivanensis* (Takagi, 1967)

Conchopus taivanensis Takagi, 1967. Ins. Matsum. 29: 52. **Type locality:** China (Taiwan: Yeh-liu-pi).
Thambemyia taivanensis (Takagi, 1967): Meuffels *et* Grootaert, 1984. Indo-mal. Zool. 1: 152.
Thambemyia taivanensis (Takagi, 1967): Yang, Zhang, Wang *et* Zhu, 2011. Fauna Sinica Insecta 53: 384.
分布（Distribution）：台湾（TW）；日本

18. 滨长足虻属 *Thinophilus* Wahlberg, 1844

Thinophilus Wahlberg, 1844. Öfvers. K. VetenskAkad. Förh. 1: 37. **Type species:** *Rhaphium flavipalpe* Zetterstedt, 1843 (monotypy).
Parathinophilus Parent, 1932. Ann. Soc. Sci. Brux. (B) 52: 161. **Type species:** *Parathinophilus expolitus* Parent, 1932 (monotypy).

（197）棒状滨长足虻 *Thinophilus clavatus* Zhu, Yang *et* Masunaga, 2006

Thinophilus clavatus Zhu, Yang *et* Masunaga, 2006. Trans. Am. Ent. Soc. 132 (1+2): 145. **Type locality:** China (Hainan: Wanning).
Thinophilus clavatus Zhu, Yang *et* Masunaga, 2006: Yang, Zhang, Wang *et* Zhu, 2011. Fauna Sinica Insecta 53: 387.
分布（Distribution）：海南（HI）

（198）小滨长足虻 *Thinophilus diminuatus* Becker, 1922

Thinophilus diminuatus Becker, 1922. Capita Zool. 1 (4): 36. **Type locality:** China (Taiwan: Tainan, Takao, and Kanshirei); India (Ganges Delta).

Thinophilus diminuatus Becker, 1922: Yang, Zhang, Wang *et* Zhu, 2011. Fauna Sinica Insecta 53: 389.
分布（Distribution）：台湾（TW）；菲律宾、印度

（199）黄须滨长足虻 *Thinophilus flavipalpis* Zetterstedt, 1843

Rhaphium flavipalpe Zetterstedt, 1843. Dipt. Scand. 2: 472. **Type locality:** Sweden (Gottlandia: Bursviken).
Thinophilus neptunus Frey, 1915. Acta Soc. Fauna Flora Fenn. 40 (5): 78. **Type locality:** Sweden (Åland I).
Thinophilus flavipalpis Zetterstedt, 1843: Yang, Zhang, Wang *et* Zhu, 2011. Fauna Sinica Insecta 53: 390.
分布（Distribution）：辽宁（LN）、北京（BJ）、新疆（XJ）、海南（HI）；爱沙尼亚、奥地利、保加利亚、比利时、波兰、丹麦、德国、俄罗斯、法国、瑞士、芬兰、哈萨克斯坦、荷兰、吉尔吉斯斯坦、捷克、罗马尼亚、瑞典、前南斯拉夫、葡萄牙、乌克兰、西班牙、匈牙利、意大利、英国、蒙古国、埃及、莫桑比克

（200）台湾滨长足虻 *Thinophilus formosinus* Becker, 1922

Thinophilus formosinus Becker, 1922. Capita Zool. 1 (4): 34. **Type locality:** China (Taiwan: Anping, Tainan).
Thinophilus formosinus Becker, 1922: Yang, Zhang, Wang *et* Zhu, 2011. Fauna Sinica Insecta 53: 392.
分布（Distribution）：台湾（TW）

（201）长鬃滨长足虻 *Thinophilus hilaris* Parent, 1941

Thinophilus hilaris Parent, 1941. Ann. Mag. Nat. Hist. (11) 7: 230. **Type locality:** China (Taiwan: Takao).
Thinophilus hilaris Parent, 1941: Yang, Zhang, Wang *et* Zhu, 2011. Fauna Sinica Insecta 53: 393.
分布（Distribution）：台湾（TW）；巴布亚新几内亚

（202）普通滨长足虻 *Thinophilus indigenus* Becker, 1902

Thinophilus indigenus Becker, 1902. Mitt. Zool. Mus. Berl. 2 (2): 48. **Type locality:** Egypt (Kairo: Assiur, Luxor, Assuan, Fayûm, Suez).
Thinophilus indigenus Becker, 1902: Yang, Zhang, Wang *et* Zhu, 2011. Fauna Sinica Insecta 53: 393.
分布（Distribution）：台湾（TW）、海南（HI）；土耳其、伊朗、蒙古国、阿尔及利亚、埃及、菲律宾、马来西亚、尼泊尔、印度、埃塞俄比亚、安哥拉、贝宁、冈比亚、刚果（金）、加纳、马达加斯加、纳米比亚、南非、尼日利亚、坦桑尼亚、斯威士兰、也门

（203）灰白滨长足虻 *Thinophilus insertus* Becker, 1922

Thinophilus insertus Becker, 1922. Capita Zool. 1 (4): 38. **Type locality:** China (Taiwan: Anping).
Thinophilus indigenus Becker, 1902: Yang, Zhang, Wang *et* Zhu, 2011. Fauna Sinica Insecta 53: 393.
分布（Distribution）：台湾（TW）

（204）全缘滨长足虻 *Thinophilus integer* Becker, 1922

Thinophilus integer Becker, 1922. Capita Zool. 1 (4): 37. **Type locality:** China (Taiwan: Anping).
Thinophilus integer Becker, 1922: Yang, Zhang, Wang *et* Zhu, 2011. Fauna Sinica Insecta 53: 396.
分布（Distribution）：台湾（TW）

（205）薄叶滨长足虻 *Thinophilus lamellaris* Zhu, Yang *et* Masunaga, 2006

Thinophilus lamellaris Zhu, Yang *et* Masunaga, 2006. Trans. Am. Ent. Soc. 132 (1+2): 146. **Type locality:** China (Hainan: Sanya).
Thinophilus lamellaris Zhu, Yang *et* Masunaga, 2006: Yang, Zhang, Wang *et* Zhu, 2011. Fauna Sinica Insecta 53: 397.
分布（Distribution）：海南（HI）

（206）光亮滨长足虻 *Thinophilus nitens* Grootaert *et* Meuffels, 2001

Thinophilus nitens Grootaert *et* Meuffels, 2001. Raffles Bull. Zool. 49 (2): 346. **Type locality:** Thailand (Ranong: Wat Tapotaram).
Thinophilus nitens Grootaert *et* Meuffels, 2001: Yang, Zhang, Wang *et* Zhu, 2011. Fauna Sinica Insecta 53: 398.
分布（Distribution）：云南（YN）；泰国

（207）乏滨长足虻 *Thinophilus penichrotes* (Wei *et* Zheng, 1998)

Peodes penichrotes Wei *et* Zheng, 1998. Entomotaxon. 20 (2): 140. **Type locality:** China (Inner Mongolia).
Thinophilus penichrotes (Wei *et* Zheng, 1998): Yang, Zhu, Wang *et* Zhang, 2006. World Catalog of Dolichopodidae (Insecta: Diptera): 261.
Thinophilus penichrotes (Wei *et* Zheng, 1998): Yang, Zhang, Wang *et* Zhu, 2011. Fauna Sinica Insecta 53: 400.
分布（Distribution）：内蒙古（NM）

（208）多粉滨长足虻 *Thinophilus pollinosus* Loew, 1871

Thinophilus pollinosus Loew, 1871. Izv. Imp. Obshch. Ljub. Estest. Antrop. Etnogr. 9 (1): 58. **Type locality:** Turkmenistan.
Thinophilus pollinosus Loew, 1870: Yang, Zhang, Wang *et* Zhu, 2011. Fauna Sinica Insecta 53: 401.
分布（Distribution）：河北（HEB）、新疆（XJ）；土库曼斯坦、蒙古国

（209）红角滨长足虻 *Thinophilus ruficornis* (Haliday, 1838)

Medeterus ruficornis Haliday, 1838. Ann. Mag. Nat. Hist. 2

(9): 184. **Type locality:** England (Tarbert).
Rhaphium maculicornis Zetterstedt, 1843. Dipt. Scand. 2: 474. **Type locality:** Sweden (Ostrogothia: Jonsberg).
Thinophilus ruficornis (Haliday): Haliday, 1851, *in* Walker, Stainton *et* Wilkinson, Dipt. Brit. 1 (1): 192.
Thinophilus ruficornis (Haliday, 1838): Yang, Zhang, Wang *et* Zhu, 2011. Fauna Sinica Insecta 53: 403.
分布（Distribution）：台湾（TW）；爱尔兰、爱沙尼亚、奥地利、保加利亚、比利时、波兰、丹麦、德国、俄罗斯、法国、荷兰、芬兰、哈萨克斯坦、吉尔吉斯斯坦、捷克、拉脱维亚、罗马尼亚、前南斯拉夫、挪威、葡萄牙、瑞典、瑞士、斯洛伐克、乌克兰、西班牙、匈牙利、意大利、英国、蒙古国

（210）多刺滨长足虻 *Thinophilus seticoxis* Becker, 1922

Thinophilus seticoxis Becker, 1922. Capita Zool. 1 (4): 36. **Type locality:** China (Taiwan: Tainan, Kankau).
Thinophilus seticoxis Becker, 1922: Yang, Zhang, Wang *et* Zhu, 2011. Fauna Sinica Insecta 53: 404.
分布（Distribution）：台湾（TW）；印度尼西亚

（211）中华滨长足虻 *Thinophilus sinensis* Yang *et* Li, 1998

Thinophilus sinensis Yang *et* Li, 1998. Insects of Longwangshan: 320. **Type locality:** China (Zhejiang: Anji, Longwangshan).
Thinophilus qianensis Wei *et* Song, 2006. Insects from Chishui Spinulose Tree Fern Landscape: 332. **Type locality:** China (Guizhou: Chishui).
Thinophilus sinensis Yang *et* Li, 1998: Yang, Zhang, Wang *et* Zhu, 2011. Fauna Sinica Insecta 53: 405.
分布（Distribution）：辽宁（LN）、北京（BJ）、浙江（ZJ）、贵州（GZ）、福建（FJ）、海南（HI）

（212）刺跗滨长足虻 *Thinophilus spinitarsis* Becker, 1907

Thinophilus spinitarsis Becker, 1907. Annu. Mus. Zool. St. Petersbourg 12 (3): 315. **Type locality:** China ("O. Zaidam, im nord-östl. Tibet: Kurlyk am Fl. Baingol").
Thinophilus spinitarsis Becker, 1907: Yang, Zhang, Wang *et* Zhu, 2011. Fauna Sinica Insecta 53: 406.
分布（Distribution）：西藏（XZ）、台湾（TW）；塔吉克斯坦、乌克兰、伊朗

（213）方形滨长足虻 *Thinophilus tesselatus* Becker, 1922

Thinophilus tesselatus Becker, 1922. Capita Zool. 1 (4): 35. **Type locality:** China (Taiwan: Tainan); India (Rajshai, Bengal).
Thinophilus tesselatus Becker, 1922: Yang, Zhang, Wang *et* Zhu, 2011. Fauna Sinica Insecta 53: 408.
分布（Distribution）：台湾（TW）；菲律宾、印度

聚脉长足虻亚科 Medeterinae

Medeterinae Lioy, 1864. I ditteri distribuiti secondo un nuovo metodo di classificazione naturale. Atti de Reale Istituto Veneto di Scienze, Lettere ed Arti (3) 9: 766. **Type genus:** *Medetera* Fischer von Waldheim, 1819.

19. 长刺长足虻属 *Dolichophorus* Lichtwardt, 1902

Dolichophorus Lichtwardt, 1902. Természetr. Füz. 25: 199. **Type species:** *Dolichophorus kerteszi* Lichtwardt, 1902 (monotypy).

（214）无斑长刺长足虻 *Dolichophorus immaculatus* Parent, 1944

Dolichophorus immaculatus Parent, 1944. Rev. Fr. Ent. 10 (1): 128. **Type locality:** China ("Kinpeng, Ordos").
Dolichophorus immaculatus Parent, 1944: Yang, Zhang, Wang *et* Zhu, 2011. Fauna Sinica Insecta 53: 411.
分布（Distribution）：内蒙古（NM）、宁夏（NX）

（215）黄角长刺长足虻 *Dolichophorus kerteszi* Lichtwardt, 1902

Dolichophorus kerteszi Lichtwardt, 1902. Természetr. Füz. 25: 199. **Type locality:** "Pöstyén, Ober-Ungarn" [Czechoslovakia].
Medeterus resplendens Strobl, 1909. Verh. Zool.-Bot. Ges. Wien. 59: 92. **Type locality:** Not given [Austria: Steiermark].
Dolichophorus kerteszi Lichtwardt, 1902: Yang, Zhang, Wang *et* Zhu, 2011. Fauna Sinica Insecta 53: 412.
分布（Distribution）：山西（SX）；奥地利、比利时、法国、瑞典、德国、荷兰、西班牙、捷克、罗马尼亚、匈牙利、波兰、斯洛伐克、俄罗斯

20. 聚脉长足虻属 *Medetera* Fischer von Waldheim, 1819

Medetera Fischer von Waldheim, 1819. Program. Invit. Séan. Publique Soc. Impér. Natur.: 7. **Type species:** *Medetera carnivore* Fischer von Waldheim, 1819 (monotypy) [= *Musca diadema* Linnaeus, 1767].
Medeterus Meigen, 1824. Syst. Beschr. 4: 59 (unjustified emendation for *Medetera* Fischer von Waldheim, 1819). **Type species:** *Medetera carnivore* Fischer von Waldheim, 1819 [= *Musca diadema* Linnaeus, 1767] (automatic).
Taechobates Haliday, 1832. Zool. J. Lond. 1830-1831 5: 356. **Type species:** *Hydrophorus jaculus* Fallén, 1823 (designation by Coquillett, 1910).
Orthobates Wahlberg, 1844. Öfver. K. VetenskAkad. Förh. 1: 109. **Type species:** *Hydrophorus jaculus* Fallén, 1823

(designation by Coquillett, 1910).

Anorthus Loew, 1850. Stettin. Ent. Ztg. 11: 117. **Type species:** *Hydrophorus jaculus* Fallén, 1823 (monotypy).

Oligochaetus Mik, 1878. Jber. K. K. Akad. Gymn. Wien 1877/1878: 7. **Type species:** *Medeterus plumbellus* Meigen, 1824 (original designation).

Elongomedetera Hollis, 1964. Beaufortia 10: 260. **Type species:** *Elongomedetera thoracica* Hollis, 1964 [=*Medetera gracilis* Parent, 1935] (monotypy).

Asioligochaetus Negrobov, 1966. Ent. Obozr. 45 (4): 877 (as subgenus). **Type species:** *Oligochaetus vlasovi* Stackelberg, 1937 (original designation).

Lorea Negrobov, 1966. Ent. Obozr. 45 (4): 878 (as subgenus). **Type species:** *Oligochaetus spinigera* Stackelberg, 1937 (original designation).

（216）异鬃聚脉长足虻 *Medetera abnormis* Yang *et* Yang, 1995

Medetera abnormis Yang *et* Yang, 1995. Insects of Baishanzu Mountain, Eastern China: 511. **Type locality:** China (Zhejiang: Baishanzu).

Medetera abnormis Yang *et* Yang, 1995: Yang, Zhang, Wang *et* Zhu, 2011. Fauna Sinica Insecta 53: 437.

分布（Distribution）：浙江（ZJ）

（217）南端聚脉长足虻 *Medetera austroapicalis* Bickel, 1987

Medetera austroapicalis Bickel, 1987. Rec. Aust. Mus. 39 (4): 240. **Type locality:** Solomon Is. (Roroni).

Medetera austroapicalis Bickel, 1987: Yang, Zhang, Wang *et* Zhu, 2011. Fauna Sinica Insecta 53: 419.

分布（Distribution）：香港（HK）；印度、尼泊尔、斯里兰卡、菲律宾、澳大利亚、所罗门群岛

（218）短刺聚脉长足虻 *Medetera brevispina* Yang *et* Saigusa, 2001

Medetera brevispina Yang *et* Saigusa, 2001. Bull. Inst. R. Sci. Nat. Belg. Ent. 71: 171. **Type locality:** China (Yunnan: Lijiang, Yulongxueshan).

Medetera brevispina Yang *et* Saigusa, 2001: Yang, Zhang, Wang *et* Zhu, 2011. Fauna Sinica Insecta 53: 440.

分布（Distribution）：云南（YN）

（219）扁跗聚脉长足虻 *Medetera compressa* Yang *et* Saigusa, 2001

Medetera compressa Yang *et* Saigusa, 2001. Bull. Inst. R. Sci. Nat. Belg. Ent. 71: 171. **Type locality:** China (Yunnan: Luchun).

Medetera compressa Yang *et* Saigusa, 2001: Yang, Zhang, Wang *et* Zhu, 2011. Fauna Sinica Insecta 53: 416.

分布（Distribution）：云南（YN）

（220）弯突聚脉长足虻 *Medetera curvata* Yang *et* Saigusa, 2000

Medetera curvata Yang *et* Saigusa, 2000. Bull. Inst. R. Sci. Nat. Belg. Ent. 70: 233. **Type locality:** China (Sichuan: Emei Mountain, Leidongping).

Medetera curvata Yang *et* Saigusa, 2000: Yang, Zhang, Wang *et* Zhu, 2011. Fauna Sinica Insecta 53: 420.

分布（Distribution）：四川（SC）

（221）伊文聚脉长足虻 *Medetera evenhuisi* Yang *et* Yang, 1995

Medetera evenhuisi Yang *et* Yang, 1995. Insects of Baishanzu Mountain, Eastern China: 511. **Type locality:** China (Zhejiang: Baishanzu).

Medetera evenhuisi Yang *et* Yang, 1995: Yang, Zhang, Wang *et* Zhu, 2011. Fauna Sinica Insecta 53: 421.

分布（Distribution）：浙江（ZJ）

（222）灰色聚脉长足虻 *Medetera grisescens* de Meijere, 1916

Medetera grisescens de Meijere, 1916. Tijdschr. Ent. 59 (Suppl.): 259. **Type locality:** Indonesia (Java: Djakarta and Wonosobo).

Medetera hawaiiensis Van Duzee, 1933. Proc. Hawaii. Ent. Soc. 8 (2): 343. **Type locality:** USA (Hawaiian Is).

Medetera atrata Van Duzee, 1933. Proc. Hawaii. Ent. Soc. 8 (2): 344. **Type locality:** USA (Hawaiian Is).

Medetera cilifemorata Van Duzee, 1933. Proc. Hawaii. Ent. Soc. 8 (2): 344. **Type locality:** USA (Hawaiian Is).

Medetera palmae Hardy, 1939. Proc. Linn. Soc. N.S.W. 64: 351. **Type locality:** Australia (Queensland).

Medetera grisescens de Meijere, 1916: Yang, Zhang, Wang *et* Zhu, 2011. Fauna Sinica Insecta 53: 426.

分布（Distribution）：福建（FJ）、台湾（TW）、广西（GX）、香港（HK）；缅甸、斯里兰卡、巴基斯坦、印度、尼泊尔、孟加拉国、越南、泰国、老挝、印度尼西亚、日本（琉球群岛、小笠原群岛）、马来西亚、新加坡、澳大利亚、萨摩亚群岛、斐济、美国（夏威夷）、马里亚纳群岛、塞舌尔、坦桑尼亚、马达加斯加、毛里求斯

（223）后藤聚脉长足虻 *Medetera gotohorum* Masunaga *et* Saigusa, 1998

Medetera gotohorum Masunaga *et* Saigusa, 1998. Ent. Sci. 1 (4): 615. **Type locality:** Japan (Honshu: Wakayama Pref., Tanabe City; Honshu, Osaka Pref., Kaizuka City, Nishikino-hama).

Medetera gotohorum Masunaga *et* Saigusa, 1998: Yang, Zhang, Wang *et* Zhu, 2011. Fauna Sinica Insecta 53: 427.

分布（Distribution）：四川（SC）；日本

（224）斧突聚脉长足虻 *Medetera latipennis* Negrobov, 1970

Medetera latipennis Negrobov, 1970. Ann. Hist. Nat. Mus. Natl. Hung. 62: 290. **Type locality:** China (N. Alashan, Dyn-yan-in).

Medetera latipennis Negrobov, 1970: Yang, Zhang, Wang *et* Zhu, 2011. Fauna Sinica Insecta 53: 428.

分布（Distribution）：内蒙古（NM）；蒙古国

（225）长聚脉长足虻 *Medetera longa* Negrobov *et* Thuneberg, 1970

Medetera longa Negrobov *et* Thuneberg, 1970. Suom. Hyőnt. Aikak. 36: 143 (new name for *longicauda* Becker, 1922, nec Becker, 1917).

Medetera longicauda Becker, 1922. Capita Zool. 1 (4): 50. **Type locality:** China (Taiwan: Kankau).

Medetera longa Negrobov *et* Thuneberg, 1970: Yang, Zhang, Wang *et* Zhu, 2011. Fauna Sinica Insecta 53: 441.

分布（Distribution）：台湾（TW）；老挝、马来西亚

（226）云母聚脉长足虻 *Medetera micacea* Loew, 1857

Medetera micacea Loew, 1857. Progr. K. Realsch. Meseritz 1857: 55. **Type locality:** Not given [Europe].

Medetera (*Oligochaetus*) *acuta* Negrobov, 1966. Ent. Obozr. 45 (4): 882. **Type locality:** Russia (Leningrad: Luzhsk, Yashchera).

Medetera micacea Loew, 1857: Yang, Zhang, Wang *et* Zhu, 2011. Fauna Sinica Insecta 53: 429.

分布（Distribution）：内蒙古（NM）、山西（SX）、甘肃（GS）；英国、瑞典、挪威、丹麦、比利时、荷兰、奥地利、法国、德国、意大利、西班牙、匈牙利、斯洛伐克、罗马尼亚、保加利亚、波兰、爱沙尼亚、乌克兰、俄罗斯、哈萨克斯坦、乌兹别克斯坦、蒙古国

（227）内乡聚脉长足虻 *Medetera neixiangensis* Yang *et* Saigusa, 2000

Medetera neixiangensis Yang *et* Saigusa, 2000. Insects of the Mountains Funiu and Dabie regions: 208. **Type locality:** China (Henan: Neixiang, Baotianman).

Medetera neixiangensis Yang *et* Saigusa, 2000: Yang, Zhang, Wang *et* Zhu, 2011. Fauna Sinica Insecta 53: 423.

分布（Distribution）：河南（HEN）

（228）影聚脉长足虻 *Medetera opaca* de Meijere, 1916

Medetera opaca de Meijere, 1916. Tijdschr. Ent. 59 (Suppl.): 258. **Type locality:** Indonesia (Java: Djakarta).

Medetera opaca de Meijere, 1916: Yang, Zhang, Wang *et* Zhu, 2011. Fauna Sinica Insecta 53: 431.

分布（Distribution）：香港（HK）；印度尼西亚、越南

（229）平足聚脉长足虻 *Medetera platychira* de Meijere, 1916

Medetera platychira de Meijere, 1916. Tijdschr. Ent. 59 (Suppl.): 261. **Type locality:** Indonesia (Java: Semarang).

Medetera platychira de Meijere, 1916: Yang, Zhang, Wang *et* Zhu, 2011. Fauna Sinica Insecta 53: 417.

分布（Distribution）：台湾（TW）、香港（HK）；巴基斯坦、印度、尼泊尔、泰国、孟加拉国、斯里兰卡、印度尼西亚、马来西亚、菲律宾

（230）羽刺聚脉长足虻 *Medetera plumbella* Meigen, 1824

Medeterus plumbellus Meigen, 1824. Syst. Beschr. 4: 69. **Type locality:** Germany (Berlin).

Medeterus minutus von Roser, 1840. CorrespBl. Württ. Landw. Ver. (N.S.) 17 (1): 56. **Type locality:** Not given [Württemberg, Germany].

Hydrophorus minutus Zetterstedt, 1843. Dipt. Scand. 2: 456.

Medetera plumbella Meigen, 1824: Yang, Zhang, Wang *et* Zhu, 2011. Fauna Sinica Insecta 53: 432.

分布（Distribution）：甘肃（GS）；芬兰、丹麦、挪威、瑞典、德国、荷兰、法国、奥地利、比利时、意大利、波兰、匈牙利、捷克、斯洛伐克、爱沙尼亚、乌克兰、俄罗斯，？埃塞俄比亚

（231）管状聚脉长足虻 *Medetera tuberculata* Negrobov, 1966

Medetera (*Oligochaetus*) *tuberculata* Negrobov, 1966. Ent. Obozr. 45 (4): 880. **Type locality:** China (Station Man'churija).

Medetera tuberculata Negrobov, 1966: Yang, Zhang, Wang *et* Zhu, 2011. Fauna Sinica Insecta 53: 442.

分布（Distribution）：内蒙古（NM）；蒙古国

（232）茎刺聚脉长足虻 *Medetera vivida* Becker, 1922

Medetera vivida Becker, 1922. Capita Zool. 1 (4): 51. **Type locality:** China (Taiwan: Hoozan).

Medetera vivida Becker, 1922: Yang, Zhang, Wang *et* Zhu, 2011. Fauna Sinica Insecta 53: 439.

分布（Distribution）：台湾（TW）；老挝、印度尼西亚、新加坡

（233）西藏聚脉长足虻 *Medetera xizangensis* Yang, 1999

Medetera xizangensis Yang, 1999. Biologia 54 (2): 165. **Type locality:** China (Xizang: Nyingchi).

Medetera xizangensis Yang, 1999: Yang, Zhang, Wang *et* Zhu, 2011. Fauna Sinica Insecta 53: 424.

分布（Distribution）：西藏（XZ）

（234）杨氏聚脉长足虻 *Medetera yangi* Zhu, Yang *et* Masunaga, 2005

Medetera yangi Zhu, Yang *et* Masunaga, 2005. Trans. Am. Ent.

Soc. 131 (3+4): 412. **Type locality:** China (Taiwan: Chiayi, Fenchihu).
Medetera yangi Zhu, Yang *et* Masunaga, 2005: Yang, Zhang, Wang *et* Zhu, 2011. Fauna Sinica Insecta 53: 433.
分布（Distribution）：台湾（TW）

（235）云南聚脉长足虻 *Medetera yunnanensis* Yang *et* Saigusa, 2001

Medetera yunnanensis Yang *et* Saigusa, 2001. Bull. Inst. R. Sci. Nat. Belg. Ent. 71: 172. **Type locality:** China (Yunnan: Lijiang, Yulongxueshan; Dali, Daboqing).
Medetera yunnanensis Yang *et* Saigusa, 2001: Yang, Zhang, Wang *et* Zhu, 2011. Fauna Sinica Insecta 53: 435.
分布（Distribution）：云南（YN）

（236）浙江聚脉长足虻 *Medetera zhejiangensis* Yang *et* Yang, 1995

Medetera zhejiangensis Yang *et* Yang, 1995. Insects of Baishanzu Mountain, Eastern China: 510. **Type locality:** China (Zhejiang: Baishanzu).
Medetera zhejiangensis Yang *et* Yang, 1995: Yang, Zhang, Wang *et* Zhu, 2011. Fauna Sinica Insecta 53: 436.
分布（Distribution）：浙江（ZJ）

21. 新聚脉长足虻属 *Neomedetera* Zhu, Yang *et* Grootaert, 2007

Neomedetera Zhu, Yang *et* Grootaert, 2007. Ann. Zool. 57 (2): 228. **Type species:** *Neomedetera membranacea* Zhu, Yang *et* Grootaert, 2007 (original designation).

（237）膜质新聚脉长足虻 *Neomedetera membranacea* Zhu, Yang *et* Grootaert, 2007

Neomedetera membranacea Zhu, Yang *et* Grootaert, 2007. Ann. Zool. 57 (2): 228. **Type locality:** China (Guangdong: Nanling, Qingshuigu).
Neomedetera membranacea Zhu, Yang *et* Grootaert, 2007: Yang, Zhang, Wang *et* Zhu, 2011. Fauna Sinica Insecta 53: 444.
分布（Distribution）：广东（GD）

22. 直脉长足虻属 *Paramedetera* Grootaert *et* Meuffels, 1997

Paramedetera Grootaert *et* Meuffels, 1997. Invert. Taxon. 11: 309. **Type species:** *Paramedetera papuensis* Grootaert *et* Meuffels, 1997 (original designation).

（238）长突直脉长足虻 *Paramedetera elongata* Zhu, Yang *et* Grootaert, 2006

Paramedetera elongata Zhu, Yang *et* Grootaert, 2006. Ann. Zool. 56 (2): 324. **Type locality:** China (Guangxi: Maoershan).
Paramedetera elongata Zhu, Yang *et* Grootaert, 2006: Yang, Zhang, Wang *et* Zhu, 2011. Fauna Sinica Insecta 53: 446.
分布（Distribution）：广东（GD）、广西（GX）

（239）金秀直脉长足虻 *Paramedetera jinxiuensis* Yang *et* Saigusa, 2001

Paramedetera jinxiuensis Yang *et* Saigusa, 2001. Bull. Inst. R. Sci. Nat. Belg. Ent. 71: 160. **Type locality:** China (Guangxi: Jinxiu, Dayaoshan).
Paramedetera jinxiuensis Yang *et* Saigusa, 2001: Yang, Zhang, Wang *et* Zhu, 2011. Fauna Sinica Insecta 53: 447.
分布（Distribution）：广西（GX）

（240）中突直脉长足虻 *Paramedetera medialis* Yang *et* Saigusa, 1999

Paramedetera medialis Yang *et* Saigusa, 1999. Insects of the Mountains Funiu and Dabie regions: 200. **Type locality:** China (Henan: Luoshan, Lingshan).
Paramedetera medialis Yang *et* Saigusa, 1999: Yang, Zhang, Wang *et* Zhu, 2011. Fauna Sinica Insecta 53: 449.
分布（Distribution）：河南（HEN）、四川（SC）、贵州（GZ）

23. 合聚脉长足虻属 *Systenus* Loew, 1857

Systenus Loew, 1857. Progr. K. Realsch. Meseritz 1857: 34. **Type species:** *Rhaphium adpropinquans* Loew, 1857 [= *Rhaphium pallipes* von Rosen, 1840] (designation by Foote, Coulson *et* Robinson, 1966).

（241）中华合聚脉长足虻 *Systenus sinensis* Yang *et* Gaimari, 2004

Systenus sinensis Yang *et* Gaimari, 2004. Pan-Pac. Ent. 2003 79 (3/4): 176. **Type locality:** China (Yunnan: Xishuangbanna, Jinghong).
Systenus sinensis Yang *et* Gaimari, 2004: Yang, Zhang, Wang *et* Zhu, 2011. Fauna Sinica Insecta 53: 450.
分布（Distribution）：云南（YN）

24. 潜长足虻属 *Thrypticus* Gerstäcker, 1864

Thrypticus Gerstäcker, 1864. Stettin. Ent. Ztg. 25: 43. **Type species:** *Thrypticus smaragdinus* Gerstäcker, 1864 (monotypy).
Aphantotimus Wheeler, 1890. Psyche 5: 375. **Type species:** *Aphantotimus willistoni* Wheeler, 1890 (designation by Coquillett, 1910).
Xanthotricha Aldrich, 1896. Trans. Ent. Soc. Lond. 1896: 339. **Type species:** *Xanthotricha cupulifer* Aldrich, 1896 (designation by Robinson, 1970).
Submedeterus Becker, 1917. Nova Acta Acad. Caesar. Leop. Carol. 102 (2): 360. **Type species:** *Submedeterus cuneatus* Becker, 1917 (monotypy).

（242）隐潜长足虻 *Thrypticus abditus* Becker, 1922

Thrypticus abditus Becker, 1922. Capita Zool. 1 (4): 54. **Type locality:** China (Taiwan: Tainan).

Thrypticus abditus Becker, 1922: Yang, Zhang, Wang *et* Zhu, 2011. Fauna Sinica Insecta 53: 453.
分布（Distribution）： 台湾（TW）

（243）丽潜长足虻 *Thrypticus bellus* Loew, 1869

Thrypticus bellus Loew, 1869. Beschr. Eur. Dipt. 1: 303. **Type locality:** England (Kew).
Thrypticus minus Vanschuytbroeck, 1951. Explor. Parc Natl. Albert Miss. G. F. de Witte 74: 96. **Type locality:** Congo-Kinshasa.
Thrypticus fennicus Vanschuytbroeck, 1951. Explor. Park Nat. Albert Miss. G. F. de Witte 74: 95. **Type locality:** Congo-Kinshasa.
Thrypticus bellus Loew, 1869: Yang, Zhang, Wang *et* Zhu, 2011. Fauna Sinica Insecta 53: 453.
分布（Distribution）： 陕西（SN）、新疆（XJ）；丹麦、英国、芬兰、爱尔兰、瑞典、奥地利、比利时、法国、德国、意大利、荷兰、希腊、西班牙、保加利亚、匈牙利、罗马尼亚、捷克、斯洛伐克、波兰、乌克兰、前南斯拉夫、俄罗斯、土耳其、哈萨克斯坦、摩洛哥、埃及、坦桑尼亚、刚果（金）、肯尼亚、埃塞俄比亚、塞内加尔、南非、圣海伦

（244）粉潜长足虻 *Thrypticus pollinosus* Verrall, 1912

Thrypticus pollinosus Verrall, 1912. Ent. Mon. Mag. 48: 144. **Type locality:** England (Aviemore: Devereux Pool in Herefordshire).
Thrypticus pollinosus Verrall, 1912: Yang, Zhang, Wang *et* Zhu, 2011. Fauna Sinica Insecta 53: 455.
分布（Distribution）： 陕西（SN）；瑞典、英国、芬兰、法国、荷兰、德国、俄罗斯

长足虻亚科 Dolichopodinae

Dolichopodinae Latreille, 1809. Genera crustaceorum *et* insectorum secundum ordinem naturalem in familias disposita, iconibus exemplisque plurimis explicate. 4: 239, 290. **Type genus:** *Dolichopus* Latreille, 1797.

25. 突唇长足虻属 *Ahercostomus* Yang *et* Saigusa, 2001

Ahercostomus Yang *et* Saigusa, 2001. Bull. Inst. R. Sci. Nat. Belg. Ent. 71: 239 (as subgenus of *Hercostomus*). **Type species:** *Hercostomus* (*Ahercostomus*) *jiangchenganus* Yang *et* Saigusa, 2001 (monotypy).

（245）江城突唇长足虻 *Ahercostomus jiangchenganus* (Yang *et* Saigusa, 2001)

Hercostomus (*Ahercostomus*) *jiangchenganus* Yang *et* Saigusa, 2001. Bull. Inst. R. Sci. Nat. Belg. Ent. 71: 239. **Type locality:** China (Yunnan: Jiangcheng).
Ahercostomus jiangchenganus (Yang *et* Saigusa): Zhang *et* Yang, 2005. Acta Zootaxon. Sin. 30 (1): 180.
Ahercostomus jiangchenganus (Yang *et* Saigusa, 2001): Yang, Zhang, Wang *et* Zhu, 2011. Fauna Sinica Insecta 53: 462.
分布（Distribution）： 云南（YN）

26. 准长毛长足虻属 *Ahypophyllus* Zhang *et* Yang, 2005

Ahypophyllus Zhang *et* Yang, 2005. Acta Zootaxon. Sin. 30 (1): 180. **Type species:** *Hypophyllus sinensis* Yang, 1996 (monotypy).

（246）中华准长毛长足虻 *Ahypophyllus sinensis* (Yang, 1996)

Hypophyllus sinensis Yang, 1996. Entomofauna 17 (18): 322. **Type locality:** China (Hubei: Shennongjia).
Ahypophyllus sinensis (Yang): Zhang *et* Yang, 2005. Acta Zootaxon. Sin. 30 (1): 181.
Ahypophyllus sinensis (Yang, 1996): Yang, Zhang, Wang *et* Zhu, 2011. Fauna Sinica Insecta 53: 464.
分布（Distribution）： 河南（HEN）、陕西（SN）、甘肃（GS）、湖北（HB）

27. 全寡长足虻属 *Allohercostomus* Yang, Saigusa *et* Masunaga, 2001

Allohercostomus Yang, Saigusa *et* Masunaga, 2001. Ent. Sci. 4 (2): 180. **Type species:** *Hercostomus* (*Hercostomus*) *rotundatus* Yang *et* Saigusa, 1999.

（247）中华全寡长足虻 *Allohercostomus chinensis* Yang, Saigusa *et* Masunaga, 2001

Allohercostomus chinensis Yang, Saigusa *et* Masunaga, 2001. Ent. Sci. 4 (2): 181. **Type locality:** China (Yunnan: Zhongdian).
Allohercostomus chinensis Yang, Saigusa *et* Masunaga, 2001: Yang, Zhang, Wang *et* Zhu, 2011. Fauna Sinica Insecta 53: 466.
分布（Distribution）： 云南（YN）

（248）圆角全寡长足虻 *Allohercostomus rotundatus* (Yang *et* Saigusa, 1999)

Hercostomus (*Hercostomus*) *rotundatus* Yang *et* Saigusa, 1999. Bull. Inst. R. Sci. Nat. Belg. Ent. 69: 244. **Type locality:** China (Sichuan: Emei Mountain).
Allohercostomus rotundatus (Yang *et* Saigusa): Yang, Saigusa *et* Masunaga, 2001. Ent. Sci. 4 (2): 180.
Allohercostomus rotundatus (Yang *et* Saigusa, 1999): Yang, Zhang, Wang *et* Zhu, 2011. Fauna Sinica Insecta 53: 468.
分布（Distribution）： 河南（HEN）、陕西（SN）、四川（SC）；尼泊尔

28. 准白长足虻属 *Aphalacrosoma* Zhang *et* Yang, 2005

Aphalacrosoma Zhang *et* Yang, 2005. Acta Zootaxon. Sin. 30 (1): 182. **Type species:** *Phalacrosoma postiseta* Yang *et* Saigusa, 2001.

（249）异芒准白长足虻 *Aphalacrosoma* absarista (Wei, 1998)

Tachytrechus abarista Wei, 1998. Ent. Sin. 5 (1): 20. **Type locality:** China (Guizhou: Fanjingshan).
Aphalacrosoma absarista (Wei): Zhang, Wei *et* Yang, 2009. Bull. Inst. R. Sci. Nat. Belg. Ent. 79: 137.
Aphalacrosoma absarista (Wei, 1998): Yang, Zhang, Wang *et* Zhu, 2011. Fauna Sinica Insecta 53: 470.
分布（Distribution）：贵州（GZ）

（250）隐准白长足虻 *Aphalacrosoma crypsus* (Wei, 1998)

Tachytrechus crypsus Wei, 1998. Ent. Sin. 5 (1): 18. **Type locality:** China (Guizhou: Zhenyuan).
Aphalacrosoma crypsus (Wei): Zhang, Wei *et* Yang, 2009. Bull. Inst. R. Sci. Nat. Belg. Ent. 79: 137.
Aphalacrosoma crypsus (Wei, 1998): Yang, Zhang, Wang *et* Zhu, 2011. Fauna Sinica Insecta 53: 471.
分布（Distribution）：贵州（GZ）

（251）类准白长足虻 *Aphalacrosoma crypsusoideus* (Wei, 1998)

Tachytrechus crypsusoideus Wei, 1998. Ent. Sin. 5 (1): 19. **Type locality:** China (Guizhou: Zhenyuan).
Aphalacrosoma crypsus (Wei): Zhang, Wei *et* Yang, 2009. Bull. Inst. R. Sci. Nat. Belg. Ent. 79: 137.
Aphalacrosoma crypsusoideus (Wei, 1998): Yang, Zhang, Wang *et* Zhu, 2011. Fauna Sinica Insecta 53: 473.
分布（Distribution）：贵州（GZ）

（252）湖北准白长足虻 *Aphalacrosoma hubeiense* (Yang, 1998)

Phalacrosoma hubeiense Yang, 1998. Bull. Inst. R. Sci. Nat. Belg. Ent. 68: 181. **Type locality:** China (Hubei: Shennongjia).
Aphalacrosoma hubeiense (Yang): Zhang *et* Yang, 2005. Acta Zootaxon. Sin. 30 (1): 183.
Aphalacrosoma hubeiense (Yang, 1998): Yang, Zhang, Wang *et* Zhu, 2011. Fauna Sinica Insecta 53: 474.
分布（Distribution）：湖北（HB）

（253）静准白长足虻 *Aphalacrosoma modestus* (Wei, 1998)

Tachytrechus modestus Wei, 1998. Ent. Sin. 5 (1): 19. **Type locality:** China (Guizhou: Fanjingshan).
Phalacrosoma sichuanense Yang *et* Saigusa, 1999. Bull. Inst. R. Sci. Nat. Belg. Ent. 69: 235. **Type locality:** China (Sichuan: Emei Mountain).
Aphalacrosoma sichuanense (Yang *et* Saigusa, 1999): Zhang *et* Yang, 2005. Acta Zootaxon. Sin. 30 (1): 183.
Aphalacrosoma modestus (Wei, 1998): Yang, Zhang, Wang *et* Zhu, 2011. Fauna Sinica Insecta 53: 475.
分布（Distribution）：四川（SC）、贵州（GZ）、云南（YN）

（254）后鬃准白长足虻 *Aphalacrosoma postiseta* (Yang *et* Saigusa, 2001)

Phalacrosoma postiseta Yang *et* Saigusa, 2001. Bull. Inst. R. Sci. Nat. Belg. Ent. 71: 168. **Type locality:** China (Yunnan: Mengla-Jingping).
Aphalacrosoma postiseta (Yang): Zhang *et* Yang, 2005. Acta Zootaxon. Sin. 30 (1): 183.
Aphalacrosoma postiseta (Yang *et* Saigusa, 2001): Yang, Zhang, Wang *et* Zhu, 2011. Fauna Sinica Insecta 53: 477.
分布（Distribution）：云南（YN）

（255）台湾准白长足虻 *Aphalacrosoma taiwanense* Zhang, Yang *et* Masunaga, 2005

Aphalacrosoma taiwanense Zhang, Yang *et* Masunaga, 2005. Trans. Am. Ent. Soc. 131 (3+4): 416. **Type locality:** China (Taiwan: Nantou, Tungyenchi).
Aphalacrosoma taiwanense Zhang, Yang *et* Masunaga, 2005: Yang, Zhang, Wang *et* Zhu, 2011. Fauna Sinica Insecta 53: 478.
分布（Distribution）：台湾（TW）

29. 长足虻属 *Dolichopus* Latreille, 1796

Dolichopus Latreille, 1796. Précis Carat. Gén. Ins.: 159. **Type species:** *Musca ungulata* Linnaeus, 1758 (designation by Latreille, 1810).
Ragheneura Ronadani, 1856. Dipt. Ital. Prodromus 1: 144. **Type species:** *Dolichopus griseipennis* Stannius, 1831 (original designation).
Hygroceleuthus Loew, 1857. Progr. K. Realsch. Meseritz 1857: 10. **Type species:** *Dolichopus latipennis* Fallén, 1823 (designation by Coquillett, 1910).
Spathichira Bigot, 1888. Bull. Soc. Ent. Fr. 1888 (3): xxiv. **Type species:** *Dolichopus funditor* Loew, 1861 (Original designation).
Spatichira Bigot, 1888. Bull. Soc. Ent. Fr. 1888 (4): xxx. **Type species:** *Spatichira pulchrimana* Bigot, 1888 (monotypy).
Eudolichopus Frey, 1915. Acta Soc. Fauna Flora Fenn. 40 (5): 10 (as subgenus). **Type species:** *Musca plumipes* Scopoli, 1763 (designation by Steyskal, 1973).
Leucodolichopus Frey, 1915. Acta Soc. Fauna Flora Fenn. 40 (5): 10 (as subgenus). **Type species:** *Dolichopus remipes* Wahlberg, 1839 (designation by Steyskal, 1973).
Melanodolichopus Frey, 1915. Acta Soc. Fauna Flora Fenn. 40 (5): 10 (as subgenus). **Type species:** *Dolichopus stenhammari* Zetterstedt (designation by Steyskal, 1973).

Macrodolichopus Stackelberg, 1933. Flieg. Palaearkt. Reg. 4 (5): 109 (as subgenus). **Type species:** *Dolichopus diadema* Haliday, 1832 (original designation).

（256）钝角长足虻 *Dolichopus* (*Dolichopus*) *agilis* Meigen, 1824

Dolichopus agilis Meigen, 1824. Syst. Beschr. 4: 97. **Type locality:** Not given.

Dolichopus (*Dolichopus*) *agilis* Meigen, 1824: Yang, Zhang, Wang *et* Zhu, 2011. Fauna Sinica Insecta 53: 485.

分布（Distribution）：内蒙古（NM）、河北（HEB）、宁夏（NX）、甘肃（GS）；蒙古国、瑞典、法国、德国、英国、奥地利、瑞士、比利时、波兰、荷兰、丹麦、捷克、前南斯拉夫、意大利

（257）阿勒泰长足虻 *Dolichopus* (*Dolichopus*) *altayensis* Yang, 1998

Dolichopus altayensis Yang, 1998. Bull. Inst. R. Sci. Nat. Belg. Ent. 68: 170. **Type locality:** China (Xinjiang: Altay).

Dolichopus (*Dolichopus*) *altayensis* Yang, 1998: Yang, Zhang, Wang *et* Zhu, 2011. Fauna Sinica Insecta 53: 487.

分布（Distribution）：新疆（XJ）

（258）双鬃长足虻 *Dolichopus* (*Dolichopus*) *alticola* Parent, 1930

Dolichopus alticola Parent, 1930. Ann. Soc. Sci. Brux. (B) 50: 86. **Type locality:** China (Yunnan).

Dolichopus (*Dolichopus*) *alticola* Parent, 1930: Yang, Zhang, Wang *et* Zhu, 2011. Fauna Sinica Insecta 53: 489.

分布（Distribution）：云南（YN）

（259）钩突长足虻 *Dolichopus* (*Dolichopus*) *ancistrus* Yang, 1996

Dolichopus ancistrus Yang, 1996. Bull. Inst. R. Sci. Nat. Belg. Ent. 66: 79. **Type locality:** China (Yunnan: Kunming).

Dolichopus (*Dolichopus*) *ancistrus* Yang, 1996: Yang, Zhang, Wang *et* Zhu, 2011. Fauna Sinica Insecta 53: 490.

分布（Distribution）：云南（YN）

（260）弯突长足虻 *Dolichopus* (*Dolichopus*) *angustipennis* Kertész, 1901

Dolichopus angustipennis Kertész, 1901. Zool. Ergeb.dritte asiat. Forsch.-Reise Graf. E. Zichy. 2: 183. **Type locality:** Russia (Kazan).

Dolichopus (*Dolichopus*) *angustipennis* Kertész, 1901: Yang, Zhang, Wang *et* Zhu, 2011. Fauna Sinica Insecta 53: 491.

分布（Distribution）：中国；芬兰、俄罗斯

（261）斑翅长足虻 *Dolichopus* (*Dolichopus*) *aubertini* Parent, 1936

Dolichopus aubertini Parent, 1936. Encycl. Ent. (B II) Dipt. 7: 126. **Type locality:** China ("Tien-Tsin" [= Tianjin]).

Dolichopus (*Dolichopus*) *aubertini* Parent, 1936: Yang, Zhang, Wang *et* Zhu, 2011. Fauna Sinica Insecta 53: 492.

分布（Distribution）：河北（HEB）、天津（TJ）、北京（BJ）

（262）基鬃长足虻 *Dolichopus* (*Dolichopus*) *basisetus* Yang, 1998

Dolichopus basisetus Yang, 1998. Bull. Inst. R. Sci. Nat. Belg. Ent. 68: 171. **Type locality:** China (Xinjiang: Laoniaoqia).

Dolichopus (*Dolichopus*) *basisetus* Yang, 1998: Yang, Zhang, Wang *et* Zhu, 2011. Fauna Sinica Insecta 53: 494.

分布（Distribution）：新疆（XJ）

（263）尖钩长足虻 *Dolichopus* (*Dolichopus*) *bigeniculatus* Parent, 1926

Dolichopus bigeniculatus Parent, 1926. Encycl. Ent. (B II) Dipt. 3: 114. **Type locality:** China (Shanghai: "Zi-Ka-Wei" [= Xujiahui]).

Dolichopus (*Dolichopus*) *bigeniculatus* Parent, 1926: Yang, Zhang, Wang *et* Zhu, 2011. Fauna Sinica Insecta 53: 495.

分布（Distribution）：北京（BJ）、山东（SD）、河南（HEN）、陕西（SN）、安徽（AH）、江苏（JS）、上海（SH）、浙江（ZJ）、四川（SC）

（264）多鬃长足虻 *Dolichopus* (*Dolichopus*) *bonsdorfii* Frey, 1915

Dolichopus bonsdorfii Frey, 1915. Acta Soc. Fauna Flora Fenn. 40 (5): 22. **Type locality:** Finland ("westliche Lappland: Monio, in der Nähe des Fjeldes Olostunturi").

Dolichopus (*Dolichopus*) *bonsdorfii* Frey, 1915: Yang, Zhang, Wang *et* Zhu, 2011. Fauna Sinica Insecta 53: 497.

分布（Distribution）：黑龙江（HL）；瑞典、芬兰、俄罗斯、爱沙尼亚

（265）短突长足虻 *Dolichopus* (*Dolichopus*) *brevipennis* Meigen, 1824

Dolichopus brevipennis Meigen, 1824. Syst. Beschr. 4: 89. **Type locality:** Sweden.

Dolichopus (*Dolichopus*) *brevipennis* Meigen, 1824: Yang, Zhang, Wang *et* Zhu, 2011. Fauna Sinica Insecta 53: 499.

分布（Distribution）：新疆（XJ）；瑞典、芬兰、爱尔兰、英国、丹麦、瑞士、德国、比利时、奥地利、波兰、意大利、俄罗斯、美国（阿拉斯加）

（266）长胝长足虻 *Dolichopus* (*Dolichopus*) *calceatus* Parent, 1927

Dolichopus calceatus Parent, 1927. Encycl. Ent. (B II) Dipt. 4: 94. **Type locality:** Russia ("Transbaikale; Pjetschanka, b. Tschita").

Dolichopus (*Dolichopus*) *calceatus* Parent, 1927: Yang, Zhang, Wang *et* Zhu, 2011. Fauna Sinica Insecta 53: 501.

分布（Distribution）：中国；俄罗斯

(267) 长鬃长足虻 *Dolichopus (Dolichopus) clavipes* Haliday, 1832

Dolichopus clavipes Haliday, 1832. Zool. J. Lond. 1830-1831 5: 365. **Type locality:** Ireland (Holywood).

Dolichopus fuscipes Haliday, 1832. Zool. J. Lond. 1830-1831 5: 365. **Type locality:** Ireland (Holywood).

Dolichopus trochanterarus Zetterstedt, 1843. Dipt. Scand. 2: 529. **Type locality:** "Scandinaviae".

Dolichopus (*Dolichopus*) *clavipes* Haliday, 1832: Yang, Zhang, Wang *et* Zhu, 2011. Fauna Sinica Insecta 53: 502.

分布（Distribution）：新疆（XJ）；蒙古国、爱尔兰、英国、瑞典、瑞士、丹麦、比利时、西班牙、芬兰、德国、俄罗斯

(268) 楔突长足虻 *Dolichopus (Dolichopus) cuneipennis* Parent, 1926

Dolichopus cuneipennis Parent, 1926. Encycl. Ent. (B II) Dipt. 3: 115. **Type locality:** China (Tchen-Kiang, Zi-Ka-Wei [= Xujiahui, near Shanghai]).

Dolichopus (*Dolichopus*) *cuneipennis* Parent, 1926: Yang, Zhang, Wang *et* Zhu, 2011. Fauna Sinica Insecta 53: 503.

分布（Distribution）：黑龙江（HL）、吉林（JL）、陕西（SN）、上海（SH）

(269) 圆须长足虻 *Dolichopus (Dolichopus) divisus* Becker, 1917

Dolichopus divisus Becker, 1917. Nova Acta Acad. Caesar. Leop. Carol. 102 (2): 133. **Type locality:** Russia ("Urga, Irkutsk").

Dolichopus (*Dolichopus*) *divisus* Becker, 1917: Yang, Zhang, Wang *et* Zhu, 2011. Fauna Sinica Insecta 53: 505.

分布（Distribution）：中国；蒙古国、俄罗斯

(270) 亮翅长足虻 *Dolichopus (Dolichopus) erroneus* Parent, 1926

Dolichopus erroneus Parent, 1926. Encycl. Ent. (B II) Dipt. 3: 121. **Type locality:** China (Shanghai: "Zo Sé").

Dolichopus (*Dolichopus*) *erroneus* Parent, 1926: Yang, Zhang, Wang *et* Zhu, 2011. Fauna Sinica Insecta 53: 505.

分布（Distribution）：山东（SD）、江苏（JS）、上海（SH）

(271) 尖突长足虻 *Dolichopus (Dolichopus) exsul* Aldrich, 1922

Dolichopus exsul Aldrich, 1922. Proc. U. S. Natl. Mus. 61 (25): 15. **Type locality:** USA (Hawaiian Is).

Dolichopus angustinervis Becker, 1922. Capita Zool. 1 (4): 9. **Type locality:** China (Taiwan); India.

Dolichopus sigmatifer Parent, 1937. Konowia 16: 67. **Type locality:** USA (Hawaiian Is).

Dolichopus (*Dolichopus*) *exsul* Aldrich, 1922: Yang, Zhang, Wang *et* Zhu, 2011. Fauna Sinica Insecta 53: 507.

分布（Distribution）：贵州（GZ）、台湾（TW）；印度、尼泊尔、美国（夏威夷）

(272) 毛束长足虻 *Dolichopus (Dolichopus) galeatus* Loew, 1871

Dolichopus galeatus Loew, 1871. Beschr. Europ. Dipt. 2: 271. **Type locality:** Russia ("Sibirien").

Dolichopus (*Dolichopus*) *galeatus* Loew, 1871: Yang, Zhang, Wang *et* Zhu, 2011. Fauna Sinica Insecta 53: 509.

分布（Distribution）：黑龙江（HL）；俄罗斯

(273) 膝突长足虻 *Dolichopus (Dolichopus) geniculatus* Stannius, 1831

Dolichopus geniculatus Stannius, 1831. Isis 1831: 135. **Type locality:** Germany (Hamburg).

Dolichopus discrepans Parent, 1928. Ann Soc. Sci. Brux. (B) 48: 33. **Type locality:** Germany ("Allemagne").

Dolichopus (*Dolichopus*) *geniculatus* Stannius, 1831: Yang, Zhang, Wang *et* Zhu, 2011. Fauna Sinica Insecta 53: 510.

分布（Distribution）：吉林（JL）；德国、捷克

(274) 双叶长足虻 *Dolichopus (Dolichopus) grunini* Smirnov, 1948

Dolichopus grunini Smirnov, 1948. Nauch. Metod. Zap. Upravl. Zapov. 11 (1): 224. **Type locality:** Russia (Jasnaya Polyana, river Takema. Sikhote-Alini).

Dolichopus (*Dolichopus*) *grunini* Smirnov, 1948: Yang, Zhang, Wang *et* Zhu, 2011. Fauna Sinica Insecta 53: 512.

分布（Distribution）：新疆（XJ）；俄罗斯

(275) 和静长足虻 *Dolichopus (Dolichopus) hejingensis* Yang, 1998

Dolichopus hejingensis Yang, 1998. Bull. Inst. R. Sci. Nat. Belg. Ent. 68: 171. **Type locality:** China (Xinjiang: Hejin).

Dolichopus (*Dolichopus*) *hejingensis* Yang, 1998: Yang, Zhang, Wang *et* Zhu, 2011. Fauna Sinica Insecta 53: 514.

分布（Distribution）：新疆（XJ）

(276) 河南长足虻 *Dolichopus (Dolichopus) henanus* Yang, 1999

Dolichopus henanus Yang, 1999. Bull. Inst. R. Sci. Nat. Belg. Ent. 69: 206. **Type locality:** China (Henan: Xixia).

Dolichopus (*Dolichopus*) *henanus* Yang, 1999: Yang, Zhang, Wang *et* Zhu, 2011. Fauna Sinica Insecta 53: 516.

分布（Distribution）：河南（HEN）

(277) 粗胝长足虻 *Dolichopus (Dolichopus) hilaris* Loew, 1862

Dolichopus hilaris Loew, 1862. Wien. Entomol. Monatschr. 6 (9): 297. **Type locality:** Poland (Miedzyrecz).

Dolichopus (*Dolichopus*) *hilaris* Loew, 1862: Yang, Zhang, Wang *et* Zhu, 2011. Fauna Sinica Insecta 53: 517.

分布（Distribution）：黑龙江（HL）、新疆（XJ）；瑞典、法国、奥地利、捷克、德国、波兰、意大利、白俄罗斯、乌兹别克斯坦、俄罗斯、哈萨克斯坦

（278）李氏长足虻 *Dolichopus* (*Dolichopus*) *howjingleei* Olejníček, 2002

Dolichopus howjingleei Olejníček, 2002. Biologia 57 (2): 147. **Type locality:** China (Taiwan: Taipei).
Dolichopus (*Dolichopus*) *howjingleei* Olejníček, 2002: Yang, Zhang, Wang *et* Zhu, 2011. Fauna Sinica Insecta 53: 519.
分布（Distribution）：台湾（TW）

（279）黄鬃长足虻 *Dolichopus* (*Dolichopus*) *jaxarticus* Stackelberg, 1927

Dolichopus jaxarticus Stackelberg, 1927. Konowia 6: 225. **Type locality:** "prov. Syrdarjensis *et* Samarkandica (Tshardary)" [south Kazakhstan, Uzbekistan].
Dolichopus (*Dolichopus*) *jaxarticus* Stackelberg, 1927: Yang, Zhang, Wang *et* Zhu, 2011. Fauna Sinica Insecta 53: 520.
分布（Distribution）：新疆（XJ）；乌兹别克斯坦、哈萨克斯坦、俄罗斯

（280）吉林长足虻 *Dolichopus* (*Dolichopus*) *jilinensis* Zhang *et* Yang, 2008

Dolichopus (*Dolichopus*) *jilinensis* Zhang *et* Yang, 2008. J. Nat. Hist. 42 (39-40): 2521. **Type locality:** China (Jilin: Changbaishan).
Dolichopus (*Dolichopus*) *jilinensis* Zhang *et* Yang, 2008: Yang, Zhang, Wang *et* Zhu, 2011. Fauna Sinica Insecta 53: 521.
分布（Distribution）：吉林（JL）

（281）黑胫长足虻 *Dolichopus* (*Dolichopus*) *legendrei* Parent, 1930

Dolichopus legendrei Parent, 1930. Ann. Soc. Sci. Brux. (B) 50: 87. **Type locality:** China (Yunnan).
Dolichopus (*Dolichopus*) *legendrei* Parent, 1930: Yang, Zhang, Wang *et* Zhu, 2011. Fauna Sinica Insecta 53: 523.
分布（Distribution）：云南（YN）

（282）寡鬃长足虻 *Dolichopus* (*Dolichopus*) *lepidus* Staeger, 1842

Dolichopus lepidus Staeger, 1842. Naturh. Tidsskr. 4: 36. **Type locality:** Denmark (Slutningen: ved Leersøen).
Dolichopus dissimilipes Zetterstedt, 1843. Dipt. Scand. 2: 527. **Type locality:** Sweden ("Scania").
Dolichopus geniculatus Zetterstedt, 1843. Dipt. Scand. 2: 525.
Dolichopus tibialis Zetterstedt, 1838. Ins. Lapp.: 710.
Dolichopus uliginosus Becker, 1925. Zool. Jb. Syst. 51: 165. **Type locality:** Germany.
Dolichopus uliginosulus Dyte, 1980. Ent. Scand. 11: 224 (new name for *Dolichopus uliginosus* Becker, 1925, nec Van Duzee, 1923).
Dolichopus (*Dolichopus*) *lepidus* Staeger, 1842: Yang, Zhang, Wang *et* Zhu, 2011. Fauna Sinica Insecta 53: 524.
分布（Distribution）：北京（BJ）、陕西（SN）；蒙古国、爱尔兰、英国、法国、比利时、荷兰、挪威、丹麦、捷克、前南斯拉夫、奥地利、匈牙利、波兰、意大利、俄罗斯、白俄罗斯、格鲁吉亚、瑞典、德国

（283）黄基长足虻 *Dolichopus* (*Dolichopus*) *linearis* Meigen, 1824

Dolichopus linearis Meigen, 1824. Syst. Beschr. 4: 84. **Type locality:** Not given.
Dolichopus plebeius Meigen, 1824. Syst. Beschr. 4: 99. **Type locality:** England.
Dolichopus parvulus Zetterstedt, 1843. Dipt. Scand. 2: 555. **Type locality:** Scania meridionali (Lund); Ostrogothia (Wadstena); Hamburgum [Sweden, Germany].
Dolichopus agilis Zetterstedt, 1849. Dipt. Scand. 8: 3081.
Dolichopus (*Dolichopus*) *linearis* Meigen, 1824: Yang, Zhang, Wang *et* Zhu, 2011. Fauna Sinica Insecta 53: 526.
分布（Distribution）：黑龙江（HL）、吉林（JL）、内蒙古（NM）、北京（BJ）、甘肃（GS）、青海（QH）、新疆（XJ）；蒙古国、芬兰、瑞典、爱尔兰、英国、波兰、德国、比利时、法国、瑞士、捷克、丹麦、奥地利、匈牙利、罗马尼亚、意大利、爱沙尼亚、俄罗斯

（284）长角长足虻 *Dolichopus* (*Dolichopus*) *longicornis* Stannius, 1831

Dolichopus longicornis Stannius, 1831. Isis 1831: 53. **Type locality:** Not given [Germany: ? Hamburg, ? Breslau].
Dolichopus (*Dolichopus*) *longicornis* Stannius, 1831: Yang, Zhang, Wang *et* Zhu, 2011. Fauna Sinica Insecta 53: 528.
分布（Distribution）：山西（SX）；蒙古国、爱尔兰、英国、瑞典、芬兰、荷兰、丹麦、法国、德国、比利时、捷克、匈牙利、罗马尼亚、波兰、意大利、俄罗斯、白俄罗斯

（285）长毛长足虻 *Dolichopus* (*Dolichopus*) *longipilosus* Zhang *et* Yang, 2008

Dolichopus (*Dolichopus*) *longipilosus* Zhang *et* Yang, 2008. J. Nat. Hist. 42 (39-40): 2523. **Type locality:** China (Inner Mongolia, Tuweibashan).
Dolichopus (*Dolichopus*) *longipilosus* Zhang *et* Yang, 2008: Yang, Zhang, Wang *et* Zhu, 2011. Fauna Sinica Insecta 53: 529.
分布（Distribution）：内蒙古（NM）

（286）罗山长足虻 *Dolichopus* (*Dolichopus*) *luoshanensis* Yang *et* Saigusa, 1999

Dolichopus luoshanensis Yang *et* Saigusa, 1999. Insects of the Mountains Funiu and Dabie Regions: 189. **Type locality:** China (Henan: Luoshan).
Dolichopus (*Dolichopus*) *luoshanensis* Yang *et* Saigusa, 1999: Yang, Zhang, Wang *et* Zhu, 2011. Fauna Sinica Insecta 53: 531.

分布（Distribution）：河南（HEN）

（287）黄毛长足虻 *Dolichopus* (*Dolichopus*) *mannerheimi* Zetterstedt, 1838

Dolichopus mannerheimi Zetterstedt, 1838. Insecta Lapp.: 707. **Type locality:** Sweden ("Lapponia Umensi, Stensele; Tresunda; Naestansjo; in paroecia Wilhelmina" [= Vilhelmina]).
Dolichopus (*Dolichopus*) *mannerheimi* Zetterstedt, 1838: Yang, Zhang, Wang *et* Zhu, 2011. Fauna Sinica Insecta 53: 532.
分布（Distribution）：黑龙江（HL）、新疆（XJ）；瑞典、芬兰、俄罗斯

（288）马氏长足虻 *Dolichopus* (*Dolichopus*) *martynovi* Stackelberg, 1930

Dolichopus martynovi Stackelberg, 1930. Annu. Mus. Zool. Acad. Sci. USSR 31: 145. **Type locality:** Russia ("Siberiae orientalis prov. Austro-Ussuriensis propre pagum Tigrovaja, distr. Sutshanicus; litus meridionalis laci Chanka promotorium Rjabokonj; prope pagum Staraja Devitza, pagum Kamenj-Rybolov; Vladivostok").
Dolichopus (*Dolichopus*) *martynovi* Stackelberg, 1930: Yang, Zhang, Wang *et* Zhu, 2011. Fauna Sinica Insecta 53: 534.
分布（Distribution）：黑龙江（HL）、吉林（JL）、河北（HEB）、陕西（SN）、宁夏（NX）、新疆（XJ）；蒙古国、俄罗斯

（289）南方长足虻 *Dolichopus* (*Dolichopus*) *meridionalis* Yang, 1996

Dolichopus meridionalis Yang, 1996. Bull. Inst. R. Sci. Nat. Belg. Ent. 66: 81. **Type locality:** China (Yunnan: Cangning).
Dolichopus (*Dolichopus*) *meridionalis* Yang, 1996: Yang, Zhang, Wang *et* Zhu, 2011. Fauna Sinica Insecta 53: 536.
分布（Distribution）：河南（HEN）、贵州（GZ）、云南（YN）、广东（GD）、广西（GX）

（290）麦氏长足虻 *Dolichopus* (*Dolichopus*) *meyeri* Yang, 1998

Dolichopus meyeri Yang, 1998. Bull. Inst. R. Sci. Nat. Belg. Ent. 68: 173. **Type locality:** China (Qinghai: Mengyuan).
Dolichopus (*Dolichopus*) *meyeri* Yang, 1998: Yang, Zhang, Wang *et* Zhu, 2011. Fauna Sinica Insecta 53: 537.
分布（Distribution）：青海（QH）

（291）长尾鬃长足虻 *Dolichopus* (*Dolichopus*) *nitidus* Fallén, 1823

Dolichopus nitidus Fallén, 1823. Monogr. Dolichopod. Svec.: 12. **Type locality:** Not given.
Dolichopus ornatus Meigen, 1824. Syst. Beschr. 4: 78. **Type locality:** Not given [Europe].
Dolichopus jucundus Haliday, 1833. Ent. Mag. 1 (2): 163. **Type locality:** Not given [Ireland: Downshire Holywood].
Dolichopus azureus Macquart, 1834. Hist. Nat. Ins. Dipt. 1: 462. **Type locality:** France (Bordeaux).
Dolichopus coeruleicollis Meigen, 1838. Syst. Beschr. 7: 160. **Type locality:** Germany ("Baiern" [= Bavaria]).
Dolichopus (*Dolichopus*) *nitidus* Fallén, 1823: Yang, Zhang, Wang *et* Zhu, 2011. Fauna Sinica Insecta 53: 539.
分布（Distribution）：河南（HEN）、上海（SH）；日本、爱尔兰、瑞典、芬兰、丹麦、德国、荷兰、法国、捷克、奥地利、罗马尼亚、匈牙利、英国、意大利、西班牙、保加利亚、爱沙尼亚、俄罗斯、白俄罗斯

（292）二叉长足虻 *Dolichopus* (*Dolichopus*) *nubilis* Meigen, 1824

Dolichopus nubilis Meigen, 1824. Syst. Beschr. 4: 96. **Type locality:** Not given.
Dolichopus pallipes Macquart, 1827. Mém. Soc. Sci. Agric. Lille. 1826/1827: 64. **Type locality:** Not given [North France].
Dolichopus actaeus Haliday, 1832. Zool. J. Lond. 1830-1831 5: 364. **Type locality:** Iraland (Holywood).
Dolichopus inquinatus Haliday, 1832. Zool. J. Lond. 1830-1831 5: 364. **Type locality:** Iraland (Holywood).
Dolichopus (*Dolichopus*) *nubilis* Meigen, 1824: Yang, Zhang, Wang *et* Zhu, 2011. Fauna Sinica Insecta 53: 540.
分布（Distribution）：新疆（XJ）；爱尔兰、瑞典、芬兰、英国、比利时、法国、荷兰、丹麦、德国、匈牙利、捷克、奥地利、波兰、罗马尼亚、西班牙、意大利、前南斯拉夫、保加利亚、俄罗斯、爱沙尼亚、亚美尼亚、乌兹别克斯坦、塔吉克斯坦

（293）东方长足虻 *Dolichopus* (*Dolichopus*) *orientalis* Parent, 1927

Dolichopus orientalis Parent, 1927. Congr. Soc. Sav. Paris 1926: 463. **Type locality:** China (Mandchourie: Ourga à Tsitsikhar).
Dolichopus (*Dolichopus*) *orientalis* Parent, 1927: Yang, Zhang, Wang *et* Zhu, 2011. Fauna Sinica Insecta 53: 542.
分布（Distribution）：黑龙江（HL）、内蒙古（NM）

（294）羽鬃长足虻 *Dolichopus* (*Dolichopus*) *plumipes* (Scopoli, 1763)

Musca plumipes Scopoli, 1763. Ent. Carniolica: 334. **Type locality:** "carnioliae indigena".
Dolichopus pennitarsis Fallén, 1823. Monogr. Dolichopod. Svec.: 11. **Type locality:** Sweden ("Ostrogothia *et* Scania").
Dolichopus ciliatus Walker, 1849. List Dipt. Brit. Mus. 3: 661. **Type locality:** Canada (Ontario: Hudson's Bay, Albany River, St. Martin's Falls).
Dolichopus sequax Walker, 1849. List Dipt. Brit. Mus. 3: 666. **Type locality:** Canada (Ontario: Hudson's Bay, Albany River, St. Martin's Falls).
Dolichopus nigroapicalis Van Duzee, 1930. Pan-Pac. Ent. 6 (3): 125. **Type locality:** USA (Colorado, Longs Peak Inn).
Dolichopus (*Dolichopus*) *plumipes* (Scopoli): Negrobov, 1991. Cat. Palaearct. Dipt. 7: 111.

Dolichopus (*Dolichopus*) *plumipes* (Scopoli, 1763): Yang, Zhang, Wang *et* Zhu, 2011. Fauna Sinica Insecta 53: 544.
分布（Distribution）：黑龙江（HL）、河北（HEB）、山西（SX）、河南（HEN）、青海（QH）、新疆（XJ）、西藏（XZ）；蒙古国、挪威、瑞典、芬兰、德国、瑞士、捷克、西班牙、波兰、保加利亚、丹麦、荷兰、奥地利、匈牙利、罗马尼亚、冰岛、法国、比利时、爱沙尼亚、白俄罗斯、俄罗斯、乌兹别克斯坦、格鲁吉亚、吉尔吉斯斯坦、土库曼斯坦、格陵兰岛；北美洲、南美洲

（295）羽跗长足虻 *Dolichopus* (*Dolichopus*) *plumitarsis* Fallén, 1823

Dolichopus plumitarsis Fallén, 1823. Monogr. Dolichopod. Svec.: 10. **Type locality:** Not given (Sweden).
Dolichopus (*Dolichopus*) *plumitarsis* Fallén, 1823: Yang, Zhang, Wang *et* Zhu, 2011. Fauna Sinica Insecta 53: 546.
分布（Distribution）：黑龙江（HL）、河北（HEB）、北京（BJ）、新疆（XJ）；瑞典、芬兰、英国、荷兰、奥地利、捷克、保加利亚、意大利、爱沙尼亚、白俄罗斯、俄罗斯

（296）青河长足虻 *Dolichopus* (*Dolichopus*) *qinghensis* Zhang, Yang *et* Grootaert, 2004

Dolichopus qinghensis Zhang, Yang *et* Grootaert, 2004. Biologia 59 (5): 555. **Type locality:** China (Xinjiang: Qinghe).
Dolichopus (*Dolichopus*) *qinghensis* Zhang, Yang *et* Grootaert, 2004; Yang, Zhang, Wang *et* Zhu, 2011. Fauna Sinica Insecta 53: 548.
分布（Distribution）：新疆（XJ）

（297）隐胝长足虻 *Dolichopus* (*Dolichopus*) *reichardti* Stackelberg, 1933

Dolichopus reichardti Stackelberg, 1933. Flieg. Palaearkt. Reg. 4 (5): 87. **Type locality:** Kirgizia ("Ost-Pamir, Bergkette Sary-kol östlich des Sees Kara-kul").
Dolichopus (*Dolichopus*) *reichardti* Stackelberg, 1933: Yang, Zhang, Wang *et* Zhu, 2011. Fauna Sinica Insecta 53: 550.
分布（Distribution）：新疆（XJ）；哈萨克斯坦、吉尔吉斯斯坦

（298）芮氏长足虻 *Dolichopus* (*Dolichopus*) *ringdahli* Stackelberg, 1929

Dolichopus ringdahli Stackelberg, 1929. Zool. Anz. 84: 178. **Type locality:** Russia ("Kreis Jakutsk: Keedej-See; Süd-Ussuri-Gebiet: Tigrovaya. Kreis Sutshan").
Dolichopus (*Dolichopus*) *ringdahli* Stackelberg, 1929: Yang, Zhang, Wang *et* Zhu, 2011. Fauna Sinica Insecta 53: 551.
分布（Distribution）：吉林（JL）；俄罗斯

（299）茹氏长足虻 *Dolichopus* (*Dolichopus*) *roborovskii* Stackelberg, 1933

Dolichopus roborovskii Stackelberg, 1933. Flieg. Palaearkt. Reg. 4 (5): 89. **Type locality:** China ["Bomyn (Irshegyn), Nord-Ost-Tzaidam, und Kurlyk Baingol, Nord-Tzaidam"].
Dolichopus (*Dolichopus*) *roborovskii* Stackelberg, 1933: Yang, Zhang, Wang *et* Zhu, 2011. Fauna Sinica Insecta 53: 553.
分布（Distribution）：青海（QH）；蒙古国

（300）短毛长足虻 *Dolichopus* (*Dolichopus*) *robustus* Stackelberg, 1928

Dolichopus robustus Stackelberg, 1928. Zool. Anz. 79: 226. **Type locality:** Russia ("Siberiae orientalis, prov. Austro-Ussuriensis prope pagum Tigrovaja distr. Sutshanicus; Sedanka prope Vladivostok; in ripis fluminis Ugodinza, via Spassk-Jakovlevka, distr. Spasskensis").
Dolichopus (*Dolichopus*) *robustus* Stackelberg, 1928: Yang, Zhang, Wang *et* Zhu, 2011. Fauna Sinica Insecta 53: 553.
分布（Distribution）：山东（SD）；俄罗斯

（301）粗端长足虻 *Dolichopus* (*Dolichopus*) *romanovi* Smirnov *et* Negrobov, 1973

Dolichopus romanovi Smirnov *et* Negrobov, 1973. Acta Zool. Hung. 19 (1-2): 143. **Type locality:** Russia ("Transbaikalien, Bergrücken Tscherskoj, Oberlauf des Flusses Inogda").
Dolichopus (*Dolichopus*) *romanovi* Smirnov *et* Negrobov, 1973: Yang, Zhang, Wang *et* Zhu, 2011. Fauna Sinica Insecta 53: 555.
分布（Distribution）：山东（SD）；蒙古国、俄罗斯

（302）黑毛长足虻 *Dolichopus* (*Dolichopus*) *rupestris* Haliday, 1833

Dolichopus rupestris Haliday, 1833. Ent. Mag. 1 (2): 164. **Type locality:** Not given [Ireland].
Dolichopus festinans Zetterstedt, 1838. Insecta Lapp.: 708. **Type locality:** Sweden ("Lapponia Umensi; ad Stensele, Åsele, Fredrica, Lycksele").
Dolichopus fuscimanus Zetterstedt, 1843. Dipt. Scand. 2: 510. **Type locality:** Norway; Sweden.
Dolichopus ochripes Zetterstedt, 1843. Dipt. Scand. 2: 564. **Type locality:** Norway; Sweden.
Dolichopus (*Dolichopus*) *rupestris* Haliday, 1833: Yang, Zhang, Wang *et* Zhu, 2011. Fauna Sinica Insecta 53: 556.
分布（Distribution）：新疆（XJ）；爱尔兰、英国、瑞典、丹麦、荷兰、挪威、芬兰、德国、捷克、法国、俄罗斯

（303）扁跗长足虻 *Dolichopus* (*Dolichopus*) *sagittarius* Loew, 1848

Dolichopus sagittarius Loew, 1848. Stettin. Ent. Ztg. 9 (1): 330. **Type locality:** Russia (Siberia).
Dolichopus cognobilis Parent, 1926. Encycl. Ent. (B II) Dipt. 3: 113. **Type locality:** China ("Vallee du Tamir Gol").
Dolichopus (*Dolichopus*) *sagittarius* Loew, 1848: Yang, Zhang, Wang *et* Zhu, 2011. Fauna Sinica Insecta 53: 558.
分布（Distribution）：中国；蒙古国、俄罗斯

（304）史氏长足虻 *Dolichopus* (*Dolichopus*) *shii* Yang, 1996

Dolichopus shii Yang, 1996. Bull. Inst. R. Sci. Nat. Belg. Ent. 66: 81. **Type locality:** China (Xizang: Yela).

Dolichopus (*Dolichopus*) *shii* Yang, 1996: Yang, Zhang, Wang *et* Zhu, 2011. Fauna Sinica Insecta 53: 559.

分布（Distribution）：青海（QH）、四川（SC）、西藏（XZ）

（305）长跗长足虻 *Dolichopus* (*Dolichopus*) *simius* Parent, 1927

Dolichopus simius Parent, 1927. Congr. Soc. Sav. Paris 1926: 465. **Type locality:** Russia (Sibérie: environs d'Irkutsk).

Dolichopus (*Dolichopus*) *simius* Parent, 1927: Yang, Zhang, Wang *et* Zhu, 2011. Fauna Sinica Insecta 53: 561.

分布（Distribution）：黑龙江（HL）、内蒙古（NM）；蒙古国、俄罗斯

（306）基黄长足虻 *Dolichopus* (*Dolichopus*) *simulator* Parent, 1926

Dolichopus simulator Parent, 1926. Encycl. Ent. (B II) Dipt. 3: 119. **Type locality:** China (Shanghai: "Zi-Ka-Wei [= Xujiahui]", "Zo-Sé"; Jiangxi, "Kou-ling [= Guling]").

Dolichopus simulator clarior Parent, 1936. Ark. Zool. 27B (6): 1. **Type locality:** China (Kiangsu).

Dolichopus (*Dolichopus*) *simulator* Parent, 1926: Yang, Zhang, Wang *et* Zhu, 2011. Fauna Sinica Insecta 53: 562.

分布（Distribution）：河南（HEN）、陕西（SN）、江苏（JS）、上海（SH）、浙江（ZJ）、湖南（HN）、湖北（HB）、四川（SC）、贵州（GZ）、云南（YN）、福建（FJ）、广西（GX）

（307）亚端长足虻 *Dolichopus* (*Dolichopus*) *subapicalis* Yang, 1998

Dolichopus subapicalis Yang, 1998. Bull. Inst. R. Sci. Nat. Belg. Ent. 68: 180. **Type locality:** China (Yunnan: Zhongdian).

Dolichopus (*Dolichopus*) *subapicalis* Yang, 1998: Yang, Zhang, Wang *et* Zhu, 2011. Fauna Sinica Insecta 53: 564.

分布（Distribution）：云南（YN）

（308）迭部长足虻 *Dolichopus* (*Dolichopus*) *tewoensis* Yang, 1998

Dolichopus tewoensis Yang, 1998. Bull. Inst. R. Sci. Nat. Belg. Ent. 68: 174. **Type locality:** China [Gansu (Tewo)].

Dolichopus (*Dolichopus*) *tewoensis* Yang, 1998: Yang, Zhang, Wang *et* Zhu, 2011. Fauna Sinica Insecta 53: 566.

分布（Distribution）：北京（BJ）、陕西（SN）、甘肃（GS）

（309）孤鬃长足虻 *Dolichopus* (*Dolichopus*) *turanicus* Stackelberg, 1933

Dolichopus turanicus Stackelberg, 1933. Flieg. Palaearkt. Reg. 4 (5): 101 (new name for *Dolichopus turkestani* Stackelberg, 1927, nec Becker, 1917).

Dolichopus turkestani Stackelberg, 1927. Russ. Ent. Obozr. 21 (1-2): 57. **Type locality:** Middle Asia (Dzhyptyk, Turkestan).

Dolichopus (*Dolichopus*) *turanicus* Stackelberg, 1933: Yang, Zhang, Wang *et* Zhu, 2011. Fauna Sinica Insecta 53: 567.

分布（Distribution）：青海（QH）；蒙古国；亚洲（中部）

（310）三鬃长足虻 *Dolichopus* (*Dolichopus*) *ungulatus* (Linnaeus, 1758)

Musca ungulatus Linnaeus, 1758. Syst. Nat. Ed. 10, Vol. 1: 598. **Type locality:** Europe.

Nemotelus aeneus De Geer, 1776. Mém. Ins. 6: 194. **Type locality:** Not given.

Dolichopus bifurcatus Macquart, 1827. Recl. Trav. Soc. Sci. Agric. Lille 1826/1827: 277. **Type locality:** Not given [France].

Dolichopus subungulatus Stackelberg, 1933. Flieg. Palaearkt. Reg. 4 (5): 99. **Type locality:** "Franzensbad, Böhmen" [Czechoslovakia].

Dolichopus chalybeus Meigen, 1824. Syst. Beschr. 4: 79.

Dolichopus (*Dolichopus*) *ungulatus* (Linnaeus): Negrobov, 1991. Cat. Palaearct. Dipt. 7: 117.

Dolichopus (*Dolichopus*) *ungulatus* (Linnaeus, 1758): Yang, Zhang, Wang *et* Zhu, 2011. Fauna Sinica Insecta 53: 569.

分布（Distribution）：新疆（XJ）；爱尔兰、英国、瑞典、芬兰、丹麦、荷兰、德国、比利时、法国、捷克、奥地利、瑞士、罗马尼亚、保加利亚、波兰、匈牙利、意大利、西班牙、爱沙尼亚、白俄罗斯、俄罗斯；北美洲

（311）单鬃长足虻 *Dolichopus* (*Dolichopus*) *uniseta* Stackelberg, 1929

Dolichopus uniseta Stackelberg, 1929. Zool. Anz. 84: 177. **Type locality:** Russia ("Kreis Jakutsk: Olom; Abyj, ungefähr 60°50′ nördlicher Breite und 130° östlicher Länge zwischen der Lena und Amga, Aminiskaja Sloboda, am linken Ufer des Flußes Amga; Süd-Ussuri-Gebiet: Jakovlevka, Kreis Spassk").

Dolichopus (*Dolichopus*) *uniseta* Stackelberg, 1929: Yang, Zhang, Wang *et* Zhu, 2011. Fauna Sinica Insecta 53: 571.

分布（Distribution）：黑龙江（HL）、河北（HEB）、北京（BJ）、陕西（SN）；俄罗斯

（312）尖角长足虻 *Dolichopus* (*Dolichopus*) *vaillanti* Parent, 1927

Dolichopus vaillanti Parent, 1927. Congr. Soc. Sav. Paris 1926: 458. **Type locality:** China ("Monts Nan-Chan, Chine du Nord").

Dolichopus (*Dolichopus*) *vaillanti* Parent, 1927: Yang, Zhang, Wang *et* Zhu, 2011. Fauna Sinica Insecta 53: 573.

分布（Distribution）：中国北方

（313）黄尾长足虻 *Dolichopus* (*Dolichopus*) *xanthopyga* Stackelberg, 1930

Dolichopus xanthopyga Stackelberg, 1930. Annu. Mus. Zool. Acad. Sci. USSR 31: 150. **Type locality:** Russia ("Siberie orientalis prov. Spasskensis litis meridionalis lacus,

Chanka-prope pagum Staraja Devitza, ad ostium fluminis Lefu, promontorium Rjabokonj").

Dolichopus (*Dolichopus*) *xanthopyga* Stackelberg, 1930: Yang, Zhang, Wang *et* Zhu, 2011. Fauna Sinica Insecta 53: 574.

分布（Distribution）：黑龙江（HL）；俄罗斯

（314）新疆长足虻 *Dolichopus* (*Dolichopus*) *xinjianganus* Yang, 1998

Dolichopus xinjianganus Yang, 1998. Acta Ent. Sin. 41 (Suppl.): 181. **Type locality:** China (Xinjiang: Shawan).

Dolichopus (*Dolichopus*) *xinjianganus* Yang, 1998: Yang, Zhang, Wang *et* Zhu, 2011. Fauna Sinica Insecta 53: 575.

分布（Distribution）：新疆（XJ）

（315）新源长足虻 *Dolichopus* (*Dolichopus*) *xinyuanus* Yang, 1998

Dolichopus xinyuanus Yang, 1998. Acta Ent. Sin. 41 (Suppl.): 182. **Type locality:** China (Xinjiang: Xinyuan).

Dolichopus (*Dolichopus*) *xinyuanus* Yang, 1998: Yang, Zhang, Wang *et* Zhu, 2011. Fauna Sinica Insecta 53: 577.

分布（Distribution）：新疆（XJ）

（316）杨氏长足虻 *Dolichopus* (*Dolichopus*) *yangi* Zhang *et* Yang, 2008

Dolichopus (*Dolichopus*) *yangi* Zhang *et* Yang, 2008. J. Nat. Hist. 42 (39-40): 2525. **Type locality:** China (Heilongjiang: Wudalianchi).

Dolichopus (*Dolichopus*) *yangi* Zhang *et* Yang, 2008: Yang, Zhang, Wang *et* Zhu, 2011. Fauna Sinica Insecta 53: 578.

分布（Distribution）：黑龙江（HL）

（317）云南长足虻 *Dolichopus* (*Dolichopus*) *yunnanus* Parent, 1930

Dolichopus yunnanus Parent, 1930. Ann. Soc. Sci. Brux. (B) 50: 87. **Type locality:** China (Yunnan).

Dolichopus (*Dolichopus*) *yunnanus* Parent, 1930: Yang, Zhang, Wang *et* Zhu, 2011. Fauna Sinica Insecta 53: 579.

分布（Distribution）：云南（YN）

（318）异色长足虻 *Dolichopus* (*Dolichopus*) *zernyi* Parent, 1927

Dolichopus zernyi Parent, 1927. Encycl. Ent. (B II) Dipt. 4: 52. **Type locality:** Russia ("Sarepta" [= Krasnoarmeysk, near Volgograd]).

Dolichopus (*Dolichopus*) *zernyi* Parent, 1927: Yang, Zhang, Wang *et* Zhu, 2011. Fauna Sinica Insecta 53: 581.

分布（Distribution）：新疆（XJ）；俄罗斯

（319）浙江长足虻 *Dolichopus* (*Dolichopus*) *Zhejiangensis* Yang *et* Li, 1998

Dolichopus zhejiangensis Yang *et* Li, 1998. Insects of Longwangshan: 318. **Type locality:** China (Zhejiang: Longwangshan).

Dolichopus (*Dolichopus*) *zhejiangensis* Yang *et* Li, 1998: Yang, Zhang, Wang *et* Zhu, 2011. Fauna Sinica Insecta 53: 583.

分布（Distribution）：浙江（ZJ）、贵州（GZ）

（320）中甸长足虻 *Dolichopus* (*Dolichopus*) *zhongdianus* Yang, 1998

Dolichopus zhongdianus Yang, 1998. Bull. Inst. R. Sci. Nat. Belg. Ent. 68: 180. **Type locality:** China (Yunnan: Zhongdian).

Dolichopus (*Dolichopus*) *zhongdianus* Yang, 1998: Yang, Zhang, Wang *et* Zhu, 2011. Fauna Sinica Insecta 53: 584.

分布（Distribution）：云南（YN）

（321）周氏长足虻 *Dolichopus* (*Dolichopus*) *zhoui* Zhang, Yang *et* Grootaert, 2004

Dolichopus zhoui Zhang, Yang *et* Grootaert, 2004. Biologia 59 (5): 556. **Type locality:** China (Beijing: Mentougou).

Dolichopus (*Dolichopus*) *zhoui* Zhang, Yang *et* Grootaert, 2004: Yang, Zhang, Wang *et* Zhu, 2011. Fauna Sinica Insecta 53: 585.

分布（Distribution）：北京（BJ）

（322）宽颜长柄长足虻 *Dolichopus* (*Hygroceleuthus*) *brevifacies* Stackelberg, 1925

Dolichopus (*Hygroceleuthus*) *brevifacies* Stackelberg, 1925. Arch. Naturgesch. 91A (1): 31. **Type locality:** China ("Tibetia in ripis fluminis By-tschu (Njamtscho), systema fluminis Jangtsze-Kiang").

Dolichopus (*Hygroceleuthus*) *brevifacies* Stackelberg, 1925: Yang, Zhang, Wang *et* Zhu, 2011. Fauna Sinica Insecta 53: 587.

分布（Distribution）：青海（QH）、西藏（XZ）

（323）长柄长足虻 *Dolichopus* (*Hygroceleuthus*) *latipennis* Fallén, 1832

Dolichopus (*Hygroceleuthus*) *latipennis* Fallén, 1832. Monogr. Dolichopod. Svec. 8. **Type locality:** Sweden (Paroeciae Farhult Scaniae).

Dolichopus (*Hygroceleuthus*) *latipennis* Fallén, 1832: Yang, Zhang, Wang *et* Zhu, 2011. Fauna Sinica Insecta 53: 589.

分布（Distribution）：中国；蒙古国、瑞典、芬兰、爱尔兰、英国、丹麦、德国、奥地利、捷克、俄罗斯、爱沙尼亚

（324）凹翅长柄长足虻 *Dolichopus* (*Hygroceleuthus*) *rotundipennis* Loew, 1848

Dolichopus (*Hygroceleuthus*) *rotundipennis* Loew, 1848. Stettin. Ent. Ztg. 9 (11): 329. **Type locality:** Russia ("Sibirien").

Dolichopus (*Hygroceleuthus*) *rotundipennis* Loew, 1848: Yang, Zhang, Wang *et* Zhu, 2011. Fauna Sinica Insecta 53: 590.

分布（Distribution）：青海（QH）；俄罗斯

（325）细角长柄长足虻 *Dolichopus* (*Hygroceleuthus*) *tenuicornis* Parent, 1927

Hygroceleuthus tenuicornis Parent, 1927. Congr. Soc. Sav. Paris 1926: 468. **Type locality:** China ("Chine du Nord, Monts Nan-Chan, Cha-Tchéou à Kan-Tchéou").
Dolichopus (*Hygroceleuthus*) *tenuicornis* Parent, 1927: Yang, Zhang, Wang *et* Zhu, 2011. Fauna Sinica Insecta 53: 591.
分布（Distribution）：中国北方

（326）短角短柄长足虻 *Dolichopus* (*Macrodolichopus*) *diadema* Haliday, 1832

Dolichopus (*Macrodolichopus*) *diadema* Haliday, 1832. Zool. J. Lond. 1830-1831 5: 361. **Type locality:** Ireland (Holywood).
Dolichopus fraternus Staeger, 1842. Naturh. Tidsskr. 4: 14.
Dolichopus stannii Zetterstedt, 1843. Dipt. Scand. 2: 560.
Dolichopus (*Macrodolichopus*) *diadema* Haliday, 1832: Yang, Zhang, Wang *et* Zhu, 2011. Fauna Sinica Insecta 53: 592.
分布（Distribution）：青海（QH）；爱尔兰、瑞典、英国、芬兰、丹麦、法国、瑞士、德国、波兰、保加利亚、意大利、西班牙、土耳其、罗马尼亚、爱沙尼亚、俄罗斯、哈萨克斯坦

（327）黑端短柄长足虻 *Dolichopus* (*Macrodolichopus*) *obscuripes* Stackelberg, 1925

Dolichopus (*Macrodolichopus*) *obscuripes* Stackelberg, 1925. Arch. Naturgesch. 91A (1): 32. **Type locality:** China ("in ripis fluminis Bomyn (Itshegyn), Zaidam sept. or., deserta Gobi").
Dolichopus (*Macrodolichopus*) *obscuripes* Stackelberg, 1925: Yang, Zhang, Wang *et* Zhu, 2011. Fauna Sinica Insecta 53: 593.
分布（Distribution）：青海（QH）

30. 行脉长足虻属 *Gymnopternus* Loew, 1857

Gymnopternus Loew, 1857. Progr. K. Realsch. Meseritz 1857: 10. **Type species:** *Dolichopus cupreus* Fallén, 1823 (designation by Coquillett, 1910).
Paragymnopternus Bigot, 1888. Bull. Soc. Ent. Fr. 1888 (3): xxiv. **Type species:** *Dolichopus cupreus* Fallén, 1823 (designation by Evenhuis *et* Pont, 2004).

（328）钩头行脉长足虻 *Gymnopternus ancistrus* (Yang *et* Yang, 1995)

Hercostomus ancistrus Yang *et* Yang, 1995. Insects of Baishanzu Mountain, Eastern China: 512. **Type locality:** China (Zhejiang: Baishanzu).
Gymnopternus ancistrus (Yang *et* Yang): Yang, Zhu, Wang *et* Zhang, 2006. World Catalog of Dolichopodidae: 139.
Gymnopternus ancistrus (Yang *et* Yang, 1995): Yang, Zhang, Wang *et* Zhu, 2011. Fauna Sinica Insecta 53: 615.
分布（Distribution）：浙江（ZJ）

（329）芬芳行脉长足虻 *Gymnopternus blandulus* (Parent, 1932)

Hercostomus blandulus Parent, 1932. Stettin. Ent. Ztg. 93: 237. **Type locality:** China (Taiwan).
Gymnopternus blandulus (Parent): Yang, Zhu, Wang *et* Zhang, 2006. World Catalog of Dolichopodidae: 139.
Gymnopternus blandulus (Parent, 1932): Yang, Zhang, Wang *et* Zhu, 2011. Fauna Sinica Insecta 53: 616.
分布（Distribution）：台湾（TW）

（330）波密行脉长足虻 *Gymnopternus bomiensis* (Yang, 1996)

Hercostomus (*Hercostomus*) *bomiensis* Yang, 1996. Ann. Soc. Ent. Fr. (N. S.) 32 (4): 412. **Type locality:** China (Xizang: Bomi).
Gymnopternus bomiensis (Yang): Yang, Zhu, Wang *et* Zhang, 2006. World Catalog of Dolichopodidae: 139.
Gymnopternus bomiensis (Yang, 1996): Yang, Zhang, Wang *et* Zhu, 2011. Fauna Sinica Insecta 53: 618.
分布（Distribution）：河南（HEN）、浙江（ZJ）、湖北（HB）、云南（YN）、西藏（XZ）、广东（GD）

（331）密毛行脉长足虻 *Gymnopternus collectivus* (Yang *et* Grootaert, 1999)

Hercostomus (*Gymnopternus*) *collectivus* Yang *et* Grootaert, 1999. Bull. Inst. R. Sci. Nat. Belg. Ent. 69: 215. **Type locality:** China (Zhejiang: Tianmushan).
Gymnopternus collectivus (Yang *et* Grootaert): Yang, Zhu, Wang *et* Zhang, 2006. World Catalog of Dolichopodidae: 140.
Gymnopternus collectivus (Yang *et* Grootaert, 1999): Yang, Zhang, Wang *et* Zhu, 2011. Fauna Sinica Insecta 53: 619.
分布（Distribution）：浙江（ZJ）

（332）毛盾行脉长足虻 *Gymnopternus congruens* (Becker, 1922)

Hercostomus congruens Becker, 1922. Capita Zool. 1 (4): 29. **Type locality:** China (Taiwan: "Toa Tsui Kutsu and Macuwama").
Gymnopternus congruens (Becker, 1922): Yang, Zhu, Wang *et* Zhang, 2006. World Catalog of Dolichopodidae: 140.
Gymnopternus congruens (Becker, 1922): Yang, Zhang, Wang *et* Zhu, 2011. Fauna Sinica Insecta 53: 595.
分布（Distribution）：山东（SD）、河南（HEN）、陕西（SN）、甘肃（GS）、浙江（ZJ）、湖南（HN）、四川（SC）、贵州（GZ）、云南（YN）、福建（FJ）、台湾（TW）、广东（GD）、广西（GX）

（333）粗鬃行脉长足虻 *Gymnopternus crassisetosus* (Yang *et* Saigusa), 2001

Hercostomus (*Gymnopternus*) *crassisetosus* Yang *et* Saigusa,

2001. Bull. Inst. R. Sci. Nat. Belg. Ent. 71: 193. **Type locality:** China (Yunnan: Pingbian).
Gymnopternus crassisetosus (Yang *et* Saigusa): Yang, Zhu, Wang *et* Zhang, 2006. World Catalog of Dolichopodidae: 140.
Gymnopternus crassisetosus (Yang *et* Saigusa, 2001): Yang, Zhang, Wang *et* Zhu, 2011. Fauna Sinica Insecta 53: 620.
分布（Distribution）：云南（YN）、广西（GX）

（334）弯端行脉长足虻 *Gymnopternus curvatus* (Yang, 1997)

Hercostomus (*Hercostomus*) *curvatus* Yang, 1997. Dtsch. Ent. Z. 44 (2): 149. **Type locality:** China (Zhejiang: Longwangshan).
Gymnopternus curvatus (Yang): Yang, Zhu, Wang *et* Zhang, 2006. World Catalog of Dolichopodidae: 141.
Gymnopternus curvatus (Yang, 1997): Yang, Zhang, Wang *et* Zhu, 2011. Fauna Sinica Insecta 53: 622.
分布（Distribution）：浙江（ZJ）、湖南（HN）

（335）背芒行脉长足虻 *Gymnopternus dorsalis* (Yang *et* Saigusa, 2001)

Hercostomus (*Gymnopternus*) *dorsalis* Yang *et* Saigusa, 2001. Bull. Inst. R. Sci. Nat. Belg. Ent. 71: 195. **Type locality:** China (Yunnan: Lushui).
Gymnopternus dorsalis (Yang *et* Saigusa): Yang, Zhu, Wang *et* Zhang, 2006. World Catalog of Dolichopodidae: 141.
Gymnopternus dorsalis (Yang *et* Saigusa, 2001): Yang, Zhang, Wang *et* Zhu, 2011. Fauna Sinica Insecta 53: 623.
分布（Distribution）：云南（YN）

（336）垂行脉长足虻 *Gymnopternus flaccus* (Wei, 1997)

Hercostomus (*Gymnopternus*) *flaccus* Wei, 1997. J. Guizhou Agric. Coll. 16 (1): 34. **Type locality:** China (Guizhou: Anshun).
Gymnopternus flaccus (Wei): Yang, Zhu, Wang *et* Zhang, 2006. World Catalog of Dolichopodidae: 141.
Gymnopternus flaccus (Wei, 1997): Yang, Zhang, Wang *et* Zhu, 2011. Fauna Sinica Insecta 53: 625.
分布（Distribution）：贵州（GZ）

（337）福建行脉长足虻 *Gymnopternus fujianensis* (Yang *et* Yang, 2003)

Hercostomus (*Gymnopternus*) *fujianensis* Yang *et* Yang, 2003. Fauna of Insects in Fujian Province of China 8: 266.**Type locality:** China (Fujian: Jianyang).
Gymnopternus fujianensis (Yang *et* Yang): Yang, Zhu, Wang *et* Zhang, 2006. World Catalog of Dolichopodidae: 142.
Gymnopternus fujianensis (Yang *et* Yang, 2003): Yang, Zhang, Wang *et* Zhu, 2011. Fauna Sinica Insecta 53: 597.
分布（Distribution）：福建（FJ）

（338）福山行脉长足虻 *Gymnopternus fushanensis* Zhang *et* Yang, 2011

Gymnopternus fushanensis Zhang *et* Yang, 2011. Fauna Sinica Insecta 53: 625. **Type locality:** China (Taiwan: Fushan).
分布（Distribution）：台湾（TW）

（339）大行脉长足虻 *Gymnopternus grandis* (Yang *et* Yang, 1995)

Hercostomus grandis Yang *et* Yang, 1995. Insects of Baishanzu Mountain, Eastern China: 513. **Type locality:** China (Zhejiang: Baishanzu).
Hercostomus (*Gymnopternus*) *malthinus* Wei, 1997. J. Guizhou Agric. Coll. 16 (1): 36. **Type locality:** China (Guizhou: Fanjingshan).
Gymnopternus grandis (Yang *et* Yang): Yang, Zhu, Wang *et* Zhang, 2006. World Catalog of Dolichopodidae: 142.
Gymnopternus grandis (Yang *et* Yang, 1995): Yang, Zhang, Wang *et* Zhu, 2011. Fauna Sinica Insecta 53: 628.
分布（Distribution）：浙江（ZJ）、贵州（GZ）、云南（YN）、福建（FJ）、广东（GD）、广西（GX）

（340）广西行脉长足虻 *Gymnopternus guangxiensis* (Yang, 1997)

Hercostomus (*Gymnopternus*) *guangxiensis* Yang, 1997. Stud. Dipt. 4 (1): 117. **Type locality:** China (Guangxi: Longsheng).
Gymnopternus guangxiensis (Yang): Yang, Zhu, Wang *et* Zhang, 2006. World Catalog of Dolichopodidae: 142.
Gymnopternus guangxiensis (Yang, 1997): Yang, Zhang, Wang *et* Zhu, 2011. Fauna Sinica Insecta 53: 629.
分布（Distribution）：贵州（GZ）、云南（YN）、广西（GX）

（341）广东行脉长足虻 *Gymnopternus guangdongensis* (Zhang, Yang *et* Grootaert, 2003)

Hercostomus (*Gymnopternus*) *guangdongensis* Zhang, Yang *et* Grootaert, 2003. Bull. Inst. R. Sci. Nat. Belg. Ent. 73: 182. **Type locality:** China (Guangdong: Yingde, Shimentai).
Gymnopternus guangdongensis (Zhang, Yang *et* Grootaert): Yang, Zhu, Wang *et* Zhang, 2006. World Catalog of Dolichopodidae: 142.
Gymnopternus guangdongensis (Zhang, Yang *et* Grootaert, 2003): Yang, Zhang, Wang *et* Zhu, 2011. Fauna Sinica Insecta 53: 599.
分布（Distribution）：广东（GD）

（342）湿行脉长足虻 *Gymnopternus hygrus* (Wei, 1997)

Hercostomus (*Gymnopternus*) *hygrus* Wei, 1997. J. Guizhou Agric. Coll. 16 (1): 35. **Type locality:** China (Guizhou: Fanjingshan).
Gymnopternus hygrus (Wei): Yang, Zhu, Wang *et* Zhang, 2006. World Catalog of Dolichopodidae: 142.
Gymnopternus hygrus (Wei, 1997): Yang, Zhang, Wang *et* Zhu, 2011. Fauna Sinica Insecta 53: 630.

分布（Distribution）：贵州（GZ）

（343）蒋氏行脉长足虻 *Gymnopternus jiangi* Zhang *et* Yang, 2011

Gymnopternus jiangi Zhang *et* Yang, 2011. Fauna Sinica Insecta 53: 631. **Type locality:** China (Guangxi: Jiuwandashan).

分布（Distribution）：广西（GX）

（344）鸡足山行脉长足虻 *Gymnopternus jishanensis* (Wei, 1997)

Hercostomus (*Gymnopternus*) *jishanensis* Wei, 1997. J. Guizhou Agric. Coll. 16 (1): 38. **Type locality:** China (Yunnan: Jizhushan).

Gymnopternus jishanensis (Wei): Yang, Zhu, Wang *et* Zhang, 2006. World Catalog of Dolichopodidae: 142.

Gymnopternus jishanensis (Wei, 1997): Yang, Zhang, Wang *et* Zhu, 2011. Fauna Sinica Insecta 53: 600.

分布（Distribution）：云南（YN）

（345）曲行脉长足虻 *Gymnopternus kurtus* (Wei *et* Song, 2006)

Hercostomus (*Gymnopternus*) *kurtus* Wei *et* Song, 2006. Insects from Chishui Spinulose Tree Fern Landscape: 328. **Type locality:** China (Guizhou: Chishui).

Gymnopternus kurtus (Wei *et* Song): Yang, Zhu, Wang *et* Zhang, 2006. World Catalog of Dolichopodidae: 142.

Gymnopternus kurtus (Wei *et* Song, 2006): Yang, Zhang, Wang *et* Zhu, 2011. Fauna Sinica Insecta 53: 633.

分布（Distribution）：贵州（GZ）

（346）滑行脉长足虻 *Gymnopternus labilis* (Wei *et* Song, 2006)

Hercostomus (*Gymnopternus*) *labilis* Wei *et* Song, 2006. Insects from Chishui Spinulose Tree Fern Landscape: 330. **Type locality:** China (Guizhou: Chishui).

Gymnopternus labilis (Wei *et* Song): Yang, Zhu, Wang *et* Zhang, 2006. World Catalog of Dolichopodidae: 143.

Gymnopternus labilis (Wei *et* Song, 2006): Yang, Zhang, Wang *et* Zhu, 2011. Fauna Sinica Insecta 53: 633.

分布（Distribution）：贵州（GZ）

（347）池行脉长足虻 *Gymnopternus lacus* (Wei *et* Song, 2006)

Hercostomus (*Gymnopternus*) *lacus* Wei *et* Song, 2006. Insects from Chishui Spinulose Tree Fern Landscape: 329. **Type locality:** China (Guizhou: Chishui).

Gymnopternus lacus (Wei *et* Song): Yang, Zhu, Wang *et* Zhang, 2006. World Catalog of Dolichopodidae: 143.

Gymnopternus lacus (Wei *et* Song, 2006): Yang, Zhang, Wang *et* Zhu, 2011. Fauna Sinica Insecta 53: 635.

分布（Distribution）：贵州（GZ）

（348）宽端行脉长足虻 *Gymnopternus latapicalis* (Yang *et* Saigusa, 2001)

Hercostomus (*Gymnopternus*) *latapicalis* Yang *et* Saigusa, 2001. Bull. Inst. R. Sci. Nat. Belg. Ent. 71: 196.**Type locality:** China (Yunnan: Pingbian).

Gymnopternus latapicalis (Yang *et* Saigusa): Yang, Zhu, Wang *et* Zhang, 2006. World Catalog of Dolichopodidae: 143.

Gymnopternus latapicalis (Yang *et* Saigusa, 2001): Yang, Zhang, Wang *et* Zhu, 2011. Fauna Sinica Insecta 53: 636.

分布（Distribution）：云南（YN）

（349）中瓣行脉长足虻 *Gymnopternus medivalvis* (Yang, 2001)

Hercostomus medivalvis Yang, 2001. Insects of Tianmushan National Nature Reserve: 430. **Type locality:** China (Zhejiang: Tianmushan).

Gymnopternus medivalvis (Yang): Yang, Zhu, Wang *et* Zhang, 2006. World Catalog of Dolichopodidae: 143.

Gymnopternus medivalvis (Yang, 2001): Yang, Zhang, Wang *et* Zhu, 2011. Fauna Sinica Insecta 53: 638.

分布（Distribution）：浙江（ZJ）、广东（GD）

（350）梅花铺行脉长足虻 *Gymnopternus meihuapuensis* (Yang *et* Saigusa, 2001)

Hercostomus (*Gymnopternus*) *meihuapuensis* Yang *et* Saigusa, 2001. Bull. Inst. R. Sci. Nat. Belg. Ent. 71: 192. **Type locality:** China (Yunnan: Yongping).

Gymnopternus meihuapuensis (Yang *et* Saigusa): Yang, Zhu, Wang *et* Zhang, 2006. World Catalog of Dolichopodidae: 143.

Gymnopternus meihuapuensis (Yang *et* Saigusa, 2001): Yang, Zhang, Wang *et* Zhu, 2011. Fauna Sinica Insecta 53: 601.

分布（Distribution）：云南（YN）

（351）黑角行脉长足虻 *Gymnopternus niger* (Yang *et* Saigusa, 2001)

Hercostomus (*Gymnopternus*) *niger* Yang *et* Saigusa, 2001. Bull. Inst. R. Sci. Nat. Belg. Ent. 71: 199. **Type locality:** China (Yunnan: Pingbian).

Gymnopternus niger (Yang *et* Saigusa): Yang, Zhu, Wang *et* Zhang, 2006. World Catalog of Dolichopodidae: 144.

Gymnopternus niger (Yang *et* Saigusa, 2001): Yang, Zhang, Wang *et* Zhu, 2011. Fauna Sinica Insecta 53: 639.

分布（Distribution）：云南（YN）

（352）新行脉长足虻 *Gymnopternus novus* (Parent, 1926)

Hercostomus novus Parent, 1926. Encycl. Ent. (B II) Dipt. 3: 141. **Type locality:** China (Shanghai: "Zi-Ka-Wei").

Hercostomus nanjingensis Yang, 1996. Entomofauna 17 (18): 320. **Type locality:** China (Jiangsu: Nanjing).

Gymnopternus novus (Parent): Yang, Zhu, Wang *et* Zhang, 2006. World Catalog of Dolichopodidae: 144.

Gymnopternus novus (Parent, 1926): Yang, Zhang, Wang *et* Zhu, 2011. Fauna Sinica Insecta 53: 641.
分布（Distribution）：河南（HEN）、江苏（JS）、上海（SH）、湖北（HB）、广西（GX）

（353）欧氏行脉长足虻 *Gymnopternus oxanae* (Olejníček, 2004)

Hercostomus oxanae Olejníček, 2004. Acta Zool. Univ. Comeni. 46 (1): 7. **Type locality:** China (Shaanxi: Qinling).
Gymnopternus oxanae (Olejníček): Yang, Zhu, Wang *et* Zhang, 2006. World Catalog of Dolichopodidae: 168.
Gymnopternus oxanae (Olejníček, 2004): Yang, Zhang, Wang *et* Zhu, 2011. Fauna Sinica Insecta 53: 642.
分布（Distribution）：陕西（SN）

（354）叶柄行脉长足虻 *Gymnopternus petilus* (Yang *et* Saigusa, 1999)

Hercostomus (*Gymnopternus*) *petilus* Yang *et* Saigusa, 1999. Bull. Inst. R. Sci. Nat. Belg. Ent. 69: 236. **Type locality:** China (Sichuan: Emei Mountain).
Gymnopternus petilus (Yang *et* Saigusa): Yang, Zhu, Wang *et* Zhang, 2006. World Catalog of Dolichopodidae: 145.
Gymnopternus petilus (Yang *et* Saigusa, 1999): Yang, Zhang, Wang *et* Zhu, 2011. Fauna Sinica Insecta 53: 643.
分布（Distribution）：四川（SC）

（355）屏边行脉长足虻 *Gymnopternus pingbianensis* (Yang *et* Saigusa, 2001)

Hercostomus (*Gymnopternus*) *pingbianensis* Yang *et* Saigusa, 2001. Bull. Inst. R. Sci. Nat. Belg. Ent. 71: 199. **Type locality:** China (Yunnan: Pingbian).
Gymnopternus pingbianensis (Yang *et* Saigusa): Yang, Zhu, Wang *et* Zhang, 2006. World Catalog of Dolichopodidae: 145.
Gymnopternus pingbianensis (Yang *et* Saigusa, 2001): Yang, Zhang, Wang *et* Zhu, 2011. Fauna Sinica Insecta 53: 644.
分布（Distribution）：云南（YN）

（356）群行脉长足虻 *Gymnopternus populus* (Wei, 1997)

Hercostomus (*Gymnopternus*) *populus* Wei, 1997. J. Guizhou Agric. Coll. 16 (1): 37. **Type locality:** China (Guizhou: Fanjingshan).
Hercostomus (*Hercostomus*) *tianmushanus* Yang, 1998. Entomofauna 19 (13): 235. **Type locality:** China (Zhejiang: Tianmushan).
Gymnopternus populus (Wei): Yang, Zhu, Wang *et* Zhang, 2006. World Catalog of Dolichopodidae: 145.
Gymnopternus populus (Wei, 1997): Yang, Zhang, Wang *et* Zhu, 2011. Fauna Sinica Insecta 53: 645.
分布（Distribution）：河南（HEN）、陕西（SN）、浙江（ZJ）、四川（SC）、贵州（GZ）、云南（YN）、广西（GX）

（357）怪行脉长足虻 *Gymnopternus portentosus* (Wei, 1997)

Hercostomus (*Gymnopternus*) *portentosus* Wei, 1997. J. Guizhou Agric. Coll. 16 (1): 35. **Type locality:** China (Guizhou: Fanjingshan).
Gymnopternus portentosus (Wei): Yang, Zhu, Wang *et* Zhang, 2006. World Catalog of Dolichopodidae: 145.
Gymnopternus portentosus (Wei, 1997): Yang, Zhang, Wang *et* Zhu, 2011. Fauna Sinica Insecta 53: 647.
分布（Distribution）：贵州（GZ）

（358）突行脉长足虻 *Gymnopternus prominulus* (Wei, 1997)

Hercostomus (*Gymnopternus*) *prominulus* Wei, 1997. J. Guizhou Agric. Coll. 16 (1): 38. **Type locality:** China (Guizhou: Leishan).
Gymnopternus prominulus (Wei): Yang, Zhu, Wang *et* Zhang, 2006. World Catalog of Dolichopodidae: 145.
Gymnopternus prominulus (Wei, 1997): Yang, Zhang, Wang *et* Zhu, 2011. Fauna Sinica Insecta 53: 603.
分布（Distribution）：贵州（GZ）

（359）直行脉长足虻 *Gymnopternus prorsus* (Wei, 1997)

Hercostomus (*Gymnopternus*) *prorsus* Wei, 1997. J. Guizhou Agric. Coll. 16 (1): 39. **Type locality:** China (Guizhou: Fanjingshan).
Gymnopternus prorsus (Wei): Yang, Zhu, Wang *et* Zhang, 2006. World Catalog of Dolichopodidae: 145.
Gymnopternus prorsus (Wei, 1997): Yang, Zhang, Wang *et* Zhu, 2011. Fauna Sinica Insecta 53: 604.
分布（Distribution）：贵州（GZ）

（360）卷须行脉长足虻 *Gymnopternus rollei* (Parent, 1941)

Hercostomus rollei Parent, 1941. Ann. Mag. Nat. Hist. (11) 7: 219. **Type locality:** China (Taiwan: Toyenmongai nr Tainan).
Gymnopternus rollei (Parent): Yang, Zhu, Wang *et* Zhang, 2006. World Catalog of Dolichopodidae: 145.
Gymnopternus rollei (Parent, 1941): Yang, Zhang, Wang *et* Zhu, 2011. Fauna Sinica Insecta 53: 648.
分布（Distribution）：台湾（TW）

（361）山东行脉长足虻 *Gymnopternus shandonganus* (Yang, 1996)

Hercostomus (*Hercostomus*) *shandonganus* Yang, 1996. Dtsch. Ent. Z. 43 (2): 239. **Type locality:** China (Shandong: Taishan).
Gymnopternus shandonganus (Yang): Yang, Zhu, Wang *et* Zhang, 2006. World Catalog of Dolichopodidae: 146.
Gymnopternus shandonganus (Yang, 1996): Yang, Zhang, Wang *et* Zhu, 2011. Fauna Sinica Insecta 53: 649.

分布（Distribution）：黑龙江（HL）、北京（BJ）、山东（SD）

（362）石门台行脉长足虻 *Gymnopternus shimentaiensis* (Zhang, Yang *et* Grootaert, 2003)

Hercostomus (*Gymnopternus*) *shimentaiensis* Zhang, Yang *et* Grootaert, 2003. Bull. Inst. R. Sci. Nat. Belg. Ent. 73: 182. **Type locality:** China (Guangdong: Yingde, Shimentai).

Gymnopternus shimentaiensis (Zhang, Yang *et* Grootaert): Yang, Zhu, Wang *et* Zhang, 2006. World Catalog of Dolichopodidae: 146.

Gymnopternus shimentaiensis (Zhang, Yang *et* Grootaert, 2003): Yang, Zhang, Wang *et* Zhu, 2011. Fauna Sinica Insecta 53: 605.

分布（Distribution）：广东（GD）

（363）分行脉长足虻 *Gymnopternus singulus* (Wei, 1997)

Hercostomus (*Gymnopternus*) *singulus* Wei, 1997. J. Guizhou Agric. Coll. 16 (1): 40. **Type locality:** China (Guizhou: Fanjingshan).

Gymnopternus singulus (Wei): Yang, Zhu, Wang *et* Zhang, 2006. World Catalog of Dolichopodidae: 146.

Gymnopternus singulus (Wei, 1997): Yang, Zhang, Wang *et* Zhu, 2011. Fauna Sinica Insecta 53: 607.

分布（Distribution）：贵州（GZ）

（364）阳行脉长足虻 *Gymnopternus solanus* (Wei, 1997)

Hercostomus (*Gymnopternus*) *solanus* Wei, 1997. J. Guizhou Agric. Coll. 16 (1): 40. **Type locality:** China (Guizhou: Fanjingshan).

Gymnopternus solanus (Wei): Yang, Zhu, Wang *et* Zhang, 2006. World Catalog of Dolichopodidae: 146.

Gymnopternus solanus (Wei, 1997): Yang, Zhang, Wang *et* Zhu, 2011. Fauna Sinica Insecta 53: 608.

分布（Distribution）：贵州（GZ）

（365）亚群行脉长足虻 *Gymnopternus subpopulus* (Wei, 1997)

Hercostomus (*Gymnopternus*) *subpopulus* Wei, 1997. J. Guizhou Agric. Coll. 16 (1): 37. **Type locality:** China (Guizhou: Fanjingshan).

Gymnopternus subpopulus (Wei): Yang, Zhu, Wang *et* Zhang, 2006. World Catalog of Dolichopodidae: 146.

Gymnopternus subpopulus (Wei, 1997): Yang, Zhang, Wang *et* Zhu, 2011. Fauna Sinica Insecta 53: 651.

分布（Distribution）：山东（SD）、河南（HEN）、贵州（GZ）

（366）细叶行脉长足虻 *Gymnopternus tenuilobus* (Yang *et* Grootaert, 1999)

Hercostomus (*Gymnopternus*) *tenuilobus* Yang *et* Grootaert, 1999. Bull. Inst. R. Sci. Nat. Belg. Ent. 69: 253. **Type locality:** China (Yunnan: Xishuangbanna, Jinghong).

Gymnopternus tenuilobus (Yang *et* Grootaert): Yang, Zhu, Wang *et* Zhang, 2006. World Catalog of Dolichopodidae: 147.

Gymnopternus tenuilobus (Yang *et* Grootaert, 1999): Yang, Zhang, Wang *et* Zhu, 2011. Fauna Sinica Insecta 53: 609.

分布（Distribution）：云南（YN）、福建（FJ）

（367）矢田行脉长足虻 *Gymnopternus yatai* (Yang *et* Saigusa, 2001)

Hercostomus (*Gymnopternus*) *yatai* Yang *et* Saigusa, 2001. Bull. Inst. R. Sci. Nat. Belg. Ent. 71: 165. **Type locality:** China (Sichuan: Emei Mountain).

Gymnopternus yatai (Yang *et* Saigusa): Yang, Zhu, Wang *et* Zhang, 2006. World Catalog of Dolichopodidae: 147.

Gymnopternus yatai (Yang *et* Saigusa, 2001): Yang, Zhang, Wang *et* Zhu, 2011. Fauna Sinica Insecta 53: 610.

分布（Distribution）：四川（SC）、贵州（GZ）

（368）朱氏行脉长足虻 *Gymnopternus zhuae* Zhang *et* Yang, 2011

Gymnopternus zhuae Zhang *et* Yang, 2011. Fauna Sinica Insecta 53: 612. **Type locality:** China (Guizhou: Dashahe).

分布（Distribution）：贵州（GZ）

31. 寡长足虻属 *Hercostomus* Loew, 1857

Hercostomus Loew, 1857. Progr. K. Realsch. Meseritz 1857: 9. **Type species:** *Sybistroma longiventris* Loew, 1857 (original designation).

Microhercostomus Stackelberg, 1949. Trudy Zool. Inst. 8 (4): 687 (as subgenus). **Type species:** *Hercostomus* (*Microhercostomus*) *dilatitarsis* Stackelberg, 1949 (original designation).

Steleopyga Grootaert *et* Meuffels, 2001. Stud. Dipt. 8 (1): 208. **Type species:** *Steleopyga dactylocera* Grootaert *et* Meuffels, 2001 (original designation).

（369）异突寡长足虻 *Hercostomus abnormis* Yang, 1996

Hercostomus (*Hercostomus*) *abnormis* Yang, 1996. Bull. Inst. R. Sci. Nat. Belg. Ent. 66: 85. **Type locality:** China (Xinjiang: Yanqi).

Hercostomus abnormis Yang, 1996: Yang, Zhang, Wang *et* Zhu, 2011. Fauna Sinica Insecta 53: 654.

分布（Distribution）：新疆（XJ）

（370）异形寡长足虻 *Hercostomus absimilis* Yang *et* Grootaert, 1999

Hercostomus (*Hercostomus*) *absimilis* Yang *et* Grootaert, 1999. Bull. Inst. R. Sci. Nat. Belg. Ent. 69: 254. **Type locality:** China (Yunnan: Jinghong).

Hercostomus absimilis Yang *et* Grootaert, 1999: Yang, Zhang, Wang *et* Zhu, 2011. Fauna Sinica Insecta 53: 659.

分布（Distribution）：云南（YN）

（371）尖角寡长足虻 *Hercostomus acutangulatus* Yang *et* Saigusa, 1999

Hercostomus (*Hercostomus*) *acutangulatus* Yang *et* Saigusa, 1999. Bull. Inst. R. Sci. Nat. Belg. Ent. 69: 237. **Type locality:** China (Sichuan: Emei Mountain).

Hercostomus acutangulatus Yang *et* Saigusa, 1999: Yang, Zhang, Wang *et* Zhu, 2011. Fauna Sinica Insecta 53: 901.

分布（Distribution）：北京（BJ）、河南（HEN）、四川（SC）、贵州（GZ）

（372）尖叶寡长足虻 *Hercostomus acutilobatus* Liao, Zhou *et* Yang, 2006

Hercostomus acutilobatus Liao, Zhou *et* Yang, 2006. Bull. Inst. R. Sci. Nat. Belg. Ent. 76: 50. **Type locality:** China (Guangxi: Dayaoshan).

Hercostomus acutilobatus Liao, Zhou *et* Yang, 2006: Yang, Zhang, Wang *et* Zhu, 2011. Fauna Sinica Insecta 53: 801.

分布（Distribution）：广西（GX）

（373）尖腹寡长足虻 *Hercostomus acutus* Yang *et* Saigusa, 2002

Hercostomus (*Hercostomus*) *acutus* Yang *et* Saigusa, 2002. Dtsch. Ent. Z. 49 (1): 83. **Type locality:** China (Shaanxi: Fuping).

Hercostomus acutus Yang *et* Saigusa, 2002: Yang, Zhang, Wang *et* Zhu, 2011. Fauna Sinica Insecta 53: 844.

分布（Distribution）：陕西（SN）、云南（YN）

（374）外寡长足虻 *Hercostomus additus* Parent, 1926

Hercostomus additus Parent, 1926. Encycl. Ent. (B II) Dipt. 3: 143. **Type locality:** China (Shanghai: "Zi-Ka-Wei" [Xujiahui]).

Hercostomus additus Parent, 1926: Yang, Zhang, Wang *et* Zhu, 2011. Fauna Sinica Insecta 53: 944.

分布（Distribution）：上海（SH）

（375）白足寡长足虻 *Hercostomus albidipes* Becker, 1922

Hercostomus albidipes Becker, 1922. Capita Zool. 1 (4): 25. **Type locality:** China (Taiwan: "Chip-Chip" [= Chichi]).

Hercostomus albidipes Becker, 1922: Yang, Zhang, Wang *et* Zhu, 2011. Fauna Sinica Insecta 53: 675.

分布（Distribution）：台湾（TW）

（376）弱寡长足虻 *Hercostomus amabilis* Wei *et* Song, 2006

Hercostomus (*Hercostomus*) *amabilis* Wei *et* Song, 2006. Insects from Chishui Spinulose Tree Fern Landscape: 316. **Type locality:** China (Guizhou: Chishui).

Hercostomus amabilis Wei *et* Song, 2006: Yang, Zhang, Wang *et* Zhu, 2011. Fauna Sinica Insecta 53: 782.

分布（Distribution）：贵州（GZ）

（377）安氏寡长足虻 *Hercostomus anae* Zhang, Yang *et* Masunaga, 2007

Hercostomus anae Zhang, Yang *et* Masunaga, 2007. Ent. Fenn. 18: 33. **Type locality:** China (Beijing: Xiaolongmen).

Hercostomus anae Zhang, Yang *et* Masunaga, 2007: Yang, Zhang, Wang *et* Zhu, 2011. Fauna Sinica Insecta 53: 938.

分布（Distribution）：北京（BJ）

（378）端芒寡长足虻 *Hercostomus apicilaris* Yang *et* Grootaert, 1999

Hercostomus (*Hercostomus*) *apicilaris* Yang *et* Grootaert, 1999. Bull. Inst. R. Sci. Nat. Belg. Ent. 69: 257. **Type locality:** China (Yunnan: Menglun).

Hercostomus apicilaris Yang *et* Grootaert, 1999: Yang, Zhang, Wang *et* Zhu, 2011. Fauna Sinica Insecta 53: 802.

分布（Distribution）：云南（YN）

（379）端黑寡长足虻 *Hercostomus apiciniger* Yang *et* Grootaert, 1999

Hercostomus (*Hercostomus*) *apiciniger* Yang *et* Grootaert, 1999. Bull. Inst. R. Sci. Nat. Belg. Ent. 69: 258. **Type locality:** China (Yunnan: Mengla).

Hercostomus apiciniger Yang *et* Grootaert, 1999: Yang, Zhang, Wang *et* Zhu, 2011. Fauna Sinica Insecta 53: 944.

分布（Distribution）：云南（YN）、广西（GX）

（380）端刺寡长足虻 *Hercostomus apicispinus* Yang *et* Saigusa, 2002

Hercostomus (*Hercostomus*) *apicispinus* Yang *et* Saigusa, 2002. Dtsch. Ent. Z. 49 (1): 78. **Type locality:** China (Shaanxi: Fuping).

Hercostomus apicispinus Yang *et* Saigusa, 2002: Yang, Zhang, Wang *et* Zhu, 2011. Fauna Sinica Insecta 53: 690.

分布（Distribution）：陕西（SN）

（381）胫刺寡长足虻 *Hercostomus apiculatus* Yang *et* Grootaert, 1999

Hercostomus (*Hercostomus*) *apiculatus* Yang *et* Grootaert, 1999. Bull. Inst. R. Sci. Nat. Belg. Ent. 69: 216. **Type locality:** China (Zhejiang: Tianmushan).

Hercostomus apiculatus Yang *et* Grootaert, 1999: Yang, Zhang, Wang *et* Zhu, 2011. Fauna Sinica Insecta 53: 678.

分布（Distribution）：浙江（ZJ）

（382）端寡长足虻 *Hercostomus apiculus* Wei, 1997

Hercostomus apiculus Wei, 1997. J. Guizhou Agric. Coll. 16 (4): 33. **Type locality:** China (Yunnan: Jizhushan).

Hercostomus apiculus Wei, 1997: Yang, Zhang, Wang *et* Zhu, 2011. Fauna Sinica Insecta 53: 726.

分布（Distribution）：云南（YN）

（383）北方寡长足虻 *Hercostomus arcticus* Yang, 1996

Hercostomus (*Hercostomus*) *arcticus* Yang, 1996. Dtsch. Ent.

Z. 43 (2): 235. **Type locality:** China (Heilongjiang: Ningan).
Hercostomus arcticus Yang, 1996: Yang, Zhang, Wang *et* Zhu, 2011. Fauna Sinica Insecta 53: 741.
分布（Distribution）：黑龙江（HL）、北京（BJ）、河南（HEN）、陕西（SN）

（384）百山祖寡长足虻 *Hercostomus baishanzuensis* Yang *et* Yang, 1995

Hercostomus baishanzuensis Yang *et* Yang, 1995. Insects of Baishanzu Mountain, Eastern China: 515. **Type locality:** China (Zhejiang: Baishanzu).
Hercostomus baishanzuensis Yang *et* Yang, 1995: Yang, Zhang, Wang *et* Zhu, 2011. Fauna Sinica Insecta 53: 691.
分布（Distribution）：浙江（ZJ）、四川（SC）、云南（YN）、广西（GX）

（385）白水河寡长足虻 *Hercostomus baishuihensis* Yang *et* Saigusa, 2001

Hercostomus (*Hercostomus*) *baishuihensis* Yang *et* Saigusa, 2001. Bull. Inst. R. Sci. Nat. Belg. Ent. 71: 210. **Type locality:** China (Yunnan: Lijiang).
Hercostomus baishuihensis Yang *et* Saigusa, 2001: Yang, Zhang, Wang *et* Zhu, 2011. Fauna Sinica Insecta 53: 692.
分布（Distribution）：云南（YN）

（386）基鬃寡长足虻 *Hercostomus basalis* Yang, 1996

Hercostomus basalis Yang, 1996. Dtsch. Ent. Z. 43 (2): 237. **Type locality:** China (Xinjiang: Zhaosu).
Hercostomus basalis Yang, 1996: Yang, Zhang, Wang *et* Zhu, 2011. Fauna Sinica Insecta 53: 694.
分布（Distribution）：新疆（XJ）

（387）北京寡长足虻 *Hercostomus beijingensis* Yang, 1996

Hercostomus beijingensis Yang, 1996. Entomofauna 17 (18): 318. **Type locality:** China (Beijing: Yingtaogou).
Hercostomus beijingensis Yang, 1996: Yang, Zhang, Wang *et* Zhu, 2011. Fauna Sinica Insecta 53: 902.
分布（Distribution）：北京（BJ）、河南（HEN）、陕西（SN）、湖北（HB）

（388）双钩寡长足虻 *Hercostomus biancistrus* Yang *et* Saigusa, 2001

Hercostomus (*Hercostomus*) *biancistrus* Yang *et* Saigusa, 2001. Bull. Inst. R. Sci. Nat. Belg. Ent. 71: 229. **Type locality:** China (Yunnan: Pingbian).
Hercostomus biancistrus Yang *et* Saigusa, 2001: Yang, Zhang, Wang *et* Zhu, 2011. Fauna Sinica Insecta 53: 727.
分布（Distribution）：云南（YN）

（389）异色寡长足虻 *Hercostomus bicolor* Yang *et* Saigusa, 2001

Hercostomus (*Hercostomus*) *bicolor* Yang *et* Saigusa, 2001. Bull. Inst. R. Sci. Nat. Belg. Ent. 71: 223. **Type locality:** China (Yunnan: Luchun).
Hercostomus bicolor Yang *et* Saigusa, 2001: Yang, Zhang, Wang *et* Zhu, 2011. Fauna Sinica Insecta 53: 853.
分布（Distribution）：云南（YN）

（390）双突寡长足虻 *Hercostomus bigeminatus* Yang *et* Grootaert, 1999

Hercostomus (*Hercostomus*) *bigeminatus* Yang *et* Grootaert, 1999. Bull. Inst. R. Sci. Nat. Belg. Ent. 69: 255. **Type locality:** China (Yunnan: Mengyang).
Hercostomus bigeminatus Yang *et* Grootaert, 1999: Yang, Zhang, Wang *et* Zhu, 2011. Fauna Sinica Insecta 53: 660.
分布（Distribution）：云南（YN）

（391）细叶寡长足虻 *Hercostomus binatus* Yang, 1999

Hercostomus (*Hercostomus*) *binatus* Yang, 1999. Bull. Inst. R. Sci. Nat. Belg. Ent. 69: 209. **Type locality:** China (Henan: Neixiang).
Hercostomus binatus Yang, 1999: Yang, Zhang, Wang *et* Zhu, 2011. Fauna Sinica Insecta 53: 769.
分布（Distribution）：河南（HEN）

（392）双鬃寡长足虻 *Hercostomus bisetus* Tang, Zhang *et* Yang, 2014

Hercostomus bisetus Tang, Zhang *et* Yang, 2014. Zootaxa 3881 (6): 552. **Type locality:** China (Tibet: Zhangmuzhen).
分布（Distribution）：西藏（XZ）

（393）双刺寡长足虻 *Hercostomus bispinifer* Yang *et* Saigusa, 1999

Hercostomus (*Hercostomus*) *bispinifer* Yang *et* Saigusa, 1999. Bull. Inst. R. Sci. Nat. Belg. Ent. 69: 238. **Type locality:** China (Sichuan: Emei Mountain).
Hercostomus bispinifer Yang *et* Saigusa, 1999: Yang, Zhang, Wang *et* Zhu, 2011. Fauna Sinica Insecta 53: 904.
分布（Distribution）：陕西（SN）、四川（SC）

（394）短须寡长足虻 *Hercostomus brevicercus* Yang *et* Saigusa, 2001

Hercostomus (*Hercostomus*) *brevicercus* Yang *et* Saigusa, 2001. Bull. Inst. R. Sci. Nat. Belg. Ent. 71: 241. **Type locality:** China (Yunnan: Yunlong).
Hercostomus brevicercus Yang *et* Saigusa, 2001: Yang, Zhang, Wang *et* Zhu, 2011. Fauna Sinica Insecta 53: 728.
分布（Distribution）：云南（YN）

（395）端叉寡长足虻 *Hercostomus brevifurcatus* Yang *et* Saigusa, 2001

Hercostomus (*Hercostomus*) *brevifurcatus* Yang *et* Saigusa, 2001. Bull. Inst. R. Sci. Nat. Belg. Ent. 71: 242. **Type locality:** China (Yunnan: Yunlong).

Hercostomus brevifurcatus Yang *et* Saigusa, 2001: Yang, Zhang, Wang *et* Zhu, 2011. Fauna Sinica Insecta 53: 905.
分布（**Distribution**）：云南（YN）

（396）短毛寡长足虻 *Hercostomus brevipilosus* Yang *et* Saigusa, 2002

Hercostomus (*Hercostomus*) *brevipilosus* Yang *et* Saigusa, 2002. Dtsch. Ent. Z. 49 (1): 65. **Type locality:** China (Shaanxi: Fuping).
Hercostomus brevipilosus Yang *et* Saigusa, 2002: Yang, Zhang, Wang *et* Zhu, 2011. Fauna Sinica Insecta 53: 743.
分布（**Distribution**）：北京（BJ）、陕西（SN）

（397）短叶寡长足虻 *Hercostomus brevis* Yang, 1997

Hercostomus (*Hercostomus*) *brevis* Yang, 1997. Dtsch. Ent. Z. 44 (2): 148. **Type locality:** China (Zhejiang: Longwangshan).
Hercostomus brevis Yang, 1997: Yang, Zhang, Wang *et* Zhu, 2011. Fauna Sinica Insecta 53: 864.
分布（**Distribution**）：浙江（ZJ）、广西（GX）

（398）短鬃寡长足虻 *Hercostomus breviseta* Zhang, Yang *et* Grootaert, 2008

Hercostomus breviseta Zhang, Yang *et* Grootaert, 2008. Bull. Inst. R. Sci. Nat. Belg. Ent. 78: 259. **Type locality:** China (Xizang: Motuo).
Hercostomus breviseta Zhang, Yang *et* Grootaert, 2008: Yang, Zhang, Wang *et* Zhu, 2011. Fauna Sinica Insecta 53: 946.
分布（**Distribution**）：云南（YN）、西藏（XZ）

（399）短刺寡长足虻 *Hercostomus brevispinus* Yang *et* Saigusa, 2001

Hercostomus (*Hercostomus*) *brevispinus* Yang *et* Saigusa, 2001. Bull. Inst. R. Sci. Nat. Belg. Ent. 71: 218. **Type locality:** China (Yunnan: Pingbian).
Hercostomus brevispinus Yang *et* Saigusa, 2001: Yang, Zhang, Wang *et* Zhu, 2011. Fauna Sinica Insecta 53: 679.
分布（**Distribution**）：云南（YN）

（400）缘寡长足虻 *Hercostomus brunus* Wei, 1997

Hercostomus (*Hercostomus*) *brunus* Wei, 1997. J. Guizhou Agric. Coll. 16 (2): 41. **Type locality:** China (Guizhou: Anshun).
Hercostomus brunus Wei, 1997: Yang, Zhang, Wang *et* Zhu, 2011. Fauna Sinica Insecta 53: 744.
分布（**Distribution**）：贵州（GZ）

（401）彩霞寡长足虻 *Hercostomus caixiae* Zhang, Yang *et* Grootaert, 2003

Hercostomus (*Hercostomus*) *caixiae* Zhang, Yang *et* Grootaert, 2003. Bull. Inst. R. Sci. Nat. Belg. Ent. 73: 191. **Type locality:** China (Beijing: Xiaolongmen).
Hercostomus caixiae Zhang, Yang *et* Grootaert, 2003: Yang, Zhang, Wang *et* Zhu, 2011. Fauna Sinica Insecta 53: 695.
分布（**Distribution**）：北京（BJ）

（402）异毛寡长足虻 *Hercostomus chaeturus* Yang *et* Grootaert, 1999

Hercostomus (*Hercostomus*) *chaeturus* Yang *et* Grootaert, 1999. Bull. Inst. R. Sci. Nat. Belg. Ent. 69: 259. **Type locality:** China (Yunnan: Menglun).
Hercostomus chaeturus Yang *et* Grootaert, 1999: Yang, Zhang, Wang *et* Zhu, 2011. Fauna Sinica Insecta 53: 947.
分布（**Distribution**）：云南（YN）

（403）嘉义寡长足虻 *Hercostomus chiaiensis* Zhang, Yang *et* Masunaga, 2004

Hercostomus chiaiensis Zhang, Yang *et* Masunaga, 2004. Ent. News 115 (4): 219. **Type locality:** China (Taiwan: Chiai).
Hercostomus chiaiensis Zhang, Yang *et* Masunaga, 2004: Yang, Zhang, Wang *et* Zhu, 2011. Fauna Sinica Insecta 53: 804.
分布（**Distribution**）：台湾（TW）

（404）棒寡长足虻 *Hercostomus clavatus* Wei, 1997

Hercostomus clavatus Wei, 1997. J. Guizhou Agric. Coll. 16 (4): 33. **Type locality:** China (Guizhou: Fanjingshan).
Hercostomus clavatus Wei, 1997: Yang, Zhang, Wang *et* Zhu, 2011. Fauna Sinica Insecta 53: 865.
分布（**Distribution**）：河南（HEN）、陕西（SN）、贵州（GZ）

（405）毛寡长足虻 *Hercostomus comsus* Wei *et* Song, 2005

Hercostomus (*Hercostomus*) *comsus* Wei *et* Song, 2005. Insects from Xishui Landscape: 425. **Type locality:** China (Guizhou: Xishui).
Hercostomus comsus Wei *et* Song, 2005: Yang, Zhang, Wang *et* Zhu, 2011. Fauna Sinica Insecta 53: 783.
分布（**Distribution**）：贵州（GZ）

（406）凹缘寡长足虻 *Hercostomus concavus* Yang *et* Saigusa, 1999

Hercostomus (*Hercostomus*) *concavus* Yang *et* Saigusa, 1999. Bull. Inst. R. Sci. Nat. Belg. Ent. 69: 239. **Type locality:** China (Sichuan: Emei Mountain).
Hercostomus concavus Yang *et* Saigusa, 1999: Yang, Zhang, Wang *et* Zhu, 2011. Fauna Sinica Insecta 53: 805.
分布（**Distribution**）：四川（SC）

（407）凹寡长足虻 *Hercostomus concisus* Yang *et* Saigusa, 2002

Hercostomus (*Hercostomus*) *concisus* Yang *et* Saigusa, 2002. Dtsch. Ent. Z. 49 (1): 84. **Type locality:** China (Shaanxi: Fuping).
Hercostomus concisus Yang *et* Saigusa, 2002: Yang, Zhang, Wang *et* Zhu, 2011. Fauna Sinica Insecta 53: 846.

分布（Distribution）：陕西（SN）、四川（SC）、云南（YN）

（408）粗鬃寡长足虻 *Hercostomus crassiseta* Yang *et* Saigusa, 2001

Hercostomus (*Hercostomus*) *crassiseta* Yang *et* Saigusa, 2001. Bull. Inst. R. Sci. Nat. Belg. Ent. 71: 244. **Type locality:** China (Yunnan: Xiaguan).

Hercostomus crassiseta Yang *et* Saigusa, 2001: Yang, Zhang, Wang *et* Zhu, 2011. Fauna Sinica Insecta 53: 737.

分布（Distribution）：云南（YN）

（409）粗脉寡长足虻 *Hercostomus crassivena* Stackelberg, 1934

Hercostomus crassivena Stackelberg, 1934. Flieg. Palaearkt. Reg. 4 (5): 139. **Type locality:** China ("Chuan-tshin, Ost-Nanshanj").

Hercostomus crassivena Stackelberg, 1934: Yang, Zhang, Wang *et* Zhu, 2011. Fauna Sinica Insecta 53: 734.

分布（Distribution）：宁夏（NX）、西藏（XZ）

（410）勺寡长足虻 *Hercostomus cucullus* Wei, 1997

Hercostomus (*Hercostomus*) *cucullus* Wei, 1997. J. Guizhou Agric. Coll. 16 (2): 41. **Type locality:** China (Guizhou: Anshun).

Hercostomus cucullus Wei, 1997: Yang, Zhang, Wang *et* Zhu, 2011. Fauna Sinica Insecta 53: 746.

分布（Distribution）：贵州（GZ）

（411）弯叶寡长足虻 *Hercostomus curvilobatus* Yang *et* Saigusa, 2002

Hercostomus (*Hercostomus*) *curvilobatus* Yang *et* Saigusa, 2002. Dtsch. Ent. Z. 49 (1): 75. **Type locality:** China (Shaanxi: Zuoshui).

Hercostomus curvilobatus Yang *et* Saigusa, 2002: Yang, Zhang, Wang *et* Zhu, 2011. Fauna Sinica Insecta 53: 697.

分布（Distribution）：河南（HEN）、陕西（SN）

（412）弯茎寡长足虻 *Hercostomus curviphallus* Yang *et* Saigusa, 2002

Hercostomus (*Hercostomus*) *curviphallus* Yang *et* Saigusa, 2002. Dtsch. Ent. Z. 49 (1): 77. **Type locality:** China (Shaanxi: Fuping).

Hercostomus curviphallus Yang *et* Saigusa, 2002: Yang, Zhang, Wang *et* Zhu, 2011. Fauna Sinica Insecta 53: 698.

分布（Distribution）：陕西（SN）、云南（YN）

（413）弯臂寡长足虻 *Hercostomus curvarmatus* Yang *et* Saigusa, 2000

Hercostomus (*Hercostomus*) *curvarmatus* Yang *et* Saigusa, 2000. Bull. Inst. R. Sci. Nat. Belg. Ent. 70: 227. **Type locality:** China (Sichuan: Emei Mountain).

Hercostomus curvarmatus Yang *et* Saigusa, 2000: Yang, Zhang, Wang *et* Zhu, 2011. Fauna Sinica Insecta 53: 878.

分布（Distribution）：四川（SC）

（414）弯突寡长足虻 *Hercostomus curvativus* Yang *et* Saigusa, 1999

Hercostomus (*Hercostomus*) *curvativus* Yang *et* Saigusa, 1999. Bull. Inst. R. Sci. Nat. Belg. Ent. 69: 239. **Type locality:** China (Sichuan: Emei Mountain).

Hercostomus curvativus Yang *et* Saigusa, 1999: Yang, Zhang, Wang *et* Zhu, 2011. Fauna Sinica Insecta 53: 807.

分布（Distribution）：四川（SC）、贵州（GZ）

（415）弯鬃寡长足虻 *Hercostomus curviseta* Yang *et* Saigusa, 2002

Hercostomus (*Hercostomus*) *curviseta* Yang *et* Saigusa, 2002. Dtsch. Ent. Z. 49 (1): 73. **Type locality:** China (Shaanxi: Fuping).

Hercostomus curviseta Yang *et* Saigusa, 2002: Yang, Zhang, Wang *et* Zhu, 2011. Fauna Sinica Insecta 53: 770.

分布（Distribution）：陕西（SN）

（416）刺突寡长足虻 *Hercostomus curvispinosus* Yang *et* Saigusa, 1999

Hercostomus (*Hercostomus*) *curvispinosus* Yang *et* Saigusa, 1999. Bull. Inst. R. Sci. Nat. Belg. Ent. 69: 240. **Type locality:** China (Sichuan: Emei Mountain).

Hercostomus curvispinosus Yang *et* Saigusa, 1999: Yang, Zhang, Wang *et* Zhu, 2011. Fauna Sinica Insecta 53: 906.

分布（Distribution）：四川（SC）

（417）刺寡长足虻 *Hercostomus curvispinus* Yang *et* Saigusa, 2000

Hercostomus (*Hercostomus*) *curvispinus* Yang *et* Saigusa, 2000. Bull. Inst. R. Sci. Nat. Belg. Ent. 70: 219. **Type locality:** China (Sichuan: Emei Mountain).

Hercostomus curvispinus Yang *et* Saigusa, 2000: Yang, Zhang, Wang *et* Zhu, 2011. Fauna Sinica Insecta 53: 808.

分布（Distribution）：陕西（SN）、四川（SC）、云南（YN）

（418）弯须寡长足虻 *Hercostomus curvus* Yang *et* Saigusa, 2002

Hercostomus (*Hercostomus*) *curvus* Yang *et* Saigusa, 2002. Dtsch. Ent. Z. 49 (1): 85. **Type locality:** China (Shaanxi: Fuping).

Hercostomus curvus Yang *et* Saigusa, 2002: Yang, Zhang, Wang *et* Zhu, 2011. Fauna Sinica Insecta 53: 739.

分布（Distribution）：陕西（SN）

（419）尖须寡长足虻 *Hercostomus cuspidicercus* Olejníček, 2004

Hercostomus cuspidicercus Olejníček, 2004. Acta Zool. Univ. Comeni. 46 (1): 9. **Type locality:** China (Shaanxi: Qinling, Xunyangba).

Hercostomus cuspidicercus Olejníček, 2004: Yang, Zhang, Wang *et* Zhu, 2011. Fauna Sinica Insecta 53: 847.
分布（Distribution）：陕西（SN）

（420）尖端寡长足虻 *Hercostomus cuspidiger* Yang *et* Saigusa, 1999

Hercostomus (*Hercostomus*) *cuspidiger* Yang *et* Saigusa, 1999. Insects of the Mountains Funiu and Dabie Regions: 194. **Type locality:** China (Henan: Luoshan).
Hercostomus cuspidiger Yang *et* Saigusa, 1999: Yang, Zhang, Wang *et* Zhu, 2011. Fauna Sinica Insecta 53: 661.
分布（Distribution）：河南（HEN）

（421）青寡长足虻 *Hercostomus cyaneculus* Wei, 1997

Hercostomus (*Hercostomus*) *cyaneculus* Wei, 1997. J. Guizhou Agric. Coll. 16 (2): 41. **Type locality:** China (Yunnan: Dali).
Hercostomus cyaneculus Wei, 1997: Yang, Zhang, Wang *et* Zhu, 2011. Fauna Sinica Insecta 53: 747.
分布（Distribution）：贵州（GZ）、云南（YN）

（422）大围山寡长足虻 *Hercostomus daweishanus* Yang *et* Saigusa, 2001

Hercostomus (*Hercostomus*) *daweishanus* Yang *et* Saigusa, 2001. Bull. Inst. R. Sci. Nat. Belg. Ent. 71: 167. **Type locality:** China (Yunnan: Daweishan).
Hercostomus daweishanus Yang *et* Saigusa, 2001: Yang, Zhang, Wang *et* Zhu, 2011. Fauna Sinica Insecta 53: 663.
分布（Distribution）：云南（YN）

（423）大瑶山寡长足虻 *Hercostomus dayaoshanensis* Liao, Zhou *et* Yang, 2007

Hercostomus dayaoshanensis Liao, Zhou *et* Yang, 2007. Trans. Am. Ent. Soc. 133 (3-4): 336. **Type locality:** China (Guangxi: Dayaoshan).
Hercostomus dayaoshanensis Liao, Zhou *et* Yang, 2007: Yang, Zhang, Wang *et* Zhu, 2011. Fauna Sinica Insecta 53: 785.
分布（Distribution）：广西（GX）

（424）巨齿寡长足虻 *Hercostomus deltodontus* Tang, Zhang et Yang, 2014

Hercostomus deltodontus Tang, Zhang *et* Yang, 2014. Zootaxa 3881 (6): 554. **Type locality:** China (Tibet: Zhangmuzhen).
分布（Distribution）：西藏（XZ）

（425）齿须寡长足虻 *Hercostomus dentalis* Yang, 1997

Hercostomus (*Hercostomus*) *dentalis* Yang, 1997. Bull. Inst. R. Sci. Nat. Belg. Ent. 67: 136. **Type locality:** China (Xizang: Bomi).
Hercostomus dentalis Yang, 1997: Yang, Zhang, Wang *et* Zhu, 2011. Fauna Sinica Insecta 53: 699.
分布（Distribution）：西藏（XZ）

（426）指突寡长足虻 *Hercostomus digitatus* Yang, 1997

Hercostomus (*Hercostomus*) *digitatus* Yang, 1997. Stud. Dipt. 4 (1): 115. **Type locality:** China (Yunnan: Ruili).
Hercostomus digitatus Yang, 1997: Yang, Zhang, Wang *et* Zhu, 2011. Fauna Sinica Insecta 53: 762.
分布（Distribution）：云南（YN）

（427）指叶寡长足虻 *Hercostomus digitiformis* Yang *et* Grootaert, 1999

Hercostomus (*Hercostomus*) *digitiformis* Yang *et* Grootaert, 1999. Bull. Inst. R. Sci. Nat. Belg. Ent. 69: 256. **Type locality:** China (Yunnan: Menglun).
Hercostomus digitiformis Yang *et* Grootaert, 1999: Yang, Zhang, Wang *et* Zhu, 2011. Fauna Sinica Insecta 53: 772.
分布（Distribution）：云南（YN）

（428）粗跗寡长足虻 *Hercostomus dilatitarsis* Stackelberg, 1949

Hercostomus dilatitarsis Stackelberg, 1949. Trudy Zool. Inst. 8 (4): 687. **Type locality:** Tajikistan (Kondara. Valley Varzob. Gissar Ridge).
Hercostomus dilatitarsis Stackelberg, 1949: Yang, Zhang, Wang *et* Zhu, 2011. Fauna Sinica Insecta 53: 949.
分布（Distribution）：河北（HEB）；塔吉克斯坦

（429）裂板寡长足虻 *Hercostomus dissectus* Yang *et* Saigusa, 1999

Hercostomus (*Hercostomus*) *dissectus* Yang *et* Saigusa, 1999. Bull. Inst. R. Sci. Nat. Belg. Ent. 69: 241. **Type locality:** China (Sichuan: Emei Mountain).
Hercostomus dissectus Yang *et* Saigusa, 1999: Yang, Zhang, Wang *et* Zhu, 2011. Fauna Sinica Insecta 53: 809.
分布（Distribution）：四川（SC）

（430）歧板寡长足虻 *Hercostomus dissimilis* Yang *et* Saigusa, 1999

Hercostomus (*Hercostomus*) *dissimilis* Yang *et* Saigusa, 1999. Bull. Inst. R. Sci. Nat. Belg. Ent. 69: 242. **Type locality:** China (Sichuan: Emei Mountain).
Hercostomus dissimilis Yang *et* Saigusa, 1999: Yang, Zhang, Wang *et* Zhu, 2011. Fauna Sinica Insecta 53: 810.
分布（Distribution）：陕西（SN）、四川（SC）

（431）黑背寡长足虻 *Hercostomus dorsiniger* Yang *et* Saigusa, 2001

Hercostomus (*Hercostomus*) *dorsiniger* Yang *et* Saigusa, 2001. Bull. Inst. R. Sci. Nat. Belg. Ent. 71: 223. **Type locality:** China (Yunnan: Luchun).
Hercostomus dorsiniger Yang *et* Saigusa, 2001: Yang, Zhang, Wang *et* Zhu, 2011. Fauna Sinica Insecta 53: 855.
分布（Distribution）：云南（YN）

（432）背鬃寡长足虻 *Hercostomus dorsiseta* Yang *et* Saigusa, 2001

Hercostomus (*Hercostomus*) *dorsiseta* Yang *et* Saigusa, 2001. Bull. Inst. R. Sci. Nat. Belg. Ent. 71: 219. **Type locality:** China (Yunnan: Lijiang).
Hercostomus dorsiseta Yang *et* Saigusa, 2001: Yang, Zhang, Wang *et* Zhu, 2011. Fauna Sinica Insecta 53: 680.
分布（Distribution）：云南（YN）

（433）杜氏寡长足虻 *Hercostomus dui* Wei, 1997

Hercostomus dui Wei, 1997. J. Guizhou Agric. Coll. 16 (4): 42. **Type locality:** China (Sichuan: Huanglong).
Hercostomus dui Wei, 1997: Yang, Zhang, Wang *et* Zhu, 2011. Fauna Sinica Insecta 53: 940.
分布（Distribution）：四川（SC）、贵州（GZ）

（434）小寡长足虻 *Hercostomus ebaeus* Wei, 1997

Hercostomus ebaeus Wei, 1997. J. Guizhou Agric. Coll. 16 (4): 34. **Type locality:** China (Guizhou: Fanjingshan).
Hercostomus ebaeus Wei, 1997: Yang, Zhang, Wang *et* Zhu, 2011. Fauna Sinica Insecta 53: 866.
分布（Distribution）：贵州（GZ）

（435）避寡长足虻 *Hercostomus effugius* Wei *et* Song, 2006

Hercostomus (*Hercostomus*) *effugius* Wei *et* Song, 2006. Insects from Chishui Spinulose Tree Fern Landscape: 325. **Type locality:** China (Guizhou: Chishui).
Hercostomus effugius Wei *et* Song, 2006: Yang, Zhang, Wang *et* Zhu, 2011. Fauna Sinica Insecta 53: 950.
分布（Distribution）：贵州（GZ）

（436）散寡长足虻 *Hercostomus effusus* Wei *et* Song, 2006

Hercostomus (*Hercostomus*) *effusus* Wei *et* Song, 2006. Insects from Chishui Spinulose Tree Fern Landscape: 321. **Type locality:** China (Guizhou: Chishui).
Hercostomus effusus Wei *et* Song, 2006: Yang, Zhang, Wang *et* Zhu, 2011. Fauna Sinica Insecta 53: 951.
分布（Distribution）：贵州（GZ）

（437）峨眉寡长足虻 *Hercostomus emeiensis* Yang, 1997

Hercostomus (*Hercostomus*) *emeiensis* Yang, 1997. Stud. Dipt. 4 (1): 116. **Type locality:** China (Sichuan: Emei Mountain).
Hercostomus emeiensis Yang, 1997: Yang, Zhang, Wang *et* Zhu, 2011. Fauna Sinica Insecta 53: 664.
分布（Distribution）：四川（SC）、贵州（GZ）、云南（YN）

（438）直毛寡长足虻 *Hercostomus erectus* Yang *et* Grootaert, 1999

Hercostomus (*Hercostomus*) *erectus* Yang *et* Grootaert, 1999. Bull. Inst. R. Sci. Nat. Belg. Ent. 69: 259. **Type locality:** China (Yunnan: Menglun).
Hercostomus erectus Yang *et* Grootaert, 1999: Yang, Zhang, Wang *et* Zhu, 2011. Fauna Sinica Insecta 53: 812.
分布（Distribution）：云南（YN）

（439）尖寡长足虻 *Hercostomus exacutus* Wei, 1997

Hercostomus (*Hercostomus*) *exacutus* Wei, 1997. J. Guizhou Agric. Coll. 16 (2): 46. **Type locality:** China (Guizhou: Anshun).
Hercostomus exacutus Wei, 1997: Yang, Zhang, Wang *et* Zhu, 2011. Fauna Sinica Insecta 53: 813.
分布（Distribution）：贵州（GZ）

（440）出寡长足虻 *Hercostomus excertus* Wei *et* Song, 2006

Hercostomus (*Hercostomus*) *excertus* Wei *et* Song, 2006. Insects from Chishui Spinulose Tree Fern Landscape: 317. **Type locality:** China (Guizhou: Chishui).
Hercostomus excertus Wei *et* Song, 2006: Yang, Zhang, Wang *et* Zhu, 2011. Fauna Sinica Insecta 53: 781.
分布（Distribution）：贵州（GZ）

（441）凹瓣寡长足虻 *Hercostomus excisilamellatus* Parent, 1944

Hercostomus excisilamellatus Parent, 1944. Rev. Fr. Ent. 10 (4): 126. **Type locality:** China ("Chansi: Maoeullting, Kansou Occidental: Singlingchan, Kinnts'iangt'an").
Hercostomus excisilamellatus Parent, 1944: Yang, Zhang, Wang *et* Zhu, 2011. Fauna Sinica Insecta 53: 953.
分布（Distribution）：山西（SX）、甘肃（GS）

（442）梵净山寡长足虻 *Hercostomus fanjingensis* Wei, 1997

Hercostomus fanjingensis Wei, 1997. J. Guizhou Agric. Coll. 16 (4): 41. **Type locality:** China (Guizhou: Fanjingshan).
Hercostomus fanjingensis Wei, 1997: Yang, Zhang, Wang *et* Zhu, 2011. Fauna Sinica Insecta 53: 701.
分布（Distribution）：贵州（GZ）

（443）愚寡长足虻 *Hercostomus fatuus* Wei, 1997

Hercostomus fatuus Wei, 1997. J. Guizhou Agric. Coll. 16 (4): 39. **Type locality:** China (Guizhou: Fanjingshan).
Hercostomus fatuus Wei, 1997: Yang, Zhang, Wang *et* Zhu, 2011. Fauna Sinica Insecta 53: 787.
分布（Distribution）：贵州（GZ）、广西（GX）

（444）丝须寡长足虻 *Hercostomus filiformis* Yang *et* Saigusa, 2001

Hercostomus (*Hercostomus*) *filiformis* Yang *et* Saigusa, 2001. Bull. Inst. R. Sci. Nat. Belg. Ent. 71: 200. **Type locality:** China (Yunnan: Luchun).
Hercostomus filiformis Yang *et* Saigusa, 2001: Yang, Zhang,

Wang *et* Zhu, 2011. Fauna Sinica Insecta 53: 868.
分布（Distribution）：云南（YN）；尼泊尔

（445）管寡长足虻 *Hercostomus fistulus* Wei, 1997

Hercostomus (*Hercostomus*) *fistulus* Wei, 1997. J. Guizhou Agric. Coll. 16 (2): 47. **Type locality:** China (Guizhou: Fanjingshan).
Hercostomus fistulus Wei, 1997: Yang, Zhang, Wang *et* Zhu, 2011. Fauna Sinica Insecta 53: 814.
分布（Distribution）：贵州（GZ）

（446）平角寡长足虻 *Hercostomus flatus* Yang *et* Grootaert, 1999

Hercostomus (*Hercostomus*) *flatus* Yang *et* Grootaert, 1999. Bull. Inst. R. Sci. Nat. Belg. Ent. 69: 217. **Type locality:** China (Zhejiang: Tianmushan).
Hercostomus flatus Yang *et* Grootaert, 1999: Yang, Zhang, Wang *et* Zhu, 2011. Fauna Sinica Insecta 53: 856.
分布（Distribution）：浙江（ZJ）

（447）黄斑寡长足虻 *Hercostomus flavimaculatus* Yang, 1998

Hercostomus (*Hercostomus*) *flavimaculatus* Yang, 1998. Entomofauna 19 (13): 233. **Type locality:** China (Sichuan: Nanping).
Hercostomus flavimaculatus Yang, 1998: Yang, Zhang, Wang *et* Zhu, 2011. Fauna Sinica Insecta 53: 789.
分布（Distribution）：陕西（SN）、四川（SC）、云南（YN）

（448）黄缘寡长足虻 *Hercostomus flavimarginatus* Yang, 1999

Hercostomus (*Hercostomus*) *flavimarginatus* Yang, 1999. Bull. Inst. R. Sci. Nat. Belg. Ent. 69: 208. **Type locality:** China (Sichuan: Qingchengshan).
Hercostomus flavimarginatus Yang, 1999: Yang, Zhang, Wang *et* Zhu, 2011. Fauna Sinica Insecta 53: 907.
分布（Distribution）：四川（SC）、云南（YN）

（449）黄柄寡长足虻 *Hercostomus flaviscapus* Yang *et* Saigusa, 1999

Hercostomus (*Hercostomus*) *flaviscapus* Yang *et* Saigusa, 1999. Insects of the Mountains Funiu and Dabie Regions: 192. **Type locality:** China (Henan: Luanchuan).
Hercostomus flaviscapus Yang *et* Saigusa, 1999: Yang, Zhang, Wang *et* Zhu, 2011. Fauna Sinica Insecta 53: 790.
分布（Distribution）：河南（HEN）、陕西（SN）

（450）黄盾寡长足虻 *Hercostomus flaviscutellum* Yang, 1998

Hercostomus (*Hercostomus*) *flaviscutellum* Yang, 1998. Bull. Inst. R. Sci. Nat. Belg. Ent. 68: 179. **Type locality:** China (Xinjiang: Baicheng).
Hercostomus flaviscutellum Yang, 1998: Yang, Zhang, Wang *et* Zhu, 2011. Fauna Sinica Insecta 53: 655.
分布（Distribution）：新疆（XJ）

（451）黄腹寡长足虻 *Hercostomus flaviventris* Smirnov *et* Negrobov, 1977

Hercostomus flaviventris Smirnov *et* Negrobov, 1977. Vestn. Moskow Univ. (Bio.) 3: 38. **Type locality:** Japan (Zupura: Takago-san).
Hercostomus basiflavus Yang, 1996. Entomofauna 17 (18): 317. **Type locality:** China (Zhejiang: Gutianshan).
Hercostomus (*Hercostomus*) *inunctus* Wei, 1997. J. Guizhou Agric. Coll. 16 (2): 42. **Type locality:** China (Guizhou: Fanjingshan).
Hercostomus (*Hercostomus*) *optatus* Wei, 1997. J. Guizhou Agric. Coll. 16 (2): 43. **Type locality:** China (Guizhou: Anshun).
Hercostomus (*Hercostomus*) *opulus* Wei, 1997. J. Guizhou Agric. Coll. 16 (2): 43. **Type locality:** China (Guizhou: Anshun).
Hercostomus flaviventris Smirnov *et* Negrobov, 1977: Yang, Zhang, Wang *et* Zhu, 2011. Fauna Sinica Insecta 53: 724.
分布（Distribution）：浙江（ZJ）、四川（SC）、贵州（GZ）、台湾（TW）、广西（GX）；日本、韩国

（452）黄须寡长足虻 *Hercostomus flavus* Tang, Zhang *et* Yang, 2014

Hercostomus deltodontus Tang, Zhang *et* Yang, 2014. Zootaxa 3881 (6): 556. **Type locality:** China (Tibet: Mêdog).
分布（Distribution）：西藏（XZ）

（453）弯寡长足虻 *Hercostomus flexus* Wei, 1997

Hercostomus flexus Wei, 1997. J. Guizhou Agric. Coll. 16 (4): 42. **Type locality:** China (Guizhou: Anshun).
Hercostomus flexus Wei, 1997: Yang, Zhang, Wang *et* Zhu, 2011. Fauna Sinica Insecta 53: 909.
分布（Distribution）：贵州（GZ）

（454）溪寡长足虻 *Hercostomus fluvius* Wei, 1997

Hercostomus fluvius Wei, 1997. J. Guizhou Agric. Coll. 16 (4): 40. **Type locality:** China (Guizhou: Fanjingshan).
Hercostomus fluvius Wei, 1997: Yang, Zhang, Wang *et* Zhu, 2011. Fauna Sinica Insecta 53: 797.
分布（Distribution）：陕西（SN）、贵州（GZ）、云南（YN）；尼泊尔

（455）流寡长足虻 *Hercostomus fluxus Wei*, 1997

Hercostomus fluxus Wei, 1997. J. Guizhou Agric. Coll. 16 (4): 43. **Type locality:** China (Guizhou: Fanjingshan).
Hercostomus fluxus Wei, 1997: Yang, Zhang, Wang *et* Zhu, 2011. Fauna Sinica Insecta 53: 909.
分布（Distribution）：贵州（GZ）

（456）叶寡长足虻 *Hercostomus frondosus* Wei, 1997

Hercostomus (*Hercostomus*) *frondosus* Wei, 1997. J. Guizhou

Agric. Coll. 16 (2): 47. **Type locality:** China (Guizhou: Anshun).
Hercostomus frondosus Wei, 1997: Yang, Zhang, Wang *et* Zhu, 2011. Fauna Sinica Insecta 53: 816.
分布（Distribution）：贵州（GZ）

（457）黄尾寡长足虻 *Hercostomus fulvicaudis* (Walker, 1851)

Sybistroma fulvicaudis Walker, 1851. Ins. Brit. 1 (1): 154. **Type locality:** Unknown.
Hercostomus fulvicaudis (Walker): Yang, Zhu, Wang *et* Zhang, 2006. World Catalog of Dolichopodidae: 159.
Hercostomus fulvicaudis (Walker, 1851): Yang, Zhang, Wang *et* Zhu, 2011. Fauna Sinica Insecta 53: 656.
分布（Distribution）：新疆（XJ）；亚洲（中部）、欧洲（中部）

（458）佛坪寡长足虻 *Hercostomus fupingensis* Yang *et* Saigusa, 2002

Hercostomus (*Hercostomus*) *fupingensis* Yang *et* Saigusa, 2002. Dtsch. Ent. Z. 49 (1): 81. **Type locality:** China (Shaanxi: Fuping).
Hercostomus fupingensis Yang *et* Saigusa, 2002: Yang, Zhang, Wang *et* Zhu, 2011. Fauna Sinica Insecta 53: 893.
分布（Distribution）：陕西（SN）、云南（YN）

（459）叉突寡长足虻 *Hercostomus furcatus* Yang, 1996

Hercostomus (*Hercostomus*) *furcatus* Yang, 1996. Ann. Soc. Ent. Fr. (N. S.) 32 (4): 413. **Type locality:** China (Xizang: Bomi).
Hercostomus furcatus Yang, 1996: Yang, Zhang, Wang *et* Zhu, 2011. Fauna Sinica Insecta 53: 953.
分布（Distribution）：西藏（XZ）

（460）叉寡长足虻 *Hercostomus furcutus* Wei, 1997

Hercostomus (*Hercostomus*) *furcutus* Wei, 1997. J. Guizhou Agric. Coll. 16 (2): 48. **Type locality:** China (Guizhou: Fanjingshan).
Hercostomus furcutus Wei, 1997: Yang, Zhang, Wang *et* Zhu, 2011. Fauna Sinica Insecta 53: 816.
分布（Distribution）：陕西（SN）、四川（SC）、贵州（GZ）、云南（YN）、广西（GX）

（461）嘎龙拉寡长足虻 *Hercostomus galonglaensis* Tang, Zhang *et* Yang, 2014

Hercostomus galonglaensis Tang, Zhang *et* Yang, 2014. Zootaxa 3881 (6): 559. **Type locality:** China (Tibet: Mt. Galongla).
分布（Distribution）：西藏（XZ）

（462）甘肃寡长足虻 *Hercostomus gansuensis* Yang, 1996

Hercostomus gansuensis Yang, 1996. Dtsch. Ent. Z. 43 (2): 238. **Type locality:** China (Gansu: Kangxian).
Hercostomus (*Hercostomus*) *fastigiatus* Wei, 1997. J. Guizhou Agric. Coll. 16 (2): 46. **Type locality:** China (Guizhou: Anshun).
Hercostomus (*Hercostomus*) *mustus* Wei, 1997. J. Guizhou Agric. Coll. 16 (2): 50. **Type locality:** China (Guizhou: Anshun).
Hercostomus gansuensis Yang, 1996: Yang, Zhang, Wang *et* Zhu, 2011. Fauna Sinica Insecta 53: 819.
分布（Distribution）：陕西（SN）、甘肃（GS）、浙江（ZJ）、四川（SC）、贵州（GZ）

（463）高氏寡长足虻 *Hercostomus gaoae* Yang, Grootaert *et* Song, 2002

Hercostomus (*Hercostomus*) *gaoae* Yang, Grootaert *et* Song, 2002. Bull. Inst. R. Sci. Nat. Belg. Ent. 72: 218. **Type locality:** China (Guizhou: Fanjingshan).
Hercostomus gaoae Yang, Grootaert *et* Song, 2002: Yang, Zhang, Wang *et* Zhu, 2011. Fauna Sinica Insecta 53: 763.
分布（Distribution）：贵州（GZ）

（464）膝突寡长足虻 *Hercostomus geniculatus* Zhang, Yang *et* Masunaga, 2007

Hercostomus geniculatus Zhang, Yang *et* Masunaga, 2007. Ent. Fenn. 18: 34. **Type locality:** China (Beijing: Xiaolongmen).
Hercostomus geniculatus Zhang, Yang *et* Masunaga, 2007: Yang, Zhang, Wang *et* Zhu, 2011. Fauna Sinica Insecta 53: 941.
分布（Distribution）：北京（BJ）

（465）群寡长足虻 *Hercostomus gregalis* Becker, 1922

Hercostomus gregalis Becker, 1922. Capita Zool. 1 (4): 29. **Type locality:** China (Taiwan: "Toyenmongai and Chip-Chip [= Chichi]").
Hercostomus gregalis Becker, 1922: Yang, Zhang, Wang *et* Zhu, 2011. Fauna Sinica Insecta 53: 955.
分布（Distribution）：台湾（TW）；缅甸、印度

（466）河南寡长足虻 *Hercostomus henanus* Yang, 1999

Hercostomus henanus Yang, 1999. Bull. Inst. R. Sci. Nat. Belg. Ent. 69: 210. **Type locality:** China (Henan: Neixiang).
Hercostomus henanus Yang, 1999: Yang, Zhang, Wang *et* Zhu, 2011. Fauna Sinica Insecta 53: 911.
分布（Distribution）：河南（HEN）、陕西（SN）、四川（SC）、贵州（GZ）

（467）美寡长足虻 *Hercostomus himertus* Wei, 1997

Hercostomus himertus Wei, 1997. J. Guizhou Agric. Coll. 16 (4): 34. **Type locality:** China (Guizhou: Fanjingshan).
Hercostomus (*Hercostomus*) *serrulatus* Yang *et* Grootaert, 1999. Bull. Inst. R. Sci. Nat. Belg. Ent. 69: 217. **Type locality:** China (Zhejiang: Tianmushan).
Hercostomus himertus Wei, 1997: Yang, Zhang, Wang *et* Zhu,

2011. Fauna Sinica Insecta 53: 913.
分布（Distribution）：浙江（ZJ）、贵州（GZ）、福建（FJ）

（468）织寡长足虻 *Hercostomus histus* Wei, 1997

Hercostomus (*Hercostomus*) *histus* Wei, 1997. J. Guizhou Agric. Coll. 16 (2): 49. **Type locality:** China (Guizhou: Anshun).
Hercostomus histus Wei, 1997: Yang, Zhang, Wang *et* Zhu, 2011. Fauna Sinica Insecta 53: 821.
分布（Distribution）：贵州（GZ）

（469）武寡长足虻 *Hercostomus hoplitus* Wei *et* Song, 2006

Hercostomus (*Hercostomus*) *hoplitus* Wei *et* Song, 2006. Insects from Chishui Spinulose Tree Fern Landscape: 321. **Type locality:** China (Guizhou: Chishui).
Hercostomus hoplitus Wei *et* Song, 2006: Yang, Zhang, Wang *et* Zhu, 2011. Fauna Sinica Insecta 53: 955.
分布（Distribution）：贵州（GZ）

（470）花果山寡长足虻 *Hercostomus huaguoensis* Zhang *et* Yang, 2007

Hercostomus huaguoensis Zhang *et* Yang, 2007. Trans. Am. Ent. Soc. 133 (1+2): 156. **Type locality:** China (Henan: Luoyang).
Hercostomus huaguoensis Zhang *et* Yang, 2007: Yang, Zhang, Wang *et* Zhu, 2011. Fauna Sinica Insecta 53: 736.
分布（Distribution）：河南（HEN）

（471）花莲寡长足虻 *Hercostomus hualienensis* Zhang, Yang *et* Masunaga, 2004

Hercostomus hualienensis Zhang, Yang *et* Masunaga, 2004. Ent. News 115 (4): 221. **Type locality:** China (Taiwan: Hualien).
Hercostomus hualienensis Zhang, Yang *et* Masunaga, 2004: Yang, Zhang, Wang *et* Zhu, 2011. Fauna Sinica Insecta 53: 822.
分布（Distribution）：台湾（TW）

（472）黄莲山寡长足虻 *Hercostomus huanglianshanus* Yang *et* Saigusa, 2001

Hercostomus (*Hercostomus*) *huanglianshanus* Yang *et* Saigusa, 2001. Bull. Inst. R. Sci. Nat. Belg. Ent. 71: 166. **Type locality:** China (Yunnan: Huanglianshan).
Hercostomus huanglianshanus Yang *et* Saigusa, 2001: Yang, Zhang, Wang *et* Zhu, 2011. Fauna Sinica Insecta 53: 682.
分布（Distribution）：云南（YN）

（473）湖北寡长足虻 *Hercostomus hubeiensis* Yang *et* Saigusa, 2001

Hercostomus (*Hercostomus*) *hubeiensis* Yang *et* Saigusa, 2001. Bull. Inst. R. Sci. Nat. Belg. Ent. 71: 158. **Type locality:** China (Hubei: Shennongjia).
Hercostomus hubeiensis Yang *et* Saigusa, 2001: Yang, Zhang, Wang *et* Zhu, 2011. Fauna Sinica Insecta 53: 702.
分布（Distribution）：湖北（HB）

（474）惠州寡长足虻 *Hercostomus huizhouensis* Zhang, Yang *et* Grootaert, 2008

Hercostomus huizhouensis Zhang, Yang *et* Grootaert, 2008. Bull. Inst. R. Sci. Nat. Belg. Ent. 78: 261. **Type locality:** China (Guangdong: Huizhou).
Hercostomus huizhouensis Zhang, Yang *et* Grootaert, 2008: Yang, Zhang, Wang *et* Zhu, 2011. Fauna Sinica Insecta 53: 956.
分布（Distribution）：广东（GD）

（475）湖南寡长足虻 *Hercostomus hunanensis* Yang, 1998

Hercostomus (*Hercostomus*) *hunanensis* Yang, 1998. Bull. Inst. R. Sci. Nat. Belg. Ent. 68: 151. **Type locality:** China (Hunan: Chengbu).
Hercostomus hunanensis Yang, 1998: Yang, Zhang, Wang *et* Zhu, 2011. Fauna Sinica Insecta 53: 703.
分布（Distribution）：湖南（HN）、四川（SC）

（476）地寡长足虻 *Hercostomus hypogaeus* Wei *et* Song, 2006

Hercostomus (*Hercostomus*) *hypogaeus* Wei *et* Song, 2006. Insects from Chishui Spinulose Tree Fern Landscape: 326. **Type locality:** China (Guizhou: Chishui).
Hercostomus hypogaeus Wei *et* Song, 2006: Yang, Zhang, Wang *et* Zhu, 2011. Fauna Sinica Insecta 53: 764.
分布（Distribution）：贵州（GZ）

（477）纯寡长足虻 *Hercostomus ignarus* Wei *et* Song, 2006

Hercostomus (*Hercostomus*) *ignarus* Wei *et* Song, 2006. Insects from Chishui Spinulose Tree Fern Landscape: 327. **Type locality:** China (Guizhou: Chishui).
Hercostomus ignarus Wei *et* Song, 2006: Yang, Zhang, Wang *et* Zhu, 2011. Fauna Sinica Insecta 53: 958.
分布（Distribution）：贵州（GZ）

（478）凹叶寡长足虻 *Hercostomus incilis* Yang *et* Saigusa, 2001

Hercostomus (*Hercostomus*) *incilis* Yang *et* Saigusa, 2001. Bull. Inst. R. Sci. Nat. Belg. Ent. 71: 247. **Type locality:** China (Yunnan: Yongping).
Hercostomus incilis Yang *et* Saigusa, 2001: Yang, Zhang, Wang *et* Zhu, 2011. Fauna Sinica Insecta 53: 857.
分布（Distribution）：云南（YN）

（479）凹须寡长足虻 *Hercostomus incisus* Yang *et* Saigusa, 2000

Hercostomus (*Hercostomus*) *incisus* Yang *et* Saigusa, 2000.

Bull. Inst. R. Sci. Nat. Belg. Ent. 70: 221. **Type locality:** China (Sichuan: Emei Mountain).
Hercostomus incisus Yang *et* Saigusa, 2000: Yang, Zhang, Wang *et* Zhu, 2011. Fauna Sinica Insecta 53: 849.
分布（Distribution）：陕西（SN）、四川（SC）、云南（YN）

（480）包寡长足虻 *Hercostomus inclusus* Becker, 1922

Hercostomus inclusus Becker, 1922. Capita Zool. 1 (4): 24. **Type locality:** China (Taiwan: "Tappani and Taihoku [= Taipei]").
Hercostomus inclusus Becker, 1922: Yang, Zhang, Wang *et* Zhu, 2011. Fauna Sinica Insecta 53: 960.
分布（Distribution）：台湾（TW）

（481）粗寡长足虻 *Hercostomus incrassatus* Becker, 1922

Hercostomus incrassatus Becker, 1922. Capita Zool. 1 (4): 25. **Type locality:** China (Taiwan: "Chip-Chip [= Chichi]").
Hercostomus incrassatus Becker, 1922: Yang, Zhang, Wang *et* Zhu, 2011. Fauna Sinica Insecta 53: 850.
分布（Distribution）：台湾（TW）

（482）宽寡长足虻 *Hercostomus intactus* Wei, 1997

Hercostomus intactus Wei, 1997. J. Guizhou Agric. Coll. 16 (4): 32. **Type locality:** China (Yunnan: Jizhushan).
Hercostomus intactus Wei, 1997: Yang, Zhang, Wang *et* Zhu, 2011. Fauna Sinica Insecta 53: 859.
分布（Distribution）：云南（YN）

（483）禁锢寡长足虻 *Hercostomus interstinctus* Becker, 1922

Hercostomus interstinctus Becker, 1922. Capita Zool. 1 (4): 27. **Type locality:** China (Shanghai).
Hercostomus interstinctus Becker, 1922: Yang, Zhang, Wang *et* Zhu, 2011. Fauna Sinica Insecta 53: 960.
分布（Distribution）：上海（SH）

（484）内毛寡长足虻 *Hercostomus intraneus* Yang *et* Saigusa, 2001

Hercostomus (*Hercostomus*) *intraneus* Yang *et* Saigusa, 2001. Bull. Inst. R. Sci. Nat. Belg. Ent. 71: 167. **Type locality:** China (Yunnan: Huanglianshan).
Hercostomus intraneus Yang *et* Saigusa, 2001: Yang, Zhang, Wang *et* Zhu, 2011. Fauna Sinica Insecta 53: 683.
分布（Distribution）：云南（YN）

（485）金顶寡长足虻 *Hercostomus jindinganus* Yang *et* Saigusa, 2000

Hercostomus (*Hercostomus*) *jindinganus* Yang *et* Saigusa, 2000. Bull. Inst. R. Sci. Nat. Belg. Ent. 70: 221. **Type locality:** China (Sichuan: Emei Mountain).
Hercostomus jindinganus Yang *et* Saigusa, 2000: Yang, Zhang, Wang *et* Zhu, 2011. Fauna Sinica Insecta 53: 766.
分布（Distribution）：四川（SC）、云南（YN）

（486）金平寡长足虻 *Hercostomus jingpingensis* Yang *et* Saigusa, 2001

Hercostomus (*Hercostomus*) *jingpingensis* Yang *et* Saigusa, 2001. Bull. Inst. R. Sci. Nat. Belg. Ent. 71: 230. **Type locality:** China (Yunnan: Jingping).
Hercostomus jingpingensis Yang *et* Saigusa, 2001: Yang, Zhang, Wang *et* Zhu, 2011. Fauna Sinica Insecta 53: 730.
分布（Distribution）：云南（YN）

（487）金星寡长足虻 *Hercostomus jingxingensis* Yang *et* Saigusa, 2001

Hercostomus (*Hercostomus*) *jingxingensis* Yang *et* Saigusa, 2001. Bull. Inst. R. Sci. Nat. Belg. Ent. 71: 211. **Type locality:** China (Yunnan: Zhongdian).
Hercostomus jingxingensis Yang *et* Saigusa, 2001: Yang, Zhang, Wang *et* Zhu, 2011. Fauna Sinica Insecta 53: 705.
分布（Distribution）：云南（YN）

（488）金秀寡长足虻 *Hercostomus jinxiuensis* Yang, 1997

Hercostomus (*Hercostomus*) *jinxiuensis* Yang, 1997. Bull. Inst. R. Sci. Nat. Belg. Ent. 67: 137. **Type locality:** China (Guangxi: Jinxiu).
Hercostomus itamus Wei, 1997. J. Guizhou Agric. Coll. 16 (4): 38. **Type locality:** China (Guizhou: Fanjingshan).
Hercostomus (*Hercostomus*) *conglomeratus* Wei *et* Song, 2006. Insects from Chishui Spinulose Tree Fern Landscape: 324. **Type locality:** China (Guizhou: Chishui).
Hercostomus (*Hercostomus*) *hilarosus* Wei *et* Song, 2006. Insects from Chishui Spinulose Tree Fern Landscape: 323. **Type locality:** China (Guizhou: Chishui).
Hercostomus jinxiuensis Yang, 1997: Yang, Zhang, Wang *et* Zhu, 2011. Fauna Sinica Insecta 53: 773.
分布（Distribution）：贵州（GZ）、广西（GX）

（489）九龙寡长足虻 *Hercostomus jiulongensis* Zhang *et* Yang, 2005

Hercostomus (*Hercostomus*) *jiulongensis* Zhang *et* Yang, 2005. Dtsch. Ent. Z. 52 (2): 242. **Type locality:** China (Sichuan: Jiulong, W. Chengdu).
Hercostomus jiulongensis Zhang *et* Yang, 2005: Yang, Zhang, Wang *et* Zhu, 2011. Fauna Sinica Insecta 53: 665.
分布（Distribution）：四川（SC）

（490）侧突寡长足虻 *Hercostomus lateralis* Yang *et* Saigusa, 1999

Hercostomus (*Hercostomus*) *lateralis* Yang *et* Saigusa, 1999. Bull. Inst. R. Sci. Nat. Belg. Ent. 69: 243. **Type locality:** China (Sichuan: Emei Mountain).

Hercostomus lateralis Yang *et* Saigusa, 1999: Yang, Zhang, Wang *et* Zhu, 2011. Fauna Sinica Insecta 53: 869.
分布（Distribution）：四川（SC）

（491）宽叶寡长足虻 *Hercostomus latilobatus* Yang *et* Saigusa, 2001

Hercostomus (*Hercostomus*) *latilobatus* Yang *et* Saigusa, 2001. Bull. Inst. R. Sci. Nat. Belg. Ent. 71: 213. **Type locality:** China (Yunnan: Luchun).
Hercostomus latilobatus Yang *et* Saigusa, 2001: Yang, Zhang, Wang *et* Zhu, 2011. Fauna Sinica Insecta 53: 706.
分布（Distribution）：云南（YN）

（492）宽须寡长足虻 *Hercostomus latus* Yang *et* Saigusa, 2002

Hercostomus (*Hercostomus*) *latus* Yang *et* Saigusa, 2002. Dtsch. Ent. Z. 49 (1): 68. **Type locality:** China (Shaanxi: Zuoshui).
Hercostomus latus Yang *et* Saigusa, 2002: Yang, Zhang, Wang *et* Zhu, 2011. Fauna Sinica Insecta 53: 914.
分布（Distribution）：陕西（SN）、云南（YN）

（493）雷公山寡长足虻 *Hercostomus leigongshanus* Wei *et* Yang, 2007

Hercostomus leigongshanus Wei *et* Yang, 2007. Insects from Leigongshan Landscape: 567. **Type locality:** China (Guizhou: Leigongshan).
Hercostomus leigongshanus Wei *et* Yang, 2007: Yang, Zhang, Wang *et* Zhu, 2011. Fauna Sinica Insecta 53: 960.
分布（Distribution）：贵州（GZ）

（494）李氏寡长足虻 *Hercostomus lii* Yang, 1996

Hercostomus (*Hercostomus*) *lii* Yang, 1996. Ann. Soc. Ent. Fr. (N. S.) 32 (4): 413. **Type locality:** China (Xizang: Bomi).
Hercostomus (*Hercostomus*) *foraminis* Wei, 1997. J. Guizhou Agric. Coll. 16 (4): 41. **Type locality:** China (Sichuan: Wolong).
Hercostomus lii Yang, 1996: Yang, Zhang, Wang *et* Zhu, 2011. Fauna Sinica Insecta 53: 748.
分布（Distribution）：陕西（SN）、四川（SC）、西藏（XZ）；尼泊尔

（495）丽江寡长足虻 *Hercostomus lijiangensis* Yang *et* Saigusa, 2001

Hercostomus (*Hercostomus*) *lijiangensis* Yang *et* Saigusa, 2001. Bull. Inst. R. Sci. Nat. Belg. Ent. 71: 231. **Type locality:** China (Yunnan: Lijiang).
Hercostomus lijiangensis Yang *et* Saigusa, 2001: Yang, Zhang, Wang *et* Zhu, 2011. Fauna Sinica Insecta 53: 731.
分布（Distribution）：四川（SC）、云南（YN）

（496）疾寡长足虻 *Hercostomus litargus* Wei, 1997

Hercostomus (*Hercostomus*) *litargus* Wei, 1997. J. Guizhou Agric. Coll. 16 (2): 49. **Type locality:** China (Guizhou: Anshun).
Hercostomus litargus Wei, 1997: Yang, Zhang, Wang *et* Zhu, 2011. Fauna Sinica Insecta 53: 823.
分布（Distribution）：贵州（GZ）

（497）长须寡长足虻 *Hercostomus longicercus* Yang *et* Yang, 1995

Hercostomus longicercus Yang *et* Yang, 1995. Insects of Baishanzu Mountain, Eastern China: 514. **Type locality:** China (Zhejiang: Baishanzu).
Hercostomus longicercus Yang *et* Yang, 1995: Yang, Zhang, Wang *et* Zhu, 2011. Fauna Sinica Insecta 53: 870.
分布（Distribution）：浙江（ZJ）、云南（YN）

（498）长指寡长足虻 *Hercostomus longidigitatus* Yang *et* Saigusa, 2001

Hercostomus (*Hercostomus*) *longidigitatus* Yang *et* Saigusa, 2001. Bull. Inst. R. Sci. Nat. Belg. Ent. 71: 247. **Type locality:** China (Yunnan: Lushui).
Hercostomus longidigitatus Yang *et* Saigusa, 2001: Yang, Zhang, Wang *et* Zhu, 2011. Fauna Sinica Insecta 53: 707.
分布（Distribution）：云南（YN）

（499）长叶寡长足虻 *Hercostomus longifolius* Yang *et* Saigusa, 1999

Hercostomus (*Hercostomus*) *longifolius* Yang *et* Saigusa, 1999. Insects of the Mountains Funiu and Dabie Regions: 191. **Type locality:** China (Henan: Luoshan).
Hercostomus longifolius Yang *et* Saigusa, 1999: Yang, Zhang, Wang *et* Zhu, 2011. Fauna Sinica Insecta 53: 676.
分布（Distribution）：河南（HEN）

（500）长突寡长足虻 *Hercostomus longilobatus* Yang *et* Saigusa, 2001

Hercostomus (*Hercostomus*) *longilobatus* Yang *et* Saigusa, 2001. Bull. Inst. R. Sci. Nat. Belg. Ent. 71: 214. **Type locality:** China (Yunnan: Pingbian).
Hercostomus longilobatus Yang *et* Saigusa, 2001: Yang, Zhang, Wang *et* Zhu, 2011. Fauna Sinica Insecta 53: 709.
分布（Distribution）：云南（YN）

（501）长垫寡长足虻 *Hercostomus longipulvinatus* Yang, 1998

Hercostomus (*Hercostomus*) *longipulvinatus* Yang, 1998. Acta Ent. Sin. 41 (Suppl.): 182. **Type locality:** China (Zhejiang: Baishanzu).
Hercostomus longipulvinatus Yang, 1998: Yang, Zhang, Wang *et* Zhu, 2011. Fauna Sinica Insecta 53: 962.
分布（Distribution）：浙江（ZJ）

（502）毛腿寡长足虻 *Hercostomus longus* Yang *et* Saigusa, 2000

Hercostomus (*Hercostomus*) *longus* Yang *et* Saigusa, 2000. Bull. Inst. R. Sci. Nat. Belg. Ent. 70: 225. **Type locality:** China (Sichuan: Emei Mountain).

Hercostomus longus Yang *et* Saigusa, 2000: Yang, Zhang, Wang *et* Zhu, 2011. Fauna Sinica Insecta 53: 879.

分布（Distribution）：四川（SC）

（503）长毛寡长足虻 *Hercostomus longipilosus* Yang *et* Saigusa, 2001

Hercostomus (*Hercostomus*) *longipilosus* Yang *et* Saigusa, 2001. Bull. Inst. R. Sci. Nat. Belg. Ent. 71: 246. **Type locality:** China (Guizhou: Zunyi).

Hercostomus longipilosus Yang *et* Saigusa, 2001: Yang, Zhang, Wang *et* Zhu, 2011. Fauna Sinica Insecta 53: 749.

分布（Distribution）：北京（BJ）、河南（HEN）、贵州（GZ）

（504）长鬃寡长足虻 *Hercostomus longisetus* Yang *et* Saigusa, 1999

Hercostomus (*Hercostomus*) *longisetus* Yang *et* Saigusa, 1999. Insects of the Mountains Funiu and Dabie Regions: 195. **Type locality:** China (Henan: Luoshan).

Hercostomus longisetus Yang *et* Saigusa, 1999: Yang, Zhang, Wang *et* Zhu, 2011. Fauna Sinica Insecta 53: 667.

分布（Distribution）：河南（HEN）

（505）长刺寡长足虻 *Hercostomus longispinus* Yang *et* Saigusa, 2001

Hercostomus (*Hercostomus*) *longispinus* Yang *et* Saigusa, 2001. Bull. Inst. R. Sci. Nat. Belg. Ent. 71: 220. **Type locality:** China (Yunnan: Pingbian).

Hercostomus longispinus Yang *et* Saigusa, 2001: Yang, Zhang, Wang *et* Zhu, 2011. Fauna Sinica Insecta 53: 685.

分布（Distribution）：云南（YN）

（506）龙峪湾寡长足虻 *Hercostomus longyuwanensis* Zhang, Yang *et* Grootaert, 2008

Hercostomus longyuwanensis Zhang, Yang *et* Grootaert, 2008. Bull. Inst. R. Sci. Nat. Belg. Ent. 78: 264. **Type locality:** China (Henan: Longyuwan).

Hercostomus longyuwanensis Zhang, Yang *et* Grootaert, 2008: Yang, Zhang, Wang *et* Zhu, 2011. Fauna Sinica Insecta 53: 824.

分布（Distribution）：河南（HEN）

（507）娄山关寡长足虻 *Hercostomus loushanguananus* Yang *et* Saigusa, 2001

Hercostomus (*Hercostomus*) *loushanguananus* Yang *et* Saigusa, 2001. Bull. Inst. R. Sci. Nat. Belg. Ent. 71: 245. **Type locality:** China (Guizhou: Zunyi).

Hercostomus loushanguananus Yang *et* Saigusa, 2001: Yang, Zhang, Wang *et* Zhu, 2011. Fauna Sinica Insecta 53: 668.

分布（Distribution）：贵州（GZ）

（508）绿春寡长足虻 *Hercostomus luchunensis* Yang *et* Saigusa, 2001

Hercostomus (*Hercostomus*) *luchunensis* Yang *et* Saigusa, 2001. Bull. Inst. R. Sci. Nat. Belg. Ent. 71: 205. **Type locality:** China (Yunnan: Luchun).

Hercostomus luchunensis Yang *et* Saigusa, 2001: Yang, Zhang, Wang *et* Zhu, 2011. Fauna Sinica Insecta 53: 751.

分布（Distribution）：云南（YN）

（509）亮腹寡长足虻 *Hercostomus lucidiventris* Becker, 1922

Hercostomus lucidiventris Becker, 1922. Capita Zool. 1 (4): 24. **Type locality:** China (Taiwan: "Kosempo [=Chiasien]").

Hercostomus lucidiventris Becker, 1922: Yang, Zhang, Wang *et* Zhu, 2011. Fauna Sinica Insecta 53: 963.

分布（Distribution）：台湾（TW）

（510）紫胸寡长足虻 *Hercostomus lunulatus* Becker, 1922

Hercostomus lunulatus Becker, 1922. Capita Zool. 1 (4): 30. **Type locality:** China (Taiwan: "Kosempo[=Chiasien] and Toyenmongai").

Hercostomus lunulatus Becker, 1922: Yang, Zhang, Wang *et* Zhu, 2011. Fauna Sinica Insecta 53: 963.

分布（Distribution）：台湾（TW）

（511）罗山寡长足虻 *Hercostomus luoshanensis* Yang *et* Saigusa, 1999

Hercostomus (*Hercostomus*) *luoshanensis* Yang *et* Saigusa, 1999. Insects of the Mountains Funiu and Dabie Regions: 193. **Type locality:** China (Henan: Luoshan).

Hercostomus (*Hercostomus*) *cyphus* Wei *et* Song, 2006. Insects from Chishui Spinulose Tree Fern Landscape: 319. **Type locality:** China (Guizhou: Chishui).

Hercostomus luoshanensis Yang *et* Saigusa, 1999: Yang, Zhang, Wang *et* Zhu, 2011. Fauna Sinica Insecta 53: 774.

分布（Distribution）：河南（HEN）、贵州（GZ）

（512）黄侧寡长足虻 *Hercostomus luteipleuratus* Parent, 1944

Hercostomus luteipleuratus Parent, 1944. Rev. Fr. Ent. 10 (4): 126. **Type locality:** China ("Chensi Central, Weitzeping").

Hercostomus luteipleuratus Parent, 1944: Yang, Zhang, Wang *et* Zhu, 2011. Fauna Sinica Insecta 53: 963.

分布（Distribution）：陕西（SN）

（513）猫儿山寡长足虻 *Hercostomus maoershanensis* Zhang, Yang *et* Masunaga, 2004

Hercostomus (*Hercostomus*) *maoershanensis* Zhang, Yang *et* Masunaga, 2004. Ent. News 115 (1): 38. **Type locality:** China (Guangxi: Maoershan).

Hercostomus maoershanensis Zhang, Yang *et* Masunaga, 2004: Yang, Zhang, Wang *et* Zhu, 2011. Fauna Sinica Insecta 53: 871.
分布（Distribution）：广东（GD）、广西（GX）

（514）凹翅寡长足虻 *Hercostomus marginatus* Yang *et* Saigusa, 2001

Hercostomus (*Hercostomus*) *marginatus* Yang *et* Saigusa, 2001. Bull. Inst. R. Sci. Nat. Belg. Ent. 71: 241. **Type locality:** China (Yunnan: Yongping).
Hercostomus marginatus Yang *et* Saigusa, 2001: Yang, Zhang, Wang *et* Zhu, 2011. Fauna Sinica Insecta 53: 776.
分布（Distribution）：云南（YN）

（515）马氏寡长足虻 *Hercostomus masunagai* Yang *et* Saigusa, 2001

Hercostomus (*Hercostomus*) *masunagai* Yang *et* Saigusa, 2001. Bull. Inst. R. Sci. Nat. Belg. Ent. 71: 215. **Type locality:** China (Yunnan: Lijiang).
Hercostomus masunagai Yang *et* Saigusa, 2001: Yang, Zhang, Wang *et* Zhu, 2011. Fauna Sinica Insecta 53: 710.
分布（Distribution）：云南（YN）

（516）中生寡长足虻 *Hercostomus medialis* Yang *et* Saigusa, 2001

Hercostomus (*Hercostomus*) *medialis* Yang *et* Saigusa, 2001. Bull. Inst. R. Sci. Nat. Belg. Ent. 71: 215. **Type locality:** China (Yunnan: Yongping).
Hercostomus medialis Yang *et* Saigusa, 2001: Yang, Zhang, Wang *et* Zhu, 2011. Fauna Sinica Insecta 53: 712.
分布（Distribution）：云南（YN）

（517）门头沟寡长足虻 *Hercostomus mentougouensis* Zhang, Yang *et* Grootaert, 2003

Hercostomus mentougouensis Zhang, Yang *et* Grootaert, 2003. Bull. Inst. R. Sci. Nat. Belg. Ent. 73: 192. **Type locality:** China (Beijing: Xiaolongmen).
Hercostomus mentougouensis Zhang, Yang *et* Grootaert, 2003: Yang, Zhang, Wang *et* Zhu, 2011. Fauna Sinica Insecta 53: 753.
分布（Distribution）：北京（BJ）

（518）跗鬃寡长足虻 *Hercostomus modificatus* Yang *et* Saigusa, 2002

Hercostomus (*Hercostomus*) *modificatus* Yang *et* Saigusa, 2002. Dtsch. Ent. Z. 49 (1): 63. **Type locality:** China (Shaanxi: Zuoshui).
Hercostomus modificatus Yang *et* Saigusa, 2002: Yang, Zhang, Wang *et* Zhu, 2011. Fauna Sinica Insecta 53: 873.
分布（Distribution）：河南（HEN）、陕西（SN）

（519）墨脱寡长足虻 *Hercostomus motuoensis* Zhang, Yang *et* Grootaert, 2008

Hercostomus motuoensis Zhang, Yang *et* Grootaert, 2008. Bull. Inst. R. Sci. Nat. Belg. Ent. 78: 265. **Type locality:** China (Xizang: Motuo).
Hercostomus motuoensis Zhang, Yang *et* Grootaert, 2008: Yang, Zhang, Wang *et* Zhu, 2011. Fauna Sinica Insecta 53: 670.
分布（Distribution）：西藏（XZ）

（520）南岭寡长足虻 *Hercostomus nanlingensis* Zhang, Yang *et* Grootaert, 2008

Hercostomus nanlingensis Zhang, Yang *et* Grootaert, 2008. Bull. Inst. R. Sci. Nat. Belg. Ent. 78: 270. **Type locality:** China (Guangdong: Nanling).
Hercostomus nanlingensis Zhang, Yang *et* Grootaert, 2008: Yang, Zhang, Wang *et* Zhu, 2011. Fauna Sinica Insecta 53: 889.
分布（Distribution）：广东（GD）

（521）那坡寡长足虻 *Hercostomus napoensis* Yang, Grootaert *et* Song, 2002

Hercostomus (*Hercostomus*) *napoensis* Yang, Grootaert *et* Song, 2002. Bull. Inst. R. Sci. Nat. Belg. Ent. 72: 220. **Type locality:** China (Guangxi: Napo).
Hercostomus napoensis Yang, Grootaert *et* Song, 2002: Yang, Zhang, Wang *et* Zhu, 2011. Fauna Sinica Insecta 53: 791.
分布（Distribution）：广西（GX）

（522）南投寡长足虻 *Hercostomus nantouensis* Zhang, Yang *et* Grootaert, 2008

Hercostomus nantouensis Zhang, Yang *et* Grootaert, 2008. Bull. Inst. R. Sci. Nat. Belg. Ent. 78: 267. **Type locality:** China (Taiwan: Nantou).
Hercostomus nantouensis Zhang, Yang *et* Grootaert, 2008: Yang, Zhang, Wang *et* Zhu, 2011. Fauna Sinica Insecta 53: 916.
分布（Distribution）：台湾（TW）

（523）内蒙寡长足虻 *Hercostomus neimengensis* Yang, 1997

Hercostomus (*Hercostomus*) *neimengensis* Yang, 1997. Bull. Inst. R. Sci. Nat. Belg. Ent. 67: 138. **Type locality:** China (Inner Mongolia: Tuyouqi).
Hercostomus neimengensis Yang, 1997: Yang, Zhang, Wang *et* Zhu, 2011. Fauna Sinica Insecta 53: 964.
分布（Distribution）：内蒙古（NM）、甘肃（GS）

（524）黑须寡长足虻 *Hercostomus nigripalpus* Yang *et* Saigusa, 2002

Hercostomus (*Hercostomus*) *nigripalpus* Yang *et* Saigusa, 2002. Dtsch. Ent. Z. 49 (1): 72. **Type locality:** China (Shaanxi: Fuping).
Hercostomus nigripalpus Yang *et* Saigusa, 2002: Yang, Zhang, Wang *et* Zhu, 2011. Fauna Sinica Insecta 53: 793.
分布（Distribution）：陕西（SN）

(525) 标识寡长足虻 *Hercostomus notatus* Becker, 1922

Hercostomus notatus Becker, 1922. Capita Zool. 1 (4): 28. **Type locality:** China (Taiwan: "Takao[=Kaohsiung] and Anping").

Hercostomus notatus Becker, 1922: Yang, Zhang, Wang *et* Zhu, 2011. Fauna Sinica Insecta 53: 965.

分布 (Distribution): 台湾 (TW)

(526) 榛仁寡长足虻 *Hercostomus nuciformis* Tang, Zhang *et* Yang, 2014

Hercostomus nuciformis Tang, Zhang *et* Yang, 2014. Zootaxa 3881 (6): 560. **Type locality:** China (Tibet: Zhangmuzhen).

分布 (Distribution): 西藏 (XZ)

(527) 裸端寡长足虻 *Hercostomus nudiusculus* Yang, 1999

Hercostomus (*Hercostomus*) *nudiusculus* Yang, 1999. Bull. Inst. R. Sci. Nat. Belg. Ent. 69: 208. **Type locality:** China (Sichuan: Qingchengshan).

Hercostomus nudiusculus Yang, 1999: Yang, Zhang, Wang *et* Zhu, 2011. Fauna Sinica Insecta 53: 917.

分布 (Distribution): 四川 (SC)

(528) 裸芒寡长足虻 *Hercostomus nudus* Yang, 1996

Hercostomus (*Hercostomus*) *nudus* Yang, 1996. Bull. Inst. R. Sci. Nat. Belg. Ent. 66: 86. **Type locality:** China (Sichuan: Emei Mountain).

Hercostomus nudus Yang, 1996: Yang, Zhang, Wang *et* Zhu, 2011. Fauna Sinica Insecta 53: 713.

分布 (Distribution): 四川 (SC)

(529) 壮寡长足虻 *Hercostomus obesus* Wei, 1997

Hercostomus obesus Wei, 1997. J. Guizhou Agric. Coll. 16 (4): 33. **Type locality:** China (Yunnan: Jizhushan).

Hercostomus obesus Wei, 1997: Yang, Zhang, Wang *et* Zhu, 2011. Fauna Sinica Insecta 53: 860.

分布 (Distribution): 云南 (YN)

(530) 喝彩寡长足虻 *Hercostomus ovatus* Becker, 1922

Hercostomus ovatus Becker, 1922. Capita Zool. 1 (4): 24. **Type locality:** China (Taiwan: Sokotsu).

Hercostomus ovatus Becker, 1922: Yang, Zhang, Wang *et* Zhu, 2011. Fauna Sinica Insecta 53: 966.

分布 (Distribution): 台湾 (TW)

(531) 排龙寡长足虻 *Hercostomus pailongensis* Tang, Zhang *et* Yang, 2014

Hercostomus pailongensis Tang, Zhang *et* Yang, 2014. Zootaxa 3881 (6): 561. **Type locality:** China (Tibet: Pailong).

分布 (Distribution): 西藏 (XZ)

(532) 白毛寡长足虻 *Hercostomus pallipilosus* Yang *et* Saigusa, 2002

Hercostomus (*Hercostomus*) *pallipilosus* Yang *et* Saigusa, 2002. Dtsch. Ent. Z. 49 (1): 69. **Type locality:** China (Shaanxi: Zuoshui).

Hercostomus pallipilosus Yang *et* Saigusa, 2002: Yang, Zhang, Wang *et* Zhu, 2011. Fauna Sinica Insecta 53: 919.

分布 (Distribution): 河南 (HEN)、陕西 (SN)

(533) 沼寡长足虻 *Hercostomus palustrus* Wei, 2006

Hercostomus (*Hercostomus*) *palustrus* Wei, 2006. Insects from Fanjingshan Landscape: 473. **Type locality:** China (Guizhou: Fanjingshan).

Hercostomus palustrus Wei, 2006: Yang, Zhang, Wang *et* Zhu, 2011. Fauna Sinica Insecta 53: 754.

分布 (Distribution): 贵州 (GZ)

(534) 针寡长足虻 *Hercostomus peronus* Wei, 1997

Hercostomus peronus Wei, 1997. J. Guizhou Agric. Coll. 16 (4): 35. **Type locality:** China (Guizhou: Fanjingshan).

Hercostomus peronus Wei, 1997: Yang, Zhang, Wang *et* Zhu, 2011. Fauna Sinica Insecta 53: 777.

分布 (Distribution): 贵州 (GZ)

(535) 异显寡长足虻 *Hercostomus perspicillatus* Wei, 1997

Hercostomus perspicillatus Wei, 1997. J. Guizhou Agric. Coll. 16 (4): 35. **Type locality:** China (Guizhou: Fanjingshan).

Hercostomus perspicillatus Wei, 1997: Yang, Zhang, Wang *et* Zhu, 2011. Fauna Sinica Insecta 53: 893.

分布 (Distribution): 贵州 (GZ)、福建 (FJ)、广东 (GD)

(536) 光寡长足虻 *Hercostomus phaedrus* Wei, 1997

Hercostomus phaedrus Wei, 1997. J. Guizhou Agric. Coll. 16 (4): 36. **Type locality:** China (Yunnan: Jizushan).

Hercostomus phaedrus Wei, 1997: Yang, Zhang, Wang *et* Zhu, 2011. Fauna Sinica Insecta 53: 920.

分布 (Distribution): 云南 (YN)

(537) 毛须寡长足虻 *Hercostomus pilicercus* Yang *et* Saigusa, 2001

Hercostomus (*Hercostomus*) *pilicercus* Yang *et* Saigusa, 2001. Bull. Inst. R. Sci. Nat. Belg. Ent. 71: 201. **Type locality:** China (Yunnan: Dali).

Hercostomus pilicercus Yang *et* Saigusa, 2001: Yang, Zhang, Wang *et* Zhu, 2011. Fauna Sinica Insecta 53: 874.

分布 (Distribution): 云南 (YN)

(538) 毛颜寡长足虻 *Hercostomus pilifacies* Yang *et* Saigusa, 2001

Hercostomus (*Hercostomus*) *pilifacies* Yang *et* Saigusa, 2001. Bull. Inst. R. Sci. Nat. Belg. Ent. 71: 203. **Type locality:**

China (Yunnan: Luchun).
Hercostomus pilifacies Yang *et* Saigusa, 2001: Yang, Zhang, Wang *et* Zhu, 2011. Fauna Sinica Insecta 53: 876.
分布（Distribution）：云南（YN）

（539）羽毛寡长足虻 *Hercostomus plumiger* Yang *et* Saigusa, 2002

Hercostomus (*Hercostomus*) *plumiger* Yang *et* Saigusa, 2002. Dtsch. Ent. Z. 49 (1): 82. **Type locality:** China (Shaanxi: Fuping).
Hercostomus plumiger Yang *et* Saigusa, 2002: Yang, Zhang, Wang *et* Zhu, 2011. Fauna Sinica Insecta 53: 896.
分布（Distribution）：陕西（SN）、云南（YN）

（540）波氏寡长足虻 *Hercostomus polleti* Yang *et* Saigusa, 1999

Hercostomus (*Hercostomus*) *polleti* Yang *et* Saigusa, 1999. Bull. Inst. R. Sci. Nat. Belg. Ent. 69: 243. **Type locality:** China (Sichuan: Emei Mountain).
Hercostomus polleti Yang *et* Saigusa, 1999: Yang, Zhang, Wang *et* Zhu, 2011. Fauna Sinica Insecta 53: 920.
分布（Distribution）：四川（SC）

（541）平直寡长足虻 *Hercostomus porrectus* Becker, 1922

Hercostomus porrectus Becker, 1922. Capita Zool. 1 (4): 23. **Type locality:** China (Taiwan: "Kosempo [= Chiasien]").
Hercostomus porrectus Becker, 1922: Yang, Zhang, Wang *et* Zhu, 2011. Fauna Sinica Insecta 53: 966.
分布（Distribution）：台湾（TW）

（542）大须寡长足虻 *Hercostomus potanini* Stackelberg, 1934

Hercostomus potanini Stackelberg, 1934. Flieg. Palaearkt. Reg. 4 (5): 163. **Type locality:** China ("Sze-chuen, Passynkou bei Tshzhumré, Chuntshao, Kussör-Tal, Mungu-Tshiuti").
Hercostomus potanini Stackelberg, 1934: Yang, Zhang, Wang *et* Zhu, 2011. Fauna Sinica Insecta 53: 756.
分布（Distribution）：吉林（JL）、北京（BJ）、河南（HEN）、陕西（SN）、宁夏（NX）、甘肃（GS）、四川（SC）、西藏（XZ）

（543）长寡长足虻 *Hercostomus productus* Wei, 1997

Hercostomus productus Wei, 1997. J. Guizhou Agric. Coll. 16 (4): 39. **Type locality:** China (Guizhou: Anshun).
Hercostomus productus Wei, 1997: Yang, Zhang, Wang *et* Zhu, 2011. Fauna Sinica Insecta 53: 922.
分布（Distribution）：贵州（GZ）

（544）芒垫寡长足虻 *Hercostomus projectus* Yang *et* Saigusa, 2001

Hercostomus (*Hercostomus*) *projectus* Yang *et* Saigusa, 2001. Bull. Inst. R. Sci. Nat. Belg. Ent. 71: 243. **Type locality:** China (Yunnan: Yongping).
Hercostomus projectus Yang *et* Saigusa, 2001: Yang, Zhang, Wang *et* Zhu, 2011. Fauna Sinica Insecta 53: 923.
分布（Distribution）：云南（YN）

（545）延长寡长足虻 *Hercostomus prolongatus* Yang, 1996

Hercostomus (*Hercostomus*) *prolongatus* Yang, 1996. Ann. Soc. Ent. Fr. (N. S.) 32 (4): 414. **Type locality:** China (Xizang: Bomi).
Hercostomus prolongatus Yang, 1996: Yang, Zhang, Wang *et* Zhu, 2011. Fauna Sinica Insecta 53: 897.
分布（Distribution）：陕西（SN）、四川（SC）、云南（YN）、西藏（XZ）

（546）印度寡长足虻 *Hercostomus promotus* Becker, 1922

Hercostomus promotus Becker, 1922. Capita Zool. 1 (4): 23. **Type locality:** China (Taiwan: Kankau Kosempo [=Chiasien] and Sokotau); India (Simla Hills).
Hercostomus promotus Becker, 1922: Yang, Zhang, Wang *et* Zhu, 2011. Fauna Sinica Insecta 53: 966.
分布（Distribution）：台湾（TW）；印度

（547）青城山寡长足虻 *Hercostomus qingchenganus* Yang, 1998

Hercostomus (*Hercostomus*) *qingchenganus* Yang, 1998. Entomofauna 19 (13): 234. **Type locality:** China (Sichuan: Qingchengshan).
Hercostomus qingchenganus Yang, 1998: Yang, Zhang, Wang *et* Zhu, 2011. Fauna Sinica Insecta 53: 881.
分布（Distribution）：四川（SC）

（548）秦岭寡长足虻 *Hercostomus qinlingensis* Yang *et* Saigusa, 2002

Hercostomus (*Hercostomus*) *qinlingensis* Yang *et* Saigusa, 2002. Dtsch. Ent. Z. 49 (1): 76. **Type locality:** China (Shaanxi: Zuoshui).
Hercostomus qinlingensis Yang *et* Saigusa, 2002: Yang, Zhang, Wang *et* Zhu, 2011. Fauna Sinica Insecta 53: 714.
分布（Distribution）：陕西（SN）

（549）方须寡长足虻 *Hercostomus quadratus* Yang *et* Grootaert, 1999

Hercostomus (*Hercostomus*) *quadratus* Yang *et* Grootaert, 1999. Bull. Inst. R. Sci. Nat. Belg. Ent. 69: 256. **Type locality:** China (Yunnan: Menglun).
Hercostomus quadratus Yang *et* Grootaert, 1999: Yang, Zhang, Wang *et* Zhu, 2011. Fauna Sinica Insecta 53: 672.
分布（Distribution）：云南（YN）

（550）四鬃寡长足虻 *Hercostomus quadriseta* Yang *et* Saigusa, 2001

Hercostomus (*Hercostomus*) *quadriseta* Yang *et* Saigusa, 2001. Bull. Inst. R. Sci. Nat. Belg. Ent. 71: 204. **Type locality:**

China (Yunnan: Pingbian).
Hercostomus quadriseta Yang *et* Saigusa, 2001: Yang, Zhang, Wang *et* Zhu, 2011. Fauna Sinica Insecta 53: 898.
分布（Distribution）：云南（YN）

（551）标准寡长足虻 *Hercostomus regularis* Becker, 1922

Hercostomus regularis Becker, 1922. Capita Zool. 1 (4): 28. **Type locality:** China (Taiwan).
Hercostomus regularis Becker, 1922: Yang, Zhang, Wang *et* Zhu, 2011. Fauna Sinica Insecta 53: 967.
分布（Distribution）：台湾（TW）

（552）突须寡长足虻 *Hercostomus rubroviridis* Parent, 1927

Hercostomus rubroviridis Parent, 1927. Congr. Soc. Sav. Paris 1926: 472. **Type locality:** China ("Chine du Nord: Monts Nan Chan; Cha Tchéou à a Kan Tchéou").
Hercostomus rubroviridis Parent, 1927: Yang, Zhang, Wang *et* Zhu, 2011. Fauna Sinica Insecta 53: 967.
分布（Distribution）：新疆（XJ）

（553）侍从寡长足虻 *Hercostomus sequens* Becker, 1922

Hercostomus sequens Becker, 1922. Capita Zool. 1 (4): 29. **Type locality:** China (Taiwan: Chip-Chip [=Chichi]).
Hercostomus sequens Becker, 1922: Yang, Zhang, Wang *et* Zhu, 2011. Fauna Sinica Insecta 53: 970.
分布（Distribution）：台湾（TW）

（554）托木兰寡长足虻 *Hercostomus tuomunanus* Yang *et* Saigusa, 2001

Hercostomus (*Hercostomus*) *tuomunanus* Yang *et* Saigusa, 2001. Bull. Inst. R. Sci. Nat. Belg. Ent. 71: 222. **Type locality:** China (Yunnan: Zhongdian).
Hercostomus tuomunanus Yang *et* Saigusa, 2001: Yang, Zhang, Wang *et* Zhu, 2011. Fauna Sinica Insecta 53: 686.
分布（Distribution）：云南（YN）

（555）端鬃寡长足虻 *Hercostomus saetiger* Yang *et* Saigusa, 2002

Hercostomus (*Hercostomus*) *saetiger* Yang *et* Saigusa, 2002. Dtsch. Ent. Z. 49 (1): 71. **Type locality:** China (Shaanxi: Zuoshui).
Hercostomus saetiger Yang *et* Saigusa, 2002: Yang, Zhang, Wang *et* Zhu, 2011. Fauna Sinica Insecta 53: 794.
分布（Distribution）：陕西（SN）

（556）多鬃寡长足虻 *Hercostomus saetosus* Yang *et* Saigusa, 2002

Hercostomus (*Hercostomus*) *saetosus* Yang *et* Saigusa, 2002. Dtsch. Ent. Z. 49 (1): 66. **Type locality:** China (Shaanxi: Fuping).
Hercostomus saetosus Yang *et* Saigusa, 2002: Yang, Zhang, Wang *et* Zhu, 2011. Fauna Sinica Insecta 53: 757.
分布（Distribution）：陕西（SN）

（557）三枝寡长足虻 *Hercostomus saigusai* Olejníček, 2004

Hercostomus saigusai Olejníček, 2004. Acta Zool. Univ. Comeni. 46 (1): 10. **Type locality:** China (Shaanxi: Qinling, Xunyangba).
Hercostomus saigusai Olejníček, 2004: Yang, Zhang, Wang *et* Zhu, 2011. Fauna Sinica Insecta 53: 969.
分布（Distribution）：陕西（SN）

（558）齿缘寡长足虻 *Hercostomus serratus* Yang *et* Saigusa, 1999

Hercostomus (*Hercostomus*) *serratus* Yang *et* Saigusa, 1999. Bull. Inst. R. Sci. Nat. Belg. Ent. 69: 245. **Type locality:** China (Sichuan: Emei Mountain).
Hercostomus serratus Yang *et* Saigusa, 1999: Yang, Zhang, Wang *et* Zhu, 2011. Fauna Sinica Insecta 53: 716.
分布（Distribution）：四川（SC）；尼泊尔

（559）鞍形寡长足虻 *Hercostomus serriformis* Liao, Zhou *et* Yang, 2006

Hercostomus serriformis Liao, Zhou *et* Yang, 2006. Bull. Inst. R. Sci. Nat. Belg. Ent. 76: 51. **Type locality:** China (Guangxi: Dayaoshan).
Hercostomus serriformis Liao, Zhou *et* Yang, 2006: Yang, Zhang, Wang *et* Zhu, 2011. Fauna Sinica Insecta 53: 829.
分布（Distribution）：广西（GX）

（560）神农架寡长足虻 *Hercostomus shennongjiensis* Yang, 1997

Hercostomus (*Hercostomus*) *shennongjiensis* Yang, 1997. Stud. Dipt. 4 (1): 118. **Type locality:** China (Hubei: Shennongjia).
Hercostomus shennongjiensis Yang, 1997: Yang, Zhang, Wang *et* Zhu, 2011. Fauna Sinica Insecta 53: 779.
分布（Distribution）：河南（HEN）、陕西（SN）、湖北（HB）

（561）岛洪寡长足虻 *Hercostomus shimai* Yang *et* Saigusa, 2001

Hercostomus (*Hercostomus*) *shimai* Yang *et* Saigusa, 2001. Bull. Inst. R. Sci. Nat. Belg. Ent. 71: 232. **Type locality:** China (Yunnan: Lushui).
Hercostomus shimai Yang *et* Saigusa, 2001: Yang, Zhang, Wang *et* Zhu, 2011. Fauna Sinica Insecta 53: 733.
分布（Distribution）：云南（YN）

（562）四川寡长足虻 *Hercostomus sichuanensis* Yang, 1997

Hercostomus (*Hercostomus*) *sichuanensis* Yang, 1997. Stud.

Dipt. 4 (1): 119. **Type locality:** China (Sichuan: Maerkang).
Hercostomus sichuanensis Yang, 1997: Yang, Zhang, Wang *et* Zhu, 2011. Fauna Sinica Insecta 53: 925.
分布（Distribution）：北京（BJ）、四川（SC）

（563）孤毛寡长足虻 *Hercostomus singularis* Yang *et* Saigusa, 2001

Hercostomus (*Hercostomus*) *singularis* Yang *et* Saigusa, 2001. Bull. Inst. R. Sci. Nat. Belg. Ent. 71: 206. **Type locality:** China (Yunnan: Pingbian).
Hercostomus singularis Yang *et* Saigusa, 2001: Yang, Zhang, Wang *et* Zhu, 2011. Fauna Sinica Insecta 53: 758.
分布（Distribution）：云南（YN）

（564）赛氏寡长足虻 *Hercostomus siveci* Zhang, Yang *et* Masunaga, 2005

Hercostomus (*Hercostomus*) *siveci* Zhang, Yang *et* Masunaga, 2005. Zootaxa 811: 2. **Type locality:** China (Taiwan: Taitung).
Hercostomus siveci Zhang, Yang *et* Masunaga, 2005: Yang, Zhang, Wang *et* Zhu, 2011. Fauna Sinica Insecta 53: 971.
分布（Distribution）：台湾（TW）

（565）伙伴寡长足虻 *Hercostomus sodalis* Becker, 1922

Hercostomus sodalis Becker, 1922. Capita Zool. 1 (4): 26. **Type locality:** China (Taiwan: Chip-Chip [=Chichi]).
Hercostomus sodalis Becker, 1922: Yang, Zhang, Wang *et* Zhu, 2011. Fauna Sinica Insecta 53: 972.
分布（Distribution）：台湾（TW）

（566）松寡长足虻 *Hercostomus solutus* Wei, 1997

Hercostomus (*Hercostomus*) *solutus* Wei, 1997. J. Guizhou Agric. Coll. 16 (2): 50. **Type locality:** China (Guizhou: Anshun).
Hercostomus solutus Wei, 1997: Yang, Zhang, Wang *et* Zhu, 2011. Fauna Sinica Insecta 53: 831.
分布（Distribution）：贵州（GZ）

（567）松山寡长足虻 *Hercostomus songshanensis* Zhang *et* Yang, 2011

Hercostomus songshanensis Zhang *et* Yang, 2011. Fauna Sinica Insecta 53: 973. **Type locality:** China (Beijing: Yanqing).
分布（Distribution）：北京（BJ）

（568）中华寡长足虻 *Hercostomus sinicus* Stackelberg, 1934

Hercostomus sinicus Stackelberg, 1934. Flieg. Palaearkt. Reg. 4 (5): 174. **Type locality:** China ("Dyn-uan-in, Nord-Alashan").
Hercostomus sinicus Stackelberg, 1934: Yang, Zhang, Wang *et* Zhu, 2011. Fauna Sinica Insecta 53: 970.
分布（Distribution）：内蒙古（NM）

（569）粗叶寡长足虻 *Hercostomus spatiosus* Yang, 1996

Hercostomus spatiosus Yang, 1996. Entomofauna 17 (18): 322. **Type locality:** China (Hebei: Pingquan).
Hercostomus spatiosus Yang, 1996: Yang, Zhang, Wang *et* Zhu, 2011. Fauna Sinica Insecta 53: 717.
分布（Distribution）：河北（HEB）

（570）具刺寡长足虻 *Hercostomus spiniger* Yang, 1997

Hercostomus (*Hercostomus*) *spiniger* Yang, 1997. Stud. Dipt. 4 (1): 120. **Type locality:** China (Xizang: Yadong).
Hercostomus spiniger Yang, 1997: Yang, Zhang, Wang *et* Zhu, 2011. Fauna Sinica Insecta 53: 926.
分布（Distribution）：陕西（SN）、云南（YN）、西藏（XZ）；尼泊尔

（571）跗刺寡长足虻 *Hercostomus spinitarsis* Yang *et* Saigusa, 2000

Hercostomus (*Hercostomus*) *spinitarsis* Yang *et* Saigusa, 2000. Bull. Inst. R. Sci. Nat. Belg. Ent. 70: 223. **Type locality:** China (Sichuan: Emei Mountain).
Hercostomus spinitarsis Yang *et* Saigusa, 2000: Yang, Zhang, Wang *et* Zhu, 2011. Fauna Sinica Insecta 53: 780.
分布（Distribution）：四川（SC）

（572）脉痣寡长足虻 *Hercostomus stigmatifer* Parent, 1944

Hercostomus stigmatifer Parent, 1944. Rev. Fr. Ent. 10 (4): 127. **Type locality:** China ("Kansou Occidental: Ouchaoling" [= Gansu]).
Hercostomus stigmatifer Parent, 1944: Yang, Zhang, Wang *et* Zhu, 2011. Fauna Sinica Insecta 53: 974.
分布（Distribution）：甘肃（GS）

（573）亚端刺寡长足虻 *Hercostomus subapicispinus* Yang *et* Saigusa, 2002

Hercostomus (*Hercostomus*) *subapicispinus* Yang *et* Saigusa, 2002. Dtsch. Ent. Z. 49 (1): 79. **Type locality:** China (Shaanxi: Fuping).
Hercostomus subapicispinus Yang *et* Saigusa, 2002: Yang, Zhang, Wang *et* Zhu, 2011. Fauna Sinica Insecta 53: 718.
分布（Distribution）：陕西（SN）

（574）近指突寡长足虻 *Hercostomus subdigitatus* Yang *et* Saigusa, 2001

Hercostomus (*Hercostomus*) *subdigitatus* Yang *et* Saigusa, 2001. Bull. Inst. R. Sci. Nat. Belg. Ent. 71: 234. **Type locality:** China (Yunnan: Lijiang).
Hercostomus subdigitatus Yang *et* Saigusa, 2001: Yang, Zhang, Wang *et* Zhu, 2011. Fauna Sinica Insecta 53: 767.
分布（Distribution）：云南（YN）

(575) 近毛腿寡长足虻 *Hercostomus sublongus* Yang *et* Saigusa, 2000

Hercostomus (*Hercostomus*) *sublongus* Yang *et* Saigusa, 2000. Bull. Inst. R. Sci. Nat. Belg. Ent. 70: 225. **Type locality:** China (Sichuan: Qingchengshan).

Hercostomus sublongus Yang *et* Saigusa, 2000: Yang, Zhang, Wang *et* Zhu, 2011. Fauna Sinica Insecta 53: 882.

分布（Distribution）：四川（SC）

(576) 近新寡长足虻 *Hercostomus subnovus* Yang *et* Yang, 1995

Hercostomus subnovus Yang *et* Yang, 1995. Insects of Baishanzu Mountain, Eastern China: 513. **Type locality:** China (Zhejiang: Baishanzu).

Hercostomus lii Wei, 1997. J. Guizhou Agric. Coll. 16 (4): 35. **Type locality:** China (Yunnan: Binchuan, Jizhushan).

Hercostomus weii Yang *et* Saigusa, 2000. Bull. Inst. R. Sci. Nat. Belg. Ent. 70: 223 (new name for *Hercostomus lii* Wei, 1997, nec Yang, 1996).

Hercostomus subnovus Yang *et* Yang, 1995: Yang, Zhang, Wang *et* Zhu, 2011. Fauna Sinica Insecta 53: 927.

分布（Distribution）：陕西（SN）、浙江（ZJ）、四川（SC）、云南（YN）

(577) 黑色寡长足虻 *Hercostomus subrusticus* Zhang, Yang *et* Grootaert, 2008

Hercostomus subrusticus Zhang, Yang *et* Grootaert, 2008. Bull. Inst. R. Sci. Nat. Belg. Ent. 78: 270. **Type locality:** China (Xinjiang: Xinyuan).

Hercostomus subrusticus Zhang, Yang *et* Grootaert, 2008: Yang, Zhang, Wang *et* Zhu, 2011. Fauna Sinica Insecta 53: 890.

分布（Distribution）：新疆（XJ）

(578) 斜截寡长足虻 *Hercostomus subtruncatus* Yang *et* Saigusa, 2002

Hercostomus (*Hercostomus*) *subtruncatus* Yang *et* Saigusa, 2002. Dtsch. Ent. Z. 49 (1): 79. **Type locality:** China (Shaanxi: Fuping).

Hercostomus subtruncatus Yang *et* Saigusa, 2002: Yang, Zhang, Wang *et* Zhu, 2011. Fauna Sinica Insecta 53: 720.

分布（Distribution）：陕西（SN）

(579) 台北寡长足虻 *Hercostomus taipeiensis* Zhang, Yang *et* Masunaga, 2005

Hercostomus (*Hercostomus*) *taipeiensis* Zhang, Yang *et* Masunaga, 2005. Zootaxa 811: 5. **Type locality:** China (Taiwan: Taipei).

Hercostomus taipeiensis Zhang, Yang *et* Masunaga, 2005: Yang, Zhang, Wang *et* Zhu, 2011. Fauna Sinica Insecta 53: 928.

分布（Distribution）：台湾（TW）

(580) 台东寡长足虻 *Hercostomus taitungensis* Zhang, Yang *et* Masunaga, 2004

Hercostomus taitungensis Zhang, Yang *et* Masunaga, 2004. Ent. News 115 (4): 222. **Type locality:** China (Taiwan: Taitung).

Hercostomus taitungensis Zhang, Yang *et* Masunaga, 2004: Yang, Zhang, Wang *et* Zhu, 2011. Fauna Sinica Insecta 53: 832.

分布（Distribution）：台湾（TW）

(581) 台湾寡长足虻 *Hercostomus taiwanensis* Zhang, Yang *et* Masunaga, 2005

Hercostomus (*Hercostomus*) *taiwanensis* Zhang, Yang *et* Masunaga, 2005. Trans. Am. Ent. Soc. 131 (3+4): 420. **Type locality:** China (Taiwan: Taipei, Wulai).

Hercostomus taiwanensis Zhang, Yang *et* Masunaga, 2005: Yang, Zhang, Wang *et* Zhu, 2011. Fauna Sinica Insecta 53: 850.

分布（Distribution）：台湾（TW）

(582) 钩寡长足虻 *Hercostomus takagii* Smirnov *et* Negrobov, 1979

Hercostomus takagii Smirnov *et* Negrobov, 1979. Vestn. Moskow Univ. (Biol.) 3: 39. **Type locality:** Japan (Tokyo: Takago-san).

Hercostomus acutatus Yang *et* Yang, 1995. Insects of Baishanzu Mountain, Eastern China: 514. **Type locality:** China (Zhejiang: Baishanzu).

Hercostomus (*Hercostomus*) *hamatus* Wei, 1997. J. Guizhou Agric. Coll. 16 (2): 48. **Type locality:** China (Guizhou: Fanjingshan).

Hercostomus clivus Wei *et* Yang, 2007. Insects from Leigongshan Landscape: 565. **Type locality:** China (Guizhou: Leigongshan).

Hercostomus takagii Smirnov *et* Negrobov, 1979: Yang, Zhang, Wang *et* Zhu, 2011. Fauna Sinica Insecta 53: 834.

分布（Distribution）：河南（HEN）、浙江（ZJ）、四川（SC）、贵州（GZ）、广西（GX）；日本

(583) 天峨寡长足虻 *Hercostomus tianeensis* Zhang *et* Yang, 2003

Hercostomus (*Hercostomus*) *tianeensis* Zhang *et* Yang, 2003. Ann. Zool. 53 (4): 659. **Type locality:** China (Guangxi: Tian'e).

Hercostomus tianeensis Zhang *et* Yang, 2003: Yang, Zhang, Wang *et* Zhu, 2011. Fauna Sinica Insecta 53: 835.

分布（Distribution）：广西（GX）

(584) 田林寡长足虻 *Hercostomus tianlinensis* Zhang *et* Yang, 2003

Hercostomus (*Hercostomus*) *tianlinensis* Zhang *et* Yang, 2003. Ann. Zool. 53 (4): 660. **Type locality:** China (Guangxi:

Tianlin).
Hercostomus tianlinensis Zhang *et* Yang, 2003: Yang, Zhang, Wang *et* Zhu, 2011. Fauna Sinica Insecta 53: 860.
分布（Distribution）：广西（GX）

（585）三鬃寡长足虻 *Hercostomus triseta* Yang *et* Saigusa, 2001

Hercostomus (*Hercostomus*) *triseta* Yang *et* Saigusa, 2001. Bull. Inst. R. Sci. Nat. Belg. Ent. 71: 227. **Type locality:** China (Yunnan: Yongping).
Hercostomus triseta Yang *et* Saigusa, 2001: Yang, Zhang, Wang *et* Zhu, 2011. Fauna Sinica Insecta 53: 883.
分布（Distribution）：云南（YN）

（586）乌氏寡长足虻 *Hercostomus ulrichi* Yang, 1996

Hercostomus ulrichi Yang, 1996. Dtsch. Ent. Z. 43 (2): 240. **Type locality:** China (Sichuan: Nanping).
Hercostomus ulrichi Yang, 1996: Yang, Zhang, Wang *et* Zhu, 2011. Fauna Sinica Insecta 53: 943.
分布（Distribution）：河南（HEN）、甘肃（GS）、四川（SC）

（587）同色寡长足虻 *Hercostomus uniformis* Yang *et* Saigusa, 2001

Hercostomus (*Hercostomus*) *uniformis* Yang *et* Saigusa, 2001. Bull. Inst. R. Sci. Nat. Belg. Ent. 71: 225. **Type locality:** China (Yunnan: Yunlong).
Hercostomus uniformis Yang *et* Saigusa, 2001: Yang, Zhang, Wang *et* Zhu, 2011. Fauna Sinica Insecta 53: 862.
分布（Distribution）：云南（YN）

（588）腹毛寡长足虻 *Hercostomus ventralis* Yang *et* Saigusa, 1999

Hercostomus (*Hercostomus*) *ventralis* Yang *et* Saigusa, 1999. Bull. Inst. R. Sci. Nat. Belg. Ent. 69: 246. **Type locality:** China (Sichuan: Emei Mountain).
Hercostomus ventralis Yang *et* Saigusa, 1999: Yang, Zhang, Wang *et* Zhu, 2011. Fauna Sinica Insecta 53: 885.
分布（Distribution）：四川（SC）

（589）武当山寡长足虻 *Hercostomus wudangshanus* Yang, 1997

Hercostomus (*Hercostomus*) *wudangshanus* Yang, 1997. Stud. Dipt. 4 (1): 121. **Type locality:** China (Hubei: Wudangshan).
Hercostomus wudangshanus Yang, 1997: Yang, Zhang, Wang *et* Zhu, 2011. Fauna Sinica Insecta 53: 840.
分布（Distribution）：北京（BJ）、河南（HEN）、陕西（SN）、湖北（HB）、云南（YN）

（590）吴鸿寡长足虻 *Hercostomus wuhongi* Yang, 1997

Hercostomus (*Hercostomus*) *wuhongi* Yang, 1997. Dtsch. Ent. Z. 44 (2): 151. **Type locality:** China (Zhejiang: Longwangshan).
Hercostomus wuhongi Yang, 1997: Yang, Zhang, Wang *et* Zhu, 2011. Fauna Sinica Insecta 53: 930.
分布（Distribution）：浙江（ZJ）、福建（FJ）

（591）吴氏寡长足虻 *Hercostomus wui* Wei, 1997

Hercostomus (*Hercostomus*) *wui* Wei, 1997. J. Guizhou Agric. Coll. 16 (2): 48. **Type locality:** China (Guizhou: Anshun).
Hercostomus wui Wei, 1997: Yang, Zhang, Wang *et* Zhu, 2011. Fauna Sinica Insecta 53: 841.
分布（Distribution）：贵州（GZ）

（592）黄须寡长足虻 *Hercostomus xanthocercus* Parent, 1926

Hercostomus xanthocerus Parent, 1926. Encycl. Ent. (B II) Dipt. 3: 144. **Type locality:** China (Shanghai: "Zi-Ka-Wei").
Hercostomus xanthocercus Parent, 1926: Yang, Zhang, Wang *et* Zhu, 2011. Fauna Sinica Insecta 53: 976.
分布（Distribution）：上海（SH）

（593）黄寡长足虻 *Hercostomus xanthodes* Yang *et* Grootaert, 1999

Hercostomus (*Hercostomus*) *xanthodes* Yang *et* Grootaert, 1999. Bull. Inst. R. Sci. Nat. Belg. Ent. 69: 260. **Type locality:** China (Yunnan: Menglun).
Hercostomus xanthodes Yang *et* Grootaert, 1999: Yang, Zhang, Wang *et* Zhu, 2011. Fauna Sinica Insecta 53: 837.
分布（Distribution）：云南（YN）

（594）小龙门寡长足虻 *Hercostomus xiaolongmensis* Yang *et* Saigusa, 2001

Hercostomus (*Hercostomus*) *xiaolongmensis* Yang *et* Saigusa, 2001. Bull. Inst. R. Sci. Nat. Belg. Ent. 71: 159. **Type locality:** China (Beijng: Xiaolongmen).
Hercostomus xiaolongmensis Yang *et* Saigusa, 2001: Yang, Zhang, Wang *et* Zhu, 2011. Fauna Sinica Insecta 53: 795.
分布（Distribution）：北京（BJ）、陕西（SN）、云南（YN）

（595）西沟寡长足虻 *Hercostomus xigouensis* Yang *et* Saigusa, 2005

Hercostomus xigouensis Yang *et* Saigusa, 2005. Insects Fauna of Middle-west Qinling range and South Mountains of Gansu Province: 742. **Type locality:** China (Shaanxi: Fuping).
Hercostomus xigouensis Yang *et* Saigusa, 2005: Yang, Zhang, Wang *et* Zhu, 2011. Fauna Sinica Insecta 53: 673.
分布（Distribution）：陕西（SN）

（596）新疆寡长足虻 *Hercostomus xinjianganus* Yang, 1996

Hercostomus (*Hercostomus*) *xinjianganus* Yang, 1996. Dtsch. Ent. Z. 43 (2): 242. **Type locality:** China (Xinjiang: Ale).
Hercostomus xinjianganus Yang, 1996: Yang, Zhang, Wang *et* Zhu, 2011. Fauna Sinica Insecta 53: 721.
分布（Distribution）：新疆（XJ）

（597）西双版纳寡长足虻 *Hercostomus xishuangbannensis* Yang *et* Grootaert, 1999

Hercostomus (*Hercostomus*) *xishuangbannensis* Yang *et* Grootaert, 1999. Bull. Inst. R. Sci. Nat. Belg. Ent. 69: 261. **Type locality:** China (Yunnan: Menglun).

Hercostomus xishuangbannensis Yang *et* Grootaert, 1999: Yang, Zhang, Wang *et* Zhu, 2011. Fauna Sinica Insecta 53: 838.

分布（Distribution）：云南（YN）

（598）习水寡长足虻 *Hercostomus xishuiensis* Wei *et* Song, 2005

Hercostomus (*Hercostomus*) *xishuiensis* Wei *et* Song, 2005. Insects from Xishui Landscape: 426. **Type locality:** China (Guizhou: Xishui).

Hercostomus xishuiensis Wei *et* Song, 2005: Yang, Zhang, Wang *et* Zhu, 2011. Fauna Sinica Insecta 53: 843.

分布（Distribution）：贵州（GZ）

（599）西峡寡长足虻 *Hercostomus xixianus* Yang, 1999

Hercostomus (*Hercostomus*) *xixianus* Yang, 1999. Bull. Inst. R. Sci. Nat. Belg. Ent. 69: 207. **Type locality:** China (Henan: Xixia).

Hercostomus xixianus Yang, 1999: Yang, Zhang, Wang *et* Zhu, 2011. Fauna Sinica Insecta 53: 886.

分布（Distribution）：河南（HEN）

（600）西藏寡长足虻 *Hercostomus xizangensis* Yang, 1996

Hercostomus (*Hercostomus*) *xizangensis* Yang, 1996. Ann. Soc. Ent. Fr. (N. S.) 32 (4): 416. **Type locality:** China (Xizang: Bomi).

Hercostomus xizangensis Yang, 1996: Yang, Zhang, Wang *et* Zhu, 2011. Fauna Sinica Insecta 53: 722.

分布（Distribution）：西藏（XZ）

（601）亚东寡长足虻 *Hercostomus yadonganus* Yang, 1997

Hercostomus (*Hercostomus*) *yadonganus* Yang, 1997. Stud. Dipt. 4 (1): 122. **Type locality:** China (Xizang: Yadong).

Hercostomus yadonganus Yang, 1997: Yang, Zhang, Wang *et* Zhu, 2011. Fauna Sinica Insecta 53: 931.

分布（Distribution）：西藏（XZ）

（602）永平寡长足虻 *Hercostomus yongpingensis* Yang *et* Saigusa, 2001

Hercostomus (*Hercostomus*) *yongpingensis* Yang *et* Saigusa, 2001. Bull. Inst. R. Sci. Nat. Belg. Ent. 71: 228. **Type locality:** China (Yunnan: Yongping).

Hercostomus yongpingensis Yang *et* Saigusa, 2001: Yang, Zhang, Wang *et* Zhu, 2011. Fauna Sinica Insecta 53: 887.

分布（Distribution）：云南（YN）

（603）云龙寡长足虻 *Hercostomus yunlongensis* Yang *et* Saigusa, 2001

Hercostomus (*Hercostomus*) *yunlongensis* Yang *et* Saigusa, 2001. Bull. Inst. R. Sci. Nat. Belg. Ent. 71: 208. **Type locality:** China (Yunnan: Yunlong).

Hercostomus yunlongensis Yang *et* Saigusa, 2001: Yang, Zhang, Wang *et* Zhu, 2011. Fauna Sinica Insecta 53: 932.

分布（Distribution）：云南（YN）；尼泊尔

（604）云南寡长足虻 *Hercostomus yunnanensis* Wei, 1997

Hercostomus (*Hercostomus*) *yunnanensis* Wei, 1997. J. Guizhou Agric. Coll. 16 (4): 37. **Type locality:** China (Yunnan: Jizhushan, Binchuan).

Hercostomus yunnanensis Wei, 1997. *In*: Yang, Zhang, Wang *et* Zhu, 2011. Fauna Sinica Insecta 53: 934.

分布（Distribution）：云南（YN）

（605）浙江寡长足虻 *Hercostomus zhejiangense* (Yang, 1997)

Phalacrosoma zhejiangense Yang, 1997. Dtsch. Ent. Z. 44 (2): 152. **Type locality:** China (Zhejiang: Longwangshan).

Hercostomus zhejiangense (Yang): Zhang, Yang *et* Masunaga, 2004. Ent. News 115 (1): 35.

Hercostomus zhejiangense (Yang, 1997): Yang, Zhang, Wang *et* Zhu, 2011. Fauna Sinica Insecta 53: 760.

分布（Distribution）：浙江（ZJ）

（606）遵义寡长足虻 *Hercostomus zunyianus* Yang *et* Saigusa, 2001

Hercostomus (*Hercostomus*) *zunyianus* Yang *et* Saigusa, 2001. Bull. Inst. R. Sci. Nat. Belg. Ent. 71: 244. **Type locality:** China (Guizhou: Zunyi).

Hercostomus zunyianus Yang *et* Saigusa, 2001: Yang, Zhang, Wang *et* Zhu, 2011. Fauna Sinica Insecta 53: 935.

分布（Distribution）：贵州（GZ）

（607）柞水寡长足虻 *Hercostomus zuoshuiensis* Yang *et* Saigusa, 2002

Hercostomus (*Hercostomus*) *zuoshuiensis* Yang *et* Saigusa, 2002. Dtsch. Ent. Z. 49 (1): 70. **Type locality:** China (Shaanxi: Zuoshui).

Hercostomus zuoshuiensis Yang *et* Saigusa, 2002: Yang, Zhang, Wang *et* Zhu, 2011. Fauna Sinica Insecta 53: 936.

分布（Distribution）：陕西（SN）、云南（YN）

32. 之脉长足虻属 *Lichtwardtia* Enderlein, 1912

Lichtwardtia Enderlein, 1912. Zool. Jahrb. Suppl. 15 (1): 406.

Type species: *Lichtwardtia formosana* Enderlein, 1912 [= *Dolichopus ziczac* Wiedemann, 1824] (original designation).
Vaalimyia Curran, 1926. Ann. S. Afr. Mus. 23: 398. **Type species:** *Vaalimyia violacea* Curran, 1926 [= *Dolichopus augularis* Macquart, 1842] (original designation).

（608）齿茎之脉长足虻 *Lichtwardtia dentalis* Zhang, Masunaga *et* Yang, 2009

Lichtwardtia dentalis Zhang, Masunaga *et* Yang, 2009. Trans. Am. Ent. Soc. 135 (1-2): 198. **Type locality:** China (Yunnan: Menglun and Jiangcheng).
Lichtwardtia dentalis Zhang, Masunaga *et* Yang, 2009: Yang, Zhang, Wang *et* Zhu, 2011. Fauna Sinica Insecta 53: 977.
分布（Distribution）：云南（YN）

（609）台湾之脉长足虻 *Lichtwardtia formosana* Enderlein, 1912

Lichtwardtia formosana Enderlein, 1912. Zool. Jahrb. Suppl. 15 (1): 407. **Type locality:** China (Taiwan: Takao).
Lichtwardtia taiwanensis Zhang, Masunaga *et* Yang, 2009. Trans. Am. Ent. Soc. 135 (1-2): 199. **Type locality:** China (Taiwan: Kaohsung-hsiang).
Lichtwardtia formosana Enderlein, 1912: Yang, Zhang, Wang *et* Zhu, 2011. Fauna Sinica Insecta 53: 979.
分布（Distribution）：台湾（TW）

（610）之脉长足虻 *Lichtwardtia ziczac* (Wiedemann, 1824)

Dolichopus ziczac Wiedemann, 1824. Analecta Ent. 1: 40. **Type locality:** India Orient.
Lichtwardtia coxalis Kertész, 1901. Természetr. Füz. 24: 411. **Type locality:** Singapore; Malasya.
Lichtwardtia formosana Enderlein, 1912. Zool. Jahrb. Suppl. 15 (1): 407. **Type locality:** China (Taiwan).
Lichtwardtia polychromus Loew, 1864. Smithson. Misc. Coll. 171: 346. **Type locality:** Sri Lanka.
Lichtwardtia ziczac (Wiedemann): Dyte, 1975. Cat. Dipt. Orient. Reg. 2: 235.
Lichtwardtia ziczac (Wiedemann, 1824): Yang, Zhang, Wang *et* Zhu, 2011. Fauna Sinica Insecta 53: 980.
分布（Distribution）：台湾（TW）；缅甸、斯里兰卡、巴基斯坦、印度、印度尼西亚、马来西亚、新加坡、菲律宾、泰国、老挝、巴布亚新几内亚（俾斯麦群岛）、所罗门群岛、阿德默勒尔蒂群岛

33. 弓脉长足虻属 *Paraclius* Loew, 1864

Paraclius Loew, 1864. Smithson. Misc. Coll. 171: 97. **Type species:** *Pelastoneurus arcuatus* Loew, 1861 (designation by Coquillett, 1910).
Leptocorypha Aldrich, 1896. Trans. Ent. Soc. Lond. 1896: 315. **Type species:** *Leptocorypha pavo* Aldrich (monotypy).

（611）尖角弓脉长足虻 *Paraclius acutatus* Yang *et* Li, 1998

Paraclius acutatus Yang *et* Li, 1998. Insects of Longwangshan: 320. **Type locality:** China (Zhejiang: Longwangshan).
Paraclius acutatus Yang *et* Li, 1998: Yang, Zhang, Wang *et* Zhu, 2011. Fauna Sinica Insecta 53: 985.
分布（Distribution）：山东（SD）、河南（HEN）、浙江（ZJ）、四川（SC）、广西（GX）

（612）细缚弓脉长足虻 *Paraclius adligatus* Becker, 1922

Paraclius adligatus Becker, 1922. Capita Zool. 1 (4): 13. **Type locality:** China (Taiwan: Takao [=Kaohsiung] and Chip-Chip [= Chichi]); Bangladesh [Sylhet, Assam (E Pakistan)].
Paraclius adligatus Becker, 1922: Yang, Zhang, Wang *et* Zhu, 2011. Fauna Sinica Insecta 53: 986.
分布（Distribution）：台湾（TW）、海南（HI）；新加坡、巴基斯坦

（613）基黄弓脉长足虻 *Paraclius basiflavus* Yang, 1998

Paraclius basiflavus Yang, 1998. Bull. Inst. R. Sci. Nat. Belg. Ent. 68: 152. **Type locality:** China (Guangxi: Yinglou).
Paraclius basiflavus Yang, 1998: Yang, Zhang, Wang *et* Zhu, 2011. Fauna Sinica Insecta 53: 987.
分布（Distribution）：广西（GX）

（614）弯刺弓脉长足虻 *Paraclius curvispinus* Yang *et* Saigusa, 2001

Paraclius curvispinus Yang *et* Saigusa, 2001. Bull. Inst. R. Sci. Nat. Belg. Ent. 71: 238. **Type locality:** China (Guizhou: Kaili).
Paraclius curvispinus Yang *et* Saigusa, 2001: Yang, Zhang, Wang *et* Zhu, 2011. Fauna Sinica Insecta 53: 989.
分布（Distribution）：贵州（GZ）

（615）峨眉弓脉长足虻 *Paraclius emeiensis* Yang *et* Saigusa, 1999

Paraclius emeiensis Yang *et* Saigusa, 1999. Bull. Inst. R. Sci. Nat. Belg. Ent. 69: 235. **Type locality:** China (Sichuan: Emei Mountain).
Paraclius emeiensis Yang *et* Saigusa, 1999: Yang, Zhang, Wang *et* Zhu, 2011. Fauna Sinica Insecta 53: 990.
分布（Distribution）：四川（SC）、贵州（GZ）、云南（YN）、台湾（TW）、广东（GD）

（616）梵净弓脉长足虻 *Paraclius fanjingensis* Wei, 2006

Paraclius fanjingensis Wei, 2006. Insects from Fanjingshan Landscape: 477. **Type locality:** China (Guizhou: Fanjingshan).
Paraclius fanjingensis Wei, 2006: Yang, Zhang, Wang *et* Zhu,

2011. Fauna Sinica Insecta 53: 991.
分布（Distribution）：贵州（GZ）

（617）叉须弓脉长足虻 *Paraclius furcatus* Yang *et* Saigusa, 2001

Paraclius furcatus Yang *et* Saigusa, 2001. Bull. Inst. R. Sci. Nat. Belg. Ent. 71: 238. **Type locality:** China (Guizhou: Leishan).
Paraclius furcatus Yang *et* Saigusa, 2001: Yang, Zhang, Wang *et* Zhu, 2011. Fauna Sinica Insecta 53: 993.
分布（Distribution）：贵州（GZ）

（618）凹须弓脉长足虻 *Paraclius incisus* Yang *et* Grootaert, 1999

Paraclius incisus Yang *et* Grootaert, 1999. Bull. Inst. R. Sci. Nat. Belg. Ent. 69: 263. **Type locality:** China (Yunnan: Menglun).
Paraclius incisus Yang *et* Grootaert, 1999: Yang, Zhang, Wang *et* Zhu, 2011. Fauna Sinica Insecta 53: 994.
分布（Distribution）：云南（YN）

（619）东方弓脉长足虻 *Paraclius inopinatus* (Parent, 1934)

Polymedon inopinatus Parent, 1934. Mém. Soc. Natl. Sci. Nat. Math. Cherbourg 41: 302. **Type locality:** India (Kangra Valley, Punjab).
Paraclius inopinatus (Parent): Yang, Zhu, Wang *et* Zhang, 2006. World Catalog of Dolichopodidae: 186.
Paraclius inopinatus (Parent, 1934): Yang, Zhang, Wang *et* Zhu, 2011. Fauna Sinica Insecta 53: 996.
分布（Distribution）：河南（HEN）、四川（SC）、云南（YN）、广东（GD）；印度

（620）标点弓脉长足虻 *Paraclius interductus* Becker, 1922

Paraclius interductus Becker, 1922. Capita zool. 1 (4): 15. **Type locality:** China (Taiwan: Takao).
Paraclius interductus Becker, 1922: Yang, Zhang, Wang *et* Zhu, 2011. Fauna Sinica Insecta 53: 997.
分布（Distribution）：台湾（TW）

（621）李氏弓脉长足虻 *Paraclius lii* Wei *et* Song, 2005

Paraclius lii Wei *et* Song, 2005. Insects from Xishui Landscape: 428. **Type locality:** China (Guizhou: Xishui).
Paraclius lii Wei *et* Song, 2005: Yang, Zhang, Wang *et* Zhu, 2011. Fauna Sinica Insecta 53: 997.
分布（Distribution）：贵州（GZ）

（622）缘弓脉长足虻 *Paraclius limitatus* Wei *et* Song, 2005

Paraclius limitatus Wei *et* Song, 2005. Insects from Xishui Landscape: 430. **Type locality:** China (Guizhou: Xishui).
Paraclius limitatus Wei *et* Song, 2005: Yang, Zhang, Wang *et* Zhu, 2011. Fauna Sinica Insecta 53: 999.
分布（Distribution）：贵州（GZ）

（623）长须弓脉长足虻 *Paraclius longicercus* Yang *et* Grootaert, 1999

Paraclius longicercus Yang *et* Grootaert, 1999. Bull. Inst. R. Sci. Nat. Belg. Ent. 69: 264. **Type locality:** China (Yunnan: Xishuangbanna, Menglun).
Paraclius longicercus Yang *et* Grootaert, 1999: Yang, Zhang, Wang *et* Zhu, 2011. Fauna Sinica Insecta 53: 1000.
分布（Distribution）：云南（YN）

（624）长角弓脉长足虻 *Paraclius longicornutus* Yang *et* Saigusa, 1999

Paraclius longicornutus Yang *et* Saigusa, 1999. Insects of the Mountains Funiu and Dabie Regions: 196. **Type locality:** China (Henan: Luoshan).
Paraclius longicornutus Yang *et* Saigusa, 1999: Yang, Zhang, Wang *et* Zhu, 2011. Fauna Sinica Insecta 53: 1002.
分布（Distribution）：河南（HEN）、贵州（GZ）

（625）优雅弓脉长足虻 *Paraclius luculentus* Parent, 1932

Paraclius luculentus Parent, 1932. Stettin. Ent. Ztg. 93: 238. **Type locality:** China (Taiwan: Kankau).
Paraclius luculentus Parent, 1932: Yang, Zhang, Wang *et* Zhu, 2011. Fauna Sinica Insecta 53: 1003.
分布（Distribution）：台湾（TW）

（626）污斑弓脉长足虻 *Paraclius maculatus* de Meijere, 1916

Paraclius maculatus de Meijere, 1916. Tijdschr. Ent. 59 (Suppl.): 232. **Type locality:** Indonesia [Java: Muara Angkee and Batavia (Djakarta)].
Paraclius maculatus de Meijere, 1916: Yang, Zhang, Wang *et* Zhu, 2011. Fauna Sinica Insecta 53: 1004.
分布（Distribution）：台湾（TW）；印度尼西亚（爪哇）

（627）觅弓脉长足虻 *Paraclius mastrus* Wei, 2006

Paraclius mastrus Wei, 2006. Insects from Fanjingshan Landscape: 478. **Type locality:** China (Guizhou: Fanjingshan).
Paraclius mastrus Wei, 2006: Yang, Zhang, Wang *et* Zhu, 2011. Fauna Sinica Insecta 53: 1005.
分布（Distribution）：贵州（GZ）

（628）伸弓脉长足虻 *Paraclius mecynus* Wei *et* Song, 2005

Paraclius mecynus Wei *et* Song, 2005. Insects from Xishui Landscape: 429. **Type locality:** China (Guizhou: Xishui).
Paraclius mecynus Wei *et* Song, 2005: Yang, Zhang, Wang *et*

Zhu, 2011. Fauna Sinica Insecta 53: 1007.
分布（**Distribution**）：贵州（GZ）

（629）谐弓脉长足虻 *Paraclius melicus* Wei, 2006

Paraclius melicus Wei, 2006. Insects from Fanjingshan Landscape: 479. **Type locality:** China (Guizhou: Fanjingshan).
Paraclius melicus Wei, 2006: Yang, Zhang, Wang *et* Zhu, 2011. Fauna Sinica Insecta 53: 1007.
分布（**Distribution**）：贵州（GZ）

（630）勐仑弓脉长足虻 *Paraclius menglunensis* Yang *et* Grootaert, 1999

Paraclius menglunensis Yang *et* Grootaert, 1999. Bull. Inst. R. Sci. Nat. Belg. Ent. 69: 265. **Type locality:** China (Yunnan: Menglun).
Paraclius menglunensis Yang *et* Grootaert, 1999: Yang, Zhang, Wang *et* Zhu, 2011. Fauna Sinica Insecta 53: 1009.
分布（**Distribution**）：云南（YN）

（631）纯净弓脉长足虻 *Paraclius nudus* Becker, 1922

Paraclius nudus Becker, 1922. Capita Zool. 1 (4): 14. **Type locality:** China (Taiwan: Sokutra and Sokotau); India (Bombay: Satara).
Paraclius nudus Becker, 1922: Yang, Zhang, Wang *et* Zhu, 2011. Fauna Sinica Insecta 53: 1010.
分布（**Distribution**）：台湾（TW）；印度

（632）长毛弓脉长足虻 *Paraclius pilosellus* Becker, 1922

Paraclius pilosellus Becker, 1922. Capita Zool. 1 (4): 14. **Type locality:** China (Taiwan: Kankau, Tappani, Hoozau, and Taihorin); India (Bombay: Satara).
Paraclius pilosellus Becker, 1922: Yang, Zhang, Wang *et* Zhu, 2011. Fauna Sinica Insecta 53: 1010.
分布（**Distribution**）：台湾（TW）；印度、菲律宾

（633）扁跗弓脉长足虻 *Paraclius planitarsis* Zhang, Yang *et* Masunaga, 2004

Paraclius planitarsis Zhang, Yang *et* Masunaga, 2004. Trans. Am. Ent. Soc. 130 (4): 494. **Type locality:** China (Hainan: Wuzhishan).
Paraclius planitarsis Zhang, Yang *et* Masunaga, 2004: Yang, Zhang, Wang *et* Zhu, 2011. Fauna Sinica Insecta 53: 1011.
分布（**Distribution**）：海南（HI）

（634）须齿弓脉长足虻 *Paraclius serrulatus* Yang *et* Grootaert, 1999

Paraclius serrulatus Yang *et* Grootaert, 1999. Bull. Inst. R. Sci. Nat. Belg. Ent. 69: 266. **Type locality:** China (Yunnan: Jinghong).
Paraclius serrulatus Yang *et* Grootaert, 1999: Yang, Zhang, Wang *et* Zhu, 2011. Fauna Sinica Insecta 53: 1012.
分布（**Distribution**）：云南（YN）、台湾（TW）

（635）中华弓脉长足虻 *Paraclius sinensis* Yang *et* Li, 1998

Paraclius sinensis Yang *et* Li, 1998. Insects of Longwangshan: 319. **Type locality:** China (Zhejiang: Longwangshan).
Paraclius sinensis Yang *et* Li, 1998: Yang, Zhang, Wang *et* Zhu, 2011. Fauna Sinica Insecta 53: 1013.
分布（**Distribution**）：浙江（ZJ）、贵州（GZ）、台湾（TW）、广东（GD）

（636）锐角弓脉长足虻 *Paraclius stipiatus* Yang, 1999

Paraclius stipiatus Yang, 1999. Bull. Inst. R. Sci. Nat. Belg. Ent. 69: 205. **Type locality:** China (Sichuan: Qingchengshan).
Paraclius stipiatus Yang, 1999: Yang, Zhang, Wang *et* Zhu, 2011. Fauna Sinica Insecta 53: 1015.
分布（**Distribution**）：四川（SC）

（637）近凹须弓脉长足虻 *Paraclius subincisus* Zhang, Yang *et* Masunaga, 2006

Paraclius subincisus Zhang, Yang *et* Masunaga, 2006. Species Diversity. 11: 150. **Type locality:** China (Taiwan: Kaohsiung).
Paraclius subincisus Zhang, Yang *et* Masunaga, 2006: Yang, Zhang, Wang *et* Zhu, 2011. Fauna Sinica Insecta 53: 1016.
分布（**Distribution**）：台湾（TW）

（638）台湾弓脉长足虻 *Paraclius taiwanensis* Zhang, Yang *et* Masunaga, 2006

Paraclius taiwanensis Zhang, Yang *et* Masunaga, 2006. Species Diversity. 11: 152. **Type locality:** China (Taiwan: Nantou).
Paraclius taiwanensis Zhang, Yang *et* Masunaga, 2006: Yang, Zhang, Wang *et* Zhu, 2011. Fauna Sinica Insecta 53: 1018.
分布（**Distribution**）：台湾（TW）

（639）黄须弓脉长足虻 *Paraclius xanthocercus* Yang *et* Grootaert, 1999

Paraclius xanthocercus Yang *et* Grootaert, 1999. Bull. Inst. R. Sci. Nat. Belg. Ent. 69: 266. **Type locality:** China (Yunnan: Jinghong).
Paraclius xanthocercus Yang *et* Grootaert, 1999: Yang, Zhang, Wang *et* Zhu, 2011. Fauna Sinica Insecta 53: 1019.
分布（**Distribution**）：云南（YN）

（640）永平弓脉长足虻 *Paraclius yongpinganus* Yang *et* Saigusa, 2001

Paraclius yongpinganus Yang *et* Saigusa, 2001. Bull. Inst. R. Sci. Nat. Belg. Ent. 71: 170. **Type locality:** China (Yunnan: Yongping).
Paraclius yongpinganus Yang *et* Saigusa, 2001: Yang, Zhang, Wang *et* Zhu, 2011. Fauna Sinica Insecta 53: 1021.
分布（**Distribution**）：云南（YN）

（641）云南弓脉长足虻 *Paraclius yunnanensis* Yang, 1996

Paraclius yunnanensis Yang, 1996. Bull. Inst. R. Sci. Nat. Belg. Ent. 66: 86. **Type locality:** China (Yunnan: Ruili).
Paraclius yunnanensis Yang, 1996: Yang, Zhang, Wang *et* Zhu, 2011. Fauna Sinica Insecta 53: 1022.
分布（Distribution）：云南（YN）

34. 准寡长足虻属 *Parahercostomus* Yang, Saigusa *et* Masunaga, 2001

Parahercostomus Yang, Saigusa *et* Masunaga, 2001. Ent. Sci. 4 (2): 176. **Type species:** *Hercostomus* (*Hercostomus*) *zhongdianus* Yang, 1998.

（642）考氏准寡长足虻 *Parahercostomus kaulbacki* (Hollis, 1964)

Hercostomus kaulbacki Hollis, 1964. Bull. Brit. Mus. Nat. Hist. Ent. 15: 90. **Type locality:** China (Xizang: Rong Tō Valley).
Parahercostomus kaulbacki (Hollis): Yang, Zhu, Wang *et* Zhang, 2006. World Catalog of Dolichopodidae: 191.
Parahercostomus kaulbacki (Hollis, 1964): Yang, Zhang, Wang *et* Zhu, 2011. Fauna Sinica Insecta 53: 1024.
分布（Distribution）：西藏（XZ）

（643）东方准寡长足虻 *Parahercostomus orientalis* Yang, Saigusa *et* Masunaga, 2001

Parahercostomus orientalis Yang, Saigusa *et* Masunaga, 2001. Ent. Sci. 4 (2): 177. **Type locality:** China (Yunnan: Yunlong).
Parahercostomus orientalis Yang, Saigusa *et* Masunaga, 2001: Yang, Zhang, Wang *et* Zhu, 2011. Fauna Sinica Insecta 53: 1026.
分布（Distribution）：云南（YN）

（644）三鬃准寡长足虻 *Parahercostomus triseta* Yang, Saigusa *et* Masunaga, 2001

Parahercostomus triseta Yang, Saigusa *et* Masunaga, 2001. Ent. Sci. 4 (2): 179. **Type locality:** China (Yunnan: Lijiang).
Parahercostomus triseta Yang, Saigusa *et* Masunaga, 2001: Yang, Zhang, Wang *et* Zhu, 2011. Fauna Sinica Insecta 53: 1028.
分布（Distribution）：云南（YN）

（645）中甸准寡长足虻 *Parahercostomus zhongdianus* (Yang, 1998)

Hercostomus (*Hercostomus*) *zhongdianus* Yang, 1998. Bull. Inst. R. Sci. Nat. Belg. Ent. 68: 179. **Type locality:** China (Yunnan: Zhongdian).
Parahercostomus zhongdianus (Yang): Yang, Saigusa *et* Masunaga, 2001. Ent. Sci. 4 (2): 176.
Parahercostomus zhongdianus (Yang, 1998): Yang, Zhang, Wang *et* Zhu, 2011. Fauna Sinica Insecta 53: 1029.
分布（Distribution）：云南（YN）

35. 羽芒长足虻属 *Pelastoneurus* Loew, 1861

Paracleius Bigot, 1859. Ann. Soc. Ent. Fr. (3) 7: 215, 227 (Supressed by ICZN 2004). **Type species:** *Dolichopus heteronevrus* Macquart, 1850 (monotypy).
Pelastoneurus Loew, 1861. Progr. K. Realsch. Meseritz.: 36. **Type species:** *Pelastoneurus vagans* Loew, 1861 (designation by Coquillett, 1910).
Metapelastoneurus Aldrich, 1894. Kansas Univ. Q. 2: 152. **Type species:** *Metapelastoneurus kansensis* Aldrich, 1894 (monotypy).
Sarcionus Aldrich, 1901. Biol. Centr.-Am. Ins. Dipt. 1: 341. **Type species:** *Pelastoneurus lineatus* Aldrich, 1896 (original designation).
Phylarchus Aldrich, 1901. Biol. Centr.-Am. Ins. Dipt. 1: 342 (nec Simon, 1888). **Type species:** *Phylarchus tripartitus* Aldrich, 1901 (monotype).
Paraclius Kertész, 1909. Catalogus dipterorum hucusque descriptorum 6: 230 (unjustified emendation of *Paracleius* Bigot, 1859). **Type species:** *Dolichopus heteronevrus* Macquart, 1850 (automatic).
Proarchus Aldrich, 1910. Can. Ent. 42: 100 (new name for *Phylarchus* Aldrich, 1910). **Type species:** *Phylarchus tripartitus* Aldrich, 1901 (automatic).

（646）甲仙羽芒长足虻 *Pelastoneurus bifarius* Becker, 1922

Pelastoneurus bifarius Becker, 1922. Capita Zool. 1 (4): 17. **Type locality:** China (Taiwan: "Takao, Kosempo").
Pelastoneurus bifarius Becker, 1922: Yang, Zhang, Wang *et* Zhu, 2011. Fauna Sinica Insecta 53: 1031.
分布（Distribution）：云南（YN）、台湾（TW）

（647）粗健羽芒长足虻 *Pelastoneurus crassinervis* Parent, 1934

Pelastoneurus crassinervis Parent, 1934. Mém. Soc. Natl. Sci. Nat. Math. Cherbourg 41: 302. **Type locality:** Sri Lanka (Hot Wells: Trincomali).
Pelastoneurus crassinervis Parent, 1934: Yang, Zhang, Wang *et* Zhu, 2011. Fauna Sinica Insecta 53: 1033.
分布（Distribution）：台湾（TW）；斯里兰卡

（648）完美羽芒长足虻 *Pelastoneurus intactus* Becker, 1922

Pelastoneurus intactus Becker, 1922. Capita Zool. 1 (4): 18. **Type locality:** China (Taiwan).
Pelastoneurus intactus Becker, 1922: Yang, Zhang, Wang *et* Zhu, 2011. Fauna Sinica Insecta 53: 1034.
分布（Distribution）：台湾（TW）

36. 白长足虻属 *Phalacrosoma* Becker, 1922

Phalacrosoma Becker, 1922. Capita Zool. 1 (4): 44. **Type** species: *Phalacrosoma amoenum* Becker, 1922 (original designation).

（649）悦白长足虻 *Phalacrosoma amoenum* Becker, 1922

Phalacrosoma amoenum Becker, 1922. Capita Zool. 1 (4): 45. **Type locality:** China (Taiwan: Kosempo).
Phalacrosoma amoenum Becker, 1922: Yang, Zhang, Wang *et* Zhu, 2011. Fauna Sinica Insecta 53: 1035.
分布（Distribution）：台湾（TW）；尼泊尔

（650）银白长足虻 *Phalacrosoma argyrea* Wei, 1996

Phalacrosoma argyrea Wei, 1996. J. Guizhou Agric. Coll. 15 (1): 36. **Type locality:** China (Guizhou: Anshun).
Phalacrosoma argyrea Wei, 1996: Yang, Zhang, Wang *et* Zhu, 2011. Fauna Sinica Insecta 53: 1036.
分布（Distribution）：贵州（GZ）

（651）缺白长足虻 *Phalacrosoma imperfectum* Becker, 1922

Phalacrosoma imperfectum Becker, 1922. Capita Zool. 1 (4): 46. **Type locality:** China (Taiwan); India (Kumaon).
Phalacrosoma imperfectum Becker, 1922: Yang, Zhang, Wang *et* Zhu, 2011. Fauna Sinica Insecta 53: 1037.
分布（Distribution）：台湾（TW）；印度

（652）壮白长足虻 *Phalacrosoma zhenzhuristi* (Smirnov *et* Negrobov, 1979)

Hercostomus zhenzhuristi Smirnov *et* Negrobov, 1979. Vestn. Moskow Univ. (Biol.) 3: 41. **Type locality:** Japan (Tokyo: Takago-san).
Phalacrosoma briarea Wei *et* Liu, 1996. J. Guizhou Agric. Coll. 15 (1): 38. **Type locality:** China (Guizhou: Anshun).
Phalacrosoma zhenzhuristi (Smirnov *et* Negrobov). Zhang, Wei *et* Yang, 2009. Bull. Inst. R. Sci. Nat. Belg. Ent. 79: 139.
Phalacrosoma zhenzhuristi (Smirnov *et* Negrobov, 1979): Yang, Zhang, Wang *et* Zhu, 2011. Fauna Sinica Insecta 53: 1038.
分布（Distribution）：四川（SC）、贵州（GZ）；日本

37. 伪寡长足虻属 *Pseudohercostomus* Stackelberg, 1931

Pseudohercostomus Stackelberg, 1931. Arch. Hydrobiol. (Suppl.) 8: 776. **Type species:** *Pseudohercostomus echinatus* Stackelberg, 1931 (original designation).

（653）中华伪寡长足虻 *Pseudohercostomus sinensis* Yang *et* Grootaert, 1999

Pseudohercostomus sinensis Yang *et* Grootaert, 1999. Bull. Inst. R. Sci. Nat. Belg. Ent. 69: 262. **Type locality:** China (Yunnan: Menglun).
Pseudohercostomus sinensis Yang *et* Grootaert, 1999: Yang, Zhang, Wang *et* Zhu, 2011. Fauna Sinica Insecta 53: 1041.
分布（Distribution）：云南（YN）

38. 毛颜长足虻属 *Setihercostomus* Zhang *et* Yang, 2005

Setihercostomus Zhang *et* Yang, 2005. Acta Zootaxon. Sin. 30 (1): 183. **Type species:** *Hercostomus zonalis* Yang, Yang *et* Li, 1998［= *Hercostomus* (*Gymnopternus*) *wuyangensis* Wei, 1997］.

（654）黄氏毛颜长足虻 *Setihercostomus huangi* (Zhang, Yang *et* Masunaga, 2004)

Hercostomus (*Gymnopternus*) *huangi* Zhang, Yang *et* Masunaga, 2004. Ent. News 115 (1): 36. **Type locality:** China (Yunnan: Xishuangbanna).
Setihercostomus huangi (Zhang, Yang *et* Masunaga): Zhang *et* Yang, 2005. Acta Zootaxon. Sin. 30 (1): 184.
Setihercostomus huangi (Zhang, Yang *et* Masunaga, 2004): Yang, Zhang, Wang *et* Zhu, 2011. Fauna Sinica Insecta 53: 1043.
分布（Distribution）：云南（YN）

（655）台湾毛颜长足虻 *Setihercostomus taiwanensis* Zhang *et* Yang, 2011

Setihercostomus taiwanensis Zhang *et* Yang, 2011: Yang, Zhang, Wang *et* Zhu, 2011. Fauna Sinica Insecta 53: 1045. **Type locality:** China (Taiwan: Taizhong).
分布（Distribution）：台湾（TW）

（656）舞阳毛颜长足虻 *Setihercostomus wuyangensis* (Wei, 1997)

Hercostomus (*Gymnopternus*) *wuyangensis* Wei, 1997. J. Guizhou Agric. Coll. 16 (1): 40. **Type locality:** China (Guizhou: Wuyanghe).
Hercostomus zonalis Yang, Yang *et* Li, 1998. Insects of the Funiu Mountains region 1: 82. **Type locality:** China (Henan: Luanchuan).
Setihercostomus zonalis (Zhang, Yang *et* Masunaga): Zhang *et* Yang, 2005. Acta Zootaxon. Sin. 30 (1): 184.
Setihercostomus wuyangensis (Zhang, Yang *et* Masunaga): Zhang *et* Yang, 2005. Acta Zootaxon. Sin. 30 (1): 184.
Setihercostomus wuyangensis (Wei, 1997): Yang, Zhang, Wang *et* Zhu, 2011. Fauna Sinica Insecta 53: 1046.
分布（Distribution）：河南（HEN）、陕西（SN）、四川（SC）、贵州（GZ）、广东（GD）、广西（GX）

39. 长腹节长足虻属 *Srilankamyia* Naglis, Grootaert *et* Wei, 2011

Srilankamyia Naglis, Grootaert *et* Wei, 2011. Centre for Entomological Studies Ankara 155: 3. **Type species:** *Srilankamyia argyrata* Naglis, Grootaert *et* Wei, 2011.

（657）裂须斯长足虻 *Srilankamyia dividifolia* Wei, 2013

Hercostomus dividifolia Wei, 2013. Orient. Ins. 47 (2-3): 135. **Type locality:** China (Guizhou: Suiyang).
分布（**Distribution**）：贵州（GZ）

（658）伸长腹节长足虻 *Srilankamyia prolixus* (Wei, 1997)

Hercostomus (*Hercostomus*) *prolixus* Wei, 1997. J. Guizhou Agric. Coll. 16 (2): 44. **Type locality:** China (Guizhou: Fanjingshan).
Hercostomus prolixus Wei, 1997: Yang, Zhang, Wang *et* Zhu, 2011. Fauna Sinica Insecta 53: 827.
Srilankamyia prolixus (Wei, 1997): Centre for Entomological Studies Ankara 155: 4
分布（**Distribution**）：四川（SC）、贵州（GZ）

（659）臀长腹节长足虻 *Srilankamyia proctus* (Wei, 1997)

Hercostomus (*Hercostomus*) *proctus* Wei, 1997. J. Guizhou Agric. Coll. 16 (2): 45. **Type locality:** China (Guizhou: Anshun).
Hercostomus proctus Wei, 1997: Yang, Zhang, Wang *et* Zhu, 2011. Fauna Sinica Insecta 53: 826.
Srilankamyia proctus (Wei, 1997): Centre for Entomological Studies Ankara. 155: 4.
分布（**Distribution**）：四川（SC）、贵州（GZ）

（660）贵州长腹节长足虻 *Srilankamyia guizhouensis* (Wei, 1997)

Hercostomus (*Hercostomus*) *guizhouensis* Wei, 1997. J. Guizhou Agric. Coll. 16 (2): 44. **Type locality:** China (Guizhou: Anshun).
Hercostomus guizhouensis Wei, 1997: Yang, Zhang, Wang *et* Zhu, 2011. Fauna Sinica Insecta 53: 820.
Srilankamyia guizhouensis (Wei, 1997): Centre for Entomolo gical Studies Ankara. 155: 4.
分布（**Distribution**）：贵州（GZ）

40. 粗柄长足虻属 *Sybistroma* Meigen, 1824

Sybistroma Meigen, 1824. Syst. Beschr. 4: 71. **Type species:** *Dolichopus discipes* Germar, 1817 (designation by Westwood, 1840).
Hypophyllus Haliday, 1832. Zool. J. Lond. 1830-1831 5: 359. **Type species:** *Dolichopus obscurellus* Fallén, 1823.
Ludovicius Rondani, 1843. Nuovi Ann. Sci. Nat. Bologna (1) 10: 43. **Type species:** *Ludovicius impar* Rondani, 1843 (monotypy).
Nordicornis Rondani, 1843. Nuovi Ann. Sci. Nat. Bologna (1) 10: 46. **Type species:** *Nordicornis wiedemanni* Rondani, 1843.
Haltericerus Rondani, 1856. Dipt. Ital. Prodromus 1: 143. **Type species:** *Ludovicius impar* Rondani, 1843 (original designation.).
Nemospathus Bigot, 1859. Ann. Soc. Ent. Fr. (3) 7: 215, 228. **Type species:** *Sybistroma dufouri* Macquart, 1834 (monotypy).
Ozodostylus Bigot, 1859. Ann. Soc. Ent. Fr. (3) 7: 225. **Type species:** *Sybistroma nodicornis* Megen, 1824 (original designation).
Dasyarthrus Mik, 1878. Jber. K. K. Akad. Gymn. Wien 1877/1878: 5. **Type species:** *Gymnopternus inornatus* Loew, 1857 (original designation).
Spathitarsis Bigot, 1888. Bull. Soc. Ent. Fr. (3): xxiv. **Type species:** *Dolichopus discipes* Germar, 1817 (original designation).

（661）尖突粗柄长足虻 *Sybistroma acutatus* (Yang, 1996)

Ludovicius acutatus Yang, 1996. Bull. Inst. R. Sci. Nat. Belg. Ent. 66: 87. **Type locality:** China (Sichuan: Maerkang).
Sybistroma acutatus (Yang): Brooks, 2005. Zootaxa 857: 113.
Sybistroma acutatus (Yang, 1996): Yang, Zhang, Wang *et* Zhu, 2011. Fauna Sinica Insecta 53: 1050.
分布（**Distribution**）：四川（SC）、云南（YN）

（662）弯突粗柄长足虻 *Sybistroma angustus* (Yang *et* Saigusa, 2005)

Ludovicius angustus Yang *et* Saigusa, 2005. Insects Fauna of Middle-west Qinling range and South Mountains of Gansu Province: 744. **Type locality:** China (Shaanxi: Fuping).
Sybistroma angustus (Yang *et* Saigusa): Yang, Zhu, Wang *et* Zhang, 2006. World Catalog of Dolichopodidae: 203.
Sybistroma angustus (Yang *et* Saigusa, 2005): Yang, Zhang, Wang *et* Zhu, 2011. Fauna Sinica Insecta 53: 1051.
分布（**Distribution**）：陕西（SN）

（663）粗端粗柄长足虻 *Sybistroma apicicrassus* (Yang *et* Saigusa, 2001)

Ludovicius apicicrassus Yang *et* Saigusa, 2001. Dtsch. Ent. Z. 48 (1): 86. **Type locality:** China (Shaanxi: Fuping).
Sybistroma apicicrassus (Yang *et* Saigusa): Brooks, 2005. Zootaxa 857: 113.
Sybistroma apicicrassus (Yang *et* Saigusa, 2001): Yang, Zhang, Wang *et* Zhu, 2011. Fauna Sinica Insecta 53: 1053.
分布（**Distribution**）：河南（HEN）、陕西（SN）

（664）端芒粗柄长足虻 *Sybistroma apicilaris* (Yang, 1999)

Ludovicius apicilaris Yang, 1999. Bull. Inst. R. Sci. Nat. Belg. Ent. 69: 203. **Type locality:** China (Ningxia: Liupanshan).
Sybistroma apicilaris (Yang): Brooks, 2005. Zootaxa 857: 113.
Sybistroma apicilaris (Yang, 1999): Yang, Zhang, Wang *et* Zhu, 2011. Fauna Sinica Insecta 53: 1054.
分布（**Distribution**）：宁夏（NX）

（665）双芒粗柄长足虻 *Sybistroma biaristatus* (Yang, 1999)

Ludovicius biaristatus Yang, 1999. Bull. Inst. R. Sci. Nat.

Belg. Ent. 69: 204. **Type locality:** China (Henan: Neixiang).
Sybistroma biaristatus (Yang): Brooks, 2005. Zootaxa 857: 113.
Sybistroma biaristatus (Yang, 1999): Yang, Zhang, Wang *et* Zhu, 2011. Fauna Sinica Insecta 53: 1056.
分布（Distribution）：河南（HEN）、陕西（SN）、云南（YN）

（666）黑粗柄长足虻 *Sybistroma biniger* (Yang *et* Saigusa, 1999)

Ludovicius biniger Yang *et* Saigusa, 1999. Bull. Inst. R. Sci. Nat. Belg. Ent. 69: 233. **Type locality:** China (Sichuan: Emei Mountain).
Sybistroma biniger (Yang *et* Saigusa): Brooks, 2005. Zootaxa 857: 113.
Sybistroma biniger (Yang *et* Saigusa, 1999): Yang, Zhang, Wang *et* Zhu, 2011. Fauna Sinica Insecta 53: 1057.
分布（Distribution）：四川（SC）

（667）短突粗柄长足虻 *Sybistroma brevidigitatus* (Yang *et* Saigusa, 2001)

Ludovicius brevidigitatus Yang *et* Saigusa, 2001. Dtsch. Ent. Z. 48 (1): 88. **Type locality:** China (Shaanxi: Fuping).
Sybistroma brevidigitatus (Yang *et* Saigusa): Brooks, 2005. Zootaxa 857: 113.
Sybistroma brevidigitatus (Yang *et* Saigusa, 2001): Yang, Zhang, Wang *et* Zhu, 2011. Fauna Sinica Insecta 53: 1058.
分布（Distribution）：河南（HEN）、陕西（SN）

（668）扁角粗柄长足虻 *Sybistroma compressus* (Yang *et* Saigusa, 2001)

Ludovicius compressus Yang *et* Saigusa, 2001. Bull. Inst. R. Sci. Nat. Belg. Ent. 71: 169. **Type locality:** China (Yunnan: Lijiang).
Sybistroma compressus (Yang *et* Saigusa): Brooks, 2005. Zootaxa 857: 113.
Sybistroma compressus (Yang *et* Saigusa, 2001): Yang, Zhang, Wang *et* Zhu, 2011. Fauna Sinica Insecta 53: 1060.
分布（Distribution）：云南（YN）

（669）弯叶粗柄长足虻 *Sybistroma curvatus* (Yang, 1998)

Ludovicius curvatus Yang, 1998. Acta Ent. Sin. 41 (Suppl.): 180. **Type locality:** China (Gansu: Jone).
Sybistroma curvatus (Yang): Brooks, 2005. Zootaxa 857: 113.
Sybistroma curvatus (Yang, 1998): Yang, Zhang, Wang *et* Zhu, 2011. Fauna Sinica Insecta 53: 1061.
分布（Distribution）：甘肃（GS）

（670）指突粗柄长足虻 *Sybistroma digitiformis* (Yang, Yang *et* Li, 1998)

Ludovicius digitiformis Yang, Yang *et* Li, 1998. Insects of the Funiu Mountains region 1: 81. **Type locality:** China (Henan: Luanchuan).
Sybistroma digitiformis (Yang, Yang *et* Li): Brooks, 2005. Zootaxa 857: 113.
Sybistroma digitiformis (Yang, Yang *et* Li, 1998): Yang, Zhang, Wang *et* Zhu, 2011. Fauna Sinica Insecta 53: 1062.
分布（Distribution）：河南（HEN）、陕西（SN）

（671）背芒粗柄长足虻 *Sybistroma dorsalis* (Yang, 1996)

Ludovicius dorsalis Yang, 1996. Dtsch. Ent. Z. 43 (2): 243. **Type locality:** China (Xizang: Yadong).
Sybistroma dorsalis (Yang): Brooks, 2005. Zootaxa 857: 113.
Sybistroma dorsalis (Yang, 1996): Yang, Zhang, Wang *et* Zhu, 2011. Fauna Sinica Insecta 53: 1064.
分布（Distribution）：陕西（SN）、西藏（XZ）

（672）峨眉粗柄长足虻 *Sybistroma emeishanus* (Yang, 1998)

Ludovicius emeishanus Yang, 1998. Bull. Inst. R. Sci. Nat. Belg. Ent. 68: 177. **Type locality:** China (Sichuan: Emei Mountain).
Sybistroma emeishanus (Yang): Brooks, 2005. Zootaxa 857: 113.
Sybistroma emeishanus (Yang, 1998): Yang, Zhang, Wang *et* Zhu, 2011. Fauna Sinica Insecta 53: 1065.
分布（Distribution）：四川（SC）

（673）梵净山粗柄长足虻 *Sybistroma fanjingshanus* (Yang, Grootaert *et* Song, 2002)

Ludovicius fanjingshanus Yang, Grootaert *et* Song, 2002. Bull. Inst. R. Sci. Nat. Belg. Ent. 72: 217. **Type locality:** China (Guizhou: Fanjingshan).
Sybistroma fanjingshanus (Yang, Grootaert *et* Song): Brooks, 2005. Zootaxa 857: 113.
Sybistroma fanjingshanus (Yang, Grootaert *et* Song, 2002): Yang, Zhang, Wang *et* Zhu, 2011. Fauna Sinica Insecta 53: 1066.
分布（Distribution）：贵州（GZ）

（674）黄斑粗柄长足虻 *Sybistroma flavus* (Yang, 1996)

Ludovicius flavus Yang, 1996. Bull. Inst. R. Sci. Nat. Belg. Ent. 66: 87. **Type locality:** China (Henan: Luanchuan).
Sybistroma flavus (Yang): Brooks, 2005. Zootaxa 857: 113.
Sybistroma flavus (Yang, 1996): Yang, Zhang, Wang *et* Zhu, 2011. Fauna Sinica Insecta 53: 1067.
分布（Distribution）：河南（HEN）、陕西（SN）、四川（SC）

（675）甘肃粗柄长足虻 *Sybistroma gansuensis* (Yang *et* Saigusa, 2005)

Ludovicius gansuensis Yang *et* Saigusa, 2005. Insects Fauna of Middle-west Qinling range and South Mountains of Gansu

Province: 745. **Type locality:** China (Gansu: Dangchang).
Sybistroma gansuensis (Yang *et* Saigusa): Yang, Zhu, Wang *et* Zhang, 2006. World Catalog of Dolichopodidae: 204.
Sybistroma gansuensis (Yang *et* Saigusa, 2005): Yang, Zhang, Wang *et* Zhu, 2011. Fauna Sinica Insecta 53: 1068.
分布（**Distribution**）：甘肃（GS）

（676）河南粗柄长足虻 *Sybistroma henanus* (Yang, 1996)

Ludovicius henanus Yang, 1996. Bull. Inst. R. Sci. Nat. Belg. Ent. 66: 88. **Type locality:** China (Henan: Songxian).
Sybistroma henanus (Yang): Brooks, 2005. Zootaxa 857: 113.
Sybistroma henanus (Yang, 1996): Yang, Zhang, Wang *et* Zhu, 2011. Fauna Sinica Insecta 53: 1070.
分布（**Distribution**）：河南（HEN）、陕西（SN）

（677）凹缺粗柄长足虻 *Sybistroma incisus* (Yang, 1999)

Ludovicius incisus Yang, 1999. Biologia 54 (2): 166. **Type locality:** China (Gansu: Jone).
Sybistroma incisus (Yang): Brooks, 2005. Zootaxa 857: 113.
Sybistroma incisus (Yang, 1999): Yang, Zhang, Wang *et* Zhu, 2011. Fauna Sinica Insecta 53: 1071.
分布（**Distribution**）：山西（SX）、宁夏（NX）、甘肃（GS）、四川（SC）

（678）宽颜粗柄长足虻 *Sybistroma latifacies* (Yang *et* Saigusa, 2005)

Ludovicius latifacies Yang *et* Saigusa, 2005. Insects Fauna of Middle-west Qinling range and South Mountains of Gansu Province: 743. **Type locality:** China (Shaanxi: Fuping).
Sybistroma latifacies (Yang *et* Saigusa): Yang, Zhu, Wang *et* Zhang, 2006. World Catalog of Dolichopodidae: 205.
Sybistroma latifacies (Yang *et* Saigusa, 2005): Yang, Zhang, Wang *et* Zhu, 2011. Fauna Sinica Insecta 53: 1073.
分布（**Distribution**）：陕西（SN）

（679）长芒粗柄长足虻 *Sybistroma longaristatus* (Yang *et* Saigusa, 1999)

Ludovicius longaristatus Yang *et* Saigusa, 1999. Bull. Inst. R. Sci. Nat. Belg. Ent. 69: 234. **Type locality:** China (Sichuan: Emei Mountain).
Sybistroma longaristatus (Yang *et* Saigusa): Brooks, 2005. Zootaxa 857: 113.
Sybistroma longaristatus (Yang *et* Saigusa, 1999): Yang, Zhang, Wang *et* Zhu, 2011. Fauna Sinica Insecta 53: 1074.
分布（**Distribution**）：四川（SC）

（680）长突粗柄长足虻 *Sybistroma longidigitatus* (Yang *et* Saigusa, 2001)

Ludovicius longidigitatus Yang *et* Saigusa, 2001. Dtsch. Ent. Z. 48 (1): 89. **Type locality:** China (Shaanxi: Fuping).
Sybistroma luteicornis (Parent): Brooks, 2005. Zootaxa 857: 113.
Sybistroma longidigitatus (Yang *et* Saigusa, 2001): Yang, Zhang, Wang *et* Zhu, 2011. Fauna Sinica Insecta 53: 1076.
分布（**Distribution**）：河南（HEN）、陕西（SN）

（681）黄角粗柄长足虻 *Sybistroma luteicornis* (Parent, 1944)

Hypophyllus luteicornis Parent, 1944. Rev. Fr. Ent. 10: 128. **Type locality:** China (Chansi Méridional, Kiaocheu).
Sybistroma luteicornis (Parent): Brooks, 2005. Zootaxa 857: 113.
Sybistroma luteicornis (Parent, 1944): Yang, Zhang, Wang *et* Zhu, 2011. Fauna Sinica Insecta 53: 1077.
分布（**Distribution**）：山西（SX）

（682）细角粗柄长足虻 *Sybistroma miricornis* (Parent, 1926)

Ludovicius miricornis Parent, 1926. Encycl. Ent. (B II) Dipt. 3: 124. **Type locality:** China (Shanghai: "Zi-Ka-Wei" [= Xujiahui]).
Sybistroma miricornis (Parent): Brooks, 2005. Zootaxa 857: 114.
Sybistroma miricornis (Parent, 1926): Yang, Zhang, Wang *et* Zhu, 2011. Fauna Sinica Insecta 53: 1078.
分布（**Distribution**）：上海（SH）

（683）内乡粗柄长足虻 *Sybistroma neixianganus* (Yang, 1999)

Ludovicius neixianganus Yang, 1999. Bull. Inst. R. Sci. Nat. Belg. Ent. 69: 205. **Type locality:** China (Henan: Neixiang).
Sybistroma qinlingensis (Yang *et* Saigusa): Brooks, 2005. Zootaxa 857: 114.
Sybistroma neixianganus (Yang, 1999): Yang, Zhang, Wang *et* Zhu, 2011. Fauna Sinica Insecta 53: 1080.
分布（**Distribution**）：北京（BJ）、河南（HEN）、陕西（SN）

（684）秦岭粗柄长足虻 *Sybistroma qinlingensis* (Yang *et* Saigusa, 2001)

Ludovicius qinlingensis Yang *et* Saigusa, 2001. Dtsch. Ent. Z. 48 (1): 90. **Type locality:** China (Shaanxi: Zuoshui).
Sybistroma qinlingensis (Yang *et* Saigusa): Brooks, 2005. Zootaxa 857: 114.
Sybistroma qinlingensis (Yang *et* Saigusa, 2001): Yang, Zhang, Wang *et* Zhu, 2011. Fauna Sinica Insecta 53: 1081.
分布（**Distribution**）：陕西（SN）

（685）申氏粗柄长足虻 *Sybistroma sheni* (Yang *et* Saigusa, 1999)

Ludovicius sheni Yang *et* Saigusa, 1999. Insects of the Mountains Funiu and Dabie Regions: 190. **Type locality:** China (Henan: Songxian).
Sybistroma sheni (Yang *et* Saigusa): Brooks, 2005. Zootaxa 857: 114.

Sybistroma sheni (Yang *et* Saigusa, 1999): Yang, Zhang, Wang *et* Zhu, 2011. Fauna Sinica Insecta 53: 1082.
分布（Distribution）：北京（BJ）、河南（HEN）、陕西（SN）

（686）四川粗柄长足虻 *Sybistroma sichuanensis* (Yang, 1998)

Ludovicius sichuanensis Yang, 1998. Entomofauna 19 (13): 235. **Type locality:** China (Sichuan: Nanping).
Sybistroma sichuanensis (Yang): Brooks, 2005. Zootaxa 857: 114.
Sybistroma sichuanensis (Yang, 1998): Yang, Zhang, Wang *et* Zhu, 2011. Fauna Sinica Insecta 53: 1084.
分布（Distribution）：四川（SC）

（687）松山粗柄长足虻 *Sybistroma songshanensis* (Zhang *et* Yang, 2005)

Ludovicius songshanensis Zhang *et* Yang, 2005. Ent. Fenn. 16 (4): 306. **Type locality:** China (Beijing: Yanqing, Songshan).
Sybistroma songshanensis (Zhang *et* Yang): Yang, Zhu, Wang *et* Zhang, 2006. World Catalog of Dolichopodidae: 206.
Sybistroma songshanensis (Zhang *et* Yang, 2005): Yang, Zhang, Wang *et* Zhu, 2011. Fauna Sinica Insecta 53: 1085.
分布（Distribution）：北京（BJ）

（688）云南粗柄长足虻 *Sybistroma yunnanensis* (Yang, 1998)

Ludovicius yunnanensis Yang, 1998. Bull. Inst. R. Sci. Nat. Belg. Ent. 68: 178. **Type locality:** China (Yunnan: Zhongdian).
Sybistroma yunnanensis (Yang): Brooks, 2005. Zootaxa 857: 114.
Sybistroma yunnanensis (Yang, 1998): Yang, Zhang, Wang *et* Zhu, 2011. Fauna Sinica Insecta 53: 1087.
分布（Distribution）：云南（YN）

41. 迅长足虻属 *Tachytrechus* Haliday, 1851

Tachytrechus Haliday, 1851. Ins. Brit. Dipt. I: 173 (new name for *Ammobates* Stannius, 1831, nec Latreille, 1809). **Type species:** *Ammobates notatus* Stannius, 1831 (automatic).
Ammobates Stannius, 1831. Isis 1831: 33. **Type species:** *Ammobates notatus* Stannius, 1831 (designation by Rondani, 1856).
Stannia Rondani, 1857. Dipt. Ital. Prodromus 2: 14 (unnecessary new name for *Ammobates* Stannius, 1831). **Type species:** *Ammobates notatus* Stannius, 1831 (automatic).
Gongrophora Philippi, 1875. An. Univ. Chile 47: 86. **Type species:** *Gongophora medinae* Philippi, 1875 (monotypy).
Polymedon Osten Sacken, 1877. Bull. U.S. Geol. Geogr. Surv. Terr. 3: 317. **Type species:** *Polymedon flabellifer* Osten Sacken, 1877 (monotypy).
Macellocerus Mik, 1878. Jber. K. K. Akad. Gymn. Wien 1877/1878: 5. **Type species:** *Tachytrechus moechus* Loew, 1861 (original designation).
Psilischium Becker, 1922. Abh. Zool.-Bot. Ges. Wien 1921 13 (1): 93. **Type species:** *Psilischium laevigatum* Becker, 1922 (monotypy).
Gonioneurum Becker, 1922. Abh. Zool.-Bot. Ges. Wien 1921 13 (1): 98. **Type species:** *Gonioneurum varum* Becker, 1922 (monotypy).
Syntomoneurum Becker, 1922. Abh. Zool.-Bot. Ges. Wien 1921 13 (1): 123. **Type species:** *Syntomoneurum alatum* Becker, 1922 (monotypy).

（689）黑脚迅长足虻 *Tachytrechus genualis* Loew, 1857

Tachytrechus genualis Loew, 1857. Z. Ges. Naturw. 10 (8): 102. **Type locality:** Not given [Germany].
Tachytrechus genualis Loew, 1857: Yang, Zhang, Wang *et* Zhu, 2011. Fauna Sinica Insecta 53: 1089.
分布（Distribution）：台湾（TW）；日本、德国、奥地利、西班牙、匈牙利、捷克、斯洛伐克、罗马尼亚、俄罗斯、亚美尼亚

（690）广西迅长足虻 *Tachytrechus guangxiensis* Zhang, Yang *et* Masunaga, 2004

Tachytrechus guangxiensis Zhang, Yang *et* Masunaga, 2004. Trans. Am. Ent. Soc. 130 (4): 501. **Type locality:** China (Guangxi: Maoershan).
Tachytrechus guangxiensis Zhang, Yang *et* Masunaga, 2004: Yang, Zhang, Wang *et* Zhu, 2011. Fauna Sinica Insecta 53: 1091.
分布（Distribution）：广西（GX）

（691）印度迅长足虻 *Tachytrechus indicus* Parent, 1934

Tachyterechus indius Parent, 1934. Encycl. Ent. (B II) Dipt. 7: 131. **Type locality:** India (Kurseong).
Tachytrechus indicus Parent, 1934: Yang, Zhang, Wang *et* Zhu, 2011. Fauna Sinica Insecta 53: 1095.
分布（Distribution）：河南（HEN）；印度

（692）秘鲁迅长足虻 *Tachytrechus peruicus* Yang *et* Zhang, 2006

Tachytrechus peruicus Yang *et* Zhang, 2006. World Catalog of Dolichopodiae: 214 (new name for *Syntomoneurum beckeri* Parent, 1931, now *Tachytrechus*, nec *Tachytrechus beckeri* Lichtwardt, 1917). **Type locality:** Peru [Urumbamba (automatic)].
Syntomoneurum beckeri Parent, 1931. Abh. Ber. Mus. Tierk. Völkerk. Dresden 18 (1): 17 (preoccupied by *Tachytrechus beckeri* Lichtwardt, 1917). **Type locality:** Peru (Urumbamba).
Tachytrechus gussakovskii Stackelberg, 1941. Flieg. Palaearkt. Reg. 4 (5): 219. **Type locality:** Tajikistan (“Kondara, Varzob valley”).
Tachytrechus peruicus Yang *et* Zhang, 2006: Yang, Zhang, Wang *et* Zhu, 2011. Fauna Sinica Insecta 53: 1093.
分布（Distribution）：四川（SC）、西藏（XZ）；塔吉克斯

坦、秘鲁

（693）茹氏迅长足虻 *Tachytrechus rubzovi* Negrobov, 1976

Tachytrechus rubzovi Negrobov, 1976. Nauch. Dokl. vyssh. Shk., Biol. Nauk 8: 48. **Type locality:** China ("50 km from Mukden" [=Shenyang]).

Tachytrechus rubzovi Negrobov, 1976: Yang, Zhang, Wang *et* Zhu, 2011. Fauna Sinica Insecta 53: 1096.

分布（Distribution）：辽宁（LN）

（694）纯迅长足虻 *Tachytrechus simplex* Parent, 1926

Tachytrechus simplex Parent, 1926. Encycl. Ent. (B II) Dipt. 3: 146. **Type locality:** China (Jiangxi: "Kou-ling" [= Guling]).

Tachytrechus simplex Parent, 1926: Yang, Zhang, Wang *et* Zhu, 2011. Fauna Sinica Insecta 53: 1097.

分布（Distribution）：江西（JX）

（695）中华迅长足虻 *Tachytrechus sinicus* Stackelberg, 1925

Tachytrechus sinicus Stackelberg, 1925. Arch. Naturgesch. 91A (1): 33. **Type locality:** China ("prope oasem Satshzhou, deserta Gobi").

Tachytrechus sinicus Stackelberg, 1925: Yang, Zhang, Wang *et* Zhu, 2011. Fauna Sinica Insecta 53: 1097.

分布（Distribution）：内蒙古（NM）；哈萨克斯坦、塔吉克斯坦、吉尔吉斯斯坦

（696）青角迅长足虻 *Tachytrechus tessellatus* Macquart, 1842

Dolichopus tessellatus Macquart, 1842. Mém. Soc. Sci. Agric. Lille. 1841 (1): 185. **Type locality:** Senegal.

Dolichopus indirectus Walker, 1849. List Dipt. Brit. Mus. 3: 665. **Type locality:** West Africa.

Neurigona picticornis Bigot, 1890. Ann. Soc. Ent. Fr. (6) 10: 293. **Type locality:** New Caledonia.

Tchytrechus salinarius Becker, 1902. Mitt. Zool. Mus. Berl. 2 (2): 63.**Type locality:** Egypt.

Tachytrechus seychellensis Lamb, 1922. Trans. Linn. Soc. London (2, Zool.) 18: 389. **Type locality:** Seychelles.

Tachytrechus capensis Curran, 1924. Ann. Transv. Mus. 10: 223. **Type locality:** South Africa.

Hercostomus ponderosus Frey, 1958. Commentat. Bio. 18 (4): 15. **Type locality:** Cape Verde Islands.

Tachytrechus tessellatus Macquart, 1842: Yang, Zhang, Wang *et* Zhu, 2011. Fauna Sinica Insecta 53: 1099.

分布（Distribution）：台湾（TW）；埃及、以色列、斯里兰卡、印度、马来西亚、印度尼西亚、菲律宾、日本、新喀里多尼亚、索科特拉岛、塞内加尔、冈比亚、佛得角群岛、喀麦隆、刚果（金）、布隆迪、坦桑尼亚、肯尼亚、阿尔达不拉岛、埃塞俄比亚、南非、斯威士兰、马拉维、安哥拉、纳米比亚、博茨瓦纳、莫桑比克、马达加斯加、毛里求斯、塞舌尔

异长足虻亚科 Diaphorinae

Diaphorinae Schiner, 1864. Catalogus systematicus dipterorum Europe: 47. **Type genus:** *Diaphorus* Meigen, 1824.

42. 银长足虻属 *Argyra* Macquart, 1834

Argyra Macquart, 1834. Hist. Nat. Ins. Dipt. 1: 456. **Type species:** *Musca diaphana* Fabricius, 1775 (designation by Rondani, 1856).

Porphyrops Meigen, 1824. Syst. Beschr. 4: 45. **Type species:** *Musca diaphana* Fabricius, 1775 (designation by Curtis, 1835).

Leucostola Loew, 1857. Progr. K. Realsch. Meseritz 1857: 39. **Type species:** *Dolichopus vestitus* Wiedemann, 1817 (monotypy).

（697）黑端银长足虻 *Argyra (Argyra) arrogans* Takagi, 1960

Argyra arrogans Takagi, 1960. Ins. Matsum. 23 (2): 124. **Type locality:** Japan (Hokkaido: Aizan-Kei).

Argyra chishuiensis Wei *et* Song, 2006. Insects from Chishui spinulose tree fern landscape: 333. **Type locality:** China (Guizhou: Chishui).

Argyra (Argyra) arrogans Takagi, 1960: Yang, Zhang, Wang *et* Zhu, 2011. Fauna Sinica Insecta 53: 1104.

分布（Distribution）：浙江（ZJ）、贵州（GZ）；日本

（698）北京银长足虻 *Argyra (Argyra) beijingensis* Wang *et* Yang, 2004

Argyra (Argyra) beijingensis Wang *et* Yang, 2004. Ann. Zool. 54 (2): 386. **Type locality:** China (Beijing: Mentougou).

Argyra (Argyra) beijingensis Wang *et* Yang, 2004: Yang, Zhang, Wang *et* Zhu, 2011. Fauna Sinica Insecta 53: 1105.

分布（Distribution）：北京（BJ）、宁夏（NX）

（699）黑毛银长足虻 *Argyra (Argyra) nigripilosa* Yang *et* Saigusa, 2002

Argyra (Argyra) nigripilosa Yang *et* Saigusa, 2002. Eur. J. Ent. 99 (1): 88. **Type locality:** China (Yunnan: Luchun).

Argyra (Argyra) nigripilosa Yang *et* Saigusa, 2002: Yang, Zhang, Wang *et* Zhu, 2011. Fauna Sinica Insecta 53: 1107.

分布（Distribution）：云南（YN）

（700）白毛银长足虻 *Argyra (Argyra) pallipilosa* Yang *et* Saigusa, 2002

Argyra (Argyra) pallipilosa Yang *et* Saigusa, 2002. Eur. J. Ent. 99 (1): 87. **Type locality:** China (Yunnan: Yunlong).

Argyra (Argyra) pallipilosa Yang *et* Saigusa, 2002: Yang, Zhang, Wang *et* Zhu, 2011. Fauna Sinica Insecta 53: 1109.

分布（Distribution）：云南（YN）

（701）曲脉银长足虻 *Argyra (Argyra) pseudosuperba* Hollis, 1964

Argyra pseudosuperba Hollis, 1964. Bull. Br. Mus. Nat. Hist. Ent. 15 (4): 100. **Type locality:** Nepal (Sangu: Taplejung).

Argyra (Argyra) pseudosuperba Hollis, 1964: Yang, Zhang, Wang *et* Zhu, 2011. Fauna Sinica Insecta 53: 1111.

分布（Distribution）：云南（YN）；印度、尼泊尔

（702）齿突银长足虻 *Argyra (Argyra) serrata* Yang *et* Saigusa, 2002

Argyra (Argyra) serrata Yang *et* Saigusa, 2002. Eur. J. Ent. 99 (1): 86. **Type locality:** China (Shaanxi: Fuping).

Argyra (Argyra) serrata Yang *et* Saigusa, 2002: Yang, Zhang, Wang *et* Zhu, 2011. Fauna Sinica Insecta 53: 1112.

分布（Distribution）：陕西（SN）

（703）中华银长足虻 *Argyra (Leucostola) sinensis* Yang *et* Grootaert, 1999

Argyra (Leucostola) sinensis Yang *et* Grootaert, 1999. Bull. Inst. R. Sci. Nat. Belg. Ent. 69: 218. **Type locality:** China (Zhejiang: Tianmushan Mountain).

Argyra (Leucostola) sinensis Yang *et* Grootaert, 1999: Yang, Zhang, Wang *et* Zhu, 2011. Fauna Sinica Insecta 53: 1113.

分布（Distribution）：浙江（ZJ）

（704）范氏银长足虻 *Argyra (Leucostola) vanoyei* (Parent, 1926)

Leucostola vanoyei Parent, 1926. Encycl. Ent. (B II) Dipt. 3: 131. **Type locality:** China (Shanghai: "Zi-Ka-Wei").

Argyra vanoyei (Parent): Negrobov, 1991. Cat. Palaearct. Dipt. 7: 67.

Argyra (Leucostola) vanoyei (Parent, 1926): Yang, Zhang, Wang *et* Zhu, 2011. Fauna Sinica Insecta 53: 1115.

分布（Distribution）：上海（SH）

（705）小龙门银长足虻 *Argyra (Argyra) xiaolongmensis* Wang *et* Yang, 2011

Argyra (Argyra) xiaolongmensis Wang *et* Yang, 2011. Fauna Sinica Insecta 53: 1116. **Type locality:** China (Beijing: Mentougou).

分布（Distribution）：北京（BJ）

43. 隐脉长足虻属 *Asyndetus* Loew, 1869

Asyndetus Loew, 1869. Berl. Ent. Z. 13 (1-2): 35. **Type species:** *Asyndetus ammophilus* Loew, 1869 (designation by Coquillett, 1910).

Anchineura Thomson, 1869. K. Svensk. Freg. Eugenies Resa 2 (1): 506 (nomen oblitum). **Type species:** *Anchineura tibialis* Thomson, 1869 (monotypy).

Meringopherusa Becker, 1902. Mitt. Zool. Mus. Berl. 2 (2): 56. **Type species:** *Meringopherusa separata* Becker, 1902 (designation by Dyte, 1975).

（706）前隐脉长足虻 *Asyndetus anticus* Negrobov, 1973

Asyndetus anticus Negrobov, 1973. Beitr. Ent. 23 (1-4): 159. **Type locality:** China (Gobi: nord. Zaidam).

Asyndetus anticus Negrobov, 1973: Yang, Zhang, Wang *et* Zhu, 2011. Fauna Sinica Insecta 53: 1119.

分布（Distribution）：青海（QH）；蒙古国

（707）北京隐脉长足虻 *Asyndetus beijingensis* Zhang *et* Yang, 2003

Asyndetus beijingensis Zhang *et* Yang, 2003. Ann. Soc. Ent. Fr. 39 (4): 356. **Type locality:** China (Beijing).

Asyndetus beijingensis Zhang *et* Yang, 2003: Yang, Zhang, Wang *et* Zhu, 2011. Fauna Sinica Insecta 53: 1120.

分布（Distribution）：北京（BJ）

（708）马距隐脉长足虻 *Asyndetus calcaratus* Becker, 1922

Asyndetus calcaratus Becker, 1922. Capita Zool. 1 (4): 84. **Type locality:** China (Taiwan: Anping).

Asyndetus calcaratus Becker, 1922: Yang, Zhang, Wang *et* Zhu, 2011. Fauna Sinica Insecta 53: 1122.

分布（Distribution）：台湾（TW）

（709）广西隐脉长足虻 *Asyndetus guangxiensis* Zhang *et* Yang, 2003

Asyndetus guangxiensis Zhang *et* Yang, 2003. Ann. Soc. Ent. Fr. 39 (4): 357. **Type locality:** China (Guangxi: Tiane).

Asyndetus guangxiensis Zhang *et* Yang, 2003: Yang, Zhang, Wang *et* Zhu, 2011. Fauna Sinica Insecta 53: 1122.

分布（Distribution）：广西（GX）

（710）宽额隐脉长足虻 *Asyndetus latifrons* (Loew, 1857)

Diaphorus latifrons Loew, 1857. Progr. K. Realsch. Meseritz 1857: 46. **Type locality:** Poland ("Schlesien").

Asyndetus latifrons (Loew): Negrobov, 1991. Cat. Palaearct. Dipt. 7: 76.

Asyndetus latifrons (Loew, 1857): Yang, Zhang, Wang *et* Zhu, 2011. Fauna Sinica Insecta 53: 1124.

分布（Distribution）：河南（HEN）、台湾（TW）；比利时、法国、奥地利、意大利、荷兰、匈牙利、前捷克斯洛伐克、波兰、德国、罗马尼亚、西班牙、俄罗斯、巴基斯坦、印度、孟加拉国、泰国、菲律宾

（711）李氏隐脉长足虻 *Asyndetus lii* Wang *et* Yang, 2005

Asyndetus lii Wang *et* Yang, 2005. Zootaxa 892: 3. **Type locality:** China (Xinjiang: Yanqi).

Asyndetus lii Wang *et* Yang, 2005: Yang, Zhang, Wang *et* Zhu,

2011. Fauna Sinica Insecta 53: 1125.
分布（Distribution）：新疆（XJ）

（712）长角隐脉长足虻 *Asyndetus longicornis* Negrobov, 1973

Asyndetus longicornis Negrobov, 1973. Beitr. Ent. 23 (1-4): 160. **Type locality:** Mongolia ("Südgobi aimak").
Asyndetus longicornis Negrobov, 1973: Yang, Zhang, Wang *et* Zhu, 2011. Fauna Sinica Insecta 53: 1126.
分布（Distribution）：内蒙古（NM）、宁夏（NX）；匈牙利、蒙古国

（713）变换隐脉长足虻 *Asyndetus mutatus* Becker, 1922

Asyndetus mutatus Becker, 1922. Capita Zool. 1 (4): 84. **Type locality:** China (Taiwan: Tainan).
Asyndetus mutatus Becker, 1922: Yang, Zhang, Wang *et* Zhu, 2011. Fauna Sinica Insecta 53: 1128.
分布（Distribution）：台湾（TW）

（714）缺爪隐脉长足虻 *Asyndetus perpulvillatus* Parent, 1926

Asyndetus perpulvillatus Parent, 1926. Encycl. Ent. (B II) Dipt. 3: 126. **Type locality:** China (Shanghai: "Zi-Ka-Wei").
Asyndetus perpulvillatus Parent, 1926: Yang, Zhang, Wang *et* Zhu, 2011. Fauna Sinica Insecta 53: 1128.
分布（Distribution）：北京（BJ）、上海（SH）、福建（FJ）

（715）泰国隐脉长足虻 *Asyndetus thaicus* Grootaert *et* Meuffels, 2002

Asyndetus thaicus Grootaert *et* Meuffels, 2002. Nat. Hist. J. Chulalongkorn Univ. 2 (2): 42. **Type locality:** Thailand (Rayong).
Asyndetus thaicus Grootaert *et* Meuffels, 2002: Yang, Zhang, Wang *et* Zhu, 2011. Fauna Sinica Insecta 53: 1130.
分布（Distribution）：云南（YN）；泰国

（716）腹鬃隐脉长足虻 *Asyndetus ventralis* Wang, Yang *et* Masunaga, 2007

Asyndetus ventralis Wang, Yang *et* Masunaga, 2007. Ent. News 118 (2): 151. **Type locality:** China (Yunnan: Xishuangbanna).
Asyndetus ventralis Wang, Yang *et* Masunaga, 2007: Yang, Zhang, Wang *et* Zhu, 2011. Fauna Sinica Insecta 53: 1132.
分布（Distribution）：云南（YN）

（717）乌苏隐脉长足虻 *Asyndetus wusuensis* Wang *et* Yang, 2005

Asyndetus wusuensis Wang *et* Yang, 2005. Zootaxa 892: 4. **Type locality:** China (Xinjiang: Wusu).
Asyndetus wusuensis Wang *et* Yang, 2005: Yang, Zhang, Wang *et* Zhu, 2011. Fauna Sinica Insecta 53: 1133.
分布（Distribution）：新疆（XJ）

（718）新疆隐脉长足虻 *Asyndetus xinjiangensis* Wang *et* Yang, 2005

Asyndetus xinjiangensis Wang *et* Yang, 2005. Zootaxa 892: 6. **Type locality:** China (Xinjiang: Kashi).
Asyndetus xinjiangensis Wang *et* Yang, 2005: Yang, Zhang, Wang *et* Zhu, 2011. Fauna Sinica Insecta 53: 1135.
分布（Distribution）：新疆（XJ）

44. 小异长足虻属 *Chrysotus* Meigen, 1824

Chrysotus Meigen, 1824. Syst. Beschr. 4: 40. **Type species:** *Musca nigripes* Fabricius, 1794 (designation by Westwood, 1940).
Lyroneurus Loew, 1857. Wien. Entomol. Monatschr. 1: 38. **Type species:** *Lyroneurus coerulescens* Loew, 1857 (designation by Coquillett, 1910).

（719）勤勉小异长足虻 *Chrysotus adsiduus* Becker, 1922

Chrysotus adsiduus Becker, 1922. Capita Zool. 1 (4): 89. **Type locality:** China (Taiwan: Taihoku); Papua New Guinea (Huon-Golf); Australia (New South Wales).
Chrysotus adsiduus Becker, 1922: Yang, Zhang, Wang *et* Zhu, 2011. Fauna Sinica Insecta 53: 1139.
分布（Distribution）：台湾（TW）；印度尼西亚、巴布亚新几内亚、澳大利亚

（720）联小异长足虻 *Chrysotus adunatus* Wei *et* Zhang, 2010

Chrysotus adunatus Wei *et* Zhang, 2010. Zootaxa 2683: 5. **Type locality:** China (Guizhou: Anshun).
分布（Distribution）：贵州（GZ）

（721）田园小异长足虻 *Chrysotus agraulus* Wei *et* Zhang, 2010

Chrysotus agraulus Wei *et* Zhang, 2010. Zootaxa 2683: 6. **Type locality:** China (Guizhou: Anshun).
分布（Distribution）：贵州（GZ）

（722）空茎小异长足虻 *Chrysotus altavaginas* Liu, Wang *et* Yang, 2013

Chrysotus altavaginas Liu, Wang *et* Yang, 2013. Zootaxa 3717 (2): 170. **Type locality:** China (Tibet: Gadinggou).
分布（Distribution）：西藏（XZ）

（723）狭突小异长足虻 *Chrysotus angustus* Wei, 2012

Chrysotus angustus Wei, 2012. Orient. Ins. 46 (1): 32. **Type locality:** China (Guizhou: Huangguoshu).
分布（Distribution）：贵州（GZ）

（724）安顺小异长足虻 *Chrysotus anshunus* Wei *et* Zhang, 2010

Chrysotus anshunus Wei *et* Zhang, 2010. Zootaxa 2683: 7.

Type locality: China (Guizhou: Anshun).
分布（Distribution）： 贵州（GZ）

（725）端锐小异长足虻 *Chrysotus apicicaudatus* Wei *et* Zhang, 2010

Chrysotus apicicaudatus Wei *et* Zhang, 2010. Zootaxa 2683: 8. **Type locality:** China (Guizhou: Dashahe).
分布（Distribution）： 贵州（GZ）

（726）北京小异长足虻 *Chrysotus beijingensis* Wang *et* Yang, 2006

Chrysotus beijingensis Wang *et* Yang, 2006. Dtsch. Ent. Z. 53 (2): 250. **Type locality:** China (Beijing: Xiangshan).
Chrysotus beijingensis Wang *et* Yang, 2006: Yang, Zhang, Wang *et* Zhu, 2011. Fauna Sinica Insecta 53: 1139.
分布（Distribution）： 北京（BJ）

（727）双叉小异长足虻 *Chrysotus bifurcatus* Wang *et* Yang, 2008

Chrysotus bifurcatus Wang *et* Yang, 2008. Ent. Fenn. 19 (4): 234. **Type locality:** China (Gansu: Wenxian; Guizhou: Huaxi).
Chrysotus bifurcatus Wang *et* Yang, 2008: Yang, Zhang, Wang *et* Zhu, 2011. Fauna Sinica Insecta 53: 1140.
分布（Distribution）： 甘肃（GS）、贵州（GZ）

（728）双突小异长足虻 *Chrysotus biprojicienus* Wei *et* Zhang, 2010

Chrysotus biprojicienus Wei *et* Zhang, 2010. Zootaxa 2683: 10. **Type locality:** China (Guizhou: Mt. Yuntaishan).
分布（Distribution）： 贵州（GZ）

（729）短须小异长足虻 *Chrysotus brevicercus* Wang *et* Yang, 2008

Chrysotus brevicercus Wang *et* Yang, 2008. Ent. Fenn. 19 (4): 235. **Type locality:** China (Henan: Songxian, Neixiang and Luanchuan; Shandong: Mouping and Kunyushan).
Chrysotus brevicercus Wang *et* Yang, 2008: Yang, Zhang, Wang *et* Zhu, 2011. Fauna Sinica Insecta 53: 1142.
分布（Distribution）： 山东（SD）、河南（HEN）

（730）中华小异长足虻 *Chrysotus chinensis* Wiedemann, 1830

Chrysotus chinensis Wiedemann, 1830. Aussereur. Zweifl. Ins. 2: 212. **Type locality:** China.
Chrysotus chinensis Wiedemann, 1830: Yang, Zhang, Wang *et* Zhu, 2011. Fauna Sinica Insecta 53: 1144.
分布（Distribution）： 上海（SH）

（731）密毛小异长足虻 *Chrysotus cilipes* Meigen, 1824

Chrysotus cilipes Meigen, 1824. Syst. Beschr. 4: 41. **Type locality:** Germany (Hamburg).
Chrysotus subfemoratus Frey, 1940. Ark. Zool. 31A (20): 10. **Type locality:** Madeira (Rabacal: Caramnjo).
Chrysotus callidus Parent, 1944. Rev. Fr. Ent. 10 (4): 124. **Type locality:** China.
Chrysotus cilipes Meigen, 1824: Yang, Zhang, Wang *et* Zhu, 2011. Fauna Sinica Insecta 53: 1144.
分布（Distribution）： 吉林（JL）、内蒙古（NM）、河北（HEB）、天津（TJ）、山西（SX）、山东（SD）、宁夏（NX）；刚果（金）、爱尔兰、英国、瑞典、芬兰、瑞士、法国、比利时、荷兰、奥地利、丹麦、德国、卢森堡、意大利、西班牙、匈牙利、罗马尼亚、捷克、斯洛伐克、波兰、罗马尼亚、立陶宛、前南斯拉夫、爱沙尼亚、俄罗斯、蒙古国、朝鲜

（732）颓唐小异长足虻 *Chrysotus degener* Frey, 1917

Chrysotus degener Frey, 1917. Öfvers. Finska Vetensksoc. Förh. 59A (20): 11. **Type locality:** Sri Lanka (Anuradhapura).
Chrysotus degener Frey, 1917: Yang, Zhang, Wang *et* Zhu, 2011. Fauna Sinica Insecta 53: 1145.
分布（Distribution）： 北京（BJ）、河南（HEN）、云南（YN）、台湾（TW）、广西（GX）；缅甸、斯里兰卡、巴基斯坦、印度、俄罗斯

（733）明辨小异长足虻 *Chrysotus discretus* Becker, 1922

Chrysotus discretus Becker, 1922. Capita Zool. 1 (4): 89. **Type locality:** India (Mundali: Jaunsa Division, Dehra Dun District, W Himalayas, and environs of Calcutta).
Chrysotus discretus Becker, 1922: Yang, Zhang, Wang *et* Zhu, 2011. Fauna Sinica Insecta 53: 1146.
分布（Distribution）： 台湾（TW）；缅甸、印度、尼泊尔

（734）峨眉小异长足虻 *Chrysotus emeiensis* Wang *et* Yang, 2008

Chrysotus emeiensis Wang *et* Yang, 2008. Classification and distribution of insects in China: 23. **Type locality:** China (Sichuan: Emei Mountain).
Chrysotus emeiensis Wang *et* Yang, 2008: Yang, Zhang, Wang *et* Zhu, 2011. Fauna Sinica Insecta 53: 1146.
分布（Distribution）： 四川（SC）

（735）吕宋小异长足虻 *Chrysotus excretus* Becker, 1922

Chrysotus excretus Becker, 1922. Capita Zool. 1 (4): 87. **Type locality:** China (Taiwan: Taihoku, Suis Haryo, and Tainan); Papua New Guinea (Simbang).
Chrysotus excretus Becker, 1922: Yang, Zhang, Wang *et* Zhu, 2011. Fauna Sinica Insecta 53: 1147.
分布（Distribution）： 台湾（TW）；菲律宾、巴布亚新几内亚、印度尼西亚

（736）梵净山小异长足虻 *Chrysotus fanjingshanus* Wei *et* Zhang, 2010

Chrysotus fanjingshanus Wei *et* Zhang, 2010. Zootaxa 2683:

12. **Type locality:** China (Guizhou: Fanjingshan).
分布（Distribution）：贵州（GZ）

（737）黄腿小异长足虻 *Chrysotus femoratus* Zetterstedt, 1843

Chrysotus femoratus Zetterstedt, 1843. Dipt. Scand. 2: 483. **Type locality:** Denmark (Amager).
Chrysotus licenti Parent, 1944. Rev. Fr. Ent. 10 (4): 125. **Type locality:** China (Tcheuly: Tielingssen, Tongling, Tcheufang-keou).
Chrysotus femoratus Zetterstedt, 1843: Yang, Zhang, Wang *et* Zhu, 2011. Fauna Sinica Insecta 53: 1148.
分布（Distribution）：吉林（JL）、河北（HEB）、山西（SX）；英国、爱尔兰、瑞典、瑞士、芬兰、法国、比利时、德国、丹麦、挪威、荷兰、奥地利、意大利、希腊、捷克、斯洛伐克、匈牙利、罗马尼亚、爱沙尼亚、波兰、俄罗斯、拉脱维亚、蒙古国

（738）黄足小异长足虻 *Chrysotus flavipedus* Wei, 2012

Chrysotus flavipedus Wei, 2012. Orient. Ins. 46 (1): 34. **Type locality:** China (Guizhou: Huangguoshu).
分布（Distribution）：贵州（GZ）

（739）福建小异长足虻 *Chrysotus fujianensis* Wang *et* Yang, 2008

Chrysotus fujianensis Wang *et* Yang, 2008. Classification and distribution of insects in China: 24. **Type locality:** China (Fujian: Chong'an).
Chrysotus fujianensis Wang *et* Yang, 2008: Yang, Zhang, Wang *et* Zhu, 2011. Fauna Sinica Insecta 53: 1148.
分布（Distribution）：福建（FJ）

（740）棕胫小异长足虻 *Chrysotus fuscitibialis* Wei *et* Zhang, 2010

Chrysotus fuscitibialis Wei *et* Zhang, 2010. Zootaxa 2683: 14. **Type locality:** China (Guizhou: Anshun).
分布（Distribution）：贵州（GZ）

（741）尖角小异长足虻 *Chrysotus gramineus* (Fallén, 1823)

Dolichopus gramineus Fallén, 1823. Monogr. Dolichopod. Svec.: 19. **Type locality:** Not given [Sweden].
Dolichopus laesus Fallén, 1823. Monogr. Dolichopod. Svec.: 19.
Diaphorus minimus Meigen, 1830. Syst. Beschr. 6: 360. **Type locality:** Not given.
Chrysotus nigripes Walker, 1849. List Dipt. Brit. Mus. 3: 652.
Chrysotus facialis Gerstäcker, 1864. Stettin. Ent. Ztg. 25: 42. **Type locality:** Germany (Berlin).
Chrysotus microcerus Kowarz, 1874. Verh. Zool.-Bot. Ges. Wien. 24: 469. **Type locality:** "Asch, Warschau, verschiedenen Gegend von Deutschland" [Czechoslovakia; Poland; Germany].
Chrysotus angulicornis Kowarz, 1874. Verh. Zool.-Bot. Ges. Wien. 24 (Abh.): 474.
Chrysotus varians Kowarz, 1874. Verh. Zool.-Bot. Ges. Wien. 24: 471. **Type locality:** Czechoslovakia ("Galizien im Tatra-Gebirge, Asch"); Germany (München).
Chrysotus andorrensis Parent, 1938. Faune Fr. 35: 534. **Type locality:** Andorra.
Chrysotus arvernicus Vaillant *et* Brunhes, 1980. Annls Stat. Biol. Besse-en-Chandesse 14: 362. **Type locality:** France ("Couze Pavin à Besse-en-Chandesse").
Chrysotus gramineus (Fallén): Negrobov, 1991. Cat. Palaearct. Dipt. 7: 72.
Chrysotus gramineus (Fallén, 1823): Yang, Zhang, Wang *et* Zhu, 2011. Fauna Sinica Insecta 53: 1150.
分布（Distribution）：河北（HEB）、山西（SX）、陕西（SN）、甘肃（GS）、贵州（GZ）；瑞典、芬兰、爱尔兰、比利时、英国、法国、保加利亚、德国、丹麦、挪威、前捷克斯洛伐克、波兰、奥地利、匈牙利、荷兰、罗马尼亚、意大利、前南斯拉夫、西班牙、俄罗斯

（742）尊贵小异长足虻 *Chrysotus gratiosus* Becker, 1922

Chrysotus gratiosus Becker, 1922. Capita Zool. 1 (4): 86. **Type locality:** China (Taiwan: Toa Tsui Kutsu); India (Calcutta).
Chrysotus gratiosus Becker, 1922: Yang, Zhang, Wang *et* Zhu, 2011. Fauna Sinica Insecta 53: 1152.
分布（Distribution）：台湾（TW）；印度

（743）关岭小异长足虻 *Chrysotus guanlingus* Wei, 2012

Chrysotus guanlingus Wei, 2012. Orient. Ins. 46 (1): 36. **Type locality:** China (Guizhou: Guanling).
分布（Distribution）：贵州（GZ）

（744）贵州小异长足虻 *Chrysotus guizhouensis* Wang *et* Yang, 2008

Chrysotus guizhouensis Wang *et* Yang, 2008. Classification and distribution of insects in China: 25. **Type locality:** China (Guizhou: Dashahe; Sichuan: Qingchengshan).
Chrysotus guizhouensis Wang *et* Yang, 2008: Yang, Zhang, Wang *et* Zhu, 2011. Fauna Sinica Insecta 53: 1152.
分布（Distribution）：四川（SC）、贵州（GZ）

（745）草生小异长足虻 *Chrysotus herbus* Wei, 2012

Chrysotus herbus Wei, 2012. Orient. Ins. 46 (1): 38. **Type locality:** China (Guizhou: Anshun).
分布（Distribution）：贵州（GZ）

（746）湖北小异长足虻 *Chrysotus hubeiensis* Wang *et* Yang, 2008

Chrysotus hubeiensis Wang *et* Yang, 2008. Classification and

distribution of insects in China: 26. **Type locality:** China (Hubei: Wudangshan; Fujian: Chong'an).
Chrysotus hubeiensis Wang *et* Yang, 2008: Yang, Zhang, Wang *et* Zhu, 2011. Fauna Sinica Insecta 53: 1153.
分布（**Distribution**）：湖北（HB）、福建（FJ）

（747）爪哇小异长足虻 *Chrysotus javanensis* de Meijere, 1916

Chrysotus javanensis de Meijere, 1916. Tijdschr. Ent. 59 (Suppl.): 238. **Type locality:** Indonesia (Java: Gunung Gede).
Chrysotus javanensis de Meijere, 1916: Yang, Zhang, Wang *et* Zhu, 2011. Fauna Sinica Insecta 53: 1155.
分布（**Distribution**）：台湾（TW）；印度尼西亚、斐济

（748）金顶小异长足虻 *Chrysotus jindingensis* Wang *et* Yang, 2008

Chrysotus jindingensis Wang *et* Yang, 2008. Classification and distribution of insects in China: 27. **Type locality:** China (Guizhou: Fajingshan).
Chrysotus jindingensis Wang *et* Yang, 2008: Yang, Zhang, Wang *et* Zhu, 2011. Fauna Sinica Insecta 53: 1155.
分布（**Distribution**）：贵州（GZ）

（749）黑胫小异长足虻 *Chrysotus laesus* (Wiedemann, 1817)

Dolichopus laesus Wiedemann, 1817. Zool. Mag. 1 (1): 75. **Type locality:** Germany (Kiel).
Musca nigripes Fabricius, 1794. Entom. Syst. 4: 341. **Type locality:** France ("Gallia").
Chrysotus amplicornis Zetterstedt, 1849. Dipt. Scand. 8: 3064. **Type locality:** Denmark.
Chrysotus enderleini Parent, 1938. Faune Fr. 35: 539. **Type locality:** Italy ("Italie Septentrionale, bords du lac de Garde").
Chrysotus laesus (Wiedemann): Negrobov, 1991. Cat. Palaearct. Dipt. 7: 73.
Chrysotus laesus (Wiedemann, 1817): Yang, Zhang, Wang *et* Zhu, 2011. Fauna Sinica Insecta 53: 1157.
分布（**Distribution**）：河北（HEB）、北京（BJ）；英国、瑞典、丹麦、芬兰、挪威、法国、荷兰、瑞士、奥地利、德国、比利时、意大利、西班牙、波兰、匈牙利、罗马尼亚、捷克、斯洛伐克、斯洛文尼亚、保加利亚、前南斯拉夫、爱沙尼亚、俄罗斯、乌克兰、哈萨克斯坦

（750）巨须小异长足虻 *Chrysotus largipalpus* Wei, 2012

Chrysotus largipalpus Wei, 2012. Orient. Ins. 46 (1): 39. **Type locality:** China (Guizhou: Ziyun).
分布（**Distribution**）：贵州（GZ）

（751）宽颜小异长足虻 *Chrysotus laxifacialus* Wei *et* Zhang, 2010

Chrysotus laxifacialus Wei *et* Zhang, 2010. Zootaxa 2683: 15. **Type locality:** China (Guizhou: Chishui).
分布（**Distribution**）：贵州（GZ）

（752）刘氏小异长足虻 *Chrysotus liui* Wang *et* Yang, 2008

Chrysotus liui Wang *et* Yang, 2008. Ent. Fenn. 19 (4): 236 [new name for *Chrysotus quadratus* Wang *et* Yang, 2006, preoccupied by Van Duzee, 1915].
Chrysotus quadratus Wang *et* Yang, 2006. Dtsch. Ent. Z. 53 (2): 251. **Type locality:** China (Beijing: Xiangshan).
Chrysotus liui Wang *et* Yang, 2008: Yang, Zhang, Wang *et* Zhu, 2011. Fauna Sinica Insecta 53: 1158.
分布（**Distribution**）：河北（HEB）、北京（BJ）

（753）长角小异长足虻 *Chrysotus longicornus* Wei, 2012

Chrysotus longicornus Wei, 2012. Orient. Ins. 46 (1): 41. **Type locality:** China (Guizhou: Bailidujuan).
分布（**Distribution**）：贵州（GZ）

（754）洛阳小异长足虻 *Chrysotus luoyangensis* Wang *et* Yang, 2008

Chrysotus luoyangensis Wang *et* Yang, 2008. Ent. Fenn. 19 (4): 236. **Type locality:** China (Henan: Luanchuan and Xinyang).
Chrysotus luoyangensis Wang *et* Yang, 2008: Yang, Zhang, Wang *et* Zhu, 2011. Fauna Sinica Insecta 53: 1159.
分布（**Distribution**）：河南（HEN）、甘肃（GS）

（755）吕官屯小异长足虻 *Chrysotus lvguantunus* Wei, 2012

Chrysotus lvguantunus Wei, 2012. Orient. Ins. 46 (1): 43. **Type locality:** China (Guizhou: Lvguantun).
分布（**Distribution**）：贵州（GZ）

（756）锐敏小异长足虻 *Chrysotus mobilis* Becker, 1924

Chrysotus mobilis Becker, 1924. Zool. Meded. 8: 124. **Type locality:** China (Taiwan).
Chrysotus mobilis Becker, 1924: Yang, Zhang, Wang *et* Zhu, 2011. Fauna Sinica Insecta 53: 1161.
分布（**Distribution**）：台湾（TW）

（757）墨脱小异长足虻 *Chrysotus motuoensis* Liu, Wang *et* Yang, 2013

Chrysotus motuoensis Liu, Wang *et* Yang, 2013. Zootaxa 3717 (2): 173. **Type locality:** China (Tibet: Linzhi).
分布（**Distribution**）：西藏（XZ）

（758）纳麦村小异长足虻 *Chrysotus namaicunensis* Liu, Wang *et* Yang, 2013

Chrysotus namaicunensis Liu, Wang *et* Yang, 2013. Zootaxa 3717 (2): 174. **Type locality:** China (Tibet: Linzhi).
分布（**Distribution**）：西藏（XZ）

(759) 南京小异长足虻 *Chrysotus nanjingensis* Wang *et* Yang, 2008

Chrysotus nanjingensis Wang *et* Yang, 2008. Classification and distribution of insects in China: 28. **Type locality:** China (Guizhou: Dashahe; Jiangsu: Nanjing).

Chrysotus nanjingensis Wang *et* Yang, 2008: Yang, Zhang, Wang *et* Zhu, 2011. Fauna Sinica Insecta 53: 1161.

分布（Distribution）：江苏（JS）、贵州（GZ）

(760) 暗小异长足虻 *Chrysotus obscuripes* Zetterstedt, 1838

Chrysotus obscuripes Zetterstedt, 1838. Ins. Lapp.: 705. **Type locality:** Sweden (Lapponica Umensi, Fredrica).

Chrysotus amplicornis Kowarz, 1874. Verh. Zool.-Bot. Ges. Wien. 24: 467.

Chrysotus kowarzi Lundbeck, 1912. Dipt. Danica 4: 217. **Type locality:** Not given.

Chrysotus obscuripes Zetterstedt, 1838: Yang, Zhang, Wang *et* Zhu, 2011. Fauna Sinica Insecta 53: 1163.

分布（Distribution）：甘肃（GS）；爱尔兰、英国、丹麦、挪威、荷兰、芬兰、德国、法国、瑞士、瑞典、奥地利、比利时、捷克、罗马尼亚、爱沙尼亚、俄罗斯、吉尔吉斯斯坦

(761) 浅色小异长足虻 *Chrysotus pallidus* Wei *et* Zhang, 2010

Chrysotus pallidus Wei *et* Zhang, 2010. Zootaxa 2683: 16. **Type locality:** China (Guizhou: Zhenning).

分布（Distribution）：贵州（GZ）

(762) 大角小异长足虻 *Chrysotus parilis* Parent, 1926

Chrysotus parilis Parent, 1926. Encycl. Ent. (B II) Dipt. 3: 129. **Type locality:** China (Shanghai: “Zo-Sé”).

Chrysotus parilis Parent, 1926: Yang, Zhang, Wang *et* Zhu, 2011. Fauna Sinica Insecta 53: 1163.

分布（Distribution）：上海（SH）

(763) 扁鬃小异长足虻 *Chrysotus pennatus* Lichtwardt, 1902

Chrysotus pennatus Lichtwardt, 1902. Természetr. Füz. 25: 197. **Type locality:** Yugoslavia (Novi).

Chrysotus pennatus Lichtwardt, 1902: Yang, Zhang, Wang *et* Zhu, 2011. Fauna Sinica Insecta 53: 1164.

分布（Distribution）：河北（HEB）、北京（BJ）；匈牙利、前南斯拉夫、意大利、俄罗斯

(764) 伪密毛小异长足虻 *Chrysotus pseudocilipes* Hollis, 1964

Chrysotus pseudocilipes Hollis, 1964. Bull. Br. Mus. Nat. Hist. Ent. 15 (4): 99. **Type locality:** Nepal (Sangu: Taplejung).

Chrysotus pseudocilipes Hollis, 1964: Yang, Zhang, Wang *et* Zhu, 2011. Fauna Sinica Insecta 53: 1165.

分布（Distribution）：吉林（JL）、内蒙古（NM）、北京（BJ）、山东（SD）、宁夏（NX）、甘肃（GS）、新疆（XJ）、福建（FJ）；尼泊尔

(765) 短跗小异长足虻 *Chrysotus pulchellus* Kowarz, 1874

Chrysotus pulcelllus Kowarz, 1874. Verh. Zool.-Bot. Ges. Wien. 24: 461. **Type locality:** Austria; Hungary; Germany.

Chrysotus taeniomerus var. b Zetterstedt, 1843. Dipt. Scand. 2: 485.

Chrysotus pulchellus Kowarz, 1874: Yang, Zhang, Wang *et* Zhu, 2011. Fauna Sinica Insecta 53: 1166.

分布（Distribution）：河北（HEB）、北京（BJ）、山西（SX）、陕西（SN）、甘肃（GS）、贵州（GZ）；奥地利、瑞典、芬兰、英国、挪威、荷兰、法国、前捷克斯洛伐克、罗马尼亚、匈牙利、波兰、德国、意大利、西班牙、俄罗斯、蒙古国

(766) 长跗小异长足虻 *Chrysotus pulcher* Parent, 1926

Chrysotus pulcher Parent, 1926. Encycl. Ent. (B II) Dipt. 3: 128. **Type locality:** China (Shanghai: “Zo-Sé”).

Chrysotus pulcher Parent, 1926: Yang, Zhang, Wang *et* Zhu, 2011. Fauna Sinica Insecta 53: 1168.

分布（Distribution）：上海（SH）

(767) 直突小异长足虻 *Chrysotus rectisystylus* Wei, 2012

Chrysotus rectisystylus Wei, 2012. Orient. Ins. 46 (1): 45. **Type locality:** China (Guizhou: Anshun).

分布（Distribution）：贵州（GZ）

(768) 茹氏小异长足虻 *Chrysotus rubzovi* Negrobov *et* Maslova, 1995

Chrysotus rubzovi Negrobov *et* Maslova, 1995. Ent. Obozr. 74 (2): 462. **Type locality:** China (Liaoning).

Chrysotus rubzovi Negrobov *et* Maslova, 1995: Yang, Zhang, Wang *et* Zhu, 2011. Fauna Sinica Insecta 53: 1168.

分布（Distribution）：辽宁（LN）

(769) 齿突小异长足虻 *Chrysotus serratus* Wang *et* Yang, 2006

Chrysotus serratus Wang *et* Yang, 2006. Dtsch. Ent. Z. 53 (2): 253. **Type locality:** China (Beijing: Xiangshan).

Chrysotus serratus Wang *et* Yang, 2006: Yang, Zhang, Wang *et* Zhu, 2011. Fauna Sinica Insecta 53: 1170.

分布（Distribution）：北京（BJ）

(770) 弯边小异长足虻 *Chrysotus sinuolatus* Wang *et* Yang, 2008

Chrysotus sinuolatus Wang *et* Yang, 2008. Ent. Fenn. 19 (4): 237. **Type locality:** China (Qinghai: Menyuan).

Chrysotus sinuolatus Wang *et* Yang, 2008: Yang, Zhang, Wang *et* Zhu, 2011. Fauna Sinica Insecta 53: 1171.
分布（Distribution）：青海（QH）

(771) 裂茎小异长足虻 *Chrysotus suavis* Loew, 1857

Chrysotus suavis Loew, 1857. Progr. K. Realsch. Meseritz 1857: 49. **Type locality:** Germany ("Cöln"; Austria: "Neusiedler See in Ungarn").
Chrysotus suavis Loew, 1857: Yang, Zhang, Wang *et* Zhu, 2011. Fauna Sinica Insecta 53: 1172.
分布（Distribution）：内蒙古（NM）、河北（HEB）、天津（TJ）、北京（BJ）、山西（SX）、新疆（XJ）；芬兰、英国、瑞典、挪威、瑞士、法国、比利时、波兰、荷兰、德国、奥地利、匈牙利、罗马尼亚、意大利、丹麦、希腊、波兰、保加利亚、捷克、斯洛伐克、前南斯拉夫、俄罗斯、亚美尼亚、乌克兰、阿富汗、伊拉克、以色列、土耳其、阿尔及利亚、蒙古国、埃及、刚果（金）

(772) 近关岭小异长足虻 *Chrysotus subguanlingus* Wei, 2012

Chrysotus subguanlingus Wei, 2012. Orient. Ins. 46 (1): 47. **Type locality:** China (Guizhou: Guanling).
分布（Distribution）：贵州（GZ）

(773) 近长角小异长足虻 *Chrysotus sublongicornus* Wei, 2012

Chrysotus sublongicornus Wei, 2012. Orient. Ins. 46 (1): 49. **Type locality:** China (Guizhou: Zhijin).
分布（Distribution）：贵州（GZ）

(774) 西藏小异长足虻 *Chrysotus tibetensis* Liu, Wang *et* Yang, 2013

Chrysotus tibetensis Liu, Wang *et* Yang, 2013. Zootaxa 3717 (2): 176. **Type locality:** China (Tibet: Linzhi).
分布（Distribution）：西藏（XZ）

(775) 梯形小异长足虻 *Chrysotus trapezinus* Wei *et* Zhang, 2010

Chrysotus trapezinus Wei *et* Zhang, 2010. Zootaxa 2683: 18. **Type locality:** China (Guizhou: Zhenning).
分布（Distribution）：贵州（GZ）

(776) 西小异长足虻 *Chrysotus tibetensis* Liu, Wang *et* Yang, 2013

Chrysotus tibetensis Liu, Wang *et* Yang, 2013. Zootaxa 3717 (2): 176. **Type locality:** China (Tibet: Nyingchi).
分布（Distribution）：西藏（XZ）

(777) 小龙门小异长足虻 *Chrysotus xiaolongmensis* Wang *et* Yang, 2006

Chrysotus xiaolongmensis Wang *et* Yang, 2006. Dtsch. Ent. Z. 53 (2): 254. **Type locality:** China (Beijing: Xiaolongmen).
Chrysotus xiaolongmensis Wang *et* Yang, 2006: Yang, Zhang, Wang *et* Zhu, 2011. Fauna Sinica Insecta 53: 1174.
分布（Distribution）：北京（BJ）

(778) 西南小异长足虻 *Chrysotus xinanus* Wei *et* Zhang, 2010

Chrysotus xinanus Wei *et* Zhang, 2010. Zootaxa 2683: 20. **Type locality:** China (Yunnan: Lijing).
分布（Distribution）：四川（SC）、贵州（GZ）、云南（YN）、广西（GX）

(779) 新疆小异长足虻 *Chrysotus xinjiangensis* Wang *et* Yang, 2008

Chrysotus xinjiangensis Wang *et* Yang, 2008. Ent. Fenn. 19 (4): 239. **Type locality:** China (Xinjiang: Urumchi).
Chrysotus xinjiangensis Wang *et* Yang, 2008: Yang, Zhang, Wang *et* Zhu, 2011. Fauna Sinica Insecta 53: 1175.
分布（Distribution）：新疆（XJ）

(780) 张氏小异长足虻 *Chrysotus zhangi* Wang *et* Yang, 2008

Chrysotus zhangi Wang *et* Yang, 2008. Classification and distribution of insects in China: 30. **Type locality:** China (Fujian: Chong'an; Sichuan: Emei Mountain).
Chrysotus zhangi Wang *et* Yang, 2008: Yang, Zhang, Wang *et* Zhu, 2011. Fauna Sinica Insecta 53: 1176.
分布（Distribution）：四川（SC）、福建（FJ）

(781) 朱氏小异长足虻 *Chrysotus zhuae* Wang *et* Yang, 2008

Chrysotus zhuae Wang *et* Yang, 2008. Classification and distribution of insects in China: 31. **Type locality:** China (Guizhou: Dashahe).
Chrysotus zhuae Wang *et* Yang, 2008: Yang, Zhang, Wang *et* Zhu, 2011. Fauna Sinica Insecta 53: 1178.
分布（Distribution）：贵州（GZ）

45. 伪隐脉长足虻属 *Cryptophleps* Lichtwardt, 1898

Cryptophleps Lichtwardt, 1898. Természetr. Füz. 21: 491. **Type species:** *Cryptophleps kerteszii* Lichtwardt, 1898 (monotypy).

(782) 克氏伪隐脉长足虻 *Cryptophleps kerteszi* Lichtwardt, 1898

Cryptophleps kerteszi Lichtwardt, 1898. Természetr. Füz. 21: 491. **Type locality:** Yugoslavia (Serbia: "Deliblat, Hungaria").
Cryptophleps kerteszi Lichtwardt, 1898: Yang, Zhang, Wang *et* Zhu, 2011. Fauna Sinica Insecta 53: 1179.
分布（Distribution）：云南（YN）；匈牙利、前捷克斯洛伐克、俄罗斯

46. 异长足虻属 *Diaphorus* Meigen, 1824

Diaphorus Meigen, 1824. Syst. Beschr. 4: 32. **Type species:** *Diaphorus flavocinctus* Meigen, 1824 [= *Dolichopus oculatus* Fallén, 1823] (designation by Westwood, 1840).
Brachypus Meigen, 1824. Syst. Beschr. 4: 34 (when quoting *Brachypus coeruleocephalus*, a manuscript name of Megerle).
Diaphora Macquart, 1834. Hist. Nat. Ins. Dipt 1: 447. **Type species:** *Diaphorus hoffmannseggi* Meigen, 1830 [misid, = *oculatus* (Fallén), 1823] (original designation).
Munroiana Curran, 1924. Ann. Transv. Mus. 10: 229. **Type species:** *Diaphorus brunneus* Loew, 1858 (original designation).

(783)斑翅异长足虻 *Diaphorus alamaculatus* Yang *et* Grootaert, 1999

Diaphorus alamaculatus Yang *et* Grootaert, 1999. Bull. Inst. R. Sci. Nat. Belg. Ent. 69: 222. **Type locality:** China (Yunnan: Xishuangbanna, Mengyang).
Diaphorus alamaculatus Yang *et* Grootaert, 1999: Yang, Zhang, Wang *et* Zhu, 2011. Fauna Sinica Insecta 53: 1183.
分布（Distribution）：云南（YN）

（784）全爪异长足虻 *Diaphorus anatoli* Negrobov, 1986

Diaphorus anatoli Negrobov, 1986. Biol. Nauki 1986 (10): 37. **Type locality:** Russia (Amur).
Diaphorus anatoli Negrobov, 1986: Yang, Zhang, Wang *et* Zhu, 2011. Fauna Sinica Insecta 53: 1184.
分布（Distribution）：河北（HEB）、北京（BJ）、河南（HEN）、宁夏（NX）；俄罗斯（远东地区）

（785）黑端异长足虻 *Diaphorus apiciniger* Yang *et* Saigusa, 2001

Diaphorus apiciniger Yang *et* Saigusa, 2001. Stud. Dipt. 8 (2): 513. **Type locality:** China (Yunnan: Luchun).
Diaphorus apiciniger Yang *et* Saigusa, 2001: Yang, Zhang, Wang *et* Zhu, 2011. Fauna Sinica Insecta 53: 1186.
分布（Distribution）：云南（YN）

（786）相称异长足虻 *Diaphorus aptatus* Becker, 1922

Diaphorus aptatus Becker, 1922. Capita Zool. 1 (4): 73. **Type locality:** China (Taiwan: Kankau, Koshun); India (Calcutta).
Diaphorus aptatus Becker, 1922: Yang, Zhang, Wang *et* Zhu, 2011. Fauna Sinica Insecta 53: 1188.
分布（Distribution）：台湾（TW）；印度、菲律宾、老挝

（787）基黑异长足虻 *Diaphorus basiniger* Yang *et* Grootaert, 1999

Diaphorus basiniger Yang *et* Grootaert, 1999. Bull. Inst. R. Sci. Nat. Belg. Ent. 69: 223. **Type locality:** China (Hebei: Weixian).
Diaphorus basiniger Yang *et* Grootaert, 1999: Yang, Zhang, Wang *et* Zhu, 2011. Fauna Sinica Insecta 53: 1188.
分布（Distribution）：河北（HEB）

（788）双突异长足虻 *Diaphorus biprojicientis* Wei *et* Song, 2005

Diaphorus biprojicientis Wei *et* Song, 2005. Insects from Xishui Landscape: 431. **Type locality:** China (Guizhou: Xishui).
Diaphorus biprojicientis Wei *et* Song, 2005: Yang, Zhang, Wang *et* Zhu, 2011. Fauna Sinica Insecta 53: 1190.
分布（Distribution）：贵州（GZ）

（789）双鬃异长足虻 *Diaphorus bisetus* Yang *et* Grootaert, 1999

Diaphorus bisetus Yang *et* Grootaert, 1999. Bull. Inst. R. Sci. Nat. Belg. Ent. 69: 224. **Type locality:** China (Yunnan: Xishuangbanna, Menglun).
Diaphorus bisetus Yang *et* Grootaert, 1999: Yang, Zhang, Wang *et* Zhu, 2011. Fauna Sinica Insecta 53: 1191.
分布（Distribution）：云南（YN）

（790）中黄异长足虻 *Diaphorus centriflavus* Yang *et* Grootaert, 1999

Diaphorus centriflavus Yang *et* Grootaert, 1999. Bull. Inst. R. Sci. Nat. Belg. Ent. 69: 224. **Type locality:** China (Yunnan: Xishuangbanna, Mengyang).
Diaphorus centriflavus Yang *et* Grootaert, 1999: Yang, Zhang, Wang *et* Zhu, 2011. Fauna Sinica Insecta 53: 1192.
分布（Distribution）：云南（YN）

（791）毛异长足虻 *Diaphorus comiumus* Wei *et* Song, 2005

Diaphorus comiumus Wei *et* Song, 2005. Insects from Xishui Landscape: 433. **Type locality:** China (Guizhou: Xishui).
Diaphorus comiumus Wei *et* Song, 2005: Yang, Zhang, Wang *et* Zhu, 2011. Fauna Sinica Insecta 53: 1193.
分布（Distribution）：贵州（GZ）

（792）相宜异长足虻 *Diaphorus condignus* Becker, 1922

Diaphorus condignus Becker, 1922. Capita Zool. 1 (4): 74. **Type locality:** China (Taiwan: Toa Tsui Kutsu).
Diaphorus condignus Becker, 1922: Yang, Zhang, Wang *et* Zhu, 2011. Fauna Sinica Insecta 53: 1194.
分布（Distribution）：台湾（TW）

（793）连异长足虻 *Diaphorus connexus* Wei *et* Song, 2005

Diaphorus connexus Wei *et* Song, 2005. Insects from Xishui Landscape: 434. **Type locality:** China (Guizhou: Xishui).
Diaphorus connexus Wei *et* Song, 2005: Yang, Zhang, Wang *et* Zhu, 2011. Fauna Sinica Insecta 53: 1195.
分布（Distribution）：贵州（GZ）

（794）齿异长足虻 *Diaphorus denticulatus* Wei *et* Song, 2006

Diaphorus denticulatus Wei *et* Song, 2006. Insects from Chishui spinulose tree fern landscape: 335. **Type locality:** China (Guizhou: Chishui).

Diaphorus denticulatus Wei *et* Song, 2006: Yang, Zhang, Wang *et* Zhu, 2011. Fauna Sinica Insecta 53: 1195.

分布（**Distribution**）：贵州（GZ）

（795）房异长足虻 *Diaphorus dioicus* Wei *et* Song, 2006

Diaphorus dioicus Wei *et* Song, 2006. Insects from Chishui spinulose tree fern landscape: 336. **Type locality:** China (Guizhou: Chishui).

Diaphorus dioicus Wei *et* Song, 2006: Yang, Zhang, Wang *et* Zhu, 2011. Fauna Sinica Insecta 53: 1196.

分布（**Distribution**）：贵州（GZ）

（796）长须异长足虻 *Diaphorus elongatus* Yang *et* Grootaert, 1999

Diaphorus elongatus Yang *et* Grootaert, 1999. Bull. Inst. R. Sci. Nat. Belg. Ent. 69: 225. **Type locality:** China (Xinjiang: Manas).

Diaphorus elongatus Yang *et* Grootaert, 1999: Yang, Zhang, Wang *et* Zhu, 2011. Fauna Sinica Insecta 53: 1197.

分布（**Distribution**）：新疆（XJ）

（797）广东异长足虻 *Diaphorus guangdongensis* Wang, Yang *et* Grootaert, 2006

Diaphorus guangdongensis Wang, Yang *et* Grootaert, 2006. Zootaxa 1166: 5. **Type locality:** China (Guangdong: Fugang).

Diaphorus guangdongensis Wang, Yang *et* Grootaert, 2006: Yang, Zhang, Wang *et* Zhu, 2011. Fauna Sinica Insecta 53: 1199.

分布（**Distribution**）：广东（GD）

（798）海南异长足虻 *Diaphorus hainanensis* Yang *et* Saigusa, 2001

Diaphorus hainanensis Yang *et* Saigusa, 2001. Bull. Inst. R. Sci. Nat. Belg. Ent. 71: 161. **Type locality:** China (Hainan: Xinglong).

Diaphorus hainanensis Yang *et* Saigusa, 2001: Yang, Zhang, Wang *et* Zhu, 2011. Fauna Sinica Insecta 53: 1200.

分布（**Distribution**）：海南（HI）

（799）河北异长足虻 *Diaphorus hebeiensis* Yang *et* Grootaert, 1999

Diaphorus hebeiensis Yang *et* Grootaert, 1999. Bull. Inst. R. Sci. Nat. Belg. Ent. 69: 226. **Type locality:** China (Hebei: Weixian).

Diaphorus hebeiensis Yang *et* Grootaert, 1999: Yang, Zhang, Wang *et* Zhu, 2011. Fauna Sinica Insecta 53: 1202.

分布（**Distribution**）：河北（HEB）

（800）河南异长足虻 *Diaphorus henanensis* Yang *et* Saigusa, 1999

Diaphorus henanensis Yang *et* Saigusa, 1999. Insects of the Mountains Funiu and Dabie regions: 203. **Type locality:** China (Henan: Luoshan, Lingshan).

Diaphorus henanensis Yang *et* Saigusa, 1999: Yang, Zhang, Wang *et* Zhu, 2011. Fauna Sinica Insecta 53: 1203.

分布（**Distribution**）：河南（HEN）

（801）积极异长足虻 *Diaphorus impiger* Becker, 1922

Diaphorus impiger Becker, 1922. Capita Zool. 1 (4): 73. **Type locality:** China (Taiwan: Toa Tsui Kutsu).

Diaphorus impiger Becker, 1922: Yang, Zhang, Wang *et* Zhu, 2011. Fauna Sinica Insecta 53: 1204.

分布（**Distribution**）：台湾（TW）

（802）专一异长足虻 *Diaphorus incumbens* (Becker, 1924)

Chrysotus incumbens Becker, 1924. Zool. Meded. 8: 123. **Type locality:** China (Taiwan: Maruijanma).

Diaphorus incumbens (Becker): Negrobov, Maslova *et* Selivanova, 2007. Russ. Ent. J. 16 (1): 243.

Diaphorus incumbens (Becker, 1924): Yang, Zhang, Wang *et* Zhu, 2011. Fauna Sinica Insecta 53: 1205.

分布（**Distribution**）：台湾（TW）

（803）无玷异长足虻 *Diaphorus intactus* Becker, 1922

Diaphorus intactus Becker, 1922. Capita Zool. 1 (4): 73. **Type locality:** China (Taiwan: Tainan); Indonesia (Java: Sakabami); Australia (New South Wales: Springwood).

Diaphorus intactus Becker, 1922: Yang, Zhang, Wang *et* Zhu, 2011. Fauna Sinica Insecta 53: 1205.

分布（**Distribution**）：台湾（TW）；菲律宾、印度尼西亚、澳大利亚

（804）景洪异长足虻 *Diaphorus jinghongensis* Wang, Yang *et* Grootaert, 2006

Diaphorus jinghongensis Wang, Yang *et* Grootaert, 2006. Zootaxa 1166: 8. **Type locality:** China (Yunnan: Xishuangbanna, Jinghong).

Diaphorus jinghongensis Wang, Yang *et* Grootaert, 2006: Yang, Zhang, Wang *et* Zhu, 2011. Fauna Sinica Insecta 53: 1205.

分布（**Distribution**）：云南（YN）

（805）金平异长足虻 *Diaphorus jingpingensis* Yang *et* Saigusa, 2001

Diaphorus jingpingensis Yang *et* Saigusa, 2001. Stud. Dipt. 8 (2): 514. **Type locality:** China (Yunnan: Jingping).

Diaphorus jingpingensis Yang *et* Saigusa, 2001: Yang, Zhang, Wang *et* Zhu, 2011. Fauna Sinica Insecta 53: 1207.

分布（Distribution）：云南（YN）

（806）理氏异长足虻 *Diaphorus lichtwardti* Parent, 1925

Diaphorus lichtwardti Parent, 1925. Ann. Soc. Sci. Brux. (B) 44: 265. **Type locality:** China (Jiangxi: "Kou-ling, Kiu-Kiang, Po-Yang").

Diaphorus lichtwardti Parent, 1925: Yang, Zhang, Wang *et* Zhu, 2011. Fauna Sinica Insecta 53: 1208.

分布（Distribution）：上海（SH）、江西（JX）、四川（SC）

（807）蓝腹异长足虻 *Diaphorus lividiventris* (Becker, 1924)

Chrysotus lividiventris Becker, 1924. Zool. Meded. 8: 123. **Type locality:** China (Taiwan: Chosokei and Kankau).

Diaphorus lividiventris (Becker): Negrobov, Maslova *et* Selivanova, 2007. Russ. Ent. J. 16 (1): 244.

Diaphorus lividiventris (Becker, 1924): Yang, Zhang, Wang *et* Zhu, 2011. Fauna Sinica Insecta 53: 1209.

分布（Distribution）：台湾（TW）

（808）黄腰异长足虻 *Diaphorus lividus* Parent, 1941

Diaphorus lividus Parent, 1941. Ann. Mag. Nat. Hist. (11) 7: 216. **Type locality:** China (Taiwan: Taihorin).

Diaphorus lividus Parent, 1941: Yang, Zhang, Wang *et* Zhu, 2011. Fauna Sinica Insecta 53: 1210.

分布（Distribution）：台湾（TW）

（809）长鬃异长足虻 *Diaphorus longiseta* Wang, Yang *et* Grootaert, 2006

Diaphorus longiseta Wang, Yang *et* Grootaert, 2006. Zootaxa 1166: 10. **Type locality:** China (Yunnan: Xishuangbanna, Jinghong).

Diaphorus longiseta Wang, Yang *et* Grootaert, 2006: Yang, Zhang, Wang *et* Zhu, 2011. Fauna Sinica Insecta 53: 1210.

分布（Distribution）：云南（YN）

（810）黄腿异长足虻 *Diaphorus luteipes* Parent, 1925

Diaphorus luteipes Parent, 1925. Ann. Soc. Sci. Brux. (B) 44: 268. **Type locality:** China (Shanghai: "Zi-Ka-Wei").

Diaphorus luteipes Parent, 1925: Yang, Zhang, Wang *et* Zhu, 2011. Fauna Sinica Insecta 53: 1211.

分布（Distribution）：上海（SH）、云南（YN）

（811）基黄异长足虻 *Diaphorus mandarinus* Wiedemann, 1830

Diaphorus mandarinus Wiedemann, 1830. Aussereur. Zweifl. Ins. 2: 212. **Type locality:** China.

Diaphora aeneus Doleschall, 1856. Natuurk. Tijdschr. Ned.-Indië 10: 409. **Type locality:** Indonesia (Java).

Diaphorus mandarinus Wiedemann, 1830: Yang, Zhang, Wang *et* Zhu, 2011. Fauna Sinica Insecta 53: 1213.

分布（Distribution）：浙江（ZJ）、云南（YN）、福建（FJ）、台湾（TW）、广东（GD）、海南（HI）；缅甸、巴基斯坦、印度、尼泊尔、菲律宾、印度尼西亚

（812）勐仑异长足虻 *Diaphorus menglunanus* Yang *et* Grootaert, 1999

Diaphorus menglunanus Yang *et* Grootaert, 1999. Bull. Inst. R. Sci. Nat. Belg. Ent. 69: 227. **Type locality:** China (Yunnan: Xishuangbanna, Menglun).

Diaphorus menglunanus Yang *et* Grootaert, 1999: Yang Zhang, Wang *et* Zhu, 2011. Fauna Sinica Insecta 53: 1214.

分布（Distribution）：云南（YN）

（813）勐养异长足虻 *Diaphorus mengyanganus* Yang *et* Grootaert, 1999

Diaphorus mengyanganus Yang *et* Grootaert, 1999. Bull. Inst. R. Sci. Nat. Belg. Ent. 69: 228. **Type locality:** China (Yunnan: Xishuangbanna, Mengyang).

Diaphorus mengyanganus Yang *et* Grootaert, 1999: Yang, Zhang, Wang *et* Zhu, 2011. Fauna Sinica Insecta 53: 1216.

分布（Distribution）：云南（YN）

（814）小型异长足虻 *Diaphorus minor* de Meijere, 1916

Diaphorus minor de Meijere, 1916. Tijdschr. Ent. 59 (Suppl.): 241. **Type locality:** Indonesia (Java: Semarang).

Diaphorus minor de Meijere, 1916: Yang, Zhang, Wang *et* Zhu, 2011. Fauna Sinica Insecta 53: 1217.

分布（Distribution）：台湾（TW）；印度、巴布亚新几内亚、印度尼西亚、澳大利亚

（815）南坪异长足虻 *Diaphorus nanpingensis* Yang *et* Saigusa, 2001

Diaphorus nanpingensis Yang *et* Saigusa, 2001. Bull. Inst. R. Sci. Nat. Belg. Ent. 71: 162. **Type locality:** China (Sichuan: Nanping).

Diaphorus nanpingensis Yang *et* Saigusa, 2001: Yang, Zhang, Wang *et* Zhu, 2011. Fauna Sinica Insecta 53: 1218.

分布（Distribution）：陕西（SN）、四川（SC）

（816）黑色异长足虻 *Diaphorus nigricans* Meigen, 1824

Diaphorus nigricans Meigen, 1824. Syst. Beschr. 4: 33. **Type locality:** Germany.

Diaphorus obscurellus Zetterstedt, 1838. Ins. Lapp.: 706. **Type locality:** Sweden (Lapponia: Umensis, Almsele, Ostrogothia, Laeketorp).

Chrysotus obscuripes Zetterstedt, 1843. Dipt. Scand. 2: 487.

Diaphorus opacus Loew, 1861. Progr. K. Realsch. Meseritz 1861: 56. **Type locality:** USA (New York).

Diaphorus sokolovi Stackelberg, 1928. Russ. Ent. Obozr. 22 (1-2): 73. **Type locality:** Russia ("Siberia orientalis: prov. Transbaikalica, flumen Antipicha, prov. oppidum Tshita; prov.

Litoralis distr. Sutshanicus; Sedanka, distr. Vladivostok").
Diaphorus nigricans Meigen, 1824: Yang, Zhang, Wang *et* Zhu, 2011. Fauna Sinica Insecta 53: 1219.
分布（Distribution）：河南（HEN）、浙江（ZJ）、四川（SC）、贵州（GZ）、云南（YN）；瑞典、芬兰、爱尔兰、英国、丹麦、挪威、荷兰、波兰、德国、奥地利、匈牙利、比利时、希腊、捷克、罗马尼亚、奥地利、西班牙、法国、瑞士、意大利、俄罗斯、美国、多米尼加、墨西哥、巴西、阿根廷

（817）黄足异长足虻 *Diaphorus ochripes* Becker, 1922

Diaphorus ochripes Becker, 1924. Zool. Meded. 8: 122. **Type locality:** China (Taiwan: Kankau).
Diaphorus luteipennis Parent, 1927. Congr. Soc. Sav. Paris 1926: 474; Parent, 1928. Ann. Soc. Sci. Brux. (B) 48: 80. **Type locality:** India (Trichinopoly).
Diaphorus plumatus Parent, 1935. Ann. Mag. Nat. Hist. (10) 15: 438. **Type locality:** Malaysia (Bettotan: nr Sandakan, N Borneo).
Diaphorus ochripes Becker, 1922: Yang, Zhang, Wang *et* Zhu, 2011. Fauna Sinica Insecta 53: 1221.
分布（Distribution）：台湾（TW）；印度、菲律宾、马来西亚、印度尼西亚

（818）狂暴异长足虻 *Diaphorus protervus* Becker, 1922

Diaphorus protervus Becker, 1922. Capita Zool. 1 (4): 76. **Type locality:** China (Taiwan: Tainan and Toa Tsui Kutsu); India (Calcutta).
Diaphorus protervus Becker, 1922: Yang, Zhang, Wang *et* Zhu, 2011. Fauna Sinica Insecta 53: 1221.
分布（Distribution）：台湾（TW）；缅甸、印度、印度尼西亚

（819）青城山异长足虻 *Diaphorus qingchenshanus* Yang *et* Grootaert, 1999

Diaphorus qingchengshanus Yang *et* Grootaert, 1999. Bull. Inst. R. Sci. Nat. Belg. Ent. 69: 230. **Type locality:** China (Sichuan: Qingcheng Mountain).
Diaphorus qingchenshanus Yang *et* Grootaert, 1999: Yang, Zhang, Wang *et* Zhu, 2011. Fauna Sinica Insecta 53: 1221.
分布（Distribution）：河南（HEN）、四川（SC）、广东（GD）

（820）秦岭异长足虻 *Diaphorus qinlingensis* Yang *et* Saigusa, 2005

Diaphorus qinlingensis Yang *et* Saigusa, 2005. Insects fauna of middle-west Qinling range and south mountains of Gansu province: 753. **Type locality:** China (Shaanxi: Fuping).
Diaphorus qinlingensis Yang *et* Saigusa, 2005: Yang, Zhang, Wang *et* Zhu, 2011. Fauna Sinica Insecta 53: 1223.
分布（Distribution）：陕西（SN）

（821）四齿异长足虻 *Diaphorus quadradentatus* Yang *et* Saigusa, 1999

Diaphorus quadridentatus Yang *et* Saigusa, 1999. Insects of the Mountains Funiu and Dabie regions: 204. **Type locality:** China (Henan: Luoshan, Lingshan).
Diaphorus quadradentatus Yang *et* Saigusa, 1999: Yang, Zhang, Wang *et* Zhu, 2011. Fauna Sinica Insecta 53: 1224.
分布（Distribution）：河南（HEN）

（822）瑞丽异长足虻 *Diaphorus ruiliensis* Wang, Yang *et* Grootaert, 2006

Diaphorus ruiliensis Wang, Yang *et* Grootaert, 2006. Zootaxa 1166: 15. **Type locality:** China (Yunnan: Ruili).
Diaphorus ruiliensis Wang, Yang *et* Grootaert, 2006: Yang, Zhang, Wang *et* Zhu, 2011. Fauna Sinica Insecta 53: 1226.
分布（Distribution）：云南（YN）

（823）群飞异长足虻 *Diaphorus salticus* Yang *et* Saigusa, 2001

Diaphorus salticus Yang *et* Saigusa, 2001. Stud. Dipt. 8 (2): 516. **Type locality:** China (Yunnan: Luchun).
Diaphorus salticus Yang *et* Saigusa, 2001: Yang, Zhang, Wang *et* Zhu, 2011. Fauna Sinica Insecta 53: 1227.
分布（Distribution）：云南（YN）

（824）侍卫异长足虻 *Diaphorus satellus* Becker, 1922

Diaphorus satellus Becker, 1922. Capita Zool. 1 (4): 76. **Type locality:** China (Taiwan: Kankau and Sokotau).
Diaphorus satellus Becker, 1922: Yang, Zhang, Wang *et* Zhu, 2011. Fauna Sinica Insecta 53: 1229.
分布（Distribution）：台湾（TW）

（825）侍从异长足虻 *Diaphorus sequens* Becker, 1922

Diaphorus sequens Becker, 1922. Capita Zool. 1 (4): 81. **Type locality:** China (Taiwan: Sokotsu).
Diaphorus sequens Becker, 1922: Yang, Zhang, Wang *et* Zhu, 2011. Fauna Sinica Insecta 53: 1229.
分布（Distribution）：台湾（TW）

（826）伪装异长足虻 *Diaphorus simulans* Becker, 1922

Diaphorus simulans Becker, 1922. Capita Zool. 1 (4): 77. **Type locality:** China (Taiwan: Tainan); Sri Lanka (Colombo).
Diaphorus simulans Becker, 1922: Yang, Zhang, Wang *et* Zhu, 2011. Fauna Sinica Insecta 53: 1229.
分布（Distribution）：台湾（TW）；斯里兰卡、老挝

（827）三角异长足虻 *Diaphorus triangulatus* Yang *et* Saigusa, 2001

Diaphorus triangulatus Yang *et* Saigusa, 2001. Stud. Dipt. 8 (2): 518. **Type locality:** China (Yunnan: Dali, Daboqing).
Diaphorus triangulatus Yang *et* Saigusa, 2001: Yang, Zhang, Wang *et* Zhu, 2011. Fauna Sinica Insecta 53: 1230.

分布（Distribution）：云南（YN）

（828）三齿异长足虻 *Diaphorus tridentatus* Yang *et* Saigusa, 2000

Diaphorus tridentatus Yang *et* Saigusa, 2000. Bull. Inst. R. Sci. Nat. Belg. Ent. 70: 235. **Type locality:** China (Sichuan: Emei Mountain).

Diaphorus tridentatus Yang *et* Saigusa, 2000: Yang, Zhang, Wang *et* Zhu, 2011. Fauna Sinica Insecta 53: 1231.

分布（Distribution）：四川（SC）

（829）南洋异长足虻 *Diaphorus wonosobensis* de Meijere, 1916

Diaphorus wonosobensis de Meijere, 1916. Tijdschr. Ent. 59 (Suppl.): 240. **Type locality:** Indonesia (Java: Wonosobo).

Diaphorus wonosobensis de Meijere, 1916 *In*: Yang, Zhang, Wang *et* Zhu, 2011. Fauna Sinica Insecta 53: 1233.

分布（Distribution）：台湾（TW）；印度尼西亚、马来西亚、巴布亚新几内亚

（830）西藏异长足虻 *Diaphorus xizangensis* Yang *et* Grootaert, 1999

Diaphorus xizangensis Yang *et* Grootaert, 1999. Bull. Inst. R. Sci. Nat. Belg. Ent. 69: 231. **Type locality:** China (Xizang: Zayu).

Diaphorus xizangensis Yang *et* Grootaert, 1999: Yang, Zhang, Wang *et* Zhu, 2011. Fauna Sinica Insecta 53: 1233.

分布（Distribution）：西藏（XZ）

47. 变长足虻属 *Dubius* Wei, 2012

Dubius Wei, 2012. Acta Zootaxon. Sin. 37 (3): 615. **Type species:** *Dubius curtus* Wei, 2012. (original designation).

（831）秋变长足虻 *Dubius autumnalus* Wei, 2012

Dubius autumnalus Wei, 2012. Acta Zootaxon. Sin. 37 (3): 612. **Type locality:** China (Guizhou: Anshun).

分布（Distribution）：贵州（GZ）

（832）曲变长足虻 *Dubius curtus* Wei, 2012

Dubius curtus Wei, 2012. Acta Zootaxon. Sin. 37 (3): 612. **Type locality:** China (Guizhou: Guanling).

分布（Distribution）：贵州（GZ）

（833）黄腿变长足虻 *Dubius flavipedus* Liu, Wang *et* Yang, 2014

Dubius flavipedus Liu, Wang *et* Yang, 2014. Trans. Amer. Ent. Soc. 140: 2. **Type locality:** China (Hainan: Wuzhishan).

分布（Distribution）：福建（FJ）、广西（GX）、海南（HI）

（834）额变长足虻 *Dubius frontus* Wei, 2012

Dubius frontus Wei, 2012. Acta Zootaxon. Sin. 37 (3): 612. **Type locality:** China (Guizhou: Maolan).

分布（Distribution）：贵州（GZ）

（835）红崖变长足虻 *Dubius hongyaensis* Wei, 2012

Dubius hongyaensis Wei, 2012. Acta Zootaxon. Sin. 37 (3): 612. **Type locality:** China (Guizhou: Hongya).

分布（Distribution）：贵州（GZ）

（836）亚曲变长足虻 *Dubius succurtus* Wei, 2012

Dubius succurtus Wei, 2012. Acta Zootaxon. Sin. 37 (3): 612. **Type locality:** China (Guizhou: Duyun).

分布（Distribution）：贵州（GZ）

（837）云南变长足虻 *Dubius yunnanensis* Liu, Wang *et* Yang, 2014

Dubius yunnanensis Liu, Wang *et* Yang, 2014. Trans. Amer. Ent. Soc. 140: 3. **Type locality:** China (Yunnan: Longling).

分布（Distribution）：云南（YN）

48. 弥长足虻属 *Melanostolus* Kowarz, 1884

Melanostolus Kowarz, 1884. Wien. Entomol. Ztg. 3: 51. **Type species:** *Diaphorus melancholicus* Loew, 1869 (original designation).

（838）科氏弥长足虻 *Melanostolus kolomiezi* Negrobov, 1985

Melanostolus kolomiezi Negrobov, 1985. Dipt. Fauna Russia 1984: 81. **Type locality:** China (Tibet).

Melanostolus kolomiezi Negrobov, 1985: Yang, Zhang, Wang *et* Zhu, 2011. Fauna Sinica Insecta 53: 1235.

分布（Distribution）：西藏（XZ）

（839）黑毛弥长足虻 *Melanostolus nigricilius* (Loew, 1871)

Chrysotus nigricilius Loew, 1871. Izv. Imp. Obshch. Ljub. Estest. Antrop. Etnogr. 9 (1): 58. **Type locality:** Tajikistan.

Melanostolus nigricilius (Loew): Negrobov, 1991. Cat. Palaearct. Dipt. 7: 68.

Melanostolus nigricilius (Loew, 1871): Yang, Zhang, Wang *et* Zhu, 2011. Fauna Sinica Insecta 53: 1235.

分布（Distribution）：内蒙古（NM）；法国、德国、保加利亚、匈牙利、罗马尼亚、以色列、塔吉克斯坦、蒙古国，？肯尼亚

49. 愉悦长足虻属 *Terpsimyia* Dyte, 1975

Terpsimyia Dyte, 1975. Cat. Dipt. Orient. Reg. 2: 257 (new name for *Hadroscelus* Becker, 1922, nec Quendenfeldt, 1885). **Type species:** *Hadroscelus semicinctus* Becker, 1922 (automatic).

Hadroscelus Becker, 1922. Capita Zool. 1 (4): 113. **Type species:** *Hadroscelus semicinctus* Becker, 1922 (monotypy).

（840）半带愉悦长足虻 *Terpsimyia semicinctus* (Becker, 1922)

Hadroscelus semicinctus Becker, 1922. Capita Zool. 1 (4): 113. **Type locality:** China (Taiwan: Anping).
Terpsimyia semicinctus (Becker): Yang, Zhu, Wang *et* Zhang, 2006. World Catalog of Dolichopodidae: 87.
Terpsimyia semicinctus (Becker, 1922): Yang, Zhang, Wang *et* Zhu, 2011. Fauna Sinica Insecta 53: 1237.
分布（**Distribution**）：台湾（TW）；泰国

50. 三角长足虻属 *Trigonocera* Becker, 1902

Trigonocera Becker, 1902. Mitt. Zool. Mus. Berl. 2: 57. **Type species:** *Trigonocera rivosa* Becker, 1902 (monotypy).

（841）贵州三角长足虻 *Trigonocera guizhouensis* Wang, Yang *et* Grootaert, 2008

Trigonocera guizhouensis Wang, Yang *et* Grootaert, 2008. Bull. Inst. R. Sci. Nat. Belg. Ent. 78: 255. **Type locality:** China (Guizhou: Xishui).
Trigonocera guizhouensis Wang, Yang *et* Grootaert, 2008: Yang, Zhang, Wang *et* Zhu, 2011. Fauna Sinica Insecta 53: 1238.
分布（**Distribution**）：贵州（GZ）、云南（YN）

（842）晶莹三角长足虻 *Trigonocera lucidiventris* Becker, 1922

Trigonocera lucidiventris Becker, 1922. Capita Zool. 1 (4): 91. **Type locality:** China (Taiwan: Sokotsu and Kosempo).
Trigonocera lucidiventris Becker, 1922: Yang, Zhang, Wang *et* Zhu, 2011. Fauna Sinica Insecta 53: 1239.
分布（**Distribution**）：台湾（TW）；老挝

（843）小溪三角长足虻 *Trigonocera rivosa* Becker, 1902

Trigonocera rivosa Becker, 1902. Mitt. Zool. Mus. Berl. 2: 58. **Type locality:** Egypt (R. Nile from Luxor to Alexandria).
Trigonocera rivosa Becker, 1902: Yang, Zhang, Wang *et* Zhu, 2011. Fauna Sinica Insecta 53: 1239.
分布（**Distribution**）：台湾（TW）；埃及、佛得角群岛

（844）通什三角长足虻 *Trigonocera tongshiensis* (Yang, 1999)

Diaphorus tongshiensis Yang, 2002. Forest Insects of Hainan: 746. **Type locality:** China (Hainan: Tongshi).
Trigonocera tongshiensis (Yang): Wang, Yang *et* Grootaert, 2008. Bull. Inst. R. Sci. Nat. Belg. Ent. 78: 257.
Trigonocera tongshiensis (Yang, 1999): Yang, Zhang, Wang *et* Zhu, 2011. Fauna Sinica Insecta 53: 1240.
分布（**Distribution**）：海南（HI）

锥长足虻亚科 Rhaphiinae

Rhaphiinae Bigot, 1852. Ann. Soc. Ent. Fr. (2) 10: 482. **Type genus**: *Rhaphium* Meigen, 1803.

51. 叉须长足虻属 *Haplopharyngomyia* Meuffels *et* Grootaert, 1999

Haplopharyngomyia Meuffels *et* Grootaert, 1999. Bull. Inst. R. Sci. Nat. Belg. Ent. 69: 289 (new name for *Haplopharynx* Grootaert *et* Meuffels, 1998, nec Meixner, 1938). **Type species:** *Haplopharynx mutilus* Grootaert *et* Meuffels, 1998 (automatic).
Haplopharynx Grootaert *et* Meuffels, 1998. Stud. Dipt. 5 (2): 254. **Type species:** *Haplopharynx mutilus* Grootaert *et* Meuffels, 1998 (original designation).

（845）攀牙叉须长足虻 *Haplopharyngomyia phangngensis* (Grootaert *et* Meuffels, 1998)

Haplopharynx phangngensis Grootaert *et* Meuffels, 1998. Stud. Dipt. 5 (2): 258. **Type locality:** Thailand (Phang-Nga).
Haplopharyngomyia phangngensis (Grootaert *et* Meuffels): Meuffels *et* Grootaert, 1999. Bull. Inst. R. Sci. Nat. Belg. Ent. 69: 290.
Haplopharyngomyia phangngensis (Grootaert *et* Meuffels, 1998): Yang, Zhang, Wang *et* Zhu, 2011. Fauna Sinica Insecta 53: 1243.
分布（**Distribution**）：云南（YN）；泰国

52. 线尾长足虻属 *Nematoproctus* Loew, 1857

Nematoproctus Loew, 1857. Progr. K. Realsch. Meseritz 1857: 40. **Type species:** *Porphyrops annulata* Macquart, 1827 [= *Chrysotus distendens* Meigen, 1824] (designation by Coquillett, 1910).

（846）雕纹线尾长足虻 *Nematoproctus caelebs* Parent, 1926

Nematoproctus caelebs Parent, 1926. Encycl. Ent. (B II) Dipt. 3: 148. **Type locality:** China (Shanghai: "Zi-Ka-Wei").
Nematoproctus caelebs Parent, 1926: Yang, Zhang, Wang *et* Zhu, 2011. Fauna Sinica Insecta 53: 1244.
分布（**Distribution**）：上海（SH）

（847）茸叶线尾长足虻 *Nematoproctus iulilamellatus* Wei, 2006

Nematoproctus iulilamellatus Wei, 2006. Insects from Fanjingshan Landscape: 482. **Type locality:** China (Guizhou: Fanjingshan).
Nematoproctus iulilamellatus Wei, 2006: Yang, Zhang, Wang *et* Zhu, 2011. Fauna Sinica Insecta 53: 1245.
分布（**Distribution**）：贵州（GZ）

53. 锥长足虻属 *Rhaphium* Meigen, 1803

Rhaphium Meigen, 1803. Mag. Insektenk. 2: 272. **Type**

species: *Rhaphium macrocerum* Meigen, 1824 (designation by Curtis, 1935).
Anglearia Carlier, 1835. Ann. Soc. Ent. Fr. (1) 4: 659. **Type species:** *Anglearia antennata* Carlier, 1835 (monotypy).
Xiphandrium Loew, 1857. Progr. K. Realsch. Meseritz 1857: 36. **Type species:** *Rhaphium quadrifilatum* Loew, 1857 [= *Rhaphium ensicorne* Meigen, 1824] (designation by Coquillett, 1910).
Hydrochus Fallén, 1823. Monogr. Dolichopod. Svec.: 5 (nec Leach, 1817). **Type species:** *Hydrochus longicornis* Fallén, 1823 (designation by Coquillet, 1910).

（848）端黑锥长足虻 *Rhaphium apicinigrum* Yang *et* Saigusa, 1999

Rhaphium apicinigrum Yang *et* Saigusa, 1999. Bull. Inst. R. Sci. Nat. Belg. Ent. 69: 247. **Type locality:** China (Sichuan: Emei Mountain).
Rhaphium apicinigrum Yang *et* Saigusa, 1999: Yang, Zhang, Wang *et* Zhu, 2011. Fauna Sinica Insecta 53: 1247.
分布（Distribution）：四川（SC）

（849）百花山锥长足虻 *Rhaphium baihuashanum* Yang, 1998

Rhaphium baihuashanum Yang, 1998. Bull. Inst. R. Sci. Nat. Belg. Ent. 68: 162. **Type locality:** China (Beijing: Baihuashan Mountain).
Rhaphium baihuashanum Yang, 1998: Yang, Zhang, Wang *et* Zhu, 2011. Fauna Sinica Insecta 53: 1248.
分布（Distribution）：北京（BJ）

（850）粗突锥长足虻 *Rhaphium dilatatum* Wiedemann, 1830

Rhaphium dilatatum Wiedemann, 1830. Aussereur. Zweifl. Ins. 2: 211. **Type locality:** China.
Rhaphium dilatatum Wiedemann, 1830: Yang, Zhang, Wang *et* Zhu, 2011. Fauna Sinica Insecta 53: 1250.
分布（Distribution）：中国

（851）异突锥长足虻 *Rhaphium dispar* Coquillett, 1898

Rhaphium dispar Coquillett, 1898. Proc. U.S. Natl. Mus. 21 (1146): 319. **Type locality:** Japan.
Porphyrops popularis Becker, 1922. Capita Zool. 1 (4): 60. **Type locality:** China (Taiwan).
Porphyrops argyroides Parent, 1926. Encycl. Ent. (B II) Dipt. 3: 137. **Type locality:** Japan (Kofou).
Rhaphium dispar Coquillett, 1898: Yang, Zhang, Wang *et* Zhu, 2011. Fauna Sinica Insecta 53: 1250.
分布（Distribution）：浙江（ZJ）、四川（SC）、贵州（GZ）、台湾（TW）；俄罗斯（远东地区）、日本

（852）叉突锥长足虻 *Rhaphium furcatum* Yang *et* Saigusa, 2000

Rhaphium furcatum Yang *et* Saigusa, 2000. Bull. Inst. R. Sci. Nat. Belg. Ent. 70: 235. **Type locality:** China (Sichuan: Emei Mountain).
Rhaphium furcatum Yang *et* Saigusa, 2000: Yang, Zhang, Wang *et* Zhu, 2011. Fauna Sinica Insecta 53: 1252.
分布（Distribution）：四川（SC）、云南（YN）

（853）甘肃锥长足虻 *Rhaphium gansuanum* Yang, 1998

Rhaphium gansuanum Yang, 1998. Bull. Inst. R. Sci. Nat. Belg. Ent. 68: 163. **Type locality:** China (Gansu: Chengxian).
Rhaphium gansuanum Yang, 1998: Yang, Zhang, Wang *et* Zhu, 2011. Fauna Sinica Insecta 53: 1253.
分布（Distribution）：甘肃（GS）

（854）黑龙江锥长足虻 *Rhaphium heilongjiangense* Wang, Yang *et* Masunaga, 2005

Rhaphium heilongjiangense Wang, Yang *et* Masunaga, 2005. Trans. Am. Ent. Soc. 131 (3-4): 405. **Type locality:** China (Heilongjiang: Mohe).
Rhaphium heilongjiangense Wang, Yang *et* Masunaga, 2005: Yang, Zhang, Wang *et* Zhu, 2011. Fauna Sinica Insecta 53: 1254.
分布（Distribution）：黑龙江（HL）

（855）滑锥长足虻 *Rhaphium lumbricus* Wei, 2006

Rhaphium lumbricus Wei, 2006. Insects from Fanjingshan Landscape: 481. **Type locality:** China (Guizhou: Fanjingshan).
Rhaphium lumbricus Wei, 2006: Yang, Zhang, Wang *et* Zhu, 2011. Fauna Sinica Insecta 53: 1256.
分布（Distribution）：贵州（GZ）

（856）普通锥长足虻 *Rhaphium mediocre* (Becker, 1922)

Porphyrops mediocre Becker, 1922. Capita Zool. 1 (4): 59. **Type locality:** China (Taiwan: Tuihoku and Kankau).
Porphyrops eburnea Parent, 1927. Encycl. Ent. (B II) Dipt. 3: 139. **Type locality:** China (Shanghai: "Zi-Ka-Wei").
Rhaphium mediocre (Becker): Dyte, 1975. Cat. Dipt. Orient. Reg. 3: 245.
Rhaphium mediocre (Becker, 1922): Yang, Zhang, Wang *et* Zhu, 2011. Fauna Sinica Insecta 53: 1257.
分布（Distribution）：上海（SH）、湖北（HB）、贵州（GZ）、云南（YN）、台湾（TW）、香港（HK）

（857）黑鬃锥长足虻 *Rhaphium micans* (Meigen, 1824)

Porphyrops micans Meigen, 1824. Syst. Beschr. 4: 52. **Type locality:** Germany (Hamburg).
Porphyrops simplex Verrall, 1876. Ent. Mon. Mag. 12: 195. **Type locality:** England (Box Hill, river Mole, near Burford Bridge).
Rhaphium micans (Meigen): Negrobov, 1991. Cat. Palaearct. Dipt. 7: 24.

Rhaphium micans (Meigen, 1824): Yang, Zhang, Wang *et* Zhu, 2011. Fauna Sinica Insecta 53: 1258.
分布（Distribution）：云南（YN）、西藏（XZ）；挪威、瑞典、芬兰、英国、瑞士、奥地利、荷兰、比利时、法国、德国、意大利、西班牙、匈牙利、波兰、捷克、斯洛伐克、罗马尼亚、前南斯拉夫、保加利亚、俄罗斯、塔吉克斯坦

（858）白芒锥长足虻 *Rhaphium palliaristatum* Yang *et* Saigusa, 2001

Rhaphium palliaristatum Yang *et* Saigusa, 2001. Bull. Inst. R. Sci. Nat. Belg. Ent. 71: 251. **Type locality:** China (Guizhou: Fanjingshan).
Rhaphium palliaristatum Yang *et* Saigusa, 2001: Yang, Zhang, Wang *et* Zhu, 2011. Fauna Sinica Insecta 53: 1260.
分布（Distribution）：贵州（GZ）

（859）榆林锥长足虻 *Rhaphium parentianum* Negrobov, 1979

Rhaphium parentianum Negrobov, 1979. Flieg. Palaearkt. Reg. 4 (5): 516 (new name for *Porphyrops intermedium* Parent, 1944, nec *Xiphandrium intermedium* Becker, 1918).
Porphyrops intermedium Parent, 1944. Rev. Fr. Ent. 10 (4): 130. **Type locality:** China (Shaanxi: "Yulinnfou").
Rhaphium parentianum Negrobov, 1979: Yang, Zhang, Wang *et* Zhu, 2011. Fauna Sinica Insecta 53: 1262.
分布（Distribution）：陕西（SN）

（860）青海锥长足虻 *Rhaphium qinghaiense* Yang, 1998

Rhaphium qinghaiense Yang, 1998. Bull. Inst. R. Sci. Nat. Belg. Ent. 68: 182. **Type locality:** China (Qinghai: Menyuan).
Rhaphium qinghaiense Yang, 1998: Yang, Zhang, Wang *et* Zhu, 2011. Fauna Sinica Insecta 53: 1264.
分布（Distribution）：青海（QH）

（861）小贩锥长足虻 *Rhaphium relatus* (Becker, 1922)

Porphyrops relatus Becker, 1922. Capita Zool. 1 (4): 59. **Type locality:** China (Taiwan: Hoozan).
Rhaphium relatus (Becker): Dyte, 1975. Cat. Dipt. Orient. Reg. 3: 246.
Rhaphium relatus (Becker, 1922): Yang, Zhang, Wang *et* Zhu, 2011. Fauna Sinica Insecta 53: 1265.
分布（Distribution）：台湾（TW）

（862）腹鬃锥长足虻 *Rhaphium riparium* (Meigen, 1824): 1265

Porphyrops riparium Meigen, 1824. Syst. Beschr. 4: 53. **Type locality:** Not given.
Rhaphium praerosum Loew, 1850. Stettin. Ent. Ztg. 11: 108.
Porphyrops tenuis Verrall, 1876. Ent. Mon. Mag. 12: 197.
Porphyrops vandeli Thomas, 1971. Ann. Limnol. 7 (3): 415.
Rhaphium riparium (Meigen): Negrobov, 1991. Cat. Palaearct. Dipt. 7: 26.
Rhaphium riparium (Meigen, 1824): Yang, Zhang, Wang *et* Zhu, 2011. Fauna Sinica Insecta 53: 1265.
分布（Distribution）：青海（QH）；芬兰、爱尔兰、英国、瑞典、丹麦、挪威、瑞士、荷兰、比利时、奥地利、德国、匈牙利、捷克、斯洛伐克、罗马尼亚、波兰、俄罗斯、吉尔吉斯斯坦、蒙古国

（863）四川锥长足虻 *Rhaphium sichuanense* Yang *et* Saigusa, 1999

Rhaphium sichuanense Yang *et* Saigusa, 1999. Bull. Inst. R. Sci. Nat. Belg. Ent. 69: 247. **Type locality:** China (Sichuan: Emei Mountain).
Rhaphium sichuanense Yang *et* Saigusa, 1999: Yang, Zhang, Wang *et* Zhu, 2011. Fauna Sinica Insecta 53: 1267.
分布（Distribution）：宁夏（NX）、四川（SC）、云南（YN）

（864）中华锥长足虻 *Rhaphium sinense* Negrobov, 1979

Rhaphium sinense Negrobov, 1979. Flieg. Palaearkt. Reg. 4 (5): 490. **Type locality:** China (Liaoning: "50 km N von Mukden" [= Shenyang)]).
Rhaphium sinense Negrobov, 1979: Yang, Zhang, Wang *et* Zhu, 2011. Fauna Sinica Insecta 53: 1268.
分布（Distribution）：辽宁（LN）

（865）武都锥长足虻 *Rhaphium wuduanum* Wang, Yang *et* Masunaga, 2005

Rhaphium wuduanum Wang, Yang *et* Masunaga, 2005. Trans. Am. Ent. Soc. 131 (3-4): 406. **Type locality:** China (Gansu: Wudu; Jiangsu: Songjiang, Sheshan).
Rhaphium wuduanum Wang, Yang *et* Masunaga, 2005: Yang, Zhang, Wang *et* Zhu, 2011. Fauna Sinica Insecta 53: 1269.
分布（Distribution）：甘肃（GS）、江苏（JS）

（866）新疆锥长足虻 *Rhaphium xinjiangense* Yang, 1998

Rhaphium xinjiangense Yang, 1998. Bull. Inst. R. Sci. Nat. Belg. Ent. 68: 161. **Type locality:** China (Xinjiang: Jichang and Chaosu).
Rhaphium xinjiangense Yang, 1998: Yang, Zhang, Wang *et* Zhu, 2011. Fauna Sinica Insecta 53: 1270
分布（Distribution）：新疆（XJ）

（867）中甸锥长足虻 *Rhaphium zhongdianum* Yang *et* Saigusa, 2001

Rhaphium zhongdianum Yang *et* Saigusa, 2001. Bull. Inst. R. Sci. Nat. Belg. Ent. 71: 174. **Type locality:** China (Yunnan: Zhongdian).
Rhaphium zhongdianum Yang *et* Saigusa, 2001: Yang, Zhang, Wang *et* Zhu, 2011. Fauna Sinica Insecta 53: 1272.
分布（Distribution）：云南（YN）

合长足虻亚科 Sympycninae

Sympycninae Aldrich, 1905. Smithson. Misc. Collect. 46 (2 [= publication 1444]): 292. **Type genus**: *Sympycnus* Loew, 1857.

54. 曲胫长足虻属 *Campsicnemus* Haliday, 1851

Campsicnemus Haliday, 1851. Ins. Brit. Dipt. I: 187 (nomen protectum). **Type species:** *Dolichopus scambus* Fallén, 1823.
Camptosceles Haliday, 1832. Zool. J. Lond. 1830-1831 5: 357 (as subgenus of *Medeterus*). **Type species:** *Dolichopus scambus* Fallén, 1823. Suppressed by I. C. Z. N. 1958.
Leptopezina Macquart, 1835. Collection des suites a Buffon 2: 554 (nomen oblitum). **Type species:** *Diastata gracilis* Meigen, 1820 (monotypy).
Ectomus Mik, 1878. Jahresberichte des Kaiserlich-königlichen Akademische Gymnasium 1877/1878: 8. **Type species:** *Medeterus alpinus* Hailday, 1833 (original designation).
Camptoscelus Kertész, 1909. Catalogus dipterorum hucusque descriptorum 6: 306 (unjustified emendation of *Camptosceles* Haliday). **Type species:** *Dolichopus scambus* Fallén, 1823 (automatic).

（868）哈氏曲胫长足虻 *Campsicnemus halidayi* Dyte, 1975

Campsicnemus halidayi Dyte, 1975. Cat. Dipt. Orient. Reg. 2: 252 (new name for *Campsicnemus maculatus* Becker, 1924, nec Becker, 1918). **Type locality:** China [Taiwan: Taihoku (automatic)].
Campsicnemus maculatus Becker, 1924. Zool. Meded. 8: 124. **Type locality:** China (Taiwan: Taihoku).
Campsicnemus halidayi Dyte, 1975: Yang, Zhang, Wang *et* Zhu, 2011. Fauna Sinica Insecta 53: 1276.
分布（Distribution）：台湾（TW）

（869）排湾曲胫长足虻 *Campsicnemus intermittens* Becker, 1924

Campsicnemus intermittens Becker, 1924. Zool. Meded. 8: 126. **Type locality:** China (Taiwan: Paroe, N of Paiwan District).
Campsicnemus intermittens Becker, 1924: Yang, Zhang, Wang *et* Zhu, 2011. Fauna Sinica Insecta 53: 1277.
分布（Distribution）：台湾（TW）

（870）辉煌曲胫长足虻 *Campsicnemus lucidus* Becker, 1924

Campsicnemus lucidus Becker, 1924. Zool. Meded. 8: 125. **Type locality:** China (Taiwan: Paroe).
Campsicnemus lucidus Becker, 1924: Yang, Zhang, Wang *et* Zhu, 2011. Fauna Sinica Insecta 53: 1277.
分布（Distribution）：台湾（TW）

（871）幽暗曲胫长足虻 *Campsicnemus obscuratus* Becker, 1924

Campsicnemus obscuratus Becker, 1924. Zool. Meded. 8: 127. **Type locality:** China (Taiwan: Paroe).
Campsicnemus obscuratus Becker, 1924: Yang, Zhang, Wang *et* Zhu, 2011. Fauna Sinica Insecta 53: 1277.
分布（Distribution）：台湾（TW）

（872）云南曲胫长足虻 *Campsicnemus yunnanensis* Yang *et* Saigusa, 2001

Campsicnemus yunnanensis Yang *et* Saigusa, 2001. Bull. Inst. R. Sci. Nat. Belg. Ent. 71: 175. **Type locality:** China (Yunnan: Luchun).
Campsicnemus yunnanensis Yang *et* Saigusa, 2001: Yang, Zhang, Wang *et* Zhu, 2011. Fauna Sinica Insecta 53: 1277.
分布（Distribution）：云南（YN）、福建（FJ）、广东（GD）

55. 短跗长足虻属 *Chaetogonopteron* de Meijere, 1914

Chaetogonopteron de Meijere, 1914. Tijdschr. Ent. 56 (Suppl.): 96. **Type species:** *Chaetogonopteron appendiculatum* de Meijere, 1914 (monotypy).
Pycsymnus Frey, 1925. Not. Ent. 5: 20. **Type species:** *Sympycnus mutatus* Becker, 1922 (original designation).
Hoplignusus Vaillant, 1953. Miss. Sci. Tassili Ajjer 1: 11. **Type species:** *Hoplignusus bernardi* Vaillant, 1953 (monotypy).

（873）尖角短跗长足虻 *Chaetogonopteron acutatum* Yang *et* Grootaert, 1999

Chaetogonopteron acutatum Yang *et* Grootaert, 1999. Bull. Inst. R. Sci. Nat. Belg. Ent. 69: 267. **Type locality:** China (Yunnan: Xishuangbanna, Mengyang).
Chaetogonopteron acutatum Yang *et* Grootaert, 1999: Yang, Zhang, Wang *et* Zhu, 2011. Fauna Sinica Insecta 53: 1282.
分布（Distribution）：云南（YN）、广东（GD）

（874）安氏短跗长足虻 *Chaetogonopteron anae* Wang, Yang *et* Grootaert, 2005

Chaetogonopteron anae Wang, Yang *et* Grootaert, 2005. Biologia 60 (5): 508. **Type locality:** China (Guangdong: Conghua, Liuxihe, Wuhuaxian, Qimuzhang; Yunnan: Xishuangbanna, Mengla).
Chaetogonopteron anae Wang, Yang *et* Grootaert, 2005: Yang, Zhang, Wang *et* Zhu, 2011. Fauna Sinica Insecta 53: 1283.
分布（Distribution）：广东（GD）、广西（GX）

（875）端黑短跗长足虻 *Chaetogonopteron apicinigrum* Yang *et* Grootaert, 1999

Chaetogonopteron apicinigrum Yang *et* Grootaert, 1999. Bull. Inst. R. Sci. Nat. Belg. Ent. 69: 268. **Type locality:** China

(Yunnan: Xishuangbanna, Mengyang).
Chaetogonopteron apicinigrum Yang *et* Grootaert, 1999: Yang, Zhang, Wang *et* Zhu, 2011. Fauna Sinica Insecta 53: 1285.
分布（Distribution）：云南（YN）

（876）基斑短跗长足虻 *Chaetogonopteron basipunctatum* Yang, 2002

Chaetogonopteron basipunctatum Yang, 2002. Forest Insects of Hainan: 747. **Type locality:** China (Hainan: Tongshi).
Chaetogonopteron basipunctatum Yang, 2002: Yang, Zhang, Wang *et* Zhu, 2011. Fauna Sinica Insecta 53: 1287.
分布（Distribution）：海南（HI）

（877）尖须短跗长足虻 *Chaetogonopteron ceratophorum* Yang *et* Grootaert, 1999

Chaetogonopteron ceratophorum Yang *et* Grootaert, 1999. Bull. Inst. R. Sci. Nat. Belg. Ent. 69: 269. **Type locality:** China (Yunnan: Xishuangbanna, Menglun).
Chaetogonopteron ceratophorum Yang *et* Grootaert, 1999: Yang, Zhang, Wang *et* Zhu, 2011. Fauna Sinica Insecta 53: 1288.
分布（Distribution）：云南（YN）、广西（GX）

（878）毛尾短跗长足虻 *Chaetogonopteron chaeturum* Grootaert *et* Meuffels, 1999

Chaetogonopteron chaeturum Grootaert *et* Meuffels, 1999. Belg. J. Ent. 1: 336. **Type locality:** Thailand; China (Yunnan).
Chaetogonopteron chaeturum Grootaert *et* Meuffels, 1999: Yang, Zhang, Wang *et* Zhu, 2011. Fauna Sinica Insecta 53: 1289.
分布（Distribution）：云南（YN）、广西（GX）；泰国、新加坡

（879）车八岭短跗长足虻 *Chaetogonopteron chebalingense* Wang, Yang *et* Grootaert, 2005

Chaetogonopteron chebalingense Wang, Yang *et* Grootaert, 2005. Bull. Inst. R. Sci. Nat. Belg. Ent. 75: 215. **Type locality:** China (Guangdong: Shixingxian, Chebaling).
Chaetogonopteron chebalingense Wang, Yang *et* Grootaert, 2005: Yang, Zhang, Wang *et* Zhu, 2011. Fauna Sinica Insecta 53: 1291.
分布（Distribution）：广东（GD）、广西（GX）

（880）凹突短跗长足虻 *Chaetogonopteron concavum* Yang *et* Grootaert, 1999

Chaetogonopteron concavum Yang *et* Grootaert, 1999. Bull. Inst. R. Sci. Nat. Belg. Ent. 69: 271. **Type locality:** China (Yunnan: Xishuangbanna, Menglun).
Chaetogonopteron concavum Yang *et* Grootaert, 1999: Yang, Zhang, Wang *et* Zhu, 2011. Fauna Sinica Insecta 53: 1292.
分布（Distribution）：云南（YN）、广东（GD）、广西（GX）

（881）大围山短跗长足虻 *Chaetogonopteron daweishanum* Yang *et* Saigusa, 2001

Chaetogonopteron daweishanum Yang *et* Saigusa, 2001. Stud. Dipt. 8 (2): 506. **Type locality:** China (Yunnan: Pingbian, Daweishan).
Chaetogonopteron daweishanum Yang *et* Saigusa, 2001: Yang, Zhang, Wang *et* Zhu, 2011. Fauna Sinica Insecta 53: 1294.
分布（Distribution）：云南（YN）

（882）大瑶山短跗长足虻 *Chaetogonopteron dayaoshanum* Liao, Zhou *et* Yang, 2008

Chaetogonopteron dayaoshanum Liao, Zhou *et* Yang, 2008. Dtsch. Ent. Z. 55 (1): 147. **Type locality:** China (Guangxi: Dayaoshan).
Chaetogonopteron dayaoshanum Liao, Zhou *et* Yang, 2008: Yang, Zhang, Wang *et* Zhu, 2011. Fauna Sinica Insecta 53: 1296.
分布（Distribution）：广西（GX）

（883）黑背短跗长足虻 *Chaetogonopteron dorsinigrum* Yang *et* Grootaert, 1999

Chaetogonopteron dorsinigrum Yang *et* Grootaert, 1999. Bull. Inst. R. Sci. Nat. Belg. Ent. 69: 271. **Type locality:** China (Yunnan: Xishuangbanna, Menglun).
Chaetogonopteron dorsinigrum Yang *et* Grootaert, 1999: Yang, Zhang, Wang *et* Zhu, 2011. Fauna Sinica Insecta 53: 1297.
分布（Distribution）：云南（YN）

（884）黄缘短跗长足虻 *Chaetogonopteron flavimarginatum* Yang, 2002

Chaetogonopteron flavmarginatum Yang, 2002. Forest Insects of Hainan: 748. **Type locality:** China (Hainan: Tongshi).
Chaetogonopteron flavimarginatum Yang, 2002: Yang, Zhang, Wang *et* Zhu, 2011. Fauna Sinica Insecta 53: 1299.
分布（Distribution）：海南（HI）

（885）广东短跗长足虻 *Chaetogonopteron guangdongense* Zhang, Yang *et* Grootaert, 2003

Chaetogonopteron guangdongense Zhang, Yang *et* Grootaert, 2003. Bull. Inst. R. Sci. Nat. Belg. Ent. 73: 184. **Type locality:** China (Guangdong: Ruyan, Nanling).
Chaetogonopteron guangdongense Zhang, Yang *et* Grootaert, 2003: Yang, Zhang, Wang *et* Zhu, 2011. Fauna Sinica Insecta 53: 1300.
分布（Distribution）：广东（GD）

（886）广西短跗长足虻 *Chaetogonopteron guangxiense* Zhang, Yang *et* Masunaga, 2004

Chaetogonopteron guangxiense Zhang, Yang *et* Masunaga, 2004. Ent. News 2003 114 (5): 280. **Type locality:** China (Guangxi: Tian'e, Buliuhe).
Chaetogonopteron guangxiense Zhang, Yang *et* Masunaga,

2004: Yang, Zhang, Wang *et* Zhu, 2011. Fauna Sinica Insecta 53: 1302.
分布（Distribution）：广西（GX）

（887）贵州短跗长足虻 *Chaetogonopteron guizhouense* Yang *et* Saigusa, 2001

Chaetogonopteron guizhouense Yang *et* Saigusa, 2001. Bull. Inst. R. Sci. Nat. Belg. Ent.71: 254. **Type locality:** China (Guizhou: Zunyi, Fenghuangshan).
Chaetogonopteron guizhouense Yang *et* Saigusa, 2001: Yang, Zhang, Wang *et* Zhu, 2011. Fauna Sinica Insecta 53: 1303.
分布（Distribution）：贵州（GZ）

（888）海南短跗长足虻 *Chaetogonopteron hainanum* Yang, 2002

Chaetogonopteron hainanum Yang, 2002. Forest Insects of Hainan: 747. **Type locality:** China (Hainan: Tongshi).
Chaetogonopteron hainanum Yang, 2002: Yang, Zhang, Wang *et* Zhu, 2011. Fauna Sinica Insecta 53: 1305.
分布（Distribution）：海南（HI）

（889）洪水池短跗长足虻 *Chaetogonopteron hungshuichiense* Wang, Yang *et* Masunaga, 2009

Chaetogonopteron hungshuichiense Wang, Yang *et* Masunaga, 2009. J. Nat. Hist. 43 (9-10): 610. **Type locality:** China (Taiwan: Kaohsung).
Chaetogonopteron hungshuichiense Wang, Yang *et* Masunaga, 2009: Yang, Zhang, Wang *et* Zhu, 2011. Fauna Sinica Insecta 53: 1306.
分布（Distribution）：台湾（TW）

（890）高雄短跗长足虻 *Chaetogonopteron kaohsungense* Wang, Yang *et* Masunaga, 2009: 1307

Chaetogonopteron kaohsungense Wang, Yang *et* Masunaga, 2009. J. Nat. Hist. 43 (9-10): 612. **Type locality:** China (Taiwan: Kaohsung).
Chaetogonopteron kaohsungense Wang, Yang *et* Masunaga, 2009: Yang, Zhang, Wang *et* Zhu, 2011. Fauna Sinica Insecta 53: 1307.
分布（Distribution）：台湾（TW）

（891）绮丽短跗长足虻 *Chaetogonopteron laetum* (Becker, 1922)

Sympycnus laetus Becker, 1922. Capita Zool. 1 (4): 94. **Type locality:** China (Taiwan: Kosempo); Papua New Guinea (Seleo. Singapore).
Chaetogonopteron laetum (Becker): Yang, Zhu, Wang *et* Zhang, 2006. World Catalog of Dolichopodidae: 472.
Chaetogonopteron laetum (Becker, 1922): Yang, Zhang, Wang *et* Zhu, 2011. Fauna Sinica Insecta 53: 1309.
分布（Distribution）：台湾（TW）；尼泊尔、新加坡、菲律宾、印度尼西亚、巴布亚新几内亚

（892）刘氏短跗长足虻 *Chaetogonopteron liui* Wang, Yang *et* Grootaert, 2005

Chaetogonopteron liui Wang, Yang *et* Grootaert, 2005. Bull. Inst. R. Sci. Nat. Belg. Ent. 75: 217. **Type locality:** China (Guangdong: Dapu, Fengxi).
Chaetogonopteron liui Wang, Yang *et* Grootaert, 2005: Yang, Zhang, Wang *et* Zhu, 2011. Fauna Sinica Insecta 53: 1310.
分布（Distribution）：广东（GD）

（893）长须短跗长足虻 *Chaetogonopteron longicercus* Liao, Zhou *et* Yang, 2008

Chaetogonopteron longicercus Liao, Zhou *et* Yang, 2008. Dtsch. Ent. Z. 55 (1): 148. **Type locality:** China (Guangxi: Shiwandashan, Tiantangshan).
Chaetogonopteron longicercus Liao, Zhou *et* Yang, 2008: Yang, Zhang, Wang *et* Zhu, 2011. Fauna Sinica Insecta 53: 1311.
分布（Distribution）：广西（GX）

（894）长角短跗长足虻 *Chaetogonopteron longum* Yang *et* Saigusa, 2001

Chaetogonopteron longum Yang *et* Saigusa, 2001. Stud. Dipt. 8 (2): 507. **Type locality:** China (Yunnan: Luchun).
Chaetogonopteron longum Yang *et* Saigusa, 2001: Yang, Zhang, Wang *et* Zhu, 2011. Fauna Sinica Insecta 53: 1313.
分布（Distribution）：云南（YN）

（895）黄斑短跗长足虻 *Chaetogonopteron luteicinctum* (Parent, 1926)

Sympycnus luteicinctum Parent, 1926. Encycl. Ent. (B II) Dipt. 3: 134. **Type locality:** China (Shanghai: "Zi-Ka-Wei").
Chaetogonopteron luteicinctum (Parent): Yang, Zhu, Wang *et* Zhang, 2006. World Catalog of Dolichopodidae: 472.
Chaetogonopteron luteicinctum (Parent, 1926): Yang, Zhang, Wang *et* Zhu, 2011. Fauna Sinica Insecta 53: 1314.
分布（Distribution）：河南（HEN）、上海（SH）、浙江（ZJ）、云南（YN）、福建（FJ）、广东（GD）、广西（GX）

（896）勐龙短跗长足虻 *Chaetogonopteron menglonganum* Yang *et* Grootaert, 1999

Chaetogonopteron menglonganum Yang *et* Grootaert, 1999. Bull. Inst. R. Sci. Nat. Belg. Ent. 69: 220. **Type locality:** China (Yunnan: Xishuangbanna, Menglong).
Chaetogonopteron menglonganum Yang *et* Grootaert, 1999: Yang, Zhang, Wang *et* Zhu, 2011. Fauna Sinica Insecta 53: 1316.
分布（Distribution）：云南（YN）

（897）勐仑短跗长足虻 *Chaetogonopteron menglunense* Yang *et* Grootaert, 1999

Chaetogonopteron menglunense Yang *et* Grootaert, 1999. Bull. Inst. R. Sci. Nat. Belg. Ent. 69: 220. **Type locality:** China

(Yunnan: Xishuangbanna, Menglun).
Chaetogonopteron menglunense Yang *et* Grootaert, 1999: Yang, Zhang, Wang *et* Zhu, 2011. Fauna Sinica Insecta 53: 1317.
分布（Distribution）：云南（YN）

（898）小短跗长足虻 *Chaetogonopteron minutum* Yang *et* Grootaert, 1999

Chaetogonopteron minutum Yang *et* Grootaert, 1999. Bull. Inst. R. Sci. Nat. Belg. Ent. 69: 272. **Type locality:** China (Yunnan: Xishuangbanna, Mengyang).
Chaetogonopteron minutum Yang *et* Grootaert, 1999: Yang, Zhang, Wang *et* Zhu, 2011. Fauna Sinica Insecta 53: 1319.
分布（Distribution）：云南（YN）

（899）南岭短跗长足虻 *Chaetogonopteron nanlingense* Zhang, Yang *et* Grootaert, 2003

Chaetogonopteron nanlingense Zhang, Yang *et* Grootaert, 2003. Bull. Inst. R. Sci. Nat. Belg. Ent. 73: 185. **Type locality:** China (Guangdong: Ruyan, Nanling).
Chaetogonopteron nanlingense Zhang, Yang *et* Grootaert, 2003: Yang, Zhang, Wang *et* Zhu, 2011. Fauna Sinica Insecta 53: 1320.
分布（Distribution）：广东（GD）

（900）淡角短跗长足虻 *Chaetogonopteron pallantennatum* Yang *et* Grootaert, 1999

Chaetogonopteron pallantennatum Yang *et* Grootaert, 1999. Bull. Inst. R. Sci. Nat. Belg. Ent. 69: 273. **Type locality:** China (Yunnan: Xishuangbanna, Mengyang).
Chaetogonopteron pallantennatum Yang *et* Grootaert, 1999: Yang, Zhang, Wang *et* Zhu, 2011. Fauna Sinica Insecta 53: 1322.
分布（Distribution）：云南（YN）

（901）白毛短跗长足虻 *Chaetogonopteron pallipilosum* Yang *et* Grootaert, 1999

Chaetogonopteron pallipilosum Yang *et* Grootaert, 1999. Bull. Inst. R. Sci. Nat. Belg. Ent. 69: 274. **Type locality:** China (Yunnan: Xishuangbanna, Mengyang).
Chaetogonopteron pallipilosum Yang *et* Grootaert, 1999: Yang, Zhang, Wang *et* Zhu, 2011. Fauna Sinica Insecta 53: 1323.
分布（Distribution）：云南（YN）、广西（GX）

（902）鲜红短跗长足虻 *Chaetogonopteron rutilum* (Becker, 1922)

Sympycnus rutilus Becker, 1922. Capita Zool. 1 (4): 98. **Type locality:** China (Taiwan: Chip-Chip, Sokotau, and Taihorin); Papua New Guinea (Friedrich-Wilhelmshafen).
Chaetogonopteron rutilum (Becker): Yang, Zhu, Wang *et* Zhang, 2006. World Catalog of Dolichopodidae: 473.
Chaetogonopteron rutilum (Becker, 1922): Yang, Zhang, Wang *et* Zhu, 2011. Fauna Sinica Insecta 53: 1325.
分布（Distribution）：台湾（TW）；菲律宾、巴布亚新几内亚

（903）排鬃短跗长足虻 *Chaetogonopteron seriatum* Yang *et* Grootaert, 1999

Chaetogonopteron seriatum Yang *et* Grootaert, 1999. Bull. Inst. R. Sci. Nat. Belg. Ent. 69: 275. **Type locality:** China (Yunnan: Xishuangbanna, Mengyang).
Chaetogonopteron seriatum Yang *et* Grootaert, 1999: Yang, Zhang, Wang *et* Zhu, 2011. Fauna Sinica Insecta 53: 1325.
分布（Distribution）：云南（YN）

（904）单鬃短跗长足虻 *Chaetogonopteron singulare* Yang *et* Grootaert, 1999

Chaetogonopteron singulare Yang *et* Grootaert, 1999. Bull. Inst. R. Sci. Nat. Belg. Ent. 69: 275. **Type locality:** China (Yunnan: Xishuangbanna, Mengyang).
Chaetogonopteron singulare Yang *et* Grootaert, 1999: Yang, Zhang, Wang *et* Zhu, 2011. Fauna Sinica Insecta 53: 1326
分布（Distribution）：云南（YN）

（905）长鬃短跗长足虻 *Chaetogonopteron sublaetum* Yang *et* Grootaert, 1999

Chaetogonopteron sublaetum Yang *et* Grootaert, 1999. Bull. Inst. R. Sci. Nat. Belg. Ent. 69: 276. **Type locality:** China (Yunnan: Xishuangbanna, Mengyang).
Chaetogonopteron sublaetum Yang *et* Grootaert, 1999: Yang, Zhang, Wang *et* Zhu, 2011. Fauna Sinica Insecta 53: 1328
分布（Distribution）：云南（YN）

（906）台湾短跗长足虻 *Chaetogonopteron taiwanense* Wang, Yang *et* Masunaga, 2009

Chaetogonopteron taiwanense Wang, Yang *et* Masunaga, 2009. J. Nat. Hist. 43 (9-10): 614. **Type locality:** China (Taiwan: Nantou; Guangxi: Jinxiu).
Chaetogonopteron taiwanense Wang, Yang *et* Masunaga, 2009: Yang, Zhang, Wang *et* Zhu, 2011. Fauna Sinica Insecta 53: 1329.
分布（Distribution）：台湾（TW）、广西（GX）

（907）腹毛短跗长足虻 *Chaetogonopteron ventrale* Yang *et* Saigusa, 2001

Chaetogonopteron ventrale Yang *et* Saigusa, 2001. Stud. Dipt. 8 (2): 509. **Type locality:** China (Yunnan: Luchun).
Chaetogonopteron ventrale Yang *et* Saigusa, 2001: Yang, Zhang, Wang *et* Zhu, 2011. Fauna Sinica Insecta 53: 1331.
分布（Distribution）：云南（YN）

（908）腹鬃短跗长足虻 *Chaetogonopteron ventriseta* Liao, Zhou *et* Yang, 2008

Chaetogonopteron ventriseta Liao, Zhou *et* Yang, 2008. Dtsch.

Ent. Z. 55 (1): 150. **Type locality:** China (Guangxi: Shiwandashan).
Chaetogonopteron ventriseta Liao, Zhou *et* Yang, 2008: Yang, Zhang, Wang *et* Zhu, 2011. Fauna Sinica Insecta 53: 1333.
分布（Distribution）：广西（GX）

（909）五华短跗长足虻 *Chaetogonopteron wuhuaense* Wang, Yang *et* Grootaert, 2005

Chaetogonopteron wuhuaense Wang, Yang *et* Grootaert, 2005. Bull. Inst. R. Sci. Nat. Belg. Ent. 75: 218. **Type locality:** China (Guangdong: Wuhua, Qimuzhang; Xinfeng, Yunjishan).
Chaetogonopteron wuhuaense Wang, Yang *et* Grootaert, 2005: Yang, Zhang, Wang *et* Zhu, 2011. Fauna Sinica Insecta 53: 1334.
分布（Distribution）：广东（GD）

（910）张氏短跗长足虻 *Chaetogonopteron zhangae* Wang, Yang *et* Grootaert, 2005

Chaetogonopteron zhangae Wang, Yang *et* Grootaert, 2005. Biologia 60 (5): 508. **Type locality:** China (Guangdong: Ruyuan, Nanling).
Chaetogonopteron zhangae Wang, Yang *et* Grootaert, 2005: Yang, Zhang, Wang *et* Zhu, 2011. Fauna Sinica Insecta 53: 1336.
分布（Distribution）：广东（GD）

（911）朱氏短跗长足虻 *Chaetogonopteron zhuae* Liao, Zhou *et* Yang, 2008

Chaetogonopteron zhuae Liao, Zhou *et* Yang, 2008. Dtsch. Ent. Z. 55 (1): 149. **Type locality:** China (Guangxi: Jinxiu, Dayaoshan).
Chaetogonopteron zhuae Liao, Zhou *et* Yang, 2008: Yang, Zhang, Wang *et* Zhu, 2011. Fauna Sinica Insecta 53: 1338.
分布（Distribution）：广西（GX）

56. 毛柄长足虻属 *Hercostomoides* Meuffels *et* Grootaert, 1997

Hercostomoides Meuffels *et* Grootaert, 1997. Stud. Dipt. 4 (2): 474. **Type species:** *Telmaturgus indonesianus* Hollis, 1964 (monotypy).

（912）印度尼西亚毛柄长足虻 *Hercostomoides indonesianus* (Hollis, 1964)

Telmaturgus indonesianus Hollis, 1964. Beaufortia 10: 264. **Type locality:** Indonesia (Java: Batavia).
Hercostomoides indonesianus (Hollis): Yang, Zhu, Wang *et* Zhang, 2006. World Catalog of Dolichopodidae: 477.
Hercostomoides indonesianus (Hollis, 1964): Yang, Zhang, Wang *et* Zhu, 2011. Fauna Sinica Insecta 53: 1340.
分布（Distribution）：浙江（ZJ）、广东（GD）、广西（GX）、海南（HI）；泰国、越南、印度尼西亚、马来西亚、新加坡、菲律宾

57. 圆角长足虻属 *Lamprochromus* Mik, 1878

Lamprochromus Mik, 1878. Jber. K. K. Akad. Gymn. Wien 1877/1878: 4. **Type species:** *Chrysotus elegans* Meigen, 1830 (original designation).

（913）雅圆角长足虻 *Lamprochromus amabilis* Parent, 1944

Lamprochromus amabilis Parent, 1944. Rev. Fr. Ent. 10 (4): 122. **Type locality:** China (Shaanxi: "Yulinnfou").
Lamprochromus amabilis Parent, 1944: Yang, Zhang, Wang *et* Zhu, 2011. Fauna Sinica Insecta 53: 1342.
分布（Distribution）：陕西（SN）

58. 沼长足虻属 *Scotiomyia* Meuffels *et* Grootaert, 1997

Scotiomyia Meuffels *et* Grootaert, 1997. Stud. Dipt. 4 (1): 248. **Type species:** *Scotiomyia fusca* Meuffels *et* Grootaert, 1997 (original designation).
Paluda Wei, 2006. Insects from Fanjingshan Landscape: 489. **Type species:** *Paluda opercula* Wei, 2006 (monotypy).

（914）盖沼长足虻 *Scotiomyia opercula* (Wei, 2006)

Paluda opercula Wei, 2006. Insects from Fanjingshan Landscape: 489. **Type locality:** China (Guizhou: Fanjingshan).
Scotiomyia opercula (Wei): Yang, Zhu, Wang *et* Zhang, 2006. World Catalog of Dolichopodidae: 485.
Scotiomyia opercula (Wei, 2006): Yang, Zhang, Wang *et* Zhu, 2011. Fauna Sinica Insecta 53: 1343.
分布（Distribution）：贵州（GZ）

59. 合长足虻属 *Sympycnus* Loew, 1857

Sympycnus Loew, 1857. Progr. K. Realsch. Meseritz 1857: 42. **Type species:** *Porphyrops annulipes* Meigen, 1824 (designation by Coquillett, 1910).
Gymnoceromyia Bigot, 1890. Ann. Soc. Ent. Fr. (6) 10: 293. **Type species:** *Gymnoceromyia andicola* Bigot, 1890 (mon otypy).
Subsympycnus Becker, 1922. Abh. Zool.-Bot. Ges. Wien 1921 13 (1): 244 (as subgenus). **Type species:** *Sympycnus* (*Subsy mpycnus*) *griseicollis* Becker, 1922.

（915）端点合长足虻 *Sympycnus apicalis* de Meijere, 1916

Sympycnus apicalis de Meijere, 1916. Tijdschr. Ent. 59 (Suppl.): 251. **Type locality:** Indonesia (Java: Gunung Ungaran).
Sympycnus scutatus de Meijere, 1916. Tijdschr. Ent. 59 (Suppl.): 248. **Type locality:** Indonesia (Java: Wonosobo).
Sympycnus apicalis de Meijere, 1916: Yang, Zhang, Wang *et*

Zhu, 2011. Fauna Sinica Insecta 53: 1345.
分布（**Distribution**）：台湾（TW）；巴基斯坦、印度尼西亚、菲律宾

（916）白烙合长足虻 *Sympycnus albisignatus* (Becker, 1924)

Chrysotus albisignatus Becker, 1924. Zool. Meded. 8: 123. **Type locality:** China (Taiwan: Otago).
Sympycnus albisignatus (Becker): Negrobov, Maslova *et* Selivanova, 2007. Russ. Ent. J. 16 (1): 244.
Sympycnus albisignatus (Becker, 1924): Yang, Zhang, Wang *et* Zhu, 2011. Fauna Sinica Insecta 53: 1345.
分布（**Distribution**）：台湾（TW）；新西兰

（917）银足合长足虻 *Sympycnus argentipes* de Meijere, 1916

Sympycnus argentipes de Meijere, 1916. Tijdschr. Ent. 59 (Suppl.): 247. **Type locality:** Indonesia (Java: Wonosobo, Nongkodjadjar, Gunung Pantjar nr Buitenzorg (Bogor), and Tjibodas).
Sympycnus argentipes de Meijere, 1916: Yang, Zhang, Wang *et* Zhu, 2011. Fauna Sinica Insecta 53: 1346.
分布（**Distribution**）：台湾（TW）；印度尼西亚

（918）偶蹄合长足虻 *Sympycnus bisulcus* Becker, 1922

Sympycnus bisulcus Becker, 1922. Capita Zool. 1 (4): 94. **Type locality:** China (Taiwan: Sokotau, Toa Tsui Kutsu).
Sympycnus bisulcus Becker, 1922: Yang, Zhang, Wang *et* Zhu, 2011. Fauna Sinica Insecta 53: 1346.
分布（**Distribution**）：台湾（TW）；缅甸、印度、菲律宾

（919）群聚合长足虻 *Sympycnus collectus* (Walker, 1857)

Dolichopus collectus Walker, 1857. J. Linn. Soc. Lond. 1: 121. **Type locality:** Malaysia (Borneo: Sarawak).
Sympycnus triplex Becker, 1922. Capita Zool. 1 (4): 102. **Type locality:** China (Taiwan: Kosempo and Kankau).
Sympycnus collectus (Walker): Dyte, 1975. Cat. Dipt. Orient. Reg. 2: 254.
Sympycnus collectus (Walker, 1857): Yang, Zhang, Wang *et* Zhu, 2011. Fauna Sinica Insecta 53: 1346.
分布（**Distribution**）：台湾（TW）；马来西亚

（920）大武合长足虻 *Sympycnus formosinus* Becker, 1922

Sympycnus formosinus Becker, 1922. Capita Zool. 1 (4): 99. **Type locality:** China (Taiwan: Paroe, N Paiwan).
Sympycnus formosinus obscurior Frey, 1925. Not. Ent. 5: 22 (*Nomen nudum*).
Sympycnus formosinus Becker, 1922: Yang, Zhang, Wang *et* Zhu, 2011. Fauna Sinica Insecta 53: 1347.
分布（**Distribution**）：台湾（TW）；菲律宾

（921）碧绿合长足虻 *Sympycnus glaucus* (Becker, 1924)

Campsicnemus glaucus Becker, 1924. Zool. Meded. 8: 126. **Type locality:** China (Taiwan: Paroe, N of Paiwan District).
Sympycnus glaucus (Becker): Negrobov, Maslova *et* Selivanova, 2007. Russ. Ent. J. 16 (1): 243.
Sympycnus glaucus (Becker, 1924): Yang, Zhang, Wang *et* Zhu, 2011. Fauna Sinica Insecta 53: 1348.
分布（**Distribution**）：台湾（TW）

（922）浅绿合长足虻 *Sympycnus luteoviridis* (Parent, 1932)

Pycsymnus luteoviridis Parent, 1932. Stettin. Ent. Ztg. 93: 230. **Type locality:** China (Taiwan: Parol, N Paiwan).
Sympycnus luteoviridis (Parent): Yang, Zhu, Wang *et* Zhang, 2006. World Catalog of Dolichopodidae: 495.
Sympycnus luteoviridis (Parent, 1932): Yang, Zhang, Wang *et* Zhu, 2011. Fauna Sinica Insecta 53: 1348.
分布（**Distribution**）：台湾（TW）

（923）斑点合长足虻 *Sympycnus maculatus* (Parent, 1932)

Pycsymnus maculatus Parent, 1932. Stettin. Ent. Ztg. 93: 231. **Type locality:** China (Taiwan: Kankau).
Sympycnus maculatus (Parent): Yang, Zhu, Wang *et* Zhang, 2006. World Catalog of Dolichopodidae: 495.
Sympycnus maculatus (Parent, 1932): Yang, Zhang, Wang *et* Zhu, 2011. Fauna Sinica Insecta 53: 1349.
分布（**Distribution**）：台湾（TW）；斯里兰卡

（924）结角合长足虻 *Sympycnus nodicornis* Becker, 1922

Sympycnus nodicornis Becker, 1922. Capita Zool. 1 (4): 100. **Type locality:** China (Taiwan: Takao, Tainan).
Sympycnus nodicornis Becker, 1922: Yang, Zhang, Wang *et* Zhu, 2011. Fauna Sinica Insecta 53: 1350.
分布（**Distribution**）：台湾（TW）

（925）赤裸合长足虻 *Sympycnus nudus* Becker, 1922

Sympycnus nudus Becker, 1922. Capita Zool. 1 (4): 104. **Type locality:** China (Taiwan).
Sympycnus nudus Becker, 1922: Yang, Zhang, Wang *et* Zhu, 2011. Fauna Sinica Insecta 53: 1350.
分布（**Distribution**）：台湾（TW）

（926）残存合长足虻 *Sympycnus residuus* Becker, 1922

Sympycnus residuus Becker, 1922. Capita Zool. 1 (4): 104. **Type locality:** China (Taiwan: Polisha, Tainan).
Sympycnus residuus Becker, 1922: Yang, Zhang, Wang *et* Zhu,

2011. Fauna Sinica Insecta 53: 1350.
分布（Distribution）：台湾（TW）；菲律宾

（927）娇嫩合长足虻 *Sympycnus tener* Becker, 1922

Sympycnus tener Becker, 1922. Capita Zool. 1 (4): 103. **Type locality:** China (Taiwan: Tainan).
Sympycnus tener Becker, 1922: Yang, Zhang, Wang *et* Zhu, 2011. Fauna Sinica Insecta 53: 1351.
分布（Distribution）：台湾（TW）

60. 嵌长足虻属 *Syntormon* Loew, 1857

Syntormon Loew, 1857. Progr. K. Realsch. Meseritz 1857: 35. **Type species:** *Rhaphium metathesis* Loew, 1850 (designation by Coquillett, 1910).
Synarthrus Loew, 1857. Progr. K. Realsch. Meseritz 1857: 35. **Type species:** *Musca pallipes* Fabricius, 1794 (monotypy).
Plectropus Haliday, 1832. Zool. J. Lond. 1830-1831: 353. **Type species:** *Musca pallipes* Fabricius, 1794 (designation by Westwood, 1840).
Eutarsus Loew, 1857. Progr. K. Realsch. Meseritz 1857: 45. **Type species:** *Porphyrops aulicus* Meigen, 1824 (monotypy).
Bathycranium Strobl, 1892. Wien. Entomol. Ztg. 11 (4): 103. **Type species:** *Dolichopus bicolorellum* Zettertedt, 1843 (monotypy).
Drymonoeca Becker, 1907. Z. Syst. Hymenopt. Dipt. 7: 108. **Type species:** *Drymonoeca calcarata* Becker, 1907 (monotypy).

（928）北京嵌长足虻 *Syntormon beijingense* Yang, 1998

Syntormon beijingense Yang, 1998. Bull. Inst. R. Sci. Nat. Belg. Ent. 68: 167. **Type locality:** China (Beijing: Sanbao).
Syntormon beijingense Yang, 1998: Yang, Zhang, Wang *et* Zhu, 2011. Fauna Sinica Insecta 53: 1353.
分布（Distribution）：北京（BJ）

（929）衰弱嵌长足虻 *Syntormon detritum* Becker, 1922

Syntormon detritum Becker, 1922. Capita Zool. 1 (4): 57. **Type locality:** China (Taiwan: Toa Tsui Kutsu).
Syntormon detritum Becker, 1922: Yang, Zhang, Wang *et* Zhu, 2011. Fauna Sinica Insecta 53: 1355.
分布（Distribution）：台湾（TW）

（930）双刺嵌长足虻 *Syntormon dukha* Hollis, 1964

Syntormon dukha Hollis, 1964. Bull. Br. Mus. Nat. Hist. Ent. 15 (4): 93. **Type locality:** Nepal (Sangu: Taplejung).
Syntormon dukha Hollis, 1964: Yang, Zhang, Wang *et* Zhu, 2011. Fauna Sinica Insecta 53: 1355.
分布（Distribution）：云南（YN）；尼泊尔

（931）峨眉嵌长足虻 *Syntormon emeiensis* Yang *et* Saigusa, 1999

Syntormon emeiense Yang *et* Saigusa, 1999. Bull. Inst. R. Sci. Nat. Belg. Ent. 69: 248. **Type locality:** China (Sichuan: Emei Mountain).
Syntormon emeiensis Yang *et* Saigusa, 1999: Yang, Zhang, Wang *et* Zhu, 2011. Fauna Sinica Insecta 53: 1357.
分布（Distribution）：四川（SC）、贵州（GZ）

（932）柔顺嵌长足虻 *Syntormon flexibile* Becker, 1922

Syntormon flexibile Becker, 1922. Capita Zool. 1 (4): 55. **Type locality:** China (Taiwan).
Syntormon miritarsus Parent, 1926. Encycl. Ent. (B II) Dipt. 3: 133. **Type locality:** China (Shanghai: "Zi-Ka-Wei").
Syntormon miritarsus flavomaculatus Parent, 1926. Encycl. Ent. (B II) Dipt. 3: 134. **Type locality:** China (Shanghai: "Zi-Ka-Wei").
Syntormon distortitarsis Van Duzee, 1933. Proc. Hawaii. Ent. Soc. 8 (2): 338. **Type locality:** USA (Hawaiian Is., Oahu, Tantalus, Hering Valley).
Syntormon myklebusti Harmston *et* Miller, 1966. Proc. Ent. Soc. Wash. 68 (2): 90. **Type locality:** USA (Washington, Ilwaco).
Syntormon lindneri Negrobov, 1975. Ent. Obozr. 54 (3): 660. **Type locality:** Russia (Primorye: Komarovo-zapovednoe).
Syntormon flexibile Becker, 1922: Yang, Zhang, Wang *et* Zhu, 2011. Fauna Sinica Insecta 53: 1358.
分布（Distribution）：河北（HEB）、江苏（JS）、上海（SH）、浙江（ZJ）、贵州（GZ）、福建（FJ）、台湾（TW）、广东（GD）；日本、奥地利、法国、汤加、荷兰、美国、俄罗斯

（933）贵州嵌长足虻 *Syntormon guizhouense* Wang *et* Yang, 2005

Syntormon guizhouense Wang *et* Yang, 2005. Insects from Dashahe Nature Reserve of Guizhou: 401. **Type locality:** China (Guizhou: Dashahe).
Syntormon guizhouense Wang *et* Yang, 2005: Yang, Zhang, Wang *et* Zhu, 2011. Fauna Sinica Insecta 53: 1360.
分布（Distribution）：贵州（GZ）

（934）河南嵌长足虻 *Syntormon henanensis* Yang *et* Saigusa, 2000

Syntormon henanense Yang *et* Saigusa, 2000. Insects of the Mountains Funiu and Dabie regions: 207. **Type locality:** China (Henan: Songxian, Baiyunshan Mountain).
Syntormon henanensis Yang *et* Saigusa, 2000: Yang, Zhang, Wang *et* Zhu, 2011. Fauna Sinica Insecta 53: 1362.
分布（Distribution）：河南（HEN）、陕西（SN）、云南（YN）

（935）绿春嵌长足虻 *Syntormon luchunense* Yang *et* Saigusa, 2001

Syntormon luchunense Yang *et* Saigusa, 2001. Stud. Dipt. 8 (2): 511. **Type locality:** China (Yunnan: Luchun).

Syntormon luchunense Yang *et* Saigusa, 2001: Yang, Zhang, Wang *et* Zhu, 2011. Fauna Sinica Insecta 53: 1363.
分布（Distribution）：贵州（GZ）、云南（YN）

（936）泸水嵌长足虻 *Syntormon luishuiense* Yang *et* Saigusa, 2001

Syntormon luishuiense Yang *et* Saigusa, 2001. Bull. Inst. R. Sci. Nat. Belg. Ent. 71: 255. **Type locality:** China (Yunnan: Lushui).
Syntormon luishuiense Yang *et* Saigusa, 2001: Yang, Zhang, Wang *et* Zhu, 2011. Fauna Sinica Insecta 53: 1365.
分布（Distribution）：云南（YN）

（937）墨脱嵌长足虻 *Syntormon medogense* Wang, Yang *et* Masunaga, 2006

Syntormon medogense Wang, Yang *et* Masunaga, 2006. Trans. Am. Ent. Soc. 132: 130. **Type locality:** China (Tibet: Medog).
Syntormon medogense Wang, Yang *et* Masunaga, 2006: Yang, Zhang, Wang *et* Zhu, 2011. Fauna Sinica Insecta 53: 1366.
分布（Distribution）：西藏（XZ）

（938）浅色嵌长足虻 *Syntormon pallipes* (Fabricius, 1794)

Musca pallipes Fabricius, 1794. Entom. Syst. 4: 340. **Type locality:** Germany.
Rhaphium hamatus Zetterstedt, 1843. Dipt. Scand. 2: 475. **Type locality:** Scandinaviae (Lund: Scania, Ostrogothia, Thynaes, Norvegiae), Dania [Sweden, Norway, Denmark]).
Syntormon pallipes (Fabricius): Negrobov, 1991. Cat. Palaearct. Dipt. 7: 55.
Syntormon pallipes (Fabricius, 1794): Yang, Zhang, Wang *et* Zhu, 2011. Fauna Sinica Insecta 53: 1368.
分布（Distribution）：北京（BJ）、河南（HEN）、陕西（SN）、青海（QH）、新疆（XJ）、贵州（GZ）；爱尔兰、英国、瑞典、挪威、芬兰、丹麦、荷兰、德国、法国、奥地利、比利时、意大利、希腊、西班牙、葡萄牙、匈牙利、波兰、前捷克斯洛伐克、前南斯拉夫、俄罗斯、伊朗、阿富汗、土耳其、摩洛哥、阿尔及利亚、埃及、也门、刚果（金）；非洲（北部）

（939）三鬃嵌长足虻 *Syntormon trisetum* Yang, 1998

Syntormon trisetum Yang, 1998. Bull. Inst. R. Sci. Nat. Belg. Ent. 68: 168. **Type locality:** China (Fujian: Jianyang).
Syntormon trisetum Yang, 1998: Yang, Zhang, Wang *et* Zhu, 2011. Fauna Sinica Insecta 53: 1369.
分布（Distribution）：福建（FJ）

（940）新疆嵌长足虻 *Syntormon xinjiangense* Yang, 1999

Syntormon xinjiangense Yang, 1999. Bull. Inst. R. Sci. Nat. Belg. Ent. 69: 211. **Type locality:** China (Xinjiang: Tomort).
Syntormon xinjiangense Yang, 1999: Yang, Zhang, Wang *et* Zhu, 2011. Fauna Sinica Insecta 53: 1370.
分布（Distribution）：新疆（XJ）

（941）西藏嵌长足虻 *Syntormon xizangense* Yang, 1999

Syntormon xizangense Yang, 1999. Bull. Inst. R. Sci. Nat. Belg. Ent. 69: 212. **Type locality:** China (Xizang: Chaya).
Syntormon xizangense Yang, 1999: Yang, Zhang, Wang *et* Zhu, 2011. Fauna Sinica Insecta 53: 1372.
分布（Distribution）：西藏（XZ）

（942）郑氏嵌长足虻 *Syntormon zhengi* Yang, 1998

Syntormon zhengi Yang, 1998. Bull. Inst. R. Sci. Nat. Belg. Ent. 68: 168. **Type locality:** China (Qinghai: Menyuan).
Syntormon zhengi Yang, 1998: Yang, Zhang, Wang *et* Zhu, 2011. Fauna Sinica Insecta 53: 1373.
分布（Distribution）：青海（QH）

61. 脉胝长足虻属 *Teuchophorus* Loew, 1857

Teuchophorus Loew, 1857. Progr. K. Realsch. Meseritz 1857: 44. **Type species:** *Dolichopus spinigerellus* Zetterstedt, 1843 (designation by Coquillett, 1910).
Mastigomyia Becker, 1924. Zool. Meded. 8: 121. **Type species:** *Mastigomyia gratiosa* Becker, 1924 (monotypy).
Olegonegrobovia Grichanov, 1995. Int. J. Dipt. Res. 6: 125. **Type species:** *Olegonegrobovia zlobini* Grichanov, 1995 (original designation).
Paresus Wei, 2006. Insects from Fanjingshan Landscape: 493. **Type species:** *Paresus moniasus* Wei, 2006 (monotypy). Syn. nov.

（943）长角脉胝长足虻 *Teuchophorus elongatus* Wang, Yang *et* Grootaert, 2006

Teuchophorus elongatus Wang, Yang *et* Grootaert, 2006. Ent. Fenn. 17 (2): 106. **Type locality:** China (Taiwan: Taipei).
Teuchophorus elongatus Wang, Yang *et* Grootaert, 2006: Yang, Zhang, Wang *et* Zhu, 2011. Fauna Sinica Insecta 53: 1376.
分布（Distribution）：台湾（TW）

（944）峨眉脉胝长足虻 *Teuchophorus emeiensis* Yang *et* Saigusa, 2000

Teuchophorus emeiensis Yang *et* Saigusa, 2000. Bull. Inst. R. Sci. Nat. Belg. Ent. 70: 239. **Type locality:** China (Sichuan: Emei Mountain).
Teuchophorus emeiensis Yang *et* Saigusa, 2000: Yang, Zhang, Wang *et* Zhu, 2011. Fauna Sinica Insecta 53: 1378.
分布（Distribution）：四川（SC）

（945）溪脉胝长足虻 *Teuchophorus fluvius* Wei, 2006

Teuchophorus fluvius Wei, 2006. Insects from Fanjingshan Landscape: 492. **Type locality:** China (Guizhou: Fanjingshan).
Teuchophorus fluvius Wei, 2006: Yang, Zhang, Wang *et* Zhu, 2011. Fauna Sinica Insecta 53: 1379.

分布（Distribution）：贵州（GZ）

（946）奉承脉胝长足虻 *Teuchophorus gratiosus* (Becker, 1924)

Mastigomyia gratiosa Becker, 1924. Zool. Meded. 8: 122. **Type locality:** China (Taiwan: Daitotei).
Teuchophorus gratiosus (Becker): Yang, Zhu, Wang *et* Zhang, 2006. World Catalog of Dolichopodidae: 514.
Teuchophorus gratiosus (Becker, 1924): Yang, Zhang, Wang *et* Zhu, 2011. Fauna Sinica Insecta 53: 1379.
分布（Distribution）：台湾（TW）；老挝、日本

（947）广东脉胝长足虻 *Teuchophorus guangdongensis* Wang, Yang *et* Grootaert, 2006

Teuchophorus guangdongensis Wang, Yang *et* Grootaert, 2006. Ann. Zool. 56 (2): 316. **Type locality:** China (Guangdong: Yingde).
Teuchophorus guangdongensis Wang, Yang *et* Grootaert, 2006: Yang, Zhang, Wang *et* Zhu, 2011. Fauna Sinica Insecta 53: 1382.
分布（Distribution）：广东（GD）

（948）孤脉胝长足虻 *Teuchophorus moniasus* (Wei, 2006)

Paresus moniasus Wei, 2006. Insects from Fanjingshan Landscape: 494. **Type locality:** China (Guizhou: Fanjingshan).
Teuchophorus moniasus (Wei, 2006): Yang, Zhang, Wang *et* Zhu, 2011. Fauna Sinica Insecta 53: 1383.
分布（Distribution）：贵州（GZ）

（949）黑足脉胝长足虻 *Teuchophorus nigrescus* Yang *et* Saigusa, 2000

Teuchophorus nigrescus Yang *et* Saigusa, 2000. Insects of the Mountains Funiu and Dabie regions: 206. **Type locality:** China (Henan: Luoshan, Lingshan Mountain).
Teuchophorus nigrescus Yang *et* Saigusa, 2000: Yang, Zhang, Wang *et* Zhu, 2011. Fauna Sinica Insecta 53: 1384.
分布（Distribution）：河南（HEN）

（950）中华脉胝长足虻 *Teuchophorus sinensis* Yang *et* Saigusa, 2000

Teuchophorus sinensis Yang *et* Saigusa, 2000. Insects of the Mountains Funiu and Dabie regions: 205. **Type locality:** China (Henan: Luoshan, Lingshan Mountain).
Teuchophorus sinensis Yang *et* Saigusa, 2000: Yang, Zhang, Wang *et* Zhu, 2011. Fauna Sinica Insecta 53: 1385.
分布（Distribution）：河南（HEN）、浙江（ZJ）、四川（SC）；韩国

（951）台湾脉胝长足虻 *Teuchophorus taiwanensis* Wang, Yang *et* Grootaert, 2006

Teuchophorus taiwanensis Wang, Yang *et* Grootaert, 2006. Ent. Fenn. 17 (2): 106. **Type locality:** China (Taiwan: Taipei).
Teuchophorus taiwanensis Wang, Yang *et* Grootaert, 2006: Yang, Zhang, Wang *et* Zhu, 2011. Fauna Sinica Insecta 53: 1387.
分布（Distribution）：台湾（TW）

（952）天目山脉胝长足虻 *Teuchophorus tianmushanus* Yang, 2001

Teuchophorus tianmushanus Yang, 2001. Insects of Tianmushan National Nature Reserve: 437. **Type locality:** China (Zhejiang: Tianmushan).
Teuchophorus tianmushanus Yang, 2001: Yang, Zhang, Wang *et* Zhu, 2011. Fauna Sinica Insecta 53: 1388.
分布（Distribution）：浙江（ZJ）

（953）乌苏里脉胝长足虻 *Teuchophorus ussurianus* Negrobov, Grichanov *et* Shamshev, 1984

Teuchophorus ussurianus Negrobov, Grichanov *et* Shamshev, 1984. Biol. Nauki 1984 (9): 37. **Type locality:** Russia (Primorye).
Teuchophorus ussurianus Negrobov, Grichanov *et* Shamshev, 1984: Yang, Zhang, Wang *et* Zhu, 2011. Fauna Sinica Insecta 53: 1389.
分布（Distribution）：北京（BJ）；俄罗斯、日本

（954）腹鬃脉胝长足虻 *Teuchophorus ventralis* Yang *et* Saigusa, 2000

Teuchophorus ventralis Yang *et* Saigusa, 2000. Bull. Inst. R. Sci. Nat. Belg. Ent. 70: 241. **Type locality:** China (Sichuan: Emei Mountain).
Teuchophorus ventralis Yang *et* Saigusa, 2000: Yang, Zhang, Wang *et* Zhu, 2011. Fauna Sinica Insecta 53: 1391.
分布（Distribution）：四川（SC）、广东（GD）

（955）英德脉胝长足虻 *Teuchophorus yingdensis* Wang, Yang *et* Grootaert, 2006

Teuchophorus yingdensis Wang, Yang *et* Grootaert, 2006. Ann. Zool. 56 (2): 318. **Type locality:** China (Guangdong: Yingde).
Teuchophorus yingdensis Wang, Yang *et* Grootaert, 2006: Yang, Zhang, Wang *et* Zhu, 2011. Fauna Sinica Insecta 53: 1393.
分布（Distribution）：广东（GD）

（956）云南脉胝长足虻 *Teuchophorus yunnanensis* Yang *et* Saigusa, 2001

Teuchophorus yunnanensis Yang *et* Saigusa, 2001. Bull. Inst. R. Sci. Nat. Belg. Ent. 71: 175. **Type locality:** China (Yunnan: Luchun).
Teuchophorus yunnanensis Yang *et* Saigusa, 2001: Yang, Zhang, Wang *et* Zhu, 2011. Fauna Sinica Insecta 53: 1394.
分布（Distribution）：云南（YN）

（957）朱氏脉胝长足虻 *Teuchophorus zhuae* Wang, Yang *et* Grootaert, 2006

Teuchophorus zhuae Wang, Yang *et* Grootaert, 2006. Ann. Zool. 56 (2): 319. **Type locality:** China (Guangxi: Jinxiu, Dayaoshan).

Teuchophorus zhuae Wang, Yang *et* Grootaert, 2006: Yang, Zhang, Wang *et* Zhu, 2011. Fauna Sinica Insecta 53: 1396.

分布（Distribution）：广东（GD）、广西（GX）

佩长足虻亚科 Peloropeodinae

Peloropeodinae Robinson, 1970. Papéis Avulsos do Departamento de Zoologia (São Paulo) 23 (6): 56. **Type genus:** *Peloropeodes* Wheeler, 1890.

62. 长须长足虻属 *Acropsilus* Mik, 1878

Acropsilus Mik, 1878. Jber. K. K. Akad. Gymn. Wien 1878: 6. **Type species:** *Chrysotus niger* Loew, 1869 (original designation).

Nobilusa Wei, 2006. Insects from Fanjingshan Landscape: 491. **Type species:** *Nobilusa opipara* Wei, 2006 (monotypy).

（958）广东长须长足虻 *Acropsilus guangdongensis* Wang, Yang *et* Grootaert, 2007

Acropsilus guangdongensis Wang, Yang *et* Grootaert, 2007. Biologia 62 (1): 89. **Type locality:** China (Guangdong; Guangxi; Guizhou).

Acropsilus guangdongensis Wang, Yang *et* Grootaert, 2007: Yang, Zhang, Wang *et* Zhu, 2011. Fauna Sinica Insecta 53: 1400.

分布（Distribution）：贵州（GZ）、广东（GD）、广西（GX）

（959）广西长须长足虻 *Acropsilus guangxiensis* Wang, Yang *et* Grootaert, 2007

Acropsilus guangxiensis Wang, Yang *et* Grootaert, 2007. Biologia 62 (1): 90. **Type locality:** China (Guangxi: Jinxiu).

Acropsilus guangxiensis Wang, Yang *et* Grootaert, 2007: Yang, Zhang, Wang *et* Zhu, 2011. Fauna Sinica Insecta 53: 1402.

分布（Distribution）：广西（GX）

（960）金秀长须长足虻 *Acropsilus jinxiuensis* Wang, Yang *et* Grootaert, 2007

Acropsilus jinxiuensis Wang, Yang *et* Grootaert, 2007. Biologia 62 (1): 90. **Type locality:** China (Guangxi: Jinxiu).

Acropsilus jinxiuensis Wang, Yang *et* Grootaert, 2007: Yang, Zhang, Wang *et* Zhu, 2011. Fauna Sinica Insecta 53: 1403.

分布（Distribution）：广西（GX）

（961）罗乡长须长足虻 *Acropsilus luoxiangensis* Wang, Yang *et* Grootaert, 2007

Acropsilus luoxiangensis Wang, Yang *et* Grootaert, 2007. Biologia 62 (1): 91. **Type locality:** China (Guangxi: Jinxiu).

Acropsilus luoxiangensis Wang, Yang *et* Grootaert, 2007: Yang, Zhang, Wang *et* Zhu, 2011. Fauna Sinica Insecta 53: 1404.

分布（Distribution）：广西（GX）

（962）丽长须长足虻 *Acropsilus opipara* (Wei, 2006)

Nobilusa opipara Wei, 2006. Insects from Fanjingshan Landscape: 491. **Type locality:** China (Guizhou: Fanjingshan).

Acropsilus opipara (Wei): Yang, Zhu, Wang *et* Zhang, 2006. World Catalog of Dolichopodidae: 324.

Acropsilus opipara (Wei, 2006): Yang, Zhang, Wang *et* Zhu, 2011. Fauna Sinica Insecta 53: 1406.

分布（Distribution）：贵州（GZ）

（963）云南长须长足虻 *Acropsilus yunnanensis* Wang, Yang *et* Grootaert, 2007

Acropsilus yunnanensis Wang, Yang *et* Grootaert, 2007. Biologia 62 (1): 92. **Type locality:** China (Yunnan Xishuangbanna).

Acropsilus yunnanensis Wang, Yang *et* Grootaert, 2007: Yang, Zhang, Wang *et* Zhu, 2011. Fauna Sinica Insecta 53: 1406.

分布（Distribution）：云南（YN）

（964）增城长须长足虻 *Acropsilus zengchengensis* Wang, Yang *et* Grootaert, 2007

Acropsilus zengchengensis Wang, Yang *et* Grootaert, 2007. Biologia 62 (1): 93. **Type locality:** China (Guangdong: Zengcheng, Huizhou, Fugang).

Acropsilus zengchengensis Wang, Yang *et* Grootaert, 2007: Yang, Zhang, Wang *et* Zhu, 2011. Fauna Sinica Insecta 53: 1408.

分布（Distribution）：广东（GD）

（965）朱氏长须长足虻 *Acropsilus zhuae* Wang, Yang *et* Grootaert, 2007

Acropsilus zhuae Wang, Yang *et* Grootaert, 2007. Biologia 62 (1): 93. **Type locality:** China (Guangxi: Jinxiu).

Acropsilus zhuae Wang, Yang *et* Grootaert, 2007: Yang, Zhang, Wang *et* Zhu, 2011. Fauna Sinica Insecta 53: 1409.

分布（Distribution）：广西（GX）

63. 阿里山长足虻属 *Alishania* Bickel, 2004

Alishania Bickel, 2004. Bishop Mus. Bull. Ent. 12: 27. **Type species:** *Alishania elmohardyi* Bickel, 2004 (monotypy).

（966）哈氏阿里山长足虻 *Alishania elmohardyi* Bickel, 2004

Alishania elmohardyi Bickel, 2004. Bishop Mus. Bull. Ent. 12: 29. **Type locality:** China (Taiwan: Lishan).

Alishania elmohardyi Bickel, 2004: Yang, Zhang, Wang *et* Zhu, 2011. Fauna Sinica Insecta 53: 1411.

分布（Distribution）：台湾（TW）

64. 黄鬃长足虻属 *Chrysotimus* Loew, 1857

Chrysotimus Loew, 1857. Progr. K. Realsch. Meseritz 1857: 48. **Type species:** *Chrysotimus pusio* Loew (designation by Coquillett, 1910).
Guzeriplia Negrobov, 1968. Zool. Zhur. 47 (3): 470. **Type species:** *Guzeriplia chlorina* Negrobov, 1968 (original designation).

（967）尖须黄鬃长足虻 *Chrysotimus acutatus* Wang, Yang *et* Grootaert, 2005

Chrysotimus acutatus Wang, Yang *et* Grootaert, 2005. Zootaxa 1003: 5. **Type locality:** China (Guangdong: Nanling).
Chrysotimus acutatus Wang, Yang *et* Grootaert, 2005: Yang, Zhang, Wang *et* Zhu, 2011. Fauna Sinica Insecta 53: 1415.
分布（Distribution）：广东（GD）

（968）弯尖黄鬃长足虻 *Chrysotimus apicicurvatus* Yang, 2001

Chrysotimus apicicurvatus Yang, 2001. Insects of Tianmushan National Nature Reserve: 434. **Type locality:** China (Zhejiang: Tianmushan).
Chrysotimus apicicurvatus Yang, 2001: Yang, Zhang, Wang *et* Zhu, 2011. Fauna Sinica Insecta 53: 1417.
分布（Distribution）：浙江（ZJ）

（969）基黄黄鬃长足虻 *Chrysotimus basiflavus* Yang, 2001

Chrysotimus basiflavus Yang, 2001. Insects of Tianmushan National Nature Reserve: 434. **Type locality:** China (Zhejiang: Tianmushan).
Chrysotimus basiflavus Yang, 2001: Yang, Zhang, Wang *et* Zhu, 2011. Fauna Sinica Insecta 53: 1418.
分布（Distribution）：浙江（ZJ）

（970）北京黄鬃长足虻 *Chrysotimus beijingensis* (Yang *et* Saigusa, 2001)

Guzeriplia beijingensis Yang *et* Saigusa, 2001. Bull. Inst. R. Sci. Nat. Belg. Ent. 71: 157. **Type locality:** China (Beijing: Xiaolongmen).
Chrysotimus beijingensis (Yang *et* Saigusa): Yang, Zhu, Wang *et* Zhang, 2006. World Catalog of Dolichopodidae: 325.
Chrysotimus beijingensis (Yang *et* Saigusa, 2001): Yang, Zhang, Wang *et* Zhu, 2011. Fauna Sinica Insecta 53: 1419.
分布（Distribution）：北京（BJ）

（971）双束黄鬃长足虻 *Chrysotimus bifascia* Yang *et* Saigusa, 2005

Chrysotimus bifascia Yang *et* Saigusa, 2005. Insects fauna of middle-west Qinling range and south mountains of Gansu province: 751. **Type locality:** China (Shaanxi: Fuping).
Chrysotimus bifascia Yang *et* Saigusa, 2005: Yang, Zhang, Wang *et* Zhu, 2011. Fauna Sinica Insecta 53: 1421.
分布（Distribution）：陕西（SN）

（972）裂须黄鬃长足虻 *Chrysotimus bifurcatus* Wang *et* Yang, 2006

Chrysotimus bifurcatus Wang *et* Yang, 2006. Ent. Fenn. 16: 100. **Type locality:** China (Tibet: Bomi).
Chrysotimus bifurcatus Wang *et* Yang, 2006: Yang, Zhang, Wang *et* Zhu, 2011. Fauna Sinica Insecta 53: 1422.
分布（Distribution）：西藏（XZ）

（973）双刺黄鬃长足虻 *Chrysotimus bispinus* Yang *et* Saigusa, 2001

Chrysotimus bispinus Yang *et* Saigusa, 2001. Bull. Inst. R. Sci. Nat. Belg. Ent. 71: 176. **Type locality:** China (Yunnan).
Chrysotimus bispinus Yang *et* Saigusa, 2001: Yang, Zhang, Wang *et* Zhu, 2011. Fauna Sinica Insecta 53: 1423.
分布（Distribution）：云南（YN）

（974）集昆黄鬃长足虻 *Chrysotimus chikuni* Wang, Yang *et* Grootaert, 2005

Chrysotimus chikuni Wang, Yang *et* Grootaert, 2005. Zootaxa 1003: 10. **Type locality:** China (Gansu: Kangxian).
Chrysotimus chikuni Wang, Yang *et* Grootaert, 2005: Yang, Zhang, Wang *et* Zhu, 2011. Fauna Sinica Insecta 53: 1425.
分布（Distribution）：甘肃（GS）

（975）大龙黄鬃长足虻 *Chrysotimus dalongensis* Wang, Chen *et* Yang, 2012

Chrysotimus dalongensis Wang, Chen *et* Yang, 2012. Zookeys 199: 5. **Type locality:** China (Hubei: Shennongjia).
分布（Distribution）：湖北（HB）

（976）指突黄鬃长足虻 *Chrysotimus digitatus* Yang *et* Saigusa, 2001

Chrysotimus digitatus Yang *et* Saigusa, 2001. Bull. Inst. R. Sci. Nat. Belg. Ent. 71: 177. **Type locality:** China (Yunnan).
Chrysotimus digitatus Yang *et* Saigusa, 2001: Yang, Zhang, Wang *et* Zhu, 2011. Fauna Sinica Insecta 53: 1426.
分布（Distribution）：云南（YN）

（977）背芒黄鬃长足虻 *Chrysotimus dorsalis* Yang, 2001

Chrysotimus dorsalis Yang, 2001. Insects of Tianmushan National Nature Reserve: 435. **Type locality:** China (Zhejiang: Tianmushan).
Chrysotimus dorsalis Yang, 2001: Yang, Zhang, Wang *et* Zhu, 2011. Fauna Sinica Insecta 53: 1428.
分布（Distribution）：浙江（ZJ）

（978）大黄鬃长足虻 *Chrysotimus grandis* Wang *et* Yang, 2006

Chrysotimus grandis Wang *et* Yang, 2006. Ent. Fenn. 16: 101. **Type locality:** China (Tibet: Bomi).

Chrysotimus grandis Wang *et* Yang, 2006: Yang, Zhang, Wang *et* Zhu, 2011. Fauna Sinica Insecta 53: 1429.
分布（Distribution）：西藏（XZ）

（979）广东黄鬃长足虻 *Chrysotimus guangdongensis* Wang, Yang *et* Grootaert, 2005

Chrysotimus guangdongensis Wang, Yang *et* Grootaert, 2005. Zootaxa 1003: 13. **Type locality:** China (Guangdong: Nanling).
Chrysotimus guangdongensis Wang, Yang *et* Grootaert, 2005: Yang, Zhang, Wang *et* Zhu, 2011. Fauna Sinica Insecta 53: 1430.
分布（Distribution）：广东（GD）

（980）广西黄鬃长足虻 *Chrysotimus guangxiensis* Yang *et* Saigusa, 2001

Chrysotimus guangxiensis Yang *et* Saigusa, 2001. Bull. Inst. R. Sci. Nat. Belg. Ent. 71: 155. **Type locality:** China (Guangxi: Jinxiu, Dayaoshan).
Chrysotimus guangxiensis Yang *et* Saigusa, 2001: Yang, Zhang, Wang *et* Zhu, 2011. Fauna Sinica Insecta 53: 1432.
分布（Distribution）：广西（GX）

（981）怀柔黄鬃长足虻 *Chrysotimus huairouensis* Wang, Chen *et* Yang, 2012

Chrysotimus huairouensis Wang, Chen *et* Yang, 2012. Zookeys 199: 7. **Type locality:** China (Beijing: Huairou).
分布（Distribution）：北京（BJ）

（982）湖北黄鬃长足虻 *Chrysotimus hubeiensis* Wang, Chen *et* Yang, 2012

Chrysotimus hubeiensis Wang, Chen *et* Yang, 2012. Zookeys 199: 9. **Type locality:** China (Hubei: Shennongjia).
分布（Distribution）：湖北（HB）

（983）凹缺黄鬃长足虻 *Chrysotimus incisus* Yang *et* Saigusa, 2001

Chrysotimus incisus Yang *et* Saigusa, 2001. Bull. Inst. R. Sci. Nat. Belg. Ent. 71: 178. **Type locality:** China (Yunnan).
Chrysotimus incisus Yang *et* Saigusa, 2001: Yang, Zhang, Wang *et* Zhu, 2011. Fauna Sinica Insecta 53: 1433.
分布（Distribution）：云南（YN）

（984）李氏黄鬃长足虻 *Chrysotimus lii* Wang *et* Yang, 2006

Chrysotimus lii Wang *et* Yang, 2006. Ent. Fenn. 16: 102. **Type locality:** China (Tibet: Bomi).
Chrysotimus lii Wang *et* Yang, 2006: Yang, Zhang, Wang *et* Zhu, 2011. Fauna Sinica Insecta 53: 1435.
分布（Distribution）：西藏（XZ）

（985）丽江黄鬃长足虻 *Chrysotimus lijianganus* Yang *et* Saigusa, 2001

Chrysotimus lijianganus Yang *et* Saigusa, 2001. Bull. Inst. R. Sci. Nat. Belg. Ent. 71: 178. **Type locality:** China (Yunnan).
Chrysotimus lijianganus Yang *et* Saigusa, 2001: Yang, Zhang, Wang *et* Zhu, 2011. Fauna Sinica Insecta 53: 1436.
分布（Distribution）：云南（YN）

（986）林芝黄鬃长足虻 *Chrysotimus linzhiensis* Wang *et* Yang, 2006

Chrysotimus linzhiensis Wang *et* Yang, 2006. Ent. Fenn. 16: 103. **Type locality:** China (Tibet: Linzhi).
Chrysotimus linzhiensis Wang *et* Yang, 2006: Yang, Zhang, Wang *et* Zhu, 2011. Fauna Sinica Insecta 53: 1437.
分布（Distribution）：西藏（XZ）

（987）墨脱黄鬃长足虻 *Chrysotimus motuoensis* Wang, Chen *et* Yang, 2014

Chrysotimus motuoensis Wang, Chen *et* Yang, 2014. Zookeys 424: 122. **Type locality:** China (Tibet: Motuo).
分布（Distribution）：西藏（XZ）

（988）宁夏黄鬃长足虻 *Chrysotimus ningxianus* Wang, Yang *et* Grootaert, 2005

Chrysotimus ningxiaus Wang, Yang *et* Grootaert, 2005. Zootaxa 1003: 17. **Type locality:** China (Ningxia: Jingliuhe).
Chrysotimus ningxianus Wang, Yang *et* Grootaert, 2005: Yang, Zhang, Wang *et* Zhu, 2011. Fauna Sinica Insecta 53: 1439.
分布（Distribution）：宁夏（NX）

（989）屏边黄鬃长足虻 *Chrysotimus pingbianus* Yang *et* Saigusa, 2001

Chrysotimus pingbianus Yang *et* Saigusa, 2001. Bull. Inst. R. Sci. Nat. Belg. Ent. 71: 179. **Type locality:** China (Yunnan).
Chrysotimus pingbianus Yang *et* Saigusa, 2001: Yang, Zhang, Wang *et* Zhu, 2011. Fauna Sinica Insecta 53: 1440.
分布（Distribution）：云南（YN）

（990）秦岭黄鬃长足虻 *Chrysotimus qinlingensis* Yang *et* Saigusa, 2005

Chrysotimus qinlingensis Yang *et* Saigusa, 2005. Insects fauna of middle-west Qinling range and south mountains of Gansu province: 749. **Type locality:** China (Shaanxi: Fuping).
Chrysotimus qinlingensis Yang *et* Saigusa, 2005: Yang, Zhang, Wang *et* Zhu, 2011. Fauna Sinica Insecta 53: 1442.
分布（Distribution）：陕西（SN）、宁夏（NX）

（991）三江源黄鬃长足虻 *Chrysotimus sanjiangyuanus* Wang, Yang *et* Grootaert, 2005

Chrysotimus sanjiangyuanus Wang, Yang *et* Grootaert, 2005. Zootaxa 1003: 20. **Type locality:** China (Guangxi: Maoershan).
Chrysotimus sanjiangyuanus Wang, Yang *et* Grootaert, 2005: Yang, Zhang, Wang *et* Zhu, 2011. Fauna Sinica Insecta 53: 1443.

分布（Distribution）：广西（GX）

（992）多毛黄鬃长足虻 *Chrysotimus setosus* Yang *et* Saigusa, 2005

Chrysotimus setosus Yang *et* Saigusa, 2005. Insects fauna of middle-west Qinling range and south mountains of Gansu province: 750. **Type locality:** China (Shaanxi: Fuping).

Chrysotimus setosus Yang *et* Saigusa, 2005: Yang, Zhang, Wang *et* Zhu, 2011. Fauna Sinica Insecta 53: 1445.

分布（Distribution）：陕西（SN）

（993）神农架黄鬃长足虻 *Chrysotimus shennongjianus* Yang *et* Saigusa, 2001

Chrysotimus shennongjianus Yang *et* Saigusa, 2001. Bull. Inst. R. Sci. Nat. Belg. Ent. 71: 156. **Type locality:** China (Hubei: Shennongjia).

Chrysotimus shennongjianus Yang *et* Saigusa, 2001: Yang, Zhang, Wang *et* Zhu, 2011. Fauna Sinica Insecta 53: 1446.

分布（Distribution）：河南（HEN）、陕西（SN）、湖北（HB）

（994）中华黄鬃长足虻 *Chrysotimus sinensis* Parent, 1944

Chrysotimus sinensis Parent, 1944. Rev. Fr. Ent. 10 (4): 121. **Type locality:** Tcheuly (China: Siling, La Trappe, Paihoachan, Sinlongchan).

Chrysotimus sinensis Parent, 1944: Yang, Zhang, Wang *et* Zhu, 2011. Fauna Sinica Insecta 53: 1447.

分布（Distribution）：河北（HEB）

（995）松山黄鬃长足虻 *Chrysotimus songshanus* Wang, Yang *et* Grootaert, 2005

Chrysotimus songshanus Wang, Yang *et* Grootaert, 2005. Zootaxa 1003: 24. **Type locality:** China (Beijing: Yanqing, Songshan).

Chrysotimus songshanus Wang, Yang *et* Grootaert, 2005: Yang, Zhang, Wang *et* Zhu, 2011. Fauna Sinica Insecta 53: 1448.

分布（Distribution）：北京（BJ）

（996）西藏黄鬃长足虻 *Chrysotimus tibetensis* Wang, Chen *et* Yang, 2014

Chrysotimus tibetensis Wang, Chen *et* Yang, 2014. Zookeys 424: 124. **Type locality:** China (Tibet: Linzhi).

分布（Distribution）：西藏（XZ）

（997）单束黄鬃长足虻 *Chrysotimus unifascia* Yang *et* Saigusa, 2005

Chrysotimus unifascia Yang *et* Saigusa, 2005. Insects fauna of middle-west Qinling range and south mountains of Gansu province: 752. **Type locality:** China (Shaanxi: Zuoshui).

Chrysotimus unifascia Yang *et* Saigusa, 2005: Yang, Zhang, Wang *et* Zhu, 2011. Fauna Sinica Insecta 53: 1450.

分布（Distribution）：陕西（SN）

（998）小黄山黄鬃长足虻 *Chrysotimus xiaohuangshanus* Wang, Yang *et* Grootaert, 2005

Chrysotimus xiaohuangshanus Wang, Yang *et* Grootaert, 2005. Zootaxa 1003: 27. **Type locality:** China (Guangdong: Nanling).

Chrysotimus xiaohuangshanus Wang, Yang *et* Grootaert, 2005: Yang, Zhang, Wang *et* Zhu, 2011. Fauna Sinica Insecta 53: 1451.

分布（Distribution）：广东（GD）

（999）小龙门黄鬃长足虻 *Chrysotimus xiaolongmensis* Zhang, Yang *et* Grootaert, 2003

Chrysotimus xiaolongmensis Zhang, Yang *et* Grootaert, 2003. Bull. Inst. R. Sci. Nat. Belg. Ent. 73: 189. **Type locality:** China (Beijing).

Chrysotimus xiaolongmensis Zhang, Yang *et* Grootaert, 2003: Yang, Zhang, Wang *et* Zhu, 2011. Fauna Sinica Insecta 53: 1452.

分布（Distribution）：北京（BJ）

（1000）徐氏黄鬃长足虻 *Chrysotimus xuae* Wang, Yang *et* Grootaert, 2005

Chrysotimus xuae Wang, Yang *et* Grootaert, 2005. Zootaxa 1003: 29. **Type locality:** China (Guangxi: Maoershan).

Chrysotimus xuae Wang, Yang *et* Grootaert, 2005: Yang, Zhang, Wang *et* Zhu, 2011. Fauna Sinica Insecta 53: 1454.

分布（Distribution）：广西（GX）

（1001）轩昆黄鬃长足虻 *Chrysotimus xuankuni* Wang, Chen *et* Yang, 2014

Chrysotimus xuankuni Wang, Chen *et* Yang, 2014. Zookeys 424: 126. **Type locality:** China (Tibet: Motuo).

分布（Distribution）：西藏（XZ）

（1002）云龙黄鬃长足虻 *Chrysotimus yunlonganus* Yang *et* Saigusa, 2001

Chrysotimus yunlonganus Yang *et* Saigusa, 2001. Bull. Inst. R. Sci. Nat. Belg. Ent. 71: 180. **Type locality:** China (Yunnan).

Chrysotimus yunlonganus Yang *et* Saigusa, 2001: Yang, Zhang, Wang *et* Zhu, 2011. Fauna Sinica Insecta 53: 1455.

分布（Distribution）：云南（YN）

（1003）朱氏黄鬃长足虻 *Chrysotimus zhui* Wang, Chen *et* Yang, 2014

Chrysotimus zhui Wang, Chen *et* Yang, 2014. Zookeys 424: 128. **Type locality:** China (Tibet: Linzhi).

分布（Distribution）：西藏（XZ）

65. 小长足虻属 *Micromorphus* Mik, 1878

Micromorphus Mik, 1878. Jber. K. K. Akad. Gymn. Wien 1878: 6. **Type species:** *Hydrophorus albipes* Zetterstedt, 1845 (original designation).

Cachonopus Vaillant, 1953. Miss. Sci. Tassili Ajjer 1: 7. **Type species:** *Cachonopus limosorum* Vaillant, 1953 (designation by Negrobov, Maslova *et* Selivanova, 2007).

（1004）淡色小长足虻 *Micromorphus albipes* (Zetterstedt, 1843)

Hydrophorus albipes Zetterstedt, 1843. Dipt. Scand. 2: 454. **Type locality:** Sweden (Ostrogotha; Lärketorp).
Achalcus caudatus Aldrich, 1902. Kans. Univ. Sci. Bull. 1 (3): 93. **Type locality:** Grenada.
Micromorphus panamensis Van Duzee, 1931. Bull. Am. Mus. Nat. Hist. 61: 180. **Type locality:** Panama (Corozal).
Thrypticus bellus Strobl, 1880. Programm K. K. Ober-Gymn. Benediktiner Seitenstetten 1880: 56.
Micromorphus albipes (Zetterstedt): Negrobov, 1991. Cat. Palaearct. Dipt. 7: 30.
Micromorphus albipes (Zetterstedt, 1843): Yang, Zhang, Wang *et* Zhu, 2011. Fauna Sinica Insecta 53: 1457.
分布（Distribution）：内蒙古（NM）、陕西（SN）、甘肃（GS）；摩洛哥、阿尔及利亚、瑞典、挪威、丹麦、冰岛、爱尔兰、英国、比利时、德国、荷兰、法国、前南斯拉夫、西班牙、意大利、俄罗斯、蒙古国、尼泊尔、新西兰、美国、巴拿马、墨西哥、哥斯达黎加

（1005）亮小长足虻 *Micromorphus ellampus* Wei, 2006

Micromorphus ellampus Wei, 2006. Insects from Fanjingshan Landscape: 488. **Type locality:** China (Guizhou: Fanjingshan).
Micromorphus ellampus Wei, 2006: Yang, Zhang, Wang *et* Zhu, 2011. Fauna Sinica Insecta 53: 1459.
分布（Distribution）：贵州（GZ）

66. 跗距长足虻属 *Nepalomyia* Hollis, 1964

Nepalomyia Hollis, 1964. Bull. Br. Mus. Nat. Hist. Ent. 15 (4): 110. **Type species:** *Nepalomyia dytei* Hollis, 1964 (original designation).
Neurigonella Robinson, 1964. Misc. Publ. Ent. Soc. Am. 4 (4): 119. **Type species:** *Neurigona nigricornis* Van Duzee, 1914 (original designation).

（1006）北京跗距长足虻 *Nepalomyia beijingensis* Wang *et* Yang, 2005

Nepalomyia beijingensis Wang *et* Yang, 2005. Ent. Fenn. 16 (2): 105. **Type locality:** China (Beijing: Baihuashan).
Nepalomyia beijingensis Wang *et* Yang, 2005: Yang, Zhang, Wang *et* Zhu, 2011. Fauna Sinica Insecta 53: 1466.
分布（Distribution）：北京（BJ）、河南（HEN）

（1007）双齿跗距长足虻 *Nepalomyia bidentata* (Yang *et* Saigusa, 2001)

Neurigonella bidentata Yang *et* Saigusa, 2001. Bull. Inst. R. Sci. Nat. Belg. Ent. 71: 251. **Type locality:** China (Guizhou).
Nepalomyia bidentata (Yang *et* Saigusa): Runyon *et* Hurley, 2003. Ann. Ent. Soc. Am. 96 (4): 412.
Nepalomyia bidentata (Yang *et* Saigusa, 2001): Yang, Zhang, Wang *et* Zhu, 2011. Fauna Sinica Insecta 53: 1468.
分布（Distribution）：贵州（GZ）

（1008）双鬃跗距长足虻 *Nepalomyia bistea* Wang, Yang *et* Grootaert, 2007

Nepalomyia bistea Wang, Yang *et* Grootaert, 2007. Biologia 62 (6): 732. **Type locality:** China (Guangdong: Zengcheng).
Nepalomyia bistea Wang, Yang *et* Grootaert, 2007: Yang, Zhang, Wang *et* Zhu, 2011. Fauna Sinica Insecta 53: 1488.
分布（Distribution）：广东（GD）

（1009）短叉跗距长足虻 *Nepalomyia brevifurcata* (Yang *et* Saigusa, 2001)

Neurigonella brevifurcata Yang *et* Saigusa, 2001. Ann. Soc. Ent. Fr. (N. S.) 37 (3): 377. **Type locality:** China (Shaanxi: Zuoshui).
Nepalomyia brevifurcata (Yang *et* Saigusa): Runyon *et* Hurley, 2003. Ann. Ent. Soc. Am. 96 (4): 412.
Nepalomyia brevifurcata (Yang *et* Saigusa, 2001): Yang, Zhang, Wang *et* Zhu, 2011. Fauna Sinica Insecta 53: 1508.
分布（Distribution）：北京（BJ）、河南（HEN）、陕西（SN）

（1010）中华跗距长足虻 *Nepalomyia chinensis* (Yang, 2001)

Neurigonella chinensis Yang, 2001. Insects of Tianmushan National Nature Reserve: 436. **Type locality:** China (Zhejiang: Tianmushan).
Nepalomyia chinensis (Yang): Runyon *et* Hurley, 2003. Ann. Ent. Soc. Am. 96 (4): 412.
Nepalomyia chinensis (Yang, 2001): Yang, Zhang, Wang *et* Zhu, 2011. Fauna Sinica Insecta 53: 1469.
分布（Distribution）：浙江（ZJ）

（1011）粗跗距长足虻 *Nepalomyia crassata* (Yang *et* Saigusa, 2001)

Neurigonella crassata Yang *et* Saigusa, 2001. Ann. Soc. Ent. Fr. (N.S.) 37 (3): 378. **Type locality:** China (Yunnan: Pingbian, Daweishan).
Nepalomyia crassata (Yang *et* Saigusa): Runyon *et* Hurley, 2003. Ann. Ent. Soc. Am. 96 (4): 412.
Nepalomyia crassata (Yang *et* Saigusa, 2001): Yang, Zhang, Wang *et* Zhu, 2011. Fauna Sinica Insecta 53: 1470.
分布（Distribution）：云南（YN）

（1012）大理跗距长足虻 *Nepalomyia daliensis* (Yang *et* Saigusa, 2001)

Neurigonella daliensis Yang *et* Saigusa, 2001. Ann. Soc. Ent. Fr. (N. S.) 37 (3): 379. **Type locality:** China (Yunnan: Dali).
Nepalomyia daliensis (Yang *et* Saigusa): Runyon *et* Hurley, 2003. Ann. Ent. Soc. Am. 96 (4): 412.

Nepalomyia daliensis (Yang *et* Saigusa, 2001): Yang, Zhang, Wang *et* Zhu, 2011. Fauna Sinica Insecta 53: 1509.
分布（Distribution）：云南（YN）

（1013）大明山跗距长足虻 *Nepalomyia damingshanus* Wang, Chen *et* Yang, 2014

Nepalomyia damingshanus Wang, Chen *et* Yang, 2014. Zoological Systematics 39 (3): 413. **Type locality:** China (Guangxi: Nanning).
分布（Distribution）：浙江（ZJ）、广西（GX）

（1014）大围山跗距长足虻 *Nepalomyia daweishana* (Yang *et* Saigusa, 2001)

Neurigonella daweishana Yang *et* Saigusa, 2001. Ann. Soc. Ent. Fr. (N.S.) 37 (3): 380. **Type locality:** China (Yunnan: Pingbian, Daweishan).
Nepalomyia daweishana (Yang *et* Saigusa): Runyon *et* Hurley, 2003. Ann. Ent. Soc. Am. 96 (4): 412.
Nepalomyia daweishana (Yang *et* Saigusa, 2001): Yang, Zhang, Wang *et* Zhu, 2011. Fauna Sinica Insecta 53: 1511.
分布（Distribution）：云南（YN）

（1015）齿突跗距长足虻 *Nepalomyia dentata* (Yang *et* Saigusa, 2001)

Neurigonella dentata Yang *et* Saigusa, 2001. Ann. Soc. Ent. Fr. (N.S.) 37 (3): 381. **Type locality:** China (Yunnan: Pingbian, Daweishan).
Nepalomyia dentata (Yang *et* Saigusa): Runyon *et* Hurley, 2003. Ann. Ent. Soc. Am. 96 (4): 412.
Nepalomyia dentata (Yang *et* Saigusa, 2001): Yang, Zhang, Wang *et* Zhu, 2011. Fauna Sinica Insecta 53: 1479.
分布（Distribution）：云南（YN）

（1016）董氏跗距长足虻 *Nepalomyia dongae* Wang, Chen *et* Yang, 2014

Nepalomyia dongae Wang, Chen *et* Yang, 2014. Zoological Systematics 39 (3): 414. **Type locality:** China (Guangxi: Nanning).
分布（Distribution）：广西（GX）

（1017）尽跗距长足虻 *Nepalomyia effecta* (Wei, 2006)

Neurigonella effecta Wei, 2006. Insects from Fanjingshan Landscape: 486. **Type locality:** China (Guizhou: Fanjingshan).
Nepalomyia effecta (Wei): Yang, Zhu, Wang *et* Zhang, 2006. World Catalog of Dolichopodidae: 333.
Nepalomyia effecta (Wei, 2006): Yang, Zhang, Wang *et* Zhu, 2011. Fauna Sinica Insecta 53: 1529.
分布（Distribution）：贵州（GZ）

（1018）峨眉跗距长足虻 *Nepalomyia emeiensis* Wang, Yang *et* Grootaert, 2007

Nepalomyia emeiensis Wang, Yang *et* Grootaert, 2007. Biologia 62 (6): 734. **Type locality:** China (Sichuan: Emei Mountain).
Nepalomyia emeiensis Wang, Yang *et* Grootaert, 2007: Yang, Zhang, Wang *et* Zhu, 2011. Fauna Sinica Insecta 53: 1489.
分布（Distribution）：四川（SC）

（1019）梵净跗距长足虻 *Nepalomyia fanjingensis* (Wei, 2006)

Neurigonella fanjingensis Wei, 2006. Insects from Fanjingshan Landscape: 484. **Type locality:** China (Guizhou: Fanjingshan).
Nepalomyia fanjingensis (Wei): Yang, Zhu, Wang *et* Zhang, 2006. World Catalog of Dolichopodidae: 333.
Nepalomyia fanjingensis (Wei, 2006): Yang, Zhang, Wang *et* Zhu, 2011. Fauna Sinica Insecta 53: 1529.
分布（Distribution）：贵州（GZ）

（1020）佛冈跗距长足虻 *Nepalomyia fogangensis* Wang, Yang *et* Grootaert, 2009

Nepalomyia fogangensis Wang, Yang *et* Grootaert, 2009. Zootaxa 2162: 47. **Type locality:** China (Guangdong: Fogang).
Nepalomyia fogangensis Wang, Yang *et* Grootaert, 2009: Yang, Zhang, Wang *et* Zhu, 2011. Fauna Sinica Insecta 53: 1530.
分布（Distribution）：广东（GD）

（1021）黄角跗距长足虻 *Nepalomyia flava* (Yang *et* Saigusa, 2001)

Neurigonella flava Yang *et* Saigusa, 2001. Ann. Soc. Ent. Fr. (N.S.) 37 (3): 382. **Type locality:** China (Yunnan: Luchun).
Nepalomyia flava (Yang *et* Saigusa): Runyon *et* Hurley, 2003. Ann. Ent. Soc. Am. 96 (4): 413.
Nepalomyia flava (Yang *et* Saigusa, 2001): Yang, Zhang, Wang *et* Zhu, 2011. Fauna Sinica Insecta 53: 1483.
分布（Distribution）：云南（YN）

（1022）叉突跗距长足虻 *Nepalomyia furcata* (Yang *et* Saigusa, 2001)

Neurigonella furcata Yang *et* Saigusa, 2001. Ann. Soc. Ent. Fr. (N. S.) 37 (3): 383. **Type locality:** China (Yunnan: Luchun).
Nepalomyia furcata (Yang *et* Saigusa): Runyon *et* Hurley, 2003. Ann. Ent. Soc. Am. 96 (4): 413.
Nepalomyia furcata (Yang *et* Saigusa, 2001): Yang, Zhang, Wang *et* Zhu, 2011. Fauna Sinica Insecta 53: 1512.
分布（Distribution）：云南（YN）

（1023）广东跗距长足虻 *Nepalomyia guangdongensis* Wang, Yang *et* Grootaert, 2009

Nepalomyia guangdongensis Wang, Yang *et* Grootaert, 2009. Zootaxa 2162: 41. **Type locality:** China (Guangdong: Ruyuan).
Nepalomyia guangdongensis Wang, Yang *et* Grootaert, 2009: Yang, Zhang, Wang *et* Zhu, 2011. Fauna Sinica Insecta 53: 1514.

分布（**Distribution**）：广东（GD）

（1024）广西跗距长足虻 *Nepalomyia guangxiensis* Zhang *et* Yang, 2005

Nepalomyia guangxiensis Zhang *et* Yang, 2005. Zootaxa 1058: 54. **Type locality:** China (Guangxi: Tianlin).

Nepalomyia guangxiensis Zhang *et* Yang, 2005: Yang, Zhang, Wang *et* Zhu, 2011. Fauna Sinica Insecta 53: 1491.

分布（**Distribution**）：广西（GX）

（1025）戗跗距长足虻 *Nepalomyia hastata* Wang, Yang *et* Grootaert, 2009

Nepalomyia hastata Wang, Yang *et* Grootaert, 2009. Zootaxa 2162: 42. **Type locality:** China (Guangdong: Huizhou).

Nepalomyia hastata Wang, Yang *et* Grootaert, 2009: Yang, Zhang, Wang *et* Zhu, 2011. Fauna Sinica Insecta 53: 1515.

分布（**Distribution**）：广东（GD）

（1026）河南跗距长足虻 *Nepalomyia henanensis* (Yang, Yang *et* Li, 1998)

Neurigonella henanensis Yang, Yang *et* Li, 1998. Insects of the Funiu Mountains Regions 1: 83. **Type locality:** China (Henan: Songxian, Baiyunshan).

Nepalomyia henanensis (Yang, Yang *et* Li): Runyon *et* Hurley, 2003. Ann. Ent. Soc. Am. 96 (4): 413.

Nepalomyia henanensis (Yang, Yang *et* Li, 1998): Yang, Zhang, Wang *et* Zhu, 2011. Fauna Sinica Insecta 53: 1517.

分布（**Distribution**）：河南（HEN）

（1027）开跗距长足虻 *Nepalomyia hiantula* (Wei, 2006)

Neurigonella hiantula Wei, 2006. Insects from Fanjingshan Landscape: 486. **Type locality:** China (Guizhou: Fanjingshan).

Nepalomyia hiantula (Wei): Yang, Zhu, Wang *et* Zhang, 2006. World Catalog of Dolichopodidae: 334.

Nepalomyia hiantula (Wei, 2006): Yang, Zhang, Wang *et* Zhu, 2011. Fauna Sinica Insecta 53: 1532.

分布（**Distribution**）：贵州（GZ）

（1028）霍氏跗距长足虻 *Nepalomyia horvati* Wang *et* Yang, 2004

Nepalomyia horvati Wang *et* Yang, 2004. Ann. Zool. 54 (2): 382. **Type locality:** China (Taiwan: Kaohsiung).

Nepalomyia horvati Wang *et* Yang, 2004: Yang, Zhang, Wang *et* Zhu, 2011. Fauna Sinica Insecta 53: 1518.

分布（**Distribution**）：台湾（TW）

（1029）胡氏跗距长足虻 *Nepalomyia hui* Wang *et* Yang, 2006

Nepalomyia hui Yang *et* Wang, 2006. World Catalog of Dolichopodidae: 334 [new name for *Nepalomyia henanense* (Yang *et* Grootaert, 1999), nec Yang, Yang *et* Li, 1998]. **Type locality:** China [Henan: Neixiang (automatic)].

Machaerium henanense Yang *et* Grootaert, 1999. Bull. Inst. R. Sci. Nat. Belg. Ent. 70: 237. **Type locality:** China (Henan: Neixiang).

Nepalomyia hui Wang *et* Yang, 2006: Yang, Zhang, Wang *et* Zhu, 2011. Fauna Sinica Insecta 53: 1520.

分布（**Distribution**）：河南（HEN）

（1030）金山跗距长足虻 *Nepalomyia jinshanensis* Wang, Yang *et* Grootaert, 2009

Nepalomyia jinshanensis Wang, Yang *et* Grootaert, 2009. Zootaxa 2162: 44. **Type locality:** China (Beijing: Jinshan).

Nepalomyia jinshanensis Wang, Yang *et* Grootaert, 2009: Yang, Zhang, Wang *et* Zhu, 2011. Fauna Sinica Insecta 53: 1521.

分布（**Distribution**）：北京（BJ）、四川（SC）

（1031）连跗距长足虻 *Nepalomyia henotica* (Wei, 2006)

Neurigonella henotica Wei, 2006. Insects from Fanjingshan Landscape: 485. **Type locality:** China (Guizhou: Fanjingshan).

Nepalomyia henotica (Wei): Yang, Zhu, Wang *et* Zhang, 2006. World Catalog of Dolichopodidae: 333.

Nepalomyia henotica (Wei, 2006): Yang, Zhang, Wang *et* Zhu, 2011. Fauna Sinica Insecta 53: 1532.

分布（**Distribution**）：贵州（GZ）

（1032）刘氏跗距长足虻 *Nepalomyia liui* Wang, Yang *et* Grootaert, 2007

Nepalomyia liui Wang, Yang *et* Grootaert, 2007. Biologia 62 (6): 735. **Type locality:** China (Yunnan: Xishuangbanna).

Nepalomyia liui Wang, Yang *et* Grootaert, 2007: Yang, Zhang, Wang *et* Zhu, 2011. Fauna Sinica Insecta 53: 1492.

分布（**Distribution**）：云南（YN）

（1033）长角跗距长足虻 *Nepalomyia longa* (Yang *et* Saigusa, 2001)

Neurigonella longa Yang *et* Saigusa, 2001. Ann. Soc. Ent. Fr. (N.S.) 37 (3): 385. **Type locality:** China (Shaanxi: Fuping).

Nepalomyia longa (Yang *et* Saigusa): Runyon *et* Hurley, 2003. Ann. Ent. Soc. Am. 96 (4): 413.*Nepalomyia longa* (Yang *et* Saigusa, 2001): Yang, Zhang, Wang *et* Zhu, 2011. Fauna Sinica Insecta 53: 1481.

分布（**Distribution**）：陕西（SN）

（1034）长鬃跗距长足虻 *Nepalomyia longiseta* (Yang *et* Saigusa, 2000)

Neurigonella longiseta Yang *et* Saigusa, 2000. Bull. Inst. R. Sci. Nat. Belg. Ent. 70: 237. **Type locality:** China (Sichuan: Emei Mountain).

Nepalomyia longiseta (Yang *et* Saigusa): Runyon *et* Hurley, 2003. Ann. Ent. Soc. Am. 96 (4): 413.

Nepalomyia longiseta (Yang *et* Saigusa, 2000): Yang, Zhang, Wang *et* Zhu, 2011. Fauna Sinica Insecta 53: 1484.
分布（Distribution）：陕西（SN）、甘肃（GS）、四川（SC）、贵州（GZ）

（1035）显跗距长足虻 *Nepalomyia lustrabilis* (Wei, 2006)

Neurigonella lustrabilis Wei, 2006. Insects from Fanjingshan Landscape: 487. **Type locality:** China (Guizhou: Fanjingshan).
Nepalomyia lustrabilis (Wei): Yang, Zhu, Wang *et* Zhang, 2006. World Catalog of Dolichopodidae: 334.
Nepalomyia lustrabilis (Wei, 2006): Yang, Zhang, Wang *et* Zhu, 2011. Fauna Sinica Insecta 53: 1533.
分布（Distribution）：贵州（GZ）

（1036）黄侧跗距长足虻 *Nepalomyia luteipleurata* (Yang *et* Saigusa, 2001)

Neurigonella luteipleurata Yang *et* Saigusa, 2001. Ann. Soc. Ent. Fr. (N.S.) 37 (3): 386. **Type locality:** China (Yunnan: Pingbian, Daweishan).
Nepalomyia luteipleurata (Yang *et* Saigusa): Runyon *et* Hurley, 2003. Ann. Ent. Soc. Am. 96 (4): 413.
Nepalomyia luteipleurata (Yang *et* Saigusa, 2001): Yang, Zhang, Wang *et* Zhu, 2011. Fauna Sinica Insecta 53: 1472.
分布（Distribution）：云南（YN）

（1037）南投跗距长足虻 *Nepalomyia nantouensis* Wang, Yang *et* Masunaga, 2007

Nepalomyia nantouensis Wang, Yang *et* Masunaga, 2007. Trans. Amer. Ent. Soc. 133 (1-2): 124. **Type locality:** China (Taiwan: Nantou).
Nepalomyia nantouensis Wang, Yang *et* Masunaga, 2007: Yang, Zhang, Wang *et* Zhu, 2011. Fauna Sinica Insecta 53: 1494.
分布（Distribution）：台湾（TW）

（1038）东方跗距长足虻 *Nepalomyia orientalis* (Yang *et* Li, 1998)

Machaerium orientalis Yang *et* Li, 1998. Insects of Longwangshan Nature Reserve: 321. **Type locality:** China (Zhejiang: Longwangshan).
Nepalomyia orientalis (Yang *et* Li): Yang, Zhu, Wang *et* Zhang, 2006. World Catalog of Dolichopodidae: 334.
Nepalomyia orientalis (Yang *et* Li, 1998): Yang, Zhang, Wang *et* Zhu, 2011. Fauna Sinica Insecta 53: 1496.
分布（Distribution）：浙江（ZJ）

（1039）淡跗距长足虻 *Nepalomyia pallipes* (Yang *et* Saigusa, 2000)

Neurigonella pallipes Yang *et* Saigusa, 2000. Bull. Inst. R. Sci. Nat. Belg. Ent. 70: 237. **Type locality:** China (Sichuan: Emei Mountain).
Nepalomyia pallipes (Yang *et* Saigusa): Runyon *et* Hurley, 2003. Ann. Ent. Soc. Am. 96 (4): 413.
Nepalomyia pallipes (Yang *et* Saigusa, 2000): Yang, Zhang, Wang *et* Zhu, 2011. Fauna Sinica Insecta 53: 1485.
分布（Distribution）：四川（SC）

（1040）白毛跗距长足虻 *Nepalomyia pallipilosa* (Yang *et* Saigusa, 2001)

Neurigonella pallipilosa Yang *et* Saigusa, 2001. Bull. Inst. R. Sci. Nat. Belg. Ent. 71: 252. **Type locality:** China (Yunnan).
Nepalomyia pallipilosa (Yang *et* Saigusa): Runyon *et* Hurley, 2003. Ann. Ent. Soc. Am. 96 (4): 413.
Nepalomyia pallipilosa (Yang *et* Saigusa, 2001): Yang, Zhang, Wang *et* Zhu, 2011. Fauna Sinica Insecta 53: 1497.
分布（Distribution）：云南（YN）

（1041）多毛跗距长足虻 *Nepalomyia pilifera* (Yang *et* Saigusa, 2001)

Neurigonella pilifera Yang *et* Saigusa, 2001. Bull. Inst. R. Sci. Nat. Belg. Ent. 71: 253. **Type locality:** China (Yunnan).
Nepalomyia pilifera (Yang *et* Saigusa): Runyon *et* Hurley, 2003. Ann. Ent. Soc. Am. 96 (4): 413.
Nepalomyia pilifera (Yang *et* Saigusa, 2001): Yang, Zhang, Wang *et* Zhu, 2011. Fauna Sinica Insecta 53: 1523.
分布（Distribution）：云南（YN）

（1042）屏边跗距长足虻 *Nepalomyia pingbiana* (Yang *et* Saigusa, 2001)

Neurigonella pingbiana Yang *et* Saigusa, 2001. Bull. Inst. R. Sci. Nat. Belg. Ent. 71: 253. **Type locality:** China (Yunnan).
Nepalomyia pingbiana (Yang *et* Saigusa): Runyon *et* Hurley, 2003. Ann. Ent. Soc. Am. 96 (4): 413.
Nepalomyia pingbiana (Yang *et* Saigusa, 2001): Yang, Zhang, Wang *et* Zhu, 2011. Fauna Sinica Insecta 53: 1524.
分布（Distribution）：云南（YN）

（1043）瑞丽跗距长足虻 *Nepalomyia ruiliensis* Wang *et* Yang, 2005

Nepalomyia ruiliensis Wang *et* Yang, 2005. Ent. Fenn. 16 (2): 106. **Type locality:** China (Yunnan: Ruili).
Nepalomyia ruiliensis Wang *et* Yang, 2005: Yang, Zhang, Wang *et* Zhu, 2011. Fauna Sinica Insecta 53: 1498.
分布（Distribution）：云南（YN）

（1044）神农架跗距长足虻 *Nepalomyia shennongjiaensis* Wang, Chen *et* Yang, 2014

Nepalomyia dongae Wang, Chen *et* Yang, 2014. Zoological Systematics 39 (3): 415. **Type locality:** China (Hubei).
分布（Distribution）：湖北（HB）

（1045）四川跗距长足虻 *Nepalomyia sichuanensis* Wang, Yang *et* Grootaert, 2007

Nepalomyia sichuanensis Wang, Yang *et* Grootaert, 2007. Biologia 62 (6): 736. **Type locality:** China (Sichuan: Emei Mountain; Guangdong: Nanling).

Nepalomyia sichuanensis Wang, Yang *et* Grootaert, 2007: Yang, Zhang, Wang *et* Zhu, 2011. Fauna Sinica Insecta 53: 1500.
分布（Distribution）： 四川（SC）、广东（GD）

（1046）赛氏跗距长足虻 *Nepalomyia siveci* Wang *et* Yang, 2004

Nepalomyia siveci Wang *et* Yang, 2004. Ann. Zool. 54 (2): 381. **Type locality:** China (Taiwan: Hualien).
Nepalomyia siveci Wang *et* Yang, 2004: Yang, Zhang, Wang *et* Zhu, 2011. Fauna Sinica Insecta 53: 1461.
分布（Distribution）： 台湾（TW）

（1047）刺跗距长足虻 *Nepalomyia spiniformis* Zhang *et* Yang, 2005

Nepalomyia spiniformis Zhang *et* Yang, 2005. Zootaxa 1058: 56. **Type locality:** China (Guangxi: Tianlin).
Nepalomyia spiniformis Zhang *et* Yang, 2005: Yang, Zhang, Wang *et* Zhu, 2011. Fauna Sinica Insecta 53: 1473.
分布（Distribution）： 广西（GX）

（1048）台湾跗距长足虻 *Nepalomyia taiwanensis* Wang *et* Yang, 2004

Nepalomyia taiwanensis Wang *et* Yang, 2004. Ann. Zool. 54 (2): 380. **Type locality:** China (Taiwan: Taipei).
Nepalomyia taiwanensis Wang *et* Yang, 2004: Yang, Zhang, Wang *et* Zhu, 2011. Fauna Sinica Insecta 53: 1525.
分布（Distribution）： 台湾（TW）

（1049）田林跗距长足虻 *Nepalomyia tianlinensis* Zhang *et* Yang, 2005

Nepalomyia tianlinensis Zhang *et* Yang, 2005. Zootaxa 1058: 58. **Type locality:** China (Guangxi: Tianlin).
Nepalomyia tianlinensis Zhang *et* Yang, 2005: Yang, Zhang, Wang *et* Zhu, 2011. Fauna Sinica Insecta 53: 1475.
分布（Distribution）： 广西（GX）

（1050）天目山跗距长足虻 *Nepalomyia tianmushana* (Yang, 2001)

Machaerium tianmushanum Yang, 2001. Insects of Tianmushan National Nature Reserve: 438. **Type locality:** China (Zhejiang: Tianmushan).
Nepalomyia tianmushana (Yang): Yang, Zhu, Wang *et* Zhang, 2006. World Catalog of Dolichopodidae: 335.
Nepalomyia tianmushana (Yang, 2001): Yang, Zhang, Wang *et* Zhu, 2011. Fauna Sinica Insecta 53: 1534.
分布（Distribution）： 浙江（ZJ）

（1051）三叉跗距长足虻 *Nepalomyia trifurcata* (Yang *et* Saigusa, 2000)

Neurigonella trifurcata Yang *et* Saigusa, 2000. Bull. Inst. R. Sci. Nat. Belg. Ent. 70: 239. **Type locality:** China (Sichuan: Emei Mountain).
Nepalomyia trifurcata (Yang *et* Saigusa): Runyon *et* Hurley, 2003. Ann. Ent. Soc. Am. 96 (4): 413.
Nepalomyia trifurcata (Yang *et* Saigusa, 2000): Yang, Zhang, Wang *et* Zhu, 2011. Fauna Sinica Insecta 53: 1462.
分布（Distribution）： 四川（SC）、云南（YN）

（1052）毛瘤跗距长足虻 *Nepalomyia tuberculosa* (Yang *et* Saigusa, 2001)

Neurigonella tuberculosa Yang *et* Saigusa, 2001. Ann. Soc. Ent. Fr. (N.S.) 37 (3): 387. **Type locality:** China (Shaanxi: Zhouzhi).
Nepalomyia tuberculosa (Yang *et* Saigusa): Runyon *et* Hurley, 2003. Ann. Ent. Soc. Am. 96 (4): 413.
Nepalomyia tuberculosa (Yang *et* Saigusa, 2001): Yang, Zhang, Wang *et* Zhu, 2011. Fauna Sinica Insecta 53: 1476.
分布（Distribution）： 陕西（SN）

（1053）腹毛跗距长足虻 *Nepalomyia ventralis* Wang, Yang *et* Grootaert, 2007

Nepalomyia ventralis Wang, Yang *et* Grootaert, 2007. Biologia 62 (6): 738. **Type locality:** China (Guangdong: Nanling).
Nepalomyia ventralis Wang, Yang *et* Grootaert, 2007: Yang, Zhang, Wang *et* Zhu, 2011. Fauna Sinica Insecta 53: 1502.
分布（Distribution）： 广东（GD）

（1054）晓燕跗距长足虻 *Nepalomyia xiaoyanae* Wang, Chen *et* Yang, 2013

Nepalomyia xiaoyanae Wang, Chen *et* Yang, 2013. Zootaxa 3691 (4): 439. **Type locality:** China (Taiwan: Yilan).
分布（Distribution）： 台湾（TW）

（1055）许氏跗距长足虻 *Nepalomyia xui* Wang, Yang *et* Grootaert, 2009

Nepalomyia xui Wang, Yang *et* Grootaert, 2009. Zootaxa 2162: 38. **Type locality:** China (Guangdong: Ruyuan).
Nepalomyia xui Wang, Yang *et* Grootaert, 2009: Yang, Zhang, Wang *et* Zhu, 2011. Fauna Sinica Insecta 53: 1464.
分布（Distribution）： 广东（GD）

（1056）杨氏跗距长足虻 *Nepalomyia yangi* Wang, Yang *et* Grootaert, 2007

Nepalomyia yangi Wang, Yang *et* Grootaert, 2007. Biologia 62 (6): 739. **Type locality:** China (Yunnan: Ruili).
Nepalomyia yangi Wang, Yang *et* Grootaert, 2007: Yang, Zhang, Wang *et* Zhu, 2011. Fauna Sinica Insecta 53: 1503.
分布（Distribution）： 云南（YN）

（1057）云南跗距长足虻 *Nepalomyia yunnanensis* (Yang *et* Saigusa, 2001)

Neurigonella yunnanensis (Yang *et* Saigusa, 2001). Ann. Soc. Ent. Fr. (N.S.) 37 (3): 389. **Type locality:** China (Yunnan: Lijiang).

Nepalomyia yunnanensis (Yang *et* Saigusa): Runyon *et* Hurley, 2003. Ann. Ent. Soc. Am. 96 (4): 413.
Nepalomyia yunnanensis (Yang *et* Saigusa, 2001): Yang, Zhang, Wang *et* Zhu, 2011. Fauna Sinica Insecta 53: 1478.
分布（Distribution）：云南（YN）

（1058）增城跗距长足虻 *Nepalomyia zengchengensis* Wang, Yang *et* Grootaert, 2007

Nepalomyia zengchengensis Wang, Yang *et* Grootaert, 2007. Biologia 62 (6): 740. **Type locality:** China (Guangdong: Zengcheng).
Nepalomyia zengchengensis Wang, Yang *et* Grootaert, 2007: Yang, Zhang, Wang *et* Zhu, 2011. Fauna Sinica Insecta 53: 1505.
分布（Distribution）：广东（GD）

（1059）张氏跗距长足虻 *Nepalomyia zhangae* Wang, Yang *et* Grootaert, 2009

Nepalomyia zhangae Wang, Yang *et* Grootaert, 2009. Zootaxa 2162: 45. **Type locality:** China (Guangdong: Nanling).
Nepalomyia zhangae Wang, Yang *et* Grootaert, 2009: Yang, Zhang, Wang *et* Zhu, 2011. Fauna Sinica Insecta 53: 1535.
分布（Distribution）：广东（GD）

（1060）周至跗距长足虻 *Nepalomyia zhouzhiensis* (Yang *et* Saigusa, 2001)

Neurigonella zhouzhiensis Yang *et* Saigusa, 2001. Ann. Soc. Ent. Fr. (N.S.) 37 (3): 390. **Type locality:** China (Shaanxi: Zhouzhi).
Nepalomyia zhouzhiensis (Yang *et* Saigusa): Runyon *et* Hurley, 2003. Ann. Ent. Soc. Am. 96 (4): 413.
Nepalomyia zhouzhiensis (Yang *et* Saigusa, 2001): Yang, Zhang, Wang *et* Zhu, 2011. Fauna Sinica Insecta 53: 1527.
分布（Distribution）：陕西（SN）、云南（YN）

黄长足虻亚科 Xanthochlorinae

Xanthochlorinae Aldrich, 1905. Smithson. Misc. Collect. 46 (2 [= publication 1444]): 294. **Type genus**: *Xanthochlorus* Loew, 1857.

67. 黄长足虻属 *Xanthochlorus* Loew, 1857

Xanthochlorus Loew, 1857. Progr. K. Realsch. Meseritz 1857: 42. **Type species:** *Leptopus ornatus* Haliday, 1832 (desig nation by Coquillett, 1910).

（1061）中华黄长足虻 *Xanthochlorus chinensis* Yang *et* Saigusa, 2005

Xanthochlorus chinensis Yang *et* Saigusa, 2005. Insects fauna of middle-west Qinling range and south mountains of Gansu province: 754. **Type locality:** China (Shaanxi: Fuping).
Xanthochlorus chinensis Yang *et* Saigusa, 2005: Yang, Zhang, Wang *et* Zhu, 2011. Fauna Sinica Insecta 53: 1538.
分布（Distribution）：陕西（SN）

（1062）河南黄长足虻 *Xanthochlorus henanensis* Wang, Yang *et* Grootaert, 2008

Xanthochlorus henanensis Wang, Yang *et* Grootaert, 2008. Bull. Inst. R. Sci. Nat. Belg. Ent. 78: 253. **Type locality:** China (Henan: Nanyang).
Xanthochlorus henanensis Wang, Yang *et* Grootaert, 2008: Yang, Zhang, Wang *et* Zhu, 2011. Fauna Sinica Insecta 53: 1540.
分布（Distribution）：河南（HEN）

（1063）黑鬃黄长足虻 *Xanthochlorus nigricilius* Olejníček, 2004

Xanthochlorus nigricilius Olejníček, 2004. Stud. Dipt. 11 (1): 9. **Type locality:** China (Shaanxi: Qinling, Xunyangba).
Xanthochlorus nigricilius Olejníček, 2004: Yang, Zhang, Wang *et* Zhu, 2011. Fauna Sinica Insecta 53: 1541.
分布（Distribution）：陕西（SN）

脉长足虻亚科 Neurigoninae

Neurigoninae Aldrich, 1905. Smithson. Misc. Collect. 46 (2 [= publication 1444]): 293. **Type genus**: *Neurigona* Rondani, 1856.

68. 脉长足虻属 *Neurigona* Rondani, 1856

Neurigona Rondani, 1856. Dipt. Ital. Prodromus 1: 142. **Type species:** *Musca quadrifasciata* Fabricius, 1781 (original designation).
Saucropus Loew, 1857. Progr. K. Realsch. Meseritz 1857: 41 (unjustified new name for *Neurigona*). **Type species:** *Musca quadrifasciata* Fabricius, 1781 (automatic).

（1064）基斑脉长足虻 *Neurigona basalis* Yang *et* Saigusa, 2005

Neurigona basalis Yang *et* Saigusa, 2005. Insects fauna of middle-west Qinling range and south mountains of Gansu province: 758. **Type locality:** China (Shaanxi: Fuping).
Neurigona basalis Yang *et* Saigusa, 2005: Yang, Zhang, Wang *et* Zhu, 2011. Fauna Sinica Insecta 53: 1545.
分布（Distribution）：河北（HEB）、陕西（SN）

（1065）双斑脉长足虻 *Neurigona bimaculata* Yang *et* Saigusa, 2005

Neurigona bimaculata Yang *et* Saigusa, 2005. Insects fauna of middle-west Qinling range and south mountains of Gansu province: 757. **Type locality:** China (Shaanxi: Fuping).
Neurigona bimaculata Yang *et* Saigusa, 2005: Yang, Zhang, Wang *et* Zhu, 2011. Fauna Sinica Insecta 53: 1546.

分布（Distribution）：陕西（SN）

（1066）中纹脉长足虻 *Neurigona centralis* Yang *et* Saigusa, 2001

Neurigona centralis Yang *et* Saigusa, 2001. Bull. Inst. R. Sci. Nat. Belg. Ent. 71: 173. **Type locality:** China (Yunnan: Lijiang, Yulongxueshan).
Neurigona centralis Yang *et* Saigusa, 2001: Yang, Zhang, Wang *et* Zhu, 2011. Fauna Sinica Insecta 53: 1548.
分布（Distribution）：云南（YN）

（1067）跗鬃脉长足虻 *Neurigona chetitarsa* Parent, 1926

Neurigona chetitarsa Parent, 1926. Encycl. Ent. (B II) Dipt. 3: 136. **Type locality:** China ("Zi-Ka-Wei" [= env. Shanghai]).
Neurigona chetitarsa Parent, 1926: Yang, Zhang, Wang *et* Zhu, 2011. Fauna Sinica Insecta 53: 1549.
分布（Distribution）：上海（SH）

（1068）安稳脉长足虻 *Neurigona composita* Becker, 1922

Neurigona composita Becker, 1922. Capita Zool. 1 (4): 63. **Type locality:** China (Taiwan: Fuhosho and Kankau).
Neurigona composita Becker, 1922: Yang, Zhang, Wang *et* Zhu, 2011. Fauna Sinica Insecta 53: 1551.
分布（Distribution）：台湾（TW）

（1069）细凹脉长足虻 *Neurigona concaviuscula* Yang, 1999

Neurigona concaviuscula Yang, 1999. Bull. Inst. R. Sci. Nat. Belg. Ent. 69: 198. **Type locality:** China (Sichuan: Qincheng Mountain).
Neurigona concaviuscula Yang, 1999: Yang, Zhang, Wang *et* Zhu, 2011. Fauna Sinica Insecta 53: 1551.
分布（Distribution）：江苏（JS）、四川（SC）

（1070）卑南脉长足虻 *Neurigona denudata* Becker, 1922

Neurigona denudata Becker, 1922. Capita Zool. 1 (4): 62. **Type locality:** China (Taiwan).
Neurigona denudata Becker, 1922: Yang, Zhang, Wang *et* Zhu, 2011. Fauna Sinica Insecta 53: 1553.
分布（Distribution）：台湾（TW）；日本、斯里兰卡、巴基斯坦、印度、澳大利亚、孟加拉国

（1071）斯里兰卡脉长足虻 *Neurigona exemta* Becker, 1922

Neurigona exemta Becker, 1922. Capita Zool. 1 (4): 6. **Type locality:** China (Taiwan).
Neurigona exemta Becker, 1922: Yang, Zhang, Wang *et* Zhu, 2011. Fauna Sinica Insecta 53: 1553.
分布（Distribution）：台湾（TW）；斯里兰卡

（1072）孳生脉长足虻 *Neurigona gemina* Becker, 1922

Neurigona gemina Becker, 1922. Capita Zool. 1 (4): 63. **Type locality:** China (Taiwan).
Neurigona gemina Becker, 1922: Yang, Zhang, Wang *et* Zhu, 2011. Fauna Sinica Insecta 53: 1554.
分布（Distribution）：台湾（TW）

（1073）灰脉长足虻 *Neurigona grisea* Parent, 1944

Neurogona grisea Parent, 1944. Rev. Fr. Ent. 10 (4): 130. **Type locality:** China ("Ordos Sud: Sjarossongol").
Neurigona grisea Parent, 1944: Yang, Zhang, Wang *et* Zhu, 2011. Fauna Sinica Insecta 53: 1554.
分布（Distribution）：内蒙古（NM）

（1074）广东脉长足虻 *Neurigona guangdongensis* Wang, Yang *et* Grootaert, 2007

Neurigona guangdongensis Wang, Yang *et* Grootaert, 2007. Zootaxa 1388: 28. **Type locality:** China (Guangdong: Zengcheng; Fujian: Wuyi Mountain).
Neurigona guangdongensis Wang, Yang *et* Grootaert, 2007: Yang, Zhang, Wang *et* Zhu, 2011. Fauna Sinica Insecta 53: 1556.
分布（Distribution）：福建（FJ）、广东（GD）

（1075）广西脉长足虻 *Neurigona guangxiensis* Yang, 1999

Neurigona guangxiensis Yang, 1999. Bull. Inst. R. Sci. Nat. Belg. Ent. 69: 198. **Type locality:** China (Guangxi: Pingxiang).
Neurigona guangxiensis Yang, 1999: Yang, Zhang, Wang *et* Zhu, 2011. Fauna Sinica Insecta 53: 1557.
分布（Distribution）：广西（GX）

（1076）贵州脉长足虻 *Neurigona guizhouensis* Wang, Yang *et* Grootaert, 2007

Neurigona guizhouensis Wang, Yang *et* Grootaert, 2007. Zootaxa 1388: 30. **Type locality:** China (Guizhou: Leishan).
Neurigona guizhouensis Wang, Yang *et* Grootaert, 2007: Yang, Zhang, Wang *et* Zhu, 2011. Fauna Sinica Insecta 53: 1558.
分布（Distribution）：贵州（GZ）

（1077）海南脉长足虻 *Neurigona hainana* Wang, Chen *et* Yang, 2010

Neurigona hainana Wang, Chen *et* Yang, 2010. Zootaxa 2517: 55. **Type locality:** China (Hainan: Jianfengling).
分布（Distribution）：海南（HI）

（1078）河南脉长足虻 *Neurigona henana* Wang, Yang *et* Grootaert, 2007

Neurigona henana Wang, Yang *et* Grootaert, 2007. Zootaxa 1388: 31. **Type locality:** China (Henan: Songxian).

Neurigona henana Wang, Yang *et* Grootaert, 2007: Yang, Zhang, Wang *et* Zhu, 2011. Fauna Sinica Insecta 53: 1560.
分布（Distribution）：河南（HEN）

（1079）江苏脉长足虻 *Neurigona jiangsuensis* Wang, Yang *et* Grootaert, 2007

Neurigona jiangsuensis Wang, Yang *et* Grootaert, 2007. Zootaxa 1388: 33. **Type locality:** China (Jiangsu: Songjiang).
Neurigona jiangsuensis Wang, Yang *et* Grootaert, 2007: Yang, Zhang, Wang *et* Zhu, 2011. Fauna Sinica Insecta 53: 1561.
分布（Distribution）：江苏（JS）

（1080）畸爪脉长足虻 *Neurigona micropyga* Negrobov, 1987

Neurigona micropyga Negrobov, 1987. Ent. Obozr. 66 (2): 413. **Type locality:** Russia (Kuril Is).
Neurigona micropyga Negrobov, 1987: Yang, Zhang, Wang *et* Zhu, 2011. Fauna Sinica Insecta 53: 1563.
分布（Distribution）：河南（HEN）；俄罗斯、日本

（1081）栉比脉长足虻 *Neurigona pectinata* Becker, 1922

Neurigona pectinata Becker, 1922. Capita Zool. 1 (4): 64. **Type locality:** China (Taiwan).
Neurigona pectinata Becker, 1922: Yang, Zhang, Wang *et* Zhu, 2011. Fauna Sinica Insecta 53: 1564.
分布（Distribution）：台湾（TW）；印度

（1082）青城山脉长足虻 *Neurigona qingchengshana* Yang *et* Saigusa, 2001

Neurigona qingchengshana Yang *et* Saigusa, 2001. Bull. Inst. R. Sci. Nat. Belg. Ent. 71: 160. **Type locality:** China (Sichuan: Qingchengshan).
Neurigona qingchengshana Yang *et* Saigusa, 2001: Yang, Zhang, Wang *et* Zhu, 2011. Fauna Sinica Insecta 53: 1564.
分布（Distribution）：四川（SC）

（1083）陕西脉长足虻 *Neurigona shaanxiensis* Yang *et* Saigusa, 2005

Neurigona shaanxiensis Yang *et* Saigusa, 2005. Insects fauna of middle-west Qinling range and south mountains of Gansu province: 756. **Type locality:** China (Shaanxi: Zuoshui).
Neurigona shaanxiensis Yang *et* Saigusa, 2005: Yang, Zhang, Wang *et* Zhu, 2011. Fauna Sinica Insecta 53: 1566.
分布（Distribution）：北京（BJ）、陕西（SN）

（1084）神农架脉长足虻 *Neurigona shennongjiana* Yang, 1999

Neurigona shennongjiana Yang, 1999. Bull. Inst. R. Sci. Nat. Belg. Ent. 69: 199. **Type locality:** China (Hubei: Shennongjia).
Neurigona shennongjiana Yang, 1999: Yang, Zhang, Wang *et* Zhu, 2011. Fauna Sinica Insecta 53: 1567.
分布（Distribution）：湖北（HB）

（1085）四川脉长足虻 *Neurigona sichuana* Wang, Chen *et* Yang, 2010

Neurigona sichuana Wang, Chen *et* Yang, 2010. Zootaxa 2517: 56. **Type locality:** China (Sichuan: Leshan).
分布（Distribution）：四川（SC）

（1086）腹鬃脉长足虻 *Neurigona ventralis* Yang *et* Saigusa, 2005

Neurigona ventralis Yang *et* Saigusa, 2005. Insects fauna of middle-west Qinling range and south mountains of Gansu province: 759. **Type locality:** China (Shaanxi: Fuping).
Neurigona ventralis Yang *et* Saigusa, 2005: Yang, Zhang, Wang *et* Zhu, 2011. Fauna Sinica Insecta 53: 1568.
分布（Distribution）：陕西（SN）、云南（YN）

（1087）吴氏脉长足虻 *Neurigona wui* Wang, Yang *et* Grootaert, 2007

Neurigona wui Wang, Yang *et* Grootaert, 2007. Zootaxa 1388: 35. **Type locality:** China (Zhejiang: Kaihua).
Neurigona wui Wang, Yang *et* Grootaert, 2007: Yang, Zhang, Wang *et* Zhu, 2011. Fauna Sinica Insecta 53: 1570.
分布（Distribution）：浙江（ZJ）

（1088）香山脉长足虻 *Neurigona xiangshana* Yang, 1999

Neurigona xiangshana Yang, 1999. Bull. Inst. R. Sci. Nat. Belg. Ent. 69: 200. **Type locality:** China (Beijing: Xiangshan).
Neurigona xiangshana Yang, 1999: Yang, Zhang, Wang *et* Zhu, 2011. Fauna Sinica Insecta 53: 1571.
分布（Distribution）：北京（BJ）

（1089）西藏脉长足虻 *Neurigona xizangensis* Yang, 1999

Neurigona xizangensis Yang, 1999. Bull. Inst. R. Sci. Nat. Belg. Ent. 69: 201. **Type locality:** China (Xizang: Bomi).
Neurigona xizangensis Yang, 1999: Yang, Zhang, Wang *et* Zhu, 2011. Fauna Sinica Insecta 53: 1573.
分布（Distribution）：西藏（XZ）

（1090）小龙门脉长足虻 *Neurigona xiaolongmensis* Wang, Yang *et* Grootaert, 2007

Neurigona xiaolongmensis Wang, Yang *et* Grootaert, 2007. Zootaxa 1388: 36. **Type locality:** China (Beijing: Mentougou).
Neurigona xiaolongmensis Wang, Yang *et* Grootaert, 2007: Yang, Zhang, Wang *et* Zhu, 2011. Fauna Sinica Insecta 53: 1574.
分布（Distribution）：北京（BJ）

（1091）许氏脉长足虻 *Neurigona xui* Zhang, Yang *et* Grootaert, 2003

Neurigona xui Zhang, Yang *et* Grootaert, 2003. Bull. Inst. R. Sci. Nat. Belg. Ent. 73: 186. **Type locality:** China (Guangdong:

Nanling).
Neurigona xui Zhang, Yang *et* Grootaert, 2003: Yang, Zhang, Wang *et* Zhu, 2011. Fauna Sinica Insecta 53: 1576.
分布（Distribution）：广东（GD）

（1092）姚氏脉长足虻 *Neurigona yaoi* Wang, Chen *et* Yang, 2010

Neurigona yaoi Wang, Chen *et* Yang, 2010. Zootaxa 2517: 58. **Type locality:** China (Neimenggu: Moerdaoga).
分布（Distribution）：内蒙古（NM）

（1093）云南脉长足虻 *Neurigona yunnana* Wang, Yang *et* Grootaert, 2007

Neurigona yunnana Wang, Yang *et* Grootaert, 2007. Zootaxa 1388: 38. **Type locality:** China (Yunnan: Mengla).
Neurigona yunnana Wang, Yang *et* Grootaert, 2007: Yang, Zhang, Wang *et* Zhu, 2011. Fauna Sinica Insecta 53: 1577.
分布（Distribution）：云南（YN）

（1094）浙江脉长足虻 *Neurigona zhejiangensis* Yang, 1999

Neurigona zhejiangensis Yang, 1999. Bull. Inst. R. Sci. Nat. Belg. Ent. 69: 202. **Type locality:** China (Zhejiang: Baishanzu).
Neurigona zhejiangensis Yang, 1999: Yang, Zhang, Wang *et* Zhu, 2011. Fauna Sinica Insecta 53: 1581.
分布（Distribution）：浙江（ZJ）、贵州（GZ）

69. 钩跗长足虻属 *Oncopygius* Mik, 1866

Oncopygius Mik, 1866. Verh. Zool.-Bot. Ges. Wien. 16: 307. **Type species:** *Systenus ornatus* Mik, 1866 (monotypy).

（1095）台湾钩跗长足虻 *Oncopygius formosus* Parent, 1927

Oncopygius formosus Parent, 1927. Encycl. Ent. (B II) Dipt. 4: 64. **Type locality:** Albania (“Kruma”).
Oncopygius formosus Parent, 1927: Yang, Zhang, Wang *et* Zhu, 2011. Fauna Sinica Insecta 53: 1582.
分布（Distribution）：台湾（TW）；阿尔巴尼亚、希腊

70. 金脉长足虻属 *Viridigona* Naglis, 2003

Viridigona Naglis, 2003. Stud. Dipt. 2002 9 (2): 564. **Type species:** *Neurigona viridis* Van Duzee, 1913 (original designation).

（1096）张氏金脉长足虻 *Viridigona zhangae* (Wang, Yang & Grootaert, 2006)

Neurigona zhangae Wang, Yang *et* Grootaert, 2006. Bull. Inst. R. Sci. Nat. Belg. Ent. 76: 87. **Type locality:** China (Beijing: Mentougou).
Neurigona zhangae Wang, Yang *et* Grootaert, 2006: *In*: Yang, Zhang, Wang *et* Zhu, 2011. Fauna Sinica Insecta 53: 1579.
分布（Distribution）：北京（BJ）

参考文献

Aldrich J M. 1893a. Revision of the genera *Dolichopus* and *Hygrocelerthus*. *Kansas University Quarterly*, **2**: 1-26.

Aldrich J M. 1893b. New genera and species of Psilopinae. *Kans. Univ. Q.*, 2: 47-50.

Aldrich J M. 1896. Dolichopodidae. *In*: Williston S W. On the Diptera of St. Vincent (West Indies). *Transactions of the Entomological Society of London*, **1896**: 309-345.

Aldrich J M. 1901. Supplement. Dolichopodidae. *In*: Godman F D, Salvin O. *Biologia Centrali-Americana. Zoologia-Insecta-Diptera*, **1**: 333-366. London, 378 pp.

Aldrich J M. 1904. A contribution to the study of American Dolichopodidae. *Transactions of the American Entomological Society*, **30**: 269-286.

Aldrich J M. 1911. A revision of the North American species of the dipterous genus *Hydrophorus*. *Psyche*, **18**: 45-70.

Aldrich J M. 1922. Two-winged flies of the genera *Dolichopus* and *Hydrophorus* collected in Alaska in 1921 with new species of *Dolichopus* from North America and Hawaii. *Proceedings of the United States National Museum*, **61** (25): 1-18.

Aldrich J M. 1932. New Diptera, or two-winged flies from America, Asia, and Java with additional notes. *Proceedings of the United States National Museum*, **81** (9): 1-28.

Aldrich J M. 1933. Notes on Diptera, No. 6. *Proceedings of the Entomological Society of Washington*, **35**: 165-170.

Aukema B H, Raffa K F. 2004. Behavior of adult and larval *Platysoma cylindrical* (Coleoptera: Histeridae) and larval *Medetera bistriata* (Diptera: Dolichopodidae) during subcortical predation of *Ips pini* (Coleoptera: Scolytidae). *Journal of Insect Behavior*, **17** (1): 115-128.

Austen E E. 1920. A contribution to the knowledge of the Tabanidae of Palestine. *Bulletin of Entomological Research*, **10**: 277-321.

Austen E E. 1936. New Palaearctic Bombyliidae (Diptera). *Annals and Magazine of Natural History*, (10) **18**: 181-204.

Bahrman R. 1966. Das Hypopygium von *Dolichopus* Latreille unter besonderer Berücksichtizung der Muskulatur und der Torsion (Diptera: Dolichopodidae). *Beiträge zur Entomologie*, **16**: 61-72.

Bahrman R. 1984. The flies (Diptera, Brachycera) of the grass and bushlayer in the Leutra valley near Jena (Thuringia) an ecofaunistic comparison. *Zoologische Jahrbücher Abteilung für Systematik Ökologie und Geographie der Tiere. Jena*, **111**: 175-217.

Beaver R A. 1966. The biology and immature stages of two species of *Medetera* (Diptera: Dolichopodidae) associated with the bark beetle *Scolytus scolytus* (F.). *Proceedings of the Royal Entomological Society of London*, (A) **41**: 145-154.

Becker T. 1887. Beiträge zur Kenntniss der Dipteren-Fauna von St. Moritz. *Berliner Entomologische Zeitschrift*, **31** (1): 93-141.

Becker T. 1891. Neues aus der Schweiz. Ein dipterologischer Beitrag. *Wiener Entomologische Zeitung*, **10**: 289-296.

Becker T. 1900. Beitrage zur Dipteren-Fauna Sibiriens. Nordwest-Sibirische Dipteren gesammelt vom Prof. John Sahlberg aus Helsingfors im Jahre 1876 und vom Dr. E. Bergroth aus Tammerfors im Jahre 1877. *Acta Societatis Scientiarum Fennicae*, *Ser. B* **26** (9): 66, pl. 1.

Becker T. 1902. Äegyptische Dipteren. *Mitteilungen der Zoologischen Museum Berlin*, **2** (2): 1-66; **2** (3): 67-195.

Becker T. 1906. Die Ergebnisse meiner dipterologischen Fruhjahrsreise nach Algier und Tunis, 1906 [cont.]. *Zeitschrift für Systematische Hymenopterologie und Dipterologie*, 6: 273-287, 353-367.

Becker T. 1912. Beitrag zur Kenntnis der Thereviden. *Verhandlungen der Kaiserlich-Königliche Zoologisch-Botanischen Gesellschaft in Wien*, **62**: 289-319.

Becker T. 1913a. Genera Bombyliidarum. *Ezhegodnik Zoologicheskago Muzeya Imperatorskoi Akademiia Nauk. St. Petersburg*, **17**: 421-502.

Becker T. 1913b. *In*: Becker T, Stein P. Persische Dipteren von den Expeditionen des Herrn N. Zarudny 1898 und 1901. *Annuaire du Musée zoologique de l'Académie Impériale des Sciences de St. Pétersbourg*, **17** (1912): 505-506, 514-544.

Becker T. 1917. Dipterologische Studien. Dolichopodidae. A. Paläarktische Region. *Nova Acta Academiae Caesareae Leopodinisch-Carolinae Germanicae Naturae Curiosorum*, **102** (2): 115-361.

Becker T. 1918a. Dipterologische Studien. Dolichopodidae Zweiter Teil. *Nova Acta Academiae Caesareae Leopodinisch-Carolinae Germanicae Naturae Curiosorum*, **103**: 205-315.

Becker T. 1918b. Dipterologische Studien. Dolichopodidae Dritter Teil. *Nova Acta Academiae Caesareae Leopodinisch-Carolinae Germanicae Naturae Curiosorum*, **104**: 35-214.

Becker T. 1919. Diptères Brachycères. *Mission du Service Géographique de l'Armée, Mesure d'un Arc Méridien Équatorial en Amérique du Sud*, **10** (2): 163-215.

Becker T. 1922a. Dipterologische Studien. Dolichopodidae. B. Nearktische und neotropische Region. *Abhandlungen der Zoologisch-Botanischen Gesellschaft in Wien*, 1921 **13** (1): 1-394.

Becker T. 1922b. Dipterologische Studien. Dolichopodidae der Indo-Australischen Region. *Capita Zoologica*, **1** (4): 1-247.

Becker T. 1923a. Dipterologische Studien. Dolichopodidae. D. Aethiopische Region. *Entomologische Mitteilungen*, **12** (1): 1-50.

Becker T. 1923b. *Revision der Loew's schen Diptera Asilica in Linnaea Entomologica 1848-49*. Vienne: 1-91.

Becker T. 1923c. Wissenschaftliche Ergebnisse der von Werner unternommenen zoologischen Expedition nach dem Anglo Aegyptischen Sudan (Kordofan) 1914. VI. Diptera. *Denkschriften der Kaiserlichen Akademie der Wissenschaften. Wien. Mathematisch- Naturwissenschaftliche Klasse*, **98**: 57-82.

Becker T. 1924. Dolichopodidae von Formosa. *Zoologische Mededeelingen*, **8**: 120-131.

Becker T. 1925. H. Sauter's Formasa-Ausbeute: Asilinae III. (Dipt.). *Entomologische Mitteilungen*, **14**: 62-85, 123-139, 240-250.

Becker T, Bezzi M, Bischof J, Kertész K, Stein P. 1903. *Katalog der paläarktischen Dipteren*. Budapest: Band II, Orthorrhapha Brachycera: 1-396.

Belanovsky I D. 1950. On the fauna of Diptera of southwest Pamir. *Naukovi Zapysky. Akademiia Nauk URSR*, **9** (6): 133-143.

Beling T. 1882. Beitrag zur metamorphose Zweiflügeliger Insecten aus der Familien Tabanidae, Leptidae, Asilidae, Empidae, Dolichopodidae und Syrphidae. *Archiv für Naturgeschichte*, **48**: 187-240.

Bellstedt R, Stark A, Meyer H. 1999. Dolichopodidae; S. 92-99. *In*: Schumann H, Bährmann R, Stark A. *Entomofauna Germanica 2 - Checkliste der Dipteren Deutschlands. Studia Dipterologica Supplement*, **2**: 1-354.

Bequaert J C. 1932. The Nemestrinidae (Diptera) in the V. v. Röder Collection. *Zoologischer Anzeiger*, **100**: 13-33.

Berhold A A. 1827. *Natürliche Familien des Thierreichs. Aus dem Französischen. Mit Anmerkungen und Zusätzen*. Weimar: Landes-Industrie: x, 1-606.

Bernardi N. 1973. The genera of the family Nemestrinidae (Diptera: Brachycera). *Arquivos de Zoologia, São Paulo*, **24** (4): 211-318.

Bezzi M. 1902. Neue Namen für einige Dipteren-Gattungen. *Zeitschrift für Systematische Hymentopterologie und Dipterologie*, **2**: 190-192.

Bezzi M. 1903. *Katalog der Paläarktischen Dipteren*. Budapest: 1-396.

Bezzi M. 1904. Empididi Indo-Australiani raccolti dal signor L. Biro. *Annales Historico-Naturalies Musei Nationalis Hungarici*, **2**: 320-361.

Bezzi M. 1905. *Il genere Systropus Wied. nella fauna palearctica*. M. Ricci, Firenze [= Florence]: 262-279.

Bezzi M. 1906. Ditteri Eritrei raccolti dal Dott. Andreini e dal Prof. Tellini. Parte prima. Diptera orthorrhapha. *Bulletino della Societá Entomologica Italiana*, **37**: 195-304.

Bezzi M. 1907a. Leptidae *et* Empididae in Insula Formosa a Clar. H. Sauter Collectae. *Annales Historico-Naturalies Musei Nationalis Hungarici*, **5**: 564-568.

Bezzi M. 1907b. Nomenklatorisches über Dipteren. *Wiener Entomologische Zeitung*, **26** (2): 51-56.

Bezzi M. 1908a. Eine neue *Aphoebantus*-Art aus den palaearktischen Faunengebiete (Dipt.). *Zeitschrift für Systematische Hymentopterologie und Dipterologie*, **8**: 26-36.

Bezzi M. 1908b. Rhagionidae *et* Empididae Palaearcticae novae ex Museo Nationali Hungarico. *Annales Historico-Naturalies Musei Nationalis Hungarici*, **6**: 389-396.

Bezzi M. 1909. Beiträge zur Kenntnis der Sudamerikanischen Dipterenfauna. Fam. Empididae. *Nova Acta Academiae Caesareae Leopoldino-Carolinae*, **91**: 299-406.

Bezzi M. 1910. Revisio systematica genris dipterorum *Stichopogon*. *Annales Musei Nationalis Hungarici*, **8**: 129-159.

Bezzi M. 1912. Rhagionidae *et* Empididae ex Insula Formosa a Clar. H. Sauter Missae. *Annales Historico-Naturalies Musei Nationalis Hungarici*, **10**: 442-495.

Bezzi M. 1914. Rhagionidae *et* Empididae (Dipt.). *Supplementa Entomologica*, **3**: 65-78.

Bezzi M. 1921. Additions to the bombyliid fauna of South Africa (Diptera), as represented in the South African Museum. *Annals of the South African Museum*, **18**: 469-478.

Bezzi M. 1922. Materiali per lo studio della fauna Tunisina raccolti da G. e L. Doria. *Annali del Museo Civico di Storia Naturale Giacomo Doria*, **50**: 97-139.

Bezzi M. 1925. Quelques notes sur les bombyliides (Dipt.) d'Egypte, avec description d'espéces nouvelles. *Bulletin de la Société Fouad ler d'Entomologie*, **8**: 159-242.

Bezzi M. 1927. Il genera *Cyrtopogon* (Dipt., Asilidae) in Italia e nell' Artogea. *Memorie della Società Entomologica Italiana*, **5** (1926): 42-70.

Bezzi M. 1928. Diptera Brachycera and Athericera of the Fiji Islands, based on material in the British Museum (Natural History). London: British Museum (Natural History): 220.

Bickel D J. 1983. Two new Australian *Teuchophorus* Loew (Diptera: Dolichopodidae). *Journal of the Australian Entomolgical Society*, **22** (1): 39-45.

Bickel D J. 1985. A revision of the Nearctic *Medetera* (Diptera: Dolichopodidae). *Technical Bulletin. United States Department of Agriculture*, **1692**: 1-109.

Bickel D J. 1986a. *Atlatlia*, a new genus of Dolichopodidae (Diptera) from Australia. *Entomologica Scandinavica*, **17** (2): 165-171.

Bickel D J. 1986b. *Thrypticus* and an allied new genus, *Corindia*, from Australia (Diptera: Dolichopodidae). *Records of the Australian Museum*, **38** (3): 135-151.

Bickel D J. 1987a. A revision of the Oriental and Australasian *Medetera* (Diptera: Dolichopodidae). *Records of the Australian Museum*, **39** (4): 195-259.

Bickel D J. 1987b. Babindellinae, a new subfamily of Dolichopodidae (Diptera) from Australia, with a discussion of symmetry in the dipteran male postabdomen. *Entomologica Scandinavica*, **18** (1): 97-103.

Bickel D J. 1987c. *Kowmungia* (Diptera: Dolichopodidae), a new genus from Australia. *Invertebrate Taxonomy*, **1** (2): 147-154.

Bickel D J. 1991. Sciapodinae, Medeterinae (Insect: Diptera) with a generic review of the Dolichopodidae. *Fauna of New Zealand*, **23**: 1-71.

Bickel D J. 1994. The Australian Sciapodinae (Diptera: Dolichopodidae), with a review of the Oriental and Australasian faunas, and a world conspectus of the subfamily. *Records of the Australian Museum*, Suppl. **21**: 1-394.

Bickel D J. 1995. Insects of Micronesia. Volume 13, no. 8. Diptera: Dolichopodidae Part I. Sciapodinae, Medeterinae and Sympycninae (part). *Micronesia*, **27**: 73-118.

Bickel D J. 1996. Restricted and widespread taxa in the Pacific: biogeographic processes in the fly family Dolichopodidae (Diptera). *In*: Keast A, Miller S E. *The origin and evolution of Pacific island biotas, New Guinea to eastern Polynesia: patterns and processes*: 331-346. Amsterdam: SPB. Academic Publishing: 531.

Bickel D J. 1999a. Australian Sympycninae 2: *Syntormon* Loew and *Nothorhaphium*. gen. nov., with a treatment of the Western Pacific fauna, and notes on the subfamily Rhaphiinae and *Dactylonotus* Parent (Diptera: Dolichopodidae). *Invertebrate Taxonomy*, **13** (1): 179-206.

Bickel D J. 1999b. The Oriental genus *Mastigomyia* Becker (Diptera: Dolichopodidae). *Raffles Bulletin of Zoology*, **47** (1): 287-294.

Bickel D J. 2002. The Sciapodinae of New Caledonia (Diptera: Dolichopodidae). *Mémoires du Muséum National d'Histoire Naturelle*, **187**: 11-83.

Bickel D J. 2004a. *Alishania*, a new genus with remarkable female terminalia from Taiwan, with notes on *Chrysotimus* Loew (Diptera: Dolichopodidae). *Bishop Museum Bulletin in Entomology*, **12**: 27-34.

Bickel D J. 2004b. *Maipomyia* (Diptera: Dolichopodidae), a new genus from Chile. *Proceedings of the Entomological Society of Washington*, **106** (4): 844-850.

Bickel D J. 2005. A new genus, *Phasmaphleps*, and new species of *Cryptophleps* Lichtwardt from the western Pacific, with notes on Australasian Diaphorinae (Diptera: Dolichopodidae). *In*: Fiji Arthropods II. *Bishop Museum Occasional Papers*, **84**: 17-34.

Bickel D J. 2007a. *Pharcoura* (Diptera: Dolichopodidae), a new genus from Chile. *Tijdschrift voor Entomologie*, **150** (1): 5-12.

Bickel D J. 2007b. Replacement name for *Alishania* Bickel, 2004 (Diptera Dolichopodidae). *Zootaxa*, **1398**: 68.

Bickel D J. 2008. *Krakatauia* (Diptera: Dolichopodidae: Sciapodinae) from the southwest Pacific, with a focus on the radiation in Fiji. *In*: Evenhuis N L, Bickel D J. *Fiji Arthropods X. Bishop Museum Occasional Papers*: 21-64.

Bickel D J, Dyte C E. 1989. 44. Family Dolichopodidae. *In*: Evenhuis N L. *Catalog of the Diptera of Austrasian and Oceanian Regions*. Honolulu: Bishop Museum Press and E. J. Brill: 393-418.

Bickel D J, Hernández M C. 2004. Neotropical *Thrypticus* (Diptera: Dolichopodidae) reared from water hyacinth, *Eichhornia crassipes*, and other Pontederiaceae. *Annals of the Entomological Society of America*, **97** (3): 437-449.

Bickel D J, Wei L M. 1996. Dolichopodidae (Diptera) from southwestern China-Part 1. *Oriental Insects*, **30**: 251-277.

Bigot J M F. 1852. Essai d'une classification générale *et* synoptique de l'ordre des Insectes Diptères. *Annales de la Société Entomologique de France*, (2) **10**: 471-489.

Bigot J M F. 1856. Essai d'une classification générale *et* synoptique de l'ordre des Insectes Diptères. 4e Mémoire. *Annales de la Société Entomologique de France, Troisième Sèrie*, **4**: 51-91.

Bigot J M F. 1857. Essai d'une classification générale *et* synoptique de l'ordre des Insectes Diptéres. *Annales de la Société Entomologique de France*, (3) **5**: 517-564.

Bigot J M F. 1859a. Dipterorum aliquot nova genera. *Revue et Magasin de Zoologie Pure et Appliquee*, (2) **11**: 305-315, pl. 11.

Bigot J M F. 1859b. Essai d'une classification générale *et* synoptique de l'ordre des Insectes Diptères. VII mémoire. Tribus des Rhaphidi *et* Dolichopodid (Mihi). *Annales de la Société Entomologique de France*, (3) **7**: 201-231.

Bigot J M F. 1877. Diagnoses qui suivent. *Bulletin des séances de la Société entomologique de France*, **98**: 101-102.

Bigot J M F. 1878a. Description d'un nouveau genre de Dipteres *et* cells de deux especes du genre *Holops* (Cyrtidae). *Bulletin de la Societe Entomologique de France*, (5) **8**: LXXI-LXXII.

Bigot J M F. 1878b. Diptères nouveaux ou peu connus. Tribu des Asilidi. *Annales de la Société Entomologique de France*, (5) **8**: 31-48 (pt. 9), 213-240 [pt. 10 (1)], 404-446 [pt. 10 (2)].

Bigot J M F. 1879a. Diptères nouveaux ou peu connus. 11e partie. XVI. Curiae Xylophagidarum *et* Stratiomydarum (Bigot) [part]. *Annales de la Société Entomologique de France, Cinquième série*, **9**: 183-208.

Bigot J M F. 1879b. Diptères nouveaux ou peu connus. 11e partie. XVI. Curiae Xylophagidarum *et* Stratiomydarum (Bigot) [part]. *Annales de la Société Entomologique de France, Cinquième série*, **9**: 209-234.

Bigot J M F. 1880. Dipteres nouveaux ou peu connus. 13e partie. XX. Quelques Dipteres de Perse *et* du Caucase. *Annales de la Société Entomologique de France*, (5) **10**: 139-154.

Bigot J M F. 1886a. Diagnoses nouvelles d'un genre *et* d'une espèce de l'ordre des diptères. *Bulletin des Séances [Bimensuel] de la Société Entomologique de France et Bulletin Bibliographique*, 1886 (**12**): ciii-civ.

Bigot J M F. 1886b. Diagnoses d'un genre *et* d'une espèce de diptères. *Bulletin des Séances [Bimensuel] de la Société Entomologique de France et Bulletin Bibliographique*, 1886 (**13**): cx-cxi.

Bigot J M F. 1887a. Diptères nouveaux ou peu connus. 31e partie. XXXIX. Descriptions de nouvelles espèces de Stratiomydi *et* de Conopsidi. *Annales de la Société entomologique de France, 6e série*, **7** (1): 20-46.

Bigot J M F. 1887b. Note: Description of four new species of Diptera, including one asilid. *Bulletin de la Société Entomologique de France*, (6) **7**, Bull.: LXVII-LXXX.

Bigot J M F. 1888a. Description d'un nouveau genre de diptère. *Bulletin des Séances [Bimensuel] de la Société Entomologique de France et Bulletin Bibliographique*, 1888 (**18**): cxl.

Bigot J M F. 1888b. Diptères. Mission scientifique du Cap Horn. 1882-1883. *Zoologie, Insectes*, **6**: 1-45.

Bigot J M F. 1889. Description d'un nouveau genre de diptère. *Bulletin de la Société Entomologique de France*, (6) **8**: cxl.

Bigot J M F. 1890. [Collection d'insectes formee dans l'Indo-Chine par M. Pavie, Consul de France au Cambodge.] Dipteres. *Nouvelles Archives du Museum d'Histoire Naturelle*, (3) **2**: 203-208.

Bigot J M F. 1891a. Dipteres nouveaux ou peu connus. *Bulletin de la Societe Entomologique de France*, **16**: 74-80.

Bigot J M F. 1891b. Voyage de M. Ch. Alluaud dans le territoire d'Assinie (Afrique orientale) en juillet *et* aout 1886. 8e Memoire. Dipteres. *Annales de la Société Entomologique de France*, **1891**: 365-686.

Bigot J M F. 1892. Diptères nouveaux ou peu connus. 37e partie. XLVI Bombylidi (mihi) 1re partie. *Annales de la Société Entomologique de France*, **61**: 321-376.

Bowden J. 1964. The Bombyliidae of Ghana. *Memoirs of the Entomological Society of Southern Africa*, **8**: 1-159.

Brauer F. 1880. Die Zweiflugler des Kaiserlichen Museums zu Wien. I. *Denkschriften der Kaiserlichen Akademie der Wissenschaften Mathematisch-Naturwissenschaftliche Classe. Wien*, **42**: 105-216, pls. 1-6.

Brauer F. 1882. Zweiflügler des Kaiserlichen Museums zu Wien. II. *Denkschriften der Kaiserlichen Akademie der Wissenschaften Mathematisch-Naturwissenschaftliche Classe. Wien*, **44** (1): 59-110.

Brennan J M. 1935. The Pangoniinae of Nearctic America, Diptera: Tabanidae. *Kansas University Science Bulletin*, **22** [=whole ser., 32]: 249-401, pl. 9.

Bright D E. 1996. Notes on native parasitoids and predators of the larger pine shoot beetle, *Tomicus piniperda* (Linnaeus) in the Niagara region of Canada (Coleoptera: Scolytidae). *Proceedings of the Entomological Society of Ontario*, **127**: 57-62.

Brooks S E. 2005. Systematics and phylogeny of Dolichopodinae (Diptera: Dolichopodidae). *Zootaxa*, **857**: 1-158.

Brooks S E, Wheeler T A. 2005. *Ethiromyia*, a new genus of Holarctic Dolichopodinae (Diptera: Dolichopodidae). *Proceedings of the Entomological Society of Washington*, **107** (3): 489-500.

Brunetti E. 1907. Revision of the Oriental Stratiomyidae, with *Xylomyia* and its allies. *Records of the Indian Museum*, **1** (2): 85-132 + corrigendum slip.

Brunetti E. 1909a. New Indian Leptidae and Bombyliidae with a note on *Comastes* Osten Sacken, v. *Heterostylum* Macquart. *Records of the Indian Museum*, **3**: 211-230.

Brunetti E. 1909b. Revised and annotated catalogue of Oriental Bombyliidae with descriptions of new species. *Records of the Indian Museum*, **2**: 437-492.

Brunetti E. 1909c. Revision of the Oriental Leptidae. *Records of the Indian Museum*, **5**: 417-436.

Brunetti E. 1912. New Oriental Diptera, I. *Records of the Indian Museum*, **7** (5): 445-513.

Brunetti E. 1913a. New and interesting Diptera from the eastern Himalayas. *Records of the Indian Museum*, **9** (5): 255-277.

Brunetti E. 1913b. New Indian Empididae. *Records of the Indian Museum*, **9**: 11-45.

Brunetti E. 1920. Diptera Brachycera. Vol. I. *In*: Shipley A E. *The Fauna of British India, including Ceylon and Myanmar.* London: Taylor and Francis: I-x, 1-401.

Brunetti E. 1923. Second revision of the Oriental Stratiomyidae. *Records of the Indian Museum*, **25** (1): 45-180.

Brunetti E. 1924. Nouvelles espèces de Stratiomyidae de l'Indo-Chine recueillies per M. R. Vitalis de Salvaza. *Encyclopédie Entomologique*, *Série B* (*II*), *Diptera*, **1** (2): 67-71.

Buchmann W. 1961. Die Genitalanhänge mitteleuropäischer Dolichopodiden. *Zoologica*, **39** (5): 1-51

Burmeister H C C. 1835. Bericht über die Fortschritte der Entomologie 1834-35. *Archiv für Naturgeschichte*, **1** (2): 7-74.

Burton J J S. 1978. *Tabanini of Thailand above the Isthmus of Kra* (*Diptera*: *Tabanidae*). Los Angeles: Entomological Reprint Specialists: 165.

Chen G, Liang L, Yang D. 2010. Four new species of Stratiomyidae (Diptera) from China. *Entomotaxonomia*, **32** (2): 129-134.

Chen G, Zhang T T, Yang D. 2010. New species of *Evaza* from China (Diptera, Stratiomyidae). *Acta Zootaxonomica Sinica*, **35** (1): 202-205.

Chen H B, Xu R M. 1992a. Five new species of *Tabanus* (Diptera: Tabanidae) from Guizhou. *Sichuan Journal of Zoology*, **11** (2): 7-12. [陈汉彬, 许荣满. 1992. 贵州虻属五新种 (双翅目: 虻科). 四川动物, **11** (2): 7-12.]

Chen H B, Xu R M. 1992b. *The Tabanid Fauna of Guizhou*. Guiyang: Guizhou Science and Technology Publishing House: 1-184. [陈汉彬, 许荣满. 1992. 贵州虻类志. 贵阳: 贵州科技出版社: 1-184.]

Chen J Y. 1982. A new species of *Silvius* from Liaoning, China (Diptera: Tabanidae). *Acta Zootaxonomica Sinica*, **7** (2): 193-195. [陈继寅. 1982. 林虻属一新种记述 (双翅目: 虻科). 动物分类学报, **7** (2): 193-195.]

Chen J Y. 1984. A new species of *Tabanus* from Liaoning, China (Diptera: Tabanidae). *Acta Zootaxonomica Sinica*, **9** (4): 392-393. [陈继寅. 1984. 辽宁省虻属一新种记述 (双翅目:虻科). 动物分类学报, **9** (4): 392-393.]

Chen J Y. 1985. A new species of *Hybomitra* from Qinghai, China (Diptera: Tabanidae). *Acta Zootaxonomica Sinica*, **10** (2): 176-177. [陈继寅. 1985. 青海瘤虻属一新种 (双翅目: 虻科). 动物分类学报, **10** (2): 176-177.]

Chen J Y, Cao Y C. 1982. A new species of *Stonemyia* from Liaoning, China (Diptera: Tabanidae). *Zoological Research*, Suppl. **2**: 89-91. [陈继寅, 曹毓存. 1982. 辽宁直角虻属一新种记述 (双翅目: 虻科). 动物学研究, Suppl. **2**: 89-91.]

Chen S H, Quo F. 1949. On the Opisthacanthous Tabanidae of China. *Chinese Journal of Zoology*, **3**: 1-10.

Chvála M. 1969. Einige neue oder bekannte Bremsen (Diptera, Tabanidae) von Nepal. *Acta Entomologica Bohemoslovaca*, **66**: 39-54.

Chvála M. 1975. The Tachydromiinae (Dipt. Empididae) of Fennoscandia and Denmark. *Fauna Entomologica Scandinavica*, **3**: 336. Kopenhagen: Scandinavian Science Press.

Chvála M. 1983. The Empidoidea (Diptera) of Fennoscandia and Denmark. II. General Part. The families Hybotidae, Atelestidae and Microphoridae. *Fauna Entomologica Scandinavica*, **12**: 279. Kopenhagen: Scandinavian Science Press.

Chvála M. 1989. Families Atelestidae, Microphoridae. *In*: Soós Á, Papp L. *Catalogue of Palaearctic Diptera*, **6**: 169-174. Amsterdam & Budapest: Elsevier Science Publishers & Akademiai Kiado.

Chvála M. 1994. The Empidoidea (Diptera) of Fennoscandia and Denmark. III Genus *Empis*. *Fauna Entomologica Scandinavica*, **29**: 187. Kopenhagen: Scandinavian Science Press.

Chvála M. 2005. The Empidoidea (Diptera) of Fennoscandia and Denmark. IV Genus *Hilara*. *Fauna Entomologica Scandinavica*, **40**: 234. Kopenhagen: Scandinavian Science Press.

Chvála M, Lyneborg L. 1970. A revision of Palaearctic Tabanidae (Diptera) described by J. C. Fabricius. *Journal of Medical Entomology*, **7**: 543-555.

Chvála M, Kovalev V G. 1989. Family Hybotidae. *In*: Soós Á, Papp L. *Catalogue of Palaearctic Diptera*, **6**: 174-227. Amsterdam & Budapest: Elsevier Science Publishers & Akademiai Kiado.

Chvála M, Wagner R. 1989. Family Empididae. *In*: Soós Á, Papp L. *Catalogue of Palaearctic Diptera*, **6**: 228-336. Amsterdam & Budapest: Elsevier Science Publishers & Akademiai Kiado.

Cole F R. 1919. The dipterous family Cyrtidae in North America. *Transactions of the American Entomological Society*, **45**: 1-79.

Collin J E. 1941. Some Pipunculidae and Empididae from the Ussuri region on the far eastern border of the U. S. S. R. (Diptera). *Proceedings of the Royal Entomological Society of London*, (B) **10**: 218-248.

Collin J E. 1961. Empididae. *British Flies*, 6: 1-782. Cambridge: Cambridge University Press.

Coquillett D W. 1886. Monograph of the Lomatina of North America. *Canadian Entomologist*, **18**: 81-87.

Coquillett D W. 1887. Notes on the genus *Exoprosopa*. *Canadian Entomologist*, **19**: 12-14.

Coquillett D W. 1898. Report on a collection of Japanese Diptera, presented to the U. S. National Museum by the Imperial University of Tokyo. *Proceedings of the United States National Museum*, **21**[= No. 1146]: 301-340.

Costa A. 1857. Contribuzione alla fauna ditterologica italiana. *Il Giambattista Vico Giornale Scientifico* (*Napoli*), **2**: 438-460.

Cresson E T Jr. 1915. A new genus and some new species belonging to the dipterous family Bombyliidae. *Entomological News*, **26**: 200-207.

Cresson E T Jr. 1919. Dipterological notes and descriptions. *Proceedings of the Academy of Natural Sciences of Philadelphia*, **71**: 171-194.

Cui W N, Li Z, Yang D. 2009. New species of *Allognosta* from Guizhou (Diptera, Stratiomyidae). *Acta Zootaxonomica Sinica*, **34** (4): 795-797.

Cui W N, Li Z, Yang D. 2010. Five new species of *Beris* (Diptera: Stratiomyidae) from China. *Entomotaxonomia*, **32** (4): 277-283.

Cui W N, Yang D. 2010. Two new species and two new synonyms of *Systropus* Wiedemann, 1820 from Palaearctic China (Diptera: Bombyliidae). *Zootaxa*, **2619**: 14-26.

Cui W N, Zhang T T, Yang D. 2009. Four new species of *Nemotelus* from China (Diptera, Stratiomyidae). *Acta Zootaxonomica Sinica*, **34** (4): 790-794.

Curran C H. 1927. New Neotropical and Oriental Diptera in the American Museum of Natural History. *American Museum Novitates*, **245**: 1-9.

Curran C H. 1933. New North American Diptera. *American Museum Novitates*, **673**: 11.

Curran C H. 1934. *The families and genera of North American Diptera*. New York: 512.

Czerny L, Strobl G. 1909. Spanische Dipteren. III. Beitrag. *Verhandlungen der Zoologische-Botanische Gesellschaft. In Wien*, **59**: 121-301.

Daniels G. 1987. A revision of *Neoaratus* Ricardo, with the description of six allied new genera from the Australian region (Diptera: Asilidae: Asilini). *Invertebrate Taxonomy*, **1** (5): 473-592.

Daugeron C, Grootaert P. 2003. The *Empis* (*Coptophlebia*) *hyalea*-group from Thailand, with a discussion of the world distribution of this species group (Diptera: Empididae: Empidinae). *European Journal of Entomology*, **100**: 167-179.

Daugeron C, Grootaert P. 2005. Phylogenetic systematics of the *Empis* (*Coptophlebia*) *hyalea*-group (Insecta: Diptera: Empididae). *Zoological Journal of the Linnean Society*, **145** (3): 339-391.

Daugeron C, Grootaert P, Yang D. 2003. New species of the *Empis* (*Coptophlebia*) *hyalea*-group (Diptera: Empididae: Empidinae) from Guangdong province in China. *Bulletin de l'Institut Royal des Sciences Naturelles de Belgique Entomologie*, **73**: 55-66.

Daugeron C, Plant A, Shamshev I, Stark A, Grootaert P. 2011. Phylogenetic reappraisal and taxonomic review of the *Empis* (*Coptophlebia*) *hyalipennis*-group (Diptera: Empididae: Empidinae). *Invertebrate Systematics*, **25**: 254-271.

De Geer C. 1776. *Mémoires pour server à l'histoire des insectes*. Stockholm: Tome Sixième. Pierre Hesselberg: I-VIII, 1-522, [2], 1776.

de Meijere J C H. 1910. Studien über südostasiatische Dipteren. IV. Die neue Dipterenfauna von krakatau's Gravenhage. *Tijdschrift voor Entomologie*, **53**: 58-194.

de Meijere J C H. 1911c. Studien über Südöstasiatische Dipteren. VI. *Tijdschrift voor Entomologie*, **54**: 258-432.

de Meijere J C H. 1914. Studien über Südöstasiatische Dipteren. VIII. *Tijdschrift voor Entomologie*, **56** (Suppl.): 1-99.

Department of Insect Taxonomy and Faunology, Institute of Zoology, Academia Sinica, Beijing. 1976. *The bloodsucking Ceratopogonidae, Simuliidae and Tabanidae of Northern China*. Beijing: Science Press: 202. [中国科学院北京动物研究所昆虫分类区系室. 1976. 中国北方的吸血蠓蚋虻. 北京: 科学出版社: 202.]

Doleschall C L. 1857. Tweede bijdrage tot de kennis der dipterologische fauna van Nederlandsch Indië. *Natuurkundig Tijdschrift voor Nederlandsch Indië*, **14**: 377-418.

Doleschall C L. 1859. Derde bijdrage tot de kennis der dipterologische fauna van Nederlandsch Indië. *Natuurkundig Tijdschrift voor Nederlandsch Indië*, **17**: 73-128.

Dong H, Xu Y L, Yang D. 2005. Diptera: Bombyliidae. *In*: Yang M F, Jin D C. *Insects from Dashahe Nature Reserve of Guizhou*. Guiyang: Guizhou People Publishing House: 393-395. [董慧, 徐艳玲, 杨定. 2005. 双翅目: 蜂虻科//杨茂发, 金道超. 贵州大沙河昆虫. 贵阳: 贵州人民出版社: 393-395.]

Dong H, Yang D. 2007. Female postabdomen of three Dolichopodinae species (Diptera: Dolichopodidae). *Transactions of the American Entomological Society*, **133** (3+4): 327-330.

Duncan J. 1837. Characters and descriptions of the dipterous insects indigenous to Britain. *Magazine of Zoology and Botany*, **1** (2): 145-167.

Du J P, Yang C K. 1990. Three new species of Bombyliidae (Diptera) from Nei Mongol and a new record species of China. *Entomotaxonomia*, **12**: 283-288. [杜进平, 杨集昆. 1990. 内蒙古蜂虻三新种及一中国新纪录种. 昆虫分类学报, **12**: 283-288.]

Du J P, Yang C K, Yao G, Yang D. 2008. Seventeen new species of Bombyliidae from China (Diptera). *In*: Shen X C, Zhang R Z, Ren Y D. *Classification and Distribution of Insects in China*. Beijing: China Agricultural Science and Technology Press: 3-19. [杜进平, 杨集昆, 姚刚, 杨定. 2008. 中国蜂虻科十七个新种//申效诚, 张润志, 任应党. 昆虫分类与分布. 北京: 中国农业科学技术出版社: 3-19.]

Dufour L. 1833. Description de quelques insectes diptères des genres *Astomella*, *Xestomyza*, *Ploas*, *Anthrax*, *Bombilius*, *Dasypogon*, *Laphria*, *Sepedon et Myrmemorpha*, obervés en Espagne. *Annales des Sciences Naturelles*, **30**: 209-221.

Dyte C E. 1975. Family Dolichopodidae. *In*: Delfinado M D, Hardy D E. *A catalog of the Diptera of the Oriental region*, **2**: 212-258. Honolulu: The University Press of Hawaii.

Efflatoun H C. 1945. A monograph of Egyptian Diptera. Part VI. Family Bombyliidae. Section 1: Subfamily Bombyliidae Homeophthalmae. *Bulletin de la Société Fouad ler d'Entomologie*, **29**: 1 483.

Enderlein G. 1912. Zur Kenntnis auβereuropäischen Dolichopodidae. I. Tribus Psilopodini. *Zoologische Jahrbüch*, Suppl. **15** (1): 367-408.

Enderlein G. 1913. Dipterologische Studien. V. Zur Kenntnis der Familie Xylophagidae. *Zoologischen Anzeiger*, **42** (12): 533-552.

Enderlein G. 1914a. Dipterologische Studien. VIII. Zur Kenntnis der Stratiomyiiden-Unterfamilien mit 2ästiger Media Pachygasterinae, Lophotelinae und Prosopochrysinae. *Zoologischen Anzeiger*, **43** (7): 289-315.

Enderlein G. 1914b. Dipterologische Studien. IX. Zur Kenntnis der Stratiomyiiden mit 3ästiger Media und ihre Gruppierung. A. Formen, bei denen der 1. Cubitalast mit der Discoidalzelle durch Querader verbunden ist oder sie nur in einem Punkte berührt (Subfamilien: Geo-sarginae, Analcocerinae, Stratiomyiinae). *Zoologischen Anzeiger*, **43** (13): 577-615.

Enderlein G. 1914c. Dipterologische Studien. X. Zur Kenntnis der Stratiomyiiden mit 3ästiger Media und ihre Gruppierung. B. Formen, bei denen der 1. Cubitalast mit der Discoidalzelle eine Strecke verschmolzen ist (Familien: Hermtiinae, Clitellariinae). *Zoologischen Anzeiger*, **44** (1): 1-25.

Enderlein G. 1914d. Dipterologische Studien. XI. Zur Kenntnis tropischer Asiliden. *Zoologischer Anzeiger*, **44** (6): 241-263.

Enderlein G. 1920. 20. Ord. Diptera, Fliegen, Zweiflügler. Pp. 265-315. *In*: Brohmer P. *Fauna von Deutschland. Ein Bestimmungsbuch unserer heimischen Tierwelt*. Leipzig: Quelle & Meyer: I-VIII, 1-472.

Enderlein G. 1921. Über die phyletisch älteren Stratiomyiiden-Subfamilien (Xylophaginae, Chiromyzinae, Solvinae, Beridinae, und Coenomyiinae). *Mitteilungen aus dem Zoologischen Museum in Berlin*, **10** (1): 150-214.

Enderlein G. 1922. Ein neues Tabanidensystem. *Mitteilungen aus dem Zoologischen Museum in Berlin*, **10**: 333-351.

Enderlein G. 1926. Zur Kenntnis der Bombyliiden-Subfamilie Systropodinae (Dipt.). *Wiener Entomologische Zeitung*, **43**: 69-92.

Enderlein G. 1927. Dipterologische Studien XIX. *Stettiner Entomolgische Zeitung*, **88** (2): 102-109.

Enderlein G. 1932. Einige neue palaarktische Tabaniden (Dipt.). *Mitteilungen der Deutschen Entomologischen Gesellschaft*, **3**: 63-64.

Enderlein G. 1934. Entomologische Ergebnisse der Deutsch Russischen Alai-Pamir Expedition, 1928. III. 1. Diptera. *Deutsche Entomologische Zeitschrift*, 1933: 129-146.

Engel E O. 1926-1930. 24. Asilidae. *In*: Lindner E. *Die Fliegen der Palaearktischen Region*. 4 (24): 1-256.

Engel E O. 1934. Schwedisch-chinesische wissenschaftliche Expedition nach den nordwestlichen Provinzen. Chinas. II. Diptera. 3. Asilidae. *Arkiv för Zoologi*, **25**A (22) (1933): 1-17.

Engel E O. 1938-1946. 28. Empididae. *In*: Lindner E. *Die Fliegen der Palaearktischen Region*, **4** (4): 1-399. Stuttgart: Schweizerbartische.

Engel E O. 1940. Über einiger chinesische Bombylliden und Asiliden (Diptera). *Mitteilungen der Deutschen Entomologischen Gesellschaft*, **30**: 72-84.

Erichson W F. 1851. Hymenoptera, Diptera and Neuroptera: 60-69. *In*: Menetries E. Insecten: 43-76, pl. 3. *In*: Middendorf A T von. *Reise in den aussersten Norden und Osten Sibiriens*, Band II, Zoologie. Theil 1. St. Petersburg: Wirbellose Thiere: 516, pl. 32.

Esipenko P A. 1969. New species of robber flies (Diptera, Asilidae) of Far East. *Uchenyye Zapiski Khabarovskogo gosudarstvennogo pedagogicheskogo Instituta* (*seriya biologiya*), **18**: 61-68.

Esipenko P A. 1970. Robber flies (Diptera, Asilidae) of East Part of Middle Priamurya. *Uchenyye Zapiski Khabarovskogo gosudarstvennogo pedagogicheskogo Instituta* (*seriya biologiya*), **25**: 41-52.

Esipenko P A. 1974. New and rare species of robber flies (Diptera, Asilidae) of the fauna of the Far East. *Voprosy biologii, Khabarovsk*: 150-162.
Evenhuis N L. 1978. New species and a new subgenus of *Bombylius* (Diptera: Bombyliidae). *Entomological News*, **89**: 33-38.
Evenhuis N L. 1979. Studies in Pacific Bombyliidae (Diptera). II. Revision of the genus *Geron* of Australia and the Pacific. *Pacific Insects*, **21**: 1-35.
Evenhuis N L. 1981. Studies in Pacific Bombyliidae (Diptera). VI. Description of a new anthracine genus from the Western Pacific, with notes on some of Matsumura's *Anthrax* types. *Pacific Insects*, **23**: 189-200.
Evenhuis N L. 1982. Studies in Pacific Bombyliidae (Diptera). VIII. A new species of *Desmatoneura* from Borneo. *Pacific Insects*, **24**: 250-251.
Evenhuis N L, Arakaki K T. 1980. Studies in Pacific Bombyliidae (Diptera). IV. On some Philippine Bombyliidae in the collection of the Bishop Museum, with descriptions of new species. *Pacific Insects*, **21**: 308-320.
Evenhuis N L, Greathead D J. 1999. *World catalog of bee flies (diptera: Bombyliidae)*. Leiden: Backhuys Publishers: 532.
Evenhuis N L, Greathead D J. 2003. World catalog of bee flies (Diptera: Bombyliidae): corrigenda and addenda. *Zootaxa*, **300**: 1-64.
Evenhuis N L, Yukawa J. 1986. Bombyliidae (Diptera) of Panaitan and the Krakatau Islands, Indonesia. *Kontyû*, **54**: 450-459.
Fabricius J C. 1775. *Systema entomologiae, sistens insectorum classes, ordines, genera, species, adiectis synonymis, locis, descriptionibus, observationibus.* Kortii, Flensbvrgi *et* Lipsiae. [= Flensburg and Leipzig]. (32): 1-832.
Fabricius J C. 1777. *Genera insectorvm eorvmqve characters natvrales secvndvm nvmervm, figvram, sitvm et proportionem omnivm partivm oris adiecta mantissa speciervm nvper detectarvm.* Mich, Friendr. Bartschii, Chilonii [=Kiel]. [16]: 1-310.
Fabricius J C. 1781a. *Species insectorvm exhibentes eorvm differentias specificas, synonyma, avctorvm, loca natalia, metamorphosin adiectis observationibvs, descriptionibvs*. Tome II. C.E. Bohnii, Hambvrgi *et* Kilonii [= Hamburg & Cologne]: 1-517.
Fabricius J C. 1781b. *Species Insectorum.* Vol. 2. C. E. Bohnii, Hamburgi *et* Kilonii [= Hamburg and Kiel]: 494.
Fabricius J C. 1787. *Mantissa insectorvm sistens species nvper detectas adiectis characteribvs genericis, differentiis specificis, emendationibvs, observationibvs.* Tome II. Hafniae [= Copenhagen]: 382.
Fabricius J C. 1794. *Entomologia systematica emendata et aucta. Secundum classes, ordines, genera, species adjectis synonimis, locis, observationibus, descriptionibus.* Tom IV. C. G. Proft, Fil. *et* Soc., Hafniae [= Copenhagen], [*8*]: 1-472.
Fabricius J C. 1798. *Supplementum Entomologiae Systematicae.* C. G. Proft *et* Storch, Hafniae [= Copenhagen], [4]: 572.
Fabricius J C. 1805. *Systema antliatorum secundum ordines, genera, species adiecta synonymis, locis, observationibus, descriptionibus.* Brunsvigae: Brunsvigae: I-XIV, 15-372 + 1-30.
Fallén C F. 1814. *Anthracides Sveciae. Quorum descriptionem Cons. Ampl. Fac. Phil. Lund. In Lyceo Carolino d. XXI Maji MDCCCXIV.* London: Berlingianis, Lundae [= Lund]: 1-8.
Fallén C F. 1817. *Stratiomydae sveciae.* Berlingianis, Lundae. [2], 1-14. Farris J. A. 1988. *Hennig86, Version1.5.* [computer software package]. New York: Port Jefferson Station.
Fallén C F. 1823. *Monographia Dolichopodum Sveciae.* Lundae: 24.
Fourcroy A F. 1785. *Entomologia parisiensis; sive catalogus insectorum quae in agro parisiensi reperiuntur; secundum methodum Geoffroeanam in sectiones, genera & species distributus: cui addita sunt nomina trivialia & fere trecentae novae species.* Paris: Via *et* Aedibus Serpentineis, Parisiis [= Paris]: viii + [1] + 544 p.
François F J J. 1972a. Revision taxonomique des Bombyliidae du Senegal (Diptera: Brachycera). Deuxieme partie. *Bulletin de l'Institut Royal des Sciences Naturelles de Belgique*, **48** (3): 1-39.
François F J J. 1972b. Revision taxonomique des Bombyliidae du Senegal (Diptera: Brachycera). Troisieme partie. *Bulletin de l'Institut Royal des Sciences Naturelles de Belgique*, **48** (4): 1- 39.
Frey R. 1934. Diptera Brachycera von den Sunda-Inseln und Nord-Australien. *Revue Suisse de Zoologie*, **41** (15): 299-339.
Frey R. 1937a. Üeber orientalische *Leptogaster*-Arten. (Dipt., Asilidae). *Notulae Entomologicae*, **17**: 28-52.
Frey R. 1937b. Die Dipterenfauna der Kanarischen Inseln und ihre Probleme. *Commentationes Biologicae*, **6** (1): 1-237.
Frey R. 1938. Hybotinen (Dipt., Empididae) von Formosa und den Philippinen. *Notulae Entomologicae*, **18**: 52-62.
Frey R. 1943. Ubersicht der paläarktischen Arten der Gattung *Platypalpus* Macq. (=*Coryneta* Meig.). (Dipt., Empididae). *Notulae Entomologicae*, **23**: 1-19.
Frey R. 1952. Studien über ostasiatische *Hilara*-Arten (Diptera, Empididae). *Notulae Entomologicae*, **32**: 119-143.
Frey R. 1953a. Studien über ostasiatische Dipteren. I. Die Gattung *Empis* L. *Notulae Entomologicae*, **33**: 29-57.
Frey R. 1953b. Studien über ostasiatische Dipteren. II. Hybotinae, Ocydromiinae, *Hormopeza* Zett. *Notulae Entomologicae*, **33**: 57-71.
Frey R. 1954. Studien über ostasiatische Dipteren. III. Rhachiceridae, Rhagionidae, Hilarimorphidae. *Notulae Entomologicae*, **34**: 1-25.
Frey R. 1954-1956. 28. Empididae. *In*: Lindner E. *Die Fliegen der Palaearktischen Region*, **4** (4): 400-639. Stuttgart: E. Schweizerbart'sche.
Frey R. 1955. Studien über ostasiatische Dipteren. IV. *Hilara* Meig. (Suppl.), *Empis* L. (Suppl.). *Notulae Entomologicae*, **35**: 1-14.
Frey R. 1960. Die paläarktischen und südostasiatischen Solviden (Diptera). *Societas Scientiarum Fennica, Commentationes Biologicae*, **23** (1): 1-16.
Frey R. 1961. Orientalische Stratiomyiiden der Subfamilien Beridinae und Metoponiinae (Dipt.). *Notulae Entomologicae*, **40** (3): 73-85.
Gaimari S D, Irwin M E. 2000. Phylogeny, classification, and biogeography of the cycloteline Therevinae (Insecta: Diptera: Therevidae). *Zoological Journal of the Linnean Society*, **129** (2): 129-240.
Geoffroy E L. 1762. *Histoire abregée des insectes qui se trouvent aux environs de Paris; dans laquelle ces animaux sont rangés suivant un ordre méthodique.* Paris: Tome Second. Durand, [*4*]: 1-690.
Gerstaecker A. 1857. Beitrag zur Kenntniss exotischer Stratiomyiden. *Linnaea Entomologica*, **11**: 261-350.
Gistel J N F X. 1848. *Naturgeschichte des Thierreichs, für höhere Schulen.* Stuttgart: R. Hoffman: xvi + 216 + [4].
Gray G R. 1832. *In*: Curvier's. *The Animal Kingdom*, Vol. 15. London: Whittaker and Treacher: 1-796.
Greathead D J. 1995. A review of the genus *Bombylius* Linnaeus s. lat. (Diptera: Bombyliidae) from Africa and Eurasia. *Entomologica Scandinavica*, **26**: 47-66.
Greene C T. 1921. A new genus of Bombyliidae (Diptera). *Proceedings of the Entomological Society of Washington*, **23**: 23-24.
Grootaert P, Chvála M. 1992. Monograph of the genus *Platypalpus* (Diptera: Empidoidea, Hybotidae) of the Mediterranean region and the Canary Islands. *Acta Universitatis Carolinae-Biologia*, **36**: 3-226.
Grootaert P, Yang D. 2008. A new *Hypenella* (Empididae, Clinocerinae), a Palaearctic relict in Guangdong, South China. *Annalis Zoologici*, **58** (3): 557-560.
Grootaert P, Yang D. 2009. A new *Syndyas* Loew, 1857 (Diptera: Hybotidae: Hybotinae) from mangrove in Singapore, with a review of the Oriental and

Australasian species. *Raffles Bulletin of Zoology*, **57** (1): 17-24.

Grootaert P, Yang D, Saigusa T. 2000. Empididae (Diptera: Empidoidea) from Xishuangbanna, Yunnan (I): Hemerodromiinae. *Bulletin de l'Institut Royal des Sciences Naturelles de Belgique, Entomologie*, **70**: 71-80.

Grootaert P, Yang D, Shamshev I. 2008. *Tachydromia* Meigen from Yunnan (China), (Diptera, Hybotidae). *Annalis Zoologici*, **58** (3): 561-566.

Grootaert P, Yang D, Zhang L L. 2003. New species of *Hilara* (Diptera: Empididae: Empidinae) from Guangdong province in China. *Bulletin de l'Institut Royal des Sciences Naturelles de Belgique Entomologie*, **73**: 77-84.

Hall J C. 1969. A review of the subfamily Cylleniinae with a world revision of the genus *Thevenemyia* Bigot (*Eclimus* auct.) (Diptera: Bombyliidae). *University of California Publications in Entomology*, **56**: 85.

Hardwicke T. 1823. Description of *Cermatia longicornis* and of three new insects from Nepaul. *Transactions of the Linnean Society of London*, **14**: 131-136, pl. 1.

Hardy G H. 1926. A new classification of Australian robberflies belonging to the subfamily Dasypogoninae (Diptera: Asilidae). *Proceedings of the Linnean Society of New South Wales*, **51** (3): 305-312.

Hardy G H. 1933. Miscellaneous notes on Australian Diptera. I. *Proceedings of the Linnean Society of New South Wales*, **58** (5-6): 408-420.

Hardy D E, Kohn K A. 1964. Dolichopodidae. *In*: Zimmerman E C. *Insects of Hawaii*, **11**: 13-296.

Harris M. 1778. *An exposition of English insects, with curious observations and remarks, wherein each insect is particularlt described; its parts and properties considered; the different sexes distinguished, and the natural history faithfully related. The whole illustrated with copper plates, drawn, engraved, and coloured, by the author.* London: Decad II. Published by the author: 41-72, pl. XI-XX.

He J, Liu Z J, Xu R M. 2008. A new species of the genus *Haematopota* (Diptera: Tabanidae). *Entomotaxonomia*, **30** (1): 41-44. [何静, 刘增加, 许荣满. 2008. 麻虻属一新种记述 (双翅目: 虻科) (英文). 昆虫分类学报, **30** (1): 41-44.]

Henning J. 1832. Nova Dipterorum genera offert illustratque. *Bulletin de la Société Impériale des Naturalistes de Moscou*, **4** (2): 313-342.

Hennig W. 1941. Verzeichnis der Dipteren von Formosa. *Entomologische Beihefte aus Berlin-Dahlem*, **8**: 1-239.

Hermann F. 1905. Beitrag zur Kenntnis der Asiliden. I. *Berliner Entomologische Zeitschrift*, **50**: 14-42.

Hermann F. 1907. Einige neue Bombyliiden der palaearktischen Fauna. (Dipt.). *Zeitschrift für Systematische Hymentopterologie und Dipterologie*, **7**: 193-202.

Hermann F. 1914a. Sauter's Formosa-Ausbeute. Mydaidae *et* Asilidae (Dasypogoninae, Laphriinae *et* Leptogastrinae). *Entomologische Mitteilungen*, **3**: 33-44.

Hermann F. 1914b. Sauter's Formosa-Ausbeute. Mydaidae *et* Asilidae (Dasypogoninae, Laphriinae *et* Leptogastrinae) (Dipt.). *Entomologische Mitteilungen*, **3** (3): 83-95, 102-112, 129-136.

Hermann F. 1917. Sauter's Formosa-Ausbeute: Asilidae. II. (Leptogastrinae *et* Asilinae) (Dipt.). *Wiegmann's Archiv für Naturgeschichte*, **82**A (5) (1916): 1-35.

Hesse A J. 1938. A revision of the Bombyliidae (Diptera) of Southern Africa. [I.] *Annals of the South African Museum*, **34**: 1053.

Hesse A J. 1956a. A revision of the Bombyliidae (Diptera) of Southern Africa. II [part]. *Annals of the South African Museum*, **35**: 1-464.

Hesse A J. 1956b. A revision of the Bombyliidae (Diptera) of Southern Africa. II [concl.]. *Annals of the South African Museum*, **35**: 465-972.

Hildebrandt L. 1930. Description d'une nouvelle especes du genre *Cyrtus* provenent de la Chine. *Annuaire du Musee Zoologique de l'Academie Imperiale des Sciences de St.-Petersbourg*, **31** (2): 219-221.

Hine J S. 1901. Description of new species of Stratiomyidae with notes on others. *The Ohio Naturalist*, **1** (7): 112-114.

Hine J S. 1923. Horseflies collected by Dr. J. M. Aldrich in Alaska in 1921. *Canadian Entomologist*, **55**: 143-146.

Hollis D. 1963. New and little known Stratiomyidae (Diptera, Brachycera) in the British Museum. *Annals and Magazine of Natural History, Series 13*, **5** (57): 557-565.

Horvat B. 1994a. *Dolichocephala sinica* sp. n. (Diptera, Empididae: Clinocerinae) from Sichuan. *Aquatic Insects*, **16** (4): 201-203.

Horvat B. 1994b. Two new species of the genus *Roederiodes* Coquillett (Diptera, Empididae: Clinocerinae) from Sichuan (China). *Acta Universitatis Carolinae-Biologica*, 1993 **37**: 81-86.

Horvat B. 2002. Taxonomical notes and descriptions of the new *Chelifera* Macquart species (Diptera: Empididae). *Scopolia*, **48**: 1-28.

Hradsky M. 1960. *Neoitamus castellanii* sp. nov. (Diptera, Asilidae). *Bulletin de la Société Entomologique de Mulhouse*, 1960: 80-81.

Hsia K L. 1949. Studies on Chinese Asilidae I. Leptogastrinae. *Sinensia*, **19** (1948): 23-56.

Hua L Z. 1985. *A list of robber flies from China (Diptera: Asilidae)*. Guangzhou: Institute of Entomology, Zhongshan University: 1-17.

Hua L Z. 1987. A new record genus and a new species of Asilidae (Diptera) from China. *Entomotaxonomia*, **9** (3): 185-187.

Hull F M. 1945. Notes upon flies of the genus *Solva* Walker. *Entomological News*, **55**: 263-265.

Hull F M. 1958. Some species and genera of the family Asilidae (Diptera). *Proceedings of the Entomological Society of Washington*, **60** (6): 251-257.

Hull F M. 1962. Robber flies of the world. *Bulletin of the United States National Museum*, **224** (1, 2): 1-907.

Hull F M. 1973. Bee flies of the world. The genera of the family Bombyliidae. *Bulletin of the United States National Museum*, **286**: 1-687.

Hunter W D. 1900. A catalogue of the Diptera of South America. Part II, Homodactyla and Mydiadae [part]. *Transactions of the American Entomological Society*, **27**: 121-136.

Huo S, Zhang J H, Yang D. 2010a. Two new species of *Hybos* from Hubei, China (Diptera: Empididae). *Transactions of the American Entomological Society*, **136** (3-4): 251-254.

Huo S, Zhang J H, Yang D. 2010b. Two new species of *Platypalpus* from Oriental China (Dipera: Empididae). *Transactions of the American Entomological Society*, **136** (3-4): 259-262.

Hwang N. 1936. A preliminary list of Chinese Tabanidae. *Entomology and Phytopathology, Hangchow*, **4** (31): 612-615.

Irwin M E, Lyneborg L. 1981. The genera of Nearctic Therevidae. *Illinois Natural History Survey Bulletin*, **32** (3): 1-277.

Jaennicke F. 1866. Beiträge zur Kenntniss der europäischen Stratiomyden, Xylophagiden u. Coenomyiden sowie Nachtraag zu den Tabaniden. *Berliner Entomologische Zeitschrift*, **10** (1-3): 217-237.

Jaennicke F. 1867a. Neue exotische Dipteren. *Abhandlungen, herausgegeben von der Senckenbergischen Naturforschenden Gesellschaft*, **6**: 311-407.

Jaennicke F. 1867b. Beiträge zur Kenntniss der europäischen Bombyliiden, Acroceriden, Scenopiniden, Thereviden und Asiliden. *Berliner Entomologische*

Zeitschrift, **11**: 63-94.

James M T. 1936a. A review of the Nearctic Geosarginae (Diptera, Stratiomyidae). *Canadian Entomologist*, **67** (12): 267-275.

James M T. 1936b. New Stratiomyidae in the collection of the California Academy of Sciences. *Pan-Pacific Entomologist*, **12** (2): 86-90.

James M T. 1939. New Formosan Stratiomyidae in the collection of the Deutsches Entomologisches Institut. *Arbeiten über morphologische und taxonomische Entomologie aus Berlin-Dahlem*, **6** (1): 31-37.

James M T. 1941. New species and records of Stratiomydae from Palearctic Asia (Diptera). *Pan-Pacific Entomologist*, **17** (1): 14-22.

James M T. 1952. The Ethiopian genera of Sarginae, with descriptions of new species. *Journal of the Washington Academy of Sciences*, **42** (7): 220-226.

James M T. 1962. Diptera: Stratiomyidae; Calliphoridae. *Insects of Micronesia*, **13** (4): [*4*], 75-127.

Jensen H. 1832. Nova Dipterorum genera offert illustratque. *Bulletin de la Société Impériale des Naturalistes de Moscou*, **4**: 313-342.

Jiang W, Li Z, Yang D. 2011. Two new species of *Hybos* from Taiwan (Diptera: Empidoidea). *Transactions of the American Entomological Society*, **137** (3-4): 355-358.

Johnson C W. 1926. A note on *Beris annulifera* (Bigot). *Psyche*, **33** (4-5): 108-109.

Joseph A N T, Parui P. 1983. New and little-known Indian Asilidae (Diptera). 6. Key to the Indian *Ommatius* Wiedemann with descriptions of fourteen new species. *Entomologica Scandinavica*, **14** (1): 85-97.

Kelsey L P. 1969. A revision of the Scenopinidae (Diptera) of the world. *Bulletin of the United States National Museum*, **277**: 1-336.

Kerr P H. 2010. Phylogeny and classification of Rhagionidae, with implications for Tabanomorpha (Diptera: Brachycera). *Zootaxa*, **2592**: 1-133.

Kertész K. 1901. Neue und bekannte Dipteren in der Sammlung des Ungarischen National-Museums. *Természetrajzi Füzetek*, **24**: 403-432.

Kertész K. 1906. Die Dipteren-Gattung *Evaza* Walk. [part]. *Annales Historico-Naturales Musei Nationalis Hungarici*, **4** (2): 289-292.

Kertész K. 1907. Ein neuer Dipteren-Gattungsname. *Annales Historico-Naturales Musei Nationalis Hungarici*, **5** (2): 499.

Kertész K. 1909a. *Catalogus dipterorum hucusque descriptorum. Vol. IV. Oncodidae, Nemestrinidae, Mydaidae, Asilidae.* Budapestini: Museum Nationale Hungaricum: 49-313.

Kertész, K. 1909b. *Catalogus dipterorum hucusque descriptorum. Vol. V. Bombyliidae, Therevidae, Omphralidae.* Budapestini: Museum Nationale Hungaricum: 199.

Kertész K. 1909c. *Catalogus dipterorum hucusque descriptorum. Vol. VI. Empididae, Dolichopodidae, Musidoridae.* Budapestini: Museum Nationale Hungaricum: 362.

Kertész K. 1909d. Vorarbeiten zu einer Monographie der Notacanthen. XII-XXII. *Annales Historico-Naturales Musei Nationalis Hungarici*, **7** (2): 369-397.

Kertész K. 1912. The Percy Sladen Trust Expedition to the Indian Ocean in 1905, under the leadership of Mr J. Stanley Gardiner, M. A. Volume IV. No. VI.-Diptera. Stratiomyiidae. *The Transactions of the Linnean Society of London 2nd Series, Zoology*, **15** (1): 95-99.

Kertész K. 1914. Vorarbeiten zu einer Monographie der Notacanthen. XXIII-XXXV. *Annales Historico-Naturales Musei Nationalis Hungarici*, **12** (2): 449-557.

Kertész K. 1916. Vorarbeiten zu einer Monographie der Notacanthen. XXXVI-XXXVIII. *Annales Historico-Naturales Musei Nationalis Hungarici*, **14** (1): 123-218.

Kertész K. 1923. Vorarbeiten zu einer Monographie der Notacanthen. XLV-L. *Annales Historico-Naturales Musei Nationalis Hungarici*, **20**: 85-129.

Klug J C F. 1807. Species apiarum familiae novas, descripsit, generumque characteres adjecit. *Magazin Gesellschaft Naturforschender Freunde zu Berlin*, **1**: 263-265.

Klug J C F. 1832. *Symbolae physicae, seu icones et descriptiones insectorum, quae ex itinere per Africam borealem et Asiam occidentalem F.G. Hemprich et C.G. Ehrenberg studio novae aut illustratae redierunt.* Vol. III. Insecta. Decas tertia. C. Mittler, Berolini [= Berlin]: [183], pls. 21-30.

Kovac D, Rozkošný R. 2012. A revision of the genus *Rosapha* Walker (Diptera: Stratiomyidae). *Zootaxa*, **3333**: 1-23.

Kröber O. 1912a. Die Thereviden der indo-australischen Region. *Nachtrag Entomologische Mitteilungen*, **1**: 282-287.

Kröber O. 1912b. Die Thereviden Nordamerikas. *Stettiner Entomologische Zeitung*, **73**: 209-272.

Kröber O. 1912c. H. Sauter's Formosa-Ausbeute. Thereviden und Omphraliden (Dipt.). *Supplementa Entomologica*, **1**: 24-26.

Kröber O. 1912d. Monographic der palaärktischen und afrikanischen Thereviden. *Deutsche Entomlogische Zeitschrift*, 1912: 1-32, 109-140, 251-266, 395-410, 493-508, 673-704.

Kröber O. 1922. Beitrage zur Kenntnis palaarktischer Tabaniden (Teil I: *Surcoufia*, *Heptatoma*, *Silvius*, und *Chrysozona*). *Wiegmann's Archiv fur Naturgeschichte* Abt. A, **88** (8): 114-164.

Kröber O. 1928a. Neue palaarktische Tabaniden. *Zoologischer Anzeiger*, **76**: 261-272.

Kröber O. 1928b. Neue und wenig bekannte Dipteren aus den Familien Omphralidae, Conopidae und Therevidae. *Konowia*, **7**: 1-23.

Kröber O. 1929. Indo-australische Chrysopini. *Zoologische Jahrbücher Abteilung fiir Systematik Okologie und Geographic der Tiere*, **56**: 463-528.

Kröber O. 1930. Neue Tabaniden und Zusatze zu bereits beschriebenen. *Zoologischer Anzeiger*, **90**: 69-86.

Kröber O. 1933. Schwedisch-chinesische wissenschaftliche Expedition nach den nortwestlichen Provinzen Chinas, unter Leitung von Dr. Sven Hedin und Prof. Su Ping-chang. Insekten gesammelt vom schwedischen Arzt der Expedition Dr. David Hummel 1927-1930. 14. Dipter. 6. Tabaniden, Thereviden und Conopiden. *Arkiv för Zoologi*, **26**A (8): 18.

Kröber O. 1937. Katalog der palaearktischen Thereviden, nebst Tabellen und Zusätzen sowie Neubeschreibungen. *Acta Instituti et Musei Zoologici Universitatis Atheniensi*, **1**: 269-321.

Latreille P A. 1796. *Précis des caractères génériques des insects, disposés dans un ordre natural.* Paris: 179.

Latreille P A. 1802. *Histoire naturelle, générale et particulière, des crustacés et des insectes. Tome troisième. Familles naturelles des genres. Ouvrage faisant suite à l'histoire naturelle générale et particulière, composée par Leclerc de Buffon, et rédigée par C.S. Sonnini, membre de plusieurs sociétés savantes.* Paris: Dufart: xii + 13-467 + 1 p.

Latreille P. A. 1804. Tableau méthodique des Insectes: 129-200. *In*: Tableaux méthodiques d'histoire naturelle. 238 pp, in *Nouveau dictionnaire d'histoire naturelle, appliquée aux arts, principalement à l'agriculture et à l'économie rurale et domestique: par une société de naturalistes et d'agriculteurs: avec des figures tirées des trois règnes de la nature.* Paris: Tome XXIV. Crapelet and Deterville: [*2*], 1-84, 1-85, [*3*], 1-238, [*2*], 1-18, 1-34.

Latreille P A. 1805. *Histoire naturelle, générale et particulière, des crustacés et des insectes. Tome quatorzième. Familles naturelles des genres. Ouvrage faisant suite à l'histoire naturelle générale et particulière, composée par Leclerc de Buffon, et rédigée par C. S. Sonnini, membre de plusieurs Sociétés savantes.* Paris: Dufart: 432.

Latreille P A. 1809. *Genera crustaceorum et insectorum secundum ordinem naturalem in familias disposita, iconibus exemplisque plurimis explicate. Vol. 4*. Parisiis *et* Argentorat: 399.

Latreille P A. 1810. *Considérations générales sur l'ordre naturel des animaux composant les classes des crustacés, des arachnides, et des insectes; avec un tableau méthodique de leurs genres, disposés en familles*. Paris: F. Schoell: 444.

Latreille P A. 1825. *Familles naturelles du règne animal, exposées succinctement et dans un ordre analytique, avec l'indication de leurs genres*. Paris: J.-B. Baillière: 570.

Latreille P A. 1829. Suite *et* fin des insectes. *In*: Cuvier [G.L.C. F.D.], *Le règne animal distribu. d'après son organisation, pour servir de base à l'histoire naturelle des animaux et d'introduction à l'anatomie comparée. Avec figures dessinées d'àprès nature. Nouvelle édition, revue et augmentée*. Paris: Tome V. Déterville *et* Crochard: xxiv + 556.

Leclercq M. 1967. Revision systematique *et* biogeographique des Tabanidae palearctiques. Vol. II: Tabaninae. *Memoires du Musee Royal d'Histoire Naturelle de Belgique*, **80** (1966): 1-237.

Lehr P A. 1964. New genera and new species of the robber-flies (Diptera, Asilidae) in the fauna of the USSR. *Entomologicheskoe Obozrenie*, **43** (4): 914-935.

Lehr P A. 1972. Leptogastrinae and Asilinae (Diptera, Asilidae) of the Mongolian People's Republic. *Insects of Mongolia*, **1** (1): 791-844.

Lehr P A. 1975a. Leptogastrinae and Asilinae (Diptera, Asilidae) from the People's Mongolian Republic. *Annales Historico-Naturales Musei Nationalis Hungarici*, **67**: 207-211.

Lehr P A. 1975b. Leptogastrinae and Asilinae (Diptera, Asilidae) of the Mongolian People's Republic. II. *Insects of Mongolia*, **3**: 520-539.

Lehr P A. 1975c. Robber flies of the genus *Stichopogon* Loew 1847 (Diptera, Asilidae) from the USSR. I. *Entomologicheskoe Obozrenie*, **54** (2): 432-441.

Li S S, Yang Z D. 1991. A new species of *Haematopota* from Shaanxi, China (Diptera: Tabanidae). *Acta Zootaxonomica Sinica*, **16** (4): 459-461. [李树森, 杨祖德. 1991. 陕西麻虻一新种 (双翅目: 虻科). 动物分类学报, **16** (4): 459-461.]

Li W H, Yang D. 2009. Species of *Hybos* Meigen from Ningxia, Palaearctic China (Diptera, Hybotidae). *Revue Suisse de Zoologie*, **116** (4): 353-358.

Li W L, Zhang K Y, Yang D. 2007. New Species of *Syneches* from Guangdong, China (Diptera, Empididae). *Acta Zootaxonomica Sinica*, **32** (2): 482-485. [李文亮, 张魁艳, 杨定. 2007. 广东柄驼舞虻属新种记述 (双翅目: 舞虻科). 动物分类学报, **32** (2): 482-485.]

Li Y, Li Z, Yang D. 2011. Five new species of *Actina* from China (Diptera, Stratiomyidae). *Acta Zootaxonomica Sinica*, **36** (1): 52-55.

Li Y, Wang M Q, Yang D. 2013. A new species of *Ocydromia* Meigen from China, with a key to species from the Palaearctic and Oriental Regions (Diptera, Empidoidea, Ocydromiinae). *ZooKeys*, **349**: 1-9.

Li Y, Yang J Y, Yang D. 2014. Species of *Parahybos* from Tibet (Diptera: Empididae). *Entomotaxonomia*, **36** (3): 196-200.

Li Z, Cui W N, Yang D. 2010. Five new specis of *Hilara* from Shennongjia, Hubei (Diptera, Empididae). *Acta Zootaxonomica Sinica*, **35** (4): 745-749.

Li Z, Cui W N, Zhang T T, Yang D. 2009. New species of Beridinae (Diptera: Stratiomyidae) from China. *Entomotaxonomia*, **31** (3): 161-171.

Li Z, Liu Q F, Yang D. 2011. Six new species of *Allognosta* (Diptera: Stratiomyidae) from China. *Entomotaxonomia*, **33** (1): 23-31.

Li Z, Luo C M, Yang D. 2009. Two species of *Beris* Latreille (Diptera: Stratiomyidae) from Hubei. *Entomotaxonomia*, **31** (2): 129-131.

Li Z, Wang N, Yang D. 2014. New species of the genus *Hybos* Meigen from Northwest China (Diptera: Empidoidea, Hybotinae). *Zootaxa*, **3786** (2): 166-180.

Li Z, Yang D. 2009. A new species of *Trichoclinocera* Collin (Diptera: Empididae) from China. *Aquatic Insects*, **31** (2): 133-137.

Li Z, Zhang T T, Yang D. 2009a. Eleven new species of Beridinae (Diptera: Stratiomyidae) from China. *Entomotaxonomia*, **31** (3): 206-220.

Li Z, Zhang T T, Yang D. 2009b. New species of *Oxycera* from Palaearctic China (Diptera, Stratiomyidae). *Transactions of the American Entomological Society*, **135** (3): 383-387.

Li Z, Zhang T T, Yang D. 2009c. One new species of *Nigritomyia* from China (Diptera, Stratiomyidae). *Acta Zootaxonomica Sinica*, **34** (4): 928-929.

Li Z, Zhang T T, Yang D. 2009d. Two new species of *Actina* from China (Diptera, Stratiomyidae). *Acta Zootaxonomica Sinica*, **34** (4): 798-800.

Li Z, Zhang T T, Yang D. 2011a. Four new species of *Allognosta* from China (Diptera, Stratiomyidae). *Acta Zootaxonomica Sinica*, **36** (2): 273-277.

Li Z, Zhang T T, Yang D. 2011b. Two new species of *Actina* from Taiwan, China (Diptera, Stratiomyidae). *Acta Zootaxonomica Sinica*, **36** (2): 282-284.

Li Z, Zhang T T, Yang D. 2011c. Two new species of *Beris* from China (Diptera, Stratiomyidae). *Acta Zootaxonomica Sinica*, **36** (1): 49-51.

Liao Y, Zhou S, Yang D. 2006. Two new species of the *Hercostomus hamatus* group (Diptera: Dolichopodidae) from China. *Bulletin de l'Institut Royal des Sciences Naturelles de Belgique Entomologie*, **76**: 49-53.

Liao Y, Zhou S, Yang D. 2007. Species of the *Hercostomus fatuus*-group from China (Diptera: Dolichopodidae). *Transactions of the American Entomological Society*, **133** (3-4): 335-339.

Liao Y, Zhou S, Yang D. 2008. Four new species of *Chaetogonopteron* from China (Diptera, Dolichopodidae), with a key to Chinese species. *Deutsche Entomologische Zeitschrift*, **55** (1): 145-151.

Liao Y, Zhou S, Yang D. 2009. Two new species of *Hercostomus* from Oriental China (Diptera: Dolichopodidae). *Transactions of the American Entomological Society*, **135** (1-2): 185-188.

Lichtenstein A A H. 1796. Catalogus musei zoologici ditissimi Hamburgi, d III. februar 1796. Auctionis lege distrahendi. Sectio tertia continens Insecta. Verzeichniss von höchstseltenen, aus allen Welttheilen mit vieler Mühe und Kosten zusammen gebrachten, auch aus unterschiedlichen Cabinettern, Sammlungen und Auctionen ausgehobenen Naturalien welche von einem Liebhaber, als Mitglied der batavischen und verschiedener anderer naturforschenden Gesellschaften gesammelt worden. Dritter Abschnitt, bestehend in wohlerhaltenen, mehrentheils ausländischen und höchstseltenen Insecten, die Theils einzeln, Theils mehrere zusammen in Schachteln festgesteckt sind, und welche am Mittewochen, den 3ten Februar 1796 und den folgenden Tagen auf dem Eimbeckschen Hause öffentlich verkauft werden sollen durch dem Mackler Peter Heinrich Packischefskyp. Hamburg: G.F. Schniebes: xii + 222 + [2].

Linnaeus C. 1758. *Systema naturae per regna tria naturae, secundum classes, ordines, genera, species, cum caracteribus, differentiis, synonymis, locis*. Tomus I. Editio decima, reformata. L. Salvii, Holmiae [= Stockholm]: 824.

Linnaeus C. 1767. *Systema naturae per regna tria naturae, secundum classes, ordines, genera, species, cum caracteribus, differentiis, synonymis, locis*. Tomus I. Pars 2. Editio duodecima, reformata. L. Salvii, Holmiae [= Stockholm]: 533-1327.

Lioy P. 1864. I ditteri distribuiti secondo un nuovo metodo di classificazione naturale [part]. *Atti del Reale Istituto Veneto di Scienze, Lettere ed Arti*, (3) **9**: 719-771.

Liu N, Nagatomi A. 1992. The female genitalia of eight *Systropus* species (Diptera, Bombyliidae). *Japanese Journal of Entomology*, **60** (4): 731-748.

Liu N, Nagatomi A. 1994. The genitalia of two *Bombylius*-species (Diptera, Bombyliidae). *Japanese Journal of Entomology*, **62** (1): 13-21.

Liu N, Nagatomi A. 1995. The mouthpart structure of Scenopinidae (Diptera). *Japanese Journal of Entomology*, **63** (1): 181-202.
Liu N, Nagatomi A, Evenhuis N L. 1995a. Genitalia of the Japanese species of *Anthrax* and *Brachyanax* (Diptera, Bombyliidae). *Zoological Science*, **12** (5): 633-647.
Liu N, Nagatomi A, Evenhuis N L. 1995b. Genitalia of thirty four genera of Bombyliidae (Diptera). *South Pacific Study*, **16** (1): 1-116.
Liu R S, Wang M Q, Yang D. 2013. *Chrysotus* Meigen (Diptera: Dolichopodidae) from Tibet with descriptions of four new species. *Zootaxa*, **3717** (2): 169-178.
Liu R S, Wang M Q, Yang D. 2014. Two new species of genus *Dubius* (Diptera: Dolichopodidae) from China. Transactions American Entomological Society, **140**: 1-9.
Liu X Y, Zhu Y J, Yang D. 2012. New species of *Heteropsilopus* and *Amblypsilopus* from China (Diptera: Dolichopodidae). *Zootaxa*, **3198**: 63-67.
Lichtwardt B. 1907. Ueber die Dipterengattung *Nemestrina* Latr. *Zeitschrift für Systematische Hymenopterologie und Dipterologie*, **7**: 433-451.
Lichtwardt B. 1909. Beitrag zur Kenntnis der Nemestriniden. *Deutsche Entomologische Zeitschrift*, **1909**: 113-123, 507-514, 643-651.
Lichtwardt B. 1912. Die Dipterengattung *Nycterimyia* Lichtw. *Entomologische Mitteilungen*, **1**: 26-28.
Lindner E. 1925a. 20. Rhagionidae. *In*: Lindner E. *Die Fliegen der Palaearktischen Region*, 4 (1): 1-49. Stuttgart: E. Schweizerbart'sche.
Lindner E. 1925b. Neue ägyptische Stratiomyidae (Dipt). *Bulletin de la Société Royale Entomologique d'Égypt*, **9** (1-3): 145-151.
Lindner E. 1925c. Neue exotische Dipteren (Rhagionidae *et* Tabanidae). *Konowia*, **4**: 20-24.
Lindner E. 1930. Beiträge zur Kenntnis einiger asiatischer Rhagioniden (Dipt.). *Konowia*, **9**: 85-88.
Lindner E. 1931. Dipterologische Studien IV. *Konowia*, **10**: 85-88.
Lindner E. 1933a. Schwedisch-chinesische wissenschaftliche Expedition nach den nordwestlichen Provinzen Chinas, unter Leitung von Dr. Sven Hedin unf Prof. Sü Ping-chang. Insekten gesammelt vom schwedischen Arzt der Expedition Dr. David Hummel 1927-1930. 35. Diptera. 10. Phryneidae, Rhagionidae und Stratiomyidae. *Arkiv för Zoologi*, **27**B (4): 1-5.
Lindner E. 1933b. Zweiter Beitrag zur Kenntnis der südamerikanischen Stratiomyidenfauna (Dipt.). *Revista de Entomologia* (*Rio de Janeiro*), **3** (2): 199-205.
Lindner E. 1935a. Äthiopische Stratiomyiiden (Dipt.). *Deutsche Entomologische Zeitschrift*, **1934** (3-4): 291-316.
Lindner E. 1935b. Stratiomyiiden von Celebes (Dipt.). (Sammlung Gerd Heinrich.). *Konowia*, **14** (1): 42-50.
Lindner E. 1936a. 18. Stratiomyiidae [part]. Lieferung 104. Pp. 1-48. *In*: Lindner E. *Die Fliegen der palaearktischen Region*. Stuttgart: Band IV$_1$. E. Schweizerbart'sche Verlagsbuchhandlung (Erwin Nägele): 1-218.
Lindner E. 1936b. Schwedischchinesische wissenschaftliche Expedition nach den nordwestlichen Provinzen Chinas. 35. Diptera. 10. Phryneidae, Rhagionidae und Stratiomyidae. *Arkiv för Zoologi*, **27**B, no. 4: 5.
Lindner E. 1936c. Über die von Gerd Heinrich im Jahre 1935 in Bulgarien gesammelten Diptera-Stratiomyiidae. *Mitteilungen aus den königlichen Naturwissenschaftlichen Instituten in Sofia*, **9**: 91-92.
Lindner E. 1937a. 18. Stratiomyiidae [part]. Lieferung 108: 49-96. *In*: Lindner E. *Die Fliegen der palaearktischen Region*. Stuttgart: Band IV$_1$. E. Schweizerbart'sche Verlagsbuchhandlung (Erwin Nägele): 1-218.
Lindner E. 1937b. 18. Stratiomyiidae [part]. Lieferung 110: 97-144. *In*: Lindner E. *Die Fliegen der palaearktischen Region*. Stuttgart: Band IV$_1$. E. Schweizerbart'sche Verlagsbuchhandlung (Erwin Nägele): 1-218.
Lindner E. 1940. Chinesiche Stratiomyiiden (Dipt.). *Deutsche Entomologische Zeitschrift*, **1939** (1-4): 20-36.
Lindner E. 1951. Über einige südchinesische Stratiomyiiden (Dipt.). *Bonner Zoologische Beiträge*, **2** (1-2): 185-189.
Lindner E. 1954. Über einige südchinesische Stratiomyiiden (Dipt.) (Nachtrag). *Bonner Zoologische Beiträge*, **5** (3-4): 207-209.
Lindner E. 1955a. Contributions à l'étude de la faune entomologique de Ruanda-Urundi (Mission P. Basilewsky 1953). XXX. Diptera Stratiomyiidae. *Annales du Musée Royal de Congo Belge Tervuren* (*Belgique*) *Série in-8°Sciences Zoologiques*, **36** (1): 290-295.
Lindner E. 1955b. Zur Kenntnis der ostasiatischen Stratiomyiiden (Dipt.). *Bonner Zoologische Beiträge*, **6** (3-4): 220-222.
Lindner E. 1967. Stratiomyiden aus der Mongolei Ergebnisse der zoologischen Forschungen von Dr. Z. Kaszab in der Mongolei (Diptera). *Reichenbachia*, **9** (9): 85-92.
Linnaeus C. 1758. *Systema Naturae per regna tria naturae, secundum classes, ordines, genera, species, cum caracteribus, differentiis, synonymis, locis. Tomus I. Edito decima, reformata*. Laurentii Salvii, Holmiae [=Stockholm]: iv, 824.
Linnaeus C. 1767. *Systema naturae, Tom. I. Pars II. Editio duodecima, reformata*. Holmiae: Laurentii Salvii: 533-1327.
Lioy P. 1864. I ditteri distribuiti secondo un nuovo metodo di classificazione naturale. *Atti dell'i R. Istituto Veneto di Scienze, Lettere ed Arte, Serie Terza*, **9**: 569-604.
Liu K N, Xu R M. 1990. A new species of *Hybomitra* from Tibet, China (Diptera: Tabanidae). *Contributions to Blood-sucking Diptera Insects*, **2**: 88-89. [刘康南, 许荣满. 1990. 西藏瘤虻属一新种（双翅目：虻科）. 吸血双翅目昆虫调查研究集刊（第二集）: 88-89.]
Liu Q F, Li Z, Yang D. 2010a. New species of *Hilara* from Hubei, China (Diptera: Empididae). *Entomotaxonomia*, **32** (3): 195-200.
Liu Q F, Li Z, Yang D. 2010b. Six new species of *Hilara* from Shennongjia, Hubei (Diptera: Empididae). *Entomotaxonomia*, **32** (Suppl.): 61-70.
Liu Q F, Li Z, Yang D. 2010c. Two new species of *Allognosta* from Ningxia, China (Diptera, Stratiomyidae). *Acta Zootaxonomica Sinica*, **35** (4): 742-744.
Liu S P, Gaimari S D, Yang D. 2012. Species of *Ammothereva* Lyneborg, 1984 (Diptera: Therevidae: Therevinae: Cyclotelini) from China. *Zootaxa*, **3566**: 1-13.
Liu S P, Li Y, Yang D. 2012. One new species of *Bugulaverpa* Gaimari & Irwin (Diptera: Therevidae: Therevinae: Cyclotelini) from China. *Entomotaxonomia*, **34** (3): 551-555.
Liu, S P, Yang D. 2012a. Revision of the Chinese species of *Dialineura* Rondani, 1856 (Diptera, Therevidae, Therevinae). *ZooKeys*, **235**: 1-22.
Liu S P, Yang D. 2012b. Two new species of *Hoplosathe* Lyneborg & Zaitzev, 1980 (Diptera: Therevidae: Therevinae) in China. *Entomotaxonomia*, **34** (2): 313-319.
Liu W T. 1958. Uber die *Chrysozona* bremsen aus China. *Acta Zoologica Sinica*, **10** (2): 151-160. [刘维德. 1958. 中国麻翅虻属记述. 动物学报, **10** (2): 151-160.]
Liu W T. 1959a. On the subgenus *Ochrops* (Gen. *Tabanus*, Tabanidae, Diptera) from China. *Acta Entomologica Sinica*, **9** (4): 388-392. [刘维德. 1959a. 我国黄虻亚属 (Subgenus *Ochrops* Szil.)的种类和分布(*Tabanus*, Tabanidae, Diptera). 昆虫学报, **9** (4): 388-392.]
Liu W T. 1959b. Preliminary notes on the tabanid flies from north-west China. *Acta Zoologica Sinica*, **11** (2): 158-170. [刘维德. 1959b. 西北虻科初记. 动

物学报, **11** (2): 158-170.]

Liu W T. 1960. Three new species of tabanid flies from China. *Acta Zoologica Sinica*, **12** (1): 12-15. [刘维德. 1960. 中国虻科三新种. 动物学报, **12** (1): 12-15.]

Liu W T. 1962. On the Tabanid flies from the districts of Yangtze Valley. *Acta Zoologica Sinica*, **14** (1): 119-129. [刘维德. 1962. 长江流域虻科区系. 动物学报, **14** (1): 119-129.]

Liu W T. 1981. Three new species of tabanids from south China (Diptera: Tabanidae). *Acta Entomologica Sinica*, **24** (2): 216-218. [刘维德. 1981. 华南虻科三新种 (双翅目: 虻科). 昆虫学报, **24** (2): 216-218.]

Liu W T, Yao Y M. 1981. New species of *Hybomitra* from Qinghai, China (Diptera: Tabanidae). *Contributions from Shanghai Institute of Entomology*, **2**: 263-268. [刘维德, 姚运妹. 1981. 青海瘤虻新种记 (双翅目: 虻科). 昆虫学研究集刊 (第二集): 263-268.]

Liu X Y, Li Z, Yang D. 2010d. New species of subgenus *Coptophlebia* from Shennongjia, Hubei (Diptera: Empididae). *Acta Zootaxonomica Sinica*, **35** (4): 736-741.

Liu X Y, Li Z, Yang D. 2011. *Euhybus* newly recorded from Taiwan with one new species (Diptera: Empidoidea). *Transactions of the American Entomological Society*, **137** (3-4): 363-366.

Liu X Y, Saigusa T, Yang D. 2012. Two new species of *Empis* (*Planempis*) from Oriental China, with an updated key to species of China (Diptera: Empidoidea). *Zootaxa*, **3239**: 51-57.

Liu X Y, Shi L, Yang D. 2014. Discovery of subgenus *Neoilliesiella* (Diptera: Empididae) in the Oriental region, with description of a new species from Southern Tibet. *Florida Entomologist*, **97** (3): 1104-1107.

Liu X Y, Wang J J, Yang D. 2012. *Heleodromia* Haliday newly recorded from China with descriptions of two new species (Diptera: Empidoidea). *Zootaxa*, **3159**: 59-64.

Liu X Y, Wang M Q, Yang D. 2014a. Genus *Euhybus* newly found in Shaanxi Province with description of a new species (Diptera: Empididae). *Florida Entomologist*, **97** (4): 1598-1601.

Liu X Y, Wang M Q, Yang D. 2014b. The genus *Dolichocephala* newly found in Shaanxi Province (China), with descriptions of three new species (Diptera: Empididae). *Zootaxa*, **3841** (3): 439-445.

Liu X Y, Yang D, Grootaert P. 2004a. The discovery of *Euhybos* in the Oriental realm with description of one new species (Diptera: Empidoidea; Hybotinae). *Transactions of the American Entomological Society*, **130** (1): 85-89.

Liu X Y, Yang D, Grootaert P. 2004b. A review of the species of *Hybos* Meigen, 1803 from Guangdong (Diptera: Empidoidea; Hybotinae). *Annales Zoologici*, **54** (3): 525-528.

Liu X Y, Zhang L L, Yang D. 2012. Two new species of *Syneches* belonging to *S. signatus* species-group from Vietnam (Diptera: Empidoidea, Hybotinae). *Zootaxa*, **3300**: 55-61.

Liu X Y, Zhou D, Yang D. 2010. Note on Palaearctic and Oriental species of *Oreogeton* (Diptera: Empididae). *Transactions of the American Entomological Society*, **136** (3-4): 255-257.

Liu Z J, Wang J G, Xu R M. 1990. A new species of *Hybomitra* (Diptera: Tabanidae) from China. *Entomotaxonomia*, **12** (1): 57-59. [刘增加, 王建国, 许荣满. 1990. 我国瘤虻属一新种记述 (双翅目: 虻科). 昆虫分类学报, **12** (1): 57-59.]

Loew H. 1840. *Bemerkungen über die in der Posener Gegend einheimischen Arten mehrerer Zweiflügler=Gattungen. Zu der öffentlichen Prüfung der Schüler des königlichen Friedrich-Wilhelms- Gymnasiums zu Posen.* W. Decker & Comp., Pozen [=Poznań]: 1-40.

Loew H. 1844. Beschreibung einiger neuen Gattungen der europäischen Dipternfauna [part]. *Stettiner Entomologische Zeitung*, **5**: 154-173.

Loew H. 1847. Dipterologisches. *Entomologische Zeitung* (*Stettin*), **8** (12): 368-376.

Loew H. 1847-1849. Über die europäischen Raubfliegen (Diptera, Asilica). *Linnaea Entomologica*, **2** (1847): 384-568, 587-592; **3** (1848): 386-495; **4** (1849): 1-155.

Loew H. 1850a. Beitrag zur Kenntniss der *Rhaphium*-Arten. *Stettiner Entomologische Zeitung*, **11**: 85-95, 101-133.

Loew H. 1850b. *Meghyperus* und *Arthropeas*, zwei neue Dipterengattungen. *Stettiner Entomologische Zeitung*, **11**: 302-308, pl. 1.

Loew H. 1852. Hr. Peters legte Diagnosen und Abbildungen der von ihm in Mossambique neu entdeckten Dipteren vor, welche von Hrn. Professor Loew bearbeitet worden sind. *Bericht über die zur Bekanntmachung geeigneten Verhandlungen der Konigl. Preuss. Akademie der Wissenschaften zu Berlin*, **1852**: 658-661.

Loew H. 1854. Neue Beiträge zur Kenntniss der Dipteren. Zweiter Beitrag. *Programm Königlichen Realschule zu Meseritz*, **1854**: 1-24.

Loew H. 1855a. Einige Bemerkungen über die Gattung *Sargus*. *Verhandlungen des zoologisch- botanischen Vereins in Wien*, **5** (2): 131-148.

Loew H. 1855b. Neue Beiträge zur Kenntniss der Dipteren. Dritter Beitrag. *Programm der Kaiserliche Realschule zu Meseritz*, **1855**: 1-52.

Loew H. 1857a. Dipterologische Mitteilungen. *Wiener Entomologische Monatschrift*, **1**: 33-56.

Loew H. 1857b. Neue Beiträge zur Kenntniss der Dipteren. Fünfter Beitrag. *Programme der Königlichen Realschule zu Meseritz*, **1857**: 1-56.

Loew H. 1858a. Beschreibung einiger japanischen Dipteren. *Wiener Entomologische Monatschrift*, **2**: 100-112.

Loew H. 1858b. Ueber einige neue Fligengattungen. *Berliner Entomologische Zeitschrift*, **2** (2): 101-122.

Loew H. 1858c. Versuch einer Auseinandersetzung der europaischen *Chrysops*-Arten. *Verhandlungen der Zoologisch-Botanischen Gesellschaft in Wien*, **8**: 613-634.

Loew H. 1858d. Zur Kenntniss der europaischen *Tabanus*-Arten. *Verhandlungen der Zoologisch-Botanischen Gesellschaft in Wien*, **8** (Abhandl.): 573-612.

Loew H. 1859. Neue Beiträge zur Kenntnis der Dipteren. Sechster Beitrag. *Programme der Königlichen Realschule zu Meseritz*, **1859**: 1-50.

Loew H. 1860a. Bidrag till kännedomen om Afrikas Diptera [part]. *Öfversigt af Kongl. Vetenskapsakademiens Förhandlingar*, **17**: 81-97.

Loew H. 1860b. Die Dipteren-Fauna Südafrika's. Erste Abtheilung. *Abhandlungen des Naturwissenschaftlichen Vereins für Sachsen und Thüringen in Halle*, **2**: 57-402.

Loew H. 1861a. Neue Beiträge zur Kenntniss der Dipteren. Achter Beitrag. *Programme der Königlichen Realschule zu Meseritz*, **1861**: 1-60.

Loew H. 1861b. *Neue Beiträge zur Kenntniss der Dipteren.* Berlin: Beitrag 8: 100.

Loew H. 1863. Diptera Americae septentrionalis indigena. Centuria tertia. *Berliner Entomologische Zeitschrift*, **7** (1-2): 1-55.

Loew H. 1864. Ueber die schlesischen Arten der Gattungen *Tachypeza* Meig. (*Tachypeza, Tachista, Dysaletria*) und *Microphorus* Macq. (*Trichina* und

Microphorus). *Zeitschrift für Entomologie Breslau*, 1860 **14**: 1-59.

Loew H. 1869a. *Beschreibungen europäischer Dipteren. Von Johann Wilhelm Meigen. Erster Band. Systematische Beschreibung der bekannten europaischen zweifliigeligen Insecten. Achter Theil oder zweiter Supplementband.* Halle: H. W. Schmidt: xvi + 310 + [1].

Loew H. 1869b. Cilische Dipteren und einige mit ihren concurrlrende Arten. *Berliner Entomologische Zeitschrift*, **12** [1868]: 369-386.

Loew H. 1869c. Diptera Americae septentrionalis indigena. Centuria octava. *Berliner Entomologische Zeitschrift*, **13** (1-2): 1-52.

Loew H. 1871. *Beschreibungen europäischer Dipteren. Zweiter Band. Systematische Beschreibung der bekannten europäischen zweiflügeligen Insecten. Von Johann Wilhelm Meigen.* Halle: Neunter Theil oder dritter Supplementband. H. W. Schmidt: i-viii, 1-319.

Loew H. 1872. Diptera Americae septentrionalis indigena (Centuria decima). *Berliner entomologische Zeitschrift*, **16**: 49-124.

Loew H. 1873. *Beschreibungen europäischer Dipteren. Dritter Band. Systematische Beschreibung der bekannten europäischen zweiflügeligen Insecten. Von Johann Wilhelm Meigen.* Halle: Zehnter Theil oder vierter Supplementband. H. W. Schmidt: i-viii, 1-320.

Loew H. 1874. Diptera nova a Hug. Theod. Christopho collecta. *Zeitschrift für die Gesammten Naturwissenschaften* 43 [=n.s. 9]: 413-420.

Lundbeck W. 1910. *Diptera Danica, genera and species of flies hitherto found in Denmark. Part 3, Empididae.* Copenhagen: 324.

Lundbeck W. 1912. *Diptera Danica. Genera and species of flies hitherto found in Denmark. Part 4. Dolichopodidae.* Copenhagen: 416.

Lyneborg, L. 1959. A revision of the Danish species of *Hybomitra* End. (Dipt., Tabanidae). withdescription of five new species. *Entomologiske Meddelelser*, **29**: 78-150.

Lyneborg L. 1968. On the genus *Dialineura* Rondani, 1856 (Diptera, Therevidae). *Entomologisk Tidskrift*, **89**: 147-172.

Lyneborg L. 1976. A revision of the therevine stiletto-flies (Diptera: Therevidae) of the Ethiopean region. *Bulletin of the British Museum* (*Natural History*), *Entomology*, **33** (3): 191-346.

Lyneborg L. 1986. The genus *Acrosathe* Irwin & Lyneborg, 1981 in the Old World (Insecta, Diptera, Therevidae). *Steenstrupia*, **12** (6): 101-113.

Lyneborg L, Zaitzev V F. 1980. *Hoplosathe*, a new genus of Palaearctic Therevidae (Diptera), with descriptions of six new species. *Entomologica Scandinavica*, **11** (1): 81-93.

Macquart P J M. 1823. Monographie des insects Diptères de la famille des Empides, observès dans le nord-ouest de la France. *Recueil des Travaux de la Société d'Amateurs des Sciences, de l'Agriculture et des Arts à Lille*, 1819/1822: 137-165.

Macquart P J M. 1826. Insectes dipteres du nord de la France. Asiliques, bombyliers, xylotomes, leptides, stratiomyides, xylophagites *et* tabaniens. *Mémoires de la Société* (*Royale*) *des Sciences, de l'Agriculture et des Arts à Lille*, 1825: 324-499, pl. 3.

Macquart P J M. 1827. *Insectes Diptères du Nord de la France. Platypézines, Dolichopodes, Empides, Hybotides.* Lille: 158.

Macquart P J M. 1834. *Histoire naturelle des Insectes. Diptères. Tome Premier.* Paris: Librairie Encyclopédique de Roret: [*4*], 1-578, 1-8.

Macquart P J M. 1835. *Histoire naturelle des Insectes. Diptères. Tome deuxiome.* Collection des suites à Buffon, **2**: 1-703.

Macquart P J M. 1838a. Dipteres exotiques nouveaux ou peu connus. *Mémoires de la Société* (*Royale*) *des Sciences, de l'Agriculture et des Arts à Lille*, **1** (2): 14-156 (130-172).

Macquart P J M. 1838b. *Diptères exotiques nouveaux ou peu connus. Tome premier. -2e partie.* Paris: N. E. Roret: 5-207.

Macquart P J M. 1840a. Diptères exotiques nouveaux ou peu connus. *Mémoires de la Société Royal de Sciences, de l'Agriculture et des Arts, Lille*, **1840**: 283-413.

Macquart P J M. 1840b. *Diptères exotiques nouveaux ou peu connus. Tome deuxième.—1re partie.* Paris: N. E. Roret: 5-135.

Macquart P J M. 1842. Diptères exotiques nouveaux ou peu connus. *Mémoires de la Société Royale des Sciences, de l'Agriculture et des Arts de Lille*, **1841** (1): 65-200.

Macquart P J M. 1846. Diptéres exotiques nouveaux ou peu connus. *Mémoires de la Société Royal de Sciences, de l'Agriculture et des Arts, Lille*, **1844, 1845**: 133-364 (published separately as Supplément I: 5-238).

Macquart P J M. 1847. Diptères exotiques nouveaux ou peu connus, 2e supplement. *Mémoires de la Société des Sciences, de Agriculture et des Arts de Lille*, **1846**: 5-104.

Macquart P J M. 1848a. Diptères exotiques nouveaux ou peu connus, 3e supplement. *Mémoires de la Société des Sciences, de Agriculture et des Arts de Lille*, **1847**: 1-77.

Macquart P J M. 1848b. Diptères exotiques nouveaux ou peu connus. Suite du 2me supplément. *Mémoires de la Société Royal des Sciences, de l'Agriculture et des Arts, Lille*, **1847** (2): 161-237.

Macquart P J M. 1849. Dipteres exotiques nouveaux ou peu connus. *Mémoires de la Société* (*Royale*) *des Sciences, de l'Agriculture et des Arts à Lille, Suppl.* **4** (1): 61-96 (365-400).

Macquart P J M. 1850. Diptères exotiques nouveaux ou peu connus. 4.e Supplément. *Mémoires de la Société Royale des Sciences, de l'Agriculture et des Arts, de Lille*, **1849**: 309-479.

Macquart P J M. 1855a. Dipteres exotiques nouveaux ou peu connus. *Mémoires de la Société* (*Royale*) *des Sciences, de l'Agriculture et des Arts à Lille*, Suppl. **5**: 48-66 (68-86).

Macquart P J M. 1855b. Diptères exotiques nouveaux ou peu connus, 5e supplement. *Mémoires de la Société des Sciences, de Agriculture et des Arts de Lille*, **1854**: 5-136.

Macquart P J M. 1855c. Diptères exotiques nouveaux ou peu connus. 5.e Supplément. *Mémoires de la Société Impériale des Sciences, de l'Agriculture et des Arts, de Lille, II.[e] série*, **1**: 25-156.

Majer J. 1988a. Family Athericidae. *In*: Soós Á, Papp L. *Catalogue of Palaearctic Diptera*, 5: 11-13. Akadémiai Kiadó, Amsterdam & Budapest.

Majer J. 1988b. Family Rhagionidae. *In*: Soós Á, Papp L. *Catalogue of Palaearctic Diptera*, 5: 14-29. Akadémiai Kiadó, Amsterdam & Budapest.

Majer J. 1997. Family Rhagionidae. *Manual of Palaearctic Diptera. Vol. 2. Nematocera and Lower Brachycera.* Budapest: Science Herald: 433-438.

Malloch J R, Greene C T, McAtee W L. 1931. District of Columbia Diptera: Rhagionidae. *Proceedings of the Entomological Society of Washington*, **33**: 213-220.

Mason F. 1997a. Revision of the Afrotropical genus *Microchrysa* Loew, 1855 (Diptera: Stratiomyidae, subfamily Sarginae). *Annales de Musée Royal de l'Afrique Centrale Tervuren, Belgique, Sciences Zoologiques*, **269**: 1-90.

Mason F. 1997b. *The Afrotropical Nemotelinae* (*Diptera, Stratiomyidae*). Monografie XXIV. Torino: Museo Regionale di Scienze Naturali: 1-309.

Masunaga K, Saigusa T, Yang D. 2005. Taxonomy of the genus *Acymatopus* Takagi (Diptera: Dolichopodidae). *Entomological Science*, **8**: 301-311.

Matsumura S. 1915. *Konchu-bunruigaku.* Part 2. Tokyo: [*2*], 1-316, 1-10, 1-10.

Matsumura S. 1916. *Thousand Insects of Japan. Additamenta.* Volume 2. Keisei-sha, Tokyo: [4], 185-474, pls. XVI-XXV, 1-2, 1-2, [*4*].

McFadden M W. 1970. Notes on the synonymy of *Chrysochroma* Williston and a new name for the species formerly referred to *Chrysochroma* (Diptera: Stratiomyidae). *Proceedings of the Entomological Society of Washington*, **72** (2): 274.

Meigen J W. 1800. *Nouvelle classification des mouches a deux ailes, (Diptera L.), d'après un plan tout nouveau.* Paris: J. J. Fuchs: 1-40.

Meigen J W. 1803. Versuch einer neuen Gattungs Eintheilung der europäischen zweiflügligen Insekten. *Magazin für Insektenkunde, herausgegeben von Karl Illiger*, **2**: 259-281.

Meigen J W. 1804. *Klassifikazion und Beschreibung der europaischen zweiflugeligen Insekten (Diptera Linn.).* Erster Band. Abt. I: xxviii + pp. 1-152, Abt. II. vi + pp. 153-314. Reichard, Braunschweig [= Brunswick].

Meigen, J W. 1820. *Systematische Beschreibung der bekannten Europäischen zweiflügligen Insekten.* Aachen: Zweiter Theil. Fridedrich Wilhelm Forstmann, I-X: 1-363.

Meigen J W. 1822. *Systematische Beschreibung der bekannten Europäischen zweiflügligen Insekten.* Hamm: Dritter Theil. Schultz-Wundermann'schen Buchhandlung, I-X: 1-416.

Meigen J W. 1824. *Systematische Beschreibung der bekannten europäischen zweiflügeligen Insekten. Vol. 4.* Hamm: 428.

Meigen J W. 1830. *Systematische Beschreibung der bekannten Europäischen zweiflügligen Insekten.* Hamm: Sechster Theil. Schulzische Buchhandlung, I-XII: 1-401, [*3*].

Meigen J W. 1838. *Systematische Beschreibung der bekannten europäischen zweiflügligen Insekten.* Hamm: Siebenter Theil. Schulzische Buchhandlung, I-XII: 1-434, [*2*].

Meijere J C H de. 1904. Neue und bekannte süd-asiatische Dipteren. *Bijdragen tot de Dierkunde*, **17/18**: 83-118.

Meijere J C H de. 1907. Studien über südostasiatische Dipteren. I. *Tijdschrift voor Entomologie*, **50** (4): 196-264.

Meijere J C H de. 1911a. Studien über Südöstasiatische Dipteren. VI. *Tijdschrift voor Entomologie*, **54**: 241-254.

Meijere J C H de. 1911b. Studien über Südöstasiatische Dipteren. *Tijdschrift voor Entomologie*, **54** (6): 300-322.

Meijere J C H de. 1924. Studien über Südöstasiatische Dipteren. XV. Dritter Beitrag zur Kenntnis der sumatranischen Dipteren. *Tijdschrift voor Entomologie*, **67** (Suppl.): 1-64.

Melander A L. 1928. Diptera, Fam. Empididae. *In*: Wytsman P. *Genera Insectorum*, 1927, **185**: 434. Bruxelles: Louis Desmet-Verteneuil.

Metz M A, Webb D W, Irwin M E. 2003. A review of the genus *Psilocephala* Zetterstedt (Diptera: Therevidae) with the description of four new genera. *Studia Dipterologica*, **10** (1): 227-266.

Mik J. 1888. Literatur. Diptera. Bigot, J.M.F. Description d'un nouveau genre de diptères. (*Bullet. Soc. Ent. France.* 1888, pag. cxl.). *Wiener Entomologische Zeitung*, **7**: 331.

Mikan J C. 1796. *Monographia Bombyliorum Bohemiae iconibus illustrata.* J. Herrl, Pragae [= Prague]: 59 + [1] p.

Motschulsky V. 1866. Catalogue des insectes recus du Japon. *Bulletin de la Société Impériale des Naturalistes de Moscou*, **39**: 163-200.

Mulsant É. 1852 Note pour servir à l'histoire des *Antbrax* (insectes diptéres), suivie de la description de trois espèces de ce genre, nouvelles ou peu connues. *Mémoires de l'Academie des Sciences, Belles-Lettres et Arts de Lyon (n.s.)*, **2**: 18-24.

Murdoch W P, Takahasi H. 1969. The female Tabanidae of Japan, Korea and Manchuria. The life history, morphology, classification, systematics, distribution, evolution and geologic history of the family Tabanidae (Diptera). *Memoirs of the Entomological Society of Washington*, **6**: 1-230.

Nagatomi A. 1958. Studies in the aquatic snipe flies of Japan. Part I. Descriptions of the adult (Diptera, Rhagionidae). *Mushi*, **32** (5): 47-67.

Nagatomi A. 1964. The *Chorisops* of the Palaearctic Region (Diptera: Stratiomyidae). *Insecta Matsumurana*, **27** (1): 18-23.

Nagatomi A. 1966. The *Arthroceras* of the World (Diptera: Rhagionidae). *Pacific Insects*, **8**: 43-60.

Nagatomi A. 1970. Rachiceridae (Diptera) from the Oriental and Palaearctic Regions. *Pacific Insects*, **12** (2): 417-466.

Nagatomi A. 1975a. Definition of Coenomyiidae (Diptera) 3. Genera excluded from the family. *Proceedings of Japanese Academy*, **51** (6): 462-466.

Nagatomi A. 1975b. Family Rhagionidae. *In*: Delfinado M D, Hardy D E. *A catalog of the Diptera of the Oriental region*, 2. Honolulu The University Press of Hawaii: 82-90.

Nagatomi A. 1975c. The Sarginae and Pachygasterinae of Japan (Diptera: Stratiomyidae). *The Transaction of the Royal Entomological Society of London*, **126** (3): 305-421.

Nagatomi A. 1977. The Stratiomyinae (Diptera: Stratiomyidae) of Japan, II. *Kontyû*, **45** (4): 538-552.

Nagatomi A. 1982. The genera of Rhagionidae (Diptera). *Journal of Natural History*, **16** (1): 31-70.

Nagatomi A. 1986. The Formosan Rhagionidae described by Bezzi (Diptera). *Memoirs of the Kagoshima University Research Center for the South Pacific*, **7** (2): 91-105.

Nagatomi A, Liu N W, Evenhuis N L. 1991. The genus *Systropus* from Japan, Korea, Taiwan and Thailand (Diptera, Bombyliidae). *South Pacific Study*, **12** (1): 23-112.

Nagatomi A, Lyneborg L. 1987a. A new genus and species of Therevidae from Japan (Diptera). *Kontyû*, **55** (1): 116-122.

Nagatomi A, Lyneborg L. 1987b. Redescription of *Irwiniella sauteri* from Taiwan and the Ryukyu (Diptera, Therevidae). *Memoirs Kagoshima University Research Center for the South Pacific*, **8** (1): 12-20.

Nagatomi A, Tawaki K. 1985. *Nemomydas*, new to the Oriental region (Diptera, Mydidae). *Memoirs of the Kagoshima University Research Center for the South Pacific*, **6** (1): 114-129.

Nagatomi A, Tamaki N, Evenhuis N L. 2000. A new *Systropus* from Taiwan and Japan (Diptera, Bombyliidae). *South Pacific Study*, **21** (1): 15-18.

Nagatomi A, Saigusa T, Nagatomi H, Lyneborg L. 1991. The systematic position of the Apsilocephalidae, Rhagionempididae, Protempididae, Hilarimorphidae, Vermileonidae and some genera of Bombyliidae (Insecta, Diptera). *Zoological Science*, **8** (3): 593-607.

Nagatomi A, Tanaka A. 1969. The Japanese *Actina* and *Allognosta* (Diptera, Stratiomyidae). *The Memoirs of the Faculty of Agriculture, Kagoshima University*, **7** (1): 149-176.

Nagatomi A, Yang C K, Yang D. 1999. The Chinese species and the world genera of Vermileonidae (Diptera). *Tropics Monograph Series, No.1*: 1-154.

Nagatomi A, Yang D. 1998. A review of extinct Mesozoic genera and families of Brachycera (Insecta, Diptera, Orthorrhapha). *Entomologist's Monthly Magazine*, **134** (1608-1609): 95-192.

Nartshuk E P, Rozkošný R. 1984. Four new names and taxonomic notes on genera and species of Stratiomyidae (Diptera). *Acta entomological bohemoslovaca*, **81** (4): 292-301.

Negrobov O P. 1973. Zur Kenntnis einiger palaearktischer Arten der Gattung *Asyndetus* Loew (Diptera: Dolichopodidae). *Beiträge zur Entomologie*, **23** (1-4): 157-167.
Negrobov O P. 1978a. 29. Dolichopodidae. *Die Fliegen der Palaearktischen Region*, 4 (5), **316**: 347-386.
Negrobov O P. 1978b. 29. Dolichopodidae. *Die Fliegen der Palaearktischen Region*, 4 (5), **319**: 387-418.
Negrobov O P. 1979a. 29. Dolichopodidae. *Die Fliegen der Palaearktischen Region*, 4 (5), **321**: 419-474.
Negrobov O P. 1979b. 29. Dolichopodidae. *Die Fliegen der Palaearktischen Region*, 4 (5), **322**: 475-530.
Negrobov O P. 1980. A revision of Palaearctic species of the genus *Chrysotus* Mg. (Diptera, Dolichopodidae). 1. *Ch. cilipes* Mg. and *Ch. laesius* Wied. species groups. *Entomologicheskoe Obozrenie*, **59** (2): 415-420.
Negrobov O P. 1991. Family Dolichopodidae. *In*: Soós Á, Papp L. *Catalogue of Palaearctic Diptera*, 7. Elsevier Science Publishers & Akademiai Kiado, Amsterdam & Budapest: 11-139.
Negrobov O P, Maslova O O. 1995. Revision of Palaearctic species of the genus *Chrysotus* Mg. (Diptera, Dolichopodidae). 2. *Entomologicheskoe Obozrenie*, **74** (2): 456-466.
Negrobov O P, Maslova O O, Selivanova O V. 2007. A review of species of the genus *Diaphorus* (Diptera, Dolichopodidae) in the Palaearctic region. *Zoologicheskii Zhurnal*, **86** (9): 1093-1101.
Negrobov O P, Rodionova S Y, Maslova O O, Selivanova O V. 2005. Key to the males of the Palaearctic species of the genus *Dolichopus* Latr. (Diptera, Dolichopodidae). *International Journal of Dipterological Research*, **16** (2): 133-146.
Negrobov O P, Stackelberg A A. 1971. 29. Dolichopodidae. *Die Fliegen der Palaearktischen Region*, 4 (5), Lief. **284**: 238-256.
Negrobov O P, Stackelberg A A. 1972. 29. Dolichopodidae. *Die Fliegen der Palaearktischen Region*, 4 (5), Lief. **289**: 257-302.
Negrobov O P, Stackelberg A A. 1974a. 29. Dolichopodidae. *Die Fliegen der Palaearktischen Region*, 4 (5), Lief. **302**: 303-324.
Negrobov O P, Stackelberg A A. 1974b. 29. Dolichopodidae. *Die Fliegen der Palaearktischen Region*, 4 (5), Lief. **303**: 325-346.
Negrobov O P, Stackelberg A A. 1977. 29. Dolichopodidae. *Die Fliegen der Palaearktischen Region*, 4 (5), Lief. **316**: 347-354.
Negrobov O P, Tsurikov M N, Maslova O O. 2000. Revision of the Palaearctic species of the genus *Chrysotus* Mg. (Diptera, Dolichopodidae). III. *Entomologicheskoe Obozrenie*, **79** (1): 227-238.
Negrobov O P, Tsurikov M N, Maslova O O. 2003. A revision of the Palaearctic species of the genus *Chrysotus* Meigen (Diptera, Dolichopodidae). IV. *Entomologicheskoe Obozrenie*, **82** (1): 223-228.
Newman E. 1841. Entomological notes [part]. *Entomologist*, **1**: 220-223.
Oldroyd H. 1975. Family Asilidae. 99-156. *In*: Delfinado M D, Hardy D E. *A catalog of the Diptera of the Oriental region. Vol. 2. Suborder Brachycera through division Aschiza, suborder Cyclorrhapha.* Honolulu: 459.
Olejníček J. 2002. *Dolichopus howjingleei* sp. n. (Diptera, Dolichopodidae) from Taiwan with a key to the Oriental *Dolichopus*. *Biologia*, **57** (2): 147-151.
Olejníček J. 2004a. Three new *Hercostomus* species from China (Insecta, Diptera, Dolichopodidae). *Acta Zoologica Universitatis Comenianae*, **46** (1): 7-13.
Olejníček J. 2004b. *Xanthochlorus nigricilius* spec. nov. (Diptera, Dolichopodidae) from China. *Studia Dipterologica*, **11** (1): 9-11.
Olivier G A. 1789. Insectes [part], p. 45-331. *In*: *Encyclopédie methodique. Histoire naturelle*. Paris: Tome quatrieme. Pancoucke: 331.
Olivier G. A. 1811. Odontomyie. Pp. 429-436, *In*: Olivier G A. *Encyclopédie méthodique. Histoire naturelle. Insectes*. Paris: Tome huitième [part]. Livraison 77. H. Agasse: 361-722.
Olsufjev N G. 1936. Materialy po faune slepnej zapadnoj Sibirii. *Parazitologicheskii Sbornik, Zoologicheskii Institut Akademiya Nauk SSSR*, **6**: 201-245.
Olsufjev N G. 1952. Novye vidy slepnej (Diptera, Tabanidae) fauny SSSR. *Entomologicheskoe Obozrenie*, **32**: 311-315.
Olsufjev N G. 1967. New species of horseflies (Diptera, Tabanidae) from Palaearctic. *Entomologicheskoe Obozrenie* (In Russian), **46**: 379-390.
Olsufjev N G. 1979. New and little known Palaearctic horse-flies (Diptera, Tabanidae). *Entomologicheskoe Obozrenie* (In Russian), **58**: 630-638.
Olsufjev N G. 1937. *Fam. Tabanidae. Insectes Dipteres*. *In*: Faune de l'USSR. (In Russian), **7** (2): 1-433.
Olsufjev N G. 1970. New and little known Tabanidae (Diptera) from the fauna of USSR and neighbouring countries. *Entomologicheskoe Obozrenie*, **49**: 683-687.
Osten Sacken C R. 1876. Prodrome of a monograph of the Tabanidae of the United States. Part II. The genus *Tabanus*. *Memoirs of the Boston Society of Natural History*, **2**: 421-479.
Osten Sacken C R. 1877. Western Diptera: descriptions of new genera and species of Diptera from the region west of the Mississippi, and especially from California. *Bulletin of the United States Geological Survey of the Territories*, **3**: 189-354.
Osten Sacken C R. 1878. Catalogue of the described Diptera of North America. Second Edition. *Smithsonian Miscellaneous Collections*, **16**: I-XLVIII, 1-276.
Osten Sacken C R. 1882. Diptera from the Phillippine Islands, brought home by Dr. Carl Semper. *Berliner Entomologische Zeitschrift*, **26**: 102-112.
Osten Sacken C R. 1883. Synonymica concerning exotic dipterology. No. II. *Berliner Entomologische Zeitschrift*, **27** (2): 295-298.
Osten Sacken C R. 1886a. Diptera [part]. *In*: Godman F D, Salvin O. *Biologia Centrali-Americanap*. London: Zoologia. Insecta. Diptera. Vol. 1. Taylor & Francis: 73-104.
Osten Sacken C R. 1886b. Diptera [part]. *In*: Godman F D, Salvin O. *Biologia Centrali-Americana*. London: Zoologia. Insecta. Diptera. Vol. 1. Taylor & Francis: 105-128.
Ôuchi Y. 1938a. A new rhachicerid fly from Eastern China. *The Journal of the Shanghai Science Institute*, (III) **4**: 63-65.
Ôuchi Y. 1938b. Diptera Sinica. Cyrtidae (Acroceridae) I. On some cyrtid flies from Eastern China and a new species from Formosa. *The Journal of the Shanghai Science Institute*, (III) **4**: 33-36.
Ôuchi Y. 1938c. Diptera Sinica. Muscidae, Cyrtidae, Stratiomyiidae. *The Journal of the Shanghai Science Institute*, (III) **4**: 1-14.
Ôuchi Y. 1938d. On some stratiomyiid flies from eastern China. *The Journal of the Shanghai Science Institute*, (III) **4**: 37-61.
Ôuchi Y. 1939a. On some horseflies belonging to the subfamily Pangoniinae from Eastrn and Northern Corea. *The Journal of the Shanghai Science Institute*, (III) **4**: 175-189.
Ôuchi Y. 1939b. On two new tangle-winged flies from the both parts of Eastern China and Amami-Oshima, Japan. *The Journal of the Shanghai Science Institute*, (III) **4**: 239-243.
Ôuchi T. 1940a. An additional note on some stratiomyiid flies from eastern Asia. *The Journal of the Shanghai Science Institute*, (III) **4**: 265-285.
Ôuchi Y. 1940b. Diptera Sinica. Tabanidae II. Note on some horseflies belongs to genus *Haematopota* with new descriptions from China and Manchoukou.

The Journal of the Shanghai Science Institute, (III) **4**: 253-263.

Ôuchi Y. 1942. Notes on some cyrtid flies from China and Japan (Diptera sinica, Cyrtidae II). *The Journal of the Shanghai Science Institute* (*N. S.*), (2) **2**: 29-38.

Ôuchi T. 1943a. Contributiones ad Congnitionem Insectorum Asiae Orientalis 13. Notes on some dipterous insects from Japan and Manchoukuo. *Shanghai Sizenkagaku Kenkyūsyo Ihō*, **13** (6): 483-492.

Ôuchi Y. 1943b Diptera Sinica. Coenomyiidae 1. On a new genus belonging to the family Coenomyiidae from East China. *Shanghai Sizenkagaku Kenkyūsyo Ihō*, **13**: 493-495.

Ôuchi Y. 1943c. Diptera Sinica. Tabanidae III. A new species of the genus *Chrysops* from East China. *Shanghai Sizenkagaku Kenkyūsyo Ihō* (In Japanese), **13** (6): 475-476.

Ôuchi Y. 1943d. Diptera Sinica. Tabanidae IV. Notes on some Tabanid flies belonging to the subfamilies Tabaninae and Bellardiinae from East China. *Shanghai Sizenkagaku Kenkyūsyo Ihō* (In Japanese), **13** (6): 505-552.

Ôuchi Y. 1943e. Diptera Sinica. Thervidae 1. On three new stilleto flies from East China. *Shanghai Sizenkagaku Kenkyūsyo Ihō*, **13**: 477-482.

Pandellé L. 1883. Synopsis des Tabanides de France. *Revue d'Entomologie*, **2**: 165-228.

Panzer G W F. 1797. *Favnae insectorvm germanicae initia oder Devtschlands Insecten*. Hefte: Felsecker, Nürnberg [= Nuremberg]: 43-49.

Panzer G W F. 1798. *Favnae insectorvm germanicae initia oder Devtschlands Insecten*. Heft 58. Felsecker, Nürnberg: 1-24, pl. 24.

Papavero N, Knutson L V. 1975. Family Mydidae. *In*: Delfinado M D, Hardy D E. A catalog of the Diptera of the Oriental Region. Volume II. Suborder Brachycera through Division Aschiza, Suborder Cyclorrhapha. University of Hawaii Press, Honolulu: 97-98.

Paramonov S J. 1925. Zwei neue *Exoprosopa*-Arten (Bombyliidae, Diptera) aus dem paläarktischen Gebiet. *Konowia*, **4**: 43-47.

Paramonov S J. 1926. Beiträge zur Monographie der Gattung *Bombylius* L. (Fam. Bombyliidae, Diptera). *Trudy Fizychno-Matematychnogo Viddil Ukrains'ka Akademiya Nauk*, **3** (5): 77-184.

Paramonov S J. 1927. Zur Kenntnis der Gattung *Hemipenthes* Lw. *Encyclopédie Entomologique*, *Series B (II)*, *Diptera*, **3**: 150-190.

Paramonov S J. 1928. Beitrage zur Monographie der Gattung *Exoprosopa*. *Trudy Fizychno-Matematychnogo Viddil Ukrains'ka Akademiya Nauk*, **6** (2): 181-303.

Paramonov S J. 1929. Beiträge zur Monographie einiger Bombyliiden-Gattungen. (Diptera). *Trudy Fizychno-Matematychnogo Viddil Ukrains'ka Akademiya Nauk*, **11** (1): 65-225.

Paramonov S J. 1930. Beiträge zur Monographie der Bombyliiden-Gattungen *Cytherea*, *Anastoechus*, etc. (Diptera). *Trudy Fizychno-Matematychnogo Viddil Ukrains'ka Akademiya Nauk*, **15** (3): 355-481.

Paramonov S J. 1931. Beiträge zur Monographie der Bombyliiden Gattungen *Amictus*, *Lyophlaeba* etc. (Diptera). *Trudy Prirodicho-Teknichnogo Viddilu Ukrains'ka Akaemiya Nauk*, **10**: 1-218.

Paramonov S J. 1933a. Beiträge zur Monographie der paläarktischen Arten der Gattung *Toxophora* (Bombyliidae, Diptera). *Zbirnik Prats Zoologichnogo Muzeyu*, **12**: 33-46.

Paramonov S J. 1933b. Schwedisch-chinesische wissenschaftliche Expedition nach den norwestlichen Provinzen Chinas, unter Leitung von Dr. Sven Hedin und Prof. Sü Ping-chang. Insekten gesammelt von schwedischen Arzt der Expedition Dr. David Hummel 1927-1930. 9. Diptera. 1. Bombyliidae. *Arkiv för Zoologi*, **26A** (4): 1-7.

Paramonov S J. 1934. Schwedisch-chinesische wissenschaftliche Expedition nach den norwestlichen Provinzen Chinas, unter Leitung von Dr. Sven Hedin und Prof. Sü Ping-chang. Insekten gesammelt von schwedischen Arzt der Expedition Dr. David Hummel 1927-1930. 45. Diptera. 13. Bombyliidae (bis). *Arkiv för Zoologi*, **27A** (26): 1-7.

Paramonov S J. 1935. Beiträge zur Monographie der Gattung *Anthrax* (Bombyliidae) [I]. *Zbirnik Prats Zoologichnogo Muzeyu*, **16**: 3-31.

Paramonov S J. 1940. Dipterous insects. Fam. Bombyliidae (subfam. Bombyliinae). *Fauna SSSR*, **9** (2): i-ix, 1-414.

Paramonov S J. 1945. Bestimmungstabelle der palaearktischen *Nemestrinus*-Arten (Nemestrinidae, Diptera) (nebst Neubeschreibungen und kritischen Beraerkungen). *Eos*, **21** (3-4): 279-295.

Paramonov S J. 1951. Bestimmungstabelle der palaearktischen Arten der Gattung *Rhynchocephalus* (Nemestrinidae, Diptera). *Zoologische Anzeiger*, **146** (5-6): 118-127.

Paramonov S J. 1955. African species of the *Bombylius discoideus* Fabricius-group (Diptera: Bombyliidae). *Proceedings of the Royal Entomological Society. London. Series B*, *Taxonomy*, **24**: 159-164.

Paramonov S J. 1957. Zur Kenntnis der Gattung *Spogostylum* (Bombyliidae, Diptera). *Eos*, **33**: 123-155.

Parent O. 1923. Étude sur les genre *Chrysotus* (Diptères, Dolichopodides). *Annales de la Société Scientifique de Bruxelles*, (B) **42**: 281-312.

Parent O. 1925a. Étude sur les Dolichopodidés de la collection Meigen. Conservées au Museum national d'Histoire naturelle de Paris. *Encyclopedie Entomologique* (*B II*) *Diptera*, **2**: 41-58.

Parent O. 1925b. Étude sur les espèces paléarctiques du genre *Diaphorus* Macq. (Diptères, Dolichopodidés). *Annales de la Société Scientifique de Bruxelles*, (B) **44**: 221-294.

Parent O. 1926. Dolichopodides nouveaux de l'extrême orient paléarctique. *Encyclopedie Entomologique* (*B II*) *Diptera*, **3**: 111-149.

Parent O. 1927a. Contribution à l'étude de la distribution géographique de quelques espèces de Dolichopodides. *Congrès des Sociétés Savantes*, **1926**: 449-484.

Parent O. 1927b. Dolichopodides nouveaux de l'extrême Orient paléarctique. *Encyclopedie Entomologique* (*B II*) *Diptera*, **3**: 137-149.

Parent O. 1927c. Dolichopodides paléarctiques nouveaux ou peu connus. *Encyclopedie Entomologique* (*B II*) *Diptera*, **4**: 45-96.

Parent O. 1927d. Les *Dolichopus* paléarctiques à fémurs jaunes *et* cils postoculaires pâles, clé de détermination. *Annales de la Société Scientifique de Bruxelles*, (B) **47**: 125-133.

Parent O. 1928. Étude sur les Diptères Dolichopodides exotiques conservés au Zoologisches Staatsinstitut und Zoologisches Museum de Hambourg. *Mitteilungen aus dem Zoologischen Staatsinstitut und Zoologischen Museum in Hamburg*, **43**: 155-198.

Parent O. 1929a. Études sur les Dolichopodides. *Encyclopédie Entomologique*, *Series B (II)*, *Diptera*, **5**: 1-18.

Parent O. 1929b. Étude sur les Dolichopodides exotiques de la Collection von Röder. *Annales de la Société Scientifique de Bruxelles*, (B) **49**: 169-246.

Parent O. 1932. Sur quelques Diptères Dolichopodides, la plupart appartenant à la collection L. Oldenberg. Notes *et* descriptions. (Dipt.). *Stettiner Entomologische Zeitung*, **93**: 220-241.

Parent O. 1934a. Diptères Dolichopodides exotiques. *Mémoires de la Société National des Sciences Naturelles et Mathématique de Cherbourg, 1929-1933*, **41**: 257-308.

Parent O. 1934b. Espèces nouvelles de Diptères Dolichopodides. *Encyclopedie Entomologique (B II) Diptera*, **7**: 113-140.

Parent O. 1935. Diptères Dolichopodides nouveaux. *Encyclopedie Entomologique (B II) Diptera*, **8**: 59-96.

Parent O. 1936. Schwedisch-chinesische wissenschaftliche Expedition nach den nordwestlichen Provinzen Chinas. 37. Diptera. 12. Dolichopodidae. *Arkiv för Zoologi*, **27B** (6): 1-3.

Parent O. 1937. Diptères Dolichopodides. Espèces *et* localités nouvelles. *Bulletin et Annales de la Société Royal d'Entomologie de Belgique*, **77**: 125-148.

Parent O. 1938. Diptères Dolichopodides. *Faune de France*, **35**: 1-720.

Parent O. 1941. Diptères Dolichopodides de la région Indo-Australienne. Espèces *et* localités nouvelles. *Annals and Magazine of Natural History*, (11) **7**: 195-235.

Parent O. 1944. Diptères Dolichopodides recueillis en Chine du Nord, en Mongolie *et* en Mandchourie par le R. P. E. Licent. *Revue francaise d'Entomologie*, **10** (4): 121-131.

Pechuman L L. 1943. Two new *Chrysops* from China (Diptera: Tabanidae). *Proceedings of the Entomological Society of Washington*, **45**: 42-44.

Philip C B. 1956. Records of horseflies in Northeast Asia (Diptera, Tabanidae). *Japanese Journal of Sanitary Zoology*, **7**: 221-230.

Philip C B. 1960. Malaysia parasites XXXV Descriptions of some Tabanidae (Diptera) from the far East. *Studies from the Institute for Medical Research, Federations of Malaya*, **29**: 1-32.

Philip C B. 1961a. Further notes on Far Eastern Tabanidae with descriptions of five new species. *Pacific Insects*, **3** (4): 473-480.

Philip C B. 1961b. Three new tabanine flies (Tabanidae, Diptera) from the Orient. *Indian Journal of Entomology*, **21** (1959): 82-88.

Philip C B. 1963a. Further notes on Far Eastern Tabanidae. II. Descriptions of two new chrysopine flies. *Pacific Insects*, **5**: 1-3.

Philip C B. 1963b. Further notes on Far Eastern Tabanidae III. Records and new species of Haematopota and new Chrysops from Malaysia. *Pacific Insects*, **5** (3): 519-534.

Philip C B. 1979. Further notes on Far Eastern Tabanidae (Diptera) VI. New and little-known species from the Orient and additional records, Paracuarly from Malaysis. *Pacific Insects*, **21** (2-3): 179-202.

Philip C B, Mackerras I M. 1960. On Asiatic and related Chrysopinae (Diptera: Tabanidae). *The Philippine Journal of Science*, **88** (1959): 279-324.

Pleske T. 1899a. Beitrag zur Kenntniss der *Stratiomyia*-Arten aus dem europäisch-asiatischen Theile der palaearctischen Region. I. Theil. *Wiener Entomologische Zeitung*, **18** (8): 237-244.

Pleske T. 1899b. Beitrag zur Kenntniss der *Stratiomyia*-Arten aus dem europäisch-asiatischen Theile der palaearctischen Region. I. Theil. *Wiener Entomologische Zeitung*, **18** (9): 257-278.

Pleske T. 1901. Beiträge zur weiteren Kenntniss der *Stratiomyia*-Arten mit schwarzen Fühlern aus dem europäisch-asiatischen Theile der palaearktischen Region. *Sitzungsberichten der Naturforscher-Gesellschaft bei der Universität Jurjew (Dorpat)*, **12** (3): 341-370.

Pleske T. 1910. Beschreibung einiger noch unbekannter palaearktischer Chrysops-Arten (Diptera, Tabanidae). *Annuaire du Musee Zoologique de rAcademic des Sciences de Russie, St. Petersbourg*, **15**: 457-473.

Pleske T. 1922. Revue critique des genres, espèces *et* sous-espèces paléarctiques des sous-familles des Stratiomyiinae *et* des Pachygastrinae (Diptères). *Annuiare du Museé Zoologique de l'Académie russe des Sciences*, **23**: 325-338.

Pleske T. 1924. Études sur les Stratiomyidae de la region plearctique. II.- Revue des espèces paléarctiques de la sous-famille des Pachygastrinae. *Encylopédie Entomologique, Série B (II), Diptera*, **1** (2): 95-103.

Pleske T. 1925a. Études sur les Stratiomyiinae de la region paléarctique. III.-Revue des espèces paléarctiques de la sous-famille des Clitellariinae. *Encylopédie Entomologique, Série B (II), Diptera*, **1** (3-4): 105-119; 165-188.

Pleske T. 1925b. Révision des espèces paléarctiques des familles Erinnidae *et* Coenomyiidae. *Encylopédie Entomologique, Série B (II), Diptera*, **2** (4): 161-184.

Pleske T. 1926. Études sur les Stratiomyiinae de la region paléarctique (Dipt.). Revue des espèces paléarctiques de la sousfamilles Sarginae *et* Berinae. *Eos*, **2** (4): 385-420.

Pleske T. 1928. Supplément à mes travaux sur les Stratiomyiidae, Erinnidae, Coenomyidae *et* Oestridae paléarctiques (Diptera). *Konowia*, **7** (1): 65-87.

Pleske T. 1930. Revue des especes palearctiques de la famille des Cyrtidae (Diptera). *Konowia*, **9**: 156-173.

Portschinsky J. A. 1887. Diptera europaea *et* asiatica nova aut minus cognita. VI. Horae Societatis. *Entomologicae Rossicae*, **21** (1-2): 176-200, pl. 6.

Portschinsky J A. 1892. Diptera europaea *et* asiatica nova aut minus cognita. Pars VII. *Horae Societatis Entomologicae Rossicae*, **26**: 201-227.

Qi F, Zhang T T, Yang D. 2011. Three new species of Beridinae from China (Diptera, Stratiomyidae). *Acta Zootaxonomica Sinica*, **36** (2): 278-281.

Qin W C, Tian H G, Yang D. 2008. Two new species of the genus *Hilara* from Henan (Diptera: Empididae). *Acta Zootaxonomica Sinica*, **33** (4): 796-798.

Rafinesque C S. 1815. *Analyse de la nature ou tableau de l'univers et des corps organisés*. Le nature est mon guide, *et* Linnéus mon maître. [Privately published], Palermo: 224.

Ricardo G. 1902. Further notes on the Pangoninae of the family Tabanidae in the British Museum collect [part]. *Zootaxonomica*, (7) **9**: 366-381.

Ricardo G. 1906. Notes on the genus *Haematopota* of the family Tabanidae in the British Museum collection. *Annals and Magazine of Natural History*, (7) **18**: 94-127.

Ricardo G. 1911a. A revision of the Oriental specis of the genus of the family Tabanidae other than Tabanus. *Record of the Indian Museum*, **4**: 321-400.

Ricardo G. 1911b. A revision of the species of *Tabanus* from the Oriental region, including notes of species from surrounding countries. *Record of the Indian Museum*, **4**: 111-255.

Ricardo G. 1913a. LXIV-New specis of Tabanidae from the Oriental Region by Gertruds Ricardo. *Annals and Magazine of Natural History*, **11**: 542-547.

Ricardo G. 1913b. Tabanidae from Formosa collected by Mr. Sauter. *Annales Historico-Naturales Musei Nationalis Hungarici*, **11**: 168-173.

Ricardo G. 1919. Notes on the Asilidae: Sub-division Asilinae. *Annals and Magazine of Natural History*, (9) **3**: 44-79.

Ricardo G. 1920. Persian A Asilid attacking house-flies. *Entomologist's Monthly Magazine*, **56**: 278.

Ricardo G. 1922. Notes on the Asilinae of the South African and Oriental Regions. *Annals and Magazine of Natural History*, (9) **10**: 38-73.

Ricardo G. 1927. Notes on the two genera Nusa and Pogonosoma (Laphriinae). *Annals and Magazine of Natural History*, (9) **20**: 205-212.

Richter V A. 1960. Robber flies of the genus *Ommatinus* Becker (Diptera, Asilidae) in the USSR. *Entomologicheskoe Obozrenie*, **39** (14): 200-204.

Richter V A. 1963. New species of the robber-flies (Diptera-Asilidae) from the Caucasus. *Entomologicheskoe Obozrenie, Leningrad*, **42**: 455-467.

Richter V A, Zaitzev V F. 1988. Family Mydidae. *In*: Soós Á, Papp L. *Catalogue of Palaearctic Diptera*. Amsterdam: Volume 5. Elsevier: 181-186.
Röder V. von 1889. *Anacanthaspis* nov. gen. der Coenomyidae. *Dipterologischer Beitrag. Wiener Entomologische Zeitung*, **8**: 7-10.
Rohlfien K, Ewald B. 1980. Katalog der in den Sammlungen der Abteilung Taxonomie der Insekten des Instituts für Pflanzenschutzforschung, Bereich Eberswalde (ehemals Deutsches Entomologisches Institut), aufbewahrten Typen —XVIII. (Diptera: Brachycera). *Beiträge zur Entomologie*, **29**: 201-247.
Rondani C. 1856. *Dipterologiae italicae prodromus. Vol: I. Genera italic ordinis dipterorum ordinatim disposita et distinct et in familias et stirpes aggregate.* Parmae: Alexandri Stocchi: 1-226, [*2*].
Rondani C. 1857. Dipterologiae Italicae Prodromus. Vol. 2. Species Italicae ordinis dipterorum in genera characteribus definita, ordinatim collectae, methodo analitica distinctae, *et* novis velminus cognitus descriptis. Pars prima. Oestridae: Syrpfhidae[sic]: Conopidae. *Parmae* [=Parma]: 264.
Rondani C. 1861. *Dipterologiae italicae prodromus. Vol. IV. Species italicae ordinis dipterorum in genera characteribus definite, ordinatim collectae, method analatica distinctae, et novia vel minus cognitis descriptis. Pars tertia. Muscidae Tachininarum complementum.* Parmae: Alexandri Stocchi: 1-174.
Rondani C. 1863. *Diptera exotica revisa et annotata novis nonnullis descriptis.* Modena: Eredi Soliani: [*2*], 1-99.
Rondani C. 1873. Muscaria exotica Musei Civici Januensis observata *et* distincta. Fragmentum II. Species aliquae in Oriente lectae a March J. Doria, anno 1862-1863. *Annali del Museo Civico di Storia Naturale di Genova*, **4**: 295-300.
Rossi P. 1790. *Fauna etrusca, sistens Insecta quae in provinciis Florentinâ et Pisanâ praesertim collegit.* Tome secundus. T. Masi, Liburni [= Livorno]: 328.
Rozkošný R, Hauser M. 2001. Additional records of *Ptecticus* Loew from Sri Lanka, with a new species and a new name (Diptera: Stratiomyidae). *Studia dipterologica*, **8** (1): 217-223.
Rozkošný R, Hauser M. 2009. Species groups of Oriental *Ptecticus* Loew including descriptions of ten new species with a revised identification key to the Oriental species (Diptera: Stratiomyidae). *Zootaxa*, **2034**: 1-30.
Rozkošný R, Kovac D. 2007a. A review of the Oriental *Culcua* with descriptions of seven new species (Diptera: Stratiomyidae). *Insect Systematics & Evolution*, **38** (1): 35-50.
Rozkošný R, Kovac D. 2007b. Plaearctic and Oriental Species of *Craspedometopon* Kertész (Diptera, Stratiomyidae). *Acta Zoologica Academiae Scientiarum Hungaricae*, **53** (3): 203-218.
Rozkošný R, Nagatomi A. 1997. Family Athericidae. *In*: Papp L, Darvas B. *Contributions to a manual of Palaearctic Diptera* (*with special reference to flies of economic importance*). Volume 2: Nematocera and lower Brachycera: 439-446.
Sabrosky C W. 1948. A further contribution to the classification of the North American spider parasites of the family Acroceratidae (Diptera). *American Midland Naturalist*, **39**: 382-430.
Sack P. 1909. Die palaearktischen Spongostylinen. *Abhandlungen herausgeben von der Senckenbergischen Naturforschenden Gesellschaft*, **30**: 501-548.
Sack P. 1933. 22. Nemestrinidae. *In*: Lindner E. *Die Fliegen der palaearktischen Region.* 4 (1): 1-42. Schweizerbartsche Verlagsbuchhandlung, Stuttgart.
Sack P. 1934. 23. Mydaidae. *In*: Lindner E. *Die Fliegen der palaearktischen Region*, 4 (5): 1-29. Schweizerbartsche Verlagsbuchhandlung, Stuttgart.
Saigusa T. 1965. Studies on the Formosan Empididae collected by Professor T. Shirôzu (Diptera, Brachycera). *Special Bulletin of the Lepidopterists' Society of Japan*, **1**: 180-196.
Saigusa T. 1966. The genus *Rhamphomyia* Meigen from Fukien, China (Diptera: Empididae). *Pacific Insects*, **8** (4): 905-913.
Saigusa T. 1986. New genera of Empididae (Diptera) from Eastern Asia. *Sieboldia*, **5** (1): 97-118.
Saigusa T. 1995. New species of the genus *Diostracus* from eastern Asia (Insecta, Diptera, Dolichopodidae). *Bulletin of the Graduate School of Social and Cultural Studies, Kyushu University*, **1**: 73-85.
Saigusa T, Yang D. 2002. Empididae (Diptera) from Funiu Mountains, Henan, China (I). *Studia Dipterologica*, **9** (2): 519-543.
Say T. 1823 *American entomology, or descriptions of the insects of North America; illustrated by coloured figures from original drawings executed from nature.* [Vol. I]. S.A. Mitchell, Philadelphia: [101], pls. 1-18.
Saunders W W. 1841. Descriptions of four new dipterous insects from Central and Northern India. *Transactions of the Entomological Society of London*, **3** (1): 59-61.
Schaeffer J C. 1768. *Icones insectorvm circa Ratisbonam indigenorvm coloribvs natvram referentibvs expressae. Natürlich ausgemahlte Abbildungen regensburgischer Insecten.* Volvm. I. Pars II. Ersten Bandes 2. Theil. H.G. Zunkel, Ratisbonae [= Regensburg]: vi + 50 + [12], pls. 51-100.
Schaeffer J C. 1769. *Icones insectorvm circa Ratisbonam indigenorvm coloribvs natvram referentibvs expressae. Natürlich ausgemahlte Abbildungen regensburgischer Insecten.* Volvm. II. Pars I. Zweiten Bandes 1. Theil: iv + 50, pls. 101-150. H.G. Zunkel, Ratisbonae [= Regensburg]: vi + 50 + [12], pls. 51-100.
Schiner I R. 1860. Vorläufiger Commentar zum dipterologischen Theile der "Fauna austriaca" mit einer näheren Begründung der in derselben aufgenommenen neuen Dipteren Gattungen. 1. *Wiener Entomologische Monatschrift*, **4**: 47-55.
Schiner I R. 1862. Fauna Austriaca. *Die Fliegen* (*Diptera*), 1: 672, Wien.
Schiner I R. 1864. Catalogus systematicus dipterorum Europae. *Vindobonae* [=Vienna]: 115.
Schiner I R. 1866. Die Wiedemann'schen Asiliden, interpretiert und in die seither errichteten neuen Gattungen eingereiht. *Verhandlungen der Zoologisch-Botanischen Gesellschaft in Wien*, **16**: 649-722; Nachtrag: 845-848.
Schiner I R. 1868. Diptera. *In*: *Reise der österreichischen Fregatte Novara um die Erde in den Jahren 1857, 1858, 1859, unter den Befehlen des Commodore B. von Wüllerstorf-Urbair.* Zoologischer Theil 2, 1 (B). Kaiserlich-königlichen Hof-und Staatsdruckeri in commission bei Karl Gerold's Sohn, Wien: I-VI, 1-388.
Schlinger E I. 1972a. Description of six new species of *Ogcodes* from Borneo, Java, New Guinea, Taiwan and the Philippines (Diptera; Acroceridae). *Pacific Insects*, **14** (1): 93-100.
Schlinger E I. 1972b. New East Asian and American genera of the "*Cyrtus-opsebius*" branch of the Acroceridae (Diptera). *Pacific Insects*, **14** (2): 409-428.
Schlinger E I. 1975. Family Acroceridae. *In*: Delfinado M D, Hardy D E. *A catalog of the Diptera of the Oriental region*, 2: 160-164. The University Press of Hawaii, Honolulu.
Schrank F von P. 1781. *Envmeratio insectorvm Avstriae indigenorum.* V. E. Klett & Franck, Avguvstiae Vindelicorvm [= Augsburg]: xxiv + 548 + [4].
Schrank F von P. 1803. *Favna Boica. Durchgedachte Geschichte der in Baiern einheimischen und zahmen Thiere.* Dritter und lezten Bandes erste Abtheilung. Philipp Krüll, Landshut: i-viii, 1-272.
Schuurmans Stekhoven J H. 1926. The blood-sucking arthropods of the Dutch East Indian archipelago VII. The tabanids from the Dutch East Indian archipelago (including those of some neighbouring countries). *Treubia*, **6** (Suppl.): 1-552.

Scopoli J A. 1763. *Entomologia carniolica exhibens insecta carnioliae, indigene et distributa in ordines, genera, species, varietates, methodo Linnaeana*. Trattner, Vindobonae [=Vienna]: 421.
Séguy E. 1930a. Étude sur des Diptères parasites ou prédateurs des sauterles. *Encyclopédie Entomologique* (*B II*) *Diptera*, **6**: 11-40.
Séguy E. 1930b. Un nouvel Asilus chinois (Dipt.). *Annales de la Société Entomologique de France*, **99**: 48.
Séguy E. 1934. Dipteres de Chine de la collection de M. J. Hervé-Bazin. *Encyclopédie Entomologique*, *Série B* (*II*), *Diptera*, **7**: 1-28.
Séguy E. 1935. Etude sur quelques Dipteres nouveaux de la Chine orientale. *Notes d'Entomologie Chinoise*, **2**: 175-184.
Séguy E. 1936. Dipteres. *In*: Mission au Tibesti (1930-31), dirigee par M. Marcus Dalloni, 2 (Zool.). *Mémoires de l'Académie des Sciences de l'Institut de France*, (2) **62** (1935): 87-92.
Séguy E. 1941. Dipteres recueillis par M. L. Chopard d'Alger a la Cote d'lvoire. *Annales de la Société Entomologique de France*, **109**: 109-130.
Séguy E. 1948. Diptères nouveaux ou peu connu d'Extreme-Orient. *Notes d'Entomologie Chinoise*, **12**: 153-172.
Séguy E. 1952. Un nouveau Stratioleptis de Manchourie [Dipt. Coenomyiidae]. *Revue francaise d'Entomologie*, **19**: 243-244.
Séguy E. 1956. Dipteres nouveaux ou peu connus d'Extreme-Orient. *Revue francaise d'Entomologie*, **23**: 174-178.
Séguy E. 1963a. *Cephenius* nouveaux de la Chine centrale (Ins. Dipt. bombyliides). *Bulletin de la Muséum National d'Histoire Naturell*, **35**: 78-81.
Séguy E. 1963b. Microbombyliides de la Chine paléarctique (insectes diptères). *Bulletin de la Muséum National d'Histoire Naturell*, **35**: 253-256.
Séguy E. 1963c. Note sur les diptères bombyliides d'Asie orientale. *Bulletin de la Muséum National d'Histoire Naturell*, **35**: 151-157.
Senior-White R A. 1922a. New Ceylon Diptera. *Spolia Zeylanica*, **13**: 193-283.
Senior-White R A. 1922b. Notes on Indian Diptera 1. Diptera from the Khasia Hills. 2. Tabanidae in the collection of the forest zoologist. 3. New species of Diptera from the Indian Region. *Memoirs of the Department of Agriculture in India. Entomological Series*, **7**: 83-170.
Shamshev I V. 2001. Microphoridae, Atelestidae, Hybotidae, Empididae. *In*: *Keys to the insects of the Russian Far East*. Vol. VI. Diptera and Siphonaptera. Pt.2: 147-151, 258-286, 296-346. Vladivostok: Dal'nauka.
Shamshev I V. 2002. Revision of the genus *Empis* Linnaeus (Diptera: Empididae) from Russia and neighbouring lands. II. Subgenus *Planempis* Frey. *International Journal of Dipterological Research*, **13** (1): 37-60.
Shamshev I V, Grootaert P. 2004. A review of the genus *Stilpon* Loew, 1859 (Empidoidea: Hybotidae) from the Oriental region. *Raffles Bulletin of Zoology*, **52** (2): 315-346.
Shamshev I V, Grootaert P. 2007. Revision of the genus *Elaphropeza* Macquart (Diptera: Hybotidae) from the Oriental Region, with a special attention to the fauna of Singapore. *Zootaxa*, **1488**: 1-164.
Shamshev I V, Grootaert P, Yang D. 2005. Two new species of the genus *Stilpon* Loew from China (Diptera: Hybotidae). *Genus*, **16** (2): 299-305.
Shamshev I V, Grootaert P, Yang D. 2013. New data on the genus *Hybos* (Diptera: Hybotidae) from the Russian Far East, with description of a new species. *Russian Entomological Journal*, **22** (2): 141-144.
Shi L, Yang D, Grootaert P. 2009. New *Hybos* species from Oriental China (Diptera: Empididae). *Transactions of the American Entomological Society*, **135** (1-2): 189-192.
Shi L, Yao G, Yang D. 2014. Species of *Syneches* belonging to *S. signatus* species group from Tibet (Diptera: Empididae). *Florida Entomologist*, **97** (2): 710-714.
Shi Y S. 1990. A new species of the genus *Satanas* Jacobson (Diptera: Asilidae) from China. *Entomotaxonomia*, **13** (2): 127-132.
Shi Y S. 1991. Notes on the Chinese *Merodontina* Enderlein (Diptera: Asilidae). *Scientific Treatise on Systematic and Evolutionary Zoology*, **1**: 207-213.
Shi Y S. 1992a. Diptera: Asilidae. 589-595. *In*: Huang F. *Insects of Wuling Mountains area, southwestern China*. Beijing. [undated]: I-x, 777.
Shi Y S. 1992b. Diptera: Asilidae. 1076-1088. *In*: Chen S. *Insects of the Hengduan Mountains Region. Volume 2*. Beijing. 1993: i-xvi, 867-1547.
Shi Y S. 1992c. Diptera: Asilidae, Rachiceridae, Stratiomiidae, Rhagionidae. 1116-1133. *In*: Peng J W, Liu Y Q. *Iconography of forest insects in Hunan China*. Academia Sinica & Hunan Forestry Institute, Hunan, China: 1-60, 1-4, 1-1473.
Shi Y S. 1992d. Notes on the Chinese species of the genus *Trigonomima* Enderlein (Diptera: Asilidae). *Sinozoologia*, **9**: 339-343.
Shi Y S. 1992e. Notes on the genus *Trichomachimus* Engel from China (Diptera: Asilidae). *Acta Zootaxonomica Sinica*, **17** (4): 458-472.
Shi Y S. 1993. Diptera: Asilidae. 669-679. *In*: Huang C M. Animals of Longqi Mountain. China Forestry Publishing House, Place of publication not given. 1993: i-xxi, 1-1105.
Shi Y S. 1995a. Diptera: Asilidae. 227-229. *In*: Zhu T. *Insects and macrofungi of Gutianshan, Zhejiang*. Hangzhou: 318.
Shi Y S. 1995b. Diptera: Asilidae. 493-495. *In*: Wu H. *Insects of Baishanzu Mountain, eastern China*. Beijing. 1995: i-xiii, 586.
Shi Y S. 1995c. Notes on the Chinese species of the genus *Xenomyza* Wiedemann (Diptera: Asilidae). *Sinozoologia*, **12**: 259-269.
Shi Y S. 1995d. Notes on the genus *Clephydroneura* Becker from China (Diptera: Asilidae). *Sinozoologia*, **12**: 270-280.
Shi Y S. 1995e. Study on the Chinese species of the family Asilidae (Diptera: Asilidae). *Sinozoologia*, **12**: 253-258.
Shi Y S. 1997. Diptera: Asilidae. 1458-1465. *In*: Yang X K. *Insects of the Three Gorge Reservoir area of Yangtze river. Part 2*. Chongqing: I-x, 975-1847.
Shi Y S. 2000. Mosquitoes and Brachicerous Diptera of the Imperial Palace, Tokyo. *Memoirs of the National Sciences Museum* (*Tokyo*), **36**: 397-399.
Shi Y S, Pei H. 1999. Diptera: Asilidae. *Fauna and Taxonomy of Insects in Henan*, 4: 388-390.
Shiraki T. 1918. *Blood-sucking insects of Formosa. Part I. Tabanidae* (*with Japanese species*): II + 442 + 3, pls. 11. Agricultural Experiment Station, Taihoku.
Shiraki T. 1932. Some Diptera in the Japanese Empire with descriptions of new species (1-3). *Transactions of the Natural History Society of Formosa Taihoku*, **22**: 259-280.
Siebke H. 1863. Beretning om en I Sommeren 1861 foretagen entomologisk Reise. *Nyt Magazin for Naturvidenskaberne*, **12**: 105-192.
Sinclair B J. 1995. Generic revision of the Clinocerinae (Empididae), and description and phylogenetic relationships of the Trichopezinae, new status (Diptera: Empidoidea). *Canadian Entomologist*, **127**: 665-752.
Sinclair B J, Cumming J M. 2006. The morphology, higher-level phylogeny and classification of the Empidoidea (Diptera). *Zootaxa*, **1180**: 1-172.
Sinclair B J, Saigusa T. 2005. Revision of the *Trichoclinocera dasyscutellum* group from East Asia (Diptera: Empididae: Clinocerinae). *Bonner Zoologische Beiträge*, 2004, **53** (1/2): 193-209.
Smith K G V. 1965. Diptera from Nepal: Empididae. *Bulletin of the British Museum* (*Natural History*), *Entomology*, **17** (2): 61-112.
Smith K G V. 1975. Family Empididae. *In*: Delfinado M D, Hardy D E. *A catalog of the Diptera of the Oriental region*. 2. Honolulu: The university press of Hawaii: 185-211
Stackelberg A A. 1928. Espèces paléarctiques du genre *Diaphorus* Mcq. (Diptera, Dolichopodidae). *Russkoe Entomologicheskoe Obozrenie*, **22** (1-2): 67-77.

Stackelberg A A. 1930. 29. Dolichopodidae. *Die Fliegen der Palaearktischen Region*, 4 (5), Lief. **51**: 1-62.
Stackelberg A A. 1933. 29. Dolichopodidae. *Die Fliegen der Palaearktischen Region*, 4 (5), Lief. **71**: 65-128.
Stackelberg A A. 1934. 29. Dolichopodidae. *Die Fliegen der Palaearktischen Region*, 4 (5), Lief. **82**: 129-176.
Stackelberg A A. 1941. 29. Dolichopodidae. *Die Fliegen der Palaearktischen Region*, 4 (5), Lief. **138**: 177-224.
Staeger R C. 1844. Bemerkungen über *Musca hypoleon* Lin. *Entomologische Zeitung* (*Stettin*), **5** (12): 403-410.
Stefan N, Grootaert P, Wei L M. 2011. Srilankamyia—a new dolichopodine genus (Diptera, Dolichopodidae). *Centre for Entomological Studies Ankara*, **155**: 1-8.
Stone A. 1953. New tabanid flies of the tribe Merycomyiini. *Journal of the Washington Academy of Sciences*, **43**: 255-258.
Stone A. 1972. Synonymic and other notes on Tabanidae, with two new species (Diptera). *Annals of the Entomological Society of America*, **65**: 637-641.
Stone A, Philip C B. 1974. The Oriental species of the tribe Haematopini (Diptera, Tabanidae). *Technical Bulletin. U.S. Department of Agriculture*, No. 1489: 1-240.
Strobl G. 1893a. Beiträge zur Dipterenfauna des österreichischen Littorale. *Wiener Entomologische Zeitung*, **12**: 29-42.
Strobl G. 1893b. Die Dipteren von Steiermark. I. *Mitteilungen des Naturwissenschaftlichen Vereines für Steiermark*, (1892) **29**: 1-199.
Strobl G. 1898. Die Dipteren von Steiermark. IV., Nachträge. *Mitteilungen des Naturwissenschaftlichen Vereines für Steiermark*, (1897) **34**: 192-298.
Strobl G. 1909a. Empididae. *In*: Czerny L, Strobl G. *Spanische Dipteren. III. Beitrage Verhandlungen der Zoologisch-Botanischen Gesellschaft in Wien*, **59**: 121-301.
Strobl G. 1910. Die Dipteren von Steiermark. II. Nachtrag. *Mitteilungen des Naturwissenschaftlichen Vereines für Steiermark*, **46** (1): 45-293.
Strobl P G. 1909b. Die Dipteren von Steiermark. V. *Mitteilungen des Naturwissenschaftlichen Vereines für Steiermark*, **46**: 45-293.
Study E. 1926. Ueber einige mimetische Fliegen. *Zoologische Jahrbücher Abteilung für Allgemeine Zoolgie und Physiologie der Tiere*, **42**: 421-427.
Sulzer J H. 1761. *Die Kennzeichen der Insekten, nach Anleitung des Königl. Schwed. Ritters und Leibarzts Karl Linnaeus, durch XXIV. Kupfertafeln erläutert und mit derselben natürlichen Geschichte begleitet von J. H. Sulzer ... Mit einer Vorrede des Herrn Johannes Geßners*. Heidegger und Comp., Zürich: xxviii + 203 + 68, pls. 24.
Sulzer J H. 1776. *Abgekürzte Geschichte der Insecten nach dem Linnaeischen System*. Vol. I. H. Steiner & Comp., Winterthur.: xxviii + 274.
Sun Y, Xu R M. 2007. Two new species on genus *Hybomitra* (Diptera: Tabanidae) from China. *Acta Parasitologica et Medica Entomologica Sinica*, **14** (3): 182-184. [孙毅, 许荣满. 2007. 瘤虻属二新种 (双翅目: 虻科). 寄生虫与医学昆虫学报, **14** (3): 182-184.]
Sun Y, Xu R M. 2008. One new species on genus *Atylotus* (Diptera: Tabanidae) from China. *Acta Parasitologica et Medica Entomologica Sinica*, **15** (3): 175-180. [孙毅,许荣满. 2008. 黄虻属一新种 (双翅目: 虻科). 寄生虫与医学昆虫学报, **15** (3): 175-180.]
Surcouf J M R. 1909. Note preliminaire sur la systematique du genre *Chrysozona*-Description de deux genres nouveaux. *Bulletin du Museum National d'Histoire Naturelle*, **15**: 453-458.
Surcouf J M R. 1921. Diptera family Tabanidae. *Genera Insectorum*, **175**: 1-205.
Surcouf J M R. 1922. Dipteres nouveaux ou peu connus. *Annales de la Société Entomologique de France*, **91**: 237-244.
Szilády Z. 1914. Neue oder wenig bekannte palaarktische Tabaniden. *Annales Musei Nationalis Hungarici*, **12**: 661-673.
Szilády Z. 1915. Subgenus *Ochrops*, eine neue Untergattung der Gattung Tabanus L. 1761 (Dipt.). *Entomologische Mitteilungen*, **4**: 93-106.
Szilády Z. 1922. On some Tabanidae collected by Mr. Sauter on Formosa. *Annales Historico-Naturales Musei Nationalis Hungarici*, **19**: 125-128.
Szilády Z. 1923. New or little know horseflies (Tabanidae). *Biologica Hungarica*, **1** (1): 1-39, pl. 1.
Szilády Z. 1926a. Dipterenstudien. *Annales Musei Nationalis Hungarici*, **24**: 586-611.
Szilády Z. 1926b. New and Old World horseflies. *Biologica Hungarica*, **1** (7): 1-30, pl. 1.
Szilády Z. 1934a. Die palaearktischen Rhagioniden. *Annales Historico-Naturalies Musei Nationalis Hungarici*, **28**: 229-270.
Szilády Z. 1934b. Zwei neue orientalasiatische *Rhagio*-Arten (Dipt.). *Konowia*, **13**: 8-9.
Takagi S. 1967. On some marine shore Dolichopodidae of Taiwan (Diptera). *Insecta Matsumurana*, **29**: 51-58.
Takahasi H. 1962. *Fauna Japonica, Tabanidae* (*Insecta*). Biogeographical Society of Japan, National Science Museum: 1-143.
Tang C F, Zhang L L, Yang D. 2014. New species of *Hercostomus baishanzuensis* group from Tibet (Diptera: Dolichopodidae, Dolichopodinae). *Zootaxa*, **3881** (6): 549-562.
Thomson C G. 1869. Diptera. Species nova descripsit: 443-614, *In*: *Kongliga svenska fregatten Eugenies resa omkring jorden under brfäl af C. A. Virgin åren 1851-1853*. Vol. 2 (Zoologie), 1: Insekter. P. A. Norstedt & Söner, Stockholm: 1-617.
Thunberg C P. 1789. *D. D. Museum Naturalium Academiae Upsaliensis. Cujus Partem Septimam*. Joh. Edman, Upsaliæ [=Uppsala]: [*2*], 85-94.
Thunberg C P. 1827. Tanyglossae septendecim novae species descriptae. *Nova Acta Regia Societatis Scientiarum Upsaliensis*, **9**: 63-75.
Vaillant F. 1964. Révision des Empididae Hemerodromiinae de France, d'Espagne *et* d'Afrique du Nord (Dipt.). *Annals de la Société Entomologique de France*, **133**: 143-171.
Verrall G H. 1901. *A list of British Diptera*. University Press, Cambrige: 1-47.
Verrall G H. 1909a. *Stratiomyidae and succeeding families of the Diptera Brachycera of Great Britain*. British Flies. Vol. 5. London: Gurney & Jackson: 780.
Verrall G H. 1909b. *Systematic list of the Palaearctic Diptera Brachycera. Stratiomyidae, Leptidae, Tabanidae, Nemestrinidae, Cyrtidae, Bombylidae, Therevidae, Scenopinidae, Mydaidae, Asilidae*. London: Gurney & Jackson: 34.
Villeneuve J. 1904. Contribution au catalogue des diptères de France [part]. *Feuille des Jeunes Naturalistes*, **34**: 69-73.
Villeneuve J. 1936. Schwedisch-chinesische wissenschaftliche Expedition nach den nordwestlichen Provinzen Chinas, unter Leitung von Dr. Sven Hedin und Prof. Sh Ping-chang. Insekten gesammelt vom schwedischen Arzt der Expedition Dr. David Hummel 1927-1930. 52. Diptera. 16. Muscidae. *Arkiv för Zoologi* (*A*), **27** (34): 13.
Villers C J. 1789. *Caroli Linnaei entomologia, faunae Suecicae descriptionibus aucta*; *DD. Scopoli, Geoffroy, de Geer, Fabricii, Schrank, & c. speciebus vel in systemate non enumeratis, vel nuperrime detectis, vel speciebus Galliae australis locupletata, generum specierumque rariorum iconibus ornata*; *curante & augente Carolo de Villers, Acad. Lugd. Massil. Villa-Fr. Rhotom. necnon Geometriae Regio Professore*. Tomus tertius. Piestre *et* Delamolliere, Lugduni [= Lyon]: xxiv + 657, pls. 7-10.
Wagner J. 1912. *Stratiomyia nobilis* Loew var. *fischeri* n. (Diptera). *Russkoye Entomolo- gicheskoye obozreniye*, **12** (2): 249.
Wagner R. 1983. *Heleodromia ausobskyi* n. sp. aus Nepal (Insecta: Diptera: Brachycera: Empididae). *Senckenbergiana Biologia*, **63** (5/6): 333-335.

Wagner R. 1985. A revision of the genus *Heleodromia* (Diptera, Empididae) in Europe. *Aquatic Insects*, **7** (1): 33-43.
Wagner R, Horvat B. 1993. The genus *Roederiodes* Coquillett, 1901 (Diptera, Empididae: Clinocerinae) in Europe, with descriptions of four new species. *Bonner Zoologische Beiträge*, **44** (1-2): 33-40.
Wagner R, Leese F, Panesar A R. 2004. Aquatic dance flies from a small Himalayan mountain stream (Diptera: Empididae: Hemerodrominnae, Trichopezinae and Clinocerinae). *Bonner Zoologische Beiträge*, **52** (1-2): 3-32.
Walker F. 1848. *List of the specimens of dipterous insects in the collection of the British Museum.* Part I. London: British Museum: [4], 1-229.
Walker F. 1849. *List of the specimens of dipterous insects in the collection of the British Museum.* Parts II-IV. London: British Museum: 231-1172.
Walker F. 1850. Vol. 1. Diptera. [Part 1] Pages 1-76. *In*: Saunders W W. [1850-1856]. *Insecta Saundersiana: or characters of undescribed insects in the collection of William Wilson Saunders.* London: John Van Voorst: 474.
Walker F. 1851a. *Insecta Saundersiana: or characters of undescribed insects in the collection of William Wilson Saunders, Esq. Diptera. Part II.* London: John Van Voorst: 77-156.
Walker F. 1851b. *Insecta Britannica, Diptera. 1.* London: 314.
Walker F. 1852. Diptera. *In*: Saunders W W. *Insecta Saundersiana.* London: Esq. John Van Voorst: 157-414.
Walker F. 1854. *List of the specimens of dipterous insects in the collection of the British Museum. Part V. Supplement I.* London: British Museun: [6], 1-330.
Walker F. 1855. *List of the specimens of dipterous insects in the collection of the British Museum. Part VII. Supplement III.* London: British Museum: 507-775.
Walker F. 1856a. Catalogue of the dipterous insects collected at Sarawak, Borneo, by Mr. A. R. Wallace, with descriptions of new species. *Journal of the Proceedings of the Linnean Society*, **1** (3): 105-136.
Walker F. 1856b. Catalogue of the dipterous insects collected at Singapore and Malacca by Mr. A. R. Wallace, with descriptions of new species. *Journal of the Proceedings of the Linnean Society*, **1** (1): 4-39.
Walker F. 1856c. Diptera. Part V, pp. 415-474. *In*: Saunders W W. *Insecta Saundersiana: or characters of undescribed insects in the collection of William Wilson Sauders*. Esq., F. R. S., F.L.S., & c. Vol. 1. London: Van Voorst: 474.
Walker F. 1856d. *Insecta Britannica, Diptera.* **3**. London: 352.
Walker F. 1857a. Catalogue of the dipterous insects collected at Sarawak, Borneo, by Mr. A. R. Wallace, with descriptions of new species. *Journal of the Proceedings of the Linnean Society of London*, **1**: 105-136.
Walker F. 1857b. Characters of undescribed Diptera in the collection of W. W. Saunders, Esq., F. R. S., & c. [part]. *The Transactions of the Entomological Society of London. New Series*, **4** (5): 119-158.
Walker F. 1858. Catalogue of the dipterous insects collected in the Aru Islands by Mr. A. R. Wallace, with descriptions of new species [part]. *Journal of the Proceedings of the Linnean Society*, **3** (10): 77-110.
Walker F. 1859. Catalogue of the dipterous insects collected at Makessar in Celebes, by Mr. A. R. Wallace, with descriptions of new species [part]. *Journal of the Proceedings of the Linnean Society*, **4** (15): 97-144.
Walker F. 1860. Characters of undescribed Diptera in the collection of W. W. Saunders. *Transactions of the Entomological Society of London*, **5**: 268-296.
Walker F. 1861a. Catalogue of the dipterous insects collected at Manado in Celebes, and in Tond, by Mr. A. R. Wallace, with descriptions of new species. *Journal of the Proceedings of the Linnean Society*, **5** (19): 258-270.
Walker F. 1861b. Catalogue of the dipterous insects collected in Batchian, Kaisaa and Makian, and at Tidon in Celebes, by Mr. A. R. Wallace, with descriptions of new species. *J. Proc. Linn. Soc. London (Zool.)*, 5: 270-303.
Walker F. 1864. Catalogue of the dipterous insects collected in Waigiou, Mysol, and North Ceram by Mr. R. Wallace, with descriptions of new species. *Journal of the Proceedings of the Linnean Society*, **7** (28): 202-238.
Wandolleck B. 1897. Monographie der Dipteren-Gattungen *Colax* Wiedem. und *Trichopsidea* Westw. *Entomologische Nachrichten*, **23**: 241-252.
Wang G Q, Wang N, Yang D. 2014. Species of the genus *Syneches* Macquart from Tibet, China (Diptera: Empididae). *Transactions of the American Entomological Society*, **140**: 145-162.
Wang J J, Li Z Yang D. 2010. Two new species of the subgenus *Planempis*, with a key to the species of China (Diptera: Empidoidea: Empididae). *Zootaxa*, **2453**: 42-47.
Wang J J, Zhu Y J, Yang D. 2012a. New species of *Amplypsilopus* and *Condylostylus* from Guangxi, China (Diptera, Dolichopodidae). *Acta Zootaxonomica Sinica*, **37** (2): 374-377.
Wang J J, Zhu Y J, Yang D. 2012b. Two new species of *Amblypsilopus* Bigot with a key to species from Taiwan (Diptera, Dolichopodidae). *ZooKeys*, **192**: 27-33.
Wang L H, Zhu Y J, Yang D. 2014. Three new species of the genus *Chrysosoma* Guérin-Méneville from Tibet, China (Diptera: Dolichopodidae). *Transactions of the American Entomological Society*, **140** (1-2): 119-131.
Wang M Q, Chen H Y, Yang D. 2010. New species of the genus *Neurigona* (Diptera: Dolichopodidae) from China. *Zootaxa*, **2517**: 53-61.
Wang M Q, Chen H Y, Yang D. 2012. Species of the genus *Chrysotimus* Loew from China (Diptera, Dolichopodidae). *ZooKeys*, **199**: 1-12.
Wang M Q, Chen H Y, Yang D. 2013. Species of *Nepalomyia* Hollis from Taiwan (Diptera: Dolichopodidae: Peloropeodinae). *Zootaxa*, **3691** (4): 436-442.
Wang M Q, Chen H Y, Yang D. 2014a. Review of the genus *Chrysotimus* Loew from Tibet (Diptera, Dolichopodidae). *ZooKeys*, **424**: 117-130.
Wang M Q, Chen H Y, Yang D. 2014b. New species of *Nepalomyia henanensis* species group from China (Diptera: Dolichopodidae: Peloropeodinae). *Zoological Systematics*, **39** (3): 411-416.
Wang M Q, Yang D. 2004a. A new species of *Argyra* Macquart, 1834 from China (Diptera: Dolichopodidae). *Annales Zoologici*, **54** (2): 385-387.
Wang M Q, Yang D. 2004b. Revision of the genus *Nepalomyia* Hollis, 1964 from Taiwan (Diptera: Dolichopodidae). *Annales Zoologici*, **54** (2): 379-383.
Wang M Q, Yang D. 2005a. New species of *Asyndetus* Loew (Diptera: Dolichopodidae) from Xinjiang, with a key to Central Asian species. *Zootaxa*, **892**: 1-8.
Wang M Q, Yang D. 2005b. Two new species of the genus *Nepalomyia*, with a key to species from China (Diptera: Dolichopodidae). *Entomologica Fennica*, **16** (2): 103-108.
Wang M Q, Yang D. 2006. Descriptions of four new species of *Chrysotimus* Loew from Tibet (Diptera: Dolichopodidae). *Entomologica Fennica*, **17** (2): 98-104.
Wang M Q, Yang D. 2008a. New species of *Chrysotus* from China (Diptera: Dolichopodidae). *In*: Shen X C, Zhang R Z, Ren Y D. *Classification and*

distribution of insects in China. Beijing: China Agricultural Science and Technology Press: 23-32. [王孟卿, 杨定 2008. 中国小异长足虻属新种记述(双翅目:长足虻科)//申效诚, 张润志, 任应党. 昆虫分类与分布. 北京: 中国农业科学技术出版社: 23-32.]

Wang M Q, Yang D. 2008b. Species of *Chrysotus* Meigen in Palaearctic China (Diptera: Dolichopodidae). *Entomologica Fennica*, **19** (4): 232-240.

Wang M Q, Yang D, Grootaert P. 2005a. *Chrysotimus* Loew from China (Diptera: Dolichopodidae). *Zootaxa*, **1003**: 1-32.

Wang M Q, Yang D, Grootaert P. 2005b. Description of two new species of *Chaetogonopteron* with a key to species of the *Sympycnus-Chaetogonopteron* complex (Diptera, Dolichopodidae, Sympycninae) in China. *Biologia*, **60** (5): 507-511.

Wang M Q, Yang D, Grootaert P. 2005c. New species of *Chaetogonopteron* (Diptera: Dolichopodidae) from Guangdong, China. *Bulletin de l'Institut Royal des Sciences Naturelles de Belgique Entomologique*, **75**: 215-219.

Wang M Q, Yang D, Grootaert P. 2006a. Four new species of the genus *Diaphorus* (Diptera: Dolichopodidae) from China. *Zootaxa*, **1166**: 1-20.

Wang M Q, Yang D, Grootaert P. 2006b. New species of *Teuchophorus*from China (Diptera: Dolichopodidae). *Annalis Zoologici*, **56** (2): 315-321.

Wang M Q, Yang D, Grootaert P. 2006c. Two new species of the genus *Teuchophorus* (Diptera: Dolichopodidae) from Taiwan. *Entomologica Fennica*, **17** (2): 105-109.

Wang M Q, Yang D, Grootaert P. 2008. New species of Dolichopodidae (Diptera) from China. *Bulletin de l'Institut Royal des Sciences Naturelles de Belgique Entomologique*, **78**: 251-257.

Wang M Q, Yang D, Grootaert P. 2009. New species of *Nepalomyia* from China (Diptera: Dolichopodidae). *Zootaxa*, **2162**: 37-49.

Wang M Q, Yang D, Masunaga K. 2005. Notes on *Rhaphium* Meigen from the Chinese mainland (Dolichopodidae, Diptera). *Transactions of the American Entomological Society*, **131** (3-4): 403-409.

Wang M Q, Yang D, Masunaga K. 2009. Species of the genus *Chaetogonopteron* (Diptera: Dolichopodidae) from Taiwan. *Journal of Natural History*, **43** (9-10): 609-617.

Wang M Q, Zhu Y J, Zhang L L, Yang D. 2007. A phylogenetic analysis of Dolichopodidae based on morphological evidence (Diptera, Brachycera). *Acta Zootaxonomica Sinica*, **32** (2): 241-254.

Wang N, Liu S P, Yang D. 2013. One new species of *Actorthia* Kröber (Diptera: Therevidae) from China. *Acta Zootaxonomica Sinica*, **38** (4): 878-880.

Wang N, Yao G, Yang D. 2013. *Syndyas* Loew-newly recorded genus from Tibet with one new species (Diptera: Empididae). *Entomotaxonomia*, **35** (1): 53-56.

Wang N, Yang D. 2014. Species of the genus *Hybos* Meigen from Tibet, China (Diptera: Emipididae). *Transactions of the American Entomological Society*, **140**: 101-118.

Wang T M. 1977. On the bloodsucking tabanids from South China (Diptera: Tabanidae). *Acta Entomologica Sinica*, **20** (1): 106-118. [王遵明. 1977. 华南地区吸血虻类记略(双翅目: 虻科). 昆虫学报, **20** (1): 106-118.]

Wang T M. 1978. New species of *Chrysops* from China (Diptera: Tabanidae). *Acta Entomologica Sinica*, **21** (4): 437-438. [王遵明. 1978. 斑虻属一新种记述(双翅目: 虻科). 昆虫学报, **21** (4): 437-438.]

Wang T Q. 1987. The horse flies of Fujian Province, China (Diptera: Tabanidae), with descriptions of three new species. *Wuyi Science Journal*, **7**: 61-67. [王天齐. 1987. 福建省虻科(双翅目)记略附三新种描述. 武夷科学, **7**: 61-67.]

Wang T Q, Liu W D. 1990. New species of Tabanidae (Diptera) from Sichuan Province, China. *Contributions from Shanghai Institute of Entomology*, **9**: 171-180. [王天齐, 刘维德. 1990. 四川省西部虻科新种记述(双翅目). 昆虫学研究集刊, **9**: 171-180.]

Wang T Q, Liu W D. 1991. A new species of a new record of *Haematopota* from China (Diptera: Tabanidae). *Acta Zootaxonomica Sinica*, **16** (1): 106-108. [王天齐, 刘维德. 1991. 中国麻虻属新种和新记录种(双翅目: 虻科). 动物分类学报, **16** (1): 106-108.]

Wang T Q, Xu R M. 1988. A new species and a new subspecies of Tabanidae (Diptera) from Xizang Autonomous Region, China. *Journal of Southwest Agricultural University*, **10** (3): 267-269. [王天齐, 许荣满. 1988. 西藏自治区虻科一新种及一新亚种(双翅目). 西南农业大学学报, **10** (3): 267-269.]

Wang W C, Perng J J, Ueng Y T. 2007. A new species of *Odontomyia* Meigen (Diptera: Stratiomyidae) from Taiwan. *Aquatic Insects*, **29** (4): 247-253.

Wang X W, Yan S C, Yang D. 2014. Two new species of *Chelifera* Macquart from China (Diptera: Empididae). *Zootaxa*, **3795** (2): 187-192.

Wang Z M. 1981a. New species of *Hybomitra* from Sichuan (Diptera: Tabanidae). *Acta Zootaxonomica Sinica*, **6** (3): 315-319. [王遵明. 1981a. 四川省瘤虻属新种(双翅目: 虻科). 动物分类学报, **6** (3): 315-319.]

Wang Z M. 1981b. Two new species of Tabanidae from Nei Mongol, China (Diptera). *Sinozoologia*, **1**: 83-85. [王遵明. 1981b. 内蒙古地区虻科(双翅目)二新种. 动物学集刊, **1**: 83-85.]

Wang Z M. 1982. Diptera: Tabanidae. 173-194. *In*: Zhongguo Kexueyuan Qingzang Gaoyuan Zonghe Kexue Kaocha Dui. *Insects of Xizang II*. Beijing: Science Press: 173-194. [王遵明. 1982. 双翅目: 虻科//中国科学院青藏高原综合科学考察队. 西藏昆虫(第二册). 北京: 科学出版社: 173-194.]

Wang Z M. 1983. *Economic Insect Fauna of China Fasc. 26 Diptera: Tabanidae*. Beijing: Science Press: 128, pl. 8. [王遵明. 1983. 中国经济昆虫志第二十六册双翅目虻科. 北京:科学出版社: 128, pl. 8.]

Wang Z M. 1984. Two new species of *Hybomitra* from Sichuan, China (Diptera: Tabanidae). *Acta Zootaxonomica Sinica*, **9** (4): 394-396. [王遵明. 1984. 四川省瘤虻属二新种(双翅目: 虻科). 动物分类学报, **9** (4): 394-396.]

Wang Z M. 1985a. A new species of *Tabanus* from Jiangxi, China (Diptera: Tabanidae). *Acta Entomologica Sinica*, **28** (2): 225-226. [王遵明. 1985. 江西省虻属一新种(双翅目:虻科). 昆虫学报, **28** (2): 225-226.]

Wang Z M. 1985b. Description of five new species of *Tabanus* from Southern China (Diptera: Tabanidae). *Myia*, **3**: 393-401.

Wang Z M. 1985c. Diptera. Tabanidae. *In*: *Lives of Tuomuerfen of Xinjiang, China*. Urumqi: Xinjiang Peoples Publishing House: 123-124. [王遵明. 1985. 双翅目: 虻科//天山托木尔峰地区的生物. 乌鲁木齐: 新疆人民出版社: 123-124.]

Wang Z M. 1985d. The horse flies of Xinjiang Autonomous Region (Diptera: Tabanidae). *Acta Entomologica Sinica*, **28** (4): 425-429. [王遵明. 1985. 新疆维吾尔自治区虻科(双翅目)记略. 昆虫学报, **28** (4): 425-429.]

Wang Z M. 1985e. Two new species of *Hybomitra* from the Hengduan mountains, Sichuan, China (Diptera: Tabanidae). *Acta Zootaxonomica Sinica*, **10** (4): 413-416. [王遵明. 1985. 四川横断山地区瘤虻属二新种(双翅目: 虻科). 动物分类学报, **10** (4): 413-416.]

Wang Z M. 1985f. Two new species of Tabanidae from Qinling mountains region of Shaanxi Province, China (Diptera: Tabanidae). *Sinozoologia*, **3**: 175-178.

[王遵明. 1985. 秦岭虻科二新种 (双翅目:虻科). 动物学集刊, **3**: 175-178.]

Wang Z M. 1986a. A new species of *Chrysops* from Yunnan Province, China (Diptera: Tabanidae). *Acta Zootaxonomica Sinica*, **11** (2): 218-219. [王遵明. 1986. 云南省斑虻属一新种 (双翅目: 虻科). 动物分类学报, **11** (2): 218-219.]

Wang Z M. 1986b. On a newly recorded genus and a new species of Tabanidae (Diptera) from China. *Acta Entomologica Sinica*, **29** (4): 434-435. [王遵明. 1986. 我国虻科 (双翅目) 一新纪录属及一新种. 昆虫学报, **29** (4): 434-435.]

Wang Z M. 1988a. On the horse flies from the Hengduan mountain, China (Diptera: Tabanidae). *Sinozoologia*, **6**: 263-271. [王遵明. 1988. 横断山地区虻科记述 (双翅目: 虻科). 动物学集刊, **6**: 263-271.]

Wang Z M. 1988b. Two new species of Tabanidae (Diptera) from Sichuan, China. *Acta Entomologica Sinica*, **31** (4): 429-432. [王遵明. 1988. 四川省虻科二新种 (双翅目). 昆虫学报, **31** (4): 429-432.]

Wang Z M. 1988c. Two new species of *Tabanus* from Hainan Island, China (Diptera: Tabanidae). *Acta Entomologica Sinica*, **31** (3): 323-325. [王遵明. 1988. 海南岛虻属二新种 (双翅目:虻科). 昆虫学报, **31** (3): 323-325.]

Wang Z M. 1989. On a new species and two unknown males of tabanids from China (Diptera: Tabanidae). *Acta Entomologica Sinica*, **32** (1): 101-104. [王遵明. 1989. 青海省虻科一新种及二种雄虻记述 (双翅目: 虻科). 昆虫学报, **32** (1): 101-104.]

Wang Z M. 1992a. Notes on the genus *Silvius* Meigen of China and a new species (Diptera: Tabanidae). *Sinozoologia*, **9**: 327-329. [王遵明. 1992. 中国林虻属记述及一新种 (双翅目: 虻科). 动物学集刊, **9**: 327-329.]

Wang Z M. 1992b. Two new species of Tabanidae (Diptera) from China. *Acta Entomologica Sinica*, **35** (3): 358-361. [王遵明. 1992. 中国虻科 (双翅目) 二新种. 昆虫学报, **35** (3): 358-361.]

Wang Z M. 1994. *Economic Insect Fauna of China Fasc. 45 Diptera: Tabanidae*. Beijing: Science Press: 1-196. [王遵明. 1994. 中国经济昆虫志 (第四十五册双翅目虻科(二)). 北京: 科学出版社: 1-196.]

Wéber M. 1977. Empididae. *Fauna Hungariae*, 1975, **121**: 1-220.

Wei L M. 1997. Dolichopodidae (Diptera) from Southwestern China. II. A study on the genus *Hercostomus* Loew 1857. *Journal of Guizhou Agricultural College*, **16** (1): 29-41; **16** (2): 36-50; **16** (4): 32-43.

Wei L M. 1998. Dolichopodidae from Southwestern China-III: Four new species of the genus *Tachytrchus* (Diptera). *Entomologia Sinica*, **5** (1): 15-21.

Wei L M. 2006. Diptera: Dolichopodidae. *In*: Li Z Z, Jin D C. *Insects from Fanjingshan Landscape*. Guiyang: Guizhou Science and Technology Publishing House: 468-502. [魏濂艨. 2006. 双翅目: 长足虻科//李子忠, 金道超. 梵净山景观昆虫. 贵阳: 贵州科技出版社: 468-502.]

Wei L M. 2012a. *Chrysotus* Meigen (Diptera: Dolichopodidae) from China with descriptions of new species. *Oriental Insects*, **46** (1): 30-52.

Wei L M. 2012b. New evolutionary significance on FR/FA ratio of *Chrysotus* Meigen (Diptera, Dolichopodidae, Diaphorinae), with descriptions of one new genus and five new species. *Acta Zootaxonomica Sinica*, **37** (3): 611-622.

Wei L M. 2013. A new species of *Srilankamyia* (Diptera: Dolichopodidae) from China. *Oriental Insects*, **47** (2-3): 135-138.

Wei L M, Liu G. 1995. Studies on the family Dolichopodidae in southwest of China, a new species of *Liancalus* from Guizhou Province (Diptera). *Journal of Guizhou Agricultural College*, **14** (4): 35-38.

Wei L M, Liu G. 1996a. Three new species of the genus *Diostracus* from south-west China. (Diptera: Dolichopodidae). *Entomologia Sinica*, **3** (3): 205-212.

Wei L M, Liu G. 1996b. Two new species of *Phalacrosoma* Becker from China (Diptera: Dolichopodidae). *Journal of Guizhou Agricultural College*, **15** (1): 35-39.

Wei L M, Song H Y. 2005. Diptera: Dolichopodidae. *In*: Jin D C, Li Z Z. *Insects from Xishui Landscape*. Guiyang: Guizhou Science and Technology Publishing House: 417-443. [魏濂艨, 宋红艳. 2005. 双翅目: 长足虻科//金道超, 李子忠. 习水景观昆虫. 贵阳: 贵州科技出版社: 417-443.]

Wei L M, Song H Y. 2006. Dolichopodidae. *In*: Jin D C, Li Z Z. *Insects from Chishui spinulose tree fern landscape*. Guiyang: Guizhou Science and Technology Publishing House: 308-344. [魏濂艨, 宋红艳. 2006. 双翅目: 长足虻科//金道超, 李子忠. 赤水莎罗景观昆虫. 贵阳: 贵州科技出版社: 308-344.]

Wei L M, Zhang L L. 2010. A taxonomic study on *Chrysotus* Meigen (Diptera: Dolichopodidae) from southwest China: descriptions of eleven new species belonging to the redefined *C. laesus*-group. *Zootaxa*, **2683**: 1-22.

Wei L M, Zheng Z M. 1998. A new species of *Peodes* Loew (Diptera: Dolichopodidae) from North China. *Entomotaxonomia*, **20** (2): 140-142.

Westwood J O. 1848. *The Cabinet of Oriental Entomology*. London: Willianm Smith: 88.

White A. 1918. New Australian Asilidae with notes on the classification of the Asilinae. *Papers and proceedings of the Royal Society of Tasmania*, **1916** (1): 72-103.

Wiedemann C R W. 1818a. Aus Pallas dipterologischen Nachlasse. *Zoologisches Magazin*, **1** (2): 1-40.

Wiedemann C R W. 1818b. Neue Insecten vom Vorgebirge der guten Hoffnung. *Zoologisches Magazin*, **1** (2): 40-48.

Wiedemann C R W. 1819a. Beschreibung neuer Zweiflügler aus Ostindien und Africa. *Zoologisches Magazin Kiel*, **1** (3): 1-39.

Wiedemann C R W. 1819b. Beschreibung Zweiflügler. *Zoologisches Magazin*, **1** (3): 40-56.

Wiedemann C R W. 1820. *Munus rectoris in Academia Christiano-Albertina iterum aditurus nova dipterorum genera offert iconibusque illustrat*. Christiani Friderici Mohr, Kiliae [=Kiel]: I-VIII, 1-23.

Wiedemann C R W. 1821a. *Diptera Exotica*. [Ed. 1]. Sectio II. Antennis parumarticulatis. Kiliae [= Kiel]: iv + 101.

Wiedemann C R W. 1821b. *Diptera Exotica*. [Ed. 2]. Pars I. Tabulis aeneis duabus. Kiliae [= Kiel]: xix + 244.

Wiedemann C R W. 1824. *Munus rectoris on Academia Christiana Albertina aditurus Analecta entomologica ex Museo Regio Havniensi maxime congesta profert iconibusque illustrat*. Kiliae [=Kiel]: 1-60.

Wiedemann C R W. 1828. *Aussereuropaische zweiflugelige Insekten*. Hamm: Erster Theil. Schulz: xxxii + 608, pls. 7.

Wiedemann C R W. 1830. *Aussereuropäische zweiflügelige Insekten*. Hamm: Zweiter Theil. Schul- zischen Buchhandlung: I-XII, 1-684.

Williston S W. 1896. *Manual of the families and genera of North American Diptera*. Secong Edition. James T. Hathaway, New Haven: I-LIV, [2], 1-167.

Woodley N E. 1995. The genera of Beridinae (Diptera: Stratiomyidae). *Memoirs of the Entomological Society of Washington*, **16**: 1-231.

Woodley N E. 2012. Revision of the southeast Asian soldier-fly genus *Parastratiosphecomyia* Brunetti, 1923 (Diptera, Stratiomyidae, Pachygastrinae). *ZooKeys*, **238**: 1-21.

Wu Y Q, Xu R M. 1992. Two new species of Tabanidae (Diptera) from Yunnan Province. *Entomotaxonomia*, **14** (1): 77-80. [吴元钦, 许荣满. 1992. 云南虻科二新种（双翅目）. 昆虫分类学报, **14** (1): 77-80.]

van der Wulp F M. 1872. Bijdrage tot de Kennis der Asiliden van den Oost-Indischen Archipel. *Tijdschrift voor Entomologie*, (2) **7** (15): 129-279.

van der Wulp F M. 1880. Eenige Diptera van Nederlandsch Indië. *Tijdschrift voor Entomologie*, **23**: 155-194.

van der Wulp F M. 1896. A new species of *Microctylum* (Diptera: Asilidae). *Notes from the Leyden Museum*, **18**: 241-242.

van der Wulp F M. 1898. Dipteren aus Neu-Guinea in der Sammlung des Ungarischen National- Museums. *Természetrajzi Füzetek*, **21** (3-4): 409-426.

van der Wulp F M. 1899. Aanteekenigen betreffende Oost-Indische Diptera. *Tijdschrift voor Entomologie*, **41** (1898): 115-157.

Xiang C Q, Xu R M. 1986. A new species of *Tabanus* from Xinjiang, China (Diptera: Tabanidae). *Acta Zootaxonomica Sinica*, **11** (4): 409-411. [向超群, 许荣满. 1986. 新疆虻属一新种（双翅目：虻科）. 动物分类学报, **11** (4): 409-411.]

Xu B H, Xu R M. 1992a. A new species of *Tabanus* from Fujian Province, China (Diptera: Tabanidae). *Acta Entomologica Sinica*, **35** (3): 362-364. [徐保海, 许荣满. 1992. 福建虻属一新种记述（双翅目：虻科）. 昆虫学报, **35** (3): 362-364.]

Xu B H, Xu R M. 1992b. Description of a new species of the *yao* group of *Tabanus* (Diptera: Tabanidae) from Fujian, China. *Wuyi Science Journal*, **9**: 321-323. [徐保海, 许荣满. 1992. 福建省虻属姚氏虻组一新种记述（双翅目：虻科）. 武夷科学, **9**: 321-323.]

Xu B H, Xu R M. 1995a. A new species of *Tabanus* from Fuzhou, China (Diptera: Tabanidae). *Acta Entomologica Sinica*, **38** (1): 109-111. [徐保海, 许荣满. 1995. 福州虻属一新种（双翅目:虻科）. 昆虫学报, **38** (1): 109-111.]

Xu B H, Xu R M. 1995b. A new species of *Tabanus* from the north of Fujian, Province, China (Diptera: Tabanidae). *Entomological Journal of East China*, **4** (1): 3-5. [徐保海, 许荣满. 1995. 闽北虻属一新种记述. 华东昆虫学报, **4** (1): 3-5.]

Xu R M. 1979. New species of *Tabanus* from China (Diptera: Tabanidae). *Acta Zootaxonomica Sinica*, **4** (1): 39-50. [许荣满. 1979. 我国虻属的新种记述（双翅目：虻科）. 动物分类学报, **4** (1): 39-50.]

Xu R M. 1980a. New species of *Haematopota* from China (Diptera: Tabanidae). *Acta Zootaxonomica Sinica*, **5** (2): 185-191. [许荣满. 1980. 我国麻虻属的新种记述（双翅目：虻科）. 动物分类学报, **5** (2): 185-191.]

Xu R M. 1980b. Three new species of Tabanidae from Sichuan, China (Diptera). *Zoological Research*, **1** (3): 397-404. [许荣满. 1980. 四川虻科三新种（双翅目）. 动物学研究, **1** (3): 397-404.]

Xu R M. 1981. New species of *Tabanus* from Yunnan (Diptera: Tabanidae). *Acta Zootaxonomica Sinica*, **6** (3): 308-314. [许荣满. 1981. 云南原虻属新种记述（双翅目：虻科）. 动物分类学报, **6** (3): 308-314.]

Xu R M. 1982. Identification of important Tabanidae in China. *In*: Lu B L. *Identification handbook for medically important animals in China.* Beijing: People's Health Publishing Company: 237-342. [许荣满. 1982. 中国重要虻类的鉴别//陆宝麟. 中国重要医学动物鉴定手册. 北京：人民卫生出版社: 237-342.]

Xu R M. 1983a. Three new species of Tabanidae from the plateau of westem Sichuan, China (Diptera). *Acta Zootaxonomica Sinica*, **8** (2): 177-180. [许荣满. 1983. 四川西部高原虻科三新种（双翅目）. 动物分类学报, **8** (2): 177-180.]

Xu R M. 1983b. Three new species of *Tabanus* from China (Diptera: Tabanidae). *Acta Zootaxonomica Sinica*, **8** (1): 86-90. [许荣满. 1983. 我国原虻属三新种记述（双翅目：虻科）. 动物分类学报, **8** (1): 86-90.]

Xu R M. 1984. Two new species of *Tabanus oliviventris* group (Diptera: Tabanidae). *Zoological Research*, **5** (3): 233-236. [许荣满. 1984. 青腹原虻组二新种记述（双翅目：虻科）. 动物学研究, **5** (3): 233-236.]

Xu R M. 1985. Two new species of *Hybomitra* from Shaanxi, China (Diptera: Tabanidae). *Entomotaxonomia*, **7** (1): 9-12. [许荣满. 1985. 陕西瘤虻属二新种（双翅目：虻科）. 昆虫分类学报, **7** (1): 9-12.]

Xu R M. 1989a. The Chinese species of *Haematopota* Meigen (Diptera: Tabanidae). *Acta Zootaxonomica Sinica*, **14** (3): 364-371. [许荣满. 1989. 中国的麻虻属（双翅目：虻科）. 动物分类学报, **14** (3): 364-371.]

Xu R M. 1989b. Two new species of *Tabanus* from China (Diptera: Tabanidae). *Acta Zootaxonomica Sinica*, **14** (2): 205-208. [许荣满. 1989. 中国虻属二新种（双翅目：虻科）. 动物分类学报, **14** (2): 205-208.]

Xu R M. 1991. A new species of *Haematopota* (Diptera: Tabanidae) from Sichuan Province. *Entomotaxonomia*, **13** (1): 61-63. [许荣满. 1991. 四川麻虻属一新种记述（双翅目：虻科）. 昆虫分类学报, **13** (1): 61-63.]

Xu R M. 1995. Two new species of *Hybomitra* from Himalaya mountains, China (Diptera: Tabanidae). *Contributions to Epidemiological Survey in China*, **1**: 113-116. [许荣满, 1995. 喜马拉雅山区瘤虻属二新种. 流行病学调查集刊, **1**: 113-116.]

Xu R M. 1999. Notes on genus *Haematopota* (Diptera: Tabanidae) of Vietnam, Laos and Cambodia. *Entomologia Sinica*, **6** (1): 18-24.

Xu R M. 2002. Description of a new species of genus *Haematopota* from Guangxi, China (Diptera: Tabanidae). *Acta Parasitologica et Medica Entomologica Sinica*, **9** (4): 236-238. [许荣满. 2002. 广西麻虻属一新种记述（双翅目：虻科）. 寄生虫与医学昆虫学报, **9** (4): 236-238.]

Xu R M, Chen J Y. 1977. Two new *Chrysops* from China (Diptera: Tabanidae). *Acta Entomologica Sinica*, **20** (3): 337-338. [许荣满, 陈继寅. 1977. 斑虻属二新种的记述（双翅目：虻科）. 昆虫学报, **20** (3): 337-338.]

Xu R M, Guo T Y. 2005a. Four new species of Tabanidae from Yunnan, China (Diptera). *Acta Parasitologica et Medica Entomologica Sinica*, **12** (3): 171-176. [许荣满, 郭天宇. 2005. 云南虻科四新种（双翅目）. 寄生虫与医学昆虫学报, **12** (3): 171-176.]

Xu R M, Guo T Y. 2005b. New notes on genus *Haematopota* (Diptera: Tabanidae) of Yunnan, China. *Acta Parasitologica et Medica Entomologica Sinica*, **12** (1): 25-30. [许荣满, 郭天宇. 2005. 云南麻虻属新记录（双翅目：虻科）. 寄生虫与医学昆虫学报, **12** (1): 25-30.]

Xu R M, Jin Y Q. 1990. A new species of *Hybomitra* from Qinghai, China (Diptera: Tabanidae). *Acta Zootaxonomica Sinica*, **15** (2): 222-225. [许荣满, 靳云麒. 1990. 青海瘤虻属一新种（双翅目：虻科）. 动物分类学报, **15** (2): 222-225.]

Xu R M, Li S S, Yang Z D. 1987. A new species of *Haematopota* from Shaanxi, China (Diptera: Tabanidae). *Acta Zootaxonomica Sinica*, **12** (2): 200-201. [许荣满, 李树森, 杨祖德. 1987. 陕西麻虻属一新种（双翅目：虻科）. 动物分类学报, **12** (2): 200-201.]

Xu R M, Li Z C. 1982. Two new species of *Hybomitra* from China (Diptera: Tabanidae). *Zoological Research*, **3** (增刊): 93-95. [许荣满, 李忠诚. 1982. 瘤

虻属二新种记述 (双翅目: 虻科). 动物学研究, **3** (Suppl.): 93-95.]

Xu R M, Liao G H. 1984. Descriptions of two new species of *Tabanus* from Guangxi, China (Diptera: Tabanidae). *Acta Zootaxonomica Sinica*, **9** (3): 290-292. [许荣满, 廖国厚. 1984. 广西虻属二新种记述 (双翅目:虻科). 动物分类学报, **9** (3): 290-292.]

Xu R M, Liao G H. 1985a. Three new species of *Tabanus* from Guangxi, China (Diptera: Tabanidae). *Acta Zootaxonomica Sinica*, **10** (2): 165-168. [许荣满, 廖国厚. 1985. 广西虻属三新种记述 (双翅目: 虻科). 动物分类学报, **10** (2): 165-168.]

Xu R M, Liao G H. 1985b. Two new species of *Haematopota* from Guangxi, China (Diptera: Tabanidae). *Acta Zootaxonomica Sinica*, **10** (3): 285-288. [许荣满, 廖国厚. 1985. 广西麻虻属二新种记述 (双翅目: 虻科). 动物分类学报, **10** (3): 285-288.]

Xu R M, Liu Z J. 1980. Two new species of *Tabanus* from Shanxi (Diptera: Tabanidae). *Zoological Research*, **1** (4): 479-482. [许荣满, 刘增加. 1980. 陕西原虻属二新种记述 (双翅目: 虻科). 动物学研究, **1** (4): 479-482.]

Xu R M, Liu Z J. 1982. Two new species of *Tabanus* from Gansu (Diptera: Tabanidae). *Zoological Research*, **3** (Suppl.): 97-100. [许荣满, 刘增加. 1982. 甘肃原虻属二新种记述 (双翅目: 虻科). 动物学研究, **3** (增刊): 97-100.]

Xu R M, Liu Z J. 1985. Four new species of *Hybomitra* from Gansu, China (Diptera: Tabanidae). *Acta Zootaxonomica Sinica*, **10** (2): 169-175. [许荣满, 刘增加. 1985. 甘肃瘤虻属四新种记述 (双翅目: 虻科). 动物分类学报, **10** (2): 169-175.]

Xu R M, Lu K, Wu Y Q. 1990. A new species of *Tabanus* from Shanghai, China (Diptera: Tabanidae). *Contributions to Blood-sucking Diptera Insects*, **2**: 93-95. [许荣满, 路逵, 吴元钦. 1990. 陕西省虻属一新种记述 (双翅目: 虻科). 吸血双翅目昆虫调查研究集刊 (第二集): 93-95.]

Xu R M, Ni T, Xu X D. 1984. Two new species of *Tabanus* from Hubei, China (Diptera: Tabanidae). *Acta Academiae Medicinae Wuhan*, **3**: 164-166+227. [许荣满, 倪涛, 许先典. 1984. 湖北虻属二新种记述 (双翅目: 虻科). 武汉医学院学报, **3**: 164-166+227.]

Xu R M, Song J C. 1983. Three new species of *Hybomitra* from China (Diptera: Tabanidae). *Sichuan Journal of Zoology*, **2** (4): 6-10, 48-49. [许荣满, 宋锦章. 1983. 我国瘤虻属三新种 (双翅目: 虻科). 四川动物, **2** (4): 6-10, 48-49.]

Xu R M, Sun Y. 2005. Three new species of Tabanidae from Yunnan, China (Diptera). *Acta Parasitologica et Medica Entomologica Sinica*, **12** (4): 225-230. [许荣满, 孙毅. 2005. 云南虻科三新种 (双翅目). 寄生虫与医学昆虫学报, **12** (4): 225-230.]

Xu R M, Sun Y. 2007a. Four new species of *Tabanus splendens* from China (Diptera: Tabanidae). *Acta Parasitologica et Medica Entomologica Sinica*, **14** (3): 174-181. [许荣满, 孙毅. 2007. 中国虻属华丽虻组四新种 (双翅目: 虻科). 寄生虫与医学昆虫学报, **14** (3): 174-181.]

Xu R M, Sun Y. 2007b. Two new species of *Tabanus oliviventris* group from China (Diptera: Tabanidae). *Acta Parasitologica et Medica Entomologica Sinica*, **14** (4): 244-248. [许荣满, 孙毅. 2007. 中国虻属青腹虻组二新种 (双翅目: 虻科). 寄生虫与医学昆虫学报, **14** (4): 244-248.]

Xu R M, Sun Y. 2008a. One new species and one new record of genus *Haematopota* from China (Diptera: Tabanidae). *Acta Parasitologica et Medica Entomologica Sinica*, **15** (3): 181-182. [许荣满, 孙毅. 2008. 中国麻虻属一新种及一新记录 (双翅目: 虻科). 寄生虫与医学昆虫学报, **15** (3): 181-182.]

Xu R M, Sun Y. 2008b. Two new species of *Tabanus biannularis* group from China (Diptera: Tabanidae). *Acta Parasitologica et Medica Entomologica Sinica*, **15** (4): 244-246. [许荣满, 孙毅. 2008. 虻属六带虻组二新种 (双翅目: 虻科) (英文). 寄生虫与医学昆虫学报, **15** (4): 244-246.]

Xu R M, Sun Y. 2008c. Two new species of *Tabanus aurisetosus* group from China (Diptera: Tabanidae). *Acta Parasitologica et Medica Entomologica Sinica*, **15** (2): 96-99. [许荣满, 孙毅. 2008. 中国虻属丽毛虻组二新种 (双翅目: 虻科). 寄生虫与医学昆虫学报, **15** (2): 96-99.]

Xu R M, Sun Y. 2013. *Fauna Sinica Insecta Vol. 59 Dipterea Tabanidae*. Beijing: Science Press: 1-870. [许荣满, 孙毅. 2013. 中国动物志昆虫纲 (第五十九卷 双翅目虻科). 北京: 科学出版社: 1-870.]

Xu R M, Wu F L. 1985. Two new species of *Tabanus* from Anhui, China (Diptera: Tabanidae). *Acta Zootaxonomica Sinica*, **10** (4): 409-412. [许荣满, 吴福林. 1985. 安徽虻属二新种记述 (双翅目: 虻科). 动物分类学报, **10** (4): 409-412.]

Xu R M, Xu B H, Sun Y. 2008. Four new species of genus *Tabanus* from China (Diptera: Tabanidae). *Acta Parasitologica et Medica Entomologica Sinica*, **15** (1): 51-54. [许荣满, 徐保海, 孙毅. 2008. 中国虻属四新种 (双翅目: 虻科). 寄生虫与医学昆虫学报, **15** (1): 51-54.]

Xu R M, Zhan D C, Sun Y. 2006. Two new species on genus *Tabanus* (Diptera: Tabanidae) of Hainan, China. *Acta Parasitologica et Medica Entomologica Sinica*, **13** (4): 236-238. [许荣满, 詹道成, 孙毅. 2006. 海南虻属二新种 (双翅目: 虻科). 寄生虫与医学昆虫学报, **13** (4): 236-238.]

Xu R M, Zhang G Q, Deng C Y, Zhang Y Z. 1990. Five new species of Tabanidae from Tibet, China (Diptera: Tabanidae). *Contributions to Blood-sucking Diptera Insects*, **2**: 79-85. [许荣满, 张国琪, 邓成玉, 张有植. 1990. 西藏虻科五新种 (双翅目: 虻科). 吸血双翅目昆虫调查研究集刊 (第二集): 79-85.]

Yang C K. 1979. A new genus and species of wormlion from China (Diptera: Rhagionidae). *Entomotaxonomia*, **1** (2): 83-89. [杨集昆. 1979. 甘泉潜穴虻新属新种记述 (双翅目: 穴虻亚科). 昆虫分类学报, **1** (2): 83-89.]

Yang C K. 1988. A primary note of Chinese *Vermitigris* and a new species of Guangxi (Diptera: Vermileonidae). *Entomotaxonomia*, **10** (3-4): 178-182. [杨集昆. 1988. 我国印穴虻属初报记一新种 (双翅目: 穴虻科). 昆虫分类学报, **10** (3-4): 178-182.]

Yang C K. 1995. Diptera: Bombyliidae. *In*: Zhu T A. *Insects and macrofungi of Gutianshan, Zheijiang*. Hangzhou: Zhejiang Science and Technology Publishing House: 230-234. [杨集昆. 1995. 双翅目: 蜂虻科//朱廷安. 浙江古田山昆虫和大型真菌. 杭州: 浙江科学技术出版社: 230-234.]

Yang C K, Chen H Y. 1986. A new species of the genus *Vermiophis* from the Wudang Mountains, China (Diptera: Vermileonidae). *Journal of Huazhong Agricultural University*, **5** (4): 321-325. [杨集昆, 陈红叶. 1986. 武当山潜穴虻属一新种 (双翅目: 穴虻科). 华中农业大学学报, **5** (4): 321-325.]

Yang C K, Chen H Y. 1987. Diptera: Vermileonidae. *In*: Zhang S M. *Agricultural insects, spiders, plant diseases and weeds of Xizang 2*. Lhasa: The Tibet People's Publishing House: 157-160. [杨集昆, 陈红叶. 1987. 双翅目: 穴虻科//章士美. 西藏农业病虫及杂草 II. 拉萨: 西藏人民出版社: 157-160.]

Yang C K, Chen H Y. 1993. Notes on Vermileonidae and four new species of *Vermiophis* (Diptera: Brachycera) from China. *Entomotaxonomia*, **15** (2): 127-136. [杨集昆, 陈红叶. 1993. 穴虻科潜穴虻属四新种记述 (双翅目: 短角亚目). 昆虫分类学报, **15** (2): 127-136.]

Yang C K, Chen G. 1993. Diptera: Stratiomyiidae. *In*: Huang F. *Insects of Wuling Mountains area, southwestern China*. Beijing: Science Press: 585-586.

Yang C K, Yang D. 1986. Fourteen new species of dance flies from Fujian and Guangxi (Diptera: Empididae). *Wuyi Science Journal*, **6**: 75-88.

Yang C K, Yang D. 1988c. Six new species of the genus *Hemerodromia* from China (Diptera: Empididae). *Acta Zootaxonomica Sinica*, **13** (3): 281-286.

Yang C K, Yang D. 1989a. Four new species of the genus *Hybos* from Sichuan (Diptera: Empididae). *Journal of Southwest Agricultural University*, **11** (2):

155-158.

Yang C K, Yang D. 1989b. Three new species of Rhagionidae from Zhejiang (Diptera: Brachycera). *Journal of Zhejiang Forestry College*, **6** (3): 290-292. [杨集昆, 杨定. 1989. 浙江省鹬虻科三新种（双翅目：短角亚目）. 浙江林学院学报, **6** (3): 290-292.]

Yang C K, Yang D. 1990a. A new species of *Chrysopilus* Macquart (Diptera: Rhagionidae) from Nei Mongol. *Entomotaxonomia*, **12** (3-4): 289-290. [杨集昆, 杨定. 1990. 内蒙古金鹬虻属一新种（双翅目：鹬虻科）. 昆虫分类学报, **12** (3-4): 289-290.]

Yang C K, Yang D. 1990b. Five new species of *Chrysopilus* from Yunnan (Diptera: Rhagionidae). *Zoological Research*, **11** (4): 279-283. [杨集昆, 杨定 1990. 云南的金鹬虻属五新种（双翅目：鹬虻科）. 动物学研究, **11** (4): 279-283.]

Yang C K, Yang D. 1991a. Five new species of Rhagionidae from Hubei (Diptera). *Journal of Hubei University* (*Natural Sciences*), **13** (3): 273-276. [杨集昆, 杨定. 1991. 湖北省鹬虻科五新种（双翅目：鹬虻科）. 湖北大学学报（自然科学版）, **13** (3): 273-276.]

Yang C K, Yang D. 1991b. Five new species of the genus *Hemerodromia* from China (Diptera: Empididae). *Acta Entomologica Sinica*, **34** (2): 234-237.

Yang C K, Yang D. 1991c. New species of *Hybos* Meigen from Hubei (Diptera: Empididae). *Journal of Hubei University* (*Natural Science*), **13** (1): 1-8.

Yang C K, Yang D. 1992a. A study on Chinese *Geron* Meigen (Diptera: Bombyliidae). *Entomotaxonomia*, **14**: 206-208. [杨集昆, 杨定. 1992. 中国驼蜂虻属研究（双翅目：蜂虻科）. 昆虫分类学报, **14**: 206-208.]

Yang C K, Yang D. 1992b. Five new species of *Chrysopilus* from Guangxi (Diptera: Rhagionidae). *Acta Entomologica Sinica*, **35** (3): 353-357. [杨集昆, 杨定. 1992. 广西金鹬虻属五新种（双翅目：鹬虻科）. 昆虫学报, **35** (3): 353-357.]

Yang C K, Yang D. 1992c. Three new species of Empididae from Guangxi-Diptera: Brachycera. *Journal of the Guangxi Academy of Sciences*, **8** (1): 44-48.

Yang C K, Yang D. 1993a. A new species of Rhagionidae (Diptera: Brachycera) from Maolan, Guizhou. *Entomotaxonomia*, **15** (4): 280-282. [杨集昆, 杨定. 1993a. 贵州茂兰鹬虻科一新种（双翅目：短角亚目）. 昆虫分类学报, **15** (4): 280-282.]

Yang C K, Yang D. 1993b. Eight new species of snipe flies from Guangxi (Diptera: Rhagionidae). *Journal of the Guangxi Academy of Sciences*, **9** (1): 46-52. [杨集昆, 杨定. 1993b. 广西的鹬虻八新种记述（双翅目：鹬虻科）. 广西科学院学报, **9** (1): 46-52.]

Yang C K, Yang D. 1993c. Three new species of Rhagionidae from east China (Diptera: Brachycera). *Entomological Journal of East China*, **2** (1): 1-4. [杨集昆, 杨定. 1993c. 华东地区的鹬虻科三新种（双翅目：短角亚目）. 华东昆虫学报, **2** (1): 1-4.]Yang D. 1994. *A systematics study of the lower Brachycera from China* (*Insecta: Diptera*). Kagoshima: Ph. D. thesis of Kagoshima Univeristy: 1-221.

Yang D. 1995a. A revision of the Chinese *Mesorhaga* (Diptera: Dolichopodidae). *Bulletin de l'Institut Royal des Sciences Naturelles de Belgique Entomologie*, **65**: 175-177.

Yang D. 1995b. Notes on the genus *Plagiozopelma* from China (Diptera, Dolichopodidae). *Entomological Problems*, **26** (2): 117-120.

Yang D. 1995c. The Chinese *Odontomyia* (Diptera: Stratiomyidae). *Entomotaxonomia*, **17** (Suppl.): 58-72.

Yang D. 1995d. Three new species of the subfamily Sciapodinae from China (Diptera, Dolichopodidae). *Bulletin de l'Institut Royal des Sciences Naturelles de Belgique Entomologie*, **65**: 179-181.

Yang D. 1995e. Two new species of *Chrysosoma* (Diptera, Dolichopodidae) from China. *Studia Dipterologica*, **2** (1): 61-64.

Yang D. 1996a. New species of Dolichopodinae from China (Diptera, Dolichopodidae). *Entomofauna*, **17** (18): 317-324.

Yang D. 1996b. New species of *Hercostomus* and *Ludovicius* from North China (Diptera: Dolichopodidae). *Deutsche Entomologische Zeitschrift*, **43** (2): 235-244.

Yang D. 1996c. New species of the genus *Hercostomus* Loew from Xizang (Diptera: Dolichopodidae). *Annales de la Société Entomologique de France*, **32** (4): 411-417.

Yang D. 1996d. Six new species of Dolichopodinae from China (Diptera, Dolichopodidae). *Bulletin de l'Institut Royal de s Sciences Naturelles de Belgique Entomologie*, **66**: 85-89.

Yang D. 1996e. The genus *Dolichopus* from Southwest China (Diptera, Dolichopodidae). *Bulletin de l'Institut Royal des Sciences Naturelles de Belgique Entomologie*, **66**: 79-83.

Yang D. 1997a. Eight new species of *Hercostomus* from China (Diptera, Dolichopodidae). *Studia Dipterologica*, **4** (1): 115-124.

Yang D. 1997b. Five new species of Dolichopodidae (Diptera) from Longwang Mountian, Zhejiang, Southeastern China. *Deutsche Entomologische Zeitschrift*, **44** (2): 147-153.

Yang D. 1997c. New species of *Amblypsilopus* and *Hercostomus* from China (Diptera, Dolichopodidae). *Bulletin de l'Institut Royal des Sciences Naturelles de Belgique Entomologie*, **67**: 131-140.

Yang D. 1998a. Diptera: Empididae, Dolichopodidae, Bombyliidae. 344-345. *In*: Shen X, Shi Z. *The Fauna and Taxonomy of Insects in Henan*, 2. Beijing: China Agricultural Scientech Press: 1-368.

Yang D. 1998b. New and little-known species of Dolichopodidae from China (I). *Bulletin de l'Institut Royal des Sciences Naturelles de Belgique Entomologie*, **68**: 151-164.

Yang D. 1998c. New and little-known species of Dolichopodidae from China (II). *Bulletin de l'Institut Royal des Sciences Naturelles de Belgique Entomologie*, **68**: 165-176.

Yang D. 1998d. New and little-known species of Dolichopodidae from China (III). *Bulletin de l'Institut Royal des Sciences Naturelles de Belgique Entomologie*, **68**: 177-183.

Yang D. 1998e. New species of Dolichopodidae from South China (Diptera, Dolichopodidae). *Entomofauna*, **19** (13): 233-240.

Yang D. 1998f. New species of Sciapodinae from China (Diptera, Dolichopodidae). *Studia Dipterologica*, **5** (1): 73-80.

Yang D. 1998g. Six new species of Dolichopodidae from China (Diptera). *Acta Entomologica Sinica*, **41** (Suppl.): 180-185.

Yang D. 1999a. New and little known species of Dolichopodidae from China (IV). *Bulletin de l'Institut Royal des Sciences Naturelles de Belgique Entomologique*, **69**: 197-214.

Yang D. 1999b. One new species of *Dialineura* from Henan (Diptera: Therevidae). *Fauna and Taxonomy of Insects in Henan*, **4**: 186-188.

Yang D. 1999c. Two new species of Dolichopodidae (Diptera) from North China. *Biologia*, **54** (2): 165-167.

Yang D. 2001. Diptera: Dolichopodidae. *In*: Wu H, Pan C W. *Insects of Tianmushan National Nature Reserve*. Beijing: Science Press: 428-441. [杨定. 2001. 双翅目：长足虻科//吴鸿, 潘承文. 天目山昆虫. 北京：科学出版社: 428-441.]

Yang D. 2002. Diptera: Therevidae, Dolichopodidae. *In*: Huang F S. *Forest Insects of Hainan*. Beijing: Science Press: 741-749. [杨定. 2002. 双翅目：剑虻科 长足虻科//黄复生. 海南森林昆虫. 北京：科学出版社: 741-749.]

Yang D. 2004a. Diptera: Rhagionidae. *In*: Yang X K. *Insects from Mt. Shiwandashan area of Guangxi*. Beijing: China Forestry Publishing House: 531-532. [杨定. 2004. 双翅目：鹬虻科//杨星科. 2002. 广西十万大山地区昆虫. 北京：中国林业出版社: 531-532.]

Yang D. 2004b. Diptera: Dolichopodidae. *In*: Yang X K. *Insects from Mt. Shiwandashan area of Guangxi*. Beijing: China Forestry Publishing House: 536-537. [杨定. 2004. 双翅目：长足虻科//杨星科. 2002. 广西十万大山地区昆虫. 北京：中国林业出版社: 536-537.]

Yang D. 2004c. One new species of *Syndyas* with key to species from China (Diptera: Empidoidea). *Transactions of the American Entomological Society*, **130** (1): 91-94.

Yang D. 2007. Species of *Syneches* from Guangxi, China (Diptera: Hybotidae). *Entomological News*, **118** (1): 83-86.

Yang D. 2008a. A new species of *Dolichocephala* from Hainan Island, with a key to the Chinese species (Diptera: Empididae). *Aquatic Insects*, **30** (4): 281-284.

Yang D. 2008b. Two new yellow-legged species of *Hybos* from Hainan, China (Diptera: Hybotidae). *Revue Suisse de Zoologie*, **115** (4): 617-622.

Yang D, An S W. 2006. Diptera: Rhagionidae. *In*: Li Z Z, Jin D C. *Insects from Fanjingshan landscape*. Guiyang: Guizhou Science and Technology Publishing House: 463-464. [杨定, 安淑文. 2006. 双翅目：鹬虻科//李子忠, 金道超. 梵净山景观昆虫. 贵阳：贵州科技出版社: 463-464.]

Yang D, An S W, Gao C X. 2002. New species of Empididae from Henan (Diptera). 30-38. *In*: Shen X, Shi Z. 2002. *The Fauna and Taxonomy of Insects in Henan*, 5. Beijing: China Agricultural Scientech Press: 1-453.

Yang D, An S W, Zhu F. 2005. Diptera: Empididae. *In*: Yang X. *Insect fauna of middle-west Qinling range and south mountains of Gansu province*. Beijing: Science Press: 734-737.

Yang D, Chen G. 1993. Diptera: Stratiomyiidae. *In*: Huang F S. *Insects of Wuling Mountains area, southwestern China*. Beijing: Science Press: 585-586. [杨定, 陈刚. 1993. 双翅目：水虻科//黄复生. 西南武陵山地区昆虫. 北京：科学出版社: 585-586.]

Yang D, Gaimari S D. 2004. Discovery of *Systenus* in the Oriental Region, with description of one new species (Diptera: Dolichopodidae). *Pan-Pacific Entomologist*, 2003 **79** (3/4): 176-178.

Yang D, Gaimari S D. 2005a. Notes on the species of the genus *Ocydromia* Meigen from China (Diptera: Empididae). *Pan-Pacific Entomologist*, 2004 **80** (1-4): 62-66.

Yang D, Gaimari S D. 2005b. Review of the species of *Elaphropeza* Macquart (Diptera: Empidoidea: Tachydromiinae) from Chinese mainland. *Proceedings of the Entomological Society of Washington*, **107** (1): 49-54.

Yang D, Gaimari S D, Grootaert P. 2004a. A new genus and species of Tachydromiinae (Diptera: Empididae) from the Oriental realm. *Transactions of the American Entomological Society*, **130** (4): 487-492.

Yang D, Gaimari S D, Grootaert P. 2004b. Review of the species of *Drapetis* Meigen from China (Diptera: Empidoidea: Tachydromiinae). *Journal of the New York Entomological Society*, **112** (2-3): 106-110.

Yang D, Gaimari S D, Grootaert P. 2004c. Review the species of the genus *Crossopalpus* from China (Diptera: Empididae). *Transactions of the American Entomological Society*, **130** (2-3): 169-175.

Yang D, Gaimari S D, Grootaert P. 2005. New species of *Hybos* Meigen from Guangdong Province, South China (Diptera: Empididae). *Zootaxa*, **912**: 1-7.

Yang D, Gao C X, An S W. 2002. One new species of Xylomyidae from Henan (Diptera: Brachycera). *In*: Shen X C, Zhao Y. *Insects of the mountains of Taihang and Tongbai regions. The fauna and taxonomy of insects in Henan*. Volum 5. Beijing: China Agricultural Science and Technology Press: 25-26. [杨定, 高彩霞, 安淑文. 2002. 河南木虻科一新种（双翅目：木虻科）//申效诚, 赵永谦. 河南昆虫区系分类研究第五卷：太行山及桐柏山区昆虫. 北京：中国农业科学技术出版社: 25-26.]

Yang D, Gao C X, An S W. 2005. Diptera: Xylomyidae. *In*: Yang X K. *Insect fauna of middle-west Qinling Range and south mountains of Gansu province*. Beijing: Science Press: 731-733. [杨定, 高彩霞, 安淑文. 2005. 双翅目：木虻科//杨星科. 秦岭西段及甘南地区昆虫. 北京：科学出版社: 731-733.]

Yang D, Grootaert P. 1999a. Dolichopodidae (Diptera: Empidoidea) from Xishuangbanna (China, Yunnan Province): the Dolichopodinae and the genus *Chaetogonopteron* (1). *Bulletin de l'Institut Royal des Sciences Naturelles de Belgique Entomologique*, **69**: 251-277.

Yang D, Grootaert P. 1999b. New and little known Dolichopodidae from China (V). *Bulletin de l'Institut Royal des Sciences Naturelles de Belgique Entomologique*, **69**: 215-232.

Yang D, Grootaert P. 2004a. A new species of *Chillcottomya* from China (Diptera: Empididae). *Transactions of the American Entomological Society*, **130** (2-3): 165-168.

Yang D, Grootaert P. 2004b. Revision of the species of *Syneches* from Guangdong (Diptera: Empidoidea: Hybotinae). *Raffles Bulletin of Zoology*, **52** (2): 347-350.

Yang D, Grootaert P. 2005. Two new species of *Hybos* from Guangdong (Diptera: Empidoidea: Hybotinae). *Annales Zoologici*, **55** (3): 409-411.

Yang D, Grootaert P. 2006a. A new species of *Chillcottomyia* from Guizhou, with a key to species from China (Diptera: Empidoidea: Hybotinae). *Annalis Zoologici*, **56** (2): 311-313.

Yang D, Grootaert P. 2006b. A new species of *Oedalea* Meigen from China, with a key to Asian species (Diptera, Hybotidae). *Deutsche Entomologische Zeitschrift*, **53** (2): 245-248.

Yang D, Grootaert P. 2006c. Addition to the fauna of *Drapetis* from China (Diptera: Empidoidea; Tachydromiinae). *Proceedings of the Entomological Society of Washington*, **108** (3): 677-683.

Yang D, Grootaert P. 2006d. Notes on *Tachydromia* from China (Diptera: Hybotidae). *Transactions of the American Entomological Society*, **132** (1+2): 133-135.

Yang D, Grootaert P. 2006e. Two new species of *Elaphropeza* (Diptera: Hybotidae) from China. *Entomological News*, **117** (2): 219-222.

Yang D, Grootaert P. 2006f. Two new species of *Hybos* (Diptera, Empidoidea, Hybotidae) from China. *Biologia*, **61** (2): 161-163.

Yang D, Grootaert P. 2007a. Species of *Euhybus* from the Oriental realm (Diptera: Empidoidea; Hybotinae). *Transactions of the American Entomological Society*, **133** (3-4): 341-345.

Yang D, Grootaert P. 2007b. Species of *Syneches* from Guangdong, China (Diptera, Empidoidea, Hybotidae). *Deutsche Entomologische Zeitschrift*, **54** (1): 137-141.

Yang D, Grootaert P, Horvat B. 2004a. A new species of *Chelipoda*, with a key to the species from China (Diptera: Empididae). *Aquatic Insects*, **26** (1): 69-74.

Yang D, Grootaert P, Horvat B. 2004b. A new species of *Dolichocephala*, with a key to the species from China (Insect: Diptera, Empididae). *Aquatic Insects*, **26** (3/4): 215-219.

Yang D, Grootaert P, Horvat B. 2005a. A new species of *Chelifera* from China, with a key to species from China (Diptera: Empididae). *Aquatic Insects*, **27** (3): 231-234.

Yang D, Grootaert P, Horvat B. 2005b. A new species of *Clinocera* Meigen (Diptera: Empididae) from China. *Zootaxa*, **908**: 1-4.

Yang D, Grootaert P, Horvat B. 2005c. Two new species of *Trichopeza* Rondani (Diptera: Empididae) from South China, with a key to world species. *Raffles Bulletin of Zoology*, **53** (1): 69-72.

Yang D, Grootaert P, Song H Y. 2002. New and little known species of Dolichopodidae from China (XII). *Bulletin de l'Institut Royal des Sciences Naturelles de Belgique Entomologie*, **72**: 213-220.

Yang D, Horvat B. 2006a. A new species of *Trichopeza* from Taiwan (Diptera: Empididae). *Transactions of the American Entomological Society*, **132** (1+2): 141-144.

Yang D, Horvat B. 2006b. New species of *Hybos* from Taiwan (Diptera: Hybotidae). *Transactions of the American Entomological Society*, **132** (1+2): 137-140.

Yang D, Li W H. 2005. New species of *Platypalpus* from Hebei (Diptera: Empididae). *Zootaxa*, **1054**: 43-50.

Yang D, Li W H. 2011a. New *Platypalpus* Macquart from Hubei, China (Diptera, Empidoidea, Hybotidae, Tachydromiinae). *Revue Suisse de Zoologie*, **118** (1): 39-44.

Yang D, Li W H. 2011b. Two new species of *Hybos* Meigen from Oriental China (Diptera, Empidoidea, Hybotidae). *Revue Suisse de Zoologie*, **118** (1): 93-98.

Yang D, Li Y S. 2001. Diptera: Empididae. *In*: Wu H, Pan C. *Insects of Tianmushan National Nature Reserve*. Beijing: Science Press: 424-428.

Yang D, Li Z. 1998. Diptera: Dolichopodidae. *In*: Wu H. *Insects of Longwangshan*. Beijing: China Forestry Publishing House: 318-323. [杨定, 李竹. 1998. 双翅目: 长足虻科//吴鸿. 龙王山昆虫. 北京: 中国林业出版社: 318-323.]

Yang D, Merz B. 2004. New species of *Hybos* from Guangxi, China (Diptera, Empidoidea, Hybotidae). *Revue Suisse de Zoologie*, **111** (4): 877-887.

Yang D, Merz B. 2005. Revision of the species of *Platypalpus* from Guangxi, China (Diptera, Hybotidae, Tachydromiinae). *Revue Suisse de Zoologie*, **112** (4): 849-857.

Yang D, Merz B, Grootaert P. 2006a. Descriptions of three new *Platypalpus* Macquart from Guangdong, China (Diptera, Hybotidae, Tachydromiinae). *Revue Suisse de Zoologie*, **113** (2): 229-238.

Yang D, Merz B, Grootaert P. 2006b. New yellow-legged *Hybos* from Nanling, Guangdong, China (Diptera, Empidoidea, Hybotidae). *Revue Suisse de Zoologie*, **113** (4): 797-806.

Yang D, Merz B, Grootaert P. 2006c. Revision of *Elaphropeza* Macquart from Guangdong, China (Diptera, Hybotidae, Tachydromiinae). *Revue Suisse de Zoologie*, **113** (3): 569-578.

Yang D, Nagatomi A. 1992a. A study of the Chinese Beridinae (Diptera: Stratiomyidea). *South Pacific Study*, **12** (2): 129-178.

Yang D, Nagatomi A. 1992b. A study on the Chinese *Rhagina* (Dipt., Rhagionidae). *Entomologist's Monthly Magazine*, **128** (1532-1535): 87-91.

Yang D, Nagatomi A. 1992c. The Chinese *Clitellaria* (Diptera: Stratiomyidae). *South Pacific Study*, **13** (1): 1-35.

Yang D, Nagatomi A. 1993a. The Chinese *Oxycera* (Diptera: Stratiomyidae). *South Pacific Study*, **13** (2): 131-160.

Yang D, Nagatomi A. 1993b. The Xylomyidae of China (Diptera). *South Pacific Study*, **14** (1): 1-84.

Yang D, Nagatomi A. 1994. The Coenomyiidae of China (Diptera). *The Memoirs of the Faculty of Agriculture, Kagoshima University*, **30**: 65-96.

Yang D, Saigusa T. 1999a. Diptera: Dolichopodidae. *In*: Shen X C, Pei H C. *Insects of the Mountains Funiu and Dabie regions*. Beijing: China Agricultural Science and Technology Press: 380-387. [杨定, 三枝丰平. 1999. 双翅目: 长足虻科//申效诚, 裴海潮. 伏牛山南坡及大别山区昆虫. 北京: 中国农业科学技术出版社: 380-387.]

Yang D, Saigusa T. 1999b. New species of Dolichopodidae from Henan (Diptera: Empidoidea). *In*: Shen X C, Pei H C. *Insects of the Mountains Funiu and Dabie regions*. Beijing: China Agricultural Scientech Press: 189-210.

Yang D, Saigusa T. 2000. New and little known species of Dolichopodidae from China (VII): Diptera from Emei Mountain (2). *Bulletin de l'Institut Royal des Sciences Naturelles de Belgique Entomologie*, **70**: 219-242.

Yang D, Saigusa T. 2001a. A review of the Chinese species of the genus *Ludovicius* (Empidoidea, Dolichopodidae). *Deutsche Entomologische Zeitschrift*, **48** (1): 83-92.

Yang D, Saigusa T. 2001b. New and little known species of Dolichopodidae from China (VIII). *Bulletin de l'Institut Royal des Sciences Naturelles de Belgique Entomologie*, **71**: 155-164.

Yang D, Saigusa T. 2001c. New and little known species of Dolichopodidae (Diptera) from China (IX). *Bulletin de l'Institut Royal des Sciences Naturelles de Belgique Entomologie*, **71**: 165-188.

Yang D, Saigusa T. 2001d. New and little known species of Dolichopodidae from China (X): The species of *Hercostomus* from Yunnan. *Bulletin de l'Institut Royal des Sciences Naturelles de Belgique Entomologie*, **71**: 189-236.

Yang D, Saigusa T. 2001e. New and little known species of Dolichopodidae (Diptera) from China (XI). *Bulletin de l'Institut Royal des Sciences Naturelles de Belgique Entomologie*, **71**: 237-256.

Yang D, Saigusa T. 2001f. New species of Sympycninae and Diaphorinae from Yunnan, Southwest China (Empidoidea: Dolichopodidae). *Studia Dipterologica*, **8** (2): 505-520.

Yang D, Saigusa T. 2001g. The species of *Neurigonella* from China (Diptera: Empidoidea: Dolichopodidae). *Annales de la Sociéte Entomologique de Frances (N. S.)*, **37** (3): 375-392.

Yang D, Saigusa T. 2002a. A revision of the genus *Argyra* from China (Diptera: Empidoidea: Dolichopodidae). *European Journal of Entomology*, **99** (1): 85-90.

Yang D, Saigusa T. 2002b. The species of *Hercostomus* from the Qinling Mountains of Shaanxi, China (Diptera, Empidoidea, Dolichopodidae). *Deutsche Entomologische Zeitschrift*, **49** (1): 61-88.

Yang D, Saigusa T. 2005. Diptera: Dolichopodidae. *In*: Yang X K. *Insects Fauna of Middle-west Qinling Range and South Mountains of Gansu Province*. Beijing: Science Press: 740-765. [杨定, 三枝丰平. 2005. 双翅目: 长足虻科//杨星科. 秦岭西段及甘南地区昆虫. 北京: 科学出版社: 740-765.]

Yang D, Saigusa T, Masunaga K. 2001. Two new genera and four new species of Dolichopodinae from China and Nepal (Diptera: Empidoidea: Dolichopodidae). *Entomological Science*, **4** (2): 175-184.

Yang D, Saigusa T, Masunaga K. 2002. A review of the genus *Hercostomus* from Nepal (Diptera: Empidoidea: Dolichopodidae). *Bulletin de l'Institut Royal des Sciences Naturelles de Belgique Entomologie*, **72**: 221-243.

Yang D, Saigusa T, Masunaga K. 2003. A review of the genus *Neurigonella* Robinson, 1964 from Nepal (Diptera: Empidoidae: Dolichopodidae). *Annales Zoologici*, **53** (4): 663-665.

Yang D, Saigusa T, Masunaga K. 2004a. A new species of *Nepalomyia* from Indonesia (Diptera: Dolichopodidae). *Entomological News*, 2003, **114** (5): 275-277.

Yang D, Saigusa T, Masunaga K. 2004b. Notes on *Dolichopus*, *Allohercostomus*, and *Phalacrosoma* from Nepal (Diptera: Dolichopodidae). *Entomological News*, 2003, **114** (5): 271-274.

Yang D, Saigusa T, Masunaga K. 2008a. One new genus and species of Dolichopodidae from Oriental Region (Diptera: Empidoidea). *In*: Shen X C, Zhang R Z, Ren Y D. *Classification and distribution of insects in China*. Beijing: China Agricultural Science and Technology Press: 20-22. [杨定, Saigusa T, Masunaga K. 2008. 东洋区长足虻科一新属一新种（双翅目：舞虻总科）//申效诚, 张润志, 任应党. 昆虫分类与分布. 北京：中国农业科学技术出版社: 20-22.]

Yang D, Saigusa T, Masunaga K. 2008b. Species of *Chrysotimus* Loew from Nepal (Diptera: Empidoidea, Dolichopodidae). *Zootaxa*, **1917**: 29-37.

Yang D, Wang M Q, Zhu Y J, Zhang L L. 2010. *Diptera: Empidoidea. Insect Fauna of Henan*. Beijing: Science Press: 1-418. [杨定, 王孟卿, 朱雅君, 张莉莉. 2010. 河南昆虫志. 双翅目：舞虻总科. 北京：科学出版社: 1-418.]

Yang D, Wang X D. 1998a. Diptera: Empididae. 311-317. *In*: Wu H. *Insects of Longwangshan*. Beijing: China Forestry Publishing House: 1-404.

Yang D, Wang X D. 1998b. Three new species of Empididae from Henan (Diptera). *In*: Shen X, Shi Z. *The Fauna and Taxonomy of Insects in Henan*, 2. Beijing: China Agricultural Scientech Press: 86-89.

Yang D, Yang C K. 1987. Diptera: Empididae. *In*: Zhang S. *Agricultural insects, spiders, plant diseases and weeds of Xizang*, 2. Lhasa: Xizang People Publishing House: 161-175.

Yang D, Yang C K. 1988a. New species of *Hybos* Meigen from China (Diptera: Empididae). *Acta Agriculturae Universitatis Pekinensis*, **14** (3): 282-287.

Yang D, Yang C K. 1988b. Three new species of dance flies in Fanjing Mountain (Diptera: Empididae). *In*: Biological Institute, Guizhou Academy of Sciences. *Insects of Fanjing Mountain*. Guiyang: 136-140.

Yang D, Yang C K. 1989a. Five new species of *Chrysopilus* from Shaanxi (Diptera: Rhagionidae). *Entomotaxonomia*, **11** (3): 243-247. [杨定, 杨集昆. 1989. 陕西的金鹬虻属五新种（双翅目：鹬虻科）. 昆虫分类学报, **11** (3): 243-247.]

Yang D, Yang C K. 1989b. Four new species of dance flies from Guizhou Province (Diptera: Empididae). *Guizhou Science*, **7** (1): 36-40.

Yang D, Yang C K. 1989c. The dance flies of Xizang (II) (Diptera: Empididae). *Acta Agriculturae Universitatis Pekinensis*, **15** (4): 415-424.

Yang D, Yang C K. 1990a. Eleven new species of the subfamily Tachydrominae from Yunnan (Diptera: Empididae). *Zoological Research*, **11** (1): 63-72.

Yang D, Yang C K. 1990b. Eight new species of the genus *Chelipoda* from China (Diptera: Empididae). *Acta Zootaxonomica Sinica*, **15** (4): 483-488.

Yang D, Yang C K. 1991a. Four new species of *Chrysopilus* from China (Diptera: Rhagionidae). *Acta Agriculturae Universitatis Pekinensis*, **17** (3): 92-96. [杨定, 杨集昆. 1991. 中国的金鹬虻属四新种（双翅目：鹬虻科）. 北京农业大学学报, **17** (3): 92-96.]

Yang D, Yang C K. 1991b. New and little-known species of *Systropus* from Guizhou Province (Diptera: Bombyliidae). *Guizhou Science*, **9**: 81-83. [杨定, 杨集昆. 1991. 贵州姬蜂虻新种及新纪录（双翅目：蜂虻科）. 贵州科学, **9**: 81-83.]

Yang D, Yang C K. 1993a. Diptera: Empididae. *In*: Chen S. *Insects of the Hengduan Mountains Region*, 2. Beijing: Science Press: 1089-1097.

Yang D, Yang C K. 1993b. Diptera: Rhagionidae. *In*: Huang F S. *Insects of Wuling Mountains Area, Southwestern China*. Beijing: Science Press: 587-588. [杨定, 杨集昆. 1993. 双翅目：鹬虻科//黄复生. 西南武陵山地区昆虫. 北京：科学出版社: 587-588.]

Yang D, Yang C K. 1994a. The dance flies of Maolan (Diptera: Empididae). *Guizhou Science*, **12** (1): 1-2.

Yang D, Yang C K. 1994b. Three new species of Maoer Mountain in Guangxi (Diptera: Empididae). *Guangxi Sciences*, **1** (4): 26-28.

Yang D, Yang C K. 1994c. Two new species of Rhagionidae from Maoer Mountain in Guangxi (Diptera: Rhagionidae). *Guangxi Sciences*, **1** (3): 32-34. [杨定, 杨集昆. 1994. 广西猫尔山鹬虻属二新种（双翅目：鹬虻科）. 广西科学, **1** (3): 32-34.]

Yang C K, Yang D. 1994d. Two new species of Usiinae (Diptera: Bombyliidae) from China. *Entomotaxonomia*, **16**: 272-274. [杨集昆, 杨定 1992. 中国乌蜂虻亚科二新种记述（双翅目：蜂虻科）. 昆虫分类学报, **16**: 272-274.]

Yang D, Yang C K. 1995a. Diptera: Bombyliidae. *In*: Wu H. *Insects of Baishanzu Mountain, eastern China*. Beijing: China Forestry Publishing House: 496-498. [杨定, 杨集昆. 1995. 双翅目：蜂虻科//吴鸿. 华东百山祖昆虫. 北京：中国林业出版社: 496-498.]

Yang D, Yang C K. 1995b. Diptera: Coenomyiidae. *In*: Wu H. *Insects of Baishanzu Mountain, Eastern China*. Beijing: China Forestry Publishing House: 488-489. [杨定, 杨集昆. 1995. 双翅目：臭虻科//吴鸿. 华东百山祖昆虫. 北京：中国林业出版社: 488-489.]

Yang D, Yang C K. 1995c. Diptera: Empididae. *In*: Wu H. *Insects of Baishanzu Mountain, Eastern China*. Beijing: China Forestry Publishing House: 499-509. [杨定, 杨集昆. 1995. 双翅目：舞虻科//吴鸿. 华东百山祖昆虫. 北京：中国林业出版社: 499-509.]

Yang D, Yang C K. 1995d. Diptera: Empididae. *In*: Zhu T. *Insects and Macrofungi of Gutianshan, Zhejiang*. Hangzhou: Zhejiang Scientech Press: 235-240.

Yang D, Yang C K. 1995e. Diptera: Stratiomyidae. *In*: Wu H. *Insects of Baishanzu Mountain, Eastern China*. Beijing: China Forestry Publishing House: 490-492. [杨定, 杨集昆. 1995. 双翅目：水虻科//吴鸿. 华东百山祖昆虫. 北京：中国林业出版社: 490-492.]

Yang D, Yang C K. 1995f. Notes on genus *Hybos* from Guangxi (Diptera, Empididae). *Studia Dipterologica*, **2** (2): 214-217.

Yang D, Yang C K. 1997a. Diptera: Bombyliidae: Systropodinae. *In*: Yang X K. *Insects of the Three Gorge Reservoir Area of Yangtze River*. Chongqing: Chongqing Publishing House: 1466-1468. [杨定, 杨集昆. 1997. 双翅目：蜂虻科：姬蜂虻亚科//杨星科. 长江三峡库区昆虫（上册）. 重庆：重庆出版社: 1466-1468.]

Yang D, Yang C K. 1997b. Diptera: Coenomyiidae. *In*: Yang X K. *Insects of the Three Gogre Reservoir Area of Yangtze River*. Chongqing: Chongqing Publishing House: 1456-1457. [杨定, 杨集昆. 1997. 双翅目：臭虻科//杨星科. 长江三峡库区昆虫. 重庆：重庆出版社: 1456-1457.]

Yang D, Yang C K. 1997c. Diptera: Empididae. *In*: Yang X. *Insects of the Three Gogre Reservoir Area of Yangtze River*. Chongqing: Chongqing Publishing House: 1469-1476. [杨定, 杨集昆. 1997. 双翅目：舞虻科//杨星科. 长江三峡库区昆虫. 重庆：重庆出版社: 1469-1476.]

Yang D, Yang C K. 1997d. Diptera: Rhagionidae. *In*: Yang X K. *Insects of the Three Gorge Reservoir area of Yangtze river*. Chongqing: Chongqing Publishing House: 1452-1455. [杨定, 杨集昆. 1997. 双翅目: 鹬虻科//杨星科. 三峡库区昆虫. 重庆: 重庆出版社: 1452-1455.]

Yang D, Yang C K. 1998a. One new species of *Systropus* from Henan (Diptera: Bombyliidae). *In*: Shen X C, Shi Z Y. *The fauna and taxonomy of insects in Henan. Vol. 2. Insects of the Funiu Mountains Region* (*1*). Beijing: China Agricultural Science and Technology Press: 90-91. [杨定, 杨集昆. 1998. 河南省姬蜂虻属一新种//申效城, 时振亚. 河南昆虫区系分类研究. 第二卷. 伏牛山区昆虫 (一). 北京: 中国农业科学技术出版社: 90-91.]

Yang D, Yang C K. 1998b. The species of the genus *Systropus* from Guizhou. *Guizhou Science*, **16**: 36-39. [杨定, 杨集昆. 1998. 贵州姬蜂虻研究 (双翅目: 蜂虻科). 贵州科学, **16**: 36-39.]

Yang D, Yang C K. 2002. Diptera: Rachiceridae. *In*: Huang F S. *Forestry Insects of Hainan*. Beijing: Science Press: 725-726. [杨定, 杨集昆. 2002. 双翅目: 肋角虻科//黄复生. 海南森林昆虫. 北京: 科学出版社: 725-726.]

Yang D, Yang C K. 2003a. Diptera: Rhagionidae. *In*: Huang B K. *Fauna of insects in Fujian province of China*. 8. Fuzhou: Fujian Science and Technology Press: 227-228. [杨定, 杨集昆. 2003. 双翅目: 鹬虻科//黄邦凯. 福建昆虫志 8. 福州: 福建科学技术出版社: 227-228.]

Yang D, Yang C K. 2003b. Diptera: Athericidae. *In*: Huang B K. *Fauna of insects in Fujian province of China*. 8. Fuzhou: Fujian Science and Technology Press: 228-229. [杨定, 杨集昆. 2003b. 双翅目: 伪鹬虻科//黄邦凯. 福建昆虫志 8. 福州: 福建科学技术出版社: 228-229.]

Yang D, Yang C K. 2003c. Diptera: Empididae. *In*: Huang B K. *Fauna of Insects in Fujian Province of China*. 8. Fuzhou: Fujian Science and Technology Press: 258-265. [杨定, 杨集昆. 2003. 双翅目: 舞虻科//黄邦凯. 福建昆虫志 8. 福州: 福建科学技术出版社: 258-265.]

Yang D, Yang C K. 2003d. Diptera: Nemestrinidae. *In*: Huang B K. *Fauna of insects in Fujian province of China* 8. Fuzhou: Fujian Science and Technology Press: 273-275. [杨定, 杨集昆. 2003. 双翅目: 网翅虻科//黄邦凯. 福建昆虫志 8. 福州: 福建科学技术出版社: 273-275.]

Yang D, Yang C K. 2004. *Diptera, Empididae, Hemerodromiinae, Hybotinae. Fauna Sinica Insecta, Volume 34*. Beijing: Science Press: 1-329. [杨定, 杨集昆. 2004. 中国动物志昆虫纲 第 34 卷. 双翅目 舞虻科 螳舞虻亚科 驼舞虻亚科. 北京: 科学出版社: 1-329.]

Yang D, Yang C K, Hu X Y. 2002. Diptera: Empididae. *In*: Huang F. *Forestry Insects of Hainan*. Beijing: Science Press: 733-740.

Yang D, Yang C K, Li Z. 1998. Three new species of Dolichopodidae from Henan (Diptera). *In*: Shen X C, Shi Z Y. *The Fauna and Taxonomy of Insects in Henan*, **2**. Beijing: China Agricultural Science and Technology Press: 81-85. [杨定, 杨集昆, 李竹. 1998. 河南省长足虻三新种 (双翅目)//申效城, 时振亚. 河南昆虫区系分类研究, **2**. 北京: 中国农业科学技术出版社: 81-85.]

Yang D, Yang C K, Nagatomi A. 1997. The Rhagionidae of China (Diptera). *South Pacific Study*, **17** (2): 113-262.

Yang D, Yao G, Cui W N. 2012. *Bombyliidae of China*. Beijing: China Agricultural University Press: 1-501. [杨定, 姚刚, 崔维娜. 2012. 中国蜂虻科志. 北京: 中国农业大学出版社: 1-501.]

Yang D, Yu H D. 2005. Notes on the *Platypalpus pallidiventris-cursitans* species group (Diptera: Empididae) from China, with the description of a new species and a key. *Entomological News*, **116** (2): 97-100.

Yang D, Zhang K Y, Yao G. 2010. Empididae. *In*: Chen X S, Li Z Z, Jin D C. Insects from Mayanghe Landscape. Guiyang: Guizhou Science and Technology Publishing House: 418-420. [杨定, 张魁艳, 姚刚. 2010. 舞虻科//陈祥盛, 李子忠, 金道超. 麻阳河景观昆虫. 贵阳:贵州科技出版社: 418-420.]

Yang D, Zhang K Y, Yao G, Zhang J H. 2007. *World catalog of Empididae* (*Insecta*: *Diptera*). Beijing: China Agricultural University Press: 1-599.

Yang D, Zhang L L. 2006. Diptera: Empididae. *In*: Li Z, Jin D. *Insects from Fanjingshan landscape*. Guiyang: Guizhou Science and Technology Publishing House: 464-468.

Yang D, Zhang L L, An S W. 2003. Two new species of Therevidae from China (Diptera, Brachycera). *Acta Zootaxonomica Sinica*, **28** (3): 546-548.

Yang D, Zhang L L, Wang M Q, Zhu Y J. 2011. *Diptera, Dolichopodidae. Fauna Sinica Insecta, Volume 53*. Beijing: Science Press: 1-1912. [杨定, 张莉莉, 王孟卿, 朱雅君. 2011. 中国动物志昆虫纲 第 53 卷. 双翅目 长足虻科 (上卷 下卷). 北京: 科学出版社: 1-1912.]

Yang D, Zhang T T, Li Z. 2014. *Stratiomyoidea of China*. Beijing: China Agricultural University Press: 1-870. [杨定, 张婷婷, 李竹. 2014. 中国水虻总科志. 北京: 中国农业大学出版社: 1-870.]

Yang D, Zhu F, An S W. 2005. Diptera: Empididae. *In*: Jin D, Li Z. *Insects from Xishui Landscape*. Guiyang: Guizhou Science and Technology Publishing House: 444-445.

Yang D, Zhu F, An S W. 2006. Diptera: Empididae. *In*: Jin D, Li Z. *Insects from Chishui spinulose tree fern landscape*. Guiyang: Guizhou Science and Technology Publishing House: 304-308.

Yang D, Zhu F, Gao C X. 2002a. Two new species of Rhagionidae from Henan (Diptera: Brachycera). *The Fauna and Taxonomy of Insects in Henan*, 5. Beijing: China Agricultural Science and Technology Press: 27-29. [杨定, 祝芳, 高彩霞. 2002. 河南鹬虻科二新种. 河南昆虫分类区系研究 5. 北京: 中国农业科学技术出版社: 27-29.]

Yang D, Zhu F, Gao C X. 2002b. Diptera: Rhagionidae. *The Fauna and Taxonomy of Insects in Henan*, 5. Beijing: China Agricultural Science and Technology Press: 393.[杨定, 祝芳, 高彩霞. 2002. 河南鹬虻科. 河南昆虫分类区系研究 5. 北京: 中国农业科学技术出版社: 393.]

Yang D, Zhu F, Gao C X. 2005. Diptera: Athericidae and Rhagionidae. *In*: Yang X K. *Insect fauna of middle-west Qinling range and south mountains of Gansu province*. Beijing: Science Press: 724-730. [杨定, 祝芳, 高彩霞. 2005. 双翅目: 伪鹬虻科 鹬虻科//杨星科. 秦岭西段及甘南地区昆虫. 北京: 科学出版社: 724-730.]

Yang D, Zhu Y J. 2011. *Sinosciapus* from Taiwan with description of a new species (Diptera, Dolichopodidae). *ZooKeys*, **159**: 11-18.

Yang D, Zhu Y J. 2012. Five new species of *Chrysosoma* (Diptera, Dolichopodidae) with a key to species from China. *Entomotaxonomia*, **34** (1): 61-70.

Yang D, Zhu Y J, Wang M Q, Zhang L L. 2006. *World Catalog of Dolichopodidae* (*Insecta*: *Diptera*). Beijing: China Agricultural University Press: 704, pls. 44.

Yang J S, Xu R M. 1993. Two new species of Tabanidae from northern Yunnan, China (Diptera: Tabanidae). *Contributions to Blood-sucking Diptera Insects 3*: 72-78. [杨建设, 许荣满. 1993. 云南省北部虻科二新种及名表 (双翅目: 虻科). 吸血双翅目昆虫调查研究集刊 (第三集): 72-78.]

Yang J S, Xu R M. 1995. A new species of *Chrysops* from northern Yunnan, China (Diptera: Tabanidae). *Acta Entomologica Sinica*, **38** (3): 367-369. [杨建设, 许荣满. 1995. 滇北斑虻属一新种记述 (双翅目: 虻科). 昆虫学报, **38** (3): 367-369.]

Yang J S, Xu R M. 1996. A new species of *Hybomitra* from Zhaotong, Yunnan, China (Diptera: Tabanidae). *Zoological Research*, **17** (2): 125-127. [杨建设,

许荣满. 1996. 云南瘤虻属一新种 (双翅目: 虻科). 动物学研究, **17** (2): 125-127.]

Yang J S, Xu R M, Chen H B. 1999. A new species of *Tabanus* from Yunnan, China (Diptera: Tabanidae). *Zoological Research*, **20** (1): 60-61. [杨建设, 许荣满, 陈汉彬. 1999. 云南虻属一新种 (双翅目: 虻科). 动物学研究, **20** (1): 60-61.]

Yang Z H, Hauser M, Yang M F, Zhang T T. 2013. The Oriental genus *Nasimyia* (Diptera: Stratiomyidae): Geographical distribution, key to species and descriptions of three new species. *Zootaxa*, **3619** (5): 526-540.

Yang Z H, Yang M F. 2010. A new genus and two new species of Pachygastrinae from the Oriental Region (Diptera, Stratiomyidae). *Zootaxa*, **2402**: 61-67.

Yang Z H, Wang J J, Yang M F. 2008. Two new records genera and species of Chinese Clitellariinae (Diptera, Stratiomyidae). *Acta Zootaxonomica Sinica*, **33** (4): 829-831.

Yang Z H, Wei L M, Yang M F. 2009. Two new species of *Oxycera* and description of the female of *O. signata* Brunetti from China (Diptera, Stratiomyidae). *Zootaxa*, **2299**: 19-28.

Yang Z H, Wei L M, Yang M F. 2010a. A new species of *Craspedometopon* Kertész (Diptera, Stratiomyidae) from Yunnan, China. *Acta Zootaxonomica Sinica*, **35** (1): 81-83.

Yang Z H, Wei L M, Yang M F. 2010b. A new species of the genus *Eudmeta* Wiedemann (Diptera, Stratiomyidae) from China. *Acta Zootaxonomica Sinica*, **35** (2): 330-333.

Yang Z H, Yang M F, Wei L M. 2008. Descriptions of a new species of *Oxycera* Meigen and the male of *O. lii* Yang and Nagatomi from Southwest China (Diptera: Stratiomyidae). *Entomological News*, **119** (2): 201-206.

Yang Z H, Yu J Y, Yang M F. 2012a. A new species of *Sargus* (Diptera, Stratiomyidae, Sargiinae) from Anhui, China. *Acta Zootaxonomica Sinica*, **37** (2): 378-381.

Yang Z H, Yu J Y, Yang M F. 2012b. Two new species of *Oxycera* (Diptera, Stratiomyidae) from Ningxia, China. *ZooKeys*, **198**: 69-77.

Yao G, Du J P, Yang C K, Cui W N, Yang D. 2009. Bombyliidae. *In*: Yang D. *Fauna of Hebei* (*Diptera*). Beijing: China Agricultural Science and Technology Press: 312-324. [姚刚, 杜进平, 杨集昆, 崔维娜, 杨定. 2009. 蜂虻科//杨定. 河北动物志 双翅目. 北京: 中国农业科学技术出版社: 312-324.]

Yao G, Wang N, Yang D. 2014. A new species of the subgenus *Rhamphomyia* (Diptera: Empididae) from China. *Entomotaxonomia*, **36** (2): 123-126.

Yao G, Yang D. 2008. Two new species of *Hemipenthes* Loew, 1869 from Oriental China (Diptera: Bombyliidae). *Zootaxa*, **1689**: 63-68.

Yao G, Yang D, Evenhuis N L. 2008. Species of *Hemipenthes* Loew, 1869 from Palaearctic China (Diptera: Bombyliidae). *Zootaxa*, **1870**: 1-23.

Yao G, Yang D, Evenhuis N L. 2009a. First record of the genus *Euchariomyia* Bigot, 1888 from China (Diptera: Bombyliidae). *Zootaxa*, **2052**: 62-68.

Yao G, Yang D, Evenhuis N L. 2009b. Four new species and a new record of *Villa* Lioy, 1864 from China (Diptera: Bombyliidae). *Zootaxa*, **2055**: 49-60.

Yao G, Yang D, Evenhuis N L. 2009c. Species of the genus *Heteralonia* Bezzi, 1921 from China (Diptera: Bombyliidae). *Zootaxa*, **2166**: 45-56.

Yao G, Yang D, Evenhuis N L. 2010. Genus *Anastoechus* Osten Sacken, 1877 (Diptera: Bombyliidae) from China, with descriptions of four new species. *Zootaxa*, **2453**: 1-24.

Yao G, Yang D, Evenhuis N L. 2011. Two new species of *Tovlinius* Zaitzev from China, with a key to the genera of Bombyliinae from China and a second key to the world species (Diptera, Bombyliidae, Bombyliinae, Bombyliini). *ZooKeys*, **153**: 73-80.

Yao G, Yang D, Evenhuis N L, Babak G. 2010. A new species of *Apolysis* Loew, 1860 from China (Diptera: Bombyliidae, Usiinae, Apolysini). *Zootaxa*, **2441**: 20-26.

Yao Y M. 1984. Supplementary note on new spcies of Tabanidae from Tibet Autonomous Region, China. *Contributions from Shanghai Institute of Entomology* 4: 229-231. [姚运妹. 1984. 西藏虻科新种补记 (双翅目: 虻科). 昆虫学研究集刊 (第四集): 229-231.]

Yu H, Liu Q F, Yang D. 2010. Two new species of subgenus *Rhamphomyia* from China (Diptera: Empididae). *Acta Zootaxonomica Sinica*, **35** (3): 475-477.

Yu S S, Cui W N, Yang D. 2009. Three new species of *Actina* (Diptera: Stratiomyidae) from China. *Entomotaxonomia*, **31** (4): 296-300.

Yu Y X. 1990. *Contributions to Blood-sucking Diptera Insects 2*. Shanghai: Shanghai Scientific and Technical Publishers: 1-118. [虞以新. 1990. 吸血双翅目昆虫调查研究集刊 (第二集). 上海: 上海科学技术出版社: 1-118.]

Yu Y X. 1993. *Contributions to Blood-sucking Diptera Insects 3*. Shanghai: Shanghai Scientific and Technical Publishers: 1-227. [虞以新. 1993. 吸血双翅目昆虫调查研究集刊 (第三集). 上海: 上海科学技术出版社: 1-227.]

Zakhvatkin A A. 1954. Parasites of Acrididae near the river Angara. *Trudy Vsesoyuznogo Entomologicheskogo Obshchestva*, **44**: 240-300.

Zaitzev V F. 1962. The fauna of bee flies (Diptera, Bombyliidae) of eastern Pamir. *Izv. Otdel. Biol. Nauk Akad. Nauk Tadzhikskoi SSR*, **1** (8): 62-74.

Zaitzev V F. 1971. Revision of Palaearctic species of the genus *Dialineura* Rondani (Diptera, Therevidae). *Entomologicheskoe Obozrenie*, **50** (1): 183-199.

Zaitzev V F. 1972a. On the fauna of bee flies (Diptera, Bombyliidae) of Mongolia, I. *Insects Mongolia*, **1**: 845-880.

Zaitzev V F. 1972b. Two new species of the genus *Exoprosopa* (Diptera, Bombyliidae) from central Asia and Mongolia. *Zoologicheskii Zhurnal*, **51**: 1585-1588.

Zaitzev V F. 1974. On the fauna of Therevidae (Diptera) of Mongolia. *Nasekomye Mongolii*, **4** (2): 310-319.

Zaitzev V F. 1976. On the fauna of bee-flies (Diptera, Bombyliidae) of Mongolia, IV. *Insects Mongolia*, **4**: 491-500.

Zaitzev V F. 1977. Bee flies of the genus *Systropus* Wiedemann (Diptera, Bombyliidae) of the fauna of the Far East. *Trudy Zoologicheskogo Instituta, Akademiia Nauk SSSR*, **70**: 132-138.

Zaitzev V F. 1979. Revision of the genus *Euphycus* Kröber (Diptera, Therevidae). *Trudy Zoologicheskogo Instituta*, **83**: 126-132.

Zaitzev V F. 1989. Family Bombyliidae. *In*: Soós Á, Papp L. *Catalogue of Palaearctic Diptera*. Vol. 6. Budapest: Therevidae—Empididae. Akadémiai Kiadó: 43-169.

Zaitzev V F. 1996. On the Bombyliidae (Diptera) of Israel. II. *Entomologicheskoi Obozrenie*, **75**: 686-697.

Zeller P C. 1842. Dipterologische Beyträge. Zweyte Abtheilung. *Isis von Oken*, **1842**: 807-847.

Zetterstedt J W. 1837. Conspectus familiarum, generum *et* specierum Dipterorum. *In*: Fauna Insectorum Lapponica descriptorum. *Isis*, 1: 28-67.

Zetterstedt J W. 1838. Dipterologis Scandinaviae. Sect. 3: Diptera. *In*: *Insecta Lapponica*. Lipsiae [= Leipzig]: 477-686

Zetterstedt J W. 1842-1859. *Diptera Scandinaviae*. London: Disposita *et* descripta, **1** (1842): 1-440; **2**: 441-894; **8** (1849): 2935-3366; **11** (1852): 4091-4545; **12** (1855): 4547-4942; **13** (1859): 4943-6190.

Zhang K X, Xu R M. 1990. A new species of *Silvius* from Shanghai, China (Diptera: Tabanidae). *Contributions to Blood-sucking Diptera Insects*, 2: 96-97. [张坤祥, 许荣满. 1990. 上海林虻属一新种记述(双翅目:虻科). 吸血双翅目昆虫调查研究集刊 (第二集): 96-97.]

Zhang K Y, Dong H, Yang D. 2009. Rhagionidae. *In*: Yang D. *Fauna of Hebei Diptera*. Bejing: China Agricultural Science and Technology Press: 275-278. [张魁艳, 董慧, 杨定. 2009. 鹬虻科//杨定. 河北动物志双翅目. 北京: 中国农业科学技术出版社: 275-278.]

Zhang K Y, Zhang J H, Yang D. 2005. Diptera: Empididae. *In*: Yang M F, Jin D C. *Insects from Dashahe Nature Reserve of Guizhou*. Guiyang: Guizhou People Publishing House: 395-397. [张魁艳, 张俊华, 杨定. 2005. 双翅目: 舞虻科//杨茂发, 金道超. 贵州大沙河昆虫. 贵阳: 贵州人民出版社: 395-397.]

Zhang L L, Masunaga K, Yang D. 2009. Species of *Lichtwardtia* from China (Diptera: Dolichopodidae). *Transactions of the American Entomological Society*, **135** (1-2): 133-141.

Zhang L L, Scarbrough A, Yang D. 2012. Review of the species of *Michotamia* from China with a descriptin of a new species (Diptera, Asilidae). *ZooKeys*, **184**: 47-55.

Zhang L L, Wang M Q, Zhu Y J, Liao Y X, Yang D. 2005. Diptera: Dolichopodidae. *In*: Yang M F, Jin D C. *Insects from Dashahe Nature Reserve of Guizhou*. Guiyang: Guizhou People Publishing House: 397-403. [张莉莉, 王孟卿, 朱雅君, 廖银霞, 杨定. 2005. 双翅目: 长足虻科//杨茂发, 金道超. 贵州大沙河昆虫. 贵阳: 贵州人民出版社: 397-403.]

Zhang L L, Wei L M, Yang D. 2009. Two new species of *Hercostomus* from China (Diptera: Dolichopodidae), with some new synonyms. *Bulletin de l'Institut Royal des Sciences Naturelles de Belgique Entomologique*, **79**: 133-141.

Zhang L L, Yang D. 2003a. A review of the species of *Asyndetus* from China (Diptera: Dolichopodidae). *Annales Société Entomologique Frances* (*N. S.*), **39** (4): 355-359.

Zhang L L, Yang D. 2003b. Notes on the genus *Hercostomus* Loew, 1857 from Guangxi, China (Diptera: Empidoidea: Dolichopodidae). *Annales Zoologici*, **53** (4): 657-661.

Zhang L L, Yang D. 2005a. A new species of *Ludovicius* from China (Diptera: Dolichopodidae). *Entomologica Fennica*, **16** (4): 305-308.

Zhang L L, Yang D. 2005b. A study on the phylogeny of Dolichopodinae from the Palaerctic, Oriental Realms, with description of three new genera (Diptera, Dolichopodidae). *Acta Zootaxonomica Sinica*, **30** (1): 180-190.

Zhang L L, Yang D. 2005c. Contribution to the species of the *Hercostomus* (*Hercostomus*) *absimilis* group from China (Diptera, Dolichopodidae). *Deutsche Entomologische Zeitschrift*, **52** (2): 241-244.

Zhang L L, Yang D. 2005d. Species of *Nepalomyia* (Diptera: Dolichopodidae) from Guangxi, China, with a key to Palaearctic and Oriental species. *Zootaxa*, **1058**: 51-60.

Zhang L L, Yang D. 2008a. New species of *Dolichopus* Latreille, 1796 from China (Diptera: Dolichopodidae). *Journal of Natural History*, **42** (39-40): 2515-2535.

Zhang L L, Yang D. 2008b. Species of *Psilonyx* from China (Diptera: Asilidae). *Transactions of the American Entomological Society*, **135** (1+2): 197-203.

Zhang L L, Yang D. 2008c. *Two new species of Dolichopodidae from Henan (Diptera)*. *The Fauna and Taxonomy of Insects in Henan* ***6***. Beijing: China Agricultural Science and Technology Press: 17-20. [张莉莉, 杨定. 2008. 河南长足虻科二新种 (双翅目). 河南昆虫分类区系研究 **6**. 北京: 中国农业科学技术出版社: 17-20.]

Zhang L L, Yang D. 2011. Two new species of *Lagynogaster* from China (Dipteara, Asilidae). *Transactions of the American Entomological Society*, **137** (1+2): 157-164.

Zhang L L, Yang D, Grootaert P. 2003a. Notes on Dolichopodidae from Guangdong, China (Diptera: Dolichopodidae). *Bulletin de l'Institut Royal des Sciences Naturelles de Belgique Entomologie*, **73**: 181-188.

Zhang L L, Yang D, Grootaert P. 2003b. New species of *Chrysotimus* and *Hercostomus* from Beijing (Diptera: Dolichopodidae). *Bulletin de l'Institut Royal des Sciences Naturelles de Belgique Entomologie*, **73**: 189-194.

Zhang L L, Yang D, Grootaert P. 2004. Revision of the *Dolichopus tewoensis* group from China (Diptera: Dolichopodidae). *Biologia*, **59** (5): 553-557.

Zhang L L, Yang D, Grootaert P. 2008a. Mangrove *Hercostomus* sensu lato (Diptera: Dolichopodidae) of Singapore. *Raffles Bulletin of Zoology*, **56** (1): 17-28.

Zhang L L, Yang D, Grootaert P. 2008b. New species of *Hercostomus* (Diptera: Dolichopodidae) from China. *Bulletin de l'Institut Royal des Sciences Naturelles de Belgique Entomologique*, **78**: 259-274.

Zhang L L, Yang D, Masunaga K. 2003. A review of the genus *Diostracus* (Diptera: Empidoidea, Dolichopodidae) from China. *Biologia*, **58** (5): 891-895.

Zhang L L, Yang D, Masunaga K. 2004a. New species of *Hercostomus* from Taiwan. *Entomological News*, **115** (4): 219-225.

Zhang L L, Yang D, Masunaga K. 2004b. Notes on species of *Paraclius* from China (Diptera: Dolichopodidae). *Transactions of the American Entomological Society*, **130** (4): 493-497.

Zhang L L, Yang D, Masunaga K. 2004c. Notes on species of *Tachytrechus* from China (Diptera: Dolichopodidae). *Transactions of the American Entomological Society*, **130** (4): 499-503.

Zhang L L, Yang D, Masunaga K. 2004d. Note on the genus *Chaetogonopteron* from Guangxi, China (Diptera: Empidoidea, Dolichopodidae). *Entomological News*, 2003, **114** (5): 279-283.

Zhang L L, Yang D, Masunaga K. 2004e. Two new species of *Hercostomus* from China (Diptera: Dolichopodidae). *Entomological News*, **115** (1): 35-43.

Zhang L L, Yang D, Masunaga K. 2004f. Two new species of *Hercostomus* from Taiwan, China (Diptera: Dolichopodidae). *Zootaxa*, **811**: 1-8.

Zhang L L, Yang D, Masunaga K. 2005a. A new *Diostracus* species from Sichuan, China (Diptera: Dolichopodidae). *Aquatic Insects*, **27** (1): 57-62.

Zhang L L, Yang D, Masunaga K. 2005b. Notes on the species of *Aphalacrosoma* Zhang *et* Yang from China (Diptera: Dolichopodidae). *Transactions of the American Entomological Society*, **131** (3+4): 415-418.

Zhang L L, Yang D, Masunaga K. 2005d. Review of the species of *Hercostomus* (*Hercostomus*) *incisus* group from the Oriental realm (Diptera: Dolichopodidae). *Transactions of the American Entomological Society*, **131** (3+4): 419-424.

Zhang L L, Yang D, Masunaga K. 2005d. Two new species of *Hercostomus* from Taiwan (Diptera: Dolichopodidae). *Zootaxa*, **811**: 1-8.

Zhang T T, Li Z, Yang D. 2009a. New species of *Allognosta* from China (Diptera, Stratiomyidae). *Acta Zootaxonomica Sinica*, **34** (4): 784-789.

Zhang T T, Li Z, Yang D. 2009b. One new species of *Oxycera* from China (Diptera, Stratiomyidae). *Acta Zootaxonomica Sinica*, **34** (3): 460-461.

Zhang T T, Li Z, Yang D. 2010. Note on species of *Oxycera* Meigen from China with description of a new species (Diptera, Stratiomyidae). *Aquatic Insects*, **32** (1): 29-34.

Zhang T T, Li Z, Yang D. 2011. New species of *Allognosta* from Oriental China (Diptera: Stratiomyidae). *Transactions of the American Entomological*

Society, **137** (1+2): 185-189.
Zhang T T, Li Z, Zhou X, Yang D. 2009. Three new species of *Oplodontha* from China (Diptera, Stratiomyidae). *Acta Zootaxonomica Sinica*, **34** (2): 257-260.
Zhang T T, Yang D. 2010a. Three new species of the genus *Evaza* from Hainan, China (Diptera: Stratiomyidae). *Annales Zoologici*, **60** (1): 89-95.
Zhang T T, Yang D. 2010b. Two new species of the genus *Spartimas* Enderlein from China (Diptera: Stratiomyidae). *Zootaxa*, **2538**: 60-68.
Zhang W Z, Zhao B. 1982. Four new species of Tabanidae from Shanxi Province. *Journal of Shanxi Medical University*, **2**: 7-9. [张文忠, 赵斌. 1982. 山西省虻科四新种报告. 山西医学院学报, **2**: 7-9.]
Zhang Y Z, Xu R M. 1993. Two new species of *Hybomitra* from Sichuan and Tibet, China (Diptera: Tabanidae). *Contributions to Blood-sucking Diptera Insects* **3**: 79-81. [张有植, 许荣满. 1993. 川藏瘤虻属二新种 (双翅目: 虻科). 吸血双翅目昆虫调查研究集刊 (第三集): 79-81.]
Zhou D, Li Y, Yang D. 2010. A new genus and species of Empididae from China (Diptera: Empidoidea). *Acta Zootaxonomica Sinica*, **35** (3): 478-480.
Zhu L H, Xu R M. 1995a. A new species of *Hybomitra* from Chentang, Tibet, China (Diptera: Tabanidae). *Contributions to Epidemiological Survey in China*, 1: 110-112. [朱礼华, 许荣满. 1995. 西藏陈塘地区瘤虻属一新种 (双翅目: 虻科). 流行病学调查集刊, 1: 110-112.]
Zhu L H, Xu R M. 1995b. Two new species of *Tabanus* from Chentang, Tibet, China (Diptera: Tabanidae). *Contributions to Epidemiological Survey in China*, 1: 107-109. [朱礼华, 许荣满. 1995. 西藏陈塘地区虻属二新种 (双翅目: 虻科). 流行病学调查集刊, 1: 107-109.]
Zhu L H, Xu R M, Zhang Y Z. 1995. A new species of *Chrysops* from Zham, Tibet, China (Diptera: Tabanidae). *Contributions to Epidemiological Survey in China*, 1: 104-106 [朱礼华, 许荣满, 张有植. 1995. 西藏樟木地区斑虻属一新种(双翅目: 虻科). 流行病学调查集刊, 1: 104-106.]
Zhu Y J, Yang D. 2005. New species of *Chrysosoma* Guérin-Méneville (Diptera: Dolichopodidae), with a key to Chinese species (Diptera: Dolichopodidae). *Zootaxa*, **1029**: 47-60.
Zhu Y J, Yang D. 2007. Two new species of *Condylostylus* Bigot from Chian (Diptera: Dolichopodidae). *Transactions of the American Entomological Society*, **133** (3-4): 353-356.
Zhu Y J, Yang D, Grootaert P. 2006. A new species of *Paramedetera*, with a key to species from China (Diptera: Dolichopodidae). *Annalis Zoologici*, **56** (2): 323-326.
Zhu Y J, Yang D, Masunaga K. 2005a. A review of the species of *Thambemyia* Oldroyd (Diptera: Dolichopodidae) from China. *Aquatic Insects*, **27** (4): 299-307.
Zhu Y J, Yang D, Masunaga K. 2005b. Notes on *Medetera* Fischer von Waldheim from Taiwan (Diptera: Dolichopodidae). *Transactions of the American Entomological Society*, **131** (3+4): 411-414.
Zhu Y J, Yang D, Masunaga K. 2006. A new species of *Hydrophorus* (Diptera: Dolichopodidae), with a key to species from China. *Entomological News*, **117** (3): 293-296.

中文名索引

A

B

C

D

E

F

G

H

J

K

L

M

N

O

P

Q

R

S

T

W

X

Y

Z

学 名 索 引

A

B

C

E

I

K

L

M

N

O

R

S

T

U

V

X